MATRIX ANALYSIS AND APPLICATIONS

矩阵分析与应用

Second Edition

（第2版）

张贤达 著

Zhang Xianda

清華大學出版社

北京

内 容 简 介

本书系统、全面地介绍矩阵分析的主要理论、具有代表性的方法及一些典型应用。全书共10章，内容包括矩阵代数基础、特殊矩阵、矩阵微分、梯度分析与最优化、奇异值分析、矩阵方程求解、特征分析、子空间分析与跟踪、投影分析、张量分析。前3章为全书的基础，组成矩阵代数；后7章介绍矩阵分析的主体内容及典型应用。为了方便读者对数学理论的理解以及培养应用矩阵分析进行创新应用的能力，本书始终贯穿一条主线——物理问题"数学化"，数学结果"物理化"。与第1版相比，本书的篇幅有明显的删改和压缩，大量补充了近几年发展迅速的矩阵分析新理论、新方法及新应用。

本书为北京市高等教育精品教材重点立项项目，适合于需要矩阵知识比较多的理科和工科尤其是信息科学与技术(电子、通信、自动控制、计算机、系统工程、模式识别、信号处理、生物医学、生物信息)等各学科有关教师、研究生和科技人员教学、自学或进修之用。

图书在版编目(CIP)数据

矩阵分析与应用/张贤达著.—2版.--北京：清华大学出版社，2013(2022.7重印)
ISBN 978-7-302-33859-8

Ⅰ.①矩…　Ⅱ.①张…　Ⅲ.①矩阵分析　Ⅳ.①O151.21

中国版本图书馆CIP数据核字(2013)第215838号

责任编辑：王一玲
封面设计：傅瑞学
责任校对：白　蕾
责任印制：曹婉颖

出版发行：清华大学出版社
网　　址：http://www.tup.com.cn，http://www.wqbook.com
地　　址：北京清华大学学研大厦A座　　**邮　　编**：100084
社 总 机：010-83470000　　**邮　　购**：010-62786544
投稿与读者服务：010-62776969，c-service@tup.tsinghua.edu.cn
质量反馈：010-62772015，zhiliang@tup.tsinghua.edu.cn
课件下载：http://www.tup.com.cn，010-83470236
印 刷 者：三河市铭诚印务有限公司
装 订 者：三河市启晨纸制品加工有限公司
经　　销：全国新华书店
开　　本：185mm×260mm　　**印　　张**：42.5　　**字　　数**：1008千字
版　　次：2004年10月第1版　2013年11月第2版　　**印　　次**：2022年7月第15次印刷
定　　价：118.00元

产品编号：055920-03

第 2 版序言

《矩阵分析与应用》于 2004 年 10 月出版以来，已先后印刷发行 14300 册，2008 年获清华大学优秀教材一等奖，2011 年获北京市高等教育精品教材重点项目资助；截至 2013 年 8 月，已被 SCI 他引 220 余次，Google 学术搜索他引 740 余次，CNKI 中国引文数据库他引 1400 余次。

最近几年，矩阵理论经历了巨大的变化：矩阵分析的理论和方法在物理、力学、信号处理、图像处理、无线通信、计算机视觉、机器学习、生物信息学、医学图像处理、自动控制、系统工程、航空航天等学科中获得了广泛的应用，有力地推动了这些学科的创新研究。同时，这些学科的新应用又催生了矩阵分析的一批新理论和新方法。

为了适应矩阵分析与应用的新发展，根据从 2004 年在清华大学开设的研究生学位课程“矩阵分析与应用”的课堂教学实践，笔者对《矩阵分析与应用》一书进行了重大修改。修改的主要宗旨是：以工学和工程应用为主要背景，论述矩阵分析的典型理论、方法和应用；同时重点介绍最近几年涌现出来的矩阵分析的新理论、新方法与新应用。为了方便读者对数学理论的理解以及培养应用矩阵分析进行创新应用的能力，本书的修改始终贯穿一条主线——物理问题“数学化”，数学结果“物理化”：从物理问题的数学建模出发，引出矩阵问题；对得到的矩阵分析结果尽可能给予物理解释，赋予其物理含义。

新版仍由 10 章组成，内容可以分为以下两部分。

第 1 部分为“矩阵代数”：包括矩阵代数基础 (第 1 章)、特殊矩阵 (第 2 章) 和矩阵微分 (第 3 章)，共 3 章。

第 2 部分为“矩阵分析与应用”：包括梯度分析与最优化 (第 4 章)、奇异值分析 (第 5 章)、矩阵方程求解 (第 6 章)、特征分析 (第 7 章)、子空间分析与跟踪 (第 8 章)、投影分析 (第 9 章) 和张量分析 (第 10 章)，共 7 章。

与第 1 版相比，第 2 版的主要修订内容如下：

(1) 章的变动：删去了第 1 版的“Toeplitz 矩阵”(第 3 章) 和“矩阵的变换与分解”(第 4 章) 两章，增设了“矩阵微分”(第 3 章) 和“张量分析”(第 10 章) 两章；另将第 1 版的“总体最小二乘方法”(第 7 章) 加以大量修改和扩充，更名为“矩阵方程求解”(第 2 版第 6 章)。

(2) 删除的主要内容：

① 比较容易和比较难的数学证明，前者变作习题，后者改为参阅有关参考文献；

② 工学和工程中应用比较窄的一些矩阵分析理论和方法；

③ 专业性比较强的应用举例。

(3) 新增矩阵分析与应用的主要内容：

① 稀疏表示与压缩感知 (1.12 节)；

② 矩阵微分与梯度矩阵辨识、Hessian 矩阵辨识 (第 3 章)；

③ 凸优化理论 (4.3 节)、平滑凸优化的一阶算法 (4.4 节)、非平滑凸优化的次梯度法 (4.5 节)、非平滑凸函数的平滑凸优化 (4.6 节) 以及原始–对偶内点法 (4.9 节)；

④ 矩阵完备 (5.6 节)；

⑤ Tikhonov 正则化与正则 Gauss-Seidel 法 (6.2 节)；

⑥ 非负矩阵分解 (6.6 和 6.7 节)；

⑦ 稀疏矩阵方程求解 (6.8 和 6.9 节)；

⑧ 张量分析及非负张量分解 (第 10 章)。

它们多数是近几年发展迅速的矩阵分析新理论、新方法及新应用。

虽然本书增加了大量新内容，但是由于删除、修改了更多的内容，所以全书的篇幅反而有比较明显的缩减。

在“矩阵分析与应用”研究生学位课程的教学实践和本书的修订中，韩芳明、李细林、李剑、苏泳涛、丁子哲、高秋彬、王锟、常冬霞、王曦元、陈忠、栾天祥等博士和邹红星教授提供了一些很好的建议；王锟、陈忠和郑亮为本书绘制了部分插图。符玺、毛洪亮、石群、周游、金成等博士研究生和杨哲硕士研究生认真校对了本书初稿。在此一并向他们表示谢意！

本书的修订得到了国家自然科学基金委重大研究项目和多个基金项目、教育部博士点专项基金、清华信息科学与技术国家实验室、国防重点实验室基金、航天支撑技术基金以及 Intel 公司等的课题资助。

全书由笔者使用 LaTeX 撰写及排版，多数插图也由笔者用 LaTeX 绘制。

张 贤 达

2013 年 8 月于清华大学

首版前言

矩阵不仅是各数学学科，而且也是许多理工学科的重要数学工具。就其本身的研究而言，矩阵理论和线性代数也是极富创造性的领域。它们的创造性又极大地推动和丰富了其他众多学科的发展：许多新的理论、方法和技术的诞生与发展就是矩阵理论和线性代数的创造性应用与推广的结果。可以毫不夸张地说，矩阵理论和线性代数在物理、力学、信号与信息处理、通信、电子、系统、控制、模式识别、土木、电机、航空和航天等众多学科中是最富创造性和灵活性，并起着不可替代作用的数学工具。

作者在从事信号处理、神经计算、通信和模式识别的长期科学研究中，深刻感受到矩阵分析在科学研究中所起的重要作用，并体现在作者和合作者在国际权威和著名杂志发表的一系列论文中。另一方面，在十余年的研究生教学中，笔者对工科尤其是信息科学与技术各学科的研究生在矩阵理论与线性代数方面知识的不足与欠缺颇有体会。矩阵分析理论与方法的重要性，以及作者的教学和研究体会，催发了作者著作本书的意愿。虽然作者的《信号处理中的线性代数》一书曾由科学出版社于 1997 年出版，但本书无论是在体系结构上，还是在内容的组织与安排上，都与《信号处理中的线性代数》大不相同。

国内外出版了不少深受读者喜爱的矩阵理论和线性代数的书籍，而本书试图从一个新的角度，提出从矩阵的梯度分析、奇异值分析、特征分析、子空间分析、投影分析出发，构筑论述矩阵分析的一个新体系。此外，在国内外的有关书籍中，涉及矩阵理论和线性代数的应用时，一般都侧重于某一、二个特定的学科，本书则介绍矩阵分析在数理统计、数值计算、信号处理、电子、通信、模式识别、神经计算、系统科学等多学科中的大量生动应用。鉴于本书介绍的理论与应用的广泛性，故取名《矩阵分析与应用》。

全书共分 10 章，其主要内容可概括如下：

(1) 矩阵分析的基础知识 (第 1 ～ 4 章)：矩阵与线性方程组、特殊矩阵、Toeplitz 矩阵、矩阵的变换与分解。

(2) 梯度分析 (第 5 章)：包括一阶梯度和二阶梯度的计算，以及实现最优化的梯度算法及其重要改进 (递推最小二乘算法、共轭梯度算法、仿射投影算法和自然梯度算法)。

(3) 矩阵的奇异值分析 (第 6 ～ 7章)：第 6 章介绍奇异值分解及其各种推广 (乘积奇异值分解、广义奇异值分解、约束奇异值分解、结构奇异值)。第 7 章是奇异值分解在线性代数中的应用，介绍总体最小二乘方法、约束总体最小二乘、结构总体最小二乘。

(4) 矩阵的特征分析 (第 8 章)：包含矩阵的特征值分解以及各种推广 (广义特征值分解、Rayleigh 商、广义 Rayleigh 商、二次特征值问题、矩阵的联合对角化)。

(5) 子空间分析 (第 9 章)：子空间的构造、特征子空间分析方法、子空间的跟踪。

(6) 投影分析 (第 10 章)：包含沿着矩阵的基本空间 (列空间或者行空间)，到另一基本空间的正交投影和斜投影。

本书试图在以下方面形成特点：

(1) 加大选材的广度和深度，充分体现内容的新颖性和先进性。为了与矩阵理论的国际新发展“接轨”，书中系统地介绍了矩阵分析的一些新领域、新理论和新方法，如总体最小二乘方法及其推广，二次特征值问题，矩阵的联合对角化，斜投影，子空间方法，仿射投影算法和自然梯度算法等。

(2) 突出矩阵分析理论与科学技术应用的密切结合。本书在介绍每一种重要理论与方法的同时，都会选择介绍相应的应用。而在应用例子的选择上，则尽可能包括比较多的学科。事实上，本书的应用举例不仅涉及数理统计和数值计算等数学领域，更包括了信号处理、电子、通信、模式识别、神经计算、雷达、图像处理、系统辨识等信息科学与技术的不同学科与领域。

(3) 强调创新能力的培养。书中介绍大量应用例子时，侧重于讲述应用的基本机理，其出发点是让读者体会矩阵分析的灵活性与创新性，学会如何使用矩阵分析的工具，进行创新研究。

为便于读者理解重要的概念和方法，书中穿插了大量的例题。为了方便读者检验学习效果，全书在参考全国硕士研究生招生部分数学试题和其他有关文献的基础上，选编了 340 余道习题。此外，本书不仅汇总了矩阵分析有关的大量数学性质和公式，而且汇编了 820 余条索引，可供读者作为一本矩阵手册使用。

本书是从一个工科研究和教学人员的视角进行材料的选择和内容论述的。作者在著作本书的过程中，参考了大量的国外有关矩阵分析与线性代数的论文和著作，其中以 SIAM 的多种杂志为主要参考文献源；而应用的举例则主要参考 IEEE 的几家汇刊。虽然作者竭力而为，但囿于理解水平和能力，书中未能如愿乃至不妥，甚至错误之处可能不乏其例。在此，诚恳希望诸位专家、同仁和广大读者不吝赐教。

作者原本打算对《信号处理中的线性代数》一书作较大修改，最终变成了重写，始自本人在西安电子科技大学任特聘教授之际，完成于回到清华大学任教二年之后，历时四载有余。然而，本书系作者积十余年教学和二十余年科学研究之体会与成果而成，借此机会感谢教育部“长江学者奖励计划”、国家自然科学基金委重大研究项目和多个基金项目、教育部博士点专项基金、国防重点实验室基金、航天支撑技术基金以及 Intel 公司等的课题资助。

全书由笔者使用 LaTeX 撰写及排版。

张贤达

2004 年 6 月谨识于清华大学

目　录

第 1 章　矩阵代数基础

在科学与工程中，经常会遇到求解线性方程组的问题。矩阵是描述和求解线性方程组最基本和最有用的数学工具。矩阵不仅有很多基本的数学运算 (如转置、内积、外积、逆矩阵、广义逆矩阵等)，而且还有多种重要的标量函数 (如范数、二次型、行列式、特征值、秩和迹)，更包含多种特殊运算 (如直和、直积、Hadamard 积、Kronecker 积、向量化)。本章将介绍矩阵代数的这些基本知识。

1.1　矩阵的基本运算

首先引出矩阵和向量的概念，给出本书中经常使用的基本符号。

1.1.1　矩阵与向量

在科学和工程中，经常会遇到 $m \times n$ 线性方程组

$$\left.\begin{aligned} a_{11}x_1 + a_{12}x_2 + \cdots + a_{1n}x_n &= b_1 \\ a_{21}x_1 + a_{22}x_2 + \cdots + a_{2n}x_n &= b_2 \\ &\vdots \\ a_{m1}x_1 + a_{m2}x_2 + \cdots + a_{mn}x_n &= b_m \end{aligned}\right\} \tag{1.1.1}$$

它使用 m 个方程描述 n 个未知量之间的线性关系。这一线性方程组很容易用矩阵–向量形式简记为

$$\boldsymbol{A}\boldsymbol{x} = \boldsymbol{b} \tag{1.1.2}$$

式中

$$\boldsymbol{A} = \begin{bmatrix} a_{11} & \cdots & a_{1n} \\ \vdots & \ddots & \vdots \\ a_{m1} & \cdots & a_{mn} \end{bmatrix} \tag{1.1.3}$$

称为 $m \times n$ 矩阵，是一个按照长方阵列排列的复数或实数集合；而

$$\boldsymbol{x} = \begin{bmatrix} x_1 \\ \vdots \\ x_n \end{bmatrix}, \quad \boldsymbol{b} = \begin{bmatrix} b_1 \\ \vdots \\ b_m \end{bmatrix} \tag{1.1.4}$$

分别为 $n \times 1$ 向量和 $m \times 1$ 向量，是按照列方式排列的复数或实数集合，统称列向量。

类似地，按照行方式排列的复数或实数集合称为行向量。例如，$1 \times n$ 行向量为

$$\boldsymbol{a} = [a_1, \cdots, a_n] \tag{1.1.5}$$

为了区分实数或复数矩阵，常令 $\mathbb{R}$ 和 $\mathbb{C}$ 分别表示实数和复数的集合，$\mathbb{R}^{m\times n}$ 和 $\mathbb{C}^{m\times n}$ 分别表示所有 $m\times n$ 实数和复数矩阵的向量空间。于是，有矩阵的下列符号表示

$$\boldsymbol{A}\in\mathbb{R}^{m\times n}\quad\Longleftrightarrow\quad\boldsymbol{A}=[a_{ij}]=\begin{bmatrix}a_{11} & \cdots & a_{1n}\\ \vdots & \ddots & \vdots\\ a_{m1} & \cdots & a_{mn}\end{bmatrix},\quad a_{ij}\in\mathbb{R}\tag{1.1.6}$$

$$\boldsymbol{A}\in\mathbb{C}^{m\times n}\quad\Longleftrightarrow\quad\boldsymbol{A}=[a_{ij}]=\begin{bmatrix}a_{11} & \cdots & a_{1n}\\ \vdots & \ddots & \vdots\\ a_{m1} & \cdots & a_{mn}\end{bmatrix},\quad a_{ij}\in\mathbb{C}\tag{1.1.7}$$

当 $m=n$ 时，称矩阵 $\boldsymbol{A}$ 为正方矩阵 (square matrix)；若 $m<n$，则称矩阵 $\boldsymbol{A}$ 为宽矩阵 (broad matrix)；当 $m>n$ 时，便称矩阵 $\boldsymbol{A}$ 为高矩阵 (tall matrix)。

在物理问题的建模中，矩阵 $\boldsymbol{A}$ 往往是物理系统 (如线性系统、滤波器、无线信道等) 的符号表示；而科学和工程中遇到的向量可分为以下三种[255]：

(1) 物理向量　泛指既有幅值，又有方向的物理量，如速度、加速度、位移等。

(2) 几何向量　为了将物理向量可视化，常用带方向的 (简称“有向”) 线段表示之。这种有向线段称为几何向量。例如，$\boldsymbol{v}=\overrightarrow{AB}$ 表示的有向线段，其起点为 A，终点为 B。

(3) 代数向量　几何向量可以用代数形式表示。例如，若平面上的几何向量 $\boldsymbol{v}=\overrightarrow{AB}$ 的起点坐标 $A=(a_1,a_2)$，终点坐标 $B=(b_1,b_2)$，则该几何向量可以表示为代数形式 $\boldsymbol{v}=\begin{bmatrix}b_1-a_1\\ b_2-a_2\end{bmatrix}$。这种用代数形式表示的几何向量称为代数向量。

图 1.1.1 归纳了向量的分类。

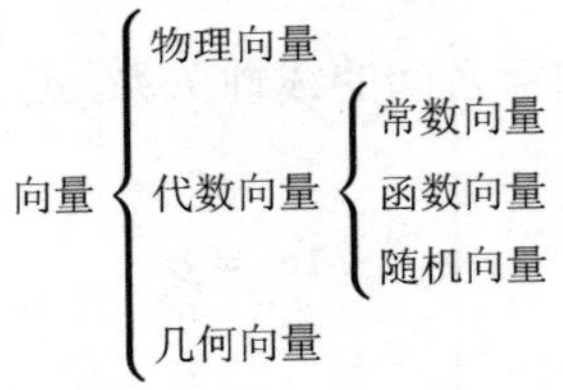

- 向量
  - 物理向量
  - 代数向量
    - 常数向量
    - 函数向量
    - 随机向量
  - 几何向量

图 1.1.1　向量的分类

根据元素取值种类的不同，代数向量又可分为以下三种：

(1) 常数向量　向量的元素全部为实常数或者复常数，如 $\boldsymbol{a}=[1,5,4]^{\mathrm{T}}$ 等。

(2) 函数向量　向量的元素包含了函数值，如 $\boldsymbol{x}=[1,x^2,\cdots,x^n]^{\mathrm{T}}$ 等。

(3) 随机向量　向量的元素为随机变量或随机过程，如 $\boldsymbol{x}(n)=[x_1(n),\cdots,x_m(n)]^{\mathrm{T}}$，其中 $x_1(n),\cdots,x_m(n)$ 是 m 个随机过程或随机信号。

实际应用中遇到的往往是物理向量，而几何向量是物理向量的可视化，代数向量则可看作是物理向量的运算化工具。

若令

$$\boldsymbol{a}_1 = \begin{bmatrix} a_{11} \\ \vdots \\ a_{m1} \end{bmatrix}, \quad \boldsymbol{a}_2 = \begin{bmatrix} a_{12} \\ \vdots \\ a_{m2} \end{bmatrix}, \quad \cdots, \quad \boldsymbol{a}_n = \begin{bmatrix} a_{1n} \\ \vdots \\ a_{mn} \end{bmatrix} \tag{1.1.8}$$

则矩阵 $\boldsymbol{A}$ 可以用列向量记作

$$\boldsymbol{A} = [\boldsymbol{a}_1, \boldsymbol{a}_2, \cdots, \boldsymbol{a}_n] \tag{1.1.9}$$

一个 $n \times n$ 正方矩阵 $\boldsymbol{A}$ 的主对角线是指从左上角到右下角沿 $i = j, j = 1, \cdots, n$ 相连接的线段。位于主对角线上的元素称为 $\boldsymbol{A}$ 的对角元素，它们是 $a_{ii}, i = 1, \cdots, n$。

矩阵 $\boldsymbol{A}$ 从右上角到左下角沿

$$(i, n - i + 1), \quad i = 1, 2, \cdots, n$$

相连接的线段称为矩阵 $\boldsymbol{A}$ 的交叉对角线 (也称次对角线)。

主对角线以外元素全部为零的 $n \times n$ 矩阵称为对角矩阵，记作

$$\boldsymbol{D} = \text{diag}(d_{11}, \cdots, d_{nn}) \tag{1.1.10}$$

若对角矩阵主对角线元素全部等于 1，则称其为单位矩阵，用符号 $\boldsymbol{I}_{n \times n}$ 示之。所有元素为零的 $m \times n$ 矩阵称为零矩阵，记为 $\boldsymbol{O}_{m \times n}$。

一个全部元素为零的向量称为零向量。当维数已经明了或者不紧要时，常省去单位矩阵、零矩阵和零向量表示维数的下标，将它们分别简记为 $\boldsymbol{I}, \boldsymbol{O}$ 和 $\boldsymbol{0}$。

只有一个元素为 1，其他元素皆等于 0 的列向量称为基本向量，即

$$\boldsymbol{e}_1 = \begin{bmatrix} 1 \\ 0 \\ 0 \\ \vdots \\ 0 \end{bmatrix}, \quad \boldsymbol{e}_2 = \begin{bmatrix} 0 \\ 1 \\ 0 \\ \vdots \\ 0 \end{bmatrix}, \quad \cdots, \quad \boldsymbol{e}_n = \begin{bmatrix} 0 \\ 0 \\ 0 \\ \vdots \\ 1 \end{bmatrix} \tag{1.1.11}$$

显然，$n \times n$ 单位矩阵 $\boldsymbol{I}$ 可以用 n 个基本向量表示为 $\boldsymbol{I} = [\boldsymbol{e}_1, \boldsymbol{e}_2, \cdots, \boldsymbol{e}_n]$。

在本书中，我们经常会用到以下矩阵符号：

$\boldsymbol{A}(i,:)$: $\boldsymbol{A}$ 的第 i 行；

$\boldsymbol{A}(:,j)$: $\boldsymbol{A}$ 的第 j 列；

$\boldsymbol{A}(p:q, r:s)$: 由 $\boldsymbol{A}$ 的第 p 行到第 q 行，第 r 列到第 s 列组成的 $(q-p+1) \times (s-r+1)$ 子矩阵。例如

$$\boldsymbol{A}(3:6, 2:4) = \begin{bmatrix} a_{32} & a_{33} & a_{34} \\ a_{42} & a_{43} & a_{44} \\ a_{52} & a_{53} & a_{54} \\ a_{62} & a_{63} & a_{64} \end{bmatrix}$$

分块矩阵是一个以矩阵作元素的矩阵

$$\boldsymbol{A} = [\boldsymbol{A}_{ij}] = \begin{bmatrix} \boldsymbol{A}_{11} & \boldsymbol{A}_{12} & \cdots & \boldsymbol{A}_{1n} \\ \boldsymbol{A}_{21} & \boldsymbol{A}_{22} & \cdots & \boldsymbol{A}_{2n} \\ \vdots & \vdots & \ddots & \vdots \\ \boldsymbol{A}_{m1} & \boldsymbol{A}_{m2} & \cdots & \boldsymbol{A}_{mn} \end{bmatrix}$$

1.1.2 矩阵的基本运算

矩阵的基本运算包括矩阵的转置、共轭、共轭转置、加法和乘法。

定义 1.1.1 若 $\boldsymbol{A}=[a_{ij}]$ 是一个 $m\times n$ 矩阵，则 $\boldsymbol{A}$ 的转置记作 $\boldsymbol{A}^{\mathrm{T}}$，是一个 $n\times m$ 矩阵，其元素定义为 $[\boldsymbol{A}^{\mathrm{T}}]_{ij}=a_{ji}$；矩阵 $\boldsymbol{A}$ 的复数共轭 $\boldsymbol{A}^*$ 仍然是一个 $m\times n$ 矩阵，其元素定义为 $[\boldsymbol{A}^*]_{ij}=a_{ij}^*$；而矩阵 $\boldsymbol{A}$ 的 (复) 共轭转置记作 $\boldsymbol{A}^{\mathrm{H}}$，它是一个 $n\times m$ 矩阵，定义为

$$\boldsymbol{A}^{\mathrm{H}}=\begin{bmatrix} a_{11}^* & a_{21}^* & \cdots & a_{m1}^* \\ a_{12}^* & a_{22}^* & \cdots & a_{m2}^* \\ \vdots & \vdots & \ddots & \vdots \\ a_{1n}^* & a_{2n}^* & \cdots & a_{mn}^* \end{bmatrix} \tag{1.1.12}$$

共轭转置又叫 Hermitian 伴随、Hermitian 转置或 Hermitian 共轭。

满足 $\boldsymbol{A}^{\mathrm{T}}=\boldsymbol{A}$ 的正方实矩阵和 $\boldsymbol{A}^{\mathrm{H}}=\boldsymbol{A}$ 的正方复矩阵分别称为对称矩阵和 Hermitian 矩阵 (复共轭对称矩阵)。

共轭转置与转置之间存在下列关系：

$$\boldsymbol{A}^{\mathrm{H}}=(\boldsymbol{A}^*)^{\mathrm{T}}=(\boldsymbol{A}^{\mathrm{T}})^* \tag{1.1.13}$$

一个 $m\times n$ 分块矩阵 $\boldsymbol{A}$ 的共轭转置是一个由 $\boldsymbol{A}$ 的每个分块矩阵的共轭转置组成的 $n\times m$ 分块矩阵

$$\boldsymbol{A}^{\mathrm{H}}=\begin{bmatrix} \boldsymbol{A}_{11}^{\mathrm{H}} & \boldsymbol{A}_{21}^{\mathrm{H}} & \cdots & \boldsymbol{A}_{m1}^{\mathrm{H}} \\ \boldsymbol{A}_{12}^{\mathrm{H}} & \boldsymbol{A}_{22}^{\mathrm{H}} & \cdots & \boldsymbol{A}_{m2}^{\mathrm{H}} \\ \vdots & \vdots & \ddots & \vdots \\ \boldsymbol{A}_{1n}^{\mathrm{H}} & \boldsymbol{A}_{2n}^{\mathrm{H}} & \cdots & \boldsymbol{A}_{mn}^{\mathrm{H}} \end{bmatrix}$$

列向量的转置结果为行向量，行向量的转置结果为列向量。由于书中遇到的大多数向量为列向量，为节省书写的空间，本书采用转置符号 T 将 $m\times 1$ 列向量记作 $\boldsymbol{x}=[x_1,\cdots,x_m]^{\mathrm{T}}$。

矩阵最简单的代数运算是两个矩阵的加法、矩阵与一个标量的乘法。

定义 1.1.2 两个 $m\times n$ 矩阵 $\boldsymbol{A}=[a_{ij}]$ 和 $\boldsymbol{B}=[b_{ij}]$ 之和记作 $\boldsymbol{A}+\boldsymbol{B}$，定义为 $[\boldsymbol{A}+\boldsymbol{B}]_{ij}=a_{ij}+b_{ij}$。

定义 1.1.3 令 $\boldsymbol{A}=[a_{ij}]$ 是一个 $m\times n$ 矩阵，且 α 是一个标量。乘积 $\alpha\boldsymbol{A}$ 是一个 $m\times n$ 矩阵，定义为 $[\alpha\boldsymbol{A}]_{ij}=\alpha a_{ij}$。

定义 1.1.3 可以推广为矩阵与向量的乘积、矩阵与矩阵的乘积。

定义 1.1.4 $m\times n$ 矩阵 $\boldsymbol{A}=[a_{ij}]$ 与 $r\times 1$ 向量 $\boldsymbol{x}=[x_1,\cdots,x_r]^{\mathrm{T}}$ 的乘积 $\boldsymbol{A}\boldsymbol{x}$ 只有当 $n=r$ 时才存在，它是一个 $m\times 1$ 向量，定义为

$$[\boldsymbol{A}\boldsymbol{x}]_i=\sum_{j=1}^{n}a_{ij}x_j,\quad i=1,\cdots,m$$

定义 1.1.5 $m\times n$ 矩阵 $\boldsymbol{A}=[a_{ij}]$ 与 $r\times s$ 矩阵 $\boldsymbol{B}=[b_{ij}]$ 的乘积 $\boldsymbol{AB}$ 只有当 $n=r$ 时才存在，它是一个 $m\times s$ 矩阵，定义为

$$[\boldsymbol{AB}]_{ij}=\sum_{k=1}^{n}a_{ik}b_{kj},\quad i=1,\cdots,m;\ j=1,\cdots,s$$

根据定义，容易验证矩阵的加法服从下面的运算法则：

(1) 加法交换律 (commutative law of addition)　$\boldsymbol{A}+\boldsymbol{B}=\boldsymbol{B}+\boldsymbol{A}$

(2) 加法结合律 (associative law of addition)　$(\boldsymbol{A}+\boldsymbol{B})+\boldsymbol{C}=\boldsymbol{A}+(\boldsymbol{B}+\boldsymbol{C})$

定理 1.1.1 矩阵的乘积服从下面的运算法则：

(1) 乘法结合律 (associative law of multiplication)　若 $\boldsymbol{A}\in\mathbb{C}^{m\times n},\boldsymbol{B}\in\mathbb{C}^{n\times p},\boldsymbol{C}\in\mathbb{C}^{p\times q}$，则 $\boldsymbol{A}(\boldsymbol{BC})=(\boldsymbol{AB})\boldsymbol{C}$。

(2) 乘法左分配律 (left distributive law of multiplication)　若 $\boldsymbol{A}$ 和 $\boldsymbol{B}$ 是两个 $m\times n$ 矩阵，且 $\boldsymbol{C}$ 是一个 $n\times p$ 矩阵，则 $(\boldsymbol{A}+\boldsymbol{B})\boldsymbol{C}=\boldsymbol{AC}+\boldsymbol{BC}$。

(3) 乘法右分配律 (right distributive law of multiplication)　若 $\boldsymbol{A}$ 是一个 $m\times n$ 矩阵，并且 $\boldsymbol{B}$ 和 $\boldsymbol{C}$ 是两个 $n\times p$ 矩阵，则 $\boldsymbol{A}(\boldsymbol{B}+\boldsymbol{C})=\boldsymbol{AB}+\boldsymbol{AC}$。

(4) 若 α 是一个标量，并且 $\boldsymbol{A}$ 和 $\boldsymbol{B}$ 是两个 $m\times n$ 矩阵，则 $\alpha(\boldsymbol{A}+\boldsymbol{B})=\alpha\boldsymbol{A}+\alpha\boldsymbol{B}$。

证明　这里只证明 (1) 和 (2)，其他部分的证明留给读者作练习。

(1) 令 $\boldsymbol{A}_{m\times n}=[a_{ij}],\boldsymbol{B}_{n\times p}=[b_{ij}],\boldsymbol{C}_{p\times q}=[c_{ij}]$，则

$$\begin{aligned}[\boldsymbol{A}(\boldsymbol{BC})]_{ij}&=\sum_{k=1}^{n}a_{ik}(\boldsymbol{BC})_{kj}=\sum_{k=1}^{n}a_{ik}\left[\sum_{l=1}^{p}b_{kl}c_{lj}\right]\\&=\sum_{l=1}^{p}\sum_{k=1}^{n}(a_{ik}b_{kl})c_{lj}=\sum_{l=1}^{p}[\boldsymbol{AB}]_{il}c_{lj}=[(\boldsymbol{AB})\boldsymbol{C}]_{ij}\end{aligned}$$

即有 $\boldsymbol{A}(\boldsymbol{BC})=(\boldsymbol{AB})\boldsymbol{C}$。

(2) 由矩阵的乘法知

$$[\boldsymbol{AC}]_{ij}=\sum_{k=1}^{n}a_{ik}c_{kj},\qquad[\boldsymbol{BC}]_{ij}=\sum_{k=1}^{n}b_{ik}c_{kj}$$

再由矩阵的加法，得

$$[\boldsymbol{AC}+\boldsymbol{BC}]_{ij}=[\boldsymbol{AC}]_{ij}+[\boldsymbol{BC}]_{ij}=\sum_{k=1}^{n}(a_{ik}+b_{ik})c_{kj}=[(\boldsymbol{A}+\boldsymbol{B})\boldsymbol{C}]_{ij}$$

故有 $(\boldsymbol{A}+\boldsymbol{B})\boldsymbol{C}=\boldsymbol{AC}+\boldsymbol{BC}$。 ■

一般说来，矩阵的乘法不满足交换律，即 $\boldsymbol{AB}\neq\boldsymbol{BA}$。

令向量 $\boldsymbol{x}=[x_1,x_2,\cdots,x_n]^{\mathrm{T}}$ 和 $\boldsymbol{y}=[y_1,y_2,\cdots,y_n]^{\mathrm{T}}$，矩阵与向量的乘积 $\boldsymbol{Ax}=\boldsymbol{y}$ 可视为向量 $\boldsymbol{x}$ 的线性变换。此时，$n\times n$ 矩阵 $\boldsymbol{A}$ 称为线性变换矩阵。若向量 $\boldsymbol{y}$ 到 $\boldsymbol{x}$ 的线性逆变换 $\boldsymbol{A}^{-1}$ 存在，则

$$\boldsymbol{x}=\boldsymbol{A}^{-1}\boldsymbol{y}\tag{1.1.14}$$

这一方程可视为在原线性变换 $\boldsymbol{Ax}=\boldsymbol{y}$ 两边左乘 $\boldsymbol{A}^{-1}$ 之后得到的结果 $\boldsymbol{A}^{-1}\boldsymbol{Ax}=\boldsymbol{A}^{-1}\boldsymbol{y}$。因此，线性逆变换 $\boldsymbol{A}^{-1}$ 应该满足 $\boldsymbol{A}^{-1}\boldsymbol{A}=\boldsymbol{I}$ 之关系。另一方面，$\boldsymbol{x}=\boldsymbol{A}^{-1}\boldsymbol{y}$ 也应该是可逆的，即两边左乘 $\boldsymbol{A}$ 后得到的 $\boldsymbol{Ax}=\boldsymbol{AA}^{-1}\boldsymbol{y}$ 应该与原线性变换 $\boldsymbol{Ax}=\boldsymbol{y}$ 一致，故 $\boldsymbol{A}^{-1}$ 还应该满足 $\boldsymbol{AA}^{-1}=\boldsymbol{I}$。

综合以上讨论，可以得到逆矩阵的定义如下。

定义 1.1.6 令 $\boldsymbol{A}$ 是一个 $n\times n$ 矩阵。称矩阵 $\boldsymbol{A}$ 可逆，若可以找到一个 $n\times n$ 矩阵 $\boldsymbol{A}^{-1}$ 满足 $\boldsymbol{AA}^{-1}=\boldsymbol{A}^{-1}\boldsymbol{A}=\boldsymbol{I}$，并称 $\boldsymbol{A}^{-1}$ 是矩阵 $\boldsymbol{A}$ 的逆矩阵。

下面是共轭、转置、共轭转置和逆矩阵的性质。

(1) 矩阵的共轭、转置和共轭转置满足分配律

$$(\boldsymbol{A}+\boldsymbol{B})^*=\boldsymbol{A}^*+\boldsymbol{B}^*,\quad (\boldsymbol{A}+\boldsymbol{B})^{\mathrm{T}}=\boldsymbol{A}^{\mathrm{T}}+\boldsymbol{B}^{\mathrm{T}},\quad (\boldsymbol{A}+\boldsymbol{B})^{\mathrm{H}}=\boldsymbol{A}^{\mathrm{H}}+\boldsymbol{B}^{\mathrm{H}}$$

(2) 矩阵乘积的转置、共轭转置和逆矩阵满足关系式

$$(\boldsymbol{AB})^{\mathrm{T}}=\boldsymbol{B}^{\mathrm{T}}\boldsymbol{A}^{\mathrm{T}},\quad (\boldsymbol{AB})^{\mathrm{H}}=\boldsymbol{B}^{\mathrm{H}}\boldsymbol{A}^{\mathrm{H}}$$
$$(\boldsymbol{AB})^{-1}=\boldsymbol{B}^{-1}\boldsymbol{A}^{-1}\quad (\boldsymbol{A},\boldsymbol{B}\ \text{为可逆的正方矩阵})$$

(3) 共轭、转置和共轭转置等符号均可与求逆符号交换，即有

$$(\boldsymbol{A}^*)^{-1}=(\boldsymbol{A}^{-1})^*,\quad (\boldsymbol{A}^{\mathrm{T}})^{-1}=(\boldsymbol{A}^{-1})^{\mathrm{T}},\quad (\boldsymbol{A}^{\mathrm{H}})^{-1}=(\boldsymbol{A}^{-1})^{\mathrm{H}}$$

因此，常常分别采用紧凑的数学符号 $\boldsymbol{A}^{-*},\boldsymbol{A}^{-\mathrm{T}}$ 和 $\boldsymbol{A}^{-\mathrm{H}}$。

(4) 对于任意矩阵 $\boldsymbol{A}$，矩阵 $\boldsymbol{B}=\boldsymbol{A}^{\mathrm{H}}\boldsymbol{A}$ 都是 Hermitian 矩阵。若 $\boldsymbol{A}$ 可逆，则对于 Hermitian 矩阵 $\boldsymbol{B}=\boldsymbol{A}^{\mathrm{H}}\boldsymbol{A}$，有 $\boldsymbol{A}^{-\mathrm{H}}\boldsymbol{BA}^{-1}=\boldsymbol{A}^{-\mathrm{H}}\boldsymbol{A}^{\mathrm{H}}\boldsymbol{AA}^{-1}=\boldsymbol{I}$。

在一些应用中，常常涉及一个 $n\times n$ 矩阵 $\boldsymbol{A}$ 与它自身的乘积，从中可以引出两个重要的概念。

定义 1.1.7 矩阵 $\boldsymbol{A}_{n\times n}$ 称为幂等矩阵 (idempotent matrix)，若 $\boldsymbol{A}^2=\boldsymbol{AA}=\boldsymbol{A}$。

幂等矩阵 $\boldsymbol{A}$ 具有以下性质[403]：

(1) $\boldsymbol{A}^n=\boldsymbol{A}$ 对于 $n=1,2,3,\cdots$ 成立。

(2) $\boldsymbol{I}-\boldsymbol{A}$ 为幂等矩阵 (注意：$\boldsymbol{A}-\boldsymbol{I}$ 不一定是幂等矩阵)。

(3) $\boldsymbol{A}^{\mathrm{H}}$ 为幂等矩阵。

(4) $\boldsymbol{I}-\boldsymbol{A}^{\mathrm{H}}$ 为幂等矩阵。

(5) 若 $\boldsymbol{B}$ 也为幂等矩阵，并且 $\boldsymbol{AB}=\boldsymbol{BA}$，则 $\boldsymbol{AB}$ 为幂等矩阵。

(6) $\boldsymbol{A}(\boldsymbol{I}-\boldsymbol{A})=\boldsymbol{O}$ (零矩阵)。

(7) $(\boldsymbol{I}-\boldsymbol{A})\boldsymbol{A}=\boldsymbol{O}$ (零矩阵)。

(8) 函数 $f(s\boldsymbol{I}+t\boldsymbol{A})=(\boldsymbol{I}-\boldsymbol{A})f(s)+\boldsymbol{A}f(s+t)$。

定义 1.1.8 矩阵 $\boldsymbol{A}_{n\times n}$ 称为对合矩阵 (involutory matrix) 或幂单矩阵 (unipotent matrix)，若 $\boldsymbol{A}^2=\boldsymbol{AA}=\boldsymbol{I}$。

若 $\boldsymbol{A}$ 为对合或者幂单矩阵，则函数 $f(\cdot)$ 具有以下性质[403]

$$f(s\boldsymbol{I}+t\boldsymbol{A})=\frac{1}{2}[(\boldsymbol{I}+\boldsymbol{A})f(s+t)+(\boldsymbol{I}-\boldsymbol{A})f(s-t)] \tag{1.1.15}$$

幂等矩阵与对合矩阵的关系：矩阵 $\boldsymbol{A}$ 是对合矩阵，当且仅当 $\frac{1}{2}(\boldsymbol{A}+\boldsymbol{I})$ 为幂等矩阵。

$n\times n$ 矩阵 $\boldsymbol{A}$ 称为幂零矩阵 (nilpotent matrix)，若 $\boldsymbol{A}^2=\boldsymbol{A}\boldsymbol{A}=\boldsymbol{O}$ (零矩阵)。

若 $\boldsymbol{A}$ 为幂零矩阵，则函数 $f(\cdot)$ 具有以下性质[403]

$$f(s\boldsymbol{I}+t\boldsymbol{A})=\boldsymbol{I}f(s)+t\boldsymbol{A}f'(s) \tag{1.1.16}$$

式中 $f'(s)$ 表示函数 $f(s)$ 的一阶导数。

除了上述矩阵的基本运算外，还可定义矩阵函数：三角函数[403]

$$\sin(\boldsymbol{A})=\sum_{n=0}^{\infty}\frac{(-1)^n\boldsymbol{A}^{2n+1}}{(2n+1)!}=\boldsymbol{A}-\frac{1}{3!}\boldsymbol{A}^3+\frac{1}{5!}\boldsymbol{A}^5-\cdots \tag{1.1.17}$$

$$\cos(\boldsymbol{A})=\sum_{n=0}^{\infty}\frac{(-1)^n\boldsymbol{A}^{2n}}{(2n)!}=\boldsymbol{I}-\frac{1}{2!}\boldsymbol{A}^2+\frac{1}{4!}\boldsymbol{A}^4-\cdots \tag{1.1.18}$$

以及矩阵的指数函数和对数函数[328, 198]

$$\mathrm{e}^{\boldsymbol{A}}=\sum_{n=0}^{\infty}\frac{1}{n!}\boldsymbol{A}^n=\boldsymbol{I}+\boldsymbol{A}+\frac{1}{2}\boldsymbol{A}^2+\frac{1}{3!}\boldsymbol{A}^3+\cdots \tag{1.1.19}$$

$$\mathrm{e}^{-\boldsymbol{A}}=\sum_{n=0}^{\infty}\frac{1}{n!}(-1)^n\boldsymbol{A}^n=\boldsymbol{I}-\boldsymbol{A}+\frac{1}{2}\boldsymbol{A}^2-\frac{1}{3!}\boldsymbol{A}^3+\cdots \tag{1.1.20}$$

$$\mathrm{e}^{\boldsymbol{A}t}=\boldsymbol{I}+\boldsymbol{A}t+\frac{1}{2}\boldsymbol{A}^2t^2+\frac{1}{3!}\boldsymbol{A}^3t^3+\cdots \tag{1.1.21}$$

$$\ln(\boldsymbol{I}+\boldsymbol{A})=\sum_{n=1}^{\infty}\frac{(-1)^{n-1}}{n}\boldsymbol{A}^n=\boldsymbol{A}-\frac{1}{2}\boldsymbol{A}^2+\frac{1}{3}\boldsymbol{A}^3-\cdots \tag{1.1.22}$$

如果矩阵 $\boldsymbol{A}$ 的元素 a_{ij} 都是参数 t 的函数，则矩阵的导数定义为

$$\frac{\mathrm{d}\boldsymbol{A}}{\mathrm{d}t}=\dot{\boldsymbol{A}}=\begin{bmatrix}\frac{\mathrm{d}a_{11}}{\mathrm{d}t} & \frac{\mathrm{d}a_{12}}{\mathrm{d}t} & \cdots & \frac{\mathrm{d}a_{1n}}{\mathrm{d}t}\\ \frac{\mathrm{d}a_{21}}{\mathrm{d}t} & \frac{\mathrm{d}a_{22}}{\mathrm{d}t} & \cdots & \frac{\mathrm{d}a_{2n}}{\mathrm{d}t}\\ \vdots & \vdots & \ddots & \vdots\\ \frac{\mathrm{d}a_{m1}}{\mathrm{d}t} & \frac{\mathrm{d}a_{m2}}{\mathrm{d}t} & \cdots & \frac{\mathrm{d}a_{mn}}{\mathrm{d}t}\end{bmatrix} \tag{1.1.23}$$

同样可定义矩阵的高阶导数。

矩阵的积分定义为

$$\int\boldsymbol{A}\mathrm{d}t=\begin{bmatrix}\int a_{11}\mathrm{d}t & \int a_{12}\mathrm{d}t & \cdots & \int a_{1n}\mathrm{d}t\\ \int a_{21}\mathrm{d}t & \int a_{22}\mathrm{d}t & \cdots & \int a_{2n}\mathrm{d}t\\ \vdots & \vdots & \ddots & \vdots\\ \int a_{m1}\mathrm{d}t & \int a_{m2}\mathrm{d}t & \cdots & \int a_{mn}\mathrm{d}t\end{bmatrix} \tag{1.1.24}$$

同样也可定义矩阵的多重积分。

指数矩阵函数的导数定义为

$$\frac{\mathrm{d}\mathrm{e}^{\boldsymbol{A}t}}{\mathrm{d}t}=\boldsymbol{A}\mathrm{e}^{\boldsymbol{A}t}=\mathrm{e}^{\boldsymbol{A}t}\boldsymbol{A} \tag{1.1.25}$$

矩阵乘积的导数定义为

$$\frac{\mathrm{d}}{\mathrm{d}t}(\boldsymbol{A}\boldsymbol{B})=\frac{\mathrm{d}\boldsymbol{A}}{\mathrm{d}t}\boldsymbol{B}+\boldsymbol{A}\frac{\mathrm{d}\boldsymbol{B}}{\mathrm{d}t} \tag{1.1.26}$$

其中，$\boldsymbol{A}$ 和 $\boldsymbol{B}$ 都是变量 t 的矩阵函数。

1.1.3 向量的线性无关性与非奇异矩阵

考查式 (1.1.1) 描述的 $m\times n$ 线性方程组，它可写成矩阵方程 $\boldsymbol{A}\boldsymbol{x}=\boldsymbol{b}$。若记 $\boldsymbol{A}=[\boldsymbol{a}_1,\cdots,\boldsymbol{a}_n]$，则式 (1.1.1) 的 m 个方程可以合并写成标量与向量乘积之和

$$\boldsymbol{a}_1x_1+\cdots+\boldsymbol{a}_nx_n=\boldsymbol{b}$$

并称为列向量 $\boldsymbol{a}_1,\cdots,\boldsymbol{a}_n$ 的线性组合。

定义 1.1.9 一组 m 维向量 $\{\boldsymbol{u}_1,\cdots,\boldsymbol{u}_n\}$ 称为线性无关，若方程

$$c_1\boldsymbol{u}_1+\cdots+c_n\boldsymbol{u}_n=\boldsymbol{0}$$

只有零解 $c_1=\cdots=c_n=0$。若能够找到一组不全部为零的系数 $c_1,\cdots,c_n$ 使得上述方程成立，则称 m 维向量组 $\{\boldsymbol{u}_1,\cdots,\boldsymbol{u}_n\}$ 线性相关。

向量的线性无关可以准确地描述什么样的 $n\times n$ 线性方程组 $\boldsymbol{A}\boldsymbol{x}=\boldsymbol{b}$ 具有唯一的非零解 $\boldsymbol{x}$。

一个 $n\times n$ 矩阵 $\boldsymbol{A}$ 是非奇异的，当且仅当矩阵方程 $\boldsymbol{A}\boldsymbol{x}=\boldsymbol{0}$ 只有零解 $\boldsymbol{x}=\boldsymbol{0}$。若 $\boldsymbol{A}\boldsymbol{x}=\boldsymbol{0}$ 存在非零解 $\boldsymbol{x}\neq\boldsymbol{0}$，则矩阵 $\boldsymbol{A}$ 是奇异的。

由于线性方程组 $\boldsymbol{A}\boldsymbol{x}=\boldsymbol{0}$ 等价为

$$\boldsymbol{a}_1x_1+\cdots+\boldsymbol{a}_nx_n=\boldsymbol{0}$$

式中，$\boldsymbol{A}=[\boldsymbol{a}_1,\cdots,\boldsymbol{a}_n]$。由定义 1.1.9 立即可以得出结论：当且仅当矩阵 $\boldsymbol{A}$ 的列向量 $\boldsymbol{a}_1,\cdots,\boldsymbol{a}_n$ 线性无关时，矩阵方程 $\boldsymbol{A}\boldsymbol{x}=\boldsymbol{0}$ 只有零解 $\boldsymbol{x}=\boldsymbol{0}$，即矩阵 $\boldsymbol{A}$ 是非奇异的。由于这一结果的重要性，现用定理形式叙述之。

定理 1.1.2 $n\times n$ 矩阵 $\boldsymbol{A}=[\boldsymbol{a}_1,\cdots,\boldsymbol{a}_n]$ 是非奇异的，当且仅当它的 n 个列向量 $\boldsymbol{a}_1,\cdots,\boldsymbol{a}_n$ 线性无关。

综上所述，$n\times n$ 矩阵 $\boldsymbol{A}$ 的非奇异性可以根据其列向量的线性无关性或矩阵方程 $\boldsymbol{A}\boldsymbol{x}=\boldsymbol{b}$ 存在唯一非零解或矩阵方程 $\boldsymbol{A}\boldsymbol{x}=\boldsymbol{0}$ 只有零解加以判断。

1.2 矩阵的初等变换

涉及矩阵行与行之间的简单运算称为初等行运算。事实上，矩阵的初等行运算往往可以解决一些重要问题。例如，只使用初等行运算，就可以解决矩阵方程求解、矩阵求逆和矩阵基本空间的基向量构造等复杂问题。

1.2.1 初等行变换与阶梯型矩阵

定义 1.2.1 令矩阵 $\boldsymbol{A}\in\mathbb{C}^{m\times n}$ 的 m 个行向量分别为 $\boldsymbol{r}_1,\cdots,\boldsymbol{r}_m$。下列运算称为矩阵 $\boldsymbol{A}$ 的初等行运算 (elementary row operation) 或初等行变换 (elementary row transformation)：

(1) 互换矩阵的任意两行，如 $\boldsymbol{r}_p\leftrightarrow\boldsymbol{r}_q$，称为 I 型初等行变换。

(2) 一行元素同乘一个非零常数 α，如 $\alpha\boldsymbol{r}_p\rightarrow\boldsymbol{r}_p$，称为 II 型初等行变换。

(3) 将第 p 行元素同乘一个非零常数 β 后，加给第 q 行，即 $\beta\boldsymbol{r}_p+\boldsymbol{r}_q\rightarrow\boldsymbol{r}_q$，称为 III 型初等行变换。

若矩阵 $\boldsymbol{A}_{m\times n}$ 经过一系列初等行运算，变换成为矩阵 $\boldsymbol{B}_{m\times n}$，则称矩阵 $\boldsymbol{A}$ 和 $\boldsymbol{B}$ 为行等价矩阵 (row equivalent matrix)。

一个非零行最左边的非零元素称为该行的首项元素 (leading entry)。如果首项元素等于 1，便称为首一元素 (leading 1 entry)。

从矩阵方程的求解以及基本空间的基向量构造等应用出发，常常希望将一个矩阵经过初等行运算之后，变换为阶梯型矩阵。

定义 1.2.2 一个 $m\times n$ 矩阵称为阶梯型 (echelon form) 矩阵，若：

(1) 全部由零组成的所有行都位于矩阵的底部。

(2) 每一个非零行的首项元素总是出现在上一个非零行的首项元素的右边。

(3) 首项元素下面的同列元素全部为零。

例如，下面是阶梯型矩阵的几个例子

$$\boldsymbol{A}=\begin{bmatrix}2&*&*\\0&5&*\\0&0&3\\0&0&0\end{bmatrix},\quad \boldsymbol{A}=\begin{bmatrix}1&*&*\\0&3&*\\0&0&0\\0&0&0\end{bmatrix},\quad \boldsymbol{A}=\begin{bmatrix}3&*&*\\0&0&5\\0&0&0\\0&0&0\end{bmatrix},\quad \boldsymbol{A}=\begin{bmatrix}0&1&*\\0&0&9\\0&0&0\\0&0&0\end{bmatrix}$$

式中，$*$ 表示该元素可以为任意值。

定义 1.2.3[255] 一个阶梯型矩阵 $\boldsymbol{A}$ 称为行简约阶梯型 (row reduced echelon form, RREF)，若 $\boldsymbol{A}$ 的每一非零行的首项元素等于 1 (即为首一元素)，并且每一个首一元素也是它所在列唯一的非零元素。

行简约阶梯型也称行阶梯标准型或 Hermite 标准型。

给定一个 $m\times n$ 矩阵 $\boldsymbol{B}$，下面的算法通过初等行变换将 $\boldsymbol{B}$ 化成行简约阶梯型矩阵。

算法 1.2.1 将 $m\times n$ 矩阵化成行简约阶梯型 [255]

步骤1　将含有一个非零元素的列设定为最左边的第 1 列。

步骤2　如果需要，将第 1 行与其他行互换，以使第 1 个非零列在第 1 行有一个非零元素。

步骤3　如果第 1 行的首项元素为 a，则将该行的所有元素乘以 $1/a$，以使该行的首项元素等于 1，成为首一元素。

步骤4　通过初等行变换，将其他行位于第 1 行首一元素下面的全部元素变成 0。

步骤5　对第 $i=2,3,\cdots,m$ 行依次重复以上步骤，以使每一行的首一元素出现在上一行的首一元素的右边，并使与第 i 行首一元素同列的其他各行元素都变为 0。

定理 1.2.1　任何一个矩阵 $\boldsymbol{A}_{m\times n}$ 都与一个并且唯一的一个行简约阶梯型矩阵是行等价的。

证明　参见文献 [306, Appendix A]。

当矩阵的初等行变换产生一个行阶梯型矩阵时，若将行阶梯型矩阵进一步简化为行简约阶梯型，则相应的初等行变换将不会改变行阶梯型矩阵各非零行首项元素的位置。也就是说，任何一个矩阵的行阶梯型的首项元素与行简约阶梯型的首一元素总是处于相同的位置。由此可以引出下面的定义。

定义 1.2.4[306, p.15]　矩阵 $\boldsymbol{A}_{m\times n}$ 的主元位置 (pivot position) 就是矩阵 $\boldsymbol{A}$ 中与其阶梯型的首项元素相对应的位置。矩阵 $\boldsymbol{A}$ 中包含主元位置的每一列都称为 $\boldsymbol{A}$ 的主元列 (pivot column)。

下面的例子说明如何通过初等行运算，将一个矩阵变换为行阶梯型和行简约阶梯型，以及如何判断原矩阵的主元列。

例 1.2.1　已知 3×5 矩阵

$$\boldsymbol{A}=\begin{bmatrix} -3 & 6 & -1 & 1 & -7 \\ 1 & -2 & 2 & 3 & -1 \\ 2 & -4 & 5 & 8 & -4 \end{bmatrix}$$

第 2 行乘 -2，加到第 3 行；并且第 2 行乘 3，加到第 1 行，则

$$\boldsymbol{A}\sim\begin{bmatrix} 0 & 0 & 5 & 10 & -10 \\ 1 & -2 & 2 & 3 & -1 \\ 0 & 0 & 1 & 2 & -2 \end{bmatrix}$$

第 1 行乘 $-2/5$，加到第 2 行；同时第 1 行乘 $-1/5$，加到第 3 行，得

$$\boldsymbol{A}\sim\begin{bmatrix} 0 & 0 & 5 & 10 & -10 \\ 1 & -2 & 0 & -1 & 3 \\ 0 & 0 & 0 & 0 & 0 \end{bmatrix}$$

交换第 1 行和第 2 行，又得到

$$\boldsymbol{A}\sim\begin{bmatrix} \underline{1} & -2 & 0 & -1 & 3 \\ 0 & 0 & \underline{5} & 10 & -10 \\ 0 & 0 & 0 & 0 & 0 \end{bmatrix}\qquad\text{(阶梯型)}$$

下面画横杠的元素所在的位置称为主元位置。因此，矩阵 $\boldsymbol{A}$ 的主元列为第 1 列和第 3 列，即有

$$\begin{bmatrix} -3 \\ 1 \\ 2 \end{bmatrix}, \quad \begin{bmatrix} -1 \\ 2 \\ 5 \end{bmatrix} \qquad (\boldsymbol{A}\text{ 的主元列})$$

进一步地，阶梯型矩阵的第 2 行乘以 1/5，行阶梯型简化为

$$\boldsymbol{A} \sim \begin{bmatrix} 1 & -2 & 0 & -1 & 3 \\ 0 & 0 & 1 & 2 & -2 \\ 0 & 0 & 0 & 0 & 0 \end{bmatrix} \qquad (\text{行简约阶梯型})$$

1.2.2 初等行变换的两个应用

下面介绍初等行变换的两个重要应用：矩阵方程求解和矩阵求逆。

1. 矩阵方程求解

考查 $n \times n$ 矩阵方程 $\boldsymbol{Ax} = \boldsymbol{b}$ 的求解，其中矩阵 $\boldsymbol{A}$ 存在逆矩阵 $\boldsymbol{A}^{-1}$。现在，希望通过初等行变换，得到方程的解 $\boldsymbol{x} = \boldsymbol{A}^{-1}\boldsymbol{b}$。

$n \times n$ 矩阵方程 $\boldsymbol{Ax} = \boldsymbol{b}$ 中的 $\boldsymbol{A}$ 和 $\boldsymbol{b}$ 分别称作数据矩阵和数据向量，而 $\boldsymbol{x}$ 称为未知数 (或未知参数) 向量。为了方便讨论矩阵方程的求解，常将数据矩阵和数据向量组合成一个 $n \times (n+1)$ 维的新矩阵 $\boldsymbol{B} = [\boldsymbol{A}, \boldsymbol{b}]$，并称为矩阵方程 $\boldsymbol{Ax} = \boldsymbol{b}$ 的增广矩阵。

注意到矩阵方程的解 $\boldsymbol{x} = \boldsymbol{A}^{-1}\boldsymbol{b}$ 也可以写成矩阵方程的形式 $\boldsymbol{Ix} = \boldsymbol{A}^{-1}\boldsymbol{b}$，其对应的增广矩阵为 $[\boldsymbol{I}, \boldsymbol{A}^{-1}\boldsymbol{b}]$。于是，我们可以将矩阵方程的这一求解过程与它们对应的增广矩阵形式分别书写为

$$\begin{array}{lccc} \text{方程求解} & \boldsymbol{Ax} = \boldsymbol{b} & \xrightarrow{\text{初等行变换}} & \boldsymbol{x} = \boldsymbol{A}^{-1}\boldsymbol{b} \\ \text{增广矩阵} & [\boldsymbol{A}, \boldsymbol{b}] & \xrightarrow{\text{初等行变换}} & [\boldsymbol{I}, \boldsymbol{A}^{-1}\boldsymbol{b}] \end{array}$$

这表明，若对增广矩阵 $[\boldsymbol{A}, \boldsymbol{b}]$ 使用初等行变换，使得左边变成一个 $n \times n$ 维单位矩阵，则变换后的增广矩阵的第 $n+1$ 列给出原矩阵方程的解 $\boldsymbol{x} = \boldsymbol{A}^{-1}\boldsymbol{b}$。这样一种求解矩阵方程的初等行变换方法称为高斯消去 (Gauss elimination) 法或 Gauss-Jordan 消去法。

例 1.2.2 用高斯消去法求解线性方程组

$$\begin{aligned} x_1 + x_2 + 2x_3 &= 6 \\ 3x_1 + 4x_2 - x_3 &= 5 \\ -x_1 + x_2 + x_3 &= 2 \end{aligned}$$

对其增广矩阵进行初等行变换

$$\begin{bmatrix} 1 & 1 & 2 & 6 \\ 3 & 4 & -1 & 5 \\ -1 & 1 & 1 & 2 \end{bmatrix} \xrightarrow{\text{第 2 行减去第 1 行的 3 倍}} \begin{bmatrix} 1 & 1 & 2 & 6 \\ 0 & 1 & -7 & -13 \\ -1 & 1 & 1 & 2 \end{bmatrix} \xrightarrow{\text{第 1 行加到第 3 行}}$$

$$\begin{bmatrix} 1 & 1 & 2 & 6 \\ 0 & 1 & -7 & -13 \\ 0 & 2 & 3 & 8 \end{bmatrix} \xrightarrow{\text{第 1 行减去第 2 行}} \begin{bmatrix} 1 & 0 & 9 & 19 \\ 0 & 1 & -7 & -13 \\ 0 & 2 & 3 & 8 \end{bmatrix} \xrightarrow{\text{第 3 行减去第 2 行的 2 倍}}$$

$$\begin{bmatrix} 1 & 0 & 9 & 19 \\ 0 & 1 & -7 & -13 \\ 0 & 0 & 17 & 34 \end{bmatrix} \xrightarrow{\text{第 3 行乘以 1/17}} \begin{bmatrix} 1 & 0 & 9 & 19 \\ 0 & 1 & -7 & -13 \\ 0 & 0 & 1 & 2 \end{bmatrix} \xrightarrow{\text{第 1 行减去第 3 行的 9 倍}}$$

$$\begin{bmatrix} 1 & 0 & 0 & 1 \\ 0 & 1 & -7 & -13 \\ 0 & 0 & 1 & 2 \end{bmatrix} \xrightarrow{\text{第 3 行乘以 7 后，再加到第 2 行}} \begin{bmatrix} 1 & 0 & 0 & 1 \\ 0 & 1 & 0 & 1 \\ 0 & 0 & 1 & 2 \end{bmatrix}$$

即通过高斯消去法得到方程组的解为 $x_1 = 1$，$x_2 = 1$ 和 $x_3 = 2$。

初等行变换方法也适用于 $m \times n$ 矩阵方程 $\boldsymbol{Ax} = \boldsymbol{b}$ 的求解。此时，需要将增广矩阵化成行简约阶梯型矩阵。具体算法如下。

算法 1.2.2 $m \times n$ 矩阵方程 $\boldsymbol{Ax} = \boldsymbol{b}$ 的求解 [255]

步骤 1 构造增广矩阵 $\boldsymbol{B} = [\boldsymbol{A}, \boldsymbol{b}]$。

步骤 2 使用算法 1.2.1 将增广矩阵 $\boldsymbol{B}$ 变成行简约阶梯型，它与原增广矩阵等价。

步骤 3 从简化的矩阵得到对应的线性方程组，它与原线性方程组等价。

步骤 4 得到新的线性方程组的通解 (general solution)。

例 1.2.3 考查线性方程组及其增广矩阵

$$\begin{aligned} 2x_1 + 2x_2 - x_3 &= 1 \\ -2x_1 - 2x_2 + 4x_3 &= 1 \\ 2x_1 + 2x_2 + 5x_3 &= 5 \\ -2x_1 - 2x_2 - 2x_3 &= -3 \end{aligned} \quad \text{和} \quad \boldsymbol{B} = \begin{bmatrix} 2 & 2 & -1 & 1 \\ -2 & -2 & 4 & 1 \\ 2 & 2 & 5 & 5 \\ -2 & -2 & -2 & -3 \end{bmatrix}$$

第 1 行元素乘以 1/2，使第 1 个元素为 1

$$\begin{bmatrix} 2 & 2 & -1 & 1 \\ -2 & -2 & 4 & 1 \\ 2 & 2 & 5 & 5 \\ -2 & -2 & -2 & -3 \end{bmatrix} \to \begin{bmatrix} 1 & 1 & -\frac{1}{2} & \frac{1}{2} \\ -2 & -2 & 4 & 1 \\ 2 & 2 & 5 & 5 \\ -2 & -2 & -2 & -3 \end{bmatrix}$$

利用初等行变换，使第 2 ~ 4 行的第 1 个元素都变成 0

$$\begin{bmatrix} 1 & 1 & -\frac{1}{2} & \frac{1}{2} \\ -2 & -2 & 4 & 1 \\ 2 & 2 & 5 & 5 \\ -2 & -2 & -2 & -3 \end{bmatrix} \to \begin{bmatrix} 1 & 1 & -\frac{1}{2} & \frac{1}{2} \\ 0 & 0 & 3 & 2 \\ 0 & 0 & 6 & 4 \\ 0 & 0 & -3 & -2 \end{bmatrix}$$

第 2 行元素乘以 1/3，使得其第 3 列元素等于 1，即有

$$\begin{bmatrix} 1 & 1 & -\frac{1}{2} & \frac{1}{2} \\ 0 & 0 & 3 & 2 \\ 0 & 0 & 6 & 4 \\ 0 & 0 & -3 & -2 \end{bmatrix} \to \begin{bmatrix} 1 & 1 & -\frac{1}{2} & \frac{1}{2} \\ 0 & 0 & 1 & \frac{2}{3} \\ 0 & 0 & 6 & 4 \\ 0 & 0 & -3 & -2 \end{bmatrix}$$

利用初等行变换，使第 2 行首项元素 1 的上边和下边的元素全部变为 0，得到

$$\begin{bmatrix} 1 & 1 & -\frac{1}{2} & \frac{1}{2} \\ 0 & 0 & 1 & \frac{2}{3} \\ 0 & 0 & 6 & 4 \\ 0 & 0 & -3 & -2 \end{bmatrix} \to \begin{bmatrix} 1 & 1 & 0 & \frac{5}{6} \\ 0 & 0 & 1 & \frac{2}{3} \\ 0 & 0 & 0 & 0 \\ 0 & 0 & 0 & 0 \end{bmatrix}$$

对应的线性方程组为 $x_1 + x_2 = \frac{5}{6}$ 和 $x_3 = \frac{2}{3}$。该方程组有无穷多组解，其通解为 $x_1 = \frac{5}{6} - x_2, x_3 = \frac{2}{3}$。若 $x_2 = 1$，则得一特解 (particular solution) 为 $x_1 = -\frac{1}{6}, x_2 = 1$ 和 $x_3 = \frac{2}{3}$。

考察齐次线性方程组 (homogeneous linear system of equations)

$$\left.\begin{aligned} a_{11}x_1 + \cdots + a_{1n}x_n &= 0 \\ &\vdots \\ a_{m1}x_1 + \cdots + a_{mn}x_n &= 0 \end{aligned}\right\} \tag{1.2.1}$$

显然，$\boldsymbol{x} = [0, 0, \cdots, 0]^{\mathrm{T}}$ 是任何齐次线性方程组的一个解。零向量解称为平凡解 (trivial solution)。平凡解以外的任何其他解称为非平凡解 (nontrivial solution)。

任何一个复矩阵方程 $\boldsymbol{A}_{m\times n}\boldsymbol{x}_{n\times 1} = \boldsymbol{b}_{m\times 1}$ 都可以写为

$$(\boldsymbol{A}_{\mathrm{r}} + \mathrm{j}\,\boldsymbol{A}_{\mathrm{i}})(\boldsymbol{x}_{\mathrm{r}} + \mathrm{j}\,\boldsymbol{x}_{\mathrm{i}}) = \boldsymbol{b}_{\mathrm{r}} + \mathrm{j}\,\boldsymbol{b}_{\mathrm{i}} \tag{1.2.2}$$

式中，$\boldsymbol{A}_{\mathrm{r}}, \boldsymbol{x}_{\mathrm{r}}, \boldsymbol{b}_{\mathrm{r}}$ 和 $\boldsymbol{A}_{\mathrm{i}}, \boldsymbol{x}_{\mathrm{i}}, \boldsymbol{b}_{\mathrm{i}}$ 分别代表 $\boldsymbol{A}, \boldsymbol{x}, \boldsymbol{b}$ 的实部和虚部。展开上式，得

$$\boldsymbol{A}_{\mathrm{r}}\boldsymbol{x}_{\mathrm{r}} - \boldsymbol{A}_{\mathrm{i}}\boldsymbol{x}_{\mathrm{i}} = \boldsymbol{b}_{\mathrm{r}} \tag{1.2.3}$$

$$\boldsymbol{A}_{\mathrm{i}}\boldsymbol{x}_{\mathrm{r}} + \boldsymbol{A}_{\mathrm{r}}\boldsymbol{x}_{\mathrm{i}} = \boldsymbol{b}_{\mathrm{i}} \tag{1.2.4}$$

利用矩阵分块形式，上式可合并为

$$\begin{bmatrix} \boldsymbol{A}_{\mathrm{r}} & -\boldsymbol{A}_{\mathrm{i}} \\ \boldsymbol{A}_{\mathrm{i}} & \boldsymbol{A}_{\mathrm{r}} \end{bmatrix} \begin{bmatrix} \boldsymbol{x}_{\mathrm{r}} \\ \boldsymbol{x}_{\mathrm{i}} \end{bmatrix} = \begin{bmatrix} \boldsymbol{b}_{\mathrm{r}} \\ \boldsymbol{b}_{\mathrm{i}} \end{bmatrix} \tag{1.2.5}$$

于是，含 n 个复未知数的 m 个复方程转变为含 $2n$ 个实未知数的 $2m$ 个实方程。

特别地，若 $m = n$，则有

$$\text{复矩阵方程求解} \qquad \boldsymbol{A}\boldsymbol{x} = \boldsymbol{b} \xrightarrow{\text{初等行变换}} \boldsymbol{x} = \boldsymbol{A}^{-1}\boldsymbol{b}$$

$$\text{实增广矩阵} \begin{bmatrix} \boldsymbol{A}_{\mathrm{r}} & -\boldsymbol{A}_{\mathrm{i}} & \boldsymbol{b}_{\mathrm{r}} \\ \boldsymbol{A}_{\mathrm{i}} & \boldsymbol{A}_{\mathrm{r}} & \boldsymbol{b}_{\mathrm{i}} \end{bmatrix} \xrightarrow{\text{初等行变换}} \begin{bmatrix} \boldsymbol{I}_n & \boldsymbol{O}_n & \boldsymbol{x}_{\mathrm{r}} \\ \boldsymbol{O}_n & \boldsymbol{I}_n & \boldsymbol{x}_{\mathrm{i}} \end{bmatrix}$$

这表明，若将复矩阵 $\boldsymbol{A}\in\mathbb{C}^{n\times n}$ 和复向量 $\boldsymbol{b}\in\mathbb{C}^{n}$ 排成 $2n\times(2n+1)$ 增广矩阵，并且利用初等行变换将增广矩阵的左边变成 $2n\times 2n$ 单位矩阵，则最右边的 $2n\times 1$ 列向量的上、下一半分别给出复矩阵方程的解向量 $\boldsymbol{x}$ 的实部和虚部。

2. 矩阵求逆的高斯消去法

考虑 $n\times n$ 非奇异矩阵 $\boldsymbol{A}$ 的求逆。这个问题也可以建模成一个矩阵方程 $\boldsymbol{AX}=\boldsymbol{I}$，因为该方程的解 $\boldsymbol{X}=\boldsymbol{A}^{-1}$ 就是矩阵 $\boldsymbol{A}$ 的逆矩阵。易知，矩阵方程 $\boldsymbol{AX}=\boldsymbol{I}$ 的增广矩阵为 $[\boldsymbol{A},\boldsymbol{I}]$，而其解 $\boldsymbol{X}=\boldsymbol{A}^{-1}$ 或解方程 $\boldsymbol{IX}=\boldsymbol{A}^{-1}$ 的增广矩阵为 $[\boldsymbol{I},\boldsymbol{A}^{-1}]$。于是，我们有下面的初等行变换关系

$$\begin{array}{lccc}\text{方程求解} & \boldsymbol{AX}=\boldsymbol{I} & \xrightarrow{\text{初等行变换}} & \boldsymbol{X}=\boldsymbol{A}^{-1}\\ \text{增广矩阵} & [\boldsymbol{A},\boldsymbol{I}] & \xrightarrow{\text{初等行变换}} & [\boldsymbol{I},\boldsymbol{A}^{-1}]\end{array}$$

这意味着，我们只要对 $n\times 2n$ 维增广矩阵 $[\boldsymbol{A},\boldsymbol{I}]$ 进行初等行变换，使得其左边一半变成 $n\times n$ 维单位矩阵，则其右边另外一半即给出 $n\times n$ 维矩阵 $\boldsymbol{A}$ 的逆矩阵 $\boldsymbol{A}^{-1}$。这一初等行变换方法就是矩阵求逆的高斯消去法。

若复矩阵 $\boldsymbol{A}\in\mathbb{C}^{n\times n}$ 非奇异，则求其逆矩阵的问题可以建模成复矩阵方程 $(\boldsymbol{A}_{\rm r}+{\rm j}\boldsymbol{A}_{\rm i})(\boldsymbol{X}_{\rm r}+{\rm j}\boldsymbol{X}_{\rm i})=\boldsymbol{I}$。这一复矩阵方程又可以改写为以下形式

$$\begin{bmatrix}\boldsymbol{A}_{\rm r} & -\boldsymbol{A}_{\rm i}\\ \boldsymbol{A}_{\rm i} & \boldsymbol{A}_{\rm r}\end{bmatrix}\begin{bmatrix}\boldsymbol{X}_{\rm r}\\ \boldsymbol{X}_{\rm i}\end{bmatrix}=\begin{bmatrix}\boldsymbol{I}_n\\ \boldsymbol{O}_n\end{bmatrix} \tag{1.2.6}$$

由此立即得初等行变换关系

$$\begin{array}{lccc}\text{复矩阵方程求解} & \boldsymbol{AX}=\boldsymbol{I} & \xrightarrow{\text{初等行变换}} & \boldsymbol{X}=\boldsymbol{A}^{-1}\\ \text{实增广矩阵} & \begin{bmatrix}\boldsymbol{A}_{\rm r} & -\boldsymbol{A}_{\rm i} & \boldsymbol{I}_n\\ \boldsymbol{A}_{\rm i} & \boldsymbol{A}_{\rm r} & \boldsymbol{O}_n\end{bmatrix} & \xrightarrow{\text{初等行变换}} & \begin{bmatrix}\boldsymbol{I}_n & \boldsymbol{O}_n & \boldsymbol{X}_{\rm r}\\ \boldsymbol{O}_n & \boldsymbol{I}_n & \boldsymbol{X}_{\rm i}\end{bmatrix}\end{array}$$

也就是说，只要对 $2n\times 3n$ 维增广矩阵进行初等行变换，使得其左边变成 $2n\times 2n$ 维单位矩阵，则其右边 $2n\times n$ 矩阵的上、下一半即分别给出 $n\times n$ 复矩阵 $\boldsymbol{A}$ 的逆矩阵 $\boldsymbol{A}^{-1}$ 的实部和虚部矩阵。

1.2.3 初等列变换

定义 1.2.5 令矩阵 $\boldsymbol{A}\in\mathbb{C}^{m\times n}$ 的 n 个列向量分别为 $\boldsymbol{a}_1,\cdots,\boldsymbol{a}_n$。下列运算称为矩阵 $\boldsymbol{A}$ 的初等列运算 (elementary column operation) 或初等列变换 (elementary column transformation)：

(1) 互换矩阵的任意两列，如 $\boldsymbol{a}_p\leftrightarrow\boldsymbol{a}_q$，称为 I 型初等列变换。

(2) 一列元素同乘一个非零常数 α，如 $\alpha\boldsymbol{a}_p\to\boldsymbol{a}_p$，称为II型初等列变换。

注意，初等列变换不包括第 p 列乘以一个非零常数后，加到第 q 列，因为这一运算将改变解向量中第 p 个元素的结构。

若 $m \times n$ 矩阵 $\boldsymbol{A}$ 经过一系列初等列运算，变换成为矩阵 $\boldsymbol{B}$，则称矩阵 $\boldsymbol{A}$ 和 $\boldsymbol{B}$ 为列等价矩阵 (column equivalent matrix)。

值得注意的是，求解矩阵方程 $\boldsymbol{Ax}=\boldsymbol{b}$ 时，通常对增广矩阵 $[\boldsymbol{A},\boldsymbol{b}]$ 进行初等行变换。这一变换对方程的解 $\boldsymbol{x}$ 没有任何影响。然而，初等列变换只适用于数据矩阵 $\boldsymbol{A}$，并且初等列变换将改变方程的解 $\boldsymbol{x}$ 的元素的排列顺序和大小。例如，对于矩阵方程

$$\boldsymbol{A}_{m\times n}\boldsymbol{x}_{n\times 1}=[\boldsymbol{a}_1,\cdots,\boldsymbol{a}_n]\begin{bmatrix}x_1\\ \vdots\\ x_n\end{bmatrix}=\sum_{i=1}^{n}\boldsymbol{a}_i x_i=\boldsymbol{b}_{m\times 1} \tag{1.2.7}$$

交换矩阵 $\boldsymbol{A}$ 的两列，例如 $\boldsymbol{a}_p$ 和 $\boldsymbol{a}_q$ 互换时，解向量 $\boldsymbol{x}$ 的元素 x_p 和 x_q 也必须互换位置；$\boldsymbol{A}$ 的第 p 列乘以某个常数 $\alpha\neq 0$，则 $\boldsymbol{x}$ 的第 p 个元素为 x_p/α。这两种现象分别称为解向量元素的排序和幅值的不确定性或模糊性。不过，这两种不确定性在盲信号分离中又是允许的：因为从观测数据 $\boldsymbol{y}=\boldsymbol{Ax}$ 中将混合的信号分离开，是主要目的，而对这些信号的排序并不特别关心。一个分离的信号相差某个固定的复值因子，从信号的保真角度讲，也是允许的，因为固定的相位差通过信号处理的方法进行补偿之后，一个波形被放大或者缩小某个尺度，并不影响波形的保真。

定义 1.2.6 一个 $m\times n$ 矩阵称为列阶梯型 (column echelon form) 矩阵，若：

(1) 全部由零组成的所有列都位于矩阵的最右边。

(2) 每一个非零列的首项元素总是出现在左边一个非零列的首项元素的右边。

(3) 首项元素右面的同行元素全部为零。

例如，下面是列阶梯型矩阵的两个例子

$$\boldsymbol{A}=\begin{bmatrix}2&0&0\\ *&5&0\\ *&*&0\\ *&*&0\end{bmatrix},\quad \boldsymbol{A}=\begin{bmatrix}5&0&0&0\\ *&2&0&0\\ *&*&0&0\\ *&*&5&0\\ *&*&*&7\end{bmatrix}$$

1.3 向量空间、线性映射与 Hilbert 空间

虽然许多工程问题也可以不使用线性空间进行研究，但是线性空间的使用却可以给问题的描述带来诸多的方便。客观地讲，线性空间在本质上是某一类事物在矩阵代数里的一个抽象的集合表示，线性映射或线性变换则反映线性空间中元素间最基本的线性联系，它们为线性函数的研究提供了极大的方便。可以说，线性代数就是研究线性空间和线性变换理论的数学分支。例如，一个 2×1 向量 $[x_0,y_0]^{\mathrm{T}}$ 可以想象成用笛卡儿坐标 x,y 表示的平面上的某个点。类似地，一个 3×1 向量 $[x_0,y_0,z_0]^{\mathrm{T}}$ 可认为是三维空间的一个点。我们生活的实际世界就是一个典型的三维空间。依此类推，一个 $n\times 1$ 向量可视为 n 维空间的一个点。因此，n 维空间很自然地是所有 $n\times 1$ 向量的集合。显然，$n\,(>3)$ 维空间是一维空间 (即直线)、二维空间 (即平面) 和三维空间的推广。

1.3.1 集合的基本概念

在引出向量空间和子空间的定义之前，先介绍集合的有关概念。顾名思义，集合就是某些元素的集体表示。

集合通常用花括号表示为 $S = \{\cdot\}$，花括号内为集合 S 的元素。如果集合的元素只有几个，通常便在花括号内罗列出所有的元素，例如 $S = \{a, b, c, d\}$。若 S 是满足某种性质 $P(x)$ 的元素 x 的集合，则记为 $S = \{x|P(x)\}$。只有一个元素 α 的集合称为单元素集 (singleton)，记作 $\{\alpha\}$。

下面是与集合运算有关的几个常用数学符号：

$\forall$ 表示“对所有 $\cdots$”；

$x \in A$ 读作“x 属于集合 A”，意即 x 是集合 A 的一个元素；

$x \notin A$ 表示 x 不是集合 A 的元素；

$\ni$ 代表“使得”；

$\exists$ 意即“存在”；

$A \Rightarrow B$ 表示“若有条件 A，则有结果 B”或“A 意味着 B”。

例如，“在集合 V 中存在一个零元素 θ，使得加法 $x + \theta = x = \theta + x$ 对于 V 中的所有元素 x 均成立”这一冗长的叙述，便可用上述符号简洁地表示为

$$\exists\, \theta \in V \quad \ni \quad x + \theta = x = \theta + x, \quad \forall\, x \in V$$

令 A 和 B 为集合，则集合有以下基本运算。

符号 $A \subseteq B$ 读作“集合 A 包含于集合 B”或“A 是 B 的一个子集”，意指 A 的每一个元素都是 B 的元素，即 $x \in A \Rightarrow x \in B$。

若 $A \subset B$，则称 A 是 B 的一个真子集。符号 $B \supset A$ 读作“B 包含 A”或“B 是 A 的超集 (superset)”。没有任何元素的集合记作 $\varnothing$，称为空集。

符号 $A = B$ 读作“集合 A 等于集合 B”，意即 $A \subseteq B$ 且 $B \subseteq A$，或 $x \in A \Leftrightarrow x \in B$ (集合 A 的元素一定是集合 B 的元素，反之亦然)。$A = B$ 的否定写作 $A \neq B$，意即 A 不属于 B，反过来 B 也不属于 A。

A 和 B 的并集 (union) 记作 $A \cup B$，定义为

$$X = A \cup B = \{x \in X|\, x \in A \text{ 或 } x \in B\} \tag{1.3.1}$$

它表示并集 X 的元素由属于集合 A 或 B 的元素组合而成。

集合 A 和 B 的交集 (intersection) 用符号 $A \cap B$ 表示，定义为

$$X = A \cap B = \{x \in X|\, x \in A \text{ 和 } x \in B\} \tag{1.3.2}$$

即交集的元素由 A 和 B 共有的元素构成。

符号 $Z = A + B$ 表示集合 A 和 B 的和集，定义为

$$Z = A + B = \{z = x + y \in Z | x \in A,\ y \in B\} \tag{1.3.3}$$

即和集的元素由 A 的元素与 B 的元素之和组成。

集合差 (set-theoretic difference) “A 减 B”定义为

$$X = A - B = \{x \in X | x \in A,\ 但\ x \notin B\} \tag{1.3.4}$$

也称差集。差集 $A - B$ 的元素由 A 中所有不属于 B 的元素组成。差集也常用符号 $X = A \setminus B$ 表示。

子集合 A 在集合 X 中的补集 (complement) 定义为

$$A^{\mathrm{c}} = X - A = \{x \in X | x \notin A\} \tag{1.3.5}$$

若 X 和 Y 为集合，且 $x \in X$ 和 $y \in Y$，则所有有序对 (ordered pair) (x, y) 的集合记为 $X \times Y$，称作集合 X 和 Y 的笛卡儿积，即

$$X \times Y = \{(x, y) | x \in X,\ y \in Y\} \tag{1.3.6}$$

类似地，$X_1 \times X_2 \times \cdots \times X_n$ 表示 n 个集合 $X_1, X_2, \cdots, X_n$ 的笛卡儿积，其元素为有序 n 元组 (ordered n-ples) $(x_1, x_2, \cdots, x_n)$。

上述集合的有关概念及符号，在本书中将经常用到。例如，一个以矩阵 $\boldsymbol{X} \in \mathbb{R}^{n \times n}$ 和 $\boldsymbol{Y} \in \mathbb{R}^{n \times n}$ 为变元的标量函数 $f(\boldsymbol{X}, \boldsymbol{Y})$ 即可用笛卡儿积记作 $f : \mathbb{R}^{n \times n} \times \mathbb{R}^{n \times n} \to \mathbb{R}$。

1.3.2 向量空间

定义 1.3.1 (向量空间)[22, 40, 255] 以向量为元素的集合 V 称为向量空间，若加法运算定义为两个向量之间的加法，乘法运算定义为向量与标量域 S 中的标量之间的乘法，并且对于向量集合 V 中的向量 $\boldsymbol{x}, \boldsymbol{y}, \boldsymbol{w}$ 和标量域 S 中的标量 a_1, a_2，以下两个闭合性和关于加法及乘法的 8 个公理 (axiom) (也称公设 (postulate) 或定律 (law)) 均满足：

闭合性 (closure properties)

(c1) 若 $\boldsymbol{x} \in V$ 和 $\boldsymbol{y} \in V$，则 $\boldsymbol{x} + \boldsymbol{y} \in V$，即 V 在加法下是闭合的，简称加法的闭合性 (closure for addition)；

(c2) 若 a_1 是一个标量，$\boldsymbol{y} \in V$，则 $a_1\boldsymbol{y} \in V$，即 V 在标量乘法下是闭合的，简称标量乘法的闭合性 (closure for scalar multiplication)。

加法的公理

(a1) $\boldsymbol{x} + \boldsymbol{y} = \boldsymbol{y} + \boldsymbol{x},\ \forall \boldsymbol{x}, \boldsymbol{y} \in V$，称为加法交换律 (commutative law for addition)；

(a2) $\boldsymbol{x} + (\boldsymbol{y} + \boldsymbol{w}) = (\boldsymbol{x} + \boldsymbol{y}) + \boldsymbol{w},\ \forall \boldsymbol{x}, \boldsymbol{y}, \boldsymbol{w} \in V$，称为加法结合律 (associative law for addition)；

(a3) 在 V 中存在一个零向量 $\mathbf{0}$，使得对于任意向量 $\boldsymbol{y} \in V$，恒有 $\boldsymbol{y} + \mathbf{0} = \boldsymbol{y}$ (零向量的存在性)；

(a4) 给定一个向量 $\boldsymbol{y} \in V$，存在另一个向量 $-\boldsymbol{y} \in V$ 使得 $\boldsymbol{y} + (-\boldsymbol{y}) = \boldsymbol{0} = (-\boldsymbol{y}) + \boldsymbol{y}$ (负向量的存在性)。

标量乘法的公理

(s1) $a(b\boldsymbol{y}) = (ab)\boldsymbol{y}$ 对所有向量 $\boldsymbol{y}$ 和所有标量 a, b 成立，称为标量乘法结合律 (associative law for scalar multiplication)；

(s2) $a(\boldsymbol{x} + \boldsymbol{y}) = a\boldsymbol{x} + a\boldsymbol{y}$ 对所有向量 $\boldsymbol{x}, \boldsymbol{y} \in V$ 和标量 a 成立，称为标量乘法分配律 (distributive law for scalar multiplication)；

(s3) $(a + b)\boldsymbol{y} = a\boldsymbol{y} + b\boldsymbol{y}$ 对所有向量 $\boldsymbol{y}$ 和所有标量 a, b 成立 (标量乘法分配律)；

(s4) $1\boldsymbol{y} = \boldsymbol{y}$ 对所有 $\boldsymbol{y} \in V$ 成立，称为标量乘法单位律 (unity law for scalar multiplication)。

由于向量空间服从向量加法的交换律、结合律以及标量乘法的结合律、分配律，所以定义 1.3.1 给出的向量空间为线性空间。

如果 V 中的向量为实向量，并且标量域为实数域，则称 V 是实向量空间。若 V 中的向量为复向量，且标量域为复数域，便称 V 为复向量空间。

如下面的定理所归纳的那样，向量空间还有其他一些有用的性质。

定理 1.3.1 如果 V 是一个向量空间，则：

(1) 零向量 $\boldsymbol{0}$ 是唯一的。

(2) 对每一个向量 $\boldsymbol{y}$，加法的逆运算 $-\boldsymbol{y}$ 是唯一的。

(3) 对每一个向量 $\boldsymbol{y}$，恒有 $0\boldsymbol{y} = \boldsymbol{0}$。

(4) 对每一个标量 a，恒有 $a\boldsymbol{0} = \boldsymbol{0}$。

(5) 若 $a\boldsymbol{y} = \boldsymbol{0}$，则 $a = 0$ 或者 $\boldsymbol{y} = \boldsymbol{0}$。

(6) $(-1)\boldsymbol{y} = -\boldsymbol{y}$。

证明 参见文献 [255, pp.365～366]。

$\mathbb{R}^n$ 和 $\mathbb{C}^n$ 是向量空间最重要的两个例子。

对于一个正整数 n，实数的所有有序 n 元组 $[x_1, \cdots, x_n]$ 的集合记为 $\mathbb{R}^n$，它的每一个元素称为向量 (均为 $n \times 1$ 向量)。特别地，若 $n = 1$，则 $\mathbb{R}$ 的元素称为标量。如果对集合 $\mathbb{R}^n$ 定义两个向量的加法和一个标量与一个向量的乘法，则称 $\mathbb{R}^n$ 为 n 阶实向量空间。

类似地，若在复数的所有有序 n 元组的集合 $\mathbb{C}^n$ 内定义向量加法和标量乘法，则称 $\mathbb{C}^n$ 为 n 阶复向量空间。

在很多场合，我们并不对 n 阶向量空间 $\mathbb{R}^n$ 或者 $\mathbb{C}^n$ 中所有的向量组合感兴趣，而只是关心向量空间中某个特定的向量子集合 W。以 $\mathbb{R}^3$ 的子集合为例

$$W = \left\{\boldsymbol{x} | \boldsymbol{x} = [x_1, x_2, 0]^{\mathrm{T}}, \quad x_1 \text{ 和 } x_2 \text{ 为实数}\right\}$$

从几何的观点看，$\mathbb{R}^3$ 是一个三维空间，而 W 是二维 x-y 平面，可以用 $\mathbb{R}^2$ 表示。

定义 1.3.2 令 V 和 W 是两个向量空间，若 W 是 V 中一个非空的子集合，则称子集合 W 是 V 的一个子空间。

显然，一个 n 维零向量是 n 阶向量空间的一个子空间。在本书中，假定子空间 W 是非空的，零向量只是子集合 W 中的一个元素，而非唯一的元素。

下面的定理提供了确定 $\mathbb{R}^n$ 的子集合 W 是否为 $\mathbb{R}^n$ 的子空间的一种简便方法。

定理 1.3.2 $\mathbb{R}^n$ 的子集合 W 是 $\mathbb{R}^n$ 的一个子空间，当且仅当以下三个条件均满足：

(1) 当向量 $\boldsymbol{x},\boldsymbol{y}$ 属于 W，则 $\boldsymbol{x}+\boldsymbol{y}$ 也属于 W，即满足加法的闭合性：$\boldsymbol{x},\boldsymbol{y}\in W \Rightarrow (\boldsymbol{x}+\boldsymbol{y})\in W$。

(2) 当 $\boldsymbol{x}\in W$，且 a 为标量，则 $a\boldsymbol{x}$ 也属于 W，即满足与标量乘积的闭合性。

(3) 零向量 $\mathbf{0}$ 是 W 的元素。

证明 [255, p.169] 充分性证明。假定 W 是满足上述条件 (1) 和 (2) 的 $\mathbb{R}^n$ 的子集合，为了证明 W 是 $\mathbb{R}^n$ 的子空间，必须证明 W 满足向量空间的 10 个基本性质 (定义 1.3.1)。条件 (1) 和 (2) 意味着子集合 W 满足定义 1.3.1 中的性质 (c1) 和 (c2)。注意到 W 是 V 的子集合，所以 W 也满足定义 1.3.1 中的性质 (a1), (a2), (s1), (s2), (s3) 和 (s4)。由于非空的子集合包含零向量，故 (a3) 满足。容易看出 $-\boldsymbol{x}=(-1)\boldsymbol{x}$。因此，如果 $\boldsymbol{x}\in W$，则由条件 (2) 知 $-\boldsymbol{x}\in W$，即定义 1.3.1 中的基本性质 (a4) 也满足。由于 W 满足定义 1.3.1 中的 10 个基本性质，故 W 是 $\mathbb{R}^n$ 的子空间。

必要性证明。令 W 是 $\mathbb{R}^n$ 的子空间，则性质 (a3) 意味着零向量是子空间 W 的一个元素。另外，子空间满足性质 (c1) 和 (c2)，意味着条件 (1) 和 (2) 在 W 中成立。 ■

定义 1.3.3 若 A 和 B 是向量空间 V 的两个向量子空间，则

$$A+B=\{\boldsymbol{x}+\boldsymbol{y}|\,\boldsymbol{x}\in A,\ \boldsymbol{y}\in B\} \tag{1.3.7}$$

称为子空间 A 和 B 的和，而

$$A\cap B=\{\boldsymbol{x}\in V|\,\boldsymbol{x}\in A\ 及\ \boldsymbol{x}\in B\} \tag{1.3.8}$$

称为子空间 A 和 B 的交。

定义 1.3.4 若 A 和 B 是向量空间 V 的两个子空间，并满足 $V=A+B$ 和 $A\cap B=\{\mathbf{0}\}$，则称 V 是子空间 A 和 B 的直接求和，简称直和 (direct sum)，记作 $V=A\oplus B$。

定理 1.3.3 若 A 和 B 是向量空间 V 的向量子空间，则 $A+B$ 和 $A\cap B$ 也是 V 的向量子空间。

证明 由于向量子空间 A 和 B 都包含零向量，故 $\mathbf{0}=\mathbf{0}+\mathbf{0}$ 表明 $A+B$ 也包含零向量。若 $\boldsymbol{x},\boldsymbol{x}'\in A$ 和 $\boldsymbol{y},\boldsymbol{y}'\in B$，且 c 为标量，则 $(\boldsymbol{x}+\boldsymbol{y})+(\boldsymbol{x}'+\boldsymbol{y}')=(\boldsymbol{x}+\boldsymbol{x}')+(\boldsymbol{y}+\boldsymbol{y}')\in A+B$ (因为子空间 A 和 B 分别满足加法的闭合性)，且 $c(\boldsymbol{x}+\boldsymbol{y})=c\boldsymbol{x}+c\boldsymbol{y}\in A+B$ (因为子空间 A 和 B 均具有与标量乘法的闭合性)。这说明 $A+B$ 也具有加法的闭合性和与标量乘法的闭合性，即 $A+B$ 满足定理 1.3.2 的 3 个条件。因此，$A+B$ 是向量子空间。类似地，可以证明 $A\cap B$ 也是向量子空间。 ■

推论 1.3.1 若 A 和 B 是向量空间 V 的子空间，则 $A+B$ 是 V 中包含向量子空间 A 和 B 的最小向量子空间。

推论 1.3.2 若 A 和 B 是向量空间 V 的子空间，则子空间的交 $A \cap B$ 是 V 中既属于 A，又属于 B 的最大向量子空间。

以上两个推论的证明参见文献 [40]。

1.3.3 线性映射

以上讨论了向量空间内向量的有关简单运算：向量加法、向量与标量的乘法，但尚未涉及两个向量空间之间的转换关系。然而，在自然科学、社会科学和数学的一些分支中，不同向量空间内向量之间的线性变换起着重要的作用。因此，为了研究两个向量空间之间的关系，有必要考虑能够实现从一个向量空间到另一个向量空间的转换关系的函数。事实上，在我们的日常生活中，也经常遇到这种转换。当我们欲将一幅图像变换为另一幅图像时，通常会移动它的位置，或者旋转它。例如，函数 $T(x, y) = (\alpha x, \beta y)$ 就能够将图像的 x 坐标和 y 坐标改变尺度。根据 α 和 β 大于 1 还是小于 1，图像就能够被放大或者缩小。

下面从线性映射的角度，对向量空间的结构做一番讨论。

映射本身就是一类函数，因此常使用一般函数通用的符号来表示映射。若令 V 是 Euclidean m 空间 $\mathbb{R}^m$ 内的子空间，W 是另一个不同维 Euclidean n 空间 $\mathbb{R}^n$ 内的子空间，则

$$T : V \mapsto W \tag{1.3.9}$$

称为子空间 V 到子空间 W 的映射 (或函数、变换)，它表示将子空间 V 的每一个向量变成子空间 W 的一个相对应向量的一种规则。于是，若 $\boldsymbol{v} \in V$ 和 $\boldsymbol{w} \in W$，则向量 $\boldsymbol{w}$ 是 $\boldsymbol{v}$ 的映射或变换，即有

$$\boldsymbol{w} = T(\boldsymbol{v}) \tag{1.3.10}$$

并称子空间 V 是映射 T 的始集 (initial set) 或定义域 (domain)，称 W 是映射的终集 (final set) 或上域 (codomain)。

若 $\boldsymbol{v}$ 是向量空间 V 的某个向量，则 $T(\boldsymbol{v})$ 称为向量 $\boldsymbol{v}$ 在映射 T 下的像 (image)，或映射 T 在点 $\boldsymbol{v}$ 的值 (value)，而 $\boldsymbol{v}$ 称为 $T(\boldsymbol{v})$ 的原像。对于向量空间 V 的子空间 A，映射 $T(A)$ 表示子空间 A 的元素 (即向量) 在映射 T 下的值的集合，写作

$$T(A) = \{T(\boldsymbol{v}) \,|\, \boldsymbol{v} \in A\} \tag{1.3.11}$$

特别地，$T(V)$ 代表对 V 内所有向量的变换输出的集合，称为映射 T 的值域 (range)，其符号为

$$T(V) = \mathrm{Im}(T) = \{T(\boldsymbol{v}) \,|\, \boldsymbol{v} \in V\} \tag{1.3.12}$$

一般地，映射 $T : V \mapsto W$ 的值域 $\mathrm{Im}\,(T)$ 是 W 的一个子集合。如果 $\mathrm{Im}\,(T) = W$，即映射的值域等于向量空间 W，则称 $T : V \mapsto W$ 为满射 (surjective)。映射 $T : V \mapsto W$ 称为单

(值映) 射 (injective)，若它将 V 的不同向量映射为 W 的不同向量，即

$$\boldsymbol{v}_1, \boldsymbol{v}_2 \in V,\ \boldsymbol{v}_1 \neq \boldsymbol{v}_2 \ \Rightarrow\ T(\boldsymbol{v}_1) \neq T(\boldsymbol{v}_2)$$

或者

$$T(\boldsymbol{v}_1) = T(\boldsymbol{v}_2) \ \Rightarrow\ \boldsymbol{v}_1 = \boldsymbol{v}_2$$

特别地，若映射 $T: V \mapsto W$ 既是单射，又是满射，则称为一对一映射 (bijective)。一个一对一映射 $T: V \mapsto W$ 存在逆映射 $T^{-1}: W \mapsto V$。逆映射 T^{-1} 的任务就是将映射 T 所做过的每一件事情恢复原状。因此，若 $T(\boldsymbol{v}) = \boldsymbol{w}$，则 $T^{-1}(\boldsymbol{w}) = \boldsymbol{v}$。其结果是，$T^{-1}(T(\boldsymbol{v})) = \boldsymbol{v},\ \forall\ \boldsymbol{v} \in V$ 和 $T(T^{-1}(\boldsymbol{w})) = \boldsymbol{w},\ \forall\ \boldsymbol{w} \in W$。

矩阵与向量的乘法 $\boldsymbol{A}_{m\times n}\boldsymbol{x}_{n\times 1}$ 也可视为将 $\mathbb{C}^n$ 的向量 $\boldsymbol{x}$ 变换为 $\mathbb{C}^m$ 的某个向量 $\boldsymbol{y} = \boldsymbol{A}\boldsymbol{x}$ 的映射 $T: \boldsymbol{x} \mapsto \boldsymbol{A}\boldsymbol{x}$，故矩阵与一向量的乘法常称为该向量的矩阵变换 (matrix transformation)。

考察线性变换 $\boldsymbol{y} = T(\boldsymbol{x}) = r\boldsymbol{x}$。当 $0 \leqslant r \leqslant 1$ 时，称线性变换 $T(\boldsymbol{x}) = r\boldsymbol{x}$ 为压缩映射 (contracting mapping)，因为 T 在 $\boldsymbol{x}$ 的像点 $r\boldsymbol{x}$ 的向量长度小于 $\boldsymbol{x}$ 的长度。相反，如果 $r > 1$，则称 $T(\boldsymbol{x}) = r\boldsymbol{x}$ 为膨胀映射 (dilation mapping)，因为变换 $r\boldsymbol{x}$ 的作用是将向量 $\boldsymbol{x}$ 的长度拉伸。

定义 1.3.5 令 V 和 W 分别是 $\mathbb{R}^m$ 和 $\mathbb{R}^n$ 的子空间，并且 $T: V \mapsto W$ 是一映射。称 T 为线性映射 (linear mapping) 或线性变换 (linear transformation)，若对于 $\boldsymbol{v} \in V, \boldsymbol{w} \in W$ 和所有标量 c，映射 T 满足叠加性

$$T(\boldsymbol{v} + \boldsymbol{w}) = T(\boldsymbol{v}) + T(\boldsymbol{w}) \tag{1.3.13}$$

和齐次性

$$T(c\boldsymbol{v}) = cT(\boldsymbol{v}) \tag{1.3.14}$$

定义中的两个关系式也可合并写作线性关系式

$$T(c_1\boldsymbol{v} + c_2\boldsymbol{w}) = c_1T(\boldsymbol{v}) + c_2T(\boldsymbol{w}) \tag{1.3.15}$$

即线性是叠加性和齐次性的合称。更一般地，若 $\boldsymbol{u}_1, \cdots, \boldsymbol{u}_p$ 均为线性变换 T 的域，反复使用式 (1.3.15)，则可以得到

$$T(c_1\boldsymbol{u}_1 + \cdots + c_p\boldsymbol{u}_p) = c_1T(\boldsymbol{u}_1) + \cdots + c_pT(\boldsymbol{u}_p) \tag{1.3.16}$$

这一公式在工程和物理中被称为叠加原理。如果 $\boldsymbol{u}_1, \cdots, \boldsymbol{u}_p$ 分别为某个系统或过程的输入信号向量，则 $T(\boldsymbol{u}_1), \cdots, T(\boldsymbol{u}_p)$ 可分别视为该系统或过程的输出信号向量。识别一个系统是否为线性系统的判据是：如果系统的输入为线性表达式 $\boldsymbol{y} = c_1\boldsymbol{u}_1 + \cdots + c_p\boldsymbol{u}_p$，则当系统的输出也满足相同的线性关系 $T(\boldsymbol{y}) = T(c_1\boldsymbol{u}_1 + \cdots + c_p\boldsymbol{u}_p) = c_1T(\boldsymbol{u}_1) + \cdots + c_pT(\boldsymbol{u}_p)$ 时，该系统为线性系统。否则，为非线性系统。

例 1.3.1 考查变换 $T:\mathbb{R}^3\mapsto\mathbb{R}^2$

$$T_1(\boldsymbol{x})=\begin{bmatrix}x_1+x_2\\x_1^2-x_2^2\end{bmatrix},\quad \text{其中，}\boldsymbol{x}=[x_1,x_2,x_3]^{\mathrm{T}}$$

$$T_2(\boldsymbol{x})=\begin{bmatrix}x_1-x_2\\x_2+x_3\end{bmatrix},\quad \text{其中，}\boldsymbol{x}=[x_1,x_2,x_3]^{\mathrm{T}}$$

容易看出，变换 $T_1:\mathbb{R}^3\mapsto\mathbb{R}^2$ 不满足线性关系式，故不是线性变换；而变换 $T_2:\mathbb{R}^3\mapsto\mathbb{R}^2$ 满足线性关系式，为线性变换。

例 1.3.2 考虑线性算子 $T:\mathbb{R}^2\mapsto\mathbb{R}^2$，它将平面上的向量 $\boldsymbol{x}$ 映射为 y 轴上的正交投影 $\boldsymbol{w}$，参见图 1.3.1。这一线性算子称为正交投影算子。

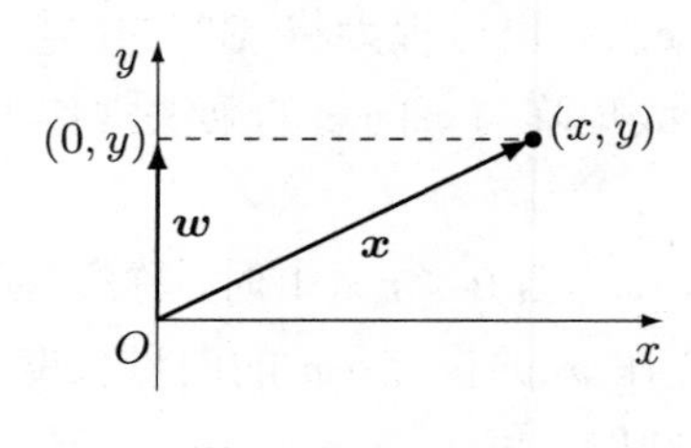

图 1.3.1 正交投影

由图 1.3.1，可以写出与 $\boldsymbol{w}=T(\boldsymbol{x})$ 的分量相关的方程为

$$w_1=0=0x+0y$$

$$w_2=y=0x+1y$$

或写成矩阵形式

$$\begin{bmatrix}w_1\\w_2\end{bmatrix}=\begin{bmatrix}0&0\\0&1\end{bmatrix}\begin{bmatrix}x\\y\end{bmatrix}$$

由于是线性方程，所以正交投影算子 $T(\boldsymbol{x})$ 为线性变换，相应的标准矩阵为 $\boldsymbol{A}=\begin{bmatrix}0&0\\0&1\end{bmatrix}$。

线性子空间和线性映射之间存在下列内在联系。

定理 1.3.4 [40,p.29] 令 V 和 W 是两个向量空间，$T:V\mapsto W$ 为一线性变换。

(1) 若 M 是 V 的线性子空间，则 $T(M)$ 是 W 的线性子空间；

(2) 若 N 是 W 的线性子空间，则线性反变换 $T^{-1}(N)$ 是 V 的线性子空间。

线性映射具有以下基本性质：若 $T:V\mapsto W$ 是一线性映射，则

$$T(\boldsymbol{0})=\boldsymbol{0}\qquad \text{和}\qquad T(-\boldsymbol{x})=-T(\boldsymbol{x})\tag{1.3.17}$$

特别地，对于线性变换 $\boldsymbol{y}=\boldsymbol{A}\boldsymbol{x}$，若已知变换矩阵 $\boldsymbol{A}$，由输入向量 $\boldsymbol{x}$ 求输出向量 $\boldsymbol{y}$，则称 $\boldsymbol{A}\boldsymbol{x}=\boldsymbol{y}$ 为正向问题 (forward problem)；反之，若已知变换矩阵 $\boldsymbol{A}$，由输出向量 $\boldsymbol{y}$ 求输入向量 $\boldsymbol{x}$，则称 $\boldsymbol{A}\boldsymbol{x}=\boldsymbol{y}$ 为逆问题 (inverse problem)。正向问题的实质是矩阵–向量计算，而逆问题的本质则是矩阵方程的求解。

两个具有相同结构的向量空间 E 和 F 称为同构 (isomorphic)，记作 $E \cong F$。两个实 (或复) 内积空间 E 和 F 同构，若存在一个一对一线性映射 $T: E \mapsto F$ 能保持向量的内积不变，即 $\langle T\boldsymbol{x}, T\boldsymbol{y}\rangle = \langle \boldsymbol{x}, \boldsymbol{y}\rangle$ 对所有向量 $\boldsymbol{x}, \boldsymbol{y} \in E$ 成立。这样一种映射 T 称为向量空间的同构映射 (isomorphism)。

1.3.4 内积空间、赋范空间与 Hilbert 空间

向量空间只定义了向量的加法以及标量与向量的乘法，并且向量空间的和、交与直和等也只涉及两个向量空间的元素 (即向量) 之间比较简单的关系。显然，向量之间的乘法也是必须考虑的一种基本运算。

令 $\mathbb{K}$ 表示一标量域 (field of scalars)，它既可以是实数域 $\mathbb{R}$，也可以是复数域 $\mathbb{C}$，而 V 为一 n 维向量空间 $\mathbb{R}^n$ 或 $\mathbb{C}^n$。

定义 1.3.6 (内积与内积向量空间) [420,p.18] 若对所有 $\boldsymbol{x}, \boldsymbol{y}, \boldsymbol{z} \in V$ 和 $\alpha, \beta \in \mathbb{K}$，映射函数 $\langle \cdot, \cdot \rangle : V \times V \mapsto \mathbb{K}$ 满足以下三条公理:

(1) 共轭对称性 $\langle \boldsymbol{x}, \boldsymbol{y}\rangle = \langle \boldsymbol{y}, \boldsymbol{x}\rangle^*$，

(2) 第一变元的线性性 $\langle \alpha\boldsymbol{x} + \beta\boldsymbol{y}, \boldsymbol{z}\rangle = \alpha\langle \boldsymbol{x}, \boldsymbol{z}\rangle + \beta\langle \boldsymbol{y}, \boldsymbol{z}\rangle$，

(3) 非负性 $\langle \boldsymbol{x}, \boldsymbol{x}\rangle \geqslant 0$，并且 $\langle \boldsymbol{x}, \boldsymbol{x}\rangle = 0 \Leftrightarrow \boldsymbol{x} = 0$ (严格正性)，

则称 $\langle \boldsymbol{x}, \boldsymbol{y}\rangle$ 为向量 $\boldsymbol{x}$ 与 $\boldsymbol{y}$ 的内积 (inner product)，V 为内积向量空间 (inner vector space)。

两个向量的内积可以度量它们之间的夹角

$$\cos\theta = \frac{\langle \boldsymbol{x}, \boldsymbol{y}\rangle}{\sqrt{\langle \boldsymbol{x}, \boldsymbol{x}\rangle}\sqrt{\langle \boldsymbol{y}, \boldsymbol{y}\rangle}} \tag{1.3.18}$$

满足内积三个公理的实向量空间和复向量空间分别称为实内积向量空间和复内积向量空间。

注释 1 对于实内积向量空间，共轭对称性退化为实对称性，因为 $\langle \boldsymbol{x}, \boldsymbol{y}\rangle = \langle \boldsymbol{y}, \boldsymbol{x}\rangle^* = \langle \boldsymbol{y}, \boldsymbol{x}\rangle$。

注释 2 第一变元的线性性包含了齐次性 $\langle \alpha\boldsymbol{x}, \boldsymbol{y}\rangle = \alpha\langle \boldsymbol{x}, \boldsymbol{y}\rangle$ 和可加性 $\langle \boldsymbol{x} + \boldsymbol{y}, \boldsymbol{z}\rangle = \langle \boldsymbol{x}, \boldsymbol{z}\rangle + \langle \boldsymbol{y}, \boldsymbol{z}\rangle$。

注释 3 共轭对称性和第一变元的线性性意味着

$$\langle \boldsymbol{x}, \alpha\boldsymbol{y}\rangle = \langle \alpha\boldsymbol{y}, \boldsymbol{x}\rangle^* = \alpha^*\langle \boldsymbol{y}, \boldsymbol{x}\rangle^* = \alpha^*\langle \boldsymbol{x}, \boldsymbol{y}\rangle \tag{1.3.19}$$

$$\langle \boldsymbol{x}, \boldsymbol{y} + \boldsymbol{z}\rangle = \langle \boldsymbol{y} + \boldsymbol{z}, \boldsymbol{x}\rangle^* = \langle \boldsymbol{y}, \boldsymbol{x}\rangle^* + \langle \boldsymbol{z}, \boldsymbol{x}\rangle^* = \langle \boldsymbol{x}, \boldsymbol{y}\rangle + \langle \boldsymbol{x}, \boldsymbol{z}\rangle \tag{1.3.20}$$

内积向量空间具有向量的加法、标量与向量的乘法以及两个向量的乘法 (内积)，可以度量两个向量之间的夹角。如果还能够增加关于向量的长度 (size 或 length)、距离 (distance) 和邻域 (neighborhood) 等测度的话，那么向量空间无疑将更加实用和完美；而向量的范数能够担负这一重任。

定义 1.3.7 (范数和赋范向量空间) 令 V 是一 (实或复) 向量空间。向量 $\boldsymbol{x}$ 的范数是一实函数 $p(\boldsymbol{x}) : V \to \mathbb{R}$，若对所有向量 $\boldsymbol{x}, \boldsymbol{y} \in V$ 和任意一个标量 $c \in \mathbb{K}$ (其中 $\mathbb{K}$ 表示

$\mathbb{R}$ 或者 $\mathbb{C}$)，下面的公理全部成立：

(1) 非负性：$p(\boldsymbol{x}) \geqslant 0$，并且 $p(\boldsymbol{x}) = 0 \Leftrightarrow \boldsymbol{x} = \boldsymbol{0}$；

(2) 齐次性：$p(c\boldsymbol{x}) = |c| \cdot p(\boldsymbol{x})$ 对所有复常数 c 成立；

(3) 三角不等式：$p(\boldsymbol{x}+\boldsymbol{y}) \leqslant p(\boldsymbol{x}) + p(\boldsymbol{y})$。

并称 V 为赋范向量空间 (normed vector space)。

最常用的向量范数为 Euclidean 范数或者 L_2 范数，记作 $\|\cdot\|_2$，定义为

$$\|\boldsymbol{x}\|_{\mathrm{E}} = \|\boldsymbol{x}\|_2 = \sqrt{x_1^2 + \cdots + x_m^2} \tag{1.3.21}$$

L_2 范数可以直接度量一个向量 $\boldsymbol{x}$ 的长度 $\mathrm{size}(\boldsymbol{x}) = \|\boldsymbol{x}\|_2$，两个向量之间的距离

$$d(\boldsymbol{x}, \boldsymbol{y}) = \|\boldsymbol{x} - \boldsymbol{y}\|_2 \tag{1.3.22}$$

以及一个向量的 ϵ 邻域 (其中 $\epsilon > 0$)

$$N_\epsilon(\boldsymbol{x}) = \{\boldsymbol{y} \,|\, \|\boldsymbol{y} - \boldsymbol{x}\|_2 \leqslant \epsilon\} \tag{1.3.23}$$

另外，还有两种不完全满足范数三个公理的向量范数。

定义 1.3.8[476] 向量 $\boldsymbol{x} \in V$ 的半范数 (seminorm) 又叫伪范数 (pseudo-norm)，定义为：若对所有向量 $\boldsymbol{x}, \boldsymbol{y} \in V$ 和任意一个标量 c，满足条件

(1) $p(\boldsymbol{x}) \geqslant 0$；

(2) $p(c\boldsymbol{x}) = |c| \cdot p(\boldsymbol{x})$；

(3) $p(\boldsymbol{x}+\boldsymbol{y}) \leqslant p(\boldsymbol{x}) + p(\boldsymbol{y})$。

注意，半范数与范数的唯一区别是：半范数不完全满足范数的第 1 个公理，有可能 $\boldsymbol{x} \neq \boldsymbol{0}$ 时 $p(\boldsymbol{x}) = 0$。例如，容易验证 $p(\boldsymbol{x}) = x_1 + \cdots + x_n$ 是零均值向量 $\boldsymbol{x}$ 的半范数，但半范数 $p(\boldsymbol{x}) = 0$ 并不意味着 $\boldsymbol{x} = \boldsymbol{0}$。

所有的范数都是半范数，但半范数不一定是范数。

定义 1.3.9[476] 向量 $\boldsymbol{x} \in V$ 的拟范数 (quasi-norm) 定义为：若对所有向量 $\boldsymbol{x}, \boldsymbol{y} \in V$ 和任意一个标量 c，满足：

(1) $p(\boldsymbol{x}) \geqslant 0$，且 $p(\boldsymbol{x}) = 0 \Leftrightarrow \boldsymbol{x} = \boldsymbol{0}$；

(2) $p(c\boldsymbol{x}) = |c| \cdot p(\boldsymbol{x})$；

(3) $p(\boldsymbol{x}+\boldsymbol{y}) \leqslant C(p(\boldsymbol{x}) + p(\boldsymbol{y}))$，其中 $C \neq 1$ 为某个正实数。

可见，拟范数不严格满足范数公理中的三角不等式，只满足 C 不等式 $p(\boldsymbol{x}+\boldsymbol{y}) \leqslant C(p(\boldsymbol{x}) + p(\boldsymbol{y}))$。同一种定义公式有时给出拟范数，有时则给出范数，取决于参数的不同。例如，容易验证

$$\|\boldsymbol{x}\|_p = \left(\sum_{i=1}^{m} x_i^p\right)^{1/p} \tag{1.3.24}$$

是拟范数 (若 $0 < p < 1$) 或范数 (若 $p \geqslant 1$)。

本书将采用符号 $\|\cdot\|$ 统一表示向量和矩阵的各种范数。

定义 1.3.10 (完备性) 一个向量空间 V 称为完备向量空间，若对于 V 中的每一个 Cauchy 序列 $\{\boldsymbol{v}_n\}_{n=1}^{\infty} \subset V$，在向量空间 V 内存在一个元素 $\boldsymbol{v}$，使得 $\lim_{n\to\infty} \boldsymbol{v}_n \to \boldsymbol{v}$，即 V 内的每一个 Cauchy 序列都收敛在向量空间 V 内。特别地，一个向量空间 V 称为相对于范数完备的向量空间，若对于每一个 Cauchy 序列 $\{\boldsymbol{v}_n\}_{n=1}^{\infty} \subset V$，在向量空间 V 内存在一个元素 $\boldsymbol{v}$，使得依范数收敛 $\lim_{n\to\infty} \|\boldsymbol{v}_n\| \to \|\boldsymbol{v}\|$ 满足。

向量空间元素的任何一个 Cauchy 序列依范数收敛为空间内的一个元素 $\lim_{n\to\infty} \|\boldsymbol{v}_n\| \to \|\boldsymbol{v}\|$ 也可等价叙述为：二者之差的范数趋于零，即 $\lim_{n\to\infty} \|\boldsymbol{v}_n - \boldsymbol{v}\| \to 0$。

定义 1.3.11 (Banach 空间)[340] 一个赋范向量空间 V 称为 Banach 空间，若对每一个 Cauchy 序列 $\{\boldsymbol{v}_n\}_{n=1}^{\infty} \subset V$，在 V 内存在一个元素 $\boldsymbol{v}$，使得 $\lim_{n\to\infty} \boldsymbol{v}_n \to \boldsymbol{v}$。

一个有限维的赋范线性向量空间一定是 Banach 空间，因为它会自动满足 Cauchy 序列的收敛条件。

定义 1.3.12 (Hilbert 空间) 一个相对于范数完备即满足范数收敛 $\lim_{n\to\infty} \|\boldsymbol{v}_n\| \to \|\boldsymbol{v}\|$ 的赋范向量空间 V 称为 Hilbert 空间。

显然，一个 Hilbert 空间一定是 Banach 空间，但一个 Banach 空间不一定是 Hilbert 空间。这是因为，范数收敛 $\lim_{n\to\infty} \|\boldsymbol{v}_n\| \to \|\boldsymbol{v}\|$ 一定满足极限收敛 $\lim_{n\to\infty} \boldsymbol{v}_n \to \boldsymbol{v}$，但极限收敛 $\lim_{n\to\infty} \boldsymbol{v}_n \to \boldsymbol{v}$ 不一定意味着范数收敛。

表 1.3.1 汇总了几种向量空间的比较。

表 1.3.1 几种向量空间的比较

向量空间	定义了向量的加法和向量的数乘，以向量为元素的集合 $\mathbb{R}^n$ 或 $\mathbb{C}^n$
内积向量空间	定义了内积 $\langle \boldsymbol{x}, \boldsymbol{y} \rangle$ (向量的乘法) 的向量空间
赋范向量空间	定义了范数 $\|\boldsymbol{x}\|$ 的向量空间，可度量向量的长度、距离与邻域
Banach 空间	满足 $\lim_{n\to\infty} \boldsymbol{v}_n \to \boldsymbol{v}, \forall \boldsymbol{v}_n, \boldsymbol{v} \in \mathbb{C}^n$ 的完备赋范向量空间
Hilbert 空间	满足 $\lim_{n\to\infty} \|\boldsymbol{v}_n\| \to \|\boldsymbol{v}\|, \forall \boldsymbol{v}_n, \boldsymbol{v} \in \mathbb{C}^n$ 的完备赋范向量空间
Euclidean 空间	具有 Euclidean 范数 $\|\boldsymbol{x}\|_2$ 的赋范向量空间

定义 1.3.13 (伴随算子) 令 T 是 Hilbert 空间 H 内的有界线性算子。若 $\langle T\boldsymbol{x}, \boldsymbol{y} \rangle = \langle \boldsymbol{x}, T^*\boldsymbol{y} \rangle$ 对所有向量 $\boldsymbol{x}, \boldsymbol{y} \in H$ 成立，则称 T^* 是 T 的伴随算子 (adjoint operator)。

表 1.3.2 列出了几种常用的有界线性算子 T 及其伴随算子 T^*。

在矩阵代数中，伴随算子与 Hermitian 算子即复共轭转置算子常被等同对待。若 $T = T^*$，则称 T 是自伴随的 (self-adjoint)。当讲到自伴随算子时，总是指有界的线性自伴随算子。

线性代数研究有限维向量空间之间的线性映射关系，而无限维向量空间之间的映射关系的研究称为线性函数分析 (linear functional analysis) 或线性算子理论 (linear operator theory)[282]。

表 1.3.2 几种常用算子及伴随算子

算子 T	伴随算子 T^*
矩阵乘法 $\boldsymbol{AB}$	矩阵复共轭转置乘法 $\boldsymbol{A}^{\mathrm{H}}\boldsymbol{B}$
卷积 $\boldsymbol{x}(n)*\boldsymbol{y}(n)=\sum\limits_{i=1}^{\infty}x_i(n)y^*(n-i)$	互相关 $\mathrm{E}\{\boldsymbol{x}(n)\boldsymbol{y}^{\mathrm{H}}(n)\}$
补零 (zero padding)	截尾 (truncation)
衍射建模 (diffraction modeling)	偏移成像 (imaging by migration)

1.4 内积与范数

1.3 节分别介绍了向量的内积和范数必须满足的公理，并引出了内积向量空间、赋范向量空间、Banach 空间和 Hilbert 空间的定义。本节将分别具体讨论向量和矩阵的内积及范数的定义及有关性质。

1.4.1 向量的内积与范数

n 阶复向量 $\boldsymbol{x}=[x_1,\cdots,x_n]^{\mathrm{T}},\boldsymbol{y}=[y_1,\cdots,y_n]^{\mathrm{T}}$ 之间的内积

$$\langle\boldsymbol{x},\boldsymbol{y}\rangle=\boldsymbol{x}^{\mathrm{H}}\boldsymbol{y}=\sum_{i=1}^{n}x_i^*y_i \tag{1.4.1}$$

称为典范内积 (canonical inner product)。采用典范内积的有限维向量空间 $\mathbb{R}^n$ 或者 $\mathbb{C}^n$ 习惯称为 n 阶 Euclidean 空间或者 Euclidean n 空间。

注意，在一些文献中，也常用以下典范内积形式

$$\langle\boldsymbol{x},\boldsymbol{y}\rangle=\boldsymbol{x}^{\mathrm{T}}\boldsymbol{y}^*=\sum_{i=1}^{n}x_iy_i^*$$

另外，还经常使用加权内积

$$\langle\boldsymbol{x},\boldsymbol{y}\rangle=\boldsymbol{x}^{\mathrm{H}}\boldsymbol{G}\boldsymbol{y} \tag{1.4.2}$$

其中，加权矩阵 $\boldsymbol{G}$ 为正定的 Hermitian 矩阵，即满足条件 $\boldsymbol{x}^{\mathrm{H}}\boldsymbol{G}\boldsymbol{x}>0,\forall\boldsymbol{x}\in\mathbb{C}^n$。

令 $x(t),y(t)$ 是复数域 $\mathbb{C}$ 的两个连续函数，并且 t 的定义域为 $[a,b]$，则 $x(t)$ 和 $y(t)$ 之间的内积定义为

$$\langle x(t),y(t)\rangle\stackrel{\mathrm{def}}{=}\int_a^b x^*(t)y(t)\mathrm{d}t \tag{1.4.3}$$

可以验证，该内积满足内积的三个公理，所以实数域 $\mathbb{R}$ 是一维内积空间，但是它不是 Euclidean 空间，因为实数域不是有限维的。

例 1.4.1 序列 $\{\mathrm{e}^{\mathrm{j}2\pi fn}\}_{n=0}^{N-1}$ 是一个以单位时间间隔被采样的频率为 f 的正弦波。复正弦波向量 $\boldsymbol{e}_n(f)$ 定义为 $(n+1)\times 1$ 向量，即 $\boldsymbol{e}_n(f)=\left[1,\mathrm{e}^{\mathrm{j}(\frac{2\pi}{n+1})f},\cdots,\mathrm{e}^{\mathrm{j}(\frac{2\pi}{n+1})nf}\right]^{\mathrm{T}}$。这样

一来，N 个数据样本 $x(n), n=0,1,\cdots,N-1$ 的离散 Fourier 变换 (DFT) 就可以用向量的典范内积表示为

$$X(f)=\sum_{n=0}^{N-1} x(n)\mathrm{e}^{-\mathrm{j}(\frac{2\pi}{N})nf}=\boldsymbol{e}_{N-1}^{\mathrm{H}}\boldsymbol{x}=\langle \boldsymbol{e}_{N-1},\boldsymbol{x}\rangle$$

其中，$\boldsymbol{x}=[x(0),x(1),\cdots,x(N-1)]^{\mathrm{T}}$ 常称为数据向量。

下面是内积空间的范数具备的一般性质。

定理 1.4.1 [40] 在实或复内积空间里，范数具有以下性质：

(1) $\|\boldsymbol{0}\|=0$，并且 $\|\boldsymbol{x}\|>0,\ \forall\, \boldsymbol{x}\neq\boldsymbol{0}$；

(2) $\|c\boldsymbol{x}\|=|c|\cdot\|\boldsymbol{x}\|$ 对所有向量 $\boldsymbol{x}$ 和标量 c 成立；

(3) 范数服从极化恒等式 (polarization identity)

$$\langle \boldsymbol{x},\boldsymbol{y}\rangle=\frac{1}{4}\left(\|\boldsymbol{x}+\boldsymbol{y}\|^2-\|\boldsymbol{x}-\boldsymbol{y}\|^2\right),\quad \forall\, \boldsymbol{x},\boldsymbol{y}\quad (\text{实内积空间}) \tag{1.4.4}$$

$$\langle \boldsymbol{x},\boldsymbol{y}\rangle=\frac{1}{4}\left(\|\boldsymbol{x}+\boldsymbol{y}\|^2-\|\boldsymbol{x}-\boldsymbol{y}\|^2-\mathrm{j}\,\|\boldsymbol{x}+\mathrm{j}\,\boldsymbol{y}\|^2+\mathrm{j}\|\boldsymbol{x}-\mathrm{j}\,\boldsymbol{y}\|^2\right)\quad \forall\, \boldsymbol{x},\boldsymbol{y}\quad (\text{复内积空间}) \tag{1.4.5}$$

(4) 范数满足平行四边形法则 (parallelogram law)

$$\|\boldsymbol{x}+\boldsymbol{y}\|^2+\|\boldsymbol{x}-\boldsymbol{y}\|^2=2(\|\boldsymbol{x}\|^2+\|\boldsymbol{y}\|^2),\quad \forall\, \boldsymbol{x},\boldsymbol{y} \tag{1.4.6}$$

(5) 范数满足三角不等式 $\|\boldsymbol{x}+\boldsymbol{y}\|\leqslant\|\boldsymbol{x}\|+\|\boldsymbol{y}\|,\forall\, \boldsymbol{x},\boldsymbol{y}$；

(6) 范数服从 Cauchy-Schwartz 不等式

$$|\langle \boldsymbol{x},\boldsymbol{y}\rangle|\leqslant\|\boldsymbol{x}\|\cdot\|\boldsymbol{y}\| \tag{1.4.7}$$

等号 $|\langle \boldsymbol{x},\boldsymbol{y}\rangle|=\|\boldsymbol{x}\|\cdot\|\boldsymbol{y}\|$ 成立，当且仅当 $\boldsymbol{y}=c\boldsymbol{x}$，其中，$c$ 为某个非零常数。

下面分别介绍常数向量、函数向量和随机向量的内积与范数。

1. 常数向量的典范内积与范数

常数向量的内积通常采用典范内积，而常用的向量范数有以下几种。

(1) L_0 范数 (也称 0 范数)

$$\|\boldsymbol{x}\|_0 \stackrel{\text{def}}{=} \text{非零元素的个数} \tag{1.4.8}$$

(2) L_1 范数 (也称和范数或 1 范数)

$$\|\boldsymbol{x}\|_1 \stackrel{\text{def}}{=} \sum_{i=1}^{m}|x_i|=|x_1|+\cdots+|x_m| \tag{1.4.9}$$

(3) L_2 范数 (常称 Euclidean 范数，有时也称 Frobenius 范数)

$$\|\boldsymbol{x}\|_2=\left(|x_1|^2+\cdots+|x_m|^2\right)^{1/2} \tag{1.4.10}$$

(4) L_∞ 范数 (也称无穷范数或极大范数)

$$\|\boldsymbol{x}\|_\infty = \max\{|x_1|, \cdots, |x_m|\} \tag{1.4.11}$$

(5) L_p 范数 (也称 Hölder 范数[294])

$$\|\boldsymbol{x}\|_p = \left(\sum_{i=1}^m |x_i|^p\right)^{1/p}, \qquad p \geqslant 1 \tag{1.4.12}$$

注释 1 L_0 范数不满足范数公理中的齐次性 $\|c\boldsymbol{x}\|_0 = |c|\,\|\boldsymbol{x}\|_0$，它只是一种虚拟的范数。然而，$L_0$ 范数在稀疏向量与稀疏表示中却起着关键的作用，详见 1.12 节。

注释 2 当 $p=2$ 时，L_p 范数与 Euclidean 范数完全等价。另外，无穷范数是 L_p 范数的极限形式，即有

$$\|\boldsymbol{x}\|_\infty = \lim_{p\to\infty}\left(\sum_{i=1}^m |x_i|^p\right)^{1/p} \tag{1.4.13}$$

范数 $\|\boldsymbol{x}\|$ 称为酉不变的，若 $\|\boldsymbol{U}\boldsymbol{x}\| = \|\boldsymbol{x}\|$ 对所有向量 $\boldsymbol{x} \in \mathbb{C}^m$ 和所有酉矩阵 $\boldsymbol{U} \in \mathbb{C}^{m\times m}$ 恒成立。

命题 1.4.1 [238] Euclidean 范数 $\|\cdot\|_2$ 是酉不变的。

假定向量 $\boldsymbol{x}$ 和 $\boldsymbol{y}$ 有共同的起点 (即原点 O)，它们的端点分别为 x 和 y，则 $\|\boldsymbol{x}-\boldsymbol{y}\|_2$ 度量两个向量 $\boldsymbol{x},\boldsymbol{y}$ 两端点 x,y 之间的标准 Euclidean 距离。特别地，非负的标量 $\langle\boldsymbol{x},\boldsymbol{x}\rangle^{1/2}$ 称为向量 $\boldsymbol{x}$ 的 Euclidean 长度。Euclidean 长度为 1 的向量叫做归一化 (或标准化) 向量。对于任何不为零的向量 $\boldsymbol{x} \in \mathbb{C}^m$，向量 $\boldsymbol{x}/\langle\boldsymbol{x},\boldsymbol{x}\rangle^{1/2}$ 都是归一化的，并且它与 $\boldsymbol{x}$ 同方向。

Euclidean 范数是应用最为广泛的向量范数定义。在本书后面的讨论中，如无特别声明，向量范数均指 Euclidean 范数。

利用向量的典范内积和 Euclidean 范数可以定义两个向量之间的夹角。

定义 1.4.1 两个向量之间的夹角定义为

$$\cos\theta \stackrel{\text{def}}{=} \frac{\langle\boldsymbol{x},\boldsymbol{y}\rangle}{\sqrt{\langle\boldsymbol{x},\boldsymbol{x}\rangle}\sqrt{\langle\boldsymbol{y},\boldsymbol{y}\rangle}} = \frac{\boldsymbol{x}^{\mathrm{H}}\boldsymbol{y}}{\|\boldsymbol{x}\|\cdot\|\boldsymbol{y}\|} \tag{1.4.14}$$

显然，若 $\boldsymbol{x}^{\mathrm{H}}\boldsymbol{y}=0$，则 $\theta=\pi/2$，此时，称常数向量 $\boldsymbol{x}$ 和 $\boldsymbol{y}$ 正交。因此，两个常数向量正交的数学定义如下。

定义 1.4.2 两个常数向量 $\boldsymbol{x}$ 和 $\boldsymbol{y}$ 称为正交，并记作 $\boldsymbol{x}\perp\boldsymbol{y}$，若它们的内积等于零，即 $\langle\boldsymbol{x},\boldsymbol{y}\rangle = \boldsymbol{x}^{\mathrm{H}}\boldsymbol{y} = 0$。

由定义知，零向量 $\mathbf{0}$ 与同一空间的任何向量都正交。

2. 函数向量的内积与范数

若 $\boldsymbol{x}(t)$ 和 $\boldsymbol{y}(t)$ 分别是变量 t 的函数向量，则它们的内积定义为

$$\langle\boldsymbol{x}(t),\boldsymbol{y}(t)\rangle \stackrel{\text{def}}{=} \int_a^b \boldsymbol{x}^{\mathrm{H}}(t)\boldsymbol{y}(t)\mathrm{d}t \tag{1.4.15}$$

其中，变量 t 在区间 $[a,b]$ 内取值，且 $a<b$。变量 t 可以是时间变量、频率变量或者空间变量。

两个函数向量的夹角定义为

$$\cos\theta \stackrel{\text{def}}{=} \frac{\langle \boldsymbol{x},\boldsymbol{y}\rangle}{\sqrt{\langle \boldsymbol{x},\boldsymbol{x}\rangle}\sqrt{\langle \boldsymbol{y},\boldsymbol{y}\rangle}} = \frac{\displaystyle\int_a^b \boldsymbol{x}^{\mathrm{H}}(t)\boldsymbol{y}(t)\mathrm{d}t}{\|\boldsymbol{x}(t)\|\cdot\|\boldsymbol{y}(t)\|} \tag{1.4.16}$$

式中，$\|\boldsymbol{x}(t)\|$ 是函数向量 $\boldsymbol{x}(t)$ 的范数，定义为

$$\|\boldsymbol{x}(t)\| \stackrel{\text{def}}{=} \left(\int_a^b \boldsymbol{x}^{\mathrm{H}}(t)\boldsymbol{x}(t)\mathrm{d}t\right)^{1/2} \tag{1.4.17}$$

显然，若两个函数向量的内积等于零，即

$$\int_{-\infty}^{\infty} \boldsymbol{x}^{\mathrm{H}}(t)\boldsymbol{y}(t)\mathrm{d}t = 0$$

则 $\theta=\pi/2$。此时，称两个函数向量正交，并记作 $\boldsymbol{x}(t)\perp\boldsymbol{y}(t)$。

3. 随机向量的内积与范数

若 $\boldsymbol{x}(\xi)$ 和 $\boldsymbol{y}(\xi)$ 分别是样本变量 ξ 的随机向量，则它们的内积定义为

$$\langle \boldsymbol{x}(\xi),\boldsymbol{y}(\xi)\rangle \stackrel{\text{def}}{=} \mathrm{E}\{\boldsymbol{x}^{\mathrm{H}}(\xi)\boldsymbol{y}(\xi)\} \tag{1.4.18}$$

其中，样本变量 ξ 可以是时间 t、圆频率 f、角频率 ω 或空间变量 s 等。

随机向量 $\boldsymbol{x}(\xi)$ 的范数 $\|\boldsymbol{x}(\xi)\|$ 的平方定义为

$$\|\boldsymbol{x}(\xi)\|^2 \stackrel{\text{def}}{=} \mathrm{E}\{\boldsymbol{x}^{\mathrm{H}}(\xi)\boldsymbol{x}(\xi)\} \tag{1.4.19}$$

与常数向量和函数向量的情况不同，$m\times 1$ 随机向量 $\boldsymbol{x}(\xi)$ 和 $n\times 1$ 随机向量 $\boldsymbol{y}(\xi)$ 称为正交，若 $\boldsymbol{x}(\xi)$ 的任意元素与 $\boldsymbol{y}(\xi)$ 的任意元素正交。这意味着，两个向量的互相关矩阵为零矩阵 $\boldsymbol{O}_{m\times n}$，即

$$\mathrm{E}\{\boldsymbol{x}(\xi)\boldsymbol{y}^{\mathrm{H}}(\xi)\} = \boldsymbol{O}_{m\times n} \tag{1.4.20}$$

并记作 $\boldsymbol{x}(\xi)\perp\boldsymbol{y}(\xi)$。

下面的命题表明，任意两个正交向量之和的范数平方等于各个向量范数平方之和。

命题 1.4.2 若 $\boldsymbol{x}\perp\boldsymbol{y}$，则 $\|\boldsymbol{x}+\boldsymbol{y}\|^2=\|\boldsymbol{x}\|^2+\|\boldsymbol{y}\|^2$。

证明 由范数公理知

$$\|\boldsymbol{x}+\boldsymbol{y}\|^2 = \langle \boldsymbol{x}+\boldsymbol{y},\boldsymbol{x}+\boldsymbol{y}\rangle = \langle \boldsymbol{x},\boldsymbol{x}\rangle + \langle \boldsymbol{x},\boldsymbol{y}\rangle + \langle \boldsymbol{y},\boldsymbol{x}\rangle + \langle \boldsymbol{y},\boldsymbol{y}\rangle \tag{1.4.21}$$

由于 $\boldsymbol{x}$ 和 $\boldsymbol{y}$ 正交，所以 $\langle \boldsymbol{x},\boldsymbol{y}\rangle=\mathrm{E}\{\boldsymbol{x}^{\mathrm{T}}\boldsymbol{y}\}=0$。又由内积公理知 $\langle \boldsymbol{y},\boldsymbol{x}\rangle=\langle \boldsymbol{x},\boldsymbol{y}\rangle=0$。将这一结果代入式 (1.4.21) 立即得 $\|\boldsymbol{x}+\boldsymbol{y}\|^2=\langle \boldsymbol{x},\boldsymbol{x}\rangle+\langle \boldsymbol{y},\boldsymbol{y}\rangle=\|\boldsymbol{x}\|^2+\|\boldsymbol{y}\|^2$。本命题得证。■

这一命题也称 Pythagorean 定理。

下面从数学定义、几何解释和物理意义三个方面，对常数向量、函数向量和随机向量的正交作一归纳与总结。

(1) *数学定义*：两个向量 $\boldsymbol{x}$ 和 $\boldsymbol{y}$ 正交，若它们的内积等于零，即 $\langle \boldsymbol{x}, \boldsymbol{y} \rangle = 0$ (对常数向量和函数向量)，或者它们的外积的数学期望等于零矩阵，即 $\mathrm{E}\{\boldsymbol{x}\boldsymbol{y}^{\mathrm{H}}\} = \boldsymbol{O}$ (对随机向量)。

(2) *几何解释*：若两个向量正交，则这两个向量之间的夹角为 90°，并且一个向量到另一个向量的投影等于零。

(3) *物理意义*：当两个向量正交时，一个向量将不含另一个向量的任何成分，即这两个向量之间不存在任何相互作用或干扰。

记住这些要点，将有助于在实际中灵活使用向量的正交。

1.4.2　向量的相似比较

聚类 (clustering) 和分类 (classification) 是统计数据分析的重要技术。所谓聚类，就是将一给定的大数据集聚为几个小的子数据集，并且每个子集 (目标类) 的数据都具有共同或者相似的特征。分类则是将一个或者多个未知类属的数据或特征向量划分到具有最接近特征的某个已知目标类别中。

实现聚类和分类的主要数学工具为距离测度。

两个概率密度之间的距离称为测度 (metric)，若下列条件均成立：

(1) $D(\boldsymbol{p}\|\boldsymbol{g}) \geqslant 0$，等号成立当且仅当 $\boldsymbol{p} = \boldsymbol{g}$ (非负性和正定性)；

(2) $D(\boldsymbol{p}\|\boldsymbol{g}) = D(\boldsymbol{g}\|\boldsymbol{p})$ (对称性)；

(3) $D(\boldsymbol{p}\|\boldsymbol{z}) \leqslant D(\boldsymbol{p}\|\boldsymbol{g}) + D(\boldsymbol{g}\|\boldsymbol{z})$ (三角不等式)。

显然，平方 Euclidean 距离为测度。

在模式识别中，原始数据向量需要通过某种变换或处理方法，变成一个低维的向量。由于这种低维向量抽取了原始数据向量的特征，直接用于模式的聚类和分类，故称为“模式向量” (mode vector) 或“特征向量”。例如，云的颜色和语调的参数即分别构成天气和语音分类的模式或特征向量。

聚类或分类的基本准则是：用距离测度，度量两个未知特征向量的相似度或一个未知特征向量与某个已知特征向量之间的相似度。顾名思义，相似度就是两个向量之间的相似程度的度量。

考虑模式分类问题。为简单计，假定有 M 个类型的模式向量 $\boldsymbol{s}_1, \cdots, \boldsymbol{s}_M$。现在的问题是：给定一任意的未知模式向量 $\boldsymbol{x}$，希望判断它归属于哪一类模式。为此，需要将未知模式向量 $\boldsymbol{x}$ 同 M 个已知模式向量进行比对，看 $\boldsymbol{x}$ 与其中哪一个样本模式向量最相似，并据此作出模式或信号分类的判断。

向量之间的相似度常采用相异度 (dissimilarity) 进行反向度量：相异度越小的两个向量之间越相似。

令 $D(\boldsymbol{x},\boldsymbol{s}_1),\cdots,D(\boldsymbol{x},\boldsymbol{s}_M)$ 分别表示未知模式向量 $\boldsymbol{x}$ 和已知模式向量 $\boldsymbol{s}_1,\cdots,\boldsymbol{s}_M$ 之间的相异度的符号。以 $\boldsymbol{x}$ 与 $\boldsymbol{s}_1,\boldsymbol{s}_2$ 的相异度为例，若

$$D(\boldsymbol{x},\boldsymbol{s}_1)\leqslant D(\boldsymbol{x},\boldsymbol{s}_2) \tag{1.4.22}$$

则称未知模式向量 $\boldsymbol{x}$ 与样本模式向量 $\boldsymbol{s}_1$ 更相似。

最简单和最直观的相异度是两个向量之间的 Euclidean 距离。未知模式向量 $\boldsymbol{x}$ 与第 i 个已知模式向量 $\boldsymbol{s}_i$ 之间的 Euclidean 距离记作 $D_{\mathrm{E}}(\boldsymbol{x},\boldsymbol{s}_i)$，定义为

$$D_{\mathrm{E}}(\boldsymbol{x},\boldsymbol{s}_i)=\|\boldsymbol{x}-\boldsymbol{s}_i\|_2=\sqrt{(\boldsymbol{x}-\boldsymbol{s}_i)^{\mathrm{T}}(\boldsymbol{x}-\boldsymbol{s}_i)} \tag{1.4.23}$$

除了满足测度的非负性、对称性和三角不等式之外，Euclidean 距离 $D_{\mathrm{E}}(\boldsymbol{x},\boldsymbol{y})$ 还具有一个基本性质：Euclidean 距离等于零的两个向量完全相似，即

$$D_{\mathrm{E}}(\boldsymbol{x},\boldsymbol{y})=0 \iff \boldsymbol{x}=\boldsymbol{y}$$

若

$$D_{\mathrm{E}}(\boldsymbol{x},\boldsymbol{s}_i)=\min_k D_{\mathrm{E}}(\boldsymbol{x},\boldsymbol{s}_k),\quad k=1,\cdots,M \tag{1.4.24}$$

则称 $\boldsymbol{s}_i\in\{\boldsymbol{s}_1,\cdots,\boldsymbol{s}_M\}$ 是到 $\boldsymbol{x}$ 的近邻 (即最近的邻居)。

作为一种广泛使用的分类法，近邻分类 (nearest neighbor classification) 法将未知类型的模式向量 $\boldsymbol{x}$ 归并为它的近邻所属的模式类型。

另一个常用的距离函数是 Mahalanobis 距离，由 Mahalanobis 于 1936 年在统计中作为距离测度提出的[329]。向量 $\boldsymbol{x}$ 到其均值向量 $\boldsymbol{\mu}$ 的 Mahalanobis 距离为

$$D_{\mathrm{M}}(\boldsymbol{x},\boldsymbol{\mu})=\sqrt{(\boldsymbol{x}-\boldsymbol{\mu})^{\mathrm{T}}\boldsymbol{C}_x^{-1}(\boldsymbol{x}-\boldsymbol{\mu})} \tag{1.4.25}$$

式中 $\boldsymbol{C}_x=\mathrm{Cov}(\boldsymbol{x},\boldsymbol{x})=\mathrm{E}\{(\boldsymbol{x}-\boldsymbol{\mu})(\boldsymbol{x}-\boldsymbol{\mu})^{\mathrm{T}}\}$ 是向量 $\boldsymbol{x}$ 的自协方差矩阵。

两个向量 $\boldsymbol{x}\in\mathbb{R}^n$ 和 $\boldsymbol{y}\in\mathbb{R}^n$ 之间的 Mahalanobis 距离记作 $D_{\mathrm{M}}(\boldsymbol{x},\boldsymbol{y})$，定义为[329]

$$D_{\mathrm{M}}(\boldsymbol{x},\boldsymbol{y})=\sqrt{(\boldsymbol{x}-\boldsymbol{y})^{\mathrm{T}}\boldsymbol{C}^{-1}(\boldsymbol{x}-\boldsymbol{y})} \tag{1.4.26}$$

其中 $\boldsymbol{C}=\mathrm{E}\{(\boldsymbol{x}-\boldsymbol{\mu}_x)(\boldsymbol{y}-\boldsymbol{\mu}_y)^{\mathrm{T}}\}$ 是两个向量 $\boldsymbol{x}$ 与 $\boldsymbol{y}$ 之间的互协方差矩阵，而 $\boldsymbol{\mu}_x$ 和 $\boldsymbol{\mu}_y$ 分别是向量 $\boldsymbol{x}$ 和 $\boldsymbol{y}$ 的均值向量。

若协方差矩阵为单位矩阵，即 $\boldsymbol{C}=\boldsymbol{I}$，则 Mahalanobis 距离退化为 Enclidean 距离。如果协方差矩阵取对角矩阵，则相应的 Mahalanobis 距离称为归一化 Enclidean 距离

$$D_{\mathrm{M}}(\boldsymbol{x},\boldsymbol{y})=\sqrt{\sum_{i=1}^n\frac{(x_i-y_i)^2}{\sigma_i^2}} \tag{1.4.27}$$

式中，σ_i 是 x_i 和 y_i 在整个样本集合的标准差。

令

$$\boldsymbol{\mu}=\frac{1}{M}\sum_{i=1}^M\boldsymbol{s}_i,\quad \boldsymbol{C}=\sum_{i=1}^M\sum_{j=1}^M(\boldsymbol{s}_i-\boldsymbol{\mu})(\boldsymbol{s}_j-\boldsymbol{\mu})^{\mathrm{T}} \tag{1.4.28}$$

分别为 M 个已知模式向量 $\boldsymbol{s}_i$ 的样本均值向量和样本互协方差矩阵。于是，未知模式向量 $\boldsymbol{x}$ 到已知模式向量 $\boldsymbol{s}_i$ 之间的 Mahalanobis 距离定义为

$$D_{\mathrm{M}}(\boldsymbol{x},\boldsymbol{s}_i)=\sqrt{(\boldsymbol{x}-\boldsymbol{s}_i)^{\mathrm{T}}\boldsymbol{C}^{-1}(\boldsymbol{x}-\boldsymbol{s}_i)} \tag{1.4.29}$$

根据近邻分类法，若

$$D_{\mathrm{M}}(\boldsymbol{x},\boldsymbol{s}_i)=\min_k D_{\mathrm{M}}(\boldsymbol{x},\boldsymbol{s}_k),\quad k=1,\cdots,M \tag{1.4.30}$$

则将未知模式向量 $\boldsymbol{x}$ 归为 $\boldsymbol{s}_i$ 所属的模式类型。

向量之间的相异度的测度不一定局限于距离函数。两个向量所夹锐角的余弦函数

$$D(\boldsymbol{x},\boldsymbol{s}_i)=\cos(\theta_i)=\frac{\boldsymbol{x}^{\mathrm{T}}\boldsymbol{s}_i}{\|\boldsymbol{x}\|_2\|\boldsymbol{s}_i\|_2} \tag{1.4.31}$$

也是相异度的一种有效测度。若 $\cos(\theta_i)<\cos(\theta_j),\forall j\neq i$ 成立，则认为未知模式向量 $\boldsymbol{x}$ 与样本模式向量 $\boldsymbol{s}_i$ 最相似。式 (1.4.31) 的变型

$$D(\boldsymbol{x},\boldsymbol{s}_i)=\frac{\boldsymbol{x}^{\mathrm{T}}\boldsymbol{s}_i}{\boldsymbol{x}^{\mathrm{T}}\boldsymbol{x}+\boldsymbol{s}_i^{\mathrm{T}}\boldsymbol{s}_i+\boldsymbol{x}^{\mathrm{T}}\boldsymbol{s}_i} \tag{1.4.32}$$

称为 Tanimoto 测度 [477]，它广泛应用于信息恢复、疾病分类、动物和植物分类等。

待分类的信号称为目标信号，分类通常是根据某种物理或几何概念进行的。令 X 为目标信号，A_i 代表第 i 类目标的分类概念。于是，采用目标–概念距离 (object-concept distance) $D(X,A_i)$ 描述与目标之间的相异度[457]，从而有类似于式 (1.4.22) 的关系

$$D(X,A_i)\leqslant D(X,A_j),\quad \forall i,j \tag{1.4.33}$$

因此，将目标信号 X 归为目标–概念距离 $D(X,A_i)$ 最小的第 i 类目标 C_i。

以上介绍了五种相异度：Euclidean 距离、Mahalanobis 距离、夹角余弦、Tanimoto 测度以及目标–概念距离。

1.4.3 矩阵的内积与范数

将向量的内积与范数加以推广，即可引出矩阵的内积与范数。

令 $m\times n$ 复矩阵 $\boldsymbol{A}=[\boldsymbol{a}_1,\cdots,\boldsymbol{a}_n]$ 和 $\boldsymbol{B}=[\boldsymbol{b}_1,\cdots,\boldsymbol{b}_n]$，将这两个矩阵分别“拉长”为 $mn\times 1$ 向量

$$\boldsymbol{a}=\mathrm{vec}(\boldsymbol{A})=\begin{bmatrix}\boldsymbol{a}_1\\ \vdots\\ \boldsymbol{a}_n\end{bmatrix},\quad \boldsymbol{b}=\mathrm{vec}(\boldsymbol{B})=\begin{bmatrix}\boldsymbol{b}_1\\ \vdots\\ \boldsymbol{b}_n\end{bmatrix}$$

$\mathrm{vec}(\boldsymbol{A})$ 称为矩阵 $\boldsymbol{A}$ 的 (列) 向量化。矩阵的向量化将在 1.11 节中作详细介绍。

矩阵的内积记作 $\langle\boldsymbol{A},\boldsymbol{B}\rangle:\mathbb{C}^{m\times n}\times\mathbb{C}^{m\times n}\to\mathbb{C}$，定义为两个“拉长向量” $\boldsymbol{a}$ 和 $\boldsymbol{b}$ 之间的内积

$$\langle\boldsymbol{A},\boldsymbol{B}\rangle=\langle\mathrm{vec}(\boldsymbol{A}),\mathrm{vec}(\boldsymbol{B})\rangle=\sum_{i=1}^{n}\boldsymbol{a}_i^{\mathrm{H}}\boldsymbol{b}_i=\sum_{i=1}^{n}\langle\boldsymbol{a}_i,\boldsymbol{b}_i\rangle \tag{1.4.34}$$

或等价写作

$$\langle \boldsymbol{A}, \boldsymbol{B} \rangle = \text{vec}(\boldsymbol{A})^{\text{H}} \text{vec}(\boldsymbol{B}) = \text{tr}(\boldsymbol{A}^{\text{H}} \boldsymbol{B}) \tag{1.4.35}$$

式中 $\text{tr}(\boldsymbol{C})$ 表示正方矩阵 $\boldsymbol{C}$ 的迹函数，定义为该矩阵对角元素之和。

令 $\mathbb{K}$ 表示一实数域或复数域，$\mathbb{K}^{m\times n}$ 表示 $m \times n$ 实数或复数矩阵的集合。

矩阵 $\boldsymbol{A} \in \mathbb{K}^{m\times n}$ 的范数记作 $\|\boldsymbol{A}\|$，它是矩阵 $\boldsymbol{A}$ 的实值函数，必须具有以下性质：

(1) 正值性：对于任何非零矩阵 $\boldsymbol{A} \neq \boldsymbol{O}$，其范数大于零，即 $\|\boldsymbol{A}\| > 0$ 若 $\boldsymbol{A} \neq \boldsymbol{O}$ (零矩阵)；并且 $\|\boldsymbol{A}\| = 0$ 当且仅当 $\boldsymbol{A} = \boldsymbol{O}$。

(2) 正比例性：对于任意 $c \in \mathbb{K}$，有 $\|c\boldsymbol{A}\| = |c| \cdot \|\boldsymbol{A}\|$。

(3) 三角不等式：$\|\boldsymbol{A} + \boldsymbol{B}\| \leqslant \|\boldsymbol{A}\| + \|\boldsymbol{B}\|$。

(4) 两个矩阵乘积的范数小于或等于两个矩阵范数的乘积，即 $\|\boldsymbol{AB}\| \leqslant \|\boldsymbol{A}\| \cdot \|\boldsymbol{B}\|$。

例 1.4.2 考查 $n \times n$ 矩阵 $\boldsymbol{A}$ 的实值函数 $f(\boldsymbol{A}) = \sum_{i=1}^{n}\sum_{j=1}^{n}|a_{ij}|$。容易验证：

(1) $f(\boldsymbol{A}) \geqslant 0$，并且当 $\boldsymbol{A} = 0$ 即 $a_{ij} \equiv 0$ 时 $f(\boldsymbol{A}) = 0$。

(2) $f(c\boldsymbol{A}) = \sum_{i=1}^{n}\sum_{j=1}^{n}|ca_{ij}| = |c|\sum_{i=1}^{n}\sum_{j=1}^{n}|a_{ij}| = |c|f(\boldsymbol{A})$。

(3) $f(\boldsymbol{A} + \boldsymbol{B}) = \sum_{i=1}^{n}\sum_{j=1}^{n}\left(|a_{ij} + b_{ij}|\right) \leqslant \sum_{i=1}^{n}\sum_{j=1}^{n}\left(|a_{ij}| + |b_{ij}|\right) = f(\boldsymbol{A}) + f(\boldsymbol{B})$。

(4) 对于两个矩阵的乘积，有

$$\begin{aligned} f(\boldsymbol{AB}) &= \sum_{i=1}^{n}\sum_{j=1}^{n}\left|\sum_{k=1}^{n} a_{ik}b_{kj}\right| \leqslant \sum_{i=1}^{n}\sum_{j=1}^{n}\sum_{k=1}^{n}|a_{ik}||b_{kj}| \\ &\leqslant \sum_{i=1}^{n}\sum_{j=1}^{n}\left(\sum_{k=1}^{n}|a_{ik}|\sum_{l=1}^{n}|b_{kl}|\right) = f(\boldsymbol{A})f(\boldsymbol{B}) \end{aligned}$$

因此，实函数 $f(\boldsymbol{A}) = \sum_{i=1}^{n}\sum_{j=1}^{n}|a_{ij}|$ 是一种矩阵范数。

矩阵的范数有三种主要类型：诱导范数、元素形式范数和 Schatten 范数。

1. **诱导范数** (induced norm)

诱导范数又称 $m \times n$ 矩阵空间上的算子范数 (operator norm)，定义为

$$\|\boldsymbol{A}\| = \max\{\|\boldsymbol{Ax}\| : \boldsymbol{x} \in \mathbb{K}^n, \|\boldsymbol{x}\| = 1\} \tag{1.4.36}$$

$$= \max\left\{\frac{\|\boldsymbol{Ax}\|}{\|\boldsymbol{x}\|} : \boldsymbol{x} \in \mathbb{K}^n, \boldsymbol{x} \neq \boldsymbol{0}\right\} \tag{1.4.37}$$

常用的诱导范数为 p-范数

$$\|\boldsymbol{A}\|_p \stackrel{\text{def}}{=} \max_{\boldsymbol{x}\neq \boldsymbol{0}} \frac{\|\boldsymbol{Ax}\|_p}{\|\boldsymbol{x}\|_p} \tag{1.4.38}$$

p 范数也称 Minkowski p 范数或者 L_p 范数。特别地，$p = 1, 2, \infty$ 时，对应的诱导范数分

别为

$$\|\boldsymbol{A}\|_1 = \max_{1\leqslant j\leqslant n}\sum_{i=1}^{m}|a_{ij}| \tag{1.4.39}$$

$$\|\boldsymbol{A}\|_{\text{spec}} = \|\boldsymbol{A}\|_2 \tag{1.4.40}$$

$$\|\boldsymbol{A}\|_\infty = \max_{1\leqslant i\leqslant m}\sum_{j=1}^{n}|a_{ij}| \tag{1.4.41}$$

也就是说，诱导 L_1 和 L_∞ 范数分别直接是该矩阵的各列元素绝对值之和的最大值 (最大绝对列和) 及最大绝对行和；而诱导 L_2 范数则是矩阵 $\boldsymbol{A}$ 的最大奇异值。

诱导 L_1 范数 $\|\boldsymbol{A}\|_1$ 和诱导 L_∞ 范数 $\|\boldsymbol{A}\|_\infty$ 也分别称为绝对列和范数 (column-sum norm) 及绝对行和范数 (row-sum norm)。诱导 L_2 范数习惯称为谱范数 (spectrum norm)。

例如，矩阵

$$\boldsymbol{A} = \begin{bmatrix} 1 & -2 & 3 \\ -4 & 5 & -6 \\ 7 & -8 & -9 \\ -10 & 11 & 12 \end{bmatrix}$$

的绝对列和范数与绝对行和范数分别为

$$\|\boldsymbol{A}\|_1 = \max\{22, 26, 30\} = 30, \quad \|\boldsymbol{A}\|_\infty = \max\{6, 15, 24, 33\} = 33$$

2. “元素形式”范数 (“entrywise” norm)

将 $m\times n$ 矩阵先按照列堆栈的形式，排列成一个 $mn\times 1$ 向量，然后采用向量的范数定义，即得到矩阵的范数。由于这类范数是使用矩阵的元素表示的，故称为元素形式范数。元素形式范数是下面的 p 矩阵范数

$$\|\boldsymbol{A}\|_p \stackrel{\text{def}}{=} \left(\sum_{i=1}^{m}\sum_{j=1}^{n}|a_{ij}|^p\right)^{1/p} \tag{1.4.42}$$

以下是三种典型的元素形式 p 范数：

(1) L_1 范数 (和范数) ($p=1$)

$$\|\boldsymbol{A}\|_1 \stackrel{\text{def}}{=} \sum_{i=1}^{m}\sum_{j=1}^{n}|a_{ij}| \tag{1.4.43}$$

(2) Frobenius 范数 ($p=2$)

$$\|\boldsymbol{A}\|_{\text{F}} \stackrel{\text{def}}{=} \left(\sum_{i=1}^{m}\sum_{j=1}^{n}|a_{ij}|^2\right)^{1/2} \tag{1.4.44}$$

(3) 最大范数 (max norm) 即 $p=\infty$ 的 p 范数，定义为

$$\|\boldsymbol{A}\|_\infty = \max_{i=1,\cdots,m;\, j=1,\cdots,n}\{|a_{ij}|\} \tag{1.4.45}$$

Frobenius 范数可以视为向量的 Euclidean 范数对按照矩阵各列依次排列的“拉长向量” $\boldsymbol{x} = [a_{11}, \cdots, a_{m1}, a_{12}, \cdots, a_{m2}, \cdots, a_{1n}, \cdots, a_{mn}]^{\mathrm{T}}$ 的推广。矩阵的 Frobenius 范数有时也称 Euclidean 范数、Schur 范数、Hilbert-Schmidt 范数或者 L_2 范数。

Frobenius 范数又可写作迹函数的形式

$$\|\boldsymbol{A}\|_{\mathrm{F}} \stackrel{\mathrm{def}}{=} \langle \boldsymbol{A}, \boldsymbol{A} \rangle^{1/2} = \sqrt{\mathrm{tr}\left(\boldsymbol{A}^{\mathrm{H}}\boldsymbol{A}\right)} \tag{1.4.46}$$

由正定的矩阵 $\boldsymbol{\Omega}$ 进行加权的 Frobenius 范数

$$\|\boldsymbol{A}\|_{\Omega} = \sqrt{\mathrm{tr}(\boldsymbol{A}^{\mathrm{H}}\boldsymbol{\Omega}\boldsymbol{A})} \tag{1.4.47}$$

称为 Mahalanobis 范数。

Schatten 范数就是用矩阵的奇异值定义的范数，将在第 5 章 (奇异值分析) 中介绍。

注意，向量 $\boldsymbol{x}$ 的 L_p 范数 $\|\boldsymbol{x}\|_p$ 相当于该向量的长度。当矩阵 $\boldsymbol{A}$ 作用于长度为 $\|\boldsymbol{x}\|_p$ 的向量 $\boldsymbol{x}$ 时，得到线性变换结果为向量 $\boldsymbol{Ax}$，其长度为 $\|\boldsymbol{Ax}\|_p$。线性变换矩阵 $\boldsymbol{A}$ 可视为一线性放大器算子。因此，比率 $\|\boldsymbol{Ax}\|_p/\|\boldsymbol{x}\|_p$ 提供了线性变换 $\boldsymbol{Ax}$ 相对于 $\boldsymbol{x}$ 的放大倍数，而矩阵 $\boldsymbol{A}$ 的 p 范数 $\|\boldsymbol{A}\|_p$ 是由 $\boldsymbol{A}$ 产生的最大放大倍数。类似地，放大器算子 $\boldsymbol{A}$ 的最小放大倍数由

$$\min |\boldsymbol{A}|_p \stackrel{\mathrm{def}}{=} \min_{\boldsymbol{x} \neq \boldsymbol{0}} \frac{\|\boldsymbol{Ax}\|_p}{\|\boldsymbol{x}\|_p} \tag{1.4.48}$$

给出。比率 $\|\boldsymbol{A}\|_p/\min|\boldsymbol{A}|_p$ 描述放大器算子 $\boldsymbol{A}$ 的“动态范围”。

若 $\boldsymbol{A}, \boldsymbol{B}$ 是 $m \times n$ 矩阵，则矩阵的范数具有以下性质

$$\|\boldsymbol{A}+\boldsymbol{B}\| + \|\boldsymbol{A}-\boldsymbol{B}\| = 2(\|\boldsymbol{A}\|^2 + \|\boldsymbol{B}\|^2) \quad (\text{平行四边形法则}) \tag{1.4.49}$$

$$\|\boldsymbol{A}+\boldsymbol{B}\| \cdot \|\boldsymbol{A}-\boldsymbol{B}\| \leqslant \|\boldsymbol{A}\|^2 + \|\boldsymbol{B}\|^2 \tag{1.4.50}$$

以下是矩阵的内积与范数之间的关系 [238]。

(1) Cauchy-Schwartz 不等式

$$|\langle \boldsymbol{A}, \boldsymbol{B} \rangle|^2 \leqslant \|\boldsymbol{A}\|^2 \|\boldsymbol{B}\|^2 \tag{1.4.51}$$

等号成立，当且仅当 $\boldsymbol{A} = c\boldsymbol{B}$，其中，$c$ 是某个复常数。

(2) Pathagoras 定理：$\langle \boldsymbol{A}, \boldsymbol{B} \rangle = 0 \Rightarrow \|\boldsymbol{A}+\boldsymbol{B}\|^2 = \|\boldsymbol{A}\|^2 + \|\boldsymbol{B}\|^2$

(3) 极化恒等式

$$\mathrm{Re}\left(\langle \boldsymbol{A}, \boldsymbol{B} \rangle\right) = \frac{1}{4}\left(\|\boldsymbol{A}+\boldsymbol{B}\|^2 - \|\boldsymbol{A}-\boldsymbol{B}\|^2\right) \tag{1.4.52}$$

$$\mathrm{Re}\left(\langle \boldsymbol{A}, \boldsymbol{B} \rangle\right) = \frac{1}{2}\left(\|\boldsymbol{A}+\boldsymbol{B}\|^2 - \|\boldsymbol{A}\|^2 - \|\boldsymbol{B}\|^2\right) \tag{1.4.53}$$

式中 $\mathrm{Re}\left(\langle \boldsymbol{A}, \boldsymbol{B} \rangle\right)$ 表示 $\boldsymbol{A}^{\mathrm{H}}\boldsymbol{B}$ 的实部。

1.5 随机向量

在概率论中，常称 ω 为基本事件或样本，Ω 为样本空间，$A(\in \mathcal{F})$ 为事件，$\mathcal{F}$ 是事件的全体，而 $P(A)$ 称为事件的概率。三元组 $(\Omega, \mathcal{F}, P)$ 构成概率空间。用 $L_p = L_p(\Omega, \mathcal{F}, P)$ 表示随机变量 $\xi = \xi(\omega)$ 的空间，其中 $\mathrm{E}\{|\xi|^p\} = \int_\Omega |\xi|^p \mathrm{d}p < \infty$。

称 $L_p\,(p > 1)$ 为 Banach 空间。在 Banach 空间中，起重要作用的是空间 $L_2 = L_2(\Omega, \mathcal{F}, P)$，即具有有限二阶矩 $\mathrm{E}\{\xi^2\} < \infty$ 的随机变量的 Hilbert 空间，简称 L_2 空间。只研究向量空间中一阶和二阶统计性质的理论称为 L^2 理论。

另外，在信号处理、自动控制、通信、电子工程、神经网络等应用中，观测数据和加性噪声通常取随机变量。由随机变量组成的向量称为随机向量。本节介绍随机向量的 L^2 理论，先讨论实随机向量，然后再推广到复随机向量。

1.5.1 概率密度函数

描述随机向量的统计函数有累积分布函数、概率密度函数、均值函数和协方差函数等，先讨论随机向量的累积分布函数和概率密度函数。

1. 实随机向量的概率密度函数

一个含有 m 个随机变量的实值向量

$$\boldsymbol{x}(\xi) = [x_1(\xi), \cdots, x_m(\xi)]^{\mathrm{T}} \tag{1.5.1}$$

称为 $m \times 1$ 实随机向量，或简称随机向量 (当维数无关紧要时)。其中，ξ 表示样本点，例如它可以是时间 t，圆频率 f，角频率 ω 或位置 s 等。

一个随机向量所有元素的联合累积分布函数常用符号 $F_{\boldsymbol{x}}(x_1, \cdots, x_m)$ 表示，联合概率密度函数常用 $f_{\boldsymbol{x}}(x_1, \cdots, x_m)$ 作符号。为了简化，令 $F(\boldsymbol{x}) = F_{\boldsymbol{x}}(x_1, \cdots, x_m)$ 和 $f(\boldsymbol{x}) = f_{\boldsymbol{x}}(x_1, \cdots, x_m)$。一个随机向量由它的联合累积分布函数或联合概率密度函数完全描述。一组概率的集合函数

$$F(\boldsymbol{x}) \overset{\text{def}}{=} P\{\xi : x_1(\xi) \leqslant x_1, \cdots, x_m(\xi) \leqslant x_m\} \tag{1.5.2}$$

定义为向量 $\boldsymbol{x}(\xi)$ 的联合累积分布函数，简称分布函数。式中，x_i 为实数。

随机向量 $\boldsymbol{x}(\xi)$ 的 (联合) 概率密度函数定义为

$$\begin{aligned} f(\boldsymbol{x}) &\overset{\text{def}}{=} \lim_{\Delta x_1 \to 0, \cdots, \Delta x_m \to 0} \frac{P\{\xi : x_1 < x_1(\xi) \leqslant x_1 + \Delta x_1, \cdots, x_m < x_m(\xi) \leqslant x_m + \Delta x_m\}}{\Delta x_1 \cdots \Delta x_m} \\ &= \frac{\partial^m}{\partial x_1 \cdots \partial x_m} F_{\boldsymbol{x}}(x_1, \cdots, x_m) \end{aligned} \tag{1.5.3}$$

联合概率密度函数的 $m-1$ 重积分函数

$$f(x_i) \overset{\text{def}}{=} \int_{-\infty}^{\infty} \cdots \int_{-\infty}^{\infty} f_{\boldsymbol{x}}(x_1, \cdots, x_m) \mathrm{d}x_1 \cdots \mathrm{d}x_{i-1} \mathrm{d}x_{i+1} \cdots \mathrm{d}x_m \tag{1.5.4}$$

称为随机变量 x_i 的边缘概率密度函数。

由式 (1.5.2) 和式 (1.5.4) 易知

$$F(\boldsymbol{x})=\int_{-\infty}^{x_1}\cdots\int_{-\infty}^{x_m}f_{\boldsymbol{v}}(v_1,\cdots,v_m)\mathrm{d}v_1\cdots\mathrm{d}v_m \tag{1.5.5}$$

就是说，随机向量 $\boldsymbol{x}(\xi)$ 的联合分布函数等于其联合概率密度函数的积分。

定义 1.5.1 [392] 随机变量 $x_1(\xi),\cdots,x_m(\xi)$ 称为 (联合) 独立，若对于 m 个事件 $\{x_1(\xi)\leqslant x_1\},\cdots,\{x_m(\xi)\leqslant x_m\}$，有概率关系

$$P\{x_1(\xi)\leqslant x_1,\cdots,x_m(\xi)\leqslant x_m\}=P\{x_1(\xi)\leqslant x_1\}\cdots P\{x_m(\xi)\leqslant x_m\} \tag{1.5.6}$$

成立。这意味着

$$F(\boldsymbol{x})=F_{\boldsymbol{x}}(x_1,\cdots,x_m)=F_{x_1}(x_1)\cdots F_{x_m}(x_m) \tag{1.5.7}$$

$$f(\boldsymbol{x})=f_{\boldsymbol{x}}(x_1,\cdots,x_m)=f_{x_1}(x_1)\cdots f_{x_m}(x_m) \tag{1.5.8}$$

用文字表述，即有：若 m 个随机变量的联合分布函数 (或联合概率密度函数) 等于各个随机变量的边缘分布函数 (或边缘概率密度函数) 之积，则这 m 个随机变量是联合独立的。为了与线性独立 (即线性无关) 相区别，随机变量之间的独立被称为统计独立。

2. 复随机向量的概率密度函数

一个复随机变量定义为 $x(\xi)=x_{\mathrm{R}}(\xi)+\mathrm{j}\,x_{\mathrm{I}}(\xi)$，其中，$x_{\mathrm{R}}(\xi)$ 和 $x_{\mathrm{I}}(\xi)$ 分别为实值随机变量。

复随机向量可以表示成

$$\boldsymbol{x}(\xi)=\boldsymbol{x}_{\mathrm{R}}(\xi)+\mathrm{j}\,\boldsymbol{x}_{\mathrm{I}}(\xi)=\begin{bmatrix}x_{\mathrm{R}1}(\xi)\\ \vdots\\ x_{\mathrm{R}m}(\xi)\end{bmatrix}+\mathrm{j}\begin{bmatrix}x_{\mathrm{I}1}(\xi)\\ \vdots\\ x_{\mathrm{I}m}(\xi)\end{bmatrix} \tag{1.5.9}$$

复随机向量的累积分布函数定义为

$$F(\boldsymbol{x})\overset{\mathrm{def}}{=}P\{\boldsymbol{x}(\xi)\leqslant\boldsymbol{x}\}\overset{\mathrm{def}}{=}P\{\boldsymbol{x}_{\mathrm{R}}(\xi)\leqslant\boldsymbol{x}_{\mathrm{R}},\boldsymbol{x}_{\mathrm{I}}(\xi)\leqslant\boldsymbol{x}_{\mathrm{I}}\} \tag{1.5.10}$$

概率密度函数定义为

$$f(\boldsymbol{x})\overset{\mathrm{def}}{=}\frac{\partial^{2m}F(\boldsymbol{x})}{\partial x_{\mathrm{R}1}\partial x_{\mathrm{I}1}\cdots\partial x_{\mathrm{R}m}\partial x_{\mathrm{I}m}} \tag{1.5.11}$$

由式 (1.5.10) 和式 (1.5.11) 知，累积分布函数是概率密度函数关于所有实部和虚部的 $2m$ 重积分，即

$$\begin{aligned}F(\boldsymbol{x})&=F_{\boldsymbol{x}}(x_1,x_2,\cdots,x_m)\\&=\int_{-\infty}^{x_{\mathrm{R}1}}\int_{-\infty}^{x_{\mathrm{I}1}}\cdots\int_{-\infty}^{x_{\mathrm{R}m}}\int_{-\infty}^{x_{\mathrm{I}m}}f(v_1,\cdots,v_m)\mathrm{d}v_{\mathrm{R}1}\mathrm{d}v_{\mathrm{I}1}\cdots\mathrm{d}v_{\mathrm{R}m}\mathrm{d}v_{\mathrm{I}m}\\&=\int_{-\infty}^{\boldsymbol{x}}f(\boldsymbol{v})\mathrm{d}\boldsymbol{v}\end{aligned} \tag{1.5.12}$$

特别地

$$\int_{-\infty}^{\infty}f(\boldsymbol{x})\mathrm{d}\boldsymbol{x}=1 \tag{1.5.13}$$

1.5.2 随机向量的统计描述

分布函数和概率密度函数常常是未知的，因此它们在很多实际问题中的应用并不方便。与之不同，随机向量的一阶和二阶统计量却使用方便。

1. 均值向量

随机向量的最重要的统计运算为数学期望。考查 $m \times 1$ 随机向量 $\boldsymbol{x}(\xi) = [x_1(\xi), \cdots, x_m(\xi)]^{\mathrm{T}}$。令随机变量 $x_i(\xi)$ 的均值 $\mathrm{E}\{x_i(\xi)\} = \mu_i$，则随机向量的数学期望称为均值向量，记作 $\boldsymbol{\mu}_x$，定义为

$$\boldsymbol{\mu}_x = \mathrm{E}\{\boldsymbol{x}(\xi)\} = \begin{bmatrix} \mathrm{E}\{x_1(\xi)\} \\ \vdots \\ \mathrm{E}\{x_m(\xi)\} \end{bmatrix} = \begin{bmatrix} \mu_1 \\ \vdots \\ \mu_m \end{bmatrix} \tag{1.5.14}$$

式中，数学期望定义为

$$\mathrm{E}\{x(\xi)\} \stackrel{\text{def}}{=} \int_{-\infty}^{\infty} x f(x) \mathrm{d}x \tag{1.5.15}$$

$$\mathrm{E}\{\boldsymbol{x}(\xi)\} \stackrel{\text{def}}{=} \int_{-\infty}^{\infty} \boldsymbol{x} f(\boldsymbol{x}) \mathrm{d}\boldsymbol{x} \tag{1.5.16}$$

式 (1.5.14) 表明，均值向量的元素是随机向量各个元素的均值。

2. 相关矩阵与协方差矩阵

均值向量是随机向量的一阶矩，它描述随机向量的元素围绕其均值的散布情况。与均值向量不同，随机向量的二阶矩为矩阵，它描述随机向量分布的散布情况。

相关矩阵与协方差矩阵与两个向量的外积密切相关。两个向量 $\boldsymbol{x} \in \mathbb{C}^{m\times 1}$ 与 $\boldsymbol{y} \in \mathbb{C}^{n\times 1}$ 的外积 (outer product) 给出一 $m \times n$ 复矩阵，记作 $\boldsymbol{x} \circ \boldsymbol{y}$，定义为

$$\boldsymbol{x} \circ \boldsymbol{y} = \boldsymbol{x}\boldsymbol{y}^{\mathrm{H}} \tag{1.5.17}$$

随机向量的自相关矩阵定义为该向量与自身的外积的数学期望

$$\boldsymbol{R}_x \stackrel{\text{def}}{=} \mathrm{E}\{\boldsymbol{x}(\xi)\boldsymbol{x}^{\mathrm{H}}(\xi)\} = \begin{bmatrix} r_{11} & \cdots & r_{1m} \\ \vdots & \ddots & \vdots \\ r_{m1} & \cdots & r_{mm} \end{bmatrix} \tag{1.5.18}$$

式中，$r_{ii}, i = 1, \cdots, m$ 表示随机变量 $x_i(\xi)$ 的自相关函数，定义为

$$r_{ii} \stackrel{\text{def}}{=} \mathrm{E}\{|x_i(\xi)|^2\}, \quad i = 1, \cdots, m \tag{1.5.19}$$

而 r_{ij} 表示随机变量 $x_i(\xi)$ 和 $x_j(\xi)$ 之间的互相关函数，定义为

$$r_{ij} \stackrel{\text{def}}{=} \mathrm{E}\{x_i(\xi)x_j^*(\xi)\}, \quad i, j = 1, \cdots, m,\ i \neq j \tag{1.5.20}$$

显然，自相关矩阵是复共轭对称的，即为 Hermitian 矩阵。

随机向量 $\boldsymbol{x}(\xi)$ 的自协方差矩阵记为 $\boldsymbol{C}_x$，定义为

$$\boldsymbol{C}_x = \text{Cov}(\boldsymbol{x},\boldsymbol{x}) \stackrel{\text{def}}{=} \text{E}\{[\boldsymbol{x}(\xi)-\boldsymbol{\mu}_x][\boldsymbol{x}(\xi)-\boldsymbol{\mu}_x]^{\text{H}}\} = \begin{bmatrix} c_{11} & \cdots & c_{1m} \\ \vdots & \ddots & \vdots \\ c_{m1} & \cdots & c_{mm} \end{bmatrix} \tag{1.5.21}$$

式中，主对角线的元素

$$c_{ii} \stackrel{\text{def}}{=} \text{E}\{|x_i(\xi)-\mu_i|^2\}, \quad i=1,\cdots,m \tag{1.5.22}$$

表示随机变量 $x_i(\xi)$ 的方差 σ_i^2，即 $c_{ii}=\sigma_i^2$，而非主对角线元素

$$c_{ij} \stackrel{\text{def}}{=} \text{E}\{[x_i(\xi)-\mu_i][x_j(\xi)-\mu_j]^*\} = \text{E}\{x_i(\xi)x_j^*(\xi)\} - \mu_i\mu_j^* = c_{ji}^* \tag{1.5.23}$$

表示随机变量 $x_i(\xi)$ 和 $x_j(\xi)$ 之间的协方差。自协方差矩阵也是 Hermitian 矩阵。

自协方差矩阵有时也称为方差矩阵，用符号 $\text{Var}(\boldsymbol{x})$ 表示，即有 $\text{Var}(\boldsymbol{x}) = \text{E}\{[\boldsymbol{x}(\xi)-\boldsymbol{\mu}_x][\boldsymbol{x}(\xi)-\boldsymbol{\mu}_x]^{\text{H}}\}$。显然，$\text{Var}(\boldsymbol{x}) = \text{Cov}(\boldsymbol{x},\boldsymbol{x})$。

自相关矩阵和自协方差矩阵之间存在下列关系

$$\boldsymbol{C}_x = \boldsymbol{R}_x - \boldsymbol{\mu}_x\boldsymbol{\mu}_x^{\text{H}} \tag{1.5.24}$$

推广自相关矩阵和自协方差矩阵的概念，则有随机向量 $\boldsymbol{x}(\xi)$ 和 $\boldsymbol{y}(\xi)$ 的互相关矩阵

$$\boldsymbol{R}_{xy} \stackrel{\text{def}}{=} \text{E}\{\boldsymbol{x}(\xi)\boldsymbol{y}^{\text{H}}(\xi)\} = \begin{bmatrix} r_{x_1,y_1} & \cdots & r_{x_1,y_m} \\ \vdots & \ddots & \vdots \\ r_{x_m,y_1} & \cdots & r_{x_m,y_m} \end{bmatrix} \tag{1.5.25}$$

和互协方差矩阵

$$\boldsymbol{C}_{xy} \stackrel{\text{def}}{=} \text{E}\{[\boldsymbol{x}(\xi)-\boldsymbol{\mu}_x][\boldsymbol{y}(\xi)-\boldsymbol{\mu}_y]^{\text{H}}\} = \begin{bmatrix} c_{x_1,y_1} & \cdots & c_{x_1,y_m} \\ \vdots & \ddots & \vdots \\ c_{x_m,y_1} & \cdots & c_{x_m,y_m} \end{bmatrix} \tag{1.5.26}$$

式中，$r_{x_i,y_j} \stackrel{\text{def}}{=} \text{E}\{x_i(\xi)y_j^*(\xi)\}$ 是随机变量 $x_i(\xi)$ 和 $y_j(\xi)$ 之间的互相关，$c_{x_i,y_j} \stackrel{\text{def}}{=} \text{E}\{[x_i(\xi)-\mu_{x_i}][y_j(\xi)-\mu_{y_j}]^*\}$ 是随机变量 $x_i(\xi)$ 和 $y_j(\xi)$ 之间的互协方差。

易知，互协方差矩阵与互相关矩阵之间存在下列关系

$$\boldsymbol{C}_{xy} = \boldsymbol{R}_{xy} - \boldsymbol{\mu}_x\boldsymbol{\mu}_y^{\text{H}} \tag{1.5.27}$$

一个随机向量的自相关矩阵和自协方差矩阵均为正方的复共轭对称矩阵，而两个维数不同的随机向量的互相关矩阵和互协方差矩阵是非正方的矩阵。即使随机向量 $\boldsymbol{x}(\xi)$ 和 $\boldsymbol{y}(\xi)$ 维数相同，互相关矩阵和互协方差矩阵为正方矩阵，它们也不是复共轭对称的。

利用定义公式，很容易验证自协方差矩阵与互协方差矩阵的以下性质：

(1) 自协方差矩阵是复共轭转置对称的，即有 $[\text{Var}(\boldsymbol{x})]^{\text{H}} = \text{Var}(\boldsymbol{x})$。

(2) 线性组合向量 $\boldsymbol{Ax}+\boldsymbol{b}$ 的自协方差矩阵 $\text{Var}(\boldsymbol{Ax}+\boldsymbol{b})=\text{Var}(\boldsymbol{Ax})=\boldsymbol{A}\text{Var}(\boldsymbol{x})\boldsymbol{A}^{\text{H}}$。

(3) 互协方差矩阵不是复共轭转置对称的，但满足 $\text{Cov}(\boldsymbol{x},\boldsymbol{y})=[\text{Cov}(\boldsymbol{y},\boldsymbol{x})]^{\text{H}}$。

(4) $\text{Cov}(\boldsymbol{x}_1+\boldsymbol{x}_2,\boldsymbol{y})=\text{Cov}(\boldsymbol{x}_1,\boldsymbol{y})+\text{Cov}(\boldsymbol{x}_2,\boldsymbol{y})$。

(5) 若 $\boldsymbol{x}$ 和 $\boldsymbol{y}$ 具有相同的维数，则

$$\text{Var}(\boldsymbol{x}+\boldsymbol{y})=\text{Var}(\boldsymbol{x})+\text{Cov}(\boldsymbol{x},\boldsymbol{y})+\text{Cov}(\boldsymbol{y},\boldsymbol{x})+\text{Var}(\boldsymbol{y})$$

(6) $\text{Cov}(\boldsymbol{Ax},\boldsymbol{By})=\boldsymbol{A}\text{Cov}(\boldsymbol{x},\boldsymbol{y})\boldsymbol{B}^{\text{H}}$。

3. 两个随机向量的统计不相关与正交

互协方差函数描述两个随机信号 $x_i(\xi)$ 和 $x_j(\xi)$ 之间的相关 (联) 程度。一般说来，互协方差函数越大，则这两个随机信号的相关程度越强；反之，相关程度越弱。但是，这种使用互协方差的绝对大小度量两个随机向量的相关程度并不方便。

两个随机变量 $x(\xi)$ 和 $y(\xi)$ 之间的相关系数定义为

$$\rho_{xy}\overset{\text{def}}{=}\frac{c_{xy}}{\sqrt{\text{E}\{|x(\xi)|^2\}\text{E}\{|y(\xi)|^2\}}}=\frac{c_{xy}}{\sigma_x\sigma_y}\tag{1.5.28}$$

式中，c_{xy} 是随机变量 $x(\xi)$ 和 $y(\xi)$ 之间的互协方差，而 σ_x^2 和 σ_y^2 分别是 $x(\xi)$ 和 $y(\xi)$ 的方差。对相关系数的定义公式使用 Cauchy-Schwartz 不等式，易知

$$0\leqslant|\rho_{xy}|\leqslant 1\tag{1.5.29}$$

相关系数 ρ_{xy} 给出了两个随机变量 $x(\xi)$ 和 $y(\xi)$ 之间的相似程度的度量：ρ_{xy} 越接近于零，随机变量 $x(\xi)$ 和 $y(\xi)$ 的相似度越弱；反之，若 ρ_{xy} 越接近于 1，则 $x(\xi)$ 和 $y(\xi)$ 的相似度越大。特别地，相关系数的两个极端值 0 和 1 有着重要的意义。

$\rho_{xy}=0$ 意味着互协方差 $c_{xy}=0$，这表明随机变量 $x(\xi)$ 和 $y(\xi)$ 之间不存在任何相关部分。因此，若 $\rho_{xy}=0$，则称随机变量 $x(\xi)$ 和 $y(\xi)$ 不相关。鉴于这种不相关是在统计意义下定义的，所以常称之为统计不相关。

容易验证，若 $x(\xi)=cy(\xi)$，其中，c 为一复常数，则 $|\rho_{xy}|=1$。满足条件 $x(\xi)=cy(\xi)=|c|\text{e}^{\text{j}\varPhi(c)}y(\xi)$ 的随机变量 $x(\xi)$ 和 $y(\xi)$ 只是相差一个固定的幅值比例因子和一个固定的相位 $\varPhi(c)$。这样的两个随机变量称为完全相关 (或相干)。

将两个随机变量之间的不相关条件 $c_{xy}=0,i\neq j$ 加以推广，立即得到 $m\times 1$ 随机向量 $\boldsymbol{x}(\xi)$ 和 $n\times 1$ 随机向量 $\boldsymbol{y}(\xi)$ 统计不相关定义如下。

定义 1.5.2 $m\times 1$ 随机向量 $\boldsymbol{x}(\xi)$ 与 $n\times 1$ 随机向量 $\boldsymbol{y}(\xi)$ 统计不相关，若它们的互协方差矩阵等于零矩阵，即 $\boldsymbol{C}_{xy}=\boldsymbol{O}_{m\times n}$。

两个随机变量 $x(\xi)$ 和 $y(\xi)$ 称为正交，若它们的互相关等于零，即

$$r_{xy}=\text{E}\{x(\xi)y^*(\xi)\}=0\tag{1.5.30}$$

类似地，两个随机向量 $\boldsymbol{x}(\xi)=[x_1(\xi),\cdots,x_m(\xi)]^{\text{T}}$ 和 $\boldsymbol{y}(\xi)=[y_1(\xi),\cdots,y_n(\xi)]^{\text{T}}$ 称为正交，若 $\boldsymbol{x}(\xi)$ 的任一元素 $x_i(\xi)$ 与随机向量 $\boldsymbol{y}(\xi)$ 的任意元素 $y_j(\xi)$ 正交，即 $r_{x_i,y_j}=$

$\mathrm{E}\{x_i(\xi)y_j(\xi)\}=0, i=1,\cdots,m; j=1,\cdots,n$。显然，这意味着这两个随机向量的互相关矩阵等于零矩阵，即有 $\boldsymbol{R}_{xy}=\boldsymbol{O}_{m\times n}$。

定义 1.5.3 称 m 维随机向量 $\boldsymbol{x}(\xi)$ 与 n 维随机向量 $\boldsymbol{y}(\xi)$ 正交，若它们的互相关矩阵等于零矩阵，即 $\boldsymbol{R}_{xy}=\boldsymbol{O}_{m\times n}$。

比较互协方差矩阵和互相关矩阵的定义知，若随机向量 $\boldsymbol{x}(\xi)$ 和 $\boldsymbol{y}(\xi)$ 均具有零均值向量，则 $\boldsymbol{C}_{xy}=\boldsymbol{R}_{xy}$。因此，对于分别具有零均值向量的两个随机向量而言，它们之间的统计不相关与正交是等价的。

1.5.3 高斯随机向量

若随机向量 $\boldsymbol{x}=[x_1(\xi),\cdots,x_m(\xi)]^{\mathrm{T}}$ 的各个分量 $x_i(\xi)$ 是高斯或正态随机变量，则称 $\boldsymbol{x}(\xi)$ 为高斯或正态随机向量。实高斯随机向量和复高斯随机向量的概率密度函数表示稍有不同。

一个均值向量为 $\bar{\boldsymbol{x}}=[\bar{x}_1,\cdots,\bar{x}_m]^{\mathrm{T}}$ 和协方差矩阵为 $\boldsymbol{\Gamma}_x=\mathrm{E}\{(\boldsymbol{x}-\bar{\boldsymbol{x}})(\boldsymbol{x}-\bar{\boldsymbol{x}})^{\mathrm{T}}\}$ 的实高斯随机向量记作 $\boldsymbol{x}\sim N(\bar{\boldsymbol{x}},\boldsymbol{\Gamma}_x)$。若高斯随机向量的各元素为独立同分布 (independent identically distributed, iid)，则协方差矩阵 $\boldsymbol{\Gamma}_x=\mathrm{E}\{(\boldsymbol{x}-\bar{\boldsymbol{x}})(\boldsymbol{x}-\bar{\boldsymbol{x}})^{\mathrm{T}}\}=\mathrm{diag}(\sigma_1^2,\cdots,\sigma_m^2)$，其中 $\sigma_i^2=\mathrm{E}\{(x_i-\bar{x}_i)^2\}$ 是高斯随机变量 x_i 的方差。

在各元素相互统计独立的条件下，高斯随机向量的概率密度函数是向量的 m 个随机变量的联合概率密度函数

$$
\begin{aligned}
f(\boldsymbol{x}) &= f(x_1,\cdots,x_m)=f(x_1)\cdots f(x_m)\\
&=\frac{1}{\sqrt{2\pi\sigma_1^2}}\exp\left[\frac{(x_1-\bar{x}_1)^2}{2\sigma_1^2}\right]\cdots\frac{1}{\sqrt{2\pi\sigma_m^2}}\exp\left(\frac{(x_m-\bar{x}_m)^2}{2\sigma_m^2}\right)\\
&=\frac{1}{(2\pi)^{m/2}\sigma_1\cdots\sigma_m}\exp\left(\frac{(x_1-\bar{x}_1)^2}{2\sigma_1^2}+\cdots+\frac{(x_m-\bar{x}_m)^2}{2\sigma_m^2}\right)\\
&=\frac{1}{(2\pi)^{m/2}|\boldsymbol{\Gamma}_x|^{1/2}}\exp\left(\frac{1}{2}[x_1-\bar{x}_1,\cdots,x_m-\bar{x}_m]\begin{bmatrix}\sigma_1^{-2} & 0 & 0\\ 0 & \ddots & 0\\ 0 & 0 & \sigma_m^{-2}\end{bmatrix}\begin{bmatrix}x_1-\bar{x}_1\\ \vdots\\ x_m-\bar{x}_m\end{bmatrix}\right)
\end{aligned}
$$

整理后，即可得到各元素统计独立的高斯随机向量 $\boldsymbol{x}\sim N(\bar{\boldsymbol{x}},\boldsymbol{\Gamma}_x)$ 的概率密度函数为

$$
f(\boldsymbol{x})=\frac{1}{(2\pi)^{m/2}|\boldsymbol{\Gamma}_x|^{1/2}}\exp\left(-\frac{1}{2}(\boldsymbol{x}-\bar{\boldsymbol{x}})^{\mathrm{T}}\boldsymbol{\Gamma}_x^{-1}(\boldsymbol{x}-\bar{\boldsymbol{x}})\right) \tag{1.5.31}
$$

若元素之间不相互统计独立，则高斯随机向量 $\boldsymbol{x}\sim N(\bar{\boldsymbol{x}},\boldsymbol{\Gamma}_x)$ 的概率密度函数仍然由式 (1.5.31) 给出，但指数项为 [392, 413]

$$
(\boldsymbol{x}-\bar{\boldsymbol{x}})^{\mathrm{T}}\boldsymbol{\Gamma}_x^{-1}(\boldsymbol{x}-\bar{\boldsymbol{x}})=\sum_{i=1}^{m}\sum_{j=1}^{m}[\boldsymbol{\Gamma}_x^{-1}]_{i,j}(x_i-\mu_i)(x_j-\mu_j) \tag{1.5.32}
$$

式中，$[\boldsymbol{\Gamma}_x^{-1}]_{i,j}$ 表示逆矩阵 $\boldsymbol{\Gamma}_x^{-1}$ 的 (i,j) 元素，$\mu_i=\mathrm{E}\{x_i\}$ 是随机变量 x_i 的均值。

实高斯随机向量的特征函数为

$$\Phi_{\boldsymbol{x}}(\boldsymbol{\omega}) = \exp\left(\mathrm{j}\,\boldsymbol{\omega}^{\mathrm{T}}\boldsymbol{\mu}_x - \frac{1}{2}\boldsymbol{\omega}^{\mathrm{T}}\boldsymbol{\Gamma}_x\boldsymbol{\omega}\right) \tag{1.5.33}$$

式中，$\boldsymbol{\omega} = [\omega_1, \cdots, \omega_m]^{\mathrm{T}}$。

令 $\boldsymbol{x} = [x_1, \cdots, x_m]^{\mathrm{T}}$，其每个元素服从复正态分布，即 $x_i \sim CN(\mu_i, \sigma_i^2)$，则 $\boldsymbol{x}$ 称为复高斯随机向量，记作 $\boldsymbol{x} \sim CN(\boldsymbol{\mu}_x, \boldsymbol{\Gamma}_x)$，其中，$\boldsymbol{\mu}_x = [\mu_1, \cdots, \mu_m]^{\mathrm{T}}$ 和 $\boldsymbol{\Gamma}$ 分别为随机向量 $\boldsymbol{x}$ 的均值向量和协方差矩阵。若 $x_i = u_i + \mathrm{j}v_i$，并且实随机向量 $[u_1, v_1]^{\mathrm{T}}, \cdots, [u_m, v_m]^{\mathrm{T}}$ 统计独立，则复随机正态向量 $\boldsymbol{x}$ 的概率密度函数为 [413, p.35−5]

$$f(\boldsymbol{x}) = \prod_{i=1}^{m} f(x_i) = \left(\pi^m \prod_{i=1}^{m} \sigma_i^2\right)^{-1} \exp\left(-\sum_{i=1}^{m} \frac{1}{\sigma_i^2}|x_i - \mu_i|^2\right) \tag{1.5.34}$$

$$= \frac{1}{\pi^m |\boldsymbol{\Gamma}_x|} \exp\left[-(\boldsymbol{x} - \boldsymbol{\mu}_x)^{\mathrm{H}}\boldsymbol{\Gamma}_x^{-1}(\boldsymbol{x} - \boldsymbol{\mu}_x)\right] \tag{1.5.35}$$

式中，$\boldsymbol{\Gamma}_x = \mathrm{diag}(\sigma_1^2, \cdots, \sigma_m^2)$。复高斯随机向量的特征函数由下式给出

$$\Phi_{\boldsymbol{x}}(\boldsymbol{\omega}) = \exp\left[\mathrm{j}\,\mathrm{Re}(\boldsymbol{\omega}^{\mathrm{H}}\boldsymbol{\mu}_x) - \frac{1}{4}\boldsymbol{\omega}^{\mathrm{H}}\boldsymbol{\Gamma}_x\boldsymbol{\omega}\right] \tag{1.5.36}$$

高斯随机向量具有以下重要性质。

(1) 概率密度函数由均值向量和协方差矩阵完全描述。

(2) 若高斯随机向量的各个分量相互统计不相关，则它们也是统计独立的。

(3) 均值向量 $\boldsymbol{\mu}_x$ 和协方差矩阵 $\boldsymbol{\Gamma}_x$ 的高斯随机向量 $\boldsymbol{x}$ 的线性变换 $\boldsymbol{y}(\xi) = \boldsymbol{A}\boldsymbol{x}(\xi)$ 仍然为高斯随机向量，其概率密度函数为

$$f(\boldsymbol{y}) = \frac{1}{(2\pi)^{m/2}|\boldsymbol{\Gamma}_y|^{1/2}} \exp\left[-\frac{1}{2}(\boldsymbol{y} - \boldsymbol{\mu}_y)^{\mathrm{T}}\boldsymbol{\Gamma}_y^{-1}(\boldsymbol{y} - \boldsymbol{\mu}_y)\right] \quad (\text{实高斯随机向量}) \tag{1.5.37}$$

$$f(\boldsymbol{y}) = \frac{1}{\pi^m|\boldsymbol{\Gamma}_y|} \exp\left[-(\boldsymbol{y} - \boldsymbol{\mu}_y)^{\mathrm{H}}\boldsymbol{\Gamma}_y^{-1}(\boldsymbol{y} - \boldsymbol{\mu}_y)\right] \quad (\text{复正态随机向量}) \tag{1.5.38}$$

在阵列处理、无线通信和多信道信号处理中，常常使用多个传感器或者阵元接收多路信号。在大多数情况下，可以假定每个传感器上的加性噪声都是高斯白噪声，并且这些传感器上的加性高斯白噪声是彼此统计不相关的。

例 1.5.1 零均值的实高斯白噪声向量 $\boldsymbol{x}(t) = [x_1(t), \cdots, x_m(t)]^{\mathrm{T}}$ 的各个元素为相互统计不相关的实高斯白噪声过程。若这些高斯白噪声具有相同的方差 σ^2，则有

$$c_{x_i,x_j} = r_{x_i,x_j} = \begin{cases} \sigma^2, & i = j \\ 0, & i \neq j \end{cases} \tag{1.5.39}$$

于是，实高斯白噪声向量的自协方差矩阵

$$\boldsymbol{C}_x = \boldsymbol{R}_x = \mathrm{E}\{\boldsymbol{x}(t)\boldsymbol{x}^{\mathrm{T}}(t)\} = \begin{bmatrix} r_{x_1,x_1} & \cdots & r_{x_1,x_m} \\ \vdots & \ddots & \vdots \\ r_{x_m,x_1} & \cdots & r_{x_m,x_m} \end{bmatrix} = \sigma^2\boldsymbol{I}$$

因此，实高斯白噪声向量的统计表示为

$$\mathrm{E}\{\boldsymbol{x}(t)\} = \boldsymbol{0} \quad 和 \quad \mathrm{E}\{\boldsymbol{x}(t)\boldsymbol{x}^{\mathrm{T}}(t)\} = \sigma^2 \boldsymbol{I} \tag{1.5.40}$$

例 1.5.2 复高斯随机向量 $\boldsymbol{x}(t) = [x_1(t), \cdots, x_m(t)]^{\mathrm{T}}$ 的各个元素为复高斯白噪声，它们彼此统计不相关。若它们都具有零均值和相同的方差 σ^2，则意味着每一个复高斯白噪声过程的实部 $x_{\mathrm{R}k}(t)$ 和虚部 $x_{\mathrm{I}k}(t)$ 是两个相互统计独立的实高斯白噪声过程，它们具有相同的方差。因此，$x_k(t)$ 为零均值和方差 σ^2 的高斯白噪声过程意味着

$$\begin{aligned}
&\mathrm{E}\{x_{\mathrm{R}k}(t)\} = 0, \quad \mathrm{E}\{x_{\mathrm{I}k}(t)\} = 0 \\
&\mathrm{E}\{x_{\mathrm{R}k}^2(t)\} = \mathrm{E}\{x_{\mathrm{I}k}^2(t)\} = \frac{1}{2}\sigma^2 \\
&\mathrm{E}\{x_{\mathrm{R}k}(t)x_{\mathrm{I}k}(t)\} = 0 \\
&\mathrm{E}\{x_k(t)x_k^*(t)\} = \mathrm{E}\{x_{\mathrm{R}k}^2(t)\} + \mathrm{E}\{x_{\mathrm{I}k}^2(t)\} = \sigma^2
\end{aligned}$$

由上述条件知

$$\begin{aligned}
\mathrm{E}\{x_k^2(t)\} &= \mathrm{E}\{[x_{\mathrm{R}k}(t) + \mathrm{j}\, x_{\mathrm{I}k}(t)]^2\} \\
&= \mathrm{E}\{x_{\mathrm{R}k}^2(t)\} - \mathrm{E}\{x_{\mathrm{I}k}^2(t)\} + \mathrm{j}\, 2\mathrm{E}\{x_{\mathrm{R}k}(t)x_{\mathrm{I}k}(t)\} \\
&= \frac{1}{2}\sigma^2 - \frac{1}{2}\sigma^2 + 0 = 0
\end{aligned}$$

由于 $x_1(t), \cdots, x_m(t)$ 是 m 个彼此不相关的高斯白噪声过程，故

$$\mathrm{E}\{x_i(t)x_j(t)\} = 0, \quad \mathrm{E}\{x_i(t)x_j^*(t)\} = 0, \quad i \neq j$$

综合以上条件，即可得到复高斯白噪声向量 $\boldsymbol{x}(t)$ 的统计表示为

$$\mathrm{E}\{\boldsymbol{x}(t)\} = \boldsymbol{0} \tag{1.5.41}$$

$$\mathrm{E}\{\boldsymbol{x}(t)\boldsymbol{x}^{\mathrm{H}}(t)\} = \sigma^2 \boldsymbol{I} \tag{1.5.42}$$

$$\mathrm{E}\{\boldsymbol{x}(t)\boldsymbol{x}^{\mathrm{T}}(t)\} = \boldsymbol{O} \tag{1.5.43}$$

注意复高斯白噪声向量和实高斯白噪声向量的统计表示的这一区别。

各个元素具有零均值和相同方差 σ^2 的实和复高斯白噪声向量 $\boldsymbol{x}(t)$ 常用符号 $\boldsymbol{x}(t) \sim N(\boldsymbol{0}, \sigma^2\boldsymbol{I})$ 和 $\boldsymbol{x}(t) \sim CN(\boldsymbol{0}, \sigma^2\boldsymbol{I})$ 分别表示。

1.6 矩阵的性能指标

一个 $m \times n$ 维矩阵是一种含有 $m \times n$ 个元素的多变量表示。在数学中，经常希望使用一个数或标量来概括多变量表示。其中，矩阵的性能指标就是这类典型的例子。前面介绍的矩阵的内积与范数的定义形式尽管有多种，但它们都是矩阵的一种标量函数。本节将介绍概括矩阵性质的其他几个重要的标量指标，它们分别是矩阵的二次型、行列式、特征值、迹和秩。

1.6.1 矩阵的二次型

任意一个正方矩阵 $\boldsymbol{A}$ 的二次型定义为 $\boldsymbol{x}^{\mathrm{H}}\boldsymbol{A}\boldsymbol{x}$，其中 $\boldsymbol{x}$ 可以是任意的非零复向量。以实矩阵为例，考查二次型

$$\begin{aligned}\boldsymbol{x}^{\mathrm{T}}\boldsymbol{A}\boldsymbol{x} &= [x_1, x_2, x_3]\begin{bmatrix}1 & 4 & 2\\ -1 & 7 & 5\\ -1 & 6 & 3\end{bmatrix}\begin{bmatrix}x_1\\ x_2\\ x_3\end{bmatrix}\\ &= x_1^2 + 7x_2^2 + 3x_3^2 + 3x_1x_2 + x_1x_3 + 11x_2x_3\end{aligned}$$

这是变元 x 的二次型函数，故称 $\boldsymbol{x}^{\mathrm{T}}\boldsymbol{A}\boldsymbol{x}$ 为矩阵 $\boldsymbol{A}$ 的二次型。

推而广之，若 $\boldsymbol{x} = [x_1, \cdots, x_n]^{\mathrm{T}}$，且 $n \times n$ 矩阵 $\boldsymbol{A}$ 的元素为 a_{ij}，则二次型

$$\begin{aligned}\boldsymbol{x}^{\mathrm{T}}\boldsymbol{A}\boldsymbol{x} &= \sum_{i=1}^{n}\sum_{j=1}^{n} x_i x_j a_{ij} = \sum_{i=1}^{n} a_{ii}x_i^2 + \sum_{i=1,\, i\neq j}^{n}\sum_{j=1}^{n} a_{ij}x_i x_j\\ &= \sum_{i=1}^{n} a_{ii}x_i^2 + \sum_{i=1}^{n-1}\sum_{j=i+1}^{n}(a_{ij} + a_{ji})x_i x_j\end{aligned}$$

根据这一公式，显然

$$\boldsymbol{A} = \begin{bmatrix}1 & 4 & 2\\ -1 & 7 & 5\\ -1 & 6 & 3\end{bmatrix},\quad \boldsymbol{B} = \boldsymbol{A}^{\mathrm{T}} = \begin{bmatrix}1 & -1 & -1\\ 4 & 7 & 6\\ 2 & 5 & 3\end{bmatrix},\quad \boldsymbol{C} = \begin{bmatrix}1.0 & 1.5 & 0.5\\ 1.5 & 7.0 & 5.5\\ 0.5 & 5.5 & 3.0\end{bmatrix},$$

$$\boldsymbol{D} = \begin{bmatrix}1 & 114 & 52\\ -111 & 7 & 2\\ -51 & 9 & 3\end{bmatrix},\quad \boldsymbol{F} = \begin{bmatrix}1 & 114 & 52\\ -111 & 7 & 4\\ -51 & 7 & 3\end{bmatrix},\quad \cdots$$

具有相同的二次型，即

$$\begin{aligned}\boldsymbol{x}^{\mathrm{T}}\boldsymbol{A}\boldsymbol{x} = \boldsymbol{x}^{\mathrm{T}}\boldsymbol{B}\boldsymbol{x} = \boldsymbol{x}^{\mathrm{T}}\boldsymbol{C}\boldsymbol{x} = \boldsymbol{x}^{\mathrm{T}}\boldsymbol{D}\boldsymbol{x} = \boldsymbol{x}^{\mathrm{T}}\boldsymbol{F}\boldsymbol{x}\\ = x_1^2 + 7x_2^2 + 3x_3^2 + 3x_1x_2 + x_1x_3 + 11x_2x_3\end{aligned}$$

这就是说，对于任何一个二次型函数

$$f(x_1, \cdots, x_n) = \sum_{i=1}^{n} \alpha_{ii}x_i^2 + \sum_{i=1,\, i\neq j}^{n}\sum_{j=1}^{n}\alpha_{ij}x_i x_j$$

而言，存在许多矩阵 $\boldsymbol{A}$，它们的二次型 $\boldsymbol{x}^{\mathrm{T}}\boldsymbol{A}\boldsymbol{x} = f(x_1, \cdots, x_n)$ 相同。但是，只有一个唯一的对称矩阵 $\boldsymbol{A}$ 满足 $\boldsymbol{x}^{\mathrm{T}}\boldsymbol{A}\boldsymbol{x} = f(x_1, \cdots, x_n)$，其元素为 $a_{ij} = a_{ji} = \dfrac{1}{2}(\alpha_{ij} + \alpha_{ji})$，其中，$i = 1, \cdots, n$, $j = 1, \cdots, n$。因此，为了保证定义的唯一性，在讨论矩阵 $\boldsymbol{A}$ 的二次型时，有必要假定 $\boldsymbol{A}$ 为实对称矩阵或复共轭对称 (即 Hermitian) 矩阵。这一假定还能够保证二次型函数一定是实值函数，因为 $(\boldsymbol{x}^{\mathrm{H}}\boldsymbol{A}\boldsymbol{x})^* = (\boldsymbol{x}^{\mathrm{H}}\boldsymbol{A}\boldsymbol{x})^{\mathrm{H}} = \boldsymbol{x}^{\mathrm{H}}\boldsymbol{A}^{\mathrm{H}}\boldsymbol{x} = \boldsymbol{x}^{\mathrm{H}}\boldsymbol{A}\boldsymbol{x}$ 对任意复共轭对称矩阵 $\boldsymbol{A}$ 和非零复向量 $\boldsymbol{x}$ 均成立。实值函数的基本优点之一是适合于同零值比较大小。

如果将大于零的二次型 $\boldsymbol{x}^{\mathrm{H}}\boldsymbol{A}\boldsymbol{x}$ 称为正定的二次型，则与之对应的 Hermitian 矩阵称为正定矩阵。类似地，还可以定义 Hermitian 矩阵的半正定性、负定性和半负定性。

定义 1.6.1 一个复共轭对称矩阵 $\boldsymbol{A}$ 称为：

(1) 正定矩阵，记作 $\boldsymbol{A}\succ 0$，若 二次型 $\boldsymbol{x}^{\mathrm{H}}\boldsymbol{A}\boldsymbol{x}>0,\quad \forall \boldsymbol{x}\neq \boldsymbol{0}$;

(2) 半正定矩阵，记作 $\boldsymbol{A}\succeq 0$，若 二次型 $\boldsymbol{x}^{\mathrm{H}}\boldsymbol{A}\boldsymbol{x}\geqslant 0,\quad \forall \boldsymbol{x}\neq \boldsymbol{0}$ (也称非负定的);

(3) 负定矩阵，记作 $\boldsymbol{A}\prec 0$，若 二次型 $\boldsymbol{x}^{\mathrm{H}}\boldsymbol{A}\boldsymbol{x}<0,\quad \forall \boldsymbol{x}\neq \boldsymbol{0}$;

(4) 半负定矩阵，记作 $\boldsymbol{A}\preceq 0$，若 二次型 $\boldsymbol{x}^{\mathrm{H}}\boldsymbol{A}\boldsymbol{x}\leqslant 0,\quad \forall \boldsymbol{x}\neq \boldsymbol{0}$ (也称非正定的);

(5) 不定矩阵，若二次型 $\boldsymbol{x}^{\mathrm{H}}\boldsymbol{A}\boldsymbol{x}$ 既可能取正值，也可能取负值。

例 1.6.1 实对称矩阵

$$\boldsymbol{R}=\begin{bmatrix} 3 & -1 & 0\\ -1 & 3 & -1\\ 0 & -1 & 3\end{bmatrix}$$

是正定的，因为二次型 $\boldsymbol{x}^{\mathrm{H}}\boldsymbol{R}\boldsymbol{x} = 2x_1^2+x_2^2+2x_3^2+(x_1-x_2)^2+(x_2-x_3)^2>0$，除非 $x_1=x_2=x_3=0$。

一句话小结：作为一个性能指标，矩阵的二次型刻画矩阵的正定性。

1.6.2 行列式

一个 $n\times n$ 正方矩阵 $\boldsymbol{A}$ 的行列式记作 $\det(\boldsymbol{A})$ 或 $|\boldsymbol{A}|$，定义为

$$\det(\boldsymbol{A})=|\boldsymbol{A}|=\begin{vmatrix} a_{11} & a_{12} & \cdots & a_{1n}\\ a_{21} & a_{22} & \cdots & a_{2n}\\ \vdots & \vdots & \ddots & \vdots\\ a_{n1} & a_{n2} & \cdots & a_{nn}\end{vmatrix} \tag{1.6.1}$$

若 $\boldsymbol{A}=\{a\}\in\mathbb{C}^{1\times 1}$，则其行列式由 $\det(\boldsymbol{A})=a$ 给出。

矩阵 $\boldsymbol{A}$ 去掉第 i 行和第 j 列之后得到的剩余行列式记作 A_{ij}，称为元素 a_{ij} 的余子式 (cofactor)。特别地，当 $j=i$ 时，$A_i=A_{ii}$ 称为 $\boldsymbol{A}$ 的主子式。若令 $\boldsymbol{A}_{ij}$ 是 $n\times n$ 矩阵 $\boldsymbol{A}$ 删去第 i 行和第 j 列之后得到的 $(n-1)\times(n-1)$ 子矩阵，则

$$A_{ij}=(-1)^{i+j}\det(\boldsymbol{A}_{ij}) \tag{1.6.2}$$

一个 $n\times n$ 矩阵的行列式等于其任意行 (或列) 的元素与相对应的余子式乘积之和，即有

$$\det(\boldsymbol{A})=a_{i1}A_{i1}+\cdots+a_{in}A_{in}=\sum_{j=1}^{n}a_{ij}(-1)^{i+j}\det(\boldsymbol{A}_{ij}) \tag{1.6.3}$$

或者

$$\det(\boldsymbol{A})=a_{1j}A_{1j}+\cdots+a_{nj}A_{nj}=\sum_{i=1}^{n}a_{ij}(-1)^{i+j}\det(\boldsymbol{A}_{ij}) \tag{1.6.4}$$

因此，行列式可以递推计算：n 阶行列式由 $(n-1)$ 阶行列式计算，$(n-1)$ 阶行列式则由 $(n-2)$ 行列式计算等。

特别地，对于 3×3 矩阵 $\boldsymbol{A}$，其行列式可以通过

$$\begin{aligned}\det(\boldsymbol{A})&=\det\begin{bmatrix}a_{11}&a_{12}&a_{13}\\a_{21}&a_{22}&a_{23}\\a_{31}&a_{32}&a_{33}\end{bmatrix}=a_{11}A_{11}+a_{12}A_{12}+a_{13}A_{13}\\&=a_{11}(-1)^{1+1}\begin{vmatrix}a_{22}&a_{23}\\a_{32}&a_{33}\end{vmatrix}+a_{12}(-1)^{1+2}\begin{vmatrix}a_{21}&a_{23}\\a_{31}&a_{33}\end{vmatrix}+a_{13}(-1)^{1+3}\begin{vmatrix}a_{21}&a_{22}\\a_{31}&a_{33}\end{vmatrix}\\&=a_{11}(a_{22}a_{33}-a_{23}a_{32})-a_{12}(a_{21}a_{33}-a_{23}a_{31})+a_{13}(a_{21}a_{33}-a_{22}a_{31})\end{aligned}$$

递推计算。这一方法称为三阶行列式计算的对角线法。

定义 1.6.2 行列式不等于零的矩阵称为非奇异矩阵。

1. 关于行列式的等式关系 [324]

(1) 如果矩阵的两行 (或列) 互换位置，则行列式数值保持不变，但符号改变。

(2) 若矩阵的某行 (或列) 是其他行 (或列) 的线性组合，则 $\det(\boldsymbol{A})=0$。特别地，若某行 (或列) 与另一行 (或列) 成正比或相等，或者某行 (或列) 的元素均等于零，则 $\det(\boldsymbol{A})=0$。

(3) 单位矩阵的行列式等于 1，即 $\det(\boldsymbol{I})=1$。

(4) 任何一个正方矩阵 $\boldsymbol{A}$ 和它的转置矩阵 $\boldsymbol{A}^{\mathrm{T}}$ 具有相同的行列式，即 $\det(\boldsymbol{A})=\det(\boldsymbol{A}^{\mathrm{T}})$，但 $\det(\boldsymbol{A}^{\mathrm{H}})=[\det(\boldsymbol{A}^{\mathrm{T}})]^*$。

(5) 一个 Hermitian 矩阵的行列式为实数，因为

$$\det(\boldsymbol{A})=\det(\boldsymbol{A}^{\mathrm{H}})=\det(\boldsymbol{A}^{\mathrm{T}})\Rightarrow\det(\boldsymbol{A})=\det(\boldsymbol{A}^*)=[\det(\boldsymbol{A})]^* \tag{1.6.5}$$

(6) 两个矩阵乘积的行列式等于它们的行列式的乘积，即

$$\det(\boldsymbol{AB})=\det(\boldsymbol{A})\det(\boldsymbol{B}),\qquad \boldsymbol{A},\boldsymbol{B}\in\mathbb{C}^{n\times n} \tag{1.6.6}$$

(7) 给定一个任意的常数 (可以是复数) c，则 $\det(c\boldsymbol{A})=c^n\det(\boldsymbol{A})$。

(8) 若 $\boldsymbol{A}$ 非奇异，则 $\det(\boldsymbol{A}^{-1})=1/\det(\boldsymbol{A})$。

(9) 三角 (上三角或下三角) 矩阵 $\boldsymbol{A}$ 的行列式等于其主对角线所有元素的乘积

$$\det(\boldsymbol{A})=\prod_{i=1}^n a_{ii}$$

一个对角矩阵 $\boldsymbol{A}=\mathrm{diag}(a_{11},\cdots,a_{nn})$ 的行列式也等于其对角元素的乘积。

(10) 对于矩阵 $\boldsymbol{A}_{m\times m},\boldsymbol{B}_{m\times n},\boldsymbol{C}_{n\times m},\boldsymbol{D}_{n\times n}$，分块矩阵的行列式满足

$$\boldsymbol{A}\text{ 非奇异}\iff\det\begin{bmatrix}\boldsymbol{A}&\boldsymbol{B}\\\boldsymbol{C}&\boldsymbol{D}\end{bmatrix}=\det(\boldsymbol{A})\det(\boldsymbol{D}-\boldsymbol{C}\boldsymbol{A}^{-1}\boldsymbol{B}) \tag{1.6.7}$$

$$\boldsymbol{D}\text{ 非奇异}\iff\det\begin{bmatrix}\boldsymbol{A}&\boldsymbol{B}\\\boldsymbol{C}&\boldsymbol{D}\end{bmatrix}=\det(\boldsymbol{D})\det(\boldsymbol{A}-\boldsymbol{B}\boldsymbol{D}^{-1}\boldsymbol{C}) \tag{1.6.8}$$

下面证明式 (1.6.7)

$$\det\begin{bmatrix} A & B \\ C & D \end{bmatrix} = \det\left(\begin{bmatrix} A & O \\ C & D - CA^{-1}B \end{bmatrix}\begin{bmatrix} I & A^{-1}B \\ O & I \end{bmatrix}\right)$$
$$= \det(A)\cdot\det(D - CA^{-1}B)$$

类似地，可证明式 (1.6.8)。

2. 关于行列式的不等式关系[324]

(1) Cauchy-Schwartz 不等式：若 A, B 都是 $m\times n$ 矩阵，则

$$|\det(A^{\mathrm{H}}B)|^2 \leqslant \det(A^{\mathrm{H}}A)\det(B^{\mathrm{H}}B)$$

(2) Hadamard 不等式：对于 $m\times m$ 矩阵 A，有

$$\det(A) \leqslant \prod_{i=1}^{m}\left(\sum_{j=1}^{m}|a_{ij}|^2\right)^{1/2}$$

(3) Fischer 不等式：若 $A_{m\times m}, B_{m\times n}, C_{n\times n}$，则

$$\det\left(\begin{bmatrix} A & B \\ B^{\mathrm{H}} & C \end{bmatrix}\right) \leqslant \det(A)\det(C)$$

(4) Minkowski 不等式：若 $A_{m\times m} \neq O_{m\times m}, B_{m\times m} \neq O_{m\times m}$ 半正定，则

$$\sqrt[m]{\det(A+B)} \geqslant \sqrt[m]{\det(A)} + \sqrt[m]{\det(B)}$$

(5) 正定矩阵 A 的行列式大于 0，即 $\det(A) > 0$。

(6) 半正定矩阵 A 的行列式大于或者等于 0，即 $\det(A) \geqslant 0$。

(7) 若 $m\times m$ 矩阵 A 半正定，则 $(\det(A))^{1/m} \leqslant \frac{1}{m}\det(A)$。

(8) 若矩阵 $A_{m\times m}, B_{m\times m}$ 均半正定，则 $\det(A+B) \geqslant \det(A) + \det(B)$。

(9) 若 $A_{m\times m}$ 正定，$B_{m\times m}$ 半正定，则 $\det(A+B) \geqslant \det(A)$。

(10) 若 $A_{m\times m}$ 正定，$B_{m\times m}$ 半负定，则 $\det(A+B) \leqslant \det(A)$。

一句话小结：作为一个性能指标，矩阵的行列式主要刻画矩阵的奇异性。

1.6.3 矩阵的特征值

若 $n\times 1$ 非零向量 u 作为线性变换 $\mathcal{L}$ 的输入时，所产生的输出与输入只相差一个比例因子 λ，即

$$\mathcal{L}u = \lambda u, \quad u \neq 0 \tag{1.6.9}$$

则称标量 λ 和向量 u 分别为线性变换 $\mathcal{L}$ 的特征值和特征向量。由于 $\mathcal{L}u = \lambda u$ 意味着输入向量在线性变换下能够保持方向不变，所以 u 刻画了线性变换或系统固有的向量特

征。这就是特征向量的物理含义所在，而特征值 λ 则可视为线性变换或系统对特定的特征向量 $\boldsymbol{u}$ 所固有的增益。

当线性变换 $\mathcal{L}$ 为 $n \times n$ 矩阵 $\boldsymbol{A}$ 时，上述定义便引申为矩阵的特征值和特征向量的定义：若线性代数方程

$$\boldsymbol{A}\boldsymbol{u} = \lambda \boldsymbol{u} \tag{1.6.10}$$

具有 $n \times 1$ 非零解 (向量) $\boldsymbol{u}$，则标量 λ 称为矩阵 $\boldsymbol{A}$ 的一个特征值，而 $\boldsymbol{u}$ 称为 $\boldsymbol{A}$ 的对应于 λ 的特征向量。式 (1.6.10) 可视为特征值的第一定义公式。

线性方程式 (1.6.10) 可以等价写作

$$(\boldsymbol{A} - \lambda \boldsymbol{I})\boldsymbol{u} = \boldsymbol{0} \tag{1.6.11}$$

由于上式对非零向量 $\boldsymbol{u}$ 成立，故线性代数方程式 (1.6.10) 存在非零解 $\boldsymbol{u} \neq \boldsymbol{0}$ 的唯一条件是矩阵 $\boldsymbol{A} - \lambda \boldsymbol{I}$ 的行列式等于零，即

$$\det(\boldsymbol{A} - \lambda \boldsymbol{I}) = 0 \tag{1.6.12}$$

这是特征值的第二定义公式。注意，一个 $n \times n$ 矩阵只有 n 个特征值，但其中有些特征值有可能取相同值。

特征值的第二定义公式 (1.6.12) 反映了以下事实：

(1) 若式 (1.6.12) 对 $\lambda = 0$ 成立，则直接有 $\det(\boldsymbol{A}) = 0$。这意味着，只要矩阵 $\boldsymbol{A}$ 有一个特征值为零，则该矩阵一定是奇异矩阵。

(2) 只有零矩阵的全部特征值为零，任何奇异的非零矩阵 $\boldsymbol{A}$ 一定存在非零的特征值。奇异矩阵的非零特征值意味着，原矩阵的所有对角元素同时减去该特征值后，所得矩阵仍然是奇异矩阵。注意，奇异矩阵的每个对角元素减去不是特征值的同一标量后，所得矩阵的行列式一定不等于零，即所得矩阵是非奇异的。

(3) 若矩阵 $\boldsymbol{A}$ 的所有特征值都不等于零，则原矩阵的行列式一定不等于零，因而它一定是非奇异矩阵。然而，非奇异矩阵的所有对角元素同时减去它的任何一个非零特征值后，所得矩阵一定是奇异的，因为它的行列式等于零。

事实 (1) 说明，零特征值反映矩阵的奇异性；而事实 (2) 和事实 (3) 则表明，特征值可以刻画矩阵所有对角元素的结构。在一个矩阵的一些重要性质的描述中，对角元素往往起着主导性作用。

矩阵 $\boldsymbol{A}$ 的特征值常用符号 $\text{eig}(\boldsymbol{A})$ 表示。下面是特征值的一些基本性质：

(1) $\text{eig}(\boldsymbol{AB}) = \text{eig}(\boldsymbol{BA})$。

(2) $m \times n$ 矩阵 $\boldsymbol{A}$ 最多有 $\min\{m, n\}$ 个不同特征值。

(3) 若 $\text{rank}(\boldsymbol{A}) = r$，则矩阵 $\boldsymbol{A}$ 最多有 r 个非零特征值。

(4) 逆矩阵的特征值 $\text{eig}(\boldsymbol{A}^{-1}) = 1/\text{eig}(\boldsymbol{A})$。

(5) 令 $\boldsymbol{I}$ 为单位矩阵，则

$$\text{eig}(\boldsymbol{I}+c\boldsymbol{A})=1+c\,\text{eig}(\boldsymbol{A}) \tag{1.6.13}$$

$$\text{eig}(\boldsymbol{A}-c\boldsymbol{I})=\text{eig}(\boldsymbol{A})-c \tag{1.6.14}$$

一个复共轭对称矩阵的正定性与其特征值有着密切的关系。

引理 1.6.1 正定矩阵的所有特征值都是正实数。

证明 设 $\boldsymbol{A}$ 为正定矩阵，则其二次型 $\boldsymbol{x}^{\text{H}}\boldsymbol{A}\boldsymbol{x}>0$ 对任意非零向量 $\boldsymbol{x}$ 成立。若 λ 是正定矩阵 $\boldsymbol{A}$ 的任意一个特征值，即 $\boldsymbol{A}\boldsymbol{u}=\lambda\boldsymbol{u}$，则 $\boldsymbol{u}^{\text{H}}\boldsymbol{A}\boldsymbol{u}=\boldsymbol{u}^{\text{H}}\lambda\boldsymbol{u}$，从而有 $\lambda=\boldsymbol{u}^{\text{H}}\boldsymbol{A}\boldsymbol{u}/\boldsymbol{u}^{\text{H}}\boldsymbol{u}$ 一定是正实数，因为它是两个正实数之比。 ■

注意到矩阵 $\boldsymbol{A}$ 对应于特征值 λ 的特征向量 $\boldsymbol{u}$ 的内积 $\boldsymbol{u}^{\text{H}}\boldsymbol{u}$ 是一个恒大于零的实数，对上述引理加以推广和运用，易知矩阵的正定性和半正定性等都可以用特征值描述：

(1) *正定矩阵*：所有特征值取正实数的矩阵。

(2) *半正定矩阵*：各个特征值取非负实数的矩阵。

(3) *负定矩阵*：全部特征值为负实数的矩阵。

(4) *半负定矩阵*：每个特征值取非正实数的矩阵。

(5) *不定矩阵*：特征值有些取正实数，另一些取负实数的矩阵。

若 $\boldsymbol{A}$ 是一个正定或者半正定矩阵，则

$$\det(\boldsymbol{A})\leqslant\prod_i A_{ii} \tag{1.6.15}$$

这一不等式称为 Hadamard 不等式 [238, p.477]。

一句话小结：作为一个性能指标，矩阵的特征值既刻画原矩阵的奇异性，又反映原矩阵所有对角元素的结构，还刻画矩阵的正定性。

之所以称为矩阵的特征值，正是因为它反映了矩阵的奇异性、正定性以及对角元素的特殊结构等重要特征。

1.6.4 矩阵的迹

定义 1.6.3 $n\times n$ 矩阵 $\boldsymbol{A}$ 的对角元素之和称为 $\boldsymbol{A}$ 的迹 (trace)，记作 $\text{tr}(\boldsymbol{A})$，即有

$$\text{tr}(\boldsymbol{A})=a_{11}+\cdots+a_{nn}=\sum_{i=1}^{n}a_{ii} \tag{1.6.16}$$

非正方矩阵无迹的定义。下面是矩阵的迹满足的等式、不等式关系与其他一些性质。

1. *关于迹的等式* [324]

(1) 若 $\boldsymbol{A}$ 和 $\boldsymbol{B}$ 均为 $n\times n$ 矩阵，则 $\text{tr}(\boldsymbol{A}\pm\boldsymbol{B})=\text{tr}(\boldsymbol{A})\pm\text{tr}(\boldsymbol{B})$。

(2) 若 $\boldsymbol{A}$ 和 $\boldsymbol{B}$ 均为 $n\times n$ 矩阵，并且 c_1 和 c_2 为常数，则 $\text{tr}(c_1\boldsymbol{A}\pm c_2\boldsymbol{B})=c_1\text{tr}(\boldsymbol{A})\pm c_2\text{tr}(\boldsymbol{B})$。特别地，若 $\boldsymbol{B}=\boldsymbol{O}$，则 $\text{tr}(c\boldsymbol{A})=c\,\text{tr}(\boldsymbol{A})$。

(3) 矩阵 $\boldsymbol{A}$ 的转置、复数共轭和复共轭转置的迹分别为 $\text{tr}(\boldsymbol{A}^{\text{T}})=\text{tr}(\boldsymbol{A}),\text{tr}(\boldsymbol{A}^*)=[\text{tr}(\boldsymbol{A})]^*$ 和 $\text{tr}(\boldsymbol{A}^{\text{H}})=[\text{tr}(\boldsymbol{A})]^*$。

(4) 若 $\boldsymbol{A}\in\mathbb{C}^{m\times n},\boldsymbol{B}\in\mathbb{C}^{n\times m}$，则 $\text{tr}(\boldsymbol{AB})=\text{tr}(\boldsymbol{BA})$。

(5) 若 $\boldsymbol{A}$ 是一个 $m\times n$ 矩阵，则 $\text{tr}(\boldsymbol{A}^{\text{H}}\boldsymbol{A})=0\Longleftrightarrow\boldsymbol{A}=\boldsymbol{O}_{m\times n}$ (零矩阵)。

(6) $\boldsymbol{x}^{\text{H}}\boldsymbol{A}\boldsymbol{x}=\text{tr}(\boldsymbol{A}\boldsymbol{x}\boldsymbol{x}^{\text{H}})$ 和 $\boldsymbol{y}^{\text{H}}\boldsymbol{x}=\text{tr}(\boldsymbol{x}\boldsymbol{y}^{\text{H}})$。

(7) 迹等于特征值之和，即 $\text{tr}(\boldsymbol{A})=\lambda_1+\cdots+\lambda_n$。

(8) 分块矩阵的迹满足

$$\text{tr}\begin{bmatrix}\boldsymbol{A} & \boldsymbol{B}\\ \boldsymbol{C} & \boldsymbol{D}\end{bmatrix}=\text{tr}(\boldsymbol{A})+\text{tr}(\boldsymbol{D})$$

式中，$\boldsymbol{A}\in\mathbb{C}^{m\times m},\boldsymbol{B}\in\mathbb{C}^{m\times n},\boldsymbol{C}\in\mathbb{C}^{n\times m},\boldsymbol{D}\in\mathbb{C}^{n\times n}$。

(9) 对于任何正整数 k，有

$$\text{tr}(\boldsymbol{A}^k)=\sum_{i=1}^{n}\lambda_i^k \tag{1.6.17}$$

灵活运用迹的等式 $\text{tr}(\boldsymbol{UV})=\text{tr}(\boldsymbol{VU})$，可以得到一些常用的重要结果。例如，矩阵 $\boldsymbol{A}^{\text{H}}\boldsymbol{A}$ 和 $\boldsymbol{A}\boldsymbol{A}^{\text{H}}$ 的迹相等，且有

$$\text{tr}(\boldsymbol{A}^{\text{H}}\boldsymbol{A})=\text{tr}(\boldsymbol{A}\boldsymbol{A}^{\text{H}})=\sum_{i=1}^{n}\sum_{j=1}^{n}a_{ij}a_{ij}^*=\sum_{i=1}^{n}\sum_{j=1}^{n}|a_{ij}|^2 \tag{1.6.18}$$

又如，在迹的等式 $\text{tr}(\boldsymbol{UV})=\text{tr}(\boldsymbol{VU})$ 中，若分别令 $\boldsymbol{U}=\boldsymbol{A},\boldsymbol{V}=\boldsymbol{BC}$ 和 $\boldsymbol{U}=\boldsymbol{AB},\boldsymbol{V}=\boldsymbol{C}$，则有

$$\text{tr}(\boldsymbol{ABC})=\text{tr}(\boldsymbol{BCA})=\text{tr}(\boldsymbol{CAB}) \tag{1.6.19}$$

类似地，若分别令 $\boldsymbol{U}=\boldsymbol{A},\boldsymbol{V}=\boldsymbol{BCD};\boldsymbol{U}=\boldsymbol{AB},\boldsymbol{V}=\boldsymbol{CD}$ 及 $\boldsymbol{U}=\boldsymbol{ABC},\boldsymbol{V}=\boldsymbol{D}$，又有

$$\text{tr}(\boldsymbol{ABCD})=\text{tr}(\boldsymbol{BCDA})=\text{tr}(\boldsymbol{CDAB})=\text{tr}(\boldsymbol{DABC}) \tag{1.6.20}$$

利用等式 (1.6.19) 还易知，若矩阵 $\boldsymbol{A}$ 与 $\boldsymbol{B}$ 均为 $m\times m$ 矩阵，且 $\boldsymbol{B}$ 非奇异，则

$$\text{tr}(\boldsymbol{BAB}^{-1})=\text{tr}(\boldsymbol{B}^{-1}\boldsymbol{AB})=\text{tr}(\boldsymbol{ABB}^{-1})=\text{tr}(\boldsymbol{A}) \tag{1.6.21}$$

2. 关于迹的不等式[324]

(1) 对一个复矩阵 $\boldsymbol{A}\in\mathbb{C}^{m\times n}$，有 $\text{tr}(\boldsymbol{A}^{\text{H}}\boldsymbol{A})=\text{tr}(\boldsymbol{A}\boldsymbol{A}^{\text{H}})\geqslant 0$。

(2) Schur 不等式 $\text{tr}(\boldsymbol{A}^2)\leqslant\text{tr}(\boldsymbol{A}^{\text{T}}\boldsymbol{A})$。

(3) 若 $\boldsymbol{A},\boldsymbol{B}$ 均为 $m\times n$ 矩阵，则

$$\mathrm{tr}[(\boldsymbol{A}^{\mathrm{T}}\boldsymbol{B})^2]\leqslant \mathrm{tr}(\boldsymbol{A}^{\mathrm{T}}\boldsymbol{A})\mathrm{tr}(\boldsymbol{B}^{\mathrm{T}}\boldsymbol{B})\quad (\text{Cauchy-Schwartz 不等式})$$
$$\mathrm{tr}[(\boldsymbol{A}^{\mathrm{T}}\boldsymbol{B})^2]\leqslant \mathrm{tr}(\boldsymbol{A}^{\mathrm{T}}\boldsymbol{A}\boldsymbol{B}^{\mathrm{T}}\boldsymbol{B})$$
$$\mathrm{tr}[(\boldsymbol{A}^{\mathrm{T}}\boldsymbol{B})^2]\leqslant \mathrm{tr}(\boldsymbol{A}\boldsymbol{A}^{\mathrm{T}}\boldsymbol{B}\boldsymbol{B}^{\mathrm{T}})$$

(4) $\mathrm{tr}[(\boldsymbol{A}+\boldsymbol{B})(\boldsymbol{A}+\boldsymbol{B})^{\mathrm{T}}]\leqslant 2[\mathrm{tr}(\boldsymbol{A}\boldsymbol{A}^{\mathrm{T}})+\mathrm{tr}(\boldsymbol{B}\boldsymbol{B}^{\mathrm{T}})]$。

(5) 若 $\boldsymbol{A}$ 和 $\boldsymbol{B}$ 为 $m\times m$ 对称矩阵，则 $\mathrm{tr}(\boldsymbol{A}\boldsymbol{B})\leqslant \frac{1}{2}\mathrm{tr}(\boldsymbol{A}^2+\boldsymbol{B}^2)$。

类似于向量的 Euclidean 范数 $\|\boldsymbol{x}\|_2=(\boldsymbol{x}^{\mathrm{H}}\boldsymbol{x})^{1/2}$，一个 $m\times n$ 复矩阵 $\boldsymbol{A}$ 的 Frobenius 范数也可利用 $m\times m$ 矩阵 $\boldsymbol{A}^{\mathrm{H}}\boldsymbol{A}$ 或者 $n\times n$ 矩阵 $\boldsymbol{A}\boldsymbol{A}^{\mathrm{H}}$ 的迹定义为[328, p.10]

$$\|\boldsymbol{A}\|_{\mathrm{F}}=\sqrt{\mathrm{tr}(\boldsymbol{A}^{\mathrm{H}}\boldsymbol{A})}=\sqrt{\mathrm{tr}(\boldsymbol{A}\boldsymbol{A}^{\mathrm{H}})}\tag{1.6.22}$$

一句话小结：作为一个性能指标，矩阵的迹反映所有特征值之和。

1.6.5 矩阵的秩

仅当 $n\times n$ 矩阵 $\boldsymbol{A}$ 存在逆矩阵 $\boldsymbol{A}^{-1}$ 时，矩阵方程 $\boldsymbol{A}\boldsymbol{x}=\boldsymbol{b}$ 有解 $\boldsymbol{x}=\boldsymbol{A}^{-1}\boldsymbol{b}$。逆矩阵 $\boldsymbol{A}^{-1}$ 存在，仅当行列式 $|\boldsymbol{A}|\neq 0$。因此，在求矩阵方程 $\boldsymbol{A}\boldsymbol{x}=\boldsymbol{b}$ 的解 $\boldsymbol{x}=\boldsymbol{A}^{-1}\boldsymbol{b}$ 时，需要事先确定行列式 $|\boldsymbol{A}|$ 是否等于零。一个 $n\times n$ 矩阵的行列式不等于零，当且仅当该矩阵的行或者列彼此线性无关。

上述讨论也可以推广到 $m\times n$ 矩阵 $\boldsymbol{A}$ 的情况：矩阵方程 $\boldsymbol{A}\boldsymbol{x}=\boldsymbol{b}$ 是否有解，取决于矩阵 $\boldsymbol{A}$ 的行或者列是否线性无关。此外，在讨论矩阵 $\boldsymbol{A}_{m\times n}$ 的一些重要性质时，线性无关的行和列也常常起着重要的作用。一个自然会问的问题是："一个给定的矩阵 $\boldsymbol{A}_{m\times n}$ 究竟有多少个线性无关的行向量和列向量？"在回答这个问题之前，首先让我们来考虑一个与之有关的问题"一组 p 维向量中最多能够有几个线性无关的向量？"

定理 1.6.1[444] 在 p 维 (行或列) 向量的集合之中，最多存在 p 个线性无关的 (行或列) 向量。

有了上述定理，即可回答"矩阵 $\boldsymbol{A}_{m\times n}$ 有多少个线性无关的行向量和列向量"这一重要问题。

定理 1.6.2[444] 矩阵 $\boldsymbol{A}_{m\times n}$ 的线性无关行数与线性无关列数相同。

从定理 1.6.2 出发，可以引出矩阵的秩的定义。

定义 1.6.4 矩阵 $\boldsymbol{A}_{m\times n}$ 的秩定义为该矩阵中线性无关的行或列的数目。

需要指出，矩阵的秩只是强调该矩阵的线性无关的行数和线性无关的列数，并没有给出这些线性无关的行和列所在位置的任何信息。

矩阵方程 $\boldsymbol{A}_{m\times n}\boldsymbol{x}_{n\times 1}=\boldsymbol{b}_{m\times 1}$ 称为一致方程 (consistent equation)，若它至少有一个 (精确) 解。无任何精确解存在的矩阵方程称为非一致方程 (inconsistent equation)。根据矩阵 $\boldsymbol{A}$ 的秩的大小，矩阵方程又可分为以下三种类型。

(1) *适定方程*：若 $m = n$，并且 $\text{rank}(\boldsymbol{A}) = n$，即矩阵 $\boldsymbol{A}$ 非奇异，则称矩阵方程 $\boldsymbol{Ax} = \boldsymbol{b}$ 为适定 (well-determined) 方程。

(2) *欠定方程*：若独立的方程个数小于独立的未知参数个数，则称矩阵方程 $\boldsymbol{Ax} = \boldsymbol{b}$ 为欠定 (under-determined) 方程。

(3) *超定方程*：若独立的方程个数大于独立的未知参数个数，则称矩阵方程 $\boldsymbol{Ax} = \boldsymbol{b}$ 为超定 (over-determined) 方程。

下面是术语“适定”、“欠定”和“超定”的含义。

适定的双层含义 方程组的解是唯一的；独立的方程个数与独立未知参数的个数相同，正好可以唯一地确定该方程组的解。适定方程 $\boldsymbol{Ax} = \boldsymbol{b}$ 的唯一解由 $\boldsymbol{x} = \boldsymbol{A}^{-1}\boldsymbol{b}$ 给出。适定方程为一致方程。

欠定的含义 独立的方程个数比独立的未知参数的个数少，意味着方程个数不足于确定方程组的唯一解。事实上，这样的方程组存在无穷多组解 $\boldsymbol{x}$。欠定方程为一致方程。

超定的含义 独立的方程个数超过独立的未知参数的个数，对于确定方程组的唯一解显得方程过剩。因此，超定方程 $\boldsymbol{Ax} = \boldsymbol{b}$ 没有使得方程组严格满足的精确解 $\boldsymbol{x}$。超定方程为非一致方程。

根据定义 1.6.4，秩 $\text{rank}(\boldsymbol{A}) = r_A$ 的矩阵 $\boldsymbol{A}$ 有 r_A 个线性无关的列向量。这 r_A 个线性无关的列向量的所有线性组合，便形成了一个向量空间，称为矩阵 $\boldsymbol{A}$ 的列空间、$\boldsymbol{A}$ 的值域 (range) 或 $\boldsymbol{A}$ 的流形，常记为 $\mathcal{R}(\boldsymbol{A})$。列空间 $\mathcal{R}(\boldsymbol{A})$ 具有维数 r_A。因此，矩阵的秩也可以利用矩阵的列空间的维数定义。

定义 1.6.5 矩阵 $\boldsymbol{A}_{m\times n}$ 的列空间 $\mathcal{R}(\boldsymbol{A})$ 或 $\text{Col}(\boldsymbol{A})$ 的维数定义为该矩阵的秩，即有

$$r_A = \dim[\mathcal{R}(\boldsymbol{A})] = \dim[\text{Col}(\boldsymbol{A})] \tag{1.6.23}$$

由此定义知，若矩阵 $\boldsymbol{A}$ 的秩为 r_A，则该矩阵的列空间 $\mathcal{R}(\boldsymbol{A})$ 是一个 r_A 维子空间。

关于矩阵 $\boldsymbol{A}$ 的秩的下列叙述等价，每一叙述在不同的场合有用。

(1) $\text{rank}(\boldsymbol{A}) = k$；

(2) 存在 $\boldsymbol{A}$ 的 k 列且不多于 k 列组成一线性无关组；

(3) 存在 $\boldsymbol{A}$ 的 k 行且不多于 k 行组成一线性无关组；

(4) 存在 $\boldsymbol{A}$ 的一个 $k\times k$ 子矩阵具有非零行列式，而且 $\boldsymbol{A}$ 的所有 $(k+1)\times(k+1)$ 子矩阵都具有零行列式；

(5) 列空间 $\mathcal{R}(\boldsymbol{A})$ 的维数等于 k；

(6) $k = n - \dim[\text{Null}(\boldsymbol{A})]$，其中，$\text{Null}(\boldsymbol{A})$ 表示矩阵 $\boldsymbol{A}$ 的零空间。

下面讨论矩阵秩的性质。由于这些性质与两个矩阵乘积的秩密切相关，有必要先讨论乘积矩阵的秩。

定理 1.6.3[444] 乘积矩阵 $\boldsymbol{AB}$ 的秩 $\text{rank}(\boldsymbol{AB})$ 满足不等式

$$\text{rank}(\boldsymbol{AB}) \leqslant \min\{\text{rank}(\boldsymbol{A}), \text{rank}(\boldsymbol{B})\} \tag{1.6.24}$$

引理 1.6.2 $m \times n$ 矩阵 $\boldsymbol{A}$ 左乘 $m \times m$ 非奇异矩阵 $\boldsymbol{P}$ 或者右乘 $n \times n$ 非奇异矩阵 $\boldsymbol{Q}$，将不改变 $\boldsymbol{A}$ 的秩。

证明 由于 $m \times m$ 矩阵 $\boldsymbol{P}$ 非奇异，即 $\text{rank}(\boldsymbol{P}) = m$，故 $\text{rank}(\boldsymbol{A}) \leqslant \text{rank}(\boldsymbol{P})$。令 $\boldsymbol{M} = \boldsymbol{PA}$，则根据定理 1.6.3 知 $\text{rank}(\boldsymbol{M}) \leqslant \text{rank}(\boldsymbol{A})$。另外，由 $\boldsymbol{A} = \boldsymbol{P}^{-1}\boldsymbol{M}$ 及定理 1.6.3 又有 $\text{rank}(\boldsymbol{A}) \leqslant \text{rank}(\boldsymbol{M})$。于是，$\text{rank}(\boldsymbol{A}) = \text{rank}(\boldsymbol{M}) = \text{rank}(\boldsymbol{PA})$。类似地，可以证明 $\text{rank}(\boldsymbol{A}) = \text{rank}(\boldsymbol{AQ})$。 ■

引理 1.6.3 $\text{rank}[\boldsymbol{A}, \boldsymbol{B}] \leqslant \text{rank}(\boldsymbol{A}) + \text{rank}(\boldsymbol{B})$。

引理 1.6.4 $\text{rank}(\boldsymbol{A} + \boldsymbol{B}) \leqslant \text{rank}[\boldsymbol{A}, \boldsymbol{B}] \leqslant \text{rank}(\boldsymbol{A}) + \text{rank}(\boldsymbol{B})$。

引理 1.6.5 对于 $m \times n$ 矩阵 $\boldsymbol{A}$ 和 $n \times q$ 矩阵 $\boldsymbol{B}$，秩不等式 $\text{rank}(\boldsymbol{AB}) \geqslant \text{rank}(\boldsymbol{A}) + \text{rank}(\boldsymbol{B}) - n$ 成立。

矩阵的秩具有以下性质、等式关系和不等式关系。

1. 秩的性质

(1) 秩是一个正整数。

(2) 秩等于或小于矩阵的行数或列数。

(3) 当 $n \times n$ 矩阵 $\boldsymbol{A}$ 的秩等于 n 时，则 $\boldsymbol{A}$ 是非奇异矩阵，或称 $\boldsymbol{A}$ 满秩 (full rank)。

(4) 如果 $\text{rank}(\boldsymbol{A}_{m \times n}) < \min\{m, n\}$，则称 $\boldsymbol{A}$ 是秩亏缺的 (rank deficient)。

(5) 若 $\text{rank}(\boldsymbol{A}_{m \times n}) = m\,(< n)$，则称矩阵 $\boldsymbol{A}$ 具有满行秩 (full row rank)。

(6) 若 $\text{rank}(\boldsymbol{A}_{m \times n}) = n\,(< m)$，则称矩阵 $\boldsymbol{A}$ 具有满列秩 (full column rank)。

(7) 任何矩阵 $\boldsymbol{A}$ 左乘满列秩矩阵或者右乘满行秩矩阵后，矩阵 $\boldsymbol{A}$ 的秩保持不变。

2. 关于秩的等式

(1) 若 $\boldsymbol{A} \in \mathbb{C}^{m \times n}$，则 $\text{rank}(\boldsymbol{A}^{\text{H}}) = \text{rank}(\boldsymbol{A}^{\text{T}}) = \text{rank}(\boldsymbol{A}^*) = \text{rank}(\boldsymbol{A})$。

(2) 若 $\boldsymbol{A} \in \mathbb{C}^{m \times n}$ 和 $c \neq 0$，则 $\text{rank}(c\boldsymbol{A}) = \text{rank}(\boldsymbol{A})$。

(3) 若 $\boldsymbol{A} \in \mathbb{C}^{m \times m}$ 和 $\boldsymbol{C} \in \mathbb{C}^{n \times n}$ 非奇异，则 $\text{rank}(\boldsymbol{AB}) = \text{rank}(\boldsymbol{B}) = \text{rank}(\boldsymbol{BC}) = \text{rank}(\boldsymbol{ABC})$，即矩阵 $\boldsymbol{B}$ 左乘与 (或) 右乘一个非奇异矩阵后，其秩保持不变。

(4) 如果 $\boldsymbol{A}, \boldsymbol{B} \in \mathbb{C}^{m \times n}$，则 $\text{rank}(\boldsymbol{A}) = \text{rank}(\boldsymbol{B})$，当且仅当存在非奇异矩阵 $\boldsymbol{X} \in \mathbb{C}^{m \times m}$ 和 $\boldsymbol{Y} \in \mathbb{C}^{n \times n}$ 使得 $\boldsymbol{B} = \boldsymbol{XAY}$。

(5) $\text{rank}(\boldsymbol{AA}^{\text{T}}) = \text{rank}(\boldsymbol{A}^{\text{T}}\boldsymbol{A}) = \text{rank}(\boldsymbol{A})$ 和 $\text{rank}(\boldsymbol{AA}^{\text{H}}) = \text{rank}(\boldsymbol{A}^{\text{H}}\boldsymbol{A}) = \text{rank}(\boldsymbol{A})$。

(6) 若 $\boldsymbol{A} \in \mathbb{C}^{m \times m}$，则 $\text{rank}(\boldsymbol{A}) = m \;\Leftrightarrow\; \det(\boldsymbol{A}) \neq 0 \;\Leftrightarrow\; \boldsymbol{A}$ 非奇异。

3. 关于秩的不等式

(1) 对于任意 $m \times n$ 矩阵 $\boldsymbol{A}$ 均有 $\text{rank}(\boldsymbol{A}) \leqslant \min\{m, n\}$。

(2) 若 $\boldsymbol{A}, \boldsymbol{B} \in \mathbb{C}^{m\times n}$，则 $\text{rank}(\boldsymbol{A}+\boldsymbol{B}) \leqslant \text{rank}(\boldsymbol{A}) + \text{rank}(\boldsymbol{B})$。

(3) 若 $\boldsymbol{A} \in \mathbb{C}^{m\times k}$ 和 $\boldsymbol{B} \in \mathbb{C}^{k\times n}$，则

$$\text{rank}(\boldsymbol{A}) + \text{rank}(\boldsymbol{B}) - k \leqslant \text{rank}(\boldsymbol{AB}) \leqslant \min\{\text{rank}(\boldsymbol{A}), \text{rank}(\boldsymbol{B})\}$$

特别地，对于幂等矩阵 $\boldsymbol{A}^2 = \boldsymbol{A}$，有[403] $\text{rank}(\boldsymbol{A}) = \text{tr}(\boldsymbol{A})$。

一句话小结：作为一个性能指标，矩阵的秩刻画矩阵行与行之间或者列与列之间的线性无关性，从而反映矩阵的满秩性和秩亏缺性。

以上分别介绍了矩阵的几种重要性能指标：二次型、行列式、特征值、迹和秩。表 1.6.1 总结了矩阵的这些标量性能指标以及它们所描述的矩阵性能。

表 1.6.1 矩阵的性能指标

性能指标	描述的矩阵性能
二次型	矩阵的正定性与负定性
行列式	矩阵的奇异性
特征值	矩阵的奇异性、正定性和对角元素的结构
迹	矩阵对角元素之和、特征值之和
秩	行 (或列) 之间的线性无关性；矩阵方程的适定性

1.7 逆矩阵与伪逆矩阵

矩阵求逆是一种经常遇到的重要运算。特别地，矩阵求逆引理在信号处理、系统科学、神经网络、自动控制等学科中经常用到。本节介绍正方满秩矩阵的逆矩阵和非正方满 (行或列) 秩矩阵的伪逆矩阵。至于一个非正方的秩亏缺矩阵的逆矩阵，将在 1.8 节专题讨论。

1.7.1 逆矩阵的定义与性质

一个 $n \times n$ 矩阵称为非奇异矩阵，若它具有 n 个线性无关的列向量和 n 个线性无关的行向量。非奇异矩阵也可以从线性系统的观点出发定义：一线性变换或正方矩阵 $\boldsymbol{A}$ 称为非奇异的，若它只对零输入产生零输出。否则，它是奇异的。如果一个矩阵非奇异，那么它必定存在逆矩阵。反之，一奇异矩阵肯定不存在逆矩阵。一个 $n \times n$ 的正方矩阵 $\boldsymbol{B}$ 满足 $\boldsymbol{BA} = \boldsymbol{AB} = \boldsymbol{I}$ 时，就称矩阵 $\boldsymbol{B}$ 是矩阵 $\boldsymbol{A}$ 的逆矩阵，记为 $\boldsymbol{A}^{-1}$。

若矩阵 $\boldsymbol{A} \in \mathbb{C}^{n\times n}$ 的逆矩阵存在，则称矩阵 $\boldsymbol{A}$ 是非奇异的或可逆的。关于矩阵的非奇异性或可逆性，下列叙述等价[238]：

(1) $\boldsymbol{A}$ 非奇异；

(2) $\boldsymbol{A}^{-1}$ 存在；

(3) $\text{rank}(\boldsymbol{A}) = n$；

(4) $\boldsymbol{A}$ 的行线性无关；

(5) $\boldsymbol{A}$ 的列线性无关；

(6) $\det(\boldsymbol{A}) \neq 0$；

(7) $\boldsymbol{A}$ 的值域的维数是 n；

(8) $\boldsymbol{A}$ 的零空间的维数是 0；

(9) $\boldsymbol{Ax} = \boldsymbol{b}$ 对每一个 $\boldsymbol{b} \in \mathbb{C}^n$ 都是一致方程；

(10) $\boldsymbol{Ax} = \boldsymbol{b}$ 对每一个 $\boldsymbol{b}$ 有唯一的解；

(11) $\boldsymbol{Ax} = \boldsymbol{0}$ 只有平凡解 $\boldsymbol{x} = \boldsymbol{0}$。

$n \times n$ 矩阵 $\boldsymbol{A}$ 的逆矩阵 $\boldsymbol{A}^{-1}$ 具有以下性质 [32, 238]：

(1) $\boldsymbol{A}^{-1}\boldsymbol{A} = \boldsymbol{A}\boldsymbol{A}^{-1} = \boldsymbol{I}$。

(2) $\boldsymbol{A}^{-1}$ 是唯一的。

(3) 逆矩阵的行列式等于原矩阵行列式的倒数，即 $|\boldsymbol{A}^{-1}| = \dfrac{1}{|\boldsymbol{A}|}$。

(4) 逆矩阵是非奇异的。

(5) $(\boldsymbol{A}^{-1})^{-1} = \boldsymbol{A}$。

(6) 复共轭转置矩阵的逆矩阵 $(\boldsymbol{A}^{\text{H}})^{-1} = (\boldsymbol{A}^{-1})^{\text{H}} = \boldsymbol{A}^{-\text{H}}$。

(7) 若 $\boldsymbol{A}^{\text{H}} = \boldsymbol{A}$，则 $(\boldsymbol{A}^{-1})^{\text{H}} = \boldsymbol{A}^{-1}$。

(8) $(\boldsymbol{A}^*)^{-1} = (\boldsymbol{A}^{-1})^*$。

(9) 若 $\boldsymbol{A}$ 和 $\boldsymbol{B}$ 均可逆，则 $(\boldsymbol{AB})^{-1} = \boldsymbol{B}^{-1}\boldsymbol{A}^{-1}$。

(10) 若 $\boldsymbol{A} = \text{diag}(a_1, \cdots, a_m)$ 为对角矩阵，则其逆矩阵

$$\boldsymbol{A}^{-1} = \text{diag}(a_1^{-1}, \cdots, a_m^{-1})$$

(11) 若 $\boldsymbol{A}$ 非奇异，则有 $\boldsymbol{A}$ 为正交矩阵 $\Leftrightarrow \boldsymbol{A}^{-1} = \boldsymbol{A}^{\text{T}}$ 和 $\boldsymbol{A}$ 为酉矩阵 $\Leftrightarrow \boldsymbol{A}^{-1} = \boldsymbol{A}^{\text{H}}$。

下面证明性质 (1),(2),(9)，其他性质的证明留给读者作为练习。

证明 性质 (1) 的证明：假定 $\boldsymbol{A}^{-1}\boldsymbol{A} = \boldsymbol{I}$，并且存在另外一个矩阵 $\boldsymbol{P}$ 满足 $\boldsymbol{AP} = \boldsymbol{I}$。于是，左乘逆矩阵 $\boldsymbol{A}^{-1}$ 后，得 $\boldsymbol{A}^{-1}\boldsymbol{AP} = \boldsymbol{A}^{-1}$。由于 $\boldsymbol{A}^{-1}\boldsymbol{A} = \boldsymbol{I}$，故有 $\boldsymbol{P} = \boldsymbol{A}^{-1}$。因此有 $\boldsymbol{A}^{-1}\boldsymbol{A} = \boldsymbol{A}\boldsymbol{A}^{-1} = \boldsymbol{I}$。

性质 (2) 的证明：令 $\boldsymbol{P}$ 是矩阵 $\boldsymbol{A}$ 的另一个逆矩阵。在 (1) 的证明中，已经证明满足 $\boldsymbol{AP} = \boldsymbol{I}$ 的矩阵 $\boldsymbol{P} = \boldsymbol{A}^{-1}$。下面证明满足 $\boldsymbol{PA} = \boldsymbol{I}$ 的矩阵为 $\boldsymbol{P} = \boldsymbol{A}^{-1}$。在 $\boldsymbol{PA} = \boldsymbol{I}$ 两边右乘 $\boldsymbol{A}^{-1}$，得 $\boldsymbol{PAA}^{-1} = \boldsymbol{A}^{-1}$。由于 $\boldsymbol{AA}^{-1} = \boldsymbol{I}$，故立即有 $\boldsymbol{P} = \boldsymbol{A}^{-1}$。因此，同时满足 $\boldsymbol{PA} = \boldsymbol{AP} = \boldsymbol{I}$ 的矩阵 $\boldsymbol{P} = \boldsymbol{A}^{-1}$，即 $\boldsymbol{A}$ 的逆矩阵 $\boldsymbol{A}^{-1}$ 是唯一的。

性质 (9) 的证明：假定矩阵 $\boldsymbol{A}$ 和 $\boldsymbol{B}$ 是两个可逆的正方矩阵。易知

$$\boldsymbol{B}^{-1}\boldsymbol{A}^{-1}\boldsymbol{AB} = \boldsymbol{B}^{-1}\boldsymbol{B} = \boldsymbol{I} \quad \text{和} \quad \boldsymbol{ABB}^{-1}\boldsymbol{A}^{-1} = \boldsymbol{AA}^{-1} = \boldsymbol{I}$$

因此，$\boldsymbol{B}^{-1}\boldsymbol{A}^{-1}$ 是矩阵 $\boldsymbol{AB}$ 的逆矩阵，即 $(\boldsymbol{AB})^{-1} = \boldsymbol{B}^{-1}\boldsymbol{A}^{-1}$。 ■

1.7.2 矩阵求逆引理

引理 1.7.1 (Sherman-Morrison 公式) 令 $\boldsymbol{A}$ 是一个 $n\times n$ 的可逆矩阵，并且 $\boldsymbol{x}$ 和 $\boldsymbol{y}$ 是两个 $n\times 1$ 向量，使得 $(\boldsymbol{A}+\boldsymbol{x}\boldsymbol{y}^{\mathrm{H}})$ 可逆，则

$$(\boldsymbol{A}+\boldsymbol{x}\boldsymbol{y}^{\mathrm{H}})^{-1}=\boldsymbol{A}^{-1}-\frac{\boldsymbol{A}^{-1}\boldsymbol{x}\boldsymbol{y}^{\mathrm{H}}\boldsymbol{A}^{-1}}{1+\boldsymbol{y}^{\mathrm{H}}\boldsymbol{A}^{-1}\boldsymbol{x}} \tag{1.7.1}$$

证明 由于

$$\boldsymbol{A}+\boldsymbol{x}\boldsymbol{y}^{\mathrm{H}}=\boldsymbol{A}(\boldsymbol{I}+\boldsymbol{A}^{-1}\boldsymbol{x}\boldsymbol{y}^{\mathrm{H}})$$

故有

$$(\boldsymbol{A}+\boldsymbol{x}\boldsymbol{y}^{\mathrm{H}})^{-1}=(\boldsymbol{I}+\boldsymbol{A}^{-1}\boldsymbol{x}\boldsymbol{y}^{\mathrm{H}})^{-1}\boldsymbol{A}^{-1} \tag{1}$$

若 $(\boldsymbol{I}+\boldsymbol{B})$ 可逆，并且 $\boldsymbol{B}\neq\boldsymbol{I}$，则 $(\boldsymbol{I}+\boldsymbol{B})^{-1}=\boldsymbol{I}-\boldsymbol{B}+\boldsymbol{B}^2-\boldsymbol{B}^3+\cdots$。将这一公式代入式 (1) 中的 $(\boldsymbol{I}+\boldsymbol{A}^{-1}\boldsymbol{x}\boldsymbol{y}^{\mathrm{H}})^{-1}$，立即有

$$\begin{aligned}(\boldsymbol{I}+\boldsymbol{A}^{-1}\boldsymbol{x}\boldsymbol{y}^{\mathrm{H}})^{-1}&=\boldsymbol{I}-\boldsymbol{A}^{-1}\boldsymbol{x}\boldsymbol{y}^{\mathrm{H}}+(\boldsymbol{A}^{-1}\boldsymbol{x}\boldsymbol{y}^{\mathrm{H}})^2-(\boldsymbol{A}^{-1}\boldsymbol{x}\boldsymbol{y}^{\mathrm{H}})^3+\cdots\\&=\boldsymbol{I}-\boldsymbol{A}^{-1}\boldsymbol{x}\boldsymbol{y}^{\mathrm{H}}+\boldsymbol{A}^{-1}\boldsymbol{x}\boldsymbol{y}^{\mathrm{H}}\boldsymbol{A}^{-1}\boldsymbol{x}\boldsymbol{y}^{\mathrm{H}}-\cdots\end{aligned} \tag{2}$$

将式 (2) 代入式 (1)，易知

$$\begin{aligned}(\boldsymbol{A}+\boldsymbol{x}\boldsymbol{y}^{\mathrm{H}})^{-1}&=\boldsymbol{A}^{-1}-\boldsymbol{A}^{-1}\boldsymbol{x}\boldsymbol{y}^{\mathrm{H}}\boldsymbol{A}^{-1}+\boldsymbol{A}^{-1}\boldsymbol{x}(\boldsymbol{y}^{\mathrm{H}}\boldsymbol{A}^{-1}\boldsymbol{x})\boldsymbol{y}^{\mathrm{H}}\boldsymbol{A}^{-1}-\cdots\\&=\boldsymbol{A}^{-1}-\boldsymbol{A}^{-1}\boldsymbol{x}\boldsymbol{y}^{\mathrm{H}}\boldsymbol{A}^{-1}[1-(\boldsymbol{y}^{\mathrm{H}}\boldsymbol{A}^{-1}\boldsymbol{x})+(\boldsymbol{y}^{\mathrm{H}}\boldsymbol{A}^{-1}\boldsymbol{x})^2-\cdots]\end{aligned} \tag{3}$$

由矩阵 $(\boldsymbol{I}+\boldsymbol{A}^{-1}\boldsymbol{x}\boldsymbol{y}^{\mathrm{H}})$ 的可逆性知，标量 $\boldsymbol{y}^{\mathrm{H}}\boldsymbol{A}^{-1}\boldsymbol{x}\neq-1$，从而有

$$1-(\boldsymbol{y}^{\mathrm{H}}\boldsymbol{A}^{-1}\boldsymbol{x})+(\boldsymbol{y}^{\mathrm{H}}\boldsymbol{A}^{-1}\boldsymbol{x})^2-\cdots=\frac{1}{1+\boldsymbol{y}^{\mathrm{H}}\boldsymbol{A}^{-1}\boldsymbol{x}}$$

将上式代入到式 (3) 的中括号项，立即得式 (1.7.1)。 ■

引理 1.7.1 称为矩阵求逆引理，是 Sherman 与 Morrison[450, 451] 于 1949 年和 1950 年得到的。

矩阵求逆引理可以推广为矩阵之和的求逆公式

$$\begin{aligned}(\boldsymbol{A}+\boldsymbol{U}\boldsymbol{B}\boldsymbol{V})^{-1}&=\boldsymbol{A}^{-1}-\boldsymbol{A}^{-1}\boldsymbol{U}\boldsymbol{B}(\boldsymbol{B}+\boldsymbol{B}\boldsymbol{V}\boldsymbol{A}^{-1}\boldsymbol{U}\boldsymbol{B})^{-1}\boldsymbol{B}\boldsymbol{V}\boldsymbol{A}^{-1}\\&=\boldsymbol{A}^{-1}-\boldsymbol{A}^{-1}\boldsymbol{U}(\boldsymbol{I}+\boldsymbol{B}\boldsymbol{V}\boldsymbol{A}^{-1}\boldsymbol{U})^{-1}\boldsymbol{B}\boldsymbol{V}\boldsymbol{A}^{-1}\end{aligned} \tag{1.7.2}$$

或者

$$(\boldsymbol{A}-\boldsymbol{U}\boldsymbol{V})^{-1}=\boldsymbol{A}^{-1}+\boldsymbol{A}^{-1}\boldsymbol{U}(\boldsymbol{I}-\boldsymbol{V}\boldsymbol{A}^{-1}\boldsymbol{U})^{-1}\boldsymbol{V}\boldsymbol{A}^{-1} \tag{1.7.3}$$

这一公式是 Woodbury 于 1950 年得到的[517]，也称 Woodbury 公式。矩阵 $\boldsymbol{I}-\boldsymbol{V}\boldsymbol{A}^{-1}\boldsymbol{U}$ 有时称为容量矩阵 (capacitance matrix)。

当 $\boldsymbol{U}=\boldsymbol{u}$, $\boldsymbol{B}=b$ 和 $\boldsymbol{V}=\boldsymbol{v}^{\mathrm{H}}$ 时，Woodbury 公式给出结果

$$(\boldsymbol{A}+b\boldsymbol{u}\boldsymbol{v}^{\mathrm{H}})^{-1}=\boldsymbol{A}^{-1}-\frac{b}{1+b\boldsymbol{v}^{\mathrm{H}}\boldsymbol{A}^{-1}\boldsymbol{u}}\boldsymbol{A}^{-1}\boldsymbol{u}\boldsymbol{v}^{\mathrm{H}}\boldsymbol{A}^{-1} \tag{1.7.4}$$

特别地，若 $b=1$，则式 (1.7.4) 简化为 Sherman 与 Morrison 的矩阵求逆引理公式 (1.7.1)。

事实上，在 Woodbury 得到求逆公式 (1.7.2) 之前，Duncan [150] 和 Guttman [211] 就已经分别于 1944 年和 1946 年得到了下面的求逆公式

$$(\boldsymbol{A}-\boldsymbol{U}\boldsymbol{D}^{-1}\boldsymbol{V})^{-1}=\boldsymbol{A}^{-1}+\boldsymbol{A}^{-1}\boldsymbol{U}(\boldsymbol{D}-\boldsymbol{V}\boldsymbol{A}^{-1}\boldsymbol{U})^{-1}\boldsymbol{V}\boldsymbol{A}^{-1} \tag{1.7.5}$$

这一公式也被称为 Duncan-Guttman 求逆公式 [406, 407]。

除了 Woodbury 公式之外，矩阵之和的逆矩阵还有下面的形式 [225]

$$(\boldsymbol{A}+\boldsymbol{U}\boldsymbol{B}\boldsymbol{V})^{-1}=\boldsymbol{A}^{-1}-\boldsymbol{A}^{-1}(\boldsymbol{I}+\boldsymbol{U}\boldsymbol{B}\boldsymbol{V}\boldsymbol{A}^{-1})^{-1}\boldsymbol{U}\boldsymbol{B}\boldsymbol{V}\boldsymbol{A}^{-1} \tag{1.7.6}$$

$$=\boldsymbol{A}^{-1}-\boldsymbol{A}^{-1}\boldsymbol{U}\boldsymbol{B}(\boldsymbol{I}+\boldsymbol{V}\boldsymbol{A}^{-1}\boldsymbol{U}\boldsymbol{B})^{-1}\boldsymbol{V}\boldsymbol{A}^{-1} \tag{1.7.7}$$

$$=\boldsymbol{A}^{-1}-\boldsymbol{A}^{-1}\boldsymbol{U}\boldsymbol{B}\boldsymbol{V}(\boldsymbol{I}+\boldsymbol{A}^{-1}\boldsymbol{U}\boldsymbol{B}\boldsymbol{V})^{-1}\boldsymbol{A}^{-1} \tag{1.7.8}$$

$$=\boldsymbol{A}^{-1}-\boldsymbol{A}^{-1}\boldsymbol{U}\boldsymbol{B}\boldsymbol{V}\boldsymbol{A}^{-1}(\boldsymbol{I}+\boldsymbol{U}\boldsymbol{B}\boldsymbol{V}\boldsymbol{A}^{-1})^{-1} \tag{1.7.9}$$

下面是分块矩阵的几种求逆公式。

(1) 矩阵 $\boldsymbol{A}$ 可逆时 [28]

$$\begin{bmatrix}\boldsymbol{A} & \boldsymbol{U}\\ \boldsymbol{V} & \boldsymbol{D}\end{bmatrix}^{-1}=\begin{bmatrix}\boldsymbol{A}^{-1}+\boldsymbol{A}^{-1}\boldsymbol{U}(\boldsymbol{D}-\boldsymbol{V}\boldsymbol{A}^{-1}\boldsymbol{U})^{-1}\boldsymbol{V}\boldsymbol{A}^{-1} & -\boldsymbol{A}^{-1}\boldsymbol{U}(\boldsymbol{D}-\boldsymbol{V}\boldsymbol{A}^{-1}\boldsymbol{U})^{-1}\\ -(\boldsymbol{D}-\boldsymbol{V}\boldsymbol{A}^{-1}\boldsymbol{U})^{-1}\boldsymbol{V}\boldsymbol{A}^{-1} & (\boldsymbol{D}-\boldsymbol{V}\boldsymbol{A}^{-1}\boldsymbol{U})^{-1}\end{bmatrix} \tag{1.7.10}$$

(2) 矩阵 $\boldsymbol{A}$ 和 $\boldsymbol{D}$ 可逆时 [241, 242]

$$\begin{bmatrix}\boldsymbol{A} & \boldsymbol{U}\\ \boldsymbol{V} & \boldsymbol{D}\end{bmatrix}^{-1}=\begin{bmatrix}(\boldsymbol{A}-\boldsymbol{U}\boldsymbol{D}^{-1}\boldsymbol{V})^{-1} & -\boldsymbol{A}^{-1}\boldsymbol{U}(\boldsymbol{D}-\boldsymbol{V}\boldsymbol{A}^{-1}\boldsymbol{U})^{-1}\\ -\boldsymbol{D}^{-1}\boldsymbol{V}(\boldsymbol{A}-\boldsymbol{U}\boldsymbol{D}^{-1}\boldsymbol{V})^{-1} & (\boldsymbol{D}-\boldsymbol{V}\boldsymbol{A}^{-1}\boldsymbol{U})^{-1}\end{bmatrix} \tag{1.7.11}$$

(3) 矩阵 $\boldsymbol{A}$ 和 $\boldsymbol{D}$ 可逆时 [150]

$$\begin{bmatrix}\boldsymbol{A} & \boldsymbol{U}\\ \boldsymbol{V} & \boldsymbol{D}\end{bmatrix}^{-1}=\begin{bmatrix}(\boldsymbol{A}-\boldsymbol{U}\boldsymbol{D}^{-1}\boldsymbol{V})^{-1} & -(\boldsymbol{A}-\boldsymbol{U}\boldsymbol{D}^{-1}\boldsymbol{V})^{-1}\boldsymbol{U}\boldsymbol{D}^{-1}\\ -(\boldsymbol{D}-\boldsymbol{V}\boldsymbol{A}^{-1}\boldsymbol{U})^{-1}\boldsymbol{V}\boldsymbol{A}^{-1} & (\boldsymbol{D}-\boldsymbol{V}\boldsymbol{A}^{-1}\boldsymbol{U})^{-1}\end{bmatrix} \tag{1.7.12}$$

或者 [14, p.138]

$$\begin{bmatrix}\boldsymbol{A} & \boldsymbol{U}\\ \boldsymbol{V} & \boldsymbol{D}\end{bmatrix}^{-1}=\begin{bmatrix}(\boldsymbol{A}-\boldsymbol{U}\boldsymbol{D}^{-1}\boldsymbol{V})^{-1} & -(\boldsymbol{V}-\boldsymbol{D}\boldsymbol{U}^{-1}\boldsymbol{A})^{-1}\\ (\boldsymbol{U}-\boldsymbol{A}\boldsymbol{V}^{-1}\boldsymbol{D})^{-1} & (\boldsymbol{D}-\boldsymbol{V}\boldsymbol{A}^{-1}\boldsymbol{U})^{-1}\end{bmatrix} \tag{1.7.13}$$

利用逆矩阵的定义，不难分别验证增广矩阵求逆和分块矩阵求逆的正确性，留给读者作练习。矩阵求逆在信号处理、神经网络、自动控制和系统理论等中具有广泛的应用。

下面介绍 Woodbury 公式的两个典型应用。

令 $\boldsymbol{J}_n$ 是一个 $n\times n$ 矩阵，其元素全部为 1，则由于 $n\times n$ 矩阵 (其中，$a\neq b$)

$$\boldsymbol{V}=\begin{bmatrix}a & b & \cdots & b\\ b & a & \cdots & b\\ \vdots & \vdots & \ddots & \vdots\\ b & b & \cdots & a\end{bmatrix}=[(a-b)\boldsymbol{I}_n+b\boldsymbol{J}_n]=(a-b)\left(\boldsymbol{I}_n+\frac{b}{a-b}\boldsymbol{J}_n\right) \tag{1.7.14}$$

故由 $\boldsymbol{J}_n = \mathbf{1}\mathbf{1}^{\mathrm{T}}$ (其中 $\mathbf{1}$ 是全部元素为 1 的向量)，可求得逆矩阵

$$\boldsymbol{V}^{-1} = \frac{1}{a-b}\left(\boldsymbol{I}_n + \frac{b}{a-b}\boldsymbol{J}_n\right)^{-1} = \frac{1}{a-b}\left[\boldsymbol{I}_n - \frac{b}{a+(n-1)b}\boldsymbol{J}_n\right] \tag{1.7.15}$$

假定 $\boldsymbol{A},\boldsymbol{U},\boldsymbol{V}$ 均为 $n\times n$ 矩阵，则利用式 (1.7.3)，可以得到求解矩阵方程 $(\boldsymbol{A}-\boldsymbol{U}\boldsymbol{V})\boldsymbol{x} = \boldsymbol{b}$ 的方法如下 [212]：

(1) 求解矩阵方程 $\boldsymbol{A}\boldsymbol{y} = \boldsymbol{b}$ 得到 $\boldsymbol{y}$。

(2) 通过求解矩阵方程 $\boldsymbol{A}\boldsymbol{w}_i = \boldsymbol{u}_i$ 得到 $\boldsymbol{w}_i$，其中 $\boldsymbol{u}_i$ 是矩阵 $\boldsymbol{U}$ 的第 i 列；然后构造矩阵 $\boldsymbol{W} = [\boldsymbol{w}_1,\cdots,\boldsymbol{w}_n]$，此即 $\boldsymbol{W} = \boldsymbol{A}^{-1}\boldsymbol{U}$ 的结果。

(3) 构造矩阵 $\boldsymbol{C} = \boldsymbol{I} - \boldsymbol{V}\boldsymbol{W}$ 和向量 $\boldsymbol{V}\boldsymbol{y}$，并求解线性方程 $\boldsymbol{C}\boldsymbol{z} = \boldsymbol{V}\boldsymbol{y}$，得到 $\boldsymbol{z}$。

(4) 矩阵方程 $(\boldsymbol{A}-\boldsymbol{U}\boldsymbol{V})\boldsymbol{x} = \boldsymbol{b}$ 的解由 $\boldsymbol{x} = \boldsymbol{y} + \boldsymbol{W}\boldsymbol{z}$ 给出。

顺便指出，上述方法的所有四个步骤都只需要矩阵的初等变换和基本运算，并不需要直接计算逆矩阵。

最后介绍 Hermitian 矩阵的求逆引理。令 Hermitian 矩阵的分块形式为

$$\boldsymbol{R}_{m+1} = \begin{bmatrix} \boldsymbol{R}_m & \boldsymbol{r}_m \\ \boldsymbol{r}_m^{\mathrm{H}} & \rho_m \end{bmatrix} \tag{1.7.16}$$

下面考虑使用 $\boldsymbol{R}_m^{-1}$ 递推 $\boldsymbol{R}_{m+1}^{-1}$。为此，令

$$\boldsymbol{Q}_{m+1} = \begin{bmatrix} \boldsymbol{Q}_m & \boldsymbol{q}_m \\ \boldsymbol{q}_m^{\mathrm{H}} & \alpha_m \end{bmatrix} \tag{1.7.17}$$

于是

$$\boldsymbol{R}_{m+1}\boldsymbol{Q}_{m+1} = \begin{bmatrix} \boldsymbol{R}_m & \boldsymbol{r}_m \\ \boldsymbol{r}_m^{\mathrm{H}} & \rho_m \end{bmatrix}\begin{bmatrix} \boldsymbol{Q}_m & \boldsymbol{q}_m \\ \boldsymbol{q}_m^{\mathrm{H}} & \alpha_m \end{bmatrix} = \begin{bmatrix} \boldsymbol{I}_m & \mathbf{0}_m \\ \mathbf{0}_m^{\mathrm{H}} & 1 \end{bmatrix} \tag{1.7.18}$$

由此可以导出下面四个方程式

$$\boldsymbol{R}_m\boldsymbol{Q}_m + \boldsymbol{r}_m\boldsymbol{q}_m^{\mathrm{H}} = \boldsymbol{I}_m \tag{1.7.19}$$

$$\boldsymbol{r}_m^{\mathrm{H}}\boldsymbol{Q}_m + \rho_m\boldsymbol{q}_m^{\mathrm{H}} = \mathbf{0}_m^{\mathrm{H}} \tag{1.7.20}$$

$$\boldsymbol{R}_m\boldsymbol{q}_m + \boldsymbol{r}_m\alpha_m = \mathbf{0}_m \tag{1.7.21}$$

$$\boldsymbol{r}_m^{\mathrm{H}}\boldsymbol{q}_m + \rho_m\alpha_m = 1 \tag{1.7.22}$$

若 $\boldsymbol{R}_m$ 可逆，则由式 (1.7.21) 有

$$\boldsymbol{q}_m = -\alpha_m\boldsymbol{R}_m^{-1}\boldsymbol{r}_m \tag{1.7.23}$$

此结果代入式 (1.7.22) 后，即有

$$\alpha_m = \frac{1}{\rho_m - \boldsymbol{r}_m^{\mathrm{H}}\boldsymbol{R}_m^{-1}\boldsymbol{r}_m} \tag{1.7.24}$$

将式 (1.7.24) 代入式 (1.7.23)，又可以求得

$$\boldsymbol{q}_m = \frac{-\boldsymbol{R}_m^{-1}\boldsymbol{r}_m}{\rho_m - \boldsymbol{r}_b^{\mathrm{H}}\boldsymbol{R}_m^{-1}\boldsymbol{r}_m} \tag{1.7.25}$$

若将式 (1.7.25) 代入式 (1.7.19)，则

$$\boldsymbol{Q}_m = \boldsymbol{R}_m^{-1} - \boldsymbol{R}_m^{-1}\boldsymbol{r}_m\boldsymbol{q}_m^{\mathrm{H}} = \boldsymbol{R}_m^{-1} + \frac{\boldsymbol{R}_m^{-1}\boldsymbol{r}_m(\boldsymbol{R}_m^{-1}\boldsymbol{r}_m)^{\mathrm{H}}}{\rho_m - \boldsymbol{r}_m^{\mathrm{H}}\boldsymbol{R}_m^{-1}\boldsymbol{r}_m} \tag{1.7.26}$$

为了简化式 (1.7.24) ~ 式 (1.7.26)，不妨令

$$\boldsymbol{b}_m \stackrel{\mathrm{def}}{=} [b_0^{(m)}, b_1^{(m)}, \cdots, b_{m-1}^{(m)}]^{\mathrm{T}} = -\boldsymbol{R}_m^{-1}\boldsymbol{r}_m \tag{1.7.27}$$

$$\beta_m \stackrel{\mathrm{def}}{=} \rho_m - \boldsymbol{r}_m^{\mathrm{H}}\boldsymbol{R}_m^{-1}\boldsymbol{r}_m = \rho_m + \boldsymbol{r}_m^{\mathrm{H}}\boldsymbol{b}_m \tag{1.7.28}$$

这样一来，式 (1.7.24) ~ 式 (1.7.26) 即可依次简化为

$$\alpha_m = \frac{1}{\beta_m}$$

$$\boldsymbol{q}_m = \frac{1}{\beta_m}\boldsymbol{b}_m$$

$$\boldsymbol{Q}_m = \boldsymbol{R}_m^{-1} + \frac{1}{\beta_m}\boldsymbol{b}_m\boldsymbol{b}_m^{\mathrm{H}}$$

将它们代入式 (1.7.18)，即得

$$\boldsymbol{R}_{m+1}^{-1} = \boldsymbol{Q}_{m+1} = \begin{bmatrix} \boldsymbol{R}_m^{-1} & \boldsymbol{0}_m \\ \boldsymbol{0}_m^{\mathrm{H}} & 0 \end{bmatrix} + \frac{1}{\beta_m}\begin{bmatrix} \boldsymbol{b}_m\boldsymbol{b}_m^{\mathrm{H}} & \boldsymbol{b}_m \\ \boldsymbol{b}_m^{\mathrm{H}} & 1 \end{bmatrix} \tag{1.7.29}$$

这一由 $\boldsymbol{R}_m^{-1}$ 求 $\boldsymbol{R}_{m+1}^{-1}$ 的秩 1 修正公式称为 Hermitian 矩阵的分块求逆引理 [371]。

1.7.3 左逆矩阵与右逆矩阵

从广义的角度讲，任何一个矩阵 $\boldsymbol{G}$ 都可以称为矩阵$\boldsymbol{A}$ 的逆矩阵，若它与矩阵 $\boldsymbol{A}$ 的乘积等于单位矩阵 $\boldsymbol{I}$，即 $\boldsymbol{GA} = \boldsymbol{I}$。根据矩阵 $\boldsymbol{A}$ 本身的特点，满足这一定义的矩阵 $\boldsymbol{G}$ 存在以下三种可能的答案：

(1) 在某些情况下，$\boldsymbol{G}$ 存在，并且唯一；

(2) 在另一些情况下，$\boldsymbol{G}$ 存在，但不唯一；

(3) 在有些情况下，$\boldsymbol{G}$ 不存在。

例 1.7.1 考虑以下三个矩阵

$$\boldsymbol{A}_1 = \begin{bmatrix} 2 & -2 & -1 \\ 1 & 1 & -2 \\ 1 & 0 & -1 \end{bmatrix}, \quad \boldsymbol{A}_2 = \begin{bmatrix} 4 & 8 \\ 5 & -7 \\ -2 & 3 \end{bmatrix}, \quad \boldsymbol{A}_3 = \begin{bmatrix} 1 & 3 & 1 \\ 2 & 5 & 1 \end{bmatrix}$$

对矩阵 $\boldsymbol{A}_1$，存在唯一矩阵

$$\boldsymbol{G} = \begin{bmatrix} -1 & -2 & 5 \\ -1 & -1 & 3 \\ -1 & -2 & 4 \end{bmatrix}$$

不仅使得 $\boldsymbol{GA}_1 = \boldsymbol{I}_{3\times 3}$，而且使得 $\boldsymbol{A}_1\boldsymbol{G} = \boldsymbol{I}_{3\times 3}$。此时，矩阵 $\boldsymbol{G}$ 实际就是矩阵 $\boldsymbol{A}_1$ 的逆矩阵，即 $\boldsymbol{G} = \boldsymbol{A}_1^{-1}$。

在矩阵 $\boldsymbol{A}_2$ 的情况下，存在多个 2×3 矩阵 $\boldsymbol{L}$ 使得 $\boldsymbol{L}\boldsymbol{A}_2=\boldsymbol{I}_{2\times 2}$，如

$$\boldsymbol{L}=\begin{bmatrix}\frac{7}{68} & \frac{2}{17} & 0\\ 0 & 2 & 5\end{bmatrix},\quad \boldsymbol{L}=\begin{bmatrix}0 & 3 & 7\\ 0 & 2 & 5\end{bmatrix},\cdots$$

对矩阵 $\boldsymbol{A}_3$，没有任何 3×2 矩阵使得 $\boldsymbol{G}_3\boldsymbol{A}_3=\boldsymbol{I}_{3\times 3}$，但存在多个 3×2 矩阵 $\boldsymbol{R}$，使得 $\boldsymbol{A}_3\boldsymbol{R}=\boldsymbol{I}_{2\times 2}$，例如

$$\boldsymbol{R}=\begin{bmatrix}1 & 1\\ -1 & 0\\ 3 & -1\end{bmatrix},\quad \boldsymbol{R}=\begin{bmatrix}-1 & 1\\ 0 & 0\\ 2 & -1\end{bmatrix},\cdots$$

总结以上讨论知，除了满足 $\boldsymbol{A}\boldsymbol{A}^{-1}=\boldsymbol{A}^{-1}\boldsymbol{A}=\boldsymbol{I}$ 的逆矩阵 $\boldsymbol{A}^{-1}$ 外，还存在两种其他形式的逆矩阵，它们只满足 $\boldsymbol{L}\boldsymbol{A}=\boldsymbol{I}$ 或 $\boldsymbol{A}\boldsymbol{R}=\boldsymbol{I}$。

定义 1.7.1 [444] 满足 $\boldsymbol{L}\boldsymbol{A}=\boldsymbol{I}$，但不满足 $\boldsymbol{A}\boldsymbol{L}=\boldsymbol{I}$ 的矩阵 $\boldsymbol{L}$ 称为矩阵 $\boldsymbol{A}$ 的左逆矩阵 (left inverse)。类似地，满足 $\boldsymbol{A}\boldsymbol{R}=\boldsymbol{I}$，但不满足 $\boldsymbol{R}\boldsymbol{A}=\boldsymbol{I}$ 的矩阵称为矩阵 $\boldsymbol{A}$ 的右逆矩阵 (right inverse)。

(1) 仅当 $m\geqslant n$ 时，矩阵 $\boldsymbol{A}\in\mathbb{C}^{m\times n}$ 可能有左逆矩阵。

(2) 仅当 $m\leqslant n$ 时，矩阵 $\boldsymbol{A}\in\mathbb{C}^{m\times n}$ 可能有右逆矩阵。

如例 1.7.1 所示，对于给定的 $m\times n$ 矩阵 $\boldsymbol{A}$，当 $m>n$ 时，可能存在多个 $n\times m$ 矩阵 $\boldsymbol{L}$ 使得 $\boldsymbol{L}\boldsymbol{A}=\boldsymbol{I}_n$；而当 $m<n$ 时，则可能有多个 $n\times m$ 矩阵 $\boldsymbol{R}$ 满足 $\boldsymbol{A}\boldsymbol{R}=\boldsymbol{I}_m$，即一个矩阵 $\boldsymbol{A}$ 的左逆矩阵或者右逆矩阵往往非唯一。下面考虑左和右逆矩阵的唯一解。

考察 $m>n$ 并且 $\boldsymbol{A}$ 具有满列秩 ($\text{rank}\,\boldsymbol{A}=n$) 的情况。此时，$n\times n$ 矩阵 $\boldsymbol{A}^{\text{H}}\boldsymbol{A}$ 是可逆的。容易验证

$$\boldsymbol{L}=(\boldsymbol{A}^{\text{H}}\boldsymbol{A})^{-1}\boldsymbol{A}^{\text{H}} \tag{1.7.30}$$

满足左逆矩阵的定义 $\boldsymbol{L}\boldsymbol{A}=\boldsymbol{I}$。这种左逆矩阵是唯一确定的，常称为左伪逆矩阵 (left pseudo inverse)。

再考察 $m<n$ 并且 $\boldsymbol{A}$ 具有满行秩 ($\text{rank}\,\boldsymbol{A}=m$) 的情况。此时，$m\times m$ 矩阵 $\boldsymbol{A}\boldsymbol{A}^{\text{H}}$ 是可逆的。定义

$$\boldsymbol{R}=\boldsymbol{A}^{\text{H}}(\boldsymbol{A}\boldsymbol{A}^{\text{H}})^{-1} \tag{1.7.31}$$

不难验证，它满足右逆矩阵的定义 $\boldsymbol{A}\boldsymbol{R}=\boldsymbol{I}$。这一特殊的右逆矩阵也是唯一确定的，常称为右伪逆矩阵 (right pseudo inverse)。

左伪逆矩阵与超定方程的最小二乘解密切相关，而右伪逆矩阵则与欠定方程的最小二乘最小范数解密切联系在一起。

下面是左伪逆矩阵与右伪逆矩阵的阶数递推 [544]。

考虑 $n\times m$ 矩阵 $\boldsymbol{F}_m$ (其中 $n>m$)，并设 $\boldsymbol{F}_m^{\dagger}=(\boldsymbol{F}_m^{\text{H}}\boldsymbol{F}_m)^{-1}\boldsymbol{F}_m^{\text{H}}$ 是 $\boldsymbol{F}_m$ 的左伪逆矩阵。令 $\boldsymbol{F}_m=[\boldsymbol{F}_{m-1},\boldsymbol{f}_m]$，其中 $\boldsymbol{f}_m$ 是矩阵 $\boldsymbol{F}_m$ 的第 m 列，且 $\text{rank}(\boldsymbol{F}_m)=m$，则计算 $\boldsymbol{F}_m^{\dagger}$ 的递推公式由

$$\boldsymbol{F}_m^{\dagger}=\begin{bmatrix}\boldsymbol{F}_{m-1}^{\dagger}-\boldsymbol{F}_{m-1}^{\dagger}\boldsymbol{f}_m\boldsymbol{e}_m^{\text{H}}\Delta_m^{-1}\\ \boldsymbol{e}_m^{\text{H}}\Delta_m^{-1}\end{bmatrix} \tag{1.7.32}$$

给出，式中 $\boldsymbol{e}_m=[\boldsymbol{I}_n-\boldsymbol{F}_{m-1}\boldsymbol{F}_{m-1}^{\dagger}]\boldsymbol{f}_m$ 及 $\Delta_m^{-1}=[\boldsymbol{f}_m^{\mathrm{H}}e_m]^{-1}$；且初始值为 $\boldsymbol{F}_1^{\dagger}=\boldsymbol{f}_1^{\mathrm{H}}/(\boldsymbol{f}_1^{\mathrm{H}}\boldsymbol{f}_1)$。

对于矩阵 $\boldsymbol{F}_m\in\mathbb{C}^{n\times m}$，其中 $n<m$，若记 $\boldsymbol{F}_m=[\boldsymbol{F}_{m-1},\ \boldsymbol{f}_m]$，则右伪逆矩阵 $\boldsymbol{F}_m^{\dagger}=\boldsymbol{F}_m^{\mathrm{H}}(\boldsymbol{F}_m\boldsymbol{F}_m^{\mathrm{H}})^{-1}$ 具有以下递推公式

$$\boldsymbol{F}_m^{\dagger}=\begin{bmatrix}\boldsymbol{F}_{m-1}^{\dagger}-\boldsymbol{\Delta}_m\boldsymbol{F}_{m-1}^{\dagger}\boldsymbol{f}_m\boldsymbol{c}_m\\ \boldsymbol{\Delta}_m\boldsymbol{c}_m^{\mathrm{H}}\end{bmatrix}\tag{1.7.33}$$

式中，$\boldsymbol{c}_m^{\mathrm{H}}=\boldsymbol{f}_m^{\mathrm{H}}(\boldsymbol{I}_n-\boldsymbol{F}_{m-1}\boldsymbol{F}_{m-1}^{\dagger})$，$\boldsymbol{\Delta}_m=\boldsymbol{c}_m^{\mathrm{H}}f_m$。递推的初始值为 $\boldsymbol{F}_1^{\dagger}=\boldsymbol{f}_1^{\mathrm{H}}/(\boldsymbol{f}_1^{\mathrm{H}}\boldsymbol{f}_1)$。

1.8 Moore-Penrose 逆矩阵

在 1.7 节，我们分别讨论了非奇异的正方矩阵 $\boldsymbol{A}$ 的逆矩阵 $\boldsymbol{A}^{-1}$，以及 $m\times n\,(m\neq n)$ 长方形满列秩矩阵的左伪逆矩阵 $(\boldsymbol{A}^{\mathrm{H}}\boldsymbol{A})^{-1}\boldsymbol{A}^{\mathrm{H}}$ 和满行秩矩阵的右伪逆矩阵 $\boldsymbol{A}^{\mathrm{H}}(\boldsymbol{A}\boldsymbol{A}^{\mathrm{H}})^{-1}$。那么，一个秩亏缺的矩阵是否存在逆矩阵？这个逆矩阵又应该满足什么样的条件？

1.8.1 Moore-Penrose 逆矩阵的定义与性质

考虑一个 $m\times n$ 维的秩亏缺矩阵 $\boldsymbol{A}$，其中 m 和 n 之间的大小不论，但秩 $\mathrm{rank}(\boldsymbol{A})=k<\min\{m,n\}$。$m\times n$ 秩亏缺矩阵的逆矩阵称为广义逆矩阵，它是一个 $n\times m$ 矩阵。令 $\boldsymbol{A}^{-}$ 表示 $\boldsymbol{A}$ 的广义逆矩阵。

由矩阵秩的性质 $\mathrm{rank}(\boldsymbol{AB})\leqslant\min\{\mathrm{rank}(\boldsymbol{A}),\mathrm{rank}(\boldsymbol{B})\}$ 知，无论 $\boldsymbol{A}\boldsymbol{A}^{-}=\boldsymbol{I}_{m\times m}$ 还是 $\boldsymbol{A}^{-}\boldsymbol{A}=\boldsymbol{I}_{n\times n}$ 都不可能成立，因为 $m\times m$ 矩阵 $\boldsymbol{A}\boldsymbol{A}^{-}$ 和 $n\times n$ 矩阵 $\boldsymbol{A}^{-}\boldsymbol{A}$ 都是秩亏缺矩阵，它们的秩的最大值为 $\mathrm{rank}(\boldsymbol{A})=k$，小于 $\min\{m,n\}$。

既然两个矩阵的乘积 $\boldsymbol{A}\boldsymbol{A}^{-}\neq\boldsymbol{I}_{m\times m}$ 和 $\boldsymbol{A}^{-}\boldsymbol{A}\neq\boldsymbol{I}_{n\times n}$，那么就有必要使用三个矩阵的乘积定义一个秩亏缺矩阵 $\boldsymbol{A}$ 的逆矩阵。

考虑线性矩阵方程 $\boldsymbol{Ax}=\boldsymbol{y}$ 的求解。矩阵方程两边左乘 $\boldsymbol{A}\boldsymbol{A}^{-}$，则有 $\boldsymbol{A}\boldsymbol{A}^{-}\boldsymbol{A}\boldsymbol{x}=\boldsymbol{A}\boldsymbol{A}^{-}\boldsymbol{y}$。若 $\boldsymbol{A}^{-}$ 是矩阵 $\boldsymbol{A}$ 的广义逆矩阵，则 $\boldsymbol{Ax}=\boldsymbol{y}\Rightarrow\boldsymbol{x}=\boldsymbol{A}^{-}\boldsymbol{y}$。将 $\boldsymbol{x}=\boldsymbol{A}^{-}\boldsymbol{y}$ 代入 $\boldsymbol{A}\boldsymbol{A}^{-}\boldsymbol{A}\boldsymbol{x}=\boldsymbol{A}\boldsymbol{A}^{-}\boldsymbol{y}$，立即得 $\boldsymbol{A}\boldsymbol{A}^{-}\boldsymbol{A}\boldsymbol{x}=\boldsymbol{A}\boldsymbol{x}$。由于此式对任意非零向量 $\boldsymbol{x}$ 均应该成立，因此要求下列约束条件必须满足

$$\boldsymbol{A}\boldsymbol{A}^{-}\boldsymbol{A}=\boldsymbol{A}\tag{1.8.1}$$

满足条件 $\boldsymbol{A}\boldsymbol{A}^{-}\boldsymbol{A}=\boldsymbol{A}$ 的矩阵 $\boldsymbol{A}^{-}$ 称为 $\boldsymbol{A}$ 的广义逆矩阵，其维数为 $n\times m$。遗憾的是，这样定义的广义逆矩阵不是唯一的，存在明显的缺陷。

定义 $\boldsymbol{A}\boldsymbol{A}^{-}\boldsymbol{A}=\boldsymbol{A}$ 只能保证 $\boldsymbol{A}^{-}$ 是矩阵 $\boldsymbol{A}$ 的广义逆矩阵，但并不能反过来保证 $\boldsymbol{A}$ 也是 $\boldsymbol{A}^{-}$ 的广义逆矩阵，而矩阵 $\boldsymbol{A}$ 和 $\boldsymbol{A}^{-}$ 本来应该是互为逆矩阵。这就是定义公式 $\boldsymbol{A}\boldsymbol{A}^{-}\boldsymbol{A}=\boldsymbol{A}$ 非唯一确定和存在明显缺陷的主要原因之一。

为了保证广义逆矩阵的唯一定义，至少必须增加 $\boldsymbol{A}$ 也是 $\boldsymbol{A}^{-}$ 的广义逆矩阵的约束条件。不妨用符号 $\boldsymbol{A}^{\dagger}$ 表示矩阵 $\boldsymbol{A}$ 可能存在的唯一定义的广义逆矩阵。

考虑原矩阵方程 $\boldsymbol{Ax}=\boldsymbol{y}$ 的解方程 $\boldsymbol{x}=\boldsymbol{A}^{\dagger}\boldsymbol{y}$ 的求解：已知广义逆矩阵 $\boldsymbol{A}^{\dagger}$ 和向量 $\boldsymbol{x}$，求 $\boldsymbol{y}$。解方程 $\boldsymbol{x}=\boldsymbol{A}^{\dagger}\boldsymbol{y}$ 两边左乘 $\boldsymbol{A}^{\dagger}\boldsymbol{A}$，得 $\boldsymbol{A}^{\dagger}\boldsymbol{Ax}=\boldsymbol{A}^{\dagger}\boldsymbol{AA}^{\dagger}\boldsymbol{y}$。由于矩阵 $\boldsymbol{A}$ 是 $\boldsymbol{A}^{\dagger}$ 的广义逆矩阵，故 $\boldsymbol{x}=\boldsymbol{A}^{\dagger}\boldsymbol{y}\Rightarrow\boldsymbol{Ax}=\boldsymbol{y}$。将 $\boldsymbol{Ax}=\boldsymbol{y}$ 代入 $\boldsymbol{A}^{\dagger}\boldsymbol{Ax}=\boldsymbol{A}^{\dagger}\boldsymbol{AA}^{\dagger}\boldsymbol{y}$ 中，立即知 $\boldsymbol{A}^{\dagger}\boldsymbol{y}=\boldsymbol{A}^{\dagger}\boldsymbol{AA}^{\dagger}\boldsymbol{y}$ 对任意非零向量 $\boldsymbol{y}$ 都应该成立，故

$$\boldsymbol{A}^{\dagger}\boldsymbol{AA}^{\dagger}=\boldsymbol{A}^{\dagger} \tag{1.8.2}$$

也必须满足。

可见，若 $\boldsymbol{A}^{\dagger}$ 是秩亏缺矩阵 $\boldsymbol{A}$ 的广义逆矩阵，则式 (1.8.1) 和式 (1.8.2) 所示的两个条件必须同时满足。然而，仅有 $m\times n$ 矩阵 $\boldsymbol{A}$ 与 $n\times m$ 广义逆矩阵 $\boldsymbol{A}^{\dagger}$ 之间的三矩阵乘积之间的约束仍然是不够的，还必须考虑对这两个矩阵的乘积作出相应的约束。

如果 $m\times n$ 矩阵 $\boldsymbol{A}$ 是满列秩或者满行秩时，我们当然希望广义逆矩阵 $\boldsymbol{A}^{\dagger}$ 能够包括左和右伪逆矩阵作为特例在内。虽然 $m\times n$ 满列秩矩阵 $\boldsymbol{A}$ 的左伪逆矩阵 $\boldsymbol{L}=(\boldsymbol{A}^{\mathrm{H}}\boldsymbol{A})^{-1}\boldsymbol{A}^{\mathrm{H}}$ 满足 $\boldsymbol{LA}=\boldsymbol{I}_{n\times n}$，不存在 $\boldsymbol{AL}=\boldsymbol{I}_{m\times m}$，但是 $\boldsymbol{AL}=\boldsymbol{A}(\boldsymbol{A}^{\mathrm{H}}\boldsymbol{A})^{-1}\boldsymbol{A}^{\mathrm{H}}=(\boldsymbol{AL})^{\mathrm{H}}$ 是一个复共轭对称矩阵。无独有偶，右伪逆矩阵 $\boldsymbol{R}=\boldsymbol{A}^{\mathrm{H}}(\boldsymbol{AA}^{\mathrm{H}})^{-1}$ 虽然只满足 $\boldsymbol{AR}=\boldsymbol{I}_{m\times m}$，但乘积矩阵 $\boldsymbol{RA}=\boldsymbol{A}^{\mathrm{H}}(\boldsymbol{AA}^{\mathrm{H}})^{-1}\boldsymbol{A}=(\boldsymbol{RA})^{\mathrm{H}}$ 也是一个复共轭对称矩阵。因此，$m\times n$ 秩亏缺矩阵 $\boldsymbol{A}$ 的 $n\times m$ 广义逆矩阵 $\boldsymbol{A}^{\dagger}$ 之间的乘积 $\boldsymbol{AA}^{\dagger}$ 和 $\boldsymbol{A}^{\dagger}\boldsymbol{A}$ 虽然不可能分别等于单位矩阵 $\boldsymbol{I}_{m\times m}$ 和 $\boldsymbol{I}_{n\times n}$，但应该满足下述两个复共轭对称条件

$$\boldsymbol{AA}^{\dagger}=(\boldsymbol{AA}^{\dagger})^{\mathrm{H}},\quad \boldsymbol{A}^{\dagger}\boldsymbol{A}=(\boldsymbol{A}^{\dagger}\boldsymbol{A})^{\mathrm{H}} \tag{1.8.3}$$

综合式 (1.8.1) ~ 式 (1.8.3) 所示四个条件，可以引出下面的定义。

定义 1.8.1[402] 令 $\boldsymbol{A}$ 是任意 $m\times n$ 矩阵，称矩阵 $\boldsymbol{A}^{\dagger}$ 是 $\boldsymbol{A}$ 的广义逆矩阵，若 $\boldsymbol{A}^{\dagger}$ 满足以下四个条件 (常称 Moore-Penrose 条件)：

(1) $\boldsymbol{AA}^{\dagger}\boldsymbol{A}=\boldsymbol{A}$；

(2) $\boldsymbol{A}^{\dagger}\boldsymbol{AA}^{\dagger}=\boldsymbol{A}^{\dagger}$；

(3) $\boldsymbol{AA}^{\dagger}$ 为 Hermitian 矩阵，即 $\boldsymbol{AA}^{\dagger}=(\boldsymbol{AA}^{\dagger})^{\mathrm{H}}$；

(4) $\boldsymbol{A}^{\dagger}\boldsymbol{A}$ 为 Hermitian 矩阵，即 $\boldsymbol{A}^{\dagger}\boldsymbol{A}=(\boldsymbol{A}^{\dagger}\boldsymbol{A})^{\mathrm{H}}$。

注释 1 Moore[351] 于 1935 年从投影角度出发，证明了 $m\times n$ 矩阵 $\boldsymbol{A}$ 的广义逆矩阵 $\boldsymbol{A}^{\dagger}$ 必须满足两个条件，但这两个条件不方便使用。20 年后，Penrose 于 1955 年提出了定义广义逆矩阵的以上四个条件[402]。1956 年，Rado [422] 证明了 Penrose 的四条件与 Moore 的两个条件等价。于是，人们后来便将广义逆矩阵需要满足的四个条件习惯称为 Moore-Penrose 条件，并将这种广义逆矩阵称为 Moore-Penrose 逆矩阵。

注释 2 特别地，Moore-Penrose 条件 (1) 是 $\boldsymbol{A}$ 的广义逆矩阵 $\boldsymbol{A}^{\dagger}$ 必须满足的条件；而条件 (2) 则是 $\boldsymbol{A}^{\dagger}$ 的广义逆矩阵 $\boldsymbol{A}$ 必须满足的条件。

根据满足的 Moore-Penrose 四个条件的多少，可以对广义逆矩阵进行分类[189]：

① 满足全部四个条件的矩阵 $\boldsymbol{A}^{\dagger}$ 称为 $\boldsymbol{A}$ 的 Moore-Penrose 逆矩阵。

② 只满足条件 (1) 和 (2) 的矩阵 $\boldsymbol{G}=\boldsymbol{A}^{\dagger}$ 称为 $\boldsymbol{A}$ 的自反广义逆矩阵。

③ 满足条件 (1),(2) 和 (3) 的矩阵 $\boldsymbol{A}^{\dagger}$ 称为 $\boldsymbol{A}$ 的正规化广义逆矩阵。

④ 满足条件 (1),(2) 和 (4) 的矩阵 $\boldsymbol{A}^{\dagger}$ 称为 $\boldsymbol{A}$ 的弱广义逆矩阵。

容易验证，逆矩阵和上节介绍的各种广义逆矩阵都是 Moore-Penrose 逆矩阵的特例：

(1) $n\times n$ 正方非奇异矩阵 $\boldsymbol{A}_{n\times n}$ 的逆矩阵 $\boldsymbol{A}^{-1}$ 满足 Moore-Penrose 逆矩阵的所有四个条件。

(2) $m\times n$ 矩阵 $\boldsymbol{A}_{m\times n}$ ($m>n$) 的左伪逆矩阵 $(\boldsymbol{A}^{\mathrm{H}}\boldsymbol{A})^{-1}\boldsymbol{A}^{\mathrm{H}}$ 满足 Moore-Penrose 逆矩阵的全部四个条件。

(3) $m\times n$ 矩阵 $\boldsymbol{A}_{m\times n}$ ($m<n$) 的右伪逆矩阵 $\boldsymbol{A}^{\mathrm{H}}(\boldsymbol{A}\boldsymbol{A}^{\mathrm{H}})^{-1}$ 也满足 Moore-Penrose 逆矩阵的所有四个条件。

(4) 满足 $\boldsymbol{L}\boldsymbol{A}_{m\times n}=\boldsymbol{I}_n$ 的一般左逆矩阵 $\boldsymbol{L}_{n\times m}$ 是满足 Moore-Penrose 条件 (1), (2), (4) 的弱广义逆矩阵。

(5) 满足 $\boldsymbol{A}\boldsymbol{R}=\boldsymbol{I}_m$ 的一般右逆矩阵是满足 Moore-Penrose 条件 (1), (2), (3) 的正规化广义逆矩阵。

与逆矩阵 $\boldsymbol{A}^{-1}$、左伪逆矩阵 $(\boldsymbol{A}^{\mathrm{H}}\boldsymbol{A})^{-1}\boldsymbol{A}^{\mathrm{H}}$ 和右伪逆矩阵 $\boldsymbol{A}^{\mathrm{H}}(\boldsymbol{A}\boldsymbol{A}^{\mathrm{H}})^{-1}$ 均是唯一确定的一样，Moore-Penrose 逆矩阵也是唯一定义的。

任意一个 $m\times n$ 矩阵 $\boldsymbol{A}$ 的 Moore-Penrose 逆矩阵都可以由 [52]

$$\boldsymbol{A}^{\dagger}=(\boldsymbol{A}^{\mathrm{H}}\boldsymbol{A})^{\dagger}\boldsymbol{A}^{\mathrm{H}}\qquad (\text{若 } m\geqslant n) \tag{1.8.4}$$

或者 [202]

$$\boldsymbol{A}^{\dagger}=\boldsymbol{A}^{\mathrm{H}}(\boldsymbol{A}\boldsymbol{A}^{\mathrm{H}})^{\dagger}\qquad (\text{若 } m\leqslant n) \tag{1.8.5}$$

确定。将以上公式代入定义 1.8.1，可以验证 $\boldsymbol{A}^{\dagger}=(\boldsymbol{A}^{\mathrm{H}}\boldsymbol{A})^{\dagger}\boldsymbol{A}^{\mathrm{H}}$ 和 $\boldsymbol{A}^{\dagger}=\boldsymbol{A}^{\mathrm{H}}(\boldsymbol{A}\boldsymbol{A}^{\mathrm{H}})^{\dagger}$ 分别满足 Moore-Penrose 逆矩阵的四个条件。

综合以上讨论以及文献 [324, 328, 417, 419, 424]，可以将 Moore-Penrose 逆矩阵 $\boldsymbol{A}^{\dagger}$ 具有的性质汇总如下。

(1) Moore-Penrose 逆矩阵 $\boldsymbol{A}^{\dagger}$ 是唯一的。

(2) 矩阵共轭转置的 Moore-Penrose 逆矩阵 $(\boldsymbol{A}^{\mathrm{H}})^{\dagger}=(\boldsymbol{A}^{\dagger})^{\mathrm{H}}=\boldsymbol{A}^{\dagger\mathrm{H}}=\boldsymbol{A}^{\mathrm{H}\dagger}$。

(3) Moore-Penrose 逆矩阵的广义逆矩阵等于原矩阵，即 $(\boldsymbol{A}^{\dagger})^{\dagger}=\boldsymbol{A}$。

(4) 若 $c\neq 0$，则 $(c\boldsymbol{A})^{\dagger}=\dfrac{1}{c}\boldsymbol{A}^{\dagger}$。

(5) 若 $\boldsymbol{D}=\mathrm{diag}(d_{11},\cdots,d_{nn})$ 为 $n\times n$ 对角矩阵，则 $\boldsymbol{D}^{\dagger}=\mathrm{diag}(d_{11}^{\dagger},\cdots,d_{nn}^{\dagger})$，其中，$d_{ii}^{\dagger}=d_{ii}^{-1}$ (若 $d_{ii}\neq 0$) 或者 $d_{ii}^{\dagger}=0$ (若 $d_{ii}=0$)。

(6) 零矩阵 $\boldsymbol{O}_{m\times n}$ 的广义逆矩阵为 $n\times m$ 零矩阵，即有 $\boldsymbol{O}_{m\times n}^{\dagger}=\boldsymbol{O}_{n\times m}$。

(7) 向量 $\boldsymbol{x}$ 的 Moore-Penrose 逆矩阵为 $\boldsymbol{x}^{\dagger}=(\boldsymbol{x}^{\mathrm{H}}\boldsymbol{x})^{-1}\boldsymbol{x}^{\mathrm{H}}$。

(8) 任意矩阵 $\boldsymbol{A}_{m\times n}$ 的 Moore-Penrose 逆矩阵都可以由 $\boldsymbol{A}^{\dagger}=(\boldsymbol{A}^{\mathrm{H}}\boldsymbol{A})^{\dagger}\boldsymbol{A}^{\mathrm{H}}$ 或 $\boldsymbol{A}^{\dagger}=\boldsymbol{A}^{\mathrm{H}}(\boldsymbol{A}\boldsymbol{A}^{\mathrm{H}})^{\dagger}$ 确定。特别地，满秩矩阵的 Moore-Penrose 逆矩阵如下：

① 若 $\boldsymbol{A}$ 满列秩，则 $\boldsymbol{A}^{\dagger}=(\boldsymbol{A}^{\mathrm{H}}\boldsymbol{A})^{-1}\boldsymbol{A}^{\mathrm{H}}$，即满列秩矩阵 $\boldsymbol{A}$ 的 Moore-Penrose 逆矩阵退化为 $\boldsymbol{A}$ 的左伪逆矩阵。

② 若 $\boldsymbol{A}$ 满行秩，则 $\boldsymbol{A}^{\dagger}=\boldsymbol{A}^{\mathrm{H}}(\boldsymbol{A}\boldsymbol{A}^{\mathrm{H}})^{-1}$，即满行秩矩阵 $\boldsymbol{A}$ 的 Moore-Penrose 逆矩阵退化为 $\boldsymbol{A}$ 的右伪逆矩阵。

③ 若 $\boldsymbol{A}$ 为非奇异的正方矩阵，则 $\boldsymbol{A}^{\dagger}=\boldsymbol{A}^{-1}$，即非奇异矩阵 $\boldsymbol{A}$ 的 Moore-Penrose 逆矩阵退化为 $\boldsymbol{A}$ 的逆矩阵。

(9) 对矩阵 $\boldsymbol{A}_{m\times n}$，虽然 $\boldsymbol{A}\boldsymbol{A}^{\dagger}\neq\boldsymbol{I}_m,\boldsymbol{A}^{\dagger}\boldsymbol{A}\neq\boldsymbol{I}_n,\boldsymbol{A}^{\mathrm{H}}(\boldsymbol{A}^{\mathrm{H}})^{\dagger}\neq\boldsymbol{I}_n$ 和 $(\boldsymbol{A}^{\mathrm{H}})^{\dagger}\boldsymbol{A}^{\mathrm{H}}\neq\boldsymbol{I}_m$，但下列结果为真：

① $\boldsymbol{A}^{\dagger}\boldsymbol{A}\boldsymbol{A}^{\mathrm{H}}=\boldsymbol{A}^{\mathrm{H}}$ 和 $\boldsymbol{A}^{\mathrm{H}}\boldsymbol{A}\boldsymbol{A}^{\dagger}=\boldsymbol{A}^{\mathrm{H}}$

② $\boldsymbol{A}\boldsymbol{A}^{\dagger}(\boldsymbol{A}^{\dagger})^{\mathrm{H}}=(\boldsymbol{A}^{\dagger})^{\mathrm{H}}$ 和 $(\boldsymbol{A}^{\mathrm{H}})^{\dagger}\boldsymbol{A}^{\dagger}\boldsymbol{A}=(\boldsymbol{A}^{\dagger})^{\mathrm{H}}$

③ $(\boldsymbol{A}^{\mathrm{H}})^{\dagger}\boldsymbol{A}\boldsymbol{A}=\boldsymbol{A}$ 和 $\boldsymbol{A}\boldsymbol{A}^{\mathrm{H}}(\boldsymbol{A}^{\mathrm{H}})^{\dagger}=\boldsymbol{A}$

④ $\boldsymbol{A}^{\mathrm{H}}(\boldsymbol{A}^{\dagger})^{\mathrm{H}}\boldsymbol{A}^{\dagger}=\boldsymbol{A}^{\dagger}$ 和 $\boldsymbol{A}^{\dagger}(\boldsymbol{A}^{\dagger})^{\mathrm{H}}\boldsymbol{A}^{\mathrm{H}}=\boldsymbol{A}^{\dagger}$

(10) 若 $\boldsymbol{A}=\boldsymbol{B}\boldsymbol{C}$，并且 $\boldsymbol{B}$ 满列秩，$\boldsymbol{C}$ 满行秩，则

$$\boldsymbol{A}^{\dagger}=\boldsymbol{C}^{\dagger}\boldsymbol{B}^{\dagger}=\boldsymbol{C}^{\mathrm{H}}(\boldsymbol{C}\boldsymbol{C}^{\mathrm{H}})^{-1}(\boldsymbol{B}^{\mathrm{H}}\boldsymbol{B})^{-1}\boldsymbol{B}^{\mathrm{H}}$$

(11) 若 $\boldsymbol{A}^{\mathrm{H}}=\boldsymbol{A}$，并且 $\boldsymbol{A}^2=\boldsymbol{A}$，则 $\boldsymbol{A}^{\dagger}=\boldsymbol{A}$。

(12) $(\boldsymbol{A}\boldsymbol{A}^{\mathrm{H}})^{\dagger}=(\boldsymbol{A}^{\dagger})^{\mathrm{H}}\boldsymbol{A}^{\dagger}$ 和 $(\boldsymbol{A}\boldsymbol{A}^{\mathrm{H}})^{\dagger}(\boldsymbol{A}\boldsymbol{A}^{\mathrm{H}})=\boldsymbol{A}\boldsymbol{A}^{\dagger}$。

(13) 若矩阵 $\boldsymbol{A}_i$ 相互正交，即 $\boldsymbol{A}_i^{\mathrm{H}}\boldsymbol{A}_j=\boldsymbol{O},\ i\neq j$，则 $(\boldsymbol{A}_1+\cdots+\boldsymbol{A}_m)^{\dagger}=\boldsymbol{A}_1^{\dagger}+\cdots+\boldsymbol{A}_m^{\dagger}$。

(14) 关于广义逆矩阵的秩，有 $\mathrm{rank}(\boldsymbol{A}^{\dagger})=\mathrm{rank}(\boldsymbol{A})=\mathrm{rank}(\boldsymbol{A}^{\mathrm{H}})=\mathrm{rank}(\boldsymbol{A}^{\dagger}\boldsymbol{A})=\mathrm{rank}(\boldsymbol{A}\boldsymbol{A}^{\dagger})=\mathrm{rank}(\boldsymbol{A}\boldsymbol{A}^{\dagger}\boldsymbol{A})=\mathrm{rank}(\boldsymbol{A}^{\dagger}\boldsymbol{A}\boldsymbol{A}^{\dagger})$。

1.8.2 Moore-Penrose 逆矩阵的计算

假定 $m\times n$ 矩阵 $\boldsymbol{A}$ 的秩为 r，其中，$r\leqslant\min(m,n)$。下面介绍求 Moore-Penrose 逆矩阵 $\boldsymbol{A}^{\dagger}$ 的四种方法。

1. 方程求解法

Penrose[402] 在定义广义逆矩阵 $\boldsymbol{A}^{\dagger}$ 时，提出了计算 $\boldsymbol{A}^{\dagger}$ 的两步法如下。

第一步：求解矩阵方程 $\boldsymbol{A}\boldsymbol{A}^{\mathrm{H}}\boldsymbol{X}^{\mathrm{H}}=\boldsymbol{A}$ 和 $\boldsymbol{A}^{\mathrm{H}}\boldsymbol{A}\boldsymbol{Y}=\boldsymbol{A}^{\mathrm{H}}$，分别得到 $\boldsymbol{X}^{\mathrm{H}}$ 和 $\boldsymbol{Y}$。

第二步：计算广义逆矩阵 $\boldsymbol{A}^{\dagger}=\boldsymbol{X}\boldsymbol{A}\boldsymbol{Y}$。

以下是计算 Moore-Penrose 逆矩阵的两种方程求解法[202]。

算法 1.8.1 *方程求解法 1*

步骤 1 计算矩阵 $\boldsymbol{B}=\boldsymbol{A}\boldsymbol{A}^{\mathrm{H}}$。

步骤 2 求解矩阵方程 $\boldsymbol{B}^2\boldsymbol{X}^{\mathrm{H}} = \boldsymbol{B}$ 得到矩阵 $\boldsymbol{X}^{\mathrm{H}}$。

步骤 3 计算 $\boldsymbol{B}$ 的 Moore-Penrose 逆矩阵 $\boldsymbol{B}^{\dagger} = (\boldsymbol{A}\boldsymbol{A}^{\mathrm{H}})^{\dagger} = \boldsymbol{X}\boldsymbol{B}\boldsymbol{X}^{\mathrm{H}}$。

步骤 4 计算矩阵 $\boldsymbol{A}$ 的 Moore-Penrose 逆矩阵 $\boldsymbol{A}^{\dagger} = \boldsymbol{A}^{\mathrm{H}}(\boldsymbol{A}\boldsymbol{A}^{\mathrm{H}})^{\dagger} = \boldsymbol{A}^{\mathrm{H}}\boldsymbol{B}^{\dagger}$。

算法 1.8.2 *方程求解法 2*

步骤 1 计算矩阵 $\boldsymbol{B} = \boldsymbol{A}^{\mathrm{H}}\boldsymbol{A}$。

步骤 2 求解矩阵方程 $\boldsymbol{B}^2\boldsymbol{X}^{\mathrm{H}} = \boldsymbol{B}$ 得到矩阵 $\boldsymbol{X}^{\mathrm{H}}$。

步骤 3 计算 $\boldsymbol{B}$ 的 Moore-Penrose 逆矩阵 $\boldsymbol{B}^{\dagger} = (\boldsymbol{A}^{\mathrm{H}}\boldsymbol{A})^{\dagger} = \boldsymbol{X}\boldsymbol{B}\boldsymbol{X}^{\mathrm{H}}$。

步骤 4 计算矩阵 $\boldsymbol{A}$ 的 Moore-Penrose 逆矩阵 $\boldsymbol{A}^{\dagger} = (\boldsymbol{A}^{\mathrm{H}}\boldsymbol{A})^{\dagger}\boldsymbol{A}^{\mathrm{H}} = \boldsymbol{B}^{\dagger}\boldsymbol{A}^{\mathrm{H}}$。

若矩阵 $\boldsymbol{A}_{m\times n}$ 的列数大于行数，则矩阵乘积 $\boldsymbol{A}\boldsymbol{A}^{\mathrm{H}}$ 的维数比 $\boldsymbol{A}^{\mathrm{H}}\boldsymbol{A}$ 的维数小，故选择算法 1.8.1 可花费较少的计算量。反之，若 $\boldsymbol{A}$ 的行数大于列数，则选择算法 1.8.2。

2. *满秩分解法*

令秩亏缺矩阵 $\boldsymbol{A}_{m\times n}$ 具有秩 $r < \min\{m, n\}$。若 $\boldsymbol{A} = \boldsymbol{F}\boldsymbol{G}$，其中，$\boldsymbol{F}_{m\times r}$ 的秩为 r (满列秩矩阵)，且 $\boldsymbol{G}_{r\times n}$ 的秩也为 r (满行秩矩阵)，则称 $\boldsymbol{A} = \boldsymbol{F}\boldsymbol{G}$ 为矩阵 $\boldsymbol{A}$ 的满秩分解 (full-rank decomposition)。

问题是，任意一个矩阵都存在满秩分解吗？下面的命题给出了这个问题的肯定答案。

命题 1.8.1 [444] 一个秩为 r 的 $m \times n$ 矩阵 $\boldsymbol{A}$ 可以分解为

$$\boldsymbol{A} = \boldsymbol{F}_{m\times r}\boldsymbol{G}_{r\times n} \tag{1.8.6}$$

式中，$\boldsymbol{F}$ 和 $\boldsymbol{G}$ 分别具有满列秩和满行秩。

若 $\boldsymbol{A} = \boldsymbol{F}\boldsymbol{G}$ 是矩阵 $\boldsymbol{A}_{m\times n}$ 的满秩分解，则

$$\boldsymbol{A}^{\dagger} = \boldsymbol{G}^{\dagger}\boldsymbol{F}^{\dagger} = \boldsymbol{G}^{\mathrm{H}}(\boldsymbol{G}\boldsymbol{G}^{\mathrm{H}})^{-1}(\boldsymbol{F}^{\mathrm{H}}\boldsymbol{F})^{-1}\boldsymbol{F}^{\mathrm{H}} \tag{1.8.7}$$

满足定义 1.8.1 中的四个条件，故 $n \times m$ 矩阵 $\boldsymbol{A}^{\dagger}$ 是 $\boldsymbol{A}_{m\times n}$ 的 Moore-Penrose 逆矩阵。

初等行变换很容易求出一个秩亏缺矩阵 $\boldsymbol{A} \in \mathbb{C}^{m\times n}$ 的满秩分解[410]

(1) 使用初等行变换将矩阵 $\boldsymbol{A}$ 变成行简约阶梯型。

(2) 按照 $\boldsymbol{A}$ 的主元列的顺序组成满列秩矩阵 $\boldsymbol{F}$ 的列向量。

(3) 按照行简约阶梯型的非零行的顺序组成满行秩矩阵 $\boldsymbol{G}$ 的行向量。最后，满秩分解为 $\boldsymbol{A} = \boldsymbol{F}\boldsymbol{G}$。

在例 1.2.1 中，我们通过初等行变换，得到了 3×5 矩阵

$$\boldsymbol{A} = \begin{bmatrix} -3 & 6 & -1 & 1 & -7 \\ 1 & -2 & 2 & 3 & -1 \\ 2 & -4 & 5 & 8 & -4 \end{bmatrix}$$

的简约阶梯型

$$\begin{bmatrix} 1 & -2 & 0 & -1 & 3 \\ 0 & 0 & 1 & 2 & -2 \\ 0 & 0 & 0 & 0 & 0 \end{bmatrix}$$

矩阵 $\boldsymbol{A}$ 的主元列为第 1 列和第 3 列，故

$$\boldsymbol{F}=\begin{bmatrix}-3 & -1\\ 1 & 2\\ 2 & 5\end{bmatrix},\quad \boldsymbol{G}=\begin{bmatrix}1 & -2 & 0 & -1 & 3\\ 0 & 0 & 1 & 2 & -2\end{bmatrix}$$

即有满秩分解 $\boldsymbol{A}=\boldsymbol{F}\boldsymbol{G}$

$$\begin{bmatrix}-3 & 6 & -1 & 1 & -7\\ 1 & -2 & 2 & 3 & -1\\ 2 & -4 & 5 & 8 & -4\end{bmatrix}=\begin{bmatrix}-3 & -1\\ 1 & 2\\ 2 & 5\end{bmatrix}\begin{bmatrix}1 & -2 & 0 & -1 & 3\\ 0 & 0 & 1 & 2 & -2\end{bmatrix}$$

3. 递推法

对矩阵 $\boldsymbol{A}_{m\times n}$ 的前 k 列进行分块 $\boldsymbol{A}_k=[\boldsymbol{A}_{k-1},\boldsymbol{a}_k]$，其中，$\boldsymbol{a}_k$ 是矩阵 $\boldsymbol{A}$ 的第 k 列。于是，分块矩阵 $\boldsymbol{A}_k$ 的 Moore-Penrose 逆矩阵 $\boldsymbol{A}_k^\dagger$ 可以由 $\boldsymbol{A}_{k-1}^\dagger$ 递推计算。当递推到 $k=n$ 时，即获得矩阵 $\boldsymbol{A}$ 的 Moore-Penrose 逆矩阵 $\boldsymbol{A}^\dagger$。这样一种列递推的算法是 Greville 于 1960 年提出的[205]。

算法 1.8.3 求 Moore-Penrose 逆矩阵的列递推算法

初始值 $\boldsymbol{A}_1^\dagger=\boldsymbol{a}_1^\dagger=(\boldsymbol{a}_1^{\mathrm{H}}\boldsymbol{a}_1)^{-1}\boldsymbol{a}_1^{\mathrm{H}}$。

递推 令 $k=2,3,\cdots,n$，进行以下计算

$$\boldsymbol{d}_k=\boldsymbol{A}_{k-1}^\dagger\boldsymbol{a}_k$$

$$\boldsymbol{b}_k=\begin{cases}(1+\boldsymbol{d}_k^{\mathrm{H}}\boldsymbol{d}_k)^{-1}\boldsymbol{d}_k^{\mathrm{H}}\boldsymbol{A}_{k-1}^\dagger, & \boldsymbol{a}_k-\boldsymbol{A}_{k-1}\boldsymbol{d}_k=\boldsymbol{0}\\ (\boldsymbol{a}_k-\boldsymbol{A}_{k-1}\boldsymbol{d}_k)^\dagger, & \boldsymbol{a}_k-\boldsymbol{A}_{k-1}\boldsymbol{d}_k\neq\boldsymbol{0}\end{cases}$$

$$\boldsymbol{A}_k^\dagger=\begin{bmatrix}\boldsymbol{A}_{k-1}^\dagger-\boldsymbol{d}_k\boldsymbol{b}_k\\ \boldsymbol{b}_k\end{bmatrix}$$

上述列递推算法原则上适用于所有矩阵，但是当矩阵 $\boldsymbol{A}$ 的行比列少的时候，为了减少递推次数，宜先使用列递推算法求出 $\boldsymbol{A}^{\mathrm{H}}$ 的 Moore-Penrose 逆矩阵 $(\boldsymbol{A}^{\mathrm{H}})^\dagger=\boldsymbol{A}^{\mathrm{H}\dagger}$，再利用 $\boldsymbol{A}^\dagger=(\boldsymbol{A}^{\mathrm{H}\dagger})^{\mathrm{H}}$ 之关系得到 $\boldsymbol{A}^\dagger$。

4. 迹方法

已知矩阵 $\boldsymbol{A}_{m\times n}$ 的秩为 r。

算法 1.8.4 求 Moore-Penrose 逆矩阵的迹方法[413]

步骤 1 计算 $\boldsymbol{B}=\boldsymbol{A}^{\mathrm{T}}\boldsymbol{A}$。

步骤 2 令 $\boldsymbol{C}_1=\boldsymbol{I}$。

步骤 3 计算

$$\boldsymbol{C}_{i+1}=\frac{1}{i}\mathrm{tr}(\boldsymbol{C}_i\boldsymbol{B})\boldsymbol{I}-\boldsymbol{C}_i\boldsymbol{B},\quad i=1,2,\cdots,r-1$$

步骤 4 计算

$$\boldsymbol{A}^\dagger=\frac{r}{\mathrm{tr}(\boldsymbol{C}_i\boldsymbol{B})}\boldsymbol{C}_i\boldsymbol{A}^{\mathrm{T}}$$

注意，$\boldsymbol{C}_{i+1}\boldsymbol{B}=\boldsymbol{O}$，$\mathrm{tr}(\boldsymbol{C}_i\boldsymbol{B})\neq 0$。

1.8.3 非一致方程的最小范数最小二乘解

前面讨论过一致方程 $\boldsymbol{Ax}=\boldsymbol{y}$ 的最小范数解 $\boldsymbol{x}=\boldsymbol{A}^{\mathrm{H}}(\boldsymbol{AA}^{\mathrm{H}})^{-1}\boldsymbol{b}$ 和非一致方程 $\boldsymbol{Ax}=\boldsymbol{y}$ 的最小二乘解 $\boldsymbol{x}=(\boldsymbol{A}^{\mathrm{H}}\boldsymbol{A})^{-1}\boldsymbol{A}^{\mathrm{H}}\boldsymbol{b}$。注意，当矩阵 $\boldsymbol{A}$ 秩亏缺时，非一致方程 $\boldsymbol{Ax}=\boldsymbol{y}$ 的最小二乘解不是唯一的。此时，往往希望适当选择一个广义逆矩阵，以便在最小二乘解中获得一个具有最小范数的解。这样一种解称为非一致方程 $\boldsymbol{Ax}=\boldsymbol{y}$ 的最小范数最小二乘解 (minimum norm least squares solution)。

定义 1.8.2 对于非一致方程 $\boldsymbol{A}_{m\times n}\boldsymbol{x}_{n\times 1}=\boldsymbol{y}_{m\times 1}$，解 $\boldsymbol{Gy}$ 称为 $\boldsymbol{Ax}=\boldsymbol{y}$ 的最小范数最小二乘解，若

$$\|\boldsymbol{Gy}\|_n \leqslant \|\hat{\boldsymbol{x}}\|_n\ \forall\ \hat{\boldsymbol{x}} \in \{\hat{\boldsymbol{x}} : \|\boldsymbol{A}\hat{\boldsymbol{x}}-\boldsymbol{y}\|_m \leqslant \|\boldsymbol{Az}-\boldsymbol{y}\|_m\ \forall\ \boldsymbol{y}\in\mathbb{R}^m, \boldsymbol{z}\in\mathbb{R}^n\} \tag{1.8.8}$$

式中，$\|\cdot\|_n$ 和 $\|\cdot\|_m$ 分别是在 $\mathbb{R}^n$ 和 $\mathbb{R}^m$ 空间的范数；花括号 $\{\cdot\}$ 表示 $\hat{\boldsymbol{x}}$ 是非一致方程 $\boldsymbol{Ax}=\boldsymbol{y}$ 的最小二乘解，而 $\|\boldsymbol{Gy}\|_n \leqslant \|\hat{\boldsymbol{x}}\|_n$ 表示 $\boldsymbol{Gy}$ 是在所有的最小二乘解中具有最小范数的那个解。

定理 1.8.1[424] 广义逆矩阵 $\boldsymbol{G}$ 使得 $\boldsymbol{Gy}$ 是非一致方程 $\boldsymbol{Ax}=\boldsymbol{y}$ 的最小范数最小二乘解，当且仅当 $\boldsymbol{G}$ 满足条件

$$\boldsymbol{AGA}=\boldsymbol{A},\quad (\boldsymbol{AG})^{\#}=\boldsymbol{AG},\quad \boldsymbol{GAG}=\boldsymbol{G},\quad (\boldsymbol{GA})^{\#}=\boldsymbol{GA} \tag{1.8.9}$$

式中，$\boldsymbol{A}^{\#}$ 是 $\boldsymbol{A}$ 的伴随矩阵。

利用伴随矩阵的性质 $\boldsymbol{B}^{\#}=\boldsymbol{B}^{\mathrm{H}}$ 易知，定理 1.8.1 中的第二个条件 $(\boldsymbol{AG})^{\#}=\boldsymbol{AG}$ 即 $(\boldsymbol{AG})^{\mathrm{H}}=\boldsymbol{AG}$，第四个条件 $(\boldsymbol{GA})^{\#}=\boldsymbol{GA}$ 即 $(\boldsymbol{GA})^{\mathrm{H}}=\boldsymbol{GA}$。因此，定理 1.8.1 也可以等价表述为：矩阵 $\boldsymbol{G}$ 使得 $\boldsymbol{Gy}$ 是非一致方程 $\boldsymbol{Ax}=\boldsymbol{y}$ 的最小范数最小二乘解，当且仅当 $\boldsymbol{G}$ 是 $\boldsymbol{A}$ 的 Moore-Penrose 逆矩阵。

1.9 矩阵的直和与 Hadamard 积

本节将讨论两个矩阵之间的特殊求和与乘积。

1.9.1 矩阵的直和

定义 1.9.1[203] $m\times m$ 矩阵 $\boldsymbol{A}$ 与 $n\times n$ 矩阵 $\boldsymbol{B}$ 的直和 (direct sum) 记作 $\boldsymbol{A}\oplus\boldsymbol{B}$，它是一个 $(m+n)\times(m+n)$ 矩阵，定义为

$$\boldsymbol{A}\oplus\boldsymbol{B}=\begin{bmatrix}\boldsymbol{A} & \boldsymbol{O}_{m\times n}\\ \boldsymbol{O}_{n\times m} & \boldsymbol{B}\end{bmatrix} \tag{1.9.1}$$

类似地，可以定义多个矩阵的直和。

根据定义，容易证明矩阵的直和具有以下性质[238, 405]：

(1) 若 c 为常数，则 $c\,(\boldsymbol{A}\oplus\boldsymbol{B})=c\boldsymbol{A}\oplus c\boldsymbol{B}$。

(2) 直和通常不满足交换性质，即 $\boldsymbol{A}\oplus\boldsymbol{B}\neq\boldsymbol{B}\oplus\boldsymbol{A}$ 除非 $\boldsymbol{A}=\boldsymbol{B}$。

(3) 若 $\boldsymbol{A},\boldsymbol{B}$ 为 $m\times m$ 矩阵，且 $\boldsymbol{C},\boldsymbol{D}$ 为 $n\times n$ 矩阵，则

$$(\boldsymbol{A}\pm\boldsymbol{B})\oplus(\boldsymbol{C}\pm\boldsymbol{D})=(\boldsymbol{A}\oplus\boldsymbol{C})\pm(\boldsymbol{B}\oplus\boldsymbol{D})$$
$$(\boldsymbol{A}\oplus\boldsymbol{C})(\boldsymbol{B}\oplus\boldsymbol{D})=\boldsymbol{AB}\oplus\boldsymbol{CD}$$

(4) 若 $\boldsymbol{A},\boldsymbol{B},\boldsymbol{C}$ 分别是 $m\times m, n\times n, p\times p$ 矩阵，则

$$\boldsymbol{A}\oplus(\boldsymbol{B}\oplus\boldsymbol{C})=(\boldsymbol{A}\oplus\boldsymbol{B})\oplus\boldsymbol{C}=\boldsymbol{A}\oplus\boldsymbol{B}\oplus\boldsymbol{C}$$

(5) 若 $\boldsymbol{A}_{m\times m}$ 和 $\boldsymbol{B}_{n\times n}$ 均为正交矩阵，则 $\boldsymbol{A}\oplus\boldsymbol{B}$ 是 $(m+n)\times(m+n)$ 正交矩阵。

(6) 矩阵直和的复共轭、转置、复共轭转置与逆矩阵

$$(\boldsymbol{A}\oplus\boldsymbol{B})^*=\boldsymbol{A}^*\oplus\boldsymbol{B}^*$$
$$(\boldsymbol{A}\oplus\boldsymbol{B})^{\mathrm{T}}=\boldsymbol{A}^{\mathrm{T}}\oplus\boldsymbol{B}^{\mathrm{T}}$$
$$(\boldsymbol{A}\oplus\boldsymbol{B})^{\mathrm{H}}=\boldsymbol{A}^{\mathrm{H}}\oplus\boldsymbol{B}^{\mathrm{H}}$$
$$(\boldsymbol{A}\oplus\boldsymbol{B})^{-1}=\boldsymbol{A}^{-1}\oplus\boldsymbol{B}^{-1}\quad(\text{若 }\boldsymbol{A},\boldsymbol{B}\text{ 可逆})$$

(7) 矩阵直和的迹、秩、行列式

$$\mathrm{tr}\left(\bigoplus_{i=0}^{N-1}\boldsymbol{A}_i\right)=\sum_{i=0}^{N-1}\mathrm{tr}(\boldsymbol{A}_i)$$
$$\mathrm{rank}\left(\bigoplus_{i=0}^{N-1}\boldsymbol{A}_i\right)=\sum_{i=0}^{N-1}\mathrm{rank}(\boldsymbol{A}_i)$$
$$\det\left(\bigoplus_{i=0}^{N-1}\boldsymbol{A}_i\right)=\prod_{i=0}^{N-1}\det(\boldsymbol{A}_i)$$

1.9.2 Hadamard 积

定义 1.9.2 $m\times n$ 矩阵 $\boldsymbol{A}=[a_{ij}]$ 与 $m\times n$ 矩阵 $\boldsymbol{B}=[b_{ij}]$ 的 Hadamard 积记作 $\boldsymbol{A}*\boldsymbol{B}$，它仍然是一个 $m\times n$ 矩阵，其元素定义为两个矩阵对应元素的乘积

$$(\boldsymbol{A}*\boldsymbol{B})_{ij}=a_{ij}b_{ij}\tag{1.9.2}$$

即 Hadamard 积是一映射 $\mathbb{R}^{m\times n}\times\mathbb{R}^{m\times n}\mapsto\mathbb{R}^{m\times n}$。

Hadamard 积也称 Schur 积或者对应元素乘积 (elementwise product)。

下面的定理描述了矩阵 Hadamard 积的正定性，常称为 Hadamard 积定理 [238]。

定理 1.9.1 若 $m\times m$ 矩阵 $\boldsymbol{A},\boldsymbol{B}$ 是正定 (或半正定) 的，则它们的 Hadamard 积 $\boldsymbol{A}*\boldsymbol{B}$ 也是正定 (或半正定) 的。

推论 1.9.1 (Fejer 定理)[238]　$m \times m$ 矩阵 $\boldsymbol{A}$ 是半正定矩阵，当且仅当

$$\sum_{i=1}^{m}\sum_{j=1}^{m} a_{ij}b_{ij} \geqslant 0$$

对所有 $m \times m$ 半正定矩阵 $\boldsymbol{B}$ 成立。

下面的两个定理描述了矩阵的 Hadamard 积与迹之间的关系。

定理 1.9.2[328, p.46]　令 $\boldsymbol{A}, \boldsymbol{B}, \boldsymbol{C}$ 为 $m \times n$ 矩阵，并且 $\boldsymbol{1} = [1, 1, \cdots, 1]^{\mathrm{T}}$ 为 $n \times 1$ 求和向量，$\boldsymbol{D} = \mathrm{diag}(d_1, d_2, \cdots, d_m)$，其中，$d_i = \sum\limits_{j=1}^{n} a_{ij}$，则

$$\mathrm{tr}\left(\boldsymbol{A}^{\mathrm{T}}(\boldsymbol{B} * \boldsymbol{C})\right) = \mathrm{tr}\left((\boldsymbol{A}^{\mathrm{T}} * \boldsymbol{B}^{\mathrm{T}})\boldsymbol{C}\right) \tag{1.9.3}$$

$$\boldsymbol{1}^{\mathrm{T}}\boldsymbol{A}^{\mathrm{T}}(\boldsymbol{B} * \boldsymbol{C})\boldsymbol{1} = \mathrm{tr}(\boldsymbol{B}^{\mathrm{T}}\boldsymbol{D}\boldsymbol{C}) \tag{1.9.4}$$

定理 1.9.3[328, p.46]　令 $\boldsymbol{A}, \boldsymbol{B}$ 为 $n \times n$ 正方矩阵，并且 $\boldsymbol{1} = [1, 1, \cdots, 1]^{\mathrm{T}}$ 为 $n \times 1$ 求和向量。假定 $\boldsymbol{M}$ 是一个 $n \times n$ 对角矩阵 $\boldsymbol{M} = \mathrm{diag}(\mu_1, \mu_2, \cdots, \mu_n)$，而 $\boldsymbol{m} = \boldsymbol{M}\boldsymbol{1}$ 为 $n \times 1$ 向量，则有

$$\mathrm{tr}(\boldsymbol{A}\boldsymbol{M}\boldsymbol{B}^{\mathrm{T}}\boldsymbol{M}) = \boldsymbol{m}^{\mathrm{T}}(\boldsymbol{A} * \boldsymbol{B})\boldsymbol{m} \tag{1.9.5}$$

$$\mathrm{tr}(\boldsymbol{A}\boldsymbol{B}^{\mathrm{T}}) = \boldsymbol{1}^{\mathrm{T}}(\boldsymbol{A} * \boldsymbol{B})\boldsymbol{1} \tag{1.9.6}$$

$$\boldsymbol{M}\boldsymbol{A} * \boldsymbol{B}^{\mathrm{T}}\boldsymbol{M} = \boldsymbol{M}(\boldsymbol{A} * \boldsymbol{B}^{\mathrm{T}})\boldsymbol{M} \tag{1.9.7}$$

由定义易知，Hadamard 积满足交换律、结合律以及加法的分配律

$$\boldsymbol{A} * \boldsymbol{B} = \boldsymbol{B} * \boldsymbol{A} \tag{1.9.8}$$

$$\boldsymbol{A} * (\boldsymbol{B} * \boldsymbol{C}) = (\boldsymbol{A} * \boldsymbol{B}) * \boldsymbol{C} \tag{1.9.9}$$

$$\boldsymbol{A} * (\boldsymbol{B} \pm \boldsymbol{C}) = \boldsymbol{A} * \boldsymbol{B} \pm \boldsymbol{A} * \boldsymbol{C} \tag{1.9.10}$$

下面汇总了 Hadamard 积的性质 [328]。

(1) 若 $\boldsymbol{A}, \boldsymbol{B}$ 均为 $m \times n$ 矩阵，则

$$(\boldsymbol{A} * \boldsymbol{B})^{\mathrm{T}} = \boldsymbol{A}^{\mathrm{T}} * \boldsymbol{B}^{\mathrm{T}}, \quad (\boldsymbol{A} * \boldsymbol{B})^{\mathrm{H}} = \boldsymbol{A}^{\mathrm{H}} * \boldsymbol{B}^{\mathrm{H}}, \quad (\boldsymbol{A} * \boldsymbol{B})^{*} = \boldsymbol{A}^{*} * \boldsymbol{B}^{*}$$

(2) 矩阵 $\boldsymbol{A}_{m\times n}$ 与零矩阵 $\boldsymbol{O}_{m\times n}$ 的 Hadamard 积 $\boldsymbol{A} * \boldsymbol{O}_{m\times n} = \boldsymbol{O}_{m\times n} * \boldsymbol{A} = \boldsymbol{O}_{m\times n}$。

(3) 若 c 为常数，则 $c(\boldsymbol{A} * \boldsymbol{B}) = (c\boldsymbol{A}) * \boldsymbol{B} = \boldsymbol{A} * (c\boldsymbol{B})$。

(4) 正定 (或半正定) 矩阵 $\boldsymbol{A}, \boldsymbol{B}$ 的 Hadamard 积 $\boldsymbol{A} * \boldsymbol{B}$ 也是正定 (或半正定) 的。

(5) 矩阵 $\boldsymbol{A}_{m\times m} = [a_{ij}]$ 与单位矩阵 $\boldsymbol{I}_m$ 的 Hadamard 积为 $m \times m$ 对角矩阵，即

$$\boldsymbol{A} * \boldsymbol{I}_m = \boldsymbol{I}_m * \boldsymbol{A} = \mathrm{diag}(\boldsymbol{A}) = \mathrm{diag}(a_{11}, a_{22}, \cdots, a_{mm})$$

(6) 若 $\boldsymbol{A}, \boldsymbol{B}, \boldsymbol{D}$ 为 $m \times m$ 矩阵，且 $\boldsymbol{D}$ 为对角矩阵，则

$$(\boldsymbol{D}\boldsymbol{A}) * (\boldsymbol{B}\boldsymbol{D}) = \boldsymbol{D}(\boldsymbol{A} * \boldsymbol{B})\boldsymbol{D}$$

(7) 若 $\boldsymbol{A}, \boldsymbol{C}$ 为 $m \times m$ 矩阵，并且 $\boldsymbol{B}, \boldsymbol{D}$ 为 $n \times n$ 矩阵，则

$$(\boldsymbol{A} \oplus \boldsymbol{B}) * (\boldsymbol{C} \oplus \boldsymbol{D}) = (\boldsymbol{A} * \boldsymbol{C}) \oplus (\boldsymbol{B} * \boldsymbol{D})$$

(8) 若 $\boldsymbol{A}, \boldsymbol{B}, \boldsymbol{C}, \boldsymbol{D}$ 均为 $m \times n$ 矩阵，则

$$(\boldsymbol{A} + \boldsymbol{B}) * (\boldsymbol{C} + \boldsymbol{D}) = \boldsymbol{A} * \boldsymbol{C} + \boldsymbol{A} * \boldsymbol{D} + \boldsymbol{B} * \boldsymbol{C} + \boldsymbol{B} * \boldsymbol{D}$$

(9) 若 $\boldsymbol{A}, \boldsymbol{B}, \boldsymbol{C}$ 为 $m \times n$ 矩阵，则

$$\mathrm{tr}\left(\boldsymbol{A}^{\mathrm{T}}(\boldsymbol{B} * \boldsymbol{C})\right) = \mathrm{tr}\left((\boldsymbol{A}^{\mathrm{T}} * \boldsymbol{B}^{\mathrm{T}})\boldsymbol{C}\right)$$

Hadamard 积服从以下不等式：

(1) Oppenheim 不等式[31,p.144]　令 $\boldsymbol{A}$ 与 $\boldsymbol{B}$ 是 $n \times n$ 半正定矩阵，则

$$|\boldsymbol{A} * \boldsymbol{B}| \geqslant a_{11} \cdots a_{nn} |\boldsymbol{B}| \tag{1.9.11}$$

(2) 令 $\boldsymbol{A}$ 与 $\boldsymbol{B}$ 是 $n \times n$ 半正定矩阵，则[345]

$$|\boldsymbol{A} * \boldsymbol{B}| \geqslant |\boldsymbol{A}\boldsymbol{B}| \tag{1.9.12}$$

(3) 特征值不等式[31,p.144]　令 $\boldsymbol{A}$ 与 $\boldsymbol{B}$ 是 $n \times n$ 半正定矩阵，$\lambda_1, \cdots, \lambda_n$ 是 Hadamard 积 $\boldsymbol{A} * \boldsymbol{B}$ 的特征值，而 $\hat{\lambda}_1, \cdots, \hat{\lambda}_n$ 是矩阵乘积 $\boldsymbol{A}\boldsymbol{B}$ 的特征值，则

$$\prod_{i=k}^{n} \lambda_i \geqslant \prod_{i=k}^{n} \hat{\lambda}_i, \quad k = 1, \cdots, n \tag{1.9.13}$$

(4) Hadamard 积的秩不等式[345]　令 $\boldsymbol{A}$ 和 $\boldsymbol{B}$ 是 $n \times n$ 矩阵，则

$$\mathrm{rank}(\boldsymbol{A} * \boldsymbol{B}) \leqslant \mathrm{rank}(\boldsymbol{A})\mathrm{rank}(\boldsymbol{B}) \tag{1.9.14}$$

作为 Oppenheim 不等式的特例，若 $\boldsymbol{B} = \boldsymbol{I}_n$，且 $\boldsymbol{A}$ 为 $n \times n$ 半正定矩阵，则得 Hadamard 不等式

$$|\boldsymbol{A}| \leqslant a_{11} \cdots a_{nn} \tag{1.9.15}$$

这是因为 $|\boldsymbol{A}| = b_{11} \cdots b_{nn} |\boldsymbol{A}| \leqslant |\boldsymbol{I}_n * \boldsymbol{A}|$，而 $\boldsymbol{I}_n * \boldsymbol{A} = \mathrm{diag}(a_{11}, \cdots, a_{nn})$，故立即有 $|\boldsymbol{A}| \leqslant a_{11} \cdots a_{nn}$。

矩阵的 Hadamard 积在有损压缩算法 (例如 JPEG) 中被使用。

在编程语言 (例如 MATLIB 和 Mathematica) 中，两个矩阵的 Hadamard 积通常是针对它们各自的阵列型数据 array() 采用符号 $*$ 运行的。这一阵列型数据的 Hadamard 积需要再转换成矩阵型数据，才是矩阵的 Hadamard 积。矩阵数据的阵列型数据化称为矩阵的向量化，而阵列型数据的矩阵型数据化则称为向量的矩阵化。向量化和矩阵化将在稍后专题讨论。

1.10 Kronecker 积与 Khatri-Rao 积

1.9 节介绍的 Hadamard 积是关于两个矩阵元素的乘积。本节讨论两个矩阵之间的另外两种特殊乘积 —— Kronecker 积和 Khatri-Rao 积。

1.10.1 Kronecker 积及其性质

两个矩阵的 Kronecker 积分为右 Kronecker 积和左 Kronecker 积。

定义 1.10.1 (*右 Kronecker 积*)[36] $m\times n$ 矩阵 $\boldsymbol{A}=[\boldsymbol{a}_1,\cdots,\boldsymbol{a}_n]$ 和 $p\times q$ 矩阵 $\boldsymbol{B}$ 的右 Kronecker 积记作 $\boldsymbol{A}\otimes\boldsymbol{B}$，是一个 $mp\times nq$ 矩阵，定义为

$$\boldsymbol{A}\otimes\boldsymbol{B}=[\boldsymbol{a}_1\boldsymbol{B},\cdots,\boldsymbol{a}_n\boldsymbol{B}]=[a_{ij}\boldsymbol{B}]_{i=1,j=1}^{m,n}=\begin{bmatrix} a_{11}\boldsymbol{B} & a_{12}\boldsymbol{B} & \cdots & a_{1n}\boldsymbol{B}\\ a_{21}\boldsymbol{B} & a_{22}\boldsymbol{B} & \cdots & a_{2n}\boldsymbol{B}\\ \vdots & \vdots & \ddots & \vdots\\ a_{m1}\boldsymbol{B} & a_{m2}\boldsymbol{B} & \cdots & a_{mn}\boldsymbol{B}\end{bmatrix} \tag{1.10.1}$$

定义 1.10.2 (*左 Kronecker 积*)[203, 426] $m\times n$ 矩阵 $\boldsymbol{A}$ 和 $p\times q$ 矩阵 $\boldsymbol{B}=[\boldsymbol{b}_1,\cdots,\boldsymbol{b}_q]$ 的 (左) Kronecker 积 $\boldsymbol{A}\otimes\boldsymbol{B}$ 是一个 $mp\times nq$ 矩阵，定义为

$$[\boldsymbol{A}\otimes\boldsymbol{B}]_{\text{left}}=[\boldsymbol{A}\boldsymbol{b}_1,\cdots,\boldsymbol{A}\boldsymbol{b}_q]=[b_{ij}\boldsymbol{A}]_{i=1,j=1}^{p,q}=\begin{bmatrix} \boldsymbol{A}b_{11} & \boldsymbol{A}b_{12} & \cdots & \boldsymbol{A}b_{1q}\\ \boldsymbol{A}b_{21} & \boldsymbol{A}b_{22} & \cdots & \boldsymbol{A}b_{2q}\\ \vdots & \vdots & \ddots & \vdots\\ \boldsymbol{A}b_{p1} & \boldsymbol{A}b_{p2} & \cdots & \boldsymbol{A}b_{pq}\end{bmatrix} \tag{1.10.2}$$

显然，无论左或右 Kronecker 积都是一映射：$\mathbb{R}^{m\times n}\times\mathbb{R}^{p\times q}\mapsto\mathbb{R}^{mp\times nq}$。

容易看出，如果用右 Kronecker 积的形式书写，则左 Kronecker 积可写成 $[\boldsymbol{A}\otimes\boldsymbol{B}]_{\text{left}}=\boldsymbol{B}\otimes\boldsymbol{A}$。鉴于通常多采用右 Kronecker 积，为了避免混淆，本书后面将对 Kronecker 积采用右 Kronecker 积的定义，除非另有申明。

特别地，当 $n=1$ 和 $q=1$ 时，两个矩阵的 Kronecker 积给出两个向量 $\boldsymbol{a}\in\mathbb{R}^m$ 和 $\boldsymbol{b}\in\mathbb{R}^p$ 的 Kronecker 积

$$\boldsymbol{a}\otimes\boldsymbol{b}=[a_i\boldsymbol{b}]_{i=1}^m=\begin{bmatrix} a_1\boldsymbol{b}\\ \vdots\\ a_m\boldsymbol{b}\end{bmatrix} \tag{1.10.3}$$

其结果为 $mp\times 1$ 列向量。显然，两个向量的外积 $\boldsymbol{x}\circ\boldsymbol{y}=\boldsymbol{x}\boldsymbol{y}^{\mathrm{T}}$ 也可以用 Kronecker 积表示为

$$\boldsymbol{x}\circ\boldsymbol{y}=\boldsymbol{x}\otimes\boldsymbol{y}^{\mathrm{T}}$$

Kronecker 积也称直积 (direct product) 或者张量积 (tensor product)[324]。

汇总文献 [36, 61] 和其他文献，Kronecker 积具有以下性质。

(1) 对于矩阵 $\boldsymbol{A}_{m\times n}$ 和 $\boldsymbol{B}_{p\times q}$，一般有 $\boldsymbol{A}\otimes\boldsymbol{B}\neq\boldsymbol{B}\otimes\boldsymbol{A}$。

(2) 任意矩阵与零矩阵的 Kronecker 积等于零矩阵，即 $\boldsymbol{A}\otimes\boldsymbol{O}=\boldsymbol{O}\otimes\boldsymbol{A}=\boldsymbol{O}$。

(3) 若 α 和 β 为常数，则 $\alpha\boldsymbol{A}\otimes\beta\boldsymbol{B}=\alpha\beta(\boldsymbol{A}\otimes\boldsymbol{B})$。

(4) m 维与 n 维两个单位矩阵的 Kronecker 积为 mn 维单位矩阵，即 $\boldsymbol{I}_m\otimes\boldsymbol{I}_n=\boldsymbol{I}_{mn}$。

(5) 对于矩阵 $\boldsymbol{A}_{m\times n},\boldsymbol{B}_{n\times k},\boldsymbol{C}_{l\times p},\boldsymbol{D}_{p\times q}$，有

$$(\boldsymbol{AB})\otimes(\boldsymbol{CD})=(\boldsymbol{A}\otimes\boldsymbol{C})(\boldsymbol{B}\otimes\boldsymbol{D}) \tag{1.10.4}$$

(6) 对于矩阵 $\boldsymbol{A}_{m\times n},\boldsymbol{B}_{p\times q},\boldsymbol{C}_{p\times q}$，有

$$\boldsymbol{A}\otimes(\boldsymbol{B}\pm\boldsymbol{C})=\boldsymbol{A}\otimes\boldsymbol{B}\pm\boldsymbol{A}\otimes\boldsymbol{C} \tag{1.10.5}$$

$$(\boldsymbol{B}\pm\boldsymbol{C})\otimes\boldsymbol{A}=\boldsymbol{B}\otimes\boldsymbol{A}\pm\boldsymbol{C}\otimes\boldsymbol{A} \tag{1.10.6}$$

(7) Kronecker 积的转置与复共轭转置

$$(\boldsymbol{A}\otimes\boldsymbol{B})^{\mathrm{T}}=\boldsymbol{A}^{\mathrm{T}}\otimes\boldsymbol{B}^{\mathrm{T}},\quad (\boldsymbol{A}\otimes\boldsymbol{B})^{\mathrm{H}}=\boldsymbol{A}^{\mathrm{H}}\otimes\boldsymbol{B}^{\mathrm{H}} \tag{1.10.7}$$

(8) Kronecker 积的逆矩阵和广义逆矩阵

$$(\boldsymbol{A}\otimes\boldsymbol{B})^{-1}=\boldsymbol{A}^{-1}\otimes\boldsymbol{B}^{-1},\quad (\boldsymbol{A}\otimes\boldsymbol{B})^{\dagger}=\boldsymbol{A}^{\dagger}\otimes\boldsymbol{B}^{\dagger} \tag{1.10.8}$$

(9) Kronecker 积的秩

$$\mathrm{rank}(\boldsymbol{A}\otimes\boldsymbol{B})=\mathrm{rank}(\boldsymbol{A})\mathrm{rank}(\boldsymbol{B}) \tag{1.10.9}$$

(10) Kronecker 积的行列式

$$\det(\boldsymbol{A}_{n\times n}\otimes\boldsymbol{B}_{m\times m})=(\det\boldsymbol{A})^m(\det\boldsymbol{B})^n \tag{1.10.10}$$

(11) Kronecker 积的迹

$$\mathrm{tr}(\boldsymbol{A}\otimes\boldsymbol{B})=\mathrm{tr}(\boldsymbol{A})\mathrm{tr}(\boldsymbol{B}) \tag{1.10.11}$$

(12) 对于矩阵 $\boldsymbol{A}_{m\times n},\boldsymbol{B}_{m\times n},\boldsymbol{C}_{p\times q},\boldsymbol{D}_{p\times q}$，有

$$(\boldsymbol{A}+\boldsymbol{B})\otimes(\boldsymbol{C}+\boldsymbol{D})=\boldsymbol{A}\otimes\boldsymbol{C}+\boldsymbol{A}\otimes\boldsymbol{D}+\boldsymbol{B}\otimes\boldsymbol{C}+\boldsymbol{B}\otimes\boldsymbol{D} \tag{1.10.12}$$

(13) 对于矩阵 $\boldsymbol{A}_{m\times n},\boldsymbol{B}_{p\times q},\boldsymbol{C}_{k\times l}$，有

$$(\boldsymbol{A}\otimes\boldsymbol{B})\otimes\boldsymbol{C}=\boldsymbol{A}\otimes(\boldsymbol{B}\otimes\boldsymbol{C}) \tag{1.10.13}$$

(14) 对于矩阵 $\boldsymbol{A}_{m\times n},\boldsymbol{B}_{k\times l},\boldsymbol{C}_{p\times q},\boldsymbol{D}_{r\times s}$，有

$$(\boldsymbol{A}\otimes\boldsymbol{B})\otimes(\boldsymbol{C}\otimes\boldsymbol{D})=\boldsymbol{A}\otimes\boldsymbol{B}\otimes\boldsymbol{C}\otimes\boldsymbol{D} \tag{1.10.14}$$

(15) 对于矩阵 $\boldsymbol{A}_{m\times n},\boldsymbol{B}_{p\times q},\boldsymbol{C}_{n\times r},\boldsymbol{D}_{q\times s},\boldsymbol{E}_{r\times k},\boldsymbol{F}_{s\times l}$，有

$$(\boldsymbol{A}\otimes\boldsymbol{B})(\boldsymbol{C}\otimes\boldsymbol{D})(\boldsymbol{E}\otimes\boldsymbol{F})=(\boldsymbol{ACE})\otimes(\boldsymbol{BDF}) \tag{1.10.15}$$

(16) 作为式 (1.10.15) 的特例，有 [36, 203]

$$\boldsymbol{A}\otimes\boldsymbol{D}=(\boldsymbol{AI}_p)\otimes(\boldsymbol{I}_q\boldsymbol{D})=(\boldsymbol{A}\otimes\boldsymbol{I}_q)(\boldsymbol{I}_p\otimes\boldsymbol{D}) \tag{1.10.16}$$

式中 $\boldsymbol{I}_p\otimes\boldsymbol{D}$ 为块对角矩阵 (对右 Kronecker 积) 或稀疏矩阵 (对左 Kronecker 积)，而 $\boldsymbol{A}\otimes\boldsymbol{I}_q$ 为稀疏矩阵 (右 Kronecker 积) 或块对角矩阵 (左 Kronecker 积)。

(17) 对于矩阵 $\boldsymbol{A}_{m\times n},\boldsymbol{B}_{p\times q}$，有 $\exp(\boldsymbol{A}\otimes\boldsymbol{B})=\exp(\boldsymbol{A})\otimes\exp(\boldsymbol{B})$。

(18) 令 $\boldsymbol{A}\in\mathbb{C}^{m\times n},\boldsymbol{B}\in\mathbb{C}^{p\times q},\boldsymbol{b}\in\mathbb{C}^p$，则 [328,p.47]

$$\boldsymbol{K}_{pm}(\boldsymbol{A}\otimes\boldsymbol{B})=(\boldsymbol{B}\otimes\boldsymbol{A})\boldsymbol{K}_{qn} \tag{1.10.17}$$

$$\boldsymbol{K}_{pm}(\boldsymbol{A}\otimes\boldsymbol{B})\boldsymbol{K}_{nq}=\boldsymbol{B}\otimes\boldsymbol{A} \tag{1.10.18}$$

$$\boldsymbol{K}_{pm}(\boldsymbol{A}\otimes\boldsymbol{b})=\boldsymbol{b}\otimes\boldsymbol{A} \tag{1.10.19}$$

$$\boldsymbol{K}_{mp}(\boldsymbol{b}\otimes\boldsymbol{A})=\boldsymbol{A}\otimes\boldsymbol{b} \tag{1.10.20}$$

1.10.2 广义 Kronecner 积

与两个矩阵的 Kronecker 积不同，广义 Kronecker 积是多个矩阵组成的矩阵组与另一个矩阵的 Kronecker 积。

定义 1.10.3 (广义 Kronecker 积)[405] 给定 N 个 $m \times r$ 矩阵 $\boldsymbol{A}_i, i=1,\cdots,N$ 组成矩阵组 $\{\boldsymbol{A}\}_N$。该矩阵组与 $N \times l$ 矩阵 $\boldsymbol{B}$ 的 Kronecker 积称为广义 Kronecker 积，定义为

$$\{\boldsymbol{A}\}_N \otimes \boldsymbol{B} = \begin{bmatrix} \boldsymbol{A}_1 \otimes \boldsymbol{b}_1 \\ \vdots \\ \boldsymbol{A}_N \otimes \boldsymbol{b}_N \end{bmatrix} \tag{1.10.21}$$

式中，$\boldsymbol{b}_i$ 是矩阵 $\boldsymbol{B}$ 的第 i 个行向量。

显然，若每一个矩阵 $\boldsymbol{A}_i$ 相同，则广义 Kronecker 积简化为一般的左 Kronecker 积。

例 1.10.1 令

$$\{\boldsymbol{A}\}_2 = \left\{ \begin{matrix} \begin{bmatrix} 1 & 1 \\ 2 & -1 \end{bmatrix} \\ \begin{bmatrix} 2 & -\mathrm{j} \\ 1 & \mathrm{j} \end{bmatrix} \end{matrix} \right\}, \qquad \boldsymbol{B} = \begin{bmatrix} 1 & 2 \\ 1 & -1 \end{bmatrix}$$

则广义 Kronecker 积为

$$\{\boldsymbol{A}\}_2 \otimes \boldsymbol{B} = \begin{bmatrix} \begin{bmatrix} 1 & 1 \\ 2 & -1 \end{bmatrix} \otimes [1,2] \\ \begin{bmatrix} 2 & -\mathrm{j} \\ 1 & \mathrm{j} \end{bmatrix} \otimes [1,-1] \end{bmatrix} = \begin{bmatrix} 1 & 1 & 2 & 2 \\ 2 & -1 & 4 & -2 \\ 2 & -\mathrm{j} & -2 & \mathrm{j} \\ 1 & \mathrm{j} & -1 & -\mathrm{j} \end{bmatrix}$$

需要注意的是，两个矩阵组 $\{\boldsymbol{A}\}$ 和 $\{\boldsymbol{B}\}$ 的广义 Kronecker 积得到的仍然是矩阵组，而不是单个矩阵。

例 1.10.2 令

$$\{\boldsymbol{A}\}_2 = \left\{ \begin{matrix} \begin{bmatrix} 1 & 1 \\ 1 & -1 \end{bmatrix} \\ \begin{bmatrix} 1 & -\mathrm{j} \\ 1 & \mathrm{j} \end{bmatrix} \end{matrix} \right\}, \qquad \{\boldsymbol{B}\} = \left\{ \begin{matrix} [1,1] \\ [1,-1] \end{matrix} \right\}$$

则广义 Kronecker 积为

$$\{\boldsymbol{A}\}_2 \otimes \{\boldsymbol{B}\} = \left\{ \begin{matrix} \begin{bmatrix} 1 & 1 \\ 1 & -1 \end{bmatrix} \otimes [1,1] \\ \begin{bmatrix} 1 & -\mathrm{j} \\ 1 & \mathrm{j} \end{bmatrix} \otimes [1,-1] \end{matrix} \right\} = \left\{ \begin{matrix} \begin{bmatrix} 1 & 1 & 1 & 1 \\ 1 & -1 & 1 & -1 \end{bmatrix} \\ \begin{bmatrix} 1 & -\mathrm{j} & -1 & \mathrm{j} \\ 1 & \mathrm{j} & -1 & -\mathrm{j} \end{bmatrix} \end{matrix} \right\}$$

广义 Kronecker 积在滤波器组的分析、Haar 变换和 Hadamard 变换的快速算法的推导中有着重要的应用[405]。基于广义 Kronecker 积，可以推导快速 Fourier 变换 (FFT) 算法，详见第 2 章 2.8.3 节。

1.10.3 Khatri-Rao 积

定义 1.10.4 (Khatri-Rao 积) 两个具有相同列数的矩阵 $\boldsymbol{G}\in\mathbb{R}^{p\times n}$ 和 $\boldsymbol{F}\in\mathbb{R}^{q\times n}$ 的 Khatri-Rao 积记为 $\boldsymbol{F}\odot\boldsymbol{G}$，并定义为[266, 423]

$$\boldsymbol{F}\odot\boldsymbol{G}=[\boldsymbol{f}_1\otimes\boldsymbol{g}_1,\boldsymbol{f}_2\otimes\boldsymbol{g}_2,\cdots,\boldsymbol{f}_n\otimes\boldsymbol{g}_n]\in\mathbb{R}^{pq\times n}\tag{1.10.22}$$

它由两个矩阵的对应列向量的 Kronecker 积排列而成。因此，Khatri-Rao 积又叫对应列 Kronecker 积 (columnwise Kronecker product)。

更一般地，若 $\boldsymbol{A}=[\boldsymbol{A}_1,\cdots,\boldsymbol{A}_u]$ 和 $\boldsymbol{B}=[\boldsymbol{B}_1,\cdots,\boldsymbol{B}_u]$ 是两个分块矩阵，且分块矩阵 $\boldsymbol{A}_i$ 和 $\boldsymbol{B}_i$ 具有相同的列数，则

$$\boldsymbol{A}\odot\boldsymbol{B}=[\boldsymbol{A}_1\otimes\boldsymbol{B}_1,\boldsymbol{A}_2\otimes\boldsymbol{B}_2,\cdots,\boldsymbol{A}_u\otimes\boldsymbol{B}_u]\tag{1.10.23}$$

Khatri-Rao 积具有以下性质[36, 319]：

(1) Khatri-Rao 积本身的基本性质

分配律 $(\boldsymbol{A}+\boldsymbol{B})\odot\boldsymbol{D}=\boldsymbol{A}\odot\boldsymbol{D}+\boldsymbol{B}\odot\boldsymbol{D}$

结合律 $\boldsymbol{A}\odot\boldsymbol{B}\odot\boldsymbol{C}=(\boldsymbol{A}\odot\boldsymbol{B})\odot\boldsymbol{C}=\boldsymbol{A}\odot(\boldsymbol{B}\odot\boldsymbol{C})$

交换律 $\boldsymbol{A}\odot\boldsymbol{B}=\boldsymbol{K}_{nn}(\boldsymbol{B}\odot\boldsymbol{A})$ (其中，矩阵 $\boldsymbol{K}_{nn}$ 为交换矩阵)

(2) Khatri-Rao 积与 Hadamard 积的关系

$$(\boldsymbol{A}\odot\boldsymbol{B})*(\boldsymbol{C}\odot\boldsymbol{D})=(\boldsymbol{A}*\boldsymbol{C})\odot(\boldsymbol{B}*\boldsymbol{D})\tag{1.10.24}$$

$$(\boldsymbol{A}\odot\boldsymbol{B})^{\mathrm{T}}(\boldsymbol{A}\odot\boldsymbol{B})=(\boldsymbol{A}^{\mathrm{T}}\boldsymbol{A})*(\boldsymbol{B}^{\mathrm{T}}\boldsymbol{B})\tag{1.10.25}$$

$$(\boldsymbol{A}\odot\boldsymbol{B})^{\dagger}=[(\boldsymbol{A}^{\mathrm{T}}\boldsymbol{A})*(\boldsymbol{B}^{\mathrm{T}}\boldsymbol{B})]^{\dagger}(\boldsymbol{A}\odot\boldsymbol{B})^{\mathrm{T}}\tag{1.10.26}$$

推而广之，有 $(\boldsymbol{A}\odot\boldsymbol{B}\odot\boldsymbol{C})^{\mathrm{T}}(\boldsymbol{A}\odot\boldsymbol{B}\odot\boldsymbol{C})=(\boldsymbol{A}^{\mathrm{T}}\boldsymbol{A})*(\boldsymbol{B}^{\mathrm{T}}\boldsymbol{B})*(\boldsymbol{C}^{\mathrm{T}}\boldsymbol{C})$ 和 $(\boldsymbol{A}\odot\boldsymbol{B}\odot\boldsymbol{C})^{\dagger}=[(\boldsymbol{A}^{\mathrm{T}}\boldsymbol{A})*(\boldsymbol{B}^{\mathrm{T}}\boldsymbol{B})*(\boldsymbol{C}^{\mathrm{T}}\boldsymbol{C})]^{\dagger}(\boldsymbol{A}\odot\boldsymbol{B}\odot\boldsymbol{C})^{\mathrm{T}}$。

(3) Khatri-Rao 积与 Kronecker 积的关系

$$(\boldsymbol{A}\otimes\boldsymbol{B})(\boldsymbol{F}\odot\boldsymbol{G})=\boldsymbol{AF}\odot\boldsymbol{BG}\tag{1.10.27}$$

1.11 向量化与矩阵化

矩阵与向量之间存在相互转换的函数或算子，它们是向量化算子和矩阵化算子。

1.11.1 矩阵的向量化与向量的矩阵化

矩阵 $\boldsymbol{A}\in\mathbb{R}^{m\times n}$ 的向量化 (vectorization) $\mathrm{vec}(\boldsymbol{A})$ 是一线性变换，它将矩阵 $\boldsymbol{A}=[a_{ij}]$ 的元素按列堆栈 (column stacking)，排列成一个 $mn\times 1$ 向量

$$\mathrm{vec}(\boldsymbol{A})=[a_{11},\cdots,a_{m1},\cdots,a_{1n},\cdots,a_{mn}]^{\mathrm{T}}\tag{1.11.1}$$

矩阵也可以按行堆栈 (stack the rows) 为行向量，称为矩阵的行向量化，用符号 $\text{rvec}(\boldsymbol{A})$ 表示，定义为

$$\text{rvec}(\boldsymbol{A}) = [a_{11}, \cdots, a_{1n}, \cdots, a_{m1}, \cdots, a_{mn}] \tag{1.11.2}$$

例如

$$\boldsymbol{A} = \begin{bmatrix} a_{11} & a_{12} \\ a_{21} & a_{22} \end{bmatrix}, \quad \text{vec}(\boldsymbol{A}) = [a_{11}, a_{21}, a_{12}, a_{22}]^{\text{T}}, \quad \text{rvec}(\boldsymbol{A}) = [a_{11}, a_{12}, a_{21}, a_{22}]$$

注意，矩阵的向量化结果为列向量，行向量化结果为行向量。显然，矩阵的向量化和行向量化之间存在下列关系

$$\text{rvec}(\boldsymbol{A}) = (\text{vec}(\boldsymbol{A}^{\text{T}}))^{\text{T}}, \quad \text{vec}(\boldsymbol{A}^{\text{T}}) = (\text{rvec}(\boldsymbol{A}))^{\text{T}} \tag{1.11.3}$$

对一幅图像进行采样，采样数据组成一矩阵。为了传送图像信号，通常先按行扫描，然后将各行数据串接起来。因此，这是一种典型的行向量化。

显然，对于一个 $m \times n$ 矩阵 $\boldsymbol{A}$，向量 $\text{vec}(\boldsymbol{A})$ 和 $\text{vec}(\boldsymbol{A}^{\text{T}})$ 含有相同的元素，但排列次序不同。因此，存在一个唯一的 $mn \times mn$ 置换矩阵，可以将一个矩阵的向量化 $\text{vec}(\boldsymbol{A})$ 变换为其转置矩阵的向量化 $\text{vec}(\boldsymbol{A}^{\text{T}})$。这一置换矩阵称为交换矩阵 (commutation matrix)，记作 $\boldsymbol{K}_{mn}$，定义为

$$\boldsymbol{K}_{mn}\text{vec}(\boldsymbol{A}) = \text{vec}(\boldsymbol{A}^{\text{T}}) \tag{1.11.4}$$

类似地，可以将转置矩阵的向量化 $\text{vec}(\boldsymbol{A}^{\text{T}})$ 变换为原矩阵的向量化 $\text{vec}(\boldsymbol{A})$ 的交换矩阵是一个 $nm \times nm$ 置换矩阵，记作 $\boldsymbol{K}_{nm}$，定义为

$$\boldsymbol{K}_{nm}\text{vec}(\boldsymbol{A}^{\text{T}}) = \text{vec}(\boldsymbol{A}) \tag{1.11.5}$$

由式 (1.11.4) 和式 (1.11.5) 易知 $\boldsymbol{K}_{nm}\boldsymbol{K}_{mn}\text{vec}(\boldsymbol{A}) = \boldsymbol{K}_{nm}\text{vec}(\boldsymbol{A}^{\text{T}}) = \text{vec}(\boldsymbol{A})$。由于此式对任意 $m \times n$ 矩阵 $\boldsymbol{A}$ 均成立，故 $\boldsymbol{K}_{nm}\boldsymbol{K}_{mn} = \boldsymbol{I}_{mn}$，即有 $\boldsymbol{K}_{mn}^{-1} = \boldsymbol{K}_{nm}$。

$mn \times mn$ 交换矩阵 $\boldsymbol{K}_{mn}$ 具有以下常用性质 [327]：

(1) $\boldsymbol{K}_{mn}\text{vec}(\boldsymbol{A}) = \text{vec}(\boldsymbol{A}^{\text{T}})$ 和 $\boldsymbol{K}_{nm}\text{vec}(\boldsymbol{A}^{\text{T}}) = \text{vec}(\boldsymbol{A})$，其中 $\boldsymbol{A}$ 为 $m \times n$ 矩阵。

(2) $\boldsymbol{K}_{mn}^{\text{T}}\boldsymbol{K}_{mn} = \boldsymbol{K}_{mn}\boldsymbol{K}_{mn}^{\text{T}} = \boldsymbol{I}_{mn}$ 或 $\boldsymbol{K}_{mn}^{-1} = \boldsymbol{K}_{nm}$。

(3) $\boldsymbol{K}_{mn}^{\text{T}} = \boldsymbol{K}_{nm}$。

(4) $\boldsymbol{K}_{mn}$ 可以表示为基本向量的 Kronecker 积

$$\boldsymbol{K}_{mn} = \sum_{j=1}^{n} (\boldsymbol{e}_j^{\text{T}} \otimes \boldsymbol{I}_m \otimes \boldsymbol{e}_j)$$

(5) $\boldsymbol{K}_{1n} = \boldsymbol{K}_{n1} = \boldsymbol{I}_n$。

(6) 交换矩阵的秩 $\text{rank}(\boldsymbol{K}_{mn}) = 1 + d(m-1, n-1)$，其中 $d(m,n)$ 是 m 和 n 之间的最大公约数 ($d(n,0) = d(0,n) = n$)。

(7) 交换矩阵 $\boldsymbol{K}_{nn}$ 的特征值取 1 和 -1，它们的多重度分别为 $\frac{1}{2}n(n+1)$ 和 $\frac{1}{2}n(n-1)$。

(8) $\boldsymbol{K}_{mn}(\boldsymbol{A}\otimes\boldsymbol{B})\boldsymbol{K}_{pq}=\boldsymbol{B}\otimes\boldsymbol{A}$，或等价写作 $\boldsymbol{K}_{mn}(\boldsymbol{A}\otimes\boldsymbol{B})=(\boldsymbol{B}\otimes\boldsymbol{A})\boldsymbol{K}_{qp}$，其中 $\boldsymbol{A}$ 是 $n\times p$ 矩阵，$\boldsymbol{B}$ 为 $m\times q$ 矩阵。特别地，$\boldsymbol{K}_{mn}(\boldsymbol{A}_{n\times n}\otimes\boldsymbol{B}_{m\times m})=(\boldsymbol{B}\otimes\boldsymbol{A})\boldsymbol{K}_{mn}$。

(9) $\mathrm{tr}(\boldsymbol{K}_{mn}(\boldsymbol{A}_{m\times n}\otimes\boldsymbol{B}_{m\times n}))=\mathrm{tr}(\boldsymbol{A}^{\mathrm{T}}\boldsymbol{B})=\left(\mathrm{vec}\boldsymbol{A}^{\mathrm{T}}\right)^{\mathrm{T}}\boldsymbol{K}_{mn}(\mathrm{vec}\boldsymbol{A})$。

$mn\times mn$ 交换矩阵 $\boldsymbol{K}_{mn}$ 的构造方法如下：每一行只赋一个元素 1，其他元素全部为 0。首先，第 1 行第 1 个元素为 1，然后这个 1 元素右移 m 位，变成第 2 行该位置的 1 元素。第 2 行该位置的 1 元素再右移 m 位，又变成第 3 行该位置的 1 元素。依此类推，找到下一行 1 元素的位置。但是，如果向右移位时超过第 mn 列，则应该转到下一行继续移位，并且多移 1 位，再在此位置赋 1。例如

$$\boldsymbol{K}_{24}=\begin{bmatrix}1&0&0&0&0&0&0&0\\0&0&1&0&0&0&0&0\\0&0&0&0&1&0&0&0\\0&0&0&0&0&0&1&0\\0&1&0&0&0&0&0&0\\0&0&0&1&0&0&0&0\\0&0&0&0&0&1&0&0\\0&0&0&0&0&0&0&1\end{bmatrix},\quad \boldsymbol{K}_{42}=\begin{bmatrix}1&0&0&0&0&0&0&0\\0&0&0&0&1&0&0&0\\0&1&0&0&0&0&0&0\\0&0&0&0&0&1&0&0\\0&0&1&0&0&0&0&0\\0&0&0&0&0&0&1&0\\0&0&0&1&0&0&0&0\\0&0&0&0&0&0&0&1\end{bmatrix}$$

因此，交换矩阵 $\boldsymbol{K}_{mn}$ 和 $\boldsymbol{K}_{nm}$ 是唯一确定的。以矩阵 $\boldsymbol{A}_{4\times 2}$ 为例，显然有

$$\boldsymbol{K}_{42}\mathrm{vec}(\boldsymbol{A})=\begin{bmatrix}1&0&0&0&0&0&0&0\\0&0&0&0&1&0&0&0\\0&1&0&0&0&0&0&0\\0&0&0&0&0&1&0&0\\0&0&1&0&0&0&0&0\\0&0&0&0&0&0&1&0\\0&0&0&1&0&0&0&0\\0&0&0&0&0&0&0&1\end{bmatrix}\begin{bmatrix}a_{11}\\a_{21}\\a_{31}\\a_{41}\\a_{12}\\a_{22}\\a_{32}\\a_{42}\end{bmatrix}=\begin{bmatrix}a_{11}\\a_{12}\\a_{21}\\a_{22}\\a_{31}\\a_{32}\\a_{41}\\a_{42}\end{bmatrix}=\mathrm{vec}(\boldsymbol{A}^{\mathrm{T}})$$

一个 $mn\times 1$ 向量 $\boldsymbol{a}=[a_1,\cdots,a_{mn}]^{\mathrm{T}}$ 转换为一个 $m\times n$ 矩阵 $\boldsymbol{A}$ 的运算称为矩阵化 (matrixing, maxicization)，用符号 $\mathrm{unvec}_{m,n}(\boldsymbol{a})$ 表示，定义为

$$\boldsymbol{A}_{m\times n}=\mathrm{unvec}_{m,n}(\boldsymbol{a})=\begin{bmatrix}a_1&a_{m+1}&\cdots&a_{m(n-1)+1}\\a_2&a_{m+2}&\cdots&a_{m(n-1)+2}\\\vdots&\vdots&\ddots&\vdots\\a_m&a_{2m}&\cdots&a_{mn}\end{bmatrix}\tag{1.11.6}$$

显然，矩阵 $\boldsymbol{A}$ 第 (i,j) 元素 A_{ij} 与向量 $\boldsymbol{a}$ 的第 k 个元素 a_k 之间存在下列转换公式

$$A_{ij}=a_{i+(j-1)m},\quad i=1,\cdots,m;j=1,\cdots,n\tag{1.11.7}$$

类似地，一个 $1\times mn$ 的行向量 $\boldsymbol{b}=[b_1,\cdots,b_{mn}]$ 直接转换为一个 $m\times n$ 矩阵 $\boldsymbol{B}$ 的运算

称为行向量的矩阵化，记作 $\mathrm{unrvec}_{m,n}(\boldsymbol{b})$，定义为

$$\boldsymbol{B}_{m\times n}=\mathrm{unrvec}_{m,n}(\boldsymbol{b})=\begin{bmatrix} b_1 & b_2 & \cdots & b_n \\ b_{n+1} & b_{n+2} & \cdots & b_{2n} \\ \vdots & \vdots & \ddots & \vdots \\ b_{(m-1)n+1} & b_{(m-1)n+2} & \cdots & b_{mn} \end{bmatrix} \tag{1.11.8}$$

观察易知，矩阵 $\boldsymbol{B}$ 的元素 B_{ij} 与行向量 $\boldsymbol{b}$ 的元素 b_k 之间存在下列关系

$$B_{ij}=b_{j+(i-1)n},\quad i=1,\cdots,m;j=1,\cdots,n \tag{1.11.9}$$

按照定义，矩阵化和向量化之间存在以下关系

$$\begin{bmatrix} A_{11} & \cdots & A_{1n} \\ \vdots & \ddots & \vdots \\ A_{m1} & \cdots & A_{mn} \end{bmatrix} \underset{\text{矩阵化}}{\overset{\text{列向量化}}{\rightleftarrows}} [A_{11},\cdots,A_{m1},\cdots,A_{1n},\cdots,A_{mn}]^{\mathrm{T}}$$

$$\begin{bmatrix} A_{11} & \cdots & A_{1n} \\ \vdots & \ddots & \vdots \\ A_{m1} & \cdots & A_{mn} \end{bmatrix} \underset{\text{矩阵化}}{\overset{\text{行向量化}}{\rightleftarrows}} [A_{11},\cdots,A_{1n},\cdots,A_{m1},\cdots,A_{mn}]$$

或表示为

$$\mathrm{unvec}_{m,n}(\boldsymbol{a})=\boldsymbol{A}_{m\times n} \quad\Longleftrightarrow\quad \mathrm{vec}(\boldsymbol{A}_{m\times n})=\boldsymbol{a}_{mn\times 1} \tag{1.11.10}$$

$$\mathrm{unrvec}_{m,n}(\boldsymbol{b})=\boldsymbol{B}_{m\times n} \quad\Longleftrightarrow\quad \mathrm{rvec}(\boldsymbol{B}_{m\times n})=\boldsymbol{b}_{1\times mn} \tag{1.11.11}$$

1.11.2 向量化算子的性质

向量化算子 vec 具有以下性质 [69, 328]。

(1) 转置矩阵的向量化 $\mathrm{vec}(\boldsymbol{A}^{\mathrm{T}})=\boldsymbol{K}_{mn}\mathrm{vec}(\boldsymbol{A})$，其中 $\boldsymbol{A}\in\mathbb{C}^{m\times n}$。

(2) 矩阵之和的向量化 $\mathrm{vec}(\boldsymbol{A}+\boldsymbol{B})=\mathrm{vec}(\boldsymbol{A})+\mathrm{vec}(\boldsymbol{B})$。

(3) 矩阵乘积的迹

$$\mathrm{tr}(\boldsymbol{A}^{\mathrm{T}}\boldsymbol{B})=(\mathrm{vec}(\boldsymbol{A}))^{\mathrm{T}}\mathrm{vec}(\boldsymbol{B}) \tag{1.11.12}$$

$$\mathrm{tr}(\boldsymbol{A}^{\mathrm{H}}\boldsymbol{B})=(\mathrm{vec}(\boldsymbol{A}))^{\mathrm{H}}\mathrm{vec}(\boldsymbol{B}) \tag{1.11.13}$$

$$\mathrm{tr}(\boldsymbol{ABC})=(\mathrm{vec}(\boldsymbol{A}))^{\mathrm{T}}(\boldsymbol{I}_p\otimes\boldsymbol{B})\mathrm{vec}(\boldsymbol{C}) \tag{1.11.14}$$

而四个矩阵乘积的迹为 [328, p.31]

$$\mathrm{tr}(\boldsymbol{ABCD})=(\mathrm{vec}(\boldsymbol{D}^{\mathrm{T}}))^{\mathrm{T}}(\boldsymbol{C}^{\mathrm{T}}\otimes\boldsymbol{A})\mathrm{vec}(\boldsymbol{B})=(\mathrm{vec}(\boldsymbol{D}))^{\mathrm{T}}(\boldsymbol{A}\otimes\boldsymbol{C}^{\mathrm{T}})\mathrm{vec}(\boldsymbol{B}^{\mathrm{T}})$$

(4) $m\times n$ 矩阵 $\boldsymbol{A}$ 和 $\boldsymbol{B}$ 的 Hadamard 积的向量化函数

$$\mathrm{vec}(\boldsymbol{A}*\boldsymbol{B})=\mathrm{vec}(\boldsymbol{A})*\mathrm{vec}(\boldsymbol{B})=\mathrm{diag}(\mathrm{vec}(\boldsymbol{A}))\mathrm{vec}(\boldsymbol{B}) \tag{1.11.15}$$

式中 $\mathrm{diag}(\mathrm{vec}(\boldsymbol{A}))$ 表示向量化函数 $\mathrm{vec}(\boldsymbol{A})$ 各元素为对角元素的对角矩阵。

(5) 两个向量的 Kronecker 积可以表示成向量外积的向量化

$$\boldsymbol{a}\otimes\boldsymbol{b}=\mathrm{vec}(\boldsymbol{ba}^{\mathrm{T}})=\mathrm{vec}(\boldsymbol{b}\circ\boldsymbol{a}) \tag{1.11.16}$$

(6) 向量化函数与 Khatri-Rao 积的关系[61]

$$\mathrm{vec}(\boldsymbol{U}_{m\times p}\boldsymbol{V}_{p\times p}\boldsymbol{W}_{p\times n}) = (\boldsymbol{W}^{\mathrm{T}} \odot \boldsymbol{U})d(\boldsymbol{V}) \tag{1.11.17}$$

式中，$d(\boldsymbol{V}) = [v_{11}, \cdots, v_{pp}]^{\mathrm{T}}$ 是由矩阵 $\boldsymbol{V}$ 的对角元素组成的列向量。

(7) 矩阵 $\boldsymbol{A}_{m\times p}\boldsymbol{B}_{p\times q}\boldsymbol{C}_{q\times n}$ 乘积的向量化与 Kronecker 积的关系[440,p.263]

$$\mathrm{vec}(\boldsymbol{ABC}) = (\boldsymbol{C}^{\mathrm{T}} \otimes \boldsymbol{A})\mathrm{vec}(\boldsymbol{B}) \tag{1.11.18}$$

$$\mathrm{vec}(\boldsymbol{ABC}) = (\boldsymbol{I}_q \otimes \boldsymbol{AB})\mathrm{vec}(\boldsymbol{C}) = (\boldsymbol{C}^{\mathrm{T}}\boldsymbol{B}^{\mathrm{T}} \otimes \boldsymbol{I}_m)\mathrm{vec}(\boldsymbol{A}) \tag{1.11.19}$$

$$\mathrm{vec}(\boldsymbol{AC}) = (\boldsymbol{I}_p \otimes \boldsymbol{A})\mathrm{vec}(\boldsymbol{C}) = (\boldsymbol{C}^{\mathrm{T}} \otimes \boldsymbol{I}_m)\mathrm{vec}(\boldsymbol{A}) \tag{1.11.20}$$

(8) Kronecker 积的向量化：令 $\boldsymbol{X} \in \mathbb{R}^{p\times m}$ 和 $\boldsymbol{Y} \in \mathbb{R}^{n\times q}$，则[328,p.184]

$$\mathrm{vec}(\boldsymbol{X} \otimes \boldsymbol{Y}) = (\boldsymbol{I}_m \otimes \boldsymbol{K}_{qp} \otimes \boldsymbol{I}_n)(\mathrm{vec}\boldsymbol{X} \otimes \mathrm{vec}\boldsymbol{Y}) \tag{1.11.21}$$

例 1.11.1 矩阵方程 $\boldsymbol{AXB} = \boldsymbol{C}$ 中 $\boldsymbol{A}$ 和 $\boldsymbol{X}$ 分别是 $m\times n$ 和 $n\times p$ 矩阵，而 $\boldsymbol{B}$ 和 $\boldsymbol{C}$ 的维数分别是 $p\times q$ 和 $m\times q$。利用向量化函数的性质 $\mathrm{vec}(\boldsymbol{AXB}) = (\boldsymbol{B}^{\mathrm{T}} \otimes \boldsymbol{A})\mathrm{vec}(\boldsymbol{X})$，原矩阵方程的向量化 $\mathrm{vec}(\boldsymbol{AXB}) = \mathrm{vec}(\boldsymbol{C})$ 可以用 Kronecker 积改写为[424] $(\boldsymbol{B}^{\mathrm{T}} \otimes \boldsymbol{A})\mathrm{vec}(\boldsymbol{X}) = \mathrm{vec}(\boldsymbol{C})$，由此得 $\mathrm{vec}(\boldsymbol{X}) = (\boldsymbol{B}^{\mathrm{T}} \otimes \boldsymbol{A})^{\dagger}\mathrm{vec}(\boldsymbol{C})$。然后，将 $\mathrm{vec}(\boldsymbol{X})$ 矩阵化，即可获得原矩阵方程 $\boldsymbol{AXB} = \boldsymbol{C}$ 的解矩阵 $\boldsymbol{X}$。

例 1.11.2 在系统理论中，经常需要求解矩阵方程 $\boldsymbol{AX} + \boldsymbol{XB} = \boldsymbol{Y}$，其中，所有矩阵的维数均为 $n \times n$。利用向量化算子的性质 $\mathrm{vec}(\boldsymbol{ADB}) = (\boldsymbol{B}^{\mathrm{T}} \otimes \boldsymbol{A})\mathrm{vec}(\boldsymbol{D})$，立即有

$$(\boldsymbol{I}_n \otimes \boldsymbol{A} + \boldsymbol{B}^{\mathrm{T}} \otimes \boldsymbol{I}_n)\mathrm{vec}(\boldsymbol{X}) = \mathrm{vec}(\boldsymbol{Y})$$

由此得

$$\mathrm{vec}(\boldsymbol{X}) = (\boldsymbol{I}_n \otimes \boldsymbol{A} + \boldsymbol{B}^{\mathrm{T}} \otimes \boldsymbol{I}_n)^{\dagger}\mathrm{vec}(\boldsymbol{Y})$$

然后，将 $\mathrm{vec}(\boldsymbol{X})$ 矩阵化，即可得到矩阵方程 $\boldsymbol{AX} + \boldsymbol{XB} = \boldsymbol{Y}$ 的解 $\boldsymbol{X}$。

1.12 稀疏表示与压缩感知

使用少量基本信号的线性组合表示一目标信号，称为信号的稀疏表示。压缩感知又称压缩采样，是一种与数据采集的传统 Nyquist 方法不同的新采样技术。压缩感知理论认为，某些信号和图像可以从比传统方法少得多的样本中恢复或重构。压缩感知与稀疏表示密切相关。

1.12.1 稀疏向量与稀疏表示

一个含有大多数零元素的向量或者矩阵称为稀疏向量 (sparse vector) 或者稀疏矩阵 (sparse matrix)。

信号向量 $\boldsymbol{y}\in\mathbb{R}^m$ 最多可分解为 m 个正交基 (向量) $\boldsymbol{g}_k\in\mathbb{R}^m, k=1,\cdots,m$，这些正交基的集合称为完备正交基 (complete orthogonal basis)。此时，信号分解

$$\boldsymbol{y}=\boldsymbol{G}\boldsymbol{c}=\sum_{i=1}^{m}c_i\boldsymbol{g}_i \tag{1.12.1}$$

中的系数向量 $\boldsymbol{c}$ 一定是非稀疏的。

若将信号向量 $\boldsymbol{y}\in\mathbb{R}^m$ 分解为 n 个 m 维向量 $\boldsymbol{a}_i\in\mathbb{R}^m, i=1,\cdots,n$ (其中 $n>m$) 的线性组合

$$\boldsymbol{y}=\boldsymbol{A}\boldsymbol{x}=\sum_{i=1}^{n}x_i\boldsymbol{a}_i \quad (n>m) \tag{1.12.2}$$

则 $n\,(>m)$ 个向量 $\boldsymbol{a}_i\in\mathbb{R}^m, i=1,\cdots,n$ 不可能是正交基的集合。为了与基区别，这些列向量通常被称为原子 (atom) 或框架。由于原子的个数 n 大于向量空间 $\mathbb{R}^m$ 的维数，所以称这些原子的集合是过完备的 (overcomplete)。过完备的原子组成的矩阵 $\boldsymbol{A}=[\boldsymbol{a}_1,\cdots,\boldsymbol{a}_n]\in\mathbb{R}^{m\times n}(n>m)$ 称为字典或库 (dictionary)。

对字典 (矩阵) $\boldsymbol{A}\in\mathbb{R}^{m\times n}$，通常作如下假设：

(1) $\boldsymbol{A}$ 的行数 m 小于列数 n。

(2) $\boldsymbol{A}$ 具有满行秩，即 $\text{rank}(\boldsymbol{A})=m$。

(3) $\boldsymbol{A}$ 的列具有单位 Euclidean 范数 $\|\boldsymbol{a}_j\|_2=1, j=1,\cdots,n$。

信号过完备分解式 (1.12.2) 为欠定方程，存在无穷多组解向量 $\boldsymbol{x}$。求解这种欠定方程有两种常用方法。

1. 经典方法 (求最小 L_2 范数解)

$$\min\|\boldsymbol{x}\|_2 \quad \text{subject to } \boldsymbol{A}\boldsymbol{x}=\boldsymbol{y} \tag{1.12.3}$$

这种方法的优点是：解是唯一的，其物理解释为最小能量解。然而，由于这种解的每个元素通常取非零值，故不符合许多实际应用的稀疏表示要求。

2. 现代方法 (求最小 L_0 范数解)

$$\min\|\boldsymbol{x}\|_0 \quad \text{subject to } \boldsymbol{A}\boldsymbol{x}=\boldsymbol{y} \tag{1.12.4}$$

式中 L_0 范数 $\|\boldsymbol{x}\|_0$ 是向量 $\boldsymbol{x}$ 的非零元素的个数。

这种方法的优点是：针对许多实际应用情况，只选择一个稀疏的解向量，因为稀疏的系数向量 $\boldsymbol{x}$ 是许多应用中令人最感兴趣的解。这一方法的缺点是计算比较难于处理。

在存在观测数据误差或背景噪声的情况下，最小 L_0 范数解为

$$\min\|\boldsymbol{x}\|_0 \quad \text{subject to } \|\boldsymbol{A}\boldsymbol{x}-\boldsymbol{y}\|_2\leqslant\varepsilon \tag{1.12.5}$$

式中 ε 为一很小的误差或扰动。

当系数向量 $\boldsymbol{x}$ 是稀疏向量时，信号分解 $\boldsymbol{y}=\boldsymbol{A}\boldsymbol{x}$ 称为 (信号的) 稀疏分解 (sparse decomposition)。其中，字典矩阵 $\boldsymbol{A}$ 的列常称为解释变量 (explanatory variables)；向量 $\boldsymbol{y}$

称为响应变量 (response variable) 或目标信号；$\boldsymbol{Ax}$ 称为响应的线性预测；而 $\boldsymbol{x}$ 则可视为目标信号 $\boldsymbol{y}$ 相对于字典 $\boldsymbol{A}$ 的一种表示。

因此，称式 (1.12.4) 是目标信号 $\boldsymbol{y}$ 相对于字典 $\boldsymbol{A}$ 的稀疏表示 (sparse representation)，而式 (1.12.5) 则称为目标信号的稀疏逼近 (sparse approximation)。

给定一个正整数 K，若向量 $\boldsymbol{x}$ 的 L_0 范数 $\|\boldsymbol{x}\|_0 \leqslant K$，则称 $\boldsymbol{x}$ 是 K 稀疏的。当给定一信号向量 $\boldsymbol{y}$ 和一字典 $\boldsymbol{A}$ 时，满足 $\boldsymbol{Ax}=\boldsymbol{y}$ 的系数向量 $\boldsymbol{x}$ 若具有最小 L_0 范数，则称 $\boldsymbol{x}$ 是目标信号 $\boldsymbol{y}$ 相对于字典 $\boldsymbol{A}$ 的最稀疏表示 (sparsest representation)。

稀疏表示属于线性求逆问题 (linear inverse problem)。在通信和信息论中，矩阵 $\boldsymbol{A} \in \mathbb{R}^{m\times N}$ 和向量 $\boldsymbol{x} \in \mathbb{R}^N$ 分别代表编码矩阵和待发送的明码文本 (plaintext)，观测向量 $\boldsymbol{y} \in \mathbb{R}^m$ 则为密码文本 (ciphertext)。线性求逆问题便成了解码问题：即如何从密码文本 $\boldsymbol{y}$ 恢复原始明码文本 $\boldsymbol{x}$。

稀疏表示是信号处理、通信和信息论、计算机视觉、机器学习和模式识别等领域近几年的一大研究和应用热点。

1.12.2 人脸识别的稀疏表示

作为一个典型应用，具体考虑人脸识别问题。假定共有 c 类目标，每一类目标的脸部的每一幅训练图像的矩阵表示结果已经向量化，表示成 $m\times 1$ 向量 (其中 $m=R_1\times R_2$ 为一幅图像的采样样本数目，例如 $m=512\times 512$)，并且每一列都归一化为单位 Euclidean 范数。于是，第 i 类目标的脸部在不同照度下拍摄的 N_i 个训练图像即可表示成 $m\times N_i$ 维数据矩阵 $\boldsymbol{D}_i=[\boldsymbol{d}_{i,1},\boldsymbol{d}_{i,2},\cdots,\boldsymbol{d}_{i,N_i}]\in\mathbb{R}^{m\times N_i}$。给定一足够丰富的训练集 $\boldsymbol{D}_i$，则第 i 个实验对象在另一照度下拍摄的新图像 $\boldsymbol{y}$ 即可以表示成已知训练图像的一线性组合 $\boldsymbol{y}\approx\boldsymbol{D}_i\boldsymbol{\alpha}_i$，其中 $\boldsymbol{\alpha}_i\in\mathbb{R}^m$ 为系数向量。问题是：在实际应用中，往往不知道新的实验样本的具体目标属性，而需要进行人脸识别：判断该样本究竟属于哪一个目标类。

如果我们大致知道或者猜测到新的测试样本是 c 类目标中的某类目标的信号，就可以将这 c 类目标的训练样本构造的字典合写成一个训练数据矩阵

$$\boldsymbol{D}=[\boldsymbol{D}_1,\cdots,\boldsymbol{D}_c]=[\boldsymbol{d}_{1,1},\cdots,\boldsymbol{d}_{1,N_1},\cdots,\boldsymbol{d}_{c,1},\cdots,\boldsymbol{d}_{c,N_c}]\in\mathbb{R}^{m\times N} \tag{1.12.6}$$

其中 $N=\sum\limits_{i=1}^{c}N_i$ 表示所有 c 类目标的训练图像的总个数。于是，待识别的人脸图像 $\boldsymbol{y}$ 可以表示成线性组合

$$\boldsymbol{y}=\boldsymbol{D}\boldsymbol{\alpha}_0=[\boldsymbol{d}_{1,1},\cdots,\boldsymbol{d}_{1,N_1},\cdots,\boldsymbol{d}_{c,1}\cdots,\boldsymbol{d}_{c,N_c}]\begin{bmatrix}\boldsymbol{0}_{N_1}\\ \vdots\\ \boldsymbol{0}_{N_{i-1}}\\ \boldsymbol{\alpha}_i\\ \boldsymbol{0}_{N_{i+1}}\\ \vdots\\ \boldsymbol{0}_{N_c}\end{bmatrix} \tag{1.12.7}$$

其中 $\boldsymbol{0}_{N_k},k=1,\cdots,i-1,i+1,\cdots,c$ 为 N_k 维零向量。

现在，人脸识别便变成一个矩阵方程的求解问题或者线性求逆问题：已知数据向量 $\boldsymbol{y}$ 和数据矩阵 $\boldsymbol{D}$，求矩阵方程 $\boldsymbol{y} = \boldsymbol{D}\boldsymbol{\alpha}_0$ 的解向量 $\boldsymbol{\alpha}_0$。

需要注意的是：通常 $m < N$，故矩阵方程 $\boldsymbol{y} = \boldsymbol{D}\boldsymbol{\alpha}_0$ 欠定，具有无穷多个解。其中，最稀疏的解才是我们感兴趣的解。

鉴于解向量必须是稀疏向量，故人脸识别问题可以描述成一个优化问题

$$\min \|\boldsymbol{\alpha}_0\|_0 \quad \text{subject to } \boldsymbol{y} = \boldsymbol{D}\boldsymbol{\alpha}_0 \tag{1.12.8}$$

这是一个典型的 L_0 范数最小化问题。这一问题的求解将在第 6 章中详细讨论。

1.12.3 稀疏编码

稀疏编码可以给出刺激 (stimuli) 的简洁表示。只给定未标识的输入数据，稀疏编码对可以捕捉数据中的高级特征的基函数进行机器学习。当应用于自然图像时，稀疏编码学会的基函数类似于视觉皮层的感受域[379]。当应用于其他自然刺激 (例如语音和视频) 时，稀疏编码可以产生听觉和视觉定位的基 (localized bases) [313, 378]。

稀疏编码的大多数模型基于线性生成模型[336]。在这一模型中，符号以一种线性的方式组合，并用于对输入进行逼近。稀疏编码问题的提法是[309]：给定一个 m 维实值输入向量 $\boldsymbol{x} \in \mathbb{R}^m$，确定 n 个 m 维基向量 $\boldsymbol{a}_1, \cdots, \boldsymbol{a}_n \in \mathbb{R}^m$ 以及一个稀疏的 n 维权向量或者系数向量 $\boldsymbol{s} \in \mathbb{R}^n$，使得部分基向量的加权线性组合可以充分逼近输入向量，即 $\boldsymbol{x} \approx \boldsymbol{A}\boldsymbol{s}$，其中 $\boldsymbol{A} = [\boldsymbol{a}_1, \cdots, \boldsymbol{a}_n] \in \mathbb{R}^{m \times n}$。

如果给定的是 m 维实值输入向量的一组集合 $(\boldsymbol{x}_1, \cdots, \boldsymbol{x}_k)$，则稀疏编码的目的就是确定基矩阵 $\boldsymbol{A}$ 和系数矩阵 $\boldsymbol{S}$，使得 $\boldsymbol{X} \approx \boldsymbol{A}\boldsymbol{S}$，其中 $\boldsymbol{X} = [\boldsymbol{x}_1, \cdots, \boldsymbol{x}_k] \in \mathbb{R}^{m \times k}$ 和 $\boldsymbol{S} = [\boldsymbol{s}_1, \cdots, \boldsymbol{s}_k] \in \mathbb{R}^{n \times k}$ 分别表示输入矩阵和系数矩阵，并且系数矩阵的每一个列向量都是稀疏向量，即稀疏向量 $\boldsymbol{s}_i$ 是与输入向量 $\boldsymbol{x}_i$ 对应的系数向量。

稀疏编码的主要特点是系数向量只有少数元素不等于零，大多数元素为零。因此，对应于某个输入向量，基矩阵中只有少数基向量被激活，这与新陈代谢的观点不谋而合：越少的神经元被激励时，所用的能量也就越少[336]。

稀疏编码的另一个主要特点取决于它本身是临界完备的，还是过完备的。如果基向量的个数 n 等于输入向量的维数 m，则编码就称临界完备的。临界完备编码 (critically complete coding) 的目标是求一可逆的加权矩阵 $\boldsymbol{A}$，利用它对输入进行变换，以满足对输出作用的某种优化准则，如解相关、稀疏性等。临界完备编码的典型例子有：JPEG 图像压缩中使用的离散余弦变换和正交小波变换等。在临界完备编码的情况下，输入向量的小变化都有可能导致系数的突然变化，从而使得编码对输入向量中的误差或者噪声敏感。为了克服这一缺点，需要使基向量的个数 n 大于输入向量的维数 m，即采用过完备编码 (overcomplete coding)。

采用具有过完备基集合的稀疏编码的主要理由有以下几个方面[380]：

(1) 稀疏化 (sparsification) 会淘汰那些对描述给定的图像结构无用的大量基向量，因为这些基向量与稀疏向量的零元素相乘，而被完全淘汰。

(2) 过完备码对噪声和其他形式的退化具有更大的数值稳定性。

(3) 在使用生成模型对输入结构进行匹配时，过完备编码比临界完备编码具有更大的灵活性。

1.12.4 压缩感知的稀疏表示

由 Nyquist 采样定理知，只有采样速率大于或者等于信号带宽的 2 倍时，才能精确地重建或重构原始信号。然而，对于超宽带通信和信号处理、计算机视觉、生物医学成像、遥感成像、传感器网络等众多应用，信号的带宽越来越大，从而对信号的采样速率、传输速度和存储空间的要求也越来越高。为了应对和缓解这些变化带来的挑战与压力，通常的做法是先使用 Nyquist 速率采样，再进行采样数据的压缩。问题是，对于超宽带信号，Nyquist 速率采样成本太高，而且大量被压缩掉的数据对信号而言是不重要或者冗余的信息。

稀疏信号是指在大多数采样时刻的取值等于零或者近似等于零，只有少数采样时刻的取值明显不等于零的信号。许多自然信号在时域并不是稀疏信号，但是在某个变换域是稀疏的。这些稀疏变换工具包括 Fourier 变换、短时 Fourier 变换、小波变换和 Gabor 变换等。例如，窄带信号通过 Fourier 变换，其频谱是稀疏的。又如，语音信号在时域不是稀疏的，但经过短时 Fourier 变换后，在频域为稀疏的。在时域不是稀疏的，在某个变换域为稀疏的信号常称为可压缩信号。

对于稀疏的或可压缩的信号，既然传统方法采样得到的多数数据会被舍掉，何不避免获取全部数据，而直接采样需要保留的数据呢？压缩 + 低速率采样构成了与 Nyquist 采样理论不同的一种采样新理论 —— 压缩感知 (compressed sensing, CS)。

令 $x(t)$ 是一连续时间信号，理想情况下，我们希望使用 Nyquist 速率采样，得到 n 个离散时间信号的向量 $\boldsymbol{x} = [x(1), \cdots, x(n)]^{\mathrm{T}} \in \mathbb{R}^n$。然而，实际上，我们使用远低于 Nyquist 速率采样，只得到一低维测量数据向量 $\boldsymbol{y} = [y(1), \cdots, y(m)]^{\mathrm{T}} \in \mathbb{R}^m$，其中

$$y(k) = \langle \boldsymbol{\phi}_k, \boldsymbol{x} \rangle, \quad k \in M \tag{1.12.9}$$

式中 $M \subset \{1, \cdots, n\}$ 是一个基数 (cardinality) $m \ll n$ 的子集，而 $\boldsymbol{\phi}_k$ 表示感知基 $\boldsymbol{\Phi} \in \mathbb{R}^{n \times n}$ 的第 k 列。上式又可写成向量形式

$$\boldsymbol{y} = \boldsymbol{A}\boldsymbol{x} \tag{1.12.10}$$

式中，感知矩阵 $\boldsymbol{A} \in \mathbb{R}^{m \times n}$ 的 m 个行向量由感知基 (sensing basis) $\boldsymbol{\Phi}$ 的 m 个列向量的转置排列组成，即 $\boldsymbol{A} = [\boldsymbol{\phi}_1, \cdots, \boldsymbol{\phi}_m]^{\mathrm{T}}$，其中 $1, \cdots, m \in M$。

感知波形 $\boldsymbol{y}$ 可以是时域或空域的采样向量；若感知波形为像素的指标函数，则 $\boldsymbol{y}$ 是由数字摄像机的传感器采集的图像数据向量；若感知波形为正弦波，则 $\boldsymbol{y}$ 是 Fourier 系数向量，这正是核磁共振成像 (magnetic resonance imaging, MRI) 的感知模式。

然而，即使感知波形 $\boldsymbol{y}$ 和感知矩阵 $\boldsymbol{A}$ 已知，我们也无法通过求解矩阵方程 $\boldsymbol{y}=\boldsymbol{A}\boldsymbol{x}$，恢复或者重构高维信号向量 $\boldsymbol{x}$，这主要是因为 $m \ll n$，使得求解欠定的矩阵方程的 n 维解向量 $\boldsymbol{x}$ 往往不实际，何况使用 Nyquist 速率对超宽带信号采样的成本也很高。例如，对某个 1G 带宽的超宽带视频信号，至少得用 2G Hz 的 Nyquist 速率采样，则 $n=2\times 10^9$，即整个解向量 $\boldsymbol{x}$ 至少含有 2×10^9 个元素。

实际的信号或者图像常常是用时域表示的，并且在某个变换域 (例如频域) 是可压缩的，而可压缩的信号或图像往往可以使用稀疏向量充分逼近。于是，可以使用某个表示矩阵 (representation matrix) $\boldsymbol{\Psi}\in\mathbb{R}^{n\times n}$，将 $\boldsymbol{x}$ 从时域变换到频域或者其他某个可压缩的变换域，得到 $\boldsymbol{x}$ 的稀疏表示

$$\boldsymbol{x}=\boldsymbol{\Psi}\boldsymbol{\alpha} \tag{1.12.11}$$

其中，系数向量 $\boldsymbol{\alpha}\in\mathbb{R}^n$ 是 $\boldsymbol{x}$ 的 K-稀疏表示，即 $\boldsymbol{\alpha}$ 只含 K 个非零元素。

综合式 (1.12.10) 和式 (1.12.11) 立即得

$$\boldsymbol{y}=\boldsymbol{A}\boldsymbol{\Psi}\boldsymbol{\alpha}=\boldsymbol{V}\boldsymbol{\alpha} \tag{1.12.12}$$

式中 $\boldsymbol{V}=\boldsymbol{A}\boldsymbol{\Psi}$ 称为全息字典或库 (holographic dictionary)，因为它包含了感知和表示的全面信息。

现在的问题是：在给定感知基 $\boldsymbol{\Phi}\in\mathbb{R}^{n\times n}$ 和表示基 $\boldsymbol{\Psi}\in\mathbb{R}^{n\times n}$ 的情况下，能否通过求解欠定的矩阵方程式 (1.12.12)，由低维的感知波形 $\boldsymbol{y}\in\mathbb{R}^m$ 精确地或高概率地重构出 Nyquist 速率采样的高维数据向量 $\boldsymbol{x}\in\mathbb{R}^n$。

用低维的采样数据向量恢复或重构 Nyquist 速率采样的高维数据向量，称为压缩感知。压缩感知是一种采样新理论[140]，又称压缩采样 (compressive sampling)。

图 1.12.1 画出了压缩感知的方框图。图中，虚线所示的部分为虚拟部分，是实际中不执行的操作。

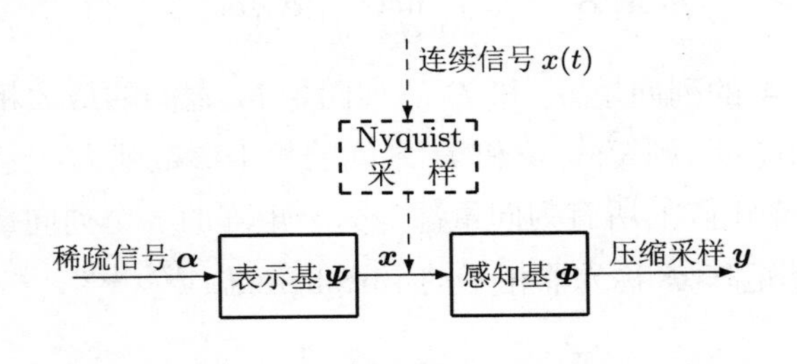

图 1.12.1 信号的压缩感知

表 1.12.1 比较了传统感知与压缩感知之间的不同及联系[529]。

压缩感知依赖于两个基本性质：稀疏性 (与感兴趣的信号有关) 和非相干性 (与传感或感知的方式有关)[85]：

(1) 稀疏性 (sparsity) 表达的思想是：当使用合适的表示基 $\boldsymbol{\Psi}$ 作为信号表示时，许多自然的信号和图像都是稀疏的或可压缩的。

表 1.12.1 传统感知与压缩感知的比较

方法	传统感知	压缩感知
采样速率	Nyquist 速率或更高速率	低速率
感知方式	感知后压缩 (数字式)	感知期间压缩 (物理方式)
感知量	大，后期压缩丢弃很多数据	小，因而可快速感知，传感器少且低廉
压缩比	较好的压缩比，压缩是自适应的	压缩是非自适应的
感知数据计算	简单	复杂，涉及稀疏优化

(2) 非相干性 (incoherence) 的基本思想是：当感知基 $\boldsymbol{\Phi}$ 与表示基 $\boldsymbol{\Psi}$ 不相干时，与感兴趣的自然信号和图像不同，采样或者感知的波形具有极为稠密的表示式 (1.12.12)，其中 $\boldsymbol{\alpha}$ 是一个 K-稀疏的系数向量。

考虑 $m \times n$ 测量矩阵 $\boldsymbol{A} = [\boldsymbol{a}_1, \cdots, \boldsymbol{a}_n]$，其列向量已经全部归一化，即 $\|\boldsymbol{a}_i\|_2 = 1, i = 1, \cdots, n$。衡量一个矩阵质量的经典测度是矩阵列向量之间的相干 (coherence) [139, 207, 478]，定义为两个不同列向量之间的互相关的最大绝对值

$$\mu(\boldsymbol{A}) = \max_{i \neq j} |\langle \boldsymbol{a}_i, \boldsymbol{a}_j \rangle| = \max_{i \neq j} |\boldsymbol{a}_i^{\mathrm{H}} \boldsymbol{a}_j| \tag{1.12.13}$$

粗略地讲，相干参数 μ 可以度量两个列向量之间是如何相类似，若相干参数大，则至少有两个列向量彼此相类似。反之，若相干参数 μ 小，则测量矩阵 $\boldsymbol{A}$ 的各个列是几乎相互正交的。

两个 $n \times n$ 矩阵 $\boldsymbol{A}$ 和 $\boldsymbol{B}$ 之间的互相干参数 (mutual coherence parameter) 定义为[138, 85]

$$\mu(\boldsymbol{A}, \boldsymbol{B}) = \sqrt{n} \max_{1 \leqslant j,k \leqslant n} |\langle \boldsymbol{a}_j, \boldsymbol{b}_k \rangle| \tag{1.12.14}$$

通俗地讲，互相干度量 $\boldsymbol{A}$ 的列向量 $\boldsymbol{a}_j$ 和 $\boldsymbol{B}$ 的列向量 $\boldsymbol{b}_k$ 之间的最大相关。如果 $\boldsymbol{A}$ 和 $\boldsymbol{B}$ 含有相关的任何两个列向量，则矩阵 $\boldsymbol{A}$ 和 $\boldsymbol{B}$ 之间的相干参数就大；反之，若两个矩阵之间的互相干很小，则一个矩阵的所有列向量都与另一矩阵的各个列向量几乎相互正交。

一个 $m \times n$ 感知基矩阵 $\boldsymbol{\Phi}$ 称为非相干的 (incoherent) [478, 479]，若

$$\max_{j \neq k} |\langle \boldsymbol{\phi}_j, \boldsymbol{\phi}_k \rangle| \leqslant \frac{1}{\sqrt{m}} \tag{1.12.15}$$

一个 $m \times n$ $(m < n)$ 宽矩阵 $\boldsymbol{\Phi}$ 称为紧致框架 (tight frame)，若

$$\boldsymbol{\Phi}\boldsymbol{\Phi}^{\mathrm{T}} = \frac{n}{m} \boldsymbol{I}_{m \times m} \tag{1.12.16}$$

满足 $\boldsymbol{M}\boldsymbol{M}^{\mathrm{T}} = c^2 \boldsymbol{I}_{m \times m}$ 的所有 $m \times n$ $(m < n)$ 宽矩阵 $\boldsymbol{M}$ 的集合称为共形矩阵 (conformal matrices)。在所有的共形矩阵中，紧致框架具有最小的谱范数。

由文献 [85] 知，感知基矩阵 $\boldsymbol{\Phi} \in \mathbb{R}^{n\times n}$ 和表示基矩阵 $\boldsymbol{\Psi} \in \mathbb{R}^{n\times n}$ 之间的互相干 $\mu(\boldsymbol{\Phi},\boldsymbol{\Psi}) \in [1,\sqrt{n}]$。因此，称感知基矩阵 $\boldsymbol{\Phi} \in \mathbb{R}^{n\times n}$ 和表示基矩阵 $\boldsymbol{\Psi} \in \mathbb{R}^{n\times n}$ 非相干，若

$$\max_{j\neq k} |\langle \boldsymbol{\phi}_j, \boldsymbol{\psi}_k\rangle| \leqslant 1 \tag{1.12.17}$$

定理 1.12.1[83] 令 $\boldsymbol{x} \in \mathbb{R}^n$，感知矩阵 $\boldsymbol{A} \in \mathbb{R}^{m\times n}$由感知基 $\boldsymbol{\Phi}$ 的 m 个列向量转置组成；并且 $\boldsymbol{x}$ 用表示基 $\boldsymbol{\Psi}$ 表示的系数向量 $\boldsymbol{\alpha}$ 是 K-稀疏的。若

$$m \geqslant C\mu^2(\boldsymbol{\Phi},\boldsymbol{\Psi})K\log(n/\delta) \tag{1.12.18}$$

对某个正常数 C 成立，则 L_1 范数最小化问题

$$\min \|\boldsymbol{\alpha}\|_1 \quad \text{subject to } \boldsymbol{y} = \boldsymbol{A\Psi\alpha} \tag{1.12.19}$$

的解 $\boldsymbol{\alpha}$ 可以以 $1-\delta$ 的概率精确求出，从而高维离散时间向量 $\boldsymbol{x}$ 可以从低维采样向量 $\boldsymbol{y}$ 以 $1-\delta$ 的概率重构。

从定理 1.12.1 可以得出以下结果：

(1) 感知基 $\boldsymbol{\Phi}$ 和表示基 $\boldsymbol{\Psi}$ 之间的相干性越小，所需要的测量样本数 m 就越少。

(2) 虽然低速率只采样了 m 个数据，它比用 Nyquist 速率采样的信号长度 n 少得多，但是并不会造成任何信息的丢失，因为信号可以高概率地精确恢复或者重构。如果 $\mu(\boldsymbol{\Phi},\boldsymbol{\Psi})$ 等于或者接近 1，则只要用 $K\log n$ 数量级的 m 个测量数据即可。

综上所述，压缩感知包含了以下两个关键步骤：

(1) 通过非二次型凸优化问题

$$\min \|\boldsymbol{\alpha}\|_0 \quad \text{subject to } \boldsymbol{y} = \boldsymbol{V\alpha} \tag{1.12.20}$$

的求解，估计稀疏的系数向量 $\boldsymbol{\alpha}$。

(2) Nyquist 速率的采样数据向量通过 $\boldsymbol{x} = \boldsymbol{A\alpha}$ 重构。

压缩感知的采样速率不再取决于信号的带宽，而主要取决于稀疏性和非相干性 (也称等距约束性)。压缩感知问题主要包括了以下三个问题：

(1) 具有稀疏表示能力的过完备字典 $\boldsymbol{\Psi} \in \mathbb{R}^{n\times n}$ 的设计。

(2) 满足与过完备字典 $\boldsymbol{\Psi}$ 非相干或等距约束性准则的感知矩阵 $\boldsymbol{A} \in \mathbb{R}^{m\times n}$ 或者感知基 $\boldsymbol{\Phi} \in \mathbb{R}^{n\times n}$ 的设计。

(3) 非二次型凸优化问题式 (1.12.20) 的求解。

注意，由于 $\boldsymbol{\alpha} \in \mathbb{R}^n$ 是一个 K-稀疏向量，不需要对其 $n-K$ 个“0”元素进行存储，也不对它们进行任何运算，从而大大节省内存空间和计算时间。因此，稀疏向量计算的复杂性和代价仅仅取决于稀疏向量的非零元素的个数。

本章小结

本章从线性方程组出发，引出了向量和矩阵的概念，并介绍了矩阵代数的基本知识：

(1) 向量的范数、内积、线性相关性、正交性和相似度；

(2) 矩阵的标量性能指标：范数、二次型、行列式、特征值、秩和迹；

(3) 向量子空间的基本概念；

(4) 矩阵的逆矩阵、Moore-Penrose 逆矩阵以及线性方程组的求解；

(5) 矩阵的特殊求和与乘积：直和、直积、Hadamard 积与 Kronecker 积；

(6) 向量化与矩阵化。

特别地，还重点介绍了求逆矩阵、广义逆矩阵和 Moore-Penrose 逆矩阵的几种具体算法。

围绕向量和矩阵的一些重要概念和定义，本章还重点介绍了向量的相似度在模式识别的应用 (分类) 以及信号的稀疏表示、稀疏编码与压缩感知。

习 题

1.1 令 $\boldsymbol{x}=[x_1,\cdots,x_m]^{\mathrm{T}},\boldsymbol{y}=[y_1,\cdots,y_n]^{\mathrm{T}},\boldsymbol{z}=[z_1,\cdots,z_k]^{\mathrm{T}}$ 为复向量，分别用矩阵形式表示外积 $\boldsymbol{x}\circ\boldsymbol{y}$ 和 $\boldsymbol{x}\circ\boldsymbol{y}\circ\boldsymbol{z}$。

1.2 证明矩阵加法的结合律 $(\boldsymbol{A}+\boldsymbol{B})+\boldsymbol{C}=\boldsymbol{A}+(\boldsymbol{B}+\boldsymbol{C})$ 和矩阵乘法的右分配律 $(\boldsymbol{A}+\boldsymbol{B})\boldsymbol{C}=\boldsymbol{AC}+\boldsymbol{BC}$。

1.3 令

$$\boldsymbol{X}=\begin{bmatrix}6&0&0\\-3&4&0\\0&5&1\end{bmatrix}\quad 和\quad \boldsymbol{Y}=\begin{bmatrix}1&2&3\\0&-2&1\\7&0&-1\end{bmatrix}$$

求 $\boldsymbol{X}^2,\boldsymbol{Y}^2,\boldsymbol{XY},\boldsymbol{YX}$，并证明

$$(\boldsymbol{X}-\boldsymbol{Y})^2=\boldsymbol{X}^2+\boldsymbol{Y}^2-\boldsymbol{XY}-\boldsymbol{YX}=\begin{bmatrix}52&-37&-19\\-26&37&1\\-64&54&20\end{bmatrix}$$

1.4 假定 $\boldsymbol{A}$ 和 $\boldsymbol{B}$ 具有相同的维数，证明

$$(\boldsymbol{A}+\boldsymbol{B})(\boldsymbol{A}+\boldsymbol{B})^{\mathrm{T}}=(\boldsymbol{A}+\boldsymbol{B})(\boldsymbol{A}^{\mathrm{T}}+\boldsymbol{B}^{\mathrm{T}})=\boldsymbol{AA}^{\mathrm{T}}+\boldsymbol{BB}^{\mathrm{T}}+\boldsymbol{AB}^{\mathrm{T}}+\boldsymbol{BA}^{\mathrm{T}}$$

1.5 令 $\boldsymbol{A}=\begin{bmatrix}0.4&0.6\\0.2&0.8\end{bmatrix}$，计算 $\boldsymbol{A}^2,\boldsymbol{A}^4$ 和 $\boldsymbol{A}^5$。

1.6 已知线性方程组

$$\begin{cases}2y_1-y_2=x_1\\y_1+2y_2=x_2\\-2y_1+3y_2=x_3\end{cases},\qquad \begin{cases}3z_1-z_2=y_1\\5z_1+2z_2=y_2\end{cases}$$

用 z_1, z_2 表示 x_1, x_2, x_3。

1.7 利用初等行变换，将下列矩阵化简为简约阶梯型矩阵

$$\boldsymbol{A}=\begin{bmatrix} 0 & 0 & 0 & 0 & 2 & 8 & 4 \\ 0 & 0 & 0 & 1 & 4 & 9 & 7 \\ 0 & 3 & -11 & -3 & -8 & -15 & -32 \\ 0 & -2 & -8 & 1 & 6 & 13 & 21 \end{bmatrix}$$

1.8 利用初等行变换求解线性方程组

$$\begin{aligned} 2x_1-4x_2+3x_3-4x_4-11x_5&=28 \\ -x_1+2x_2-x_3+2x_4+5x_5&=-13 \\ -3x_3+2x_4+5x_5&=-10 \\ 3x_1-5x_2+10x_3-7x_4+12x_5&=31 \end{aligned}$$

1.9 假定

$$1^3+2^3+\cdots+n^3=a_1n+a_2n^2+a_3n^3+a_4n^4$$

试求常数 a_1, a_2, a_3, a_4。（提示：分别令 $n=1,2,3,4$，得到线性方程组。）

1.10 题图 1.10 画出了某城市 6 个交通枢纽的交通网络图 [255]。其中，节点表示交通枢纽的编号，数字表示在交通高峰期每小时驶入和驶出某个交通枢纽的车辆数。

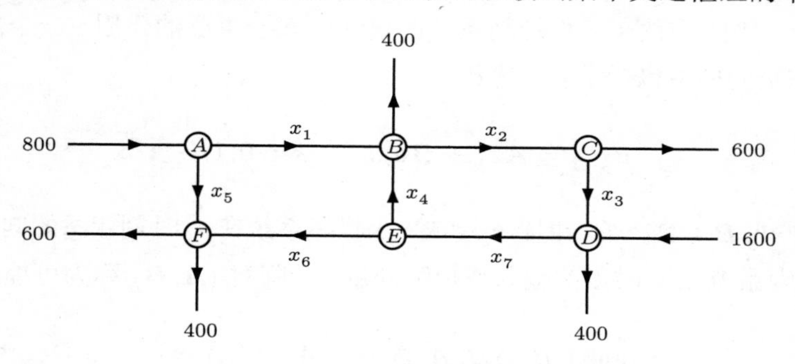

题图 1.10 交通网络图

(1) 写出表示交通网络图各个交通枢纽的交通流量的线性方程组，并求解该方程组。

(2) 若 $x_6=300$ 辆/小时，$x_7=1300$ 辆/小时，求交通流量$x_1\sim x_5$。

1.11 题图 1.11 画出了一电路，求各个支路的电流。

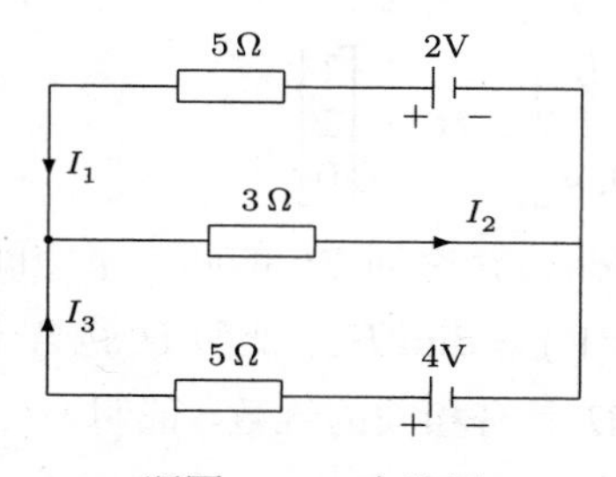

题图 1.11 电路图

1.12 证明自协方差矩阵和互协方差的下列性质：

(1) $\text{Var}(\boldsymbol{Ax}+\boldsymbol{b})=\boldsymbol{A}\text{Var}(\boldsymbol{x})\boldsymbol{A}^{\text{H}}$，其中 $\boldsymbol{A}$ 和 $\boldsymbol{b}$ 分别为常数矩阵和常数向量。

(2) $\text{Cov}(\boldsymbol{x},\boldsymbol{y})=[\text{Cov}(\boldsymbol{y},\boldsymbol{x})]^{\text{H}}$。

(3) $\text{Cov}(\boldsymbol{Ax},\boldsymbol{By})=\boldsymbol{A}\text{Cov}(\boldsymbol{x},\boldsymbol{y})\boldsymbol{B}^{\text{H}}$。

1.13 令 $F:\mathbb{R}^3\mapsto\mathbb{R}^2$ 是一变换，定义为

$$F(\boldsymbol{x})=\begin{bmatrix}2x_1-x_2\\x_2+5x_3\end{bmatrix},\qquad \boldsymbol{x}=\begin{bmatrix}x_1\\x_2\\x_3\end{bmatrix}$$

试确定 F 是否为线性变换？

1.14 令 $\boldsymbol{A}$ 是一个 3×4 矩阵，证明 $\boldsymbol{A}$ 的列线性相关。

1.15 令 $\boldsymbol{A}$ 是一个 4×3 矩阵，证明 $\boldsymbol{A}$ 的行线性相关。

1.16 令 V 是一 n 维子空间，且 $\boldsymbol{b}$ 为任意 $n\times 1$ 向量。证明：存在 $n\times 1$ 向量 $\boldsymbol{v}_0\in V$，使得

$$\|\boldsymbol{b}-\boldsymbol{v}_0\|\leqslant\|\boldsymbol{b}-\boldsymbol{v}\|\qquad\forall\ \boldsymbol{v}\in V$$

(提示：令 $\boldsymbol{e}_1,\cdots,\boldsymbol{e}_n$ 为子空间 V 的正交基，其中，$\boldsymbol{e}_i$，$i=1,\cdots,n$ 是仅第 i 个元素为 1，其他元素等于 0 的 $n\times 1$ 向量。)

1.17 [306] 矩阵的秩在工程控制系统的设计中起着重要的作用。一个离散时间的控制系统的状态空间模型包括了差分方程

$$\boldsymbol{x}_{k+1}=\boldsymbol{Ax}_k+\boldsymbol{Bu}_k,\qquad k=0,1,\cdots$$

式中，$\boldsymbol{A}\in\mathbb{R}^{n\times n},\boldsymbol{B}\in\mathbb{R}^{n\times m}$，并且 $\boldsymbol{x}_k\in\mathbb{R}^n$ 为描述系统在 k 时刻状态的向量，简称状态向量；而 $\boldsymbol{u}_k$ 为系统在 k 时刻的输入或控制向量。矩阵对 $(\boldsymbol{A},\boldsymbol{B})$ 称为可控的，若

$$\text{rank}\left([\boldsymbol{B},\boldsymbol{AB},\boldsymbol{A}^2\boldsymbol{B},\cdots,\boldsymbol{A}^{n-1}\boldsymbol{B}]\right)=n$$

若 $(\boldsymbol{A},\boldsymbol{B})$ 是可控的，则最多用 n 步即可将系统控制到任意一个指定的状态 $\boldsymbol{x}$。试确定以下矩阵对是否可控：

(1) $\boldsymbol{A}=\begin{bmatrix}0.9&1&0\\0&-0.9&0\\0&0&0.5\end{bmatrix},\ \boldsymbol{B}=\begin{bmatrix}0\\1\\1\end{bmatrix}$

(2) $\boldsymbol{A}=\begin{bmatrix}0.8&-0.3&0\\0.2&0.5&1\\0&0&-0.5\end{bmatrix},\ \boldsymbol{B}=\begin{bmatrix}1\\1\\0\end{bmatrix}$

1.18 令 U 和 V 是 Euclidean n 空间 $\mathbb{R}^n$ 的两个子空间，并假定 V 是 U 的子集。证明：$\dim(V)\leqslant\dim(U)$。若 $\dim(V)=\dim(U)$，证明 U 包含于 V，因此 $V=U$。

1.19 令正方矩阵 $\boldsymbol{A}$ 和 $\boldsymbol{B}$ 具有相同的维数，证明 $\text{tr}(\boldsymbol{AB})=\text{tr}(\boldsymbol{BA})$。

1.20 证明 $\boldsymbol{x}^{\text{T}}\boldsymbol{Ax}=\text{tr}(\boldsymbol{x}^{\text{T}}\boldsymbol{Ax})$ 和 $\boldsymbol{x}^{\text{T}}\boldsymbol{Ax}=\text{tr}(\boldsymbol{Axx}^{\text{T}})$。

1.21 令 $\boldsymbol{A} \in \mathbb{R}^{n\times n}$，证明 Schur 不等式 $\text{tr}(\boldsymbol{A}^2) \leqslant \text{tr}(\boldsymbol{A}^{\text{T}}\boldsymbol{A})$，其中等式成立，当且仅当 $\boldsymbol{A}$ 是对称矩阵。

1.22 令 $\boldsymbol{A}$ 为 $n \times n$ 矩阵，证明

$$\frac{\partial|\boldsymbol{A} - \lambda\boldsymbol{I}|}{\partial\lambda} = -\sum_{k=1}^{n}|\boldsymbol{A}_k - \lambda\boldsymbol{I}|$$

式中，$\boldsymbol{A}_k$ 是从矩阵 $\boldsymbol{A}$ 中删去第 k 行和第 k 列剩下的 $(n-1)\times(n-1)$ 子矩阵。

1.23 满足 $|\boldsymbol{A} - \lambda\boldsymbol{I}| = 0$ 的根称为矩阵 $\boldsymbol{A}$ 的特征根。证明：若 λ 是矩阵 $\boldsymbol{A}$ 的一个单特征根，则至少有一个行列式 $|\boldsymbol{A}_k - \lambda\boldsymbol{I}| = 0$。

1.24 直线方程可以表示为 $ax + by = -1$。证明一条通过点 (x_1, y_1) 和 (x_2, y_2) 的直线方程为

$$\begin{vmatrix} 1 & x & y \\ 1 & x_1 & y_1 \\ 1 & x_2 & y_2 \end{vmatrix} = 0$$

1.25 平面方程可以表示为 $ax + by + cz = -1$。证明：通过三点 (x_i, y_i, z_i), $i = 1, 2, 3$ 的平面方程由下式决定

$$\begin{vmatrix} 1 & x & y & z \\ 1 & x_1 & y_1 & z_1 \\ 1 & x_2 & y_2 & z_2 \\ 1 & x_3 & y_3 & z_3 \end{vmatrix} = 0$$

1.26 在不展开行列式的情况下，证明下列结果

$$2\begin{vmatrix} a & b & c \\ d & e & f \\ x & y & z \end{vmatrix} = \begin{vmatrix} a+b & b+c & c+a \\ d+e & e+f & f+d \\ x+y & y+z & z+x \end{vmatrix}$$

和

$$2\begin{vmatrix} 0 & a & b \\ a & 0 & c \\ b & c & 0 \end{vmatrix} = \begin{vmatrix} b+a & c & c \\ b & a+c & b \\ a & a & c+b \end{vmatrix}$$

1.27 令 $\boldsymbol{A}_{n\times n}$ 正定，并且 $\boldsymbol{B}_{n\times n}$ 半正定，证明 $\det(\boldsymbol{A} + \boldsymbol{B}) \geqslant \det(\boldsymbol{A})$。

1.28 令 $\boldsymbol{A}_{n\times n}$ 和 $\boldsymbol{B}_{n\times n}$ 都是半正定矩阵，证明 $\det(\boldsymbol{A} + \boldsymbol{B}) \geqslant \det(\boldsymbol{A}) + \det(\boldsymbol{B})$。

1.29 令 $\boldsymbol{A}_{12\times 12}$ 满足 $\boldsymbol{A}^5 = 3\boldsymbol{A}$。试求 $|\boldsymbol{A}|$ 的所有可能的数值。

1.30 已知 $\boldsymbol{X} = [\boldsymbol{A}, \boldsymbol{B}]$ 是一个分块矩阵，证明

$$|\boldsymbol{X}|^2 = |\boldsymbol{A}\boldsymbol{A}^{\text{T}} + \boldsymbol{B}\boldsymbol{B}^{\text{T}}| = \begin{vmatrix} \boldsymbol{A}^{\text{T}}\boldsymbol{A} & \boldsymbol{A}^{\text{T}}\boldsymbol{B} \\ \boldsymbol{B}^{\text{T}}\boldsymbol{A} & \boldsymbol{B}^{\text{T}}\boldsymbol{B} \end{vmatrix}$$

1.31[444, p.361] 已知 $n \times n$ 矩阵 $\boldsymbol{M} = \boldsymbol{I} - \boldsymbol{X}(\boldsymbol{X}^{\text{T}}\boldsymbol{X})^{-1}\boldsymbol{X}^{\text{T}}$。若矩阵 $\boldsymbol{X}$ 的秩为 r_X，且 $\boldsymbol{y}$ 是一个正态分布的随机向量，即 $\boldsymbol{y} \sim N(\boldsymbol{X}\boldsymbol{b}, \sigma^2\boldsymbol{I})$，证明

(1) $\text{E}\{\boldsymbol{y}^{\text{T}}\boldsymbol{M}\boldsymbol{y}\} = (n - r_X)\sigma^2$。

(2) $\boldsymbol{y}^{\text{T}}\boldsymbol{M}\boldsymbol{y}$ 和 $\boldsymbol{y}^{\text{T}}(\boldsymbol{I} - \boldsymbol{M})\boldsymbol{y}$ 是统计独立的随机变量。

(3) $\boldsymbol{y}^{\text{T}}\boldsymbol{M}\boldsymbol{y}/\sigma^2$ 服从自由度为 $(n - r_X)$ 的 $\mathcal{X}^2$ 分布，即 $\boldsymbol{y}^{\text{T}}\boldsymbol{M}\boldsymbol{y}/\sigma^2 \sim \mathcal{X}^2_{n-r_X}$。

(4) 当 $\boldsymbol{Xb}=\boldsymbol{0}$ 时，$\boldsymbol{y}^{\mathrm{T}}(\boldsymbol{I}-\boldsymbol{M})\boldsymbol{y}/\sigma^2 \sim \mathcal{X}^2_{r_X}$。

1.32 令 $\boldsymbol{A}^2=\boldsymbol{A}$，用下面两种方法证明 $\text{rank}(\boldsymbol{I}-\boldsymbol{A})=n-\text{rank}(\boldsymbol{A})$：(1) 利用矩阵 $\boldsymbol{A}$ 的迹与秩相等的性质；(2) 考虑线性方程组 $(\boldsymbol{I}-\boldsymbol{A})\boldsymbol{x}=\boldsymbol{0}$ 的线性无关解。

1.33 已知矩阵

$$\boldsymbol{A}=\begin{bmatrix} 1 & 1 & 1 & 2 \\ -1 & 0 & 2 & -3 \\ 2 & 4 & 8 & 5 \end{bmatrix}$$

求矩阵 $\boldsymbol{A}$ 的秩和零维。（提示：将矩阵 $\boldsymbol{A}$ 化为阶梯型。）

1.34 令 $\boldsymbol{A}$ 是一个 $m\times n$ 矩阵，证明 $\text{rank}(\boldsymbol{A})\leqslant m$ 和 $\text{rank}(\boldsymbol{A})\leqslant n$。

1.35 考虑线性方程组

$$\begin{aligned} x_1+3x_2-x_3&=a_1 \\ x_1+2x_2&=a_2 \\ 3x_1+7x_2-x_3&=a_3 \end{aligned}$$

(1) 确定线性方程组为一致方程的充分必要条件。

(2) 假定三种情况：

① $a_1=2, a_2=2, a_3=6$；

② $a_1=1, a_2=0, a_3=-2$；

③ $a_1=0, a_2=1, a_3=2$。

判断线性方程组是否为一致方程。若是一致方程，则给出相对应的解。

1.36 令 $\boldsymbol{A}$ 是一个 3×4 矩阵，其零维等于 1。证明对 3×1 实向量$\boldsymbol{b}$ 的每一种选择，3×4 线性方程 $\boldsymbol{Ax}=\boldsymbol{b}$ 均是一致方程。

1.37 当 α 取何值时，线性方程组

$$\begin{aligned} (\alpha+3)x_1+x_2+2x_3&=\alpha \\ 3(\alpha+1)x_1+\alpha x_2+(\alpha+3)x_3&=3 \\ \alpha x_1+(\alpha-1)x_2+x_3&=\alpha \end{aligned}$$

有唯一解、无解和无穷多解。当方程组有无穷多解时，求出它的通解。

1.38 当 α 和 β 取何值时，线性方程组

$$\begin{aligned} x_1+3x_2+6x_3+x_4&=3 \\ x_1+x_2+2x_3+3x_4&=1 \\ x_1-5x_2-10x_3+12x_4&=\alpha \\ 3x_1-x_2-\beta x_3+15x_4&=3 \end{aligned}$$

有唯一解、无解和无穷多解。当方程组有无穷多解时，求出它的通解。

1.39 [444] 已知矩阵方程 $\boldsymbol{A}\boldsymbol{x}=\boldsymbol{b}$ 为

$$x_1+2x_2+3x_3=26$$
$$3x_1+7x_2+10x_3=87$$
$$2x_1+11x_2+7x_3=73$$

(1) 利用高斯消去法求解方程。

(2) 将矩阵 $\boldsymbol{A}$ 的第 j 列用 $\boldsymbol{b}$ 代替，并记所得矩阵为 $\boldsymbol{A}_j$。证明 (1) 中求出的方程的解可以表示为

$$x_j=|\boldsymbol{A}_j|/|\boldsymbol{A}|,\quad j=1,2,3$$

这一方法称为求解线性方程的 Cramer 法则。

(3) 证明对 $\boldsymbol{A}_{n\times n}\boldsymbol{x}_{n\times 1}=\boldsymbol{b}_{n\times 1}$ 的一般情况，若 $|\boldsymbol{A}|\neq 0$，则由 Cramer 法则求出的解 $\boldsymbol{x}=[x_1,x_2,\cdots,x_n]^{\mathrm{T}}$ 确实满足线性方程 $\boldsymbol{A}\boldsymbol{x}=\boldsymbol{b}$。

1.40 假定 $\boldsymbol{A}$ 和 $\boldsymbol{B}$ 都是 $n\times n$ 矩阵，并且 $\boldsymbol{A}$ 非奇异。从线性方程组的角度证明：若 $\boldsymbol{A}\boldsymbol{B}=\boldsymbol{O}$ (零矩阵)，则 $\boldsymbol{B}=\boldsymbol{O}$。

1.41 设向量组

$$\boldsymbol{a}_1=[1,1,1,3]^{\mathrm{T}},\qquad \boldsymbol{a}_2=[-1,-3,5,1]^{\mathrm{T}}$$
$$\boldsymbol{a}_3=[3,2,-1,p+2]^{\mathrm{T}},\qquad \boldsymbol{a}_4=[-2,-6,10,p]^{\mathrm{T}}$$

(1) p 为何值时，此向量组线性无关？用 $\boldsymbol{a}_1\sim\boldsymbol{a}_4$ 的线性组合表示 $\boldsymbol{a}=[4,1,6,10]^{\mathrm{T}}$。

(2) p 取何值时，该向量组线性相关？求出此时矩阵 $[\boldsymbol{a}_1,\boldsymbol{a}_2,\boldsymbol{a}_3,\boldsymbol{a}_4]$ 的秩和一个极大线性无关的向量组。

1.42 已知向量组

$$\boldsymbol{a}_1=\begin{bmatrix}a\\2\\10\end{bmatrix},\quad \boldsymbol{a}_2=\begin{bmatrix}-2\\1\\5\end{bmatrix},\quad \boldsymbol{a}_3=\begin{bmatrix}-1\\1\\4\end{bmatrix},\quad \boldsymbol{b}=\begin{bmatrix}1\\b\\c\end{bmatrix}$$

试分别求出满足以下条件的 a,b,c 值：

(1) $\boldsymbol{b}$ 可由 $\boldsymbol{a}_1,\boldsymbol{a}_2,\boldsymbol{a}_3$ 线性表示，且唯一。

(2) $\boldsymbol{b}$ 不能由 $\boldsymbol{a}_1,\boldsymbol{a}_2,\boldsymbol{a}_3$ 线性表示。

(3) $\boldsymbol{b}$ 可由 $\boldsymbol{a}_1,\boldsymbol{a}_2,\boldsymbol{a}_3$ 线性表示，但表示不唯一。并求出一般表达式。

1.43 令矩阵 $\boldsymbol{A}_{m\times n}$ 的秩 $r=\mathrm{rank}(\boldsymbol{A})$。证明：若 $\boldsymbol{A}$ 分块为

$$\boldsymbol{A}=\begin{bmatrix}\boldsymbol{A}_{11}&\boldsymbol{A}_{12}\\\boldsymbol{A}_{21}&\boldsymbol{A}_{22}\end{bmatrix}$$

式中，$r\times r$ 矩阵 $\boldsymbol{A}_{11}$ 是一个秩为 r 的非奇异矩阵，则 $\boldsymbol{A}_{22}=\boldsymbol{A}_{21}\boldsymbol{A}_{11}^{-1}\boldsymbol{A}_{12}$。（提示：注意 $[\boldsymbol{A}_{21},\boldsymbol{A}_{22}]$ 的行是 $[\boldsymbol{A}_{11},\boldsymbol{A}_{12}]$ 的 r 行的线性组合，即有 $[\boldsymbol{A}_{21},\boldsymbol{A}_{22}]=\boldsymbol{F}[\boldsymbol{A}_{11},\boldsymbol{A}_{12}]$。类似地，矩阵 $\boldsymbol{A}$ 的右边 $n-r$ 列是左边 r 列的线性组合。）

1.44 令两个向量相互正交，证明它们线性无关。

1.45 矩阵 $\boldsymbol{A}^2 = \boldsymbol{A}$ 和 $\boldsymbol{B}^2 = \boldsymbol{B}$，并且 $\boldsymbol{B}$ 的列是 $\boldsymbol{A}$ 的列的线性组合。证明 $\boldsymbol{AB} = \boldsymbol{B}$。

1.46 证明

$$\boldsymbol{A}\,\text{非奇异} \ \Leftrightarrow\ \det\begin{bmatrix} \boldsymbol{A} & \boldsymbol{B} \\ \boldsymbol{C} & \boldsymbol{D} \end{bmatrix} = \det(\boldsymbol{A})\det(\boldsymbol{D} - \boldsymbol{C}\boldsymbol{A}^{-1}\boldsymbol{B})$$

1.47 证明 $\text{rank}(\boldsymbol{A} + \boldsymbol{B}) \leqslant \text{rank}[\boldsymbol{A}, \boldsymbol{B}] \leqslant \text{rank}(\boldsymbol{A}) + \text{rank}(\boldsymbol{B})$。

1.48 证明 $\text{rank}[\boldsymbol{A}, \boldsymbol{B}] \leqslant \text{rank}(\boldsymbol{A}) + \text{rank}(\boldsymbol{B})$。

1.49 验证向量组

$$A = \left\{ \begin{bmatrix} 1 \\ 0 \\ 1 \\ 2 \end{bmatrix}, \begin{bmatrix} -1 \\ 1 \\ 1 \\ 0 \end{bmatrix}, \begin{bmatrix} -1 \\ -2 \\ 1 \\ 0 \end{bmatrix} \right\}$$

是一组正交向量。

1.50 令 $B = \{\boldsymbol{v}_1, \boldsymbol{v}_2, \boldsymbol{v}_3\}$ 是 Euclidean 空间 $\mathbb{R}^3$ 的一组正交基。给定向量 $\boldsymbol{u} \in \mathbb{R}^3$，试确定常数 a_1, a_2, a_3 使得 $\boldsymbol{u} = a_1\boldsymbol{v}_1 + a_2\boldsymbol{v}_2 + a_3\boldsymbol{v}_3$。

1.51 证明满足 $(\boldsymbol{I} - \boldsymbol{A})(\boldsymbol{I} + \boldsymbol{A}) = \boldsymbol{O}$ 的矩阵 $\boldsymbol{A}$ 为对合矩阵。

1.52 设 $\boldsymbol{A}_{n\times n}$ 为对合矩阵，证明 $\boldsymbol{B} = \dfrac{1}{2}(\boldsymbol{I} + \boldsymbol{A})$ 为幂等矩阵。

1.53 令 $\boldsymbol{A}$ 是一个幂等矩阵，证明：其所有特征值取 1 或者 0。

1.54 若 $\boldsymbol{A}$ 是一个幂等矩阵，证明：$\boldsymbol{A}^{\text{H}}, \boldsymbol{IA}$ 和 $\boldsymbol{I} - \boldsymbol{A}^{\text{H}}$ 均为幂等矩阵。

1.55 使用 Gram-Schmidt 正交化方法构造子空间 $V = \text{Span}\{\boldsymbol{v}_1, \boldsymbol{v}_2, \boldsymbol{v}_3\}$ 的正交基和标准正交基，其中

$$\boldsymbol{v}_1 = \begin{bmatrix} 0 \\ 2 \\ 1 \\ 1 \end{bmatrix}, \quad \boldsymbol{v}_2 = \begin{bmatrix} 0 \\ 3 \\ 1 \\ 1 \end{bmatrix}, \quad \boldsymbol{v}_3 = \begin{bmatrix} 1 \\ 1 \\ 1 \\ 0 \end{bmatrix}$$

1.56 已知 3×5 矩阵

$$\boldsymbol{A} = \begin{bmatrix} 1 & 3 & 2 & 5 & 7 \\ 2 & 1 & 0 & 6 & 1 \\ 1 & 1 & 2 & 5 & 4 \end{bmatrix}$$

用 MATLAB 函数 orth(A) 和 null(A) 分别求矩阵 $\boldsymbol{A}$ 的列空间 $\text{Span}(\boldsymbol{A})$ 的正交基和零空间 $\text{Null}(\boldsymbol{A})$。

1.57 令 $\boldsymbol{x}$ 和 $\boldsymbol{y}$ 是 Euclidean n 空间 $\mathbb{R}^n$ 的任意两个向量，证明 Cauchy-Schwartz 不等式 $|\boldsymbol{x}^{\text{T}}\boldsymbol{y}| \leqslant \|\boldsymbol{x}\|\|\boldsymbol{y}\|$。（提示：观察 $\|\boldsymbol{x} - c\boldsymbol{y}\|^2 \geqslant 0$ 对所有标量 c 成立。）

1.58 令 $\boldsymbol{x}$ 和 $\boldsymbol{y}$ 是 Euclidean n 空间 $\mathbb{R}^n$ 的任意两个向量，证明三角不等式 $\|\boldsymbol{x}+\boldsymbol{y}\| \leqslant \|\boldsymbol{x}\| + \|\boldsymbol{y}\|$。（提示：展开 $\|\boldsymbol{x} + \boldsymbol{y}\|^2$，并利用 Cauchy-Schwartz 不等式。）

1.59 令 $B = \{\boldsymbol{v}_1, \boldsymbol{v}_2, \cdots, \boldsymbol{v}_n\}$ 是子空间 W 的标准正交基，且 $\boldsymbol{u}$ 是子空间 W 内的向量。证明：若 $\boldsymbol{u} = a_1\boldsymbol{v}_1 + a_2\boldsymbol{v}_2 + \cdots + a_n\boldsymbol{v}_n$，则

$$\|\boldsymbol{u}\|^2 = |a_1|^2 + |a_2|^2 + \cdots + |a_n|^2$$

1.60 证明任意一组由 $\mathbb{R}^3$ 中的 4 个或更多个向量的集合不可能组成 $\mathbb{R}^3$ 的正交基。

1.61 定义变换 $H:\mathbb{R}^2 \mapsto \mathbb{R}^2$ 为

$$H(\boldsymbol{x})=\begin{bmatrix}x_1+x_2-1\\ 3x_1\end{bmatrix},\qquad \boldsymbol{x}=\begin{bmatrix}x_1\\ x_2\end{bmatrix}$$

判断 H 是否为线性变换。

1.62 令

$$\boldsymbol{P}=\begin{bmatrix}0.5 & 0.2 & 0.3\\ 0.3 & 0.8 & 0.3\\ 0.2 & 0 & 0.4\end{bmatrix},\qquad \boldsymbol{x}_0=\begin{bmatrix}1\\ 0\\ 0\end{bmatrix}$$

假定一系统的状态向量可以用 Markov 链 $\boldsymbol{x}_{k+1}=\boldsymbol{P}\boldsymbol{x}_k,\ k=0,1,\cdots$ 描述。试计算状态向量 $\boldsymbol{x}_1,\boldsymbol{x}_2,\cdots,\boldsymbol{x}_{15}$，分析系统随时间的变化。

1.63 已知矩阵函数

$$\boldsymbol{A}(x)=\begin{bmatrix}2x & -1 & x & 2\\ 4 & x & 1 & -1\\ 3 & 2 & x & 5\\ 1 & -2 & 3 & x\end{bmatrix}$$

求 $\dfrac{\mathrm{d}^3|\boldsymbol{A}(x)|}{\mathrm{d}x^3}$。(提示：按任意行或列展开行列式 $|\boldsymbol{A}(x)|$，并且只需要关心 x^4 和 x^3 项。)

1.64 证明：若 $\boldsymbol{A}_1$ 非奇异，则

$$\begin{vmatrix}\boldsymbol{A}_1 & \boldsymbol{A}_2\\ \boldsymbol{A}_3 & \boldsymbol{A}_4\end{vmatrix}=|\boldsymbol{A}_1||\boldsymbol{A}_4-\boldsymbol{A}_3\boldsymbol{A}_1^{-1}\boldsymbol{A}_2|$$

1.65 求矩阵 $\boldsymbol{A}^{\mathrm{T}}=\boldsymbol{A}$ 和 $\boldsymbol{B}^{\mathrm{T}}\neq\boldsymbol{B}$，使得下面的每一个二次型分别可以写成 $\boldsymbol{x}^{\mathrm{T}}\boldsymbol{A}\boldsymbol{x}$ 和 $\boldsymbol{x}^{\mathrm{T}}\boldsymbol{B}\boldsymbol{x}$：

(1) $7x_1^2+14x_1x_2+5x_2^2$。

(2) $(x_1-2x_2)^2+(3x_2-x_3)^2+(6x_1-4x_3)^2$。

(3) $2(x_1^2+x_2^2+x_3^2)-2(x_1x_2+x_1x_3+x_2x_3)$。

(4) $a_1x_1^2+a_2x_2^2+a_3x_3^2+b_1x_1x_2+b_2x_1x_3+b_3x_2x_3$。

1.66 判断下列二次型的正定性：

(1) $f=-2x_1^2-8x_2^2-6x_3^2+2x_1x_2+2x_1x_3$。

(2) $f=x_1^2+4x_2^2+9x_3^2+15x_4^2-2x_1x_2+4x_1x_3+2x_1x_4-6x_2x_4-12x_3x_4$。

1.67 证明：

(1) 若 $\boldsymbol{B}$ 为实的非奇异矩阵，则 $\boldsymbol{A}=\boldsymbol{B}\boldsymbol{B}^{\mathrm{T}}$ 正定。

(2) 若 $|\boldsymbol{C}|\neq 0$，则 $\boldsymbol{A}=\boldsymbol{C}\boldsymbol{C}^{\mathrm{H}}$ 正定。

1.68 令 $\boldsymbol{A}$ 和 $\boldsymbol{B}$ 均为 $n\times n$ 实数矩阵，证明迹函数的 Cauchy-Schwartz 不等式：

(1) $(\mathrm{tr}(\boldsymbol{A}^{\mathrm{T}}\boldsymbol{B}))^2\leqslant \mathrm{tr}(\boldsymbol{A}^{\mathrm{T}}\boldsymbol{A})\mathrm{tr}(\boldsymbol{B}^{\mathrm{T}}\boldsymbol{B})$，其中等号成立，当且仅当 $\boldsymbol{A}$ 和 $\boldsymbol{B}$ 中之一是另一个的倍数；

(2) $(\mathrm{tr}(\boldsymbol{A}^{\mathrm{T}}\boldsymbol{B}))^2 \leqslant \mathrm{tr}(\boldsymbol{A}^{\mathrm{T}}\boldsymbol{A}\boldsymbol{B}^{\mathrm{T}}\boldsymbol{B})$，其中等号成立，当且仅当 $\boldsymbol{A}\boldsymbol{B}^{\mathrm{T}}$ 为对称矩阵；

(3) $(\mathrm{tr}(\boldsymbol{A}^{\mathrm{T}}\boldsymbol{B}))^2 \leqslant \mathrm{tr}(\boldsymbol{A}\boldsymbol{A}^{\mathrm{T}}\boldsymbol{B}\boldsymbol{B}^{\mathrm{T}})$，其中等号成立，当且仅当 $\boldsymbol{A}^{\mathrm{T}}\boldsymbol{B}$ 为对称矩阵。

1.69 证明 $\det(\boldsymbol{I}+\boldsymbol{u}\boldsymbol{v}^{\mathrm{T}}) = 1+\boldsymbol{u}^{\mathrm{T}}\boldsymbol{v}$。

1.70 证明 $\mathrm{tr}(\boldsymbol{ABC}) = \mathrm{tr}(\boldsymbol{BCA}) = \mathrm{tr}(\boldsymbol{CAB})$。

1.71 令矩阵 $\boldsymbol{A}$ 的特征值为 λ_i，证明 $\mathrm{eig}(\boldsymbol{I}+c\boldsymbol{A}) = 1+c\lambda_i$ 和 $\mathrm{eig}(\boldsymbol{A}-c\boldsymbol{I}) = \lambda_i - c$。

1.72 设 $n\times n$ $(n\geqslant 3)$ 矩阵

$$\boldsymbol{A} = \begin{bmatrix} 1 & a & \cdots & a \\ a & 1 & \cdots & a \\ \vdots & \vdots & \ddots & \vdots \\ a & a & \cdots & 1 \end{bmatrix}$$

当 a 取何值时，矩阵 $\boldsymbol{A}$ 的秩为 $n-1$。

1.73 已知 $\boldsymbol{AB}=\boldsymbol{BA}=\boldsymbol{O}$ (零矩阵) 和 $\mathrm{rank}(\boldsymbol{A}^2)=\mathrm{rank}(\boldsymbol{A})$，证明

(1) $\mathrm{rank}(\boldsymbol{A}+\boldsymbol{B}) = \mathrm{rank}(\boldsymbol{A})+\mathrm{rank}(\boldsymbol{B})$。

(2) $\mathrm{rank}(\boldsymbol{A}^k+\boldsymbol{B}^k) = \mathrm{rank}(\boldsymbol{A}^k)+\mathrm{rank}(\boldsymbol{B}^k)$，其中 k 是某个整数。

1.74 令 $\boldsymbol{C}_{n\times n}$ 是一任意对称矩阵，证明：存在满足 $\boldsymbol{AB}=\boldsymbol{O}$ 的两个唯一非负定矩阵 $\boldsymbol{A}$ 和 $\boldsymbol{B}$，使得 $\boldsymbol{C}=\boldsymbol{A}-\boldsymbol{B}$。

1.75 已知向量组 $\{\boldsymbol{x}_1,\boldsymbol{x}_2,\cdots,\boldsymbol{x}_p\}$ 中 $\boldsymbol{x}_p\neq\boldsymbol{0}$。令 $a_1,a_2,\cdots,a_{p-1}$ 为任意常数，并且

$$\boldsymbol{y}_i = \boldsymbol{x}_i + a_i\boldsymbol{x}_p,\quad i=1,2,\cdots,p-1$$

证明向量组 $\{\boldsymbol{y}_1,\boldsymbol{y}_2,\cdots,\boldsymbol{y}_{p-1}\}$ 线性无关的充分条件是向量组 $\{\boldsymbol{x}_1,\boldsymbol{x}_2,\cdots,\boldsymbol{x}_p\}$ 线性无关。

1.76 证明：若 $\boldsymbol{A}^{\mathrm{T}}\boldsymbol{A}=\boldsymbol{A}$，则 $\boldsymbol{A}=\boldsymbol{A}^{\mathrm{T}}=\boldsymbol{A}^2$。

1.77 [444] 设

$$\boldsymbol{K}=\boldsymbol{K}^{\mathrm{T}}=\boldsymbol{K}^3,\quad \boldsymbol{K}\boldsymbol{1}=\boldsymbol{0},\qquad \boldsymbol{K}\begin{bmatrix}1\\2\\-3\end{bmatrix}=\begin{bmatrix}1\\2\\-3\end{bmatrix}$$

式中，$\boldsymbol{1}$ 是一个元素全部为 1 的向量。计算下列值，并且说明为什么在无须计算 $\boldsymbol{K}$ 的情况下，可以得到下列值的原因：

(1) $\boldsymbol{K}$ 的阶数。

(2) $\boldsymbol{K}$ 的秩。

(3) $\boldsymbol{K}$ 的迹和行列式。

(4) $\boldsymbol{K}^{26}$ 的迹和行列式。

(5) 矩阵 $6\boldsymbol{K}^{60}-7\boldsymbol{K}^{37}+3\boldsymbol{I}$ 的迹与行列式。

1.78 利用迹的性质，证明不等式 $|\langle\boldsymbol{A},\boldsymbol{B}\rangle|^2 \leqslant \|\boldsymbol{A}\|^2\|\boldsymbol{B}\|^2$ 的等号成立，当且仅当 $\boldsymbol{A}=c\boldsymbol{B}$，其中 c 是一复常数。

1.79 假定下面提到的每个逆矩阵都存在，证明以下结果：

(1) $(\boldsymbol{A}^{-1}+\boldsymbol{I})^{-1}=\boldsymbol{A}(\boldsymbol{A}+\boldsymbol{I})^{-1}$。

(2) $(\boldsymbol{A}^{-1}+\boldsymbol{B}^{-1})^{-1}=\boldsymbol{A}(\boldsymbol{A}+\boldsymbol{B})^{-1}\boldsymbol{B}=\boldsymbol{B}(\boldsymbol{A}+\boldsymbol{B})^{-1}\boldsymbol{A}$。

(3) $(\boldsymbol{I}+\boldsymbol{AB})^{-1}\boldsymbol{A}=\boldsymbol{A}(\boldsymbol{I}+\boldsymbol{BA})^{-1}$。

(4) $(\boldsymbol{A}+\boldsymbol{B})^{-1}=\boldsymbol{A}^{-1}\boldsymbol{B}^{-1}$ 意味着 $\boldsymbol{A}+\boldsymbol{ABA}^{-1}=\boldsymbol{B}+\boldsymbol{B}^{-1}\boldsymbol{AB}$。

(5) $\boldsymbol{A}-\boldsymbol{A}(\boldsymbol{A}+\boldsymbol{B})^{-1}\boldsymbol{A}=\boldsymbol{B}-\boldsymbol{B}(\boldsymbol{A}+\boldsymbol{B})^{-1}\boldsymbol{B}$。

1.80 验证分块矩阵求逆公式：

(1) 矩阵 $\boldsymbol{A}$ 可逆时，为

$$\begin{bmatrix}\boldsymbol{A} & \boldsymbol{U}\\ \boldsymbol{V} & \boldsymbol{D}\end{bmatrix}^{-1}=\begin{bmatrix}\boldsymbol{A}^{-1}+\boldsymbol{A}^{-1}\boldsymbol{U}(\boldsymbol{D}-\boldsymbol{VA}^{-1}\boldsymbol{U})^{-1}\boldsymbol{VA}^{-1} & -\boldsymbol{A}^{-1}\boldsymbol{U}(\boldsymbol{D}-\boldsymbol{VA}^{-1}\boldsymbol{U})^{-1}\\ -(\boldsymbol{D}-\boldsymbol{VA}^{-1}\boldsymbol{U})^{-1}\boldsymbol{VA}^{-1} & (\boldsymbol{D}-\boldsymbol{VA}^{-1}\boldsymbol{U})^{-1}\end{bmatrix}$$

(2) 矩阵 $\boldsymbol{A}$ 和 $\boldsymbol{D}$ 可逆时，为

$$\begin{bmatrix}\boldsymbol{A} & \boldsymbol{U}\\ \boldsymbol{V} & \boldsymbol{D}\end{bmatrix}^{-1}=\begin{bmatrix}(\boldsymbol{A}-\boldsymbol{UD}^{-1}\boldsymbol{V})^{-1} & -\boldsymbol{A}^{-1}\boldsymbol{U}(\boldsymbol{D}-\boldsymbol{VA}^{-1}\boldsymbol{U})^{-1}\\ -\boldsymbol{D}^{-1}\boldsymbol{V}(\boldsymbol{A}-\boldsymbol{UD}^{-1}\boldsymbol{V})^{-1} & (\boldsymbol{D}-\boldsymbol{VA}^{-1}\boldsymbol{U})^{-1}\end{bmatrix}$$

(3) 矩阵 $\boldsymbol{A}$ 和 $\boldsymbol{D}$ 可逆时，为

$$\begin{bmatrix}\boldsymbol{A} & \boldsymbol{U}\\ \boldsymbol{V} & \boldsymbol{D}\end{bmatrix}^{-1}=\begin{bmatrix}(\boldsymbol{A}-\boldsymbol{UD}^{-1}\boldsymbol{V})^{-1} & -(\boldsymbol{A}-\boldsymbol{UD}^{-1}\boldsymbol{V})^{-1}\boldsymbol{UD}^{-1}\\ -(\boldsymbol{D}-\boldsymbol{VA}^{-1}\boldsymbol{U})^{-1}\boldsymbol{VA}^{-1} & (\boldsymbol{D}-\boldsymbol{VA}^{-1}\boldsymbol{U})^{-1}\end{bmatrix}$$

1.81 证明逆矩阵的以下性质：

(1) 逆矩阵的行列式等于原矩阵行列式的倒数，即 $|\boldsymbol{A}^{-1}|=\dfrac{1}{|\boldsymbol{A}|}$。

(2) 逆矩阵是非奇异的。

(3) $(\boldsymbol{A}^{-1})^{-1}=\boldsymbol{A}$。

(4) 复共轭转置矩阵的逆矩阵 $(\boldsymbol{A}^{\mathrm{H}})^{-1}=(\boldsymbol{A}^{-1})^{\mathrm{H}}=\boldsymbol{A}^{-\mathrm{H}}$。

(5) 若 $\boldsymbol{A}^{\mathrm{H}}=\boldsymbol{A}$，则 $(\boldsymbol{A}^{-1})^{\mathrm{H}}=\boldsymbol{A}^{-1}$。

(6) $(\boldsymbol{A}^{*})^{-1}=(\boldsymbol{A}^{-1})^{*}$。

1.82 证明：逆矩阵的特征值等于原矩阵特征值的倒数，即 $\mathrm{eig}(\boldsymbol{A}^{-1})=1/\mathrm{eig}(\boldsymbol{A})$。

1.83 证明：一个正方矩阵 $\boldsymbol{A}$ 可逆，当且仅当 $\boldsymbol{AB}=\boldsymbol{I}$ 对某个正方矩阵 $\boldsymbol{B}$ 成立。

1.84 用矩阵求逆公式 $\boldsymbol{A}^{-1}=\frac{1}{\det(\boldsymbol{A})}\mathrm{adj}(\boldsymbol{A})$ 分别计算矩阵

$$\boldsymbol{A}=\begin{bmatrix}1 & 3 & 2\\ 5 & 2 & 0\\ 2 & -1 & 1\end{bmatrix},\quad \boldsymbol{B}=\begin{bmatrix}4 & 1 & 3\\ 0 & 2 & 0\\ -4 & 1 & -4\end{bmatrix}$$

的逆矩阵。(注：$\mathrm{adj}(\boldsymbol{A})$ 表示矩阵 $\boldsymbol{A}$ 的伴随矩阵。)

1.85 若 $\boldsymbol{Y}=(\boldsymbol{AX}+\boldsymbol{B})(\boldsymbol{CX}+\boldsymbol{D})^{-1}$，试用 $\boldsymbol{Y}$ 表示 $\boldsymbol{X}$。

1.86 只满足条件 $\boldsymbol{AGA}=\boldsymbol{A}$ 的矩阵 $\boldsymbol{G}$ 称为矩阵 $\boldsymbol{A}$ 的广义逆矩阵，记作 $\boldsymbol{G}=\boldsymbol{A}^{-}$。设 $\boldsymbol{A},\boldsymbol{G}$ 和 $\boldsymbol{H}$ 分别是 $m\times n, n\times m$ 和 $n\times p$ 矩阵。证明：若 $\mathrm{rank}(\boldsymbol{A})=\mathrm{rank}(\boldsymbol{AH})$，则 $\boldsymbol{GAH}=\boldsymbol{H}\Longrightarrow\boldsymbol{G}=\boldsymbol{A}^{-}$。

1.87 令 $\boldsymbol{I}$ 为 $n\times n$ 单位矩阵，$\boldsymbol{J}_{n\times n}$ 是全部元素等于 1 的矩阵。若 $a+(n-1)b=0$，证明 $(a-b)^{-1}\boldsymbol{I}$ 是矩阵 $(a-b)\boldsymbol{I}+b\boldsymbol{J}$ 的满足定义 $\boldsymbol{AGA}=\boldsymbol{A}$ 的广义逆矩阵。

1.88 一个对角矩阵 $\boldsymbol{H}$ 称为 Hermitian 标准型，若它的对角线元素仅由 0 和 1 组成。对于任意一个正方矩阵 $\boldsymbol{A}$，总是存在非奇异矩阵 $\boldsymbol{C}$ 使得 $\boldsymbol{CA}=\boldsymbol{H}$ 为 Hermitian 标准型。证明 $\boldsymbol{C}=\boldsymbol{A}^-$ 是矩阵 $\boldsymbol{A}$ 的广义逆矩阵。

1.89 令 $\boldsymbol{A}_{m\times n}$ 和 $\boldsymbol{R}_{p\times n}$ 是两个复矩阵，并且 $\boldsymbol{N}_{n\times q}$ 是一满足 $\boldsymbol{RN}=\boldsymbol{O}$ 的任意矩阵，其秩为 $n-\mathrm{rank}(\boldsymbol{R})$，记

$$
\begin{aligned}
\boldsymbol{D}&=\boldsymbol{N}(\boldsymbol{N}^{\mathrm{H}}\boldsymbol{A}^{\mathrm{H}}\boldsymbol{A}\boldsymbol{N})^-\boldsymbol{N}^{\mathrm{H}}\boldsymbol{A}^{\mathrm{H}}\\
\boldsymbol{E}&=\boldsymbol{A}^{\mathrm{H}}-\boldsymbol{A}^{\mathrm{H}}\boldsymbol{A}\boldsymbol{D}
\end{aligned}
$$

证明：

(1) 方程 $\begin{bmatrix}\boldsymbol{A}^{\mathrm{H}}\boldsymbol{A} & \boldsymbol{R}^{\mathrm{H}}\\ \boldsymbol{R} & \boldsymbol{O}\end{bmatrix}\begin{bmatrix}\boldsymbol{X}\\ \boldsymbol{Y}\end{bmatrix}=\begin{bmatrix}\boldsymbol{A}^{\mathrm{H}}\\ \boldsymbol{O}\end{bmatrix}$ 是一致方程。

(2) 若 $\begin{bmatrix}\boldsymbol{A}^{\mathrm{H}}\boldsymbol{A} & \boldsymbol{R}^{\mathrm{H}}\\ \boldsymbol{R} & \boldsymbol{O}\end{bmatrix}^-=\begin{bmatrix}\boldsymbol{C}_1 & \boldsymbol{C}_2^{\mathrm{H}}\\ \boldsymbol{C}_2 & \boldsymbol{C}_3\end{bmatrix}$，则

① $\boldsymbol{C}_2^{\mathrm{H}}$ 是 $\boldsymbol{R}$ 的广义逆矩阵。

② $\boldsymbol{R}\boldsymbol{C}_1\boldsymbol{R}^{\mathrm{H}}=\boldsymbol{O}$。

③ $\boldsymbol{A}\boldsymbol{C}_1\boldsymbol{A}^{\mathrm{H}}$ 为幂等矩阵，即 $(\boldsymbol{A}\boldsymbol{C}_1\boldsymbol{A}^{\mathrm{H}})^2=\boldsymbol{A}\boldsymbol{C}_1\boldsymbol{A}^{\mathrm{H}}$。

④ $\boldsymbol{C}_1$ 是矩阵 $\boldsymbol{A}^{\mathrm{H}}\boldsymbol{A}$ 的广义逆矩阵，并且 $\boldsymbol{C}_1\boldsymbol{A}^{\mathrm{H}}$ 是矩阵 $\boldsymbol{A}$ 的广义逆矩阵[265]。

1.90 令

$$
\boldsymbol{T}=\begin{bmatrix}0 & -a_3 & a_2\\ a_3 & 0 & -a_1\\ -a_2 & a_1 & 0\end{bmatrix}
$$

证明 $-(a_1^2+a_2^2+a_3^2)^{-1}\boldsymbol{T}$ 是 $\boldsymbol{T}$ 的广义逆矩阵 $\boldsymbol{T}^-$。

1.91 利用矩阵的满秩分解，求矩阵

$$
\boldsymbol{A}=\begin{bmatrix}1 & 2 & 4 & 3\\ 3 & -1 & 2 & -2\\ 5 & -4 & 0 & -7\end{bmatrix},\qquad \boldsymbol{B}=\begin{bmatrix}1 & 2 & -1\\ 3 & 2 & 1\\ -1 & -2 & -1\\ 3 & 5 & 4\end{bmatrix}
$$

的广义逆矩阵 $\boldsymbol{A}^-$ 和 $\boldsymbol{B}^-$。

1.92 设 $\boldsymbol{KA}=\boldsymbol{O}$ 和 $\boldsymbol{K}^2=\boldsymbol{K}$，且 $\boldsymbol{K}$ 非奇异，证明矩阵 $\boldsymbol{A}$ 的广义逆矩阵 $\boldsymbol{A}^-=(\boldsymbol{A}-\boldsymbol{K})^{-1}$。

1.93 已知 $\boldsymbol{K}^2=\boldsymbol{K}$，且 $\boldsymbol{Z}^-$ 是矩阵 $\boldsymbol{Z}=\boldsymbol{KAK}$ 的广义逆矩阵。证明：$\boldsymbol{K}\boldsymbol{Z}^-\boldsymbol{K}$ 也是 $\boldsymbol{Z}$ 的一个广义逆矩阵。

1.94 设 $\boldsymbol{G}$ 是 $\boldsymbol{A}$ 的一个广义逆矩阵。证明：它也是矩阵 $\boldsymbol{AG}$ 的一个广义逆矩阵，当且仅当 $\boldsymbol{G}^2$ 是 $\boldsymbol{A}$ 的一个广义逆矩阵。

1.95 满足 Moore-Penrose 逆矩阵两个条件 $\boldsymbol{AGA}=\boldsymbol{A}$ 和 $\boldsymbol{GAG}=\boldsymbol{G}$ 的矩阵 $\boldsymbol{G}$ 称为矩阵 $\boldsymbol{A}$ 的自反广义逆矩阵 (reflexive generalized inverse)。证明：$\text{rank}(\boldsymbol{G})=\text{rank}(\boldsymbol{A})$ 对 $\boldsymbol{AGA}=\boldsymbol{A}$ 成立，当且仅当 $\boldsymbol{G}$ 是 $\boldsymbol{A}$ 的一个自反广义逆矩阵。

1.96 令

$$\boldsymbol{G}=\boldsymbol{Q}\begin{bmatrix}\boldsymbol{I}_r & \boldsymbol{U}\\ \boldsymbol{V} & \boldsymbol{VU}\end{bmatrix}\boldsymbol{P}$$

其中，$\boldsymbol{I}_r$ 为单位矩阵，$\boldsymbol{P}$ 和 $\boldsymbol{Q}$ 非奇异，并且

$$\boldsymbol{PAQ}=\begin{bmatrix}\boldsymbol{I}_r & \boldsymbol{O}\\ \boldsymbol{O} & \boldsymbol{O}\end{bmatrix},\quad \boldsymbol{O}\ \text{为零矩阵}$$

证明 $\boldsymbol{G}$ 是 $\boldsymbol{A}$ 的自反广义逆矩阵。

1.97 验证 $\boldsymbol{A}^{\dagger}=(\boldsymbol{A}^{\text{H}}\boldsymbol{A})^{\dagger}\boldsymbol{A}^{\text{H}}$ 和 $\boldsymbol{A}^{\dagger}=\boldsymbol{A}^{\text{H}}(\boldsymbol{A}\boldsymbol{A}^{\text{H}})^{\dagger}$ 分别满足 Moore-Penrose 逆矩阵的四个条件。

1.98 证明右伪逆矩阵 $\boldsymbol{F}_m^{\dagger}=\boldsymbol{F}_m^{\text{H}}(\boldsymbol{F}_m\boldsymbol{F}_m^{\text{H}})^{-1}$ 的递推公式

$$\boldsymbol{F}_m^{\dagger}=\begin{bmatrix}\boldsymbol{F}_{m-1}^{\dagger}-\boldsymbol{\Delta}_m\boldsymbol{F}_{m-1}^{\dagger}\boldsymbol{f}_m\boldsymbol{c}_m\\ \boldsymbol{\Delta}_m\boldsymbol{c}_m^{\text{H}}\end{bmatrix}$$

式中，$\boldsymbol{c}_m^{\text{H}}=\boldsymbol{f}_m^{\text{H}}(\boldsymbol{I}_n-\boldsymbol{F}_{m-1}\boldsymbol{F}_{m-1}^{\dagger})$，$\boldsymbol{\Delta}_m=\boldsymbol{c}_m^{\text{H}}\boldsymbol{f}_m$。递推的初始值为 $\boldsymbol{F}_1^{\dagger}=\boldsymbol{f}_1^{\text{H}}/(\boldsymbol{f}_1^{\text{H}}\boldsymbol{f}_1)$。

1.99 证明：

(1) 所有左和右逆矩阵都是自反广义逆矩阵，它们分别满足 Moore-Penrose 对称条件 $\boldsymbol{AGA}=\boldsymbol{A}$ 和 $\boldsymbol{GAG}=\boldsymbol{G}$ 之中的一个条件。

(2) 一个满行 (列) 秩矩阵 $\boldsymbol{A}$ 的所有广义逆矩阵 $\boldsymbol{A}^{-}$ 都是右 (左) 逆矩阵。

1.100 求 3×1 向量 $\boldsymbol{a}=[1,5,7]^{\text{T}}$ 的 Moore-Penrose 逆矩阵。

1.101 证明 $\boldsymbol{A}(\boldsymbol{A}^{\text{T}}\boldsymbol{A})^{-2}\boldsymbol{A}^{\text{T}}$ 是 $\boldsymbol{A}\boldsymbol{A}^{\text{T}}$ 的 Moore-Perrose 逆矩阵。

1.102 证明关于 Moore-Penrose 逆矩阵的下列定义条件 (1) 和条件 (2) 等价：

(1) $\boldsymbol{AGA}=\boldsymbol{A},\quad \boldsymbol{GAG}=\boldsymbol{G},\quad (\boldsymbol{AG})^{\#}=\boldsymbol{AG},\quad (\boldsymbol{GA})^{\#}=\boldsymbol{GA}$。

(2) $\boldsymbol{A}^{\#}\boldsymbol{AG}=\boldsymbol{A}^{\#},\quad \boldsymbol{G}^{\#}\boldsymbol{GA}=\boldsymbol{G}^{\#}$。

1.103 设 $\boldsymbol{A}$ 是一对称矩阵，并且 $\boldsymbol{M}$ 是 $\boldsymbol{A}$ 的 Moore-Penrose 逆矩阵。证明：矩阵 $\boldsymbol{M}^2$ 是 $\boldsymbol{A}^2$ 的 Moore-Penrose 逆矩阵。

1.104 令 $\boldsymbol{A}$ 是一个幂等矩阵，证明 $\boldsymbol{A}=\boldsymbol{A}^{\dagger}$。

1.105 已知矩阵

$$\boldsymbol{A}=\begin{bmatrix}1 & 0 & -1 & 1\\ 0 & 2 & 2 & 2\\ -1 & 4 & 5 & 3\end{bmatrix}$$

利用矩阵的满秩分解法，求 Moore-Penrose 逆矩阵 $\boldsymbol{A}^{\dagger}$。

1.106 分别利用递推法 (算法 1.8.3) 和迹方法 (算法 1.8.4) 求矩阵

$$\boldsymbol{X}=\begin{bmatrix}1 & 0 & -2\\ 0 & 1 & -1\\ -1 & 1 & 1\\ 2 & -1 & 2\end{bmatrix}$$

的 Moore-Penrose 逆矩阵 $\boldsymbol{X}^\dagger$。

1.107 考虑映射 $\boldsymbol{UV}=\boldsymbol{W}$，其中 $\boldsymbol{U}\in\mathbb{C}^{m\times n},\boldsymbol{V}\in\mathbb{C}^{n\times p},\boldsymbol{W}\in\mathbb{C}^{m\times p}$，并且 $\boldsymbol{U}$ 是一个秩亏缺矩阵。证明 $\boldsymbol{V}=\boldsymbol{U}^\dagger\boldsymbol{W}$，其中 $\boldsymbol{U}^\dagger\in\mathbb{C}^{n\times m}$ 是 $\boldsymbol{U}$ 的 Moore-Penrose 逆矩阵。

1.108 证明：若 $\boldsymbol{Ax}=\boldsymbol{b}$ 为一致方程，则其通解为 $\boldsymbol{x}=\boldsymbol{A}^\dagger\boldsymbol{b}+(\boldsymbol{I}-\boldsymbol{A}^\dagger\boldsymbol{A})\boldsymbol{z}$，其中 $\boldsymbol{A}^\dagger$ 是 $\boldsymbol{A}$ 的 Moore-Penrose 逆矩阵，并且 $\boldsymbol{z}$ 为任意向量。

1.109 令矩阵 $\boldsymbol{A}$ 和 $\boldsymbol{B}$ 是使得矩阵乘积 $\boldsymbol{AB}$ 存在，并且 $\boldsymbol{B}_1=\boldsymbol{A}^\dagger\boldsymbol{AB}$ 和 $\boldsymbol{A}_1=\boldsymbol{AB}_1\boldsymbol{B}_1^\dagger$，证明 Cline[119] 建立的下列结果

$$\boldsymbol{AB}=\boldsymbol{A}_1\boldsymbol{B}_1\quad 和\quad (\boldsymbol{AB})^\dagger=(\boldsymbol{A}_1\boldsymbol{B}_1)^\dagger=\boldsymbol{B}_1^\dagger\boldsymbol{A}_1^\dagger$$

1.110 证明线性映射 $T:V\mapsto W$ 的下列性质

$$T(\boldsymbol{0})=\boldsymbol{0}\qquad 和\qquad T(-\boldsymbol{x})=-T(\boldsymbol{x})$$

1.111 令 U 是 P_3 空间的子空间，定义为

$$U=\{p(x)=a_0+a_1x+a_2x^2+a_3x^3:\ a_3=-2a_0+3a_1+a_2\}$$

证明 U 与 P_3 同构。

1.112 已知 $P_{\text{ex}}(n)=\text{tr}\,(\boldsymbol{R\Phi}(n-1))$，其中 $\boldsymbol{R}=\text{E}\{\boldsymbol{x}(n)\boldsymbol{x}^{\text{H}}(n)\}$ 是 $M\times 1$ 随机数据向量 $\boldsymbol{x}(n)$ 的自相关矩阵，而

$$\boldsymbol{\Phi}(n)\approx\lambda^2\boldsymbol{\Phi}(n-1)+\sigma^2\text{E}\left\{\hat{\boldsymbol{R}}^{-1}(n)\boldsymbol{x}(n)\boldsymbol{x}^{\text{H}}(n)\hat{\boldsymbol{R}}^{-1}(n)\right\}$$

式中 $0<\lambda<1$，并且 $\hat{\boldsymbol{R}}(n)=\sum\limits_{i=0}^{n}\lambda^{n-i}\boldsymbol{x}(i)\boldsymbol{x}^{\text{H}}(i)$ 是真实自相关矩阵 $\boldsymbol{R}$ 的样本估计。证明

$$P_{\text{ex}}(\infty)=\text{tr}\,(\boldsymbol{R\Phi}(\infty))\approx\frac{1-\lambda}{1+\lambda}M\sigma^2$$

(提示：求逆矩阵的数学期望 $\text{E}\{\hat{\boldsymbol{R}}^{-1}\}$ 的近似。)

1.113 证明：对于任何 $m\times n$ 矩阵 $\boldsymbol{A}$，其向量化函数

$$\text{vec}(\boldsymbol{A})=(\boldsymbol{I}_n\otimes\boldsymbol{A})\text{vec}(\boldsymbol{I}_n)=(\boldsymbol{A}^{\text{T}}\otimes\boldsymbol{I}_n)\text{vec}(\boldsymbol{I}_m)$$

1.114 证明 $\boldsymbol{A}\otimes\boldsymbol{B}$ 非奇异的充要条件是 $\boldsymbol{A},\boldsymbol{B}$ 非奇异。证明 $(\boldsymbol{A}\otimes\boldsymbol{B})^{-1}=\boldsymbol{A}^{-1}\otimes\boldsymbol{B}^{-1}$。

1.115 证明 Kronecker 积的 Moore-Penrose 逆矩阵的关系 $(\boldsymbol{A}\otimes\boldsymbol{B})^\dagger=\boldsymbol{A}^\dagger\otimes\boldsymbol{B}^\dagger$。

1.116 若 $\boldsymbol{A},\boldsymbol{B},\boldsymbol{C}$ 为相同维数的正方矩阵，并且 $\boldsymbol{C}^{\text{T}}=\boldsymbol{C}$，证明

$$(\text{vec}(\boldsymbol{C}))^{\text{T}}(\boldsymbol{A}\otimes\boldsymbol{B})\text{vec}(\boldsymbol{C})=(\text{vec}(\boldsymbol{C}))^{\text{T}}(\boldsymbol{B}\otimes\boldsymbol{A})\text{vec}(\boldsymbol{C})$$

1.117 令 $\boldsymbol{A},\boldsymbol{B},\boldsymbol{C}$ 和 $\boldsymbol{D}$ 具有适当的维数，使得 $\boldsymbol{ABCD}$ 满足矩阵乘积定义。证明

$$\begin{aligned}\text{tr}(\boldsymbol{ABCD})&=(\text{vec}(\boldsymbol{D}^{\text{T}}))^{\text{T}}(\boldsymbol{C}^{\text{T}}\otimes\boldsymbol{A})\text{vec}(\boldsymbol{B})\\&=(\text{vec}(\boldsymbol{D}))^{\text{T}}(\boldsymbol{A}\otimes\boldsymbol{C}^{\text{T}})\text{vec}(\boldsymbol{B}^{\text{T}})\end{aligned}$$

1.118 令 $\boldsymbol{A}$ 为 $m\times m$ 对称矩阵，$\boldsymbol{B}$ 为 $m\times n$ 矩阵，$\boldsymbol{C}=\boldsymbol{AB}$，且 $\boldsymbol{D}=\boldsymbol{I}_m-\boldsymbol{CC}^\dagger$。证明：

$$(\boldsymbol{AC})^\dagger=\boldsymbol{C}^\dagger\boldsymbol{A}^\dagger[\boldsymbol{I}_m-(\boldsymbol{DA}^\dagger)^\dagger\boldsymbol{DA}^\dagger]$$

1.119 令 $\boldsymbol{A},\boldsymbol{B}\in\mathbb{R}^{m\times n}$，证明：

$$\mathrm{tr}(\boldsymbol{A}^{\mathrm{T}}\boldsymbol{B})=(\mathrm{vec}(\boldsymbol{A}))^{\mathrm{T}}\mathrm{vec}(\boldsymbol{B})=\sum\mathrm{vec}(\boldsymbol{A}*\boldsymbol{B})$$

式中 $\sum\mathrm{vec}(\cdot)$ 表示对列向量函数的所有元素求和。

1.120 令 $\boldsymbol{x}_i$ 和 $\boldsymbol{x}_j$ 是矩阵 $\boldsymbol{X}$ 的列向量，它们的协方差矩阵为 $\mathrm{Cov}\left(\boldsymbol{x}_i,\boldsymbol{x}_j^{\mathrm{T}}\right)=\boldsymbol{M}_{ij}$。于是，向量化函数 $\mathrm{vec}(\boldsymbol{X})$ 的方差–协方差矩阵 $\mathrm{Var}(\mathrm{vec}(\boldsymbol{X}))$ 是一分块矩阵，其子矩阵为 $\boldsymbol{M}_{ij}$，即有 $\mathrm{Var}(\mathrm{vec}(\boldsymbol{X}))=\{\boldsymbol{M}_{ij}\}$。对于 $\boldsymbol{M}_{ij}=m_{ij}\boldsymbol{V}$ 的特殊情况，若 m_{ij} 是矩阵 $\boldsymbol{M}$ 的元素，证明：

(1) $\mathrm{Var}(\mathrm{vec}(\boldsymbol{X}))=\boldsymbol{M}\otimes\boldsymbol{V}$。

(2) $\mathrm{Var}(\mathrm{vec}(\boldsymbol{TX}))=\boldsymbol{M}\otimes\boldsymbol{TVT}^{\mathrm{T}}$。

(3) $\mathrm{Var}(\mathrm{vec}(\boldsymbol{X}^{\mathrm{T}}))=\boldsymbol{V}\otimes\boldsymbol{M}$。

1.121 给定 $n\times n$ 矩阵 $\boldsymbol{A}$ 和 $\boldsymbol{B}$。(1) 令 $\boldsymbol{d}=[d_1,\cdots,d_n]^{\mathrm{T}}$，并且 $\boldsymbol{D}=\mathrm{diag}(d_1,\cdots,d_n)$，证明 $\boldsymbol{d}^{\mathrm{T}}(\boldsymbol{A}*\boldsymbol{B})\boldsymbol{d}=\mathrm{tr}(\boldsymbol{ADB}^{\mathrm{T}}\boldsymbol{D})$。(2) 若 $\boldsymbol{A}$ 和 $\boldsymbol{B}$ 均为正定矩阵，证明 Hadamard 积 $\boldsymbol{A}*\boldsymbol{B}$ 是正定矩阵。这一性质称为 Hadamard 积的正定性。

1.122 证明：(1) $\mathrm{vec}(\boldsymbol{xy}^{\mathrm{T}})=\boldsymbol{y}\otimes\boldsymbol{x}$；(2) $\mathrm{vec}(\boldsymbol{A}\otimes\boldsymbol{b})=\mathrm{vec}(\boldsymbol{A})\otimes\boldsymbol{b}$；(3) $\mathrm{vec}(\boldsymbol{a}_{p\times 1}^{\mathrm{T}}\otimes\boldsymbol{B}_{m\times n})=(\boldsymbol{I}_{pn}\otimes\boldsymbol{I}_m)(\boldsymbol{a}\otimes\mathrm{vec}(\boldsymbol{B}))$。

1.123 证明：$\boldsymbol{a}\otimes\boldsymbol{b}=\mathrm{vec}(\boldsymbol{ba}^{\mathrm{T}})$。

1.124 证明：$\mathrm{vec}(\boldsymbol{PQ})=(\boldsymbol{Q}^{\mathrm{T}}\otimes\boldsymbol{P})\mathrm{vec}(\boldsymbol{I})=(\boldsymbol{Q}^{\mathrm{T}}\otimes\boldsymbol{I})\mathrm{vec}(\boldsymbol{P})=(\boldsymbol{I}\otimes\boldsymbol{P})\mathrm{vec}(\boldsymbol{Q})$。

1.125 验证：$\mathrm{tr}(\boldsymbol{XA})=(\mathrm{vec}(\boldsymbol{A}^{\mathrm{T}}))^{\mathrm{T}}\mathrm{vec}(\boldsymbol{X})=(\mathrm{vec}(\boldsymbol{X}^{\mathrm{T}}))^{\mathrm{T}}\mathrm{vec}(\boldsymbol{A})$。

1.126 令 $\boldsymbol{A}$ 是一 $m\times n$ 矩阵，而 $\boldsymbol{B}$ 是一 $p\times q$ 矩阵，证明：$(\boldsymbol{A}\otimes\boldsymbol{B})\boldsymbol{K}_{nq}=\boldsymbol{K}_{mp}(\boldsymbol{B}\otimes\boldsymbol{A})$ 和 $\boldsymbol{K}_{pm}(\boldsymbol{A}\otimes\boldsymbol{B})\boldsymbol{K}_{nq}=\boldsymbol{B}\otimes\boldsymbol{A}$。

1.127 对任意 $m\times n$ 矩阵 $\boldsymbol{A}$ 和 $p\times 1$ 向量 $\boldsymbol{b}$，证明：

(1) $\boldsymbol{K}_{pm}(\boldsymbol{A}\otimes\boldsymbol{b})=\boldsymbol{b}\otimes\boldsymbol{A}$

(2) $\boldsymbol{K}_{mp}(\boldsymbol{b}\otimes\boldsymbol{A})=\boldsymbol{A}\otimes\boldsymbol{b}$

(3) $(\boldsymbol{A}\otimes\boldsymbol{b})\boldsymbol{K}_{np}=\boldsymbol{b}^{\mathrm{T}}\otimes\boldsymbol{A}$

(4) $(\boldsymbol{b}^{\mathrm{T}}\otimes\boldsymbol{A})\boldsymbol{K}_{pn}=\boldsymbol{A}\otimes\boldsymbol{b}$

1.128 证明：m 维单位矩阵与 n 维单位矩阵的 Kronecker 积给出 mn 维单位矩阵，即有 $\boldsymbol{I}_m\otimes\boldsymbol{I}_n=\boldsymbol{I}_{mn}$。

1.129 令 $\boldsymbol{X}\in\mathbb{R}^{I\times JK},\boldsymbol{G}\in\mathbb{R}^{P\times QR},\boldsymbol{A}\in\mathbb{R}^{I\times P},\boldsymbol{B}\in\mathbb{R}^{J\times Q},\boldsymbol{C}\in\mathbb{R}^{K\times R}$，并且 $\boldsymbol{A}^{\mathrm{T}}\boldsymbol{A}=\boldsymbol{I}_P,\boldsymbol{B}^{\mathrm{T}}\boldsymbol{B}=\boldsymbol{I}_Q,\boldsymbol{C}^{\mathrm{T}}\boldsymbol{C}=\boldsymbol{I}_R$，证明：若 $\boldsymbol{X}=\boldsymbol{AG}(\boldsymbol{C}\otimes\boldsymbol{B})^{\mathrm{T}}$，且 $\boldsymbol{X}$ 和 $\boldsymbol{A},\boldsymbol{B},\boldsymbol{C}$ 给定，则矩阵 $\boldsymbol{G}$ 可以由 $\boldsymbol{G}=\boldsymbol{A}^{\mathrm{T}}\boldsymbol{X}(\boldsymbol{C}\otimes\boldsymbol{B})$ 恢复或重构。

1.130 利用向量化与 Kronecker 积的关系 $\mathrm{vec}(\boldsymbol{UVW}) = (\boldsymbol{W}^{\mathrm{T}} \otimes \boldsymbol{U})\mathrm{vec}(\boldsymbol{V})$ 求 $\boldsymbol{X} = \boldsymbol{AG}(\boldsymbol{C} \otimes \boldsymbol{B})^{\mathrm{T}}$ 的向量化表示。

1.131 证明 Khatri-Rao 积与 Hadamard 积的下列关系式

$$(\boldsymbol{A} \odot \boldsymbol{B}) * (\boldsymbol{C} \odot \boldsymbol{D}) = (\boldsymbol{A} * \boldsymbol{C}) \odot (\boldsymbol{B} * \boldsymbol{D})$$
$$(\boldsymbol{A} \odot \boldsymbol{B} \odot \boldsymbol{C})^{\mathrm{T}}(\boldsymbol{A} \odot \boldsymbol{B} \odot \boldsymbol{C}) = (\boldsymbol{A}^{\mathrm{T}}\boldsymbol{A}) * (\boldsymbol{B}^{\mathrm{T}}\boldsymbol{B}) * (\boldsymbol{C}^{\mathrm{T}}\boldsymbol{C})$$
$$(\boldsymbol{A} \odot \boldsymbol{B})^{\dagger} = [(\boldsymbol{A}^{\mathrm{T}}\boldsymbol{A}) * (\boldsymbol{B}^{\mathrm{T}}\boldsymbol{B})]^{\dagger}(\boldsymbol{A} \odot \boldsymbol{B})^{\mathrm{T}}$$

1.132 证明向量的内积与外积之间的下列关系

$$\langle \boldsymbol{x}_1 \circ \boldsymbol{y}_1, \boldsymbol{x}_2 \circ \boldsymbol{y}_2 \rangle = (\boldsymbol{x}_1^{\mathrm{T}}\boldsymbol{x}_2)(\boldsymbol{y}_1^{\mathrm{T}}\boldsymbol{y}_2)$$

其中 $\boldsymbol{x} \circ \boldsymbol{y}$ 表示向量 $\boldsymbol{x}$ 与 $\boldsymbol{y}$ 的外积。

1.133 试将向量的 L_0 范数推广为 $m \times n$ 矩阵的 L_0 范数。如何定义一个矩阵是 K- 稀疏的?

第 2 章　特殊矩阵

在实际应用中，经常会遇到元素之间存在某种特殊结构关系的矩阵，统称为特殊矩阵。了解这些矩阵的内部特殊结构，有助于灵活地使用这些矩阵，简化很多问题的表示和求解。本章将重点介绍一些比较常见的特殊矩阵。为了方便读者更深入地了解和应用这些特殊矩阵，将结合一些实际问题，对其中一些特殊矩阵加以解说。

2.1　Hermitian 矩阵

一个正方的复值矩阵 $\boldsymbol{A} = [a_{ij}] \in \mathbb{C}^{n\times n}$ 称为 Hermitian 矩阵，若 $\boldsymbol{A} = \boldsymbol{A}^{\mathrm{H}}$，即其元素 $a_{ij} = a_{ji}^*$。换言之，Hermitian 矩阵是一种复共轭对称矩阵。

对一个实值矩阵，Hermitian 矩阵与对称矩阵等价。

Hermitian 矩阵又有以下几种特殊形式：

(1) 矩阵 $\boldsymbol{A}$ 称为反 Hermitian 矩阵，若$\boldsymbol{A} = -\boldsymbol{A}^{\mathrm{H}}$。

(2) 中央 Hermitian 矩阵 $\boldsymbol{R}$ 是一个元素满足对称性 $r_{ij} = r_{n-j+1,n-i+1}^*$ 的 $n\times n$ 正方矩阵。

(3) 中央 Hermitian 矩阵的一个特殊子类是双重对称的矩阵，它既是关于主对角线对称的 Hermitian 矩阵，又是关于交叉对角线对称的交叉对称矩阵，例如

$$\boldsymbol{R} = \begin{bmatrix} r_{11} & r_{21}^* & r_{31}^* & r_{41}^* \\ r_{21} & r_{22} & r_{32}^* & r_{31}^* \\ r_{31} & r_{32} & r_{22} & r_{21}^* \\ r_{41} & r_{31} & r_{21} & r_{11} \end{bmatrix}$$

在这种特殊情况下，$r_{ij} = r_{ji}^* = r_{n-j+1,n-i+1} = r_{n-i+1,n-j+1}^*$。

Hermitian 矩阵具有以下性质：

(1) $\boldsymbol{A}$ 是 Hermitian 矩阵，当且仅当 $\boldsymbol{x}^{\mathrm{H}}\boldsymbol{A}\boldsymbol{x}$ 对所有复值向量 $\boldsymbol{x}$ 均是实数。

(2) 对所有 $\boldsymbol{A} \in \mathbb{C}^{n\times n}$，矩阵 $\boldsymbol{A} + \boldsymbol{A}^{\mathrm{H}}$，$\boldsymbol{A}\boldsymbol{A}^{\mathrm{H}}$ 和 $\boldsymbol{A}^{\mathrm{H}}\boldsymbol{A}$ 均是Hermitian 矩阵。

(3) 若 $\boldsymbol{A}$ 是 Hermitian 矩阵，则 $\boldsymbol{A}^k$ 对所有 $k = 1, 2, 3, \cdots$ 都是 Hermitian 矩阵。若 $\boldsymbol{A}$ 还是非奇异的，则 $\boldsymbol{A}^{-1}$ 是 Hermitian 矩阵。

(4) 若 $\boldsymbol{A}$ 和 $\boldsymbol{B}$ 是 Hermitian 矩阵，则 $\alpha\boldsymbol{A} + \beta\boldsymbol{B}$ 对所有实数 α 和 β 均是 Hermitian 矩阵。

(5) 若 $\boldsymbol{A}$ 和 $\boldsymbol{B}$ 是反 Hermitian 矩阵，则 $\alpha\boldsymbol{A}+\beta\boldsymbol{B}$ 对所有实数 α 和 β 均是反 Hermitian 矩阵。

(6) 对所有 $\boldsymbol{A} \in \mathbb{C}^{n\times n}$，$\boldsymbol{A} - \boldsymbol{A}^{\mathrm{H}}$ 为反 Hermitian 矩阵。

(7) 若 $\boldsymbol{A}$ 是 Hermitian 矩阵，则 $\mathrm{j}\boldsymbol{A}$ $(\mathrm{j} = \sqrt{-1})$ 是反 Hermitian 矩阵。

(8) 若 $\boldsymbol{A}$ 是反 Hermitian 矩阵，则 $\mathrm{j}\boldsymbol{A}$ 是 Hermitian 矩阵。

(9) 任何一个复值矩阵 $\boldsymbol{A}$ 都可以作唯一的分解 $\boldsymbol{A} = \boldsymbol{B} + \mathrm{j}\boldsymbol{C}$，其中 $\boldsymbol{B} = \frac{1}{2}(\boldsymbol{A} + \boldsymbol{A}^{\mathrm{H}})$ 和 $\boldsymbol{C} = \frac{1}{2\mathrm{j}}(\boldsymbol{A} - \boldsymbol{A}^{\mathrm{H}})$。

(10) 若 $\boldsymbol{A}$ 和 $\boldsymbol{B}$ 均为 Hermitian 矩阵，则 $\boldsymbol{AB}+\boldsymbol{BA}$ 和 $\mathrm{j}(\boldsymbol{AB}-\boldsymbol{BA})$ 也都是 Hermitian 矩阵。

Hermitian 矩阵的正定性判据：一个 $n \times n$ Hermitian 矩阵 $\boldsymbol{A}$ 是正定的，当且仅当它满足以下任何一个条件：

(1) 二次型函数 $\boldsymbol{x}^{\mathrm{H}}\boldsymbol{Ax} > 0, \quad \forall \boldsymbol{x} \neq \boldsymbol{0}$。

(2) 矩阵 $\boldsymbol{A}$ 的所有特征值都大于零。

(3) 所有主子矩阵 $\boldsymbol{A}_k, 1 \leqslant k \leqslant n$ 都具有正的行列式，其中，$\boldsymbol{A}_k = \boldsymbol{A}(1:k, 1:k)$ 由矩阵 $\boldsymbol{A}$ 的第 $1 \sim k$ 行和第 $1 \sim k$ 列组成。

(4) 存在一个非奇异的 $n \times n$ 矩阵 $\boldsymbol{R}$，使得 $\boldsymbol{A} = \boldsymbol{R}^{\mathrm{H}}\boldsymbol{R}$。

(5) 存在一个非奇异的 $n \times n$ 矩阵 $\boldsymbol{P}$，使得共轭对称矩阵 $\boldsymbol{P}^{\mathrm{H}}\boldsymbol{AP}$ 是正定的。

令 $\boldsymbol{z}$ 为一高斯随机向量。为方便计，假定它具有零均值向量。此时，高斯随机向量的协方差矩阵 $\boldsymbol{C}_{zz}$ 定义为随机向量 $\boldsymbol{z}$ 与它自身的外积的期望值，即 $\boldsymbol{C}_{zz} = \mathrm{E}\{\boldsymbol{zz}^{\mathrm{H}}\}$。协方差矩阵总是正定的，其证明如下：首先，以协方差矩阵为核的二次型可以写作 $\boldsymbol{x}^{\mathrm{H}}\boldsymbol{C}_{zz}\boldsymbol{x} = \mathrm{E}\{|\boldsymbol{x}^{\mathrm{H}}\boldsymbol{z}|^2\}$。由于向量 $\boldsymbol{x}$ 和 $\boldsymbol{z}$ 分别为常数向量和随机向量，它们不可能正交，即内积 $\boldsymbol{x}^{\mathrm{H}}\boldsymbol{z} \neq 0$。于是，二次型 $\boldsymbol{x}^{\mathrm{H}}\boldsymbol{C}_{zz}\boldsymbol{x} > 0$，即协方差矩阵 $\boldsymbol{C}_{zz}$ 是正定矩阵。

正定矩阵和半正定矩阵服从下面一些重要的不等式 [238, Sec.8.7]：

(1) Hadamard 不等式　若 $m \times m$ 矩阵 $\boldsymbol{A} = [a_{ij}]$ 正定，则

$$\det(\boldsymbol{A}) \leqslant \prod_{i=1}^{m} a_{ii}$$

当且仅当 $\boldsymbol{A}$ 是对角矩阵，等式成立。

(2) Fischer 不等式　令分块矩阵 $\boldsymbol{P} = \begin{bmatrix} \boldsymbol{A} & \boldsymbol{B} \\ \boldsymbol{B}^{\mathrm{H}} & \boldsymbol{C} \end{bmatrix}$ 为正定矩阵，其中，分块矩阵 $\boldsymbol{A}$ 和 $\boldsymbol{C}$ 是正方的非零矩阵，则

$$\det(\boldsymbol{P}) \leqslant \det(\boldsymbol{A})\det(\boldsymbol{C})$$

(3) Oppenheim 不等式　如果 $m \times m$ 矩阵 $\boldsymbol{A}$ 和 $\boldsymbol{B}$ 是半正定矩阵，则

$$\det(\boldsymbol{A})\prod_{i=1}^{m} b_{ii} \leqslant \det(\boldsymbol{A} \odot \boldsymbol{B})$$

式中，$\boldsymbol{A} \odot \boldsymbol{B}$ 是矩阵$\boldsymbol{A}$ 和 $\boldsymbol{B}$ 的 Hadamard 积。

(4) Minkowski 不等式　若 $m \times m$ 矩阵 $\boldsymbol{A}, \boldsymbol{B}$ 是正定矩阵，则

$$\sqrt[n]{\det(\boldsymbol{A}+\boldsymbol{B})} \geqslant \sqrt[n]{\det(\boldsymbol{A})} + \sqrt[n]{\det(\boldsymbol{B})}$$

(5) Ostrowski-Taussky 定理　若 $H(\boldsymbol{A}_{m\times m}) = \frac{1}{2}(\boldsymbol{A}+\boldsymbol{A}^{\mathrm{H}})$ 为正定矩阵，则

$$\det H(\boldsymbol{A}) \leqslant |\det(\boldsymbol{A})|$$

等号成立，当且仅当 $\boldsymbol{A}$ 为自伴随矩阵，即 $\boldsymbol{A}^{\#} = \boldsymbol{A}$。

2.2 置换矩阵、互换矩阵与选择矩阵

与单位矩阵密切相关的是置换矩阵、交换矩阵、互换矩阵和移位矩阵。这四种矩阵都只由 0 和 1 组成，并且每行和每列都只有一个非零元素 1，但非零元素 1 所处的位置不同。可以说，单位矩阵、置换矩阵、交换矩阵、互换矩阵和移位矩阵都是由基本向量的不同排列而生成的。

2.2.1 置换矩阵与互换矩阵

定义 2.2.1　一个正方矩阵称为置换矩阵 (permutation matrix)，若它的每一行和每一列有一个且仅有一个非零元素 1。

置换矩阵 $\boldsymbol{P}$ 有下列性质 [61]：

(1) $(\boldsymbol{P}_{m\times n})^{\mathrm{T}} = \boldsymbol{P}_{n\times m}$。

(2) $\boldsymbol{P}^{\mathrm{T}}\boldsymbol{P} = \boldsymbol{P}\boldsymbol{P}^{\mathrm{T}} = \boldsymbol{I}$，这说明置换矩阵是正交矩阵。

(3) $\boldsymbol{P}^{\mathrm{T}} = \boldsymbol{P}^{-1}$。

(4) $\boldsymbol{P}^{\mathrm{T}}\boldsymbol{A}\boldsymbol{P}$ 与 $\boldsymbol{A}$ 具有相同的对角线元素，但排列顺序可能不同。

例 2.2.1　给定一个 5×4 矩阵

$$\boldsymbol{A} = \begin{bmatrix} a_{11} & a_{12} & a_{13} & a_{14} \\ a_{21} & a_{22} & a_{23} & a_{24} \\ a_{31} & a_{32} & a_{33} & a_{34} \\ a_{41} & a_{42} & a_{43} & a_{44} \\ a_{51} & a_{52} & a_{53} & a_{54} \end{bmatrix}$$

若令置换矩阵

$$\boldsymbol{P}_4 = \begin{bmatrix} 0 & 0 & 0 & 1 \\ 0 & 1 & 0 & 0 \\ 1 & 0 & 0 & 0 \\ 0 & 0 & 1 & 0 \end{bmatrix}, \qquad \boldsymbol{P}_5 = \begin{bmatrix} 0 & 0 & 0 & 0 & 1 \\ 0 & 0 & 1 & 0 & 0 \\ 0 & 1 & 0 & 0 & 0 \\ 0 & 0 & 0 & 1 & 0 \\ 1 & 0 & 0 & 0 & 0 \end{bmatrix}$$

则有

$$P_5A = \begin{bmatrix} a_{51} & a_{52} & a_{53} & a_{54} \\ a_{31} & a_{32} & a_{33} & a_{34} \\ a_{21} & a_{22} & a_{23} & a_{24} \\ a_{41} & a_{42} & a_{43} & a_{44} \\ a_{11} & a_{12} & a_{13} & a_{14} \end{bmatrix}, \quad AP_4 = \begin{bmatrix} a_{13} & a_{12} & a_{14} & a_{11} \\ a_{23} & a_{22} & a_{24} & a_{21} \\ a_{33} & a_{32} & a_{34} & a_{31} \\ a_{43} & a_{42} & a_{44} & a_{41} \\ a_{53} & a_{52} & a_{54} & a_{51} \end{bmatrix}$$

也就是说，用置换矩阵左乘矩阵 $\boldsymbol{A}$，相当于将 $\boldsymbol{A}$ 的行进行重新排列；而用置换矩阵右乘 $\boldsymbol{A}$，相当于对 $\boldsymbol{A}$ 的列进行重新排列。行或者列新的排列顺序由置换矩阵的结构所决定。

$p\times q$ 置换矩阵可以是 q 个 $p\times 1$ 基本向量 $\boldsymbol{e}_1,\boldsymbol{e}_2,\cdots,\boldsymbol{e}_q$ 的随意排列。如果是有规则的排列，置换矩阵便演变为几种特殊形式的置换矩阵，它们在矩阵分析与应用中经常被使用。

显然，单位矩阵就是一个特殊的置换矩阵。置换矩阵还有另外三个特殊形式：交换矩阵、互换矩阵与移位矩阵。

1. 交换矩阵

如第 1 章所述，交换矩阵 $\boldsymbol{K}_{mn}$ 定义为满足 $\boldsymbol{K}_{mn}\text{vec}(\boldsymbol{A}_{m\times n}) = \text{vec}(\boldsymbol{A}^{\mathrm{T}})$ 的特殊置换矩阵。这种矩阵的作用是交换 $mn\times 1$ 向量的元素位置，以使得变换后的向量 $\boldsymbol{K}_{mn}\text{vec}(\boldsymbol{A})$ 与 $\text{vec}(\boldsymbol{A}^{\mathrm{T}})$ 相等，故称交换矩阵 (commutation matrix)。

2. 互换矩阵

互换矩阵 (exchange matrix) 常用符号 $\boldsymbol{J}$ 表示，定义为

$$\boldsymbol{J} = \begin{bmatrix} 0 & & & 1 \\ & & 1 & \\ & \iddots & & \\ 1 & & & 0 \end{bmatrix} \tag{2.2.1}$$

它仅在交叉对角线上具有元素 1，而所有其他元素全等于零。互换矩阵又称反射矩阵 (reflection matrix) 或后向单位矩阵 (bachward identity matrix)，因为互换矩阵可以看作基本向量的反向排列 $[\boldsymbol{e}_n,\boldsymbol{e}_{n-1},\cdots,\boldsymbol{e}_1]$。

通过左乘和右乘，互换矩阵 $\boldsymbol{J}$ 可以将一矩阵的行或列的顺序反转 (互换)。这就是术语“互换矩阵”的含义。具体说来，用 $m\times m$ 互换矩阵 $\boldsymbol{J}_m$ 左乘 $m\times n$ 矩阵 $\boldsymbol{A}$，将使 $\boldsymbol{A}$ 的行的顺序反转 (相对于中心水平轴互换行的位置)

$$\boldsymbol{J}_m\boldsymbol{A} = \begin{bmatrix} a_{m1} & a_{m2} & \cdots & a_{mn} \\ \vdots & \vdots & \vdots & \vdots \\ a_{21} & a_{22} & \cdots & a_{2n} \\ a_{11} & a_{12} & \cdots & a_{1n} \end{bmatrix} \tag{2.2.2}$$

用 $\boldsymbol{J}_n$ 右乘 $m\times n$ 矩阵 $\boldsymbol{A}$，则使 $\boldsymbol{A}$ 的列序反转 (相对于中心垂直轴相互交换列的位置)，

即有

$$\boldsymbol{AJ}_n = \begin{bmatrix} a_{1n} & \cdots & a_{12} & a_{11} \\ a_{2n} & \cdots & a_{22} & a_{21} \\ \vdots & \vdots & \vdots & \vdots \\ a_{mn} & \cdots & a_{m2} & a_{m1} \end{bmatrix} \tag{2.2.3}$$

容易验证

$$\boldsymbol{J}^2 = \boldsymbol{JJ} = \boldsymbol{I}, \quad \boldsymbol{J}^{\mathrm{T}} = \boldsymbol{J} \tag{2.2.4}$$

前一个性质称为互换矩阵的对合性 (involuntory property)，后一个性质是互换矩阵的对称性。也就是说，互换矩阵是对合矩阵和对称矩阵。

第 1 章已介绍过，交换矩阵具有性质 $\boldsymbol{K}_{mn}^{\mathrm{T}} = \boldsymbol{K}_{mn}^{-1} = \boldsymbol{K}_{nm}$。显然，若 $m = n$，则有 $\boldsymbol{K}_{nn}^{\mathrm{T}} = \boldsymbol{K}_{nn}^{-1} = \boldsymbol{K}_{nn}$。这意味着

$$\boldsymbol{K}_{nn}^2 = \boldsymbol{K}_{nn}\boldsymbol{K}_{nn} = \boldsymbol{I}_{nn} \tag{2.2.5}$$

$$\boldsymbol{K}_{nn}^{\mathrm{T}} = \boldsymbol{K}_{nn} \tag{2.2.6}$$

即交换矩阵和互换矩阵一样，也同时是对合矩阵和对称矩阵。

MATLAB 函数 flipud(A) 和 fliplr(A) 分别将矩阵 $\boldsymbol{A}$ 的行和列的顺序翻转，即 $\boldsymbol{JA} =$ flipud(A) 和 $\boldsymbol{AJ} =$ fliplr(A)。

特别地，当用 $m \times m$ 互换矩阵 $\boldsymbol{J}_m$ 左乘矩阵 $m \times n$ 矩阵 $\boldsymbol{A}$，然后再用 $n \times n$ 互换矩阵 $\boldsymbol{J}_n$ 右乘 $m \times n$ 矩阵$\boldsymbol{J}_m\boldsymbol{A}$ 时，则有

$$\boldsymbol{J}_m\boldsymbol{AJ}_n = \begin{bmatrix} a_{m,n} & a_{m,n-1} & \cdots & a_{m,1} \\ a_{m-1,n} & a_{m-1,n-1} & \cdots & a_{m-1,1} \\ \vdots & \vdots & \vdots & \vdots \\ a_{1,n} & a_{1,n-1} & \cdots & a_{1,1} \end{bmatrix} \tag{2.2.7}$$

在维数清楚时，将省去 $\boldsymbol{J}$ 矩阵的维数下标。与矩阵相类似，$\boldsymbol{Jc}$ 将使列向量 $\boldsymbol{c}$ 的元素顺序反转，而 $\boldsymbol{c}^{\mathrm{T}}\boldsymbol{J}$ 使行向量 $\boldsymbol{c}^{\mathrm{T}}$ 的元素顺序反转。

容易证明，若 $\boldsymbol{R}$ 是交叉对称矩阵，则 $\boldsymbol{R}^{\mathrm{T}} = \boldsymbol{JRJ}$ 和 $\boldsymbol{R} = \boldsymbol{JR}^{\mathrm{T}}\boldsymbol{J}$。

另外，中央对称矩阵 $\boldsymbol{R} = \boldsymbol{JRJ}$，而中央 Hermitian 矩阵 $\boldsymbol{R} = \boldsymbol{JR}^*\boldsymbol{J}$。

当中央对称矩阵的维数是偶数 $(n = 2r)$ 时，它可以分块为下列形式

$$\boldsymbol{R}_{\text{even}} = \begin{bmatrix} \boldsymbol{A} & \boldsymbol{B} \\ \boldsymbol{JB}^*\boldsymbol{J} & \boldsymbol{JA}^*\boldsymbol{J} \end{bmatrix}$$

其中，$\boldsymbol{A}$ 和 $\boldsymbol{B}$ 是无特殊结构的一般 $r \times r$ 矩阵。类似地，当维数是奇数 $(n = 2r + 1)$ 时，中央对称矩阵可以分块为

$$\boldsymbol{R}_{\text{odd}} = \begin{bmatrix} \boldsymbol{A} & \boldsymbol{x} & \boldsymbol{B} \\ \boldsymbol{x}^{\mathrm{H}} & \alpha & \boldsymbol{x}^{\mathrm{H}}\boldsymbol{J} \\ \boldsymbol{JB}^*\boldsymbol{J} & \boldsymbol{Jx} & \boldsymbol{JA}^*\boldsymbol{J} \end{bmatrix}$$

式中，$\boldsymbol{A}$ 和 $\boldsymbol{B}$ 是一般的 $r \times r$ 矩阵，$\boldsymbol{J}$ 是 $r \times r$ 反射矩阵，$\boldsymbol{x}$ 是 $r \times 1$ 向量，而 α 为标量。

3. 移位矩阵

$n \times n$ 移位矩阵 (shift matrix) 定义为

$$\boldsymbol{P} = \begin{bmatrix} 0 & 1 & 0 & \cdots & 0 \\ 0 & 0 & 1 & \cdots & 0 \\ \vdots & \vdots & \vdots & \ddots & \vdots \\ 0 & 0 & 0 & \cdots & 1 \\ 1 & 0 & 0 & \cdots & 0 \end{bmatrix} \tag{2.2.8}$$

换言之，移位矩阵的元素 $p_{i,i+1} = 1\,(1 \leqslant i \leqslant n-1)$，$p_{n1} = 1$，其余皆为零。显然，移位矩阵可以用基本向量表示为 $\boldsymbol{P} = [\boldsymbol{e}_n, \boldsymbol{e}_1, \cdots, \boldsymbol{e}_{n-1}]$。

移位矩阵乃是因其能够使别的矩阵的首行或者最后一列移动位置而得名。例如，对一个 $m \times n$ 矩阵 $\boldsymbol{A}$，若左乘 $m \times m$ 移位矩阵 $\boldsymbol{P}_m$，则

$$\boldsymbol{P}_m\boldsymbol{A} = \begin{bmatrix} a_{21} & a_{22} & \cdots & a_{2n} \\ \vdots & \vdots & \vdots & \vdots \\ a_{m1} & a_{m2} & \cdots & a_{mn} \\ a_{11} & a_{12} & \cdots & a_{1n} \end{bmatrix}$$

相当于将矩阵 $\boldsymbol{A}$ 的第 1 行移位到第 m 行下面。类似地，若右乘 $n \times n$ 移位矩阵 $\boldsymbol{P}_n$，则

$$\boldsymbol{A}\boldsymbol{P}_n = \begin{bmatrix} a_{1n} & a_{11} & \cdots & a_{1,n-1} \\ a_{2n} & a_{21} & \cdots & a_{2,n-1} \\ \vdots & \vdots & \vdots & \vdots \\ a_{mn} & a_{m1} & \cdots & a_{m,n-1} \end{bmatrix}$$

相当于将矩阵 $\boldsymbol{A}$ 的第 n 列移位到第 1 列前面。

容易看出，与正方的互换矩阵 $\boldsymbol{J}_n$ 和交换矩阵 $\boldsymbol{K}_{nn}$ 不同，移位矩阵既不具有对合性，也不是对称矩阵。

2.2.2 广义置换矩阵与选择矩阵

考虑下面的观测数据模型

$$\boldsymbol{x}(t) = \boldsymbol{A}\boldsymbol{s}(t) = \sum_{i=1}^{n} \boldsymbol{a}_i s_i(t) \tag{2.2.9}$$

式中，$\boldsymbol{s}(t) = [s_1(t), \cdots, s_n(t)]^{\mathrm{T}}$ 表示源信号向量；$\boldsymbol{A}$ 是一个 $m \times n$ 常系数矩阵 $(m \geqslant n)$，表示信号的混合过程，称为混合矩阵。混合矩阵是满列秩的。现在的问题是：如何仅根据 m 维观测数据向量 $\boldsymbol{x}(t)$ 恢复 n 维源信号向量 $\boldsymbol{s}(t)$。这个问题称为盲信号分离。这里，术语“盲”具有两层含义：源信号 $s_1(t), \cdots, s_n(t)$ 不可观测，信号如何混合未知 (即混合矩阵 $\boldsymbol{A}$ 未知)。

盲信号分离问题的核心是混合矩阵 $\boldsymbol{A}$ 的广义逆矩阵 $\boldsymbol{A}^{\dagger} = (\boldsymbol{A}^{\mathrm{T}}\boldsymbol{A})^{-1}\boldsymbol{A}^{\mathrm{T}}$ 的辨识，因为源信号向量很容易利用 $\boldsymbol{s}(t) = \boldsymbol{A}^{\dagger}\boldsymbol{x}(t)$ 进行恢复。然而，混合矩阵的辨识存在两种不确定性或模糊性。

(1) 观察知，若源信号向量中第 i 个和第 j 个信号交换顺序，并且混合矩阵 $\boldsymbol{A}$ 的第 i 列和第 j 列也交换位置的话，则观测数据向量不变。这说明，仅根据观测数据向量，是不可能辨识源信号的排列顺序的。这种模糊性称为分离信号的排序不确定性。

(2) 由观测数据模型易知

$$\boldsymbol{x}(t)=\sum_{i=1}^{n}\frac{\boldsymbol{a}_i}{\alpha_i}\alpha_i s_i(t)$$

这表明，仅根据观测数据向量，也不可能辨识源信号 $s_i(t)$ 的精确幅值。这种模糊性称为分离信号的幅值不确定性。

虽然存在分离信号的排序不确定性和幅值不确定性，但是从信号分离的角度看问题，这两种不确定性是完全允许的，因为原来混合的信号已被分离开，而且一个固定的尺度因子的误差最多只影响信号的初始相位，并不影响信号的波形。信号的波形通常保留了信号的有用信息。

由于盲信号分离存在分离信号的排序不确定性和幅值不确定性，所以辨识出来的混合矩阵会相应存在两种不确定性：各列排序的不确定性和每列元素可能相差一个固定的常数倍。这两种不确定性可以通过广义置换矩阵一并描述。

定义 2.2.2 一个正方矩阵称为广义置换矩阵 (generalized permutation matrix)，简称 g 矩阵，若其每行和每列有一个并且仅有一个非零元素。

容易证明，一个正方矩阵是 g 矩阵，当且仅当它可以分解为一个置换矩阵和一个非奇异的对角矩阵之积，即有

$$\boldsymbol{G}=\boldsymbol{PD} \tag{2.2.10}$$

式中，$\boldsymbol{D}$ 为非奇异的对角矩阵。例如

$$\boldsymbol{G}=\begin{bmatrix}0&0&0&0&\alpha\\0&0&\beta&0&0\\0&\gamma&0&0&0\\0&0&0&\lambda&0\\\rho&0&0&0&0\end{bmatrix}=\begin{bmatrix}0&0&0&0&1\\0&0&1&0&0\\0&1&0&0&0\\0&0&0&1&0\\1&0&0&0&0\end{bmatrix}\begin{bmatrix}\rho&&&&0\\&\gamma&&&\\&&\beta&&\\&&&\lambda&\\0&&&&\alpha\end{bmatrix}$$

根据定义知，如果用广义置换矩阵左乘 (或右乘)，则不仅使矩阵 $\boldsymbol{A}$ 的行 (或列) 进行重新排列，而且每行 (或列) 的元素还同乘一个比例因子。例如

$$\begin{bmatrix}0&0&0&0&\alpha\\0&0&\beta&0&0\\0&\gamma&0&0&0\\0&0&0&\lambda&0\\\rho&0&0&0&0\end{bmatrix}\begin{bmatrix}a_{11}&a_{12}&a_{13}&a_{14}\\a_{21}&a_{22}&a_{23}&a_{24}\\a_{31}&a_{32}&a_{33}&a_{34}\\a_{41}&a_{42}&a_{43}&a_{44}\\a_{51}&a_{52}&a_{53}&a_{54}\end{bmatrix}=\begin{bmatrix}\alpha a_{51}&\alpha a_{52}&\alpha a_{53}&\alpha a_{54}\\\beta a_{31}&\beta a_{32}&\beta a_{33}&\beta a_{34}\\\gamma a_{21}&\gamma a_{22}&\gamma a_{23}&\gamma a_{24}\\\lambda a_{41}&\lambda a_{42}&\lambda a_{43}&\lambda a_{44}\\\rho a_{11}&\rho a_{12}&\rho a_{13}&\rho a_{14}\end{bmatrix}$$

回到刚才的盲信号分离问题，易知其核心问题即是辨识 $\boldsymbol{PDA}^\dagger$，然后利用 $\boldsymbol{s}(t)=\boldsymbol{PDA}^\dagger\boldsymbol{x}(t)=\boldsymbol{GA}^\dagger\boldsymbol{x}(t)$ 得到分离的信号，其中，$\boldsymbol{P}$ 和 $\boldsymbol{D}$ 分别是置换矩阵和对角矩阵，而 $\boldsymbol{G}=\boldsymbol{PD}$ 为广义置换矩阵。

顾名思义，选择矩阵 (selective matrix) 是一种可以对某个给定矩阵的某些行或者某些列进行选择的矩阵。以 $m \times N$ 矩阵

$$\boldsymbol{X} = \begin{bmatrix} \boldsymbol{x}_1(1) & \boldsymbol{x}_1(2) & \cdots & \boldsymbol{x}_1(N) \\ \boldsymbol{x}_2(1) & \boldsymbol{x}_2(2) & \cdots & \boldsymbol{x}_2(N) \\ \vdots & \vdots & \vdots & \vdots \\ \boldsymbol{x}_m(1) & \boldsymbol{x}_m(2) & \cdots & \boldsymbol{x}_m(N) \end{bmatrix}$$

为例。令

$$\boldsymbol{J}_1 = [\boldsymbol{I}_{m-1}, \boldsymbol{0}_{m-1}], \qquad \boldsymbol{J}_2 = [\boldsymbol{0}_{m-1}, \boldsymbol{I}_{m-1}]$$

是两个 $(m-1) \times m$ 矩阵，式中，$\boldsymbol{I}_{m-1}$ 和 $\boldsymbol{0}_{m-1}$ 分别是 $(m-1) \times (m-1)$ 单位矩阵和 $(m-1) \times 1$ 零向量。

直接计算得

$$\boldsymbol{J}_1\boldsymbol{X} = \begin{bmatrix} \boldsymbol{x}_1(1) & \boldsymbol{x}_1(2) & \cdots & \boldsymbol{x}_1(N) \\ \boldsymbol{x}_2(1) & \boldsymbol{x}_2(2) & \cdots & \boldsymbol{x}_2(N) \\ \vdots & \vdots & \vdots & \vdots \\ \boldsymbol{x}_{m-1}(1) & \boldsymbol{x}_{m-1}(2) & \cdots & \boldsymbol{x}_{m-1}(N) \end{bmatrix}$$

$$\boldsymbol{J}_2\boldsymbol{X} = \begin{bmatrix} \boldsymbol{x}_2(1) & \boldsymbol{x}_2(2) & \cdots & \boldsymbol{x}_2(N) \\ \boldsymbol{x}_3(1) & \boldsymbol{x}_3(2) & \cdots & \boldsymbol{x}_3(N) \\ \vdots & \vdots & \vdots & \vdots \\ \boldsymbol{x}_m(1) & \boldsymbol{x}_m(2) & \cdots & \boldsymbol{x}_m(N) \end{bmatrix}$$

即是说，矩阵 $\boldsymbol{J}_1\boldsymbol{X}$ 选择的是原矩阵 $\boldsymbol{X}$ 的前 $m-1$ 行，而矩阵 $\boldsymbol{J}_2\boldsymbol{X}$ 选择出原矩阵 $\boldsymbol{X}$ 的后 $m-1$ 行。

类似地，若令

$$\boldsymbol{J}_1 = \begin{bmatrix} \boldsymbol{I}_{N-1} \\ \boldsymbol{0}_{N-1} \end{bmatrix}, \qquad \boldsymbol{J}_2 = \begin{bmatrix} \boldsymbol{0}_{N-1} \\ \boldsymbol{I}_{N-1} \end{bmatrix}$$

是两个 $N \times (N-1)$ 矩阵，则

$$\boldsymbol{X}\boldsymbol{J}_1 = \begin{bmatrix} \boldsymbol{x}_1(1) & \boldsymbol{x}_1(2) & \cdots & \boldsymbol{x}_1(N-1) \\ \boldsymbol{x}_2(1) & \boldsymbol{x}_2(2) & \cdots & \boldsymbol{x}_2(N-1) \\ \vdots & \vdots & \vdots & \vdots \\ \boldsymbol{x}_m(1) & \boldsymbol{x}_m(2) & \cdots & \boldsymbol{x}_m(N-1) \end{bmatrix}$$

$$\boldsymbol{X}\boldsymbol{J}_2 = \begin{bmatrix} \boldsymbol{x}_1(2) & \boldsymbol{x}_1(3) & \cdots & \boldsymbol{x}_1(N) \\ \boldsymbol{x}_2(2) & \boldsymbol{x}_2(3) & \cdots & \boldsymbol{x}_2(N) \\ \vdots & \vdots & \vdots & \vdots \\ \boldsymbol{x}_m(2) & \boldsymbol{x}_m(3) & \cdots & \boldsymbol{x}_m(N) \end{bmatrix}$$

换言之，矩阵 $\boldsymbol{X}\boldsymbol{J}_1$ 选择的是原矩阵 $\boldsymbol{X}$ 的前 $N-1$ 列，而矩阵 $\boldsymbol{X}\boldsymbol{J}_2$ 选择出原矩阵 $\boldsymbol{X}$ 的后 $N-1$ 列。

2.3 正交矩阵与酉矩阵

向量 $\boldsymbol{x}_1,\cdots,\boldsymbol{x}_k \in \mathbb{C}^n$ 组成一正交组，若 $\boldsymbol{x}_i^{\mathrm{H}}\boldsymbol{x}_j = 0, 1 \leqslant i < j \leqslant k$。此外，若向量还是归一化的，即 $\|\boldsymbol{x}\|_2^2 = \boldsymbol{x}_i^{\mathrm{H}}\boldsymbol{x}_i = 1, i = 1,\cdots,k$，则该正交组称为标准正交组。

定理 2.3.1 一组正交的非零向量是线性无关的。

证明 假设 $\{\boldsymbol{x}_1,\cdots,\boldsymbol{x}_k\}$ 是一正交组，并假定 $0 = \alpha_1\boldsymbol{x}_1 + \cdots + \alpha_k\boldsymbol{x}_k$。于是有

$$0 = \mathbf{0}^{\mathrm{H}}\mathbf{0} = \sum_{i=1}^{k}\sum_{j=1}^{k}\alpha_i^*\alpha_j\boldsymbol{x}_i^{\mathrm{H}}\boldsymbol{x}_j = \sum_{i=1}^{k}|\alpha_i|^2\boldsymbol{x}_i^{\mathrm{H}}\boldsymbol{x}_i$$

由于向量是正交的，且 $\boldsymbol{x}_i^{\mathrm{H}}\boldsymbol{x}_i > 0$，故 $\sum_{i=1}^{k}|\alpha_i|^2\boldsymbol{x}_i^{\mathrm{H}}\boldsymbol{x}_i = 0$ 的条件是所有 $|\alpha_i|^2 = 0$ 即所有 $\alpha_i = 0$，从而 $\{\boldsymbol{x}_1,\cdots,\boldsymbol{x}_k\}$ 是线性无关的。 ■

定义 2.3.1 一实的正方矩阵 $\boldsymbol{Q} \in \mathbb{R}^{n\times n}$ 称为正交矩阵，若

$$\boldsymbol{Q}\boldsymbol{Q}^{\mathrm{T}} = \boldsymbol{Q}^{\mathrm{T}}\boldsymbol{Q} = \boldsymbol{I} \tag{2.3.1}$$

一复值正方矩阵 $\boldsymbol{U} \in \mathbb{C}^{n\times n}$ 称为酉矩阵，若

$$\boldsymbol{U}\boldsymbol{U}^{\mathrm{H}} = \boldsymbol{U}^{\mathrm{H}}\boldsymbol{U} = \boldsymbol{I} \tag{2.3.2}$$

实矩阵 $\boldsymbol{Q}_{m\times n}$ 称为半正交矩阵 (semi-orthogonal matrix)，若它只满足 $\boldsymbol{Q}\boldsymbol{Q}^{\mathrm{T}} = \boldsymbol{I}_m$ 或者 $\boldsymbol{Q}^{\mathrm{T}}\boldsymbol{Q} = \boldsymbol{I}_n$。类似地，复矩阵 $\boldsymbol{U}_{m\times n}$ 称为仿酉矩阵 (para-unitary matrix)，若它只满足 $\boldsymbol{U}\boldsymbol{U}^{\mathrm{H}} = \boldsymbol{I}_m$ 或者 $\boldsymbol{U}^{\mathrm{H}}\boldsymbol{U} = \boldsymbol{I}_n$。

由于正交矩阵事实上就是实的酉矩阵，所以下面只讨论酉矩阵。

定理 2.3.2[238] 若 $\boldsymbol{U} \in \mathbb{C}^{n\times n}$，则下列叙述等价：

(1) $\boldsymbol{U}$ 是酉矩阵；

(2) $\boldsymbol{U}$ 是非奇异的，并且 $\boldsymbol{U}^{\mathrm{H}} = \boldsymbol{U}^{-1}$；

(3) $\boldsymbol{U}\boldsymbol{U}^{\mathrm{H}} = \boldsymbol{U}^{\mathrm{H}}\boldsymbol{U} = \boldsymbol{I}$；

(4) $\boldsymbol{U}^{\mathrm{H}}$ 是酉矩阵；

(5) $\boldsymbol{U} = [\boldsymbol{u}_1, \boldsymbol{u}_2, \cdots, \boldsymbol{u}_n]$ 的列组成标准正交组，即

$$\boldsymbol{u}_i^{\mathrm{H}}\boldsymbol{u}_j = \delta(i-j) = \begin{cases} 1, & i = j \\ 0, & i \neq j \end{cases}$$

(6) $\boldsymbol{U}$ 的行组成标准正交组；

(7) 对所有 $\boldsymbol{x} \in \mathbb{C}^n$ 而言，$\boldsymbol{y} = \boldsymbol{U}\boldsymbol{x}$ 的 Euclidean 长度与 $\boldsymbol{x}$ 的 Euclidean 长度相同，即 $\boldsymbol{y}^{\mathrm{H}}\boldsymbol{y} = \boldsymbol{x}^{\mathrm{H}}\boldsymbol{x}$。

若线性变换矩阵 $\boldsymbol{A}$ 为酉矩阵，则线性变换 $\boldsymbol{A}\boldsymbol{x}$ 称为酉变换。酉变换具有以下性质：

(1) 向量内积在酉变换下是不变的，即

$$\langle \boldsymbol{x}, \boldsymbol{y} \rangle = \langle \boldsymbol{A}\boldsymbol{x}, \boldsymbol{A}\boldsymbol{y} \rangle \tag{2.3.3}$$

这是因为 $\langle \boldsymbol{A}\boldsymbol{x}, \boldsymbol{A}\boldsymbol{y} \rangle = (\boldsymbol{A}\boldsymbol{x})^{\mathrm{H}}\boldsymbol{A}\boldsymbol{y} = \boldsymbol{x}^{\mathrm{H}}\boldsymbol{A}^{\mathrm{H}}\boldsymbol{A}\boldsymbol{y} = \boldsymbol{x}^{\mathrm{H}}\boldsymbol{y} = \langle \boldsymbol{x}, \boldsymbol{y} \rangle$。

(2) 向量范数在酉变换下是不变的，即

$$\|\boldsymbol{A}\boldsymbol{x}\|^2 = \|\boldsymbol{x}\|^2 \tag{2.3.4}$$

因为 $\|\boldsymbol{A}\boldsymbol{x}\|^2 = \langle \boldsymbol{A}\boldsymbol{x}, \boldsymbol{A}\boldsymbol{x} \rangle = \langle \boldsymbol{x}, \boldsymbol{x} \rangle = \|\boldsymbol{x}\|^2$。

(3) 两个向量的夹角在酉变换下也是不变的，即

$$\cos\theta = \frac{\langle \boldsymbol{A}\boldsymbol{x}, \boldsymbol{A}\boldsymbol{y} \rangle}{\|\boldsymbol{A}\boldsymbol{x}\|\|\boldsymbol{A}\boldsymbol{y}\|} = \frac{\langle \boldsymbol{x}, \boldsymbol{y} \rangle}{\|\boldsymbol{x}\|\|\boldsymbol{y}\|} \tag{2.3.5}$$

这是酉变换前两个性质的综合应用结果。

酉矩阵的行列式满足

$$|\det(\boldsymbol{A})| = 1, \quad 若\ \boldsymbol{A}\ 为酉矩阵 \tag{2.3.6}$$

证明如下：根据行列式性质知，对于任何复矩阵，有 $\det(\boldsymbol{A}^{\mathrm{H}}\boldsymbol{A}) = \det(\boldsymbol{A}^{\mathrm{H}})\det(\boldsymbol{A}) = \det(\boldsymbol{A})\det(\boldsymbol{A}) = [\det(\boldsymbol{A})]^2$。当矩阵 $\boldsymbol{A}$ 为酉矩阵时，$\boldsymbol{A}^{\mathrm{H}}\boldsymbol{A} = \boldsymbol{I}$，而单位矩阵的行列式等于 1。因此，上式变成 $[\det(\boldsymbol{A})]^2 = \det(\boldsymbol{I}) = 1$，即得 $|\det(\boldsymbol{A})| = 1$。

表 2.3.1 归纳出了实向量、实矩阵与复向量、复矩阵之间的性质比较。

表 2.3.1 实向量、实矩阵与复向量、复矩阵的性质比较

实向量、实矩阵	复向量、复矩阵
范数 $\|\boldsymbol{x}\| = \sqrt{x_1^2 + x_2^2 + \cdots + x_n^2}$	范数 $\|\boldsymbol{x}\| = \sqrt{\|x_1\|^2 + \|x_2\|^2 + \cdots + \|x_n\|^2}$
转置 $\boldsymbol{A}^{\mathrm{T}} = [a_{ji}]$, $(\boldsymbol{A}\boldsymbol{B})^{\mathrm{T}} = \boldsymbol{B}^{\mathrm{T}}\boldsymbol{A}^{\mathrm{T}}$	共轭转置 $\boldsymbol{A}^{\mathrm{H}} = [a_{ji}^*]$, $(\boldsymbol{A}\boldsymbol{B})^{\mathrm{H}} = \boldsymbol{B}^{\mathrm{H}}\boldsymbol{A}^{\mathrm{H}}$
内积 $\langle \boldsymbol{x}, \boldsymbol{y} \rangle = \boldsymbol{x}^{\mathrm{T}}\boldsymbol{y}$	内积 $\langle \boldsymbol{x}, \boldsymbol{y} \rangle = \boldsymbol{x}^{\mathrm{H}}\boldsymbol{y}$
正交性 $\boldsymbol{x}^{\mathrm{T}}\boldsymbol{y} = 0$	正交性 $\boldsymbol{x}^{\mathrm{H}}\boldsymbol{y} = 0$
对称矩阵 $\boldsymbol{A}^{\mathrm{T}} = \boldsymbol{A}$	Hermitian 矩阵 $\boldsymbol{A}^{\mathrm{H}} = \boldsymbol{A}$
正交矩阵 $\boldsymbol{Q}^{\mathrm{T}} = \boldsymbol{Q}^{-1}$	酉矩阵 $\boldsymbol{U}^{\mathrm{H}} = \boldsymbol{U}^{-1}$
特征值分解 $\boldsymbol{A} = \boldsymbol{Q}\boldsymbol{\Sigma}\boldsymbol{Q}^{\mathrm{T}} = \boldsymbol{Q}\boldsymbol{\Sigma}\boldsymbol{Q}^{-1}$	特征值分解 $\boldsymbol{A} = \boldsymbol{U}\boldsymbol{\Sigma}\boldsymbol{U}^{\mathrm{H}} = \boldsymbol{U}\boldsymbol{\Sigma}\boldsymbol{U}^{-1}$
范数的正交不变性 $\|\boldsymbol{Q}\boldsymbol{x}\| = \|\boldsymbol{x}\|$	范数的酉不变性 $\|\boldsymbol{U}\boldsymbol{x}\| = \|\boldsymbol{x}\|$
内积的正交不变性 $\langle \boldsymbol{Q}\boldsymbol{x}, \boldsymbol{Q}\boldsymbol{y} \rangle = \langle \boldsymbol{x}, \boldsymbol{y} \rangle$	内积的酉不变性 $\langle \boldsymbol{U}\boldsymbol{x}, \boldsymbol{U}\boldsymbol{y} \rangle = \langle \boldsymbol{x}, \boldsymbol{y} \rangle$

定义 2.3.2 一个满足 $\boldsymbol{B} = \boldsymbol{U}^{\mathrm{H}}\boldsymbol{A}\boldsymbol{U}$ 的矩阵 $\boldsymbol{B} \in \mathbb{C}^{n\times n}$ 被称为与 $\boldsymbol{A} \in \mathbb{C}^{n\times n}$ 酉等价。如果 $\boldsymbol{U}$ 取实数 (因而是实正交的)，则称 $\boldsymbol{B}$ 与 $\boldsymbol{A}$ 正交等价。

定理 2.3.3 若 $n \times n$ 矩阵 $\boldsymbol{A} = [a_{ij}]$ 和 $\boldsymbol{B} = [b_{ij}]$ 是酉等价的，则

$$\sum_{i=1}^{n}\sum_{j=1}^{n}|b_{ij}|^2 = \sum_{i=1}^{n}\sum_{j=1}^{n}|a_{ij}|^2$$

证明 利用矩阵乘法知 $\sum_{i=1}^{n}\sum_{j=1}^{n}|a_{ij}|^2 = \mathrm{tr}(\boldsymbol{A}^{\mathrm{H}}\boldsymbol{A})$。因此，只要证明 $\mathrm{tr}(\boldsymbol{B}^{\mathrm{H}}\boldsymbol{B}) = \mathrm{tr}(\boldsymbol{A}^{\mathrm{H}}\boldsymbol{A})$ 即可。由 $\boldsymbol{A}$ 和 $\boldsymbol{B}$ 的酉等价性 $\boldsymbol{B} = \boldsymbol{U}^{\mathrm{H}}\boldsymbol{A}\boldsymbol{U}$，故有 $\mathrm{tr}(\boldsymbol{B}^{\mathrm{H}}\boldsymbol{B}) = \mathrm{tr}(\boldsymbol{U}^{\mathrm{H}}\boldsymbol{A}^{\mathrm{H}}\boldsymbol{U}\boldsymbol{U}^{\mathrm{H}}\boldsymbol{A}\boldsymbol{U}) = \mathrm{tr}(\boldsymbol{U}^{\mathrm{H}}\boldsymbol{A}^{\mathrm{H}}\boldsymbol{A}\boldsymbol{U}) = \mathrm{tr}(\boldsymbol{A}^{\mathrm{H}}\boldsymbol{A})$，从而定理得证。 ■

定义 2.3.3 矩阵 $\boldsymbol{A} \in \mathbb{C}^{n\times n}$ 称为正规矩阵 (normal matrix)，若 $\boldsymbol{A}^{\mathrm{H}}\boldsymbol{A} = \boldsymbol{A}\boldsymbol{A}^{\mathrm{H}}$。

容易验证，Hermitian 矩阵、斜 Hermitian 矩阵和酉矩阵都属于正规矩阵。

下面汇总了酉矩阵的有用性质 [324]：

(1) $\boldsymbol{A}_{m\times m}$ 为酉矩阵 $\Leftrightarrow$ $\boldsymbol{A}$ 的列是标准正交的向量。

(2) $\boldsymbol{A}_{m\times m}$ 为酉矩阵 $\Leftrightarrow$ $\boldsymbol{A}$ 的行是标准正交的向量。

(3) $\boldsymbol{A}_{m\times m}$ 为实矩阵时，$\boldsymbol{A}$ 为酉矩阵 $\Leftrightarrow$ $\boldsymbol{A}$ 为正交矩阵。

(4) $\boldsymbol{A}_{m\times m}$ 为酉矩阵 $\Leftrightarrow$ $\boldsymbol{A}\boldsymbol{A}^{\mathrm{H}} = \boldsymbol{A}^{\mathrm{H}}\boldsymbol{A} = \boldsymbol{I}_m$

$\Leftrightarrow$ $\boldsymbol{A}^{\mathrm{T}}$ 为酉矩阵

$\Leftrightarrow$ $\boldsymbol{A}^{\mathrm{H}}$ 为酉矩阵

$\Leftrightarrow$ $\boldsymbol{A}^{*}$ 为酉矩阵

$\Leftrightarrow$ $\boldsymbol{A}^{-1}$ 为酉矩阵

$\Leftrightarrow$ $\boldsymbol{A}^{i}$ 为酉矩阵，$i = 1, 2, \cdots$

(5) $\boldsymbol{A}_{m\times m}, \boldsymbol{B}_{m\times m}$ 为酉矩阵 $\Rightarrow$ $\boldsymbol{A}\boldsymbol{B}$ 为酉矩阵。

(6) 若 $\boldsymbol{A}_{m\times m}$ 为酉矩阵，则

① $|\det(\boldsymbol{A})| = 1$。

② $\mathrm{rank}(\boldsymbol{A}) = m$。

③ $\boldsymbol{A}$ 是正规矩阵，即 $\boldsymbol{A}\boldsymbol{A}^{\mathrm{H}} = \boldsymbol{A}^{\mathrm{H}}\boldsymbol{A}$。

④ λ 为 $\boldsymbol{A}$ 的特征值 $\Rightarrow$ $|\lambda| = 1$。

⑤ $\boldsymbol{B}_{m\times n}$ $\Rightarrow$ $\|\boldsymbol{A}\boldsymbol{B}\|_{\mathrm{F}} = \|\boldsymbol{B}\|_{\mathrm{F}}$。

⑥ $\boldsymbol{B}_{n\times m}$ $\Rightarrow$ $\|\boldsymbol{B}\boldsymbol{A}\|_{\mathrm{F}} = \|\boldsymbol{B}\|_{\mathrm{F}}$。

⑦ $\boldsymbol{x}_{m\times 1}$ $\Rightarrow$ $\|\boldsymbol{A}\boldsymbol{x}\|_2 = \|\boldsymbol{x}\|_2$。

(7) 若 $\boldsymbol{A}_{m\times m}, \boldsymbol{B}_{n\times n}$ 为酉矩阵，则

① $\boldsymbol{A} \oplus \boldsymbol{B}$ 为酉矩阵。

② $\boldsymbol{A} \otimes \boldsymbol{B}$ 为酉矩阵。

一个对角元素只取 $+1$ 和 -1 两种值的 $N \times N$ 对角矩阵称为符号矩阵 (signature matrix)，利用符号矩阵，可以引出与正交矩阵相仿的 J 正交矩阵的定义。

定义 2.3.4 令 $\boldsymbol{J}$ 为 $N\times N$ 符号矩阵，满足

$$\boldsymbol{QJQ}^{\mathrm{T}}=\boldsymbol{J} \tag{2.3.7}$$

的 $N\times N$ 矩阵 $\boldsymbol{Q}$ 称为 J 正交矩阵 (J-orthogonal matrix)，或称超正规矩阵 (hypernormal matrix)。

由定义易知，当符号矩阵取单位矩阵，即 $\boldsymbol{J}=\boldsymbol{I}$ 时，J 正交矩阵退化为正交矩阵。因此，更确切地说，正交矩阵实质上是单位正交矩阵。

J 正交矩阵具有以下性质 (证明留作习题)：

(1) J 正交矩阵 $\boldsymbol{Q}$ 非奇异，其行列式的绝对值等于 1。

(2) 任何一个 $N\times N$ 维 J 正交矩阵 $\boldsymbol{Q}$ 也可以等价定义为

$$\boldsymbol{Q}^{\mathrm{T}}\boldsymbol{JQ}=\boldsymbol{J} \tag{2.3.8}$$

综合式 (2.3.7) 和式 (2.3.8)，立即得

$$\boldsymbol{Q}^{\mathrm{T}}\boldsymbol{JQ}=\boldsymbol{QJQ}^{\mathrm{T}} \tag{2.3.9}$$

这一对称性称为“双曲对称性” (hyperbolic symmetry)。

矩阵

$$\boldsymbol{Q}=\boldsymbol{J}-2\frac{\boldsymbol{vv}^{\mathrm{T}}}{\boldsymbol{v}^{\mathrm{T}}\boldsymbol{Jv}} \tag{2.3.10}$$

称为双曲 Householder 矩阵 [71]。显然，若 $\boldsymbol{J}=\boldsymbol{I}$，则双曲 Householder 矩阵退化为 Householder 矩阵。

2.4 带型矩阵与三角矩阵

三角矩阵是矩阵的分解与变换的标准形式之一，它又是带型矩阵的一个特例。

2.4.1 带型矩阵

满足条件 $a_{ij}=0, |i-j|>k$ 的矩阵 $\boldsymbol{A}\in\mathbb{C}^{m\times n}$ 称为带型矩阵 (banded matrix)。特别地，若 $a_{ij}=0,\forall\, i>j+p$，就称 $\boldsymbol{A}$ 具有下带宽 p；若 $a_{ij}=0,\forall\, j>i+q$，则称矩阵 $\boldsymbol{A}$ 具有上带宽 q。下面是一个 7×5 带型矩阵的例子，它具有下带宽 1 和上带宽 2：

$$\begin{bmatrix}\times & \times & \times & 0 & 0\\ \times & \times & \times & \times & 0\\ 0 & \times & \times & \times & \times\\ 0 & 0 & \times & \times & \times\\ 0 & 0 & 0 & \times & \times\\ 0 & 0 & 0 & 0 & \times\\ 0 & 0 & 0 & 0 & 0\end{bmatrix}$$

其中，× 表示任意非零元素。

带型矩阵的一种特殊形式是特别令人感兴趣的，这就是三对角矩阵。矩阵 $\boldsymbol{A} \in \mathbb{C}^{n\times n}$ 是三对角矩阵，若每当 $|i-j|>1$ 时 $a_{ij}=0$。显然，三对角矩阵是上、下带宽各为 1 的带型正方矩阵。另外一方面，三对角矩阵也是下述 Hessenberg 矩阵的一个特例。

$n\times n$ 正方矩阵 $\boldsymbol{A}$ 称为上 Hessenberg 矩阵，若它具有形式

$$\boldsymbol{A}=\begin{bmatrix} a_{11} & a_{12} & a_{13} & \cdots & a_{1n}\\ a_{21} & a_{22} & a_{23} & \cdots & a_{2n}\\ 0 & a_{32} & a_{33} & \cdots & a_{3n}\\ 0 & 0 & a_{43} & \cdots & a_{4n}\\ \vdots & \vdots & \vdots & \vdots & \vdots\\ 0 & 0 & 0 & \cdots & a_{nn}\end{bmatrix}$$

矩阵 $\boldsymbol{A}$ 称作下 Hessenberg 矩阵，若 $\boldsymbol{A}^{\mathrm{T}}$ 是上 Hessenberg 矩阵。

事实上，三对角矩阵就是一个既是上 Hessenberg，又是下 Hessenberg 的正方矩阵。

2.4.2 三角矩阵

两种特殊的常用带型矩阵为上三角矩阵和下三角矩阵。三角矩阵是矩阵分解中的典范形式之一。

满足条件 $a_{ij}=0, i>j$ 的正方矩阵 $\boldsymbol{U}=[u_{ij}]$ 称为上三角矩阵 (upper triangular matrix)，其一般形式为

$$\boldsymbol{U}=\begin{bmatrix} u_{11} & u_{12} & \cdots & u_{1n}\\ 0 & u_{22} & \cdots & u_{2n}\\ \vdots & \vdots & \ddots & \vdots\\ 0 & 0 & \cdots & u_{nn}\end{bmatrix}$$

满足条件 $l_{ij}=0, i<j$ 的正方矩阵 $\boldsymbol{L}=[l_{ij}]$ 称为下三角矩阵 (lower triangular matrix)，其一般形式为

$$\boldsymbol{L}=\begin{bmatrix} l_{11} & & & 0\\ l_{12} & l_{22} & & \\ \vdots & \vdots & \ddots & \\ l_{n1} & l_{n2} & \cdots & l_{nn}\end{bmatrix} \quad\rightarrow\quad |\boldsymbol{L}|=l_{11}l_{22}\cdots l_{nn}$$

将有关三角矩阵的定义加以归纳，一个正方矩阵 $\boldsymbol{A}=[a_{ij}]$ 称为：

(1) 下三角矩阵，若 $a_{ij}=0\,(i<j)$;

(2) 严格下三角矩阵，若 $a_{ij}=0\ (i\leqslant j)$;

(3) 单位下三角矩阵，若 $a_{ij}=0\ (i<j), a_{ii}=1\ (\forall\ i)$;

(4) 上三角矩阵，若 $a_{ij}=0\ (i>j)$;

(5) 严格上三角矩阵，若 $a_{ij}=0\ (i\geqslant j)$;

(6) 单位上三角矩阵，若 $a_{ij}=0\ (i>j), a_{ii}=1\ (\forall\ i)$。

下面列举上三角矩阵的性质：

(1) 上三角矩阵之积为上三角矩阵，即若 $\boldsymbol{U}_1, \boldsymbol{U}_2, \cdots, \boldsymbol{U}_k$ 各为上三角矩阵，则 $\boldsymbol{U} = \boldsymbol{U}_1\boldsymbol{U}_2\cdots\boldsymbol{U}_k$ 为上三角矩阵。

(2) 上三角矩阵 $\boldsymbol{U} = [u_{ij}]$ 的行列式等于对角线元素之积，即

$$\det(\boldsymbol{U}) = u_{11}u_{22}\cdots u_{nn} = \prod_{i=1}^{n} u_{ii}$$

(3) 上三角矩阵的逆矩阵为上三角矩阵。

(4) 上三角矩阵 $\boldsymbol{U}_{n\times n}$ 的 k 次幂 $\boldsymbol{U}^k$ 仍为上三角矩阵，并且其第 i 个对角线元素等于 u_{ii}^k。

(5) 上三角矩阵 $\boldsymbol{U}_{n\times n} = \boldsymbol{U} = [u_{ij}]$ 的特征值为 $u_{11}, u_{22}, \cdots, u_{nn}$。

(6) 正定 Hermitian 矩阵 $\boldsymbol{A}$ 可以分解为 $\boldsymbol{A} = \boldsymbol{T}^{\mathrm{H}}\boldsymbol{D}\boldsymbol{T}$，其中，$\boldsymbol{T}$ 为单位上三角复矩阵，$\boldsymbol{D}$ 为实对角矩阵。

下三角矩阵的性质如下：

(1) 下三角矩阵之积为下三角矩阵，即若 $\boldsymbol{L}_1, \boldsymbol{L}_2, \cdots, \boldsymbol{L}_k$ 各为下三角矩阵，则 $\boldsymbol{L} = \boldsymbol{L}_1\boldsymbol{L}_2\cdots\boldsymbol{L}_k$ 为下三角矩阵。

(2) 下三角矩阵的行列式等于对角线元素之积，即

$$\det(\boldsymbol{L}) = l_{11}l_{22}\cdots l_{nn} = \prod_{i=1}^{n} l_{ii}$$

(3) 下三角矩阵的逆矩阵为下三角矩阵。

(4) 下三角矩阵 $\boldsymbol{L}_{n\times n}$ 的 k 次幂 $\boldsymbol{L}^k$ 仍为下三角矩阵，且第 i 个对角线元素等于 l_{ii}^k。

(5) 下三角矩阵 $\boldsymbol{L}_{n\times n}$ 的特征值为 $l_{11}, l_{22}, \cdots, l_{nn}$。

(6) 一个正定矩阵 $\boldsymbol{A}_{n\times n}$ 能够分解为下三角矩阵 $\boldsymbol{L}_{n\times n}$ 与其转置之积，即 $\boldsymbol{A} = \boldsymbol{L}\boldsymbol{L}^{\mathrm{T}}$。这一分解称为矩阵 $\boldsymbol{A}$ 的 Cholesky 分解。

有时称满足 $\boldsymbol{A} = \boldsymbol{L}\boldsymbol{L}^{\mathrm{T}}$ 的下三角矩阵 $\boldsymbol{L}$ 为矩阵 $\boldsymbol{A}$ 的平方根。更一般地，满足

$$\boldsymbol{B}^2 = \boldsymbol{A} \tag{2.4.1}$$

的任何矩阵 $\boldsymbol{B}$ 称为 $\boldsymbol{A}$ 的平方根，记作 $\boldsymbol{A}^{1/2}$。需要注意的是，一个正方矩阵 $\boldsymbol{A}$ 的平方根不一定是唯一的。

若对角线或者交叉对角线上的矩阵是可逆的，则分块三角矩阵的求逆公式为

$$\begin{bmatrix} \boldsymbol{A} & \boldsymbol{O} \\ \boldsymbol{B} & \boldsymbol{C} \end{bmatrix}^{-1} = \begin{bmatrix} \boldsymbol{A}^{-1} & \boldsymbol{O} \\ -\boldsymbol{C}^{-1}\boldsymbol{B}\boldsymbol{A}^{-1} & \boldsymbol{C}^{-1} \end{bmatrix} \tag{2.4.2}$$

$$\begin{bmatrix} \boldsymbol{A} & \boldsymbol{B} \\ \boldsymbol{C} & \boldsymbol{O} \end{bmatrix}^{-1} = \begin{bmatrix} \boldsymbol{O} & \boldsymbol{C}^{-1} \\ \boldsymbol{B}^{-1} & -\boldsymbol{B}^{-1}\boldsymbol{A}\boldsymbol{C}^{-1} \end{bmatrix} \tag{2.4.3}$$

$$\begin{bmatrix} \boldsymbol{A} & \boldsymbol{B} \\ \boldsymbol{O} & \boldsymbol{C} \end{bmatrix}^{-1} = \begin{bmatrix} \boldsymbol{A}^{-1} & -\boldsymbol{A}^{-1}\boldsymbol{B}\boldsymbol{C}^{-1} \\ \boldsymbol{O} & \boldsymbol{C}^{-1} \end{bmatrix} \tag{2.4.4}$$

2.5 求和向量与中心化矩阵

本节介绍求和向量与中心化矩阵。

2.5.1 求和向量

所有元素等于 1 的向量称为求和向量 (summuing vector)，记为 $\mathbf{1}=[1,1,\cdots,1]^{\mathrm{T}}$。以 $n=4$ 为例，求和向量 $\mathbf{1}=[1,1,1,1]^{\mathrm{T}}$。之所以称为求和向量，乃是因为 n 个标量的求和都可以表示为求和向量与另外一个向量之间的内积。

例 2.5.1 若令 $\boldsymbol{x}=[a,b,-c,d]^{\mathrm{T}}$，则求和 $a+b-c+d$ 可以表示为

$$a+b-c+d=[1,1,1,1]\begin{bmatrix}a\\b\\-c\\d\end{bmatrix}=\mathbf{1}^{\mathrm{T}}\boldsymbol{x}=\boldsymbol{x}^{\mathrm{T}}\mathbf{1}$$

在某些运算中，可能遇到不同维数的求和向量。此时，为了避免混淆，常写出求和向量的维数，如 $\mathbf{1}_3=[1,1,1]^{\mathrm{T}}$。考虑求和向量与矩阵的乘积

$$\mathbf{1}_3^{\mathrm{T}}\boldsymbol{X}_{3\times 2}=[1,1,1]\begin{bmatrix}4&-1\\-4&3\\1&-1\end{bmatrix}=[1,1]=\mathbf{1}_2^{\mathrm{T}}$$

求和向量与自己的内积是一个等于该向量维数的标量，即有

$$\mathbf{1}_n^{\mathrm{T}}\mathbf{1}_n=n \tag{2.5.1}$$

求和向量之间的外积是一个所有元素为 1 的矩阵，例如

$$\mathbf{1}_2\mathbf{1}_3^{\mathrm{T}}=\begin{bmatrix}1\\1\end{bmatrix}[1,1,1]=\begin{bmatrix}1&1&1\\1&1&1\end{bmatrix}=\boldsymbol{J}_{2\times 3}$$

更一般地，有

$$\mathbf{1}_p\mathbf{1}_q^{\mathrm{T}}=\boldsymbol{J}_{p\times q}\quad(\text{所有元素为 1 的矩阵}) \tag{2.5.2}$$

于是，一个所有元素为 α 的 $p\times q$ 矩阵可以表示为 $\alpha\boldsymbol{J}_{p\times q}$。

容易验证

$$\boldsymbol{J}_{m\times p}\boldsymbol{J}_{p\times n}=p\boldsymbol{J}_{m\times n} \tag{2.5.3}$$

$$\boldsymbol{J}_{p\times q}\mathbf{1}_q=q\mathbf{1}_p \tag{2.5.4}$$

$$\mathbf{1}_p^{\mathrm{T}}\boldsymbol{J}_{p\times q}=p\mathbf{1}_q^{\mathrm{T}} \tag{2.5.5}$$

特别地，对于 $n\times n$ 矩阵 $\boldsymbol{J}_n$，有

$$\boldsymbol{J}_n=\mathbf{1}_n\mathbf{1}_n^{\mathrm{T}},\qquad \boldsymbol{J}_n^2=n\boldsymbol{J}_n \tag{2.5.6}$$

于是，若令

$$\bar{\boldsymbol{J}}_n=\frac{1}{n}\boldsymbol{J}_n \tag{2.5.7}$$

则有 $\bar{\boldsymbol{J}}_n^2=\bar{\boldsymbol{J}}_n$，即 $\bar{\boldsymbol{J}}_n$ 是一个幂等矩阵。

2.5.2 中心化矩阵

矩阵

$$\boldsymbol{C}_n = \boldsymbol{I}_n - \bar{\boldsymbol{J}}_n = \boldsymbol{I}_n - \frac{1}{n}\boldsymbol{J}_n \tag{2.5.8}$$

称为中心化矩阵 (centering matrix)。

容易验证，中心化矩阵既是对称矩阵，又是幂等矩阵，即有

$$\boldsymbol{C}_n = \boldsymbol{C}_n^{\mathrm{T}} = \boldsymbol{C}_n^2 \tag{2.5.9}$$

此外，中心化矩阵还具有以下特性

$$\left.\begin{aligned} \boldsymbol{C}_n\boldsymbol{1} &= \boldsymbol{0} \\ \boldsymbol{C}_n\boldsymbol{J}_n &= \boldsymbol{J}_n\boldsymbol{C}_n = \boldsymbol{0} \end{aligned}\right\} \tag{2.5.10}$$

求和向量 $\boldsymbol{1}$ 与中心化矩阵 $\boldsymbol{J}$ 在数理统计中非常有用[444, p.67]。

首先，一组数据 $x_1, \cdots, x_n$ 的均值可以用求和向量表示，即有

$$\bar{x} = \frac{1}{n}\sum_{i=1}^{n} x_i = \frac{1}{n}(x_1 + \cdots + x_n) = \frac{1}{n}\boldsymbol{x}^{\mathrm{T}}\boldsymbol{1} = \frac{1}{n}\boldsymbol{1}^{\mathrm{T}}\boldsymbol{x} \tag{2.5.11}$$

式中，$\boldsymbol{x} = [x_1, \cdots, x_n]^{\mathrm{T}}$ 为数据向量。

其次，利用中心化矩阵的定义式 (2.5.8) 及其性质公式 (2.5.10)，可以得到

$$\begin{aligned} \boldsymbol{C}\boldsymbol{x} &= \boldsymbol{x} - \bar{\boldsymbol{J}}\boldsymbol{x} = \boldsymbol{x} - \frac{1}{n}\boldsymbol{1}\boldsymbol{1}^{\mathrm{T}}\boldsymbol{x} = \boldsymbol{x} - \bar{x}\boldsymbol{1} \\ &= [x_1 - \bar{x}, \cdots, x_n - \bar{x}]^{\mathrm{T}} \end{aligned} \tag{2.5.12}$$

换言之，矩阵 $\boldsymbol{C}$ 对数据向量 $\boldsymbol{x}$ 的线性变换 $\boldsymbol{C}\boldsymbol{x}$ 是原数据向量的各个元素减去 n 个数据的均值的结果。这就是中心化矩阵的数学含义所在。

此外，如果求向量 $\boldsymbol{C}\boldsymbol{x}$ 的内积，则有

$$\begin{aligned} (\boldsymbol{C}\boldsymbol{x})^{\mathrm{T}}\boldsymbol{C}\boldsymbol{x} &= [x_1 - \bar{x}, \cdots, x_n - \bar{x}][x_1 - \bar{x}, \cdots, x_n - \bar{x}]^{\mathrm{T}} \\ &= \sum_{i=1}^{n}(x_i - \bar{x})^2 \end{aligned}$$

由式 (2.5.10) 知 $\boldsymbol{C}^{\mathrm{T}}\boldsymbol{C} = \boldsymbol{C}\boldsymbol{C} = \boldsymbol{C}$，上式又可简化为

$$\boldsymbol{x}^{\mathrm{T}}\boldsymbol{C}\boldsymbol{x} = \sum_{i=1}^{n}(x_i - \bar{x})^2 \tag{2.5.13}$$

式右是我们熟悉的数据 $x_1, \cdots, x_n$ 的协方差。即是说，一组数据的协方差可以用核矩阵为中心化矩阵的二次型 $\boldsymbol{x}^{\mathrm{T}}\boldsymbol{C}\boldsymbol{x}$ 表示。

2.6 相似矩阵与相合矩阵

本节讨论矩阵的两种特殊线性变换。

2.6.1 相似矩阵

令 $\boldsymbol{S} \in \mathbb{C}^{n\times n}$ 为非奇异矩阵，考查矩阵 $\boldsymbol{A} \in \mathbb{C}^{n\times n}$ 的线性变换

$$\boldsymbol{B} = \boldsymbol{S}^{-1}\boldsymbol{A}\boldsymbol{S} \tag{2.6.1}$$

令线性变换 $\boldsymbol{B}$ 的特征值为 λ，对应的特征向量为 $\boldsymbol{y}$，即

$$\boldsymbol{B}\boldsymbol{y} = \lambda\boldsymbol{y} \tag{2.6.2}$$

将式 (2.6.1) 代入式 (2.6.2)，即有 $\boldsymbol{S}^{-1}\boldsymbol{A}\boldsymbol{S}\boldsymbol{y} = \lambda\boldsymbol{y}$ 或 $\boldsymbol{A}(\boldsymbol{S}\boldsymbol{y}) = \lambda(\boldsymbol{S}\boldsymbol{y})$。若令 $\boldsymbol{x} = \boldsymbol{S}\boldsymbol{y}$ 或 $\boldsymbol{y} = \boldsymbol{S}^{-1}\boldsymbol{x}$，则立即有

$$\boldsymbol{A}\boldsymbol{x} = \lambda\boldsymbol{x} \tag{2.6.3}$$

比较式 (2.6.2) 和式 (2.6.3) 知，矩阵 $\boldsymbol{A}$ 和 $\boldsymbol{B} = \boldsymbol{S}^{-1}\boldsymbol{A}\boldsymbol{S}$ 具有相同的特征值，并且矩阵 $\boldsymbol{B}$ 的特征向量 $\boldsymbol{y}$ 是矩阵 $\boldsymbol{A}$ 的特征向量 $\boldsymbol{x}$ 的线性变换，即 $\boldsymbol{y} = \boldsymbol{S}^{-1}\boldsymbol{x}$。由于矩阵 $\boldsymbol{A}$ 和 $\boldsymbol{B} = \boldsymbol{S}^{-1}\boldsymbol{A}\boldsymbol{S}$ 的特征值相同，特征向量存在线性变换的关系，所以称这两个矩阵“相似”。于是，有下面的数学定义。

定义 2.6.1 (相似矩阵与相似变换) 矩阵 $\boldsymbol{B} \in \mathbb{C}^{n\times n}$ 称为矩阵 $\boldsymbol{A} \in \mathbb{C}^{n\times n}$ 的相似矩阵，若存在一非奇异矩阵 $\boldsymbol{S} \in \mathbb{C}^{n\times n}$ 使得 $\boldsymbol{B} = \boldsymbol{S}^{-1}\boldsymbol{A}\boldsymbol{S}$。此时，线性变换 $\boldsymbol{A} \mapsto \boldsymbol{S}^{-1}\boldsymbol{A}\boldsymbol{S}$ 称为矩阵 $\boldsymbol{A}$ 的相似变换。关系“$\boldsymbol{B}$ 相似于 $\boldsymbol{A}$”常简写作 $\boldsymbol{B} \sim \boldsymbol{A}$。

相似矩阵具有以下基本性质：

(1) 自反性 $\boldsymbol{A} \sim \boldsymbol{A}$，即任一矩阵与它自己相似。

(2) 对称性 若 $\boldsymbol{A}$ 相似于 $\boldsymbol{B}$，则 $\boldsymbol{B}$ 也相似于 $\boldsymbol{A}$。

(3) 传递性 若 $\boldsymbol{A} \sim \boldsymbol{B}$ 和 $\boldsymbol{B} \sim \boldsymbol{C}$，则 $\boldsymbol{A} \sim \boldsymbol{C}$。

下面是关于相似矩阵的两个重要定理。

定理 2.6.1 令 $\boldsymbol{A}, \boldsymbol{B} \in \mathbb{C}^{n\times n}$。若 $\boldsymbol{B}$ 与 $\boldsymbol{A}$ 相似，则 $\det(\boldsymbol{B}) = \det(\boldsymbol{A})$ 和 $\text{tr}(\boldsymbol{B}) = \text{tr}(\boldsymbol{A})$，即相似矩阵的行列式相等，并具有相同的迹。

证明 对相似关系 $\boldsymbol{B} = \boldsymbol{S}^{-1}\boldsymbol{A}\boldsymbol{S}$ 分别运用行列式的性质，得

$$\begin{aligned}\det(\boldsymbol{B}) &= \det(\boldsymbol{S}^{-1}\boldsymbol{A}\boldsymbol{S}) = \det(\boldsymbol{S}^{-1})\det(\boldsymbol{A})\det(\boldsymbol{S}) \\ &= \det(\boldsymbol{A})\det(\boldsymbol{S}^{-1})\det(\boldsymbol{S}) = \det(\boldsymbol{A})\det(\boldsymbol{S}^{-1}\boldsymbol{S}) \\ &= \det(\boldsymbol{A})\det(\boldsymbol{I}) = \det(\boldsymbol{A})\end{aligned}$$

利用迹的性质，又有 $\text{tr}(\boldsymbol{B}) = \text{tr}(\boldsymbol{S}^{-1}\boldsymbol{A}\boldsymbol{S}) = \text{tr}(\boldsymbol{S}^{-1}(\boldsymbol{A}\boldsymbol{S})) = \text{tr}(\boldsymbol{A}\boldsymbol{S}\boldsymbol{S}^{-1}) = \text{tr}(\boldsymbol{A})$。 ■

定理 2.6.2 令 $\boldsymbol{A},\boldsymbol{B}\in\mathbb{C}^{n\times n}$。若 $\boldsymbol{B}$ 与 $\boldsymbol{A}$ 相似，则 $\boldsymbol{B}$ 的特征多项式 $\det(\boldsymbol{B}-z\boldsymbol{I})$ 与 $\boldsymbol{A}$ 的特征多项式 $\det(\boldsymbol{A}-z\boldsymbol{I})$ 相同。

证明 对任意 z，有

$$\begin{aligned}
\det(\boldsymbol{B}-z\boldsymbol{I}) &= \det(\boldsymbol{S}^{-1}\boldsymbol{A}\boldsymbol{S}-z\boldsymbol{S}^{-1}\boldsymbol{S}) \\
&= \det(\boldsymbol{S}^{-1}(\boldsymbol{A}-z\boldsymbol{I})\boldsymbol{S}) \\
&= \det(\boldsymbol{S}^{-1})\det(\boldsymbol{A}-z\boldsymbol{I})\det(\boldsymbol{S}) \\
&= (\det(\boldsymbol{S}))^{-1}\det(\boldsymbol{S})\det(\boldsymbol{A}-z\boldsymbol{I}) \\
&= \det(\boldsymbol{A}-z\boldsymbol{I})
\end{aligned}$$

即定理得证。 ■

注意到一个矩阵的特征值定义为该矩阵的特征多项式的根，上述定理给出以下推论。

推论 2.6.1 若 $\boldsymbol{A},\boldsymbol{B}\in\mathbb{C}^{n\times n}$，并且 $\boldsymbol{A}$ 和 $\boldsymbol{B}$ 相似，则它们具有相同的特征值 (包括多重特征值在内)。

这个推论启发我们，如果想得到一个矩阵 $\boldsymbol{A}$ 的特征值，可以通过相似变换，使 $\boldsymbol{A}$ 的相似矩阵为三角矩阵。这样一来，该三角矩阵的对角元素便给出矩阵 $\boldsymbol{A}$ 的所有特征值 (包括多重度在内)。

下面是相似矩阵的重要性质：

(1) 相似矩阵 $\boldsymbol{B}\sim\boldsymbol{A}$ 具有相同的行列式，即 $|\boldsymbol{B}|=|\boldsymbol{A}|$。

(2) 若矩阵 $\boldsymbol{S}^{-1}\boldsymbol{A}\boldsymbol{S}=\boldsymbol{T}$ (上三角矩阵)，则 $\boldsymbol{T}$ 的对角元素给出矩阵 $\boldsymbol{A}$ 的特征值 λ_i。

(3) 两个相似矩阵具有完全相同的特征值。

(4) 若 $\boldsymbol{A}$ 的特征值各不相同，则一定可以找到一相似矩阵 $\boldsymbol{S}^{-1}\boldsymbol{A}\boldsymbol{S}=\boldsymbol{D}$ (对角矩阵)，其对角元素即是矩阵 $\boldsymbol{A}$ 的特征值。

(5) $n\times n$ 矩阵 $\boldsymbol{A}$ 与对角矩阵相似的充分必要条件是：矩阵 $\boldsymbol{A}$ 的 n 个特征向量线性无关。

(6) 相似矩阵 $\boldsymbol{B}=\boldsymbol{S}^{-1}\boldsymbol{A}\boldsymbol{S}$ 意味着 $\boldsymbol{B}^2=\boldsymbol{S}^{-1}\boldsymbol{A}\boldsymbol{S}\boldsymbol{S}^{-1}\boldsymbol{A}\boldsymbol{S}=\boldsymbol{S}^{-1}\boldsymbol{A}^2\boldsymbol{S}$，从而有 $\boldsymbol{B}^k=\boldsymbol{S}^{-1}\boldsymbol{A}^k\boldsymbol{S}$。也就是说，若 $\boldsymbol{B}\sim\boldsymbol{A}$，则 $\boldsymbol{B}^k\sim\boldsymbol{A}^k$。这一性质称为相似矩阵的幂性质。

(7) 若矩阵 $\boldsymbol{B}=\boldsymbol{S}^{-1}\boldsymbol{A}\boldsymbol{S}$ 和 $\boldsymbol{A}$ 均可逆，则 $\boldsymbol{B}^{-1}=\boldsymbol{S}^{-1}\boldsymbol{A}^{-1}\boldsymbol{S}$，即当两个矩阵相似时，它们的逆矩阵也相似。

在相似变换中最重要的是酉相似变换。如果矩阵 $\boldsymbol{A}$ 经过酉矩阵相似变换为 $\boldsymbol{B}$，就称 $\boldsymbol{A}$ 和 $\boldsymbol{B}$ 是酉相似的。例如，若 Hermitian 矩阵 $\boldsymbol{A}$ 经过酉矩阵 $\boldsymbol{U}^{-1}=\boldsymbol{U}^{\mathrm{H}}$ 相似变换为对角矩阵 $\boldsymbol{\Sigma}$，即有 $\boldsymbol{\Sigma}=\boldsymbol{U}^{\mathrm{H}}\boldsymbol{A}\boldsymbol{U}$，则根据推论 2.6.1 知，Hermitian 矩阵 $\boldsymbol{A}$ 与酉相似的对角矩阵 $\boldsymbol{\Sigma}$ 具有相同的特征值，这正是 Hermitian 矩阵 $\boldsymbol{A}^{\mathrm{H}}=\boldsymbol{A}$ 的特征值分解 $\boldsymbol{A}=\boldsymbol{U}\boldsymbol{\Sigma}\boldsymbol{U}^{\mathrm{H}}$ 的理论基础。

2.6.2 相合矩阵

与相似矩阵在形式上部分相同的矩阵是相合矩阵。

定义 2.6.2 (相合矩阵与相合变换) 令 $\boldsymbol{A},\boldsymbol{B},\boldsymbol{C}\in\mathbb{C}^{n\times n}$，并且 $\boldsymbol{C}$ 非奇异，则矩阵 $\boldsymbol{B}=\boldsymbol{C}^{\mathrm{H}}\boldsymbol{A}\boldsymbol{C}$ 称为 $\boldsymbol{A}$ 的相合矩阵 (congruent matrix)，而线性变换 $\boldsymbol{A}\mapsto\boldsymbol{C}^{\mathrm{H}}\boldsymbol{A}\boldsymbol{C}$ 称为相合变换。

相合矩阵具有以下特性：

(1) 自反性 $\boldsymbol{A}$ 相合于 $\boldsymbol{A}$，即任一矩阵与它自己相合。

(2) 对称性 若 $\boldsymbol{A}$ 相合于 $\boldsymbol{B}$，则 $\boldsymbol{B}$ 也相合于 $\boldsymbol{A}$。

(3) 传递性 若 $\boldsymbol{A}$ 相合于 $\boldsymbol{B}$，而 $\boldsymbol{B}$ 又相合于 $\boldsymbol{D}$，则 $\boldsymbol{A}$ 相合于 $\boldsymbol{D}$。

证明 对于相合而言：

(1) 若取 $\boldsymbol{C}=\boldsymbol{I}$，则显然有 $\boldsymbol{A}$ 与 $\boldsymbol{C}^{\mathrm{H}}\boldsymbol{A}\boldsymbol{C}=\boldsymbol{A}$ 相合。特性 (1) 得证。

(2) 若 $\boldsymbol{A}$ 相合于 $\boldsymbol{B}$，即 $\boldsymbol{A}=\boldsymbol{C}^{\mathrm{H}}\boldsymbol{B}\boldsymbol{C}$，则有

$$\boldsymbol{B}=(\boldsymbol{C}^{\mathrm{H}})^{-1}\boldsymbol{A}\boldsymbol{C}^{-1}=(\boldsymbol{C}^{-1})^{\mathrm{H}}\boldsymbol{A}\boldsymbol{C}^{-1}=\boldsymbol{T}^{\mathrm{H}}\boldsymbol{A}\boldsymbol{T}$$

式中，$\boldsymbol{T}=\boldsymbol{C}^{-1}$ 为非奇异矩阵。上式表明，矩阵 $\boldsymbol{B}$ 相合于 $\boldsymbol{A}$。特性 (2) 得证。

(3) 若 $\boldsymbol{B}=\boldsymbol{C}_1^{\mathrm{H}}\boldsymbol{A}\boldsymbol{C}_1$ 和 $\boldsymbol{D}=\boldsymbol{C}_2^{\mathrm{H}}\boldsymbol{B}\boldsymbol{C}_2$，则

$$\boldsymbol{A}=(\boldsymbol{C}_1^{\mathrm{H}})^{-1}\boldsymbol{B}\boldsymbol{C}_1^{-1}=(\boldsymbol{C}_1^{\mathrm{H}})^{-1}[(\boldsymbol{C}_2^{\mathrm{H}})^{-1}\boldsymbol{D}\boldsymbol{C}_2^{-1}]\boldsymbol{C}_1^{-1}=\left[(\boldsymbol{C}_1\boldsymbol{C}_2)^{-1}\right]^{\mathrm{H}}\boldsymbol{D}\,(\boldsymbol{C}_1\boldsymbol{C}_2)^{-1}$$

即 $\boldsymbol{A}$ 相合于 $\boldsymbol{D}$，因为 $\boldsymbol{C}_1\boldsymbol{C}_2$ 非奇异。特性 (3) 得证。 ■

对于一个 $n\times n$ 维 Hermitian 矩阵 $\boldsymbol{A}$，存在一个非奇异矩阵 $\boldsymbol{T}$，使得 $\boldsymbol{A}=\boldsymbol{T}\boldsymbol{D}\boldsymbol{T}^{\mathrm{H}}$，其中，$\boldsymbol{D}=\mathrm{diag}(d_1,\cdots,d_n)$ 是对角矩阵，并且对角元素 d_i 只取 $+1,-1$ 和 0 这 3 种值，它们分别与矩阵 $\boldsymbol{A}$ 的正特征值、负特征值和零特征值相对应。此时，称 $\boldsymbol{T}\boldsymbol{D}\boldsymbol{T}^{\mathrm{H}}$ 是矩阵 $\boldsymbol{A}$ 的相合规范型 (congruent canonical form)，而对角矩阵 $\boldsymbol{D}$ 则称为矩阵 $\boldsymbol{A}$ 的规范相合矩阵 (canonical congruent matrix)。

术语“相合”具有以下两层含义：

(1) 两个相合矩阵 $\boldsymbol{A}$ 和 $\boldsymbol{B}$ 的二次型函数相吻合。考查二次型函数 $f(\boldsymbol{x})=\boldsymbol{x}^{\mathrm{H}}\boldsymbol{A}\boldsymbol{x}$。若令 $\boldsymbol{x}=\boldsymbol{C}\boldsymbol{y}$，其中 $\boldsymbol{C}$ 为非奇异矩阵，则有

$$\boldsymbol{x}^{\mathrm{H}}\boldsymbol{A}\boldsymbol{x}=\boldsymbol{y}^{\mathrm{H}}\boldsymbol{C}^{\mathrm{H}}\boldsymbol{A}\boldsymbol{C}\boldsymbol{y}=\boldsymbol{y}^{\mathrm{H}}\boldsymbol{B}\boldsymbol{y} \tag{2.6.4}$$

式中，$\boldsymbol{B}=\boldsymbol{C}^{\mathrm{H}}\boldsymbol{A}\boldsymbol{C}$。这表明，两个相合矩阵具有相同的二次型函数。

(2) Hermitian 矩阵 $\boldsymbol{A}$ 的规范相合矩阵 $\boldsymbol{D}$ 与酉相似对角化矩阵 (特征值矩阵) $\boldsymbol{\Sigma}$ 的元素具有以下关系：零元素的个数相同，对应的非零元素具有相同的符号。

2.7 Vandermonde 矩阵

本节考查每行元素组成一个等比序列的两类特殊矩阵，它们是 Vandermonde 矩阵和 Fourier 矩阵，在信号处理中有着广泛的应用。事实上，Fourier 矩阵是 Vandermonde 矩阵的一种特例。因此，本节先介绍 Vandermonde 矩阵。

$n \times n$ 维 Vandermonde 矩阵是取以下特殊形式的矩阵

$$\boldsymbol{A} = \begin{bmatrix} 1 & x_1 & x_1^2 & \cdots & x_1^{n-1} \\ 1 & x_2 & x_2^2 & \cdots & x_2^{n-1} \\ \vdots & \vdots & \vdots & \vdots & \vdots \\ 1 & x_n & x_n^2 & \cdots & x_n^{n-1} \end{bmatrix} \tag{2.7.1}$$

或

$$\boldsymbol{A} = \begin{bmatrix} 1 & 1 & \cdots & 1 \\ x_1 & x_2 & \cdots & x_n \\ x_1^2 & x_2^2 & \cdots & x_n^2 \\ \vdots & \vdots & \vdots & \vdots \\ x_1^{n-1} & x_2^{n-1} & \cdots & x_n^{n-1} \end{bmatrix} \tag{2.7.2}$$

即矩阵每行 (或列) 的元素组成一个等比序列。

Vandermonde 矩阵有一个突出的性质：n 个参数 $x_1, x_2, \cdots, x_n$ 各异时，Vandermonde 矩阵非奇异。为此，需要证明行列式 $\det(\boldsymbol{A}) \neq 0$，$x_i \neq x_j, \forall\, i \neq j$。最简单的方法莫过于直接评价 Vandermonde 矩阵的行列式 [36, p.193]。显然，可以将 $\det(\boldsymbol{A})$ 视为 x_1 的 $n-1$ 阶多项式。作为一个 $n-1$ 阶多项式，$\det(\boldsymbol{A})$ 有根 $x_1 = x_2, x_1 = x_3, \cdots, x_1 = x_n$，因为每当矩阵的两行 (或列) 相同时，行列式等于零。于是，可以将行列式表示为

$$\det(\boldsymbol{A}) = (x_2 - x_1)(x_3 - x_1) \cdots (x_n - x_1) q(x_2, x_3, \cdots, x_n)$$

式中，$q(x_2, x_3, \cdots, x_n)$ 是一个只与 $x_2, x_3, \cdots, x_n$ 有关的多项式。类似地，行列式 $\det(\boldsymbol{A})$ 也可以分别视为关于 $x_2, x_3, \cdots, x_n$ 的 $n-1$ 阶多项式。于是，可将 Vandermonde 矩阵的行列式用多项式形式表示为

$$\det(\boldsymbol{A}) = \prod_{1 \leqslant j < i \leqslant n} (x_i - x_j) \phi(x_1, x_2, \cdots, x_n)$$

式中，ϕ 是关于 $x_1, x_2, \cdots, x_n$ 的多项式。由于行列式 $\det(\boldsymbol{A})$ 中 x_i 的阶数为 n，所以 ϕ 必定为常数项，不可能与任何 x_i 有关。特别地，当 $n = 2$ 时，Vandermonde 矩阵的行列式 $\begin{vmatrix} 1 & 1 \\ x_1 & x_2 \end{vmatrix} = x_2 - x_1$。由此知 $\phi = 1$。因此，$n \times n$ 维 Vandermonde 矩阵的行列式由下式给出 [36, p.193]

$$\det(\boldsymbol{A}) = \prod_{i,j=1,\, i>j}^{n} (x_i - x_j) \tag{2.7.3}$$

显然，若 $x_i \neq x_j, \forall\, i \neq j$，则 $\det(\boldsymbol{A}) \neq 0$，即 Vandermonde 矩阵非奇异。

在多项式插值问题中，通常需要求最高阶次为 $n-1$ 次的多项式 $p(x)=a_{n-1}x^{n-1}+a_{n-2}x^{n-2}+\cdots+a_1x+a_0$，并要求它满足

$$\left.\begin{aligned}p(x_1)&=a_0+a_1x_1+a_2x_1^2+\cdots+a_{n-1}x_1^{n-1}=y_1\\p(x_2)&=a_0+a_1x_2+a_2x_2^2+\cdots+a_{n-1}x_2^{n-1}=y_2\\&\vdots\\p(x_n)&=a_0+a_1x_n+a_2x_n^2+\cdots+a_{n-1}x_n^{n-1}=y_n\end{aligned}\right\}\tag{2.7.4}$$

其中，$x_1,x_2,\cdots,x_n$ 和 $y_1,y_2,\cdots,y_n$ 为已知。插值条件式 (2.7.4) 是一组线性方程，共有 n 个方程和 n 个未知系数 $a_0,a_1,\cdots,a_{n-1}$。方程组可写作 $\boldsymbol{A}\boldsymbol{a}=\boldsymbol{y}$，其中，$\boldsymbol{a}=[a_0,a_1,\cdots,a_{n-1}]^{\mathrm{T}}$，$\boldsymbol{y}=[y_1,y_2,\cdots,y_n]^{\mathrm{T}}$，且矩阵 $\boldsymbol{A}$ 是如式 (2.7.1) 所示的 Vandermonde 矩阵。若数据点 $x_1,x_2,\cdots,x_n$ 各不相同，则插值问题总有一个解，因为 $\boldsymbol{A}$ 在这种情况下是非奇异的。

若有两个或多个元素 x_i 相同，则相应的多项式插值问题是欠定的。此时，可以使用汇合型 Vandermonde 矩阵 (confluent Vandermonde matrices) 表示插值问题。汇合型 Vandermonde 矩阵是由不相同的所有元素组成的 Vandermonde 矩阵。例如，若 $x_i=x_{i+1}=\cdots=x_{i+k}$，且 $x_i\neq x_{i-1}$，则汇合型 Vandermonde 矩阵 $\boldsymbol{A}$ 的第 $(i+k)$ 行的元素为

$$A_{i+k,j}=\begin{cases}0, & 若\ j\leqslant k\\ \frac{(j-1)!}{(j-k-1)!}x_i^{j-k-1}, & 若\ j>k\end{cases}\tag{2.7.5}$$

汇合型 Vandermonde 矩阵具有与 Vandermonde 矩阵相同的性质。

在信号处理中经常遇到是复 Vandermonde 矩阵。

例 2.7.1 (扩展 Prony 方法) 在谐波恢复的扩展 Prony 方法中，信号模型假定是一组 p 个指数函数的叠加，这组指数函数有任意的辐值、相位、频率和阻尼因子。于是，离散时间的数学模型

$$\hat{x}_n=\sum_{i=1}^{p}b_iz_i^n,\qquad n=0,1,\cdots,N-1\tag{2.7.6}$$

被用作拟合观测数据 $x_0,x_1,\cdots,x_{N-1}$ 的数学模型。通常，b_i 和 z_i 假定为复数，并且

$$b_i=A_i\exp(\mathrm{j}\,\theta_i),\quad z_i=\exp[(\alpha_i+\mathrm{j}\,2\pi f_i)\Delta t]$$

其中，A_i 是幅值，θ_i 是相位 (弧度)，α_i 为阻尼因子，f_i 为振荡频率 (Hz)，Δt 代表采样间隔 (秒)。式 (2.7.6) 的矩阵形式是

$$\boldsymbol{\Phi}\boldsymbol{b}=\hat{\boldsymbol{x}}$$

其中，$\boldsymbol{b}=[b_0,b_1,\cdots,b_p]^{\mathrm{T}}$，$\hat{\boldsymbol{x}}=[\hat{x}_0,\hat{x}_1,\cdots,\hat{x}_{N-1}]^{\mathrm{T}}$，而 $\boldsymbol{\Phi}$ 是一复 Vandermonde 矩阵

$$\boldsymbol{\Phi}=\begin{bmatrix}1&1&1&\cdots&1\\z_1&z_2&z_3&\cdots&z_p\\z_1^2&z_2^2&z_3^2&\cdots&z_p^2\\\vdots&\vdots&\vdots&\vdots&\vdots\\z_1^{N-1}&z_2^{N-1}&z_3^{N-1}&\cdots&z_p^{N-1}\end{bmatrix}\tag{2.7.7}$$

使平方误差 $\epsilon = \sum_{n=1}^{N-1} |x_n - \hat{x}_n|^2$ 最小，便得到最小二乘解

$$\boldsymbol{b} = [\boldsymbol{\Phi}^{\mathrm{H}}\boldsymbol{\Phi}]^{-1}\boldsymbol{\Phi}^{\mathrm{H}}\boldsymbol{x} \tag{2.7.8}$$

容易证明，式 (2.7.8) 中的 $\boldsymbol{\Phi}^{\mathrm{H}}\boldsymbol{\Phi}$ 的计算可以大大简化，使得无须作 Vandermonde 矩阵的乘法运算，就能够直接利用

$$\boldsymbol{\Phi}^{\mathrm{H}}\boldsymbol{\Phi} = \begin{bmatrix} \gamma_{11} & \gamma_{12} & \cdots & \gamma_{1p} \\ \gamma_{21} & \gamma_{22} & \cdots & \gamma_{2p} \\ \vdots & \vdots & \vdots & \vdots \\ \gamma_{p1} & \gamma_{p2} & \cdots & \gamma_{pp} \end{bmatrix} \tag{2.7.9}$$

计算出 $\boldsymbol{\Phi}^{\mathrm{H}}\boldsymbol{\Phi}$，其中

$$\gamma_{ij} = \frac{(z_i^* z_j)^N - 1}{(z_i^* z_j) - 1} \tag{2.7.10}$$

式 (2.7.7) 所示的 $N \times p$ 矩阵 $\boldsymbol{\Phi}$ 是在信号处理中广泛应用的 Vandermonde 矩阵之一。信号处理中另外一种与式 (2.7.7) 类似的 Vandermonde 矩阵为

$$\boldsymbol{\Phi} = \begin{bmatrix} 1 & 1 & \cdots & 1 \\ \mathrm{e}^{\lambda_1} & \mathrm{e}^{\lambda_2} & \cdots & \mathrm{e}^{\lambda_d} \\ \vdots & \vdots & \vdots & \vdots \\ \mathrm{e}^{\lambda_1(N-1)} & \mathrm{e}^{\lambda_2(N-1)} & \cdots & \mathrm{e}^{\lambda_d(N-1)} \end{bmatrix} \tag{2.7.11}$$

在信号重构、系统辨识和其他一些信号处理问题中，需要对 Vandermonde 矩阵求逆。$n \times n$ 复 Vandermonde 矩阵

$$\boldsymbol{A} = \begin{bmatrix} 1 & 1 & \cdots & 1 \\ a_1 & a_2 & \cdots & a_n \\ \vdots & \vdots & \vdots & \vdots \\ a_1^{n-1} & a_2^{n-1} & \cdots & a_n^{n-1} \end{bmatrix}, \qquad a_k \in \mathbb{C} \tag{2.7.12}$$

的逆矩阵由下式给出 [357]

$$\boldsymbol{A}^{-1} = \begin{bmatrix} \dfrac{\sigma_{n-1}(a_2,a_3,\cdots,a_n)}{\prod\limits_{k=2}^{n}(a_k-a_1)} & -\dfrac{\sigma_{n-2}(a_2,a_3,\cdots,a_n)}{\prod\limits_{k=2}^{n}(a_k-a_1)} & \cdots & \dfrac{(-1)^{n+1}}{\prod\limits_{k=2}^{n}(a_k-a_1)} \\ -\dfrac{\sigma_{n-1}(a_1,a_3,\cdots,a_n)}{(a_2-a_1)\prod\limits_{k=3}^{n}(a_k-a_2)} & \dfrac{\sigma_{n-2}(a_1,a_3,\cdots,a_n)}{(a_2-a_1)\prod\limits_{k=3}^{n}(a_k-a_2)} & \cdots & \dfrac{(-1)^{n+2}}{(a_2-a_1)\prod\limits_{k=3}^{n}(a_k-a_2)} \\ \vdots & \vdots & \vdots & \vdots \\ \dfrac{\sigma_{n-1}(a_1,a_2,\cdots,a_{n-1})}{(-1)^{n+1}\prod\limits_{k=1}^{n-1}(a_n-a_k)} & \dfrac{\sigma_{n-2}(a_1,a_2,\cdots,a_{n-1})}{(-1)^{n+2}\prod\limits_{k=1}^{n-1}(a_n-a_k)} & \cdots & \dfrac{1}{\prod\limits_{k=1}^{n-1}(a_n-a_k)} \end{bmatrix} \tag{2.7.13}$$

2.8 Fourier 矩阵

Fourier 矩阵是一种特殊结构的 Vandermonde 矩阵，在信号处理、图像处理、生物医学和生物信息、模式识别、自动控制等中有着广泛的应用。

2.8.1 Fourier 矩阵的定义与性质

离散时间信号 $x_0, x_1, \cdots, x_{N-1}$ 的 Fourier 变换称为信号的离散 Fourier 变换 (DFT) 或频谱，定义为

$$X_k = \sum_{n=0}^{N-1} x_n \mathrm{e}^{-\mathrm{j}\,2\pi nk/N} = \sum_{n=0}^{N-1} x_n w^{nk}, \quad k = 0, 1, \cdots, N-1 \tag{2.8.1}$$

写成矩阵形式，有

$$\begin{bmatrix} X_0 \\ X_1 \\ \vdots \\ X_{N-1} \end{bmatrix} = \begin{bmatrix} 1 & 1 & \cdots & 1 \\ 1 & w & \cdots & w^{N-1} \\ \vdots & \vdots & \vdots & \vdots \\ 1 & w^{N-1} & \cdots & w^{(N-1)(N-1)} \end{bmatrix} \begin{bmatrix} x_0 \\ x_1 \\ \vdots \\ x_{N-1} \end{bmatrix} \tag{2.8.2}$$

或简记作

$$\hat{\boldsymbol{x}} = \boldsymbol{F}\boldsymbol{x} \tag{2.8.3}$$

式中，$\boldsymbol{x} = [x_0, x_1, \cdots, x_{N-1}]^{\mathrm{T}}$ 和 $\hat{\boldsymbol{x}} = [X_0, X_1, \cdots, X_{N-1}]^{\mathrm{T}}$ 分别是离散时间信号向量和频谱向量，而

$$\boldsymbol{F} = \begin{bmatrix} 1 & 1 & \cdots & 1 \\ 1 & w & \cdots & w^{N-1} \\ \vdots & \vdots & \vdots & \vdots \\ 1 & w^{N-1} & \cdots & w^{(N-1)(N-1)} \end{bmatrix}, \quad w = \mathrm{e}^{-\mathrm{j}\,2\pi/N} \tag{2.8.4}$$

称为 (原始) Fourier 矩阵，其 (i,k) 元素为 $F(i,k) = w^{(i-1)(k-1)}$。

显然，Fourier 矩阵的每一行和每一列的元素都分别组成各自的等比序列，是一种具有特殊结构的 $N \times N$ 维 Vandermonde 矩阵。

另由定义易知，Fourier 矩阵为对称矩阵，即 $\boldsymbol{F}^{\mathrm{T}} = \boldsymbol{F}$。

式 (2.8.3) 表明，一个离散时间信号向量的离散 Fourier 变换可以用矩阵 $\boldsymbol{F}$ 表示。这就是为什么称矩阵 $\boldsymbol{F}$ 为 Fourier 矩阵的缘故。

根据定义容易验证 $\boldsymbol{F}^{\mathrm{H}}\boldsymbol{F} = \boldsymbol{F}\boldsymbol{F}^{\mathrm{H}} = N\boldsymbol{I}$。注意到 Fourier 矩阵是一个 $N \times N$ 特殊 Vandermonde 矩阵，它是非奇异的。于是，由 $\boldsymbol{F}^{\mathrm{H}}\boldsymbol{F} = N\boldsymbol{I}$ 知，Fourier 矩阵的逆矩阵

$$\boldsymbol{F}^{-1} = \frac{1}{N}\boldsymbol{F}^{\mathrm{H}} = \frac{1}{N}\boldsymbol{F}^{*} \tag{2.8.5}$$

因此，由式 (2.8.3) 立即有

$$\boldsymbol{x} = \boldsymbol{F}^{-1}\hat{\boldsymbol{x}} = \frac{1}{N}\boldsymbol{F}^{*}\hat{\boldsymbol{x}} \tag{2.8.6}$$

或写作

$$\begin{bmatrix} x_0 \\ x_1 \\ \vdots \\ x_{N-1} \end{bmatrix} = \frac{1}{N} \begin{bmatrix} 1 & 1 & \cdots & 1 \\ 1 & w^* & \cdots & (w^{N-1})^* \\ \vdots & \vdots & \vdots & \vdots \\ 1 & (w^{N-1})^* & \cdots & (w^{(N-1)(N-1)})^* \end{bmatrix} \begin{bmatrix} X_0 \\ X_1 \\ \vdots \\ X_{N-1} \end{bmatrix} \tag{2.8.7}$$

即有

$$x_n = \frac{1}{N} \sum_{k=0}^{N-1} X_k \mathrm{e}^{\mathrm{j}2\pi nk/N}, \quad n = 0, 1, \cdots, N-1 \tag{2.8.8}$$

这恰好就是离散 Fourier 逆变换的公式。

根据定义易知，$n \times n$ 阶 Fourier 矩阵具有以下性质 [324]：

(1) Fourier 矩阵为对称矩阵，即 $\boldsymbol{F}^{\mathrm{T}} = \boldsymbol{F}$。

(2) Fourier 矩阵的逆矩阵 $\boldsymbol{F}^{-1} = \frac{1}{N}\boldsymbol{F}^*$。

(3) $\boldsymbol{F}^2 = \boldsymbol{P} = [\boldsymbol{e}_1, \boldsymbol{e}_n, \boldsymbol{e}_{n-1}, \cdots, \boldsymbol{e}_2]$ (置换矩阵)，其中，$\boldsymbol{e}_k$ 是标准向量 (仅第 k 个元素为 1，其他元素皆为 0 的向量)。

(4) $\boldsymbol{F}^4 = \boldsymbol{I}$。

(5) 令 $\sqrt{n}\boldsymbol{F} = \boldsymbol{C} + \mathrm{j}\,\boldsymbol{S}$，则 $\boldsymbol{CS} = \boldsymbol{SC}$ 和 $\boldsymbol{C}^2 + \boldsymbol{S}^2 = \boldsymbol{I}$，且矩阵 $\boldsymbol{C}$ 和 $\boldsymbol{S}$ 的元素

$$C_{ij} = \cos\left(\frac{2\pi}{n}(i-1)(j-1)\right)$$
$$S_{ij} = \sin\left(\frac{2\pi}{n}(i-1)(j-1)\right)$$

式中，$i, j = 1, 2, \cdots, n$。

问题是，无论利用式 (2.8.3) 计算离散 Fourier 变换，还是使用式 (2.8.6) 计算离散 Fourier 逆变换，都希望有快速算法。

下面考虑离散 Fourier 变换的快速算法——快速 Fourier 变换 (FFT) 算法。为此，我们先来考虑 $2^n \times 2^n$ 方程 $\boldsymbol{Ax} = \hat{\boldsymbol{x}}$ 的计算，其中 $\boldsymbol{A} \in \mathbb{C}^{2^n \times 2^n}$ 为变换矩阵，而 $\boldsymbol{x} \in \mathbb{C}^{2^n}$ 和 $\hat{\boldsymbol{x}} \in \mathbb{C}^{2^n}$ 分别为输入和输出向量。

2.8.2 适定方程计算的初等行变换方法

为方便计，对于 $N \times N$ (其中 $N = 2^n$) 方程 $\boldsymbol{Ax} = \hat{\boldsymbol{x}}$，记

$$\boldsymbol{A} = \begin{bmatrix} \boldsymbol{b}_0 \\ \boldsymbol{b}_1 \\ \vdots \\ \boldsymbol{b}_{N-1} \end{bmatrix}, \quad \boldsymbol{x} = [x_0, x_1, \cdots, x_{N-1}]^{\mathrm{T}}, \quad \hat{\boldsymbol{x}} = [\hat{x}_0, \hat{x}_1, \cdots, \hat{x}_{N-1}]^{\mathrm{T}}$$

考虑对方程 $\boldsymbol{Ax} = \hat{\boldsymbol{x}}$ 进行一种简单的初等行变换：只对增广矩阵 $[\boldsymbol{A}, \hat{\boldsymbol{x}}]$ 的行向量的位置进行重新排列。显然，这种初等行变换将使得变换矩阵 $\boldsymbol{A}$ 的行和输出向量 $\hat{\boldsymbol{x}}$ 的元素之间的下标排列完全相同，但不会改变输入向量 $\boldsymbol{x}$ 的元素的下标排列。

为了描述这一行重排的效果，考虑将变换矩阵 $\boldsymbol{A}$ 的行向量的下标用指标向量 (index vector) 表示 [405]

$$\boldsymbol{i}=\begin{bmatrix}\langle 0\rangle\\ \langle 1\rangle\\ \vdots\\ \langle N-1\rangle\end{bmatrix},\quad N=2^n \tag{2.8.9}$$

其中 $\langle i\rangle$ 是变换矩阵 $\boldsymbol{A}$ 的第 $i+1$ (其中 $i=0,1,\cdots,N-1$) 行向量下标的二进制表示。

二进制码的 Kronecker 积定义为二进制码的顺序排列。若 a,b,c,d 均为二进制表示，则二进制 Kronecker 积定义为

$$\begin{bmatrix}a\\ b\end{bmatrix}_2\otimes\begin{bmatrix}c\\ d\end{bmatrix}_2=\begin{bmatrix}ac\\ ad\\ bc\\ bd\end{bmatrix}_2 \tag{2.8.10}$$

式中，xy 表示两个二进制码的顺序排列，而非乘积。

例如

$$\boldsymbol{i}_4=\begin{bmatrix}0_1\\ 1_1\end{bmatrix}\otimes\begin{bmatrix}0_0\\ 1_0\end{bmatrix}=\begin{bmatrix}0_10_0\\ 0_11_0\\ 1_10_0\\ 1_11_0\end{bmatrix}=\begin{bmatrix}00\\ 01\\ 10\\ 11\end{bmatrix}=\begin{bmatrix}\langle 0\rangle\\ \langle 1\rangle\\ \langle 2\rangle\\ \langle 3\rangle\end{bmatrix} \tag{2.8.11}$$

和

$$\boldsymbol{i}_8=\begin{bmatrix}0_2\\ 1_2\end{bmatrix}\otimes\begin{bmatrix}0_1\\ 1_1\end{bmatrix}\otimes\begin{bmatrix}0_0\\ 1_0\end{bmatrix}=\begin{bmatrix}0_2\\ 1_2\end{bmatrix}\otimes\begin{bmatrix}0_10_0\\ 0_11_0\\ 1_10_0\\ 1_11_0\end{bmatrix}=\begin{bmatrix}0_20_10_0\\ 0_20_11_0\\ 0_21_10_0\\ 0_21_11_0\\ 1_20_10_0\\ 1_20_11_0\\ 1_21_10_0\\ 1_21_11_0\end{bmatrix}=\begin{bmatrix}000\\ 001\\ 010\\ 011\\ 100\\ 101\\ 110\\ 111\end{bmatrix}=\begin{bmatrix}\langle 0\rangle\\ \langle 1\rangle\\ \langle 2\rangle\\ \langle 3\rangle\\ \langle 4\rangle\\ \langle 5\rangle\\ \langle 6\rangle\\ \langle 7\rangle\end{bmatrix} \tag{2.8.12}$$

分别表示 4×4 和 8×8 变换矩阵 $\boldsymbol{A}$ 的行的 (原始) 指标向量，同时也分别是 4×1 和 8×1 输入向量 $\boldsymbol{x}$ 的元素的 (原始) 指标向量。

更一般地，若指标向量采用二进制的 Kronecker 积递推计算

$$\boldsymbol{i}_N=\begin{bmatrix}0_{n-1}\\ 1_{n-1}\end{bmatrix}\otimes\begin{bmatrix}0_{n-2}\\ 1_{n-2}\end{bmatrix}\otimes\cdots\otimes\begin{bmatrix}0_1\\ 1_1\end{bmatrix}\otimes\begin{bmatrix}0_0\\ 1_0\end{bmatrix}=\begin{bmatrix}0_{n-1}\cdots 0_10_0\\ 0_{n-1}\cdots 0_11_0\\ \vdots\\ 1_{n-1}\cdots 1_10_0\\ 1_{n-1}\cdots 1_11_0\end{bmatrix}=\begin{bmatrix}\langle 0\rangle\\ \langle 1\rangle\\ \vdots\\ \langle N-2\rangle\\ \langle N-1\rangle\end{bmatrix} \tag{2.8.13}$$

其中，每个 0 或 1 的下标表示相应的二进制位置，则指标向量 $\boldsymbol{i}_N$ 既是 $N\times N$ 变换矩阵 $\boldsymbol{A}$ 的行向量下标的正常次序排列，也是 $N\times 1$ 输入向量 $\boldsymbol{x}=[x_0,x_1,\cdots,x_{N-1}]^{\mathrm{T}}$ 的下标的正常顺序排列。

反之，如果定义指标向量的二进制 Kronecker 积表示为

$$\boldsymbol{i}_{N,\mathrm{rev}}=\begin{bmatrix}0_0\\ 1_0\end{bmatrix}\otimes\begin{bmatrix}0_1\\ 1_1\end{bmatrix}\otimes\cdots\otimes\begin{bmatrix}0_{n-1}\\ 1_{n-1}\end{bmatrix} \tag{2.8.14}$$

则它是指标向量 $\boldsymbol{i}_N$ 的元素的反转二进制码序 (bit-reversed order)。换言之，反转指标向量 $\boldsymbol{i}_{N,\text{rev}}$ 表示变换矩阵 $\boldsymbol{A}$ 的行的下标的二进制码的反转结果。例如，1000 是 0001 的反转。同时，$\boldsymbol{i}_{N,\text{rev}}$ 也是输出向量 $\hat{\boldsymbol{x}}$ 的元素的二进制码的反转。

例如

$$\boldsymbol{i}_{4,\text{rev}} = \begin{bmatrix} 0_0 \\ 1_0 \end{bmatrix} \otimes \begin{bmatrix} 0_1 \\ 1_1 \end{bmatrix} = \begin{bmatrix} 0_0 0_1 \\ 0_0 1_1 \\ 1_0 0_1 \\ 1_0 1_1 \end{bmatrix} = \begin{bmatrix} 00 \\ 10 \\ 01 \\ 11 \end{bmatrix} = \begin{bmatrix} \langle 0 \rangle \\ \langle 2 \rangle \\ \langle 1 \rangle \\ \langle 3 \rangle \end{bmatrix} \tag{2.8.15}$$

是指标向量 $\boldsymbol{i}_4$ 的元素的反转二进制码序，而

$$\boldsymbol{i}_{8,\text{rev}} = \begin{bmatrix} 0_0 \\ 1_0 \end{bmatrix} \otimes \begin{bmatrix} 0_1 \\ 1_1 \end{bmatrix} \otimes \begin{bmatrix} 0_2 \\ 1_2 \end{bmatrix} = \begin{bmatrix} 0_0 0_1 \\ 0_0 1_1 \\ 1_0 0_1 \\ 1_0 1_1 \end{bmatrix} \otimes \begin{bmatrix} 0_2 \\ 1_2 \end{bmatrix} = \begin{bmatrix} 000 \\ 100 \\ 010 \\ 110 \\ 001 \\ 101 \\ 011 \\ 111 \end{bmatrix} = \begin{bmatrix} \langle 0 \rangle \\ \langle 4 \rangle \\ \langle 2 \rangle \\ \langle 6 \rangle \\ \langle 1 \rangle \\ \langle 5 \rangle \\ \langle 3 \rangle \\ \langle 7 \rangle \end{bmatrix} \tag{2.8.16}$$

则是指标向量 $\boldsymbol{i}_8$ 的元素的反转二进制码序。注意，二进制 Kronecker 积的中间结果应该按照二进制码的习惯顺序书写，例如 $0_0 0_1 1_2$ 应该写成 100。

2.8.3 FFT 算法的推导

重要的是，当变换矩阵为 Fourier 矩阵时，按照反转指标向量 $\boldsymbol{i}_{N,\text{rev}}$ 对 $\hat{\boldsymbol{x}} = \boldsymbol{F}\boldsymbol{x}$ 进行初等行变换，很容易得到 FFT 算法。为此，需要利用广义 Kronecker 积对 $N \times N$ 原始 Fourier 矩阵 $\boldsymbol{F}$ 进行改写。

例 2.8.1 考虑原始 4×4 Fourier 矩阵

$$\boldsymbol{F}_4 = \begin{bmatrix} 1 & 1 & 1 & 1 \\ 1 & \mathrm{e}^{-\mathrm{j}\pi/2} & \mathrm{e}^{-\mathrm{j}\pi} & \mathrm{e}^{-\mathrm{j}3\pi/2} \\ 1 & \mathrm{e}^{-\mathrm{j}\pi} & \mathrm{e}^{-\mathrm{j}2\pi/2} & \mathrm{e}^{-\mathrm{j}3\pi} \\ 1 & \mathrm{e}^{-\mathrm{j}3\pi/2} & \mathrm{e}^{-\mathrm{j}3\pi} & \mathrm{e}^{-\mathrm{j}9\pi/2} \end{bmatrix} = \begin{bmatrix} 1 & 1 & 1 & 1 \\ 1 & -\mathrm{j} & -1 & \mathrm{j} \\ 1 & -1 & 1 & -1 \\ 1 & \mathrm{j} & -1 & -j \end{bmatrix} \tag{2.8.17}$$

令

$$\{\boldsymbol{A}\}_2 = \left\{ \begin{array}{c} \begin{bmatrix} 1 & 1 \\ 1 & -1 \end{bmatrix} \\ \begin{bmatrix} 1 & -\mathrm{j} \\ 1 & \mathrm{j} \end{bmatrix} \end{array} \right\}, \quad \boldsymbol{B} = \begin{bmatrix} 1 & 1 \\ 1 & -1 \end{bmatrix} \tag{2.8.18}$$

则

$$\boldsymbol{F}_{4,\text{rev}} = \{\boldsymbol{A}\}_2 \otimes \boldsymbol{B} = \begin{bmatrix} \begin{bmatrix} 1 & 1 \\ 1 & -1 \end{bmatrix} \otimes [1, 1] \\ \begin{bmatrix} 1 & -\mathrm{j} \\ 1 & \mathrm{j} \end{bmatrix} \otimes [1, -1] \end{bmatrix} = \begin{bmatrix} 1 & 1 & 1 & 1 \\ 1 & -1 & 1 & -1 \\ 1 & -\mathrm{j} & -1 & \mathrm{j} \\ 1 & \mathrm{j} & -1 & -j \end{bmatrix} \tag{2.8.19}$$

恰好是对原始 (4×4) Fourier 矩阵 $\boldsymbol{F}_4$ 的行向量按照反转指标向量 $\boldsymbol{i}_{4,\text{rev}}$ 进行初等行变换的结果。

例 2.8.2 令

$$\{\boldsymbol{A}\}_4 = \left\{\begin{matrix} \begin{bmatrix} 1 & 1 \\ 1 & -1 \end{bmatrix} \\ \begin{bmatrix} 1 & -\mathrm{j} \\ 1 & \mathrm{j} \end{bmatrix} \\ \begin{bmatrix} 1 & \mathrm{e}^{-\mathrm{j}\pi/4} \\ 1 & -\mathrm{e}^{-\mathrm{j}\pi/4} \end{bmatrix} \\ \begin{bmatrix} 1 & \mathrm{e}^{-\mathrm{j}3\pi/4} \\ 1 & -\mathrm{e}^{-\mathrm{j}3\pi/4} \end{bmatrix} \end{matrix}\right\} \tag{2.8.20}$$

于是，可得 (8×8) Fourier 矩阵

$$\begin{aligned} \boldsymbol{F}_{8,\mathrm{rev}} &= \{\boldsymbol{A}\}_4 \otimes (\{\boldsymbol{A}\}_2 \otimes \boldsymbol{B}) = \{\boldsymbol{A}\}_4 \otimes \boldsymbol{F}_4 \\ &= \left\{\begin{matrix} \begin{bmatrix} 1 & 1 \\ 1 & -1 \end{bmatrix} \\ \begin{bmatrix} 1 & -\mathrm{j} \\ 1 & \mathrm{j} \end{bmatrix} \\ \begin{bmatrix} 1 & \mathrm{e}^{-\mathrm{j}\pi/4} \\ 1 & -\mathrm{e}^{-\mathrm{j}\pi/4} \end{bmatrix} \\ \begin{bmatrix} 1 & \mathrm{e}^{-\mathrm{j}3\pi/4} \\ 1 & -\mathrm{e}^{-\mathrm{j}3\pi/4} \end{bmatrix} \end{matrix}\right\} \otimes \begin{bmatrix} 1 & 1 & 1 & 1 \\ 1 & -1 & 1 & -1 \\ 1 & -\mathrm{j} & -1 & \mathrm{j} \\ 1 & \mathrm{j} & -1 & -j \end{bmatrix} \\ &= \begin{bmatrix} 1 & 1 & 1 & 1 & 1 & 1 & 1 & 1 \\ 1 & -1 & 1 & -1 & 1 & -1 & 1 & -1 \\ 1 & -\mathrm{j} & -1 & \mathrm{j} & 1 & -\mathrm{j} & -1 & \mathrm{j} \\ 1 & \mathrm{j} & -1 & -\mathrm{j} & 1 & \mathrm{j} & -1 & -\mathrm{j} \\ 1 & \mathrm{e}^{-\mathrm{j}\pi/4} & -\mathrm{j} & \mathrm{e}^{-\mathrm{j}3\pi/4} & -1 & -\mathrm{e}^{-\mathrm{j}\pi/4} & \mathrm{j} & -\mathrm{e}^{-\mathrm{j}3\pi/4} \\ 1 & -\mathrm{e}^{-\mathrm{j}\pi/4} & -\mathrm{j} & -\mathrm{e}^{-\mathrm{j}3\pi/4} & -1 & \mathrm{e}^{-\mathrm{j}\pi/4} & \mathrm{j} & \mathrm{e}^{-\mathrm{j}3\pi/4} \\ 1 & \mathrm{e}^{-\mathrm{j}3\pi/4} & \mathrm{j} & \mathrm{e}^{-\mathrm{j}\pi/4} & -1 & -\mathrm{e}^{-\mathrm{j}3\pi/4} & -\mathrm{j} & -\mathrm{e}^{-\mathrm{j}\pi/4} \\ 1 & -\mathrm{e}^{-\mathrm{j}3\pi/4} & \mathrm{j} & -\mathrm{e}^{-\mathrm{j}\pi/4} & -1 & \mathrm{e}^{-\mathrm{j}3\pi/4} & -\mathrm{j} & \mathrm{e}^{-\mathrm{j}\pi/4} \end{bmatrix} \end{aligned} \tag{2.8.21}$$

正好是 (8×8) 原始 Fourier 矩阵 $\boldsymbol{F}_8$ 的行向量按照反转指标向量 $\boldsymbol{i}_{8,\mathrm{rev}}$ 进行初等行变换的结果。

更一般地，$(N \times N)$ Fourier 矩阵的新形式可以递推构造

$$\boldsymbol{F}_{N,\mathrm{rev}} = \{\boldsymbol{A}\}_{N/2} \otimes \boldsymbol{F}_{N/2}^{\mathrm{new}} = \{\boldsymbol{A}\}_{N/2} \otimes \{\boldsymbol{A}\}_{N/4} \otimes \cdots \otimes \{\boldsymbol{A}\}_2 \otimes \boldsymbol{B} \tag{2.8.22}$$

其中，矩阵组 $\{\boldsymbol{A}\}_2$ 和 2×2 矩阵 $\boldsymbol{B}$ 由式 (2.8.18) 给出，并且

$$\{\boldsymbol{A}\}_{N/2} = \left\{\begin{matrix} \{\boldsymbol{A}\}_{N/4} \\ \{\boldsymbol{R}\} \end{matrix}\right\}, \quad \{\boldsymbol{R}\} = \left\{\begin{matrix} \boldsymbol{R}_1 \\ \boldsymbol{R}_2 \\ \vdots \\ \boldsymbol{R}_{N/2} \end{matrix}\right\} \tag{2.8.23}$$

其中

$$\boldsymbol{R}_k = \begin{bmatrix} 1 & \mathrm{e}^{-\mathrm{j}(2k-1)\pi/N} \\ 1 & -\mathrm{e}^{-\mathrm{j}(2k-1)\pi/N} \end{bmatrix}, \quad k = 1, 2, \cdots, \frac{N}{2} \tag{2.8.24}$$

$\boldsymbol{F}_{N,\text{rev}}$ 是由式 (2.8.4) 定义的 $(N \times N)$ 原始 Fourier 矩阵 $\boldsymbol{F}_N$ 的行向量按照反转指标向量 $\boldsymbol{i}_{N,\text{rev}}$ 进行初等行变换的结果。于是，经过初等行变换后，输出向量

$$\hat{\boldsymbol{x}}_{\text{rev}} = \boldsymbol{F}_{N,\text{rev}}\boldsymbol{x} \tag{2.8.25}$$

的下标服从反转指标向量 $\boldsymbol{i}_{N,\text{rev}}$ 的排列规则。例如，输入向量 $\boldsymbol{x}$ 的 4 位 DFT 为

$$\begin{bmatrix} X_0 \\ X_2 \\ X_1 \\ X_3 \end{bmatrix} = \begin{bmatrix} 1 & 1 & 1 & 1 \\ 1 & -1 & 1 & -1 \\ 1 & -\mathrm{j} & -1 & \mathrm{j} \\ 1 & \mathrm{j} & -1 & -j \end{bmatrix} \begin{bmatrix} x_0 \\ x_1 \\ x_2 \\ x_3 \end{bmatrix} \tag{2.8.26}$$

而 8 位 DFT 为

$$\begin{bmatrix} X_0 \\ X_4 \\ X_2 \\ X_6 \\ X_1 \\ X_5 \\ X_3 \\ X_7 \end{bmatrix} = \begin{bmatrix} 1 & 1 & 1 & 1 & 1 & 1 & 1 & 1 \\ 1 & -1 & 1 & -1 & 1 & -1 & 1 & -1 \\ 1 & -\mathrm{j} & -1 & \mathrm{j} & 1 & -\mathrm{j} & -1 & \mathrm{j} \\ 1 & \mathrm{j} & -1 & -\mathrm{j} & 1 & \mathrm{j} & -1 & -\mathrm{j} \\ 1 & \mathrm{e}^{-\mathrm{j}\pi/4} & -\mathrm{j} & \mathrm{e}^{-\mathrm{j}3\pi/4} & -1 & -\mathrm{e}^{-\mathrm{j}\pi/4} & \mathrm{j} & -\mathrm{e}^{-\mathrm{j}3\pi/4} \\ 1 & -\mathrm{e}^{-\mathrm{j}\pi/4} & -\mathrm{j} & -\mathrm{e}^{-\mathrm{j}3\pi/4} & -1 & \mathrm{e}^{-\mathrm{j}\pi/4} & \mathrm{j} & \mathrm{e}^{-\mathrm{j}3\pi/4} \\ 1 & \mathrm{e}^{-\mathrm{j}3\pi/4} & \mathrm{j} & \mathrm{e}^{-\mathrm{j}\pi/4} & -1 & -\mathrm{e}^{-\mathrm{j}3\pi/4} & -\mathrm{j} & -\mathrm{e}^{-\mathrm{j}\pi/4} \\ 1 & -\mathrm{e}^{-\mathrm{j}3\pi/4} & \mathrm{j} & -\mathrm{e}^{-\mathrm{j}\pi/4} & -1 & \mathrm{e}^{-\mathrm{j}3\pi/4} & -\mathrm{j} & \mathrm{e}^{-\mathrm{j}\pi/4} \end{bmatrix} \begin{bmatrix} x_0 \\ x_1 \\ x_2 \\ x_3 \\ x_4 \\ x_5 \\ x_6 \\ x_7 \end{bmatrix} \tag{2.8.27}$$

显然，输出和输入的序号之间存在二进制码位的反转关系。这与 FFT 算法的结果是完全一致的。

对于 Fourier 逆变换 $\boldsymbol{x} = \boldsymbol{F}^{-1}\hat{\boldsymbol{x}}$，由于 $\boldsymbol{F}^{-1} = \frac{1}{N}\boldsymbol{F}^*$，故由式 (2.8.22) 知

$$\boldsymbol{F}_N^{-1} = \frac{1}{N}\{\bar{\boldsymbol{A}}\}_{N/2} \otimes \boldsymbol{F}_{N/2}^{-1} = \frac{1}{N}\{\bar{\boldsymbol{A}}\}_{N/2} \otimes \{\bar{\boldsymbol{A}}\}_{N/4} \otimes \cdots \otimes \{\bar{\boldsymbol{A}}\}_2 \otimes \boldsymbol{B} \tag{2.8.28}$$

式中

$$\{\bar{\boldsymbol{A}}\}_{N/2} = \left\{ \begin{matrix} \{\bar{\boldsymbol{A}}\}_{N/4} \\ \{\bar{\boldsymbol{R}}\} \end{matrix} \right\}, \quad \{\bar{\boldsymbol{R}}\} = \left\{ \begin{matrix} \bar{\boldsymbol{R}}_1 \\ \bar{\boldsymbol{R}}_2 \\ \vdots \\ \bar{\boldsymbol{R}}_{N/2} \end{matrix} \right\} \tag{2.8.29}$$

其中

$$\{\bar{\boldsymbol{A}}\}_2 = \{\boldsymbol{A}^*\}_2 = \left\{ \begin{matrix} \begin{bmatrix} 1 & 1 \\ 1 & -1 \end{bmatrix} \\ \begin{bmatrix} 1 & \mathrm{j} \\ 1 & -\mathrm{j} \end{bmatrix} \end{matrix} \right\}, \quad \boldsymbol{B} = \begin{bmatrix} 1 & 1 \\ 1 & -1 \end{bmatrix} \tag{2.8.30}$$

$$\bar{\boldsymbol{R}}_k = \boldsymbol{R}_k^* = \begin{bmatrix} 1 & \mathrm{e}^{\mathrm{j}(2k-1)\pi/N} \\ 1 & -\mathrm{e}^{\mathrm{j}(2k-1)\pi/N} \end{bmatrix}, \quad k = 1, 2, \cdots, \frac{N}{2} \tag{2.8.31}$$

一个 $n \times n$ 矩阵

$$\boldsymbol{C}_n = \begin{bmatrix} c_0 & c_{-1} & \cdots & c_{1-n} \\ c_1 & c_0 & \cdots & c_{2-n} \\ \vdots & \vdots & \vdots & \vdots \\ c_{n-1} & c_{n-2} & \cdots & c_0 \end{bmatrix} \tag{2.8.32}$$

称为循环矩阵，式中，$c_{-k}=c_{n-k}, k=1,2,\cdots,n-1$。有趣的是，这类循环矩阵可以被 Fourier 矩阵对角化，即有 [99, 127]

$$\boldsymbol{C}_n=\boldsymbol{F}_n^{\mathrm{H}}\boldsymbol{\Lambda}_n\boldsymbol{F}_n \tag{2.8.33}$$

式中，$n\times n$ 维 Fourier 矩阵 $\boldsymbol{F}_n$ 的元素为

$$[\boldsymbol{F}_n]_{ik}=\frac{1}{\sqrt{n}}\mathrm{e}^{\mathrm{j}2\pi ik/n},\qquad 0\leqslant i,k\leqslant n-1 \tag{2.8.34}$$

且 $\boldsymbol{\Lambda}_n$ 是一个 $n\times n$ 对角矩阵，其对角元素为循环矩阵 $\boldsymbol{C}_n$ 的特征值。值得指出的是，循环矩阵 $\boldsymbol{C}_n$ 的特征值 $\lambda_1,\lambda_2,\cdots,\lambda_n$ 可以利用 $\boldsymbol{C}_n$ 的第 1 列元素 $c_0,c_1,\cdots,c_{n-1}$ 的离散 Fourier 变换得到，即有 [99]

$$\lambda_k=\sum_{i=0}^{n-1}c_i\mathrm{e}^{\mathrm{j}\,2\pi ik/n},\qquad k=0,1,\cdots,n-1 \tag{2.8.35}$$

并且这一运算可以利用快速 Fourier 变换 (FFT) 实现。

式 (2.8.3) 和式 (2.8.8) 一起组成非对称形式的 Fourier 变换对。

在有些文献 (例如文献 [324]) 中，Fourier 矩阵定义为

$$\boldsymbol{F}=\frac{1}{\sqrt{N}}\begin{bmatrix}1 & 1 & \cdots & 1\\ 1 & w & \cdots & w^{N-1}\\ \vdots & \vdots & \vdots & \vdots\\ 1 & w^{N-1} & \cdots & w^{(N-1)(N-1)}\end{bmatrix},\qquad w=\mathrm{e}^{-\mathrm{j}\,2\pi/N} \tag{2.8.36}$$

此时，Fourier 矩阵的逆矩阵 $\boldsymbol{F}^{-1}=\boldsymbol{F}^*$，并且离散 Fourier 变换对取以下对称形式

$$\hat{x}(k)=\frac{1}{\sqrt{N}}\sum_{n=0}^{N-1}x(n)\mathrm{e}^{-\mathrm{j}\,2\pi nk/N},\quad k=0,1,\cdots,N-1 \tag{2.8.37}$$

$$x(n)=\frac{1}{\sqrt{N}}\sum_{k=0}^{N-1}\hat{x}(k)\mathrm{e}^{\mathrm{j}\,2\pi nk/N},\quad n=0,1,\cdots,N-1 \tag{2.8.38}$$

2.9 Hadamard 矩阵

Hadamard 矩阵是在通信、信息论和信号处理中一种重要的特殊矩阵。

定义 2.9.1 $\boldsymbol{H}_n\in\mathbb{R}^{n\times n}$ 称为 Hadamard 矩阵，若它的所有元素取 +1 或者 −1，且

$$\boldsymbol{H}_n\boldsymbol{H}_n^{\mathrm{T}}=\boldsymbol{H}_n^{\mathrm{T}}\boldsymbol{H}_n=n\boldsymbol{I}_n \tag{2.9.1}$$

Hadamard 矩阵的性质如下。

(1) 观察知，用 −1 乘 Hadamard 矩阵的任意一行或者任意一列的元素，得到的结果仍然为一 Hadamard 矩阵。于是，可以得到第 1 列和第 1 行的所有元素为 +1 的 Hadamard 矩阵，并称为规范化 Hadamard 矩阵。

(2) 只有当 $n=2$ 或者 n 是 4 的整数倍时，Hadamard 矩阵才存在。

(3) 容易验证 $\frac{1}{\sqrt{n}}\boldsymbol{H}_n$ 为标准正交矩阵。

(4) $n \times n$ Hadamard 矩阵 $\boldsymbol{H}_n$ 的行列式 $\det(\boldsymbol{H}_n) = n^{n/2}$。

对 Hadamard 矩阵进行规范化，将大大方便高维数的 Hadamard 矩阵的构造。下面的定理给出了规范化的标准正交 Hadamard 矩阵的一种通用构造方法。

定理 2.9.1 令 $n=2^k$，$k=1,2,\cdots$，则规范化的标准正交 Hadamard 矩阵具有通用构造公式

$$\bar{\boldsymbol{H}}_n = \frac{1}{\sqrt{2}}\begin{bmatrix}\bar{\boldsymbol{H}}_{n/2} & \bar{\boldsymbol{H}}_{n/2}\\ \bar{\boldsymbol{H}}_{n/2} & -\bar{\boldsymbol{H}}_{n/2}\end{bmatrix} \tag{2.9.2}$$

其中

$$\bar{\boldsymbol{H}}_2 = \frac{1}{\sqrt{2}}\begin{bmatrix}1 & 1\\ 1 & -1\end{bmatrix} \tag{2.9.3}$$

证明 用数学归纳法证明。显然，$\bar{\boldsymbol{H}}_2$ 是规范化的正交 Hadamard 矩阵，因为容易验证 $\bar{\boldsymbol{H}}_2^{\mathrm{T}}\bar{\boldsymbol{H}}_2 = \bar{\boldsymbol{H}}_2\bar{\boldsymbol{H}}_2^{\mathrm{T}} = \boldsymbol{I}_2$。假设 $n=2^k$ 时 $\bar{\boldsymbol{H}}_{2^k}$ 是规范化的正交 Hadamard 矩阵，即有 $\bar{\boldsymbol{H}}_{2^k}^{\mathrm{T}}\bar{\boldsymbol{H}}_{2^k} = \bar{\boldsymbol{H}}_{2^k}\bar{\boldsymbol{H}}_{2^k}^{\mathrm{T}} = \boldsymbol{I}_{2^k\times 2^k}$。于是，对于 $n=2^{k+1}$，容易看出

$$\bar{\boldsymbol{H}}_{2^{k+1}} = \frac{1}{\sqrt{2}}\begin{bmatrix}\bar{\boldsymbol{H}}_{2^k} & \bar{\boldsymbol{H}}_{2^k}\\ \bar{\boldsymbol{H}}_{2^k} & -\bar{\boldsymbol{H}}_{2^k}\end{bmatrix}$$

满足正交条件，即

$$\bar{\boldsymbol{H}}_{2^{k+1}}^{\mathrm{T}}\bar{\boldsymbol{H}}_{2^{k+1}} = \frac{1}{2}\begin{bmatrix}\bar{\boldsymbol{H}}_{2^k}^{\mathrm{T}} & \bar{\boldsymbol{H}}_{2^k}^{\mathrm{T}}\\ \bar{\boldsymbol{H}}_{2^k}^{\mathrm{T}} & -\bar{\boldsymbol{H}}_{2^k}^{\mathrm{T}}\end{bmatrix}\begin{bmatrix}\bar{\boldsymbol{H}}_{2^k} & \bar{\boldsymbol{H}}_{2^k}\\ \bar{\boldsymbol{H}}_{2^k} & -\bar{\boldsymbol{H}}_{2^k}\end{bmatrix} = \boldsymbol{I}_{2^{k+1}\times 2^{k+1}}$$

类似地，容易证明 $\bar{\boldsymbol{H}}_{2^{k+1}}\bar{\boldsymbol{H}}_{2^{k+1}}^{\mathrm{T}} = \boldsymbol{I}_{2^{k+1}\times 2^{k+1}}$。另外，由于 $\bar{\boldsymbol{H}}_{2^k}$ 是规范化的，所以 $\bar{\boldsymbol{H}}_{2^{k+1}}$ 也是规范化的。因此，定理对于 $n=2^{k+1}$ 也成立。 ■

非规范化的 Hadamard 矩阵可以利用矩阵的 Kronecker 积写成

$$\boldsymbol{H}_n = \boldsymbol{H}_{n/2}\otimes\boldsymbol{H}_2 = \boldsymbol{H}_2\otimes\cdots\otimes\boldsymbol{H}_2 \quad (n=2^k) \tag{2.9.4}$$

共 k 个 2×2 非规范化 Hadamard 矩阵 $\boldsymbol{H}_2$ 的 Kronecker 积，其中

$$\boldsymbol{H}_2 = \begin{bmatrix}1 & 1\\ 1 & -1\end{bmatrix} \tag{2.9.5}$$

显然，规范化和非规范化的 Hadamard 积之间存在以下关系

$$\bar{\boldsymbol{H}}_n = \frac{1}{\sqrt{n}}\boldsymbol{H}_n \tag{2.9.6}$$

例 2.9.1 当 $n=2^3=8$ 时，Hadamard 矩阵

$$\boldsymbol{H}_8=\begin{bmatrix}1 & 1\\ 1 & -1\end{bmatrix}\otimes\begin{bmatrix}1 & 1\\ 1 & -1\end{bmatrix}\otimes\begin{bmatrix}1 & 1\\ 1 & -1\end{bmatrix}$$
$$=\begin{bmatrix}1 & 1 & 1 & 1 & 1 & 1 & 1 & 1\\ 1 & -1 & 1 & -1 & 1 & -1 & 1 & -1\\ 1 & 1 & -1 & -1 & 1 & 1 & -1 & -1\\ 1 & -1 & -1 & 1 & 1 & -1 & -1 & 1\\ 1 & 1 & 1 & 1 & -1 & -1 & -1 & -1\\ 1 & -1 & 1 & -1 & -1 & 1 & -1 & 1\\ 1 & 1 & -1 & -1 & -1 & -1 & 1 & 1\\ 1 & -1 & -1 & 1 & -1 & 1 & 1 & -1\end{bmatrix}$$

容易看出，Hadamard 矩阵的每一行都是区间 $(0,1)$ 上的分段线性函数。如果用 $\phi_0(t)$, $\phi_1(t),\cdots,\phi_7(t)$ 分别表示 Hadamard 矩阵第 1~8 行的波形函数，则如图 2.9.1 所示。

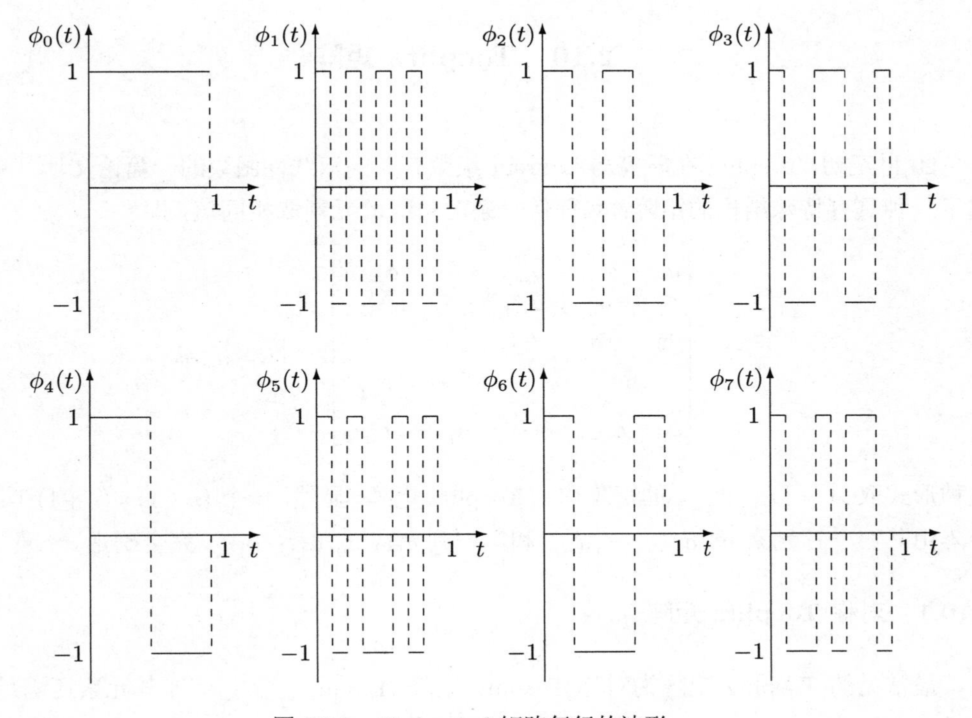

图 2.9.1 Hadamard 矩阵每行的波形

由图 2.9.1 容易看出，$\phi_0(t),\phi_1(t),\cdots,\phi_7(t)$ 这八个矩形脉冲函数相互正交，即

$$\int_0^1 \phi_i(t)\phi_j(t)\mathrm{d}t=\begin{cases}1, & i=j\\ 0, & i\neq j\end{cases}\tag{2.9.7}$$

修正 Walsh-Hadamard 变换矩阵也可以利用广义 Kronecker 积递推计算 [405]

$$\boldsymbol{R}_N=\{\boldsymbol{B}\}_{N/2}\otimes\boldsymbol{R}_{N/2},\quad \boldsymbol{R}_1=1\tag{2.9.8}$$

其中，矩阵组 $\{\boldsymbol{B}\}_{N/2}$ 的第 i 个矩阵

$$\boldsymbol{B}_i = \begin{cases} \begin{bmatrix} 1 & 1 \\ 1 & -1 \end{bmatrix}, & i=0 \\ \sqrt{2}\boldsymbol{I}_2, & \text{其他} \end{cases} \tag{2.9.9}$$

当 $\boldsymbol{H}$ 为 Hadamard 矩阵时，线性变换 $\boldsymbol{Y} = \boldsymbol{H}\boldsymbol{X}$ 称为矩阵 $\boldsymbol{X}$ 的 Hadamard 变换。由于 Hadamard 矩阵是规范化的标准正交矩阵，并且元素只取 $+1$ 或 -1，故 Hadamard 矩阵是唯一只使用加法和减法的标准正交变换。Hadamard 矩阵可以用作移动通信中的编码，得到的码称为 Hadamard 码 (或称 Walsh-Hadamard 码)。另外，由于 Hadamard 矩阵的行向量之间的正交性，行向量可以用来仿真码分多址中各个用户的扩频波形向量。

2.10 Toeplitz 矩阵

20 世纪初，Toeplitz 在研究与 Laurent 级数有关的双线性函数的一篇论文 [475] 中，提出了一种具有特殊结构的矩阵：其任何一条对角线的元素取相同值，即

$$\boldsymbol{A} = \begin{bmatrix} a_0 & a_{-1} & a_{-2} & \cdots & a_{-n} \\ a_1 & a_0 & a_{-1} & \cdots & a_{-n+1} \\ a_2 & a_1 & a_0 & \ddots & \vdots \\ \vdots & \vdots & \ddots & \ddots & a_{-1} \\ a_n & a_{n-1} & \cdots & a_1 & a_0 \end{bmatrix} = [a_{i-j}]_{i,j=0}^{n} \tag{2.10.1}$$

这种形式取 $\boldsymbol{A} = [a_{i-j}]_{i,j=0}^{n}$ 的矩阵称为 Toeplitz 矩阵。显然，一个 $(n+1)\times(n+1)$ Toeplitz 矩阵由其第一行元素 $a_0, a_{-1}, \cdots, a_{-n}$ 和第一列元素 $a_0, a_1, \cdots, a_n$ 完全确定。

2.10.1 对称 Toeplitz 矩阵

最常见的 Toeplitz 矩阵为对称 Toeplitz 矩阵 $\boldsymbol{A} = [a_{|i-j|}]_{i,j=0}^{n}$，即其元素还满足对称关系 $a_{-i} = a_i, i = 1, 2, \cdots, n$。可见，对称 Toeplitz 矩阵仅由其第 1 行元素就可以完全描述。因此，常将 $(n+1)\times(n+1)$ 对称 Toeplitz 矩阵 $\boldsymbol{A}$ 简记作 $\boldsymbol{A} = \mathrm{Toep}[a_0, a_1, \cdots, a_n]$。

若一个复 Toeplitz 矩阵的元素满足复共轭对称关系 $a_{-i} = a_i^*$，即

$$\boldsymbol{A} = \begin{bmatrix} a_0 & a_1^* & a_2^* & \cdots & a_n^* \\ a_1 & a_0 & a_1^* & \cdots & a_{n-1}^* \\ a_2 & a_1 & a_0 & \ddots & \vdots \\ \vdots & \vdots & \ddots & \ddots & a_1^* \\ a_n & a_{n-1} & \cdots & a_1 & a_0 \end{bmatrix} \tag{2.10.2}$$

则称为 Hermitian Toeplitz 矩阵。特别地，具有特殊结构

$$\boldsymbol{A}_S = \begin{bmatrix} 0 & -a_1^* & -a_2^* & \cdots & -a_n^* \\ a_1 & 0 & -a_1^* & \cdots & -a_{n-1}^* \\ a_2 & a_1 & 0 & \ddots & \vdots \\ \vdots & \vdots & \ddots & \ddots & -a_1^* \\ a_n & a_{n-1} & \cdots & a_1 & 0 \end{bmatrix} \tag{2.10.3}$$

的 $(n+1)\times(n+1)$ 维 Toeplitz 矩阵称为斜 Hermitian Toeplitz 矩阵；而

$$\boldsymbol{A} = \begin{bmatrix} a_0 & -a_1^* & -a_2^* & \cdots & -a_n^* \\ a_1 & a_0 & -a_1^* & \cdots & -a_{n-1}^* \\ a_2 & a_1 & a_0 & \ddots & \vdots \\ \vdots & \vdots & \ddots & \ddots & -a_1^* \\ a_n & a_{n-1} & \cdots & a_1 & a_0 \end{bmatrix} \tag{2.10.4}$$

称为斜 Hermitian 型 Toeplitz 矩阵。

下面的定理给出了对称 Toeplitz 矩阵半正定性的一种简单检验方法，它不需要计算任何主子式。

定理 2.10.1[330] 令 $\boldsymbol{R}_p = r_{|i-j|}, i,j=0,\cdots,p$ 是一个对称 Toeplitz 矩阵。若 m 是满足 $\boldsymbol{R}_{m-1}$ 正定和 $D_m = 0$ 条件的最小正整数，则矩阵 $\boldsymbol{R}_p(p \geqslant m)$ 是半正定的，当且仅当系数 $\{r_i, i>m\}$ 服从递归方程

$$r_i = -\sum_{k=1}^{m} a_m(k) r_{i-k}, \qquad i=m+1,m+2,\cdots,p \tag{2.10.5}$$

式中，$\{a_m(k)\}, 1 \leqslant k \leqslant m$ 为 m 阶自回归 (autoregressive) 模型 AR(m) 的系数。

Toeplitz 矩阵具有以下性质[413]：

(1) Toeplitz 矩阵的线性组合仍然为 Toeplitz 矩阵。

(2) 若 Toeplitz 矩阵 $\boldsymbol{A}$ 的元素 $a_{ij} = a_{|i-j|}$，则 $\boldsymbol{A}$ 为对称 Toeplitz 矩阵。

(3) Toeplitz 矩阵 $\boldsymbol{A}$ 的转置 $\boldsymbol{A}^{\mathrm{T}}$ 仍然为 Toeplitz 矩阵。

(4) Toeplitz 矩阵的元素相对于交叉对角线对称。

在统计信号处理和其他相关领域，经常需要求解线性方程组 $\boldsymbol{Ax}=\boldsymbol{b}$，其中，系数矩阵 $\boldsymbol{A}$ 为对称 Toeplitz 矩阵。这类方程称为 Toeplitz 线性方程组。

利用 Toeplitz 矩阵的特殊结构，可以得到求解 Toeplitz 线性方程组的一类 Levinson 递推算法。对于实的正定 Toeplitz 矩阵，其预测多项式 (Levinson 多项式) 的经典 Levinson 递推[312] 在计算上存在很大的冗余。为了减少计算冗余，Delsarte 与 Genin 提出了一种分基 Levinson 算法[132]。随后，他们又提出了分基 Schur 算法[133]。后来，Krishna 和 Morgera[285] 将分基 Levinson 递推从实数 Toeplitz 线性方程组推广到复数 Toeplitz 线性方程组。

虽然这些算法是递推的，但它们的计算复杂度为 $O(n^2)$。除了 Levinson 递推外，也可以利用快速 Fourier 变换 (FFT) 求解 Toeplitz 线性方程组，而且这类算法只需要 $O(n\log_2 n)$ 的计算复杂度，比 Levinson 递推更快速。鉴于此，多数文献称这种求解 Toeplitz 线性方程组的快速 Fourier 变换为快速算法 (如 Kumar 算法 [290] 和 Davis 算法 [128] 等)，个别文献 [18] 称这类算法为超快速算法。

Kumar 算法的计算复杂度为 $O(n\log^2 n)$。特别地，文献 [99] 中求解 Toeplitz 方程组的共轭梯度算法只需要 $O(n\log n)$ 的计算复杂度，比任何现有的直接方法都快。

2.10.2 Toeplitz 矩阵的离散余弦变换

N 阶离散余弦变换可以用一个 $N\times N$ 矩阵 $\boldsymbol{T}$ 表示，其中，$\boldsymbol{T}=[t_{m,l}]_{m,l=0}^{N-1}$ 的元素定义为

$$t_{m,l}=\tau_m\cos\left[\frac{\pi}{2N}m(2l+1)\right],\qquad m,l=0,1,\cdots,N-1 \tag{2.10.6}$$

且

$$\tau_m=\begin{cases}\sqrt{1/N}, & m=0\\ \sqrt{2/N}, & m=1,2,\cdots,N-1\end{cases} \tag{2.10.7}$$

根据上述定义易知，$\boldsymbol{T}^{-1}=\boldsymbol{T}^{\mathrm{T}}$，即 $\boldsymbol{T}$ 是正交矩阵。因此，任意矩阵 $\boldsymbol{A}$ 的离散余弦变换矩阵 $\hat{\boldsymbol{A}}=\boldsymbol{TAT}^{\mathrm{T}}$ 与原矩阵 $\boldsymbol{A}$ 具有相同的特征值。

特别地，我们考虑一 $N\times N$ 实 Toeplitz 矩阵

$$\boldsymbol{A}=\begin{bmatrix} a_0 & a_1 & \cdots & a_{N-1}\\ a_{-1} & a_0 & \cdots & a_{N-2}\\ \vdots & \vdots & \ddots & \vdots\\ a_{-N+1} & a_{-N+2} & \cdots & a_0\end{bmatrix}=[a_{l,k}]_{l,k=0}^{N-1}=[a_{k-l}]_{l,k=0}^{N-1} \tag{2.10.8}$$

的离散余弦变换 $\hat{\boldsymbol{A}}=\boldsymbol{TAT}^{\mathrm{T}}$。令 $\hat{\boldsymbol{A}}=[\hat{a}_{m,n}]$，$c_{m,n}=\cos\left[\frac{\pi}{2N}m(2n+1)\right]$，则

$$\hat{a}_{m,n}=\tau_m\left(\sum_{k=0}^{N-1}\sum_{l=0}^{N-1}c_{m,l}a_{l,k}c_{n,k}\right)\tau_n \tag{2.10.9}$$

下面是计算 Toeplitz 矩阵的离散余弦变换的快速算法 [374]。

算法 2.10.1 Toeplitz 矩阵的快速离散余弦变换

步骤 1 给定 Toeplitz 矩阵 $\boldsymbol{A}=[a_{l,k}]_{l,k=0}^{N-1}=[a_{k-l}]_{l,k=0}^{N-1}$，计算

$$x_{m,0}=\sum_{l=0}^{N-1}w^{m(2l+1)}a_{l,0},\quad w=\exp\left(-\mathrm{j}\,\frac{\pi}{2N}\right) \tag{2.10.10}$$

其中 $m=0,1,\cdots,N-1$。(计算复杂度：一次 $2N$ 点 DFT)

步骤 2 计算

$$v_1(n)=\sum_{k=0}^{N-1}w^{2nk}a_{k+1},\qquad v_2(n)=\sum_{k=0}^{N-1}w^{2nk}a_{1-N+k} \tag{2.10.11}$$

其中 $n=-(N-1),\cdots,(N-1)$。(计算复杂度：两次 $2N$ 点 DFT)

步骤 3 计算

$$x_{m,N}=(-1)^m x_{m,0}+w^{-m}((-1)^m v_1(n)-v_2(n)) \tag{2.10.12}$$

其中 $m=0,1,\cdots,N-1$。(计算复杂度：N 次乘法运算)

步骤 4 计算

$$u_1(n)=\sum_{k=0}^{N-1} kw^{2nk}a_{k+1},\quad u_2(n)=\sum_{k=0}^{N-1} kw^{2nk}a_{1-N+k} \tag{2.10.13}$$

其中 $u_2(n),n=-(N-1),\cdots,(N-1)$。(计算复杂度：两次 $2N$ 点 DFT)

步骤 5 由

$$y_{m,n}=\frac{1}{w^{-2n}-w^{2m}}\left\{x_{m,0}w^{-2n}-x_{m,N}w^{-2n}(-1)^n+w^m\left[v_1(n)-(-1)^m v_2(n)\right]\right\}$$

和

$$y_{m,-m}=x_{m,0}+(N-1)(-1)^m x_{m,N}-w^{-m}[u_1(-m)-(-1)^m u_2(-m)]$$

计算 $y_{m,n}$，其中 $m=0,1,\cdots,N-1;n=-(N-1),\cdots,(N-1)$。(计算复杂度：对每个值只需要若干次乘法运算)

步骤 6 计算

$$\hat{a}_{m,n}=\tau_m\tau_n\mathrm{Re}\left[w^n\frac{y_{m,n}+y_{m,-n}^*}{2}\right] \tag{2.10.14}$$

其中 $m=0,1,\cdots,N-1;n=-(N-1),\cdots,(N-1)$。(计算复杂度：对每个值为若干次乘法运算)

计算 Toeplitz 矩阵 $\boldsymbol{A}$ 的特征值的通常做法是：利用变换方法 (如 Givens 旋转等) 将 $\boldsymbol{A}$ 的非对角线元素转换成零，即对 $\boldsymbol{A}$ 进行对角化。如前所述，由于 $\boldsymbol{T}$ 为正交矩阵，$\hat{\boldsymbol{A}}=\boldsymbol{TAT}^{\mathrm{T}}$ 与 $\boldsymbol{A}$ 具有相同的特征值，所以在求 $\boldsymbol{A}$ 的特征值时可以对 $\boldsymbol{A}$ 的离散余弦变换 $\hat{\boldsymbol{A}}$ 实施对角化，而且这比直接对角化 $\boldsymbol{A}$ 更好，因为大多数的化简工作已经用离散余弦变换做过了。因此，离散余弦变换可以用作一快速特征值预置条件器。况且，在某些情况下，变换后的矩阵 $\hat{\boldsymbol{A}}$ 已是 $\boldsymbol{A}$ 的足够精确的特征值估计[201]。

一些例子表明[374]，Toeplitz 矩阵 $\boldsymbol{A}$ 的快速余弦变换 $\hat{\boldsymbol{A}}$ 还可用作 $\boldsymbol{A}$ 的逼近，因为 $\hat{\boldsymbol{A}}$ 的主要分量集中在一个小得多的矩阵分块里，它相当于 $\boldsymbol{A}$ 的稳定部分。从秩的判断出发，$\hat{\boldsymbol{A}}$ 的秩可明显看出，而 $\boldsymbol{A}$ 的秩则不容易看出。注意，由于 $\boldsymbol{A}$ 和 $\hat{\boldsymbol{A}}$ 具有相同的特征值，所以二者的秩相同。

2.11 Hankel 矩阵

正方矩阵 $\boldsymbol{A} \in \mathbb{C}^{(n+1)\times(n+1)}$ 称为 Hankel 矩阵，若

$$\boldsymbol{A} = \begin{bmatrix} a_0 & a_1 & a_2 & \cdots & a_n \\ a_1 & a_2 & a_3 & \cdots & a_{n+1} \\ a_2 & a_3 & a_4 & \cdots & a_{n+2} \\ \vdots & \vdots & \vdots & \vdots & \vdots \\ a_n & a_{n+1} & a_{n+2} & \cdots & a_{2n} \end{bmatrix} \tag{2.11.1}$$

显然，只要序列 $a_0, a_1, \cdots, a_{2n-1}, a_{2n}$ 给定，Hankel 矩阵的一般项就由 $a_{ij} = a_{i+j-2}$ 规定。事实上，Hankel 矩阵是一个交叉对角线上具有相同元素的矩阵。

假定给出了一系列复数 $s_0, s_1, s_2, \cdots$，它们定义了一个无穷阶对称矩阵

$$\boldsymbol{S} = \begin{bmatrix} s_0 & s_1 & s_2 & \cdots \\ s_1 & s_2 & s_3 & \cdots \\ s_2 & s_3 & s_4 & \cdots \\ \vdots & \vdots & \vdots & \vdots \end{bmatrix} \tag{2.11.2}$$

称矩阵 $\boldsymbol{S}$ 为无穷阶 Hankel 矩阵，并简记作 $\boldsymbol{S} = [s_{i+k}]_0^\infty$。

下面的定理给出了无穷阶 Hankel 矩阵具有有限秩的充分必要条件。

定理 2.11.1 [185] 无穷阶 Hankel 矩阵 $\boldsymbol{S} = [s_{i+k}]_0^\infty$ 具有有限秩 r，当且仅当存在 r 个常数 $\alpha_1, \alpha_2, \cdots, \alpha_r$，使得

$$s_l = \sum_{i=1}^{r} \alpha_i s_{l-i}, \qquad l = r, r+1, \cdots \tag{2.11.3}$$

成立，其中，r 是具有该性质的最小整数。

推论 2.11.1 如果无穷阶 Hankel 矩阵 $\boldsymbol{S}$ 具有有限秩 r，则 $D_r = \det[s_{i+k}]_0^{r-1} \neq 0$。

事实上，从关系式 (2.11.3) 可以得出结论：矩阵 $\boldsymbol{S}$ 的任意行 (或列) 都是最前面 r 行 (或列) 的线性组合。因此，阶数为 r 的任意余子式都可以用形式 αD_r 表示，其中，α 是某个常数。由此可得不等式 $D_r \neq 0$。注意，对于一个秩 r 的有穷阶 Hankel 矩阵，$D_r \neq 0$ 有可能不成立。例如，元素 $s_0 = s_1 = 0$，但 $s_2 \neq 0$ 的矩阵

$$\boldsymbol{S}_2 = \begin{bmatrix} s_0 & s_1 \\ s_1 & s_2 \end{bmatrix}$$

的秩等于 1，但是同时 $D_1 = s_0 = 0$。

下面讨论无穷阶 Hankel 矩阵与有理式函数之间的联系。

假定存在一本征有理式函数 $R(z) = g(z)/h(z)$，其中

$$h(z) = a_0 z^m + a_1 z^{m-1} + \cdots + a_{m-1} z + a_m \tag{2.11.4}$$

$$g(z) = b_0 z^m + b_1 z^{m-1} + \cdots + b_{m-1} z + b_m \tag{2.11.5}$$

现在将函数 $R(z)$ 写作 z 的负次幂的幂级数

$$R(z)=\frac{g(z)}{h(z)}=s_0+s_1z^{-1}+s_2z^{-2}+\cdots$$

如果函数 $R(z)$ 的所有极点 (也就是满足 $R(z)\to\infty$ 的所有 z 值) 都位于半径为 a 的圆内，即 $|z|\leqslant a$，则上述级数对于 $|z|>a$ 收敛。用分母 $h(z)$ 同乘上式的两边，得到

$$\begin{aligned}&(a_0z^m+a_1z^{m-1}+\cdots+a_{m-1}z+a_m)(s_0+s_1z^{-1}+s_2z^{-2}+\cdots)\\&=b_0z^m+b_1z^{m-1}+\cdots+b_{m-1}z+b_m\end{aligned}\tag{2.11.6}$$

比较上式两边 z 的同次幂项的系数，便得到下列的一组关系

$$\left.\begin{aligned}a_0s_0&=b_0\\a_0s_1+a_1s_0&=b_1\\&\vdots\\a_0s_m+a_1s_{m-1}+\cdots+a_ms_0&=b_m\end{aligned}\right\}\tag{2.11.7}$$

$$a_0s_l+a_1s_{l-1}+\cdots+a_ms_{l-m}=0,\qquad l=m+1,m+2,\cdots\tag{2.11.8}$$

令 $\alpha_i=-a_i/a_0,\ i=m{+}1,m{+}2,\cdots$，我们就可以用式 (2.11.3) 书写关系式 (2.11.8)，其中，$r=m$。因此，根据定理2.11.1，具有系数 $s_0,s_1,s_2,\cdots$ 的无穷 Hankel 矩阵 $\boldsymbol{S}=[s_{i+k}]_0^\infty$ 的秩为有限大 ($\leqslant m$)。

相反，如果矩阵 $\boldsymbol{S}$ 具有有限的秩，则式 (2.11.3) 成立，这些方程可以用式 (2.11.8) 重写，其中，$m=r$。于是，如果利用式 (2.11.7) 定义一组数 $b_0,b_1,\cdots,b_m$，便得到关系式

$$\frac{b_0z^m+b_1z^{m-1}+\cdots+b_m}{a_0z^m+a_1z^{m-1}+\cdots+a_m}=s_0+s_1z^{-1}+s_2z^{-2}+\cdots$$

此关系式得以成立的分母最小阶数 m 就是式 (2.11.3) 成立的最小数 m。根据定理 2.11.1，这个最小的 m 值等于矩阵 $\boldsymbol{S}$ 的秩。上述结果可以用下面的定理来表述。

定理 2.11.2 [185] 矩阵 $\boldsymbol{S}=[s_{i+k}]_0^\infty$ 具有有限大的秩，当且仅当级数

$$R(z)=s_0+s_1z^{-1}+s_2z^{-2}+\cdots$$

是变量 z 的有理式函数。当这种情况发生时，矩阵 $\boldsymbol{S}$ 的秩等于函数 $R(z)$ 的极点个数，其中包括极点的多重度在内。

运用定理 2.11.2，可以得到有关自回归–移动平均 (autoregressive moving average, ARMA) 模型的一个重要结果。

例 2.11.1 令一线性时不变的因果 ARMA 过程由

$$\sum_{i=0}^{p}a(i)x(n-i)=\sum_{j=0}^{q}b(j)e(n-j)\tag{2.11.9}$$

产生，其中，$e(n)$ 是一个激励白噪声序列。不失一般性，假定 $a(0)=1$，并且 MA 阶数 q 小于或等于 AR 阶数 p，即 $q \leqslant p$。ARMA 模型的传递函数 $H(z)$ 定义为

$$H(z)=\sum_{i=0}^{\infty} h(i)z^{-i}=\frac{b(0)+b(1)z^{-1}+\cdots+b(q)z^{-q}}{a(0)+a(1)z^{-1}+\cdots+a(p)z^{-p}} \tag{2.11.10}$$

在定理 2.11.2 中作变量代换 $m=p$，并令

$$a_i = a(p-i), \qquad i=0,1,\cdots,p$$

$$b_i = \begin{cases} b(q-i), & i=0,1,\cdots,q \\ 0, & i=q+1,q\ =\ 2,3,\cdots,p \end{cases}$$

显然，对 ARMA(p,q) 模型式 (2.11.9) 应用定理 2.11.2，立即有重要结论：由 ARMA 模型的冲激响应 $h(i)$ 构造的 Hankel 矩阵 $\boldsymbol{H}$ 的秩等于 p，即

$$\text{rank}(\boldsymbol{H})=\text{rank}\begin{bmatrix} h(0) & h(1) & h(2) & \cdots \\ h(1) & h(2) & h(3) & \cdots \\ h(2) & h(3) & h(3) & \cdots \\ \vdots & \vdots & \vdots & \vdots \end{bmatrix}=p$$

利用一个 ARMA(p,q) 模型的 Hankel 矩阵的秩等于 p 这一结果，可以分析 ARMA 建模时 AR 参数的唯一可辨识性。这一可辨识性是 Gersch 分析的 [187]。

本章小结

本章介绍了两类具有特殊结构的矩阵：一类特殊矩阵与矩阵的运算有关，如互换矩阵、置换矩阵、选择矩阵、带型矩阵、相似矩阵以及相合矩阵等；另一类特殊矩阵与有关事物的抽象表示有关，如循环矩阵、Hermitian 矩阵、中心化矩阵、Vandermonde 矩阵、Fourier 矩阵、Hadamard 矩阵、Toeplitz 矩阵和 Hankel 矩阵等。

在讲述一些特殊矩阵时，本章还依次介绍了置换矩阵在盲信号分离中的应用；中心化矩阵在数理统计中的应用；Vandermonde 矩阵在谐波恢复中的应用；广义 Kronecker 积在 Fourier 矩阵的构造和 FFT 设计中的应用。此外，本章还介绍了 Toeplitz 矩阵的快速余弦变换。

习　　题

2.1　证明多个正交矩阵的乘积仍然为正交矩阵。

2.2　令 $\boldsymbol{A}$ 为实对称矩阵，$\boldsymbol{B}$ 为实反对称矩阵，且这两个矩阵是乘积可交换的，即 $\boldsymbol{AB}=\boldsymbol{BA}$。证明：若 $\boldsymbol{A}-\boldsymbol{B}$ 是非奇异的，则 $(\boldsymbol{A}+\boldsymbol{B})(\boldsymbol{A}-\boldsymbol{B})^{-1}$ 是正交矩阵。

2.3 令 $\boldsymbol{E}_{\alpha(p)}\boldsymbol{A}$ 是使矩阵 $\boldsymbol{A}$ 第 p 行乘常数 α 的初等矩阵，且 $\boldsymbol{E}_{(p)+\alpha(q)}\boldsymbol{A}$ 是矩阵 $\boldsymbol{A}$ 的第 q 行乘非零常数 α 后，加到 $\boldsymbol{A}$ 的第 p 行的初等矩阵。证明初等矩阵的下列性质：

(1) $\det\left(\boldsymbol{E}_{\alpha(p)}\right)=\alpha$。

(2) $\det\left(\boldsymbol{E}_{(p)+\alpha(q)}\right)=1$。

2.4 令 $\boldsymbol{A}_{n\times n}$ 是下三角矩阵。要求：

(1) 求 $\boldsymbol{A}$ 可对角化的条件。

(2) 若 $a_{11}=\cdots=a_{nn}$，且至少有一个元素 $a_{ij}\neq 0\ (i>j)$，证明：$\boldsymbol{A}$ 不可对角化。

2.5 令

$$\boldsymbol{T}=\begin{bmatrix} t_{11} & t_{12} & \cdots & t_{1n} \\ 0 & t_{22} & \cdots & t_{2n} \\ \vdots & \vdots & \ddots & \vdots \\ 0 & 0 & \cdots & t_{nn} \end{bmatrix}$$

为上三角矩阵。证明：

(1) 若对某个 $1\leqslant i\leqslant n$ 有 $t_{ii}=0$，则 $\boldsymbol{T}$ 奇异。

(2) 若 $t_{ii}\neq 0, i=1,2,\cdots,n$，则 $\boldsymbol{T}$ 非奇异。

2.6 设矩阵

$$\boldsymbol{A}=\begin{bmatrix} 3 & 2 & -2 \\ -c & -1 & c \\ 4 & 2 & -3 \end{bmatrix}$$

求 c 值，使得 $\boldsymbol{B}=\boldsymbol{P}^{-1}\boldsymbol{A}\boldsymbol{P}$ 为对角矩阵。并求出矩阵 $\boldsymbol{P}$ 和 $\boldsymbol{B}$。

2.7 若 $\boldsymbol{A}$ 为幂等矩阵和对称矩阵，证明 $\boldsymbol{A}$ 是半正定的。

2.8 证明：一个维数为奇数的反对称矩阵，其行列式必等于零。

2.9 一个 n 阶 Helmert 矩阵 $\boldsymbol{H}_n$ 的第 1 行为 $n^{-1/2}\boldsymbol{1}_n^{\mathrm{T}}$，其他 $n-1$ 行具有分块形式[444, p.71]

$$\frac{1}{\sqrt{\lambda_i}}\left[\boldsymbol{1}_i^{\mathrm{T}},-i,\boldsymbol{0}_{n-i-1}^{\mathrm{T}}\right],\quad \lambda_i=i(i+1),\ i=1,2,\cdots,n-1$$

式中，$\boldsymbol{1}_i^{\mathrm{T}}$ 和 $\boldsymbol{0}_i^{\mathrm{T}}$ 分别表示元素全部为 1 和 0 的 i 阶行向量。例如

$$\boldsymbol{H}_4=\begin{bmatrix} 1/\sqrt{4} & 1/\sqrt{4} & 1/\sqrt{4} & 1/\sqrt{4} \\ 1/\sqrt{2} & -1/\sqrt{2} & 0 & 0 \\ 1/\sqrt{6} & 1/\sqrt{6} & -2/\sqrt{6} & 0 \\ 1/\sqrt{12} & 1/\sqrt{12} & 1/\sqrt{12} & -3\sqrt{12} \end{bmatrix}$$

将 n 阶 Helmert 矩阵分块为

$$\boldsymbol{H}=\begin{bmatrix} \boldsymbol{h}^{\mathrm{T}} \\ \boldsymbol{K} \end{bmatrix}$$

式中，$\boldsymbol{h}=n^{-1/2}\boldsymbol{1}^{-1/2}$，而 $\boldsymbol{K}$ 表示 $\boldsymbol{H}$ 的最后 $n-1$ 行。

(1) 证明：$\boldsymbol{H}\boldsymbol{H}^{\mathrm{T}}=\boldsymbol{I}_n$。

(2) 对于 n 阶向量 $\boldsymbol{x}$，证明 $n^{-1}\bar{x}_n^2 = \boldsymbol{x}^{\mathrm{T}}\boldsymbol{h}^{\mathrm{T}}\boldsymbol{h}\boldsymbol{x}$，其中 $\bar{x}_n = \frac{1}{n}\sum_{i=1}^{n} x_i$；并证明

$$S_n = \sum_{i=1}^{n}\left(x_i - \sum_{k=1}^{n} x_k/n\right)^2$$

可以表示为 $S_n = \boldsymbol{x}^{\mathrm{T}}\boldsymbol{K}^{\mathrm{T}}\boldsymbol{K}\boldsymbol{x}$。

(3) 推导递推公式

$$S_n = S_{n-1} + (1-1/n)(\bar{x}_{n-1} - x_n)$$

式中，$\bar{x}_{n-1} = \frac{1}{n-1}\sum_{i=1}^{n-1} x_i$。

2.10 令 $\boldsymbol{A}$ 和 $\boldsymbol{B}$ 为对称矩阵，并且满足

$$|\boldsymbol{I} - \lambda\boldsymbol{A}|\,|\boldsymbol{I} - \mu\boldsymbol{B}| = |\boldsymbol{I} - \lambda\boldsymbol{A} - \mu\boldsymbol{B}|, \quad \forall\,\lambda, \mu$$

证明 $\boldsymbol{AB} = \boldsymbol{O}$ (零矩阵)。

2.11 证明：若 $\boldsymbol{A}$ 为实反对称矩阵，则 $\boldsymbol{A} + \boldsymbol{I}$ 非奇异。

2.12 假定 $\boldsymbol{A}$ 是一实反对称矩阵，证明：Cayley 变换 $\boldsymbol{T} = (\boldsymbol{I} - \boldsymbol{A})(\boldsymbol{I} + \boldsymbol{A})^{-1}$ 为正交矩阵。

2.13 令 $\boldsymbol{A}$ 是正交矩阵，且 $\boldsymbol{A} + \boldsymbol{I}$ 非奇异。证明：矩阵 $\boldsymbol{A}$ 可表示为 Cayley 变换

$$\boldsymbol{A} = (\boldsymbol{I} - \boldsymbol{S})(\boldsymbol{I} + \boldsymbol{S})^{-1}$$

式中，$\boldsymbol{S}$ 为实反对称矩阵。

2.14 证明：

(1) $\det\left(\boldsymbol{E}_{\alpha(p)}\right) = \alpha$。

(2) $\det\left(\boldsymbol{E}_{(p)+\alpha(q)}\right) = 1$。

2.15 令 $\boldsymbol{P}$ 是一个 $n \times n$ 置换矩阵，证明：存在一个正整数 k，使得 $\boldsymbol{P}^k = \boldsymbol{I}$。（提示：考虑矩阵序列 $\boldsymbol{P}, \boldsymbol{P}^2, \boldsymbol{P}^3, \cdots$。）

2.16 假定 $\boldsymbol{P}$ 和 $\boldsymbol{Q}$ 是两个 $n \times n$ 置换矩阵，证明：$\boldsymbol{PQ}$ 也是一个 $n \times n$ 置换矩阵。

2.17 证明：对于每一个矩阵 $\boldsymbol{A}$，都存在一个三角矩阵 $\boldsymbol{T}$，使得 $\boldsymbol{TA}$ 为酉矩阵。

2.18 令 $\boldsymbol{A}$ 是一个给定的矩阵。证明：可以找到一个主对角线上的元素取 ± 1 的矩阵 $\boldsymbol{J}$，使得 $\boldsymbol{JA} + \boldsymbol{I}$ 非奇异。

2.19 证明：若 $\boldsymbol{H} = \boldsymbol{A} + \mathrm{j}\,\boldsymbol{B}$ 为 Hermitian 矩阵，且 $\boldsymbol{A}$ 非奇异，则行列式的绝对值的平方

$$|\det(\boldsymbol{H})|^2 = |\boldsymbol{A}|^2|\boldsymbol{I} + \boldsymbol{A}^{-1}\boldsymbol{B}\boldsymbol{A}^{-1}\boldsymbol{B}|$$

2.20 证明下列叙述等价：

(1) $\boldsymbol{U}$ 是酉矩阵；

(2) $\boldsymbol{U}$ 是非奇异的，并且 $\boldsymbol{U}^{\mathrm{H}} = \boldsymbol{U}^{-1}$；

(3) $\boldsymbol{U}\boldsymbol{U}^{\mathrm{H}} = \boldsymbol{U}^{\mathrm{H}}\boldsymbol{U} = \boldsymbol{I}$；

(4) $\boldsymbol{U}^{\mathrm{H}}$ 是酉矩阵；

(5) $\boldsymbol{U} = [\boldsymbol{u}_1, \cdots, \boldsymbol{u}_n]$ 的列组成标准正交组，即

$$\boldsymbol{u}_i^{\mathrm{H}}\boldsymbol{u}_j = \delta(i-j) = \begin{cases} 1, & i = j \\ 0, & i \neq j \end{cases}$$

(6) $\boldsymbol{U}$ 的行组成标准正交组。

2.21 证明 J 正交矩阵的以下性质：

(1) J 正交矩阵 $\boldsymbol{Q}$ 非奇异，其行列式的绝对值等于 1。

(2) 任何一个 $N \times N$ 维 J 正交矩阵 $\boldsymbol{Q}$ 也可以等价定义为

$$\boldsymbol{Q}^{\mathrm{T}}\boldsymbol{J}\boldsymbol{Q} = \boldsymbol{J}$$

2.22 令 $\boldsymbol{A}, \boldsymbol{S}$ 为 $n \times n$ 矩阵，且 $\boldsymbol{S}$ 非奇异。要求：

(1) 证明 $(\boldsymbol{S}^{-1}\boldsymbol{A}\boldsymbol{S})^2 = \boldsymbol{S}^{-1}\boldsymbol{A}^2\boldsymbol{S}$ 和 $(\boldsymbol{S}^{-1}\boldsymbol{A}\boldsymbol{S})^3 = \boldsymbol{S}^{-1}\boldsymbol{A}^3\boldsymbol{S}$。

(2) 利用数学归纳法证明 $(\boldsymbol{S}^{-1}\boldsymbol{A}\boldsymbol{S})^k = \boldsymbol{S}^{-1}\boldsymbol{A}^k\boldsymbol{S}$，其中，$k$ 为正整数。

2.23 证明：若 $\boldsymbol{A}$ 是可对角化的，并且 $\boldsymbol{B}$ 与 $\boldsymbol{A}$ 相似，则 $\boldsymbol{B}$ 是可对角化的。(提示：假定 $\boldsymbol{S}^{-1}\boldsymbol{A}\boldsymbol{S} = \boldsymbol{D}$ 和 $\boldsymbol{W}^{-1}\boldsymbol{A}\boldsymbol{W} = \boldsymbol{B}$。)

2.24 证明相似矩阵的幂性质：若 $\boldsymbol{B}$ 与 $\boldsymbol{A}$ 相似，则 $\boldsymbol{B}^k$ 与 $\boldsymbol{A}^k$ 相似。

2.25 假定 $\boldsymbol{B}$ 与 $\boldsymbol{A}$ 相似，证明：

(1) $\boldsymbol{B} + \alpha\boldsymbol{I}$ 与 $\boldsymbol{A} + \alpha\boldsymbol{I}$ 相似。

(2) $\boldsymbol{B}^{\mathrm{T}}$ 与 $\boldsymbol{A}^{\mathrm{T}}$ 相似。

(3) 若 $\boldsymbol{A}, \boldsymbol{B}$ 非奇异，则 $\boldsymbol{B}^{-1}$ 与 $\boldsymbol{A}^{-1}$ 相似。

2.26 假定 $\boldsymbol{A}, \boldsymbol{B}$ 为 $n \times n$ 矩阵，并且 $\boldsymbol{B}$ 非奇异，证明：$\boldsymbol{A}\boldsymbol{B}$ 与 $\boldsymbol{B}\boldsymbol{A}$ 相似。

2.27 证明：若 $n \times n$ 矩阵 $\boldsymbol{A}$ 与 $n \times n$ 单位矩阵 $\boldsymbol{I}$ 相似，则 $\boldsymbol{A} = \boldsymbol{I}$。

2.28 令 $\boldsymbol{A}$ 是一个 $n \times n$ 实矩阵，证明：$\boldsymbol{B} = (\boldsymbol{A} + \boldsymbol{A}^{\mathrm{T}})/2$ 为对称矩阵，而 $\boldsymbol{C} = (\boldsymbol{A} - \boldsymbol{A}^{\mathrm{T}})/2$ 为反对称矩阵。

2.29 给定 $n+1$ 个不同的数 $x_0, x_1, \cdots, x_n$ 和任意 $n+1$ 个数的集合 $\{y_0, y_1, \cdots, y_n\}$，则存在一个唯一的多项式 $p(x) = a_0 + a_1x + a_2x^2 + \cdots + a_nx^n$，使得 $p(x_0) = y_0, p(x_1) = y_1, \cdots, p(x_n) = y_n$。求 $a_0, a_1, \cdots, a_n$ 的表达式。

2.30 给定 $n+1$ 个不同的数 $\beta_0, \beta_1, \cdots, \beta_n$ 和任意 $n+1$ 个数的集合 $\{y_0, y_1, \cdots, y_n\}$，证明：存在唯一的一个多项式 $y(x) = a_0\mathrm{e}^{\beta_0 x} + a_1\mathrm{e}^{\beta_1 x} + \cdots + a_n\mathrm{e}^{\beta x}$ 满足约束条件 $y(0) = y_0, y'(0) = y_1, \cdots, y^{(n)}(0) = y_n$，其中，$y^{(k)}$ 表示 $\dfrac{\mathrm{d}y(x)}{\mathrm{d}x^k}$。

2.31[255, p.101] 第 i 行和第 j 列元素为 $1/(i+j-1)$ 的 $n\times n$ 矩阵称为 Hilbert 矩阵。令 $\boldsymbol{A}$ 是一个 6×6 维 Hilbert 矩阵，并且

$$\boldsymbol{b}=[1,2,1,1.414,1,2]^{\mathrm{T}},\qquad \boldsymbol{b}+\Delta\boldsymbol{b}=[1,2,1,1.4142,1,2]^{\mathrm{T}}$$

试用 MATLAB 求解矩阵方程 $\boldsymbol{A}\boldsymbol{x}_1=\boldsymbol{b}$ 和 $\boldsymbol{A}\boldsymbol{x}_2=\boldsymbol{b}+\Delta\boldsymbol{b}$，并比较 $\boldsymbol{x}_1$ 和 $\boldsymbol{x}_2$。为什么尽管向量 $\boldsymbol{A}$ 的扰动很小，$\boldsymbol{x}_1$ 和 $\boldsymbol{x}_2$ 却相差很大？

2.32 [36, p.68] 矩阵 $\boldsymbol{A}=[a_{ij}], i,j=1,2,3,4$ 称为 Lorentz 矩阵，若变换 $\boldsymbol{x}=\boldsymbol{A}\boldsymbol{y}$ 使得二次型 $Q(\boldsymbol{x})=\boldsymbol{x}^{\mathrm{T}}\boldsymbol{A}\boldsymbol{x}=x_1^2-x_2^2-x_3^2-x_4^2$ 不变，即 $Q(\boldsymbol{x})=Q(\boldsymbol{y})$。证明：两个 Lorentz 矩阵的乘积仍然为 Lorentz 矩阵。

2.33 [36, p.265] $n\times n$ 矩阵 $\boldsymbol{M}$ 称为 Markov 矩阵，若其元素满足条件 $m_{ij}\geqslant 0$, $\sum\limits_{i=1}^{n} m_{ij}=1$, $j=1,2,\cdots,n$。假定 $\boldsymbol{P}$ 和 $\boldsymbol{Q}$ 均为 Markov 矩阵，证明：

(1) 对于常数 $0\leqslant\lambda\leqslant 1$，矩阵$\lambda\boldsymbol{P}+(1-\lambda)\boldsymbol{Q}$ 是 Markov 矩阵。

(2) 矩阵乘积 $\boldsymbol{P}\boldsymbol{Q}$ 也为 Markov 矩阵。

2.34 [36, p.265] 一个 $n\times 1$ 向量 $\boldsymbol{x}$ 称为概率向量 (probability vector)，若其元素满足与概率公式类似的条件 $x_i\geqslant 0$ 和 $\sum\limits_{i=1}^{n} x_i=1$。证明：若 $\boldsymbol{x}$ 为概率向量，则矩阵 $\boldsymbol{M}$ 是 Markov 矩阵，当且仅当 $\boldsymbol{M}\boldsymbol{x}$ 是概率向量。

2.35 令 $y_i=y_i(x_1,x_2,\cdots,x_n)$, $i=1,2,\cdots,n$ 是关于 $x_1,x_2,\cdots,x_n$ 的 n 个函数。矩阵 $\boldsymbol{J}=\boldsymbol{J}(\boldsymbol{y},\boldsymbol{x})=[\partial y_i/\partial x_j]$ 称为函数 $y_i(x_1,x_2,\cdots,x_n)$, $i=1,2,\cdots,n$ 的 Jacobian 矩阵，其行列式称为 Jacobian 行列式。式中，$\boldsymbol{y}=[y_1,y_2,\cdots,y_n]^{\mathrm{T}}$，$\boldsymbol{x}=[x_1,x_2,\cdots,x_n]^{\mathrm{T}}$。证明：$\boldsymbol{J}(\boldsymbol{z},\boldsymbol{y})\boldsymbol{J}(\boldsymbol{y},\boldsymbol{x})=\boldsymbol{J}(\boldsymbol{z},\boldsymbol{x})$。

2.36 令 $n\times n$ 矩阵 $\boldsymbol{X}$ 和 $\boldsymbol{Y}$ 分别为对称矩阵，并且 $\boldsymbol{Y}=\boldsymbol{A}\boldsymbol{X}\boldsymbol{A}^{\mathrm{T}}$。证明：Jacobian 行列式 $|\boldsymbol{J}(\boldsymbol{Y},\boldsymbol{X})|$ 等于矩阵 $\boldsymbol{A}$ 的行列式的 $n+1$ 次方，即 $|\boldsymbol{J}(\boldsymbol{Y},\boldsymbol{X})|=|\boldsymbol{A}|^{n+1}$。

2.37 证明：若 $\boldsymbol{A}$ 为正规矩阵 (即满足 $\boldsymbol{A}\boldsymbol{A}^{\mathrm{H}}=\boldsymbol{A}^{\mathrm{H}}\boldsymbol{A}$)，则 $\boldsymbol{A}-\lambda\boldsymbol{I}$ 为正规矩阵。

2.38 若 $\boldsymbol{B}$ 为正规矩阵，并且存在一个角度 θ，使得 $\boldsymbol{A}\mathrm{e}^{\mathrm{j}\theta}+\boldsymbol{A}^{\mathrm{H}}\mathrm{e}^{-\mathrm{j}\theta}\geqslant 0$，其中，$\boldsymbol{A}^2=\boldsymbol{B}$。证明：$\boldsymbol{A}$ 是正规矩阵。

2.39 满足条件 $\boldsymbol{A}\boldsymbol{B}=\boldsymbol{B}\boldsymbol{A}$ 的矩阵 $\boldsymbol{A}$ 和 $\boldsymbol{B}$ 称为可交换矩阵 (commute matrix)。证明：若 $\boldsymbol{A}$ 和 $\boldsymbol{B}$ 可交换，则 $\boldsymbol{A}^{\mathrm{H}}$ 和 $\boldsymbol{B}$ 可交换的条件是 $\boldsymbol{A}$ 为正规矩阵。

2.40 [36, p.226] 令 $\boldsymbol{A}$ 为复矩阵，证明 $\boldsymbol{A}$ 为正规矩阵，当且仅当下列条件之一成立：

(1) $\boldsymbol{A}=\boldsymbol{B}+\mathrm{j}\boldsymbol{C}$，其中，$\boldsymbol{B}$ 和 $\boldsymbol{C}$ 为 Hermitian 矩阵，并且可交换。

(2) $\boldsymbol{A}=\boldsymbol{U}^{\mathrm{H}}\boldsymbol{D}\boldsymbol{U}$，其中，$\boldsymbol{U}$ 为酉矩阵，且 $\boldsymbol{D}$ 为对角矩阵。

(3) $\boldsymbol{A}=\boldsymbol{U}\boldsymbol{H}$，其中，$\boldsymbol{U}$ 为酉矩阵，$\boldsymbol{H}$ 为 Hermitian 矩阵，并且 $\boldsymbol{U}$ 和 $\boldsymbol{H}$ 可交换。

2.41 证明：若 $\boldsymbol{A}$ 是斜 Hermitian 矩阵，则 $\langle\boldsymbol{A}\boldsymbol{x},\boldsymbol{x}\rangle=0$ 对任意向量 $\boldsymbol{x}\in\mathbb{C}^n$ 成立。

第 3 章　矩阵微分

矩阵微分是多变量函数微分的推广。矩阵微分 (包括矩阵偏导和梯度) 是矩阵的重要运算工具之一，在统计学、流形计算、几何物理、微分几何、经济计量以及众多工程中有着广泛的应用。特别地，在许多工程应用 (如阵列信号处理、通信系统、雷达、声呐) 中，信号和系统参数往往都表示成复值向量或矩阵。本章主要介绍矩阵微分的理论、计算方法与应用，先讨论函数的变元为实值向量和实值矩阵的情况，然后再推广到函数变元为复值向量和复值矩阵的矩阵微分。

3.1　Jacobian 矩阵与梯度矩阵

本章的前半部分讨论实值标量函数、实值向量函数和实值矩阵函数相对于实向量变元或矩阵变元的偏导。为了方便理解，首先对变元和函数作统一的符号规定：

$\boldsymbol{x} = [x_1, \cdots, x_m]^{\mathrm{T}} \in \mathbb{R}^m$ 为实向量变元；

$\boldsymbol{X} = [\boldsymbol{x}_1, \cdots, \boldsymbol{x}_n] \in \mathbb{R}^{m\times n}$ 为实矩阵变元；

$f(\boldsymbol{x}) \in \mathbb{R}$ 为实值标量函数，其变元为 $m \times 1$ 实值向量 $\boldsymbol{x}$，记作 $f : \mathbb{R}^m \to \mathbb{R}$；

$f(\boldsymbol{X}) \in \mathbb{R}$ 为实值标量函数，其变元为 $m \times n$ 实值矩阵 $\boldsymbol{X}$，记作 $f : \mathbb{R}^{m\times n} \to \mathbb{R}$；

$\boldsymbol{f}(\boldsymbol{x}) \in \mathbb{R}^p$ 为 p 维实列向量函数，其变元为 $m \times 1$ 实值向量 $\boldsymbol{x}$，记作 $\boldsymbol{f} : \mathbb{R}^m \to \mathbb{R}^p$；

$\boldsymbol{f}(\boldsymbol{X}) \in \mathbb{R}^p$ 为 p 维实列向量函数，变元为 $m \times n$ 实矩阵 $\boldsymbol{X}$，记作 $\boldsymbol{f} : \mathbb{R}^{m\times n} \to \mathbb{R}^p$；

$\boldsymbol{F}(\boldsymbol{x}) \in \mathbb{R}^{p\times q}$ 为 $p \times q$ 实矩阵函数，变元为 $m \times 1$ 实向量 $\boldsymbol{x}$，记作 $\boldsymbol{F} : \mathbb{R}^m \to \mathbb{R}^{p\times q}$；

$\boldsymbol{F}(\boldsymbol{X}) \in \mathbb{R}^{p\times q}$ 为 $p\times q$ 实矩阵函数，变元为 $m\times n$ 实矩阵 $\boldsymbol{X}$，记作 $\boldsymbol{F} : \mathbb{R}^{m\times n} \to \mathbb{R}^{p\times q}$。

表 3.1.1 汇总了以上实值函数的分类。

表 3.1.1　实值函数的分类

函数类型	向量变元 $\boldsymbol{x} \in \mathbb{R}^m$	矩阵变元 $\boldsymbol{X} \in \mathbb{R}^{m\times n}$
标量函数 $f \in \mathbb{R}$	$f(\boldsymbol{x})$ $f:\ \mathbb{R}^m \to \mathbb{R}$	$f(\boldsymbol{X})$ $f:\ \mathbb{R}^{m\times n} \to \mathbb{R}$
向量函数 $\boldsymbol{f} \in \mathbb{R}^p$	$\boldsymbol{f}(\boldsymbol{x})$ $\boldsymbol{f}:\ \mathbb{R}^m \to \mathbb{R}^p$	$\boldsymbol{f}(\boldsymbol{X})$ $\boldsymbol{f}:\ \mathbb{R}^{m\times n} \to \mathbb{R}^p$
矩阵函数 $\boldsymbol{F} \in \mathbb{R}^{p\times q}$	$\boldsymbol{F}(\boldsymbol{x})$ $\boldsymbol{F}:\ \mathbb{R}^m \to \mathbb{R}^{p\times q}$	$\boldsymbol{F}(\boldsymbol{X})$ $\boldsymbol{F}:\ \mathbb{R}^{m\times n} \to \mathbb{R}^{p\times q}$

本节主要讨论实值标量函数和实值矩阵函数的偏导。

3.1.1 Jacobian 矩阵

$1\times m$ 行向量偏导算子记为

$$\mathrm{D}_{\boldsymbol{x}} \stackrel{\text{def}}{=} \frac{\partial}{\partial \boldsymbol{x}^{\mathrm{T}}} = \left[\frac{\partial}{\partial x_1}, \cdots, \frac{\partial}{\partial x_m}\right] \tag{3.1.1}$$

于是，实值标量函数 $f(\boldsymbol{x})$ 在 $\boldsymbol{x}$ 的偏导向量由 $1\times m$ 行向量

$$\mathrm{D}_{\boldsymbol{x}} f(\boldsymbol{x}) = \frac{\partial f(\boldsymbol{x})}{\partial \boldsymbol{x}^{\mathrm{T}}} = \left[\frac{\partial f(\boldsymbol{x})}{\partial x_1}, \cdots, \frac{\partial f(\boldsymbol{x})}{\partial x_m}\right] \tag{3.1.2}$$

给出。

当实值标量函数 $f(\boldsymbol{X})$ 的变元为实值矩阵 $\boldsymbol{X}\in\mathbb{R}^{m\times n}$ 时，存在两种可能的定义

$$\mathrm{D}_{\boldsymbol{X}} f(\boldsymbol{X}) = \frac{\partial f(\boldsymbol{X})}{\partial \boldsymbol{X}^{\mathrm{T}}} = \begin{bmatrix} \frac{\partial f(\boldsymbol{X})}{\partial x_{11}} & \cdots & \frac{\partial f(\boldsymbol{X})}{\partial x_{m1}} \\ \vdots & \ddots & \vdots \\ \frac{\partial f(\boldsymbol{X})}{\partial x_{1n}} & \cdots & \frac{\partial f(\boldsymbol{X})}{\partial x_{mn}} \end{bmatrix} \in \mathbb{R}^{n\times m} \tag{3.1.3}$$

和

$$\mathrm{D}_{\mathrm{vec}\boldsymbol{X}} f(\boldsymbol{X}) = \frac{\partial f(\boldsymbol{X})}{\partial \mathrm{vec}^{\mathrm{T}}(\boldsymbol{X})} = \left[\frac{\partial f(\boldsymbol{X})}{\partial x_{11}}, \cdots, \frac{\partial f(\boldsymbol{X})}{\partial x_{m1}}, \cdots, \frac{\partial f(\boldsymbol{X})}{\partial x_{1n}}, \cdots, \frac{\partial f(\boldsymbol{X})}{\partial x_{mn}}\right] \tag{3.1.4}$$

其中 $\mathrm{D}_{\boldsymbol{X}} f(\boldsymbol{X})$ 和 $\mathrm{D}_{\mathrm{vec}\boldsymbol{X}} f(\boldsymbol{X})$ 分别称为实值标量函数 $f(\boldsymbol{X})$ 关于矩阵变元 $\boldsymbol{X}$ 的 Jacobian 矩阵和行偏导向量，两者之间的关系为

$$\mathrm{D}_{\mathrm{vec}\boldsymbol{X}} f(\boldsymbol{X}) = \mathrm{rvec}(\mathrm{D}_{\boldsymbol{X}} f(\boldsymbol{X})) = \left(\mathrm{vec}(\mathrm{D}_{\boldsymbol{X}}^{\mathrm{T}} f(\boldsymbol{X}))\right)^{\mathrm{T}} \tag{3.1.5}$$

即实值标量函数 $f(\boldsymbol{X})$ 的行向量偏导 $\mathrm{D}_{\mathrm{vec}\boldsymbol{X}} f(\boldsymbol{X})$ 等于 Jacobian 矩阵的转置 $\mathrm{D}_{\boldsymbol{X}}^{\mathrm{T}} f(\boldsymbol{X})$ 的列向量化 $\mathrm{vec}(\mathrm{D}_{\boldsymbol{X}}^{\mathrm{T}} f(\boldsymbol{X}))$ 的转置。这一重要关系是 Jacobian 矩阵辨识的基础。

事实上，在实际应用中 Jacobian 矩阵比行偏导向量更有用。

现在考虑实值矩阵函数 $\boldsymbol{F}(\boldsymbol{X}) = [f_{kl}]_{k=1,l=1}^{p,q} \in \mathbb{R}^{p\times q}$ 的情况，其中，矩阵变元 $\boldsymbol{X}\in\mathbb{R}^{m\times n}$。此时，有多种可能的行偏导矩阵定义。例如

$$\frac{\partial \boldsymbol{F}(\boldsymbol{X})}{\partial \boldsymbol{X}^{\mathrm{T}}} = \left[\frac{\partial f_{kl}(\boldsymbol{X})}{\partial \boldsymbol{X}^{\mathrm{T}}}\right]_{k=1,l=1}^{p,q} = \begin{bmatrix} \frac{\partial f_{11}(\boldsymbol{X})}{\partial \boldsymbol{X}^{\mathrm{T}}} & \cdots & \frac{\partial f_{1q}(\boldsymbol{X})}{\partial \boldsymbol{X}^{\mathrm{T}}} \\ \vdots & \ddots & \vdots \\ \frac{\partial f_{p1}(\boldsymbol{X})}{\partial \boldsymbol{X}^{\mathrm{T}}} & \cdots & \frac{\partial f_{pq}(\boldsymbol{X})}{\partial \boldsymbol{X}^{\mathrm{T}}} \end{bmatrix} \in \mathbb{R}^{pn\times qm}$$

或者

$$\frac{\partial \boldsymbol{F}(\boldsymbol{X})}{\partial \boldsymbol{X}^{\mathrm{T}}} = \left[\frac{\partial \boldsymbol{F}(\boldsymbol{X})}{\partial x_{ji}}\right]_{i=1,j=1}^{m,n} = \begin{bmatrix} \frac{\partial f_{11}(\boldsymbol{X})}{\partial x_{ji}} & \cdots & \frac{\partial f_{1q}(\boldsymbol{X})}{\partial x_{ji}} \\ \vdots & \ddots & \vdots \\ \frac{\partial f_{p1}(\boldsymbol{X})}{\partial x_{ji}} & \cdots & \frac{\partial f_{pq}(\boldsymbol{X})}{\partial x_{ji}} \end{bmatrix}_{j=1,i=1}^{n,m} \in \mathbb{R}^{pn\times qm}$$

或者

$$\frac{\partial \boldsymbol{F}(\boldsymbol{X})}{\partial \boldsymbol{X}^{\mathrm{T}}}=\left[\frac{\partial \boldsymbol{F}(\boldsymbol{X})}{\partial \boldsymbol{X}^{\mathrm{T}}}\right]_{i=1,j=1}^{m,n}=\begin{bmatrix}\frac{\partial \boldsymbol{F}(\boldsymbol{X})}{\partial x_{11}} & \cdots & \frac{\partial \boldsymbol{F}(\boldsymbol{X})}{\partial x_{m1}} \\ \vdots & \ddots & \vdots \\ \frac{\partial \boldsymbol{F}(\boldsymbol{X})}{\partial x_{1n}} & \cdots & \frac{\partial \boldsymbol{F}(\boldsymbol{X})}{\partial x_{mn}}\end{bmatrix}\in \mathbb{R}^{pn\times qm}$$

正如 Magnus 与 Neudecker [328] 指出的那样，上述三种定义都是不好的定义，因为它们不适合于计算比较复杂的矩阵函数的 Jacobian 矩阵，有时甚至会给出错误的 Jacobian 矩阵。例如，对于矩阵函数 $\boldsymbol{F}(\boldsymbol{X})=\boldsymbol{X}$，第一个定义给出

$$\frac{\partial \boldsymbol{F}(\boldsymbol{X})}{\partial \boldsymbol{X}^{\mathrm{T}}}=\left[\frac{\partial \boldsymbol{X}}{\partial \boldsymbol{X}^{\mathrm{T}}}\right]_{k=1,l=1}^{p,q}=(\mathrm{vec}\boldsymbol{I}_m)(\mathrm{vec}\boldsymbol{I}_n)^{\mathrm{T}}$$

这是一个秩等于 1 的矩阵，与真实的 Jacobian 矩阵 (即 $mn\times mn$ 维单位矩阵) 不符。

Magnus 与 Neudecker [328] 给出了关于矩阵函数的 Jacobian 矩阵的一种好的定义：先通过列向量化，将 $p\times q$ 矩阵函数 $\boldsymbol{F}(\boldsymbol{X})$ 转换成 $pq\times 1$ 列向量

$$\mathrm{vec}(\boldsymbol{F}(\boldsymbol{X}))\overset{\mathrm{def}}{=}[f_{11}(\boldsymbol{X}),\cdots,f_{p1}(\boldsymbol{X}),\cdots,f_{1q}(\boldsymbol{X}),\cdots,f_{pq}(\boldsymbol{X})]^{\mathrm{T}}\in\mathbb{R}^{pq} \tag{3.1.6}$$

然后，该列向量对矩阵变元 $\boldsymbol{X}$ 的列向量化的转置 $(\mathrm{vec}\boldsymbol{X})^{\mathrm{T}}$ 求偏导，给出 $pq\times mn$ 维 Jacobian 矩阵

$$\mathrm{D}_{\boldsymbol{X}}\boldsymbol{F}(\boldsymbol{X})\overset{\mathrm{def}}{=}\frac{\partial\mathrm{vec}(\boldsymbol{F}(\boldsymbol{X}))}{\partial(\mathrm{vec}\boldsymbol{X})^{\mathrm{T}}}\in\mathbb{R}^{pq\times mn} \tag{3.1.7}$$

其具体表达式为

$$\mathrm{D}_{\boldsymbol{X}}\boldsymbol{F}(\boldsymbol{X})=\begin{bmatrix}\frac{\partial f_{11}}{\partial(\mathrm{vec}\boldsymbol{X})^{\mathrm{T}}}\\ \vdots \\ \frac{\partial f_{p1}}{\partial(\mathrm{vec}\boldsymbol{X})^{\mathrm{T}}}\\ \vdots \\ \frac{\partial f_{1q}}{\partial(\mathrm{vec}\boldsymbol{X})^{\mathrm{T}}}\\ \vdots \\ \frac{\partial f_{pq}}{\partial(\mathrm{vec}\boldsymbol{X})^{\mathrm{T}}}\end{bmatrix}=\begin{bmatrix}\frac{\partial f_{11}}{\partial x_{11}} & \cdots & \frac{\partial f_{11}}{\partial x_{m1}} & \cdots & \frac{\partial f_{11}}{\partial x_{1n}} & \cdots & \frac{\partial f_{11}}{\partial x_{mn}}\\ \vdots & \vdots & \vdots & \vdots & \vdots & \vdots & \vdots\\ \frac{\partial f_{p1}}{\partial x_{11}} & \cdots & \frac{\partial f_{p1}}{\partial x_{m1}} & \cdots & \frac{\partial f_{p1}}{\partial x_{1n}} & \cdots & \frac{\partial f_{p1}}{\partial x_{mn}}\\ \vdots & \vdots & \vdots & \vdots & \vdots & \vdots & \vdots\\ \frac{\partial f_{1q}}{\partial x_{11}} & \cdots & \frac{\partial f_{1q}}{\partial x_{m1}} & \cdots & \frac{\partial f_{1q}}{\partial x_{1n}} & \cdots & \frac{\partial f_{1q}}{\partial x_{mn}}\\ \vdots & \vdots & \vdots & \vdots & \vdots & \vdots & \vdots\\ \frac{\partial f_{pq}}{\partial x_{11}} & \cdots & \frac{\partial f_{pq}}{\partial x_{m1}} & \cdots & \frac{\partial f_{pq}}{\partial x_{1n}} & \cdots & \frac{\partial f_{pq}}{\partial x_{mn}}\end{bmatrix} \tag{3.1.8}$$

3.1.2 梯度矩阵

采用列向量形式定义的偏导算子称为列向量偏导算子，习惯称为梯度算子。

$m\times 1$ 列向量偏导算子即梯度算子记作 $\nabla_{\boldsymbol{x}}$，定义为

$$\nabla_{\boldsymbol{x}}\overset{\mathrm{def}}{=}\frac{\partial}{\partial\boldsymbol{x}}=\left[\frac{\partial}{\partial x_1},\cdots,\frac{\partial}{\partial x_m}\right]^{\mathrm{T}} \tag{3.1.9}$$

因此，实值标量函数 $f(\boldsymbol{x})$ 的梯度向量 $\nabla_{\boldsymbol{x}}f(\boldsymbol{x})$ 为 $m\times 1$ 列向量，定义为

$$\nabla_{\boldsymbol{x}}f(\boldsymbol{x})\overset{\mathrm{def}}{=}\left[\frac{\partial f(\boldsymbol{x})}{\partial x_1},\cdots,\frac{\partial f(\boldsymbol{x})}{\partial x_m}\right]^{\mathrm{T}}=\frac{\partial f(\boldsymbol{x})}{\partial\boldsymbol{x}} \tag{3.1.10}$$

将矩阵变元 $\boldsymbol{X}$ 列向量化后，即可直接定义关于矩阵变元 $\boldsymbol{X}$ 的梯度算子为

$$\nabla_{\text{vec}\boldsymbol{X}} = \frac{\partial}{\partial \text{vec}\boldsymbol{X}} = \left[\frac{\partial}{\partial x_{11}}, \cdots, \frac{\partial}{\partial x_{m1}}, \cdots, \frac{\partial}{\partial x_{1n}}, \cdots, \frac{\partial}{\partial x_{mn}}\right]^{\text{T}} \tag{3.1.11}$$

由此得到实值标量函数 $f(\boldsymbol{X})$ 关于矩阵变元 $\boldsymbol{X}$ 的梯度向量

$$\nabla_{\text{vec}\boldsymbol{X}} f(\boldsymbol{X}) = \frac{\partial f(\boldsymbol{X})}{\partial \text{vec}\boldsymbol{X}} = \left[\frac{\partial f(\boldsymbol{X})}{\partial x_{11}}, \cdots, \frac{\partial f(\boldsymbol{X})}{\partial x_{m1}}, \cdots, \frac{\partial f(\boldsymbol{X})}{\partial x_{1n}}, \cdots, \frac{\partial f(\boldsymbol{X})}{\partial x_{mn}}\right]^{\text{T}} \tag{3.1.12}$$

另外，可以直接定义梯度矩阵

$$\nabla_{\boldsymbol{X}} f(\boldsymbol{X}) = \begin{bmatrix} \frac{\partial f(\boldsymbol{X})}{\partial x_{11}} & \cdots & \frac{\partial f(\boldsymbol{X})}{\partial x_{1n}} \\ \vdots & \ddots & \vdots \\ \frac{\partial f(\boldsymbol{X})}{\partial x_{m1}} & \cdots & \frac{\partial f(\boldsymbol{X})}{\partial x_{mn}} \end{bmatrix} = \frac{\partial f(\boldsymbol{X})}{\partial \boldsymbol{X}} \tag{3.1.13}$$

显然，梯度矩阵 $\nabla_{\boldsymbol{X}} f(\boldsymbol{X})$ 是梯度向量 $\nabla_{\text{vec}\boldsymbol{X}} f(\boldsymbol{X})$ 的矩阵化

$$\nabla_{\boldsymbol{X}} f(\boldsymbol{X}) = \text{unvec}(\nabla_{\text{vec}\boldsymbol{X}} f(\boldsymbol{X})) \tag{3.1.14}$$

比较式 (3.1.13) 和式 (3.1.3)，又有

$$\nabla_{\boldsymbol{X}} f(\boldsymbol{X}) = \text{D}_{\boldsymbol{X}}^{\text{T}} f(\boldsymbol{X}) \tag{3.1.15}$$

即是说，实值标量函数 $f(\boldsymbol{X})$ 的梯度矩阵等于 Jacobian 矩阵的转置。

正如 Kreutz-Delgado[281] 指出的那样，在流形计算[4]、几何物理[442],[175] 以及微分几何[459] 等中，当定义一个标量函数关于变元向量的偏导数时，行向量偏导向量和 Jacobian 矩阵是“最自然的”选择。我们在后面还将看到，在矩阵微分中，行向量偏导向量和 Jacobian 矩阵也是一种最自然的选择。然而，在最优化和许多工程问题中，采用列向量形式定义的偏导 (梯度向量和梯度矩阵) 却是一种比行向量偏导和 Jacobian 矩阵更加自然的选择。

显然，对于一个给定的实值标量函数 $f(\boldsymbol{x})$，其梯度向量直接等于偏导向量的转置。在此意义上，行向量形式的偏导向量是列向量形式的梯度向量的协变形式 (covariant form of the gradient vector)，故又简称为协梯度向量 (cogradient vector)。类似地，Jacobian 矩阵有时也称为梯度矩阵的协变形式或简称协 (同) 梯度矩阵。协梯度是一协变算子 (covariant operator)[175]，它本身虽然不是梯度，但却是梯度的紧密伙伴 (转置后即变为梯度)。

有鉴于此，Jacobian 算子 $\frac{\partial}{\partial \boldsymbol{x}^{\text{T}}}$ 和 $\frac{\partial}{\partial \boldsymbol{X}^{\text{T}}}$ 又称 (行) 偏导算子、梯度算子的协变形式或协梯度算子 (cogradient operator)。

梯度方向的负方向 $-\nabla_{\boldsymbol{x}} f(\boldsymbol{x})$ 称为函数 f 在点 $\boldsymbol{x}$ 的梯度流 (gradient flow)，记作

$$\dot{\boldsymbol{x}} = -\nabla_{\boldsymbol{x}} f(\boldsymbol{x}) \quad \text{或} \quad \dot{\boldsymbol{X}} = -\nabla_{\text{vec}\boldsymbol{X}} f(\boldsymbol{X}) \tag{3.1.16}$$

从梯度向量的定义式可以看出：

(1) 在梯度流方向，函数 $f(\boldsymbol{x})$ 以最大减小率下降。反之，在其反方向即正的梯度方向，函数值以最大增大率增加。

(2) 梯度向量的每个分量给出了标量函数在该分量方向上的变化率。

对于实值矩阵函数 $\boldsymbol{F}(\boldsymbol{X}) \in \mathbb{R}^{p\times q}$ (其中矩阵变元 $\boldsymbol{X} \in \mathbb{R}^{m\times n}$)，梯度矩阵定义为

$$\nabla_{\boldsymbol{X}} \boldsymbol{F}(\boldsymbol{X}) = \frac{\partial \text{vec}^{\text{T}} \boldsymbol{F}(\boldsymbol{X})}{\partial \text{vec}\boldsymbol{X}} = \left(\frac{\partial \text{vec}\boldsymbol{F}(\boldsymbol{X})}{\partial \text{vec}^{\text{T}} \boldsymbol{X}}\right)^{\text{T}} \tag{3.1.17}$$

与 Jacobian 矩阵的情况相仿，公式

$$\frac{\partial \boldsymbol{F}(\boldsymbol{X})}{\partial \boldsymbol{X}} = \begin{bmatrix} \frac{\partial f_{11}}{\partial \boldsymbol{X}} & \cdots & \frac{\partial f_{1q}}{\partial \boldsymbol{X}} \\ \vdots & \ddots & \vdots \\ \frac{\partial f_{p1}}{\partial \boldsymbol{X}} & \cdots & \frac{\partial f_{pq}}{\partial \boldsymbol{X}} \end{bmatrix} \in \mathbb{R}^{pm\times qn} \tag{3.1.18}$$

对于梯度矩阵是一个不好的定义，因为正如 3.2 节将看到的那样，当 $\boldsymbol{F}(\boldsymbol{X}) = \boldsymbol{X}$ 时，式 (3.1.17) 给出正确的梯度矩阵 $\nabla_{\boldsymbol{X}} \boldsymbol{F}(\boldsymbol{X}) = \frac{\partial \text{vec}^{\text{T}} \boldsymbol{F}(\boldsymbol{X})}{\partial \text{vec}\boldsymbol{X}} = \boldsymbol{I}_n \otimes \boldsymbol{I}_m = \boldsymbol{I}_{mn}$，而式 (3.1.18) 则给出错误的梯度矩阵 $\frac{\partial \boldsymbol{F}(\boldsymbol{X})}{\partial \boldsymbol{X}} = \boldsymbol{I}_n(\boldsymbol{I}_m)^{\text{T}}$，因为其秩不应该等于 1。

显然有

$$\nabla_{\boldsymbol{X}} \boldsymbol{F}(\boldsymbol{X}) = (\text{D}_{\boldsymbol{X}} \boldsymbol{F}(\boldsymbol{X}))^{\text{T}} \tag{3.1.19}$$

换言之，矩阵函数的梯度矩阵是其 Jacobian 矩阵的转置。

3.1.3 偏导和梯度计算

实值函数相对于矩阵变元的梯度计算具有以下性质和法则[324]：

(1) 若 $f(\boldsymbol{X}) = c$ 为常数，其中，$\boldsymbol{X}$ 为 $m \times n$ 矩阵，则梯度 $\frac{\partial c}{\partial \boldsymbol{X}} = \boldsymbol{O}_{m\times n}$。

(2) 线性法则　若 $f(\boldsymbol{X})$ 和 $g(\boldsymbol{X})$ 分别是矩阵 $\boldsymbol{X}$ 的实值函数，c_1 和 c_2 为实常数，则

$$\frac{\partial [c_1 f(\boldsymbol{X}) + c_2 g(\boldsymbol{X})]}{\partial \boldsymbol{X}} = c_1 \frac{\partial f(\boldsymbol{X})}{\partial \boldsymbol{X}} + c_2 \frac{\partial g(\boldsymbol{X})}{\partial \boldsymbol{X}} \tag{3.1.20}$$

(3) 乘积法则　若 $f(\boldsymbol{X})$、$g(\boldsymbol{X})$ 和 $h(\boldsymbol{X})$ 都是矩阵 $\boldsymbol{X}$ 的实值函数，则

$$\frac{\partial [f(\boldsymbol{X}) g(\boldsymbol{X})]}{\partial \boldsymbol{X}} = g(\boldsymbol{X}) \frac{\partial f(\boldsymbol{X})}{\partial \boldsymbol{X}} + f(\boldsymbol{X}) \frac{\partial g(\boldsymbol{X})}{\partial \boldsymbol{X}} \tag{3.1.21}$$

和

$$\begin{aligned} \frac{\partial [f(\boldsymbol{X}) g(\boldsymbol{X}) h(\boldsymbol{X})]}{\partial \boldsymbol{X}} = & g(\boldsymbol{X}) h(\boldsymbol{X}) \frac{\partial f(\boldsymbol{X})}{\partial \boldsymbol{X}} + f(\boldsymbol{X}) h(\boldsymbol{X}) \frac{\partial g(\boldsymbol{X})}{\partial \boldsymbol{X}} + \\ & f(\boldsymbol{X}) g(\boldsymbol{X}) \frac{\partial h(\boldsymbol{X})}{\partial \boldsymbol{X}} \end{aligned} \tag{3.1.22}$$

(4) 商法则　若 $g(\boldsymbol{X}) \neq 0$，则

$$\frac{\partial [f(\boldsymbol{X})/g(\boldsymbol{X})]}{\partial \boldsymbol{X}} = \frac{1}{g^2(\boldsymbol{X})} \left[g(\boldsymbol{X}) \frac{\partial f(\boldsymbol{X})}{\partial \boldsymbol{X}} - f(\boldsymbol{X}) \frac{\partial g(\boldsymbol{X})}{\partial \boldsymbol{X}} \right] \tag{3.1.23}$$

(5) 链式法则 令 $\boldsymbol{X}$ 为 $m \times n$ 矩阵，且 $y = f(\boldsymbol{X})$ 和 $g(y)$ 分别是以矩阵 $\boldsymbol{X}$ 和标量 y 为变元的实值函数，则

$$\frac{\partial g(f(\boldsymbol{X}))}{\partial \boldsymbol{X}} = \frac{\mathrm{d}g(y)}{\mathrm{d}y}\frac{\partial f(\boldsymbol{X})}{\partial \boldsymbol{X}} \tag{3.1.24}$$

推而广之，若记 $g(\boldsymbol{F}(\boldsymbol{X})) = g(\boldsymbol{F})$，其中 $\boldsymbol{F} = [f_{kl}] \in \mathbb{R}^{p\times q}, \boldsymbol{X} = [x_{ij}] \in \mathbb{R}^{m\times n}$，则链式法则为[403]

$$\left[\frac{\partial g(\boldsymbol{F})}{\partial \boldsymbol{X}}\right]_{ij} = \frac{\partial g(\boldsymbol{F})}{\partial x_{ij}} = \sum_{k=1}^{p}\sum_{l=1}^{q}\frac{\partial g(\boldsymbol{F})}{\partial f_{kl}}\frac{\partial f_{kl}}{\partial x_{ij}} \tag{3.1.25}$$

在计算一个以向量或者矩阵为变元的函数的偏导时，有以下基本假设。

独立性基本假设 假定实值函数的向量变元 $\boldsymbol{x} = [x_i]_{i=1}^{m} \in \mathbb{R}^m$ 或者矩阵变元 $\boldsymbol{X} = [x_{ij}]_{i=1,j=1}^{m,n} \in \mathbb{R}^{m\times n}$ 本身无任何特殊结构，即向量或矩阵变元的元素之间是各自独立的。

上述独立性基本假设可以用数学公式表示成

$$\frac{\partial x_i}{\partial x_j} = \delta_{ij} = \begin{cases}1, & i=j\\ 0, & \text{其他}\end{cases} \tag{3.1.26}$$

以及

$$\frac{\partial x_{kl}}{\partial x_{ij}} = \delta_{ki}\delta_{lj} = \begin{cases}1, & k=i \text{ 且 } l=j\\ 0, & \text{其他}\end{cases} \tag{3.1.27}$$

式 (3.1.26) 和式 (3.1.27) 分别是一个实值 (标量、向量或矩阵) 函数关于向量变元和矩阵变元的偏导计算的基本公式。下面举例说明。

例 3.1.1 求实值函数 $f(\boldsymbol{x}) = \boldsymbol{x}^{\mathrm{T}}\boldsymbol{A}\boldsymbol{x}$ 的 Jacobian 矩阵。由于 $\boldsymbol{x}^{\mathrm{T}}\boldsymbol{A}\boldsymbol{x} = \sum\limits_{k=1}^{n}\sum\limits_{l=1}^{n}a_{kl}x_k x_l$，故利用式 (3.1.26) 可求出行偏导向量 $\frac{\partial \boldsymbol{x}^{\mathrm{T}}\boldsymbol{A}\boldsymbol{x}}{\partial \boldsymbol{x}^{\mathrm{T}}}$ 的第 i 个分量为

$$\left[\frac{\partial \boldsymbol{x}^{\mathrm{T}}\boldsymbol{A}\boldsymbol{x}}{\partial \boldsymbol{x}^{\mathrm{T}}}\right]_i = \frac{\partial}{\partial x_i}\sum_{k=1}^{n}\sum_{l=1}^{n}a_{kl}x_k x_l = \sum_{k=1}^{n}x_k a_{ki} + \sum_{l=1}^{n}x_l a_{il}$$

立即得行偏导向量 $\mathrm{D}f(\boldsymbol{x}) = \boldsymbol{x}^{\mathrm{T}}\boldsymbol{A} + \boldsymbol{x}^{\mathrm{T}}\boldsymbol{A}^{\mathrm{T}} = \boldsymbol{x}^{\mathrm{T}}(\boldsymbol{A} + \boldsymbol{A}^{\mathrm{T}})$ 和梯度向量 $\nabla_{\boldsymbol{X}} f(\boldsymbol{x}) = (\mathrm{D}f(\boldsymbol{x}))^{\mathrm{T}} = (\boldsymbol{A}^{\mathrm{T}} + \boldsymbol{A})\boldsymbol{x}$。

例 3.1.2 求实值标量函数 $f(\boldsymbol{X}) = \boldsymbol{a}^{\mathrm{T}}\boldsymbol{X}\boldsymbol{X}^{\mathrm{T}}\boldsymbol{b}$ 的 Jacobian 矩阵，其中 $\boldsymbol{X} \in \mathbb{R}^{m\times n}, \boldsymbol{a}, \boldsymbol{b} \in \mathbb{R}^{n\times 1}$。由于

$$\boldsymbol{a}^{\mathrm{T}}\boldsymbol{X}\boldsymbol{X}^{\mathrm{T}}\boldsymbol{b} = \sum_{k=1}^{m}\sum_{l=1}^{m}a_k\left(\sum_{p=1}^{n}x_{kp}x_{lp}\right)b_l$$

再利用式 (3.1.27)，易知

$$
\begin{aligned}
\left[\frac{\partial f(\boldsymbol{X})}{\partial \boldsymbol{X}^{\mathrm{T}}}\right]_{ij} &= \frac{\partial f(\boldsymbol{X})}{\partial x_{ji}} = \sum_{k=1}^{m}\sum_{l=1}^{m}\sum_{p=1}^{n}\frac{\partial a_k x_{kp} x_{lp} b_l}{\partial x_{ji}} \\
&= \sum_{k=1}^{m}\sum_{l=1}^{m}\sum_{p=1}^{n}\left[a_k x_{lp} b_l \frac{\partial x_{kp}}{\partial x_{ji}} + a_k x_{kp} b_l \frac{\partial x_{lp}}{\partial x_{ji}}\right] \\
&= \sum_{i=1}^{m}\sum_{l=1}^{m}\sum_{j=1}^{n} a_j x_{li} b_l + \sum_{k=1}^{m}\sum_{i=1}^{m}\sum_{j=1}^{n} a_k x_{ki} b_j \\
&= \sum_{i=1}^{m}\sum_{j=1}^{n}\left[\boldsymbol{X}^{\mathrm{T}}\boldsymbol{b}\right]_i a_j + \left[\boldsymbol{X}^{\mathrm{T}}\boldsymbol{a}\right]_i b_j
\end{aligned}
$$

由此得 Jacobian 矩阵和梯度矩阵分别为

$$
\mathrm{D}_{\boldsymbol{X}} f(\boldsymbol{X}) = \boldsymbol{X}^{\mathrm{T}}(\boldsymbol{b}\boldsymbol{a}^{\mathrm{T}} + \boldsymbol{a}\boldsymbol{b}^{\mathrm{T}}) \quad \text{和} \quad \nabla_{\boldsymbol{X}} f(\boldsymbol{X}) = (\boldsymbol{a}\boldsymbol{b}^{\mathrm{T}} + \boldsymbol{b}\boldsymbol{a}^{\mathrm{T}})\boldsymbol{X} \tag{3.1.28}
$$

例 3.1.3 考查目标函数 $f(\boldsymbol{X}) = \mathrm{tr}(\boldsymbol{X}\boldsymbol{B})$，其中 $\boldsymbol{X}$ 和 $\boldsymbol{B}$ 分别为 $m\times n$ 和 $n\times m$ 实矩阵。首先，矩阵乘积的元素为 $[\boldsymbol{X}\boldsymbol{B}]_{kl} = \sum_{p=1}^{n} x_{kp} b_{pl}$，故矩阵乘积的迹 $\mathrm{tr}(\boldsymbol{X}\boldsymbol{B}) = \sum_{p=1}^{m}\sum_{l=1}^{n} x_{lp} b_{pl}$。于是，利用式 (3.1.27)，易求得

$$
\left[\frac{\partial \mathrm{tr}(\boldsymbol{X}\boldsymbol{B})}{\partial \boldsymbol{X}^{\mathrm{T}}}\right]_{ij} = \frac{\partial}{\partial x_{ji}}\left(\sum_{p=1}^{m}\sum_{l=1}^{n} x_{lp} b_{pl}\right) = \sum_{p=1}^{m}\sum_{l=1}^{n}\frac{\partial x_{lp}}{\partial x_{ji}} b_{pl} = b_{ij}
$$

即有 $\frac{\partial \mathrm{tr}(\boldsymbol{X}\boldsymbol{B})}{\partial \boldsymbol{X}^{\mathrm{T}}} = \boldsymbol{B}$。又由于 $\mathrm{tr}(\boldsymbol{B}\boldsymbol{X}) = \mathrm{tr}(\boldsymbol{X}\boldsymbol{B})$，故 $n\times m$ Jacobian 矩阵和 $m\times n$ 梯度矩阵分别为

$$
\mathrm{D}_{\boldsymbol{X}}\mathrm{tr}(\boldsymbol{X}\boldsymbol{B}) = \mathrm{D}_{\boldsymbol{X}}\mathrm{tr}(\boldsymbol{B}\boldsymbol{X}) = \boldsymbol{B} \quad \text{和} \quad \nabla_{\boldsymbol{X}}\mathrm{tr}(\boldsymbol{X}\boldsymbol{B}) = \nabla_{\boldsymbol{X}}\mathrm{tr}(\boldsymbol{B}\boldsymbol{X}) = \boldsymbol{B}^{\mathrm{T}} \tag{3.1.29}
$$

下面是矩阵函数的 Jacobian 矩阵和梯度矩阵的计算举例。

例 3.1.4 令 $\boldsymbol{F}(\boldsymbol{X}) = \boldsymbol{X} \in \mathbb{R}^{m\times n}$，则直接计算偏导得

$$
\frac{\partial f_{kl}}{\partial x_{ij}} = \frac{\partial x_{kl}}{\partial x_{ij}} = \delta_{lj}\delta_{ki}
$$

于是得 Jacobian 矩阵

$$
\mathrm{D}_{\boldsymbol{X}}\boldsymbol{X} = \boldsymbol{I}_n \otimes \boldsymbol{I}_m = \boldsymbol{I}_{mn} \in \mathbb{R}^{mn\times mn} \tag{3.1.30}
$$

例 3.1.5 令 $\boldsymbol{F}(\boldsymbol{X}) = \boldsymbol{A}\boldsymbol{X}\boldsymbol{B}$，其中 $\boldsymbol{A} \in \mathbb{R}^{p\times m}, \boldsymbol{X} \in \mathbb{R}^{m\times n}, \boldsymbol{B} \in \mathbb{R}^{n\times q}$。计算偏导

$$
\frac{\partial f_{kl}}{\partial x_{ij}} = \frac{\partial (\boldsymbol{A}\boldsymbol{X}\boldsymbol{B})_{kl}}{\partial x_{ij}} = \frac{\partial\left(\sum_{u=1}^{m}\sum_{v=1}^{n} a_{ku} x_{uv} b_{vl}\right)}{\partial x_{ij}} = b_{jl} a_{ki}
$$

由此得 $pq\times mn$ Jacobian 矩阵和 $mn\times pq$ 梯度矩阵分别为

$$
\mathrm{D}_{\boldsymbol{X}}(\boldsymbol{A}\boldsymbol{X}\boldsymbol{B}) = \boldsymbol{B}^{\mathrm{T}} \otimes \boldsymbol{A} \quad \text{和} \quad \nabla_{\boldsymbol{X}}(\boldsymbol{A}\boldsymbol{X}\boldsymbol{B}) = \boldsymbol{B} \otimes \boldsymbol{A}^{\mathrm{T}} \tag{3.1.31}
$$

例 3.1.6 令 $\boldsymbol{F}(\boldsymbol{X})=\boldsymbol{A}\boldsymbol{X}^{\mathrm{T}}\boldsymbol{B}$，其中 $\boldsymbol{A}\in\mathbb{R}^{p\times n},\boldsymbol{X}\in\mathbb{R}^{m\times n},\boldsymbol{B}\in\mathbb{R}^{m\times q}$。计算偏导

$$\frac{\partial f_{kl}}{\partial x_{ij}}=\frac{\partial(\boldsymbol{A}\boldsymbol{X}^{\mathrm{T}}\boldsymbol{B})_{kl}}{\partial x_{ij}}=\frac{\partial\left(\sum\limits_{u=1}^{m}\sum\limits_{v=1}^{n}a_{ku}x_{vu}b_{vl}\right)}{\partial x_{ij}}=b_{il}a_{kj}$$

由此得 $pq\times mn$ Jacobian 矩阵和 $mn\times pq$ 梯度矩阵分别为

$$\mathrm{D}_{\boldsymbol{X}}(\boldsymbol{A}\boldsymbol{X}^{\mathrm{T}}\boldsymbol{B})=(\boldsymbol{B}^{\mathrm{T}}\otimes\boldsymbol{A})\boldsymbol{K}_{mn}\quad\text{和}\quad\nabla_{\boldsymbol{X}}(\boldsymbol{A}\boldsymbol{X}^{\mathrm{T}}\boldsymbol{B})=\boldsymbol{K}_{nm}(\boldsymbol{B}\otimes\boldsymbol{A}^{\mathrm{T}})\tag{3.1.32}$$

式中 $\boldsymbol{K}_{mn}$ 和 $\boldsymbol{K}_{nm}$ 为交换矩阵。

例 3.1.7 令 $\boldsymbol{X}\in\mathbb{R}^{m\times n}$，则

$$\frac{\partial f_{kl}}{\partial x_{ij}}=\frac{\partial(\boldsymbol{X}\boldsymbol{X}^{\mathrm{T}})_{kl}}{\partial x_{ij}}=\frac{\partial\left(\sum\limits_{u=1}^{n}x_{ku}x_{lu}\right)}{\partial x_{ij}}=\delta_{li}x_{kj}+x_{lj}\delta_{ki}$$

$$\frac{\partial f_{kl}}{\partial x_{ij}}=\frac{\partial(\boldsymbol{X}^{\mathrm{T}}\boldsymbol{X})_{kl}}{\partial x_{ij}}=\frac{\partial\left(\sum\limits_{u=1}^{n}x_{uk}x_{ul}\right)}{\partial x_{ij}}=x_{il}\delta_{kj}+\delta_{lj}x_{ik}$$

于是得 Jacobian 矩阵

$$\begin{aligned}\mathrm{D}_{\boldsymbol{X}}(\boldsymbol{X}\boldsymbol{X}^{\mathrm{T}})&=(\boldsymbol{I}_m\otimes\boldsymbol{X})\boldsymbol{K}_{mn}+(\boldsymbol{X}\otimes\boldsymbol{I}_m)\\&=(\boldsymbol{K}_{mm}+\boldsymbol{I}_{m^2})(\boldsymbol{X}\otimes\boldsymbol{I}_m)\ \in\mathbb{R}^{mm\times mn}\end{aligned}\tag{3.1.33}$$

$$\begin{aligned}\mathrm{D}_{\boldsymbol{X}}(\boldsymbol{X}^{\mathrm{T}}\boldsymbol{X})&=(\boldsymbol{X}^{\mathrm{T}}\otimes\boldsymbol{I}_n)\boldsymbol{K}_{mn}+(\boldsymbol{I}_n\otimes\boldsymbol{X}^{\mathrm{T}})\\&=(\boldsymbol{K}_{nn}+\boldsymbol{I}_{n^2})(\boldsymbol{I}_n\otimes\boldsymbol{X}^{\mathrm{T}})\ \in\mathbb{R}^{nn\times mn}\end{aligned}\tag{3.1.34}$$

以及梯度矩阵

$$\nabla_{\boldsymbol{X}}(\boldsymbol{X}\boldsymbol{X}^{\mathrm{T}})=(\boldsymbol{X}^{\mathrm{T}}\otimes\boldsymbol{I}_m)(\boldsymbol{K}_{mm}+\boldsymbol{I}_{m^2})\ \in\mathbb{R}^{mn\times mm}\tag{3.1.35}$$

$$\nabla_{\boldsymbol{X}}(\boldsymbol{X}^{\mathrm{T}}\boldsymbol{X})=(\boldsymbol{I}_n\otimes\boldsymbol{X})(\boldsymbol{K}_{nn}+\boldsymbol{I}_{n^2})\ \in\mathbb{R}^{mn\times nn}\tag{3.1.36}$$

式中使用了 $(\boldsymbol{A}_{p\times m}\otimes\boldsymbol{B}_{q\times n})\boldsymbol{K}_{mn}=\boldsymbol{K}_{pq}(\boldsymbol{B}_{q\times n}\otimes\boldsymbol{A}_{p\times m})$ 以及 $\boldsymbol{K}_{mn}^{\mathrm{T}}=\boldsymbol{K}_{nm}$。

例 3.1.8 三个矩阵的乘积函数的偏导

$$\begin{aligned}\frac{\partial(\boldsymbol{X}^{\mathrm{T}}\boldsymbol{B}\boldsymbol{X})_{kl}}{\partial x_{ij}}&=\frac{\partial\sum_p[x_{pk}(\boldsymbol{B}\boldsymbol{X})_{pl}+(\boldsymbol{X}^{\mathrm{T}}\boldsymbol{B})_{kp}x_{pl}]}{\partial x_{ij}}\\&=\sum_p\left(\delta_{pi}\delta_{kj}(\boldsymbol{B}\boldsymbol{X})_{pl}+\delta_{pi}\delta_{lj}(\boldsymbol{X}^{\mathrm{T}}\boldsymbol{B})_{kp}\right)\\&=(\boldsymbol{B}\boldsymbol{X})_{il}\delta_{kj}+\delta_{lj}(\boldsymbol{X}^{\mathrm{T}}\boldsymbol{B})_{ki}\end{aligned}$$

$$\begin{aligned}\frac{\partial(\boldsymbol{X}\boldsymbol{B}\boldsymbol{X}^{\mathrm{T}})_{kl}}{\partial x_{ij}}&=\frac{\partial\sum_p[x_{kp}(\boldsymbol{B}\boldsymbol{X}^{\mathrm{T}})_{pl}+(\boldsymbol{X}\boldsymbol{B})_{kp}x_{lp}]}{\partial x_{ij}}\\&=\sum_p\left(\delta_{ki}\delta_{pj}(\boldsymbol{B}\boldsymbol{X}^{\mathrm{T}})_{pl}+\delta_{pj}\delta_{li}(\boldsymbol{X}\boldsymbol{B})_{kp}\right)\\&=(\boldsymbol{B}\boldsymbol{X}^{\mathrm{T}})_{jl}\delta_{ki}+\delta_{li}(\boldsymbol{X}\boldsymbol{B})_{kj}\end{aligned}$$

于是得 Jacobian 矩阵以及梯度矩阵分别为

$$\mathrm{D}_{\boldsymbol{X}}(\boldsymbol{X}^{\mathrm{T}}\boldsymbol{B}\boldsymbol{X}) = \left((\boldsymbol{B}\boldsymbol{X})^{\mathrm{T}} \otimes \boldsymbol{I}_n\right)\boldsymbol{K}_{mn} + \Big(\boldsymbol{I}_n \otimes (\boldsymbol{X}^{\mathrm{T}}\boldsymbol{B})\Big) \in \mathbb{R}^{nn\times mn} \tag{3.1.37}$$

$$\mathrm{D}_{\boldsymbol{X}}(\boldsymbol{X}\boldsymbol{B}\boldsymbol{X}^{\mathrm{T}}) = (\boldsymbol{X}\boldsymbol{B}^{\mathrm{T}}) \otimes \boldsymbol{I}_m + (\boldsymbol{I}_m \otimes (\boldsymbol{X}\boldsymbol{B}))\boldsymbol{K}_{mn} \in \mathbb{R}^{mm\times mn} \tag{3.1.38}$$

$$\nabla_{\boldsymbol{X}}(\boldsymbol{X}^{\mathrm{T}}\boldsymbol{B}\boldsymbol{X}) = \boldsymbol{K}_{nm}\left((\boldsymbol{B}\boldsymbol{X}) \otimes \boldsymbol{I}_n\right) + \Big(\boldsymbol{I}_n \otimes (\boldsymbol{B}^{\mathrm{T}}\boldsymbol{X})\Big) \in \mathbb{R}^{mn\times nn} \tag{3.1.39}$$

$$\nabla_{\boldsymbol{X}}(\boldsymbol{X}\boldsymbol{B}\boldsymbol{X}^{\mathrm{T}}) = (\boldsymbol{B}\boldsymbol{X}^{\mathrm{T}}) \otimes \boldsymbol{I}_m + \boldsymbol{K}_{nm}\left(\boldsymbol{I}_m \otimes (\boldsymbol{X}\boldsymbol{B})^{\mathrm{T}}\right) \in \mathbb{R}^{mn\times mm} \tag{3.1.40}$$

表 3.1.2 总结了一些矩阵函数的偏导 $\partial f_{kl}/\partial x_{ij}$ 与 Jacobian 矩阵、梯度矩阵的关系。

表 3.1.2 矩阵函数 $\boldsymbol{F}(\boldsymbol{X})$ 的偏导与 Jacobian 矩阵、梯度矩阵的关系

矩阵函数	$\partial f_{kl}/\partial x_{ij}$	Jacobian 矩阵 $\mathrm{D}_{\boldsymbol{X}}\boldsymbol{F}(\boldsymbol{X})$	梯度矩阵 $\nabla_{\boldsymbol{X}}\boldsymbol{F}(\boldsymbol{X})$
$\boldsymbol{AXB}$	$b_{jl}a_{ki}$	$\boldsymbol{B}^{\mathrm{T}}\otimes\boldsymbol{A}$	$\boldsymbol{B}\otimes\boldsymbol{A}^{\mathrm{T}}$
$\boldsymbol{A}^{\mathrm{T}}\boldsymbol{XB}$	$b_{jl}a_{ik}$	$\boldsymbol{B}^{\mathrm{T}}\otimes\boldsymbol{A}^{\mathrm{T}}$	$\boldsymbol{B}\otimes\boldsymbol{A}$
$\boldsymbol{AXB}^{\mathrm{T}}$	$b_{lj}a_{ki}$	$\boldsymbol{B}\otimes\boldsymbol{A}$	$\boldsymbol{B}^{\mathrm{T}}\otimes\boldsymbol{A}^{\mathrm{T}}$
$\boldsymbol{A}^{\mathrm{T}}\boldsymbol{XB}^{\mathrm{T}}$	$b_{lj}a_{ik}$	$\boldsymbol{B}\otimes\boldsymbol{A}^{\mathrm{T}}$	$\boldsymbol{B}^{\mathrm{T}}\otimes\boldsymbol{A}$
$\boldsymbol{AX}^{\mathrm{T}}\boldsymbol{B}$	$b_{il}a_{kj}$	$(\boldsymbol{B}^{\mathrm{T}}\otimes\boldsymbol{A})\boldsymbol{K}_{mn}$	$\boldsymbol{K}_{nm}(\boldsymbol{B}\otimes\boldsymbol{A}^{\mathrm{T}})$
$\boldsymbol{A}^{\mathrm{T}}\boldsymbol{X}^{\mathrm{T}}\boldsymbol{B}$	$b_{il}a_{jk}$	$(\boldsymbol{B}^{\mathrm{T}}\otimes\boldsymbol{A}^{\mathrm{T}})\boldsymbol{K}_{mn}$	$\boldsymbol{K}_{nm}(\boldsymbol{B}\otimes\boldsymbol{A})$
$\boldsymbol{AX}^{\mathrm{T}}\boldsymbol{B}^{\mathrm{T}}$	$b_{li}a_{kj}$	$(\boldsymbol{B}\otimes\boldsymbol{A})\boldsymbol{K}_{mn}$	$\boldsymbol{K}_{nm}(\boldsymbol{B}^{\mathrm{T}}\otimes\boldsymbol{A}^{\mathrm{T}})$
$\boldsymbol{A}^{\mathrm{T}}\boldsymbol{X}^{\mathrm{T}}\boldsymbol{B}^{\mathrm{T}}$	$b_{li}a_{jk}$	$(\boldsymbol{B}\otimes\boldsymbol{A}^{\mathrm{T}})\boldsymbol{K}_{mn}$	$\boldsymbol{K}_{nm}(\boldsymbol{B}^{\mathrm{T}}\otimes\boldsymbol{A})$
$\boldsymbol{XX}^{\mathrm{T}}$	$\delta_{li}x_{kj}+x_{lj}\delta_{ki}$	$(\boldsymbol{K}_{mm}+\boldsymbol{I}_{m^2})(\boldsymbol{X}\otimes\boldsymbol{I}_m)$	$(\boldsymbol{X}^{\mathrm{T}}\otimes\boldsymbol{I}_m)(\boldsymbol{K}_{mm}+\boldsymbol{I}_{m^2})$
$\boldsymbol{X}^{\mathrm{T}}\boldsymbol{X}$	$x_{il}\delta_{kj}+\delta_{lj}x_{ik}$	$(\boldsymbol{K}_{nn}+\boldsymbol{I}_{n^2})(\boldsymbol{I}_n\otimes\boldsymbol{X}^{\mathrm{T}})$	$(\boldsymbol{I}_n\otimes\boldsymbol{X})(\boldsymbol{K}_{nn}+\boldsymbol{I}_{n^2})$
$\boldsymbol{X}^{\mathrm{T}}\boldsymbol{BX}$	$(\boldsymbol{BX})_{il}\delta_{kj}+\delta_{lj}(\boldsymbol{X}^{\mathrm{T}}\boldsymbol{B})_{ki}$	$\left((\boldsymbol{BX})^{\mathrm{T}}\otimes\boldsymbol{I}_n\right)\boldsymbol{K}_{mn}$ $+(\boldsymbol{I}_n\otimes(\boldsymbol{X}^{\mathrm{T}}\boldsymbol{B}))$	$\boldsymbol{K}_{nm}\left((\boldsymbol{BX})\otimes\boldsymbol{I}_n\right)$ $+(\boldsymbol{I}_n\otimes(\boldsymbol{B}^{\mathrm{T}}\boldsymbol{X}))$
$\boldsymbol{XBX}^{\mathrm{T}}$	$(\boldsymbol{BX}^{\mathrm{T}})_{jl}\delta_{ki}+\delta_{li}(\boldsymbol{XB})_{kj}$	$(\boldsymbol{XB}^{\mathrm{T}})\otimes\boldsymbol{I}_m$ $+(\boldsymbol{I}_m\otimes(\boldsymbol{XB}))\boldsymbol{K}_{mn}$	$(\boldsymbol{BX}^{\mathrm{T}})\otimes\boldsymbol{I}_m$ $+\boldsymbol{K}_{nm}\left(\boldsymbol{I}_m\otimes(\boldsymbol{XB})^{\mathrm{T}}\right)$

若 $\boldsymbol{X}=\boldsymbol{x}\in\mathbb{R}^{m\times 1}$，则由表 3.1.2 知

$$\mathrm{D}_{\boldsymbol{x}}(\boldsymbol{x}\boldsymbol{x}^{\mathrm{T}}) = \boldsymbol{I}_{m^2}(\boldsymbol{x}\otimes\boldsymbol{I}_m) + \boldsymbol{K}_{mm}(\boldsymbol{x}\otimes\boldsymbol{I}_m) = (\boldsymbol{x}\otimes\boldsymbol{I}_m) + (\boldsymbol{I}_m\otimes\boldsymbol{x}) \tag{3.1.41}$$

因为 $\boldsymbol{K}_{mm}(\boldsymbol{x}\otimes\boldsymbol{I}_m) = (\boldsymbol{I}_m\otimes\boldsymbol{x})\boldsymbol{K}_{m1}$ 以及 $\boldsymbol{K}_{m1}=\boldsymbol{I}_m$。类似地，可得

$$\mathrm{D}_{\boldsymbol{x}}(\boldsymbol{x}\boldsymbol{x}^{\mathrm{T}}) = (\boldsymbol{K}_{11}+\boldsymbol{I}_1)(\boldsymbol{I}_1\otimes\boldsymbol{x}^{\mathrm{T}}) = 2\boldsymbol{x}^{\mathrm{T}} \tag{3.1.42}$$

应当指出，虽然直接计算偏导 $\partial f_{kl}/\partial x_{ij}$ 可以正确求出很多矩阵函数的 Jacobian 矩阵和梯度矩阵，但是对于复杂的矩阵函数 (例如矩阵的逆矩阵、Moore-Penrose 逆矩阵和矩阵的指数函数等)，偏导 $\partial f_{kl}/\partial x_{ij}$ 的计算就比较繁琐和困难。因此，自然希望有一种容易记忆和掌握的数学工具，能够有效地计算实值标量函数和实值矩阵函数的 Jacobian 矩阵或梯度矩阵。这正是 3.2 节要讨论的主题。

3.2 一阶实矩阵微分与 Jacobian 矩阵辨识

矩阵微分是计算标量、向量或者矩阵函数关于其向量或矩阵变元的偏导的有效数学工具。本节主要介绍一阶实矩阵微分的有关理论、计算方法及应用。

3.2.1 一阶实矩阵微分

矩阵微分用符号 $\mathrm{d}\boldsymbol{X}$ 表示，定义为 $\mathrm{d}\boldsymbol{X}=[\mathrm{d}X_{ij}]_{i=1,j=1}^{m,n}$。

例 3.2.1 考虑标量函数 $\mathrm{tr}(\boldsymbol{U})$ 的微分，得

$$\mathrm{d}(\mathrm{tr}\,\boldsymbol{U})=\mathrm{d}\left(\sum_{i=1}^{n}u_{ii}\right)=\sum_{i=1}^{n}\mathrm{d}u_{ii}=\mathrm{tr}(\mathrm{d}\boldsymbol{U})$$

即有 $\mathrm{d}(\mathrm{tr}\,\boldsymbol{U})=\mathrm{tr}(\mathrm{d}\,\boldsymbol{U})$。

例 3.2.2 考虑矩阵乘积 $\boldsymbol{UV}$ 的微分矩阵，有

$$\begin{aligned}[\mathrm{d}(\boldsymbol{UV})]_{ij}&=\mathrm{d}\left([\boldsymbol{UV}]_{ij}\right)=\mathrm{d}\left(\sum_{k}u_{ik}v_{kj}\right)=\sum_{k}\mathrm{d}(u_{ik}v_{kj})\\&=\sum_{k}\left[(\mathrm{d}u_{ik})v_{kj}+u_{ik}\mathrm{d}v_{kj}\right]=\sum_{k}(\mathrm{d}u_{ik})v_{kj}+\sum_{k}u_{ik}\mathrm{d}v_{kj}\\&=[(\mathrm{d}\boldsymbol{U})\boldsymbol{V}]_{ij}+[\boldsymbol{U}\mathrm{d}\boldsymbol{V}]_{ij}\end{aligned}$$

从而得 $\mathrm{d}(\boldsymbol{UV})=(\mathrm{d}\boldsymbol{U})\boldsymbol{V}+\boldsymbol{U}\mathrm{d}\boldsymbol{V}$。

以上举例表明，实矩阵微分具有以下两个基本性质：

转置 矩阵转置的微分等于矩阵微分的转置，即有 $\mathrm{d}(\boldsymbol{X}^{\mathrm{T}})=(\mathrm{d}\boldsymbol{X})^{\mathrm{T}}$。

线性 $\mathrm{d}(\alpha\boldsymbol{X}+\beta\boldsymbol{Y})=\alpha\mathrm{d}\boldsymbol{X}+\beta\mathrm{d}\boldsymbol{Y}$。

下面汇总了矩阵微分的常用计算公式 [328, pp.148~154]。

(1) 常数矩阵的微分矩阵为零矩阵，即 $\mathrm{d}\boldsymbol{A}=\boldsymbol{O}$。

(2) 常数 α 与矩阵 $\boldsymbol{X}$ 的乘积的微分矩阵 $\mathrm{d}(\alpha\boldsymbol{X})=\alpha\mathrm{d}\boldsymbol{X}$。

(3) 矩阵转置的微分矩阵等于原矩阵的微分矩阵的转置，即 $\mathrm{d}(\boldsymbol{X}^{\mathrm{T}})=(\mathrm{d}\boldsymbol{X})^{\mathrm{T}}$。

(4) 两个矩阵函数的和 (差) 的微分矩阵为 $\mathrm{d}(\boldsymbol{U}\pm\boldsymbol{V})=\mathrm{d}\boldsymbol{U}\pm\mathrm{d}\boldsymbol{V}$。

(5) 常数矩阵与矩阵乘积的微分矩阵为 $\mathrm{d}(\boldsymbol{AXB})=\boldsymbol{A}(\mathrm{d}\boldsymbol{X})\boldsymbol{B}$。

(6) 矩阵函数 $\boldsymbol{U}=\boldsymbol{F}(\boldsymbol{X}),\boldsymbol{V}=\boldsymbol{G}(\boldsymbol{X}),\boldsymbol{W}=\boldsymbol{H}(\boldsymbol{X})$ 乘积的微分矩阵为

$$\mathrm{d}(\boldsymbol{UV})=(\mathrm{d}\boldsymbol{U})\boldsymbol{V}+\boldsymbol{U}(\mathrm{d}\boldsymbol{V}) \tag{3.2.1}$$

$$\mathrm{d}(\boldsymbol{UVW})=(\mathrm{d}\boldsymbol{U})\boldsymbol{VW}+\boldsymbol{U}(\mathrm{d}\boldsymbol{V})\boldsymbol{W}+\boldsymbol{UV}(\mathrm{d}\boldsymbol{W}) \tag{3.2.2}$$

(7) 矩阵 $\boldsymbol{X}$ 的迹的矩阵微分 $\mathrm{d}(\mathrm{tr}(\boldsymbol{X}))$ 等于矩阵微分 $\mathrm{d}\boldsymbol{X}$ 的迹 $\mathrm{tr}(\mathrm{d}\boldsymbol{X})$，即

$$\mathrm{d}(\mathrm{tr}(\boldsymbol{X}))=\mathrm{tr}(\mathrm{d}\boldsymbol{X}) \tag{3.2.3}$$

特别地，矩阵函数 $\boldsymbol{F}(\boldsymbol{X})$ 的迹的矩阵微分为 $\mathrm{d}(\mathrm{tr}(\boldsymbol{F}(\boldsymbol{X})))=\mathrm{tr}(\mathrm{d}(\boldsymbol{F}(\boldsymbol{X})))$。

(8) 行列式的微分为

$$\mathrm{d}|\boldsymbol{X}| = |\boldsymbol{X}|\mathrm{tr}(\boldsymbol{X}^{-1}\mathrm{d}\boldsymbol{X}) \tag{3.2.4}$$

特别地，矩阵函数 $\boldsymbol{F}(\boldsymbol{X})$ 的行列式的微分为 $\mathrm{d}|\boldsymbol{F}(\boldsymbol{X})| = |\boldsymbol{F}(\boldsymbol{X})|\mathrm{tr}(\boldsymbol{F}^{-1}(\boldsymbol{X})\mathrm{d}(\boldsymbol{F}(\boldsymbol{X})))$。

(9) 矩阵函数的 Kronecker 积的微分矩阵为

$$\mathrm{d}(\boldsymbol{U} \otimes \boldsymbol{V}) = (\mathrm{d}\boldsymbol{U}) \otimes \boldsymbol{V} + \boldsymbol{U} \otimes \mathrm{d}\boldsymbol{V} \tag{3.2.5}$$

(10) 矩阵函数的 Hadamard 积的微分矩阵为

$$\mathrm{d}(\boldsymbol{U} * \boldsymbol{V}) = (\mathrm{d}\boldsymbol{U}) * \boldsymbol{V} + \boldsymbol{U} * \mathrm{d}\boldsymbol{V} \tag{3.2.6}$$

(11) 向量化函数 $\mathrm{vec}(\boldsymbol{X})$ 的微分矩阵等于 $\boldsymbol{X}$ 的微分矩阵的向量化函数，即

$$\mathrm{d}(\mathrm{vec}(\boldsymbol{X})) = \mathrm{vec}(\mathrm{d}\boldsymbol{X}) \tag{3.2.7}$$

(12) 矩阵对数的微分矩阵为

$$\mathrm{d}\log \boldsymbol{X} = \boldsymbol{X}^{-1}\mathrm{d}\boldsymbol{X} \tag{3.2.8}$$

特别地，矩阵函数的对数的微分矩阵为 $\mathrm{d}\log(\boldsymbol{F}(\boldsymbol{X})) = \boldsymbol{F}^{-1}(\boldsymbol{X})\mathrm{d}(\boldsymbol{F}(\boldsymbol{X}))$。

(13) 逆矩阵的微分矩阵为

$$\mathrm{d}(\boldsymbol{X}^{-1}) = -\boldsymbol{X}^{-1}(\mathrm{d}\boldsymbol{X})\boldsymbol{X}^{-1} \tag{3.2.9}$$

(14) Moore-Penrose 逆矩阵的微分矩阵为

$$\begin{aligned}\mathrm{d}(\boldsymbol{X}^{\dagger}) = & -\boldsymbol{X}^{\dagger}(\mathrm{d}\boldsymbol{X})\boldsymbol{X}^{\dagger} + \boldsymbol{X}^{\dagger}(\boldsymbol{X}^{\dagger})^{\mathrm{T}}(\mathrm{d}\boldsymbol{X}^{\mathrm{T}})(\boldsymbol{I} - \boldsymbol{X}\boldsymbol{X}^{\dagger}) \\ & + (\boldsymbol{I} - \boldsymbol{X}^{\dagger}\boldsymbol{X})(\mathrm{d}\boldsymbol{X}^{\mathrm{T}})(\boldsymbol{X}^{\dagger})^{\mathrm{T}}\boldsymbol{X}^{\dagger}\end{aligned} \tag{3.2.10}$$

$$\mathrm{d}(\boldsymbol{X}^{\dagger}\boldsymbol{X}) = \boldsymbol{X}^{\dagger}(\mathrm{d}\boldsymbol{X})(\boldsymbol{I} - \boldsymbol{X}^{\dagger}\boldsymbol{X}) + \Big(\boldsymbol{X}^{\dagger}(\mathrm{d}\boldsymbol{X})(\boldsymbol{I} - \boldsymbol{X}^{\dagger}\boldsymbol{X})\Big)^{\mathrm{T}} \tag{3.2.11}$$

$$\mathrm{d}(\boldsymbol{X}\boldsymbol{X}^{\dagger}) = (\boldsymbol{I} - \boldsymbol{X}\boldsymbol{X}^{\dagger})(\mathrm{d}\boldsymbol{X})\boldsymbol{X}^{\dagger} + \Big((\boldsymbol{I} - \boldsymbol{X}\boldsymbol{X}^{\dagger})(\mathrm{d}\boldsymbol{X})\boldsymbol{X}^{\dagger}\Big)^{\mathrm{T}} \tag{3.2.12}$$

3.2.2 标量函数的 Jacobian 矩阵辨识

在多变量函数的微积分中，称多变量函数 $f(x_1, \cdots, x_m)$ 在点 $(x_1, \cdots, x_m)$ 可微分，若 $f(x_1, \cdots, x_m)$ 的全改变量可以写作

$$\begin{aligned}\Delta f(x_1, \cdots, x_m) &= f(x_1 + \Delta x_1, \cdots, x_m + \Delta x_m) - f(x_1, \cdots, x_m) \\ &= A_1\Delta x_1 + \cdots + A_m\Delta x_m + O(\Delta x_1, \cdots, \Delta x_m)\end{aligned} \tag{3.2.13}$$

式中，$A_1, \cdots, A_m$ 分别与 $\Delta x_1, \cdots, \Delta x_m$ 无关，而 $O(\Delta x_1, \cdots, \Delta x_m)$ 表示偏改变量 $\Delta x_1, \cdots, \Delta x_m$ 的二阶及高阶项。这时，函数 $f(x_1, \cdots, x_m)$ 的偏导数 $\frac{\partial f}{\partial x_1}, \cdots, \frac{\partial f}{\partial x_m}$ 一定存在，

并且

$$\frac{\partial f}{\partial x_1} = A_1, \quad \cdots \quad , \quad \frac{\partial f}{\partial x_m} = A_m$$

全改变量 $\Delta f(x_1, \cdots, x_m)$ 的线性主部

$$A_1 \Delta x_1 + \cdots + A_m \Delta x_m = \frac{\partial f}{\partial x_1} \mathrm{d}x_1 + \cdots + \frac{\partial f}{\partial x_m} \mathrm{d}x_m$$

称为多变量函数 $f(x_1, \cdots, x_m)$ 的全微分，记为

$$\mathrm{d}f(x_1, \cdots, x_m) = \frac{\partial f}{\partial x_1} \mathrm{d}x_1 + \cdots + \frac{\partial f}{\partial x_m} \mathrm{d}x_m \tag{3.2.14}$$

多变量函数 $f(x_1, \cdots, x_m)$ 在点 $(x_1, \cdots, x_m)$ 可微分的充分条件是：偏导数 $\frac{\partial f}{\partial x_1}, \cdots, \frac{\partial f}{\partial x_m}$ 均存在，并且连续。

一阶实矩阵微分为 Jacobian 矩阵的辨识提供了一种有效的方法。

1. 标量函数 $f(\boldsymbol{x})$ 的 Jacobian 矩阵辨识

考虑标量函数 $f(\boldsymbol{x})$，其变元向量 $\boldsymbol{x} = [x_1, \cdots, x_m]^{\mathrm{T}} \in \mathbb{R}^m$。将变元向量的元素 $x_1, \cdots, x_m$ 视为 m 个变量，利用式 (3.2.14)，可以直接引出以向量为变元的标量函数 $f(\boldsymbol{x})$ 的全微分表达式

$$\begin{aligned}\mathrm{d}f(\boldsymbol{x}) &= \frac{\partial f(\boldsymbol{x})}{\partial x_1} \mathrm{d}x_1 + \cdots + \frac{\partial f(\boldsymbol{x})}{\partial x_m} \mathrm{d}x_m \\ &= \left[\frac{\partial f(\boldsymbol{x})}{\partial x_1}, \cdots, \frac{\partial f(\boldsymbol{x})}{\partial x_m}\right] \begin{bmatrix} \mathrm{d}x_1 \\ \vdots \\ \mathrm{d}x_m \end{bmatrix}\end{aligned} \tag{3.2.15}$$

或简记为

$$\mathrm{d}f(\boldsymbol{x}) = \frac{\partial f(\boldsymbol{x})}{\partial \boldsymbol{x}^{\mathrm{T}}} \mathrm{d}\boldsymbol{x} = (\mathrm{d}\boldsymbol{x})^{\mathrm{T}} \frac{\partial f(\boldsymbol{x})}{\partial \boldsymbol{x}} \tag{3.2.16}$$

式中

$$\frac{\partial f(\boldsymbol{x})}{\partial \boldsymbol{x}^{\mathrm{T}}} = \left[\frac{\partial f(\boldsymbol{x})}{\partial x_1}, \cdots, \frac{\partial f(\boldsymbol{x})}{\partial x_m}\right] \tag{3.2.17}$$

$$\mathrm{d}\boldsymbol{x} = [\mathrm{d}x_1, \cdots, \mathrm{d}x_m]^{\mathrm{T}} \tag{3.2.18}$$

式 (3.2.16) 称为微分法则的向量形式，它启示了一个重要的应用：若令 $\boldsymbol{A} = \frac{\partial f(\boldsymbol{x})}{\partial \boldsymbol{x}^{\mathrm{T}}}$，则一阶微分可以写作迹函数形式

$$\mathrm{d}f(\boldsymbol{x}) = \frac{\partial f(\boldsymbol{x})}{\partial \boldsymbol{x}^{\mathrm{T}}} \mathrm{d}\boldsymbol{x} = \mathrm{tr}(\boldsymbol{A} \mathrm{d}\boldsymbol{x}) \tag{3.2.19}$$

这表明，标量函数 $f(\boldsymbol{x})$ 的 Jacobian 矩阵与微分矩阵之间存在等价关系

$$\mathrm{d}f(\boldsymbol{x}) = \mathrm{tr}(\boldsymbol{A} \mathrm{d}\boldsymbol{x}) \iff \mathrm{D}_{\boldsymbol{x}} f(\boldsymbol{x}) = \frac{\partial f(\boldsymbol{x})}{\partial \boldsymbol{x}^{\mathrm{T}}} = \boldsymbol{A} \tag{3.2.20}$$

换言之，若函数 $f(\boldsymbol{x})$ 的微分可以写作 $\mathrm{d}f(\boldsymbol{x}) = \mathrm{tr}(\boldsymbol{A}\mathrm{d}\boldsymbol{x})$，则矩阵 $\boldsymbol{A}$ 就是函数 $f(\boldsymbol{x})$ 关于其变元向量 $\boldsymbol{x}$ 的 Jacobian 矩阵。

2. 标量函数 $f(\boldsymbol{X})$ 的 Jacobian 矩阵辨识

进一步考查标量函数 $f(\boldsymbol{X})$，其变元为 $m\times n$ 实矩阵 $\boldsymbol{X} = [\boldsymbol{x}_1,\cdots,\boldsymbol{x}_n] \in \mathbb{R}^{m\times n}$。记 $\boldsymbol{x}_j = [x_{1j},\cdots,x_{mj}]^{\mathrm{T}}, j = 1,\cdots,n$，则由标量函数 $f(\boldsymbol{x})$ 的全微分公式 (3.2.15) 易知，实值矩阵作变元的标量函数 $f(\boldsymbol{X})$ 的全微分为

$$
\begin{aligned}
\mathrm{d}f(\boldsymbol{X}) &= \frac{\partial f(\boldsymbol{X})}{\partial \boldsymbol{x}_1}\mathrm{d}\boldsymbol{x}_1 + \cdots + \frac{\partial f(\boldsymbol{X})}{\partial \boldsymbol{x}_n}\mathrm{d}\boldsymbol{x}_n \\
&= \left[\frac{\partial f(\boldsymbol{X})}{\partial x_{11}},\cdots,\frac{\partial f(\boldsymbol{X})}{\partial x_{m1}}\right]\begin{bmatrix}\mathrm{d}x_{11}\\ \vdots \\ \mathrm{d}x_{m1}\end{bmatrix} + \cdots + \left[\frac{\partial f(\boldsymbol{X})}{\partial x_{1n}},\cdots,\frac{\partial f(\boldsymbol{X})}{\partial x_{mn}}\right]\begin{bmatrix}\mathrm{d}x_{1n}\\ \vdots \\ \mathrm{d}x_{mn}\end{bmatrix} \\
&= \left[\frac{\partial f(\boldsymbol{X})}{\partial x_{11}},\cdots,\frac{\partial f(\boldsymbol{X})}{\partial x_{m1}},\cdots,\frac{\partial f(\boldsymbol{X})}{\partial x_{1n}},\cdots,\frac{\partial f(\boldsymbol{X})}{\partial x_{mn}}\right]\begin{bmatrix}\mathrm{d}x_{11}\\ \vdots \\ \mathrm{d}x_{m1}\\ \vdots \\ \mathrm{d}x_{1n}\\ \vdots \\ \mathrm{d}x_{mn}\end{bmatrix} \\
&= \frac{\partial f(\boldsymbol{X})}{\partial \mathrm{vec}^{\mathrm{T}}(\boldsymbol{X})}\mathrm{d}(\mathrm{vec}\boldsymbol{X}) = \mathrm{D}_{\mathrm{vec}\boldsymbol{X}} f(\boldsymbol{X})\mathrm{d}(\mathrm{vec}\boldsymbol{X})
\end{aligned} \tag{3.2.21}
$$

利用行向量偏导与 Jacobian 矩阵的关系 $\mathrm{D}_{\mathrm{vec}\boldsymbol{X}} f(\boldsymbol{X}) = \left(\mathrm{vec}(\mathrm{D}_{\boldsymbol{X}}^{\mathrm{T}} f(\boldsymbol{X}))\right)^{\mathrm{T}}$，式 (3.2.21) 可以改写为

$$
\mathrm{d}f(\boldsymbol{X}) = (\mathrm{vec}(\boldsymbol{A}^{\mathrm{T}}))^{\mathrm{T}}\mathrm{d}(\mathrm{vec}\boldsymbol{X}) \tag{3.2.22}
$$

式中

$$
\boldsymbol{A} = \mathrm{D}_{\boldsymbol{X}} f(\boldsymbol{X}) = \frac{\partial f(\boldsymbol{X})}{\partial \boldsymbol{X}^{\mathrm{T}}} = \begin{bmatrix}\frac{\partial f(\boldsymbol{X})}{\partial x_{11}} & \cdots & \frac{\partial f(\boldsymbol{X})}{\partial x_{m1}}\\ \vdots & \ddots & \vdots \\ \frac{\partial f(\boldsymbol{X})}{\partial x_{1n}} & \cdots & \frac{\partial f(\boldsymbol{X})}{\partial x_{mn}}\end{bmatrix} \tag{3.2.23}
$$

是标量函数 $f(\boldsymbol{X})$ 的 Jacobian 矩阵。

利用向量化算子 vec 与迹函数之间的关系式 $\mathrm{tr}(\boldsymbol{B}^{\mathrm{T}}\boldsymbol{C}) = (\mathrm{vec}(\boldsymbol{B}))^{\mathrm{T}}\mathrm{vec}(\boldsymbol{C})$，令 $\boldsymbol{B} = \boldsymbol{A}^{\mathrm{T}}$ 和 $\boldsymbol{C} = \mathrm{d}\boldsymbol{X}$，则式 (3.2.22) 可以用迹函数表示为

$$
\mathrm{d}f(\boldsymbol{X}) = \mathrm{tr}(\boldsymbol{A}\mathrm{d}\boldsymbol{X}) \tag{3.2.24}
$$

综合以上讨论，有下面的命题。

命题 3.2.1 若矩阵的标量函数 $f(\boldsymbol{X})$ 在 $m\times n$ 矩阵点 $\boldsymbol{X}$ 可微分，则 Jacobian 矩阵

可以通过下式直接辨识

$$\mathrm{d}f(\boldsymbol{x}) = \mathrm{tr}(\boldsymbol{A}\mathrm{d}\boldsymbol{x}) \iff \mathrm{D}_{\boldsymbol{x}} f(\boldsymbol{x}) = \boldsymbol{A} \tag{3.2.25}$$

$$\mathrm{d}f(\boldsymbol{X}) = \mathrm{tr}(\boldsymbol{A}\mathrm{d}\boldsymbol{X}) \iff \mathrm{D}_{\boldsymbol{X}} f(\boldsymbol{X}) = \boldsymbol{A} \tag{3.2.26}$$

命题 3.2.1 启示了利用矩阵微分直接辨识标量函数 $f(\boldsymbol{X})$ 的 Jacobian 矩阵 $\mathrm{D}_{\boldsymbol{X}} f(\boldsymbol{X})$ 的有效方法：

(1) 求实值函数 $f(\boldsymbol{X})$ 相对于变元矩阵 $\boldsymbol{X}$ 的矩阵微分 $\mathrm{d}f(\boldsymbol{X})$，并将其表示成规范形式 $\mathrm{d}f(\boldsymbol{X}) = \mathrm{tr}(\boldsymbol{A}\mathrm{d}\boldsymbol{X})$；

(2) 实值函数 $f(\boldsymbol{X})$ 相对于 $m \times n$ 变元矩阵 $\boldsymbol{X}$ 的 Jacobian 矩阵由 $\boldsymbol{A}$ 直接给出。

业已证明[328]，Jacobian 矩阵 $\boldsymbol{A}$ 是唯一确定的：若存在 $\boldsymbol{A}_1$ 和 $\boldsymbol{A}_2$ 满足 $\mathrm{d}f(\boldsymbol{X}) = \boldsymbol{A}_i \mathrm{d}\boldsymbol{X}, i = 1, 2$，则 $\boldsymbol{A}_1 = \boldsymbol{A}_2$。

由于标量函数 $f(\boldsymbol{X})$ 相对于 $m \times n$ 矩阵变元 $\boldsymbol{X}$ 的 Jacobian 矩阵和梯度矩阵之间存在转置关系，所以命题 3.2.1 也意味着

$$\mathrm{d}f(\boldsymbol{X}) = \mathrm{tr}(\boldsymbol{A}\mathrm{d}\boldsymbol{X}) \iff \nabla_{\boldsymbol{X}} f(\boldsymbol{X}) = \boldsymbol{A}^{\mathrm{T}} \tag{3.2.27}$$

由于 Jacobian 矩阵 $\boldsymbol{A}$ 的唯一确定性，故梯度矩阵是唯一确定的。

考察二次型函数 $f(\boldsymbol{x}) = \boldsymbol{x}^{\mathrm{T}}\boldsymbol{A}\boldsymbol{x}$，其中，$\boldsymbol{A}$ 是一个正方的常数矩阵。首先将标量函数写成迹函数形式，然后利用矩阵乘积的微分易得

$$\begin{aligned}
\mathrm{d}f(\boldsymbol{x}) &= \mathrm{d}(\mathrm{tr}(\boldsymbol{x}^{\mathrm{T}}\boldsymbol{A}\boldsymbol{x})) = \mathrm{tr}[(\mathrm{d}\boldsymbol{x})^{\mathrm{T}}\boldsymbol{A}\boldsymbol{x} + \boldsymbol{x}^{\mathrm{T}}\boldsymbol{A}\mathrm{d}\boldsymbol{x}] \\
&= \mathrm{tr}\left([\mathrm{d}\boldsymbol{x}^{\mathrm{T}}\boldsymbol{A}\boldsymbol{x}]^{\mathrm{T}} + \boldsymbol{x}^{\mathrm{T}}\boldsymbol{A}\mathrm{d}\boldsymbol{x}\right) = \mathrm{tr}(\boldsymbol{x}^{\mathrm{T}}\boldsymbol{A}^{\mathrm{T}}\mathrm{d}\boldsymbol{x} + \boldsymbol{x}^{\mathrm{T}}\boldsymbol{A}\mathrm{d}\boldsymbol{x}) \\
&= \mathrm{tr}(\boldsymbol{x}^{\mathrm{T}}(\boldsymbol{A} + \boldsymbol{A}^{\mathrm{T}})\mathrm{d}\boldsymbol{x})
\end{aligned}$$

由命题 3.2.1 直接得二次型函数 $f(\boldsymbol{x}) = \boldsymbol{x}^{\mathrm{T}}\boldsymbol{A}\boldsymbol{x}$ 关于变元向量 $\boldsymbol{x}$ 的梯度向量为

$$\nabla_{\boldsymbol{x}}(\boldsymbol{x}^{\mathrm{T}}\boldsymbol{A}\boldsymbol{x}) = \frac{\partial \boldsymbol{x}^{\mathrm{T}}\boldsymbol{A}\boldsymbol{x}}{\partial \boldsymbol{x}} = \left[\boldsymbol{x}^{\mathrm{T}}(\boldsymbol{A} + \boldsymbol{A}^{\mathrm{T}})\right]^{\mathrm{T}} = (\boldsymbol{A}^{\mathrm{T}} + \boldsymbol{A})\boldsymbol{x} \tag{3.2.28}$$

显然，若 $\boldsymbol{A}$ 为对称矩阵，则 $\nabla_{\boldsymbol{x}}(\boldsymbol{x}^{\mathrm{T}}\boldsymbol{A}\boldsymbol{x}) = \dfrac{\partial \boldsymbol{x}^{\mathrm{T}}\boldsymbol{A}\boldsymbol{x}}{\partial \boldsymbol{x}} = 2\boldsymbol{A}\boldsymbol{x}$。

3. 矩阵的标量函数：迹

对于 $\mathrm{tr}(\boldsymbol{X}^{\mathrm{T}}\boldsymbol{X})$，注意到 $\mathrm{tr}(\boldsymbol{A}^{\mathrm{T}}\boldsymbol{B}) = \mathrm{tr}(\boldsymbol{B}^{\mathrm{T}}\boldsymbol{A})$，有

$$\begin{aligned}
\mathrm{d}\,\mathrm{tr}(\boldsymbol{X}^{\mathrm{T}}\boldsymbol{X}) &= \mathrm{tr}\left(\mathrm{d}(\boldsymbol{X}^{\mathrm{T}}\boldsymbol{X})\right) = \mathrm{tr}\left((\mathrm{d}\boldsymbol{X})^{\mathrm{T}}\boldsymbol{X} + \boldsymbol{X}^{\mathrm{T}}\mathrm{d}\boldsymbol{X}\right) \\
&= \mathrm{tr}\left((\mathrm{d}\boldsymbol{X})^{\mathrm{T}}\boldsymbol{X}\right) + \mathrm{tr}(\boldsymbol{X}^{\mathrm{T}}\mathrm{d}\boldsymbol{X}) \\
&= \mathrm{tr}\left(2\boldsymbol{X}^{\mathrm{T}}\mathrm{d}\boldsymbol{X}\right)
\end{aligned}$$

故由命题 3.2.1 直接得 $\mathrm{tr}(\boldsymbol{X}^{\mathrm{T}}\boldsymbol{X})$ 关于 $\boldsymbol{X}$ 的梯度矩阵为

$$\frac{\partial \mathrm{tr}(\boldsymbol{X}^{\mathrm{T}}\boldsymbol{X})}{\partial \boldsymbol{X}} = (2\boldsymbol{X}^{\mathrm{T}})^{\mathrm{T}} = 2\boldsymbol{X} \tag{3.2.29}$$

考虑三个矩阵乘积的迹函数 $\mathrm{tr}(\boldsymbol{X}^{\mathrm{T}}\boldsymbol{A}\boldsymbol{X})$，其微分

$$\begin{aligned}
\mathrm{d}\,\mathrm{tr}(\boldsymbol{X}^{\mathrm{T}}\boldsymbol{A}\boldsymbol{X}) &= \mathrm{tr}\left(\mathrm{d}(\boldsymbol{X}^{\mathrm{T}}\boldsymbol{A}\boldsymbol{X})\right)\\
&= \mathrm{tr}\left((\mathrm{d}\boldsymbol{X})^{\mathrm{T}}\boldsymbol{A}\boldsymbol{X} + \boldsymbol{X}^{\mathrm{T}}\boldsymbol{A}\mathrm{d}\boldsymbol{X}\right)\\
&= \mathrm{tr}\left((\mathrm{d}\boldsymbol{X})^{\mathrm{T}}\boldsymbol{A}\boldsymbol{X}\right) + \mathrm{tr}(\boldsymbol{X}^{\mathrm{T}}\boldsymbol{A}\mathrm{d}\boldsymbol{X})\\
&= \mathrm{tr}\left((\boldsymbol{A}\boldsymbol{X})^{\mathrm{T}}\mathrm{d}\boldsymbol{X}\right) + \mathrm{tr}(\boldsymbol{X}^{\mathrm{T}}\boldsymbol{A}\mathrm{d}\boldsymbol{X})\\
&= \mathrm{tr}\left(\boldsymbol{X}^{\mathrm{T}}(\boldsymbol{A}^{\mathrm{T}} + \boldsymbol{A})\mathrm{d}\boldsymbol{X}\right)
\end{aligned}$$

从而得梯度矩阵

$$\frac{\partial \mathrm{tr}(\boldsymbol{X}^{\mathrm{T}}\boldsymbol{A}\boldsymbol{X})}{\partial \boldsymbol{X}} = \left[\boldsymbol{X}^{\mathrm{T}}(\boldsymbol{A}^{\mathrm{T}} + \boldsymbol{A})\right]^{\mathrm{T}} = (\boldsymbol{A} + \boldsymbol{A}^{\mathrm{T}})\boldsymbol{X} \tag{3.2.30}$$

再看一个包含了逆矩阵的迹函数 $\mathrm{tr}(\boldsymbol{A}\boldsymbol{X}^{-1})$。计算得

$$\begin{aligned}
\mathrm{d}\,\mathrm{tr}(\boldsymbol{A}\boldsymbol{X}^{-1}) &= \mathrm{tr}\left[\mathrm{d}(\boldsymbol{A}\boldsymbol{X}^{-1})\right] = \mathrm{tr}\left[\boldsymbol{A}\mathrm{d}\boldsymbol{X}^{-1}\right]\\
&= -\mathrm{tr}\left[\boldsymbol{A}\boldsymbol{X}^{-1}(\mathrm{d}\boldsymbol{X})\boldsymbol{X}^{-1}\right] = -\mathrm{tr}\left(\boldsymbol{X}^{-1}\boldsymbol{A}\boldsymbol{X}^{-1}\mathrm{d}\boldsymbol{X}\right)
\end{aligned}$$

由此得梯度矩阵

$$\frac{\partial \mathrm{tr}(\boldsymbol{A}\boldsymbol{X}^{-1})}{\partial \boldsymbol{X}} = -(\boldsymbol{X}^{-1}\boldsymbol{A}\boldsymbol{X}^{-1})^{\mathrm{T}} \tag{3.2.31}$$

对于四个矩阵乘积的迹函数 $\mathrm{tr}(\boldsymbol{X}\boldsymbol{A}\boldsymbol{X}\boldsymbol{B})$，其微分矩阵

$$\begin{aligned}
\mathrm{d}\,\mathrm{tr}(\boldsymbol{X}\boldsymbol{A}\boldsymbol{X}\boldsymbol{B}) &= \mathrm{tr}[\mathrm{d}(\boldsymbol{X}\boldsymbol{A}\boldsymbol{X}\boldsymbol{B})]\\
&= \mathrm{tr}[(\mathrm{d}\boldsymbol{X})\boldsymbol{A}\boldsymbol{X}\boldsymbol{B} + \boldsymbol{X}\boldsymbol{A}(\mathrm{d}\boldsymbol{X})\boldsymbol{B}]\\
&= \mathrm{tr}[(\boldsymbol{A}\boldsymbol{X}\boldsymbol{B} + \boldsymbol{B}\boldsymbol{X}\boldsymbol{A})\mathrm{d}\boldsymbol{X}]
\end{aligned}$$

由此得梯度矩阵

$$\frac{\partial \mathrm{tr}(\boldsymbol{X}\boldsymbol{A}\boldsymbol{X}\boldsymbol{B})}{\partial \boldsymbol{X}} = (\boldsymbol{A}\boldsymbol{X}\boldsymbol{B} + \boldsymbol{B}\boldsymbol{X}\boldsymbol{A})^{\mathrm{T}} \tag{3.2.32}$$

以上举例可以总结出应用命题 3.2.1 的要点如下：

(1) 标量函数 $f(\boldsymbol{X})$ 总可以写成迹函数的形式，因为 $f(\boldsymbol{X}) = \mathrm{tr}(f(\boldsymbol{X}))$；

(2) 无论 $\mathrm{d}\boldsymbol{X}$ 出现在迹函数内的任何位置，总可以通过迹函数的性质 $\mathrm{tr}[\boldsymbol{A}(\mathrm{d}\boldsymbol{X})\boldsymbol{B}] = \mathrm{tr}(\boldsymbol{B}\boldsymbol{A}\mathrm{d}\boldsymbol{X})$，将 $\mathrm{d}\boldsymbol{X}$ 写到迹函数变量的最右端，从而得到迹函数微分矩阵的规范形式。

(3) 对于 $(\mathrm{d}\boldsymbol{X})^{\mathrm{T}}$，总可以通过迹函数的性质 $\mathrm{tr}[\boldsymbol{A}(\mathrm{d}\boldsymbol{X})^{\mathrm{T}}\boldsymbol{B}] = \mathrm{tr}(\boldsymbol{A}^{\mathrm{T}}\boldsymbol{B}^{\mathrm{T}}\mathrm{d}\boldsymbol{X})$，写成迹函数微分矩阵的规范形式。

表 3.2.1 汇总了几种典型的迹函数的微分矩阵与梯度矩阵的对应关系。

4. 矩阵的标量函数：行列式

表 3.2.1 几种迹函数的微分矩阵与 Jacobian 矩阵[328]

迹函数 $f(\boldsymbol{X})$	微分矩阵 $\mathrm{d}f(\boldsymbol{X})$	Jacobian 矩阵 $\partial f(\boldsymbol{X})/\partial \boldsymbol{X}^{\mathrm{T}}$
$\mathrm{tr}(\boldsymbol{X})$	$\mathrm{tr}(\boldsymbol{I}\mathrm{d}\boldsymbol{X})$	$\boldsymbol{I}$
$\mathrm{tr}(\boldsymbol{X}^{-1})$	$-\mathrm{tr}(\boldsymbol{X}^{-2}\mathrm{d}\boldsymbol{X})$	$-\boldsymbol{X}^{-2}$
$\mathrm{tr}(\boldsymbol{A}\boldsymbol{X})$	$\mathrm{tr}(\boldsymbol{A}\mathrm{d}\boldsymbol{X})$	$\boldsymbol{A}$
$\mathrm{tr}(\boldsymbol{X}^2)$	$2\mathrm{tr}(\boldsymbol{X}\mathrm{d}\boldsymbol{X})$	$2\boldsymbol{X}$
$\mathrm{tr}(\boldsymbol{X}^{\mathrm{T}}\boldsymbol{X})$	$2\mathrm{tr}(\boldsymbol{X}^{\mathrm{T}}\mathrm{d}\boldsymbol{X})$	$2\boldsymbol{X}^{\mathrm{T}}$
$\mathrm{tr}(\boldsymbol{X}^{\mathrm{T}}\boldsymbol{A}\boldsymbol{X})$	$\mathrm{tr}\left[\boldsymbol{X}^{\mathrm{T}}(\boldsymbol{A}+\boldsymbol{A}^{\mathrm{T}})\mathrm{d}\boldsymbol{X}\right]$	$\boldsymbol{X}^{\mathrm{T}}(\boldsymbol{A}+\boldsymbol{A}^{\mathrm{T}})$
$\mathrm{tr}(\boldsymbol{X}\boldsymbol{A}\boldsymbol{X}^{\mathrm{T}})$	$\mathrm{tr}\left[(\boldsymbol{A}+\boldsymbol{A}^{\mathrm{T}})\boldsymbol{X}^{\mathrm{T}}\mathrm{d}\boldsymbol{X}\right]$	$(\boldsymbol{A}+\boldsymbol{A}^{\mathrm{T}})\boldsymbol{X}^{\mathrm{T}}$
$\mathrm{tr}(\boldsymbol{X}\boldsymbol{A}\boldsymbol{X})$	$\mathrm{tr}\left[(\boldsymbol{A}\boldsymbol{X}+\boldsymbol{X}\boldsymbol{A})\mathrm{d}\boldsymbol{X}\right]$	$\boldsymbol{A}\boldsymbol{X}+\boldsymbol{X}\boldsymbol{A}$
$\mathrm{tr}(\boldsymbol{A}\boldsymbol{X}^{-1})$	$-\mathrm{tr}\left(\boldsymbol{X}^{-1}\boldsymbol{A}\boldsymbol{X}^{-1}\mathrm{d}\boldsymbol{X}\right)$	$-\boldsymbol{X}^{-1}\boldsymbol{A}\boldsymbol{X}^{-1}$
$\mathrm{tr}(\boldsymbol{A}\boldsymbol{X}^{-1}\boldsymbol{B})$	$-\mathrm{tr}\left(\boldsymbol{X}^{-1}\boldsymbol{B}\boldsymbol{A}\boldsymbol{X}^{-1}\mathrm{d}\boldsymbol{X}\right)$	$-\boldsymbol{X}^{-1}\boldsymbol{B}\boldsymbol{A}\boldsymbol{X}^{-1}$
$\mathrm{tr}\left[(\boldsymbol{X}+\boldsymbol{A})^{-1}\right]$	$-\mathrm{tr}\left[(\boldsymbol{X}+\boldsymbol{A})^{-2}\mathrm{d}\boldsymbol{X}\right]$	$-(\boldsymbol{X}+\boldsymbol{A})^{-2}$
$\mathrm{tr}(\boldsymbol{X}\boldsymbol{A}\boldsymbol{X}\boldsymbol{B})$	$\mathrm{tr}\left[(\boldsymbol{A}\boldsymbol{X}\boldsymbol{B}+\boldsymbol{B}\boldsymbol{X}\boldsymbol{A})\mathrm{d}\boldsymbol{X}\right]$	$\boldsymbol{A}\boldsymbol{X}\boldsymbol{B}+\boldsymbol{B}\boldsymbol{X}\boldsymbol{A}$
$\mathrm{tr}(\boldsymbol{X}\boldsymbol{A}\boldsymbol{X}^{\mathrm{T}}\boldsymbol{B})$	$\mathrm{tr}\left[(\boldsymbol{A}\boldsymbol{X}^{\mathrm{T}}\boldsymbol{B}+\boldsymbol{A}^{\mathrm{T}}\boldsymbol{X}^{\mathrm{T}}\boldsymbol{B}^{\mathrm{T}})\mathrm{d}\boldsymbol{X}\right]$	$\boldsymbol{A}\boldsymbol{X}^{\mathrm{T}}\boldsymbol{B}+\boldsymbol{A}^{\mathrm{T}}\boldsymbol{X}^{\mathrm{T}}\boldsymbol{B}^{\mathrm{T}}$
$\mathrm{tr}(\boldsymbol{A}\boldsymbol{X}\boldsymbol{X}^{\mathrm{T}}\boldsymbol{B})$	$\mathrm{tr}\left[\boldsymbol{X}^{\mathrm{T}}(\boldsymbol{B}\boldsymbol{A}+\boldsymbol{A}^{\mathrm{T}}\boldsymbol{B}^{\mathrm{T}})\mathrm{d}\boldsymbol{X}\right]$	$\boldsymbol{X}^{\mathrm{T}}(\boldsymbol{B}\boldsymbol{A}+\boldsymbol{A}^{\mathrm{T}}\boldsymbol{B}^{\mathrm{T}})$
$\mathrm{tr}(\boldsymbol{A}\boldsymbol{X}^{\mathrm{T}}\boldsymbol{X}\boldsymbol{B})$	$\mathrm{tr}\left[(\boldsymbol{B}\boldsymbol{A}+\boldsymbol{A}^{\mathrm{T}}\boldsymbol{B}^{\mathrm{T}})\boldsymbol{X}^{\mathrm{T}}\mathrm{d}\boldsymbol{X}\right]$	$(\boldsymbol{B}\boldsymbol{A}+\boldsymbol{A}^{\mathrm{T}}\boldsymbol{B}^{\mathrm{T}})\boldsymbol{X}^{\mathrm{T}}$

表中，$\boldsymbol{A}^{-2}=\boldsymbol{A}^{-1}\boldsymbol{A}^{-1}$。

由矩阵微分 $\mathrm{d}|\boldsymbol{X}|=|\boldsymbol{X}|\mathrm{tr}(\boldsymbol{X}^{-1}\mathrm{d}\boldsymbol{X})$ 和命题 3.2.1，立即得行列式的梯度矩阵为

$$\frac{\partial|\boldsymbol{X}|}{\partial\boldsymbol{X}}=|\boldsymbol{X}|(\boldsymbol{X}^{-1})^{\mathrm{T}}=|\boldsymbol{X}|\boldsymbol{X}^{-\mathrm{T}} \tag{3.2.33}$$

又如，考虑行列式的对数 $\log|\boldsymbol{X}|$，其矩阵微分为

$$\mathrm{d}\log|\boldsymbol{X}|=|\boldsymbol{X}|^{-1}\mathrm{d}|\boldsymbol{X}|=|\boldsymbol{X}|^{-1}\mathrm{tr}(|\boldsymbol{X}|\boldsymbol{X}^{-1}\mathrm{d}\boldsymbol{X})=\mathrm{tr}(\boldsymbol{X}^{-1}\mathrm{d}\boldsymbol{X}) \tag{3.2.34}$$

故行列式对数函数 $\log|\boldsymbol{X}|$ 的梯度矩阵为

$$\frac{\partial\log|\boldsymbol{X}|}{\partial\boldsymbol{X}}=\boldsymbol{X}^{-\mathrm{T}} \tag{3.2.35}$$

考虑 $\boldsymbol{X}^2$ 的行列式。由矩阵函数 $\boldsymbol{U}=\boldsymbol{F}(\boldsymbol{X})$ 的行列式的微分 $\mathrm{d}|\boldsymbol{U}|=|\boldsymbol{U}|\mathrm{tr}(\boldsymbol{U}^{-1}\mathrm{d}\boldsymbol{X})$ 知，$\mathrm{d}|\boldsymbol{X}^2|=\mathrm{d}|\boldsymbol{X}|^2=2|\boldsymbol{X}|\mathrm{d}|\boldsymbol{X}|=2|\boldsymbol{X}|^2\mathrm{tr}\left(\boldsymbol{X}^{-1}\mathrm{d}\boldsymbol{X}\right)$。应用命题 3.2.1，立即得

$$\frac{\partial|\boldsymbol{X}|^2}{\partial\boldsymbol{X}}=2|\boldsymbol{X}|^2(\boldsymbol{X}^{-1})^{\mathrm{T}}=2|\boldsymbol{X}|^2\boldsymbol{X}^{-\mathrm{T}} \tag{3.2.36}$$

更一般地，$|\boldsymbol{X}^k|$ 的矩阵微分为

$$\begin{aligned}\mathrm{d}|\boldsymbol{X}^k|&=|\boldsymbol{X}^k|\mathrm{tr}(\boldsymbol{X}^{-k}\mathrm{d}\boldsymbol{X}^k)\\&=|\boldsymbol{X}^k|\mathrm{tr}(\boldsymbol{X}^{-k}\cdot k\boldsymbol{X}^{k-1}\mathrm{d}\boldsymbol{X})\\&=k|\boldsymbol{X}^k|\mathrm{tr}(\boldsymbol{X}^{-1}\mathrm{d}\boldsymbol{X})\end{aligned}$$

于是有

$$\frac{\partial|\boldsymbol{X}^k|}{\partial\boldsymbol{X}}=k|\boldsymbol{X}^k|\boldsymbol{X}^{-\mathrm{T}} \tag{3.2.37}$$

令 $\boldsymbol{X}\in\mathbb{R}^{m\times n}$，并且 $\mathrm{rank}(\boldsymbol{X})=m$ 即 $\boldsymbol{X}\boldsymbol{X}^{\mathrm{T}}$ 可逆，则对于矩阵乘积 $\boldsymbol{X}\boldsymbol{X}^{\mathrm{T}}$ 的行列式，有

$$\begin{aligned}
\mathrm{d}|\boldsymbol{X}\boldsymbol{X}^{\mathrm{T}}|&=|\boldsymbol{X}\boldsymbol{X}^{\mathrm{T}}|\mathrm{tr}\left((\boldsymbol{X}\boldsymbol{X}^{\mathrm{T}})^{-1}\mathrm{d}(\boldsymbol{X}\boldsymbol{X}^{\mathrm{T}})\right)\\
&=|\boldsymbol{X}\boldsymbol{X}^{\mathrm{T}}|\left[\mathrm{tr}\left((\boldsymbol{X}\boldsymbol{X}^{\mathrm{T}})^{-1}(\mathrm{d}\boldsymbol{X})\boldsymbol{X}^{\mathrm{T}}\right)+\mathrm{tr}\left((\boldsymbol{X}\boldsymbol{X}^{\mathrm{T}})^{-1}\boldsymbol{X}(\mathrm{d}\boldsymbol{X})^{\mathrm{T}}\right)\right]\\
&=|\boldsymbol{X}\boldsymbol{X}^{\mathrm{T}}|\left[\mathrm{tr}\left(\boldsymbol{X}^{\mathrm{T}}(\boldsymbol{X}\boldsymbol{X}^{\mathrm{T}})^{-1}\mathrm{d}\boldsymbol{X}\right)+\mathrm{tr}\left(\boldsymbol{X}^{\mathrm{T}}(\boldsymbol{X}\boldsymbol{X}^{\mathrm{T}})^{-1}\mathrm{d}\boldsymbol{X}\right)\right]\\
&=\mathrm{tr}\left(2|\boldsymbol{X}\boldsymbol{X}^{\mathrm{T}}|\boldsymbol{X}^{\mathrm{T}}(\boldsymbol{X}\boldsymbol{X}^{\mathrm{T}})^{-1}\mathrm{d}\boldsymbol{X}\right)
\end{aligned}$$

式中，使用了迹的性质公式 $\mathrm{tr}(\boldsymbol{AB})=\mathrm{tr}(\boldsymbol{BA})$ 和 $\mathrm{tr}(\boldsymbol{A}^{\mathrm{T}}\boldsymbol{B})=\mathrm{tr}(\boldsymbol{B}^{\mathrm{T}}\boldsymbol{A})$。由命题 3.2.1 立即得梯度矩阵

$$\frac{\partial|\boldsymbol{X}\boldsymbol{X}^{\mathrm{T}}|}{\partial\boldsymbol{X}}=2|\boldsymbol{X}\boldsymbol{X}^{\mathrm{T}}|(\boldsymbol{X}\boldsymbol{X}^{\mathrm{T}})^{-1}\boldsymbol{X} \tag{3.2.38}$$

式中，使用了矩阵转置与求逆可以交换顺序的性质，即

$$[(\boldsymbol{X}\boldsymbol{X}^{\mathrm{T}})^{-1}]^{\mathrm{T}}=[(\boldsymbol{X}\boldsymbol{X}^{\mathrm{T}})^{\mathrm{T}}]^{-1}=(\boldsymbol{X}\boldsymbol{X}^{\mathrm{T}})^{-1}$$

类似地，令 $\boldsymbol{X}\in\mathbb{R}^{m\times n}$。若 $\mathrm{rank}(\boldsymbol{X})=n$ 即 $\boldsymbol{X}^{\mathrm{T}}\boldsymbol{X}$ 可逆，则有

$$\mathrm{d}|\boldsymbol{X}^{\mathrm{T}}\boldsymbol{X}|=\mathrm{tr}\left(2|\boldsymbol{X}^{\mathrm{T}}\boldsymbol{X}|(\boldsymbol{X}^{\mathrm{T}}\boldsymbol{X})^{-1}\boldsymbol{X}^{\mathrm{T}}\mathrm{d}\boldsymbol{X}\right) \tag{3.2.39}$$

由此得

$$\frac{\partial|\boldsymbol{X}^{\mathrm{T}}\boldsymbol{X}|}{\partial\boldsymbol{X}}=2|\boldsymbol{X}^{\mathrm{T}}\boldsymbol{X}|\boldsymbol{X}(\boldsymbol{X}^{\mathrm{T}}\boldsymbol{X})^{-1} \tag{3.2.40}$$

对于对数函数 $\log|\boldsymbol{X}^{\mathrm{T}}\boldsymbol{X}|$，矩阵微分为

$$\mathrm{d}\log|\boldsymbol{X}^{\mathrm{T}}\boldsymbol{X}|=|\boldsymbol{X}^{\mathrm{T}}\boldsymbol{X}|^{-1}\mathrm{d}|\boldsymbol{X}^{\mathrm{T}}\boldsymbol{X}|=2\mathrm{tr}\left((\boldsymbol{X}^{\mathrm{T}}\boldsymbol{X})^{-1}\boldsymbol{X}^{\mathrm{T}}\mathrm{d}\boldsymbol{X}\right) \tag{3.2.41}$$

故有

$$\frac{\partial\log|\boldsymbol{X}^{\mathrm{T}}\boldsymbol{X}|}{\partial\boldsymbol{X}}=2\boldsymbol{X}(\boldsymbol{X}^{\mathrm{T}}\boldsymbol{X})^{-1} \tag{3.2.42}$$

考虑三个矩阵乘积 $\boldsymbol{AXB}$ 的行列式，有

$$\begin{aligned}
\mathrm{d}|\boldsymbol{AXB}|&=|\boldsymbol{AXB}|\mathrm{tr}\left((\boldsymbol{AXB})^{-1}\mathrm{d}(\boldsymbol{AXB})\right)\\
&=|\boldsymbol{AXB}|\mathrm{tr}\left((\boldsymbol{AXB})^{-1}\boldsymbol{A}(\mathrm{d}\boldsymbol{X})\boldsymbol{B}\right)\\
&=|\boldsymbol{AXB}|\mathrm{tr}\left(\boldsymbol{B}(\boldsymbol{AXB})^{-1}\boldsymbol{A}\mathrm{d}\boldsymbol{X}\right)
\end{aligned}$$

在得到最后一个式子时，使用了 $\mathrm{tr}(\boldsymbol{CB})=\mathrm{tr}(\boldsymbol{BC})$。

这样一来，由命题 3.2.1 立即得

$$\frac{\partial|\boldsymbol{AXB}|}{\partial\boldsymbol{X}}=|\boldsymbol{AXB}|\boldsymbol{A}^{\mathrm{T}}(\boldsymbol{B}^{\mathrm{T}}\boldsymbol{X}^{\mathrm{T}}\boldsymbol{A}^{\mathrm{T}})^{-1}\boldsymbol{B}^{\mathrm{T}} \tag{3.2.43}$$

令 $f(\boldsymbol{X}) = |\boldsymbol{XAX}^{\mathrm{T}}|$，则其微分为

$$\begin{aligned}\mathrm{d}|\boldsymbol{XAX}^{\mathrm{T}}| &= |\boldsymbol{XAX}^{\mathrm{T}}|\mathrm{tr}\left((\boldsymbol{XAX}^{\mathrm{T}})^{-1}\mathrm{d}(\boldsymbol{XAX}^{\mathrm{T}})\right)\\ &= |\boldsymbol{XAX}^{\mathrm{T}}|\left[\mathrm{tr}\left((\boldsymbol{XAX}^{\mathrm{T}})^{-1}(\mathrm{d}\boldsymbol{X})\boldsymbol{AX}^{\mathrm{T}}\right) + \mathrm{tr}\left((\boldsymbol{XAX}^{\mathrm{T}})^{-1}\boldsymbol{XA}(\mathrm{d}\boldsymbol{X})^{\mathrm{T}}\right)\right]\\ &= |\boldsymbol{XAX}^{\mathrm{T}}|\left[\mathrm{tr}\left(\boldsymbol{AX}^{\mathrm{T}}(\boldsymbol{XAX}^{\mathrm{T}})^{-1}\mathrm{d}\boldsymbol{X}\right) + \mathrm{tr}\left((\boldsymbol{XA})^{\mathrm{T}}(\boldsymbol{XA}^{\mathrm{T}}\boldsymbol{X}^{\mathrm{T}})^{-1}\mathrm{d}\boldsymbol{X}\right)\right]\\ &= |\boldsymbol{XAX}^{\mathrm{T}}|\,\mathrm{tr}\left([\boldsymbol{AX}^{\mathrm{T}}(\boldsymbol{XAX}^{\mathrm{T}})^{-1} + (\boldsymbol{XA})^{\mathrm{T}}(\boldsymbol{XA}^{\mathrm{T}}\boldsymbol{X}^{\mathrm{T}})^{-1}]\mathrm{d}\boldsymbol{X}\right)\end{aligned}$$

于是，命题 3.2.1 给出梯度

$$\begin{aligned}\frac{\partial|\boldsymbol{XAX}^{\mathrm{T}}|}{\partial\boldsymbol{X}} &= |\boldsymbol{XAX}^{\mathrm{T}}|\left[(\boldsymbol{XA}^{\mathrm{T}}\boldsymbol{X}^{\mathrm{T}})^{-1}\boldsymbol{XA}^{\mathrm{T}} + (\boldsymbol{XAX}^{\mathrm{T}})^{-1}\boldsymbol{XA}\right]\\ &= 2|\boldsymbol{XAX}^{\mathrm{T}}|(\boldsymbol{XAX}^{\mathrm{T}})^{-1}\boldsymbol{XA}, \quad \text{若 } \boldsymbol{A} \text{ 为对称矩阵}\end{aligned} \tag{3.2.44}$$

类似地，行列式 $|\boldsymbol{X}^{\mathrm{T}}\boldsymbol{AX}|$ 的梯度为

$$\begin{aligned}\frac{\partial|\boldsymbol{X}^{\mathrm{T}}\boldsymbol{AX}|}{\partial\boldsymbol{X}} &= |\boldsymbol{X}^{\mathrm{T}}\boldsymbol{AX}|[\boldsymbol{AX}(\boldsymbol{X}^{\mathrm{T}}\boldsymbol{AX})^{-1} + \boldsymbol{A}^{\mathrm{T}}\boldsymbol{X}(\boldsymbol{X}^{\mathrm{T}}\boldsymbol{A}^{\mathrm{T}}\boldsymbol{X})^{-1}]\\ &= 2|\boldsymbol{X}^{\mathrm{T}}\boldsymbol{AX}|\boldsymbol{AX}(\boldsymbol{X}^{\mathrm{T}}\boldsymbol{AX})^{-1}, \quad \text{若 } \boldsymbol{A} \text{ 为对称矩阵}\end{aligned} \tag{3.2.45}$$

表 3.2.2 汇总了一些典型的行列式函数的微分矩阵与梯度矩阵的对应关系。

表 3.2.2 几种行列式函数的实微分矩阵与 Jacobian 矩阵

行列式 $f(\boldsymbol{X})$	实微分矩阵 $\mathrm{d}f(\boldsymbol{X})$	Jacobian 矩阵 $\partial f(\boldsymbol{X})/\partial\boldsymbol{X}$
$\|\boldsymbol{X}\|$	$\|\boldsymbol{X}\|\,\mathrm{tr}(\boldsymbol{X}^{-1}\mathrm{d}\boldsymbol{X})$	$\|\boldsymbol{X}\|\boldsymbol{X}^{-1}$
$\log\|\boldsymbol{X}\|$	$\mathrm{tr}(\boldsymbol{X}^{-1}\mathrm{d}\boldsymbol{X})$	$\boldsymbol{X}^{-1}$
$\|\boldsymbol{X}^{-1}\|$	$-\|\boldsymbol{X}^{-1}\|\mathrm{tr}(\boldsymbol{X}^{-1}\mathrm{d}\boldsymbol{X})$	$-\|\boldsymbol{X}^{-1}\|\boldsymbol{X}^{-1}$
$\|\boldsymbol{X}^2\|$	$2\|\boldsymbol{X}\|^2\mathrm{tr}\,(\boldsymbol{X}^{-1}\mathrm{d}\boldsymbol{X})$	$2\|\boldsymbol{X}\|^2\boldsymbol{X}^{-1}$
$\|\boldsymbol{X}^k\|$	$k\|\boldsymbol{X}\|^k\mathrm{tr}(\boldsymbol{X}^{-1}\mathrm{d}\boldsymbol{X})$	$k\|\boldsymbol{X}\|^k\boldsymbol{X}^{-1}$
$\|\boldsymbol{XX}^{\mathrm{T}}\|$	$2\|\boldsymbol{XX}^{\mathrm{T}}\|\,\mathrm{tr}\,(\boldsymbol{X}^{\mathrm{T}}(\boldsymbol{XX}^{\mathrm{T}})^{-1}\mathrm{d}\boldsymbol{X})$	$2\|\boldsymbol{XX}^{\mathrm{T}}\|\boldsymbol{X}^{\mathrm{T}}(\boldsymbol{XX}^{\mathrm{T}})^{-1}$
$\|\boldsymbol{X}^{\mathrm{T}}\boldsymbol{X}\|$	$2\|\boldsymbol{X}^{\mathrm{T}}\boldsymbol{X}\|\,\mathrm{tr}\,((\boldsymbol{X}^{\mathrm{T}}\boldsymbol{X})^{-1}\boldsymbol{X}^{\mathrm{T}}\mathrm{d}\boldsymbol{X})$	$2\|\boldsymbol{X}^{\mathrm{T}}\boldsymbol{X}\|(\boldsymbol{X}^{\mathrm{T}}\boldsymbol{X})^{-1}\boldsymbol{X}^{\mathrm{T}}$
$\log\|\boldsymbol{X}^{\mathrm{T}}\boldsymbol{X}\|$	$2\mathrm{tr}\,((\boldsymbol{X}^{\mathrm{T}}\boldsymbol{X})^{-1}\boldsymbol{X}^{\mathrm{T}}\mathrm{d}\boldsymbol{X})$	$2(\boldsymbol{X}^{\mathrm{T}}\boldsymbol{X})^{-1}\boldsymbol{X}^{\mathrm{T}}$
$\|\boldsymbol{AXB}\|$	$\|\boldsymbol{AXB}\|\,\mathrm{tr}\,(\boldsymbol{B}(\boldsymbol{AXB})^{-1}\boldsymbol{A}\mathrm{d}\boldsymbol{X})$	$\|\boldsymbol{AXB}\|\boldsymbol{B}(\boldsymbol{AXB})^{-1}\boldsymbol{A}$
$\|\boldsymbol{XAX}^{\mathrm{T}}\|$	$\|\boldsymbol{XAX}^{\mathrm{T}}\|\,\mathrm{tr}\,([\boldsymbol{AX}^{\mathrm{T}}(\boldsymbol{XAX}^{\mathrm{T}})^{-1} + (\boldsymbol{XA})^{\mathrm{T}}(\boldsymbol{XA}^{\mathrm{T}}\boldsymbol{X}^{\mathrm{T}})^{-1}]\mathrm{d}\boldsymbol{X})$	$\|\boldsymbol{XAX}^{\mathrm{T}}\|\,[\boldsymbol{AX}^{\mathrm{T}}(\boldsymbol{XAX}^{\mathrm{T}})^{-1} + (\boldsymbol{XA})^{\mathrm{T}}(\boldsymbol{XA}^{\mathrm{T}}\boldsymbol{X}^{\mathrm{T}})^{-1}]$
$\|\boldsymbol{X}^{\mathrm{T}}\boldsymbol{AX}\|$	$\|\boldsymbol{X}^{\mathrm{T}}\boldsymbol{AX}\|\mathrm{tr}\,([(\boldsymbol{X}^{\mathrm{T}}\boldsymbol{AX})^{-\mathrm{T}}(\boldsymbol{AX})^{\mathrm{T}} + (\boldsymbol{X}^{\mathrm{T}}\boldsymbol{AX})^{-1}\boldsymbol{X}^{\mathrm{T}}\boldsymbol{A}]\mathrm{d}\boldsymbol{X})$	$\|\boldsymbol{X}^{\mathrm{T}}\boldsymbol{AX}\|\,[(\boldsymbol{X}^{\mathrm{T}}\boldsymbol{AX})^{-\mathrm{T}}(\boldsymbol{AX})^{\mathrm{T}} + (\boldsymbol{X}^{\mathrm{T}}\boldsymbol{AX})^{-1}\boldsymbol{X}^{\mathrm{T}}\boldsymbol{A}]$

3.2.3 实值矩阵函数的 Jacobian 矩阵辨识

令 $f_{kl} = f_{kl}(\boldsymbol{X})$ 表示实值矩阵函数 $\boldsymbol{F}(\boldsymbol{X})$ 的第 k 行、第 l 列的元素，则 $\mathrm{d}f_{kl}(\boldsymbol{X}) = [\mathrm{d}\boldsymbol{F}(\boldsymbol{X})]_{kl}$ 表示以 $m \times n$ 实值矩阵为变元的标量函数的微分。

由式 (3.2.21) 有

$$\mathrm{d}f_{kl}(\boldsymbol{X}) = \left[\frac{\partial f_{kl}(\boldsymbol{X})}{\partial x_{11}}, \cdots, \frac{\partial f_{kl}(\boldsymbol{X})}{\partial x_{m1}}, \cdots, \frac{\partial f_{kl}(\boldsymbol{X})}{\partial x_{1n}}, \cdots, \frac{\partial f_{kl}(\boldsymbol{X})}{\partial x_{mn}}\right] \begin{bmatrix} \mathrm{d}x_{11} \\ \vdots \\ \mathrm{d}x_{m1} \\ \vdots \\ \mathrm{d}x_{1n} \\ \vdots \\ \mathrm{d}x_{mn} \end{bmatrix} \tag{3.2.46}$$

利用这一结果易知，全微分矩阵的向量化函数 $\mathrm{d}(\mathrm{vec}\boldsymbol{F}(\boldsymbol{X}))$ 具有以下表达式

$$\mathrm{d}(\mathrm{vec}\boldsymbol{F}(\boldsymbol{X})) = \boldsymbol{A}\mathrm{d}(\mathrm{vec}\boldsymbol{X}) \tag{3.2.47}$$

式中

$$\mathrm{d}(\mathrm{vec}\boldsymbol{F}(\boldsymbol{X})) = [\mathrm{d}f_{11}(\boldsymbol{X}), \cdots, \mathrm{d}f_{p1}(\boldsymbol{X}), \cdots, \mathrm{d}f_{1q}(\boldsymbol{X}), \cdots, \mathrm{d}f_{pq}(\boldsymbol{X})]^{\mathrm{T}} \tag{3.2.48}$$

$$\mathrm{d}(\mathrm{vec}\boldsymbol{X}) = [\mathrm{d}x_{11}, \cdots, \mathrm{d}x_{m1}, \cdots, \mathrm{d}x_{1n}, \cdots, \mathrm{d}x_{mn}]^{\mathrm{T}} \tag{3.2.49}$$

以及

$$\boldsymbol{A} = \begin{bmatrix} \frac{\partial f_{11}(\boldsymbol{X})}{\partial x_{11}} & \cdots & \frac{\partial f_{11}(\boldsymbol{X})}{\partial x_{m1}} & \cdots & \frac{\partial f_{11}(\boldsymbol{X})}{\partial x_{1n}} & \cdots & \frac{\partial f_{11}(\boldsymbol{X})}{\partial x_{mn}} \\ \vdots & \vdots & \vdots & \vdots & \vdots & \vdots & \vdots \\ \frac{\partial f_{p1}(\boldsymbol{X})}{\partial x_{11}} & \cdots & \frac{\partial f_{p1}(\boldsymbol{X})}{\partial x_{m1}} & \cdots & \frac{\partial f_{p1}(\boldsymbol{X})}{\partial x_{1n}} & \cdots & \frac{\partial f_{p1}(\boldsymbol{X})}{\partial x_{mn}} \\ \vdots & \vdots & \vdots & \vdots & \vdots & \vdots & \vdots \\ \frac{\partial f_{1q}(\boldsymbol{X})}{\partial x_{11}} & \cdots & \frac{\partial f_{1q}(\boldsymbol{X})}{\partial x_{m1}} & \cdots & \frac{\partial f_{1q}(\boldsymbol{X})}{\partial x_{1n}} & \cdots & \frac{\partial f_{1q}(\boldsymbol{X})}{\partial x_{mn}} \\ \vdots & \vdots & \vdots & \vdots & \vdots & \vdots & \vdots \\ \frac{\partial f_{pq}(\boldsymbol{X})}{\partial x_{11}} & \cdots & \frac{\partial f_{pq}(\boldsymbol{X})}{\partial x_{m1}} & \cdots & \frac{\partial f_{pq}(\boldsymbol{X})}{\partial x_{1n}} & \cdots & \frac{\partial f_{pq}(\boldsymbol{X})}{\partial x_{mn}} \end{bmatrix} = \frac{\partial \mathrm{vec}\boldsymbol{F}(\boldsymbol{X})}{\partial (\mathrm{vec}\boldsymbol{X})^{\mathrm{T}}} \tag{3.2.50}$$

换言之，矩阵 $\boldsymbol{A}$ 即是矩阵函数 $\boldsymbol{F}(\boldsymbol{X})$ 的 Jacobian 矩阵 $\mathrm{D}_{\boldsymbol{X}}\boldsymbol{F}(\boldsymbol{X})$。

对于一个包含有 $\boldsymbol{X}$ 和 $\boldsymbol{X}^{\mathrm{T}}$ 的矩阵函数 $\boldsymbol{F}(\boldsymbol{X}) \in \mathbb{R}^{p\times q}$，其中 $\boldsymbol{X} \in \mathbb{R}^{m\times n}$，则一阶矩阵微分为

$$\mathrm{d}(\mathrm{vec}\boldsymbol{F}(\boldsymbol{X})) = \boldsymbol{A}\mathrm{vec}(\mathrm{d}\boldsymbol{X}) + \boldsymbol{B}\mathrm{d}(\mathrm{vec}\boldsymbol{X}^{\mathrm{T}})$$

利用 $\mathrm{d}(\mathrm{vec}\boldsymbol{X}^{\mathrm{T}}) = \boldsymbol{K}_{mn}\mathrm{vec}(\mathrm{d}\boldsymbol{X})$，上式可以改写为

$$\mathrm{d}(\mathrm{vec}\boldsymbol{F}(\boldsymbol{X})) = (\boldsymbol{A} + \boldsymbol{B}\boldsymbol{K}_{mn})\mathrm{d}(\mathrm{vec}\boldsymbol{X}) \tag{3.2.51}$$

上述结果可以总结为下面的命题。

命题 3.2.2 矩阵函数 $\boldsymbol{F}(\boldsymbol{X}):\mathbb{R}^{m\times n}\to\mathbb{R}^{p\times q}$ 的 $pq\times mn$ 维 Jacobian 矩阵可以通过下式辨识

$$\begin{aligned}&\mathrm{d}(\mathrm{vec}\boldsymbol{F}(\boldsymbol{X}))=\boldsymbol{A}\mathrm{d}(\mathrm{vec}\boldsymbol{X})+\boldsymbol{B}\mathrm{d}(\mathrm{vec}\boldsymbol{X}^{\mathrm{T}})\\ \Longleftrightarrow\ &\mathrm{D}_{\boldsymbol{X}}\boldsymbol{F}(\boldsymbol{X})=\frac{\partial\mathrm{vec}\boldsymbol{F}(\boldsymbol{X})}{\partial(\mathrm{vec}\boldsymbol{X})^{\mathrm{T}}}=\boldsymbol{A}+\boldsymbol{B}\boldsymbol{K}_{mn}\end{aligned}\tag{3.2.52}$$

或 $mn\times pq$ 维梯度矩阵可以辨识为

$$\nabla_{\boldsymbol{X}}\boldsymbol{F}(\boldsymbol{X})=(\mathrm{D}_{\boldsymbol{X}}\boldsymbol{F}(\boldsymbol{X}))^{\mathrm{T}}=\boldsymbol{A}^{\mathrm{T}}+\boldsymbol{K}_{nm}\boldsymbol{B}^{\mathrm{T}}\tag{3.2.53}$$

重要的是，由于

$$\mathrm{d}\boldsymbol{F}(\boldsymbol{X})=\boldsymbol{A}(\mathrm{d}\boldsymbol{X})\boldsymbol{B}\ \Longleftrightarrow\ \mathrm{d}(\mathrm{vec}\boldsymbol{F}(\boldsymbol{X}))=(\boldsymbol{B}^{\mathrm{T}}\otimes\boldsymbol{A})\mathrm{d}(\mathrm{vec}\boldsymbol{X})\tag{3.2.54}$$

$$\mathrm{d}\boldsymbol{F}(\boldsymbol{X})=\boldsymbol{C}(\mathrm{d}\boldsymbol{X}^{\mathrm{T}})\boldsymbol{D}\ \Longleftrightarrow\ \mathrm{d}(\mathrm{vec}\boldsymbol{F}(\boldsymbol{X}))=(\boldsymbol{D}^{\mathrm{T}}\otimes\boldsymbol{C})\boldsymbol{K}_{mn}\mathrm{d}(\mathrm{vec}\boldsymbol{X})\tag{3.2.55}$$

所以命题 3.2.2 的辨识形式可以进一步简化成直接对 $\boldsymbol{F}(\boldsymbol{X})$ 微分。

定理 3.2.1 矩阵函数 $\boldsymbol{F}(\boldsymbol{X}):\mathbb{R}^{m\times n}\to\mathbb{R}^{p\times q}$ 的 $pq\times mn$ 维 Jacobian 矩阵可以通过下式辨识

$$\begin{aligned}&\mathrm{d}\boldsymbol{F}(\boldsymbol{X})=\boldsymbol{A}(\mathrm{d}\boldsymbol{X})\boldsymbol{B}+\boldsymbol{C}(\mathrm{d}\boldsymbol{X}^{\mathrm{T}})\boldsymbol{D}\\ \Longleftrightarrow\ &\mathrm{D}_{\boldsymbol{X}}\boldsymbol{F}(\boldsymbol{X})=\frac{\partial\mathrm{vec}\boldsymbol{F}(\boldsymbol{X})}{\partial(\mathrm{vec}\boldsymbol{X})^{\mathrm{T}}}=(\boldsymbol{B}^{\mathrm{T}}\otimes\boldsymbol{A})+(\boldsymbol{D}^{\mathrm{T}}\otimes\boldsymbol{C})\boldsymbol{K}_{mn}\end{aligned}\tag{3.2.56}$$

或 $mn\times pq$ 维梯度矩阵可以辨识为

$$\nabla_{\boldsymbol{X}}\boldsymbol{F}(\boldsymbol{X})=\frac{\partial\mathrm{vec}\boldsymbol{F}(\boldsymbol{X})}{\partial(\mathrm{vec}\boldsymbol{X})}=(\boldsymbol{B}\otimes\boldsymbol{A}^{\mathrm{T}})+\boldsymbol{K}_{nm}(\boldsymbol{D}\otimes\boldsymbol{C}^{\mathrm{T}})\tag{3.2.57}$$

表 3.2.3 总结了实值函数的矩阵微分与 Jacobian 矩阵之间的对应关系。

表 3.2.3 实值函数的矩阵微分与 Jacobian 矩阵的对应关系

函数类型	矩阵微分	Jacobian 矩阵
$f(x):\ \mathbb{R}\to\mathbb{R}$	$\mathrm{d}f(x)=A\mathrm{d}x$	$A\in\mathbb{R}$
$f(\boldsymbol{x}):\ \mathbb{R}^m\to\mathbb{R}$	$\mathrm{d}f(\boldsymbol{x})=\boldsymbol{A}\mathrm{d}\boldsymbol{x}$	$\boldsymbol{A}\in\mathbb{R}^{1\times m}$
$f(\boldsymbol{X}):\ \mathbb{R}^{m\times n}\to\mathbb{R}$	$\mathrm{d}f(\boldsymbol{X})=\mathrm{tr}(\boldsymbol{A}\mathrm{d}\boldsymbol{X})$	$\boldsymbol{A}\in\mathbb{R}^{n\times m}$
$\boldsymbol{f}(\boldsymbol{x}):\ \mathbb{R}^m\to\mathbb{R}^p$	$\mathrm{d}\boldsymbol{f}(\boldsymbol{x})=\boldsymbol{A}\mathrm{d}\boldsymbol{x}$	$\boldsymbol{A}\in\mathbb{R}^{p\times m}$
$\boldsymbol{f}(\boldsymbol{X}):\ \mathbb{R}^{m\times n}\to\mathbb{R}^p$	$\mathrm{d}\boldsymbol{f}(\boldsymbol{X})=\boldsymbol{A}\mathrm{d}(\mathrm{vec}\boldsymbol{X})$	$\boldsymbol{A}\in\mathbb{R}^{p\times mn}$
$\boldsymbol{F}(\boldsymbol{x}):\ \mathbb{R}^m\to\mathbb{R}^{p\times q}$	$\mathrm{d}(\mathrm{vec}\boldsymbol{F}(\boldsymbol{x}))=\boldsymbol{A}\mathrm{d}\boldsymbol{x}$	$\boldsymbol{A}\in\mathbb{R}^{pq\times m}$
$\boldsymbol{F}(\boldsymbol{X}):\ \mathbb{R}^{m\times n}\to\mathbb{R}^{p\times q}$	$\mathrm{d}\boldsymbol{F}(\boldsymbol{X})=\boldsymbol{A}(\mathrm{d}\boldsymbol{X})\boldsymbol{B}$	$(\boldsymbol{B}^{\mathrm{T}}\otimes\boldsymbol{A})\in\mathbb{R}^{pq\times mn}$
$\boldsymbol{F}(\boldsymbol{X}):\ \mathbb{R}^{m\times n}\to\mathbb{R}^{p\times q}$	$\mathrm{d}\boldsymbol{F}(\boldsymbol{X})=\boldsymbol{C}(\mathrm{d}\boldsymbol{X}^{\mathrm{T}})\boldsymbol{D}$	$(\boldsymbol{D}^{\mathrm{T}}\otimes\boldsymbol{C})\boldsymbol{K}_{mn}\in\mathbb{R}^{pq\times mn}$

例 3.2.3 矩阵函数 $\boldsymbol{AX}^{\mathrm{T}}\boldsymbol{B}$ 的矩阵微分为 $\mathrm{d}(\boldsymbol{AX}^{\mathrm{T}}\boldsymbol{B}) = \boldsymbol{A}(\mathrm{d}\boldsymbol{X}^{\mathrm{T}})\boldsymbol{B}$，于是得矩阵函数 $\boldsymbol{AX}^{\mathrm{T}}\boldsymbol{B}$ 的 Jacobian 矩阵

$$\mathrm{D}_{\boldsymbol{X}}(\boldsymbol{AX}^{\mathrm{T}}\boldsymbol{B}) = (\boldsymbol{B}^{\mathrm{T}} \otimes \boldsymbol{A})\boldsymbol{K}_{mn} \tag{3.2.58}$$

转置后，即可获得矩阵函数的梯度矩阵。

例 3.2.4 矩阵函数 $\boldsymbol{X}^{\mathrm{T}}\boldsymbol{BX}$ 的矩阵微分为 $\mathrm{d}(\boldsymbol{X}^{\mathrm{T}}\boldsymbol{BX}) = \boldsymbol{X}^{\mathrm{T}}\boldsymbol{B}\mathrm{d}\boldsymbol{X} + \mathrm{d}(\boldsymbol{X}^{\mathrm{T}})\boldsymbol{BX}$，故矩阵函数 $\boldsymbol{X}^{\mathrm{T}}\boldsymbol{BX}$ 的 Jacobian 矩阵为

$$\mathrm{D}_{\boldsymbol{X}}(\boldsymbol{X}^{\mathrm{T}}\boldsymbol{BX}) = \boldsymbol{I} \otimes (\boldsymbol{X}^{\mathrm{T}}\boldsymbol{B}) + \big((\boldsymbol{BX})^{\mathrm{T}} \otimes \boldsymbol{I}\big)\boldsymbol{K}_{mn} \tag{3.2.59}$$

转置后，又可得到矩阵函数的梯度矩阵。

表 3.2.4 汇总了一些典型矩阵函数的矩阵微分与 Jacobian 矩阵。

表 3.2.4 矩阵函数的矩阵微分与 Jacobian 矩阵

矩阵函数 $\boldsymbol{F}(\boldsymbol{X})$	矩阵微分 $\mathrm{d}\boldsymbol{F}(\boldsymbol{X})$	Jacobian 矩阵
$\boldsymbol{X}^{\mathrm{T}}\boldsymbol{X}$	$\boldsymbol{X}^{\mathrm{T}}\mathrm{d}\boldsymbol{X} + (\mathrm{d}\boldsymbol{X}^{\mathrm{T}})\boldsymbol{X}$	$(\boldsymbol{I}_n \otimes \boldsymbol{X}^{\mathrm{T}}) + (\boldsymbol{X}^{\mathrm{T}} \otimes \boldsymbol{I}_n)\boldsymbol{K}_{mn}$
$\boldsymbol{XX}^{\mathrm{T}}$	$\boldsymbol{X}(\mathrm{d}\boldsymbol{X}^{\mathrm{T}}) + (\mathrm{d}\boldsymbol{X})\boldsymbol{X}^{\mathrm{T}}$	$(\boldsymbol{I}_m \otimes \boldsymbol{X})\boldsymbol{K}_{mn} + (\boldsymbol{X} \otimes \boldsymbol{I}_m)$
$\boldsymbol{AX}^{\mathrm{T}}\boldsymbol{BXC}$	$\boldsymbol{A}(\mathrm{d}\boldsymbol{X}^{\mathrm{T}})\boldsymbol{BXC} + \boldsymbol{AX}^{\mathrm{T}}\boldsymbol{B}(\mathrm{d}\boldsymbol{X})\boldsymbol{C}$	$\big((\boldsymbol{BXC})^{\mathrm{T}} \otimes \boldsymbol{A}\big)\boldsymbol{K}_{mn} + \boldsymbol{C}^{\mathrm{T}} \otimes (\boldsymbol{AX}^{\mathrm{T}}\boldsymbol{B})$
$\boldsymbol{AXBX}^{\mathrm{T}}\boldsymbol{C}$	$\boldsymbol{A}(\mathrm{d}\boldsymbol{X})\boldsymbol{BX}^{\mathrm{T}}\boldsymbol{C} + \boldsymbol{AXB}(\mathrm{d}\boldsymbol{X}^{\mathrm{T}})\boldsymbol{C}$	$(\boldsymbol{BX}^{\mathrm{T}}\boldsymbol{C})^{\mathrm{T}} \otimes \boldsymbol{A} + \big(\boldsymbol{C}^{\mathrm{T}} \otimes (\boldsymbol{AXB})\big)\boldsymbol{K}_{mn}$
$\boldsymbol{X}^{-1}$	$-\boldsymbol{X}^{-1}(\mathrm{d}\boldsymbol{X})\boldsymbol{X}^{-1}$	$-(\boldsymbol{X}^{-\mathrm{T}} \otimes \boldsymbol{X}^{-1})$
$\boldsymbol{X}^k$	$\sum\limits_{j=1}^{k}\boldsymbol{X}^{j-1}(\mathrm{d}\boldsymbol{X})\boldsymbol{X}^{k-j}$	$\sum\limits_{j=1}^{k}(\boldsymbol{X}^{\mathrm{T}})^{k-j} \otimes \boldsymbol{X}^{j-1}$
$\log \boldsymbol{X}$	$\boldsymbol{X}^{-1}\mathrm{d}\boldsymbol{X}$	$\boldsymbol{I} \otimes \boldsymbol{X}^{-1}$
$\exp(\boldsymbol{X})$	$\sum\limits_{k=0}^{\infty}\frac{1}{(k+1)!}\sum\limits_{j=0}^{k}\boldsymbol{X}^j(\mathrm{d}\boldsymbol{X})\boldsymbol{X}^{k-j}$	$\sum\limits_{k=0}^{\infty}\frac{1}{(k+1)!}\sum\limits_{j=0}^{k}(\boldsymbol{X}^{\mathrm{T}})^{k-j} \otimes \boldsymbol{X}^j$

不言而喻，表 3.2.4 也适用于以向量为变元的矩阵函数 $\boldsymbol{F}(\boldsymbol{x}) : \mathbb{R}^{m\times 1} \to \mathbb{R}^{p\times q}$ 和标量函数 $f(\boldsymbol{X})$ 或 $f(\boldsymbol{x})$ 等。例如，对于矩阵函数 $\boldsymbol{F}(\boldsymbol{x}) = \boldsymbol{xx}^{\mathrm{T}} \in \mathbb{R}^{m\times m}$ 和标量函数 $f(\boldsymbol{x}) = \boldsymbol{x}^{\mathrm{T}}\boldsymbol{x}$，由表 3.2.4 直接得

$$\mathrm{D}_{\boldsymbol{x}}(\boldsymbol{xx}^{\mathrm{T}}) = (\boldsymbol{x} \otimes \boldsymbol{I}_m)\boldsymbol{K}_{m1} + (\boldsymbol{I}_m \otimes \boldsymbol{x}) = (\boldsymbol{x} \otimes \boldsymbol{I}_m) + (\boldsymbol{I}_m \otimes \boldsymbol{x})$$

$$\mathrm{D}_{\boldsymbol{x}}(\boldsymbol{x}^{\mathrm{T}}\boldsymbol{x}) = (\boldsymbol{x}^{\mathrm{T}} \otimes \boldsymbol{I}_1)\boldsymbol{K}_{m1} + (\boldsymbol{I}_1 \otimes \boldsymbol{x}^{\mathrm{T}}) = 2\boldsymbol{x}^{\mathrm{T}}$$

因为 $\boldsymbol{I}_1 = 1$ 和 $\boldsymbol{K}_{m1} = \boldsymbol{I}_m$。

需要注意的是，一些矩阵函数的矩阵微分可能无法表示成定理 3.2.1 所要求的规范形式，但一定可以表示成命题 3.2.2 的规范形式。此时，就必须使用命题 3.2.2 辨识 Jacobian 矩阵。

例 3.2.5 两个矩阵 $\boldsymbol{X} \in \mathbb{R}^{p\times m}$ 和 $\boldsymbol{Y} \in \mathbb{R}^{n\times q}$ 的 Kronecker 积 $\boldsymbol{F}(\boldsymbol{X}, \boldsymbol{Y}) = \boldsymbol{X} \otimes \boldsymbol{Y}$ 的矩阵微分 $\mathrm{d}\boldsymbol{F}(\boldsymbol{X}, \boldsymbol{Y}) = (\mathrm{d}\boldsymbol{X}) \otimes \boldsymbol{Y} + \boldsymbol{X} \otimes (\mathrm{d}\boldsymbol{Y})$。由 Kronecker 积的向量化公式 $\mathrm{vec}(\boldsymbol{X} \otimes \boldsymbol{Y}) =$

$(\boldsymbol{I}_m \otimes \boldsymbol{K}_{qp} \otimes \boldsymbol{I}_n)(\text{vec}\boldsymbol{X} \otimes \text{vec}\boldsymbol{Y})$，有

$$\begin{aligned}\text{vec}(\text{d}\boldsymbol{X} \otimes \boldsymbol{Y}) &= (\boldsymbol{I}_m \otimes \boldsymbol{K}_{qp} \otimes \boldsymbol{I}_n)(\text{d}\,\text{vec}\boldsymbol{X} \otimes \text{vec}\boldsymbol{Y}) \\ &= (\boldsymbol{I}_m \otimes \boldsymbol{K}_{qp} \otimes \boldsymbol{I}_n)(\boldsymbol{I}_{pm} \otimes \text{vec}\boldsymbol{Y})\text{d}\,\text{vec}\boldsymbol{X} \qquad (3.2.60)\end{aligned}$$

$$\begin{aligned}\text{vec}(\boldsymbol{X} \otimes \text{d}\boldsymbol{Y}) &= (\boldsymbol{I}_m \otimes \boldsymbol{K}_{qp} \otimes \boldsymbol{I}_n)(\text{vec}\boldsymbol{X} \otimes \text{d}\,\text{vec}\boldsymbol{Y}) \\ &= (\boldsymbol{I}_m \otimes \boldsymbol{K}_{qp} \otimes \boldsymbol{I}_n)(\text{vec}\boldsymbol{X} \otimes \boldsymbol{I}_{nq})\text{d}\,\text{vec}\boldsymbol{Y} \qquad (3.2.61)\end{aligned}$$

因此，Jacobian 矩阵分别为

$$\text{D}_{\boldsymbol{X}}(\boldsymbol{X} \otimes \boldsymbol{Y}) = (\boldsymbol{I}_m \otimes \boldsymbol{K}_{qp} \otimes \boldsymbol{I}_n)(\boldsymbol{I}_{pm} \otimes \text{vec}\boldsymbol{Y}) \qquad (3.2.62)$$

$$\text{D}_{\boldsymbol{Y}}(\boldsymbol{X} \otimes \boldsymbol{Y}) = (\boldsymbol{I}_m \otimes \boldsymbol{K}_{qp} \otimes \boldsymbol{I}_n)(\text{vec}\boldsymbol{X} \otimes \boldsymbol{I}_{nq}) \qquad (3.2.63)$$

本节的分析与举例充分说明，一阶矩阵微分的确是辨识实值函数的 Jacobian 矩阵和梯度矩阵的有效数学工具，它运算简单，并且易于掌握。

3.3 二阶实矩阵微分与 Hessian 矩阵辨识

一阶实矩阵微分可用于辨识实标量函数和实矩阵函数的 Jacobian 矩阵和梯度矩阵。本节将讨论实标量函数和实矩阵函数的二阶偏导和二阶微分。实二阶矩阵微分可以很方便地辨识一个实函数的 Hessian 矩阵。

3.3.1 Hessian 矩阵

实值函数 $f(\boldsymbol{x})$ 相对于 $m \times 1$ 实向量 $\boldsymbol{x}$ 的二阶偏导称为 Hessian 矩阵，记作 $\boldsymbol{H}[f(\boldsymbol{x})]$，定义为

$$\boldsymbol{H}[f(\boldsymbol{x})] = \frac{\partial^2 f(\boldsymbol{x})}{\partial \boldsymbol{x} \partial \boldsymbol{x}^{\text{T}}} = \frac{\partial}{\partial \boldsymbol{x}}\left[\frac{\partial f(\boldsymbol{x})}{\partial \boldsymbol{x}^{\text{T}}}\right] \in \mathbb{R}^{m \times m} \qquad (3.3.1)$$

或记作

$$\boldsymbol{H}[f(\boldsymbol{x})] = \nabla^2_{\boldsymbol{x}} f(\boldsymbol{x}) = \nabla_{\boldsymbol{x}}(\text{D}_{\boldsymbol{x}} f(\boldsymbol{x})) \qquad (3.3.2)$$

式中 $\text{D}_{\boldsymbol{x}}$ 为协梯度算子。于是，Hessian 矩阵的第 (i,j) 元素定义为

$$[\boldsymbol{H} f(\boldsymbol{x})]_{i,j} = \left[\frac{\partial^2 f(\boldsymbol{x})}{\partial \boldsymbol{x} \partial \boldsymbol{x}^{\text{T}}}\right]_{i,j} = \frac{\partial}{\partial x_i}\left[\frac{\partial f(\boldsymbol{x})}{\partial x_j}\right] \qquad (3.3.3)$$

或写作

$$\boldsymbol{H}[f(\boldsymbol{x})] = \frac{\partial^2 f(\boldsymbol{x})}{\partial \boldsymbol{x} \partial \boldsymbol{x}^{\text{T}}} = \begin{bmatrix} \dfrac{\partial^2 f}{\partial x_1 \partial x_1} & \cdots & \dfrac{\partial^2 f}{\partial x_1 \partial x_m} \\ \vdots & \ddots & \vdots \\ \dfrac{\partial^2 f}{\partial x_m \partial x_1} & \cdots & \dfrac{\partial^2 f}{\partial x_m \partial x_m} \end{bmatrix} \in \mathbb{R}^{m \times m} \qquad (3.3.4)$$

即实标量函数 $f(\boldsymbol{x})$ 的 Hessian 矩阵是一个 $m \times m$ 正方矩阵，由标量函数 $f(\boldsymbol{x})$ 关于向量变元 $\boldsymbol{x}$ 的元素 x_i 的 m^2 个二阶偏导组成。

由定义式知，实标量函数 $f(\boldsymbol{x})$ 的 Hessian 矩阵是一个实对称矩阵

$$(\boldsymbol{H}[f(\boldsymbol{x})])^{\mathrm{T}} = \boldsymbol{H}[f(\boldsymbol{x})] \tag{3.3.5}$$

因为二次可导连续函数 $f(\boldsymbol{x})$ 的二次求导与求导顺序无关，即 $\frac{\partial^2 f}{\partial x_i \partial x_j} = \frac{\partial^2 f}{\partial x_j \partial x_i}$。

仿照实标量函数 $f(\boldsymbol{x})$ 的 Hessian 矩阵的定义公式，实标量函数 $f(\boldsymbol{X})$ 的 Hessian 矩阵定义为

$$\boldsymbol{H}[f(\boldsymbol{X})] = \frac{\partial^2 f(\boldsymbol{X})}{\partial \mathrm{vec}\boldsymbol{X} \partial (\mathrm{vec}\boldsymbol{X})^{\mathrm{T}}} = \nabla_{\boldsymbol{X}}(\mathrm{D}_{\boldsymbol{X}} f(\boldsymbol{X})) \in \mathbb{R}^{mn \times mn} \tag{3.3.6}$$

其元素表示形式为

$$\boldsymbol{H}[f(\boldsymbol{X})] = \begin{bmatrix} \frac{\partial^2 f}{\partial x_{11} \partial x_{11}} & \cdots & \frac{\partial^2 f}{\partial x_{11} \partial x_{m1}} & \cdots & \frac{\partial^2 f}{\partial x_{11} \partial x_{1n}} & \cdots & \frac{\partial^2 f}{\partial x_{11} \partial x_{mn}} \\ \vdots & \vdots & \vdots & \vdots & \vdots & \vdots & \vdots \\ \frac{\partial^2 f}{\partial x_{m1} \partial x_{11}} & \cdots & \frac{\partial^2 f}{\partial x_{m1} \partial x_{m1}} & \cdots & \frac{\partial^2 f}{\partial x_{m1} \partial x_{1n}} & \cdots & \frac{\partial^2 f}{\partial x_{m1} \partial x_{mn}} \\ \vdots & \vdots & \vdots & \vdots & \vdots & \vdots & \vdots \\ \frac{\partial^2 f}{\partial x_{1n} \partial x_{11}} & \cdots & \frac{\partial^2 f}{\partial x_{1n} \partial x_{m1}} & \cdots & \frac{\partial^2 f}{\partial x_{1n} \partial x_{1n}} & \cdots & \frac{\partial^2 f}{\partial x_{1n} \partial x_{mn}} \\ \vdots & \vdots & \vdots & \vdots & \vdots & \vdots & \vdots \\ \frac{\partial^2 f}{\partial x_{mn} \partial x_{11}} & \cdots & \frac{\partial^2 f}{\partial x_{mn} \partial x_{m1}} & \cdots & \frac{\partial^2 f}{\partial x_{mn} \partial x_{1n}} & \cdots & \frac{\partial^2 f}{\partial x_{mn} \partial x_{mn}} \end{bmatrix} \tag{3.3.7}$$

由 $\frac{\partial^2 f}{\partial x_{ij} \partial x_{kl}} = \frac{\partial^2 f}{\partial x_{kl} \partial x_{ij}}$ 立即知，实标量函数 $f(\boldsymbol{X})$ 的 Hessian 矩阵是一个实对称矩阵

$$[\boldsymbol{H} f(\boldsymbol{X})]^{\mathrm{T}} = \boldsymbol{H}[f(\boldsymbol{X})] \tag{3.3.8}$$

3.3.2 Hessian 矩阵的辨识原理

下面讨论实标量函数和实矩阵函数的 Hessian 矩阵的辨识。Hessian 矩阵在最优化的全局最优点的判别和 Newton 算法中起着关键的作用。

我们分两种情况讨论 Hessian 矩阵的辨识。

1. 标量函数 $f(\boldsymbol{x})$ 的 Hessian 矩阵辨识

很多情况下，直接根据定义求标量函数 $f(\boldsymbol{x})$ 或 $f(\boldsymbol{X})$ 的 Hessian 矩阵可能比较麻烦。更简单的方法是利用实函数 $f(\boldsymbol{x})$ 或 $f(\boldsymbol{X})$ 的二阶实微分矩阵与 Hessian 矩阵之间的对应关系。

注意到微分 $\mathrm{d}\boldsymbol{x}$ 不是向量 $\boldsymbol{x}$ 的函数，故有

$$\mathrm{d}^2 \boldsymbol{x} = \mathrm{d}(\mathrm{d}\boldsymbol{x}) = 0 \tag{3.3.9}$$

记住这一点，由式 (3.2.16) 易求得二阶微分 $\mathrm{d}^2 f(\boldsymbol{x}) = \mathrm{d}(\mathrm{d}f(\boldsymbol{x}))$ 为

$$\mathrm{d}^2 f(\boldsymbol{x}) = (\mathrm{d}\boldsymbol{x})^{\mathrm{T}} \frac{\partial \mathrm{d}f(\boldsymbol{x})}{\partial \boldsymbol{x}} = (\mathrm{d}\boldsymbol{x})^{\mathrm{T}} \frac{\partial}{\partial \boldsymbol{x}} \left(\frac{\partial f(\boldsymbol{x})}{\partial \boldsymbol{x}^{\mathrm{T}}} \right) \mathrm{d}\boldsymbol{x} = (\mathrm{d}\boldsymbol{x})^{\mathrm{T}} \frac{\partial f^2(\boldsymbol{x})}{\partial \boldsymbol{x} \partial \boldsymbol{x}^{\mathrm{T}}} \mathrm{d}\boldsymbol{x}$$

或写作简洁形式

$$\mathrm{d}^2 f(\boldsymbol{x}) = (\mathrm{d}\boldsymbol{x})^{\mathrm{T}} \boldsymbol{H}[f(\boldsymbol{x})]\mathrm{d}\boldsymbol{x} \tag{3.3.10}$$

称为实标量函数 $f(\boldsymbol{x})$ 的二阶微分法则的向量形式。式中

$$\boldsymbol{H}[f(\boldsymbol{x})] = \frac{\partial f^2(\boldsymbol{x})}{\partial \boldsymbol{x} \partial \boldsymbol{x}^{\mathrm{T}}} \tag{3.3.11}$$

是函数 $f(\boldsymbol{x})$ 的 Hessian 矩阵，其第 (i,j) 元素

$$h_{ij} = \frac{\partial}{\partial x_i}\left(\frac{\partial f(\boldsymbol{x})}{\partial x_j}\right) = \frac{\partial f^2(\boldsymbol{x})}{\partial x_i \partial x_j} \tag{3.3.12}$$

注意到实标量函数 $f(\boldsymbol{x})$ 的一阶微分 $\mathrm{d}f(\boldsymbol{x}) = \boldsymbol{A}\mathrm{d}\boldsymbol{x}$ 中的矩阵 $\boldsymbol{A} \in \mathbb{R}^{1\times m}$ 通常是变元 $\boldsymbol{x}$ 的实值行向量函数，其微分仍然是实值行向量函数，故有

$$\mathrm{d}\boldsymbol{A} = (\mathrm{d}\boldsymbol{x})^{\mathrm{T}} \boldsymbol{B} \in \mathbb{R}^{1\times m}$$

其中 $\boldsymbol{B} \in \mathbb{R}^{m\times m}$。于是，实标量函数 $f(\boldsymbol{x})$ 的二阶微分取二次型函数形式

$$\mathrm{d}^2 f(\boldsymbol{x}) = \mathrm{d}(\boldsymbol{A}\mathrm{d}\boldsymbol{x}) = (\mathrm{d}\boldsymbol{x})^{\mathrm{T}} \boldsymbol{B}\mathrm{d}\boldsymbol{x} \tag{3.3.13}$$

比较式 (3.3.13) 和式 (3.3.10) 知，实标量函数 $f(\boldsymbol{x})$ 的 Hessian 矩阵 $\boldsymbol{H}_{\boldsymbol{x}} f(\boldsymbol{x}) = \boldsymbol{B}$。为了确保 Hessian 矩阵为实对称矩阵，故取

$$\boldsymbol{H}[f(\boldsymbol{x})] = \frac{1}{2}(\boldsymbol{B}^{\mathrm{T}} + \boldsymbol{B}) \tag{3.3.14}$$

2. 标量函数 $f(\boldsymbol{X})$ 的 Hessian 矩阵辨识

由式 (3.2.21) 得标量函数 $f(\boldsymbol{X})$ 的二阶微分

$$\begin{aligned}
\mathrm{d}^2 f(\boldsymbol{X}) &= (\mathrm{dvec}\boldsymbol{X})^{\mathrm{T}} \frac{\partial \mathrm{d} f(\boldsymbol{X})}{\partial \mathrm{vec}\boldsymbol{X}} \\
&= (\mathrm{dvec}\boldsymbol{X})^{\mathrm{T}} \frac{\partial}{\partial \mathrm{vec}\boldsymbol{X}}\left(\frac{\partial f(\boldsymbol{X})}{\partial (\mathrm{vec}\boldsymbol{X})^{\mathrm{T}}}\right)\mathrm{d}(\mathrm{vec}\boldsymbol{X}) \\
&= (\mathrm{dvec}\boldsymbol{X})^{\mathrm{T}} \frac{\partial f^2(\boldsymbol{X})}{\partial \mathrm{vec}\boldsymbol{X} \partial (\mathrm{vec}\boldsymbol{X})^{\mathrm{T}}}\mathrm{d}(\mathrm{vec}\boldsymbol{X})
\end{aligned}$$

即有

$$\mathrm{d}^2 f(\boldsymbol{X}) = (\mathrm{d}(\mathrm{vec}\boldsymbol{X}))^{\mathrm{T}} \boldsymbol{H}[f(\boldsymbol{X})]\mathrm{d}(\mathrm{vec}\boldsymbol{X}) \tag{3.3.15}$$

这一公式称为实标量函数 $f(\boldsymbol{X})$ 的二阶 (矩阵) 微分法则。式中

$$\boldsymbol{H}[f(\boldsymbol{X})] = \frac{\partial^2 f(\boldsymbol{X})}{\partial \mathrm{vec}\boldsymbol{X} \partial (\mathrm{vec}\boldsymbol{X})^{\mathrm{T}}} \tag{3.3.16}$$

是标量函数 $f(\boldsymbol{X})$ 的 Hessian 矩阵。

对于实标量函数 $f(\boldsymbol{X})$，其一阶微分 $\mathrm{d}f(\boldsymbol{X})=\boldsymbol{A}\mathrm{d}(\mathrm{vec}\boldsymbol{X})$ 中的矩阵 $\boldsymbol{A}$ 通常是变元矩阵 $\boldsymbol{X}$ 的实值行向量函数，其微分仍然是实值行向量函数，故有

$$\mathrm{d}\boldsymbol{A}=(\mathrm{d}(\mathrm{vec}\boldsymbol{X}))^{\mathrm{T}}\boldsymbol{B}\quad\in\mathbb{R}^{1\times mn}$$

其中 $\boldsymbol{B}\in\mathbb{R}^{mn\times mn}$。于是，实标量函数 $f(\boldsymbol{X})$ 的二阶微分取二次型函数形式

$$\mathrm{d}^2f(\boldsymbol{X})=(\mathrm{d}(\mathrm{vec}\boldsymbol{X}))^{\mathrm{T}}\boldsymbol{B}\mathrm{d}(\mathrm{vec}\boldsymbol{X})\tag{3.3.17}$$

比较二阶矩阵微分的两个表达式 (3.3.17) 和式 (3.3.15) 知，实值标量函数 $f(\boldsymbol{X})$ 的 Hessian 矩阵

$$\boldsymbol{H}[f(\boldsymbol{X})]=\frac{1}{2}(\boldsymbol{B}^{\mathrm{T}}+\boldsymbol{B})\tag{3.3.18}$$

因为实 Hessian 矩阵必须是实对称矩阵。

以上结果可以归结为下面的命题。

命题 3.3.1 以向量 $\boldsymbol{x}$ 或者矩阵 $\boldsymbol{X}$ 为变元的标量函数的二阶微分与 Hessian 矩阵之间存在下面的二阶辨识关系

$$\mathrm{d}^2f(\boldsymbol{x})=(\mathrm{d}\boldsymbol{x})^{\mathrm{T}}\boldsymbol{B}\mathrm{d}\boldsymbol{x}\iff\boldsymbol{H}[f(\boldsymbol{x})]=\frac{1}{2}(\boldsymbol{B}^{\mathrm{T}}+\boldsymbol{B})\tag{3.3.19}$$

$$\mathrm{d}^2f(\boldsymbol{X})=(\mathrm{d}(\mathrm{vec}\boldsymbol{X}))^{\mathrm{T}}\boldsymbol{B}\mathrm{d}(\mathrm{vec}\boldsymbol{X})\iff\boldsymbol{H}[f(\boldsymbol{X})]=\frac{1}{2}(\boldsymbol{B}^{\mathrm{T}}+\boldsymbol{B})\tag{3.3.20}$$

令 $x,\boldsymbol{x},\boldsymbol{X}$ 分别代表函数的实标量变元、$m\times 1$ 实向量变元和 $m\times n$ 实矩阵变元，而 $f(\cdot),\boldsymbol{f}(\cdot),\boldsymbol{F}(\cdot)$ 则分别表示实标量函数、$p\times 1$ 实向量函数和 $p\times q$ 实矩阵函数。

表 3.3.1 的二阶辨识表 (second identification table) 描述了不同实函数的二阶实微分矩阵与实 Hessian 矩阵之间的基本对应关系。

表 3.3.1 二阶辨识表 [328, p.190]

实函数	二阶实微分矩阵	实 Hessian 矩阵 $\boldsymbol{H}$	$\boldsymbol{H}$ 的维数
$f(x)$	$\mathrm{d}^2[f(x)]=\beta(\mathrm{d}x)^2$	$\boldsymbol{H}[f(x)]=\beta$	1×1
$f(\boldsymbol{x})$	$\mathrm{d}^2[f(\boldsymbol{x})]=(\mathrm{d}\boldsymbol{x})^{\mathrm{T}}\boldsymbol{B}\mathrm{d}\boldsymbol{x}$	$\boldsymbol{H}[f(\boldsymbol{x})]=\frac{1}{2}(\boldsymbol{B}+\boldsymbol{B}^{\mathrm{T}})$	$m\times m$
$f(\boldsymbol{X})$	$\mathrm{d}^2[f(\boldsymbol{X})]=\mathrm{d}(\mathrm{vec}(\boldsymbol{X}))^{\mathrm{T}}\boldsymbol{B}\mathrm{d}(\mathrm{vec}(\boldsymbol{X}))$	$\boldsymbol{H}[f(\boldsymbol{X})]=\frac{1}{2}(\boldsymbol{B}+\boldsymbol{B}^{\mathrm{T}})$	$mn\times mn$
$\boldsymbol{f}(x)$	$\mathrm{d}^2[\boldsymbol{f}(x)]=\boldsymbol{b}(\mathrm{d}x)^2$	$\boldsymbol{H}[\boldsymbol{f}(x)]=\boldsymbol{b}$	$p\times 1$
$\boldsymbol{f}(\boldsymbol{x})$	$\mathrm{d}^2[\boldsymbol{f}(\boldsymbol{x})]=(\boldsymbol{I}_m\otimes\mathrm{d}\boldsymbol{x})^{\mathrm{T}}\boldsymbol{B}\mathrm{d}\boldsymbol{x}$	$\boldsymbol{H}[\boldsymbol{f}(\boldsymbol{x})]=\frac{1}{2}[\boldsymbol{B}+(\boldsymbol{B}')_v]$	$pm\times m$
$\boldsymbol{f}(\boldsymbol{X})$	$\mathrm{d}^2[\boldsymbol{f}(\boldsymbol{X})]=(\boldsymbol{I}_m\otimes\mathrm{d}\,\mathrm{vec}(\boldsymbol{X}))^{\mathrm{T}}\boldsymbol{B}\mathrm{d}(\mathrm{vec}(\boldsymbol{X}))$	$\boldsymbol{H}[\boldsymbol{f}(\boldsymbol{X})]=\frac{1}{2}[\boldsymbol{B}+(\boldsymbol{B}')_v]$	$pmn\times mn$
$\boldsymbol{F}(x)$	$\mathrm{d}^2[\boldsymbol{F}(x)]=\boldsymbol{B}(\mathrm{d}x)^2$	$\boldsymbol{H}[\boldsymbol{F}(x)]=\mathrm{vec}(\boldsymbol{B})$	$pq\times 1$
$\boldsymbol{F}(\boldsymbol{x})$	$\mathrm{d}^2[\mathrm{vec}(\boldsymbol{F})]=(\boldsymbol{I}_{mp}\otimes\mathrm{d}\boldsymbol{x})^{\mathrm{T}}\boldsymbol{B}\mathrm{d}\boldsymbol{x}$	$\boldsymbol{H}[\boldsymbol{F}(\boldsymbol{x})]=\frac{1}{2}[\boldsymbol{B}+(\boldsymbol{B}')_v]$	$pmq\times m$
$\boldsymbol{F}(\boldsymbol{X})$	$\mathrm{d}^2[\mathrm{vec}(\boldsymbol{F})]=(\boldsymbol{I}_{mp}\otimes\mathrm{d}\,\mathrm{vec}(\boldsymbol{X}))^{\mathrm{T}}\boldsymbol{B}\mathrm{d}(\mathrm{vec}(\boldsymbol{X}))$	$\boldsymbol{H}[\boldsymbol{F}(\boldsymbol{x})]=\frac{1}{2}[\boldsymbol{B}+(\boldsymbol{B}')_v]$	$pmqn\times mn$

在实向量函数 $\boldsymbol{f} \in \mathbb{R}^p$ 的情况下，表 3.3.1 中的 $pmn \times mn$ 矩阵 $\boldsymbol{B}$ 和 $(\boldsymbol{B}')_v$ 分别为

$$\boldsymbol{B} = \begin{bmatrix} \boldsymbol{B}_1 \\ \boldsymbol{B}_2 \\ \vdots \\ \boldsymbol{B}_p \end{bmatrix}, \qquad (\boldsymbol{B}')_v = \begin{bmatrix} \boldsymbol{B}_1^{\mathrm{T}} \\ \boldsymbol{B}_2^{\mathrm{T}} \\ \vdots \\ \boldsymbol{B}_p^{\mathrm{T}} \end{bmatrix} \tag{3.3.21}$$

而在实矩阵函数 $\boldsymbol{F} \in \mathbb{R}^{p\times q}$ 的情况下，$pmqn \times mn$ 矩阵 $\boldsymbol{B}$ 和 $(\boldsymbol{B}')_v$ 分别为

$$\boldsymbol{B} = \begin{bmatrix} \boldsymbol{B}_{11} \\ \vdots \\ \boldsymbol{B}_{p1} \\ \vdots \\ \boldsymbol{B}_{1q} \\ \vdots \\ \boldsymbol{B}_{pq} \end{bmatrix}, \qquad (\boldsymbol{B}')_v = \begin{bmatrix} \boldsymbol{B}_{11}^{\mathrm{T}} \\ \vdots \\ \boldsymbol{B}_{p1}^{\mathrm{T}} \\ \vdots \\ \boldsymbol{B}_{1q}^{\mathrm{T}} \\ \vdots \\ \boldsymbol{B}_{pq}^{\mathrm{T}} \end{bmatrix} \tag{3.3.22}$$

所有分块矩阵 $\boldsymbol{B}_1, \cdots, \boldsymbol{B}_p$ 以及 $\boldsymbol{B}_{11}, \cdots, \boldsymbol{B}_{pq}$ 都是 $m \times m$ 矩阵 (当 $\boldsymbol{f}$ 和 $\boldsymbol{F}$ 分别是 $m \times 1$ 向量 $\boldsymbol{x}$ 的向量函数和矩阵函数时)，或者都是 $mn \times mn$ 矩阵 (当 $\boldsymbol{f}$ 和 $\boldsymbol{F}$ 分别是 $m \times n$ 矩阵 $\boldsymbol{X}$ 的向量函数和矩阵函数时)。

3.3.3 Hessian 矩阵的辨识方法

命题 3.3.1 表明，为了辨识 Hessian 矩阵，需要将实标量函数 $f(\boldsymbol{X})$ 的二阶微分写成关于变元矩阵的向量化 $\mathrm{vec}(\boldsymbol{X})$ 的二次型规范形式 $\mathrm{d}^2 f(\boldsymbol{X}) = (\mathrm{d}(\mathrm{vec}\boldsymbol{X}))^{\mathrm{T}} \boldsymbol{B} \mathrm{d}(\mathrm{vec}\boldsymbol{X})$。这种规范形式需要对二阶矩阵微分的结果进行向量化运算，有些麻烦。能否避免向量化的运算，而直接由二阶矩阵微分辨识 Hessian 矩阵呢? 下面就来讨论这个问题。

如前所述，标量函数的一阶微分可写成迹函数的规范形式 $\mathrm{d}f(\boldsymbol{X}) = \mathrm{tr}(\boldsymbol{A}\mathrm{d}\boldsymbol{X})$，其中 $\boldsymbol{A} = \boldsymbol{A}(\boldsymbol{X}) \in \mathbb{R}^{n\times m}$ 一般是变元矩阵 $\boldsymbol{X} \in \mathbb{R}^{m\times n}$ 的矩阵函数。不失一般性，假定矩阵函数 $\boldsymbol{A} = \boldsymbol{A}(\boldsymbol{X})$ 的微分矩阵为

$$\mathrm{d}\boldsymbol{A} = \boldsymbol{B}(\mathrm{d}\boldsymbol{X})\boldsymbol{C}, \quad \boldsymbol{B}, \boldsymbol{C} \in \mathbb{R}^{n\times m} \tag{3.3.23}$$

或者

$$\mathrm{d}\boldsymbol{A} = \boldsymbol{U}(\mathrm{d}\boldsymbol{X})^{\mathrm{T}}\boldsymbol{V}, \quad \boldsymbol{U} \in \mathbb{R}^{n\times n}, \boldsymbol{V} \in \mathbb{R}^{m\times m} \tag{3.3.24}$$

注意，这两种微分矩阵分别包括了 $(\mathrm{d}\boldsymbol{X})\boldsymbol{C}$，$\boldsymbol{B}\mathrm{d}\boldsymbol{X}$ 和 $(\mathrm{d}\boldsymbol{X})^{\mathrm{T}}\boldsymbol{V}$, $\boldsymbol{U}(\mathrm{d}\boldsymbol{X})^{\mathrm{T}}$ 等特例在内。

将式 (3.3.23) 和式 (3.3.24) 分别代入 $\mathrm{d}f(\boldsymbol{X}) = \mathrm{tr}(\boldsymbol{A}\mathrm{d}\boldsymbol{X})$ 的微分，知实值标量函数 $f(\boldsymbol{X})$ 的二阶微分 $\mathrm{d}^2 f(\boldsymbol{X}) = \mathrm{tr}(\mathrm{d}\boldsymbol{A}\mathrm{d}\boldsymbol{X})$ 取形式

$$\mathrm{d}^2 f(\boldsymbol{X}) = \mathrm{tr}\left(\boldsymbol{B}(\mathrm{d}\boldsymbol{X})\boldsymbol{C}\mathrm{d}\boldsymbol{X}\right) \tag{3.3.25}$$

或

$$\mathrm{d}^2 f(\boldsymbol{X}) = \mathrm{tr}\left(\boldsymbol{V}(\mathrm{d}\boldsymbol{X})\boldsymbol{U}(\mathrm{d}\boldsymbol{X})^{\mathrm{T}}\right) \tag{3.3.26}$$

利用迹函数的性质 $\text{tr}(\boldsymbol{ABCD}) = (\text{vec}\boldsymbol{D}^{\text{T}})^{\text{T}}(\boldsymbol{C}^{\text{T}} \otimes \boldsymbol{A})\text{vec}\boldsymbol{B}$，易知

$$\begin{aligned} \text{tr}\,(\boldsymbol{B}(\text{d}\boldsymbol{X})\boldsymbol{C}\text{d}\boldsymbol{X}) &= (\text{vec}(\text{d}\boldsymbol{X})^{\text{T}})^{\text{T}}(\boldsymbol{C}^{\text{T}} \otimes \boldsymbol{B})\text{vec}(\text{d}\boldsymbol{X}) \\ &= (\text{d}(\boldsymbol{K}_{mn}\text{vec}\boldsymbol{X}))^{\text{T}}(\boldsymbol{C}^{\text{T}} \otimes \boldsymbol{B})\text{d}(\text{vec}\boldsymbol{X}) \\ &= (\text{d}(\text{vec}\boldsymbol{X}))^{\text{T}}\boldsymbol{K}_{nm}(\boldsymbol{C}^{\text{T}} \otimes \boldsymbol{B})\text{d}(\text{vec}\boldsymbol{X}) \qquad (3.3.27) \end{aligned}$$

$$\begin{aligned} \text{tr}\left(\boldsymbol{V}\text{d}\boldsymbol{X}\boldsymbol{U}(\text{d}\boldsymbol{X})^{\text{T}}\right) &= (\text{vec}(\text{d}\boldsymbol{X}))^{\text{T}}(\boldsymbol{U}^{\text{T}} \otimes \boldsymbol{V})\text{vec}(\text{d}\boldsymbol{X}) \\ &= (\text{d}\,\text{vec}\boldsymbol{X})^{\text{T}}(\boldsymbol{U}^{\text{T}} \otimes \boldsymbol{V})\text{d}\,\text{vec}\boldsymbol{X} \qquad (3.3.28) \end{aligned}$$

式中使用了关系式 $\boldsymbol{K}_{mn}\text{vec}(\boldsymbol{A}_{m\times n}) = \text{vec}(\boldsymbol{A}_{m\times n}^{\text{T}})$ 和 $\boldsymbol{K}_{mn}^{\text{T}} = \boldsymbol{K}_{nm}$。

表达式 $\text{d}^2 f(\boldsymbol{X}) = \text{tr}\,(\boldsymbol{B}(\text{d}\boldsymbol{X})\boldsymbol{C}\text{d}\boldsymbol{X})$ 和 $\text{d}^2 f(\boldsymbol{X}) = \text{tr}\left(\boldsymbol{V}(\text{d}\boldsymbol{X})\boldsymbol{U}(\text{d}\boldsymbol{X})^{\text{T}}\right)$ 称为实标量函数的二阶矩阵微分的两种规范形式。

由于二阶矩阵微分的规范形式 $\text{tr}\left(\boldsymbol{V}(\text{d}\boldsymbol{X})\boldsymbol{U}(\text{d}\boldsymbol{X})^{\text{T}}\right)$ 或 $\text{tr}\,(\boldsymbol{B}(\text{d}\boldsymbol{X})\boldsymbol{C}\text{d}\boldsymbol{X})$ 可以分别等价表示成 Hessian 矩阵的辨识命题 3.3.1 所要求的二次型规范形式，所以命题 3.3.1 可以等价叙述为 Hessian 矩阵的下述辨识定理。

定理 3.3.1 [328,p.192] 令 $f(\boldsymbol{X})$ 是 $m \times n$ 实矩阵 $\boldsymbol{X}$ 的实值函数，并可二次微分，则实函数 $f(\boldsymbol{X})$ 在 $\boldsymbol{X}$ 的二阶实微分矩阵与 Hessian 矩阵之间存在下面的对应关系

$$\text{d}^2 f(\boldsymbol{X}) = \text{tr}\left(\boldsymbol{V}(\text{d}\boldsymbol{X})\boldsymbol{U}(\text{d}\boldsymbol{X})^{\text{T}}\right) \iff \boldsymbol{H}[f(\boldsymbol{X})] = \frac{1}{2}(\boldsymbol{U}^{\text{T}} \otimes \boldsymbol{V} + \boldsymbol{U} \otimes \boldsymbol{V}^{\text{T}}) \qquad (3.3.29)$$

或者

$$\text{d}^2 f(\boldsymbol{X}) = \text{tr}\,(\boldsymbol{B}(\text{d}\boldsymbol{X})\boldsymbol{C}\text{d}\boldsymbol{X}) \iff \boldsymbol{H}[f(\boldsymbol{X})] = \frac{1}{2}\boldsymbol{K}_{nm}(\boldsymbol{C}^{\text{T}} \otimes \boldsymbol{B} + \boldsymbol{B}^{\text{T}} \otimes \boldsymbol{C}) \qquad (3.3.30)$$

式中，$\boldsymbol{K}_{nm}$ 为交换矩阵。

定理 3.3.1 表明，Hessian 矩阵辨识的基本问题就是如何将给定的实标量函数的二阶矩阵微分表示成两种规范形式之一。

下面举几个例子说明如何应用定理 3.3.1 求实值函数的 Hessian 矩阵。

例 3.3.1 考虑实值函数 $f(\boldsymbol{X}) = \text{tr}(\boldsymbol{X}^{-1})$，其中 $\boldsymbol{X}$ 是一个 $n \times n$ 矩阵。由于

$$\text{d}f(\boldsymbol{X}) = -\text{tr}\left(\boldsymbol{X}^{-1}(\text{d}\boldsymbol{X})\boldsymbol{X}^{-1}\right)$$

求上述一阶微分的微分，并利用 $\text{d}(\text{tr}\boldsymbol{U}) = \text{tr}(\text{d}\boldsymbol{U})$，得二阶微分矩阵

$$\begin{aligned} \text{d}^2 f(\boldsymbol{X}) &= -\text{tr}\left((\text{d}\boldsymbol{X}^{-1})(\text{d}\boldsymbol{X})\boldsymbol{X}^{-1}\right) - \text{tr}\left(\boldsymbol{X}^{-1}(\text{d}\boldsymbol{X})(\text{d}\boldsymbol{X}^{-1})\right) \\ &= 2\text{tr}\left(\boldsymbol{X}^{-1}(\text{d}\boldsymbol{X})\boldsymbol{X}^{-1}(\text{d}\boldsymbol{X})\boldsymbol{X}^{-1}\right) \\ &= 2\text{tr}\left(\boldsymbol{X}^{-2}(\text{d}\boldsymbol{X})\boldsymbol{X}^{-1}\text{d}\boldsymbol{X}\right) \end{aligned}$$

利用定理 3.3.1，即可得到 Hessian 矩阵

$$\boldsymbol{H}[f(\boldsymbol{X})] = \frac{\partial^2 \text{tr}(\boldsymbol{X}^{-1})}{\partial \text{vec}\boldsymbol{X}\partial(\text{vec}\boldsymbol{X})^{\text{T}}} = \boldsymbol{K}_{nn}[\boldsymbol{X}^{-\text{T}} \otimes \boldsymbol{X}^{-2} + (\boldsymbol{X}^{-2})^{\text{T}} \otimes \boldsymbol{X}^{-1}]$$

例 3.3.2 对于二次型函数 $f(\boldsymbol{X})=\mathrm{tr}(\boldsymbol{X}^{\mathrm{T}}\boldsymbol{A}\boldsymbol{X})$，其一阶微分为

$$\mathrm{d}f(\boldsymbol{X})=\mathrm{tr}\left(\boldsymbol{X}^{\mathrm{T}}(\boldsymbol{A}+\boldsymbol{A}^{\mathrm{T}})\mathrm{d}\boldsymbol{X}\right)$$

再次求微分，得二阶微分

$$\mathrm{d}^2f(\boldsymbol{X})=\mathrm{tr}\left((\boldsymbol{A}+\boldsymbol{A}^{\mathrm{T}})(\mathrm{d}\boldsymbol{X})(\mathrm{d}\boldsymbol{X})^{\mathrm{T}}\right)$$

由定理 3.3.1 知 Hessian 矩阵为

$$\boldsymbol{H}[f(\boldsymbol{X})]=\frac{\partial^2\mathrm{tr}(\boldsymbol{X}^{\mathrm{T}}\boldsymbol{A}\boldsymbol{X})}{\partial\mathrm{vec}\boldsymbol{X}\,\partial(\mathrm{vec}\boldsymbol{X})^{\mathrm{T}}}=\boldsymbol{I}\otimes(\boldsymbol{A}+\boldsymbol{A}^{\mathrm{T}})$$

例 3.3.3 函数 $\log|\boldsymbol{X}_{n\times n}|$ 的一阶微分为 $\mathrm{d}\log|\boldsymbol{X}|=\mathrm{tr}(\boldsymbol{X}^{-1}\mathrm{d}\boldsymbol{X})$。由此得二阶微分 $-\mathrm{tr}(\boldsymbol{X}^{-1}(\mathrm{d}\boldsymbol{X})\boldsymbol{X}^{-1}\mathrm{d}\boldsymbol{X})$。由定理 3.3.1 得 Hessian 矩阵

$$\boldsymbol{H}[f(\boldsymbol{X})]=\frac{\partial^2\log|\boldsymbol{X}|}{\partial\mathrm{vec}\boldsymbol{X}\,\partial(\mathrm{vec}\boldsymbol{X})^{\mathrm{T}}}=-\boldsymbol{K}_{nn}(\boldsymbol{X}^{-\mathrm{T}}\otimes\boldsymbol{X}^{-1})$$

3.4 共轭梯度与复 Hessian 矩阵

在阵列信号处理和移动通信中，当处理窄带信号时，通常都采用等效复基带表示，将发射和接收信号以及系统参数表示成复值向量。在这些应用中，最优化问题的目标函数是复向量或者复矩阵的二次型或其他形式的实值函数，优化问题的求解必须计算目标函数相对于复向量或者复矩阵的梯度。很显然，这类梯度会有以下两种形式：

(1) 梯度 目标函数相对于复向量或者复矩阵本身的梯度；

(2) 共轭梯度 目标函数相对于复共轭向量或者复共轭矩阵的梯度。

3.4.1 全纯函数与复变函数的偏导

在讨论目标函数相对于复变元向量或者复变元矩阵的梯度和共轭梯度之前，有必要先复习一下复变函数的有关知识。

为了方便叙述，首先对变元和函数作统一的符号规定：

$\boldsymbol{z}=[z_1,\cdots,z_m]^{\mathrm{T}}\in\mathbb{C}^m$ 为复向量变元，其复共轭为 $\boldsymbol{z}^*$；

$\boldsymbol{Z}=[\boldsymbol{z}_1,\cdots,\boldsymbol{z}_n]\in\mathbb{C}^{m\times n}$ 为复矩阵变元，其复共轭为 $\boldsymbol{Z}^*$；

$f(\boldsymbol{z})\in\mathbb{C}$ 为复标量函数，变元为 $m\times 1$ 复向量 $\boldsymbol{z}$ 及 $\boldsymbol{z}^*$，记作 $f:\mathbb{C}^m\to\mathbb{C}$；

$f(\boldsymbol{Z})\in\mathbb{C}$ 为复标量函数，变元为 $m\times n$ 复矩阵 $\boldsymbol{Z}$ 及 $\boldsymbol{Z}^*$，记作 $f:\mathbb{C}^{m\times n}\to\mathbb{C}$；

$\boldsymbol{f}(\boldsymbol{z})\in\mathbb{C}^p$ 为 $p\times 1$ 复向量函数，变元为 $m\times 1$ 复向量 $\boldsymbol{z}$ 及 $\boldsymbol{z}^*$，记作 $\boldsymbol{f}:\mathbb{C}^m\to\mathbb{C}^p$；

$\boldsymbol{f}(\boldsymbol{Z})\in\mathbb{C}^p$ 为 $p\times 1$ 复向量函数，变元为 $m\times n$ 复矩阵 $\boldsymbol{Z}$ 及 $\boldsymbol{Z}^*$，记作 $\boldsymbol{f}:\mathbb{C}^{m\times n}\to\mathbb{C}^p$；

$\boldsymbol{F}(\boldsymbol{z})\in\mathbb{C}^{p\times q}$ 为 $p\times q$ 复矩阵函数，变元为 $m\times 1$ 复向量 $\boldsymbol{z}$ 及 $\boldsymbol{z}^*$，记作 $\boldsymbol{F}:\mathbb{C}^m\to\mathbb{C}^{p\times q}$；

$\boldsymbol{F}(\boldsymbol{Z}) \in \mathbb{C}^{p\times q}$ 为 $p\times q$ 复矩阵函数，变元为 $m\times n$ 复矩阵 $\boldsymbol{Z}$ 及 $\boldsymbol{Z}^*$，记作 $\boldsymbol{F}: \mathbb{C}^{m\times n} \to \mathbb{C}^{p\times q}$。

表 3.4.1 汇总了以上复值函数的分类。

表 3.4.1 复值函数的分类

函数类型	标量变元 $z, z^* \in C$	向量变元 $\boldsymbol{z}, \boldsymbol{z}^* \in \mathbb{C}^m$	矩阵变元 $\boldsymbol{Z}, \boldsymbol{Z} \in \mathbb{C}^{m\times n}$
标量函数 $f \in \mathbb{C}$	$f(z, z^*)$ $f: \mathbb{C}\times\mathbb{C} \to \mathbb{C}$	$f(\boldsymbol{z}, \boldsymbol{z}^*)$ $f: \mathbb{C}^m \times \mathbb{C}^m \to \mathbb{C}$	$f(\boldsymbol{Z}, \boldsymbol{Z}^*)$ $f: \mathbb{C}^{m\times n} \times \mathbb{C}^{m\times n} \to \mathbb{C}$
向量函数 $\boldsymbol{f} \in \mathbb{C}^p$	$\boldsymbol{f}(z, z^*)$ $\boldsymbol{f}: \mathbb{C}\times\mathbb{C} \to \mathbb{C}^p$	$\boldsymbol{f}(\boldsymbol{z}, \boldsymbol{z}^*)$ $\boldsymbol{f}: \mathbb{C}^m \times \mathbb{C}^m \to \mathbb{C}^p$	$\boldsymbol{f}(\boldsymbol{Z}, \boldsymbol{Z}^*)$ $\boldsymbol{f}: \mathbb{C}^{m\times n} \times \mathbb{C}^{m\times n} \to \mathbb{C}^p$
矩阵函数 $\boldsymbol{F} \in \mathbb{C}^{p\times q}$	$\boldsymbol{F}(z, z^*)$ $\boldsymbol{F}: \mathbb{C}\times\mathbb{C} \to \mathbb{C}^{p\times q}$	$\boldsymbol{F}(\boldsymbol{z}, \boldsymbol{z}^*)$ $\boldsymbol{F}: \mathbb{C}^m \times \mathbb{C}^m \to \mathbb{C}^{p\times q}$	$\boldsymbol{F}(\boldsymbol{Z}, \boldsymbol{Z}^*)$ $\boldsymbol{F}: \mathbb{C}^{m\times n} \times \mathbb{C}^{m\times n} \to \mathbb{C}^{p\times q}$

定义 3.4.1[284] 令 $D \subseteq \mathbb{C}$ 是函数 $f: D \to \mathbb{C}$ 的定义域。以复数 z 为变元的函数 $f(z)$ 是在 D 域的复解析函数，若 $f(z)$ 是复数可微分的，即 $\lim\limits_{\Delta z\to 0} \dfrac{f(z+\Delta z)-f(z)}{\Delta z}$ 对所有 $z \in D$ 存在。

术语“(复) 解析”在现代数学中常用完全同义的术语“全纯”(holomorphic) 代替。因此，复解析函数常称为全纯函数 (holomorphic function)。全纯函数和实解析函数的区别是：一个函数在实变量 x 和 y 域内都是 (实) 解析的，但在复变量 $z = x + \mathrm{j}y$ 域内不一定是全纯的，即可能是非复解析的。

令复变函数 $f(z)$ 可以用实部 $u(x, y)$ 和虚部 $v(x, y)$ 写作

$$f(z) = u(x, y) + \mathrm{j}v(x, y)$$

式中 $z = x + \mathrm{j}y$，并且 $u(x, y)$ 和 $v(x, y)$ 分别是实值函数。

关于全纯函数，以下四种叙述等价[167]：

1. 复变函数 $f(z)$ 是全纯函数 (即复解析函数)；
2. 复变函数的导数 $f'(z)$ 存在，并且连续；
3. 复变函数 $f(z)$ 满足 Cauchy-Riemann 条件

$$\frac{\partial u}{\partial x} = \frac{\partial v}{\partial y} \qquad \text{和} \qquad \frac{\partial v}{\partial x} = -\frac{\partial u}{\partial y} \tag{3.4.1}$$

4. 复变函数 $f(z)$ 的所有导数存在，并且具有一个收敛的幂级数。

Cauchy-Riemann 条件也称为 Cauchy-Riemann 方程，它的一个直接结果是：函数 $f(z) = u(x, y) + \mathrm{j}v(x, y)$ 为全纯函数，仅当实变函数 $u(x, y)$ 和 $v(x, y)$ 同时满足 Laplace 方程

$$\frac{\partial^2 u(x,y)}{\partial x^2} + \frac{\partial^2 u(x,y)}{\partial y^2} = 0 \qquad \text{和} \qquad \frac{\partial^2 v(x,y)}{\partial x^2} + \frac{\partial^2 v(x,y)}{\partial y^2} = 0 \tag{3.4.2}$$

满足 Laplace 方程

$$\frac{\partial^2 g(x,y)}{\partial x^2}+\frac{\partial^2 g(x,y)}{\partial y^2}=0 \tag{3.4.3}$$

的实变函数 $g(x,y)$ 称为调和函数 (harmonic function)。

一个复变函数 $f(z)=u(x,y)+\mathrm{j}v(x,y)$ 只要其中任何一个实变函数 $u(x,y)$ 或者 $v(x,y)$ 不满足 Cauchy-Riemann 条件或者 Laplace 条件，那么它就不是一个全纯函数。

虽然幂函数 z^n、指数函数 e^z、对数函数 $\ln z$、正弦函数 $\sin z$ 和余弦函数 $\cos z$ 等许多函数都是全纯函数，即全复平面上的解析函数。但是，实际经常遇到的一些常用函数却不是全纯函数：

(1) 复变函数 $f(z)=z^*=x-\mathrm{j}y=u(x,y)+\mathrm{j}v(x,y)$ 中的实变函数 $u(x,y)=x$ 和 $v(x,y)=-y$ 显然不满足 Cauchy-Riemann 条件 $\frac{\partial u}{\partial x}=\frac{\partial v}{\partial y}$。

(2) 任何一个非常数的实值复变函数 $f(z)\in\mathbb{R}$ 都不满足 Cauchy-Riemann 条件 $\frac{\partial u}{\partial x}=\frac{\partial v}{\partial y}$ 和 $\frac{\partial u}{\partial y}=-\frac{\partial v}{\partial x}$，因为 $f(z)=u(x,y)+\mathrm{j}v(x,y)$ 中的实变函数 $v(x,y)=0$。特别地，实值函数 $f(z)=|z|=\sqrt{x^2+y^2}$ 是不可微分的，而 $f(z)=|z|^2=x^2+y^2=u(x,y)+\mathrm{j}v(x,y)$ 中的实变函数 $u(x,y)=x^2+y^2$ 不是调和函数，因为它不满足 Laplace 条件 $\frac{\partial^2 u(x,y)}{\partial x^2}+\frac{\partial^2 u(x,y)}{\partial y^2}=0$。

(3) 复变函数 $f(z)=\mathrm{Re}(z)=x$ 和 $f(z)=\mathrm{Im}(z)=y$ 都不满足 Cauchy-Riemann 条件。

既然很多常用的复变函数用 $f(z)$ 表示时不是全纯函数，自然会产生的一个问题便是：是否采用其他表示形式，能够保证任何一个复变函数是全纯 (即复解析) 函数，从而求出它关于 z 或者 z^* 的偏导呢？为了回答这个问题，有必要复习复变函数论中关于复数 z 和共轭复数 z^* 的导数的定义。

形式偏导 (formal partial derivatives) 定义为

$$\frac{\partial}{\partial z}=\frac{1}{2}\left(\frac{\partial}{\partial x}-\mathrm{j}\frac{\partial}{\partial y}\right) \tag{3.4.4}$$

$$\frac{\partial}{\partial z^*}=\frac{1}{2}\left(\frac{\partial}{\partial x}+\mathrm{j}\frac{\partial}{\partial y}\right) \tag{3.4.5}$$

上述形式偏导是 Wirtinger 于 1927 年提出的 [515]，有时也叫 Wirtinger 偏导。

关于复变量 $z=x+\mathrm{j}y$ 的偏导，有一个实部和虚部的独立性基本假设

$$\frac{\partial x}{\partial y}=0 \qquad \text{和} \qquad \frac{\partial y}{\partial x}=0 \tag{3.4.6}$$

由形式偏导的定义及上述独立性假设，容易求出

$$\frac{\partial z}{\partial z^*}=\frac{\partial x}{\partial z^*}+\mathrm{j}\frac{\partial y}{\partial z^*}=\frac{1}{2}\left(\frac{\partial x}{\partial x}+\mathrm{j}\frac{\partial x}{\partial y}\right)+\mathrm{j}\frac{1}{2}\left(\frac{\partial y}{\partial x}+\mathrm{j}\frac{\partial y}{\partial y}\right)=\frac{1}{2}(1+0)+\mathrm{j}\frac{1}{2}(0+\mathrm{j})$$

$$\frac{\partial z^*}{\partial z}=\frac{\partial x}{\partial z}-\mathrm{j}\frac{\partial y}{\partial z}=\frac{1}{2}\left(\frac{\partial x}{\partial x}-\mathrm{j}\frac{\partial x}{\partial y}\right)-\mathrm{j}\frac{1}{2}\left(\frac{\partial y}{\partial x}-\mathrm{j}\frac{\partial y}{\partial y}\right)=\frac{1}{2}(1-0)-\mathrm{j}\frac{1}{2}(0-\mathrm{j})$$

即有

$$\frac{\partial z}{\partial z^*}=0 \quad \text{和} \quad \frac{\partial z^*}{\partial z}=0 \tag{3.4.7}$$

式 (3.4.7) 揭示了复变量理论的一个基本结果：复变量 z 和复共轭变量 z^* 是两个独立的变量。

在标准的复变函数框架内，一个复变函数 $f(z)$ (其中 $z=x+\mathrm{j}y$) 使用实 (极) 坐标 $r\stackrel{\text{def}}{=}(x,y)^{\mathrm{T}}$ 表示为 $f(r)=f(x,y)$。然而，在复导数的框架内，基于复变量的实部与虚部相互独立的基本假设，则使用共轭坐标 $c\stackrel{\text{def}}{=}(z,z^*)^{\mathrm{T}}$ 替代实坐标 $r=(x,y)^{\mathrm{T}}$，将复变函数 $f(z)$ 写成 $f(c)=f(z,z^*)$ 的形式。于是，在求函数 $f(z,z^*)$ 的偏导时，复变量 z 和复共轭变量 z^* 可以当作两个相互独立的变量处理，即任何一个相对于另一个都可认为是常数

$$\nabla_z f(z,z^*)=\left.\frac{\partial f(z,z^*)}{\partial z}\right|_{z^*=\text{常数}},\quad \nabla_{z^*} f(z,z^*)=\left.\frac{\partial f(z,z^*)}{\partial z^*}\right|_{z=\text{常数}} \tag{3.4.8}$$

这意味着，任何一个非全纯的复变函数 $f(z)$ 写成 $f(z,z^*)$ 之后，都变成了全纯函数，因为对于固定的 z^*，复变函数 $f(z,z^*)$ 在 $z=x+\mathrm{j}y$ 全平面是解析的；而且对于固定的 z 值，复变函数 $f(z,z^*)$ 在 $z^*=x-\mathrm{j}y$ 全平面上也是解析的 [167, 283]。

例如，复变量 z 的实值函数 $f(z,z^*)=|z|^2=zz^*$ 的一阶偏导数 $\frac{\partial |z|^2}{\partial z}=z^*$ 和 $\frac{\partial |z|^2}{\partial z^*}=z$ 存在，并且连续。也就是说，虽然 $f(z)=|z|^2$ 不是全纯函数，但 $f(z,z^*)=|z|^2=zz^*$ 是在 $z=x+\mathrm{j}y$ 全平面上解析的 (z^* 固定为常数时) 以及在 $z^*=x-\mathrm{j}y$ 全平面上解析的 (z 固定为常数时)。

非全纯函数与全纯函数的比较如表 3.4.2 所示。

表 3.4.2 非全纯函数与全纯函数的比较

函　数	非全纯函数	全纯函数
坐　标	极坐标 $\begin{cases} r\stackrel{\text{def}}{=}(x,y)^{\mathrm{T}}\in\mathbb{R}\times\mathbb{R} \\ z=x+\mathrm{j}y \end{cases}$	共轭坐标 $\begin{cases} c\stackrel{\text{def}}{=}(z,z^*)^{\mathrm{T}}\in\mathbb{C}\times\mathbb{C} \\ z=x+\mathrm{j}y,\ z^*=x-\mathrm{j}y \end{cases}$
函数表示	$f(r)=f(x,y)$	$f(c)=f(z,z^*)$

下面是复变函数偏导的常用公式与法则 [283]：

(1) 复变函数共轭 $f^*(z,z^*)$ 关于 z 变量共轭 z^* 的偏导等于原复变函数 $f(z,z^*)$ 关于 z 变量的偏导的共轭，即

$$\frac{\partial f^*(z,z^*)}{\partial z^*}=\left(\frac{\partial f(z,z^*)}{\partial z}\right)^* \tag{3.4.9}$$

(2) 复变函数共轭 $f^*(z,z^*)$ 关于 z 变量的偏导等于原复变函数 $f(z,z^*)$ 关于共轭变量 z^* 的偏导的共轭，即

$$\frac{\partial f^*(z,z^*)}{\partial z}=\left(\frac{\partial f(z,z^*)}{\partial z^*}\right)^* \tag{3.4.10}$$

(3) 复微分法则

$$\mathrm{d}f(z,z^*)=\frac{\partial f(z,z^*)}{\partial z}\mathrm{d}z+\frac{\partial f(z,z^*)}{\partial z^*}\mathrm{d}z^* \tag{3.4.11}$$

(4) 链式法则

$$\frac{\partial h(g(z,z^*))}{\partial z}=\frac{\partial h(g(z,z^*))}{\partial g(z,z^*)}\frac{\partial g(z,z^*)}{\partial z}+\frac{\partial h(g(z,z^*))}{\partial g^*(z,z^*)}\frac{\partial g^*(z,z^*)}{\partial z} \tag{3.4.12}$$

$$\frac{\partial h(g(z,z^*))}{\partial z^*}=\frac{\partial h(g(z,z^*))}{\partial g(z,z^*)}\frac{\partial g(z,z^*)}{\partial z^*}+\frac{\partial h(g(z,z^*))}{\partial g^*(z,z^*)}\frac{\partial g^*(z,z^*)}{\partial z^*} \tag{3.4.13}$$

3.4.2 复矩阵微分

复标量变元 z 的复变函数 $f(z)$ 和全纯函数 $f(z,z^*)$ 的概念很容易推广到以复矩阵作变元的矩阵函数 $\boldsymbol{F}(\boldsymbol{Z})$ 和全纯矩阵函数 $\boldsymbol{F}(\boldsymbol{Z},\boldsymbol{Z}^*)$。

关于全纯函数，下面的叙述等价[69]：

(1) 矩阵函数 $\boldsymbol{F}(\boldsymbol{Z})$ 是复矩阵变元 $\boldsymbol{Z}$ 的全纯函数；

(2) 矩阵微分 $\mathrm{d}\,\mathrm{vec}(\boldsymbol{F}(\boldsymbol{Z}))=\frac{\partial \mathrm{vec}(\boldsymbol{F}(\boldsymbol{Z}))}{\partial(\mathrm{vec}\boldsymbol{Z})^{\mathrm{T}}}\mathrm{d}\,\mathrm{vec}\boldsymbol{Z}$；

(3) $\frac{\partial \mathrm{vec}(\boldsymbol{F}(\boldsymbol{Z}))}{\partial(\mathrm{vec}\boldsymbol{Z}^*)^{\mathrm{T}}}=\boldsymbol{O}$ (零矩阵) 对所有 $\boldsymbol{Z}$ 恒成立；

(4) $\frac{\partial \mathrm{vec}(\boldsymbol{F}(\boldsymbol{Z}))}{\partial(\mathrm{vec}(\mathrm{Re}\boldsymbol{Z}))^{\mathrm{T}}}+\mathrm{j}\frac{\partial \mathrm{vec}(\boldsymbol{F}(\boldsymbol{Z}))}{\partial \mathrm{vec}(\mathrm{Im}\boldsymbol{Z})^{\mathrm{T}}}=\boldsymbol{O}$ 对所有 $\boldsymbol{Z}$ 恒成立。

由于满足上述条件，所以矩阵函数 $\boldsymbol{F}(\boldsymbol{Z},\boldsymbol{Z}^*)$ 为全纯函数，其矩阵微分

$$\mathrm{d}\,\mathrm{vec}(\boldsymbol{F}(\boldsymbol{Z},\boldsymbol{Z}^*))=\frac{\partial \mathrm{vec}(\boldsymbol{F}(\boldsymbol{Z},\boldsymbol{Z}^*))}{\partial(\mathrm{vec}\boldsymbol{Z})^{\mathrm{T}}}\mathrm{d}\,\mathrm{vec}\boldsymbol{Z}+\frac{\partial \mathrm{vec}(\boldsymbol{F}(\boldsymbol{Z},\boldsymbol{Z}^*))}{\partial(\mathrm{vec}\boldsymbol{Z}^*)^{\mathrm{T}}}\mathrm{d}\,\mathrm{vec}\boldsymbol{Z}^* \tag{3.4.14}$$

全纯函数 $\boldsymbol{F}(\boldsymbol{Z},\boldsymbol{Z}^*)$ 相对于矩阵变元实部 $\mathrm{Re}(\boldsymbol{Z})$ 的偏导

$$\frac{\partial \mathrm{vec}(\boldsymbol{F}(\boldsymbol{Z},\boldsymbol{Z}^*))}{\partial(\mathrm{vec}(\mathrm{Re}\boldsymbol{Z}))^{\mathrm{T}}}=\frac{\partial \mathrm{vec}(\boldsymbol{F}(\boldsymbol{Z},\boldsymbol{Z}^*))}{\partial(\mathrm{vec}\boldsymbol{Z})^{\mathrm{T}}}+\frac{\partial \mathrm{vec}(\boldsymbol{F}(\boldsymbol{Z},\boldsymbol{Z}^*))^{\mathrm{T}}}{\partial(\mathrm{vec}\boldsymbol{Z}^*)^{\mathrm{T}}}$$

而相对于矩阵变元虚部 $\mathrm{Im}(\boldsymbol{Z})$ 的偏导

$$\frac{\partial \mathrm{vec}(\boldsymbol{F}(\boldsymbol{Z},\boldsymbol{Z}^*))}{\partial(\mathrm{vec}(\mathrm{Im}\boldsymbol{Z}))^{\mathrm{T}}}=\mathrm{j}\left(\frac{\partial \mathrm{vec}(\boldsymbol{F}(\boldsymbol{Z},\boldsymbol{Z}^*))}{\partial(\mathrm{vec}\boldsymbol{Z})^{\mathrm{T}}}-\frac{\partial \mathrm{vec}(\boldsymbol{F}(\boldsymbol{Z},\boldsymbol{Z}^*))}{\partial(\mathrm{vec}\boldsymbol{Z}^*)^{\mathrm{T}}}\right)$$

复矩阵微分 $\mathrm{d}\boldsymbol{Z}=[\mathrm{d}Z_{ij}]_{i=1,j=1}^{m,n}$ 具有以下常用性质[69]：

(1) 转置　$\mathrm{d}\boldsymbol{Z}^{\mathrm{T}}=\mathrm{d}(\boldsymbol{Z}^{\mathrm{T}})=(\mathrm{d}\boldsymbol{Z})^{\mathrm{T}}$

(2) Hermitian 转置　$\mathrm{d}\boldsymbol{Z}^{\mathrm{H}}=\mathrm{d}(\boldsymbol{Z}^{\mathrm{H}})=(\mathrm{d}\boldsymbol{Z})^{\mathrm{H}}$

(3) 共轭　$\mathrm{d}\boldsymbol{Z}^*=\mathrm{d}(\boldsymbol{Z}^*)=(\mathrm{d}\boldsymbol{Z})^*$

(4) 线性 (加法法则)　$\mathrm{d}(\boldsymbol{Y}+\boldsymbol{Z})=\mathrm{d}\boldsymbol{Y}+\mathrm{d}\boldsymbol{Z}$

(5) 链式法则　若 $\boldsymbol{F}$ 是 $\boldsymbol{Y}$ 的函数，而 $\boldsymbol{Y}$ 又是 $\boldsymbol{Z}$ 的函数，则

$$\mathrm{d}\,\mathrm{vec}\boldsymbol{F}=\frac{\partial \mathrm{vec}\boldsymbol{F}}{\partial(\mathrm{vec}\boldsymbol{Y})^{\mathrm{T}}}\mathrm{d}\,\mathrm{vec}\boldsymbol{Y}=\frac{\partial \mathrm{vec}\boldsymbol{F}}{\partial(\mathrm{vec}\boldsymbol{Y})^{\mathrm{T}}}\frac{\partial \mathrm{vec}\boldsymbol{Y}}{\partial(\mathrm{vec}\boldsymbol{Z})^{\mathrm{T}}}\mathrm{d}\,\mathrm{vec}\boldsymbol{Z}$$

式中 $\dfrac{\partial \text{vec}\boldsymbol{F}}{\partial(\text{vec}\boldsymbol{Y})^{\mathrm{T}}}$ 和 $\dfrac{\partial \text{vec}\boldsymbol{F}}{\partial(\text{vec}\boldsymbol{Z})^{\mathrm{T}}}$ 分别称为正规复偏导和广义复偏导。

(6) 乘法法则

$$\begin{aligned}\mathrm{d}(\boldsymbol{UV}) &= (\mathrm{d}\boldsymbol{U})\boldsymbol{V} + \boldsymbol{U}(\mathrm{d}\boldsymbol{V})\\ \mathrm{dvec}(\boldsymbol{UV}) &= (\boldsymbol{V}^{\mathrm{T}} \otimes \boldsymbol{I})\mathrm{d\,vec}\boldsymbol{U} + (\boldsymbol{I} \otimes \boldsymbol{U})\mathrm{d\,vec}\boldsymbol{V}\end{aligned}$$

(7) Kronecker 积 $\mathrm{d}(\boldsymbol{Y} \otimes \boldsymbol{Z}) = \mathrm{d}\boldsymbol{Y} \otimes \boldsymbol{Z} + \boldsymbol{Y} \otimes \mathrm{d}\boldsymbol{Z}$

(8) Hadamard 积 $\mathrm{d}(\boldsymbol{Y} * \boldsymbol{Z}) = \mathrm{d}\boldsymbol{Y} * \boldsymbol{Z} + \boldsymbol{Y} * \mathrm{d}\boldsymbol{Z}$

下面从单变量的复微分法则出发，具体推导复矩阵微分与复偏导的关系。

单个变量的复微分法则

$$\mathrm{d}f(z, z^*) = \frac{\partial f(z, z^*)}{\partial z}\mathrm{d}z + \frac{\partial f(z, z^*)}{\partial z^*}\mathrm{d}z^* \tag{3.4.15}$$

很容易推广为多元实标量函数 $f(\cdot) = f((z_1, z_1^*), \cdots, (z_m, z_m^*))$ 的复微分法则

$$\mathrm{d}f(\cdot) = \frac{\partial f(\cdot)}{\partial z_1}\mathrm{d}z_1 + \cdots + \frac{\partial f(\cdot)}{\partial z_m}\mathrm{d}z_m + \frac{\partial f(\cdot)}{\partial z_1^*}\mathrm{d}z_1^* + \cdots + \frac{\partial f(\cdot)}{\partial z_m^*}\mathrm{d}z_m^* \tag{3.4.16}$$

这一复微分法则是复矩阵微分的基础。

将 $m \times 1$ 复变元向量 $\boldsymbol{z} = [z_1, \cdots, z_m]^{\mathrm{T}}$ 的每个元素视为多元实标量函数的复变量，则由多元实标量函数的复微分法则，得到复微分法则的向量形式

$$\begin{aligned}\mathrm{d}f(\boldsymbol{z}, \boldsymbol{z}^*) &= \left[\frac{f(\boldsymbol{z}, \boldsymbol{z}^*)}{\partial z_1}, \cdots, \frac{f(\boldsymbol{z}, \boldsymbol{z}^*)}{\partial z_m}\right]\begin{bmatrix}\mathrm{d}z_1\\ \vdots\\ \mathrm{d}z_m\end{bmatrix} + \left[\frac{f(\boldsymbol{z}, \boldsymbol{z}^*)}{\partial z_1^*}, \cdots, \frac{f(\boldsymbol{z}, \boldsymbol{z}^*)}{\partial z_m^*}\right]\begin{bmatrix}\mathrm{d}z_1^*\\ \vdots\\ \mathrm{d}z_m^*\end{bmatrix}\\ &= \frac{\partial f(\boldsymbol{z}, \boldsymbol{z}^*)}{\partial \boldsymbol{z}^{\mathrm{T}}}\mathrm{d}\boldsymbol{z} + \frac{\partial f(\boldsymbol{z}, \boldsymbol{z}^*)}{\partial \boldsymbol{z}^{\mathrm{H}}}\mathrm{d}\boldsymbol{z}^*\end{aligned}$$

或简记作

$$\mathrm{d}f(\boldsymbol{z}, \boldsymbol{z}^*) = \mathrm{D}_{\boldsymbol{z}} f(\boldsymbol{z}, \boldsymbol{z}^*)\mathrm{d}\boldsymbol{z} + \mathrm{D}_{\boldsymbol{z}^*} f(\boldsymbol{z}, \boldsymbol{z}^*)\mathrm{d}\boldsymbol{z}^* \tag{3.4.17}$$

式中 $\mathrm{d}\boldsymbol{z} = [\mathrm{d}z_1, \cdots, \mathrm{d}z_m]^{\mathrm{T}}$ 和 $\mathrm{d}\boldsymbol{z}^* = [\mathrm{d}z_1^*, \cdots, \mathrm{d}z_m^*]^{\mathrm{T}}$，而

$$\mathrm{D}_{\boldsymbol{z}} f(\boldsymbol{z}, \boldsymbol{z}^*) = \left.\frac{\partial f(\boldsymbol{z}, \boldsymbol{z}^*)}{\partial \boldsymbol{z}^{\mathrm{T}}}\right|_{\boldsymbol{z}^*=\text{常数向量}} = \left[\frac{f(\boldsymbol{z}, \boldsymbol{z}^*)}{\partial z_1}, \cdots, \frac{f(\boldsymbol{z}, \boldsymbol{z}^*)}{\partial z_m}\right] \tag{3.4.18}$$

$$\mathrm{D}_{\boldsymbol{z}^*} f(\boldsymbol{z}, \boldsymbol{z}^*) = \left.\frac{\partial f(\boldsymbol{z}, \boldsymbol{z}^*)}{\partial \boldsymbol{z}^{\mathrm{H}}}\right|_{\boldsymbol{z}=\text{常数向量}} = \left[\frac{f(\boldsymbol{z}, \boldsymbol{z}^*)}{\partial z_1^*}, \cdots, \frac{f(\boldsymbol{z}, \boldsymbol{z}^*)}{\partial z_m^*}\right] \tag{3.4.19}$$

分别是实标量函数 $f(\boldsymbol{z}, \boldsymbol{z}^*)$ 的协梯度向量和共轭协梯度向量。其中

$$\mathrm{D}_{\boldsymbol{z}} = \frac{\partial}{\partial \boldsymbol{z}^{\mathrm{T}}} \stackrel{\text{def}}{=} \left[\frac{\partial}{\partial z_1}, \cdots, \frac{\partial}{\partial z_m}\right] \tag{3.4.20}$$

$$\mathrm{D}_{\boldsymbol{z}^*} = \frac{\partial}{\partial \boldsymbol{z}^{\mathrm{H}}} \stackrel{\text{def}}{=} \left[\frac{\partial}{\partial z_1^*}, \cdots, \frac{\partial}{\partial z_m^*}\right] \tag{3.4.21}$$

分别称作复变元列向量 $\boldsymbol{z} \in \mathbb{C}^m$ 的协梯度算子 (cogradient operator) 和共轭协梯度算子 (conjugate cogradient operator)。

令 $\boldsymbol{z} = \boldsymbol{x}+\mathrm{j}\boldsymbol{y} = [z_1, \cdots, z_m]^{\mathrm{T}} \in \mathbb{C}^m$，其中 $\boldsymbol{x} = [x_1, \cdots, x_m]^{\mathrm{T}} \in \mathbb{R}^m, \boldsymbol{y} = [y_1, \cdots, y_m]^{\mathrm{T}} \in \mathbb{R}^m$，即 $z_i = x_i + \mathrm{j}y_i, i = 1, \cdots, m$，并且实部 x_i 与虚部 y_i 是相互独立的变元。

对行向量 $\boldsymbol{z}^{\mathrm{T}} = [z_1, \cdots, z_m]$ 的每个元素运用实标量函数的偏导算子

$$\mathrm{D}_{\boldsymbol{z}} = \frac{\partial}{\partial z_i} = \frac{1}{2}\left(\frac{\partial}{\partial x_i} - \mathrm{j}\frac{\partial}{\partial y_i}\right) \quad 和 \quad \mathrm{D}_{\boldsymbol{z}^*} = \frac{\partial}{\partial z_i^*} = \frac{1}{2}\left(\frac{\partial}{\partial x_i} + \mathrm{j}\frac{\partial}{\partial y_i}\right) \tag{3.4.22}$$

便得到用复变向量 $\boldsymbol{z}$ 的实部 $\boldsymbol{x}$ 与虚部 $\boldsymbol{y}$ 表示的协梯度算子

$$\mathrm{D}_{\boldsymbol{z}} = \frac{\partial}{\partial \boldsymbol{z}^{\mathrm{T}}} = \frac{1}{2}\left(\frac{\partial}{\partial \boldsymbol{x}^{\mathrm{T}}} - \mathrm{j}\frac{\partial}{\partial \boldsymbol{y}^{\mathrm{T}}}\right) \tag{3.4.23}$$

和共轭协梯度算子

$$\mathrm{D}_{\boldsymbol{z}^*} = \frac{\partial}{\partial \boldsymbol{z}^{\mathrm{H}}} = \frac{1}{2}\left(\frac{\partial}{\partial \boldsymbol{x}^{\mathrm{T}}} + \mathrm{j}\frac{\partial}{\partial \boldsymbol{y}^{\mathrm{T}}}\right) \tag{3.4.24}$$

类似地，梯度算子 (gradient operator) 和共轭梯度算子 (conjugate gradient operator) 采用列向量形式，分别定义为

$$\nabla_{\boldsymbol{z}} = \frac{\partial}{\partial \boldsymbol{z}} \stackrel{\text{def}}{=} \left[\frac{\partial}{\partial z_1}, \cdots, \frac{\partial}{\partial z_m}\right]^{\mathrm{T}} \tag{3.4.25}$$

$$\nabla_{\boldsymbol{z}^*} = \frac{\partial}{\partial \boldsymbol{z}^*} \stackrel{\text{def}}{=} \left[\frac{\partial}{\partial z_1^*}, \cdots, \frac{\partial}{\partial z_m^*}\right]^{\mathrm{T}} \tag{3.4.26}$$

于是，实标量函数 $f(\boldsymbol{z}, \boldsymbol{z}^*)$ 的梯度向量和共轭梯度向量分别定义为

$$\nabla_{\boldsymbol{z}} f(\boldsymbol{z}, \boldsymbol{z}^*) = \left.\frac{\partial f(\boldsymbol{z}, \boldsymbol{z}^*)}{\partial \boldsymbol{z}}\right|_{\boldsymbol{z}^*=\text{常数向量}} = (\mathrm{D}_{\boldsymbol{z}} f(\boldsymbol{z}, \boldsymbol{z}^*))^{\mathrm{T}} \tag{3.4.27}$$

$$\nabla_{\boldsymbol{z}^*} f(\boldsymbol{z}, \boldsymbol{z}^*) = \left.\frac{\partial f(\boldsymbol{z}, \boldsymbol{z}^*)}{\partial \boldsymbol{z}^*}\right|_{\boldsymbol{z}=\text{常数向量}} = (\mathrm{D}_{\boldsymbol{z}^*} f(\boldsymbol{z}, \boldsymbol{z}^*))^{\mathrm{T}} \tag{3.4.28}$$

对复列向量 $\boldsymbol{z} = [z_1, \cdots, z_m]^{\mathrm{T}}$ 的每个元素运用实标量函数的偏导算子，立即得到用复变向量 $\boldsymbol{z}$ 的实部 $\boldsymbol{x}$ 与虚部 $\boldsymbol{y}$ 表示的梯度算子

$$\nabla_{\boldsymbol{z}} = \frac{\partial}{\partial \boldsymbol{z}} = \frac{1}{2}\left(\frac{\partial}{\partial \boldsymbol{x}} - \mathrm{j}\frac{\partial}{\partial \boldsymbol{y}}\right) \tag{3.4.29}$$

和共轭梯度算子

$$\nabla_{\boldsymbol{z}^*} = \frac{\partial}{\partial \boldsymbol{z}^*} = \frac{1}{2}\left(\frac{\partial}{\partial \boldsymbol{x}} + \mathrm{j}\frac{\partial}{\partial \boldsymbol{y}}\right) \tag{3.4.30}$$

利用梯度算子和共轭梯度算子的定义公式，不难求出

$$\frac{\partial \boldsymbol{z}^{\mathrm{T}}}{\partial \boldsymbol{z}} = \frac{\partial \boldsymbol{x}^{\mathrm{T}}}{\partial \boldsymbol{z}} + \mathrm{j}\frac{\partial \boldsymbol{y}^{\mathrm{T}}}{\partial \boldsymbol{z}} = \frac{1}{2}\left(\frac{\partial \boldsymbol{x}^{\mathrm{T}}}{\partial \boldsymbol{x}} - \mathrm{j}\frac{\partial \boldsymbol{x}^{\mathrm{T}}}{\partial \boldsymbol{y}}\right) + \mathrm{j}\frac{1}{2}\left(\frac{\partial \boldsymbol{y}^{\mathrm{T}}}{\partial \boldsymbol{x}} - \mathrm{j}\frac{\partial \boldsymbol{y}^{\mathrm{T}}}{\partial \boldsymbol{y}}\right) = \boldsymbol{I}_{m\times m}$$

$$\frac{\partial \boldsymbol{z}^{\mathrm{T}}}{\partial \boldsymbol{z}^*} = \frac{\partial \boldsymbol{x}^{\mathrm{T}}}{\partial \boldsymbol{z}^*} + \mathrm{j}\frac{\partial \boldsymbol{y}^{\mathrm{T}}}{\partial \boldsymbol{z}^*} = \frac{1}{2}\left(\frac{\partial \boldsymbol{x}^{\mathrm{T}}}{\partial \boldsymbol{x}} + \mathrm{j}\frac{\partial \boldsymbol{x}^{\mathrm{T}}}{\partial \boldsymbol{y}}\right) + \mathrm{j}\frac{1}{2}\left(\frac{\partial \boldsymbol{y}^{\mathrm{T}}}{\partial \boldsymbol{x}} + \mathrm{j}\frac{\partial \boldsymbol{y}^{\mathrm{T}}}{\partial \boldsymbol{y}}\right) = \boldsymbol{O}_{m\times m}$$

式中使用了 $\frac{\partial \boldsymbol{x}^{\mathrm{T}}}{\partial \boldsymbol{x}}=\boldsymbol{I}_{m\times m}, \frac{\partial \boldsymbol{x}^{\mathrm{T}}}{\partial \boldsymbol{y}}=\boldsymbol{O}_{m\times m}$ 和 $\frac{\partial \boldsymbol{y}^{\mathrm{T}}}{\partial \boldsymbol{y}}=\boldsymbol{I}_{m\times m}, \frac{\partial \boldsymbol{y}^{\mathrm{T}}}{\partial \boldsymbol{x}}=\boldsymbol{O}_{m\times m}$ 等结果，因为 $\boldsymbol{z}$ 的实部 $\boldsymbol{x}$ 与虚部 $\boldsymbol{y}$ 相互独立。

将上述结果以及它们的共轭、转置和复共轭转置一并写出，便有下列重要结果

$$\frac{\partial \boldsymbol{z}^{\mathrm{T}}}{\partial \boldsymbol{z}}=\boldsymbol{I},\quad \frac{\partial \boldsymbol{z}^{\mathrm{H}}}{\partial \boldsymbol{z}^*}=\boldsymbol{I},\quad \frac{\partial \boldsymbol{z}}{\partial \boldsymbol{z}^{\mathrm{T}}}=\boldsymbol{I},\quad \frac{\partial \boldsymbol{z}^*}{\partial \boldsymbol{z}^{\mathrm{H}}}=\boldsymbol{I} \tag{3.4.31}$$

$$\frac{\partial \boldsymbol{z}^{\mathrm{T}}}{\partial \boldsymbol{z}^*}=\boldsymbol{O},\quad \frac{\partial \boldsymbol{z}^{\mathrm{H}}}{\partial \boldsymbol{z}}=\boldsymbol{O},\quad \frac{\partial \boldsymbol{z}}{\partial \boldsymbol{z}^{\mathrm{H}}}=\boldsymbol{O},\quad \frac{\partial \boldsymbol{z}^*}{\partial \boldsymbol{z}^{\mathrm{T}}}=\boldsymbol{O} \tag{3.4.32}$$

上述结果揭示了复微分的一个重要事实：在复向量的实部与虚部相互独立的基本假设下，复向量变元 $\boldsymbol{z}$ 与其复共轭向量变元 $\boldsymbol{z}^*$ 可以视为两个相互独立的变元。这一重要事实一点也不奇怪：因为这两个向量之间的夹角为 $\pi/2$，相互正交。于是，可以总结出协梯度算子和梯度算子的下列应用法则：

(1) 无论是使用协梯度算子 $\frac{\partial}{\partial \boldsymbol{z}^{\mathrm{T}}}$ 还是梯度算子 $\frac{\partial}{\partial \boldsymbol{z}}$，复共轭变元向量 $\boldsymbol{z}^*$ 都可以视为一常数向量；

(2) 无论是使用共轭协梯度算子 $\frac{\partial}{\partial \boldsymbol{z}^{\mathrm{H}}}$ 还是共轭梯度算子 $\frac{\partial}{\partial \boldsymbol{z}^*}$，向量 $\boldsymbol{z}$ 均可以当作一常数向量处理。

不妨称上述法则为复偏导算子的独立法则：当使用复偏导算子 (协梯度算子、共轭协梯度算子、梯度算子和共轭梯度算子) 时，复变元向量 $\boldsymbol{z}$ 和 $\boldsymbol{z}^*$ 可以当作两个相互独立的变元向量处理，即其中一个向量作为变元时，另一个向量便可视为常数向量。

现在考虑以矩阵作变元的实标量函数 $f(\boldsymbol{Z},\boldsymbol{Z}^*)$，其中 $\boldsymbol{Z}\in\mathbb{C}^{m\times n}$。将矩阵变元 $\boldsymbol{Z}$ 和 $\boldsymbol{Z}^*$ 分别向量化，则由式 (3.4.17) 得到实标量函数 $f(\boldsymbol{Z},\boldsymbol{Z}^*)$ 的 (一阶) 复微分法则

$$\begin{aligned}\mathrm{d}f(\boldsymbol{Z},\boldsymbol{Z}^*)&=\frac{\partial f(\boldsymbol{Z},\boldsymbol{Z}^*)}{\partial(\mathrm{vec}\boldsymbol{Z})^{\mathrm{T}}}\mathrm{d}(\mathrm{vec}\boldsymbol{Z})+\frac{\partial f(\boldsymbol{Z},\boldsymbol{Z}^*)}{\partial(\mathrm{vec}\boldsymbol{Z}^*)^{\mathrm{T}}}\mathrm{d}(\mathrm{vec}\boldsymbol{Z}^*)\\&=\frac{\partial f(\boldsymbol{Z},\boldsymbol{Z}^*)}{\partial(\mathrm{vec}\boldsymbol{Z})^{\mathrm{T}}}\mathrm{d}(\mathrm{vec}\boldsymbol{Z})+\frac{\partial f(\boldsymbol{Z},\boldsymbol{Z}^*)}{\partial(\mathrm{vec}\boldsymbol{Z}^*)^{\mathrm{T}}}\mathrm{d}(\mathrm{vec}\boldsymbol{Z}^*)\end{aligned} \tag{3.4.33}$$

式中

$$\frac{\partial f(\boldsymbol{Z},\boldsymbol{Z}^*)}{\partial(\mathrm{vec}\boldsymbol{Z})^{\mathrm{T}}}=\left[\frac{\partial f(\boldsymbol{Z},\boldsymbol{Z}^*)}{\partial Z_{11}},\cdots,\frac{\partial f(\boldsymbol{Z},\boldsymbol{Z}^*)}{\partial Z_{m1}},\cdots,\frac{\partial f(\boldsymbol{Z},\boldsymbol{Z}^*)}{\partial Z_{1n}},\cdots,\frac{\partial f(\boldsymbol{Z},\boldsymbol{Z}^*)}{\partial Z_{mn}}\right]$$

$$\frac{\partial f(\boldsymbol{Z},\boldsymbol{Z}^*)}{\partial(\mathrm{vec}\boldsymbol{Z}^*)^{\mathrm{T}}}=\left[\frac{\partial f(\boldsymbol{Z},\boldsymbol{Z}^*)}{\partial Z_{11}^*},\cdots,\frac{\partial f(\boldsymbol{Z},\boldsymbol{Z}^*)}{\partial Z_{m1}^*},\cdots,\frac{\partial f(\boldsymbol{Z},\boldsymbol{Z}^*)}{\partial Z_{1n}^*},\cdots,\frac{\partial f(\boldsymbol{Z},\boldsymbol{Z}^*)}{\partial Z_{mn}^*}\right]$$

定义

$$\mathrm{D}_{\mathrm{vec}\boldsymbol{Z}}f(\boldsymbol{Z},\boldsymbol{Z}^*)=\frac{\partial f(\boldsymbol{Z},\boldsymbol{Z}^*)}{\partial(\mathrm{vec}\boldsymbol{Z})^{\mathrm{T}}},\quad \mathrm{D}_{\mathrm{vec}\boldsymbol{Z}^*}f(\boldsymbol{Z},\boldsymbol{Z}^*)=\frac{\partial f(\boldsymbol{Z},\boldsymbol{Z}^*)}{\partial(\mathrm{vec}\boldsymbol{Z}^*)^{\mathrm{T}}} \tag{3.4.34}$$

分别为函数 $f(\boldsymbol{Z},\boldsymbol{Z}^*)$ 的协梯度向量和共轭协梯度向量。

函数 $f(\boldsymbol{Z},\boldsymbol{Z}^*)$ 的梯度向量和共轭梯度向量分别用符号 $\nabla_{\mathrm{vec}\boldsymbol{Z}}f(\boldsymbol{Z},\boldsymbol{Z}^*)$ 和 $\nabla_{\mathrm{vec}\boldsymbol{Z}^*}f(\boldsymbol{Z},\boldsymbol{Z}^*)$ 表示，并分别定义为

$$\nabla_{\mathrm{vec}\boldsymbol{Z}}f(\boldsymbol{Z},\boldsymbol{Z}^*)=\frac{\partial f(\boldsymbol{Z},\boldsymbol{Z}^*)}{\partial\mathrm{vec}\boldsymbol{Z}},\quad \nabla_{\mathrm{vec}\boldsymbol{Z}^*}f(\boldsymbol{Z},\boldsymbol{Z}^*)=\frac{\partial f(\boldsymbol{Z},\boldsymbol{Z}^*)}{\partial\mathrm{vec}\boldsymbol{Z}^*} \tag{3.4.35}$$

共轭梯度向量 $\nabla_{\mathrm{vec}\boldsymbol{Z}^*} f(\boldsymbol{Z},\boldsymbol{Z}^*)$ 具有以下性质[69]：

(1) 共轭梯度向量在函数 $f(\boldsymbol{Z},\boldsymbol{Z}^*)$ 的极值点等于零向量，即 $\nabla_{\mathrm{vec}\boldsymbol{Z}^*} f(\boldsymbol{Z},\boldsymbol{Z}^*)=\mathbf{0}$。

(2) 共轭梯度向量 $\nabla_{\mathrm{vec}\boldsymbol{Z}^*} f(\boldsymbol{Z},\boldsymbol{Z}^*)$ 指向函数 $f(\boldsymbol{Z},\boldsymbol{Z}^*)$ 的最陡增大斜率方向 (direction of steepest slope)，而负共轭梯度向量 $-\nabla_{\mathrm{vec}\boldsymbol{Z}^*} f(\boldsymbol{Z},\boldsymbol{Z}^*)$ 则指向函数 $f(\boldsymbol{Z},\boldsymbol{Z}^*)$ 的最陡下降斜率方向。

(3) 最陡增大斜率的幅值等于 $\|\nabla_{\mathrm{vec}\boldsymbol{Z}^*} f(\boldsymbol{Z},\boldsymbol{Z}^*)\|_2$。

(4) 共轭梯度向量 $\nabla_{\mathrm{vec}\boldsymbol{Z}^*} f(\boldsymbol{Z},\boldsymbol{Z}^*)$ 是曲面 $f(\boldsymbol{Z},\boldsymbol{Z}^*)=\mathrm{const}$ 的法线。这意味着，共轭梯度向量 $\nabla_{\mathrm{vec}\boldsymbol{Z}^*} f(\boldsymbol{Z},\boldsymbol{Z}^*)$ 和负共轭梯度向量 $-\nabla_{\mathrm{vec}\boldsymbol{Z}^*} f(\boldsymbol{Z},\boldsymbol{Z}^*)$ 可以分别用于梯度上升算法和梯度下降算法。

以上性质对函数 $f(\boldsymbol{z},\boldsymbol{z}^*)$ 的共轭梯度向量 $\nabla_{\boldsymbol{z}^*} f(\boldsymbol{z},\boldsymbol{z}^*)$ 同样适用。

另一方面，实标量函数 $f(\boldsymbol{Z},\boldsymbol{Z}^*)$ 的 Jacobian 矩阵和共轭 Jacobian 矩阵分别定义为

$$\mathrm{D}_{\boldsymbol{Z}} f(\boldsymbol{Z},\boldsymbol{Z}^*) \overset{\mathrm{def}}{=} \left.\frac{\partial f(\boldsymbol{Z},\boldsymbol{Z}^*)}{\partial \boldsymbol{Z}^{\mathrm{T}}}\right|_{\boldsymbol{Z}^*=\text{常数矩阵}} = \begin{bmatrix} \frac{\partial f(\boldsymbol{Z},\boldsymbol{Z}^*)}{\partial Z_{11}} & \cdots & \frac{\partial f(\boldsymbol{Z},\boldsymbol{Z}^*)}{\partial Z_{m1}} \\ \vdots & \ddots & \vdots \\ \frac{\partial f(\boldsymbol{Z},\boldsymbol{Z}^*)}{\partial Z_{1n}} & \cdots & \frac{\partial f(\boldsymbol{Z},\boldsymbol{Z}^*)}{\partial Z_{mn}} \end{bmatrix} \tag{3.4.36}$$

$$\mathrm{D}_{\boldsymbol{Z}^*} f(\boldsymbol{Z},\boldsymbol{Z}^*) \overset{\mathrm{def}}{=} \left.\frac{\partial f(\boldsymbol{Z},\boldsymbol{Z}^*)}{\partial \boldsymbol{Z}^{\mathrm{H}}}\right|_{\boldsymbol{Z}=\text{常数矩阵}} = \begin{bmatrix} \frac{\partial f(\boldsymbol{Z},\boldsymbol{Z}^*)}{\partial Z_{11}^*} & \cdots & \frac{\partial f(\boldsymbol{Z},\boldsymbol{Z}^*)}{\partial Z_{m1}^*} \\ \vdots & \ddots & \vdots \\ \frac{\partial f(\boldsymbol{Z},\boldsymbol{Z}^*)}{\partial Z_{1n}^*} & \cdots & \frac{\partial f(\boldsymbol{Z},\boldsymbol{Z}^*)}{\partial Z_{mn}^*} \end{bmatrix} \tag{3.4.37}$$

类似地，实标量函数 $f(\boldsymbol{Z},\boldsymbol{Z}^*)$ 的复梯度矩阵和共轭梯度矩阵分别定义为

$$\nabla_{\boldsymbol{Z}} f(\boldsymbol{Z},\boldsymbol{Z}^*) \overset{\mathrm{def}}{=} \left.\frac{\partial f(\boldsymbol{Z},\boldsymbol{Z}^*)}{\partial \boldsymbol{Z}}\right|_{\boldsymbol{Z}^*=\text{常数矩阵}} = \begin{bmatrix} \frac{\partial f(\boldsymbol{Z},\boldsymbol{Z}^*)}{\partial Z_{11}} & \cdots & \frac{\partial f(\boldsymbol{Z},\boldsymbol{Z}^*)}{\partial Z_{1n}} \\ \vdots & \ddots & \vdots \\ \frac{\partial f(\boldsymbol{Z},\boldsymbol{Z}^*)}{\partial Z_{m1}} & \cdots & \frac{\partial f(\boldsymbol{Z},\boldsymbol{Z}^*)}{\partial Z_{mn}} \end{bmatrix} \tag{3.4.38}$$

$$\nabla_{\boldsymbol{Z}^*} f(\boldsymbol{Z},\boldsymbol{Z}^*) \overset{\mathrm{def}}{=} \left.\frac{\partial f(\boldsymbol{Z},\boldsymbol{Z}^*)}{\partial \boldsymbol{Z}^*}\right|_{\boldsymbol{Z}=\text{常数矩阵}} = \begin{bmatrix} \frac{\partial f(\boldsymbol{Z},\boldsymbol{Z}^*)}{\partial Z_{11}^*} & \cdots & \frac{\partial f(\boldsymbol{Z},\boldsymbol{Z}^*)}{\partial Z_{1n}^*} \\ \vdots & \ddots & \vdots \\ \frac{\partial f(\boldsymbol{Z},\boldsymbol{Z}^*)}{\partial Z_{m1}^*} & \cdots & \frac{\partial f(\boldsymbol{Z},\boldsymbol{Z}^*)}{\partial Z_{mn}^*} \end{bmatrix} \tag{3.4.39}$$

综合以上定义，实标量函数 $f(\boldsymbol{Z},\boldsymbol{Z})$ 的各种偏导有下列关系：

(1) 共轭 (协) 梯度向量等于 (协) 梯度向量的复数共轭，共轭 Jacobian 矩阵等于 Jacobian 矩阵的复数共轭，共轭梯度矩阵等于复梯度矩阵的复数共轭。

(2) (共轭) 梯度向量等于 (共轭) 协梯度向量的转置

$$\nabla_{\mathrm{vec}\boldsymbol{Z}} f(\boldsymbol{Z},\boldsymbol{Z}^*) = \mathrm{D}_{\mathrm{vec}\boldsymbol{Z}}^{\mathrm{T}} f(\boldsymbol{Z},\boldsymbol{Z}^*) \tag{3.4.40}$$

$$\nabla_{\mathrm{vec}\boldsymbol{Z}^*} f(\boldsymbol{Z},\boldsymbol{Z}^*) = \mathrm{D}_{\mathrm{vec}\boldsymbol{Z}^*}^{\mathrm{T}} f(\boldsymbol{Z},\boldsymbol{Z}^*) \tag{3.4.41}$$

(3) (共轭) 协梯度向量等于 (共轭) Jacobian 矩阵的向量化的转置

$$\mathrm{D}_{\mathrm{vec}\boldsymbol{Z}} f(\boldsymbol{Z},\boldsymbol{Z}) = \mathrm{vec}^{\mathrm{T}}\left(\mathrm{D}_{\boldsymbol{Z}} f(\boldsymbol{Z},\boldsymbol{Z}^*)\right) \tag{3.4.42}$$

$$\mathrm{D}_{\mathrm{vec}\boldsymbol{Z}^*} f(\boldsymbol{Z},\boldsymbol{Z}) = \mathrm{vec}^{\mathrm{T}}\left(\mathrm{D}_{\boldsymbol{Z}^*} f(\boldsymbol{Z},\boldsymbol{Z}^*)\right) \tag{3.4.43}$$

(4) (共轭) 梯度矩阵等于 (共轭) Jacobian 矩阵的转置

$$\nabla_{\boldsymbol{Z}} f(\boldsymbol{Z},\boldsymbol{Z}^*) = \mathrm{D}_{\boldsymbol{Z}}^{\mathrm{T}} f(\boldsymbol{Z},\boldsymbol{Z}^*) \tag{3.4.44}$$

$$\nabla_{\boldsymbol{Z}^*} f(\boldsymbol{Z},\boldsymbol{Z}^*) = \mathrm{D}_{\boldsymbol{Z}^*}^{\mathrm{T}} f(\boldsymbol{Z},\boldsymbol{Z}^*) \tag{3.4.45}$$

下面是有关梯度的运算法则:

(1) 若 $f(\boldsymbol{Z},\boldsymbol{Z}^*) = c$ 为常数，则梯度矩阵和共轭梯度矩阵均等于零矩阵，即 $\frac{\partial c}{\partial \boldsymbol{Z}} = \boldsymbol{O}$ 和 $\frac{\partial c}{\partial \boldsymbol{Z}^*} = \boldsymbol{O}$。

(2) 线性法则　若 $f(\boldsymbol{Z},\boldsymbol{Z}^*)$ 和 $g(\boldsymbol{Z},\boldsymbol{Z}^*)$ 都是实标量函数，而 c_1 和 c_2 为复常数，则

$$\frac{\partial[c_1 f(\boldsymbol{Z},\boldsymbol{Z}^*) + c_2 g(\boldsymbol{Z},\boldsymbol{Z}^*)]}{\partial \boldsymbol{Z}^*} = c_1 \frac{\partial f(\boldsymbol{Z},\boldsymbol{Z}^*)}{\partial \boldsymbol{Z}^*} + c_2 \frac{\partial g(\boldsymbol{Z},\boldsymbol{Z}^*)}{\partial \boldsymbol{Z}^*}$$

(3) 乘积法则

$$\frac{\partial f(\boldsymbol{Z},\boldsymbol{Z}^*) g(\boldsymbol{Z},\boldsymbol{Z}^*)}{\partial \boldsymbol{Z}^*} = g(\boldsymbol{Z},\boldsymbol{Z}^*) \frac{\partial f(\boldsymbol{Z},\boldsymbol{Z}^*)}{\partial \boldsymbol{Z}^*} + f(\boldsymbol{Z},\boldsymbol{Z}^*) \frac{\partial g(\boldsymbol{Z},\boldsymbol{Z}^*)}{\partial \boldsymbol{Z}^*}$$

(4) 商法则　若 $g(\boldsymbol{Z},\boldsymbol{Z}^*) \neq 0$，则

$$\frac{\partial f(\boldsymbol{Z},\boldsymbol{Z}^*)/g(\boldsymbol{Z},\boldsymbol{Z}^*)}{\partial \boldsymbol{Z}^*} = \frac{1}{g^2(\boldsymbol{Z},\boldsymbol{Z}^*)} \left[g(\boldsymbol{Z},\boldsymbol{Z}^*) \frac{\partial f(\boldsymbol{Z},\boldsymbol{Z}^*)}{\partial \boldsymbol{Z}^*} - f(\boldsymbol{Z},\boldsymbol{Z}^*) \frac{\partial g(\boldsymbol{Z},\boldsymbol{Z}^*)}{\partial \boldsymbol{Z}^*} \right]$$

若 $h(\boldsymbol{Z},\boldsymbol{Z}^*) = g(\boldsymbol{F}(\boldsymbol{Z},\boldsymbol{Z}^*), \boldsymbol{F}^*(\boldsymbol{Z},\boldsymbol{Z}^*))$，则

$$\begin{aligned}\frac{\partial h(\boldsymbol{Z},\boldsymbol{Z}^*)}{\partial \mathrm{vec}\boldsymbol{Z}} =& \frac{\partial g(\boldsymbol{F}(\boldsymbol{Z},\boldsymbol{Z}^*), \boldsymbol{F}^*(\boldsymbol{Z},\boldsymbol{Z}^*))}{\partial \left(\mathrm{vec}\boldsymbol{F}(\boldsymbol{Z},\boldsymbol{Z}^*)\right)^{\mathrm{T}}} \cdot \frac{\partial \left(\mathrm{vec}\boldsymbol{F}(\boldsymbol{Z},\boldsymbol{Z}^*)\right)^{\mathrm{T}}}{\partial \mathrm{vec}\boldsymbol{Z}} + \\ & \frac{\partial g(\boldsymbol{F}(\boldsymbol{Z},\boldsymbol{Z}^*), \boldsymbol{F}^*(\boldsymbol{Z},\boldsymbol{Z}^*))}{\partial \left(\mathrm{vec}\boldsymbol{F}^*(\boldsymbol{Z},\boldsymbol{Z}^*)\right)^{\mathrm{T}}} \cdot \frac{\partial \left(\mathrm{vec}\boldsymbol{F}^*(\boldsymbol{Z},\boldsymbol{Z}^*)\right)^{\mathrm{T}}}{\partial \mathrm{vec}\boldsymbol{Z}}\end{aligned} \tag{3.4.46}$$

$$\begin{aligned}\frac{\partial h(\boldsymbol{Z},\boldsymbol{Z}^*)}{\partial \mathrm{vec}\boldsymbol{Z}^*} =& \frac{\partial g(\boldsymbol{F}(\boldsymbol{Z},\boldsymbol{Z}^*), \boldsymbol{F}^*(\boldsymbol{Z},\boldsymbol{Z}^*))}{\partial \left(\mathrm{vec}\boldsymbol{F}(\boldsymbol{Z},\boldsymbol{Z}^*)\right)^{\mathrm{T}}} \cdot \frac{\partial \left(\mathrm{vec}\boldsymbol{F}(\boldsymbol{Z},\boldsymbol{Z}^*)\right)^{\mathrm{T}}}{\partial \mathrm{vec}\boldsymbol{Z}^*} + \\ & \frac{\partial g(\boldsymbol{F}(\boldsymbol{Z},\boldsymbol{Z}^*), \boldsymbol{F}^*(\boldsymbol{Z},\boldsymbol{Z}^*))}{\partial \left(\mathrm{vec}\boldsymbol{F}^*(\boldsymbol{Z},\boldsymbol{Z}^*)\right)^{\mathrm{T}}} \cdot \frac{\partial \left(\mathrm{vec}\boldsymbol{F}^*(\boldsymbol{Z},\boldsymbol{Z}^*)\right)^{\mathrm{T}}}{\partial \mathrm{vec}\boldsymbol{Z}^*}\end{aligned} \tag{3.4.47}$$

3.4.3 复 Hessian 矩阵

考虑以复矩阵为变元的实值函数 $f = f(\boldsymbol{Z},\boldsymbol{Z}^*)$，其微分可以等价写作

$$\mathrm{d}f = (\mathrm{D}_{\boldsymbol{Z}} f)\mathrm{d}\,\mathrm{vec}\,\boldsymbol{Z} + (\mathrm{D}_{\boldsymbol{Z}^*} f)\mathrm{d}\,\mathrm{vec}\,\boldsymbol{Z}^* \tag{3.4.48}$$

式中

$$\mathrm{D}_{\boldsymbol{Z}} f=\frac{\partial f}{\partial(\mathrm{vec}\,\boldsymbol{Z})^{\mathrm{T}}},\quad \mathrm{D}_{\boldsymbol{Z}^*} f=\frac{\partial f}{\partial(\mathrm{vec}\,\boldsymbol{Z}^*)^{\mathrm{T}}} \tag{3.4.49}$$

注意到其微分为行向量，故

$$\begin{aligned}\mathrm{d}(\mathrm{D}_{\boldsymbol{Z}} f)&=\left(\frac{\partial \mathrm{D}_{\boldsymbol{Z}} f}{\partial \mathrm{vec}\boldsymbol{Z}}\mathrm{d}\,\mathrm{vec}\boldsymbol{Z}+\frac{\partial \mathrm{D}_{\boldsymbol{Z}} f}{\partial \mathrm{vec}\boldsymbol{Z}^*}\mathrm{d}\,\mathrm{vec}\boldsymbol{Z}^*\right)^{\mathrm{T}}\\&=(\mathrm{d}\,\mathrm{vec}\boldsymbol{Z})^{\mathrm{T}}\frac{\partial^2 f}{\partial \mathrm{vec}\,\boldsymbol{Z}\partial(\mathrm{vec}\,\boldsymbol{Z})^{\mathrm{T}}}+(\mathrm{d}\,\mathrm{vec}\boldsymbol{Z}^*)^{\mathrm{T}}\frac{\partial^2 f}{\partial \mathrm{vec}\,\boldsymbol{Z}^*\partial(\mathrm{vec}\,\boldsymbol{Z})^{\mathrm{T}}}\end{aligned} \tag{3.4.50}$$

$$\begin{aligned}\mathrm{d}(\mathrm{D}_{\boldsymbol{Z}^*} f)&=\left(\frac{\partial \mathrm{D}_{\boldsymbol{Z}^*} f}{\partial \mathrm{vec}\boldsymbol{Z}}\mathrm{d}\,\mathrm{vec}\boldsymbol{Z}+\frac{\partial \mathrm{D}_{\boldsymbol{Z}^*} f}{\partial \mathrm{vec}\boldsymbol{Z}^*}\mathrm{d}\,\mathrm{vec}\boldsymbol{Z}^*\right)^{\mathrm{T}}\\&=(\mathrm{d}\,\mathrm{vec}\boldsymbol{Z})^{\mathrm{T}}\frac{\partial^2 f}{\partial \mathrm{vec}\,\boldsymbol{Z}\partial(\mathrm{vec}\,\boldsymbol{Z}^*)^{\mathrm{T}}}+(\mathrm{d}\,\mathrm{vec}\boldsymbol{Z}^*)^{\mathrm{T}}\frac{\partial^2 f}{\partial \mathrm{vec}\,\boldsymbol{Z}^*\partial(\mathrm{vec}\,\boldsymbol{Z}^*)^{\mathrm{T}}}\end{aligned} \tag{3.4.51}$$

由于 $\mathrm{d}(\mathrm{vec}\,\boldsymbol{Z})$ 不是 $\mathrm{vec}\,\boldsymbol{Z}$ 的函数，且 $\mathrm{d}(\mathrm{vec}\,\boldsymbol{Z}^*)$ 不是 $\mathrm{vec}\,\boldsymbol{Z}^*$ 的函数，故有

$$\mathrm{d}^2\mathrm{vec}\boldsymbol{Z}=\mathrm{d}(\mathrm{d}\,\mathrm{vec}\boldsymbol{Z})=0\quad 和\quad \mathrm{d}^2\mathrm{vec}\boldsymbol{Z}^*=\mathrm{d}(\mathrm{d}\,\mathrm{vec}\boldsymbol{Z}^*)=0 \tag{3.4.52}$$

于是，实值函数 $f=f(\boldsymbol{Z},\boldsymbol{Z}^*)$ 的二次微分

$$\begin{aligned}\mathrm{d}^2 f&=\mathrm{d}(\mathrm{D}_{\boldsymbol{Z}} f)\mathrm{d}\,\mathrm{vec}\boldsymbol{Z}+\mathrm{d}(\mathrm{D}_{\boldsymbol{Z}^*} f)\mathrm{d}\,\mathrm{vec}\boldsymbol{Z}^*\\&=(\mathrm{d}\,\mathrm{vec}\boldsymbol{Z})^{\mathrm{T}}\frac{\partial^2 f}{\partial\,\mathrm{vec}\,\boldsymbol{Z}\partial(\mathrm{vec}\,\boldsymbol{Z})^{\mathrm{T}}}\mathrm{d}\,\mathrm{vec}\boldsymbol{Z}+(\mathrm{d}\,\mathrm{vec}\boldsymbol{Z}^*)^{\mathrm{T}}\frac{\partial^2 f}{\partial\,\mathrm{vec}\,\boldsymbol{Z}^*\partial(\mathrm{vec}\,\boldsymbol{Z})^{\mathrm{T}}}\mathrm{d}\,\mathrm{vec}\boldsymbol{Z}\\&\quad+(\mathrm{d}\,\mathrm{vec}\boldsymbol{Z})^{\mathrm{T}}\frac{\partial^2 f}{\partial\,\mathrm{vec}\,\boldsymbol{Z}\partial(\mathrm{vec}\,\boldsymbol{Z}^*)^{\mathrm{T}}}\mathrm{d}\,\mathrm{vec}\boldsymbol{Z}^*+(\mathrm{d}\,\mathrm{vec}\boldsymbol{Z}^*)^{\mathrm{T}}\frac{\partial^2 f}{\partial\,\mathrm{vec}\,\boldsymbol{Z}^*\partial(\mathrm{vec}\,\boldsymbol{Z}^*)^{\mathrm{T}}}\mathrm{d}\,\mathrm{vec}\boldsymbol{Z}^*\end{aligned}$$

或写作

$$\begin{aligned}\mathrm{d}^2 f&=\left[(\mathrm{d}\,\mathrm{vec}\boldsymbol{Z}^*)^{\mathrm{T}},(\mathrm{d}\,\mathrm{vec}\boldsymbol{Z})^{\mathrm{T}}\right]\begin{bmatrix}\dfrac{\partial^2 f}{\partial\,\mathrm{vec}\,\boldsymbol{Z}^*\partial(\mathrm{vec}\,\boldsymbol{Z})^{\mathrm{T}}} & \dfrac{\partial^2 f}{\partial\,\mathrm{vec}\,\boldsymbol{Z}^*\partial(\mathrm{vec}\,\boldsymbol{Z}^*)^{\mathrm{T}}}\\ \dfrac{\partial^2 f}{\partial\,\mathrm{vec}\,\boldsymbol{Z}\partial(\mathrm{vec}\,\boldsymbol{Z})^{\mathrm{T}}} & \dfrac{\partial^2 f}{\partial\,\mathrm{vec}\,\boldsymbol{Z}\partial(\mathrm{vec}\,\boldsymbol{Z}^*)^{\mathrm{T}}}\end{bmatrix}\begin{bmatrix}\mathrm{d}\,\mathrm{vec}\boldsymbol{Z}\\ \mathrm{d}\,\mathrm{vec}\boldsymbol{Z}^*\end{bmatrix}\\&=\left[(\mathrm{d}\,\mathrm{vec}\boldsymbol{Z}^*)^{\mathrm{T}},(\mathrm{d}\,\mathrm{vec}\boldsymbol{Z})^{\mathrm{T}}\right]\begin{bmatrix}\boldsymbol{H}_{\boldsymbol{Z}^*,\boldsymbol{Z}} & \boldsymbol{H}_{\boldsymbol{Z}^*,\boldsymbol{Z}^*}\\ \boldsymbol{H}_{\boldsymbol{Z},\boldsymbol{Z}} & \boldsymbol{H}_{\boldsymbol{Z},\boldsymbol{Z}^*}\end{bmatrix}\begin{bmatrix}\mathrm{d}\,\mathrm{vec}\boldsymbol{Z}\\ \mathrm{d}\,\mathrm{vec}\boldsymbol{Z}^*\end{bmatrix}\\&=\begin{bmatrix}\mathrm{d}\,\mathrm{vec}\boldsymbol{Z}\\ \mathrm{d}\,\mathrm{vec}\boldsymbol{Z}^*\end{bmatrix}^{\mathrm{H}}\boldsymbol{H}\begin{bmatrix}\mathrm{d}\,\mathrm{vec}\boldsymbol{Z}\\ \mathrm{d}\,\mathrm{vec}\boldsymbol{Z}^*\end{bmatrix}\end{aligned} \tag{3.4.53}$$

式中

$$\boldsymbol{H}=\begin{bmatrix}\boldsymbol{H}_{\boldsymbol{Z}^*,\boldsymbol{Z}} & \boldsymbol{H}_{\boldsymbol{Z}^*,\boldsymbol{Z}^*}\\ \boldsymbol{H}_{\boldsymbol{Z},\boldsymbol{Z}} & \boldsymbol{H}_{\boldsymbol{Z},\boldsymbol{Z}^*}\end{bmatrix} \tag{3.4.54}$$

称为函数 $f(\boldsymbol{Z},\boldsymbol{Z}^*)$ 的全 Hessian 矩阵，其四个分块矩阵

$$\left.\begin{aligned}\boldsymbol{H}_{\boldsymbol{Z}^*,\boldsymbol{Z}}&=\frac{\partial^2 f(\boldsymbol{Z},\boldsymbol{Z}^*)}{\partial \mathrm{vec}\,\boldsymbol{Z}^*\partial(\mathrm{vec}\,\boldsymbol{Z})^{\mathrm{T}}}\\ \boldsymbol{H}_{\boldsymbol{Z}^*,\boldsymbol{Z}^*}&=\frac{\partial^2 f(\boldsymbol{Z},\boldsymbol{Z}^*)}{\partial \mathrm{vec}\,\boldsymbol{Z}^*\partial(\mathrm{vec}\,\boldsymbol{Z}^*)^{\mathrm{T}}}\\ \boldsymbol{H}_{\boldsymbol{Z},\boldsymbol{Z}}&=\frac{\partial^2 f(\boldsymbol{Z},\boldsymbol{Z}^*)}{\partial \mathrm{vec}\,\boldsymbol{Z}\partial(\mathrm{vec}\,\boldsymbol{Z})^{\mathrm{T}}}\\ \boldsymbol{H}_{\boldsymbol{Z},\boldsymbol{Z}^*}&=\frac{\partial^2 f(\boldsymbol{Z},\boldsymbol{Z}^*)}{\partial \mathrm{vec}\,\boldsymbol{Z}\partial(\mathrm{vec}\,\boldsymbol{Z}^*)^{\mathrm{T}}}\end{aligned}\right\} \tag{3.4.55}$$

分别称为函数 $f(\boldsymbol{Z},\boldsymbol{Z}^*)$ 的部分 Hessian 矩阵，其中 $\boldsymbol{H}_{\boldsymbol{Z}^*,\boldsymbol{Z}}$ 是函数 $f(\boldsymbol{Z},\boldsymbol{Z}^*)$ 的主 Hessian 矩阵。

根据上述定义公式，容易证明标量函数 $f(\boldsymbol{Z},\boldsymbol{Z}^*)$ 的 Hessian 矩阵的以下性质：

(1) 部分 Hessian 矩阵 $\boldsymbol{H}_{\boldsymbol{Z}^*,\boldsymbol{Z}}$ 和 $\boldsymbol{H}_{\boldsymbol{Z},\boldsymbol{Z}^*}$ 分别是 Hermitian 矩阵，并且相互共轭

$$\boldsymbol{H}_{\boldsymbol{Z}^*,\boldsymbol{Z}}=\boldsymbol{H}_{\boldsymbol{Z}^*,\boldsymbol{Z}}^{\mathrm{H}},\quad \boldsymbol{H}_{\boldsymbol{Z},\boldsymbol{Z}^*}=\boldsymbol{H}_{\boldsymbol{Z},\boldsymbol{Z}^*}^{\mathrm{H}},\quad \boldsymbol{H}_{\boldsymbol{Z}^*,\boldsymbol{Z}}=\boldsymbol{H}_{\boldsymbol{Z},\boldsymbol{Z}^*}^{*} \tag{3.4.56}$$

(2) 另外两个部分 Hessian 矩阵分别是对称的，并且互为共轭

$$\boldsymbol{H}_{\boldsymbol{Z},\boldsymbol{Z}}=\boldsymbol{H}_{\boldsymbol{Z},\boldsymbol{Z}}^{\mathrm{T}},\quad \boldsymbol{H}_{\boldsymbol{Z}^*,\boldsymbol{Z}^*}=\boldsymbol{H}_{\boldsymbol{Z}^*,\boldsymbol{Z}^*}^{\mathrm{T}}\quad \boldsymbol{H}_{\boldsymbol{Z},\boldsymbol{Z}}=\boldsymbol{H}_{\boldsymbol{Z}^*,\boldsymbol{Z}^*}^{*} \tag{3.4.57}$$

(3) 全 Hessian 矩阵是 Hermitian 矩阵，即有 $\boldsymbol{H}=\boldsymbol{H}^{\mathrm{H}}$。

另由式 (3.4.53) 易知，由于实值函数 $f(\boldsymbol{Z},\boldsymbol{Z}^*)$ 的二阶微分 d^2f 为二次型函数，故全 Hessian 矩阵的正定性由 d^2f 决定：

(1) 若 $\mathrm{d}^2f>0$ 对所有 $\mathrm{vec}\boldsymbol{Z}$ 恒成立，则全 Hessian 矩阵为正定矩阵；

(2) 若 $\mathrm{d}^2f\geqslant 0$ 对所有 $\mathrm{vec}\boldsymbol{Z}$ 恒成立，则全 Hessian 矩阵为半正定矩阵；

(3)若 $\mathrm{d}^2f<0$ 对所有 $\mathrm{vec}\boldsymbol{Z}$ 恒成立，则全 Hessian 矩阵为负定矩阵；

(4) 若 $\mathrm{d}^2f\leqslant 0$ 对所有 $\mathrm{vec}\boldsymbol{Z}$ 恒成立，则全 Hessian 矩阵为半负定矩阵。

对于实值函数 $f=f(\boldsymbol{z},\boldsymbol{z}^*)$，其二阶微分

$$\mathrm{d}^2f=\begin{bmatrix}\mathrm{d}\boldsymbol{z}\\ \mathrm{d}\boldsymbol{z}^*\end{bmatrix}^{\mathrm{H}}\boldsymbol{H}\begin{bmatrix}\mathrm{d}\boldsymbol{z}\\ \mathrm{d}\boldsymbol{z}^*\end{bmatrix} \tag{3.4.58}$$

其中 $\boldsymbol{H}$ 是函数 $f(\boldsymbol{z},\boldsymbol{z}^*)$ 的全 Hessian 矩阵，定义为

$$\boldsymbol{H}=\begin{bmatrix}\boldsymbol{H}_{\boldsymbol{z}^*,\boldsymbol{z}} & \boldsymbol{H}_{\boldsymbol{z}^*,\boldsymbol{z}^*}\\ \boldsymbol{H}_{\boldsymbol{z},\boldsymbol{z}} & \boldsymbol{H}_{\boldsymbol{z},\boldsymbol{z}^*}\end{bmatrix} \tag{3.4.59}$$

四个部分 Hessian 矩阵分别为

$$\left.\begin{aligned}\boldsymbol{H}_{\boldsymbol{z}^*,\boldsymbol{z}}&=\frac{\partial^2 f(\boldsymbol{z},\boldsymbol{Z}^*)}{\partial\boldsymbol{z}^*\partial\boldsymbol{z}^{\mathrm{T}}}\\ \boldsymbol{H}_{\boldsymbol{z}^*,\boldsymbol{z}^*}&=\frac{\partial^2 f(\boldsymbol{z},\boldsymbol{z}^*)}{\partial\boldsymbol{z}^*\partial\boldsymbol{z}^{\mathrm{H}}}\\ \boldsymbol{H}_{\boldsymbol{z},\boldsymbol{z}}&=\frac{\partial^2 f(\boldsymbol{z},\boldsymbol{z}^*)}{\partial\boldsymbol{z}\partial\boldsymbol{z}^{\mathrm{T}}}\\ \boldsymbol{H}_{\boldsymbol{z},\boldsymbol{z}^*}&=\frac{\partial^2 f(\boldsymbol{z},\boldsymbol{z}^*)}{\partial\boldsymbol{z}\partial\boldsymbol{z}^{\mathrm{H}}}\end{aligned}\right\} \tag{3.4.60}$$

显然，全 Hessian 矩阵为 Hermitian 矩阵，即有 $\boldsymbol{H}=\boldsymbol{H}^{\mathrm{H}}$，并且四个部分 Hessian 矩阵之间有下列关系

$$\boldsymbol{H}_{\boldsymbol{z}^*,\boldsymbol{z}}=\boldsymbol{H}_{\boldsymbol{z}^*,\boldsymbol{z}}^{\mathrm{H}},\quad \boldsymbol{H}_{\boldsymbol{z},\boldsymbol{z}^*}=\boldsymbol{H}_{\boldsymbol{z},\boldsymbol{z}^*}^{\mathrm{H}},\quad \boldsymbol{H}_{\boldsymbol{z}^*,\boldsymbol{z}}=\boldsymbol{H}_{\boldsymbol{z},\boldsymbol{z}^*}^{*} \tag{3.4.61}$$

$$\boldsymbol{H}_{\boldsymbol{z},\boldsymbol{z}}=\boldsymbol{H}_{\boldsymbol{z},\boldsymbol{z}}^{\mathrm{T}},\quad \boldsymbol{H}_{\boldsymbol{z}^*,\boldsymbol{z}^*}=\boldsymbol{H}_{\boldsymbol{z}^*,\boldsymbol{z}^*}^{\mathrm{T}}\quad \boldsymbol{H}_{\boldsymbol{z},\boldsymbol{z}}=\boldsymbol{H}_{\boldsymbol{z}^*,\boldsymbol{z}^*}^{*} \tag{3.4.62}$$

3.5　复梯度矩阵与复 Hessian 矩阵的辨识

上一节定义了以复矩阵为变元的实标量函数 $f(\boldsymbol{Z},\boldsymbol{Z}^*)$ 的复梯度矩阵与复 Hessian 矩阵。本节介绍复梯度矩阵和复 Hessian 矩阵的辨识方法。

3.5.1　实标量函数的复梯度矩阵辨识

若令

$$\boldsymbol{A}=\mathrm{D}_{\boldsymbol{Z}}f(\boldsymbol{Z},\boldsymbol{Z}^*)\quad \text{和}\quad \boldsymbol{B}=\mathrm{D}_{\boldsymbol{Z}^*}f(\boldsymbol{Z},\boldsymbol{Z}^*)\tag{3.5.1}$$

则

$$\frac{\partial f(\boldsymbol{Z},\boldsymbol{Z}^*)}{\partial \mathrm{vec}^{\mathrm{T}}(\boldsymbol{Z})}=\mathrm{rvec}(\mathrm{D}_{\boldsymbol{Z}}f(\boldsymbol{Z},\boldsymbol{Z}^*))=\mathrm{rvec}(\boldsymbol{A})=\mathrm{vec}^{\mathrm{T}}(\boldsymbol{A}^{\mathrm{T}})\tag{3.5.2}$$

$$\frac{\partial f(\boldsymbol{Z},\boldsymbol{Z}^*)}{\partial \mathrm{vec}^{\mathrm{H}}(\boldsymbol{Z})}=\mathrm{rvec}(\mathrm{D}_{\boldsymbol{Z}^*}f(\boldsymbol{Z},\boldsymbol{Z}^*))=\mathrm{rvec}(\boldsymbol{B})=\mathrm{vec}^{\mathrm{T}}(\boldsymbol{B}^{\mathrm{T}})\tag{3.5.3}$$

于是，一阶复矩阵微分公式 (3.4.33) 可以写成

$$\mathrm{d}f(\boldsymbol{Z},\boldsymbol{Z}^*)=\mathrm{vec}^{\mathrm{T}}(\boldsymbol{A}^{\mathrm{T}})\mathrm{d}(\mathrm{vec}\boldsymbol{Z})+\mathrm{vec}^{\mathrm{T}}(\boldsymbol{B}^{\mathrm{T}})\mathrm{dvec}(\boldsymbol{Z}^*)\tag{3.5.4}$$

利用 $\mathrm{tr}(\boldsymbol{C}^{\mathrm{T}}\boldsymbol{D})=\mathrm{vec}^{\mathrm{T}}(\boldsymbol{C})\mathrm{vec}(\boldsymbol{D})$，式 (3.5.4) 可以用迹函数形式表示为

$$\mathrm{d}f(\boldsymbol{Z},\boldsymbol{Z}^*)=\mathrm{tr}(\boldsymbol{A}\mathrm{d}\boldsymbol{Z}+\boldsymbol{B}\mathrm{d}\boldsymbol{Z}^*)\tag{3.5.5}$$

由式 (3.5.1) 和式 (3.5.5)，即可得到复 Jacobian 矩阵和复梯度矩阵的辨识命题如下。

命题 3.5.1　给定一标量函数 $f(\boldsymbol{Z},\boldsymbol{Z}^*):\mathbb{C}^{m\times n}\times\mathbb{C}^{m\times n}\to\mathbb{C}$，则该函数关于复矩阵变元的 Jacobian 矩阵和共轭 Jacobian 矩阵可以辨识如下

$$\mathrm{d}f(\boldsymbol{Z},\boldsymbol{Z}^*)=\mathrm{tr}(\boldsymbol{A}\mathrm{d}\boldsymbol{Z}+\boldsymbol{B}\mathrm{d}\boldsymbol{Z}^*)\Longleftrightarrow\begin{cases}\mathrm{D}_{\boldsymbol{Z}}f(\boldsymbol{Z},\boldsymbol{Z}^*)=\boldsymbol{A}\\ \mathrm{D}_{\boldsymbol{Z}^*}f(\boldsymbol{Z},\boldsymbol{Z}^*)=\boldsymbol{B}\end{cases}\tag{3.5.6}$$

或有

$$\mathrm{d}f(\boldsymbol{Z},\boldsymbol{Z}^*)=\mathrm{tr}(\boldsymbol{A}\mathrm{d}\boldsymbol{Z}+\boldsymbol{B}\mathrm{d}\boldsymbol{Z}^*)\Longleftrightarrow\begin{cases}\nabla_{\boldsymbol{Z}}f(\boldsymbol{Z},\boldsymbol{Z}^*)=\boldsymbol{A}^{\mathrm{T}}\\ \nabla_{\boldsymbol{Z}^*}f(\boldsymbol{Z},\boldsymbol{Z}^*)=\boldsymbol{B}^{\mathrm{T}}\end{cases}\tag{3.5.7}$$

即复梯度矩阵和共轭梯度矩阵分别由矩阵 $\boldsymbol{A}$ 和 $\boldsymbol{B}$ 的转置唯一辨识。

上述命题表明，复 Jacobian 矩阵和复梯度矩阵的辨识关键是将标量函数的矩阵微分表示成规范形式 $\mathrm{d}f(\boldsymbol{Z},\boldsymbol{Z}^*)=\mathrm{tr}(\boldsymbol{A}\mathrm{d}\boldsymbol{Z}+\boldsymbol{B}\mathrm{d}\boldsymbol{Z}^*)$。特别地，若 $f(\boldsymbol{Z},\boldsymbol{Z}^*)$ 为实值函数，则 $\boldsymbol{B}=\boldsymbol{A}^*$。

例 3.5.1　迹函数 $\mathrm{tr}(\boldsymbol{Z}\boldsymbol{A}\boldsymbol{Z}^*\boldsymbol{B})$ 的复矩阵微分

$$\begin{aligned}\mathrm{d}[\mathrm{tr}(\boldsymbol{Z}\boldsymbol{A}\boldsymbol{Z}^*\boldsymbol{B})]&=\mathrm{tr}((\mathrm{d}\boldsymbol{Z})\boldsymbol{A}\boldsymbol{Z}^*\boldsymbol{B})+\mathrm{tr}(\boldsymbol{Z}\boldsymbol{A}(\mathrm{d}\boldsymbol{Z}^*)\boldsymbol{B})\\&=\mathrm{tr}(\boldsymbol{A}\boldsymbol{Z}^*\boldsymbol{B}\mathrm{d}\boldsymbol{Z})+\mathrm{tr}(\boldsymbol{B}\boldsymbol{Z}\boldsymbol{A}\mathrm{d}\boldsymbol{Z}^*)\end{aligned}$$

由此得迹函数 $\mathrm{tr}(\boldsymbol{ZAZ}^*\boldsymbol{B})$ 的梯度矩阵和共轭梯度矩阵分别为

$$\nabla_{\boldsymbol{Z}}\mathrm{tr}(\boldsymbol{ZAZ}^*\boldsymbol{B}) = (\boldsymbol{AZ}^*\boldsymbol{B})^{\mathrm{T}} = \boldsymbol{B}^{\mathrm{T}}\boldsymbol{Z}^{\mathrm{H}}\boldsymbol{A}^{\mathrm{T}} \tag{3.5.8}$$

$$\nabla_{\boldsymbol{Z}^*}\mathrm{tr}(\boldsymbol{ZAZ}^*\boldsymbol{B}) = (\boldsymbol{BZA})^{\mathrm{T}} = \boldsymbol{A}^{\mathrm{T}}\boldsymbol{Z}^{\mathrm{T}}\boldsymbol{B}^{\mathrm{T}} \tag{3.5.9}$$

表 3.5.1 列出了几种迹函数的微分、梯度矩阵与共轭梯度矩阵。

表 3.5.1 几种迹函数的微分、梯度矩阵与共轭梯度矩阵

$f(\boldsymbol{Z},\boldsymbol{Z}^*)$	微分 $\mathrm{d}f$	梯度矩阵 $\partial f/\partial \boldsymbol{Z}$	共轭梯度矩阵 $\partial f/\partial \boldsymbol{Z}^*$
$\mathrm{tr}(\boldsymbol{AZ})$	$\mathrm{tr}(\boldsymbol{A}\mathrm{d}\boldsymbol{Z})$	$\boldsymbol{A}^{\mathrm{T}}$	$\boldsymbol{O}$
$\mathrm{tr}(\boldsymbol{AZ}^{\mathrm{H}})$	$\mathrm{tr}(\boldsymbol{A}^{\mathrm{T}}\mathrm{d}\boldsymbol{Z}^*)$	$\boldsymbol{O}$	$\boldsymbol{A}$
$\mathrm{tr}(\boldsymbol{ZAZ}^{\mathrm{T}}\boldsymbol{B})$	$\mathrm{tr}((\boldsymbol{AZ}^{\mathrm{T}}\boldsymbol{B}+\boldsymbol{A}^{\mathrm{T}}\boldsymbol{Z}^{\mathrm{T}}\boldsymbol{B}^{\mathrm{T}})\mathrm{d}\boldsymbol{Z})$	$\boldsymbol{B}^{\mathrm{T}}\boldsymbol{ZA}^{\mathrm{T}}+\boldsymbol{BZA}$	$\boldsymbol{O}$
$\mathrm{tr}(\boldsymbol{ZAZB})$	$\mathrm{tr}((\boldsymbol{AZB}+\boldsymbol{BZA})\mathrm{d}\boldsymbol{Z})$	$(\boldsymbol{AZB}+\boldsymbol{BZA})^{\mathrm{T}}$	$\boldsymbol{O}$
$\mathrm{tr}(\boldsymbol{ZAZ}^*\boldsymbol{B})$	$\mathrm{tr}(\boldsymbol{AZ}^*\boldsymbol{B}\mathrm{d}\boldsymbol{Z}+\boldsymbol{BZA}\mathrm{d}\boldsymbol{Z}^*)$	$\boldsymbol{B}^{\mathrm{T}}\boldsymbol{Z}^{\mathrm{H}}\boldsymbol{A}^{\mathrm{T}}$	$\boldsymbol{A}^{\mathrm{T}}\boldsymbol{Z}^{\mathrm{T}}\boldsymbol{B}^{\mathrm{T}}$
$\mathrm{tr}(\boldsymbol{ZAZ}^{\mathrm{H}}\boldsymbol{B})$	$\mathrm{tr}(\boldsymbol{AZ}^{\mathrm{H}}\boldsymbol{B}\mathrm{d}\boldsymbol{Z}+\boldsymbol{A}^{\mathrm{T}}\boldsymbol{Z}^{\mathrm{T}}\boldsymbol{B}^{\mathrm{T}}\mathrm{d}\boldsymbol{Z}^*)$	$\boldsymbol{B}^{\mathrm{T}}\boldsymbol{Z}^*\boldsymbol{A}^{\mathrm{T}}$	$\boldsymbol{BZA}$
$\mathrm{tr}(\boldsymbol{AZ}^{-1})$	$-\mathrm{tr}(\boldsymbol{Z}^{-1}\boldsymbol{AZ}^{-1}\mathrm{d}\boldsymbol{Z})$	$-\boldsymbol{Z}^{-\mathrm{T}}\boldsymbol{A}^{\mathrm{T}}\boldsymbol{Z}^{-\mathrm{T}}$	$\boldsymbol{O}$
$\mathrm{tr}(\boldsymbol{Z}^k)$	$k\mathrm{tr}(\boldsymbol{Z}^{k-1}\mathrm{d}\boldsymbol{Z})$	$k(\boldsymbol{Z}^{\mathrm{T}})^{k-1}$	$\boldsymbol{O}$

例 3.5.2 行列式 $|\boldsymbol{ZZ}^*|$ 和 $|\boldsymbol{ZZ}^{\mathrm{H}}|$ 的复矩阵微分分别为

$$\begin{aligned}
\mathrm{d}|\boldsymbol{ZZ}^*| &= |\boldsymbol{ZZ}^*|\mathrm{tr}[(\boldsymbol{ZZ}^*)^{-1}\mathrm{d}(\boldsymbol{ZZ}^*)]\\
&= |\boldsymbol{ZZ}^*|\mathrm{tr}[(\boldsymbol{ZZ}^*)^{-1}(\mathrm{d}\boldsymbol{Z})\boldsymbol{Z}^*] + |\boldsymbol{ZZ}^*|\mathrm{tr}[(\boldsymbol{ZZ}^*)^{-1}\boldsymbol{Z}\mathrm{d}\boldsymbol{Z}^*]\\
&= |\boldsymbol{ZZ}^*|\mathrm{tr}[\boldsymbol{Z}^*(\boldsymbol{ZZ}^*)^{-1}\mathrm{d}\boldsymbol{Z}] + |\boldsymbol{ZZ}^*|\mathrm{tr}[(\boldsymbol{ZZ}^*)^{-1}\boldsymbol{Z}\mathrm{d}\boldsymbol{Z}^*]\\
\mathrm{d}|\boldsymbol{ZZ}^{\mathrm{H}}| &= |\boldsymbol{ZZ}^{\mathrm{H}}|\mathrm{tr}[(\boldsymbol{ZZ}^{\mathrm{H}})^{-1}\mathrm{d}(\boldsymbol{ZZ}^{\mathrm{H}})]\\
&= |\boldsymbol{ZZ}^{\mathrm{H}}|\mathrm{tr}[(\boldsymbol{ZZ}^{\mathrm{H}})^{-1}(\mathrm{d}\boldsymbol{Z})\boldsymbol{Z}^{\mathrm{H}}] + |\boldsymbol{ZZ}^{\mathrm{H}}|\mathrm{tr}[(\boldsymbol{ZZ}^{\mathrm{H}})^{-1}\boldsymbol{Z}\mathrm{d}\boldsymbol{Z}^{\mathrm{H}}]\\
&= |\boldsymbol{ZZ}^{\mathrm{H}}|\mathrm{tr}[\boldsymbol{Z}^{\mathrm{H}}(\boldsymbol{ZZ}^{\mathrm{H}})^{-1}\mathrm{d}\boldsymbol{Z}] + |\boldsymbol{ZZ}^{\mathrm{H}}|\mathrm{tr}\{[(\boldsymbol{ZZ}^{\mathrm{H}})^{-1}\boldsymbol{Z}]^{\mathrm{T}}\mathrm{d}\boldsymbol{Z}^*\}
\end{aligned}$$

故梯度矩阵与共轭梯度矩阵分别为

$$\nabla_{\boldsymbol{Z}}|\boldsymbol{ZZ}^*| = |\boldsymbol{ZZ}^*|(\boldsymbol{Z}^{\mathrm{H}}\boldsymbol{Z}^{\mathrm{T}})^{-1}\boldsymbol{Z}^{\mathrm{H}} \tag{3.5.10}$$

$$\nabla_{\boldsymbol{Z}^*}|\boldsymbol{ZZ}^*| = |\boldsymbol{ZZ}^*|\boldsymbol{Z}^{\mathrm{T}}(\boldsymbol{Z}^{\mathrm{H}}\boldsymbol{Z}^{\mathrm{T}})^{-1} \tag{3.5.11}$$

和

$$\nabla_{\boldsymbol{Z}}|\boldsymbol{ZZ}^{\mathrm{H}}| = |\boldsymbol{ZZ}^{\mathrm{H}}|(\boldsymbol{Z}^*\boldsymbol{Z}^{\mathrm{T}})^{-1}\boldsymbol{Z}^* \tag{3.5.12}$$

$$\nabla_{\boldsymbol{Z}^*}|\boldsymbol{ZZ}^{\mathrm{H}}| = |\boldsymbol{ZZ}^{\mathrm{H}}|\boldsymbol{Z}^{\mathrm{T}}(\boldsymbol{Z}^*\boldsymbol{Z}^{\mathrm{T}})^{-1} \tag{3.5.13}$$

例 3.5.3 矩阵整数幂的行列式 $|\boldsymbol{Z}^k|$ 的微分

$$\mathrm{d}|\boldsymbol{Z}^k| = |\boldsymbol{Z}^k|\mathrm{tr}(\boldsymbol{Z}^{-k}\mathrm{d}\boldsymbol{Z}^k) = |\boldsymbol{Z}|^k\mathrm{tr}(\boldsymbol{Z}^{-k}k\boldsymbol{Z}^{k-1}\mathrm{d}\boldsymbol{Z}) = k|\boldsymbol{Z}|^k\mathrm{tr}(\boldsymbol{Z}^{-1}\mathrm{d}\boldsymbol{Z})$$

由此得梯度矩阵与共轭梯度矩阵

$$\nabla_{\boldsymbol{Z}}|\boldsymbol{Z}^k| = k|\boldsymbol{Z}|^k\boldsymbol{Z}^{-\mathrm{T}}, \quad \nabla_{\boldsymbol{Z}^*}|\boldsymbol{Z}^k| = \boldsymbol{O} \tag{3.5.14}$$

表 3.5.2 罗列了几种行列式函数的微分、梯度矩阵与共轭梯度矩阵。

表 3.5.2 几种行列式函数的微分、梯度矩阵与共轭梯度矩阵

函数 f	微分 $\mathrm{d}f$	$\partial f/\partial \boldsymbol{Z}$	$\partial f/\partial \boldsymbol{Z}^*$
$\lvert\boldsymbol{Z}\rvert$	$\lvert\boldsymbol{Z}\rvert\mathrm{tr}(\boldsymbol{Z}^{-1}\mathrm{d}\boldsymbol{Z})$	$\lvert\boldsymbol{Z}\rvert\boldsymbol{Z}^{-\mathrm{T}}$	$\boldsymbol{O}$
$\lvert\boldsymbol{Z}\boldsymbol{Z}^{\mathrm{T}}\rvert$	$2\lvert\boldsymbol{Z}\boldsymbol{Z}^{\mathrm{T}}\rvert\mathrm{tr}(\boldsymbol{Z}^{\mathrm{T}}(\boldsymbol{Z}\boldsymbol{Z}^{\mathrm{T}})^{-1}\mathrm{d}\boldsymbol{Z})$	$2\lvert\boldsymbol{Z}\boldsymbol{Z}^{\mathrm{T}}\rvert(\boldsymbol{Z}\boldsymbol{Z}^{\mathrm{T}})^{-1}\boldsymbol{Z}$	$\boldsymbol{O}$
$\lvert\boldsymbol{Z}^{\mathrm{T}}\boldsymbol{Z}\rvert$	$2\lvert\boldsymbol{Z}^{\mathrm{T}}\boldsymbol{Z}\rvert\mathrm{tr}((\boldsymbol{Z}^{\mathrm{T}}\boldsymbol{Z})^{-1}\boldsymbol{Z}^{\mathrm{T}}\mathrm{d}\boldsymbol{Z})$	$2\lvert\boldsymbol{Z}^{\mathrm{T}}\boldsymbol{Z}\rvert\boldsymbol{Z}(\boldsymbol{Z}^{\mathrm{T}}\boldsymbol{Z})^{-1}$	$\boldsymbol{O}$
$\lvert\boldsymbol{Z}\boldsymbol{Z}^*\rvert$	$\boldsymbol{Z}\boldsymbol{Z}^*\lvert\mathrm{tr}(\boldsymbol{Z}^*(\boldsymbol{Z}\boldsymbol{Z}^*)^{-1}\mathrm{d}\boldsymbol{Z} + (\boldsymbol{Z}\boldsymbol{Z}^*)^{-1}\boldsymbol{Z}\mathrm{d}\boldsymbol{Z}^*)$	$\lvert\boldsymbol{Z}\boldsymbol{Z}^*\rvert(\boldsymbol{Z}^{\mathrm{H}}\boldsymbol{Z}^{\mathrm{T}})^{-1}\boldsymbol{Z}^{\mathrm{H}}$	$\lvert\boldsymbol{Z}\boldsymbol{Z}^*\rvert\boldsymbol{Z}^{\mathrm{T}}(\boldsymbol{Z}^{\mathrm{H}}\boldsymbol{Z}^{\mathrm{T}})^{-1}$
$\lvert\boldsymbol{Z}^*\boldsymbol{Z}\rvert$	$\lvert\boldsymbol{Z}^*\boldsymbol{Z}\rvert\mathrm{tr}((\boldsymbol{Z}^*\boldsymbol{Z})^{-1}\boldsymbol{Z}^*\mathrm{d}\boldsymbol{Z} + \boldsymbol{Z}(\boldsymbol{Z}^*\boldsymbol{Z})^{-1}\mathrm{d}\boldsymbol{Z}^*)$	$\lvert\boldsymbol{Z}^*\boldsymbol{Z}\rvert\boldsymbol{Z}^{\mathrm{H}}(\boldsymbol{Z}^{\mathrm{T}}\boldsymbol{Z}^{\mathrm{H}})^{-1}$	$\lvert\boldsymbol{Z}^*\boldsymbol{Z}\rvert(\boldsymbol{Z}^{\mathrm{T}}\boldsymbol{Z}^{\mathrm{H}})^{-1}\boldsymbol{Z}^{\mathrm{T}}$
$\lvert\boldsymbol{Z}\boldsymbol{Z}^{\mathrm{H}}\rvert$	$\lvert\boldsymbol{Z}\boldsymbol{Z}^{\mathrm{H}}\rvert\mathrm{tr}(\boldsymbol{Z}^{\mathrm{H}}(\boldsymbol{Z}\boldsymbol{Z}^{\mathrm{H}})^{-1}\mathrm{d}\boldsymbol{Z} + \boldsymbol{Z}^{\mathrm{T}}(\boldsymbol{Z}^*\boldsymbol{Z}^{\mathrm{T}})^{-1}\mathrm{d}\boldsymbol{Z}^*)$	$\lvert\boldsymbol{Z}\boldsymbol{Z}^{\mathrm{H}}\rvert(\boldsymbol{Z}^*\boldsymbol{Z}^{\mathrm{T}})^{-1}\boldsymbol{Z}^*$	$\lvert\boldsymbol{Z}\boldsymbol{Z}^{\mathrm{H}}\rvert(\boldsymbol{Z}\boldsymbol{Z}^{\mathrm{H}})^{-1}\boldsymbol{Z}$
$\lvert\boldsymbol{Z}^{\mathrm{H}}\boldsymbol{Z}\rvert$	$\lvert\boldsymbol{Z}^{\mathrm{H}}\boldsymbol{Z}\rvert\mathrm{tr}((\boldsymbol{Z}^{\mathrm{H}}\boldsymbol{Z})^{-1}\boldsymbol{Z}^{\mathrm{H}}\mathrm{d}\boldsymbol{Z} + (\boldsymbol{Z}^{\mathrm{T}}\boldsymbol{Z}^*)^{-1}\boldsymbol{Z}^{\mathrm{T}}\mathrm{d}\boldsymbol{Z}^*)$	$\lvert\boldsymbol{Z}^{\mathrm{H}}\boldsymbol{Z}\rvert\boldsymbol{Z}^*(\boldsymbol{Z}^{\mathrm{T}}\boldsymbol{Z}^*)^{-1}$	$\lvert\boldsymbol{Z}^{\mathrm{H}}\boldsymbol{Z}\rvert\boldsymbol{Z}(\boldsymbol{Z}^{\mathrm{H}}\boldsymbol{Z})^{-1}$
$\lvert\boldsymbol{Z}^k\rvert$	$k\lvert\boldsymbol{Z}\rvert^k\mathrm{tr}(\boldsymbol{Z}^{-1}\mathrm{d}\boldsymbol{Z})$	$k\lvert\boldsymbol{Z}\rvert^k\boldsymbol{Z}^{-\mathrm{T}}$	$\boldsymbol{O}$

3.5.2 矩阵函数的复梯度矩阵辨识

若 $\boldsymbol{f}(\boldsymbol{z},\boldsymbol{z}^*) = [f_1(\boldsymbol{z},\boldsymbol{z}^*),\cdots,f_n(\boldsymbol{z},\boldsymbol{z}^*)]^{\mathrm{T}}$ 是以 $m\times 1$ 复向量 $\boldsymbol{z}$ 为变元的 $n\times 1$ 复向量函数，则有

$$\begin{aligned}\begin{bmatrix}\mathrm{d}f_1(\boldsymbol{z},\boldsymbol{z}^*)\\ \vdots \\ \mathrm{d}f_n(\boldsymbol{z},\boldsymbol{z}^*)\end{bmatrix} &= \begin{bmatrix}\mathrm{D}_{\boldsymbol{z}}f_1(\boldsymbol{z},\boldsymbol{z}^*)\\ \vdots \\ \mathrm{D}_{\boldsymbol{z}}f_n(\boldsymbol{z},\boldsymbol{z}^*)\end{bmatrix}\mathrm{d}\boldsymbol{z} + \begin{bmatrix}\mathrm{D}_{\boldsymbol{z}^*}f_1(\boldsymbol{z},\boldsymbol{z}^*)\\ \vdots \\ \mathrm{D}_{\boldsymbol{z}^*}f_n(\boldsymbol{z},\boldsymbol{z}^*)\end{bmatrix}\mathrm{d}\boldsymbol{z}^* \\ &= \begin{bmatrix}\dfrac{\partial f_1(\boldsymbol{z},\boldsymbol{z}^*)}{\partial z_1} & \cdots & \dfrac{\partial f_1(\boldsymbol{z},\boldsymbol{z}^*)}{\partial z_m}\\ \vdots & \ddots & \vdots \\ \dfrac{\partial f_n(\boldsymbol{z},\boldsymbol{z}^*)}{\partial z_1} & \cdots & \dfrac{\partial f_n(\boldsymbol{z},\boldsymbol{z}^*)}{\partial z_m}\end{bmatrix}\mathrm{d}\boldsymbol{z} + \begin{bmatrix}\dfrac{\partial f_1(\boldsymbol{z},\boldsymbol{z}^*)}{\partial z_1^*} & \cdots & \dfrac{\partial f_1(\boldsymbol{z},\boldsymbol{z}^*)}{\partial z_m^*}\\ \vdots & \ddots & \vdots \\ \dfrac{\partial f_n(\boldsymbol{z},\boldsymbol{z}^*)}{\partial z_1^*} & \cdots & \dfrac{\partial f_n(\boldsymbol{z},\boldsymbol{z}^*)}{\partial z_m^*}\end{bmatrix}\mathrm{d}\boldsymbol{z}^*\end{aligned}$$

或简记为

$$\mathrm{d}\boldsymbol{f}(\boldsymbol{z},\boldsymbol{z}^*) = \mathrm{D}_{\boldsymbol{z}}\boldsymbol{f}(\boldsymbol{z},\boldsymbol{z}^*)\mathrm{d}\boldsymbol{z} + \mathrm{D}_{\boldsymbol{z}^*}\boldsymbol{f}(\boldsymbol{z},\boldsymbol{z}^*)\mathrm{d}\boldsymbol{z}^* \tag{3.5.15}$$

式中 $\mathrm{d}\boldsymbol{f}(\boldsymbol{z},\boldsymbol{z}^*) = [\mathrm{d}f_1(\boldsymbol{z},\boldsymbol{z}^*),\cdots,\mathrm{d}f_n(\boldsymbol{z},\boldsymbol{z}^*)]^{\mathrm{T}}$，而

$$\mathrm{D}_{\boldsymbol{z}}\boldsymbol{f}(\boldsymbol{z},\boldsymbol{z}^*) = \frac{\partial \boldsymbol{f}(\boldsymbol{z},\boldsymbol{z}^*)}{\partial \boldsymbol{z}^{\mathrm{T}}} = \begin{bmatrix}\dfrac{\partial f_1(\boldsymbol{z},\boldsymbol{z}^*)}{\partial z_1} & \cdots & \dfrac{\partial f_1(\boldsymbol{z},\boldsymbol{z}^*)}{\partial z_m}\\ \vdots & \ddots & \vdots \\ \dfrac{\partial f_n(\boldsymbol{z},\boldsymbol{z}^*)}{\partial z_1} & \cdots & \dfrac{\partial f_n(\boldsymbol{z},\boldsymbol{z}^*)}{\partial z_m}\end{bmatrix} \in \mathbb{C}^{n\times m} \tag{3.5.16}$$

$$\mathrm{D}_{\boldsymbol{z}^*}\boldsymbol{f}(\boldsymbol{z},\boldsymbol{z}^*) = \frac{\partial \boldsymbol{f}(\boldsymbol{z},\boldsymbol{z}^*)}{\partial \boldsymbol{z}^{\mathrm{H}}} = \begin{bmatrix}\dfrac{\partial f_1(\boldsymbol{z},\boldsymbol{z}^*)}{\partial z_1^*} & \cdots & \dfrac{\partial f_1(\boldsymbol{z},\boldsymbol{z}^*)}{\partial z_m^*}\\ \vdots & \ddots & \vdots \\ \dfrac{\partial f_n(\boldsymbol{z},\boldsymbol{z}^*)}{\partial z_1^*} & \cdots & \dfrac{\partial f_n(\boldsymbol{z},\boldsymbol{z}^*)}{\partial z_m^*}\end{bmatrix} \in \mathbb{C}^{n\times m} \tag{3.5.17}$$

分别是复向量函数 $\boldsymbol{f}(\boldsymbol{z},\boldsymbol{z}^*)$ 相对于复向量变元 $\boldsymbol{z}$ 和 $\boldsymbol{z}^*$ 的 Jacobian 矩阵。

考查以 $m\times n$ 复矩阵 $\boldsymbol{Z}$ 为变元的 $p\times q$ 矩阵函数 $\boldsymbol{F}(\boldsymbol{Z},\boldsymbol{Z}^*)$。若记 $p\times q$ 矩阵函数 $\boldsymbol{F}(\boldsymbol{Z},\boldsymbol{Z}^*)=[\boldsymbol{f}_1(\boldsymbol{Z},\boldsymbol{Z}^*),\cdots,\boldsymbol{f}_q(\boldsymbol{Z},\boldsymbol{Z}^*)]$，则

$$\mathrm{d}\boldsymbol{F}(\boldsymbol{Z},\boldsymbol{Z}^*)=[\mathrm{d}\boldsymbol{f}_1(\boldsymbol{Z},\boldsymbol{Z}^*),\cdots,\mathrm{d}\boldsymbol{f}_q(\boldsymbol{Z},\boldsymbol{Z}^*)]$$

并且对于列向量函数 $\boldsymbol{f}_i(\boldsymbol{Z},\boldsymbol{Z}^*),i=1,\cdots,q$，式 (3.5.15) 均成立。这意味着

$$\begin{bmatrix}\mathrm{d}\boldsymbol{f}_1(\boldsymbol{Z},\boldsymbol{Z}^*)\\ \vdots\\ \mathrm{d}\boldsymbol{f}_q(\boldsymbol{Z},\boldsymbol{Z}^*)\end{bmatrix}=\begin{bmatrix}\mathrm{D}_{\mathrm{vec}(\boldsymbol{Z})}\boldsymbol{f}_1(\boldsymbol{Z},\boldsymbol{Z}^*)\\ \vdots\\ \mathrm{D}_{\mathrm{vec}(\boldsymbol{Z})}\boldsymbol{f}_q(\boldsymbol{Z},\boldsymbol{Z}^*)\end{bmatrix}\mathrm{d}(\mathrm{vec}\boldsymbol{Z})+\begin{bmatrix}\mathrm{D}_{\mathrm{vec}(\boldsymbol{Z}^*)}\boldsymbol{f}_1(\boldsymbol{Z},\boldsymbol{Z}^*)\\ \vdots\\ \mathrm{D}_{\mathrm{vec}(\boldsymbol{Z}^*)}\boldsymbol{f}_q(\boldsymbol{Z},\boldsymbol{Z}^*)\end{bmatrix}\mathrm{d}(\mathrm{vec}\boldsymbol{Z}^*) \tag{3.5.18}$$

式中

$$\mathrm{D}_{\mathrm{vec}(\boldsymbol{Z})}\boldsymbol{f}_i(\boldsymbol{Z},\boldsymbol{Z}^*)=\frac{\partial\boldsymbol{f}_i(\boldsymbol{Z},\boldsymbol{Z}^*)}{\partial\mathrm{vec}^{\mathrm{T}}(\boldsymbol{Z})}\in\mathbb{C}^{p\times mn} \tag{3.5.19}$$

$$\mathrm{D}_{\mathrm{vec}(\boldsymbol{Z}^*)}\boldsymbol{f}_i(\boldsymbol{Z},\boldsymbol{Z}^*)=\frac{\partial\boldsymbol{f}_i(\boldsymbol{Z},\boldsymbol{Z}^*)}{\partial\mathrm{vec}^{\mathrm{T}}(\boldsymbol{Z}^*)}\in\mathbb{C}^{p\times mn} \tag{3.5.20}$$

式 (3.5.18) 又可简写为

$$\mathrm{d}(\mathrm{vec}\boldsymbol{F}(\boldsymbol{Z},\boldsymbol{Z}^*))=\boldsymbol{A}\mathrm{d}(\mathrm{vec}\boldsymbol{Z})+\boldsymbol{B}\mathrm{d}(\mathrm{vec}\boldsymbol{Z}^*)\ \in\mathbb{C}^{pq} \tag{3.5.21}$$

式中

$$\begin{aligned}\mathrm{d}(\mathrm{vec}\boldsymbol{F}(\boldsymbol{Z},\boldsymbol{Z}^*))&=[\mathrm{d}f_{11}(\boldsymbol{Z},\boldsymbol{Z}^*),\cdots,\mathrm{d}f_{p1}(\boldsymbol{Z},\boldsymbol{Z}^*),\cdots,\mathrm{d}f_{1q}(\boldsymbol{Z},\boldsymbol{Z}^*),\cdots,\mathrm{d}f_{pq}(\boldsymbol{Z},\boldsymbol{Z}^*)]^{\mathrm{T}}\\ \mathrm{d}(\mathrm{vec}\boldsymbol{Z})&=[\mathrm{d}Z_{11},\cdots,\mathrm{d}Z_{m1},\cdots,\mathrm{d}Z_{1n},\cdots,\mathrm{d}Z_{mn}]^{\mathrm{T}}\\ \mathrm{d}(\mathrm{vec}\boldsymbol{Z}^*)&=[\mathrm{d}Z_{11}^*,\cdots,\mathrm{d}Z_{m1}^*,\cdots,\mathrm{d}Z_{1n}^*,\cdots,\mathrm{d}Z_{mn}^*]^{\mathrm{T}}\end{aligned}$$

并且

$$\begin{aligned}\boldsymbol{A}&=\begin{bmatrix}\frac{\partial f_{11}(\boldsymbol{Z},\boldsymbol{Z}^*)}{\partial Z_{11}}&\cdots&\frac{\partial f_{11}(\boldsymbol{Z},\boldsymbol{Z}^*)}{\partial Z_{m1}}&\cdots&\frac{\partial f_{11}(\boldsymbol{Z},\boldsymbol{Z}^*)}{\partial Z_{1n}}&\cdots&\frac{\partial f_{11}(\boldsymbol{Z},\boldsymbol{Z}^*)}{\partial Z_{mn}}\\ \vdots&\vdots&\vdots&\vdots&\vdots&\vdots&\vdots\\ \frac{\partial f_{p1}(\boldsymbol{Z},\boldsymbol{Z}^*)}{\partial Z_{11}}&\cdots&\frac{\partial f_{p1}(\boldsymbol{Z},\boldsymbol{Z}^*)}{\partial Z_{m1}}&\cdots&\frac{\partial f_{p1}(\boldsymbol{Z},\boldsymbol{Z}^*)}{\partial Z_{1n}}&\cdots&\frac{\partial f_{p1}(\boldsymbol{Z},\boldsymbol{Z}^*)}{\partial Z_{mn}}\\ \vdots&\vdots&\vdots&\vdots&\vdots&\vdots&\vdots\\ \frac{\partial f_{1q}(\boldsymbol{Z},\boldsymbol{Z}^*)}{\partial Z_{11}}&\cdots&\frac{\partial f_{1q}(\boldsymbol{Z},\boldsymbol{Z}^*)}{\partial Z_{m1}}&\cdots&\frac{\partial f_{1q}(\boldsymbol{Z},\boldsymbol{Z}^*)}{\partial Z_{1n}}&\cdots&\frac{\partial f_{1q}(\boldsymbol{Z},\boldsymbol{Z}^*)}{\partial Z_{mn}}\\ \vdots&\vdots&\vdots&\vdots&\vdots&\vdots&\vdots\\ \frac{\partial f_{pq}(\boldsymbol{Z},\boldsymbol{Z}^*)}{\partial Z_{11}}&\cdots&\frac{\partial f_{pq}(\boldsymbol{Z},\boldsymbol{Z}^*)}{\partial Z_{m1}}&\cdots&\frac{\partial f_{pq}(\boldsymbol{Z},\boldsymbol{Z}^*)}{\partial Z_{1n}}&\cdots&\frac{\partial f_{pq}(\boldsymbol{Z},\boldsymbol{Z}^*)}{\partial Z_{mn}}\end{bmatrix}\\ &=\frac{\partial\mathrm{vec}\boldsymbol{F}(\boldsymbol{Z},\boldsymbol{Z}^*)}{\partial(\mathrm{vec}\,\boldsymbol{Z})^{\mathrm{T}}}\\ &=\mathrm{D}_{\mathrm{vec}(\boldsymbol{Z})}\boldsymbol{F}(\boldsymbol{Z},\boldsymbol{Z}^*)\end{aligned} \tag{3.5.22}$$

和

$$\boldsymbol{B}=\begin{bmatrix}\frac{\partial f_{11}(\boldsymbol{Z},\boldsymbol{Z}^*)}{\partial Z_{11}^*} & \cdots & \frac{\partial f_{11}(\boldsymbol{Z},\boldsymbol{Z}^*)}{\partial Z_{m1}^*} & \cdots & \frac{\partial f_{11}(\boldsymbol{Z},\boldsymbol{Z}^*)}{\partial Z_{1n}^*} & \cdots & \frac{\partial f_{11}(\boldsymbol{Z},\boldsymbol{Z}^*)}{\partial Z_{mn}^*}\\ \vdots & \vdots & \vdots & \vdots & \vdots & \vdots & \vdots\\ \frac{\partial f_{p1}(\boldsymbol{Z},\boldsymbol{Z}^*)}{\partial Z_{11}^*} & \cdots & \frac{\partial f_{p1}(\boldsymbol{Z},\boldsymbol{Z}^*)}{\partial Z_{m1}^*} & \cdots & \frac{\partial f_{p1}(\boldsymbol{Z},\boldsymbol{Z}^*)}{\partial Z_{1n}^*} & \cdots & \frac{\partial f_{p1}(\boldsymbol{Z},\boldsymbol{Z}^*)}{\partial Z_{mn}^*}\\ \vdots & \vdots & \vdots & \vdots & \vdots & \vdots & \vdots\\ \frac{\partial f_{1q}(\boldsymbol{Z},\boldsymbol{Z}^*)}{\partial Z_{11}^*} & \cdots & \frac{\partial f_{1q}(\boldsymbol{Z},\boldsymbol{Z}^*)}{\partial Z_{m1}^*} & \cdots & \frac{\partial f_{1q}(\boldsymbol{Z},\boldsymbol{Z}^*)}{\partial Z_{1n}^*} & \cdots & \frac{\partial f_{1q}(\boldsymbol{Z},\boldsymbol{Z}^*)}{\partial Z_{mn}^*}\\ \vdots & \vdots & \vdots & \vdots & \vdots & \vdots & \vdots\\ \frac{\partial f_{pq}(\boldsymbol{Z},\boldsymbol{Z}^*)}{\partial Z_{11}^*} & \cdots & \frac{\partial f_{pq}(\boldsymbol{Z},\boldsymbol{Z}^*)}{\partial Z_{m1}^*} & \cdots & \frac{\partial f_{pq}(\boldsymbol{Z},\boldsymbol{Z}^*)}{\partial Z_{1n}^*} & \cdots & \frac{\partial f_{pq}(\boldsymbol{Z},\boldsymbol{Z}^*)}{\partial Z_{mn}^*}\end{bmatrix}$$

$$=\frac{\partial \text{vec}\boldsymbol{F}(\boldsymbol{Z},\boldsymbol{Z}^*)}{\partial(\text{vec}\,\boldsymbol{Z}^*)^{\mathrm{T}}}$$

$$=\mathrm{D}_{\text{vec}(\boldsymbol{Z}^*)}\boldsymbol{F}(\boldsymbol{Z},\boldsymbol{Z}^*) \tag{3.5.23}$$

显然，矩阵 $\boldsymbol{A}$ 和 $\boldsymbol{B}$ 分别是矩阵函数 $\boldsymbol{F}(\boldsymbol{Z},\boldsymbol{Z}^*)$ 相对于复矩阵变元的 Jacobian 矩阵和共轭 Jacobian 矩阵。

矩阵函数 $\boldsymbol{F}(\boldsymbol{Z},\boldsymbol{Z}^*)$ 相对于复矩阵变元的梯度矩阵和共轭梯度矩阵分别定义为

$$\nabla_{\text{vec}(\boldsymbol{Z})}\boldsymbol{F}(\boldsymbol{Z},\boldsymbol{Z}^*)=\frac{\partial(\text{vec}\boldsymbol{F}(\boldsymbol{Z},\boldsymbol{Z}^*))^{\mathrm{T}}}{\partial\text{vec}\boldsymbol{Z}}=(\mathrm{D}_{\text{vec}(\boldsymbol{Z})}\boldsymbol{F}(\boldsymbol{Z},\boldsymbol{Z}^*))^{\mathrm{T}} \tag{3.5.24}$$

$$\nabla_{\text{vec}(\boldsymbol{Z}^*)}\boldsymbol{F}(\boldsymbol{Z},\boldsymbol{Z}^*)=\frac{\partial(\text{vec}\boldsymbol{F}(\boldsymbol{Z},\boldsymbol{Z}^*))^{\mathrm{T}}}{\partial\text{vec}\boldsymbol{Z}^*}=(\mathrm{D}_{\text{vec}(\boldsymbol{Z}^*)}\boldsymbol{F}(\boldsymbol{Z},\boldsymbol{Z}^*))^{\mathrm{T}} \tag{3.5.25}$$

特别地，对于实标量函数 $f(\boldsymbol{Z},\boldsymbol{Z}^*)$，式 (3.5.21) 简化为式 (3.4.33)。

综合以上讨论，由式 (3.5.21) 可得以下命题。

命题 3.5.2 对于复变矩阵函数 $\boldsymbol{F}(\boldsymbol{Z},\boldsymbol{Z}^*)\in\mathbb{C}^{p\times q}$ (其中 $\boldsymbol{Z},\boldsymbol{Z}^*\in\mathbb{C}^{m\times n}$)，其 Jacobian 矩阵和共轭 Jacobian 矩阵可以辨识如下

$$\mathrm{d}(\text{vec}\boldsymbol{F}(\boldsymbol{Z},\boldsymbol{Z}^*))=\boldsymbol{A}\mathrm{d}(\text{vec}\boldsymbol{Z})+\boldsymbol{B}\mathrm{d}(\text{vec}\boldsymbol{Z}^*)\ \Leftrightarrow\ \begin{cases}\mathrm{D}_{\text{vec}(\boldsymbol{Z})}\boldsymbol{F}(\boldsymbol{Z},\boldsymbol{Z}^*)=\boldsymbol{A}\\ \mathrm{D}_{\text{vec}(\boldsymbol{Z}^*)}\boldsymbol{F}(\boldsymbol{Z},\boldsymbol{Z}^*)=\boldsymbol{B}\end{cases} \tag{3.5.26}$$

或梯度矩阵和共轭梯度矩阵的辨识公式为

$$\mathrm{d}(\text{vec}\boldsymbol{F}(\boldsymbol{Z},\boldsymbol{Z}^*))=\boldsymbol{A}\mathrm{d}(\text{vec}\boldsymbol{Z})+\boldsymbol{B}\mathrm{d}(\text{vec}\boldsymbol{Z}^*)\ \Leftrightarrow\ \begin{cases}\nabla_{\text{vec}(\boldsymbol{Z})}\boldsymbol{F}(\boldsymbol{Z},\boldsymbol{Z}^*)=\boldsymbol{A}^{\mathrm{T}}\\ \nabla_{\text{vec}(\boldsymbol{Z}^*)}\boldsymbol{F}(\boldsymbol{Z},\boldsymbol{Z}^*)=\boldsymbol{B}^{\mathrm{T}}\end{cases} \tag{3.5.27}$$

若

$$\mathrm{d}(\boldsymbol{F}(\boldsymbol{Z},\boldsymbol{Z}^*))=\boldsymbol{A}(\mathrm{d}\boldsymbol{Z})\boldsymbol{B}+\boldsymbol{C}(\mathrm{d}\boldsymbol{Z}^*)\boldsymbol{D}$$

则有向量化

$$\mathrm{d}\,\text{vec}(\boldsymbol{F}(\boldsymbol{Z},\boldsymbol{Z}^*))=(\boldsymbol{B}^{\mathrm{T}}\otimes\boldsymbol{A})\mathrm{d}(\text{vec}\boldsymbol{Z})+(\boldsymbol{D}^{\mathrm{T}}\otimes\boldsymbol{C})\mathrm{d}(\text{vec}\boldsymbol{Z}^*)$$

由命题 3.5.2 得以下辨识公式

$$\mathrm{d}(\boldsymbol{F}(\boldsymbol{Z},\boldsymbol{Z}^*))=\boldsymbol{A}(\mathrm{d}\boldsymbol{Z})\boldsymbol{B}+\boldsymbol{C}(\mathrm{d}\boldsymbol{Z}^*)\boldsymbol{D}\ \Leftrightarrow\ \begin{cases}\mathrm{D}_{\text{vec}(\boldsymbol{Z})}\boldsymbol{F}(\boldsymbol{Z},\boldsymbol{Z}^*)=\boldsymbol{B}^{\mathrm{T}}\otimes\boldsymbol{A}\\ \mathrm{D}_{\text{vec}(\boldsymbol{Z}^*)}\boldsymbol{F}(\boldsymbol{Z},\boldsymbol{Z}^*)=\boldsymbol{D}^{\mathrm{T}}\otimes\boldsymbol{C}\end{cases} \tag{3.5.28}$$

类似地，若

$$\mathrm{d}(\boldsymbol{F}(\boldsymbol{Z},\boldsymbol{Z}^*)) = \boldsymbol{A}(\mathrm{d}\boldsymbol{Z})^{\mathrm{T}}\boldsymbol{B} + \boldsymbol{C}(\mathrm{d}\boldsymbol{Z}^*)^{\mathrm{T}}\boldsymbol{D}$$

则有向量化

$$\begin{aligned}\mathrm{d}\,\mathrm{vec}(\boldsymbol{F}(\boldsymbol{Z},\boldsymbol{Z}^*)) &= (\boldsymbol{B}^{\mathrm{T}}\otimes\boldsymbol{A})\mathrm{d}(\mathrm{vec}\boldsymbol{Z}^{\mathrm{T}}) + (\boldsymbol{D}^{\mathrm{T}}\otimes\boldsymbol{C})\mathrm{d}(\mathrm{vec}\boldsymbol{Z}^{\mathrm{H}})\\ &= (\boldsymbol{B}^{\mathrm{T}}\otimes\boldsymbol{A})\boldsymbol{K}_{mn}\mathrm{d}(\mathrm{vec}\boldsymbol{Z}) + (\boldsymbol{D}^{\mathrm{T}}\otimes\boldsymbol{C})\boldsymbol{K}_{mn}\mathrm{d}(\mathrm{vec}\boldsymbol{Z}^*)\end{aligned}$$

式中利用了向量化性质 $\mathrm{vec}(\boldsymbol{X}^{\mathrm{T}}_{m\times n}) = \boldsymbol{K}_{mn}\mathrm{vec}(\boldsymbol{X})$。由命题 3.5.2 即得辨识公式

$$\begin{aligned}&\mathrm{d}(\boldsymbol{F}(\boldsymbol{Z},\boldsymbol{Z}^*)) = \boldsymbol{A}(\mathrm{d}\boldsymbol{Z})^{\mathrm{T}}\boldsymbol{B} + \boldsymbol{C}(\mathrm{d}\boldsymbol{Z}^*)^{\mathrm{T}}\boldsymbol{D}\\ \Leftrightarrow &\begin{cases}\mathrm{D}_{\mathrm{vec}(\boldsymbol{Z})}\boldsymbol{F}(\boldsymbol{Z},\boldsymbol{Z}^*) = (\boldsymbol{B}^{\mathrm{T}}\otimes\boldsymbol{A})\boldsymbol{K}_{mn}\\ \mathrm{D}_{\mathrm{vec}(\boldsymbol{Z}^*)}\boldsymbol{F}(\boldsymbol{Z},\boldsymbol{Z}^*) = (\boldsymbol{D}^{\mathrm{T}}\otimes\boldsymbol{C})\boldsymbol{K}_{mn}\end{cases}\end{aligned} \tag{3.5.29}$$

上式表明，矩阵函数 $\boldsymbol{F}(\boldsymbol{Z},\boldsymbol{Z}^*)$ 的梯度矩阵和共轭梯度矩阵的辨识的关键在于将矩阵函数的矩阵微分表示成规范形式 $\mathrm{d}(\boldsymbol{F}(\boldsymbol{Z},\boldsymbol{Z}^*)) = \boldsymbol{A}(\mathrm{d}\boldsymbol{Z})^{\mathrm{T}}\boldsymbol{B} + \boldsymbol{C}(\mathrm{d}\boldsymbol{Z}^*)^{\mathrm{T}}\boldsymbol{D}$。

表 3.5.3 总结了一阶复矩阵微分与 Jacobian 矩阵的对应关系，其中 $\boldsymbol{z}\in\mathbb{C}^m, \boldsymbol{Z}\in\mathbb{C}^{m\times n}, \boldsymbol{F}\in\mathbb{C}^{p\times q}$。

表 3.5.3 一阶复矩阵微分与 Jacobian 矩阵的对应关系

函数	一阶复矩阵微分规范形式	Jacobian 矩阵
$f(z,z^*)$	$\mathrm{d}f(z,z^*) = a\mathrm{d}z + b\mathrm{d}z^*$	$\frac{\partial f}{\partial z} = a,\ \frac{\partial f}{\partial z^*} = b$
$f(\boldsymbol{z},\boldsymbol{z}^*)$	$\mathrm{d}f(\boldsymbol{z},\boldsymbol{z}^*) = \boldsymbol{a}^{\mathrm{T}}\mathrm{d}\boldsymbol{z} + \boldsymbol{b}^{\mathrm{T}}\mathrm{d}\boldsymbol{z}^*$	$\frac{\partial f}{\partial \boldsymbol{z}^{\mathrm{T}}} = \boldsymbol{a}^{\mathrm{T}},\ \frac{\partial f}{\partial \boldsymbol{z}^{\mathrm{H}}} = \boldsymbol{b}^{\mathrm{T}}$
$f(\boldsymbol{Z},\boldsymbol{Z}^*)$	$\mathrm{d}f(\boldsymbol{Z},\boldsymbol{Z}^*) = \mathrm{tr}(\boldsymbol{A}\mathrm{d}\boldsymbol{Z} + \boldsymbol{B}\mathrm{d}\boldsymbol{Z}^*)$	$\frac{\partial f}{\partial \boldsymbol{Z}^{\mathrm{T}}} = \boldsymbol{A},\ \frac{\partial f}{\partial \boldsymbol{Z}^{\mathrm{H}}} = \boldsymbol{B}$
$\boldsymbol{F}(\boldsymbol{Z},\boldsymbol{Z}^*)$	$\mathrm{d}\,\mathrm{vec}\boldsymbol{F} = \boldsymbol{A}\mathrm{d}\,\mathrm{vec}\boldsymbol{Z} + \boldsymbol{B}\mathrm{d}\,\mathrm{vec}\boldsymbol{Z}^*$	$\frac{\partial \mathrm{vec}\boldsymbol{F}}{\partial(\mathrm{vec}\boldsymbol{Z})^{\mathrm{T}}} = \boldsymbol{A},\ \frac{\partial \mathrm{vec}\boldsymbol{F}}{\partial(\mathrm{vec}\boldsymbol{Z}^*)^{\mathrm{T}}} = \boldsymbol{B}$
	$\mathrm{d}\boldsymbol{F} = \boldsymbol{A}(\mathrm{d}\boldsymbol{Z})\boldsymbol{B} + \boldsymbol{C}(\mathrm{d}\boldsymbol{Z}^*)\boldsymbol{D}$	$\frac{\partial \mathrm{vec}\boldsymbol{F}}{\partial(\mathrm{vec}\boldsymbol{Z})^{\mathrm{T}}} = \boldsymbol{B}^{\mathrm{T}}\otimes\boldsymbol{A},\ \frac{\partial \mathrm{vec}\boldsymbol{F}}{\partial(\mathrm{vec}\boldsymbol{Z}^*)^{\mathrm{T}}} = \boldsymbol{D}^{\mathrm{T}}\otimes\boldsymbol{C}$
	$\mathrm{d}\boldsymbol{F} = \boldsymbol{A}(\mathrm{d}\boldsymbol{Z})^{\mathrm{T}}\boldsymbol{B} + \boldsymbol{C}(\mathrm{d}\boldsymbol{Z}^*)^{\mathrm{T}}\boldsymbol{D}$	$\frac{\partial \mathrm{vec}\boldsymbol{F}}{\partial(\mathrm{vec}\boldsymbol{Z})^{\mathrm{T}}} = (\boldsymbol{B}^{\mathrm{T}}\otimes\boldsymbol{A})\boldsymbol{K}_{mn},\ \frac{\partial \mathrm{vec}\boldsymbol{F}}{\partial(\mathrm{vec}\boldsymbol{Z}^*)^{\mathrm{T}}} = (\boldsymbol{D}^{\mathrm{T}}\otimes\boldsymbol{C})\boldsymbol{K}_{mn}$

3.5.3 复 Hessian 矩阵辨识

由命题 3.5.1 知，实值标量函数 $f(\boldsymbol{Z},\boldsymbol{Z}^*)$ 的微分可以写作规范形式 $\mathrm{d}f(\boldsymbol{Z},\boldsymbol{Z}^*) = \mathrm{tr}(\boldsymbol{A}\mathrm{d}\boldsymbol{Z} + \boldsymbol{A}^*\mathrm{d}\boldsymbol{Z}^*)$，其中 $\boldsymbol{A} = \boldsymbol{A}(\boldsymbol{Z},\boldsymbol{Z}^*)$ 通常是变元矩阵 $\boldsymbol{Z},\boldsymbol{Z}^*$ 的复矩阵函数。于是，$\boldsymbol{A}$ 的微分矩阵可以写作

$$\mathrm{d}\boldsymbol{A} = \boldsymbol{C}(\mathrm{d}\boldsymbol{Z})\boldsymbol{D} + \boldsymbol{E}(\mathrm{d}\boldsymbol{Z}^*)\boldsymbol{F} \tag{3.5.30}$$

或者

$$\mathrm{d}\boldsymbol{A} = \boldsymbol{D}(\mathrm{d}\boldsymbol{Z})^{\mathrm{T}}\boldsymbol{C} + \boldsymbol{F}(\mathrm{d}\boldsymbol{Z}^*)^{\mathrm{T}}\boldsymbol{E} \tag{3.5.31}$$

将式 (3.5.30) 代入到二阶微分

$$\mathrm{d}^2 f(\boldsymbol{Z},\boldsymbol{Z}^*)=\mathrm{d}\left(\mathrm{d}f(\boldsymbol{Z},\boldsymbol{Z}^*)\right)=\mathrm{tr}(\mathrm{d}\boldsymbol{A}\mathrm{d}\boldsymbol{Z}+\mathrm{d}\boldsymbol{A}^*\mathrm{d}\boldsymbol{Z}^*) \tag{3.5.32}$$

易得

$$\begin{aligned}\mathrm{d}^2 f(\boldsymbol{Z},\boldsymbol{Z}^*)=&\,\mathrm{tr}\left(\boldsymbol{C}(\mathrm{d}\boldsymbol{Z})\boldsymbol{D}\mathrm{d}\boldsymbol{Z}\right)+\mathrm{tr}\left(\boldsymbol{E}(\mathrm{d}\boldsymbol{Z}^*)\boldsymbol{F}\mathrm{d}\boldsymbol{Z}\right)\\&+\mathrm{tr}\left(\boldsymbol{C}^*(\mathrm{d}\boldsymbol{Z}^*)\boldsymbol{D}^*\mathrm{d}\boldsymbol{Z}^*\right)+\mathrm{tr}\left(\boldsymbol{E}^*(\mathrm{d}\boldsymbol{Z})\boldsymbol{F}^*\mathrm{d}\boldsymbol{Z}^*\right)\end{aligned} \tag{3.5.33}$$

利用迹函数的性质 $\mathrm{tr}(\boldsymbol{XYUV})=(\mathrm{vec}\boldsymbol{V}^{\mathrm{T}})^{\mathrm{T}}(\boldsymbol{U}^{\mathrm{T}}\otimes\boldsymbol{X})\mathrm{vec}\boldsymbol{Y}$、向量化性质 $\mathrm{vec}\boldsymbol{Z}^{\mathrm{T}}=\boldsymbol{K}_{mn}\mathrm{vec}\boldsymbol{Z}$ 以及交换矩阵性质 $\boldsymbol{K}_{mn}^{\mathrm{T}}=\boldsymbol{K}_{nm}$，易知

$$\begin{aligned}\mathrm{tr}(\boldsymbol{C}(\mathrm{d}\boldsymbol{Z})\boldsymbol{D}\mathrm{d}\boldsymbol{Z})&=(\boldsymbol{K}_{mn}\mathrm{vec}\,\mathrm{d}\boldsymbol{Z})^{\mathrm{T}}(\boldsymbol{D}^{\mathrm{T}}\otimes\boldsymbol{C})\mathrm{vec}\,\mathrm{d}\boldsymbol{Z}\\&=(\mathrm{d}\,\mathrm{vec}\boldsymbol{Z})^{\mathrm{T}}\boldsymbol{K}_{nm}(\boldsymbol{D}^{\mathrm{T}}\otimes\boldsymbol{C})\mathrm{d}\,\mathrm{vec}\boldsymbol{Z}\end{aligned}$$

类似地，有

$$\begin{aligned}\mathrm{tr}(\boldsymbol{E}(\mathrm{d}\boldsymbol{Z}^*)\boldsymbol{F}\mathrm{d}\boldsymbol{Z})&=(\mathrm{d}\,\mathrm{vec}\boldsymbol{Z})^{\mathrm{T}}\boldsymbol{K}_{nm}(\boldsymbol{F}^{\mathrm{T}}\otimes\boldsymbol{E})\mathrm{d}\,\mathrm{vec}\boldsymbol{Z}^*\\\mathrm{tr}(\boldsymbol{E}^*(\mathrm{d}\boldsymbol{Z})\boldsymbol{F}^*\mathrm{d}\boldsymbol{Z}^*)&=(\mathrm{d}\,\mathrm{vec}\boldsymbol{Z}^*)^{\mathrm{T}}\boldsymbol{K}_{nm}(\boldsymbol{F}^{\mathrm{H}}\otimes\boldsymbol{E}^*)\mathrm{d}\,\mathrm{vec}\boldsymbol{Z}\\\mathrm{tr}(\boldsymbol{C}^*(\mathrm{d}\boldsymbol{Z}^*)\boldsymbol{D}^*\mathrm{d}\boldsymbol{Z}^*)&=(\mathrm{d}\,\mathrm{vec}\boldsymbol{Z}^*)^{\mathrm{T}}\boldsymbol{K}_{nm}(\boldsymbol{D}^{\mathrm{H}}\otimes\boldsymbol{C}^*)\mathrm{d}\,\mathrm{vec}\boldsymbol{Z}^*\end{aligned}$$

于是，函数 $f(\boldsymbol{Z},\boldsymbol{Z}^*)$ 的二阶微分公式 (3.5.33) 可以改写为

$$\begin{aligned}\mathrm{d}^2 f(\boldsymbol{Z},\boldsymbol{Z}^*)=&(\mathrm{d}\,\mathrm{vec}\boldsymbol{Z})^{\mathrm{T}}\boldsymbol{K}_{nm}(\boldsymbol{D}^{\mathrm{T}}\otimes\boldsymbol{C})\mathrm{d}\,\mathrm{vec}\boldsymbol{Z}\\&+(\mathrm{d}\,\mathrm{vec}\boldsymbol{Z})^{\mathrm{T}}\boldsymbol{K}_{nm}(\boldsymbol{F}^{\mathrm{T}}\otimes\boldsymbol{E})\mathrm{d}\,\mathrm{vec}\boldsymbol{Z}^*\\&+(\mathrm{d}\,\mathrm{vec}\boldsymbol{Z}^*)^{\mathrm{T}}\boldsymbol{K}_{nm}(\boldsymbol{F}^{\mathrm{H}}\otimes\boldsymbol{E}^*)\mathrm{d}\,\mathrm{vec}\boldsymbol{Z}\\&+(\mathrm{d}\,\mathrm{vec}\boldsymbol{Z}^*)^{\mathrm{T}}\boldsymbol{K}_{nm}(\boldsymbol{D}^{\mathrm{H}}\otimes\boldsymbol{C}^*)\mathrm{d}\,\mathrm{vec}\boldsymbol{Z}\end{aligned} \tag{3.5.34}$$

另外，将式 (3.5.31) 代入到二阶微分公式 (3.5.32)中，则有

$$\begin{aligned}\mathrm{d}^2 f(\boldsymbol{Z},\boldsymbol{Z}^*)=&\,\mathrm{tr}\left(\boldsymbol{C}(\mathrm{d}\boldsymbol{Z})\boldsymbol{D}(\mathrm{d}\boldsymbol{Z})^{\mathrm{T}}\right)+\mathrm{tr}\left(\boldsymbol{E}(\mathrm{d}\boldsymbol{Z})\boldsymbol{F}(\mathrm{d}\boldsymbol{Z}^*)^{\mathrm{T}}\right)\\&+\mathrm{tr}\left(\boldsymbol{E}^*(\mathrm{d}\boldsymbol{Z}^*)\boldsymbol{F}^*(\mathrm{d}\boldsymbol{Z})^{\mathrm{T}}\right)+\mathrm{tr}\left(\boldsymbol{C}^*(\mathrm{d}\boldsymbol{Z}^*)\boldsymbol{D}^*(\mathrm{d}\boldsymbol{Z}^*)^{\mathrm{T}}\right)\end{aligned} \tag{3.5.35}$$

再次利用迹函数的性质 $\mathrm{tr}(\boldsymbol{XYUV})=(\mathrm{vec}\boldsymbol{V}^{\mathrm{T}})^{\mathrm{T}}(\boldsymbol{U}^{\mathrm{T}}\otimes\boldsymbol{X})\mathrm{vec}\boldsymbol{Y}$ 易知，函数 $f(\boldsymbol{Z},\boldsymbol{Z}^*)$ 的二阶微分公式 (3.5.34) 可以改写为

$$\begin{aligned}\mathrm{d}^2 f(\boldsymbol{Z},\boldsymbol{Z}^*)=&(\mathrm{d}\,\mathrm{vec}\boldsymbol{Z})^{\mathrm{T}}(\boldsymbol{D}^{\mathrm{T}}\otimes\boldsymbol{C})\mathrm{d}\,\mathrm{vec}\boldsymbol{Z}\\&+(\mathrm{d}\,\mathrm{vec}\boldsymbol{Z}^*)^{\mathrm{T}}(\boldsymbol{F}^{\mathrm{T}}\otimes\boldsymbol{E})\mathrm{d}\,\mathrm{vec}\boldsymbol{Z}\\&+(\mathrm{d}\,\mathrm{vec}\boldsymbol{Z})^{\mathrm{T}}(\boldsymbol{F}^{\mathrm{H}}\otimes\boldsymbol{E}^*)\mathrm{d}\,\mathrm{vec}\boldsymbol{Z}^*\\&+(\mathrm{d}\,\mathrm{vec}\boldsymbol{Z}^*)^{\mathrm{T}}(\boldsymbol{D}^{\mathrm{H}}\otimes\boldsymbol{C}^*)\mathrm{d}\,\mathrm{vec}\boldsymbol{Z}\end{aligned} \tag{3.5.36}$$

综合式 (3.5.36)、式 (3.5.35) 和式 (3.4.53)，即得复 Hessian 矩阵的辨识定理如下。

定理 3.5.1 令 $f(\boldsymbol{Z},\boldsymbol{Z}^*)$ 是 $m\times n$ 变元矩阵 $\boldsymbol{Z},\boldsymbol{Z}^*$ 的二次可微分的实值函数，则其二阶微分和复 Hessian 矩阵之间存在下列对应关系

$$\mathrm{tr}\left(\boldsymbol{C}(\mathrm{d}\boldsymbol{Z})\boldsymbol{D}(\mathrm{d}\boldsymbol{Z})^{\mathrm{T}}\right)\Leftrightarrow \boldsymbol{H}_{\boldsymbol{Z},\boldsymbol{Z}}=\frac{1}{2}(\boldsymbol{D}^{\mathrm{T}}\otimes\boldsymbol{C}+\boldsymbol{D}\otimes\boldsymbol{C}^{\mathrm{T}}) \tag{3.5.37}$$

$$\mathrm{tr}\left(\boldsymbol{E}(\mathrm{d}\boldsymbol{Z})\boldsymbol{F}(\mathrm{d}\boldsymbol{Z}^*)^{\mathrm{T}}\right)\Leftrightarrow \boldsymbol{H}_{\boldsymbol{Z},\boldsymbol{Z}^*}=\frac{1}{2}(\boldsymbol{F}^{\mathrm{T}}\otimes\boldsymbol{E}+\boldsymbol{F}^*\otimes\boldsymbol{E}^{\mathrm{H}}) \tag{3.5.38}$$

和

$$\mathrm{tr}\left(\boldsymbol{C}(\mathrm{d}\boldsymbol{Z})\boldsymbol{D}\mathrm{d}\boldsymbol{Z}\right)\Leftrightarrow \boldsymbol{H}_{\boldsymbol{Z},\boldsymbol{Z}}=\frac{1}{2}\boldsymbol{K}_{nm}(\boldsymbol{D}^{\mathrm{T}}\otimes\boldsymbol{C}+\boldsymbol{C}^{\mathrm{T}}\otimes\boldsymbol{D}) \tag{3.5.39}$$

$$\mathrm{tr}\left(\boldsymbol{E}(\mathrm{d}\boldsymbol{Z})\boldsymbol{F}\mathrm{d}\boldsymbol{Z}^*\right)\Leftrightarrow \boldsymbol{H}_{\boldsymbol{Z},\boldsymbol{Z}^*}=\frac{1}{2}\boldsymbol{K}_{nm}(\boldsymbol{F}^{\mathrm{T}}\otimes\boldsymbol{E}+\boldsymbol{E}^{\mathrm{H}}\otimes\boldsymbol{F}^*) \tag{3.5.40}$$

在得到部分 Hessian 矩阵 $\boldsymbol{H}_{\boldsymbol{Z},\boldsymbol{Z}}$ 和 $\boldsymbol{H}_{\boldsymbol{Z},\boldsymbol{Z}^*}$ 后，即可分别得到另外两个部分 Hessian 矩阵 $\boldsymbol{H}_{\boldsymbol{Z}^*,\boldsymbol{Z}^*}=\boldsymbol{H}_{\boldsymbol{Z},\boldsymbol{Z}}^*$ 和 $\boldsymbol{H}_{\boldsymbol{Z}^*,\boldsymbol{Z}}=\boldsymbol{H}_{\boldsymbol{Z},\boldsymbol{Z}^*}^*$。

共轭梯度矩阵与全 Hessian 矩阵在以复矩阵为变元的目标函数的最优化算法中起着重要的作用，第 4 章将具体介绍共轭梯度矩阵与全 Hessian 矩阵在最优化中的应用。

本章小结

本章首先针对实矩阵微分，依次介绍了实函数相对于实矩阵变元的 Jacobian 矩阵和梯度矩阵、一阶实矩阵微分与 Jacobian 矩阵辨识、二阶实矩阵微分与 Hessian 矩阵辨识。然后，重点讨论了复矩阵微分，分别介绍了标量函数相对于复矩阵变元的共轭梯度与复 Hessian 矩阵、复梯度矩阵与复 Hessian 矩阵的辨识。矩阵微分是解决梯度矩阵辨识和 Hessian 矩阵辨识的有效数学工具。如第 4 章所述，梯度矩阵和 Hessian 矩阵又是最优化算法设计的关键数学工具。

习　题

3.1 证明：若 $\phi(\boldsymbol{x})=(\boldsymbol{f}(\boldsymbol{x}))^{\mathrm{T}}\boldsymbol{g}(\boldsymbol{x})$，则

$$\mathrm{D}_{\boldsymbol{x}}\phi(\boldsymbol{x})=(\boldsymbol{g}(\boldsymbol{x}))^{\mathrm{T}}\mathrm{D}_{\boldsymbol{x}}\boldsymbol{f}(\boldsymbol{x})+(\boldsymbol{f}(\boldsymbol{x}))^{\mathrm{T}}\mathrm{D}_{\boldsymbol{x}}\boldsymbol{g}(\boldsymbol{x})$$

3.2 证明：若 $\phi(\boldsymbol{x})=(\boldsymbol{f}(\boldsymbol{x}))^{\mathrm{T}}\boldsymbol{A}\boldsymbol{g}(\boldsymbol{x})$，则

$$\mathrm{D}_{\boldsymbol{x}}\phi(\boldsymbol{x})=(\boldsymbol{g}(\boldsymbol{x}))^{\mathrm{T}}\boldsymbol{A}^{\mathrm{T}}\mathrm{D}_{\boldsymbol{x}}\boldsymbol{f}(\boldsymbol{x})+(\boldsymbol{f}(\boldsymbol{x}))^{\mathrm{T}}\boldsymbol{A}\mathrm{D}_{\boldsymbol{x}}\boldsymbol{g}(\boldsymbol{x})$$

3.3 证明 Kronecker 积的矩阵微分

$$\mathrm{d}(\boldsymbol{X}\otimes\boldsymbol{Y})=(\mathrm{d}\boldsymbol{X})\boldsymbol{Y}+\boldsymbol{X}\otimes\mathrm{d}\boldsymbol{X}$$

3.4 证明

$$\mathrm{d}(\boldsymbol{X} * \boldsymbol{Y}) = (\mathrm{d}\boldsymbol{X})\boldsymbol{Y} + \boldsymbol{X} * \mathrm{d}\boldsymbol{X}$$

其中 $\boldsymbol{X} * \boldsymbol{Y}$ 表示 $\boldsymbol{X}$ 与 $\boldsymbol{Y}$ 的 Hadamard 积。

3.5 令实值实标量函数 $f(\boldsymbol{X}) = \boldsymbol{a}^{\mathrm{T}}\boldsymbol{X}\boldsymbol{X}^{\mathrm{T}}\boldsymbol{b}$，其中 $\boldsymbol{X} \in \mathbb{R}^{m\times n}, \boldsymbol{a}, \boldsymbol{b} \in \mathbb{R}^{n\times 1}$。利用矩阵变元的元素之间的独立性假设，证明

$$\frac{\partial \boldsymbol{a}^{\mathrm{T}}\boldsymbol{X}^{\mathrm{T}}\boldsymbol{X}\boldsymbol{b}}{\partial \boldsymbol{X}} = \boldsymbol{X}(\boldsymbol{a}\boldsymbol{b}^{\mathrm{T}} + \boldsymbol{b}\boldsymbol{a}^{\mathrm{T}})$$

3.6 证明

$$\mathrm{d}(\boldsymbol{U}\boldsymbol{V}\boldsymbol{W}) = (\mathrm{d}\boldsymbol{U})\boldsymbol{V}\boldsymbol{W} + \boldsymbol{U}(\mathrm{d}\boldsymbol{V})\boldsymbol{W} + \boldsymbol{U}\boldsymbol{V}(\mathrm{d}\boldsymbol{W})$$

3.7 证明

$$\mathrm{d}[\mathrm{tr}(\boldsymbol{X}^{\mathrm{T}}\boldsymbol{X})] = 2\mathrm{tr}(\boldsymbol{X}^{\mathrm{T}}\mathrm{d}\boldsymbol{X})$$

3.8 求迹函数 $\mathrm{tr}[(\boldsymbol{X}^{\mathrm{T}}\boldsymbol{C}\boldsymbol{X})^{-1}\boldsymbol{A}]$ 的微分矩阵与梯度矩阵。

3.9 证明

$$\begin{aligned}&\frac{\partial \mathrm{tr}[(\boldsymbol{X}^{\mathrm{T}}\boldsymbol{C}\boldsymbol{X})^{-1}(\boldsymbol{X}^{\mathrm{T}}\boldsymbol{B}\boldsymbol{X})]}{\partial \boldsymbol{X}}\\ &= -(\boldsymbol{C}+\boldsymbol{C}^{\mathrm{T}})\boldsymbol{X}(\boldsymbol{X}^{\mathrm{T}}\boldsymbol{C}^{\mathrm{T}}\boldsymbol{X})^{-1}(\boldsymbol{X}^{\mathrm{T}}\boldsymbol{B}^{\mathrm{T}}\boldsymbol{X})(\boldsymbol{X}^{\mathrm{T}}\boldsymbol{C}^{\mathrm{T}}\boldsymbol{X})^{-1}\\ &\quad + (\boldsymbol{B}+\boldsymbol{B}^{\mathrm{T}})\boldsymbol{X}(\boldsymbol{X}^{\mathrm{T}}\boldsymbol{C}^{\mathrm{T}}\boldsymbol{X})^{-1}\end{aligned}$$

3.10 求迹函数 $\mathrm{tr}[(\boldsymbol{A}+\boldsymbol{X}^{\mathrm{T}}\boldsymbol{C}\boldsymbol{X})^{-1}(\boldsymbol{X}^{\mathrm{T}}\boldsymbol{B}\boldsymbol{X})]$ 的微分矩阵和梯度矩阵。

3.11 求实标量函数 $f(\boldsymbol{x}) = \boldsymbol{a}^{\mathrm{T}}\boldsymbol{x}$ 和 $f(\boldsymbol{x}) = \boldsymbol{x}^{\mathrm{T}}\boldsymbol{A}\boldsymbol{x}$ 的 Hessian 矩阵。

3.12 证明实标量函数 $f(\boldsymbol{X}) = \mathrm{tr}(\boldsymbol{A}\boldsymbol{X}\boldsymbol{B}\boldsymbol{X}^{\mathrm{T}})$ 的 Hessian 矩阵为

$$\boldsymbol{H}[f(\boldsymbol{X})] = \boldsymbol{B}^{\mathrm{T}} \otimes \boldsymbol{A} + \boldsymbol{B} \otimes \boldsymbol{A}^{\mathrm{T}}$$

3.13 求行列式对数 $\log|\boldsymbol{X}^{\mathrm{T}}\boldsymbol{A}\boldsymbol{X}|, \log|\boldsymbol{X}\boldsymbol{A}\boldsymbol{X}^{\mathrm{T}}|$ 和 $\log|\boldsymbol{X}\boldsymbol{A}\boldsymbol{X}|$ 的 Hessian 矩阵。

3.14 求矩阵函数 $\boldsymbol{A}\boldsymbol{X}\boldsymbol{B}$ 和 $\boldsymbol{A}\boldsymbol{X}^{-1}\boldsymbol{B}$ 的 Jacobian 矩阵。

3.15 求下列迹函数的梯度矩阵：

(1) $\mathrm{tr}(\boldsymbol{A}\boldsymbol{X}^{-1}\boldsymbol{B})$。

(2) $\mathrm{tr}(\boldsymbol{A}\boldsymbol{X}^{\mathrm{T}}\boldsymbol{B}\boldsymbol{X}\boldsymbol{C})$。

3.16 求行列式 $|\boldsymbol{X}^{\mathrm{T}}\boldsymbol{A}\boldsymbol{X}|, |\boldsymbol{X}\boldsymbol{A}\boldsymbol{X}^{\mathrm{T}}|, |\boldsymbol{X}\boldsymbol{A}\boldsymbol{X}|$ 和 $|\boldsymbol{X}^{\mathrm{T}}\boldsymbol{A}\boldsymbol{X}^{\mathrm{T}}|$ 的梯度矩阵。

3.17 求行列式对数 $\log|\boldsymbol{X}^{\mathrm{T}}\boldsymbol{A}\boldsymbol{X}|, \log|\boldsymbol{X}\boldsymbol{A}\boldsymbol{X}^{\mathrm{T}}|$ 和 $\log|\boldsymbol{X}\boldsymbol{A}\boldsymbol{X}|$ 的 Jacobian 矩阵与梯度矩阵。

3.18 证明：若 $\boldsymbol{F}$ 是矩阵函数，并且可二次微分，则

$$\mathrm{d}^2\log|\boldsymbol{F}| = -\mathrm{tr}(\boldsymbol{F}^{-1}\mathrm{d}\boldsymbol{F})^2 + \mathrm{tr}(\boldsymbol{F}^{-1})\mathrm{d}^2\boldsymbol{F}$$

3.19 通过 $\mathrm{d}(\boldsymbol{X}^{-1}\boldsymbol{X})$ 求逆矩阵的微分 $\mathrm{d}\boldsymbol{X}^{-1}$。

3.20 证明：对于非奇异矩阵 $\boldsymbol{X} \in \mathbb{R}^{n\times n}$，其逆矩阵 $\boldsymbol{X}^{-1}$ 是无穷次可微分的，并且其 r 次微分

$$\mathrm{d}^{(r)}(\boldsymbol{X}^{-1}) = (-1)^r r!(\boldsymbol{X}^{-1}\mathrm{d}\boldsymbol{X})^r \boldsymbol{X}^{-1}, \qquad r = 1, 2, \cdots$$

3.21 证明：$m \times n$ 实矩阵 $\boldsymbol{X}$ 的 Moore-Penrose 广义逆的微分为

$$\begin{aligned}\mathrm{d}(\boldsymbol{X}^\dagger) = &-\boldsymbol{X}^\dagger(\mathrm{d}\boldsymbol{X})\boldsymbol{X}^\dagger + \boldsymbol{X}^\dagger(\boldsymbol{X}^\dagger)^\mathrm{T}(\mathrm{d}\boldsymbol{X}^\mathrm{T})(\boldsymbol{I}_m - \boldsymbol{Z}\boldsymbol{Z}^\dagger)\\ &+ (\boldsymbol{I}_n - \boldsymbol{X}^\dagger\boldsymbol{X})(\mathrm{d}\boldsymbol{X}^\mathrm{T})(\boldsymbol{X}^\dagger)^\mathrm{T}\boldsymbol{X}^\dagger\end{aligned}$$

3.22 令 $\boldsymbol{X} \in \mathbb{R}^{m\times n}$，且 $\boldsymbol{X}^\dagger$ 是 $\boldsymbol{X}$ 的 Moore-Penrose 广义逆。证明：

$$\mathrm{d}(\boldsymbol{X}^\dagger\boldsymbol{X}) = \boldsymbol{X}^\dagger(\mathrm{d}\boldsymbol{X})(\boldsymbol{I}_n - \boldsymbol{X}^\dagger\boldsymbol{X}) + [\boldsymbol{X}^\dagger(\mathrm{d}\boldsymbol{X})(\boldsymbol{I}_n - \boldsymbol{X}^\dagger\boldsymbol{X})]^\mathrm{T}$$

和

$$\mathrm{d}(\boldsymbol{X}\boldsymbol{X}^\dagger) = (\boldsymbol{I}_m - \boldsymbol{X}\boldsymbol{X}^\dagger)(\mathrm{d}\boldsymbol{X})\boldsymbol{X}^\dagger + [(\boldsymbol{I}_m - \boldsymbol{X}\boldsymbol{X}^\dagger)(\mathrm{d}\boldsymbol{X})\boldsymbol{X}^\dagger]^\mathrm{T}$$

提示： 矩阵 $\boldsymbol{X}^\dagger\boldsymbol{X}$ 和 $\boldsymbol{X}\boldsymbol{X}^\dagger$ 均是幂等矩阵和对称矩阵。

3.23 求下列实值函数的 Hessian 矩阵：

(1) $(\boldsymbol{A}\boldsymbol{x} + \boldsymbol{b})^\mathrm{T}(\boldsymbol{D}\boldsymbol{x} + \boldsymbol{e})$。

(2) $(\boldsymbol{A}\boldsymbol{x} + \boldsymbol{b})^\mathrm{T}\boldsymbol{C}(\boldsymbol{D}\boldsymbol{x} + \boldsymbol{e})$。

(3) $(\boldsymbol{A}\boldsymbol{x} + \boldsymbol{b})^\mathrm{T}\boldsymbol{C}(\boldsymbol{A}\boldsymbol{x} + \boldsymbol{b})$。

3.24 若 $\boldsymbol{X} \in \mathbb{R}^{n\times n}$，证明：迹函数 $\mathrm{tr}(\boldsymbol{X}^2)$ 的 Hessian 矩阵

$$\frac{\partial^2 \mathrm{tr}(\boldsymbol{X}^2)}{\partial \mathrm{vec}\boldsymbol{X}\,\partial(\mathrm{vec}\boldsymbol{X})^\mathrm{T}} = 2\boldsymbol{K}_{nn}$$

3.25 证明

$$\begin{aligned}&\mathrm{d}(\boldsymbol{F}(\boldsymbol{Z}, \boldsymbol{Z}^*)) = \boldsymbol{A}(\mathrm{d}\boldsymbol{Z})^\mathrm{T}\boldsymbol{B} + \boldsymbol{C}(\mathrm{d}\boldsymbol{Z}^*)^\mathrm{T}\boldsymbol{D}\\ \Longleftrightarrow &\begin{cases}\mathrm{D}_{\boldsymbol{Z}}\boldsymbol{F}(\boldsymbol{Z}, \boldsymbol{Z}^*) = (\boldsymbol{B}^\mathrm{T} \otimes \boldsymbol{A})\boldsymbol{K}_{mn}\\ \mathrm{D}_{\boldsymbol{Z}^*}\boldsymbol{F}(\boldsymbol{Z}, \boldsymbol{Z}^*) = (\boldsymbol{D}^\mathrm{T} \otimes \boldsymbol{A})\boldsymbol{K}_{mn}\end{cases}\end{aligned}$$

3.26 证明全 Hessian 矩阵为 Hermitian 矩阵，即 $\boldsymbol{H}^\mathrm{H} = \boldsymbol{H}$。

3.27 证明部分 Hessian 矩阵的以下性质：

$$\boldsymbol{H}_{\boldsymbol{z}^*,\boldsymbol{z}} = \boldsymbol{H}_{\boldsymbol{z}^*,\boldsymbol{z}}^\mathrm{H}, \quad \boldsymbol{H}_{\boldsymbol{z},\boldsymbol{z}^*} = \boldsymbol{H}_{\boldsymbol{z},\boldsymbol{z}^*}^\mathrm{H} \quad \text{和} \quad \boldsymbol{H}_{\boldsymbol{z}^*,\boldsymbol{z}} = \boldsymbol{H}_{\boldsymbol{z},\boldsymbol{z}^*}^*$$

和

$$\boldsymbol{H}_{\boldsymbol{z},\boldsymbol{z}} = \boldsymbol{H}_{\boldsymbol{z},\boldsymbol{z}}^\mathrm{T}, \quad \boldsymbol{H}_{\boldsymbol{z}^*,\boldsymbol{z}^*} = \boldsymbol{H}_{\boldsymbol{z}^*,\boldsymbol{z}^*}^\mathrm{T} \quad \text{和} \quad \boldsymbol{H}_{\boldsymbol{z},\boldsymbol{z}} = \boldsymbol{H}_{\boldsymbol{z}^*,\boldsymbol{z}^*}^*$$

3.28 令 $\boldsymbol{x}$ 为复向量，求下列实值函数的复 Hessian 矩阵：

(1) $(\boldsymbol{A}\boldsymbol{x} + \boldsymbol{b})^\mathrm{H}(\boldsymbol{D}\boldsymbol{x} + \boldsymbol{e})$。

(2) $(\boldsymbol{A}\boldsymbol{x} + \boldsymbol{b})^\mathrm{H}\boldsymbol{C}(\boldsymbol{D}\boldsymbol{x} + \boldsymbol{e})$。

(3) $(\boldsymbol{Ax}+\boldsymbol{b})^{\mathrm{H}}\boldsymbol{C}(\boldsymbol{Ax}+\boldsymbol{b})$。

3.29 令 $\boldsymbol{z}_1,\boldsymbol{z}_2\in\mathbb{C}^n$，并且 $\boldsymbol{A}\in\mathbb{C}^{n\times n}$。若 $f(\boldsymbol{z})=\boldsymbol{z}_1^{\mathrm{H}}\boldsymbol{A}\boldsymbol{z}_2$，其中 $\boldsymbol{z}=[\boldsymbol{z}_1,\boldsymbol{z}_2]^{\mathrm{T}}$，试求

(1) 复偏导向量 $\mathrm{D}_{\boldsymbol{z}_1}f(\boldsymbol{z})=\frac{\partial f(\boldsymbol{z})}{\partial \boldsymbol{z}_1^{\mathrm{T}}}$ 和共轭偏导向量 $\mathrm{D}_{\boldsymbol{z}_1^*}f(\boldsymbol{z})=\frac{\partial f(\boldsymbol{z})}{\partial \boldsymbol{z}_2^{\mathrm{H}}}$；

(2) 复偏导向量 $\mathrm{D}_{\boldsymbol{z}_2}f(\boldsymbol{z})=\frac{\partial f(\boldsymbol{z})}{\partial \boldsymbol{z}_2^{\mathrm{T}}}$ 和共轭偏导向量 $\mathrm{D}_{\boldsymbol{z}_2^*}f(\boldsymbol{z})=\frac{\partial f(\boldsymbol{z})}{\partial \boldsymbol{z}_2^{\mathrm{H}}}$；

(3) 复偏导向量 $\mathrm{D}_{\boldsymbol{z}}f(\boldsymbol{z})=\frac{\partial f(\boldsymbol{z})}{\partial \boldsymbol{z}^{\mathrm{T}}}$ 和共轭偏导向量 $\mathrm{D}_{\boldsymbol{z}^*}f(\boldsymbol{z})=\frac{\partial f(\boldsymbol{z})}{\partial \boldsymbol{z}^{\mathrm{H}}}$。

3.30 证明

$$\mathrm{tr}(\boldsymbol{C}(\mathrm{d}\boldsymbol{Z})\boldsymbol{D}\mathrm{d}\boldsymbol{Z}^{\mathrm{T}})=(\mathrm{d}\,\mathrm{vec}\boldsymbol{Z})^{\mathrm{T}}(\boldsymbol{D}^{\mathrm{T}}\otimes\boldsymbol{C})\mathrm{d}\,\mathrm{vec}\boldsymbol{Z}$$

$$\mathrm{tr}(\boldsymbol{E}(\mathrm{d}\boldsymbol{Z}^*)\boldsymbol{F}\mathrm{d}\boldsymbol{Z}^{\mathrm{T}})=(\mathrm{d}\,\mathrm{vec}\boldsymbol{Z})^{\mathrm{T}}(\boldsymbol{F}^{\mathrm{T}}\otimes\boldsymbol{E})\mathrm{d}\,\mathrm{vec}\boldsymbol{Z}^*$$

$$\mathrm{tr}(\boldsymbol{E}^*(\mathrm{d}\boldsymbol{Z})\boldsymbol{F}^*\mathrm{d}\boldsymbol{Z}^{\mathrm{H}})=(\mathrm{d}\,\mathrm{vec}\boldsymbol{Z}^*)^{\mathrm{T}}(\boldsymbol{F}^{\mathrm{H}}\otimes\boldsymbol{E}^*)\mathrm{d}\,\mathrm{vec}\boldsymbol{Z}$$

$$\mathrm{tr}(\boldsymbol{C}^*(\mathrm{d}\boldsymbol{Z}^*)\boldsymbol{D}^*\mathrm{d}\boldsymbol{Z}^{\mathrm{H}})=(\mathrm{d}\,\mathrm{vec}\boldsymbol{Z}^*)^{\mathrm{T}}(\boldsymbol{D}^{\mathrm{H}}\otimes\boldsymbol{C}^*)\mathrm{d}\,\mathrm{vec}\boldsymbol{Z}^*$$

第4章　梯度分析与最优化

最优化理论主要研究一个函数的极值：极大值或极小值。这一函数称为最优化问题的目标函数，通常是实向量或实矩阵变元的某个实值函数，但在很多工程应用中往往是复向量或复矩阵变元的实值函数。最优化理论主要讨论：(1) 极值的存在性条件 (梯度分析)；(2) 优化算法的设计及收敛性分析。

本章将主要从梯度分析的角度，讨论全局最优化和非线性最优化的一般理论；而优化方法的介绍重点则是凸优化和内点法。

4.1　实变函数无约束优化的梯度分析

考虑典型的最优化问题

$$\min_{\boldsymbol{x} \in \mathcal{D}} f(\boldsymbol{x}) \tag{4.1.1}$$

其中，$\mathcal{D} = \mathrm{dom}\, f(\boldsymbol{x})$ 表示函数 $f(\boldsymbol{x})$ 的定义域；变元向量 $\boldsymbol{x} \in \mathbb{R}^n$ 称为最优化问题的优化向量，代表需要作出的一种选择；函数 $f: \mathbb{R}^n \to \mathbb{R}$ 称为目标函数 (objective function)，表示选择优化向量 $\boldsymbol{x}$ 时所付出的成本或者代价，故又常称为代价函数 (cost function)。相反，代价函数的负值 $-f(\boldsymbol{x})$ 则可理解成选择 $\boldsymbol{x}$ 所得到的价值 (value) 或者效益 (utility)。于是，最优化问题式 (4.1.1) 的求解对应于使代价最小化或者使效益最大化。因此，极小化问题 $\min\limits_{\boldsymbol{x} \in \mathcal{D}} f(\boldsymbol{x})$ 与负目标函数的极大化问题 $\max\limits_{\boldsymbol{x} \in \mathcal{D}} -f(\boldsymbol{x})$ 二者等价。

上述优化问题没有约束条件，故称为无约束优化问题。求解无约束优化问题的大多数非线性规划方法都是基于松弛和逼近的思想[363]。

松弛　称序列 $\{a_k\}_{k=0}^{\infty}$ 为松弛序列 (relaxation sequence)，若 $a_{k+1} \leqslant a_k, \forall k \geqslant 0$。因此，在迭代求解最优化问题式 (4.1.1) 的过程中，需要产生一个松弛序列

$$f(\boldsymbol{x}_{k+1}) \leqslant f(\boldsymbol{x}_k), \quad k = 0, 1, \cdots$$

逼近　逼近一个目标函数意味着，使用一个接近原始目标的简化目标函数代替原目标函数。

于是，利用松弛和逼近，可以实现以下目的：

(1) 如果目标函数 $f(\boldsymbol{x})$ 在实数域 $\mathbb{R}^n$ 是下有界的，则序列 $\{f(\boldsymbol{x}_k)\}_{k=0}^{\infty}$ 一定收敛。

(2) 在任何情况下，都可以改善目标函数 $f(\boldsymbol{x})$ 的初始值。

(3) 一个非线性目标函数 $f(\boldsymbol{x})$ 的极小化可以用数值方法实现，并且逼近精度足够高。

4.1.1 单变量函数 $f(x)$ 的平稳点与极值点

目标函数的平稳点和极值点在最优化问题中起着关键作用。平稳点的分析依赖于目标函数的梯度向量 (一阶梯度)，而极值点的分析则取决于目标函数的 Hessian 矩阵 (二阶梯度)。因此，目标函数的梯度分析分为一阶梯度分析 (平稳点分析) 和二阶梯度分析 (极值点分析)。

在最优化中，通常希望得到目标函数的全局极小点，函数 $f(x)$ 在该点取最小值。

定义 4.1.1 定义域 $\mathcal{D}$ 中的点 $x^\star$ 称为函数 $f(x)$ 的全局极小点 (global minimum point)，若

$$f(x^\star) \leqslant f(x), \quad \forall\, x \in \mathcal{D},\, x \neq x^\star \tag{4.1.2}$$

全局极小点也称绝对极小点 (absolute minimum point)，函数在该点的取值 $f(x_0)$ 称为函数 $f(x)$ 在定义域 $\mathcal{D}$ 中的全局极小值 (global minimum) 或绝对极小值 (absolute minimum)。

若

$$f(x^\star) < f(x), \quad \forall\, x \in \mathcal{D} \tag{4.1.3}$$

则称 $x^\star$ 是函数 $f(x)$ 的严格全局极小点 (strict global minimum point) 或严格绝对极小点 (strict absolute minimum point)。

毋庸待言，最小化的理想目标是求出全局极小点。然而，这一理想目标却往往很难实现，其原因是：(1) 通常很难知道一个函数 $f(x)$ 在其整个定义域 $\mathcal{D}$ 的全局或者整体信息；(2) 设计一种识别全局极值点的算法往往不切实际，因为将 $f(x^\star)$ 的值与函数在整个定义域 $\mathcal{D}$ 内的所有取值 $f(x)$ 进行逐一比较往往是困难的。相比之下，了解目标函数 $f(x)$ 在某点 c 附近区域的局部信息却要容易得多；并且设计一种算法，对某点的函数值 $f(c)$ 与该点附近的函数值进行比较，也要简单得多。因此，大多数的最小化算法只能求出局部极小点：函数在该点的取值达到函数在该点邻域所有取值的最小值。

定义 4.1.2 给定一个点 $c \in \mathcal{D}$ 和正数 r，则满足 $|x-c| < r$ 的所有点 x 的集合称为点 c 以 r 为半径的 (开) 邻域， 记为 $B_o(c;r) = \{x|\, x \in \mathcal{D},\ |x-c| < r\}$。若 $B_c(c;r) = \{x|\, x \in \mathcal{D},\ |x-c| \leqslant r\}$，则称其为闭邻域。

邻域 $B(c;r)$ 有时也简记为 $B(c)$。

定义 4.1.3 点 c 称为函数 $f(x)$ 的一个局部极小 (或极大) 点，若 $f(c) \leqslant f(c+\Delta x)$ (或 $f(c) \geqslant f(c+\Delta x)$) 对满足 $0 < |\Delta x| \leqslant r$ 的所有 Δx 均成立。

函数 $f(x)$ 在局部极小点和局部极大点 c 的取值 $f(c)$ 分别称为 $f(x)$ 在定义域 $\mathcal{D}$ 内的局部极小值 (local minimum) 和局部极大值 (local maximum)。

定义 4.1.4 点 c 称为函数 $f(x)$ 的严格局部极小点 (strictly local minimum point)，若 $f(c) < f(c+\Delta x)$ 对所有满足 $0 < |\Delta x| \leqslant r$ 的 Δx 均成立。

一个函数的极小点和极大点合称该函数的极值点 (extreme point)，而极小值和极大值合称该函数的极值 (extremum 或 extreme value)。

局部极小点和严格局部极小点有时也分别称为函数 $f(x)$ 的弱局部极小点 (weak local minimum point) 和强局部极小点 (strong local minimum point)。

例如，对于常数函数 $f(x)=3$，每一个点 x 都是一个 (弱) 局部极小点；而函数 $f(x)=(x-3)^2$ 在 $x=3$ 有一个严格局部极小点。

特别地，如果某个点 x_0 是函数 $f(x)$ 在邻域 $B(c;r)$ 内的唯一局部极值点，则称为孤立局部极值点 (isolated local extremum)。

在实际应用中，直接比较一个目标函数 $f(x)$ 在某点及其邻域的所有取值仍然显得很麻烦。幸好，函数的 Taylor 级数展开为解决这个问题提供了一种简单的方法。

如果函数 $f(x)$ 具有连续的各阶导数，则 $f(x)$ 在 c 点的 Taylor 级数展开为

$$f(c+\Delta x)=f(c)+f'(c)\Delta x+\frac{1}{2}f''(c)(\Delta x)^2+\cdots+\frac{1}{k!}f^k(c)(\Delta x)^k+\cdots \tag{4.1.4}$$

式中，$f^k(c)=f^k(x)\big|_{x=c}$，而 $f^k(x)=\frac{\mathrm{d}^k f(x)}{\mathrm{d}x^k}, k=1,2,3,\cdots$ 是函数 $f(x)$ 的 k 阶导数。

当半径 r 足够小时，在邻域 $B(c;r)$ 内，高次项 $(\Delta x)^k, k\geqslant 3$ 常可忽略。于是，函数 $f(x)$ 在点 c 的邻域内可以用二阶 Taylor 级数展开

$$f(c+\Delta x)\approx f(c)+f'(c)\Delta x+\frac{1}{2}f''(c)(\Delta x)^2 \tag{4.1.5}$$

进行逼近。

首先，将邻域 $B(c;r)$ 缩小为一个非常小的区域 $|\Delta x|<\varepsilon$，其中 ε 足够小，以至于二次项 $(\Delta x)^2$ 也可以忽略不计。此时，有函数的一阶逼近 $f(c+\Delta x)\approx f(c)+f'(c)\Delta x$。显然，如果 $f'(c)>0$，则 $f(c)\leqslant f(c+\Delta x)$ 只有对 $\Delta x>0$ 成立。反之，若 $f'(c)<0$，则 $f(c)<f(c+\Delta x)$ 只对 $\Delta x<0$ 成立。因此，为了保证 $f(c)\leqslant f(c+\Delta x)$ 对邻域 $|\Delta x|<\varepsilon$ 内的所有 Δx 恒成立，唯一合理的选择是令 $f'(c)=0$。

满足 $f'(c)=0$ 的点 $x=c$ 称为函数 $f(x)$ 的平稳点 (stationary point)。

平稳点只是极值点的候选点。为了进一步确定一个平稳点是否确实为一个极小点，有必要在一个稍大一些的邻域 $|\Delta x|<r$ 内考虑函数 $f(c+\Delta x)$ 的取值。由于 $f'(c)=0$，故 $f(c+\Delta x)=f(c)+\frac{1}{2}f''(c)(\Delta x)^2$。显然，若 $f''(c)\geqslant 0$，则一定有 $f(c)\leqslant f(c+\Delta x)$ 对邻域 $B(c;r)$ 内的所有 Δx 恒成立。因此，函数 $f(x)$ 在点 c 有局部极小值的条件为

$$f'(c)=0 \quad \text{和} \quad f''(c)=\left.\frac{\mathrm{d}^2 f(x)}{\mathrm{d}x^2}\right|_{x=c}\geqslant 0 \tag{4.1.6}$$

注释 1 若 $f'(c)=0$ 和 $f''(c)>0$ 同时满足，则 c 是函数 $f(x)$ 在邻域 $B(c;r)$ 内的一个严格局部极小点。

注释 2 若 $f'(c)=0$ 和 $f''(c)\leqslant 0$ 同时满足，则一定有 $f(c)\geqslant f(x)$ 对位于邻域 $B(c;r)$ 的所有 $f(c+\Delta x)$ 成立。因此，c 是函数 $f(x)$ 在邻域 $B(c;r)$ 内的一个局部极大点。特别地，若 $f'(c)=0$ 和 $f''(c)<0$ 同时满足，则一定有 $f(c)>f(x)$ 对位于邻域 $B(c;r)$ 的所有 $f(c+\Delta x)$ 成立，即 c 是函数 $f(x)$ 在定义域 $\mathcal{D}$ 内的一个严格局部极大点。

注释 3 若 $f'(c)=0$ 和 $f''(c)=0$，并且 $f''(c+\Delta x)\geqslant 0$ 对位于邻域 $B(c;r)$ 内的某些 $f(c+\Delta x)$ 满足，而对另一些 $f(c+\Delta x)$ 却有 $f''(c+\Delta x)\leqslant 0$，则 c 不可能是函数 $f(x)$ 在定义域 $\mathcal{D}$ 内的一个极值点。这样的平稳点称为函数 $f(x)$ 的一个鞍点 (saddle point)。

为方便理解平稳点和极值点之间的关系，图 4.1.1 画出了一个单变量函数 $f(x)$ 的曲线，函数的定义域为 $\mathcal{D}=[0,6]$。点 $x=0$ 和 $x=6$ 分别是该函数的严格全局极大点和严格全局极小点，$x=1$ 和 $x=4$ 分别为一个 (非严格) 局部极小点和一个 (非严格) 局部极大点，$x=2$ 和 $x=3$ 分别是一个严格局部极大点和一个严格局部极小点，而 $x=5$ 则只是一个鞍点。注意，$x=0$ 和 $x=6$ 虽然分别是函数 $f(x)$ 在定义域 $[0,6]$ 的严格全局极大点和严格局部极小点，但一阶导数 $f'(0)$ 和 $f'(6)$ 显然都不等于零。

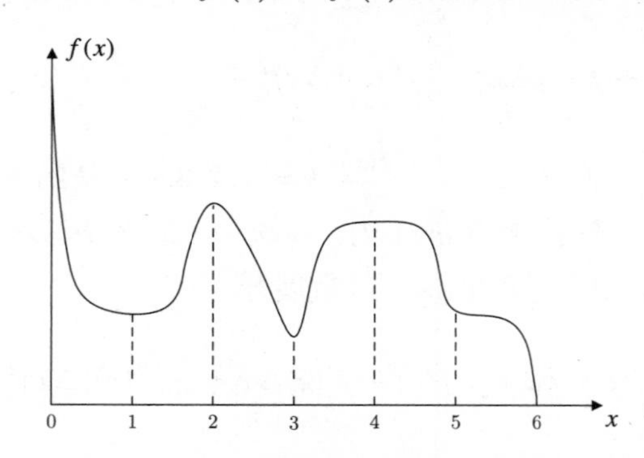

图 4.1.1 单变量函数的平稳点与极值点

函数 $f(x)$ 在某点 $x=c$ 的一阶导数 $f'(c)=f'(x)|_{x=c}$ 反映函数在该点的变化率，故一阶导数 $f'(x)$ 称为函数 $f(x)$ 的梯度函数，$f'(c)$ 称为函数 $f(x)$ 在点 $x=c$ 的梯度值。

4.1.2 多变量函数 $f(\boldsymbol{x})$ 的平稳点与极值点

考虑以实向量 $\boldsymbol{x}=[x_1,\cdots,x_n]^{\mathrm{T}}$ 作变元的实值函数 $f(\boldsymbol{x}):\mathbb{R}^n\to\mathbb{R}$ 的无约束极小化问题

$$\min_{\boldsymbol{x}\in S} f(\boldsymbol{x}) \tag{4.1.7}$$

式中 $S\in\mathbb{R}^n$ 是 n 维向量空间 $\mathbb{R}^n$ 的一个子集合。

定义 4.1.5 给定一个点 $\bar{\boldsymbol{x}}\in\mathbb{R}^n$，点 $\bar{\boldsymbol{x}}$ 的一 (闭合) 邻域记作 $B(\bar{\boldsymbol{x}};r)$，是满足 $\|\boldsymbol{x}-\bar{\boldsymbol{x}}\|_2\leqslant r$ (其中 $r>0$) 的所有点 $\boldsymbol{x}$ 的集合，即

$$B(\bar{\boldsymbol{x}};r)=\{\boldsymbol{x}|\,\|\boldsymbol{x}-\bar{\boldsymbol{x}}\|_2\leqslant r\} \tag{4.1.8}$$

定义 4.1.6 给定一集合 S，点 $\bar{\boldsymbol{x}}$ 称为集合 S 的内点 (interior point)，若 $\bar{\boldsymbol{x}}\in S$，并且存在 $\bar{\boldsymbol{x}}$ 的一邻域，该邻域完全包含在集合 S 内。集合 S 的内集 (interior) 记作 $\mathrm{int}(S)$，它是 S 的所有内点的合集。

定义 4.1.7 给定一集合 S，点 $\boldsymbol{x}$ 是 S 的边界点 (boundary point)，若 $\boldsymbol{x}$ 的每一个邻域至少有一个点在 S 内，并且至少有一个点不在 S 内。集合 S 的边界记作 $\mathrm{bnd}(S)$，是 S 的所有边界点的合集。一个闭集包含其所有边界点。

令 $\boldsymbol{c}=[c_1,\cdots,c_n]^{\mathrm{T}}$ 是向量空间 $\mathbb{R}^n$ 内的一个点，且 r 为某个正数。向量空间 $\mathbb{R}^n$ 内与点 $\boldsymbol{c}$ 的距离 $\|\boldsymbol{x}-\boldsymbol{c}\|_2$ 小于 r 的所有向量 $\boldsymbol{x}$ 的集合称作以 $\boldsymbol{c}$ 为中心，r 为半径的 n 维球体 (n-ball)，记为 $B(\boldsymbol{c};r)$ 或者 $B(\boldsymbol{c})$，即有 [328]

$$B(\boldsymbol{c};r)=\{\boldsymbol{x}|\boldsymbol{x}\in\mathbb{R}^n,\|\boldsymbol{x}-\boldsymbol{c}\|_2<r\} \tag{4.1.9}$$

n 维球体 $B(\boldsymbol{c};r)$ 也称向量 $\boldsymbol{c}$ 的邻域。

令 $\Delta\boldsymbol{x}=\boldsymbol{x}-\boldsymbol{c}$，则在半径 r 足够小的邻域 $B(\boldsymbol{c};r)$ 内，实变函数 $f(\boldsymbol{x})$ 在点 $\boldsymbol{c}$ 的二阶 Taylor 级数逼近为

$$f(\boldsymbol{c}+\Delta\boldsymbol{x})=f(\boldsymbol{c})+\left(\frac{\partial f(\boldsymbol{c})}{\partial\boldsymbol{c}}\right)^{\mathrm{T}}\Delta\boldsymbol{x}+\frac{1}{2}(\Delta\boldsymbol{c})^{\mathrm{T}}\frac{\partial^2 f(\boldsymbol{c})}{\partial\boldsymbol{c}\partial\boldsymbol{c}^{\mathrm{T}}}\Delta\boldsymbol{x} \tag{4.1.10}$$

$$=f(\boldsymbol{c})+(\nabla f(\boldsymbol{c}))^{\mathrm{T}}\Delta\boldsymbol{x}+\frac{1}{2}(\Delta\boldsymbol{x})^{\mathrm{T}}\boldsymbol{H}(f(\boldsymbol{c}))\Delta\boldsymbol{x} \tag{4.1.11}$$

式中

$$\nabla f(\boldsymbol{c})=\frac{\partial f(\boldsymbol{c})}{\partial\boldsymbol{c}}=\left.\frac{\partial f(\boldsymbol{x})}{\partial\boldsymbol{x}}\right|_{\boldsymbol{x}=\boldsymbol{c}} \tag{4.1.12}$$

$$\boldsymbol{H}(f(\boldsymbol{c}))=\frac{\partial^2 f(\boldsymbol{c})}{\partial\boldsymbol{c}\partial\boldsymbol{c}^{\mathrm{T}}}=\left.\frac{\partial^2 f(\boldsymbol{x})}{\partial\boldsymbol{x}\partial\boldsymbol{x}^{\mathrm{T}}}\right|_{\boldsymbol{x}=\boldsymbol{c}} \tag{4.1.13}$$

分别是函数 $f(\boldsymbol{x})$ 在点 $\boldsymbol{c}$ 的的梯度向量和 Hessian 矩阵。

将单变量函数的极值点的定义加以推广，即可得到以实向量为变元的实值函数 $f(\boldsymbol{x})$ 的极小点的定义如下。

定义 4.1.8 令标量 $r>0$，并且 $\boldsymbol{x}=\boldsymbol{c}+\Delta\boldsymbol{x}$ 是向量空间 $\mathbb{R}^n$ 的子集合 S 的点。若

$$f(\boldsymbol{c})\leqslant f(\boldsymbol{c}+\Delta\boldsymbol{x})\quad\forall\,0<\|\Delta\boldsymbol{x}\|_2\leqslant r; \tag{4.1.14}$$

则称点 $\boldsymbol{c}$ 是函数 $f(\boldsymbol{x})$ 的一个局部极小点。若

$$f(\boldsymbol{c})<f(\boldsymbol{c}+\Delta\boldsymbol{x})\quad\forall\,0<\|\Delta\boldsymbol{x}\|_2\leqslant r; \tag{4.1.15}$$

则称点 $\boldsymbol{c}$ 是函数 $f(\boldsymbol{x})$ 的一个严格局部极小点。若

$$f(\boldsymbol{c})\leqslant f(\boldsymbol{x})\quad\forall\,\boldsymbol{x}\in S; \tag{4.1.16}$$

则称点 $\boldsymbol{c}$ 是函数 $f(\boldsymbol{x})$ 在定义域 S 的一个全局极小点。若

$$f(\boldsymbol{c})<f(\boldsymbol{x})\quad\forall\,\boldsymbol{x}\in S,\boldsymbol{x}\neq\boldsymbol{c} \tag{4.1.17}$$

则称点 $\boldsymbol{c}$ 是函数 $f(\boldsymbol{x})$ 在定义域 S 的一个严格全局极小点。

由式 (4.1.13) 易知，在邻域 $B(\boldsymbol{c};r)$ 的一个足够小的内部区域 $\|\Delta\boldsymbol{x}\|_2<\varepsilon$，二阶项可以忽略的情况下，函数的一阶 Taylor 级数逼近为

$$f(\boldsymbol{c}+\Delta\boldsymbol{x})\approx f(\boldsymbol{c})+(\nabla f(\boldsymbol{c}))^{\mathrm{T}}\Delta\boldsymbol{x} \tag{4.1.18}$$

显然，为了保证 $f(\boldsymbol{c}) \leqslant f(\boldsymbol{c}+\Delta\boldsymbol{x})$ 对满足 $\|\Delta\boldsymbol{x}\|_2 < \varepsilon$ 的所有 $\Delta\boldsymbol{x}$ 恒成立，必须选择

$$\nabla f(\boldsymbol{c}) = \left.\frac{\partial f(\boldsymbol{x})}{\partial \boldsymbol{x}}\right|_{\boldsymbol{x}=\boldsymbol{c}} = \boldsymbol{0}, \quad \forall\, 0 < \|\Delta\boldsymbol{x}\|_2 < r \tag{4.1.19}$$

在 $\nabla f(\boldsymbol{c}) = \boldsymbol{0}$ 的选择下，对于二阶项不能忽略的邻域 $\|\Delta\boldsymbol{x}\|_2 < r$，函数 $f(\boldsymbol{x})$ 有二阶 Taylor 级数逼近

$$f(\boldsymbol{c}+\Delta\boldsymbol{x}) \approx f(\boldsymbol{c}) + \frac{1}{2}(\Delta\boldsymbol{x})^{\mathrm{T}}\boldsymbol{H}(f(\boldsymbol{c}))\Delta\boldsymbol{x} \tag{4.1.20}$$

于是，我们容易得出以下结论：

(1) 若二次型 $(\Delta\boldsymbol{x})^{\mathrm{T}}\boldsymbol{H}(f(\boldsymbol{c}))\Delta\boldsymbol{x} \geqslant 0$ 对 $0 < \|\Delta\boldsymbol{x}\|_2 < r$ 或者 $\Delta\boldsymbol{x} \in B(\boldsymbol{c};r)$ 的所有 $\Delta\boldsymbol{x}$ 恒成立，或 Hessian 矩阵半正定

$$\boldsymbol{H}(f(\boldsymbol{c})) = \left.\frac{\partial^2 f(\boldsymbol{x})}{\partial\boldsymbol{x}\partial\boldsymbol{x}^{\mathrm{T}}}\right|_{\boldsymbol{x}=\boldsymbol{c}} \succeq 0 \tag{4.1.21}$$

则 $f(\boldsymbol{c}) \leqslant f(\boldsymbol{c}+\Delta\boldsymbol{x}), \forall\Delta\boldsymbol{x} \in B(\boldsymbol{c};r)$，即点 $\boldsymbol{c}$ 是函数 $f(\boldsymbol{x})$ 的一个局部极小点，

(2) 若二次型 $(\Delta\boldsymbol{x})^{\mathrm{T}}\boldsymbol{H}(f(\boldsymbol{c}))\Delta\boldsymbol{x} > 0$ 对所有 $\Delta\boldsymbol{x} \in B(\boldsymbol{c};r)$ 恒成立，或 Hessian 矩阵正定

$$\boldsymbol{H}(f(\boldsymbol{c})) = \left.\frac{\partial^2 f(\boldsymbol{x})}{\partial\boldsymbol{x}\partial\boldsymbol{x}^{\mathrm{T}}}\right|_{\boldsymbol{x}=\boldsymbol{c}} \succ 0 \tag{4.1.22}$$

则点 $\boldsymbol{c}$ 是函数 $f(\boldsymbol{x})$ 的一个严格局部极小点。

(3) 若二次型 $(\Delta\boldsymbol{x})^{\mathrm{T}}\boldsymbol{H}(f(\boldsymbol{c}))\Delta\boldsymbol{x} \leqslant 0$ 对所有 $\Delta\boldsymbol{x} \in B(\boldsymbol{c};r)$ 恒成立，或 Hessian 矩阵半负定

$$\boldsymbol{H}(f(\boldsymbol{c})) = \left.\frac{\partial^2 f(\boldsymbol{x})}{\partial\boldsymbol{x}\partial\boldsymbol{x}^{\mathrm{T}}}\right|_{\boldsymbol{x}=\boldsymbol{c}} \preceq 0 \tag{4.1.23}$$

则 $f(\boldsymbol{c}) \geqslant f(\boldsymbol{c}+\Delta\boldsymbol{x}), \forall\Delta\boldsymbol{x} \in B(\boldsymbol{c};r)$，即点 $\boldsymbol{c}$ 是函数 $f(\boldsymbol{x})$ 的一个局部极大点。

(4) 若二次型 $(\Delta\boldsymbol{c})^{\mathrm{T}}\boldsymbol{H}(f(\boldsymbol{c}))\Delta\boldsymbol{c} < 0$ 对所有 $\Delta\boldsymbol{x} \in B(\boldsymbol{c};r)$ 成立，或 Hessian 矩阵负定

$$\boldsymbol{H}(f(\boldsymbol{c})) = \left.\frac{\partial^2 f(\boldsymbol{x})}{\partial\boldsymbol{x}\partial\boldsymbol{x}^{\mathrm{T}}}\right|_{\boldsymbol{x}=\boldsymbol{c}} \prec 0 \tag{4.1.24}$$

则点 $\boldsymbol{c}$ 是函数 $f(\boldsymbol{x})$ 的一个严格局部极大点

(5) 若二次型 $(\Delta\boldsymbol{x})^{\mathrm{T}}\boldsymbol{H}(f(\boldsymbol{c}))\Delta\boldsymbol{x} \leqslant 0$ 对邻域 $B(\boldsymbol{c};r)$ 的某些点 $\Delta\boldsymbol{x}$ 成立，而 $(\Delta\boldsymbol{x})^{\mathrm{T}}$ $\boldsymbol{H}(f(\boldsymbol{c}))\Delta\boldsymbol{x} > 0$ 对邻域 $B(\boldsymbol{c};r)$ 的另一些点 $\Delta\boldsymbol{x}$ 成立，或 Hessian 矩阵

$$\boldsymbol{H}(f(\boldsymbol{c})) = \left.\frac{\partial^2 f(\boldsymbol{x})}{\partial\boldsymbol{x}\partial\boldsymbol{x}^{\mathrm{T}}}\right|_{\boldsymbol{x}=\boldsymbol{c}} \text{不定} \tag{4.1.25}$$

则点 $\boldsymbol{c}$ 只是函数 $f(\boldsymbol{x})$ 的一个鞍点。

4.1.3 多变量函数 $f(\boldsymbol{X})$ 的平稳点与极值点

现在考虑以矩阵为变元的实值函数 $f(\boldsymbol{X}): \mathbb{R}^{m\times n} \to \mathbb{R}$。此时，需要先通过向量化，将变元矩阵 $\boldsymbol{X} \in \mathbb{R}^{m\times n}$，变成一个 $mn \times 1$ 向量 $\mathrm{vec}(\boldsymbol{X})$。

令 S 是矩阵空间 $\mathbb{R}^{m\times n}$ 的一个子集合，它是 $m\times n$ 矩阵变元 $\boldsymbol{X}$ 的定义域，即 $\boldsymbol{X} \in S$。

函数 $f(\boldsymbol{X})$ 以点 $\mathrm{vec}(\boldsymbol{C})$ 为中心，r 为半径的邻域记作 $B(\boldsymbol{C};r)$，定义为

$$B(\boldsymbol{C};r)=\{\boldsymbol{X}|\boldsymbol{X}\in\mathbb{R}^{m\times n},\ \|\mathrm{vec}(\boldsymbol{X})-\mathrm{vec}(\boldsymbol{C})\|_2<r\} \tag{4.1.26}$$

于是，由式 (4.1.13) 知，函数 $f(\boldsymbol{X})$ 在点 $\boldsymbol{C}$ 的二阶 Taylor 级数逼近公式为

$$\begin{aligned}f(\boldsymbol{C}+\Delta\boldsymbol{X})&=f(\boldsymbol{C})+\left(\frac{\partial f(\boldsymbol{C})}{\partial\mathrm{vec}(\boldsymbol{C})}\right)^{\mathrm{T}}\mathrm{vec}(\Delta\boldsymbol{X})\\&\quad+\frac{1}{2}(\mathrm{vec}(\Delta\boldsymbol{X}))^{\mathrm{T}}\frac{\partial^2 f(\boldsymbol{C})}{\partial\mathrm{vec}(\boldsymbol{C})\partial(\mathrm{vec}\,\boldsymbol{C})^{\mathrm{T}}}\mathrm{vec}(\Delta\boldsymbol{X})\\&=f(\boldsymbol{C})+(\nabla_{\mathrm{vec}\ \boldsymbol{C}}f(\boldsymbol{C}))^{\mathrm{T}}\,\mathrm{vec}(\Delta\boldsymbol{X})\\&\quad+\frac{1}{2}(\mathrm{vec}(\Delta\boldsymbol{X}))^{\mathrm{T}}\boldsymbol{H}(f(\boldsymbol{C}))\mathrm{vec}(\Delta\boldsymbol{X})\end{aligned} \tag{4.1.27}$$

式中

$$\nabla_{\mathrm{vec}\,\boldsymbol{C}}f(\boldsymbol{C})=\left.\frac{\partial f(\boldsymbol{X})}{\partial\mathrm{vec}\,(\boldsymbol{X})}\right|_{\boldsymbol{X}=\boldsymbol{C}}\in\mathbb{R}^{mn} \tag{4.1.28}$$

$$\boldsymbol{H}(f(\boldsymbol{C}))=\left.\frac{\partial^2 f(\boldsymbol{X})}{\partial\mathrm{vec}\,(\boldsymbol{X})\partial(\mathrm{vec}\,\boldsymbol{X})^{\mathrm{T}}}\right|_{\boldsymbol{X}=\boldsymbol{C}}\in\mathbb{R}^{mn\times mn} \tag{4.1.29}$$

分别是函数 $f(\boldsymbol{X})$ 在点 $\boldsymbol{C}$ 的梯度向量和 Hessian 矩阵。

如果 $0<\|\mathrm{vec}(\Delta\boldsymbol{X})\|_2<\varepsilon$，且 ε 足够小，以至于二次项 $(\mathrm{vec}(\Delta\boldsymbol{X}))^{\mathrm{T}}\boldsymbol{H}(f(\boldsymbol{C}))\mathrm{vec}(\Delta\boldsymbol{X})$ 可以忽略，则有一阶 Tarloy 级数逼近

$$f(\boldsymbol{C}+\Delta\boldsymbol{X})\approx f(\boldsymbol{C})+(\nabla_{\mathrm{vec}\ \boldsymbol{C}}f(\boldsymbol{C}))^{\mathrm{T}}\,\mathrm{vec}(\Delta\boldsymbol{X}) \tag{4.1.30}$$

显然，为了使得 $f(\boldsymbol{C}+\Delta\boldsymbol{X})\geqslant f(\boldsymbol{C})$ 对于满足 $0<\|\Delta\boldsymbol{X}\|_2<\varepsilon$ 的所有 $\Delta\boldsymbol{X}$ 均成立，必须选择

$$\nabla_{\mathrm{vec}\,\boldsymbol{C}}f(\boldsymbol{C})=\left.\frac{\partial f(\boldsymbol{X})}{\partial\mathrm{vec}\,\boldsymbol{X}}\right|_{\boldsymbol{X}=\boldsymbol{C}}=\boldsymbol{0} \tag{4.1.31}$$

在选择 $\nabla_{\mathrm{vec}\,\boldsymbol{C}}f(\boldsymbol{C})=\boldsymbol{0}$ 的条件下，考虑二次项 $(\mathrm{vec}(\Delta\boldsymbol{X}))^{\mathrm{T}}\boldsymbol{H}(f(\boldsymbol{C}))\mathrm{vec}(\Delta\boldsymbol{X})$ 不可忽略的邻域 $B(\boldsymbol{C};r)$。此时，有二阶 Taylor 级数逼近

$$f(\boldsymbol{C}+\Delta\boldsymbol{X})\approx f(\boldsymbol{C})+\frac{1}{2}(\mathrm{vec}(\Delta\boldsymbol{X}))^{\mathrm{T}}\boldsymbol{H}(f(\boldsymbol{C}))\mathrm{vec}(\Delta\boldsymbol{X}) \tag{4.1.32}$$

由此容易得出以下结论：

(1) $f(\boldsymbol{C})\leqslant f(\boldsymbol{C}+\Delta\boldsymbol{X}),\forall\,\Delta\boldsymbol{X}\in B(\boldsymbol{C};r)$，即点 $\boldsymbol{C}$ 是函数 $f(\boldsymbol{X})$ 的一个局部极小点，若二次型 $(\mathrm{vec}\,\Delta\boldsymbol{X})^{\mathrm{T}}\boldsymbol{H}(f(\boldsymbol{C}))\mathrm{vec}\,(\Delta\boldsymbol{X})\geqslant 0$ 对满足$\Delta\boldsymbol{X}\in B(\boldsymbol{C};r)$ 的所有 $\Delta\boldsymbol{X}$ 恒成立，或 Hessian 矩阵半正定

$$\boldsymbol{H}(f(\boldsymbol{C}))=\left.\frac{\partial^2 f(\boldsymbol{X})}{\partial\mathrm{vec}(\boldsymbol{X})\partial(\mathrm{vec}\,\boldsymbol{X})^{\mathrm{T}}}\right|_{\boldsymbol{X}=\boldsymbol{C}}\succeq 0 \tag{4.1.33}$$

(2) 点 $\boldsymbol{C}$ 是 $f(\boldsymbol{X})$ 的一个严格局部极小点，若二次型 $(\mathrm{vec}\,\Delta\boldsymbol{X})^{\mathrm{T}}\boldsymbol{H}(f(\boldsymbol{C}))\mathrm{vec}\,\Delta\boldsymbol{X}>0$ 对所有 $\Delta\boldsymbol{X}\in B(\boldsymbol{C};r)$ 恒成立，或 Hessian 矩阵正定

$$\boldsymbol{H}(f(\boldsymbol{C}))=\left.\frac{\partial^2 f(\boldsymbol{X})}{\partial\mathrm{vec}(\boldsymbol{X})\partial(\mathrm{vec}\,\boldsymbol{X})^{\mathrm{T}}}\right|_{\boldsymbol{X}=\boldsymbol{C}}\succ 0 \tag{4.1.34}$$

(3) $f(\boldsymbol{C}) \geqslant f(\boldsymbol{C}+\Delta\boldsymbol{X}), \forall\ \Delta\boldsymbol{X} \in B(\boldsymbol{C};r)$，即点 $\boldsymbol{C}$ 是 $f(\boldsymbol{X})$ 的一个局部极大点，若二次型 $(\mathrm{vec}\,\Delta\boldsymbol{X})^{\mathrm{T}}\boldsymbol{H}(f(\boldsymbol{C}))\mathrm{vec}\,\Delta\boldsymbol{X} \leqslant 0$ 对所有 $\Delta\boldsymbol{X} \in B(\boldsymbol{C};r)$ 恒成立，或 Hessian 矩阵半负定

$$\boldsymbol{H}(f(\boldsymbol{C})) = \left.\frac{\partial^2 f(\boldsymbol{X})}{\partial \mathrm{vec}(\boldsymbol{X})\partial(\mathrm{vec}\,\boldsymbol{X})^{\mathrm{T}}}\right|_{\boldsymbol{X}=\boldsymbol{C}} \preceq 0 \tag{4.1.35}$$

(4) 点 $\boldsymbol{C}$ 是 $f(\boldsymbol{X})$ 的一个严格局部极大点，若二次型 $(\mathrm{vec}\,\Delta\boldsymbol{X})^{\mathrm{T}}\boldsymbol{H}(f(\boldsymbol{C}))\mathrm{vec}\,\Delta\boldsymbol{X} < 0$ 对所有 $\Delta\boldsymbol{X} \in B(\boldsymbol{C};r)$ 恒成立，或 Hessian 矩阵负定

$$\boldsymbol{H}(f(\boldsymbol{C})) = \left.\frac{\partial^2 f(\boldsymbol{X})}{\partial \mathrm{vec}(\boldsymbol{X})\partial(\mathrm{vec}\,\boldsymbol{X})^{\mathrm{T}}}\right|_{\boldsymbol{X}=\boldsymbol{C}} \prec 0 \tag{4.1.36}$$

(5) 点 $\boldsymbol{C}$ 只是函数 $f(\boldsymbol{X})$ 的一个鞍点，若二次型 $(\mathrm{vec}\,\Delta\boldsymbol{X})^{\mathrm{T}}\boldsymbol{H}(f(\boldsymbol{C}))\mathrm{vec}\,\Delta\boldsymbol{X} \leqslant 0$ 对某些 $\Delta\boldsymbol{X} \in B(\boldsymbol{C};r)$ 成立，而对另一些 $\Delta\boldsymbol{X} \in B(\boldsymbol{C};r)$ 有 $(\mathrm{vec}\,\Delta\boldsymbol{X})^{\mathrm{T}}\boldsymbol{H}(f(\boldsymbol{C}))\mathrm{vec}\,\Delta\boldsymbol{X} \geqslant 0$，或 Hessian 矩阵

$$\boldsymbol{H}(f(\boldsymbol{C})) = \left.\frac{\partial^2 f(\boldsymbol{X})}{\partial \mathrm{vec}(\boldsymbol{X})\partial(\mathrm{vec}\,\boldsymbol{X})^{\mathrm{T}}}\right|_{\boldsymbol{X}=\boldsymbol{C}} \quad \text{不定} \tag{4.1.37}$$

表 4.1.1 归纳了无约束优化函数的平稳点和极值点的条件。

表 4.1.1 实变函数的平稳点和极值点的条件

实变函数	$f(x):\mathbb{R}\to\mathbb{R}$	$f(\boldsymbol{x}):\mathbb{R}^n\to\mathbb{R}$	$f(\boldsymbol{X}):\mathbb{R}^{m\times n}\to\mathbb{R}$
平稳点	$\left.\frac{\partial f(x)}{\partial x}\right\|_{x=c}=0$	$\left.\frac{\partial f(\boldsymbol{x})}{\partial \boldsymbol{x}}\right\|_{\boldsymbol{x}=\boldsymbol{c}}=\boldsymbol{0}$	$\left.\frac{\partial f(\boldsymbol{X})}{\partial \boldsymbol{X}}\right\|_{\boldsymbol{X}=\boldsymbol{C}}=\boldsymbol{O}_{m\times n}$
局部极小点	$\left.\frac{\partial^2 f(x)}{\partial x\partial x}\right\|_{x=c}\geqslant 0$	$\left.\frac{\partial^2 f(\boldsymbol{x})}{\partial \boldsymbol{x}\partial \boldsymbol{x}^{\mathrm{T}}}\right\|_{\boldsymbol{x}=\boldsymbol{c}}\succeq 0$	$\left.\frac{\partial^2 f(\boldsymbol{X})}{\partial \mathrm{vec}(\boldsymbol{X})\partial(\mathrm{vec}\,\boldsymbol{X})^{\mathrm{T}}}\right\|_{\boldsymbol{X}=\boldsymbol{C}}\succeq 0$
严格局部极小点	$\left.\frac{\partial^2 f(x)}{\partial x\partial x}\right\|_{x=c}>0$	$\left.\frac{\partial^2 f(\boldsymbol{x})}{\partial \boldsymbol{x}\partial \boldsymbol{x}^{\mathrm{T}}}\right\|_{\boldsymbol{x}=\boldsymbol{c}}\succ 0$	$\left.\frac{\partial^2 f(\boldsymbol{X})}{\partial \mathrm{vec}(\boldsymbol{X})\partial(\mathrm{vec}\,\boldsymbol{X})^{\mathrm{T}}}\right\|_{\boldsymbol{X}=\boldsymbol{C}}\succ 0$
局部极大点	$\left.\frac{\partial^2 f(x)}{\partial x\partial x}\right\|_{x=c}\leqslant 0$	$\left.\frac{\partial^2 f(\boldsymbol{x})}{\partial \boldsymbol{x}\partial \boldsymbol{x}^{\mathrm{T}}}\right\|_{\boldsymbol{x}=\boldsymbol{c}}\preceq 0$	$\left.\frac{\partial^2 f(\boldsymbol{X})}{\partial \mathrm{vec}(\boldsymbol{X})\partial(\mathrm{vec}\,\boldsymbol{X})^{\mathrm{T}}}\right\|_{\boldsymbol{X}=\boldsymbol{C}}\preceq 0$
严格局部极大点	$\left.\frac{\partial^2 f(x)}{\partial x\partial x}\right\|_{x=c}<0$	$\left.\frac{\partial^2 f(\boldsymbol{x})}{\partial \boldsymbol{x}\partial \boldsymbol{x}^{\mathrm{T}}}\right\|_{\boldsymbol{x}=\boldsymbol{c}}\prec 0$	$\left.\frac{\partial^2 f(\boldsymbol{X})}{\partial \mathrm{vec}(\boldsymbol{X})\partial(\mathrm{vec}\,\boldsymbol{X})^{\mathrm{T}}}\right\|_{\boldsymbol{X}=\boldsymbol{C}}\prec 0$
鞍　点	$\left.\frac{\partial^2 f(x)}{\partial x\partial x}\right\|_{x=c}$ 不定	$\left.\frac{\partial^2 f(\boldsymbol{x})}{\partial \boldsymbol{x}\partial \boldsymbol{x}^{\mathrm{T}}}\right\|_{\boldsymbol{x}=\boldsymbol{c}}$ 不定	$\left.\frac{\partial^2 f(\boldsymbol{X})}{\partial \mathrm{vec}(\boldsymbol{X})\partial(\mathrm{vec}\,\boldsymbol{X})^{\mathrm{T}}}\right\|_{\boldsymbol{X}=\boldsymbol{C}}$ 不定

4.1.4 实变函数的梯度分析

多变量函数 $f(\boldsymbol{x})$ 的平稳点与极值点分析可以总结为局部极值点的下列必要条件。

定理 4.1.1 (极值点一阶必要条件)[372] 若 $\boldsymbol{c}$ 是 $f(\boldsymbol{x})$ 的局部极值点，并且 $f(\boldsymbol{x})$ 在点 $\boldsymbol{c}$ 的邻域 $B(\boldsymbol{c};r)$ 内是连续可微分的，则

$$\nabla_{\boldsymbol{c}} f(\boldsymbol{c}) = \left.\frac{\partial f(\boldsymbol{x})}{\partial \boldsymbol{x}}\right|_{\boldsymbol{x}=\boldsymbol{c}} = \boldsymbol{0} \tag{4.1.38}$$

事实上，式 (4.1.38) 只是平稳点的一阶必要条件，而非一阶充分条件，因为正如图 4.1.1 所例示的那样，有的平稳点可能只是一个鞍点。

定理 4.1.2 (局部极小点二阶必要条件)[328, 372] 若 $\boldsymbol{c}$ 是 $f(\boldsymbol{x})$ 的局部极小点，$f(\boldsymbol{x})$ 在 $\boldsymbol{c}$ 点是可微分的，$\nabla_{\boldsymbol{x}}^2 f(\boldsymbol{x})$ 在 $\boldsymbol{c}$ 的邻域 $B(\boldsymbol{c};r)$ 内连续，则

$$\nabla_{\boldsymbol{c}} f(\boldsymbol{c}) = \left.\frac{\partial f(\boldsymbol{x})}{\partial \boldsymbol{x}}\right|_{\boldsymbol{x}=\boldsymbol{c}} = \boldsymbol{0} \quad 和 \quad \nabla_{\boldsymbol{c}}^2 f(\boldsymbol{c}) = \left.\frac{\partial^2 f(\boldsymbol{x})}{\partial \boldsymbol{x} \partial \boldsymbol{x}^{\mathrm{T}}}\right|_{\boldsymbol{x}=\boldsymbol{c}} \succeq 0 \tag{4.1.39}$$

式中，$\nabla_{\boldsymbol{c}}^2 f(\boldsymbol{c}) \succeq 0$ 表示 Hessian 矩阵 $\nabla_{\boldsymbol{x}}^2 f(\boldsymbol{x})$ 在 $\boldsymbol{c}$ 点的值 $\nabla_{\boldsymbol{c}}^2 f(\boldsymbol{c})$ 是一个半正定矩阵。

注释 1 如果将定理 4.1.2 的条件式 (4.1.39) 换成

$$\nabla_{\boldsymbol{c}} f(\boldsymbol{c}) = \left.\frac{\partial f(\boldsymbol{x})}{\partial \boldsymbol{x}}\right|_{\boldsymbol{x}=\boldsymbol{c}} = \boldsymbol{0} \quad 和 \quad \nabla_{\boldsymbol{c}}^2 f(\boldsymbol{c}) = \left.\frac{\partial^2 f(\boldsymbol{x})}{\partial \boldsymbol{x} \partial \boldsymbol{x}^{\mathrm{T}}}\right|_{\boldsymbol{x}=\boldsymbol{c}} \preceq 0 \tag{4.1.40}$$

则定理 4.1.2 给出 $\boldsymbol{c}$ 点是函数 $f(\boldsymbol{x})$ 的局部极大点的二阶必要条件。式中，$\nabla_{\boldsymbol{c}}^2 f(\boldsymbol{c}) \preceq 0$ 表示在 $\boldsymbol{c}$ 点的 Hessian 矩阵 $\nabla_{\boldsymbol{c}}^2 f(\boldsymbol{c})$ 半负定。

注释 2 对于一个以 $m \times n$ 矩阵 $\boldsymbol{X}$ 为变元的实变函数 $f(\boldsymbol{X})$，定理 4.1.2 的相应叙述为: 若 $\boldsymbol{C}$ 是函数 $f(\boldsymbol{X})$ 的一个局部极小点，$f(\boldsymbol{X})$ 在 $\boldsymbol{X}$ 点是可微分的，并且 $\nabla_{\mathrm{vec}\boldsymbol{X}}^2 f(\boldsymbol{X})$ 在 $\boldsymbol{C}$ 的邻域 $B(\boldsymbol{C};r)$ 内连续，则

$$\nabla_{\mathrm{vec}\boldsymbol{C}} f(\boldsymbol{C}) = \left.\frac{\partial f(\boldsymbol{X})}{\partial \mathrm{vec}(\boldsymbol{X})}\right|_{\boldsymbol{X}=\boldsymbol{C}} = \boldsymbol{0}_{mn \times 1} \tag{4.1.41}$$

和

$$\nabla_{\mathrm{vec}\boldsymbol{C}}^2 f(\boldsymbol{C}) = \left.\frac{\partial^2 f(\boldsymbol{X})}{\partial (\mathrm{vec}\,\boldsymbol{X}) \partial (\mathrm{vec}\,\boldsymbol{X})^{\mathrm{T}}}\right|_{\boldsymbol{X}=\boldsymbol{C}} \succeq 0 \tag{4.1.42}$$

需要强调的是：定理 4.1.2 只是实变函数 $f(\boldsymbol{x})$ 的局部极小点的必要条件，而不是充分条件。然而，对于一个无约束优化算法，我们往往希望能够直接判断算法收敛的点 $\boldsymbol{c}$ 或者 $\boldsymbol{C}$ 是否就是给定的目标函数 $f(\boldsymbol{x})$ 或者 $f(\boldsymbol{X})$ 的一个极值点。下面的定理提供了这一问题的解决途径。

定理 4.1.3 (局部极小点二阶充分条件)[328, 372] 假设 $\nabla_{\boldsymbol{x}}^2 f(\boldsymbol{x})$ 在 $\boldsymbol{c}$ 的开邻域内连续，并且

$$\nabla_{\boldsymbol{c}} f(\boldsymbol{c}) = \left.\frac{\partial f(\boldsymbol{x})}{\partial \boldsymbol{x}}\right|_{\boldsymbol{x}=\boldsymbol{c}} = \boldsymbol{0} \quad 和 \quad \nabla_{\boldsymbol{c}}^2 f(\boldsymbol{c}) = \left.\frac{\partial^2 f(\boldsymbol{x})}{\partial \boldsymbol{x} \partial \boldsymbol{x}^{\mathrm{T}}}\right|_{\boldsymbol{x}=\boldsymbol{c}} \succ 0 \tag{4.1.43}$$

则 $\boldsymbol{c}$ 是函数 $f(\boldsymbol{x})$ 的一个严格局部极小点。式中，$\nabla_{\boldsymbol{x}}^2 f(\boldsymbol{c}) \succ 0$ 表示 $\boldsymbol{c}$ 点的 Hessian 矩阵 $\nabla_{\boldsymbol{c}}^2 f(\boldsymbol{c})$ 正定。

注释 1 如果将定理 4.1.3 的条件式 (4.1.43) 换成

$$\nabla_{\boldsymbol{c}} f(\boldsymbol{c}) = \left.\frac{\partial f(\boldsymbol{x})}{\partial \boldsymbol{x}}\right|_{\boldsymbol{x}=\boldsymbol{c}} = \boldsymbol{0} \quad 和 \quad \nabla_{\boldsymbol{c}}^2 f(\boldsymbol{c}) = \left.\frac{\partial^2 f(\boldsymbol{x})}{\partial \boldsymbol{x} \partial \boldsymbol{x}^{\mathrm{T}}}\right|_{\boldsymbol{x}=\boldsymbol{c}} \prec 0 \tag{4.1.44}$$

则定理 4.1.3 给出 $\boldsymbol{c}$ 点是函数 $f(\boldsymbol{x})$ 的一个严格局部极大点的二阶充分条件。式中 $\nabla_{\boldsymbol{c}}^2 f(\boldsymbol{c}) \prec 0$ 表示在 $\boldsymbol{c}$ 点的 Hessian 矩阵 $\nabla_{\boldsymbol{c}}^2 f(\boldsymbol{c})$ 负定。

注释 2 对于一个以 $m \times n$ 矩阵 $\boldsymbol{X}$ 为变元的实变函数 $f(\boldsymbol{X})$，定理 4.1.3 的相应叙述

如下：假定 $f(\boldsymbol{X})$ 在 $\boldsymbol{X}$ 点是可微分的，$\nabla^2_{\mathrm{vec}\boldsymbol{X}} f(\boldsymbol{X})$ 在 $\boldsymbol{C}$ 的邻域 $B(\boldsymbol{C};r)$ 内连续，并且

$$\nabla_{\mathrm{vec}\boldsymbol{C}} f(\boldsymbol{C}) = \left.\frac{\partial f(\boldsymbol{X})}{\partial \mathrm{vec}(\boldsymbol{X})}\right|_{\boldsymbol{X}=\boldsymbol{C}} = \boldsymbol{0}_{mn\times 1} \tag{4.1.45}$$

$$\nabla^2_{\mathrm{vec}\boldsymbol{C}} f(\boldsymbol{C}) = \left.\frac{\partial^2 f(\boldsymbol{X})}{\partial(\mathrm{vec}\,\boldsymbol{X})\partial(\mathrm{vec}\,\boldsymbol{X})^{\mathrm{T}}}\right|_{\boldsymbol{X}=\boldsymbol{C}} \succ 0 \tag{4.1.46}$$

则 $\boldsymbol{C}$ 是函数 $f(\boldsymbol{X})$ 的一个严格局部极小点。

注释 3 只要 Hessian 矩阵 $\nabla^2_{\boldsymbol{c}} f(\boldsymbol{c})$ 或 $\nabla^2_{\mathrm{vec}\boldsymbol{C}} f(\boldsymbol{C})$ 不定，则 $\boldsymbol{c}$ 或 $\boldsymbol{C}$ 点就不能保证是函数 $f(\boldsymbol{x})$ 或 $f(\boldsymbol{X})$ 的一个极值点，它有可能只是一个鞍点。

4.2 复变函数无约束优化的梯度分析

在大量的工程应用 (例如无线通信、雷达、声呐等) 中，信号往往表现为复向量形式。本节考察复向量为变元的实值目标函数的无约束最优化问题。

4.2.1 多变量复变函数 $f(\boldsymbol{z},\boldsymbol{z}^*)$ 的平稳点与极值点

现在考虑以 $n\times 1$ 复数向量为变元的实值函数 $f(\boldsymbol{z},\boldsymbol{z}^*):\mathbb{C}^n\times\mathbb{C}^n\to\mathbb{R}$ 的最优化。

由一阶微分

$$\mathrm{d}f(\boldsymbol{z},\boldsymbol{z}^*) = \frac{\partial f(\boldsymbol{z},\boldsymbol{z}^*)}{\partial \boldsymbol{z}^{\mathrm{T}}}\mathrm{d}\boldsymbol{z} + \frac{\partial f(\boldsymbol{z},\boldsymbol{z}^*)}{\partial \boldsymbol{z}^{\mathrm{H}}}\mathrm{d}\boldsymbol{z}^* = \left[\frac{\partial f(\boldsymbol{z},\boldsymbol{z}^*)}{\partial \boldsymbol{z}^{\mathrm{T}}}, \frac{\partial f(\boldsymbol{z},\boldsymbol{z}^*)}{\partial \boldsymbol{z}^{\mathrm{H}}}\right]\begin{bmatrix}\mathrm{d}\boldsymbol{z}\\ \mathrm{d}\boldsymbol{z}^*\end{bmatrix} \tag{4.2.1}$$

和二阶微分

$$\begin{aligned}\mathrm{d}^2 f(\boldsymbol{z},\boldsymbol{z}^*) &= \left(\frac{\partial f^2(\boldsymbol{z},\boldsymbol{z}^*)}{\partial \boldsymbol{z}\partial \boldsymbol{z}^{\mathrm{T}}}\mathrm{d}\boldsymbol{z} + \frac{\partial f^2(\boldsymbol{z},\boldsymbol{z}^*)}{\partial \boldsymbol{z}^*\partial \boldsymbol{z}^{\mathrm{T}}}\mathrm{d}\boldsymbol{z}^*\right)^{\mathrm{T}}\mathrm{d}\boldsymbol{z}\\ &\quad + \left(\frac{\partial f^2(\boldsymbol{z},\boldsymbol{z}^*)}{\partial \boldsymbol{z}\partial \boldsymbol{z}^{\mathrm{H}}}\mathrm{d}\boldsymbol{z} + \frac{\partial f^2(\boldsymbol{z},\boldsymbol{z}^*)}{\partial \boldsymbol{z}^*\partial \boldsymbol{z}^{\mathrm{H}}}\mathrm{d}\boldsymbol{z}^*\right)^{\mathrm{T}}\mathrm{d}\boldsymbol{z}^*\\ &= [\mathrm{d}\boldsymbol{z}^{\mathrm{H}}, \mathrm{d}\boldsymbol{z}^{\mathrm{T}}]\begin{bmatrix}\dfrac{\partial^2 f(\boldsymbol{z},\boldsymbol{z}^*)}{\partial \boldsymbol{z}^*\partial \boldsymbol{z}^{\mathrm{T}}} & \dfrac{\partial^2 f(\boldsymbol{z},\boldsymbol{z}^*)}{\partial \boldsymbol{z}^*\partial \boldsymbol{z}^{\mathrm{H}}}\\ \dfrac{\partial^2 f(\boldsymbol{z},\boldsymbol{z}^*)}{\partial \boldsymbol{z}\partial \boldsymbol{z}^{\mathrm{T}}} & \dfrac{\partial^2 f(\boldsymbol{z},\boldsymbol{z}^*)}{\partial \boldsymbol{z}\partial \boldsymbol{z}^{\mathrm{H}}}\end{bmatrix}\begin{bmatrix}\mathrm{d}\boldsymbol{z}\\ \mathrm{d}\boldsymbol{z}^*\end{bmatrix}\end{aligned} \tag{4.2.2}$$

易知实值函数 $f(\boldsymbol{z},\boldsymbol{z}^*)$ 在 $\boldsymbol{c}$ 点的二阶 Taylor 级数逼近为

$$\begin{aligned}f(\boldsymbol{z},\boldsymbol{z}^*) &\approx f(\boldsymbol{c},\boldsymbol{c}^*) + \left[\frac{\partial f(\boldsymbol{c},\boldsymbol{c}^*)}{\partial \boldsymbol{c}}, \frac{\partial f(\boldsymbol{c},\boldsymbol{c}^*)}{\partial \boldsymbol{c}^*}\right]\begin{bmatrix}\Delta\boldsymbol{c}\\ \Delta\boldsymbol{c}^*\end{bmatrix}\\ &\quad + \frac{1}{2}[\Delta\boldsymbol{c}^{\mathrm{H}}, \Delta\boldsymbol{c}^{\mathrm{T}}]\begin{bmatrix}\dfrac{\partial^2 f(\boldsymbol{c},\boldsymbol{c}^*)}{\partial \boldsymbol{c}^*\partial \boldsymbol{c}^{\mathrm{T}}} & \dfrac{\partial^2 f(\boldsymbol{c},\boldsymbol{c}^*)}{\partial \boldsymbol{c}^*\partial \boldsymbol{c}^{\mathrm{H}}}\\ \dfrac{\partial^2 f(\boldsymbol{c},\boldsymbol{c}^*)}{\partial \boldsymbol{c}\,\partial \boldsymbol{c}^{\mathrm{T}}} & \dfrac{\partial^2 f(\boldsymbol{c},\boldsymbol{c}^*)}{\partial \boldsymbol{c}\,\partial \boldsymbol{c}^{\mathrm{H}}}\end{bmatrix}\begin{bmatrix}\Delta\boldsymbol{c}\\ \Delta\boldsymbol{c}^*\end{bmatrix}\\ &= f(\boldsymbol{c},\boldsymbol{c}^*) + (\nabla f(\boldsymbol{c},\boldsymbol{c}^*))^{\mathrm{T}}\Delta\tilde{\boldsymbol{c}} + \frac{1}{2}(\Delta\tilde{\boldsymbol{c}})^{\mathrm{H}}\boldsymbol{H}(f(\boldsymbol{c},\boldsymbol{c}^*))\Delta\tilde{\boldsymbol{c}}\end{aligned} \tag{4.2.3}$$

式中 $\Delta\tilde{\boldsymbol{c}} = \begin{bmatrix}\Delta\boldsymbol{c}\\ \Delta\boldsymbol{c}^*\end{bmatrix} \in \mathbb{C}^{2n}$ 代表复自变量 $\boldsymbol{z}$ 在 $\boldsymbol{c}$ 点的偏改变量 $\Delta\boldsymbol{c} = \boldsymbol{z} - \boldsymbol{c}$ 和 $\Delta\boldsymbol{c}^* = \boldsymbol{z}^* - \boldsymbol{c}^*$ 组成的向量，而 $\nabla f(\boldsymbol{c},\boldsymbol{c}^*)$ 和 $\boldsymbol{H}(f(\boldsymbol{c},\boldsymbol{c}^*))$ 分别是实值函数 $f(\boldsymbol{z},\boldsymbol{z}^*)$ 的梯度向量

$$\nabla f(\boldsymbol{z},\boldsymbol{z}^*) = \begin{bmatrix}\dfrac{\partial f(\boldsymbol{z},\boldsymbol{z}^*)}{\partial \boldsymbol{z}}\\ \dfrac{\partial f(\boldsymbol{z},\boldsymbol{z}^*)}{\partial \boldsymbol{z}^*}\end{bmatrix} \in \mathbb{C}^{2n} \tag{4.2.4}$$

和 Hessian 矩阵

$$\boldsymbol{H}(f(\boldsymbol{z},\boldsymbol{z}^*)) = \begin{bmatrix}\dfrac{\partial^2 f(\boldsymbol{z},\boldsymbol{z}^*)}{\partial \boldsymbol{z}^*\partial \boldsymbol{z}^{\mathrm{T}}} & \dfrac{\partial^2 f(\boldsymbol{z},\boldsymbol{z}^*)}{\partial \boldsymbol{z}^*\partial \boldsymbol{z}^{\mathrm{H}}}\\ \dfrac{\partial^2 f(\boldsymbol{z},\boldsymbol{z}^*)}{\partial \boldsymbol{z}\partial \boldsymbol{z}^{\mathrm{T}}} & \dfrac{\partial^2 f(\boldsymbol{z},\boldsymbol{z}^*)}{\partial \boldsymbol{z}\partial \boldsymbol{z}^{\mathrm{H}}}\end{bmatrix} \in \mathbb{C}^{2n\times 2n} \tag{4.2.5}$$

在 $\boldsymbol{z} = \boldsymbol{c}$ 点的值。

考虑 $\boldsymbol{c}$ 点的邻域 $B(\boldsymbol{c};r)$，其中 $\|\Delta\boldsymbol{c}\|_2$ 足够小，以至于式 (4.2.3) 中的二次项可以忽略，从而有函数的一阶逼近

$$f(\boldsymbol{z},\boldsymbol{z}^*) \approx f(\boldsymbol{c},\boldsymbol{c}^*) + (\nabla f(\boldsymbol{c},\boldsymbol{c}^*))^{\mathrm{T}}\Delta\tilde{\boldsymbol{c}} \quad (\|\Delta\boldsymbol{c}\|_2 \text{ 足够小}) \tag{4.2.6}$$

显然，为了使 $f(\boldsymbol{c},\boldsymbol{c}^*)$ 取极小值或者极大值，必须要求 $\boldsymbol{c}$ 是一个平稳点，即 $\nabla f(\boldsymbol{c},\boldsymbol{c}^*)) = \boldsymbol{0}_{2n\times 1}$。这一平稳点条件等价为 $\frac{\partial f(\boldsymbol{c},\boldsymbol{c}^*)}{\partial \boldsymbol{c}} = \boldsymbol{0}_{n\times 1}$ 和 $\frac{\partial f(\boldsymbol{c},\boldsymbol{c}^*)}{\partial \boldsymbol{c}^*} = \boldsymbol{0}_{n\times 1}$，或简化为在 $\boldsymbol{c}$ 点的共轭偏导向量为零向量

$$\frac{\partial f(\boldsymbol{c},\boldsymbol{c}^*)}{\partial \boldsymbol{c}^*} = \left.\frac{\partial f(\boldsymbol{z},\boldsymbol{z}^*)}{\partial \boldsymbol{z}^*}\right|_{\boldsymbol{z}=\boldsymbol{c}} = \boldsymbol{0}_{n\times 1} \tag{4.2.7}$$

实值函数 $f(\boldsymbol{z},\boldsymbol{z}^*)$ 在平稳点 $\boldsymbol{c}$ 的二阶 Taylor 级数逼近为

$$f(\boldsymbol{z},\boldsymbol{z}^*) \approx f(\boldsymbol{c},\boldsymbol{c}^*) + \frac{1}{2}(\Delta\tilde{\boldsymbol{c}})^{\mathrm{H}}\boldsymbol{H}(f(\boldsymbol{c},\boldsymbol{c}^*))\Delta\tilde{\boldsymbol{c}} \tag{4.2.8}$$

由此容易得出实值函数 $f(\boldsymbol{z},\boldsymbol{z}^*)$ 的极值点条件如下：

(1) 平稳点 $\boldsymbol{c}$ 是 $f(\boldsymbol{z},\boldsymbol{z}^*)$ 的一个局部极小点，若二次型 $(\Delta\tilde{\boldsymbol{c}})^{\mathrm{H}}\boldsymbol{H}(f(\boldsymbol{c},\boldsymbol{c}^*))\Delta\tilde{\boldsymbol{c}} \geqslant 0$ 对所有 $\Delta\boldsymbol{c} \in B(\boldsymbol{c};r)$ 恒成立，或等价于 Hessian 矩阵半正定

$$\boldsymbol{H}(f(\boldsymbol{c},\boldsymbol{c}^*)) = \left.\begin{bmatrix}\dfrac{\partial^2 f(\boldsymbol{z},\boldsymbol{z}^*)}{\partial \boldsymbol{z}^*\partial \boldsymbol{z}^{\mathrm{T}}} & \dfrac{\partial^2 f(\boldsymbol{z},\boldsymbol{z}^*)}{\partial \boldsymbol{z}^*\partial \boldsymbol{z}^{\mathrm{H}}}\\ \dfrac{\partial^2 f(\boldsymbol{z},\boldsymbol{z}^*)}{\partial \boldsymbol{z}\partial \boldsymbol{z}^{\mathrm{T}}} & \dfrac{\partial^2 f(\boldsymbol{z},\boldsymbol{z}^*)}{\partial \boldsymbol{z}\partial \boldsymbol{z}^{\mathrm{H}}}\end{bmatrix}\right|_{\boldsymbol{z}=\boldsymbol{c}} \succeq 0 \tag{4.2.9}$$

(2) $\boldsymbol{c}$ 是一个严格局部极小点，若 Hessian 矩阵正定，即 $\boldsymbol{H}(f(\boldsymbol{z},\boldsymbol{z}^*))|_{\boldsymbol{z}=\boldsymbol{c}} \succ 0$。

(3) $\boldsymbol{c}$ 是一个局部极大点，若 Hessian 矩阵半负定，即 $\boldsymbol{H}(f(\boldsymbol{z},\boldsymbol{z}^*))|_{\boldsymbol{z}=\boldsymbol{c}} \preceq 0$。

(4) $\boldsymbol{c}$ 是一个严格局部极大点，若 Hessian 矩阵负定，即 $\boldsymbol{H}(f(\boldsymbol{z},\boldsymbol{z}^*))|_{\boldsymbol{z}=\boldsymbol{c}} \prec 0$。

(5) $\boldsymbol{c}$ 只是一个鞍点，若 Hessian 矩阵 $\boldsymbol{H}(f(\boldsymbol{z},\boldsymbol{z}^*))|_{\boldsymbol{z}=\boldsymbol{c}}$ 不定。

4.2.2 多变量复变函数 $f(\boldsymbol{Z},\boldsymbol{Z}^*)$ 的平稳点与极值点

对于以 $m\times n$ 复数矩阵为变元的实值函数 $f(\boldsymbol{Z},\boldsymbol{Z}^*):\mathbb{C}^n\times\mathbb{C}^n\to\mathbb{R}$ 的最优化，需要将变元矩阵 $\boldsymbol{Z}$ 和 $\boldsymbol{Z}^*$ 分别向量化为 $\mathrm{vec}(\boldsymbol{Z})$ 和 $\mathrm{vec}(\boldsymbol{Z}^*)$。

由实值函数 $f(\boldsymbol{Z},\boldsymbol{Z}^*)$ 的一阶微分

$$\begin{aligned}\mathrm{d}f(\boldsymbol{Z},\boldsymbol{Z}^*)&=\left(\frac{\partial f(\boldsymbol{Z},\boldsymbol{Z}^*)}{\partial\mathrm{vec}(\boldsymbol{Z})}\right)^{\mathrm{T}}\mathrm{vec}(\mathrm{d}\boldsymbol{Z})+\left(\frac{\partial f(\boldsymbol{Z},\boldsymbol{Z}^*)}{\partial\mathrm{vec}(\boldsymbol{Z}^*)}\right)^{\mathrm{T}}\mathrm{vec}(\mathrm{d}\boldsymbol{Z}^*)\\&=\left[\frac{\partial f(\boldsymbol{Z},\boldsymbol{Z}^*)}{\partial(\mathrm{vec}\,\boldsymbol{Z})^{\mathrm{T}}},\frac{\partial f(\boldsymbol{Z},\boldsymbol{Z}^*)}{\partial(\mathrm{vec}\,\boldsymbol{Z}^*)^{\mathrm{T}})}\right]\begin{bmatrix}\mathrm{vec}(\mathrm{d}\boldsymbol{Z})\\\mathrm{vec}(\mathrm{d}\boldsymbol{Z})^*\end{bmatrix}\end{aligned}\tag{4.2.10}$$

和二阶微分

$$\begin{aligned}&\mathrm{d}^2f(\boldsymbol{Z},\boldsymbol{Z}^*)\\&=\left(\frac{\partial f^2(\boldsymbol{Z},\boldsymbol{Z}^*)}{\partial(\mathrm{vec}\,\boldsymbol{Z})\partial(\mathrm{vec}\,\boldsymbol{Z})^{\mathrm{T}}}\mathrm{vec}(\mathrm{d}\boldsymbol{Z})+\frac{\partial f^2(\boldsymbol{Z},\boldsymbol{Z}^*)}{\partial(\mathrm{vec}\,\boldsymbol{Z}^*)\partial(\mathrm{vec}\,\boldsymbol{Z})^{\mathrm{T}}}\mathrm{vec}(\mathrm{d}\boldsymbol{Z}^*)\right)^{\mathrm{T}}\mathrm{vec}(\mathrm{d}\boldsymbol{Z})\\&\quad+\left(\frac{\partial f^2(\boldsymbol{Z},\boldsymbol{Z}^*)}{\partial(\mathrm{vec}\,\boldsymbol{Z})\partial(\mathrm{vec}\,\boldsymbol{Z}^*)^{\mathrm{T}}}\mathrm{vec}(\mathrm{d}\boldsymbol{Z})+\frac{\partial f^2(\boldsymbol{Z},\boldsymbol{Z}^*)}{\partial(\mathrm{vec}\,\boldsymbol{Z}^*)\partial(\mathrm{vec}\,\boldsymbol{Z}^*)^{\mathrm{T}}}\mathrm{vec}(\mathrm{d}\boldsymbol{Z}^*)\right)^{\mathrm{T}}\mathrm{vec}(\mathrm{d}\boldsymbol{Z}^*)\\&=[(\mathrm{vec}(\mathrm{d}\boldsymbol{Z}^*))^{\mathrm{T}},(\mathrm{vec}(\mathrm{d}\boldsymbol{Z}))^{\mathrm{T}}]\begin{bmatrix}\dfrac{\partial^2 f(\boldsymbol{Z},\boldsymbol{Z}^*)}{\partial(\mathrm{vec}\,\boldsymbol{Z}^*)\partial(\mathrm{vec}\,\boldsymbol{Z})^{\mathrm{T}}}&\dfrac{\partial^2 f(\boldsymbol{Z},\boldsymbol{Z}^*)}{\partial(\mathrm{vec}\,\boldsymbol{Z}^*)\partial(\mathrm{vec}\,\boldsymbol{Z}^*)^{\mathrm{T}}}\\\dfrac{\partial^2 f(\boldsymbol{Z},\boldsymbol{Z}^*)}{\partial(\mathrm{vec}\,\boldsymbol{Z})\partial(\mathrm{vec}\,\boldsymbol{Z})^{\mathrm{T}}}&\dfrac{\partial^2 f(\boldsymbol{Z},\boldsymbol{Z}^*)}{\partial(\mathrm{vec}\,\boldsymbol{Z})\partial(\mathrm{vec}\,\boldsymbol{Z}^*)^{\mathrm{T}})}\end{bmatrix}\begin{bmatrix}\mathrm{vec}(\mathrm{d}\boldsymbol{Z})\\\mathrm{vec}(\mathrm{d}\boldsymbol{Z}^*)\end{bmatrix}\end{aligned}\tag{4.2.11}$$

易知实值函数 $f(\boldsymbol{Z},\boldsymbol{Z}^*)$ 在 $\boldsymbol{C}$ 点的二阶 Taylor 级数逼近为

$$\begin{aligned}&f(\boldsymbol{Z},\boldsymbol{Z}^*)\\&=f(\boldsymbol{C},\boldsymbol{C}^*)+\left[\frac{\partial f(\boldsymbol{C},\boldsymbol{C}^*)}{\partial(\mathrm{vec}\,\boldsymbol{C})^{\mathrm{T}}},\frac{\partial f(\boldsymbol{C},\boldsymbol{C}^*)}{\partial(\mathrm{vec}\,\boldsymbol{C}^*)^{\mathrm{T}}}\right]\begin{bmatrix}\mathrm{vec}(\Delta\boldsymbol{C})\\\mathrm{vec}(\Delta\boldsymbol{C}^*)\end{bmatrix}\\&\quad+\frac{1}{2}[(\mathrm{vec}(\Delta\boldsymbol{C}^*))^{\mathrm{T}},(\mathrm{vec}(\Delta\boldsymbol{C}))^{\mathrm{T}}]\begin{bmatrix}\dfrac{\partial^2 f(\boldsymbol{C},\boldsymbol{C}^*)}{\partial(\mathrm{vec}\,\boldsymbol{C}^*)\partial(\mathrm{vec}\,\boldsymbol{C})^{\mathrm{T}}}&\dfrac{\partial^2 f(\boldsymbol{C},\boldsymbol{C}^*)}{\partial(\mathrm{vec}\,\boldsymbol{C}^*)\partial(\mathrm{vec}\,\boldsymbol{C}^*)^{\mathrm{T}}}\\\dfrac{\partial^2 f(\boldsymbol{C},\boldsymbol{C}^*)}{\partial(\mathrm{vec}\,\boldsymbol{C})\partial(\mathrm{vec}\,\boldsymbol{C})^{\mathrm{T}}}&\dfrac{\partial^2 f(\boldsymbol{C},\boldsymbol{C}^*)}{\partial(\mathrm{vec}\,\boldsymbol{C})\partial(\mathrm{vec}\,\boldsymbol{C}^*)^{\mathrm{T}}}\end{bmatrix}\begin{bmatrix}\mathrm{vec}(\Delta\boldsymbol{C})\\\mathrm{vec}(\Delta\boldsymbol{C}^*)\end{bmatrix}\\&=f(\boldsymbol{C},\boldsymbol{C}^*)+(\nabla f(\boldsymbol{C},\boldsymbol{C}^*))^{\mathrm{T}}\mathrm{vec}(\Delta\tilde{\boldsymbol{C}})+\frac{1}{2}(\mathrm{vec}(\Delta\tilde{\boldsymbol{C}}))^{\mathrm{H}}\boldsymbol{H}(f(\boldsymbol{C},\boldsymbol{C}^*))\mathrm{vec}(\Delta\tilde{\boldsymbol{C}})\end{aligned}\tag{4.2.12}$$

式中 $\Delta\tilde{\boldsymbol{C}}=\begin{bmatrix}\Delta\boldsymbol{C}\\\Delta\boldsymbol{C}^*\end{bmatrix}=\begin{bmatrix}\boldsymbol{Z}-\boldsymbol{C}\\\boldsymbol{Z}^*-\boldsymbol{C}^*\end{bmatrix}\in\mathbb{C}^{2n}$，而 $\nabla f(\boldsymbol{C},\boldsymbol{C}^*)$ 和 $\boldsymbol{H}(f(\boldsymbol{C},\boldsymbol{C}^*))$ 则分别是复变函数 $f(\boldsymbol{Z},\boldsymbol{Z}^*)$ 的梯度向量

$$\nabla_{\mathrm{vec}(\boldsymbol{Z})}f(\boldsymbol{Z},\boldsymbol{Z}^*)=\begin{bmatrix}\dfrac{\partial f(\boldsymbol{Z},\boldsymbol{Z}^*)}{\partial(\mathrm{vec}\,\boldsymbol{Z})}\\\dfrac{\partial f(\boldsymbol{Z},\boldsymbol{Z}^*)}{\partial(\mathrm{vec}\,\boldsymbol{Z}^*)}\end{bmatrix}\in\mathbb{C}^{2mn}\tag{4.2.13}$$

和 Hessian 矩阵

$$\boldsymbol{H}(f(\boldsymbol{Z},\boldsymbol{Z}^*))=\begin{bmatrix}\dfrac{\partial^2 f(\boldsymbol{Z},\boldsymbol{Z}^*)}{\partial(\mathrm{vec}\,\boldsymbol{Z}^*)\partial(\mathrm{vec}\,\boldsymbol{Z})^{\mathrm{T}}}&\dfrac{\partial^2 f(\boldsymbol{Z},\boldsymbol{Z}^*)}{\partial(\mathrm{vec}\,\boldsymbol{Z}^*)\partial(\mathrm{vec}\,\boldsymbol{Z}^*)^{\mathrm{T}}}\\\dfrac{\partial^2 f(\boldsymbol{Z},\boldsymbol{Z}^*)}{\partial(\mathrm{vec}\,\boldsymbol{Z})\partial(\mathrm{vec}\,\boldsymbol{Z})^{\mathrm{T}}}&\dfrac{\partial^2 f(\boldsymbol{Z},\boldsymbol{Z}^*)}{\partial(\mathrm{vec}\,\boldsymbol{Z})\partial(\mathrm{vec}\,\boldsymbol{Z}^*)^{\mathrm{T}}}\end{bmatrix}\in\mathbb{C}^{2mn\times 2mn}\tag{4.2.14}$$

在 $\boldsymbol{Z}=\boldsymbol{C}$ 点的值。

当 $\|\text{vec}(\Delta\boldsymbol{C})\|_2$ 或者 $\boldsymbol{C}$ 点的邻域

$$B(\boldsymbol{C};r)=\{\boldsymbol{Y}\in\mathbb{C}^{m\times n}|\,\|\boldsymbol{C}-\boldsymbol{Y}\|_2<r\} \tag{4.2.15}$$

足够小时，式 (4.2.12) 中的二次项可以忽略，从而有

$$f(\boldsymbol{Z},\boldsymbol{Z}^*)=f(\boldsymbol{C},\boldsymbol{C}^*)+(\nabla f(\boldsymbol{C},\boldsymbol{C}^*))^{\text{T}}\text{vec}(\Delta\tilde{\boldsymbol{C}})\quad(\|\text{vec}(\Delta\boldsymbol{C})\|_2\text{ 足够小}) \tag{4.2.16}$$

显然，为了使 $f(\boldsymbol{C},\boldsymbol{C}^*)$ 取极小值或者极大值，必须要求 $\boldsymbol{C}$ 是一个平稳点，即 $\nabla f(\boldsymbol{C},\boldsymbol{C}^*))=\boldsymbol{0}_{2n\times 1}$。这一平稳点条件等价为 $\dfrac{\partial f(\boldsymbol{C},\boldsymbol{C}^*)}{\partial\text{vec}(\boldsymbol{C})}=\boldsymbol{0}_{n\times 1}$ 和 $\dfrac{\partial f(\boldsymbol{C},\boldsymbol{C}^*)}{\partial\text{vec}(\boldsymbol{C}^*)}=\boldsymbol{0}_{nn\times 1}$，又可简化为在 $\boldsymbol{C}$ 点的共轭偏导向量为零向量

$$\frac{\partial f(\boldsymbol{C},\boldsymbol{C}^*)}{\partial\text{vec}(\boldsymbol{C}^*)}=\left.\frac{\partial f(\boldsymbol{Z},\boldsymbol{Z}^*)}{\partial\text{vec}(\boldsymbol{Z}^*)}\right|_{\boldsymbol{Z}=\boldsymbol{C}}=\boldsymbol{0}_{nn\times 1} \tag{4.2.17}$$

或者等价于实值函数 $f(\boldsymbol{Z},\boldsymbol{Z}^*)$ 在 $\boldsymbol{Z}=\boldsymbol{C}$ 点的共轭梯度矩阵为零矩阵

$$\frac{\partial f(\boldsymbol{C},\boldsymbol{C}^*)}{\partial\boldsymbol{C}^*}=\left.\frac{\partial f(\boldsymbol{Z},\boldsymbol{Z}^*)}{\partial\boldsymbol{Z}^*}\right|_{\boldsymbol{Z}=\boldsymbol{C}}=\boldsymbol{O}_{n\times n} \tag{4.2.18}$$

于是，实值函数 $f(\boldsymbol{Z},\boldsymbol{Z}^*)$ 在平稳点 $\boldsymbol{Z}=\boldsymbol{C}$ 的二阶 Taylor 级数逼近为

$$f(\boldsymbol{Z},\boldsymbol{Z}^*)=f(\boldsymbol{C},\boldsymbol{C}^*)+\frac{1}{2}(\text{vec}(\Delta\tilde{\boldsymbol{C}}))^{\text{H}}\boldsymbol{H}(f(\boldsymbol{C},\boldsymbol{C}^*))\text{vec}(\Delta\tilde{\boldsymbol{C}}) \tag{4.2.19}$$

根据二次型 $(\text{vec}(\Delta\tilde{\boldsymbol{C}}))^{\text{H}}\boldsymbol{H}(f(\boldsymbol{C},\boldsymbol{C}^*))\text{vec}(\Delta\tilde{\boldsymbol{C}})\geqslant 0$ 的取值即 Hessian 矩阵 $\boldsymbol{H}(f(\boldsymbol{C},\boldsymbol{C}^*))$ 的正定性，容易得出实值函数 $f(\boldsymbol{Z},\boldsymbol{Z}^*)$ 的极值点条件如下：

(1) 平稳点 $\boldsymbol{C}$ 是 $f(\boldsymbol{Z},\boldsymbol{Z}^*)$ 的一个局部极小点，若 Hessian 矩阵半正定

$$\boldsymbol{H}(f(\boldsymbol{C},\boldsymbol{C}^*))=\begin{bmatrix}\dfrac{\partial^2 f(\boldsymbol{Z},\boldsymbol{Z}^*)}{\partial(\text{vec}\,\boldsymbol{Z}^*)\partial(\text{vec}\,\boldsymbol{Z})^{\text{T}}} & \dfrac{\partial^2 f(\boldsymbol{Z},\boldsymbol{Z}^*)}{\partial(\text{vec}\,\boldsymbol{Z}^*)\partial(\text{vec}\,\boldsymbol{Z}^*)^{\text{T}}}\\ \dfrac{\partial^2 f(\boldsymbol{Z},\boldsymbol{Z}^*)}{\partial(\text{vec}\,\boldsymbol{Z})\partial(\text{vec}\,\boldsymbol{Z})^{\text{T}}} & \dfrac{\partial^2 f(\boldsymbol{Z},\boldsymbol{Z}^*)}{\partial(\text{vec}\,\boldsymbol{Z})\partial(\text{vec}\,\boldsymbol{Z}^*)^{\text{T}}}\end{bmatrix}_{\boldsymbol{Z}=\boldsymbol{C}}\succeq 0 \tag{4.2.20}$$

(2) 平稳点 $\boldsymbol{C}$ 是 $f(\boldsymbol{Z},\boldsymbol{Z}^*)$ 的一严格局部极小点，若 Hessian 矩阵正定。

(3) 平稳点 $\boldsymbol{C}$ 是 $f(\boldsymbol{Z},\boldsymbol{Z}^*)$ 的一局部极大点，若 Hessian 矩阵半负定。

(4) 平稳点 $\boldsymbol{C}$ 是 $f(\boldsymbol{Z},\boldsymbol{Z}^*)$ 的一严格局部极大点，若 Hessian 矩阵负定。

(5) 平稳点 $\boldsymbol{C}$ 是 $f(\boldsymbol{Z},\boldsymbol{Z}^*)$ 的一鞍点，若二次型 $(\text{vec}(\Delta\tilde{\boldsymbol{C}}))^{\text{H}}\boldsymbol{H}(f(\boldsymbol{C},\boldsymbol{C}^*))\text{vec}(\Delta\tilde{\boldsymbol{C}})>0$ 对某些点 $\Delta\boldsymbol{C}\in B(\boldsymbol{C};r)$ 成立，而 $(\text{vec}(\Delta\tilde{\boldsymbol{C}}))^{\text{H}}\boldsymbol{H}(f(\boldsymbol{C},\boldsymbol{C}^*))\text{vec}(\Delta\tilde{\boldsymbol{C}})<0$ 对另一些点 $\Delta\boldsymbol{C}\in B(\boldsymbol{C};r)$ 成立，或者等价于 Hessian 矩阵 $\boldsymbol{H}(f(\boldsymbol{Z},\boldsymbol{Z}^*))|_{\boldsymbol{Z}=\boldsymbol{C}}$ 为不定矩阵。

表 4.2.1 汇总了复变函数的平稳点和极值点条件。

表 4.2.1 复变函数的平稳点和极值点条件

复变函数	$f(z,z^*):\mathbb{C}\to\mathbb{R}$	$f(\boldsymbol{z},\boldsymbol{z}^*):\mathbb{C}^n\to\mathbb{R}$	$f(\boldsymbol{Z},\boldsymbol{Z}^*):\mathbb{C}^{m\times n}\to\mathbb{R}$
平稳点	$\left.\dfrac{\partial f(z,z^*)}{\partial z^*}\right\|_{z=c}=0$	$\left.\dfrac{\partial f(\boldsymbol{z},\boldsymbol{z}^*)}{\partial \boldsymbol{z}^*}\right\|_{\boldsymbol{z}=\boldsymbol{c}}=\boldsymbol{0}_{n\times 1}$	$\left.\dfrac{\partial f(\boldsymbol{Z},\boldsymbol{Z})}{\partial \boldsymbol{Z}^*}\right\|_{\boldsymbol{Z}=\boldsymbol{C}}=\boldsymbol{O}_{m\times n}$
局部极小点	$\boldsymbol{H}(f(c,c^*))\succeq 0$	$\boldsymbol{H}(f(\boldsymbol{c},\boldsymbol{c}^*))\succeq 0$	$\boldsymbol{H}(f(\boldsymbol{C},\boldsymbol{C}^*))\succeq 0$
严格局部极小点	$\boldsymbol{H}(f(c,c^*))\succ 0$	$\boldsymbol{H}(f(\boldsymbol{c},\boldsymbol{c}^*))\succ 0$	$\boldsymbol{H}(f(\boldsymbol{C},\boldsymbol{C}^*))\succ 0$
局部极大点	$\boldsymbol{H}(f(c,c^*))\preceq 0$	$\boldsymbol{H}(f(\boldsymbol{c},\boldsymbol{c}^*))\preceq 0$	$\boldsymbol{H}(f(\boldsymbol{C},\boldsymbol{C}^*))\preceq 0$
严格局部极大点	$\boldsymbol{H}(f(c,c^*))\prec 0$	$\boldsymbol{H}(f(\boldsymbol{c},\boldsymbol{c}^*))\prec 0$	$\boldsymbol{H}(f(\boldsymbol{C},\boldsymbol{C}^*))\prec 0$
鞍　点	$\boldsymbol{H}(f(c,c^*))$ 不定	$\boldsymbol{H}(f(\boldsymbol{c},\boldsymbol{c}^*))$ 不定	$\boldsymbol{H}(f(\boldsymbol{C},\boldsymbol{C}^*))$ 不定

表中

$$\boldsymbol{H}(f(c,c^*))=\begin{bmatrix}\dfrac{\partial^2 f(z,z^*)}{\partial z^*\partial z} & \dfrac{\partial^2 f(z,z^*)}{\partial z^*\partial z^*}\\ \dfrac{\partial^2 f(z,z^*)}{\partial z\partial z} & \dfrac{\partial^2 f(z,z^*)}{\partial z\partial z^*}\end{bmatrix}_{z=c}\in\mathbb{C}^{2\times 2} \tag{4.2.21}$$

$$\boldsymbol{H}(f(\boldsymbol{c},\boldsymbol{c}^*))=\begin{bmatrix}\dfrac{\partial^2 f(\boldsymbol{z},\boldsymbol{z}^*)}{\partial \boldsymbol{z}^*\partial \boldsymbol{z}^{\mathrm{T}}} & \dfrac{\partial^2 f(\boldsymbol{z},\boldsymbol{z}^*)}{\partial \boldsymbol{z}^*\partial \boldsymbol{z}^{\mathrm{H}}}\\ \dfrac{\partial^2 f(\boldsymbol{z},\boldsymbol{z}^*)}{\partial \boldsymbol{z}\partial \boldsymbol{z}^{\mathrm{T}}} & \dfrac{\partial^2 f(\boldsymbol{z},\boldsymbol{z}^*)}{\partial \boldsymbol{z}\partial \boldsymbol{z}^{\mathrm{H}}}\end{bmatrix}_{\boldsymbol{z}=\boldsymbol{c}}\in\mathbb{C}^{2n\times 2n} \tag{4.2.22}$$

$$\boldsymbol{H}(f(\boldsymbol{C},\boldsymbol{C}^*))=\begin{bmatrix}\dfrac{\partial^2 f(\boldsymbol{Z},\boldsymbol{Z}^*)}{\partial(\mathrm{vec}\,\boldsymbol{Z}^*)\partial(\mathrm{vec}\,\boldsymbol{Z})^{\mathrm{T}}} & \dfrac{\partial^2 f(\boldsymbol{Z},\boldsymbol{Z}^*)}{\partial(\mathrm{vec}\,\boldsymbol{Z}^*)\partial(\mathrm{vec}\,\boldsymbol{Z}^*)^{\mathrm{T}}}\\ \dfrac{\partial^2 f(\boldsymbol{Z},\boldsymbol{Z}^*)}{\partial(\mathrm{vec}\,\boldsymbol{Z})\partial(\mathrm{vec}\,\boldsymbol{Z})^{\mathrm{T}}} & \dfrac{\partial^2 f(\boldsymbol{Z},\boldsymbol{Z}^*)}{\partial(\mathrm{vec}\,\boldsymbol{Z})\partial(\mathrm{vec}\,\boldsymbol{Z}^*)^{\mathrm{T}}}\end{bmatrix}_{\boldsymbol{Z}=\boldsymbol{C}}\in\mathbb{C}^{2mn\times 2mn} \tag{4.2.23}$$

4.2.3 无约束最小化问题的梯度分析

给定一个实值目标函数 $f(\boldsymbol{w},\boldsymbol{w}^*)$ 或 $f(\boldsymbol{W},\boldsymbol{W}^*)$，其无约束最小化问题的梯度分析可以归纳总结如下。

1. 共轭梯度矩阵决定最小化问题的闭式解。
2. 共轭梯度矩阵与 Hessian 矩阵给出局部极小点辨识的必要条件或充分条件。
3. 共轭梯度向量的负方向决定求解最小化问题的最速下降迭代算法。
4. Hessian 矩阵给出求解最小化问题的 Newton 算法。

下面依次对这些梯度分析展开讨论。

1. 无约束最小化问题的闭式解

通过令目标函数的共轭梯度向量 (或矩阵) 为零向量 (或矩阵)，可以求出无约束最小化问题的闭式解。

例 4.2.1 考察求解超定矩阵方程 $\boldsymbol{Az}=\boldsymbol{b}$ 的最小二乘方法。定义误差平方和

$$\begin{aligned}J(\boldsymbol{z})&=\|\boldsymbol{Az}-\boldsymbol{b}\|_2^2=(\boldsymbol{Az}-\boldsymbol{b})^{\mathrm{H}}(\boldsymbol{Az}-\boldsymbol{b})\\&=\boldsymbol{z}^{\mathrm{H}}\boldsymbol{A}^{\mathrm{H}}\boldsymbol{Az}-\boldsymbol{z}^{\mathrm{H}}\boldsymbol{A}^{\mathrm{H}}\boldsymbol{b}-\boldsymbol{b}^{\mathrm{H}}\boldsymbol{Az}+\boldsymbol{b}^{\mathrm{H}}\boldsymbol{b}\end{aligned}$$

为准则函数。令其共轭梯度向量 $\nabla_{\boldsymbol{z}^*}J(\boldsymbol{z})=\boldsymbol{A}^{\mathrm{H}}\boldsymbol{A}\boldsymbol{z}-\boldsymbol{A}^{\mathrm{H}}\boldsymbol{b}$ 等于零向量，易知：若 $\boldsymbol{A}^{\mathrm{H}}\boldsymbol{A}$ 非奇异，则

$$\boldsymbol{z}=(\boldsymbol{A}^{\mathrm{H}}\boldsymbol{A})^{-1}\boldsymbol{A}^{\mathrm{H}}\boldsymbol{b} \tag{4.2.24}$$

这就是超定矩阵方程 $\boldsymbol{A}\boldsymbol{z}=\boldsymbol{b}$ 的最小二乘解。

例 4.2.2 考察求解超定矩阵方程 $\boldsymbol{A}\boldsymbol{z}=\boldsymbol{b}$ 的最大似然方法。定义对数似然函数

$$l(\hat{\boldsymbol{z}})=C-\frac{1}{\sigma^2}\boldsymbol{e}^{\mathrm{H}}\boldsymbol{e}=C-\frac{1}{\sigma^2}(\boldsymbol{b}-\boldsymbol{A}\hat{\boldsymbol{z}})^{\mathrm{H}}(\boldsymbol{b}-\boldsymbol{A}\hat{\boldsymbol{z}}) \tag{4.2.25}$$

式中，C 为一实常数。求对数似然函数

$$l(\hat{\boldsymbol{z}})=C-\frac{1}{\sigma^2}\boldsymbol{b}^{\mathrm{H}}\boldsymbol{b}+\frac{1}{\sigma^2}\boldsymbol{b}^{\mathrm{H}}\boldsymbol{A}\hat{\boldsymbol{z}}+\frac{1}{\sigma^2}\hat{\boldsymbol{z}}^{\mathrm{H}}\boldsymbol{A}^{\mathrm{H}}\boldsymbol{b}-\frac{1}{\sigma^2}\hat{\boldsymbol{z}}^{\mathrm{H}}\boldsymbol{A}^{\mathrm{H}}\boldsymbol{A}\hat{\boldsymbol{z}} \tag{4.2.26}$$

相对于 $\boldsymbol{z}$ 的共轭梯度，得

$$\nabla_{\hat{\boldsymbol{z}}^*}l(\hat{\boldsymbol{z}})=\frac{1}{\sigma^2}\boldsymbol{A}^{\mathrm{H}}\boldsymbol{b}-\frac{1}{\sigma^2}\boldsymbol{A}^{\mathrm{H}}\boldsymbol{A}\hat{\boldsymbol{z}}$$

令其等于零，得 $\boldsymbol{A}^{\mathrm{H}}\boldsymbol{b}-\boldsymbol{A}^{\mathrm{H}}\boldsymbol{A}\boldsymbol{z}_{\mathrm{opt}}=\boldsymbol{0}$ 或 $\boldsymbol{A}^{\mathrm{H}}\boldsymbol{A}\boldsymbol{z}_{\mathrm{opt}}=\boldsymbol{A}^{\mathrm{H}}\boldsymbol{b}$，其中 $\boldsymbol{z}_{\mathrm{opt}}$ 是使对数似然函数 $l(\hat{\boldsymbol{z}})$ 极大化的 $\hat{\boldsymbol{z}}$ 值。于是，若 $\boldsymbol{A}^{\mathrm{H}}\boldsymbol{A}$ 非奇异，则

$$\boldsymbol{z}_{\mathrm{opt}}=(\boldsymbol{A}^{\mathrm{H}}\boldsymbol{A})^{-1}\boldsymbol{A}^{\mathrm{H}}\boldsymbol{b} \tag{4.2.27}$$

这就是矩阵方程 $\boldsymbol{A}\boldsymbol{w}=\boldsymbol{b}$ 的最大似然解。可见，矩阵方程 $\boldsymbol{A}\boldsymbol{w}=\boldsymbol{b}$ 的最大似然解与最小二乘解等价。

2. *局部极小点辨识的必要条件或充分条件*

作为必要条件式 (4.1.39) 和充分条件式 (4.1.43) 在复向量情况下的推广，判断实目标函数 $f(\boldsymbol{z},\boldsymbol{z}^*)$ 的局部极小点的条件如下：

(1) 必要条件　若 $\boldsymbol{z}_0$ 或 $\boldsymbol{Z}_0$ 是 $f(\boldsymbol{z},\boldsymbol{z}^*)$ 或 $f(\boldsymbol{Z},\boldsymbol{Z}^*)$ 的局部极小点，则该函数在点 $\boldsymbol{z}_0$ 或 $\boldsymbol{Z}_0$ 的共轭梯度为零向量或零矩阵，并且全 Hessian 矩阵半正定，即

$$\left.\frac{\partial f(\boldsymbol{z},\boldsymbol{z}^*)}{\partial \boldsymbol{z}^*}\right|_{\boldsymbol{z}=\boldsymbol{z}_0}=\boldsymbol{0},\qquad \begin{bmatrix}\boldsymbol{H}_{\boldsymbol{z}^*,\boldsymbol{z}} & \boldsymbol{H}_{\boldsymbol{z}^*,\boldsymbol{z}^*}\\ \boldsymbol{H}_{\boldsymbol{z},\boldsymbol{z}} & \boldsymbol{H}_{\boldsymbol{z},\boldsymbol{z}^*}\end{bmatrix}_{\boldsymbol{z}=\boldsymbol{z}_0}\succeq 0 \tag{4.2.28}$$

或者

$$\left.\frac{\partial f(\boldsymbol{Z},\boldsymbol{Z}^*)}{\partial \boldsymbol{Z}^*}\right|_{\boldsymbol{Z}=\boldsymbol{Z}_0}=\boldsymbol{O},\quad \begin{bmatrix}\boldsymbol{H}_{\boldsymbol{Z}^*,\boldsymbol{Z}} & \boldsymbol{H}_{\boldsymbol{Z}^*,\boldsymbol{Z}^*}\\ \boldsymbol{H}_{\boldsymbol{Z},\boldsymbol{Z}} & \boldsymbol{H}_{\boldsymbol{Z},\boldsymbol{Z}^*}\end{bmatrix}_{\boldsymbol{Z}=\boldsymbol{Z}_0}\succeq 0 \tag{4.2.29}$$

(2) 充分条件　若函数 $f(\boldsymbol{z},\boldsymbol{z}^*)$ 在 $\boldsymbol{z}_0$ 的共轭梯度向量为零向量，或者 $f(\boldsymbol{Z},\boldsymbol{Z}^*)$ 在 $\boldsymbol{Z}_0$ 的共轭梯度矩阵为零矩阵，并且全 Hessian 矩阵正定，即

$$\left.\frac{\partial f(\boldsymbol{z},\boldsymbol{z}^*)}{\partial \boldsymbol{z}^*}\right|_{\boldsymbol{z}=\boldsymbol{z}_0}=\boldsymbol{0},\qquad \begin{bmatrix}\boldsymbol{H}_{\boldsymbol{z}^*,\boldsymbol{z}} & \boldsymbol{H}_{\boldsymbol{z}^*,\boldsymbol{z}^*}\\ \boldsymbol{H}_{\boldsymbol{z},\boldsymbol{z}} & \boldsymbol{H}_{\boldsymbol{z},\boldsymbol{z}^*}\end{bmatrix}_{\boldsymbol{z}=\boldsymbol{z}_0}\succ 0 \tag{4.2.30}$$

或者

$$\left.\frac{\partial f(\boldsymbol{Z},\boldsymbol{Z}^*)}{\partial \boldsymbol{Z}^*}\right|_{\boldsymbol{Z}=\boldsymbol{Z}_0}=\boldsymbol{O},\ \begin{bmatrix}\boldsymbol{H}_{\boldsymbol{Z}^*,\boldsymbol{Z}} & \boldsymbol{H}_{\boldsymbol{Z}^*,\boldsymbol{Z}^*}\\ \boldsymbol{H}_{\boldsymbol{Z},\boldsymbol{Z}} & \boldsymbol{H}_{\boldsymbol{Z},\boldsymbol{Z}^*}\end{bmatrix}_{\boldsymbol{Z}=\boldsymbol{Z}_0}\succ 0 \tag{4.2.31}$$

则 $\boldsymbol{z}_0$ 是函数 $f(\boldsymbol{z},\boldsymbol{z}^*)$ 的严格局部极小点，或 $\boldsymbol{Z}_0$ 是 $f(\boldsymbol{Z},\boldsymbol{Z}^*)$ 的严格局部极小点。

对于以复向量为变元的凸函数 $f(\boldsymbol{z},\boldsymbol{z}^*)$，它的任何局部极小点 $\boldsymbol{z}_0$ 都是该函数的一个全局极小点。若凸函数 $f(\boldsymbol{z},\boldsymbol{z}^*)$ 是可微分的，则满足 $\left.\frac{\partial f(\boldsymbol{z},\boldsymbol{z}^*)}{\partial \boldsymbol{z}^*}\right|_{\boldsymbol{z}=\boldsymbol{z}_0}=\boldsymbol{0}$ 的平稳点 $\boldsymbol{z}_0$ 就是函数 $f(\boldsymbol{z},\boldsymbol{z}^*)$ 的一个全局极小点。

3. 实值目标函数的最速下降方向

一个以复矩阵为变元的实值目标函数的平稳点的确定存在

$$\left.\frac{\partial f(\boldsymbol{Z},\boldsymbol{Z}^*)}{\partial \boldsymbol{Z}}\right|_{\boldsymbol{Z}=\boldsymbol{C}}=\boldsymbol{O}_{m\times n} \quad 或 \quad \left.\frac{\partial f(\boldsymbol{Z},\boldsymbol{Z}^*)}{\partial \boldsymbol{Z}^*}\right|_{\boldsymbol{Z}=\boldsymbol{C}}=\boldsymbol{O}_{m\times n} \tag{4.2.32}$$

两种选择。那么，在设计最优化问题的学习算法时，应该选用哪一种梯度呢?为此，需要引出曲率方向的定义。

定义 4.2.1 [171] 当矩阵 $\boldsymbol{H}$ 是非线性函数 $f(\boldsymbol{x})$ 的 Hessian 矩阵时，称满足 $\boldsymbol{p}^{\mathrm{H}}\boldsymbol{H}\boldsymbol{p}>0$ 的向量 $\boldsymbol{p}$ 为函数 f 的正曲率方向 (direction of positive curvature)，满足 $\boldsymbol{p}^{\mathrm{H}}\boldsymbol{H}\boldsymbol{p}<0$ 的向量 $\boldsymbol{p}$ 为函数 f 的负曲率方向 (direction of negative curvature)。标量 $\boldsymbol{p}^{\mathrm{H}}\boldsymbol{H}\boldsymbol{p}$ 则称为函数 f 沿着方向 $\boldsymbol{p}$ 的曲率 (curvature)。

曲率方向也就是函数的最大变化率方向。

定理 4.2.1 [58] 令 $f(\boldsymbol{z})$ 是复向量 $\boldsymbol{z}$ 的实值函数。通过将 $\boldsymbol{z}$ 和 $\boldsymbol{z}^*$ 视为独立的变元，实目标函数 $f(\boldsymbol{z})$ 的曲率方向由共轭梯度向量 $\nabla_{\boldsymbol{z}^*}f(\boldsymbol{z})$ 给出。

定理 4.2.1 表明，共轭梯度向量 $\nabla_{\boldsymbol{z}^*}f(\boldsymbol{z},\boldsymbol{z}^*)$ 或 $\nabla_{\mathrm{vec}(\boldsymbol{Z}^*)}f(\boldsymbol{Z},\boldsymbol{Z}^*)$ 的每个分量给出了目标函数 $f(\boldsymbol{z},\boldsymbol{z}^*)$ 或 $f(\boldsymbol{Z},\boldsymbol{Z}^*)$ 在该分量方向上的变化率：

(1) 共轭梯度向量 $\nabla_{\boldsymbol{z}^*}f(\boldsymbol{z},\boldsymbol{z}^*)$ 或 $\nabla_{\mathrm{vec}(\boldsymbol{Z}^*)}f(\boldsymbol{Z},\boldsymbol{Z}^*)$ 给出目标函数增长最快的方向；

(2) 负共轭梯度向量 $-\nabla_{\boldsymbol{z}^*}f(\boldsymbol{z},\boldsymbol{z}^*)$ 或 $-\nabla_{\mathrm{vec}(\boldsymbol{Z}^*)}f(\boldsymbol{Z},\boldsymbol{Z}^*)$ 给出目标函数最陡减小的方向。

因此，求函数的最小值时，沿着负的共轭梯度方向走，可以最快到达极小点。这种优化算法称为梯度下降算法，又称最速下降算法。

作为定理 4.2.1 的几何解释，图 4.2.1 画出了函数 $f(z)=|z|^2$ 在 c_1 和 c_2 两点的梯度和共轭梯度，其中 $\nabla_{c_i^*}f=\left.\frac{\partial f(z)}{\partial z^*}\right|_{z=c_i}, i=1,2$。

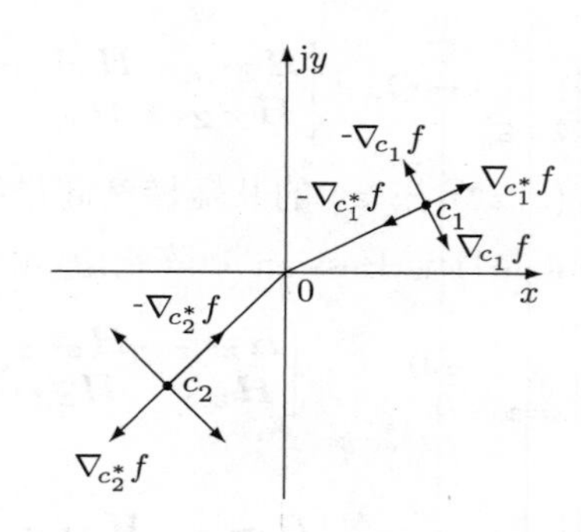

图 4.2.1 函数 $f(z)=|z|^2$ 在 c_1 和 c_2 点的梯度与共轭梯度

显然，只有共轭梯度的负方向指向函数的全局最小值 $z^\star = 0$。因此，在无约束的最小化问题中，通常使用共轭梯度向量的负方向 $-\nabla_{\boldsymbol{z}^*} f(\boldsymbol{z})$ 作为更新方向：

$$\boldsymbol{z}_k = \boldsymbol{z}_{k-1} - \mu \nabla_{\boldsymbol{z}^*} f(\boldsymbol{z}), \quad \mu > 0 \tag{4.2.33}$$

就是说，候补解在迭代过程中的校正量与目标函数的负共轭梯度成正比。上式称为优化问题候补解的学习算法。由于负共轭梯度向量总是指向目标函数减小的方向，所以这种学习算法被称为最速下降法。

最速下降法中的常数 μ 称为学习步长，它决定候补解趋向最优解的收敛速率。

4. 求解极小化问题的 Newton 算法

共轭梯度向量只是目标函数的一阶微分信息。如果进一步利用 Hessian 矩阵提供的目标函数的二阶微分信息，则有望设计出性能更好的优化算法。利用 Hessian 矩阵设计的优化算法称为 Newton 法。

Newton 法是一种简单而有效的约束优化算法，应用广泛。特别地，Newton 法已经成为现代内点法的一种代表性算法，详见后述。

4.3 凸优化理论

4.2 节讨论了无约束优化问题，本节将讨论约束优化问题。求解约束优化问题的基本思想是将其变为无约束优化问题。

4.3.1 标准约束优化问题

考虑标准形式的约束最优化问题

$$\min_{\boldsymbol{x}} \ f_0(\boldsymbol{x}) \quad \text{subject to } f_i(\boldsymbol{x}) \leqslant 0, \ i = 1, \cdots, m; \boldsymbol{A}\boldsymbol{x} = \boldsymbol{b} \tag{4.3.1}$$

或写作

$$\min_{\boldsymbol{x}} \ f_0(\boldsymbol{x}) \quad \text{subject to } f_i(\boldsymbol{x}) \leqslant 0, \ i = 1, \cdots, m; h_i(\boldsymbol{x}) = 0, \ i = 1, \cdots, q \tag{4.3.2}$$

式中，subject to 表示“约束为”。有些文献则使用 such that (使得，满足) 表示约束条件，或者直接使用两者共用的缩略符号“s.t.”。本书统一采用 subject to。

约束优化问题中的变量 $\boldsymbol{x}$ 为优化变量或决策变量，函数 $f_0(\boldsymbol{x})$ 称为目标函数 (或代价函数)，而

$$f_i(\boldsymbol{x}) \leqslant 0, \ \boldsymbol{x} \in \mathcal{I} \quad \text{和} \quad h_i(\boldsymbol{x}) = 0, \ \boldsymbol{x} \in \mathcal{E} \tag{4.3.3}$$

分别称为不等式约束条件和等式约束条件。其中，$\mathcal{I}$ 和 $\mathcal{E}$ 分别是不等式约束函数和等式约束函数的定义域

$$\mathcal{I} = \bigcap_{i=1}^{m} \text{dom } f_i \quad \text{和} \quad \mathcal{E} = \bigcap_{i=1}^{q} \text{dom } h_i \tag{4.3.4}$$

不等式约束和等式约束合称显式约束 (explicit constraints)，无显式约束 ($m = q = 0$) 的优化问题退化为无约束优化问题。

不等式约束 $f_i(\boldsymbol{x}) \leqslant 0, i = 1, \cdots, m$ 和等式约束 $h_i(\boldsymbol{x}) = 0, i = 1, \cdots, q$ 表示对 $\boldsymbol{x}$ 的可能选择进行限制的 $m + q$ 个严格要求或规定。目标函数 $f_0(\boldsymbol{x})$ 表示选择 $\boldsymbol{x}$ 所付出的代价。相反，负目标函数 $-f_0(\boldsymbol{x})$ 则可以理解成选择 $\boldsymbol{x}$ 所获得的价值或者收获的效益。因此，约束优化问题式 (4.3.2) 的解对应于选择 $\boldsymbol{x}$，以便在满足 $m + q$ 个严格要求的所有被选 $\boldsymbol{x}$ 中，使代价最小化或者使效益最大化。

约束优化问题式 (4.3.2) 的最优值记作 $p^\star$，定义为目标函数 $f_0(\boldsymbol{x})$ 的下确界

$$p^\star = \inf\{f_0(\boldsymbol{x}) | f_i(\boldsymbol{x}) \leqslant 0,\ i = 1, \cdots, m;\ h_i(\boldsymbol{x}) = 0,\ i = 1, \cdots, q\} \tag{4.3.5}$$

若 $p^\star = \infty$，则称约束优化问题式 (4.3.2) 是不可行的 (找不到任何一个点 $\boldsymbol{x}$ 满足约束条件)。若 $p^\star = -\infty$，则约束优化问题式 (4.3.2) 是下无界的。下面是求解约束优化式 (4.3.2) 的几个关键问题：

(1) 寻找使约束优化问题可行的点。

(2) 寻找使约束优化问题达到最优值的点。

(3) 避免或者转变下无界的优化问题。

满足所有不等式约束和等式约束的点 $\boldsymbol{x}$ 称为一个可行点。所有可行点组成的集合称为可行域或可行集，定义为

$$\mathcal{F} \stackrel{\text{def}}{=} \mathcal{I} \cap \mathcal{E} = \{\boldsymbol{x} | f_i(\boldsymbol{x}) \leqslant 0,\ i = 1, \cdots, m; h_i(\boldsymbol{x}) = 0,\ i = 1, \cdots, q\} \tag{4.3.6}$$

可行集以外的点统称非可行点 (infeasible point)。于是，目标函数的定义域 $\text{dom}\ f_0$ 和可行域 $\mathcal{F}$ 的交集

$$\mathcal{D} = \text{dom}\ f_0 \cap \bigcap_{i=1}^{m} \text{dom}\ f_i \cap \bigcap_{i=1}^{p} \text{dom}\ h_i = \text{dom}\ f_0 \cap \mathcal{F} \tag{4.3.7}$$

称为优化问题的定义域。

一个可行点 $\boldsymbol{x}$ 是最优点，若 $f_0(\boldsymbol{x}) = p^\star$。

寻找一个最优点有时可能是困难的。此时，可以寻找两种弱化的最优点。

(1) *局部最优点* 一个可行点 $\boldsymbol{x}$ 称为局部最优点，若存在一个常数 $\delta > 0$，使得

$$\begin{aligned} &\min_{\boldsymbol{z}} && f_0(\boldsymbol{z}) \\ &\text{subject to} && f_i(\boldsymbol{z}) \leqslant 0,\ i = 1, \cdots, m; h_i(\boldsymbol{z}) = 0,\ i = 1, \cdots, q \\ &&& \|\boldsymbol{z} - \boldsymbol{x}\|_2 < \delta \end{aligned}$$

(2) *次最优点* 给定一个允许误差 $\varepsilon > 0$，一个可行点 $\boldsymbol{x}$ 称为 ε-次最优点，若

$$|f_0(\boldsymbol{x}) - f_0(\boldsymbol{x}^\star)| = |f_0(\boldsymbol{x}) - p^\star| \leqslant \varepsilon \tag{4.3.8}$$

获得约束优化问题的一个可行点 $\boldsymbol{x}$ 并不困难，但问题是如何判断这个可行点是否是一个最优点。显然，如果直接根据最优点的定义作出判断，无疑是不切实际的。因此，希望有其他条件可用于直接判断。这些条件称为优化条件。

变分不等式 (variational inequality, VI) 给定一个 Banach 空间 E，E 的一个子集 K 以及一个从 K 到 E 的对偶空间 E^* 的映射函数 $F: K \to E^*$，变分不等式问题的提法是[21]：求一向量 $\boldsymbol{x}$ (称为变分不等式问题的一个解)，使其满足

$$\langle \boldsymbol{F}(\boldsymbol{x}), \boldsymbol{y} - \boldsymbol{x} \rangle \geqslant 0, \quad \forall\, \boldsymbol{y} \in K \tag{4.3.9}$$

求解一个变分不等式问题通常包含以下三个步骤[514]：

(1) 证明解的存在性，这意味着问题的数学正确性。

(2) 证明解的唯一性，这意味着变分不等式可以描述物理现象，具有物理正确性。

(3) 求变分不等式的解。

当映射函数直接取作凸优化问题的目标函数的梯度向量时，变分不等式问题便简化为最小值原理 (minimum principle)，它给出凸优化问题的最优解必须满足的条件。

最小值原理 若 $f(\boldsymbol{x})$ 是凸优化问题的目标函数，则可行点 $\boldsymbol{x}$ 是最优解点的充分必要条件是

$$\langle \nabla f(\boldsymbol{x}), \boldsymbol{y} - \boldsymbol{x} \rangle \geqslant 0, \quad \forall\, \boldsymbol{y} \in K \tag{4.3.10}$$

然而，当映射函数不可能表示成某个"潜在函数"的梯度向量时，变分不等式问题与一个优化问题是不同的。事实上，并不是所有的连续函数 $\boldsymbol{F}$ 都可以表示成一个合适标量函数的梯度。

通常，一个约束最优化问题是很难求解的，特别是当 $\boldsymbol{x}$ 中的决策变量个数很大时，问题的求解尤为困难。这一困难的产生有以下几个主要原因[232]：

(1) 优化问题的定义区域可能弥漫着局部最优解。

(2) 可能非常难于求出一个可行点。

(3) 一般优化算法中使用的停止准则往往在约束优化问题中失效。

(4) 优化算法的收敛速率可能很差。

(5) 数值问题可能使极小化算法要么完全停止不前，要么徘徊不止，无法正常收敛。

约束优化问题的上述困难可以借助凸优化技术加以克服。本质上，凸优化就是凸集约束下凸 (或凹) 目标函数的极小化 (或极大化)。凸优化是最优化、凸分析和数值计算三门学科的融合。

4.3.2 凸集与凸函数

先介绍凸优化的有关基本概念。考虑 n 维实向量空间 $\mathbb{R}^n$。

定义 4.3.1 一个集合 $S \in \mathbb{R}^n$ 称为凸集 (合)，若对任意两个点 $\boldsymbol{x}, \boldsymbol{y} \in S$，连接它们的线段也在集合 S 内，即

$$\boldsymbol{x}, \boldsymbol{y} \in S, \quad \theta \in [0,1] \quad \Longrightarrow \quad \theta \boldsymbol{x} + (1-\theta)\boldsymbol{y} \in S \tag{4.3.11}$$

图 4.3.1 画出了凸集和非凸集的示意图。

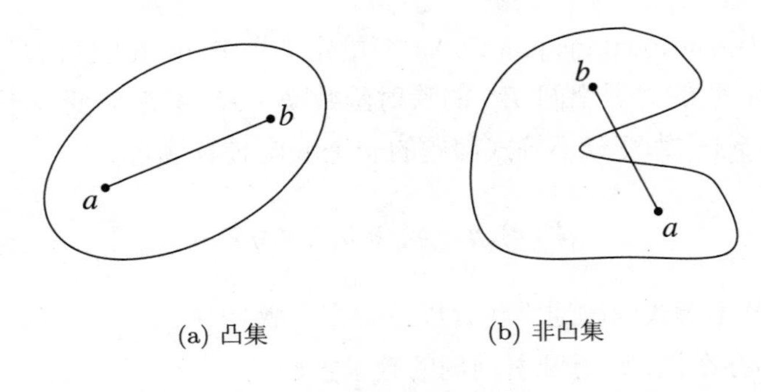

(a) 凸集 (b) 非凸集

图 4.3.1 凸集与非凸集

许多熟悉的集合都是凸集，例如单位球体 (unit ball) $S=\{\boldsymbol{x}:\|\boldsymbol{x}\|_2\leqslant 1\}$。然而，单位球面 (unit sphere) $S=\{\boldsymbol{x}:\|\boldsymbol{x}\|_2=1\}$ 却不是凸集，因为连接球面上两点的线段显然不在球面上。

凸集具有以下重要性质[363, Theorem 2.2.4]：令 $S_1\subseteq\mathbb{R}^n$ 和 $S_2\subseteq\mathbb{R}^m$ 是凸集，并且 $\mathcal{A}(\boldsymbol{x}):\mathbb{R}^n\to\mathbb{R}^m$ 为线性算子 $\mathcal{A}(\boldsymbol{x})=\boldsymbol{A}\boldsymbol{x}+\boldsymbol{b}$，则

(1) 交集 $S_1\cap S_2=\{\boldsymbol{x}\in\mathbb{R}^n|\boldsymbol{x}\in S_1,\boldsymbol{x}\in S_2\}$ (其中 $m=n$) 为凸集。

(2) 和集 $S_1+S_2=\{\boldsymbol{z}=\boldsymbol{x}+\boldsymbol{y}|\boldsymbol{x}\in S_1,\boldsymbol{y}\in S_2\}$ (其中 $m=n$) 为凸集。

(3) 直和 $S_1\oplus S_2=\{(\boldsymbol{x},\boldsymbol{y})\in\mathbb{R}^{n+m}|\boldsymbol{x}\in S_1,\boldsymbol{y}\in S_2\}$ 为凸集。

(4) 锥包 (conic hull) $\mathcal{K}(S_1)=\{\boldsymbol{z}\in\mathbb{R}^n|\boldsymbol{z}=\beta\boldsymbol{x},\boldsymbol{x}\in S_1,\beta\geqslant 0\}$ 为凸集。

(5) 仿射象 (affine image) $\mathcal{A}(S_1)=\{\boldsymbol{y}\in\mathbb{R}^m|\boldsymbol{y}=\mathcal{A}(\boldsymbol{x}),\boldsymbol{x}\in S_1\}$ 为凸集。

(6) 逆仿射象 $\mathcal{A}^{-1}(S_2)=\{\boldsymbol{x}\in\mathbb{R}^n|\boldsymbol{x}=\mathcal{A}^{-1}(\boldsymbol{y}),\boldsymbol{y}\in S_2\}$ 为凸集。

(7) 下列凸包 (convex hull) 为凸集

$$\mathrm{conv}(S_1,S_2)=\{\boldsymbol{z}\in\mathbb{R}^n|\boldsymbol{z}=\alpha\boldsymbol{x}+(1-\alpha)\boldsymbol{y},\boldsymbol{x}\in S_1,\boldsymbol{y}\in S_2;\alpha\in[0,1]\}$$

凸集最重要的性质是性质 (1) 的推广：任意多个 (甚至不可数) 凸集的交集仍然是凸集。例如，两个凸集——单位球体和非负象限 (nonnegative orthant) $\mathbb{R}_+^n$ 的交集 $S=\{\boldsymbol{x}:\|\boldsymbol{x}\|_2\leqslant 1,x_i\geqslant 0\}$ 保留了凸性。然而，两个凸集的并集却往往是非凸的。例如，两个单位球体 $S_1=\{\boldsymbol{x}:\|\boldsymbol{x}\|_2\leqslant 1\}$ 和 $S_2=\{\boldsymbol{x}:\|\boldsymbol{x}-3\times\boldsymbol{1}\|_2\leqslant 1\}$ (其中 $\boldsymbol{1}$ 表示所有元素都等于 1 的向量) 都是凸集，但它们的并集 $S_1\cup S_2$ 却不是一个凸集，因为连接这两个球体任意两点的线段显然都不在并集 $S_1\cup S_2$ 内。

给定向量 $\boldsymbol{x}\in\mathbb{R}^n$ 和 $\rho>0$，则

$$B_{\mathrm{o}}(\boldsymbol{x},\rho)=\{\boldsymbol{y}\in\mathbb{R}^n\,|\,\|\boldsymbol{y}-\boldsymbol{x}\|_2<\rho\}\tag{4.3.12}$$

$$B_{\mathrm{c}}(\boldsymbol{x},\rho)=\{\boldsymbol{y}\in\mathbb{R}^n\,|\,\|\boldsymbol{y}-\boldsymbol{x}\|_2\leqslant\rho\}\tag{4.3.13}$$

分别称为以 $\boldsymbol{x}$ 为中心，ρ 为半径的开球体 (open ball) 和闭球体 (closed ball)。

一个凸集 $S \subseteq \mathbb{R}^n$ 称为凸锥 (convex cone)，若从原点发出，并且通过该集合中任意一点的所有射线以及连接这些射线的任意两点的所有线段仍然在该凸集内，即

$$\boldsymbol{x}, \boldsymbol{y} \in S,\ \lambda, \mu \geqslant 0 \implies \lambda \boldsymbol{x} + \mu \boldsymbol{y} \in S \tag{4.3.14}$$

非负象限 $\mathbb{R}_+^n = \{\boldsymbol{x} \in \mathbb{R}^n : \boldsymbol{x} \succeq 0\}$ 是一个凸锥。半正定矩阵 $\boldsymbol{X} \succeq 0$ 的集合 $S_+^n = \{\boldsymbol{X} \in \mathbb{R}^{n\times n} : \boldsymbol{X} \succeq 0\}$ 也是一个凸锥，因为任意个半正定矩阵的正的组合仍然是半正定的。因此，常将 S_+^n 称为半正定锥 (positive semidefinite cone)。

定义 4.3.2 向量函数 $\boldsymbol{f}(\boldsymbol{x}) : \mathbb{R}^n \to \mathbb{R}^m$ 称为仿射函数 (affine function)，若它具有线性加常数向量的形式

$$\boldsymbol{f}(\boldsymbol{x}) = \boldsymbol{A}\boldsymbol{x} + \boldsymbol{b} \tag{4.3.15}$$

类似地，矩阵函数 $\boldsymbol{F}(\boldsymbol{x}) : \mathbb{R}^n \to \mathbb{R}^{p\times q}$ 称为仿射函数，若它具有形式

$$\boldsymbol{F}(\boldsymbol{x}) = \boldsymbol{A}_0 + x_1\boldsymbol{A}_1 + \cdots + x_n\boldsymbol{A}_n \tag{4.3.16}$$

式中 $\boldsymbol{A}_i \in \mathbb{R}^{p\times q}$。仿射函数有时也粗略地称为线性函数。

定义 4.3.3[232] 给定 $n \times 1$ 向量点 $\boldsymbol{x}_i \in \mathbb{R}^n$ 和实数 $\theta_i \in \mathbb{R}$，则 $\boldsymbol{y} = \theta_1\boldsymbol{x}_1 + \cdots + \theta_k\boldsymbol{x}_k$ 称为：

(1) 线性组合 (对任意实数 θ_i)；

(2) 仿射组合 (affine combination)，若 $\sum_i \theta_i = 1$；

(3) 凸组合 (convex combination)，若 $\sum_i \theta_i = 1$，并且所有 $\theta_i \geqslant 0$；

(4) 锥组合 (conic combination)，若 $\theta_i \geqslant 0, i = 1, \cdots, k$。

令 $\mathcal{A}$ 是一任意标签集合 (可能包含无穷多个标签)，并且 $\{S_\alpha | \alpha \in \mathcal{A}\}$ 表示一批集合，则这些集合的交集具有以下重要性质[232]

$$S_\alpha\text{是}\begin{pmatrix}\text{子空间}\\ \text{仿射函数}\\ \text{凸集}\\ \text{凸锥}\end{pmatrix} \Longrightarrow \bigcap_{\alpha\in\mathcal{A}} S_\alpha\text{是}\begin{pmatrix}\text{子空间}\\ \text{仿射函数}\\ \text{凸集}\\ \text{凸锥}\end{pmatrix} \tag{4.3.17}$$

定义 4.3.4[363] 给定一个凸集 $S \in \mathbb{R}^n$ 和函数 $f : S \to \mathbb{R}$，则：

(1) 函数 $f : \mathbb{R}^n \to \mathbb{R}$ 称为凸函数 (convex function)，当且仅当 $S = \text{dom}(f)$ 是凸集，并且对于所有 $\boldsymbol{x}, \boldsymbol{y} \in S$ 和每一个标量 $\alpha \in (0, 1)$，函数满足 Jensen 不等式

$$f(\alpha\boldsymbol{x} + (1-\alpha)\boldsymbol{y}) \leqslant \alpha f(\boldsymbol{x}) + (1-\alpha)f(\boldsymbol{y}) \tag{4.3.18}$$

(2) 函数 $f(\boldsymbol{x})$ 称为严格凸函数 (strictly convex function)，当且仅当 $S = \text{dom}(f)$ 是凸集，并且对于所有 $\boldsymbol{x}, \boldsymbol{y} \in S$ 和每一个标量 $\alpha \in (0, 1)$，函数满足不等式

$$f(\alpha\boldsymbol{x} + (1-\alpha)\boldsymbol{y}) < \alpha f(\boldsymbol{x}) + (1-\alpha)f(\boldsymbol{y}) \tag{4.3.19}$$

在凸优化中，常要求目标函数为强凸函数 (strongly convex function)，它有以下三种定义：

(1) 函数 $f(\boldsymbol{x})$ 称为强凸函数，若[363]

$$f(\alpha\boldsymbol{x}+(1-\alpha)\boldsymbol{y})\leqslant\alpha f(\boldsymbol{x})+(1-\alpha)f(\boldsymbol{y})-\frac{\mu}{2}\alpha(1-\alpha)\|\boldsymbol{x}-\boldsymbol{y}\|_2^2 \tag{4.3.20}$$

对所有 $\boldsymbol{x},\boldsymbol{y}\in S$ 及 $\alpha\in[0,1]$ 成立。

(2) 函数 $f(\boldsymbol{x})$ 称为强凸函数，若[46]

$$(\nabla f(\boldsymbol{x})-\nabla f(\boldsymbol{y}))^{\mathrm{T}}(\boldsymbol{x}-\boldsymbol{y})\geqslant\mu\|\boldsymbol{x}-\boldsymbol{y}\|_2^2 \tag{4.3.21}$$

对所有 $\boldsymbol{x},\boldsymbol{y}\in S$ 及某个 $\mu>0$ 成立。

(3) 函数 $f(\boldsymbol{x})$ 称为强凸函数，若[363]

$$f(\boldsymbol{y})\geqslant f(\boldsymbol{x})+[\nabla f(\boldsymbol{x})]^{\mathrm{T}}(\boldsymbol{y}-\boldsymbol{x})+\frac{\mu}{2}\|\boldsymbol{y}-\boldsymbol{x}\|_2^2 \tag{4.3.22}$$

上述三种定义中，常数 $\mu\,(>0)$ 称为强凸函数 $f(\boldsymbol{x})$ 的凸性参数 (convexity parameter)。三种凸函数之间存在以下的关系

$$\text{强凸函数}\Longrightarrow\text{严格凸函数}\Longrightarrow\text{凸函数} \tag{4.3.23}$$

下面是关于拟凸函数的定义。

定义 4.3.5[469] 函数 $f(\boldsymbol{x})$ 称为拟凸函数 (quasi-convex function)，若对所有 $\boldsymbol{x},\boldsymbol{y}\in E$ 和 $\alpha\in[0,1]$，不等式

$$f(\alpha\boldsymbol{x}+(1-\alpha)\boldsymbol{y})\leqslant\max\{f(\boldsymbol{x}),f(\boldsymbol{y})\} \tag{4.3.24}$$

成立。函数 $f(\boldsymbol{x})$ 称为强拟凸函数 (strongly quasi-convex function)，若对所有 $\boldsymbol{x},\boldsymbol{y}\in E$, $\boldsymbol{x}\neq\boldsymbol{y}$ 和 $\alpha\in(0,1)$，严格不等式

$$f(\alpha\boldsymbol{x}+(1-\alpha)\boldsymbol{y})<\max\{f(\boldsymbol{x}),f(\boldsymbol{y})\} \tag{4.3.25}$$

成立。函数 $f(\boldsymbol{x})$ 称为严格拟凸函数 (strictly quasi-convex function)，若严格不等式 (4.3.25) 对所有 $\boldsymbol{x},\boldsymbol{y}\in E$, $f(\boldsymbol{x})\neq f(\boldsymbol{y})$ 和 $\alpha\in(0,1)$ 成立。

4.3.3 凸函数辨识的充分必要条件

给定一个定义在凸集 S 上的目标函数 $f(\boldsymbol{x}):S\to\mathbb{R}$，一个自然会问的问题是如何判断该函数是否是凸函数？凸函数辨识的方法分为一阶梯度辨识法和二阶梯度辨识法。

定义 4.3.6[443] 给定一个凸集 $S\in\mathbb{R}^n$，则映射函数 $\boldsymbol{F}(\boldsymbol{x}):S\to\mathbb{R}^n$ 称为

(1) 在凸集 S 上单调 (monotone)

$$\langle\boldsymbol{F}(\boldsymbol{x})-\boldsymbol{F}(\boldsymbol{y}),\boldsymbol{x}-\boldsymbol{y}\rangle\geqslant 0,\quad\forall\,\boldsymbol{x},\boldsymbol{y}\in S \tag{4.3.26}$$

(2) 在凸集 S 上严格单调 (strictly monotone)，若

$$\langle \boldsymbol{F}(\boldsymbol{x}) - \boldsymbol{F}(\boldsymbol{y}), \boldsymbol{x} - \boldsymbol{y} \rangle > 0, \quad \forall\, \boldsymbol{x}, \boldsymbol{y} \in S \text{ 和 } \boldsymbol{x} \neq \boldsymbol{y} \tag{4.3.27}$$

(3) 在凸集 S 上强单调 (strongly monotone)，若

$$\langle \boldsymbol{F}(\boldsymbol{x}) - \boldsymbol{F}(\boldsymbol{y}), \boldsymbol{x} - \boldsymbol{y} \rangle \geqslant \mu \|\boldsymbol{x} - \boldsymbol{y}\|_2^2, \quad \forall\, \boldsymbol{x}, \boldsymbol{y} \in S \tag{4.3.28}$$

特别地，若将函数 $f(\boldsymbol{x})$ 的梯度向量取作映射函数，即 $\boldsymbol{F}(\boldsymbol{x}) = \nabla_{\boldsymbol{x}} f(\boldsymbol{x})$，则可以得到凸函数辨识的一阶充分必要条件。

1. 凸函数辨识的一阶充分必要条件

定理 4.3.1[443] 令 $f: S \to \mathbb{R}$ 是一个定义在 n 维向量空间 $\mathbb{R}^n$ 内的凸集 S 上的函数，并且可微分，则

$$f(\boldsymbol{x}) \text{ 凸} \Leftrightarrow \langle \nabla_{\boldsymbol{x}} f(\boldsymbol{x}) - \nabla_{\boldsymbol{x}} f(\boldsymbol{y}), \boldsymbol{x} - \boldsymbol{y} \rangle \geqslant 0,\ \forall\, \boldsymbol{x}, \boldsymbol{y} \in S \tag{4.3.29}$$

$$f(\boldsymbol{x}) \text{ 严格凸} \Leftrightarrow \langle \nabla_{\boldsymbol{x}} f(\boldsymbol{x}) - \nabla_{\boldsymbol{x}} f(\boldsymbol{y}), \boldsymbol{x} - \boldsymbol{y} \rangle > 0,\ \forall\, \boldsymbol{x}, \boldsymbol{y} \in S \text{ 和 } \boldsymbol{x} \neq \boldsymbol{y} \tag{4.3.30}$$

$$f(\boldsymbol{x}) \text{ 强凸} \Leftrightarrow \langle \nabla_{\boldsymbol{x}} f(\boldsymbol{x}) - \nabla_{\boldsymbol{x}} f(\boldsymbol{y}), \boldsymbol{x} - \boldsymbol{y} \rangle \geqslant \mu \|\boldsymbol{x} - \boldsymbol{y}\|_2^2,\ \forall\, \boldsymbol{x}, \boldsymbol{y} \in S \tag{4.3.31}$$

定理 4.3.2[55] 若 $f: S \to \mathbb{R}$ 在凸定义域是可微分的，则 f 为凸函数，当且仅当

$$f(\boldsymbol{y}) \geqslant f(\boldsymbol{x}) + \langle \nabla_{\boldsymbol{x}} f(\boldsymbol{x}), \boldsymbol{y} - \boldsymbol{x} \rangle \tag{4.3.32}$$

2. 凸函数辨识的二阶充分必要条件

定理 4.3.3[328] 令 $f: S \to \mathbb{R}$ 是一个定义在 n 维向量空间 $\mathbb{R}^n$ 内的凸集 S 上的函数，并且可二次微分，则 $f(\boldsymbol{x})$ 是凸函数，当且仅当 Hessian 矩阵半正定

$$\boldsymbol{H}_{\boldsymbol{x}} f(\boldsymbol{x}) = \frac{\partial^2 f(\boldsymbol{x})}{\partial \boldsymbol{x} \partial \boldsymbol{x}^{\mathrm{T}}} \succeq 0, \quad \forall\, \boldsymbol{x} \in S \tag{4.3.33}$$

注释 令 $f: S \to \mathbb{R}$ 是一个定义在 n 维向量空间 $\mathbb{R}^n$ 内的凸集 S 上的函数，并且可二次微分，则 $f(\boldsymbol{x})$ 是严格凸函数，当且仅当 Hessian 矩阵正定

$$\boldsymbol{H}_{\boldsymbol{x}} f(\boldsymbol{x}) = \frac{\partial^2 f(\boldsymbol{x})}{\partial \boldsymbol{x} \partial \boldsymbol{x}^{\mathrm{T}}} \succ 0, \quad \forall\, \boldsymbol{x} \in S \tag{4.3.34}$$

与严格极小点的充分条件要求 Hessian 矩阵在 $\boldsymbol{c}$ 一点正定不同，这里要求 Hessian 矩阵在整个凸集 S 的所有点均正定。

下面的基本性质对于判断一个函数的凸性非常有用[232]：

(1) 函数 $f: \mathbb{R}^n \to \mathbb{R}$ 是凸函数，当且仅当它在所有线段上是凸的，即 $\tilde{f}(t) \triangleq f(\boldsymbol{x}_0 + t\boldsymbol{h})$ 对 $t \in \mathbb{R}$ 和所有 $\boldsymbol{x}_0, \boldsymbol{h} \in \mathbb{R}^n$ 都是凸的。

(2) 凸函数的非负求和是凸函数

$$\alpha_1, \alpha_2 \geqslant 0 \text{ 且 } f_1(\boldsymbol{x}), f_2(\boldsymbol{x}) \text{ 为凸函数} \Longrightarrow \alpha_1 f_1(\boldsymbol{x}) + \alpha_2 f_2(\boldsymbol{x}) \text{ 是凸函数}$$

(3) 凸函数的无穷求和、积分为凸函数

$$p(y)\geqslant 0,\ q(\boldsymbol{x},y)\ \text{在}\ \boldsymbol{x}\in S\ \text{是凸函数} \Longrightarrow \int p(y)q(\boldsymbol{x},y)\mathrm{d}y\ \text{在}\ \boldsymbol{x}\in S\ \text{是凸函数}$$

(4) 凸函数各点的上确界 (最大值) 为凸函数

$$f_\alpha(\boldsymbol{x})\ \text{为凸函数} \Longrightarrow \sup_{\alpha\in\mathcal{A}} f_\alpha(\boldsymbol{x})\ \text{是凸函数}$$

(5) 凸函数的仿射变换为凸函数

$$f(\boldsymbol{x})\ \text{为凸函数} \Longrightarrow f(\boldsymbol{A}\boldsymbol{x}+\boldsymbol{b})\ \text{为凸函数}$$

值得指出的是，除 L_0 范数以外，向量的所有范数

$$\|\boldsymbol{x}\|_p=\left(\sum_{i=1}^n |x_i|^p\right)^{1/p},p\geqslant 1;\quad \|\boldsymbol{x}\|_\infty=\max_i |x_i| \tag{4.3.35}$$

都是凸函数。

4.3.4 凸优化方法及其梯度分析

目标函数为凸函数，并且其定义域为凸集的优化问题称为无约束凸优化问题。目标函数和不等式约束函数均为凸函数，等式约束函数为仿射函数，并且定义域为凸集的优化问题则称为约束凸优化问题。

根据目标函数是否为平滑函数，凸优化问题分为平滑凸优化问题和非平滑凸优化问题。如果凸结构被利用，则相应的优化方法称为结构优化方法 (structural optimization method)。不使用任何凸结构的优化称为黑盒优化 (black-box optimization)。业已证明[364]，结构优化的梯度型算法优于黑盒优化的梯度型算法一个数量级。近几年的研究表明，在某些情况下，黑盒优化方法是不可替代的。这主要是因为：凸问题的结构太复杂，以至于很难构造一个好的自我和谐的障碍函数 (self-concordant barrier) 以及难于应用平滑技术[364]。本书主要讨论黑盒优化方法。

定理 4.3.4[372,p.16] 无约束凸函数 $f(\boldsymbol{x})$ 的任何局部极小点 $\boldsymbol{x}^\star$ 都是该函数的一个全局极小点。若凸函数 $f(\boldsymbol{x})$ 是可微分的，则满足 $\frac{\partial f(\boldsymbol{x})}{\partial \boldsymbol{x}}=\boldsymbol{0}$ 的平稳点 $\boldsymbol{x}^\star$ 是 $f(\boldsymbol{x})$ 的一个全局极小点。

引理 4.3.1[366] 如果 $f(\boldsymbol{x})$ 是强凸函数，则极小化问题 $\min_{\boldsymbol{x}\in Q} f(\boldsymbol{x})$ 是可解的，且其解 $\boldsymbol{x}$ 是唯一的，并有

$$f(\boldsymbol{x})\geqslant f(\boldsymbol{x}^*)+\frac{1}{2}\mu\|\boldsymbol{x}-\boldsymbol{x}^*\|_2^2,\quad \forall \boldsymbol{x}\in Q \tag{4.3.36}$$

其中 μ 是强凸函数 $f(\boldsymbol{x})$ 的凸性参数。

定理 4.3.4 表明，任何一个约束极小化问题如果能够转变成一个无约束的凸优化问题，则无约束凸优化问题的任何一个局部极小点都是原约束极小化问题的一个全局极小点。引理 4.3.1 进一步表明，如果转变后的无约束极小化问题的目标函数为强凸函数，则

极小化问题的任何一个平稳点都是原约束极小化问题的一个全局极小点。这为求解约束优化问题指明了方向：将它转变为一个无约束的凸优化问题。

考虑标准约束极小化问题式 (4.3.2)，并作如下假定：

(1) 不等式约束函数 $f_i(\boldsymbol{x}), i=1,\cdots,m$ 均为凸函数。

(2) 等式约束函数 $h_i(\boldsymbol{x})$ 具有仿射函数形式 $\boldsymbol{h}(\boldsymbol{x})=\boldsymbol{A}\boldsymbol{x}-\boldsymbol{b}$。

(3) 原始目标函数 $f_0(\boldsymbol{x})$ 为平滑函数 (可微分)，但不是凸函数。

利用 Lagrangian 乘子法 (有时也称 Lagrangian 松弛法)，约束优化问题式 (4.3.2) 可以松弛为无约束优化问题

$$\min\ L(\boldsymbol{x},\boldsymbol{\lambda},\boldsymbol{\nu})=f_0(\boldsymbol{x})+\sum_{i=1}^{m}\lambda_i f_i(\boldsymbol{x})+\sum_{i=1}^{q}\nu_i h_i(\boldsymbol{x}) \tag{4.3.37}$$

式中，$L(\boldsymbol{x},\boldsymbol{\lambda},\boldsymbol{\nu})$ 称为 Lagrangian 函数；$\lambda_i, i=1,\cdots,m$ 和 $\nu_i, i=1,\cdots,q$ 分别是针对不等式约束 $f_i(\boldsymbol{x})\leqslant 0$ 和等式约束 $h_i(\boldsymbol{x})=0$ 的 Lagrangian 乘子，$\boldsymbol{\lambda},\boldsymbol{\nu}$ 为 Lagrangian 乘子向量。向量 $\boldsymbol{x}$ 有时称为优化变量 (optimization variable) 或决策变量 (decision variable) 或原始变量 (primal variable)，而 $\boldsymbol{\lambda}$ 也称对偶变量 (dual variable)。原约束优化问题式 (4.3.2) 称为原始问题，而无约束优化问题式 (4.3.37) 则称为对偶问题。

这里对 Lagrangian 乘子 λ_i 作一个关键的非负性约束：$\lambda_i\geqslant 0, i=1,\cdots,m$；而对另一个 Lagrangian 乘子 $\nu_i, i=1,\cdots,q$，则不作任何约束。

记 $\boldsymbol{\lambda}=[\lambda_1,\cdots,\lambda_m]^{\mathrm{T}}$，$\boldsymbol{\nu}=[\nu_1,\cdots,\nu_q]^{\mathrm{T}}$，则 Lagrangian 乘子 λ_i 的非负性约束可以用向量的分量不等式表示为 $\boldsymbol{\lambda}\succeq\boldsymbol{0}$。

观察式 (4.3.37) 知，在不等式 $f_i(\boldsymbol{x})\leqslant 0, i=1,\cdots,m$ 的约束下，当 λ_i 取很大的正值时，式 (4.3.37) 的第 2 项可能趋于负无穷，从而导致 Lagrangian 函数 $L(\boldsymbol{x},\boldsymbol{\lambda},\boldsymbol{\nu})$ 负无穷。因此，需要将 Lagrangian 函数极大化

$$J_1(\boldsymbol{x})=\max_{\boldsymbol{\lambda}\succeq\boldsymbol{0},\boldsymbol{\nu}} L(\boldsymbol{x},\boldsymbol{\lambda},\boldsymbol{\nu})=\max_{\boldsymbol{\lambda}\succeq\boldsymbol{0},\boldsymbol{\nu}}\left(f_0(\boldsymbol{x})+\sum_{i=1}^{m}\lambda_i f_i(\boldsymbol{x})+\sum_{i=1}^{q}\nu_i h_i(\boldsymbol{x})\right) \tag{4.3.38}$$

无约束极大化问题式 (4.3.38) 仍然存在一个问题：无法避免违法约束 $f_i(\boldsymbol{x})>0$。这有可能导致 $J_1(\boldsymbol{x})$ 正无穷大，即有

$$J_1(\boldsymbol{x})=\begin{cases} f_0(\boldsymbol{x}), & \text{若 } \boldsymbol{x} \text{ 满足原始全部约束} \\ (f_0(\boldsymbol{x}),+\infty), & \text{否则} \end{cases} \tag{4.3.39}$$

由式 (4.3.39) 易知，为了得到全部不等式和等式约束条件下原始目标函数 $f(\boldsymbol{x})$ 的极小解 $\min\limits_{\boldsymbol{x}} f_0(\boldsymbol{x})=f_0(\boldsymbol{x}^\star)$，必须将函数 $J_1(\boldsymbol{x})$ 极小化

$$J_{\mathrm{P}}(\boldsymbol{x})=\min_{\boldsymbol{x}} J_1(\boldsymbol{x})=\min_{\boldsymbol{x}}\max_{\boldsymbol{\lambda}\succeq\boldsymbol{0},\boldsymbol{\nu}} L(\boldsymbol{x},\boldsymbol{\lambda},\boldsymbol{\nu}) \tag{4.3.40}$$

这是一个极小–极大化问题，其解就是 Lagrangian 函数 $L(\boldsymbol{x},\boldsymbol{\lambda},\boldsymbol{\nu})$ 的上确界 (supremum) 即最小上界，故有

$$J_{\mathrm{P}}(\boldsymbol{x})=\sup\left(f_0(\boldsymbol{x})+\sum_{i=1}^{m}\lambda_i f_i(\boldsymbol{x})+\sum_{i=1}^{q}\nu_i h_i(\boldsymbol{x})\right) \tag{4.3.41}$$

这是原始约束极小化问题变成无约束极小化问题后的代价函数，简称原始代价函数。

由式 (4.3.41) 和式 (4.3.39) 易知，原始约束极小化问题的最优值

$$p^\star = J_{\mathrm{P}}(\boldsymbol{x}^\star) = \min_{\boldsymbol{x}} f_0(\boldsymbol{x}) = f_0(\boldsymbol{x}^\star) \tag{4.3.42}$$

简称最优原始值 (optimal primal value)。

问题是：一个非凸目标函数的极小化不能转化为另一个凸函数的极小化。因此，若 $f_0(\boldsymbol{x})$ 不是凸函数，则即使我们设计了一种优化算法，可以得到原始代价函数的某个局部极值点 $\tilde{\boldsymbol{x}}$，也不能保证它是一个全局极值点。

幸运的是，一个凸函数 $f(\boldsymbol{x})$ 的极小化与凹函数 $-f(\boldsymbol{x})$ 的极大化等价。基于凸函数极小化与凹函数极大化之间的这一对偶关系，容易引出解决非凸函数优化问题的对偶方法：将非凸目标函数的极小化转换成凹目标函数的极大化。

为此，考虑由 Lagrangian 函数 $L(\boldsymbol{x},\boldsymbol{\lambda},\boldsymbol{\nu})$ 构造另一个目标函数

$$J_2(\boldsymbol{\lambda},\boldsymbol{\nu}) = \min_{\boldsymbol{x}} L(\boldsymbol{x},\boldsymbol{\lambda},\boldsymbol{\nu}) = \min_{\boldsymbol{x}} \left(f_0(\boldsymbol{x}) + \sum_{i=1}^{m} \lambda_i f_i(\boldsymbol{x}) + \sum_{i=1}^{q} \nu_i h_i(\boldsymbol{x}) \right) \tag{4.3.43}$$

由式 (4.3.43) 知

$$\min_{\boldsymbol{x}} L(\boldsymbol{x},\boldsymbol{\lambda},\boldsymbol{\nu}) = \begin{cases} \min\limits_{\boldsymbol{x}} f_0(\boldsymbol{x}), & \text{若 } \boldsymbol{x} \text{ 满足原始全部约束} \\ (-\infty, \min\limits_{\boldsymbol{x}} f_0(\boldsymbol{x})), & \text{否则} \end{cases} \tag{4.3.44}$$

其极大化函数

$$J_{\mathrm{D}}(\boldsymbol{\lambda},\boldsymbol{\nu}) = \max_{\boldsymbol{\lambda}\succeq\boldsymbol{0},\boldsymbol{\nu}} J_2(\boldsymbol{\lambda},\boldsymbol{\nu}) = \max_{\boldsymbol{\lambda}\succeq\boldsymbol{0},\boldsymbol{\nu}} \min_{\boldsymbol{x}} L(\boldsymbol{x},\boldsymbol{\lambda},\boldsymbol{\nu}) \tag{4.3.45}$$

称为原始问题的对偶目标函数，它是 Lagrangian 函数 $L(\boldsymbol{x},\boldsymbol{\lambda},\boldsymbol{\nu})$ 的极大–极小化问题。

由于 Lagrangian 函数 $L(\boldsymbol{x},\boldsymbol{\lambda},\boldsymbol{\nu})$ 的极大–极小化问题就是该函数的下确界 (infimum) 即最大下界，故有

$$J_{\mathrm{D}}(\boldsymbol{\lambda},\boldsymbol{\nu}) = \inf \left(f_0(\boldsymbol{x}) + \sum_{i=1}^{m} \lambda_i f_i(\boldsymbol{x}) + \sum_{i=1}^{q} \nu_i h_i(\boldsymbol{x}) \right) \tag{4.3.46}$$

由式 (4.3.46) 定义的对偶目标函数具有以下特点：

(1) 对偶目标函数 $J_{\mathrm{D}}(\boldsymbol{\lambda},\boldsymbol{\nu})$ 是 Lagrangian 函数 $L(\boldsymbol{x},\boldsymbol{\lambda},\boldsymbol{\nu})$ 的极大–极小化函数即最大下界。

(2) 对偶目标函数 $J_{\mathrm{D}}(\boldsymbol{\lambda},\boldsymbol{\nu})$ 是极大化的目标函数，因此它不是代价函数，而是价值或收益函数。

(3) 对偶目标函数 $J_{\mathrm{D}}(\boldsymbol{\lambda},\boldsymbol{\nu})$ 是下无界的：其下界为 $-\infty$。因此，$J_{\mathrm{D}}(\boldsymbol{\lambda},\boldsymbol{\nu})$ 是变元 $\boldsymbol{x}$ 的凹函数，即使 $f_0(\boldsymbol{x})$ 不是凸函数。

根据定理 4.3.4 知，凹函数的任何一个局部极值点都是一个全局极值点。因此，标准约束极小化问题式 (4.3.2) 的算法设计变成了对偶目标函数的无约束极大化算法的设计。

由于约束极小化问题通过 Lagrangian 乘子法，变成了无约束凹函数的极大化问题，所以常称这一方法为 Lagrangian 对偶法。

记对偶目标函数的最优值 (简称为最优对偶值) 为

$$d^\star = J_{\mathrm{D}}(\boldsymbol{\lambda}^\star, \boldsymbol{\nu}^\star) \tag{4.3.47}$$

由式 (4.3.44) 和式 (4.3.45) 立即知

$$d^\star \leqslant \min_{\boldsymbol{x}} f_0(\boldsymbol{x}) = p^\star \tag{4.3.48}$$

最优原始值与最优对偶值之差 $p^\star - d^\star$ 称为原始极小化问题与对偶极大化问题的对偶 (性) 间隙 (duality gap)。

式 (4.3.48) 是 Lagrangian 函数 $L(\boldsymbol{x}, \boldsymbol{\lambda}, \boldsymbol{\nu})$ 的极大–极小化与极小–极大化之间的关系。事实上，对于任何一个非负的实值函数 $f(\boldsymbol{x}, \boldsymbol{y})$，其极大–极小化与极小–极大化之间都存在以下不等式关系 (见习题 4.15)

$$\max_{\boldsymbol{x}} \min_{\boldsymbol{y}} f(\boldsymbol{x}, \boldsymbol{y}) \leqslant \min_{\boldsymbol{y}} \max_{\boldsymbol{x}} f(\boldsymbol{x}, \boldsymbol{y}) \tag{4.3.49}$$

若 $d^\star \leqslant p^\star$，则称 Lagrangian 对偶法具有弱对偶性 (weak duality)；而当 $d^\star = p^\star$ 时，则称 Lagrangian 对偶法满足强对偶性 (strong duality)。

给定一允许对偶间隙 ε，满足

$$\boldsymbol{p}^\star - f_0(\boldsymbol{x}) \leqslant \varepsilon \tag{4.3.50}$$

的点 $\boldsymbol{x}$ 和 $(\boldsymbol{\lambda}, \boldsymbol{\nu})$ 分别称为对偶凹极大化问题的 ε-次最优原始点和 ε-次最优对偶点。

令 $\boldsymbol{x}^\star$ 和 $(\boldsymbol{\lambda}^\star, \boldsymbol{\nu}^\star)$ 分别表示具有零对偶间隙 $\varepsilon = 0$ 的任意原始最优点和对偶最优点。由于 $\boldsymbol{x}^\star$ 使 Lagrangian 目标函数 $L(\boldsymbol{x}, \boldsymbol{\lambda}^\star, \boldsymbol{\nu}^\star)$ 在所有原始可行点 $\boldsymbol{x}$ 中最小化，所以 Lagrangian 目标函数在点 $\boldsymbol{x}^\star$ 的梯度向量必然等于零向量

$$\nabla f_0(\boldsymbol{x}^\star) + \sum_{i=1}^{m} \lambda_i^\star \nabla f_i(\boldsymbol{x}^\star) + \sum_{i=1}^{q} \nu_i^\star \nabla h_i(\boldsymbol{x}^\star) = \boldsymbol{0}$$

于是，Lagrangian 对偶无约束优化问题的 Karush-Kuhn-Tucker (KKT) 条件 (局部极小解的一阶必要条件) 为 [372]

$$\left.\begin{array}{rll}
f_i(\boldsymbol{x}^\star) \leqslant 0, & i = 1, \cdots, m & (\text{原始不等式约束}) \\
h_i(\boldsymbol{x}^\star) = 0, & i = 1, \cdots, q & (\text{原始等式约束}) \\
\lambda_i^\star \geqslant 0, & i = 1, \cdots, m & (\text{非负性}) \\
\lambda_i^\star f_i(\boldsymbol{x}^\star) = 0, & i = 1, \cdots, m & (\text{互补松弛性}) \\
\multicolumn{3}{c}{\nabla f_0(\boldsymbol{x}^\star) + \sum_{i=1}^{m} \lambda_i^\star \nabla f_i(\boldsymbol{x}^\star) + \sum_{i=1}^{q} \nu_i^\star \nabla h_i(\boldsymbol{x}^\star) = \boldsymbol{0}}
\end{array}\right\} \tag{4.3.51}$$

满足 KKT 条件的点 $\boldsymbol{x}$ 称为 KKT 点。

注释 如果约束优化问题式 (4.3.2) 中的不等式约束 $f_i(\boldsymbol{x}) \leqslant 0,\ i=1,\cdots,m$ 改变为 $c_i(\boldsymbol{x}) \geqslant 0,\ i=1,\cdots,m$，则 Lagrangian 函数需修改为

$$L(\boldsymbol{x},\boldsymbol{\lambda},\boldsymbol{\nu}) = f_0(\boldsymbol{x}) - \sum_{i=1}^{m}\lambda_i c_i(\boldsymbol{x}) + \sum_{i=1}^{q}\nu_i h_i(\boldsymbol{x})$$

并且 KKT 条件式 (4.3.51) 中所有的不等式约束函数 $f_i(\boldsymbol{x})$ 均需要替换为 $-c_i(\boldsymbol{x})$。

下面对各个 KKT 条件进行解读。

(1) 第 1 个和第 2 个 KKT 条件分别是原始不等式和等式约束条件。

(2) 第 3 个 KKT 条件是 Lagrangian 乘子 λ_i 的非负性条件，它是 Lagrangian 对偶法的一个关键约束。

(3) 第 4 个 KKT 条件 (互补松弛性，complementary slackness) 也称双互补性 (dual complementary)，是 Lagrangian 对偶法的另一个关键约束。这一条件意味着，对于违法约束 $f_i(\boldsymbol{x})>0$，对应的 Lagrangian 乘子 λ_i 必须等于零，从而可以完全避免违法约束。这一作用宛如在不等式约束条件的边界 $f_i(\boldsymbol{x})=0, i=1,\cdots,m$ 树立起一道障碍，阻止违法约束 $f_i(\boldsymbol{x})>0$ 的发生。

(4) 第 5 个 KKT 条件是极小化 $\min\limits_{\boldsymbol{x}} L(\boldsymbol{x},\boldsymbol{\lambda},\boldsymbol{\nu})$ 的平稳点条件。

以下是运用 Lagrangian 对偶法需要注意的几个问题。

1. 线性无关约束限制

定义 4.3.7 对于不等式约束 $f_i(\boldsymbol{x}) \leqslant 0, i=1,\cdots,m$，若在点 $\bar{\boldsymbol{x}}$ 有 $f_i(\bar{\boldsymbol{x}})=0$，则称第 i 个约束是在 $\bar{\boldsymbol{x}}$ 点的积极约束 (active constraint)；若 $f_i(\bar{\boldsymbol{x}})<0$，则称第 i 个约束是在 $\bar{\boldsymbol{x}}$ 点的非积极约束 (inactive constraint)。若 $f_i(\bar{\boldsymbol{x}})>0$，则称第 i 个约束是在 $\bar{\boldsymbol{x}}$ 点的违法约束 (violated constraint)。在 $\bar{\boldsymbol{x}}$ 点的所有积极约束的指标集 $\mathcal{A}(\bar{\boldsymbol{x}})=\{i|f_i(\bar{\boldsymbol{x}})=0\}$ 称为 $\bar{\boldsymbol{x}}$ 点的作用集 (active set)。

令 m 个不等式约束 $f_i(\boldsymbol{x}), i=1,\cdots,m$ 在某个 KKT 点 $\boldsymbol{x}^\star$ 共有 k 个积极约束 $f_{\mathcal{A}1}(\boldsymbol{x}^\star),\cdots,f_{\mathcal{A}k}(\boldsymbol{x}^\star)$ 和 $m-k$ 个非积极约束。

为了满足 KKT 条件中的互补性 $\lambda_i f_i(\boldsymbol{x}^\star)=0$，与非积极约束 $f_i(\boldsymbol{x}^\star)<0$ 对应的 Lagrangian 乘子 $\lambda_i^\star$ 必须等于零。这意味着，式 (4.3.51) 中的最后一个 KKT 条件变为

$$\nabla f_0(\boldsymbol{x}^\star) + \sum_{i\in\mathcal{A}}\lambda_i^\star \nabla f_i(\boldsymbol{x}^\star) + \sum_{i=1}^{q}\nu_i^\star \nabla h_i(\boldsymbol{x}^\star) = \boldsymbol{0}$$

或者

$$\begin{bmatrix}\dfrac{\partial f_0(\boldsymbol{x}^\star)}{\partial x_1^\star}\\ \vdots \\ \dfrac{\partial f_0(\boldsymbol{x}^\star)}{\partial x_n^\star}\end{bmatrix} + \begin{bmatrix}\dfrac{\partial h_1(\boldsymbol{x}^\star)}{\partial x_1^\star} & \cdots & \dfrac{\partial h_q(\boldsymbol{x}^\star)}{\partial x_1^\star}\\ \vdots & \ddots & \vdots \\ \dfrac{\partial h_1(\boldsymbol{x}^\star)}{\partial x_n^\star} & \cdots & \dfrac{\partial h_q(\boldsymbol{x}^\star)}{\partial x_n^\star}\end{bmatrix}\begin{bmatrix}\nu_1^\star\\ \vdots\\ \nu_q^\star\end{bmatrix} = -\begin{bmatrix}\dfrac{\partial f_{\mathcal{A}1}(\boldsymbol{x}^\star)}{\partial x_1^\star} & \cdots & \dfrac{\partial f_{\mathcal{A}k}(\boldsymbol{x}^\star)}{\partial x_1^\star}\\ \vdots & \ddots & \vdots \\ \dfrac{\partial f_{\mathcal{A}1}(\boldsymbol{x}^\star)}{\partial x_n^\star} & \cdots & \dfrac{\partial f_{\mathcal{A}k}(\boldsymbol{x}^\star)}{\partial x_n^\star}\end{bmatrix}\begin{bmatrix}\lambda_{\mathcal{A}1}^\star\\ \vdots\\ \lambda_{\mathcal{A}k}^\star\end{bmatrix}$$

即有

$$\nabla f_0(\boldsymbol{x}^\star) + (\boldsymbol{J}_h(\boldsymbol{x}^\star))^{\mathrm{T}}\boldsymbol{\nu}^\star = -(\boldsymbol{J}_{\mathcal{A}}(\boldsymbol{x}^\star))^{\mathrm{T}}\boldsymbol{\lambda}_{\mathcal{A}}^\star \tag{4.3.52}$$

式中 $\boldsymbol{J}_h(\boldsymbol{x}^\star)$ 是等式约束 $h_i(\boldsymbol{x}) = 0, i = 1, \cdots, q$ 在点 $\boldsymbol{x}^\star$ 的 Jacobian 矩阵，而

$$\boldsymbol{J}_{\mathcal{A}}(\boldsymbol{x}^\star) = \begin{bmatrix} \dfrac{\partial f_{\mathcal{A}1}(\boldsymbol{x}^\star)}{\partial x_1^\star} & \cdots & \dfrac{\partial f_{\mathcal{A}1}(\boldsymbol{x}^\star)}{\partial x_n^\star} \\ \vdots & \ddots & \vdots \\ \dfrac{\partial f_{\mathcal{A}k}(\boldsymbol{x}^\star)}{\partial x_1^\star} & \cdots & \dfrac{\partial f_{\mathcal{A}k}(\boldsymbol{x}^\star)}{\partial x_n^\star} \end{bmatrix} \in \mathbb{R}^{k\times n} \tag{4.3.53}$$

$$\boldsymbol{\lambda}_{\mathcal{A}}^\star = [\lambda_{\mathcal{A}1}^\star, \cdots, \lambda_{\mathcal{A}k}^\star] \in \mathbb{R}^k \tag{4.3.54}$$

分别是积极约束的 Jacobian 矩阵和 Lagrangian 乘子向量。

式 (4.3.52) 表明，若积极约束在可行点 $\bar{\boldsymbol{x}}$ 的 Jacobian 矩阵 $\boldsymbol{J}_{\mathcal{A}}(\bar{\boldsymbol{x}})$ 满行秩，则积极约束的 Lagrangian 乘子向量可由

$$\boldsymbol{\lambda}_{\mathcal{A}}^\star = -(\boldsymbol{J}_{\mathcal{A}}(\bar{\boldsymbol{x}})\boldsymbol{J}_{\mathcal{A}}(\bar{\boldsymbol{x}})^{\mathrm{T}})^{-1}\boldsymbol{J}_{\mathcal{A}}(\bar{\boldsymbol{x}})[\nabla f_0(\bar{\boldsymbol{x}}) + (\boldsymbol{J}_h(\bar{\boldsymbol{x}}))^{\mathrm{T}}\boldsymbol{\nu}^\star] \tag{4.3.55}$$

唯一确定。为此，对积极约束的梯度向量有以下规定。

定义 4.3.8 考虑不等式约束 $f_i(\boldsymbol{x}) \leqslant 0$。称线性无关约束规定 (LICQ: linear independence constraint qualification) 在可行点 $\bar{\boldsymbol{x}}$ 成立，若积极约束的梯度 $\nabla f_{\mathcal{A}i}(\bar{\boldsymbol{x}}), i \in \mathcal{A}$ 线性无关，或积极约束的 Jacobian 矩阵 $\boldsymbol{J}_{\mathcal{A}}(\bar{\boldsymbol{x}})$ 满行秩。

定义 4.3.9 考虑不等式约束 $f_i(\boldsymbol{x}) \leqslant 0$。称 Mangasarian-Fromovitz 约束规定 (MFCQ) 在可行点 $\bar{\boldsymbol{x}}$ 成立，若 $\bar{\boldsymbol{x}}$ 是严格可行点，或者若存在一向量 $\boldsymbol{p}$ 使得 $\nabla f_i(\bar{\boldsymbol{x}})^{\mathrm{T}}\boldsymbol{p} < 0$ 对所有 $i \in \mathcal{A}$ 成立，即若 $\boldsymbol{J}_{\mathcal{A}}(\bar{\boldsymbol{x}})^{\mathrm{T}}\boldsymbol{p} < 0$。

2. Slater 定理 (强对偶性的判断)

在算法设计中，总是希望强对偶性能够成立。判断强对偶性是否成立的一种简单方法是 Slater 定理。

定义原始不等式约束的可行域 $\mathcal{F}$ 的相对内域为

$$\mathrm{relint}(\mathcal{F}) = \{\boldsymbol{x} | f_i(\boldsymbol{x}) < 0, i = 1, \cdots, m; h_i(\boldsymbol{x}) = 0, i = 1, \cdots, p\} \tag{4.3.56}$$

位于可行域的相对内域的点 $\bar{\boldsymbol{x}} \in \mathrm{relint}(\mathcal{F})$ 称为相对内点 (relative interior point)。

优化过程中，迭代点位于可行域的内域的约束规定称为 Slater 条件。Slater 定理说的是：如果 Slater 条件满足，并且原始不等式优化问题式 (4.3.2) 为凸优化问题，则对偶无约束优化问题式 (4.3.45) 的最优值 $d^\star$ 与原始优化问题的最优值 $p^\star$ 相等，即强对偶性成立。

下面列举出原始约束优化问题与 Lagrangian 对偶无约束凸优化问题的最优解之间的几点关系。

(1) 只有当不等式约束函数 $f_i(\boldsymbol{x}), i=1,\cdots,m$ 均为凸函数，且等式约束函数 $h_i(\boldsymbol{x}), i=1,\cdots,q$ 均为仿射函数时，一个原始约束优化问题才能借助 Lagrangian 松弛方法，转换成一个凹函数的对偶无约束极大化问题。

(2) 凹函数的极大化等价于凸函数的极小化。

(3) 若原始约束优化问题的目标函数 $f_0(\boldsymbol{x})$ 不是凸函数，但不等式约束函数 $f_i(\boldsymbol{x}), i=1,\cdots,m$ 均为凸函数，并且等式约束函数 $h_i(\boldsymbol{x}), i=1,\cdots,q$ 均为仿射函数，则 Lagrangian 目标函数满足 KKT 条件的点 $\boldsymbol{x}^\star$ 和 $(\boldsymbol{\lambda}^\star,\boldsymbol{\nu}^\star)$ 一般不会分别是原始最优点和对偶最优点，即 Lagrangian 对偶无约束优化问题的最优解不是原始约束优化问题的最优解，而是 ε-次最优解，其中 $\varepsilon = f_0(\boldsymbol{x}^\star) - J_{\rm D}(\boldsymbol{\lambda}^\star,\boldsymbol{\nu}^\star)$。

(4) 若 $f_0(\boldsymbol{x})$ 和 $f_i(\boldsymbol{x})$ 均为凸函数，并且等式约束函数 $h_i(\boldsymbol{x})$ 均为仿射函数，即原始约束优化问题为凸优化问题，则 Lagrangian 目标函数满足 KKT 条件的点 $\tilde{\boldsymbol{x}}$ 和 $(\tilde{\boldsymbol{\lambda}},\tilde{\boldsymbol{\nu}})$ 分别是具有零对偶间隙的原始最优点和对偶最优点。换言之，Lagrangian 对偶无约束优化问题的最优解 $\boldsymbol{d}^\star$ 就是原始约束凸优化问题的最优解 $\boldsymbol{p}^\star$。

4.4 平滑凸优化的一阶算法

非凸函数的约束极小化问题可以利用 Lagrangian 对偶法，变成凹函数的无约束极大化问题求解。本节讨论无约束凸优化的最优化算法。

最优化算法分为一阶算法和二阶算法。本节以平滑函数为对象，介绍平滑凸优化的一阶算法：梯度法和投影梯度法、共轭梯度法、Nesterov 最优梯度法。

4.4.1 梯度法与梯度投影法

考虑目标函数 $f: Q \to \mathbb{R}$ (其中 $\boldsymbol{x}\in Q\subset \mathbb{R}^n$) 的无约束优化问题

$$\min_{\boldsymbol{x}\in Q} f(\boldsymbol{x}) \tag{4.4.1}$$

如图 4.4.1 所示，向量 $\boldsymbol{x}$ 为黑盒的输入，其输出为函数 $f(\boldsymbol{x})$ 及其梯度函数 $\nabla f(\boldsymbol{x})$。

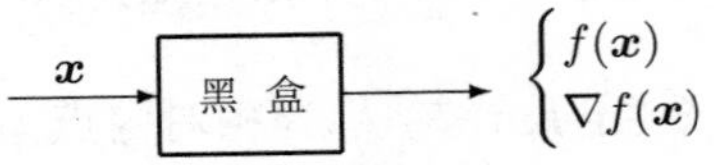

$$\boldsymbol{x} \longrightarrow \boxed{\text{黑 盒}} \longrightarrow \begin{cases} f(\boldsymbol{x}) \\ \nabla f(\boldsymbol{x}) \end{cases}$$

图 4.4.1 一阶黑盒优化方法

令 $\boldsymbol{x}_{\rm opt}$ 表示 $\min f(\boldsymbol{x})$ 的最优解，一阶黑盒优化 (first-order black-box optimization) 就是只利用 $f(\boldsymbol{x})$ 和 $\nabla f(\boldsymbol{x})$，求解向量 $\boldsymbol{y}\in Q$ 满足

$$\boldsymbol{y}:\quad f(\boldsymbol{y}) - f(\boldsymbol{x}_{\rm opt}) \leqslant \varepsilon$$

其中 ε 是给定的精度误差。满足这一条件的解 $\boldsymbol{y}$ 称为目标函数 $f(\boldsymbol{x})$ 的 ε-(次) 最优解。

一阶黑盒优化方法包括两个基本任务：

(1) 一阶迭代优化算法的设计。

(2) 优化算法的收敛速率或复杂度分析。

下面先介绍优化算法的设计。

下降法 (descent method) 是一种最简单的一阶优化方法，其求解无约束凸函数最小化问题 $\min f(\boldsymbol{x})$ 的基本思想是：当 $Q = \mathbb{R}^n$ 时，利用优化序列

$$\boldsymbol{x}_{k+1} = \boldsymbol{x}_k + \mu_k \Delta \boldsymbol{x}_k, \qquad k = 1, 2, \cdots \tag{4.4.2}$$

寻找最优点 $\boldsymbol{x}_{\text{opt}}$。式中，$k = 1, 2, \cdots$ 表示迭代次数，$\mu_k \geqslant 0$ 称为第 k 次迭代的步长 (step size 或 step length)，用于控制更新 $\boldsymbol{x}$ 寻优的步伐；Δ 和 $\boldsymbol{x}$ 的连体符号 (concatenated symbols) $\Delta \boldsymbol{x}$ 表示 $\mathbb{R}^n$ 内的一个向量，称为步行方向 (step direction) 或搜索方向 (search direction)，而 $\Delta \boldsymbol{x}_k = \boldsymbol{x}_{k+1} - \boldsymbol{x}_k$ 表示目标函数 $f(\boldsymbol{x})$ 在第 k 次迭代的搜索方向。

由于最小化算法设计要求迭代过程中目标函数是下降的

$$f(\boldsymbol{x}_{k+1}) < f(\boldsymbol{x}_k) \tag{4.4.3}$$

所以这种方法称为下降法。这就要求对所有 k，必须有 $\boldsymbol{x}_k \in \text{dom}\, f$。

由目标函数在 $\boldsymbol{x}_k$ 的一阶 Taylor 近似表达式

$$f(\boldsymbol{x}_{k+1}) \approx f(\boldsymbol{x}_k) + (\nabla f(\boldsymbol{x}_k))^{\mathrm{T}} \Delta \boldsymbol{x}_k \tag{4.4.4}$$

易知，若

$$(\nabla f(\boldsymbol{x}_k))^{\mathrm{T}} \Delta \boldsymbol{x}_k < 0 \tag{4.4.5}$$

则 $f(\boldsymbol{x}_{k+1}) < f(\boldsymbol{x}_k)$，故满足 $(\nabla f(\boldsymbol{x}_k))^{\mathrm{T}} \Delta \boldsymbol{x}_k < 0$ 的搜索方向 $\Delta \boldsymbol{x}_k$ 称为目标函数 $f(\boldsymbol{x})$ 在第 k 次迭代的下降步 (descent step) 或下降方向 (descent direction)。

显然，为使 $(\nabla f(\boldsymbol{x}_k))^{\mathrm{T}} \Delta \boldsymbol{x}_k < 0$ 成立，应当取

$$\Delta \boldsymbol{x}_k = -\nabla f(\boldsymbol{x}_k) \cos \theta \tag{4.4.6}$$

其中 $0 \leqslant \theta < \pi/2$ 是下降方向与负梯度方向 $-\nabla f(\boldsymbol{x}_k)$ 之间的夹角，为锐角。

$\theta = 0$ 意味着 $\Delta \boldsymbol{x}_k = -\nabla f(\boldsymbol{x}_k)$，即搜索方向直接取目标函数 f 在点 $\boldsymbol{x}_k$ 的负梯度方向。此时，下降步的长度 $\|\Delta \boldsymbol{x}_k\|_2 = \|\nabla f(\boldsymbol{x}_k)\|_2$ 取最大值，故称下降方向 $\Delta \boldsymbol{x}_k$ 具有最大的下降步伐或速率，与此对应的下降法则称为最速下降法 (steepest descent method)

$$\boldsymbol{x}_{k+1} = \boldsymbol{x}_k - \mu_k \nabla f(\boldsymbol{x}_k), \qquad k = 1, 2, \cdots \tag{4.4.7}$$

最速下降法也可利用函数的二次逼近解释。函数 $f(\boldsymbol{x})$ 在 $\boldsymbol{y}$ 点的二次 Taylor 展开为

$$f(\boldsymbol{y}) \approx f(\boldsymbol{x}) + (\nabla f(\boldsymbol{x}))^{\mathrm{T}} (\boldsymbol{y} - \boldsymbol{x}) + \frac{1}{2} (\boldsymbol{y} - \boldsymbol{x})^{\mathrm{T}} \nabla^2 f(\boldsymbol{x}) (\boldsymbol{y} - \boldsymbol{x}) \tag{4.4.8}$$

若用 $\frac{1}{t}\boldsymbol{I}$ 代替 Hessian 矩阵 $\nabla^2 f(\boldsymbol{x})$，则有

$$f(\boldsymbol{y}) \approx f(\boldsymbol{x}) + (\nabla f(\boldsymbol{x}))^{\mathrm{T}}(\boldsymbol{y}-\boldsymbol{x}) + \frac{1}{2t}\|\boldsymbol{y}-\boldsymbol{x}\|_2^2 \tag{4.4.9}$$

上式为函数 $f(\boldsymbol{x})$ 在点 $\boldsymbol{y}$ 的二次逼近 (quadratic approximation, QA)。易求得梯度向量

$$\nabla f(\boldsymbol{y}) = \frac{\partial f(\boldsymbol{y})}{\partial \boldsymbol{y}} = \nabla f(\boldsymbol{x}) + \frac{1}{t}(\boldsymbol{y}-\boldsymbol{x})$$

令 $\nabla f(\boldsymbol{y}) = 0$，便得到解为 $\boldsymbol{y} = \boldsymbol{x} - t\nabla f(\boldsymbol{x})$。令 $\boldsymbol{y} = \boldsymbol{x}_{k+1}$ 和 $\boldsymbol{x} = \boldsymbol{x}_k$，立即得最速下降法的更新公式 $\boldsymbol{x}_{k+1} = \boldsymbol{x}_k - t\nabla f(\boldsymbol{x}_k)$。

最速下降方向 $\Delta\boldsymbol{x} = -\nabla f(\boldsymbol{x})$ 只使用目标函数 $f(\boldsymbol{x})$ 的一阶梯度信息。如果能够再利用目标函数的二阶梯度即 Hessian 矩阵 $\nabla^2 f(\boldsymbol{x}_k)$，则有望找到更好的下降方向。此时，最优下降方向 $\Delta\boldsymbol{x}$ 应该是使 $f(\boldsymbol{x})$ 的二阶 Taylor 逼近函数最小化问题的解

$$\min_{\Delta\boldsymbol{x}} f(\boldsymbol{x}+\Delta\boldsymbol{x}) = f(\boldsymbol{x}) + (\nabla f(\boldsymbol{x}))^{\mathrm{T}}\Delta\boldsymbol{x} + \frac{1}{2}(\Delta\boldsymbol{x})^{\mathrm{T}}\nabla^2 f(\boldsymbol{x})\Delta\boldsymbol{x} \tag{4.4.10}$$

在最优点，相对于参数向量 $\Delta\boldsymbol{x}$ 的梯度必须等于零，即

$$\begin{aligned}\frac{\partial f(\boldsymbol{x}+\Delta\boldsymbol{x})}{\partial \Delta\boldsymbol{x}} &= \nabla f(\boldsymbol{x}) + \nabla^2 f(\boldsymbol{x})\Delta\boldsymbol{x} = \boldsymbol{0} \\ \Longleftrightarrow \Delta\boldsymbol{x}_{\mathrm{nt}} &= -\left(\nabla^2 f(\boldsymbol{x})\right)^{-1}\nabla f(\boldsymbol{x})\end{aligned} \tag{4.4.11}$$

其中 $\Delta\boldsymbol{x}_{\mathrm{nt}}$ 称为 Newton 步或 Newton 下降方向，相应的寻优方法称为 Newton 法。Newton 法也称 Newton-Raphson 法。

算法 4.4.1 梯度下降算法及其变型

初始化 选择一个起始点 $\boldsymbol{x}_1 \in \mathrm{dom}\, f$ 和允许精度 $\varepsilon > 0$，并且令 $k = 1$。

步骤 1 计算目标函数在点 $\boldsymbol{x}_k$ 的梯度 $\nabla f(\boldsymbol{x}_k)$ (以及 Hessian 矩阵 $\nabla^2 f(\boldsymbol{x}_k)$)，并选择下降方向

$$\Delta\boldsymbol{x}_k = \begin{cases} -\nabla f(\boldsymbol{x}_k) & \text{(最速下降法)} \\ -\left(\nabla^2 f(\boldsymbol{x}_k)\right)^{-1}\nabla f(\boldsymbol{x}_k) & \text{(Newton 法)} \end{cases}$$

步骤 2 选择步长 $\mu_k > 0$。

步骤 3 进行更新

$$\boldsymbol{x}_{k+1} = \boldsymbol{x}_k + \mu_k \Delta\boldsymbol{x}_k \tag{4.4.12}$$

步骤 4 判断停止准则是否满足：若 $|f(\boldsymbol{x}_{k+1}) - f(\boldsymbol{x}_k)| \leqslant \varepsilon$，则停止迭代，并输出 $\boldsymbol{x}_k$；若不满足，则令 $k \leftarrow k+1$，并返回步骤 1，进行下一轮迭代，直至停止准则满足为止。

根据步长 μ_k 的选择不同，梯度算法有以下几种常用变型[363]：

(1) 梯度算法执行之前，选择步长序列 $\{\mu_k\}_{k=0}^{\infty}$。例如

$$\mu_k = \mu \quad \text{(固定步长)} \quad 或 \quad \mu_k = \frac{h}{\sqrt{k+1}}$$

(2) 全松弛 (full relaxation)

$$\mu_k = \arg\min_{\mu \geqslant 0} f(\boldsymbol{x}_k - \mu \nabla f(\boldsymbol{x}_k))$$

(3) Goldstein-Armijo 规则　求 $\boldsymbol{x}_{k+1} = \boldsymbol{x}_k - \mu \nabla f(\boldsymbol{x}_k)$，使得

$$\alpha \langle \nabla f(\boldsymbol{x}_k), \boldsymbol{x}_k - \boldsymbol{x}_{k+1} \rangle \leqslant f(\boldsymbol{x}_k) - f(\boldsymbol{x}_{k+1})$$
$$\beta \langle \nabla f(\boldsymbol{x}_k), \boldsymbol{x}_k - \boldsymbol{x}_{k+1} \rangle \geqslant f(\boldsymbol{x}_k) - f(\boldsymbol{x}_{k+1})$$

式中，$0 < \alpha < \beta < 1$ 是两个固定的参数。

注意，梯度算法中的变元向量 $\boldsymbol{x}$ 是无约束的，即 $\boldsymbol{x} \in \mathbb{R}^n$。若 $\boldsymbol{x} \in C$ 是有约束的，其中 $C \subset \mathbb{R}^n$，则梯度算法中的更新公式应该用投影代替

$$\boldsymbol{x}_{k+1} = \mathcal{P}_C(\boldsymbol{x}_k - \mu_k \nabla f(\boldsymbol{x}_k)) \tag{4.4.13}$$

这一算法称为梯度投影法 (gradient-projection method) 法。梯度投影法也称投影梯度法 (projected gradient method)。$\mathcal{P}_C(\boldsymbol{y})$ 称为投影算子 (projection operator)，定义为

$$\mathcal{P}_C(\boldsymbol{y}) = \arg\min_{\boldsymbol{x} \in C} \frac{1}{2} \|\boldsymbol{x} - \boldsymbol{y}\|_2^2 \tag{4.4.14}$$

投影算子也可等价表示为

$$\mathcal{P}_C(\boldsymbol{y}) = \boldsymbol{P}_C \boldsymbol{y} \tag{4.4.15}$$

其中，$\boldsymbol{P}_C$ 是到子空间 C 上的投影矩阵。若 C 是矩阵 $\boldsymbol{A}$ 的列空间，则

$$\boldsymbol{P}_A = \boldsymbol{A}(\boldsymbol{A}^{\mathrm{T}} \boldsymbol{A})^{-1} \boldsymbol{A}^{\mathrm{T}} \tag{4.4.16}$$

关于投影矩阵，将在第 9 章 (投影分析) 中详细讨论。

特别地，若 $C = \mathbb{R}^n$ 即变元向量 $\boldsymbol{x}$ 是无约束的，则投影算子等于单位矩阵，即 $\mathcal{P}_C = \boldsymbol{I}$，故有

$$\mathcal{P}_{\mathbb{R}^n}(\boldsymbol{y}) = \boldsymbol{P}\boldsymbol{y} = \boldsymbol{y}, \quad \forall \boldsymbol{y} \in \mathbb{R}^n$$

此时，梯度投影算法退化为梯度算法。

下面是向量 $\boldsymbol{x}$ 到一些典型集合上的投影 [498]。

(1) 到超平面 $C = \{\boldsymbol{x} | \boldsymbol{a}^{\mathrm{T}} \boldsymbol{x} = b\}$ (其中 $\boldsymbol{a} \neq \boldsymbol{0}$) 上的投影

$$\mathcal{P}_C(\boldsymbol{x}) = \boldsymbol{x} + \frac{b - \boldsymbol{a}^{\mathrm{T}} \boldsymbol{x}}{\|\boldsymbol{a}\|_2^2} \boldsymbol{a} \tag{4.4.17}$$

(2) 到仿射集 $C = \{\boldsymbol{x} | \boldsymbol{A}\boldsymbol{x} = \boldsymbol{b}\}$ (其中 $\boldsymbol{A} \in \mathbb{R}^{p \times n}, \mathrm{rank}(\boldsymbol{A}) = p$) 上的投影

$$\mathcal{P}_C(\boldsymbol{x}) = \boldsymbol{x} + \boldsymbol{A}^{\mathrm{T}} (\boldsymbol{A}\boldsymbol{A}^{\mathrm{T}})^{-1} (\boldsymbol{b} - \boldsymbol{A}\boldsymbol{x}) \tag{4.4.18}$$

若 $p \ll n$ 或者 $\boldsymbol{A}\boldsymbol{A}^{\mathrm{T}} = \boldsymbol{I}$，则投影 $\mathcal{P}_C(\boldsymbol{x})$ 是低成本的。

(3) 到非负象限 $C=\mathbb{R}_+^n$ 上的投影

$$\mathcal{P}_C(\boldsymbol{x})=(\boldsymbol{x})^+ \quad \Leftrightarrow \quad [(\boldsymbol{x})^+]_i=\max\{x_i,0\} \tag{4.4.19}$$

(4) 到半空间 (halfspace) $C=\{\boldsymbol{x}|\boldsymbol{a}^{\mathrm{T}}\boldsymbol{x}\leqslant b\}$ (其中 $\boldsymbol{a}\neq\mathbf{0}$) 上的投影

$$\mathcal{P}_C(\boldsymbol{x})=\begin{cases}\boldsymbol{x}+\frac{b-\boldsymbol{a}^{\mathrm{T}}\boldsymbol{x}}{\|\boldsymbol{a}\|_2^2}\boldsymbol{a}, & 若\ \boldsymbol{a}^{\mathrm{T}}\boldsymbol{x}>b\\ \boldsymbol{x}, & 若\ \boldsymbol{a}^{\mathrm{T}}\boldsymbol{x}\leqslant b\end{cases} \tag{4.4.20}$$

(5) 到矩形集 $C=[\boldsymbol{a},\boldsymbol{b}]$ (其中 $a_i\leqslant x_i\leqslant b_i$) 上的投影

$$\mathcal{P}_C(\boldsymbol{x})=\begin{cases}a_i, & 若\ x_i\leqslant a_i\\ x_i, & 若\ a_i\leqslant x_i\leqslant b_i\\ b_i, & 若\ x_i\geqslant b_i\end{cases} \tag{4.4.21}$$

(6) 到 Euclidean 球 $C=\{\boldsymbol{x}|\,\|\boldsymbol{x}\|_2\leqslant 1\}$ 上的投影

$$\mathcal{P}_C(\boldsymbol{x})=\begin{cases}\frac{1}{\|\boldsymbol{x}\|_2}\boldsymbol{x}, & 若\ \|\boldsymbol{x}\|_2>1\\ \boldsymbol{x}, & 若\ \|\boldsymbol{x}\|_2\leqslant 1\end{cases} \tag{4.4.22}$$

(7) 到 L_1 范数球 $C=\{\boldsymbol{x}|\,\|\boldsymbol{x}\|_1\leqslant 1\}$ 上的投影

$$\mathcal{P}_C(\boldsymbol{x})_i=\begin{cases}x_i-\lambda, & 若\ x_i>\lambda\\ 0, & 若\ -\lambda\leqslant x_i\leqslant\lambda\\ x_i+\lambda, & 若\ x_i<-\lambda\end{cases} \tag{4.4.23}$$

其中 $\lambda=0$，若 $\|\boldsymbol{x}\|_1\leqslant 1$；否则 λ 是下列方程的解

$$\sum_{i=1}^n\max\{|\,x_i|-\lambda,0\}=1$$

(8) 到二阶锥 $C=\{(\boldsymbol{x},t)|\,\|\boldsymbol{x}\|_2\leqslant t,\boldsymbol{x}\in\mathbb{R}^n\}$ 上的投影

$$\mathcal{P}_C(\boldsymbol{x})=\begin{cases}(\boldsymbol{x},t), & 若\ \|\boldsymbol{x}\|_2\leqslant t\\ \dfrac{t+\|\boldsymbol{x}\|_2}{2\|\boldsymbol{x}\|_2}\begin{bmatrix}\boldsymbol{x}\\ t\end{bmatrix}, & 若\ -t<\|\boldsymbol{x}\|_2<t\\ (0,0), & 若\ \|\boldsymbol{x}\|_2\leqslant -t,\ \boldsymbol{x}\neq\mathbf{0}\end{cases} \tag{4.4.24}$$

(9) 到半正定锥 $C=\mathbb{S}_+^n$ 上的投影

$$\mathcal{P}_C(\boldsymbol{X})=\sum_{i=1}^n\max\{0,\lambda_i\}\boldsymbol{q}_i\boldsymbol{q}_i^{\mathrm{T}} \tag{4.4.25}$$

式中，$\boldsymbol{X}=\sum\limits_{i=1}^n\lambda_i\boldsymbol{q}_i\boldsymbol{q}_i^{\mathrm{T}}$ 是半正定矩阵 $\boldsymbol{X}$ 的特征值分解。

4.4.2 共轭梯度算法

考虑矩阵方程 $\boldsymbol{Ax}=\boldsymbol{b}$ 的迭代求解，其中 $\boldsymbol{A}\in\mathbb{R}^{n\times n}$ 是一非奇异矩阵。这一矩阵方程可以等价写作

$$\boldsymbol{x}=(\boldsymbol{I}-\boldsymbol{A})\boldsymbol{x}+\boldsymbol{b} \tag{4.4.26}$$

由此启发了下面的迭代算法

$$\boldsymbol{x}_{k+1}=(\boldsymbol{I}-\boldsymbol{A})\boldsymbol{x}_k+\boldsymbol{b} \tag{4.4.27}$$

这一迭代称为 Richardson 迭代，它可以写作更加一般的形式

$$\boldsymbol{x}_{k+1}=\boldsymbol{M}\boldsymbol{x}_k+\boldsymbol{c} \tag{4.4.28}$$

其中 $\boldsymbol{M}$ 是一个 $n\times n$ 矩阵，称为迭代矩阵 (iteration matrix)。

具有式 (4.4.28) 一类形式的迭代称为固定迭代法 (stationary iterative methods)，但它没有非固定迭代法 (nonstationary iterative methods) 有效。

所谓非固定迭代法就是 $\boldsymbol{x}_{k+1}$ 与前面的迭代 $\boldsymbol{x}_k,\boldsymbol{x}_{k-1},\cdots,\boldsymbol{x}_0$ 都有关的一种迭代方法。最典型的非固定迭代法是 Krylov 子空间方法

$$\boldsymbol{x}_{k+1}=\boldsymbol{x}_0+\mathcal{K}_k \tag{4.4.29}$$

式中

$$\mathcal{K}_k=\mathrm{span}(\boldsymbol{r}_0,\boldsymbol{A}\boldsymbol{r}_0,\cdots,\boldsymbol{A}^{k-1}\boldsymbol{r}_0) \tag{4.4.30}$$

称为第 k 次 Krylov 子空间，其中 $\boldsymbol{x}_0$ 是迭代的初始值，而 $\boldsymbol{r}_0$ 表示初始残差 (向量)。

Krylov 子空间方法存在多种形式，下面依次介绍三种最常用的 Krylov 子空间方法：共轭梯度法、双共轭梯度法和预处理共轭梯度法。

1. 共轭梯度法

共轭梯度法 (conjugate gradient method) 使用 $\boldsymbol{r}_0=\boldsymbol{A}\boldsymbol{x}_0-\boldsymbol{b}$ 作为初始残差向量。

共轭梯度法的适用对象限定为对称正定方程组 $\boldsymbol{Ax}=\boldsymbol{b}$，其中 $\boldsymbol{A}$ 是一个 $n\times n$ 的对称正定矩阵。

称非零向量组合 $\{\boldsymbol{p}_0,\boldsymbol{p}_1,\cdots,\boldsymbol{p}_k\}$ 是 $\boldsymbol{A}$-正交或共轭的，若

$$\boldsymbol{p}_i^{\mathrm{T}}\boldsymbol{A}\boldsymbol{p}_j=0,\quad \forall i\neq j \tag{4.4.31}$$

式 (4.4.31) 描述的性质常常简称为一组向量的 $\boldsymbol{A}$-正交性或共轭性 (conjugacy)。显然，若 $\boldsymbol{A}=\boldsymbol{I}$，则向量的共轭性退化为普通的向量正交。

凡使用共轭向量作为更新方向的算法统称共轭方向算法。若共轭向量 $\boldsymbol{p}_0,\boldsymbol{p}_1,\cdots,\boldsymbol{p}_{n-1}$ 不是预先设定的，而是在迭代过程中利用梯度下降法更新，则称目标函数 $f(\boldsymbol{x})$ 的最小化算法为共轭梯度算法。

算法 4.4.2 共轭梯度 (CG) 算法[198, 263]

输入 $n\times n$ 对称矩阵 $\boldsymbol{A}$ 和 $n\times 1$ 向量 $\boldsymbol{b}$，最大迭代步数 $k_{\max}$，允许误差 ε。

初始化 选择 $\boldsymbol{x}_0\in\mathbb{R}^n$，令 $\boldsymbol{r}=\boldsymbol{A}\boldsymbol{x}_0-\boldsymbol{b}$ 和 $\rho_0=\|\boldsymbol{r}\|_2^2$。

迭代 $k=1,2,\cdots,k_{\max}$

1. 若 $k=1$，则 $\boldsymbol{p}=\boldsymbol{r}$。否则，令 $\beta=\rho_{k-1}/\rho_{k-2}$ 和 $\boldsymbol{p}=\boldsymbol{r}+\beta\boldsymbol{p}$;

2. $\boldsymbol{w}=\boldsymbol{A}\boldsymbol{p}$;

3. $\alpha=\rho_{k-1}/\boldsymbol{p}^{\mathrm{T}}\boldsymbol{w}$;

4. $\boldsymbol{x}=\boldsymbol{x}+\alpha\boldsymbol{p}$;

5. $\boldsymbol{r}=\boldsymbol{r}-\alpha\boldsymbol{w}$;

6. $\rho_k=\|\boldsymbol{r}\|_2^2$;

7. 若 $\sqrt{\rho_k}<\varepsilon\|\boldsymbol{b}\|_2$ 或者 $k=k_{\max}$，则停止迭代，并输出 $\boldsymbol{x}$；否则，令$k=k+1$，并返回步骤1，继续迭代。

由上述算法可以看出，在共轭梯度法的迭代过程中，矩阵方程 $\boldsymbol{A}\boldsymbol{x}=\boldsymbol{b}$ 解为

$$\boldsymbol{x}_k=\sum_{i=1}^{k}\alpha_i\boldsymbol{p}_i=\sum_{i=1}^{k}\frac{\langle\boldsymbol{r}_{i-1},\boldsymbol{r}_{i-1}\rangle}{\langle\boldsymbol{p}_i,\boldsymbol{A}\boldsymbol{p}_i\rangle}\boldsymbol{p}_i \tag{4.4.32}$$

即 $\boldsymbol{x}_k$ 属于第 k 次 Krylov 子空间

$$\boldsymbol{x}_k\in\operatorname{span}\{\boldsymbol{p}_1,\boldsymbol{p}_2,\cdots,\boldsymbol{p}_k\}=\operatorname{span}\{\boldsymbol{r}_0,\boldsymbol{A}\boldsymbol{r}_0,\cdots,\boldsymbol{A}^{k-1}\boldsymbol{r}_0\}$$

与固定迭代法的迭代矩阵 $\boldsymbol{M}$ 需要构造和存储不同，算法 4.4.2 中的矩阵 $\boldsymbol{A}$ 只是参与矩阵与向量的相乘 $\boldsymbol{A}\boldsymbol{p}$。因此，Krylov 子空间法又称为无矩阵 (matrix-free) 方法[263]。

2. 双共轭梯度法

若矩阵 $\boldsymbol{A}$ 不是实对称矩阵，则可使用 Fletcher[168] 提出的双共轭梯度法 (biconjugate gradient method) 求解矩阵方程 $\boldsymbol{A}\boldsymbol{x}=\boldsymbol{b}$。顾名思义，在这种方法中，有两个搜索方向 $\boldsymbol{p},\bar{\boldsymbol{p}}$ 与矩阵 $\boldsymbol{A}$ 共轭

$$\left.\begin{aligned}\bar{\boldsymbol{p}}_i^{\mathrm{T}}\boldsymbol{A}\boldsymbol{p}_j=\boldsymbol{p}_i^{\mathrm{T}}\boldsymbol{A}\bar{\boldsymbol{p}}_j=0,&\quad i\neq j\\ \bar{\boldsymbol{r}}_i^{\mathrm{T}}\boldsymbol{r}_j=\boldsymbol{r}_i^{\mathrm{T}}\bar{\boldsymbol{r}}_j^{\mathrm{T}}=0,&\quad i\neq j\\ \bar{\boldsymbol{r}}_i^{\mathrm{T}}\boldsymbol{p}_j=\boldsymbol{r}_i^{\mathrm{T}}\bar{\boldsymbol{p}}_j^{\mathrm{T}}=0,&\quad j<i\end{aligned}\right\} \tag{4.4.33}$$

算法 4.4.3 双共轭梯度法[168, 252]

初始化 $\boldsymbol{p}_1=\boldsymbol{r}_1,\bar{\boldsymbol{p}}_1=\bar{\boldsymbol{r}}_1$。

迭代　对 $k=0,1,\cdots,k_{\max}$，计算

$$\begin{aligned}
\alpha_k &= \bar{\boldsymbol{r}}_k^{\mathrm{T}}\boldsymbol{r}_k/(\bar{\boldsymbol{p}}_k^{\mathrm{T}}\boldsymbol{A}\boldsymbol{p}_k)\\
\boldsymbol{r}_{k+1} &= \boldsymbol{r}_k-\alpha_k\boldsymbol{A}\boldsymbol{p}_k\\
\bar{\boldsymbol{r}}_{k+1} &= \bar{\boldsymbol{r}}_k-\alpha_k\boldsymbol{A}^{\mathrm{T}}\bar{\boldsymbol{p}}_k\\
\beta_k &= \bar{\boldsymbol{r}}_{k+1}^{\mathrm{T}}\boldsymbol{r}_{k+1}/(\bar{\boldsymbol{r}}_k^{\mathrm{T}}\boldsymbol{r}_k)\\
\boldsymbol{p}_{k+1} &= \boldsymbol{r}_{k+1}+\beta_k\boldsymbol{p}_k\\
\bar{\boldsymbol{p}}_{k+1} &= \bar{\boldsymbol{r}}_{k+1}+\beta_k\bar{\boldsymbol{p}}_k
\end{aligned}$$

输出

$$\boldsymbol{x}_{k+1}=\boldsymbol{x}_k+\alpha_k\boldsymbol{p}_k,\quad \bar{\boldsymbol{x}}_{k+1}=\bar{\boldsymbol{x}}_k+\alpha_k\bar{\boldsymbol{p}}_k$$

3. 预处理共轭梯度法

1988 年，Bramble 与 Pasciak[57] 针对对称不定鞍点问题 (symmetric indefinite saddle point problems)

$$\begin{bmatrix}\boldsymbol{A} & \boldsymbol{B}^{\mathrm{T}}\\ \boldsymbol{B} & \boldsymbol{O}\end{bmatrix}\begin{bmatrix}\boldsymbol{x}\\ \boldsymbol{q}\end{bmatrix}=\begin{bmatrix}\boldsymbol{f}\\ \boldsymbol{g}\end{bmatrix}$$

开创性地提出了预处理共轭梯度 (preconditioned conjugate gradient) 迭代。其中，$\boldsymbol{A}$ 是一个 $n\times n$ 实对称正定矩阵，$\boldsymbol{B}$ 是一个 $m\times n$ 实矩阵，具有满行秩 m ($\leqslant n$)，而 $\boldsymbol{O}$ 是一个 $m\times m$ 零矩阵。

预处理共轭梯度迭代的基本思想是：通过灵巧选择标量积的形式，使得预处理后的鞍点矩阵变成对称正定矩阵。

为了简化讨论，假定需要将一个条件数大的矩阵方程 $\boldsymbol{A}\boldsymbol{x}=\boldsymbol{b}$ 转换成另外一个具有相同解的对称正定方程。令 $\boldsymbol{M}$ 是一个可以逼近 $\boldsymbol{A}$ 的对称正定矩阵，但比 $\boldsymbol{A}$ 更容易求逆。于是，原矩阵方程 $\boldsymbol{A}\boldsymbol{x}=\boldsymbol{b}$ 可以转换成 $\boldsymbol{M}^{-1}\boldsymbol{A}\boldsymbol{x}=\boldsymbol{M}^{-1}\boldsymbol{b}$，两者具有相同的解。然而，矩阵方程 $\boldsymbol{M}^{-1}\boldsymbol{A}\boldsymbol{x}=\boldsymbol{M}^{-1}\boldsymbol{b}$ 存在一个隐患：$\boldsymbol{M}^{-1}\boldsymbol{A}$ 一般既不是对称的，也不是正定的，即使 $\boldsymbol{M}$ 和 $\boldsymbol{A}$ 都是对称正定的。因此，直接用矩阵 $\boldsymbol{M}^{-1}$ 作为矩阵方程 $\boldsymbol{A}\boldsymbol{x}=\boldsymbol{b}$ 的预处理器是不可靠的。

令 $\boldsymbol{S}$ 是对称矩阵 $\boldsymbol{M}$ 的平方根，即 $\boldsymbol{M}=\boldsymbol{S}\boldsymbol{S}^{\mathrm{T}}$，其中 $\boldsymbol{S}$ 是对称正定的。现在，使用 $\boldsymbol{S}^{-1}$ 代替 $\boldsymbol{M}^{-1}$ 作为预处理器，将原矩阵方程 $\boldsymbol{A}\boldsymbol{x}=\boldsymbol{b}$ 变成 $\boldsymbol{S}^{-1}\boldsymbol{A}\boldsymbol{x}=\boldsymbol{S}^{-1}\boldsymbol{b}$。若令 $\boldsymbol{x}=\boldsymbol{S}^{-\mathrm{T}}\hat{\boldsymbol{x}}$，则预处理后的矩阵方程为

$$\boldsymbol{S}^{-1}\boldsymbol{A}\boldsymbol{S}^{-\mathrm{T}}\hat{\boldsymbol{x}}=\boldsymbol{S}^{-1}\boldsymbol{b} \tag{4.4.34}$$

与矩阵 $\boldsymbol{M}^{-1}\boldsymbol{A}$ 一般缺乏对称正定性不同，$\boldsymbol{S}^{-1}\boldsymbol{A}\boldsymbol{S}^{-\mathrm{T}}$ 一定是对称正定的，若 $\boldsymbol{A}$ 是对称正定的。$\boldsymbol{S}^{-1}\boldsymbol{A}\boldsymbol{S}^{-\mathrm{T}}$ 的对称性很容易看出，正定性也容易验证：检验二次型函数易知，$\boldsymbol{y}^{\mathrm{T}}(\boldsymbol{S}^{-1}\boldsymbol{A}\boldsymbol{S}^{-\mathrm{T}})\boldsymbol{y}=\boldsymbol{z}^{\mathrm{T}}\boldsymbol{A}\boldsymbol{z}$，其中 $\boldsymbol{z}=\boldsymbol{S}^{-\mathrm{T}}\boldsymbol{y}$。由于 $\boldsymbol{A}$ 是对称正定的，故 $\boldsymbol{z}^{\mathrm{T}}\boldsymbol{A}\boldsymbol{z}>0$，$\forall\boldsymbol{z}\neq\boldsymbol{0}$，从而 $\boldsymbol{y}^{\mathrm{T}}(\boldsymbol{S}^{-1}\boldsymbol{A}\boldsymbol{S}^{-\mathrm{T}})\boldsymbol{y}>0,\forall\boldsymbol{y}\neq\boldsymbol{0}$。即是说，$\boldsymbol{S}^{-1}\boldsymbol{A}\boldsymbol{S}^{-\mathrm{T}}$ 一定是正定的。

现在，共轭梯度法可以应用于求解矩阵方程式 (4.4.34)，得到 $\hat{\boldsymbol{x}}$，然后再由 $\boldsymbol{x} = \boldsymbol{S}^{-\mathrm{T}}\hat{\boldsymbol{x}}$ 即可恢复 $\boldsymbol{x}$。

算法 4.4.4 使用预处理器的预处理共轭梯度算法[452]

输入 $\boldsymbol{A}, \boldsymbol{b}$，预处理器 $\boldsymbol{S}^{-1}$ (也许隐定义)，最大迭代步数 $k_{\max}$，容许误差 $\varepsilon < 1$。

初始化 $k = 0, \boldsymbol{r} = \boldsymbol{A}\boldsymbol{x} - \boldsymbol{b}, \boldsymbol{d} = \boldsymbol{S}^{-1}\boldsymbol{r}, \delta_{\text{new}} = \boldsymbol{r}^{\mathrm{T}}, \delta_0 = \delta_{\text{new}}$。

迭代 若 $k = k_{\max}$ 或者 $\delta_{\text{new}} < \varepsilon^2\delta_0$，则停止迭代；否则，进行以下计算。

1. $\boldsymbol{q} = \boldsymbol{A}\boldsymbol{d}$;
2. $\alpha = \delta_{\text{new}}/(\boldsymbol{d}^{\mathrm{T}}\boldsymbol{q})$;
3. $\boldsymbol{x} = \boldsymbol{x} + \alpha\boldsymbol{d}$;
4. 若 k 能够被 50 整除，则 $\boldsymbol{r} = \boldsymbol{b} - \boldsymbol{A}\boldsymbol{x}$。否则，$\boldsymbol{r} = \boldsymbol{r} - \alpha\boldsymbol{q}$;
5. $\boldsymbol{s} = \boldsymbol{S}^{-1}\boldsymbol{r}$;
6. $\delta_{\text{old}} = \delta_{\text{new}}$;
7. $\delta_{\text{new}} = \boldsymbol{r}^{\mathrm{T}}\boldsymbol{s}$;
8. $\beta = \delta_{\text{new}}/\delta_{\text{old}}$;
9. $\boldsymbol{d} = \boldsymbol{s} + \beta\boldsymbol{d}$;
10. $k = k + 1$，并重复以上迭代。

预处理器可以避免被使用，因为容易看出矩阵方程 $\boldsymbol{A}\boldsymbol{x} = \boldsymbol{b}$ 与 $\boldsymbol{S}^{-1}\boldsymbol{A}\boldsymbol{S}^{-\mathrm{T}}\hat{\boldsymbol{x}} = \boldsymbol{S}^{-1}\boldsymbol{b}$ 的变元之间存在下列对应关系[263]

$$\boldsymbol{x}_k = \boldsymbol{S}^{-1}\hat{\boldsymbol{x}}_k, \quad \boldsymbol{r}_k = \boldsymbol{S}\hat{\boldsymbol{r}}_k, \quad \boldsymbol{p}_k = \boldsymbol{S}^{-1}\hat{\boldsymbol{p}}_k, \quad \boldsymbol{z}_k = \boldsymbol{S}^{-1}\hat{\boldsymbol{r}}_k$$

利用这些对应关系，可以由共轭梯度法得到下面的预处理共轭梯度算法。

算法 4.4.5 不用预处理器的预处理共轭梯度算法[263]

输入 $n \times n$ 对称矩阵 $\boldsymbol{A}$ 和 $n \times 1$ 向量 $\boldsymbol{b}$，最大迭代步数 $k_{\max}$，允许误差 ε。

初始化 $\boldsymbol{x}_0 \in \mathbb{R}^n, \boldsymbol{r} = \boldsymbol{A}\boldsymbol{x}_0 - \boldsymbol{b}, \rho_0 = \|\boldsymbol{r}\|_2^2$。

迭代 $k = 1, 2, \cdots, k_{\max}$

1. $\boldsymbol{z} = \boldsymbol{M}\boldsymbol{r}$;
2. $\tau_{k-1} = \boldsymbol{z}^{\mathrm{T}}\boldsymbol{r}$;
3. 若 $k = 1$，则 $\beta = 0$ 和 $\boldsymbol{p} = \boldsymbol{z}$。否则，令 $\beta = \tau_{k-1}/\tau_{k-2}$ 和 $\boldsymbol{p} = \boldsymbol{z} + \beta\boldsymbol{p}$;
4. $\boldsymbol{w} = \boldsymbol{A}\boldsymbol{p}$;
5. $\alpha = \tau_{k-1}/\boldsymbol{p}^{\mathrm{T}}\boldsymbol{w}$;
6. $\boldsymbol{x} = \boldsymbol{x} + \alpha\boldsymbol{p}$;
7. $\boldsymbol{r} = \boldsymbol{r} - \alpha\boldsymbol{w}$;
8. $\rho_k = \boldsymbol{r}^{\mathrm{T}}\boldsymbol{r}$;
9. 若 $\sqrt{\rho_k} < \varepsilon\|\boldsymbol{b}\|_2$ 或者 $k = k_{\max}$，则停止迭代，并输出 $\boldsymbol{x}$；否则，令$k = k + 1$，并返回步骤1，继续迭代。

文献 [452] 给出了共轭梯度法的精彩导论。

对于复矩阵方程 $\boldsymbol{A}\boldsymbol{x}=\boldsymbol{b}$，其中 $\boldsymbol{A}\in\mathbb{C}^{n\times n},\boldsymbol{x}\in\mathbb{C}^n,\boldsymbol{b}\in\mathbb{C}^n$，可以将它按照实部和虚部变成下面的实矩阵方程

$$\begin{bmatrix}\boldsymbol{A}_{\mathrm{R}} & -\boldsymbol{A}_{\mathrm{I}}\\ \boldsymbol{A}_{\mathrm{I}} & \boldsymbol{A}_{\mathrm{R}}\end{bmatrix}=\begin{bmatrix}\boldsymbol{b}_{\mathrm{R}}\\ \boldsymbol{b}_{\mathrm{I}}\end{bmatrix} \tag{4.4.35}$$

若 $\boldsymbol{A}=\boldsymbol{A}_{\mathrm{R}}+\mathrm{j}\boldsymbol{A}_{\mathrm{I}}$ 是 Hermitian 正定矩阵，则式 (4.4.35) 是对称正定矩阵。因此，共轭梯度算法和预处理共轭梯度算法即可用于求出 $(\boldsymbol{x}_{\mathrm{R}},\boldsymbol{x}_{\mathrm{I}})$。

预处理共轭梯度法是求解偏微分方程的一种广泛适用的技术，在优化控制中有着重要的应用[227]。事实上，正如后面将介绍的那样，求解优化问题的 KKT 方程和 Newton 方程也经常需要利用预处理共轭梯度法，以提高求解优化搜索方向的数值稳定性。

除了以上三种共轭梯度算法之外，还有投影共轭梯度 (projected conjugate gradients) 算法[198]。这种算法需要使用一个种子空间 (seed space) $\mathcal{K}_k(\boldsymbol{A},\boldsymbol{r}_0)$ 产生矩阵方程 $\boldsymbol{A}\boldsymbol{x}_q=\boldsymbol{b}_q,q=1,2,\cdots$ 的解，所以选择一个好的种子空间对投影共轭梯度起着关键的作用。很多情况下，种子空间本身也可能需要进行更新。

4.4.3 收敛速率

一优化算法的收敛速率是指：优化算法需要多少次迭代，才能使目标函数的估计误差达到所要求的精度？或者给定一个迭代步数 K，优化算法能够达到何种精度？收敛速率的逆函数称为优化算法的复杂度 (complexity)。

令 $\boldsymbol{x}^\star$ 代表一个局部或全局极小点，最优化算法的估计误差定义为迭代点 $\boldsymbol{x}_k$ 的目标函数值与该全局极小点的最小目标函数值之差

$$\delta_k=f(\boldsymbol{x}_k)-f(\boldsymbol{x}^\star)$$

我们自然会对一最优化算法的收敛问题感兴趣：

(1) 给定一迭代次数 K，期望的精度 $\lim\limits_{1\leqslant k\leqslant K}\delta_k$ 如何？

(2) 给定一允许精度 ε，需要多少次迭代才能达到 $\min\limits_k\delta_k\leqslant\varepsilon$？

在分析优化算法的收敛问题时，常常着眼于目标函数变元的更新序列 $\{\boldsymbol{x}_k\}$ 收敛到其理想极小点 $\boldsymbol{x}^\star$ 的速度。在数值分析中，一个序列达到其极限的速度称为收敛速率。

1. Q 收敛速率[382]

假定一序列 $\{\boldsymbol{x}_k\}$ 收敛到 $\boldsymbol{x}^\star$。若存在实数 $\alpha\geqslant 1$ 和与迭代次数 k 无关的正常数 μ，使得

$$\mu=\lim_{k\to\infty}\frac{\|\boldsymbol{x}_{k+1}-\boldsymbol{x}^\star\|_2}{\|\boldsymbol{x}_k-\boldsymbol{x}^\star\|_2^\alpha} \tag{4.4.36}$$

则称 $\{\boldsymbol{x}_k\}$ 具有 α-阶 Q 收敛速率。Q 收敛速率意即商 (Quotient) 收敛速率。

Q 收敛速率有以下几种典型速率：

(1) 当 $\alpha=1$ 时，Q 收敛速率称为序列 $\{\boldsymbol{x}_k\}$ 的极限收敛速率

$$\mu=\lim_{k\to\infty}\frac{\|\boldsymbol{x}_{k+1}-\boldsymbol{x}^\star\|_2}{\|\boldsymbol{x}_k-\boldsymbol{x}^\star\|_2} \tag{4.4.37}$$

根据 μ 值的大小，序列 $\{\boldsymbol{x}_k\}$ 的极限收敛速率又可分为以下三种：

① 次线性收敛速率 (sublinear rate of convergence)：$\alpha = 1$, $\mu = 1$。

② 线性收敛速率 (linear rate of convergence)：$\alpha = 1$, $\mu \in (0, 1)$。

③ 超线性收敛速率 (superlinear rate of convergence)：$\alpha = 1$, $\mu = 0$ 或者 $1 < \alpha < 2$, $\mu = 0$。

(2) 当 $\alpha = 2$ 时，称 $\{\boldsymbol{x}_k\}$ 具有 Q 二次收敛速率。

(3) 当 $\alpha = 3$ 时，称 $\{\boldsymbol{x}_k\}$ 具有 Q 三次收敛速率。

若 $\{x_k\}$ 是次线性收敛的，并且

$$\lim_{k\to\infty} \frac{\|\boldsymbol{x}_{k+2} - \boldsymbol{x}_{k+1}\|_2}{\|\boldsymbol{x}_{k+1} - \boldsymbol{x}_k\|_2} = 1$$

则称序列 $\{\boldsymbol{x}_k\}$ 是对数收敛的 (logarithmical convergence)。

次线性速率是一类慢的收敛速率；线性速率是一类比较快的收敛速率；超线性速率是一类非常快的收敛速率，而二次收敛速率则是一类极快的收敛速率。设计优化算法时，常常要求它至少是线性速率收敛的，最好是二次速率收敛的。超快的三次收敛速率一般说来较难实现。

2. 局部收敛速率

序列 $\{\boldsymbol{x}_k\}$ 的局部收敛速率记作 r_k，定义为

$$r_k = \left\| \frac{\boldsymbol{x}_{k+1} - \boldsymbol{x}^\star}{\boldsymbol{x}_k - \boldsymbol{x}^\star} \right\| \tag{4.4.38}$$

一优化算法的解析复杂度定义为更新变量的局部收敛速率的逆函数。

下面是局部收敛速率的分类[363]：

(1) 次线性速率　这一速率用迭代次数 k 的幂函数描述。例如，若局部收敛速率 $r_k \leqslant \frac{c}{\sqrt{k}}$，则相应的优化算法的复杂度上界为 $\left(\frac{c}{\varepsilon}\right)^2$。次线性速率的收敛是相当缓慢的。常数 c 在复杂度中起着关键作用。

(2) 线性速率　这种收敛速率用迭代次数 k 的指数函数表示。例如，若收敛速率 $r_k \leqslant c(1-q)^k$，则对应的复杂度为 $\frac{1}{q}\left(\ln c + \ln \frac{1}{\varepsilon}\right)$。线性速率是快的。

(3) 二次速率　此速率具有迭代次数 k 的双指数函数形式。例如，若收敛速率 $r_{k+1} \leqslant cr_k^2$，则相应的复杂度为期望精度 ε 的双对数函数 $\ln\ln\frac{1}{\varepsilon}$。二次速率是一种极快的收敛速率。常数 c 只对二次速率的起始时刻重要。

例如，收敛速率 $O(1/k^2)$ 意味着：达到 $f(\boldsymbol{x}^{(k)}) - f(\boldsymbol{x}^\star) \leqslant \varepsilon$ 的逼近精度，需要 $O(1/\sqrt{\varepsilon})$ 次迭代；而达到同样的逼近精度，收敛速率 $O(1/k)$ 却要求 $O(1/\varepsilon)$ 次迭代。以 $\varepsilon = 10^{-4}$ 为例，收敛速率 $O(1/k^2)$ 只要求上百次迭代，而 $O(1/k)$ 的收敛速率却需要上万次迭代。

4.4.4 Nesterov 最优梯度法

令 $Q \subset \mathbb{R}^n$ 是向量空间 $\mathbb{R}^n$ 的一个凸集。考虑无约束优化问题 $\min\limits_{\boldsymbol{x}\in Q} f(\boldsymbol{x})$。

定义 4.4.1[363] 称目标函数 $f(\boldsymbol{x})$ 在定义域 Q 上是 Lipschitz 连续的，若

$$|f(\boldsymbol{x})-f(\boldsymbol{y})| \leqslant L\|\boldsymbol{x}-\boldsymbol{y}\|_2, \quad \forall \boldsymbol{x},\boldsymbol{y}\in Q \tag{4.4.39}$$

对某个 $L>0$ (Lipschitz 常数) 成立。类似地，称一个可微分的函数 $f(\boldsymbol{x})$ 的梯度 $\nabla f(\boldsymbol{x})$ 在定义域 Q 上是 Lipschitz 连续的，若

$$\|\nabla f(\boldsymbol{x})-\nabla f(\boldsymbol{y})\|_2 \leqslant L\|\boldsymbol{x}-\boldsymbol{y}\|_2, \quad \forall \boldsymbol{x},\boldsymbol{y}\in Q \tag{4.4.40}$$

对某个 Lipschitz 常数 $L>0$ 成立。

1. Lipschitz 连续函数与连续函数的关系

称函数 $f(\boldsymbol{x})$ 在点 $\boldsymbol{x}_0$ 连续，若 $\lim\limits_{\boldsymbol{x}\to\boldsymbol{x}_0} f(\boldsymbol{x})=f(\boldsymbol{x}_0)$。当我们称 $f(\boldsymbol{x})$ 是连续函数时，意指 $f(\boldsymbol{x})$ 在定义域每一点都连续。

一个 Lipschitz 连续的函数 $f(\boldsymbol{x})$ 一定是连续函数，但是一个连续函数不一定是 Lipschitz 连续函数。例如，函数 $f(x)=\frac{1}{\sqrt{x}}$ 是一个在开区间 $(0,1)$ 上的连续函数。若假定它也是一个 Lipschitz 连续函数，则必须满足 $|f(x_1)-f(x_2)|=\left|\frac{1}{\sqrt{x_1}}-\frac{1}{\sqrt{x_2}}\right|\leqslant L\left|\frac{1}{x_1}-\frac{1}{x_2}\right|$ 即 $\left|\frac{1}{\sqrt{x_1}}+\frac{1}{\sqrt{x_2}}\right|\leqslant L$。但是，对于 $x\to 0$ 点，并且 $x_1=\frac{1}{n^2}, x_2=\frac{9}{n^2}$ 时，却有 $L\geqslant\frac{n}{4}\to\infty$。因此，连续函数 $f(x)=\frac{1}{\sqrt{x}}$ 在开区间 $(0,1)$ 不是 Lipschitz 连续函数。

2. Lipschitz 连续函数与可微分函数的关系

一个处处可微分的函数称为平滑函数。一个平滑函数一定是连续函数，但连续函数不一定可微分。一个典型的例子是在某点尖锐的连续函数不可微分。因此，一个 Lipschitz 函数不一定可微分，但是在定义域 Q 上具有 Lipschitz 连续梯度的函数 $f(\boldsymbol{x})$ 一定是定义域 Q 上的平滑函数，因为定义规定 $f(\boldsymbol{x})$ 在定义域 Q 上是可微分的。

在凸优化中，与目标函数 $f(\boldsymbol{x})$ 本身是否 Lipschitz 连续相比，其 p 阶导数是否 Lipschitz 连续更加重要①。因此，在凸优化中，常使用符号 $\mathcal{C}_L^{k,p}(Q)$ (其中 $Q\subseteq\mathbb{R}^n$) 表示具有以下性质的 Lipschitz 连续函数类[363]：

(1) 函数 $f\in\mathcal{C}_L^{k,p}(Q)$ 是在 Q 上可 k 次连续微分的。

(2) 函数 $f\in\mathcal{C}_L^{k,p}(Q)$ 的 p 阶导数都是 Lipschitz 常数为 L 的 Lipschitz 连续函数

$$\|f^{(p)}(\boldsymbol{x})-f^{(p)}(\boldsymbol{y})\|\leqslant L\|\boldsymbol{x}-\boldsymbol{y}\|_2, \quad \forall\boldsymbol{x},\boldsymbol{y}\in Q$$

若 $k\neq 0$，则称 $f\in\mathcal{C}_L^{k,p}(Q)$ 是可微分函数。显然，总是有 $p\leqslant k$。若 $q>k$，则有 $\mathcal{C}_L^{q,p}(Q)\subseteq\mathcal{C}_L^{k,p}(Q)$。例如，$\mathcal{C}_L^{2,1}(Q)\subseteq\mathcal{C}_L^{1,1}(Q)$。

以下是几种常用的函数类 $\mathcal{C}_L^{k,p}(Q)$：

---

① 这里限定 $p=0,1,2$。函数 $f(\boldsymbol{x})$ 的零阶导数为函数本身，一阶导数是其梯度向量 $\nabla f(\boldsymbol{x})$，二阶导数则为其 Hessian 矩阵。

(1) $f(\boldsymbol{x}) \in \mathcal{C}_L^0(Q)$ 表示 $f(\boldsymbol{x})$ 是在定义域 Q 上的 Lipschitz 连续函数 (常数 $L \neq 0$)，但不可微分。

(2) $f(\boldsymbol{x}) \in \mathcal{C}_L^{1,0}(Q)$ 表示 $f(\boldsymbol{x})$ 是在定义域 Q 上具有常数 L 的 Lipschitz 连续函数，但其梯度不是 Lipschitz 连续的。

(3) $f(\boldsymbol{x}) \in \mathcal{C}_L^{1,1}(Q)$ 表示 $f(\boldsymbol{x})$ 的梯度 $\nabla f(\boldsymbol{x})$ 是定义域 Q 上的 Lipschitz 连续函数。

$\mathcal{C}_L^{k,p}(Q)$ 函数类的基本性质是：若 $f_1 \in \mathcal{C}_{L_1}^{k,p}(Q)$, $f_2 \in \mathcal{C}_{L_2}^{k,p}(Q)$，并且 $\alpha, \beta \in \mathbb{R}$，则

$$\alpha f_1 + \beta f_2 \in \mathcal{C}_{L_3}^{k,p}(Q)$$

其中 $L_3 = |\alpha|\, L_1 + |\beta|\, L_2$。

在所有 Lipschitz 连续函数中，具有 Lipschitz 连续梯度的 $\mathcal{C}_L^{1,1}(Q)$ 是最重要的函数类，广泛应用于凸优化中。

关于 $\mathcal{C}_L^{1,1}(Q)$ 函数类，有下面两个重要的引理[363]。

引理 4.4.1 函数 $f(\boldsymbol{x})$ 属于 $\mathcal{C}_L^{2,1}(\mathbb{R}^n)$，当且仅当

$$\|f''(\boldsymbol{x})\|_{\mathrm{F}} \leqslant L, \quad \forall \boldsymbol{x} \in \mathbb{R}^n \tag{4.4.41}$$

引理 4.4.2 若 $f(\boldsymbol{x}) \in \mathcal{C}_L^{1,1}(Q)$，则

$$|f(\boldsymbol{y}) - f(\boldsymbol{x}) - \langle \nabla f(\boldsymbol{x}), \boldsymbol{y} - \boldsymbol{x} \rangle| \leqslant \frac{L}{2}\|\boldsymbol{y} - \boldsymbol{x}\|_2^2, \quad \forall \boldsymbol{x}, \boldsymbol{y} \in Q \tag{4.4.42}$$

由于一个 $\mathcal{C}_L^{2,1}$ 函数一定是一个 $\mathcal{C}_L^{1,1}$ 函数，所以引理 4.4.1 直接给出了判断一个函数是否属于 $\mathcal{C}_L^{1,1}$ 函数类的简单方法。

下面是应用引理 4.4.1 判断 $\mathcal{C}_L^{1,1}(Q)$ 函数类的几个例子。

线性函数 $f(\boldsymbol{x}) = \langle \boldsymbol{a}, \boldsymbol{x} \rangle + b$ 属于 $\mathcal{C}_0^{1,1}$ 函数类，即线性函数的梯度不是 Lipschitz 连续的，因为

$$f'(\boldsymbol{x}) = \boldsymbol{a}, \quad f''(\boldsymbol{x}) = \boldsymbol{O} \implies \|f''(\boldsymbol{x})\|_{\mathrm{F}} = 0$$

二次型函数 $f(\boldsymbol{x}) = \frac{1}{2}\boldsymbol{x}^{\mathrm{T}}\boldsymbol{A}\boldsymbol{x} + \boldsymbol{a}^{\mathrm{T}}\boldsymbol{x} + \boldsymbol{b}$ 属于 $\mathcal{C}_{\|\boldsymbol{A}\|_{\mathrm{F}}}^{1,1}(\mathbb{R}^n)$ 函数类，因为

$$\nabla f(\boldsymbol{x}) = \boldsymbol{A}\boldsymbol{x} + \boldsymbol{a}, \quad \nabla^2 f(\boldsymbol{x}) = \boldsymbol{A} \implies \|f''(\boldsymbol{x})\|_{\mathrm{F}} = \|\boldsymbol{A}\|_{\mathrm{F}}$$

对数函数 $f(x) = \ln(1 + \mathrm{e}^x)$ 属 $\mathcal{C}_{1/2}^{1,1}(\mathbb{R})$ 函数类，因为

$$f'(x) = \frac{\mathrm{e}^x}{1 + \mathrm{e}^x}, \quad f''(x) = \frac{\mathrm{e}^x}{(1 + \mathrm{e}^x)^2} \implies |f''(x)| = \frac{1}{2}\left|1 - \frac{1 + \mathrm{e}^{2x}}{(1 + \mathrm{e}^x)^2}\right| \leqslant \frac{1}{2}$$

式中，为了求 $f''(x)$，可令 $y = f'(x)$，则 $y' = f''(x) = y(\ln y)'$。

函数 $f(x) = \sqrt{1 + x^2}$ 属 $\mathcal{C}_1^{1,1}(\mathbb{R})$ 函数类，因为

$$f'(x) = \frac{x}{\sqrt{1 + x^2}}, \quad f''(x) = \frac{1}{(1 + x^2)^{3/2}} \quad \implies \quad |f''(x)| \leqslant 1$$

引理 4.4.2 是分析梯度算法对一个 $\mathcal{C}_L^{1,1}$ 函数 $f(\boldsymbol{x})$ 的收敛速率的关键不等式。由引理 4.4.2 有[534]

$$
\begin{aligned}
f(\boldsymbol{x}_{k+1}) &\leqslant f(\boldsymbol{x}_k) + \langle \nabla f(\boldsymbol{x}_k), \boldsymbol{x}_{k+1} - \boldsymbol{x}_k \rangle + \frac{L}{2}\|\boldsymbol{x}_{k+1} - \boldsymbol{x}_k\|_2^2 \\
&\leqslant f(\boldsymbol{x}_k) + \langle \nabla f(\boldsymbol{x}_k), \boldsymbol{x} - \boldsymbol{x}_k \rangle + \frac{L}{2}\|\boldsymbol{x} - \boldsymbol{x}_k\|_2^2 - \frac{L}{2}\|\boldsymbol{x} - \boldsymbol{x}_{k+1}\|_2^2 \\
&\leqslant f(\boldsymbol{x}) + \frac{L}{2}\|\boldsymbol{x} - \boldsymbol{x}_k\|_2^2 - \frac{L}{2}\|\boldsymbol{x} - \boldsymbol{x}_{k+1}\|_2^2
\end{aligned}
$$

令 $\boldsymbol{x} = \boldsymbol{x}^\star$ 和 $\delta_k = f(\boldsymbol{x}_k) - f(\boldsymbol{x}^\star)$，则

$$
\begin{aligned}
0 \leqslant \frac{L}{2}\|\boldsymbol{x}^\star - \boldsymbol{x}_{k+1}\|_2^2 &\leqslant -\delta_{k+1} + \frac{L}{2}\|\boldsymbol{x}^\star - \boldsymbol{x}_k\|_2^2 \\
&\leqslant \cdots \leqslant -\sum_{i=1}^{k+1}\delta_i + \frac{L}{2}\|\boldsymbol{x}^\star - \boldsymbol{x}_0\|_2^2
\end{aligned}
$$

由于梯度投影法的估计误差 $\delta_1 \geqslant \delta_2 \geqslant \cdots \geqslant \delta_{k+1}$，所以 $-(\delta_1 + \cdots + \delta_{k+1}) \leqslant -(k+1)\delta_{k+1}$，从而上述不等式可以简化为

$$
0 \leqslant \frac{L}{2}\|\boldsymbol{x}^\star - \boldsymbol{x}_{k+1}\|_2^2 \leqslant -(k+1)\delta_k + \frac{L}{2}\|\boldsymbol{x}^\star - \boldsymbol{x}_0\|_2^2
$$

即得梯度投影法的收敛速率上界[534]

$$
\delta_k = f(\boldsymbol{x}_k) - f(\boldsymbol{x}^\star) \leqslant \frac{L\|\boldsymbol{x}^\star - \boldsymbol{x}_0\|_2^2}{2(k+1)} \tag{4.4.43}
$$

由函数类 $\mathcal{C}_L^{k,p}(Q)$，可以进一步引出凸优化中常用的两类目标函数：

(1) $\mathcal{F}_L^{k,p}(Q)$ 表示可 k 次微分，其 p 阶导数为 Lipschitz 连续的凸函数，并且 Lipschitz 常数为 L。

(2) $\mathcal{S}_{\mu,L}^{k,p}(Q)$ 表示可 k 次微分，其 p 阶导数为 Lipschitz 连续的强凸函数。其中，$\mathcal{S}_{\mu,L}^{1,1}(\mathbb{R}^n)$ 是最重要的强凸函数类

$$
\langle \nabla f(\boldsymbol{x}) - \nabla f(\boldsymbol{y}), \boldsymbol{x} - \boldsymbol{y} \rangle \geqslant \mu\|\boldsymbol{x} - \boldsymbol{y}\|_2^2 \tag{4.4.44}
$$

$$
\|\nabla f(\boldsymbol{x}) - \nabla f(\boldsymbol{y})\| \leqslant L\|\boldsymbol{x} - \boldsymbol{y}\|_2^2 \tag{4.4.45}
$$

比值 $\kappa = L/\mu\,(\geqslant 1)$ 称为强凸函数 $f(\boldsymbol{x}) \in \mathcal{S}_{\mu,L}^{k,p}(Q)$ 的“条件数”，因为它描述了强凸函数 $f(\boldsymbol{x})$ 的 Hessian 矩阵的半正定性：$\mu \boldsymbol{I}_n \preceq \nabla^2 f(\boldsymbol{x}) \preceq L\boldsymbol{I}_n$，即 $\nabla^2 f(\boldsymbol{x}) - \mu\boldsymbol{I}_n$ 和 $L\boldsymbol{I}_n - \nabla^2 f(\boldsymbol{x})$ 分别为半正定矩阵。

无约束凸优化中最重要的函数类型是具有 Lipschitz 连续梯度的凸函数 $\mathcal{F}_L^{1,1}(\mathbb{R}^n)$ 和强凸函数 $\mathcal{S}_{\mu,L}^{1,1}(\mathbb{R}^n)$。类似地，约束凸优化问题

$$
\min_{\boldsymbol{x}\in\mathbb{R}^n} \ f(\boldsymbol{x}) \text{ subject to } f_i(\boldsymbol{x}) \leqslant 0, i = 1, \cdots, m
$$

中最重要的函数类型则是具有 Lipschitz 连续梯度的凸函数 $\mathcal{F}_L^{1,1}(\mathcal{X})$ 和强凸函数 $\mathcal{S}_{\mu,L}^{1,1}(\mathcal{X})$，其中 $\mathcal{X}$ 为闭集

$$
\mathcal{X} = \{\boldsymbol{x} \in \mathbb{R}^n | f_i(\boldsymbol{x}) \leqslant 0, i = 1, \cdots, m\}
$$

由文献 [363] 的定理 2.1.7 和定理 2.1.13，得到一阶优化方法的最优收敛速率如下。

定理 4.4.1 对于凸函数 $f(\boldsymbol{x}) \in \mathcal{F}_L^{\infty,1}(\mathbb{R}^\infty)$ 和强凸函数 $f(\boldsymbol{x}) \in \mathcal{S}_{\mu,L}^{\infty,1}(\mathbb{R}^\infty)$，更新序列 $\{\boldsymbol{x}_k\}$ 满足

$$\boldsymbol{x}_k \in \boldsymbol{x}_0 + \mathrm{span}\{\boldsymbol{x}_0, \cdots, \boldsymbol{x}_{k-1}\}$$

的任何一阶方法所能够达到的估计误差 $\varepsilon = f(\boldsymbol{x}_k) - f(\boldsymbol{x}^\star)$ 的下界分别为

$$\mathcal{F}_L^{\infty,1}(\mathbb{R}^\infty): \quad f(\boldsymbol{x}_k) - f(\boldsymbol{x}^\star) \geqslant \frac{3L\|\boldsymbol{x}_0 - \boldsymbol{x}^\star\|_2^2}{32(k+1)^2} \tag{4.4.46}$$

$$\mathcal{S}_{\mu,L}^{\infty,1}(\mathbb{R}^\infty): \quad f(\boldsymbol{x}_k) - f(\boldsymbol{x}^\star) \geqslant \frac{\mu}{2}\left(\frac{\sqrt{\kappa}-1}{\sqrt{\kappa}+1}\right)^{2k} \|\boldsymbol{x}_0 - \boldsymbol{x}^\star\|_2^2 \tag{4.4.47}$$

式中，$\kappa = \frac{L}{\mu} > 1$，$\mathrm{span}\{\boldsymbol{u}_0, \cdots, \boldsymbol{u}_{k-1}\}$ 表示向量 $\boldsymbol{u}_0, \cdots, \boldsymbol{u}_{k-1}$ 的线性子空间；$\boldsymbol{x}_0$ 是梯度法的初始值；而 $f(\boldsymbol{x}^\star)$ 代表函数 f 的极小值。

文献 [363] 的推论 2.1.2 和定理 2.1.15 可以综合成关于梯度法的收敛速率如下。

定理 4.4.2 对于凸函数 $f(\boldsymbol{x}) \in \mathcal{F}_L^{1,1}(\mathbb{R}^n)$ 和强凸函数 $f(\boldsymbol{x}) \in \mathcal{S}_{\mu,L}^{1,1}(\mathbb{R}^n)$，梯度法 $\boldsymbol{x}_{k+1} = \boldsymbol{x}_k - \alpha\nabla f(\boldsymbol{x}_k)$ 产生的序列 $\{\boldsymbol{x}_k\}$ 给出的目标函数的估计误差 $\varepsilon = f(\boldsymbol{x}_k) - f(\boldsymbol{x}^\star)$ 的上界分别为

$$\mathcal{F}_L^{1,1}(\mathbb{R}^n): \quad f(\boldsymbol{x}_k) - f(\boldsymbol{x}^\star) \leqslant \frac{2L\|\boldsymbol{x}_0 - \boldsymbol{x}^\star\|_2^2}{k+4} \tag{4.4.48}$$

$$\mathcal{S}_{\mu,L}^{1,1}(\mathbb{R}^n): \quad f(\boldsymbol{x}_k) - f(\boldsymbol{x}^\star) \leqslant \frac{L}{2}\left(\frac{\kappa-1}{\kappa+1}\right)^{2k} \|\boldsymbol{x}_0 - \boldsymbol{x}^\star\|_2^2 \tag{4.4.49}$$

式中，$\kappa = \frac{L}{\mu} > 1$。

比较式 (4.4.48) 和式 (4.4.46) 知，梯度法对凸目标函数远没有达到最优收敛速率，因为一阶方法的最优收敛速率为 $O\left(\frac{1}{k^2}\right)$，而梯度法收敛速率只是 $O\left(\frac{1}{k}\right)$。

下面比较强凸目标函数情况下一阶优化算法和梯度算法的收敛速率。

给定一允许的精度 $f(\boldsymbol{x}_k) - f(\boldsymbol{x}^\star) \leqslant \varepsilon$，并令达到这一精度所需要的最少迭代次数为 $K^\star$，则由一阶优化算法的收敛速率下界公式 (4.4.47) 得

$$\ln\varepsilon \geqslant \ln\frac{\mu}{2} + 2\ln\|\boldsymbol{x}_0 - \boldsymbol{x}\|_2 - 2K^\star \ln\frac{\sqrt{\kappa}+1}{\sqrt{\kappa}-1}$$

由此得

$$\begin{aligned}
K^\star &\geqslant \frac{1}{2\ln\frac{\sqrt{\kappa}+1}{\sqrt{\kappa}-1}}\left(\ln\frac{1}{\varepsilon} + \ln\frac{\mu}{2} + 2\ln\|\boldsymbol{x}_0 - \boldsymbol{x}\|_2\right) \\
&\geqslant \frac{\sqrt{\kappa}}{4}\left(\ln\frac{1}{\varepsilon} + \ln\frac{\mu}{2} + 2\ln\|\boldsymbol{x}_0 - \boldsymbol{x}\|_2\right) \\
&\approx \frac{\sqrt{\kappa}}{4}\ln\frac{1}{\varepsilon}
\end{aligned}$$

其中的近似等式是因为 $\ln\frac{\mu}{2} + 2\ln\|\boldsymbol{x}_0 - \boldsymbol{x}\|_2 \ll \ln\frac{1}{\varepsilon}$；而第二个不等式则利用了 $\ln\frac{\sqrt{\kappa}+1}{\sqrt{\kappa}-1} > \frac{2}{\sqrt{\kappa}}$，因为

$$\ln\frac{x+1}{x-1} = 2\left(\frac{1}{x} + \frac{1}{3x^3} + \frac{1}{5x^5} + \cdots\right) > \frac{2}{x}, \quad x > 1$$

由 $K^\star \geqslant \frac{\sqrt{\kappa}}{4}\ln\frac{1}{\varepsilon}$ 知，一阶优化算法的最优收敛速率为 $O\Big(\frac{\sqrt{\kappa}}{4}\ln\frac{1}{\varepsilon}\Big)$。

类似地，对于式 (4.4.49) 所示的优化算法的收敛速率的上界，则有

$$\begin{aligned} K &\leqslant \frac{1}{2\ln\frac{\kappa+1}{\kappa-1}}\left(\ln\frac{1}{\varepsilon}+\ln\frac{\mu}{2}+2\ln\|\boldsymbol{x}_0-\boldsymbol{x}\|_2\right) \\ &\leqslant \frac{\kappa}{4}\left(\ln\frac{1}{\varepsilon}+\ln\frac{\mu}{2}+2\ln\|\boldsymbol{x}_0-\boldsymbol{x}\|_2\right) \approx \frac{\kappa}{4}\ln\frac{1}{\varepsilon} \end{aligned}$$

即是说，当 $K \leqslant \frac{\kappa}{4}\ln\frac{1}{\varepsilon}$ 时，梯度算法的估计精度 $|f(\boldsymbol{x}_K)-f(\boldsymbol{x}^\star)| \geqslant \varepsilon$。为了保证 $|f(\boldsymbol{x}_K)-f(\boldsymbol{x}^\star)| \leqslant \varepsilon$，迭代次数必须满足下列条件

$$K \geqslant \frac{\kappa}{4}\ln\frac{1}{\varepsilon}$$

因此，对于强凸目标函数，梯度算法的收敛速率为 $O\Big(\frac{\kappa}{4}\ln\frac{1}{\varepsilon}\Big)$，明显比一阶优化算法的最优收敛速率 $O\Big(\frac{\sqrt{\kappa}}{4}\ln\frac{1}{\varepsilon}\Big)$ 慢，若条件数 κ 明显比 1 大。

梯度法远不是最优的这一缺陷促使人们致力于如何加速梯度法。收敛速率比梯度法快速的一类方法为重球法。特别地，20 世纪 80 年代初期，Nesterov 提出了一种最优梯度法 (optimal gradient method)，优美地解决了梯度法的收敛问题。

重球法 (heavy ball method, HBM) 是一种二步方法 (two-step method)：令 $\boldsymbol{p}_0$ 和 $\boldsymbol{x}_0$ 是两个初始向量，α_k 和 β_k 是两个正值的序列，则求解无约束最小化 $\min\limits_{\boldsymbol{x}\in\mathbb{R}^n} f(\boldsymbol{x})$ 的一阶方法可以采用二步更新 [411]

$$\boldsymbol{p}_k = -\nabla f(\boldsymbol{x}_k) + \beta_k \boldsymbol{p}_{k-1} \tag{4.4.50}$$

$$\boldsymbol{x}_{k+1} = \boldsymbol{x}_k + \alpha_k \boldsymbol{p}_k \tag{4.4.51}$$

特别地，若令 $\boldsymbol{p}_0 = \boldsymbol{0}$，则上述二步更新可以改写为一步更新

$$\boldsymbol{x}_{k+1} = \boldsymbol{x}_k - \alpha_k \nabla f(\boldsymbol{x}_k) + \beta_k(\boldsymbol{x}_k - \boldsymbol{x}_{k-1}) \tag{4.4.52}$$

式中 $\boldsymbol{x}_k - \boldsymbol{x}_{k-1}$ 称为动量 (momentum)。

下面介绍 Nesterov 最优梯度法，它与重球法不谋而合。

定义 4.4.2 [363] 一对序列 $\{\phi_k(\boldsymbol{x})\}_{k=0}^{\infty}$ 和 $\{\lambda_k\}_{k=0}^{\infty}, \lambda_k \geqslant 0$ 称为函数 $f(\boldsymbol{x})$ 的估计序列 (estimation sequence)，若 $\lambda_k \to 0$，并且对于任何 $\boldsymbol{x} \in \mathbb{R}^n$ 和所有 $k \geqslant 0$，有

$$\phi_k(\boldsymbol{x}) \leqslant (1-\lambda_k) f(\boldsymbol{x}) + \lambda_k \phi_0(\boldsymbol{x}) \tag{4.4.53}$$

引理 4.4.3 [363] 若对某个序列 $\{\boldsymbol{x}_k\}$，有

$$f(\boldsymbol{x}_k) \leqslant \phi_k^* \equiv \min_{\boldsymbol{x}\in\mathbb{R}^n} \phi_k(\boldsymbol{x}) \tag{4.4.54}$$

则 $f(\boldsymbol{x}_k) - f(\boldsymbol{x}^\star) \leqslant \lambda_k[\phi_0(\boldsymbol{x}^\star) - f(\boldsymbol{x}^*)] \to 0$。

引理 4.4.3 表明，一个估计序列如果满足条件式 (4.4.54)，则 $f(\boldsymbol{x}_k)$ 将收敛为目标函数 $f(\boldsymbol{x})$ 的最小值 $f(\boldsymbol{x}^\star)$。于是，凸目标函数 $f(\boldsymbol{x})$ 的最小化需要解决以下两个问题：

(1) 如何构造估计序列 $\{\phi_k(\boldsymbol{x})\}$ 和 $\{\lambda_k\}$？

(2) 如何保证估计序列满足条件式 (4.4.54)？

问题 (1) 的答案比较简单。假定目标函数 $f(\boldsymbol{x})$ (其中 $\boldsymbol{x} \in B_n$) 是一个具有凸性参数 μ 的闭强凸函数

$$f(\boldsymbol{y}) \geqslant f(\boldsymbol{x}) + \langle \nabla f(\boldsymbol{x}), \boldsymbol{y} - \boldsymbol{x} \rangle + \frac{\mu}{2}\|\boldsymbol{y} - \boldsymbol{x}\|_2^2, \quad \forall \boldsymbol{x}, \boldsymbol{y} \in \mathrm{dom}\, f$$

并且 $f(\boldsymbol{x})$ 的梯度 $\nabla f(\boldsymbol{x})$ 是 Lipschitz 连续的 (Lipschitz 常数为 L)

$$|\nabla f(\boldsymbol{x}) - \nabla f(\boldsymbol{y})| \leqslant L\|\boldsymbol{x} - \boldsymbol{y}\|, \quad \forall \boldsymbol{x}, \boldsymbol{y} \in B_n$$

则由

$$\lambda_{k+1} = (1 - \alpha_k)\lambda_k \tag{4.4.55}$$

$$\phi_{k+1}(\boldsymbol{x}) = (1 - \alpha_k)\phi_k(\boldsymbol{x}) + \alpha_k \left[f(\boldsymbol{y}_k) + \langle f'(\boldsymbol{y}_k), \boldsymbol{x} - \boldsymbol{y}_k \rangle + \frac{\mu}{2}\|\boldsymbol{x} - \boldsymbol{y}_k\|_2^2 \right] \tag{4.4.56}$$

递推产生的序列 $\{\phi_k(\boldsymbol{x})\}$ 和 $\{\lambda_k\}$ 是目标函数 $f(\boldsymbol{x})$ 的估计序列[363]，其中

① $\{\boldsymbol{y}_k\}_{k=0}^{\infty}$ 是向量空间 $\mathbb{R}^n$ 的一任意序列；

② $\alpha_k \in (0,1), \sum_{k=0}^{\infty} \alpha_k = \infty$；

③ $\lambda_0 = 1$；

④ $\phi_0(\boldsymbol{x})$ 是向量空间 $\mathbb{R}^n$ 的一任意函数。

问题 (2) 的解决取决于凸性参数 μ 和 Lipschitz 常数 L 的灵活应用。

令 $Q_f = L/\mu$ 表示目标函数 $f(\boldsymbol{x})$ 的“条件数”。Nesterov 提出选择

$$\boldsymbol{x}_k = \boldsymbol{y}_k - t_k f'(\boldsymbol{y}_k), \quad t_k = \frac{1}{L}$$
$$\alpha_k^2 = (1 - \alpha_{k+1})\alpha_k^2 + \frac{\mu}{L}\alpha_{k+1}$$
$$\boldsymbol{y}_k = \boldsymbol{x}_k + \beta_k(\boldsymbol{x}_k - \boldsymbol{x}_{k-1})$$

显然，第 1 式和第 3 式取重球法的二步更新公式的形式。

Nesterov 的第 1 种最优梯度法如下。

算法 4.4.6　Nesterov 第 1 最优梯度法[361]

初始化　令 $\boldsymbol{y}_0 = \boldsymbol{x}_{-1} \in \mathbb{R}^n$ 和 $\alpha_0 = 1$。

对 $k = 1, 2, \cdots$，进行以下迭代，直到 $\boldsymbol{x}_k$ 收敛：

$$\boldsymbol{x}_k = \boldsymbol{y}_k - \frac{1}{L}\nabla f(\boldsymbol{y}_k) \tag{4.4.57}$$

$$\alpha_{k+1} = \frac{1}{2}\left(1 + \sqrt{4\alpha_k^2 + 1}\right) \tag{4.4.58}$$

$$\boldsymbol{y}_{k+1} = \boldsymbol{x}_k + \frac{\alpha_k - 1}{\alpha_{k-1}}(\boldsymbol{x}_k - \boldsymbol{x}_{k-1}) \tag{4.4.59}$$

Nesterov 最优梯度法产生两个序列 $\{\boldsymbol{x}_k\}$ 和 $\{\boldsymbol{y}_k\}$，其中 $\{\boldsymbol{x}_k\}$ 是逼近解序列，而 $\{\boldsymbol{y}_k\}$ 是搜索点序列。

下面是 Nesterov 第 1 最优梯度法的收敛性能。

定理 4.4.3 [363,Theorem 2.2.2] 令 $\{\boldsymbol{x}_k\}$ 由 Nesterov 第 1 最优梯度法产生，其中 $\alpha_0 = \hat{\alpha} + \sqrt{1+\hat{\alpha}^2}$，并且 $\hat{\alpha} = -\frac{1}{2} + \frac{\mu}{L}$，则

$$f(\boldsymbol{x}_k) - f(\boldsymbol{x}^\star) \leqslant L\left(\frac{\sqrt{\kappa}-1}{\sqrt{\kappa}}\right)^k \|\boldsymbol{x}_0 - \boldsymbol{x}^\star\|_2^2, \quad \kappa = \frac{L}{\mu} \tag{4.4.60}$$

欲使估计精度 $f(\boldsymbol{x}_k) - f(\boldsymbol{x}^\star) \geqslant \varepsilon$，则 Nesterov 最优梯度法所需的迭代次数

$$\begin{aligned} K &\leqslant \ln\frac{1}{\ln\frac{\sqrt{\kappa}}{\sqrt{\kappa}-1}}\left(\ln\frac{1}{\varepsilon} + \ln L + 2\ln\|\boldsymbol{x}_0 - \boldsymbol{x}^\star\|\right) \\ &\leqslant \frac{2\sqrt{\kappa}-1}{2}\left(\ln\frac{1}{\varepsilon} + \ln L + 2\ln\|\boldsymbol{x}_0 - \boldsymbol{x}^\star\|\right) \\ &\leqslant \sqrt{\kappa}\left(\ln\frac{1}{\varepsilon} + \ln L + 2\ln\|\boldsymbol{x}_0 - \boldsymbol{x}^\star\|\right) \end{aligned}$$

这表明，为了达到 $f(\boldsymbol{x}_k) - f(\boldsymbol{x}^\star) \leqslant \varepsilon$，Nesterov 最优梯度法的迭代次数为 $O\left(\sqrt{\kappa}\ln\frac{1}{\varepsilon}\right)$，是一阶最优方法的迭代次数 $O\left(\frac{\sqrt{\kappa}}{4}\ln\frac{1}{\varepsilon}\right)$的 4 倍，属同一数量级。从这个意义上讲，Nesterov 方法称得上是一种最优的一阶方法。

上述 Nesterov 最优梯度法只适用于无约束最小化 $\min f(\boldsymbol{x})$，其中 $\boldsymbol{x} \in \mathbb{R}^n$，并且 f 是具有 Lipschitz 连续梯度的凸函数。

当目标函数的定义域不是向量空间 $\mathbb{R}^n$，而是某个凸集 $Q \subset \mathbb{R}^n$ 时，Nesterov 最优梯度法需要使用梯度映射作适当修正。

定义 4.4.3 (梯度映射) [363] 称 $\boldsymbol{g}(\bar{\boldsymbol{x}}; L) : \mathbb{R}^n \to \mathbb{R}^n$ 是具有 Lipschitz 连续梯度的凸函数 $f(\boldsymbol{x})$ 在凸集 Q 上的梯度映射，若

$$\boldsymbol{x}_Q(\bar{\boldsymbol{x}}; L) = \underset{\boldsymbol{x}\in Q}{\arg\min}\left(f(\bar{\boldsymbol{x}}) + \langle\nabla f(\bar{\boldsymbol{x}}), \boldsymbol{x} - \bar{\boldsymbol{x}}\rangle + \frac{L}{2}\|\boldsymbol{x} - \bar{\boldsymbol{x}}\|_2^2\right) \tag{4.4.61}$$

$$\boldsymbol{g}_Q(\bar{\boldsymbol{x}}; L) = L(\bar{\boldsymbol{x}} - \boldsymbol{x}_Q(\bar{\boldsymbol{x}}; L)) \tag{4.4.62}$$

Nesterov 最优梯度法应该选择初始值 $\boldsymbol{x}_0 \in Q$，并且式 (4.4.57) 替换为梯度投影

$$\boldsymbol{x}_{k+1} = \mathcal{P}_Q\left(\boldsymbol{y}_k - \frac{1}{L}\nabla f(\boldsymbol{y}_k)\right) \tag{4.4.63}$$

或者替换为梯度映射

$$\boldsymbol{x}_{k+1} = \boldsymbol{g}_Q(\boldsymbol{y}_k; L) \tag{4.4.64}$$

若 $Q \equiv \mathbb{R}^n$，则对于梯度投影有 $\mathcal{P}_Q(\boldsymbol{u}) = \boldsymbol{u}$，而对于梯度映射有 $\boldsymbol{x}_Q(\boldsymbol{y}; L) = \boldsymbol{y} - \frac{1}{L}\nabla f(\boldsymbol{y})$ 和 $\boldsymbol{g}_Q(\boldsymbol{y}; L) = \nabla f(\boldsymbol{y})$，故式 (4.4.63) 退化为式 (4.4.57)。

Nesterov 第 1 最优梯度法的两个主要缺点是：① $\boldsymbol{y}_k$ 有可能位于 Q 外，因此要求 $f(\boldsymbol{x})$ 必须是在每一点都是明确定义的 (well-defined)。② 只适用于 Euclidean 范数。为了克服这两个缺点，Nesterov 又提出了以下两种算法。

算法 4.4.7 Nesterov 第 2 最优梯度法[362]

$$\begin{aligned}\boldsymbol{y}_k &= \theta_k \boldsymbol{z}_k + (1-\theta_k)\boldsymbol{x}_k \\ \boldsymbol{z}_{k+1} &= \arg\min_{\boldsymbol{z}\in Q}\left[f(\boldsymbol{y}_k) + \langle \nabla f(\boldsymbol{y}_k), \boldsymbol{z}-\boldsymbol{y}_k\rangle + \theta_k \cdot L \cdot D(\boldsymbol{z},\boldsymbol{z}_k)\right] \\ \boldsymbol{x}_{k+1} &= \theta_k \boldsymbol{z}_{k+1} + (1-\theta_k)\boldsymbol{x}_k\end{aligned}$$

算法 4.4.8 Nesterov 第 3 最优梯度法[364]

$$\begin{aligned}\boldsymbol{y}_k &= \theta_k \boldsymbol{z}_k + (1-\theta_k)\boldsymbol{x}_k \\ \boldsymbol{z}_{k+1} &= \arg\min_{\boldsymbol{z}\in Q}\left(\sum_{i=1}^{k}\frac{1}{\alpha_i}[f(\boldsymbol{y}_i) + \langle \nabla f(\boldsymbol{y}_i), \boldsymbol{z}-\boldsymbol{y}_i\rangle] + \theta_k \cdot L \cdot d(\boldsymbol{z})\right) \\ \boldsymbol{x}_{k+1} &= \theta_k \boldsymbol{z}_{k+1} + (1-\theta_k)\boldsymbol{x}_k\end{aligned}$$

Nesterov 的上述三种最优梯度法实际上均为投影梯度与重球法的结合算法，它们都具有 $O(1/k^2)$ 的收敛速率。

4.5 非平滑凸优化的次梯度法

梯度法要求目标函数 $f(\boldsymbol{x})$ 在点 $\boldsymbol{x}$ 存在梯度 $\nabla f(\boldsymbol{x})$；Nesterov 最优梯度法则进一步要求目标函数具有 Lipschitz 连续梯度。因此，梯度法和 Nesterov 最优法只适用于平滑的目标函数。

4.5.1 次梯度与次微分

现在考虑非平滑凸目标函数的最小化 $\min\limits_{\boldsymbol{x}\in\mathbb{R}^n} f(\boldsymbol{x})$，其中 f 为凸函数，但是非平滑函数，不可微分。

非平滑目标函数的常见例子如 $\|\boldsymbol{x}\|_1, \|\boldsymbol{x}\|_*, \|\boldsymbol{A}\boldsymbol{x}-\boldsymbol{b}\|_1$ 等。

由于非平滑函数 $f(\boldsymbol{x})$ 在 $\boldsymbol{x}$ 的梯度向量不存在，所以梯度算法和 Nesterov 最优梯度法不适用。一个自然会问的问题是：非平滑函数是否存在类似于梯度向量的某种“广义梯度”？

对于一个可二次连续微分的函数 $f(\boldsymbol{x})$，其二阶逼近为

$$f(\boldsymbol{x}+\Delta\boldsymbol{x}) \approx f(\boldsymbol{x}) + (\nabla f(\boldsymbol{x}))^{\mathrm{T}}\Delta\boldsymbol{x} + (\Delta\boldsymbol{x})^{\mathrm{T}}\boldsymbol{H}\Delta\boldsymbol{x}$$

若 Hessian 矩阵 $\boldsymbol{H}$ 半正定或者正定，则有不等式

$$f(\boldsymbol{x}+\Delta\boldsymbol{x}) \geqslant f(\boldsymbol{x}) + (\nabla f(\boldsymbol{x}))^{\mathrm{T}}\Delta\boldsymbol{x}$$

或者

$$f(\boldsymbol{y}) \geqslant f(\boldsymbol{x}) + (\nabla f(\boldsymbol{x}))^{\mathrm{T}}(\boldsymbol{y}-\boldsymbol{x}), \quad \forall \boldsymbol{x}, \boldsymbol{y} \in \operatorname{dom} f(\boldsymbol{x}) \tag{4.5.1}$$

虽然非平滑函数 $f(\boldsymbol{x})$ 不存在梯度向量 $\nabla f(\boldsymbol{x})$，但是有可能找到另外一个向量 $\boldsymbol{g}$ 代替梯度向量之后，能够满足不等式 (4.5.1)。这种向量虽然不是梯度向量，却具有类似于梯度向量的作用。为了区别，称这样的向量为次梯度向量 (subgradient vector)。

定义 4.5.1 一向量 $\boldsymbol{g} \in \mathbb{R}^n$ 是函数 $f: \mathbb{R}^n \to \mathbb{R}$ 在点 $\boldsymbol{x} \in \mathbb{R}^n$ 的次梯度向量，若对所有向量 $\boldsymbol{y} \in \operatorname{dom}(f)$，有

$$f(\boldsymbol{y}) \geqslant f(\boldsymbol{x}) + \boldsymbol{g}^{\mathrm{T}}(\boldsymbol{y}-\boldsymbol{x}) \tag{4.5.2}$$

显然，若 f 是凸函数和可微分，则 f 在 $\boldsymbol{x}$ 的梯度 $\nabla f(\boldsymbol{x})$ 即是一个次梯度向量。因此，梯度向量是次梯度向量的特例。一般说来，一函数在某点 $\boldsymbol{x}$ 的次梯度可能有多个。

下面是次梯度向量 $\boldsymbol{g}$ 的基本性质：

(1) $f(\boldsymbol{x}) + \boldsymbol{g}^{\mathrm{T}}(\boldsymbol{y}-\boldsymbol{x})$ 是 $f(\boldsymbol{y})$ 的全局下界 (global lower bound)。

(2) 若 $f(\boldsymbol{x})$ 是可微分的，则梯度向量 $\nabla f(\boldsymbol{x})$ 是函数 f 在 $\boldsymbol{x}$ 的次梯度。

函数 f 在点 $\boldsymbol{x}$ 的所有次梯度的集合称为函数 f 在点 $\boldsymbol{x}$ 的次微分

$$\partial f(\boldsymbol{x}) \stackrel{\text{def}}{=} \bigcap_{\boldsymbol{y} \in \operatorname{dom} f} \{\boldsymbol{g} | f(\boldsymbol{y}) \geqslant f(\boldsymbol{x}) + \boldsymbol{g}^{\mathrm{T}}(\boldsymbol{y}-\boldsymbol{x})\} \tag{4.5.3}$$

函数 $f(\boldsymbol{x})$ 称为在点 $\boldsymbol{x}$ 是可次微分的 (subdifferentiable)，若它至少存在一个次梯度向量。函数 f 在定义域上是可次微分的，若它在所有点 $\boldsymbol{x} \in \operatorname{dom} f$ 是可次微分的。

例 4.5.1 函数 $f(x) = |x|$ 在 x 非平滑，不存在梯度 $\nabla |x|$，但存在次梯度。为了求次梯度，将函数改写为 $f(s,x) = |x| = s \cdot x$。由此立即知函数 $f(s,x)$ 的梯度 $\frac{\partial f(s,x)}{\partial x} = s$，并且 $s = -1$ 若 $x < 0$；$s = +1$ 若 $x > 0$。此外，若 $x = 0$，则由次梯度定义知，应该满足 $|y| \geqslant gy$，即 $g \in [-1, +1]$。因此，函数 $|x|$ 的次微分

$$\partial |x| = \begin{cases} \{-1\}, & x < 0 \\ \{+1\}, & x > 0 \\ [-1, 1], & x = 0 \end{cases}$$

次微分的基本性质如下[56]：

(1) 次微分的凸性　$\partial f(\boldsymbol{x})$ 总是闭凸集，即使 $f(\boldsymbol{x})$ 不是凸函数。

(2) 非空与有界性　若 $\boldsymbol{x} \in \operatorname{int}(\operatorname{dom} f)$，则次微分 $\partial f(\boldsymbol{x})$ 是非空的和有界的。

(3) 凸函数的次微分　若 f 在点 $\boldsymbol{x}$ 是凸的和可微分的，则次微分是单元素集 $\partial f(\boldsymbol{x}) = \{\nabla f(\boldsymbol{x})\}$，即其梯度是其唯一的次梯度。反之，若 f 是凸函数，并且 $\partial f(\boldsymbol{x}) = \{\boldsymbol{g}\}$，则 f 在 $\boldsymbol{x}$ 是可微分的，并且 $\boldsymbol{g} = \nabla f(\boldsymbol{x})$。

(4) 非负因子　若 $\alpha > 0$，则 $\partial(\alpha f(\boldsymbol{x})) = \alpha \partial f(\boldsymbol{x})$。

(5) 不可微分函数的极小点　点 $\boldsymbol{x}^\star$ 是凸函数 f 的一个极小点，当且仅当 f 在 $\boldsymbol{x}^\star$ 可次微分，并且

$$\mathbf{0} \in \partial f(\boldsymbol{x}^\star) \tag{4.5.4}$$

即 $\boldsymbol{g}(\boldsymbol{x}^\star) = \mathbf{0}$ 是 f 在 $\boldsymbol{x}^\star$ 的次梯度。若 f 是可微分的，则一阶条件 $\mathbf{0} \in \partial f(\boldsymbol{x})$ 退化为 $\nabla f(\boldsymbol{x}) = \mathbf{0}$。

(6) 凸函数之和的次微分　若 $f_1, \cdots, f_m$ 均为凸函数，则函数 $f(\boldsymbol{x}) = f_1(\boldsymbol{x}) + \cdots + f_m(\boldsymbol{x})$ 的次微分

$$\partial f(\boldsymbol{x}) = \partial f_1(\boldsymbol{x}) + \cdots + \partial f_m(\boldsymbol{x})$$

(7) 仿射变换的次微分　若 $h(\boldsymbol{x}) = f(\boldsymbol{A}\boldsymbol{x} + \boldsymbol{b})$，则次微分 $\partial h(\boldsymbol{x}) = \boldsymbol{A}^{\mathrm{T}} \partial f(\boldsymbol{A}\boldsymbol{x} + \boldsymbol{b})$。

(8) 逐点极大函数的次微分　令 f 是凸函数 $f_1, \cdots, f_m$ 的逐点极大函数，即

$$f(\boldsymbol{x}) = \max_{i=1,\cdots,m} f_i(\boldsymbol{x})$$

则

$$\partial f(\boldsymbol{x}) = \mathrm{conv}\left(\bigcup \{\partial f_i(\boldsymbol{x}) | f_i(\boldsymbol{x}) = f(\boldsymbol{x})\}\right)$$

即逐点极大函数 f 的次微分是“作用函数”(active function) $f_i(\boldsymbol{x})$ 在点 $\boldsymbol{x}$ 的次微分的并集的凸包。

例如，若 $f = \max\limits_{i=1,\cdots,m} f_i(\boldsymbol{x})$，并且 f_i 是凸函数和可微分的，则

$$\partial f(\boldsymbol{x}) = \mathrm{conv}\,\{\nabla f_i(\boldsymbol{x}) | f_i(\boldsymbol{x}) = f(\boldsymbol{x})\}$$

例 4.5.2　L_1 范数 $f(\boldsymbol{x}) = \|\boldsymbol{x}\|_1 = |x_1| + \cdots + |x_m|$ 是在 $\boldsymbol{x}$ 不可微分的凸函数。根据定义 4.5.1，次梯度应该满足 $f(\boldsymbol{x}) \geqslant f(\mathbf{0}) + \boldsymbol{g}^{\mathrm{T}}(\boldsymbol{x} - \mathbf{0})$ 即 $\|\boldsymbol{x}\|_1 \geqslant \boldsymbol{g}^{\mathrm{T}}\boldsymbol{x}$，或用元素形式写作

$$\sum_{i=1}^m |x_i| \geqslant \sum_{i=1}^m g_i x_i$$

显然，为了满足 $|x_i| \geqslant g_i x_i$，次梯度向量的元素 g_i 的取值必须满足 $g_i \in [-1, 1]$。于是，有

$$g_i = \begin{cases} 1, & 若\ x_i > 0 \\ -1, & 若\ x_i < 0 \\ [-1, 1], & 若\ x_i = 0 \end{cases}$$

上式表明：① 任何一个次梯度向量的元素最大绝对值都不可能大于 1，即 $\|\boldsymbol{g}\|_\infty \leqslant 1$；② 任何一个次梯度向量与变元向量 $\boldsymbol{x}$ 的内积都等于 L_1 范数 $\|\boldsymbol{x}\|_1$，即有 $\boldsymbol{g}^{\mathrm{T}}\boldsymbol{x} = \|\boldsymbol{x}\|_1$。因此，$L_1$ 范数 $\|\boldsymbol{x}\|_1$ 的次微分为

$$\partial \|\boldsymbol{x}\|_1 = \{\boldsymbol{g} | \, \|\boldsymbol{g}\|_\infty \leqslant 1, \boldsymbol{g}^{\mathrm{T}}\boldsymbol{x} = 1\} \tag{4.5.5}$$

例 4.5.3　和例 4.5.2 一样，Euclidean 范数平方

$$f(\boldsymbol{x}) = \|\boldsymbol{x}\|_2^2 = \sum_{i=1}^m x_i^2$$

的次梯度向量也必须满足 $f(\boldsymbol{x}) \geqslant f(\boldsymbol{0}) + \boldsymbol{g}^{\mathrm{T}}(\boldsymbol{x}-\boldsymbol{0})$，即有

$$\sum_{i=1}^{m} x_i^2 \geqslant \sum_{i=1}^{m} g_i x_i$$

显然，为了让所有 x_i 都满足 $x_i^2 \geqslant g_i x_i$，g_i 应取值 $g_i = x_i$。换言之，次梯度向量 $\boldsymbol{g}=\boldsymbol{x}$，即 Euclidean 范数平方的次微分

$$\partial\|\boldsymbol{x}\|_2^2 = \{\boldsymbol{x}\} = \{\nabla\|\boldsymbol{x}\|_2^2\} \tag{4.5.6}$$

令 $\boldsymbol{X} \in \mathbb{R}^{m\times n}$ 是一任意矩阵，其奇异值分解为 $\boldsymbol{X}=\boldsymbol{U\Sigma V}^{\mathrm{T}}$，则矩阵 $\boldsymbol{X}$ 的核范数 (即所有奇异值之和) 的次微分为 [86, 314, 509]

$$\partial\|\boldsymbol{X}\|_* = \{\boldsymbol{UV}^{\mathrm{T}} + \boldsymbol{W} | \boldsymbol{W}\in\mathbb{R}^{m\times n}, \boldsymbol{U}^{\mathrm{T}}\boldsymbol{W}=\boldsymbol{O}, \boldsymbol{WV}=\boldsymbol{O}, \|\boldsymbol{W}\|_{\mathrm{spec}}\leqslant 1\} \tag{4.5.7}$$

$\|\boldsymbol{x}\|_\infty$ 的次微分为 [428, 107]

$$\partial\|\boldsymbol{x}\|_\infty = \begin{cases} \{\boldsymbol{y}: \|\boldsymbol{y}\|_1 \leqslant 1\}, & \boldsymbol{x}=\boldsymbol{0} \\ \mathrm{conv}\{\mathrm{sgn}(x_i)\boldsymbol{e}_i : |x_i| = \|\boldsymbol{x}\|_\infty\}, & \boldsymbol{x}\neq\boldsymbol{0} \end{cases} \tag{4.5.8}$$

其中 conv 表示凸锥，$\boldsymbol{e}_i$ 是一基本向量 (其元素 $e_i = 1$，其他元素全部为零的向量)。

4.5.2 迫近函数

定义 4.5.2 [498] 函数 $d(\boldsymbol{x})$ 称为闭合凸集 C 的迫近函数 (proximity function)，若：

(1) $d(\boldsymbol{x})$ 在 C 上连续，并且是 C 上的强凸函数。

(2) $C \subseteq \mathrm{dom}(d(\boldsymbol{x}))$。

令 C 是向量空间 E 内的一闭合凸集。若 $d(\boldsymbol{x})$ 是集合 C 的一迫近函数，则 $d(\boldsymbol{x})$ 是一连续的强凸函数

$$d(\alpha\boldsymbol{x}+(1-\alpha)\boldsymbol{y}) \leqslant \alpha\boldsymbol{x}+(1-\alpha)\boldsymbol{y} - \frac{1}{2}\mu\alpha(1-\alpha)\|\boldsymbol{x}-\boldsymbol{y}\|_2^2 \tag{4.5.9}$$

其中 $\mu \geqslant 0$ 为凸性参数。

迫近函数的中心称为集合 C 的迫近中心 (prox-center)，用符号 $\boldsymbol{x}_0$ 表示，定义为

$$\boldsymbol{x}_0 = \arg\min_{\boldsymbol{x}}\{d(\boldsymbol{x}) | \boldsymbol{x}\in C\} \tag{4.5.10}$$

迫近函数 $d(\boldsymbol{x})$ 度量 $\boldsymbol{x}$ 到迫近中心的“距离”。

不失一般性，假定迫近中心的迫近函数等于零，即 $d(\boldsymbol{x}_0)=0$。

称迫近函数是归一化迫近函数，若以下两个条件满足：① 强凸性常数 $\mu = 1$，即 $\inf\limits_{\boldsymbol{x}\in C} d(\boldsymbol{x}) = 0$。② $d(\boldsymbol{x}) \geqslant \frac{1}{2}\|\boldsymbol{x}-\boldsymbol{x}_0\|_2^2, \forall \boldsymbol{x}\in C$。

下面是几个典型的迫近函数 [366, 498]：

(1) Euclidean 范数 $f(\boldsymbol{x})=\|\boldsymbol{x}\|_2^2$ 的迫近函数

$$d(\boldsymbol{x})=\frac{1}{2}\|\boldsymbol{x}-\boldsymbol{x}_0\|_2^2$$

式中 $\boldsymbol{x}_0\in C$ 为迫近中心。

(2) L_1 范数 $f(\boldsymbol{x})=\|\boldsymbol{x}\|_1=\sum\limits_{i=1}^{n}|x_i|$ 的迫近函数

$$d(\boldsymbol{x})=\|\boldsymbol{x}-\boldsymbol{x}_0\|_1=\sum_{i=1}^{n}\left|x^{(i)}-x_0^{(i)}\right|,\quad \boldsymbol{x}_0\in C$$

(3) Frobenius 范数 $f(\boldsymbol{X})=\|\boldsymbol{X}\|_{\mathrm{F}}$ 的迫近函数

$$d(\boldsymbol{X})=\frac{1}{2}\|\boldsymbol{X}-\boldsymbol{X}_0\|_{\mathrm{F}}^2$$

(4) 熵函数 $f(\boldsymbol{x})=\|\boldsymbol{x}\|_1=1$ 的迫近函数　若 $C\overset{\text{def}}{=}\left\{\boldsymbol{x}\in\mathbb{R}_+^n:\sum_{i=1}^{n}x_i=1\right\}=\{\boldsymbol{x}\succeq\boldsymbol{0}|\boldsymbol{1}^{\mathrm{T}}\boldsymbol{x}=1\}$，则

$$d(\boldsymbol{x})=\ln n+\sum_{i=1}^{n}x_i\ln x_i$$

是在 C 上的强凸函数，且凸性参数 $\mu=1$，迫近中心 $\boldsymbol{x}_0=\frac{1}{n}\boldsymbol{1}=[\frac{1}{n},\cdots,\frac{1}{n}]^{\mathrm{T}}$。

4.5.3 共轭函数

若令 E^* 表示 E 上所有线性函数构造的空间，则 E 和 E^* 分别称为原始向量空间和对偶向量空间。

定义 4.5.3　实值函数 $g(\boldsymbol{x})$ 的共轭函数记作 $g^*(\boldsymbol{y})$，定义为

$$g^*(\boldsymbol{y})\overset{\text{def}}{=}\sup_{\boldsymbol{x}\in\operatorname{dom}g}\left(\boldsymbol{y}^{\mathrm{T}}\boldsymbol{x}-g(\boldsymbol{x})\right)=\sup_{\boldsymbol{x}\in\operatorname{dom}g}\left(\langle\boldsymbol{y},\boldsymbol{x}\rangle-g(\boldsymbol{x})\right)\tag{4.5.11}$$

共轭函数也称对偶函数。共轭函数有着有趣的经济意义解释 [541]：令 $\boldsymbol{x}=[x_1,\cdots,x_n]^{\mathrm{T}}$ 表示 n 件产品组成的产量向量，$g(\boldsymbol{x})$ 表示生产这些产品的成本。若 y_i 代表产品 x_i 的价格，则收入与成本之差 $\sum\limits_{i=1}^{n}y_ix_i-g(\boldsymbol{x})=\boldsymbol{y}^{\mathrm{T}}\boldsymbol{x}-g(\boldsymbol{x})$ 即代表生产这 n 件产品的利润。利润的最大可能值作为价格的函数，由共轭函数 $g^*(\boldsymbol{y})=\sup(\boldsymbol{y}^{\mathrm{T}}\boldsymbol{x}-g(\boldsymbol{x}))$ 决定，使共轭函数最大化的变元向量 $\boldsymbol{y}$ 就是使利润最大化的 n 个产品的价格向量 (price vector)。因此，共轭函数 $g^*(\boldsymbol{y})$ 可以理解为一收益函数。

对偶空间上的函数 $\boldsymbol{s}\in E^*$ 在原始空间的点 $\boldsymbol{x}\in E$ 的值记为 $\langle\boldsymbol{s},\boldsymbol{x}\rangle$。

给定一正定的自伴算子 (self-adjoint operator) 或自共轭算子 (self-conjugate operator) $\boldsymbol{B}:E\to E^*$。由于 $\boldsymbol{s}=\boldsymbol{B}\boldsymbol{x}$，原始空间和对偶空间上向量的 Euclidean 范数分别定义为

$$\|\boldsymbol{x}\|=\langle\boldsymbol{x},\boldsymbol{B}\boldsymbol{x}\rangle^{1/2}=\langle\boldsymbol{x},\boldsymbol{s}\rangle^{1/2},\quad \boldsymbol{x}\in E\tag{4.5.12}$$

$$\|\boldsymbol{s}\|^*=\langle\boldsymbol{s},\boldsymbol{B}^{-1/2}\boldsymbol{s}\rangle^{1/2}=\langle\boldsymbol{s},\boldsymbol{x}\rangle^{1/2},\quad \boldsymbol{s}\in E^*\tag{4.5.13}$$

在坐标向量空间 $E=\mathbb{R}^n$ 的特殊情况下，由于 $E=E^*$ 或 $\boldsymbol{B}=\boldsymbol{I}$，故上述 Euclidean 范数退化为标准形式的 Euclidean 范数：$\|\boldsymbol{x}\|=\langle\boldsymbol{x},\boldsymbol{x}\rangle^{1/2},\forall\boldsymbol{x}\in\mathbb{R}^n$。

若 $g^*(\boldsymbol{y})$ 是函数 $g(\boldsymbol{x})$ 的共轭函数，则原始函数 $g(\boldsymbol{x})$ 反过来也可以视为 $g^*(\boldsymbol{y})$ 的共轭函数。换言之，函数 $g(\boldsymbol{x})$ 的二次共轭函数 (共轭函数的共轭) 就是函数 $g(\boldsymbol{x})$ 本身：$g^{**}(\boldsymbol{x})=(g^*(\boldsymbol{x}))^*=g(\boldsymbol{x})$。

函数及其共轭函数服从 Fenchel 不等式

$$g(\boldsymbol{x})+g^*(\boldsymbol{y})\geqslant\boldsymbol{x}^{\mathrm{T}}\boldsymbol{y},\quad\forall\boldsymbol{x},\boldsymbol{y}\tag{4.5.14}$$

共轭函数 $g^*(\boldsymbol{y})$ 具有以下重要性质 [498]：

(1) 共轭函数 $g^*(\boldsymbol{y})$ 一定是闭凸函数，即使 g 不是。

(2) 若 $g(\boldsymbol{x})$ 是闭强凸函数，则共轭函数 $g^*(\boldsymbol{y})$ 是明确定义的，并且在所有 $\boldsymbol{y}$ 点都是可微分的，其梯度向量为

$$\nabla g^*(\boldsymbol{y})=\arg\min_{\boldsymbol{x}}\left(\boldsymbol{y}^{\mathrm{T}}\boldsymbol{x}-g(\boldsymbol{x})\right)\tag{4.5.15}$$

(3) 梯度向量 $\nabla g^*(\boldsymbol{y})$ 是 Lipschitz 连续的，并且 Lipschitz 常数为 $1/L$，即有

$$\|\nabla g^*(\boldsymbol{u})-\nabla g^*(\boldsymbol{v})\|_2\leqslant\frac{1}{L}\|\boldsymbol{u}-\boldsymbol{v}\|_2\tag{4.5.16}$$

下面是几个共轭函数的例子 [498]：

(1) 负对数函数 $g(x)=-\log x$ 的共轭函数为

$$g^*(y)=\sup_{x>0}(xy+\log x)=\begin{cases}-1-\log(-y), & y<0\\ \infty, & \text{其他}\end{cases}$$

(2) 二次函数 $g(\boldsymbol{x})=\frac{1}{2}\boldsymbol{x}^{\mathrm{T}}\boldsymbol{Q}\boldsymbol{x}$ (其中 $\boldsymbol{Q}$ 正定) 的共轭函数为

$$g^*(\boldsymbol{y})=\sup_{\boldsymbol{x}\in\mathrm{dom}\,g}(\boldsymbol{y}^{\mathrm{T}}\boldsymbol{x}-\frac{1}{2}\boldsymbol{x}^{\mathrm{T}}\boldsymbol{Q}\boldsymbol{x})=\frac{1}{2}\boldsymbol{y}^{\mathrm{T}}\boldsymbol{Q}^{-1}\boldsymbol{y}$$

(3) 集合 C 的指示函数 (indicator function)

$$I_C(\boldsymbol{x})=\begin{cases}0, & \boldsymbol{x}\in C\\ +\infty, & \text{其他}\end{cases}\tag{4.5.17}$$

的共轭函数是集合 C 的支撑函数 $S_C(\boldsymbol{y})$，即有

$$I_C^*(\boldsymbol{y})=\sup_{\boldsymbol{x}\in\mathrm{dom}\,f}\left(\boldsymbol{y}^{\mathrm{T}}\boldsymbol{x}-I_C(\boldsymbol{x})\right)=\sup_{\boldsymbol{x}\in C}\boldsymbol{y}^{\mathrm{T}}\boldsymbol{x}=S_C(\boldsymbol{y})\tag{4.5.18}$$

特别地，向量范数 $\|\boldsymbol{x}\|$ 的共轭函数 $\|\boldsymbol{y}\|^*$ 称为范数 $\|\boldsymbol{x}\|$ 的对偶范数

$$\|\boldsymbol{y}\|^*=\sup_{\|\boldsymbol{x}\|\leqslant 1}\boldsymbol{y}^{\mathrm{T}}\boldsymbol{x}\tag{4.5.19}$$

因此，对偶范数 $\|\boldsymbol{y}\|^*$ 是单位球范数 $\|\boldsymbol{x}\|\leqslant 1$ 的支撑函数。

(4) 向量范数 $g(\boldsymbol{x}) = \|\boldsymbol{x}\|$ 的共轭函数 $g^*(\boldsymbol{y}) = \|\boldsymbol{y}\|^*$ 是对偶单位范数球 $\|\boldsymbol{y}\|^* \leqslant 1$ 上的指示函数

$$g^*(\boldsymbol{y}) = \sup_{\boldsymbol{x}}(\boldsymbol{y}^{\mathrm{T}}\boldsymbol{x} - \|\boldsymbol{x}\|) = \begin{cases} 0, & \|\boldsymbol{y}\|^* \leqslant 1 \\ +\infty, & \text{其他} \end{cases} \tag{4.5.20}$$

下面是三组常用的向量范数–对偶向量范数对

$$(\|\boldsymbol{x}\|_2, \|\boldsymbol{y}\|_2), \quad (\|\boldsymbol{x}\|_1, \|\boldsymbol{y}\|_\infty), \quad \left(\sqrt{\boldsymbol{x}^{\mathrm{T}}\boldsymbol{Q}\boldsymbol{x}}, \sqrt{\boldsymbol{y}^{\mathrm{T}}\boldsymbol{Q}^{-1}\boldsymbol{y}}\right) \quad (\boldsymbol{Q}\ \text{正定})$$

以及两组常用的矩阵范数–对偶矩阵范数对

$$(\|\boldsymbol{X}\|_{\mathrm{F}}, \|\boldsymbol{Y}\|_{\mathrm{F}}), \quad \left(\|\boldsymbol{X}\|_2 = \sigma_{\max}(\boldsymbol{X}), \|\boldsymbol{Y}\|_* = \sum_{i=1}^{n}\sigma_i(\boldsymbol{X})\right)$$

共轭函数与次梯度之间的关系 [498] 若 $f(\boldsymbol{x})$ 为闭凸函数，则

$$\boldsymbol{y} \in \partial f(\boldsymbol{x}) \Longleftrightarrow \boldsymbol{x} \in \partial f^*(\boldsymbol{y}) \Longleftrightarrow \boldsymbol{x}^{\mathrm{T}}\boldsymbol{y} = f(\boldsymbol{x}) + f^*(\boldsymbol{y}) \tag{4.5.21}$$

即是说，若 $\boldsymbol{y}$ 是函数 $f(\boldsymbol{x})$ 的次梯度，则 $\boldsymbol{x}$ 一定是共轭函数 $f^*(\boldsymbol{y})$ 的次梯度。因此，向量 $\boldsymbol{x}$ 与 $\boldsymbol{y}$ 的内积等于函数 $f(\boldsymbol{x})$ 与共轭函数 $f^*(\boldsymbol{y})$ 之和。

指示函数 $I_C(\boldsymbol{x})$ 的次微分是 C 在 $\boldsymbol{x}$ 的正规锥 (normal cone) $N_C(\boldsymbol{x})$ [498]

$$\partial I_C(\boldsymbol{x}) = N_C(\boldsymbol{x}) = \{\boldsymbol{s} | \boldsymbol{s}^{\mathrm{T}}(\boldsymbol{y} - \boldsymbol{x}) \leqslant 0, \forall \boldsymbol{y} \in C\}$$

4.5.4 原始–对偶次梯度算法

将平滑凸函数极小化的梯度算法中的梯度 $\nabla f(\boldsymbol{x})$ 换成次梯度 $\boldsymbol{g}(\boldsymbol{x})$，即得非平滑凸函数 $f(\boldsymbol{x})$ 极小化的次梯度算法

$$\boldsymbol{x}_{k+1} = \boldsymbol{x}_k - \alpha_k \boldsymbol{g}_k, \quad k \geqslant 0 \tag{4.5.22}$$

或搜索方向归一化的次梯度算法

$$\boldsymbol{x}_{k+1} = \boldsymbol{x}_k - \alpha_k \boldsymbol{g}_k / \|\boldsymbol{g}_k\|_2, \quad k \geqslant 0 \tag{4.5.23}$$

其中，$\boldsymbol{g}_k \in \partial f(\boldsymbol{x}_k)$ 为非平滑函数 $f(\boldsymbol{x})$ 在 $\boldsymbol{x}_k$ 的次梯度向量，而步长序列 $\{\alpha_k\}_{k=0}^{\infty}$ 必须满足发散级数规则 (divergent-series rule) [366]

$$\alpha_k > 0, \quad \alpha_k \to 0, \quad \sum_{k=0}^{\infty}\alpha_k = \infty \tag{4.5.24}$$

注意，次梯度算法不是一种梯度下降法，因为次梯度算法不能保证 $f(\boldsymbol{x}_k) \leqslant f(\boldsymbol{x}_{k-1})$，而只能跟踪截至 k 步迭代时的最优点

$$f_k^{\mathrm{best}} = \min\{f(\boldsymbol{x}_1), \cdots, f(\boldsymbol{x}_k)\}$$

式 (4.5.22) 和式 (4.5.23) 分别称为原始次梯度算法和原始归一化次梯度算法。由于目标函数 $f(\boldsymbol{x})$ 非平滑，所以不能指望其次梯度在最优解点的邻域等于零向量。于是，为了保证原始序列 $\{\boldsymbol{x}_k\}_{k=0}^{\infty}$ 的收敛，原始次梯度算法 (4.5.22) 或原始归一化次梯度算法 (4.5.23) 中的步长必须满足收敛条件 $\alpha_k \to 0$。这意味着，对原始次梯度加权的系数 α_k 必须随迭代次数 k 而递减。

"权系数 α_k 必须是递减的"这一规则与迭代算法的一般原理相矛盾：因为随着迭代的进行，新的信息应该比旧的信息更加重要，所以对新信息的加权不应该递减。

为了克服权系数递减带来的问题，Nesterov 提出了原始–对偶次梯度算法[366]。这一算法的基本思想是使用两个权系数序列作为控制序列：第一个序列负责控制对偶空间的支撑函数 (support function)，第二个序列控制对偶空间与原始空间之间的动态更新。

定义闭凸集 C 的支撑函数的迫近型逼近[366]

$$V_\beta(\boldsymbol{s}) = \max_{\boldsymbol{x}\in C}\{\langle \boldsymbol{s}, \boldsymbol{x}-\boldsymbol{x}_0\rangle - \beta d(\boldsymbol{x})\} = \min_{\boldsymbol{x}\in C}\{-\langle \boldsymbol{s}, \boldsymbol{x}-\boldsymbol{x}_0\rangle + \beta d(\boldsymbol{x})\} \tag{4.5.25}$$

引理 4.5.1[366] 函数 $V_\beta(\boldsymbol{s})$ 是在对偶空间 E^* 的凸函数，并且可微分。此外，其梯度是 Lipschitz 连续的 (Lipschitz 常数为 $\frac{1}{\beta\mu}$)，即有

$$\|\nabla V_\beta(\boldsymbol{s}_1) - \nabla V_\beta(\boldsymbol{s}_2)\| \leqslant \frac{1}{\beta\mu}\|\boldsymbol{s}_1 - \boldsymbol{s}_2\|_*, \quad \forall\ \boldsymbol{s}_1, \boldsymbol{s}_2 \in E^* \tag{4.5.26}$$

式中 μ 是迫近函数 $d(\boldsymbol{x})$ 的凸性参数。对任何 $\boldsymbol{s}\in E^*$，梯度向量 $\nabla V_\beta(\boldsymbol{s})$ 属于 C，即

$$\nabla V_\beta(\boldsymbol{s}) = \boldsymbol{\pi}_\beta(\boldsymbol{s}) - \boldsymbol{x}_0 \tag{4.5.27}$$

其中

$$\boldsymbol{\pi}_\beta(\boldsymbol{s}) \stackrel{\text{def}}{=} \arg\min_{\boldsymbol{x}\in C}\{-\langle \boldsymbol{s}, \boldsymbol{x}\rangle + \beta d(\boldsymbol{x})\} \tag{4.5.28}$$

算法 4.5.1 Nesterov 原始–对偶次梯度算法 (对偶平均算法) [366]

初始化 $\boldsymbol{s}_0 = \boldsymbol{0} \in E^*$，选择 $\beta_0 > 0$。

迭代 $(k \geqslant 0)$:

(1) 计算次梯度向量 $\boldsymbol{g}_k \in \partial f(\boldsymbol{x}_k)$；

(2) 选择 $\alpha_k > 0$，令 $\boldsymbol{s}_{k+1} = \boldsymbol{s}_k + \alpha_k \boldsymbol{g}_k$；

(3) 选择 $\beta_{k+1} \geqslant \beta_k$，计算

$$\boldsymbol{x}_{k+1} = \boldsymbol{\pi}_{\beta_{k+1}}(-\boldsymbol{s}_{k+1}) = \arg\min_{\boldsymbol{x}\in C}\{\langle \boldsymbol{s}_{k+1}, \boldsymbol{x}\rangle + \beta_{k+1} d(\boldsymbol{x})\}$$

下面是原始次梯度算法与原始–对偶次梯度算法之间的主要区别：

(1) 原始次梯度算法求解原始问题 $\min\limits_{\boldsymbol{x}}\{f(\boldsymbol{x}) : \boldsymbol{x}\in\mathbb{R}^n\}$，而原始–对偶次梯度算法求解对偶问题 $V_\beta(\boldsymbol{s}) = \max\limits_{\boldsymbol{x}\in C}\{\langle \boldsymbol{s}, \boldsymbol{x}-\boldsymbol{x}_0\rangle - \beta d(\boldsymbol{x})\} = \min\limits_{\boldsymbol{x}\in C}\{-\langle \boldsymbol{s}, \boldsymbol{x}-\boldsymbol{x}_0\rangle + \beta d(\boldsymbol{x})\}$。

(2) 原始次梯度算法只用步长序列 $\{\alpha_k\}_{k=0}^{\infty}$ 控制原始变量的迭代 $\boldsymbol{x}_{k+1} = \boldsymbol{x}_k - \alpha_k \boldsymbol{g}_k$。原始–对偶次梯度算法则使用两个控制序列：步长序列 $\{\alpha_k\}_{k=0}^{\infty}$ 控制对偶变量 $\boldsymbol{s}$ 的迭代 $\boldsymbol{s}_{k+1} = \boldsymbol{s}_k + \alpha_k \boldsymbol{g}_k$；参数序列 $\{\beta_k\}_{k=0}^{\infty}$ 控制对偶变量 $\boldsymbol{s}_k$ 和原始变量 $\boldsymbol{x}_k$ 之间的动态更新。

(3) 在原始次梯度算法中，步长序列 $\{\alpha_k\}_{k=0}^{\infty}$ 必须是递减的；但在原始–对偶次梯度算法中，步长序列 $\{\alpha_k\}_{k=0}^{\infty}$ 和参数序列 $\{\beta_k\}_{k=0}^{\infty}$ 允许是非递减的。

对偶平均算法另有下面的变型。

算法 4.5.2 Nesterov 原始–对偶次梯度算法 (加权对偶平均算法) [366]

初始化 $\boldsymbol{s}_0 = \boldsymbol{0} \in E^*$，选择 $\rho > 0$。

迭代 $(k \geqslant 0)$:

(1) 计算次梯度向量 $\boldsymbol{g}_k \in \partial f(\boldsymbol{x}_k)$；

(2) 令 $\boldsymbol{s}_{k+1} = \boldsymbol{s}_k + \boldsymbol{g}_k / \|\boldsymbol{g}_k\|_*$；

(3) 选择 $\beta_{k+1} = \frac{\hat{\beta}_{k+1}}{\rho\sqrt{\mu}}$，其中

$$\sqrt{2k-1} \leqslant \hat{\beta}_k \leqslant \frac{1}{1+\sqrt{3}} + \sqrt{2k-1}, \quad k \geqslant 1$$

计算 $\boldsymbol{x}_{k+1} = \boldsymbol{\pi}_{\beta_{k+1}}(-\boldsymbol{s}_{k+1}) = \underset{\boldsymbol{x}\in C}{\arg\min}\{\langle \boldsymbol{s}_{k+1}, \boldsymbol{x}\rangle + \beta_{k+1} d(\boldsymbol{x})\}$。

4.5.5 投影次梯度法

令 $f(\boldsymbol{x})$ 是一凸函数，可能平滑或非平滑。最小化 $f(\boldsymbol{x})$ 的投影次梯度法的更新公式可统一表示为 [53]

$$\boldsymbol{x}_{k+1} = \mathcal{P}(\boldsymbol{x}_k - \alpha_k \boldsymbol{g}_k) \tag{4.5.29}$$

式中 $\mathcal{P}(\boldsymbol{z})$ 表示向量 $\boldsymbol{z}$ 到定义域 $\mathcal{C}$ 上的投影。

(1) 对于线性等式约束凸优化问题

$$\min f(\boldsymbol{x}) \quad \text{subject to} \quad \boldsymbol{A}\boldsymbol{x} = \boldsymbol{b} \tag{4.5.30}$$

向量 $\boldsymbol{z}$ 到定义域 $\{\boldsymbol{x}|\boldsymbol{A}\boldsymbol{x} = \boldsymbol{b}\}$ 上的投影为

$$\mathcal{P}(\boldsymbol{z}) = \boldsymbol{z} - \boldsymbol{A}^{\mathrm{T}}(\boldsymbol{A}\boldsymbol{A}^{\mathrm{T}})^{-1}(\boldsymbol{A}\boldsymbol{z} - \boldsymbol{b}) \tag{4.5.31}$$

$$= (\boldsymbol{I} - \boldsymbol{A}^{\mathrm{T}}(\boldsymbol{A}\boldsymbol{A}^{\mathrm{T}})^{-1}\boldsymbol{A})\boldsymbol{z} + \boldsymbol{A}^{\mathrm{T}}(\boldsymbol{A}\boldsymbol{A}^{\mathrm{T}})^{-1}\boldsymbol{b} \tag{4.5.32}$$

将投影 $\mathcal{P}(\boldsymbol{z})$ 代入式 (4.5.29)，并利用 $\boldsymbol{A}\boldsymbol{x}_k = \boldsymbol{b}$，立即有 [53]

$$\boldsymbol{x}_{k+1} = \boldsymbol{x}_k - \alpha_k \left[\boldsymbol{I} - \boldsymbol{A}^{\mathrm{T}}(\boldsymbol{A}\boldsymbol{A}^{\mathrm{T}})^{-1}\boldsymbol{A}\right]\boldsymbol{g}_k = \boldsymbol{x}_k - \alpha_k \boldsymbol{P}_A^{\perp}\boldsymbol{g}_k \tag{4.5.33}$$

其中

$$\boldsymbol{P}_A^{\perp} = \boldsymbol{I} - \boldsymbol{A}^{\mathrm{T}}(\boldsymbol{A}\boldsymbol{A}^{\mathrm{T}})^{-1}\boldsymbol{A} \tag{4.5.34}$$

表示到 $\boldsymbol{A}$ 的列空间上的正交投影矩阵。

例如，若 $f(\boldsymbol{x}) = \|\boldsymbol{x}\|_1$，则由次梯度 $\boldsymbol{g} = \mathrm{sgn}(\boldsymbol{x})$ 得

$$\boldsymbol{x}_{k+1} = \boldsymbol{x}_k - \alpha_k \boldsymbol{P}_A^{\perp}\mathrm{sgn}(\boldsymbol{x}_k) \tag{4.5.35}$$

(2) 对于不等式约束凸优化问题

$$\min\ f_0(\boldsymbol{x}) \quad \text{subject to} \quad f_i(\boldsymbol{x}) \leqslant 0, i = 1, \cdots, m \tag{4.5.36}$$

则需要考虑其对偶优化问题

$$\max g(\boldsymbol{\lambda}) \quad \text{subject to} \quad \boldsymbol{\lambda} \succeq \boldsymbol{0} \tag{4.5.37}$$

若 $\boldsymbol{h}$ 是 Lagrangian 对偶函数 $g(\boldsymbol{\lambda})$ 的次梯度，即 $\boldsymbol{h} \in \partial g(\boldsymbol{\lambda})$，则投影次梯度算法的更新公式为[53]

$$\boldsymbol{\lambda}_{k+1} = \mathcal{P}_{\mathbb{R}_+}(\boldsymbol{\lambda}_k - \alpha_k \boldsymbol{h}) = (\boldsymbol{\lambda}_k - \alpha_k \boldsymbol{h})_+ \tag{4.5.38}$$

式中 $(\boldsymbol{z})_+ = [\max\{z_1, 0\}, \cdots, \max\{z_n, 0\}]^{\mathrm{T}}$。

4.6 非平滑凸函数的平滑凸优化

4.5 节讨论了求解非平滑函数优化问题的次梯度法，由于目标函数非平滑，不可能是 Lipschitz 连续的，所以次梯度算法不能采用 Nesterov 最优梯度算法。为了能够应用 Nesterov 最优梯度法，必须考虑非平滑函数的平滑优化：将一个非平滑的目标函数用一个平滑函数逼近。

4.6.1 非平滑函数的平滑逼近

考虑一组合优化问题

$$\min_{\boldsymbol{x} \in E}\ F(\boldsymbol{x}) = f(\boldsymbol{x}) + g(\boldsymbol{x}) \tag{4.6.1}$$

其中 $E \subset \mathbb{R}^n$ 是一有限维实向量空间，并且

$g : E \to \mathbb{R}$ 为凸函数，在 E 上不可微分即非平滑。

$f : \mathbb{R}^n \to \mathbb{R}$ 为连续的平滑凸函数，可微分，其梯度为 Lipschitz 连续函数

$$\|\nabla f(\boldsymbol{x}) - \nabla f(\boldsymbol{y})\|_2 \leqslant L\, \|\boldsymbol{x} - \boldsymbol{y}\|_2 \quad \forall \boldsymbol{x}, \boldsymbol{y} \in \mathbb{R}^n$$

其中 $L > 0$ 为梯度 $\nabla f(\boldsymbol{x})$ 的 Lipschitz 常数。

非平滑目标函数的平滑最小化包含两个基本过程：

(1) 用一可微分函数 g_μ (被 μ 参数化) 逼近非平滑函数 g。

(2) 使用 (快速) 梯度算法最小化 g_μ。

为了将 E 上的非平滑函数 g 用另一个平滑函数 g^* 逼近，新函数 g^* 必须以另一个有限维向量空间 $E^* \subset \mathbb{R}^n$ 的向量 $\boldsymbol{y}$ 作为变元，即待确定的平滑函数为 $g^*(\boldsymbol{y})$。

令非平滑函数 $g(\boldsymbol{x})$ 是一闭凸函数，其定义域有界。现在考虑如何利用共轭函数，将非平滑函数转换成平滑函数。这一转换由以下三个步骤组成：

(1) 定义共轭函数

$$G(\boldsymbol{y}) = \sup_{\boldsymbol{x}\in\mathrm{dom}\, g} \left((\boldsymbol{A}\boldsymbol{y}+\boldsymbol{b})^{\mathrm{T}}\boldsymbol{x} - g(\boldsymbol{x})\right) = g^*(\boldsymbol{A}\boldsymbol{y}+\boldsymbol{b}) \tag{4.6.2}$$

(2) 构造一凸性参数为 μ 的迫近函数 $d(\boldsymbol{x})$。

(3) 用共轭函数 $G(\boldsymbol{y})$ 和迫近函数 $d(\boldsymbol{x})$ 构造平滑逼近函数

$$g_\mu(\boldsymbol{y}) = \sup_{\boldsymbol{x}\in\mathrm{dom}\, g} \left((\boldsymbol{A}\boldsymbol{y}+\boldsymbol{b})^{\mathrm{T}}\boldsymbol{x} - g(\boldsymbol{x}) - \mu d(\boldsymbol{x})\right) = (g+\mu d)^*(\boldsymbol{A}\boldsymbol{y}+\boldsymbol{b}) \tag{4.6.3}$$

由式 (4.6.3) 知，平滑逼近函数具有如下性质：

(1) $g_\mu(\boldsymbol{y})$ 是可微分的，其梯度

$$\nabla g_\mu(\boldsymbol{y}) = \frac{\partial g_\mu(\boldsymbol{y})}{\partial \boldsymbol{y}} = \boldsymbol{A}^{\mathrm{T}} \mathop{\arg\min}_{\boldsymbol{x}\in\mathrm{dom}\, g} \left((\boldsymbol{A}\boldsymbol{y}+\boldsymbol{b})^{\mathrm{T}}\boldsymbol{x} - g(\boldsymbol{x}) - \mu d(\boldsymbol{x})\right) \tag{4.6.4}$$

(2) 梯度 $\nabla g_\mu(\boldsymbol{y})$ 是 Lipschitz 连续的，且 Lipschitz 常数为 $\|\boldsymbol{A}\|_2^2/\mu$。

这些性质表明，Nesterov 最优梯度法对平滑逼近函数 $g_\mu(\boldsymbol{y})$ 适用。

1. 平滑逼近的精度

如果使用平滑逼近函数 $g_\mu(\boldsymbol{y})$ 逼近原非平滑的函数 $g(\boldsymbol{x})$，则平滑逼近的精度为

$$g(\boldsymbol{x}) - \mu D \leqslant g_\mu(\boldsymbol{y}) \leqslant g(\boldsymbol{x})$$

式中 $D = \sup_{\boldsymbol{x}\in\mathrm{dom}\, g} d(\boldsymbol{x}) < \infty$，因为 $\mathrm{dom}\, g$ 是有界的，并且 $\mathrm{dom}\, g \subseteq \mathrm{dom}\, d$。

非平滑函数的平滑优化的复杂度取决于梯度算法：(快速) 梯度算法达到收敛所需要的迭代次数为 $O(L_\mu/\varepsilon_\mu)$，其中

(1) L_μ 是平滑逼近函数 g_μ 的梯度 ∇g_μ 的 Lipschitz 常数。

(2) ε_μ 是使平滑逼近函数 g_μ 最小化所要求的精度。

Lipschitz 常数 L_μ 与优化精度 ε_μ 之间的权衡：

(1) 较大的 Lipschitz 常数意味着较弱的平滑度，给出较精确的逼近。

(2) 较小的 Lipschitz 常数意味着较强的平滑度，提供较快的收敛。

2. 平滑逼近函数的实现

逼近函数常使用 Huber 函数[247]

$$h_\mu(t) = \begin{cases} t^2/(2\mu), & |t| \leqslant \mu \\ |t| - \mu/2, & |t| \geqslant \mu \end{cases} \tag{4.6.5}$$

实现。Huber 函数 $h_\mu(t)$ 可以逼近 $|t|$

$$h_\mu(t) \leqslant |t| \leqslant h_\mu(t) + \mu/2$$

其中 μ 控制逼近的精度和平滑度：

(1) 逼近的精度 $|t|-\frac{\mu}{2}\leqslant h_\mu(t)\leqslant |t|$。

(2) 逼近函数的平滑度 $h''_\mu(t)\leqslant \frac{1}{\mu}$。

Huber 函数为平滑函数，其梯度

$$\nabla h_\mu(t)=\begin{cases}t/\mu, & |t|\leqslant\mu\\ \mathrm{sgn}(t), & |t|\geqslant\mu\end{cases}$$

Huber 函数的梯度 h'_μ 是 Lipschitz 连续的 (Lipschitz 常数为 $1/\mu$)。

下面是几种非平滑函数的逼近表示[498]。

(1) 分段线性函数 $g(\boldsymbol{x})=\max\limits_{i=1,\cdots,m}(\boldsymbol{a}_i^{\mathrm{T}}\boldsymbol{x}+b_i)$ 的平滑逼近

① 共轭表示 $G(\boldsymbol{y})=\sup\limits_{y_i\geqslant 0,\boldsymbol{1}^{\mathrm{T}}\boldsymbol{y}=1}(\boldsymbol{Ax}+\boldsymbol{b})^{\mathrm{T}}\boldsymbol{y}$

② 迫近函数 $d(\boldsymbol{y})=\sum\limits_{i=1}^m y_i\log y_i+\log m$

③ 平滑逼近 $g_\mu(\boldsymbol{x})=\mu\log\left(\sum\limits_{i=1}^m \mathrm{e}^{(\boldsymbol{a}_i^{\mathrm{T}}\boldsymbol{x}+b_i)/\mu}\right)-\mu\log m$

(2) L_1 范数 $g(\boldsymbol{x})=\|\boldsymbol{Ax}-\boldsymbol{b}\|_1$ 的平滑逼近

① 共轭表示 $G(\boldsymbol{y})=\sup\limits_{\|\boldsymbol{y}\|_\infty\leqslant 1}(\boldsymbol{Ax}-\boldsymbol{b})^{\mathrm{T}}\boldsymbol{y}$

② 迫近函数 $d(\boldsymbol{y})=\sum\limits_{i=1}^m w_i y_i^2\ (w_i>1)$

③ 平滑逼近 (Huber 逼近) $g_\mu(\boldsymbol{x})=\sum\limits_{i=1}^m h_\mu(\boldsymbol{a}_i^{\mathrm{T}}\boldsymbol{x}+b_i)$，其中 $h_\mu(t)$ 为 Huber 函数

(3) 核函数 $g(\boldsymbol{X})=\|\boldsymbol{X}\|_*$ 的平滑逼近

① 共轭表示 $G(\boldsymbol{Y})=\sup\limits_{\|\boldsymbol{Y}\|_2\leqslant 1}\mathrm{tr}(\boldsymbol{X}^{\mathrm{T}}\boldsymbol{Y})$

② 迫近函数 $d(\boldsymbol{Y})=\frac{1}{2}\|\boldsymbol{Y}\|_{\mathrm{F}}^2$

③ 平滑逼近 (Huber 逼近) $g_\mu(\boldsymbol{X})=\sum\limits_i h_\mu(\sigma_i(\boldsymbol{X}))$

(4) 最大特征值 $g(\boldsymbol{X})=\lambda_{\max}(\boldsymbol{X})$ 的平滑逼近

① 共轭表示 $G(\boldsymbol{Y})=\sup\limits_{y_i\geqslant 0,\mathrm{tr}(\boldsymbol{Y})=1}\mathrm{tr}(\boldsymbol{XY})$

② 迫近函数 $d(\boldsymbol{Y})=\sum\limits_{i=1}^n\lambda_i(\boldsymbol{Y})\log(\lambda_i(\boldsymbol{Y}))+\log n$

③ 平滑逼近 $g_\mu(\boldsymbol{X})=\mu\log\left(\sum\limits_{i=1}^n \mathrm{e}^{\lambda_i(\boldsymbol{X})/\mu}\right)-\mu\log n$

(5) Chebyshev 逼近 $g(\boldsymbol{x})=\|\boldsymbol{Ax}-\boldsymbol{b}\|_\infty$ (其中 $\boldsymbol{A}\in\mathbb{R}^{m\times n},\boldsymbol{b}\in\mathbb{R}^m$) 的平滑逼近

① 共轭表示 $G(\boldsymbol{u},\boldsymbol{v})=\sup\limits_{(u,v)\in Q}\langle\boldsymbol{u}-\boldsymbol{v},\boldsymbol{Ax}-\boldsymbol{b}\rangle$，其中

$$Q=\{(\boldsymbol{u},\boldsymbol{v})|\boldsymbol{u}\succeq\boldsymbol{0},\ \boldsymbol{v}\succeq\boldsymbol{0},\ \boldsymbol{1}^{\mathrm{T}}\boldsymbol{u}+\boldsymbol{1}^{\mathrm{T}}\boldsymbol{v}=1\}$$

② 迫近函数 $d(\boldsymbol{u},\boldsymbol{v})=\sum\limits_{i=1}^m u_i\log u_i+\sum\limits_{i=1}^m v_i\log v_i+\log 2m$

③ 平滑逼近 $g_\mu(\boldsymbol{x})=\mu\sum_{i=1}^{m}\log\left[\cosh\left(\frac{\boldsymbol{a}_i^{\mathrm{T}}\boldsymbol{x}-b_i}{\mu}\right)\right]$

一旦非平滑函数用平滑函数逼近，即可使用 Nesterov 最优梯度法进行平滑函数的最小化。

4.6.2 迫近梯度法

令 $C_i=\operatorname{dom}f_i(\boldsymbol{x}), i=1,\cdots I$ 为 m 维 Euclidean 空间 $\mathbb{R}^m$ 内的闭凸集，$C=\bigcap_{i=1}^{p}C_i$ 为这些闭凸集的交集。考虑组合优化问题

$$\min_{\boldsymbol{x}\in C}\sum_{i=1}^{I}f_i(\boldsymbol{x}) \tag{4.6.6}$$

其中，闭凸集 $C_i, i=1,\cdots,I$ 表示对组合优化问题的解 $\boldsymbol{x}$ 施加的约束。

交集 C 分三种情况 [73]：

(1) 交集 C 非空且“小”(C 的所有分集非常类似)；

(2) 交集 C 非空且“大”(C 的各个分集差异大)；

(3) 交集 C 为空集，这意味着各个约束条件相互矛盾。

组合优化问题式 (4.6.6) 的直接求解一般比较困难。然而，若

$$f_1(\boldsymbol{x})=\|\boldsymbol{x}-\boldsymbol{x}_0\|,\quad f_i(\boldsymbol{x})=I_{C_i}(\boldsymbol{x})=\begin{cases}0, & \boldsymbol{x}\in C_i\\ +\infty, & \boldsymbol{x}\notin C_i\end{cases}$$

则组合优化问题可分割成

$$\min_{\boldsymbol{x}\in\bigcap_{i=2}^{p}C_i}\|\boldsymbol{x}-\boldsymbol{x}_0\| \tag{4.6.7}$$

与组合优化问题式 (4.6.6) 不同，分割优化问题式 (4.6.7) 可以用投影方法求解。特别地，C_i 为凸集时，一个凸目标函数到这些凸集的交集的投影与该目标函数的迫近映射密切相关。

定义 4.6.1 凸函数 $h(\boldsymbol{x})$ 的迫近映射 (proximal mapping) 定义为

$$\mathbf{prox}_h(\boldsymbol{x})=\arg\min_{\boldsymbol{u}}\left(h(\boldsymbol{u})+\frac{1}{2}\|\boldsymbol{u}-\boldsymbol{x}\|_2^2\right) \tag{4.6.8}$$

或者

$$\mathbf{prox}_{\mu h}(\boldsymbol{x})=\arg\min_{\boldsymbol{u}}\left(h(\boldsymbol{u})+\frac{\mu}{2}\|\boldsymbol{u}-\boldsymbol{x}\|_2^2\right) \tag{4.6.9}$$

迫近映射也称迫近算子。迫近映射具有以下重要性质 [498]：

(1) 存在性与唯一性 迫近映射总是存在，并且对于所有 $\boldsymbol{x}$ 是唯一的。

(2) 次梯度特性 (subgradient characterization) 迫近映射与次梯度之间存在对应关系

$$\boldsymbol{u}=\mathbf{prox}_h(\boldsymbol{x})\iff\boldsymbol{x}-\boldsymbol{u}\in\partial h(\boldsymbol{u}) \tag{4.6.10}$$

(3) 非扩张映射 (nonexpansive mapping) 迫近映射是具有常数 1 的非扩张映射：若 $\boldsymbol{u}=\mathbf{prox}_h(\boldsymbol{x})$ 和 $\hat{\boldsymbol{u}}=\mathbf{prox}_h(\hat{\boldsymbol{x}})$，则

$$(\boldsymbol{u}-\hat{\boldsymbol{u}})^{\mathrm{T}}(\boldsymbol{x}-\hat{\boldsymbol{x}})\geqslant\|\boldsymbol{u}-\hat{\boldsymbol{u}}\|_2^2$$

(4) 可分离求和 (separable sum) 函数的迫近映射　若 $h:\mathbb{R}^{n_1}\times\mathbb{R}^{n_2}\to\mathbb{R}$ 是可分离求和函数，即 $h(\boldsymbol{x}_1,\boldsymbol{x}_2)=h_1(\boldsymbol{x}_1)+h_2(\boldsymbol{x}_2)$，则

$$\mathbf{prox}_h(\boldsymbol{x}_1,\boldsymbol{x}_2)=(\mathbf{prox}_{h_1}(\boldsymbol{x}_1),\mathbf{prox}_{h_2}(\boldsymbol{x}_2))$$

(5) 变元的缩放和平移 (scaling and translation of argument)　若 $h(\boldsymbol{x})=f(\alpha\boldsymbol{x}+\boldsymbol{b})$，其中 $\alpha\neq 0$，则

$$\mathbf{prox}_h(\boldsymbol{x})=\frac{1}{\alpha}\left(\mathbf{prox}_{\alpha^2 f}(\alpha\boldsymbol{x}+\boldsymbol{b})-\boldsymbol{b}\right)$$

(6) 共轭函数的迫近映射　若 $h^*(\boldsymbol{x})$ 是函数 $h(\boldsymbol{x})$ 的共轭，则对于任何 $\mu>0$，共轭函数的迫近映射为

$$\mathbf{prox}_{\mu h^*}(\boldsymbol{x})=\boldsymbol{x}-\mu\mathbf{prox}_{h/\mu}(\boldsymbol{x}/\mu)$$

若 $\mu=1$，则上式简化为

$$\boldsymbol{x}=\mathbf{prox}_h(\boldsymbol{x})+\mathbf{prox}_{h^*}(\boldsymbol{x}) \tag{4.6.11}$$

这一分解称为 Moreau 分解。

实变量 $x\in\mathbb{R}$ 的软阈值化算子 (soft thresholding operator)，定义为

$$S_\tau[x]=\begin{cases}x-\tau, & x>\tau\\ 0, & |x|\leqslant\tau\\ x+\tau, & x<-\tau\end{cases} \tag{4.6.12}$$

式中，$\tau>0$ 称为实变量 x 的软阈值。软阈值化算子也可等价写作

$$\begin{aligned}S_\tau[x]&=(x-\tau)_+-(-x-\tau)_+=\max\{x-\tau,0\}-\max\{-x-\tau,0\}\\&=(x-\tau)_++(x+\tau)_-=\max\{x-\tau,0\}+\min\{x+\tau,0\}\end{aligned}$$

实向量 $\boldsymbol{x}\in\mathbb{R}^n$ 的软阈值化算子 $S_\tau[\boldsymbol{x}]$ 是一个 n 维实向量，其元素定义为

$$S_\tau[\boldsymbol{x}]_i=\max\{x_i-\tau,0\}+\min\{x_i+\tau,0\}=\begin{cases}x_i-\tau, & x_i>\tau\\ 0, & |x_i|\leqslant\tau\\ x_i+\tau, & x_i<-\tau\end{cases}$$

实矩阵 $\boldsymbol{X}\in\mathbb{R}^{m\times n}$ 的软阈值化算子 $S_\tau[\boldsymbol{X}]$ 是一个 $m\times n$ 实矩阵，其元素

$$S_\tau[\boldsymbol{X}]_{ij}=\max\{X_{ij}-\tau,0\}+\min\{X_{ij}+\tau,0\}=\begin{cases}X_{ij}-\tau, & X_{ij}>\tau\\ 0, & |X_{ij}|\leqslant\tau\\ X_{ij}+\tau, & X_{ij}<-\tau\end{cases}$$

软阈值化算子也称收缩算子 (shrinkage operator)，因为它能够使变量 x、向量 $\boldsymbol{x}$ 和矩阵 $\boldsymbol{X}$ 的元素向零移动，从而收缩元素的取值范围。因此，软阈值化算子有时也写作 [34, 54]

$$S_\tau[x]=(|x|-\tau)_+\mathrm{sgn}(x)=(1-\tau/|x|)_+x \tag{4.6.13}$$

表 4.6.1 列出了一些典型函数的迫近映射 [122]。

表 4.6.1 一些典型函数的迫近映射

编号	函 数	迫近映射
1	凸函数 $h(\boldsymbol{x})=0$	$\mathbf{prox}_h(\boldsymbol{x})=\boldsymbol{x}$
2	位移函数 $h(\boldsymbol{x})=\phi(\boldsymbol{x}-\boldsymbol{z})$	$\mathbf{prox}_h(\boldsymbol{x})=\boldsymbol{z}+\mathbf{prox}_\phi(\boldsymbol{x}-\boldsymbol{z})$
3	比例函数 $h(\boldsymbol{x})=\phi(\boldsymbol{x}/\rho),\ \rho\neq 0$	$\mathbf{prox}_h(\boldsymbol{x})=\rho\mathbf{prox}_{\phi/\rho^2}(\boldsymbol{x}/\rho)$
4	反身函数 $h(\boldsymbol{x})=\phi(-\boldsymbol{x})$	$\mathbf{prox}_h(\boldsymbol{x})=-\mathbf{prox}_\phi(-\boldsymbol{x})$
5	共轭函数 $h(\boldsymbol{x})=\phi^*(\boldsymbol{x})$	$\mathbf{prox}_h(\boldsymbol{x})=\boldsymbol{x}-\mathbf{prox}_\phi(\boldsymbol{x})$
6	指示函数 $h(\boldsymbol{x})=I_C(\boldsymbol{x})$	$\mathbf{prox}_h(\boldsymbol{x})=\mathcal{P}_C(\boldsymbol{x})=\arg\min\limits_{\boldsymbol{u}\in C}\Vert\boldsymbol{u}-\boldsymbol{x}\Vert_2^2$
7	支撑函数 $h(\boldsymbol{x})=S_C(\boldsymbol{x})$	$\mathbf{prox}_h(\boldsymbol{x})=\boldsymbol{x}-\mathcal{P}_C(\boldsymbol{x})$
8	二次扰动函数 $h(\boldsymbol{x})=\phi(\boldsymbol{x})+\frac{\alpha}{2}\Vert\boldsymbol{x}\Vert^2+\boldsymbol{u}^{\mathrm{T}}\boldsymbol{x}+\gamma$	$\mathbf{prox}_h(\boldsymbol{x})=\mathbf{prox}_{\phi/(\alpha+1)}((\boldsymbol{x}-\boldsymbol{u})/(\alpha+1))$
9	凸函数 $h(\boldsymbol{x})=\tau\Vert\boldsymbol{x}\Vert_1$ (其中 $\tau\geqslant 0$)	$\mathbf{prox}_h(\boldsymbol{x})_i=S_\tau[\boldsymbol{x}]_i=\begin{cases}x_i-\tau, & x_i>\tau\\ 0, & \vert x_i\vert\leqslant\tau\\ x_i+\tau, & x_i<-\tau\end{cases}$
10	二次函数 $h(\boldsymbol{x})=\frac{1}{2}\boldsymbol{x}^{\mathrm{T}}\boldsymbol{A}\boldsymbol{x}+\boldsymbol{b}^{\mathrm{T}}\boldsymbol{x}+c$	$\mathbf{prox}_{\mu h}(\boldsymbol{x})=(\boldsymbol{A}+\mu\boldsymbol{I})^{-1}(\boldsymbol{x}-\mu\boldsymbol{b})$
11	Euclidean 范数 $h(\boldsymbol{x})=\Vert\boldsymbol{x}\Vert_2$	$\mathbf{prox}_{\mu h}(\boldsymbol{x})=\begin{cases}(1-\mu/\Vert\boldsymbol{x}\Vert_2)\boldsymbol{x}, & \Vert\boldsymbol{x}\Vert_2\geqslant\mu\\ 0, & \text{其他}\end{cases}$
12	对数障碍函数 $h(\boldsymbol{x})=-\sum\limits_{i=1}^{n}\log x_i$	$\mathbf{prox}_{\mu h}(\boldsymbol{x})_i=\frac{x_i}{2}\sqrt{x_i^2+4\mu},\quad i=1,\cdots,n$

无约束最小化问题式 (4.6.1) 的迫近梯度算法 (proximal gradient algorithm) 为

$$\boldsymbol{x}^{(k)}=\mathbf{prox}_{\mu_k g}\left(\boldsymbol{x}^{(k-1)}-\mu_k\nabla f(\boldsymbol{x}^{(k-1)})\right)\tag{4.6.14}$$

其中 μ_k 是步长，取常数或者由直线搜索确定。

下面是无约束最小化问题式 (4.6.1) 的几个典型例子。

1. *梯度法*

若 $g(\boldsymbol{x})=0$，则最小化问题式 (4.6.1) 简化为无约束最小化 $\min\ f(\boldsymbol{x})$。由于 $\mathbf{prox}_g(\boldsymbol{x})=\boldsymbol{x}$，故迫近梯度算法式 (4.6.14) 退化为普通的梯度算法

$$\boldsymbol{x}^{(k)}=\boldsymbol{x}^{(k-1)}-\mu_k\nabla f(\boldsymbol{x}^{(k-1)})$$

因此，梯度算法是当凸函数 $g(\boldsymbol{x})=0$ 时迫近梯度算法的一个特例；而迫近梯度算法则是梯度算法的一种推广。

2. *梯度投影法* (gradient projection method)

对于指示函数 $g(\boldsymbol{x})=I_C(\boldsymbol{x})$，最小化问题式 (4.6.1) 变为无约束最小化 $\min\limits_{\boldsymbol{x}\in C}\ f(\boldsymbol{x})$。由于 $\mathbf{prox}_g(\boldsymbol{x})=\mathcal{P}_C(\boldsymbol{x})$，故迫近梯度法为

$$\boldsymbol{x}^{(k)}=\mathcal{P}_C\left(\boldsymbol{x}^{(k-1)}-\mu_k\nabla f(\boldsymbol{x}^{(k-1)})\right)\tag{4.6.15}$$

$$=\arg\min_{\boldsymbol{u}\in C}\left\Vert\boldsymbol{u}-\boldsymbol{x}^{(k-1)}+\mu_k\nabla f(\boldsymbol{x}^{(k-1)})\right\Vert_2^2\tag{4.6.16}$$

这一算法称为梯度投影法。

3. 迭代软阈值化法 (iterative soft-thresholding method)

当 $g(\boldsymbol{x}) = \|\boldsymbol{x}\|_1$ 时，最小化问题式 (4.6.1) 变为无约束最小化 $\min f(\boldsymbol{x}) + \|\boldsymbol{x}\|_1$。此时，迫近梯度算法

$$\boldsymbol{x}^{(k)} = \mathbf{prox}_{\mu_k g}\left(\boldsymbol{x}^{(k-1)} - \mu_k \nabla f(\boldsymbol{x}^{(k-1)})\right) \tag{4.6.17}$$

称为迭代软阈值化法，其中

$$\mathbf{prox}_{\mu g}(\boldsymbol{u})_i = \begin{cases} u_i - \mu, & u_i > \mu \\ 0, & -\mu \leqslant u_i \leqslant \mu \\ u_i + \mu, & u_i < -\mu \end{cases}$$

4. 奇异值阈值化法

若 $g(\boldsymbol{X}) = \|\boldsymbol{X}\|_* = \sum\limits_{i=1}^{\min\{m,n\}} \sigma_i(\boldsymbol{X})$，则最小化问题式 (4.6.1) 变为无约束最小化 $\min \|\boldsymbol{X}\|_* + f(\boldsymbol{X})$。与之对应的迫近梯度法为

$$\boldsymbol{X}^{(k)} = \mathbf{prox}_{\mu_k}\left(\boldsymbol{X}^{(k-1)} - \mu_k \nabla f(\boldsymbol{X}^{(k-1)})\right) \tag{4.6.18}$$

若 $\boldsymbol{W} = \boldsymbol{U\Sigma V}^{\mathrm{T}}$，则

$$\mathbf{prox}_{\mu}(\boldsymbol{W}) = \boldsymbol{U}\mathcal{D}_{\mu}(\boldsymbol{\Sigma})\boldsymbol{V}^{\mathrm{T}} \tag{4.6.19}$$

其中

$$[\mathcal{D}_{\mu}(\boldsymbol{\Sigma})]_i = \begin{cases} \sigma_i(\boldsymbol{X}) - \mu, & \text{若 } \sigma_i(\boldsymbol{X}) > \mu \\ 0, & \text{其他} \end{cases} \tag{4.6.20}$$

称为奇异值阈值化 (运算)。

下面是 Beck 与 Teboulle [34] 针对 Nesterov 最优梯度法提出的迫近梯度算法——快速迭代收缩-阈值化算法 (fast iterative shrinkage-thresholding algorithm, FISTA)。

算法 4.6.1 具有固定步长的 FISTA 算法 [34]

输入 $\nabla f(\boldsymbol{x})$ 的 Lipschitz 常数 $L = L(f)$。

初始化 $\boldsymbol{y}_1 = \boldsymbol{x}_0 \in \mathbb{R}^n$, $t_1 = 1$。

第 k 步迭代计算

$$\boldsymbol{x}_k = \arg\min_{\boldsymbol{x}} \left\{ g(\boldsymbol{x}) + \frac{L}{2}\left|\boldsymbol{x} - \left(\boldsymbol{y}_k - \frac{1}{L}\nabla f(\boldsymbol{y}_k)\right)\right|^2 \right\}$$

$$t_{k+1} = \frac{1 + \sqrt{1 + 4t_k^2}}{2}$$

$$\boldsymbol{y}_{k+1} = \boldsymbol{x}_k + \left(\frac{t_k - 1}{t_{k+1}}\right)(\boldsymbol{x}_k - \boldsymbol{x}_{k-1})$$

定理 4.6.1 [34] 令 $\{\boldsymbol{x}_k\}, \{\boldsymbol{y}_k\}$ 是由 FISTA 算法产生的序列，则对于任何迭代次数 $k \geqslant 1$，有下列结果

$$F(\boldsymbol{x}_k) - F(\boldsymbol{x}^\star) \leqslant \frac{2L(f)\|\boldsymbol{x} - \boldsymbol{x}^\star\|_2^2}{(k+1)^2}, \quad \forall \boldsymbol{x}^\star \in X_\star$$

式中 $\boldsymbol{x}^\star$ 和 $X_\star$ 分别表示 $\min F(\boldsymbol{x}) = f(\boldsymbol{x}) + g(\boldsymbol{x})$ 的最优解点和最优解点集。

定理 4.6.1 表明，若要求 FISTA 算法给出 ε 最优解 $F(\bar{\boldsymbol{x}}) - F(\boldsymbol{x}^\star) \leqslant \varepsilon$，则 FISTA 最多需要 $\lceil C/\sqrt{\varepsilon} - 1 \rceil$ 次迭代，其中 $C = \sqrt{2L(f)\|\boldsymbol{x}_0 - \boldsymbol{x}^\star\|_2^2}$。

4.7 约束优化算法

前面几节讨论了无约束优化的主要算法。在实际应用中，常常遇到约束优化问题。

求解约束优化问题的标准方法是将约束优化问题转化为无约束优化问题。转化的方法主要有三种：① Lagrangian 乘子法；② 罚函数法；③ Lagrangian 乘子法与罚函数法的结合 (增广 Lagrangian 乘子法)。

4.7.1 Lagrangian 乘子法与对偶上升法

考虑一等式约束的凸优化问题

$$\min f(\boldsymbol{x}) \quad \text{subject to } \boldsymbol{A}\boldsymbol{x} = \boldsymbol{b} \tag{4.7.1}$$

式中，$\boldsymbol{x} \in \mathbb{R}^n, \boldsymbol{A} \in \mathbb{R}^{m \times n}$，并且目标函数 $f : \mathbb{R}^n \to \mathbb{R}$ 是凸函数。

Lagrangian 乘子法将式 (4.7.1) 变成无约束最小化问题，其 Lagrangian 目标函数为

$$L(\boldsymbol{x}, \boldsymbol{\lambda}) = f(\boldsymbol{x}) + \boldsymbol{\lambda}^{\mathrm{T}}(\boldsymbol{A}\boldsymbol{x} - \boldsymbol{b}) \tag{4.7.2}$$

原始优化问题式 (4.7.1) 的对偶目标函数为

$$g(\boldsymbol{\lambda}) = \inf_{\boldsymbol{x}} L(\boldsymbol{x}, \boldsymbol{\lambda}) = -f^*(-\boldsymbol{A}^{\mathrm{T}}\boldsymbol{\lambda}) - \boldsymbol{b}^{\mathrm{T}}\boldsymbol{\lambda} \tag{4.7.3}$$

其中 $\boldsymbol{\lambda}$ 为对偶变量或 Lagrangian 乘子向量，f^* 是 f 的凸共轭函数。

借助 Lagrangian 乘子法，原始等式约束极小化问题式 (4.7.1) 变为对偶极大化问题

$$\max_{\boldsymbol{\lambda} \in \mathbb{R}^m} g(\boldsymbol{\lambda}) = -f^*(-\boldsymbol{A}^{\mathrm{T}}\boldsymbol{\lambda}) - \boldsymbol{b}^{\mathrm{T}}\boldsymbol{\lambda} \tag{4.7.4}$$

假定强对偶性满足，则原始问题和对偶问题的最优解相同。此时，原始极小化问题式 (4.7.1) 的最优解点 $\boldsymbol{x}^\star$ 即可由下式恢复

$$\boldsymbol{x}^\star = \arg\min_{\boldsymbol{x}} L(\boldsymbol{x}, \boldsymbol{\lambda}^\star) \tag{4.7.5}$$

在对偶上升法 (dual ascent method) 中，利用梯度上升法求解极大化问题式 (4.7.4)。对偶上升法由两个步骤组成

$$\boldsymbol{x}_{k+1} = \arg\min_{\boldsymbol{x}} L(\boldsymbol{x}, \boldsymbol{\lambda}_k) \tag{4.7.6}$$

$$\boldsymbol{\lambda}_{k+1} = \boldsymbol{\lambda}_k + \mu_k(\boldsymbol{A}\boldsymbol{x}_{k+1} - \boldsymbol{b}) \tag{4.7.7}$$

其中，式 (4.7.6) 为原始变量 $\boldsymbol{x}$ 极小化步骤，式 (4.7.7) 则是对偶变量 $\boldsymbol{\lambda}$ 更新步骤，其步长为 μ_k。

由于对偶变量 $\boldsymbol{\lambda} \succeq 0$ 可解释为一价格向量，所以对偶变量的更新也叫价格上升 (price ascent) 或价格调整 (price adjustment) 步骤。价格上升的目的就是使收益函数 $g(\boldsymbol{\lambda}^k)$ 趋于最大化。

对偶上升法包含有两层含义：① 对偶变量 $\boldsymbol{\lambda}$ 的更新采用梯度上升法。② 通过步长 μ^k 的适当选择，保证对偶目标函数的上升，即 $g(\boldsymbol{\lambda}_{k+1}) > g(\boldsymbol{\lambda}_k)$。

4.7.2 罚函数法

罚函数法是一种被广泛采用的约束优化方法，其基本原理是：通过罚函数与/或障碍函数，将约束优化问题变成一反映原目标函数和约束条件的合成函数的无约束极小化。

考虑约束优化问题

$$\min f_0(\boldsymbol{x}) \quad \text{subject to } f_i(\boldsymbol{x}) \geqslant 0, i=1,\cdots,m;\ h_j(\boldsymbol{x})=0, j=1,\cdots,q \tag{4.7.8}$$

式中 $\boldsymbol{x} \in \mathcal{F} \subseteq \mathcal{S} \subseteq \mathbb{R}^n$，且 $\mathcal{F}$ 表示变元向量 $\boldsymbol{x}$ 的可行集，$\mathcal{S}$ 代表整个搜索空间。

将约束优化问题变为无约束优化问题有两种惩罚方式[526]。第 1 种方式使用加性罚函数项

$$L(\boldsymbol{x}) = \begin{cases} f_0(\boldsymbol{x}), & \boldsymbol{x} \in \mathcal{F} \\ f_0(\boldsymbol{x}) + p(\boldsymbol{x}), & \text{其他} \end{cases} \tag{4.7.9}$$

其中 $p(\boldsymbol{x})$ 称为罚函数 (penalty function)。如果变元 $\boldsymbol{x}$ 没有违背可行集 $\mathcal{F}$ 的约束，罚函数 $p(\boldsymbol{x})=0$，否则 $p(\boldsymbol{x})>0$。

第 2 种方式使用乘性罚函数项

$$L(\boldsymbol{x}) = \begin{cases} f_0(\boldsymbol{x}), & \boldsymbol{x} \in \mathcal{F} \\ f_0(\boldsymbol{x})p(\boldsymbol{x}), & \text{其他} \end{cases} \tag{4.7.10}$$

其中 $p(\boldsymbol{x})=1$，若 $\boldsymbol{x}$ 没有脱离可行集 $\mathcal{F}$；否则 $p(\boldsymbol{x})>1$。

通常多采用加性惩罚方式。

罚函数有时被简称为惩罚。罚函数的主要性质是：若 $p_1(\boldsymbol{x})$ 是对闭集 $\mathcal{F}_1$ 的惩罚，$p_2(\boldsymbol{x})$ 是对闭集 $\mathcal{F}_2$ 的惩罚，则 $p_1(\boldsymbol{x})+p_2(\boldsymbol{x})$ 是对交集 $\mathcal{F}_1 \cap \mathcal{F}_2$ 的惩罚。

令

$$\mathcal{F} = \{\boldsymbol{x} \in \mathbb{R}^n | f_i(\boldsymbol{x}) \geqslant 0, i=1,\cdots,m\}$$

则下列函数是闭集 $\mathcal{F}$ 上的罚函数：

(1) 二次罚函数

$$p(\boldsymbol{x}) = \sum_{i=1}^{m} (\max\{0, -f_i(\boldsymbol{x})\})^2 \tag{4.7.11}$$

(2) 非平滑罚函数

$$p(\boldsymbol{x}) = \sum_{i=1}^{M} \max\{0, -f_i(\boldsymbol{x})\} \tag{4.7.12}$$

罚函数法将原始约束优化问题变换成无约束优化问题

$$\min_{\boldsymbol{x}\in\mathcal{S}} \ L_\rho(\boldsymbol{x}) = f_0(\boldsymbol{x}) + \rho\cdot p(\boldsymbol{x}) \tag{4.7.13}$$

式中，系数 ρ 为惩罚参数，通过对罚函数 $p(\boldsymbol{x})$ 的加权，体现惩罚的力度。转换后的优化问题式 (4.7.13) 常称为原约束优化问题的辅助优化问题。下面分三种情况加以讨论。

1. 等式约束优化的罚函数法

先考虑等式约束优化问题

$$\min_{\boldsymbol{x}} \quad f_0(\boldsymbol{x}) \quad \text{subject to} \quad h_i(\boldsymbol{x}) = 0,\ i = 1,\cdots,q \tag{4.7.14}$$

定义函数

$$p(\boldsymbol{x}) = \sum_{i=1}^{q} |h_i(\boldsymbol{x})|^2 \tag{4.7.15}$$

显然，这一函数具有以下性质

$$p(\boldsymbol{x}) \begin{cases} = 0, & h_i(\boldsymbol{x}) = 0,\ i = 1,\cdots,q \\ > 0, & h_i(\boldsymbol{x}) \neq 0,\ i = 1,\cdots,q \end{cases} \tag{4.7.16}$$

这表明，$p(\boldsymbol{x})$ 是等式约束优化问题式 (4.7.14) 的罚函数，因为它对满足等式约束条件的点 $\boldsymbol{x}$ 无任何影响，而对违反等式约束条件的点则予以惩罚。

2. 不等式约束优化的罚函数法

再考虑只有不等式约束的优化问题

$$\min_{\boldsymbol{x}\in\mathbb{R}^n} \quad f_0(\boldsymbol{x}) \quad \text{subject to} \quad f_i(\boldsymbol{x}) \geqslant 0,\ i = 1,\cdots,m \tag{4.7.17}$$

不等式约束优化问题式 (4.7.17) 的罚函数分为以下两大类：

(1) 外罚函数

罚函数取

$$p(\boldsymbol{x}) = \sum_{i=1}^{m} \left(\max\{0, -f_i(\boldsymbol{x})\}\right)^r \tag{4.7.18}$$

式中 r 常取 1 或 2。这种函数对违背不等式约束的点即可行集外部的所有点进行处罚，称为外罚函数 (exterior penalty function)。

(2) 内罚函数

罚函数取

$$p(\boldsymbol{x}) = \sum_{i=1}^{m} \frac{1}{f_i(\boldsymbol{x})} \quad 或 \quad p(\boldsymbol{x}) = \sum_{i=1}^{m} \frac{1}{f_i(\boldsymbol{x})} \log(f_i(\boldsymbol{x})) \tag{4.7.19}$$

这种罚函数相当于在可行集边界 $\text{bnd}(\mathcal{F})$ 上树立起一道围墙，对于企图从可行内集 $\text{int}(\mathcal{F})$ 穿越到可行集边界 $\text{bnd}(\mathcal{F})$ 的点 $\boldsymbol{x}$ 进行阻挡，故称为内罚函数 (interior penalty function)，也称障碍函数 (barrier function)。

一连续函数 $\phi(\boldsymbol{x})$ 称为具有非空内集的闭集 $\mathcal{F}=\text{int}(\mathcal{F})$ 上的障碍函数，若

$$\phi(\boldsymbol{x})\begin{cases}=0, & \boldsymbol{x}\in\text{int}(\mathcal{F})\\ \to\infty, & \boldsymbol{x}\to\text{bnd}(\mathcal{F})\end{cases}\tag{4.7.20}$$

障碍函数有时简称为障碍。

与罚函数类似，障碍函数的主要性质是：若 $\phi_1(\boldsymbol{x})$ 是对闭集 $\mathcal{F}_1$ 的障碍，$\phi_2(\boldsymbol{x})$ 是对闭集 $\mathcal{F}_2$ 的障碍，则 $\phi_1(\boldsymbol{x})+\phi_2(\boldsymbol{x})$ 是对交集 $\mathcal{F}_1\cap\mathcal{F}_2$ 的障碍。

令

$$\mathcal{F}=\{\boldsymbol{x}\in\mathbb{R}^n\,|\,f_i(\boldsymbol{x})\geqslant 0;\ i=1,\cdots,m\}\tag{4.7.21}$$

$$\text{strict}(\mathcal{F})=\{\boldsymbol{x}\in\mathbb{R}^n\,|\,f_i(\boldsymbol{x})>0;\ i=1,\cdots,m\}\tag{4.7.22}$$

分别代表不等式约束函数的可行区和严格可行区。

下面是闭集 $\mathcal{F}$ 上的几种典型障碍函数[363]：

(1) 幂函数障碍函数 (power-function barrier function) $\phi(\boldsymbol{x})=\sum_{i=1}^{m}\frac{1}{(f_i(\boldsymbol{x}))^p},p\geqslant 1$。

(2) 对数障碍函数 (logarithmic barrier function) $\phi(\boldsymbol{x})=\frac{1}{f_i(\boldsymbol{x})}\sum_{i=1}^{m}\log(f_i(\boldsymbol{x}))$。

(3) 指数障碍函数 (exponential barrier function) $\phi(\boldsymbol{x})=\sum_{i=1}^{m}\exp\left(\frac{1}{f_i(\boldsymbol{x})}\right)$。

特别地，$p=1$ 的幂函数障碍函数 $\phi(\boldsymbol{x})=\sum_{i=1}^{m}\frac{1}{f_i(\boldsymbol{x})}$ 称为逆障碍函数，它是 Carroll 于 1961 年提出的[91]；而

$$\phi(\boldsymbol{x})=\mu\sum_{i=1}^{m}\frac{1}{\log(f_i(\boldsymbol{x}))}\tag{4.7.23}$$

称为经典 Fiacco-McCormick 对数障碍函数，是 Fiacco 与 McCormick 于 1968 年在他们著名的开创性著作中提出的[164]。其中，μ 为障碍参数。

采用外罚函数和内罚函数的优化方法分别称为外罚函数法和内罚函数法，它们之间的比较如下：

(1) 外罚函数法常称罚函数法；内罚函数法习惯称障碍函数法，简称障碍法。罚函数 $\frac{1}{f_i(\boldsymbol{x})}$ 和 $\frac{1}{f_i(\boldsymbol{x})}\log f_i(\boldsymbol{x})$ 分别称为逆障碍函数和对数障碍函数。

(2) 外罚函数法对可行集以外的所有点进行惩罚，求出的解满足全部不等式约束条件 $f_i(\boldsymbol{x})\leqslant 0,i=1,\cdots,m$，是不等式约束优化问题的精确解，因而是一种最优设计方案；而内罚函数法或障碍法阻挡了可行集边界的点，得到的解只满足严格不等式 $f_i(\boldsymbol{x})>0,i=1,\cdots,m$，是原始优化问题的近似解，因而是一种次优设计方案。

(3) 外罚函数法可以用不可行点启动，通常收敛慢；而内罚函数法要求初始点是可行内点，其选择比较困难，但却具有很好的收敛和逼近性能。

在进化计算中，通常采用外罚函数法，因为内罚函数法要求的可行初始点搜索往往是 NP 难题。工程设计人员尤其是过程控制人员偏爱使用内罚函数法，因为这种方法可以使设计者观察到“优化过程中在可行集内的设计点所对应的目标函数值的变化情况”，而这是外罚函数法无法提供的。

3. 等式和不等式约束优化的混合罚函数法

对于标准形式的不等式约束优化问题式 (4.7.8)，可行集定义为满足所有不等式和等式约束的点集

$$\mathcal{F} = \{\boldsymbol{x} | f_i(\boldsymbol{x}) \leqslant 0, i = 1, \cdots, m;\ h_i(\boldsymbol{x}) = 0, i = 1, \cdots, q\} \tag{4.7.24}$$

既满足严格不等式约束 $f_i(\boldsymbol{x}) < 0$，又同时满足等式约束 $h_i(\boldsymbol{x}) = 0$ 的点集

$$\text{relint}(\mathcal{F}) = \{\boldsymbol{x} | f_i(\boldsymbol{x}) < 0, i = 1, \cdots, m;\ h_i(\boldsymbol{x}) = 0, i = 1, \cdots, q\} \tag{4.7.25}$$

称为相对可行内点集 (relative feasible interior set) 或相对严格可行集 (relative strictly feasible set)。相对可行内点集的点称为相对内点。可行集与相对可行内点集的差集 $\mathcal{F} \setminus \text{relint}(\mathcal{F})$ 称为相对可行集边界 (relative boundary of the feasible set)。

综合等式约束优化问题和只有不等式约束优化问题的罚函数法，很容易得到同时有等式和不等式约束的优化问题式 (4.7.8) 的混合罚函数法：

(1) 混合外罚函数法

$$\min_{\boldsymbol{x}}\ f_0(\boldsymbol{x}) + \rho_1 \sum_{i=1}^{m} (\max\{0, f_i(\boldsymbol{x})\})^2 + \rho_2 \sum_{i=1}^{q} |h_i(\boldsymbol{x})|^2 \tag{4.7.26}$$

(2) 混合内罚函数法

$$\min_{\boldsymbol{x}}\ f_0(\boldsymbol{x}) + \rho_1 \sum_{i=1}^{m} \frac{1}{-f_i(\boldsymbol{x})} \log(-f_i(\boldsymbol{x})) + \rho_2 \sum_{i=1}^{q} |h_i(\boldsymbol{x})|^2 \tag{4.7.27}$$

从以上定义知，混合外罚函数法惩罚的是可行集 $\mathcal{F}$ 以外的点即不可行集里的点，而混合内部罚函数法惩罚的则是相对可行内集以外的点。因此，混合外罚函数法可以用不可行点启动，而混合内罚函数通常则需要用相对内点启动。

在罚函数的严格分类的意义上，上述各种罚函数属“死亡”惩罚 (death penalty)，即通过惩罚函数 $p(\boldsymbol{x}) = +\infty$ 完全排除非可行解点 $\boldsymbol{x} \in S \setminus F$ (搜索空间 S 与可行集的差集) [526]。如果可行搜索空间是凸的或者是整个搜索空间的合理部分，这种罚函数法可以工作得很好 [342]。然而，对于遗传算法和进化计算，很多问题的可行集和不可行集的边界是未知的，因此很难确定可行集的精确位置。在这些情况下，常采用其他的罚函数 [526]：静态惩罚 (static penalties)、动态惩罚 (dynamic penalties)、退火惩罚 (annealing penalties)、自适应惩罚 (adaptive penalties) 和协同进化惩罚 (co-evolutionary penalties)。

4.7.3 增广 Lagrangian 乘子法

前面分别介绍了约束优化的 Lagrangian 乘子法和罚函数法，它们的主要不足如下。

Lagrangian 乘子法的主要缺点是 [297, 44]：① 只有当约束优化问题具有局部凸结构时，对偶的无约束优化问题才是良好定义的，并且 Lagrangian 乘子的更新 $\boldsymbol{\lambda}_{k+1} = \boldsymbol{\lambda}_k + \alpha_k \boldsymbol{h}(\boldsymbol{x}_k)$ 才有意义。② Lagrangian 目标函数的收敛比较费时，因为 Lagrangian 乘子的更新是一种上升迭代 (ascent iteration)，只能适度地快速收敛。

罚函数法的不足是 [44]：收敛慢，大的惩罚参数容易引起转化后的无约束优化问题的病态，从而造成算法的数值不稳定性。

减缓这两种方法缺点的一种简单而有效的途径是将两种方法结合起来。

下面分等式约束和不等式约束两种情况加以讨论。

1. 等式约束优化的增广 Lagrangian 乘子法

考虑等式约束最小化问题式 (4.7.14)。记 $\boldsymbol{h}(\boldsymbol{x}) = [h_1(\boldsymbol{x}), \cdots, h_q(\boldsymbol{x})]^{\mathrm{T}}$。

对 Lagrangian 目标函数 $L(\boldsymbol{x}, \boldsymbol{\lambda})$ 加惩罚函数，组建 Lagrangian 乘子法与罚函数法相结合的目标函数 $L : \mathbb{R}^n \times \mathbb{R}^q \times \mathbb{R} \to (-\infty, +\infty]$

$$L_\rho(\boldsymbol{x}, \boldsymbol{\lambda}) = f_0(\boldsymbol{x}) + \boldsymbol{\lambda}^{\mathrm{T}} \boldsymbol{h}(\boldsymbol{x}) + \rho \phi(\boldsymbol{h}(\boldsymbol{x})) = f_0(\boldsymbol{x}) + \sum_{i=1}^{q} y_i h_i(\boldsymbol{x}) + \rho \sum_{i=1}^{q} \phi(h_i(\boldsymbol{x})) \tag{4.7.28}$$

式中 ρ 为惩罚参数。

这种将罚函数与 Lagrangian 函数相结合，构造出更合适的目标函数的方法称为增广 Lagrangian 乘子法 (augmented Lagrangian multiplier method)，简称增广乘子法，或称广义乘子法。增广 Lagrangian 乘子法是 Hestenes [229] 和 Powell [414] 于 1960 年代后期讨论和分析的。

由式 (4.7.28) 容易看出：

(1) 若惩罚因子 $\rho = 0$，则增广 Lagrangian 乘子法退化为标准的 Lagrangian 乘子法。

(2) 若 Lagrangian 乘子向量 $\boldsymbol{\lambda} = \boldsymbol{0}$，则增广 Lagrang ian 乘子法退化为标准罚函数法。

求解无约束优化问题 $\min L_\rho(\boldsymbol{x}, \boldsymbol{\lambda})$ 的对偶上升法由以下两个更新组成 [44]

$$\boldsymbol{x}_{k+1} = \arg\min_{\boldsymbol{x}} L_\rho(\boldsymbol{x}, \boldsymbol{\lambda}_k) \tag{4.7.29}$$

$$\boldsymbol{\lambda}_{k+1} = \boldsymbol{\lambda}_k + \rho_k \nabla_{\boldsymbol{\lambda}} L_\rho(\boldsymbol{x}_{k+1}, \boldsymbol{\lambda}_k) \tag{4.7.30}$$

式中 $\nabla_{\boldsymbol{\lambda}} L_\rho(\boldsymbol{x}, \boldsymbol{\lambda})$ 是增广 Lagrangian 函数关于对偶向量 $\boldsymbol{\lambda}$ 的梯度向量。

特别地，若等式约束为仿射函数 $\boldsymbol{h}(\boldsymbol{x}) = \boldsymbol{A}\boldsymbol{x} - \boldsymbol{b}$，且罚函数取 $\phi(\boldsymbol{h}(\boldsymbol{x})) = \frac{1}{2}\|\boldsymbol{A}\boldsymbol{x} - \boldsymbol{b}\|_2^2$，则增广 Lagrangian 函数

$$L_\rho(\boldsymbol{x}, \boldsymbol{\lambda}) = f_0(\boldsymbol{x}) + \boldsymbol{\lambda}^{\mathrm{T}}(\boldsymbol{A}\boldsymbol{x} - \boldsymbol{b}) + \frac{\rho}{2}\|\boldsymbol{A}\boldsymbol{x} - \boldsymbol{b}\|_2^2 \tag{4.7.31}$$

相应的对偶上升法的更新公式为

$$\begin{aligned}\boldsymbol{x}_{k+1} &= \arg\min_{\boldsymbol{x}} L_\rho(\boldsymbol{x}, \boldsymbol{\lambda}_k) \\ \boldsymbol{\lambda}_{k+1} &= \boldsymbol{\lambda}_k + \rho_k(\boldsymbol{A}\boldsymbol{x}_{k+1} - \boldsymbol{b})\end{aligned}$$

关于增广 Lagrangian 乘子法，通常作以下假设[44]：

(1) 优化问题 $\min L_\rho(\boldsymbol{x}, \boldsymbol{\lambda})$ 存在一局部极小点 $\bar{\boldsymbol{x}}$，它是可行集 $\mathcal{F}$ 的内点，并且满足孤立局部极小点的二阶充分条件

① $f_0(\boldsymbol{x})$ 和 $h_i(\boldsymbol{x})$ 在 $\bar{\boldsymbol{x}}$ 的邻域是二次可微分的；

② 梯度 $\nabla h_i(\bar{\boldsymbol{x}}), i = 1, \cdots, q$ 是线性无关的；

③ 存在一个对偶向量 $\bar{\boldsymbol{\lambda}}$ 满足条件 $\nabla L_0(\bar{\boldsymbol{x}}, \bar{\boldsymbol{\lambda}}) = 0$ 和 $\boldsymbol{z}^{\mathrm{T}}\nabla^2 L_\rho(\bar{\boldsymbol{x}}, \bar{\boldsymbol{\lambda}})\boldsymbol{z} > 0, \forall \boldsymbol{z} \neq \boldsymbol{0} \in \mathbb{R}^n; (\nabla L_0(\bar{\boldsymbol{x}}, \bar{\boldsymbol{\lambda}}))^{\mathrm{T}}\boldsymbol{z} = 0, i = 1, \cdots, q$。其中，$L_0(\boldsymbol{x}, \boldsymbol{\lambda}) = L_\rho(\boldsymbol{x}, \boldsymbol{\lambda})|_{\rho=0} = f_0(\boldsymbol{x}) + \boldsymbol{\lambda}^{\mathrm{T}}\boldsymbol{h}(\boldsymbol{x})$。

(2) 罚函数 $\phi : \mathbb{R} \to [0, +\infty]$ 在包括零在内的一个开区间里是二次可微分的，并且其在零点的二阶导数 $\phi''(0) = 1$。

增广 Lagrangian 乘子法的极小化点与 Lagrangian 乘子向量 $\boldsymbol{\lambda}$、惩罚参数 ρ 有关，记为 $\boldsymbol{x}(\boldsymbol{\lambda}, \rho)$。令 $\bar{\boldsymbol{\lambda}}$ 是使增广 Lagrangian 目标函数 $L_\rho(\boldsymbol{x}, \boldsymbol{\lambda})$ 最小化的解点 $\bar{\boldsymbol{x}}$ 所对应的增广 Lagrangian 乘子向量，Bertsekas 证明了[44]：在假设条件 (1)、(2) 及其他相对温和的假设下，由式 (4.7.30) 更新的增广 Lagrangian 乘子向量序列 $\{\boldsymbol{\lambda}^k\}$ 具有以下收敛速率：

① 若 $\rho_k \to \bar{\rho} < \infty, \boldsymbol{\lambda}^k \neq \bar{\boldsymbol{\lambda}}, \forall k$，则

$$\limsup_{k \to \infty} \frac{\|\boldsymbol{\lambda}_{k+1} - \bar{\boldsymbol{\lambda}}\|_2}{\|\boldsymbol{\lambda}_k - \bar{\boldsymbol{\lambda}}\|_2} \leqslant \frac{M}{\bar{\rho}} \quad (\text{线性收敛}) \tag{4.7.32}$$

式中 $M > 0$ 为标量。

② 若 $\rho_k \to \infty, \boldsymbol{\lambda}_k \neq \bar{\boldsymbol{\lambda}}, \forall k$，则

$$\lim_{k\to\infty} \frac{\|\boldsymbol{\lambda}_{k+1} - \bar{\boldsymbol{\lambda}}\|_2}{\|\boldsymbol{\lambda}_k - \bar{\boldsymbol{\lambda}}\|_2} = 0 \quad (\text{超线性收敛}) \tag{4.7.33}$$

上述分析表明，增广 Lagrangian 乘子法具有如下优点：

(1) 无须将惩罚因子 ρ_k 增加至无穷大，只需要使用式 (4.7.30) 更新 Lagrangian 乘子向量，增广乘子法即可收敛。因此，罚函数法的病态条件在增广乘子法中不复存在。

(2) 迭代式 (4.7.30) 产生的增广 Lagrangian 乘子向量序列在相对温和的假设下快速收敛，比普通的 Lagrangian 乘子法的收敛快得多。

(3) 不再像标准 Lagrangian 乘子法那样要求目标函数 $f_0(\boldsymbol{x})$ 具有局部凸结构。换言之，增广 Lagrangian 乘子法的适用范围更为广泛。

虽然增广 Lagrangian 乘子法与标准 Lagrangian 乘子法的对偶上升法取相同的形式，但它们之间存在以下主要区别：

(1) 标准 Lagrangian 乘子法的 $\boldsymbol{x}$ 更新是标准 Lagrangian 目标函数 $L(\boldsymbol{x},\boldsymbol{\lambda}_k)$ 的极小化结果，而增广 Lagrangian 乘子法的 $\boldsymbol{x}$ 更新则是 Lagrangian 目标函数与惩罚函数之和 $L_\rho(\boldsymbol{x},\boldsymbol{\lambda}_k)$ 的极小化结果。

(2) 标准 Lagrangian 乘子法的 Lagrangian 乘子向量 $\boldsymbol{\lambda}$ 更新中的参数 μ_k 为步长，而增广 Lagrangian 乘子法的 $\boldsymbol{\lambda}$ 更新中的参数 ρ_k 为惩罚参数。

2. 混合约束优化的增广 Lagrangian 乘子法

考虑不等式约束和等式约束同时存在的混合约束优化问题

$$\min_{\boldsymbol{x}}\ f(\boldsymbol{x})\quad \text{subject to } \boldsymbol{Ax}=\boldsymbol{b},\ \boldsymbol{Bx}\preceq\boldsymbol{h} \tag{4.7.34}$$

令非负向量 $\boldsymbol{s}\succeq\boldsymbol{0}$ 为松弛变量 (slack variables)，使得 $\boldsymbol{Bx}+\boldsymbol{s}=\boldsymbol{h}$。于是，混合约束中的不等式约束变成了等式约束。若取惩罚函数 $\phi(\boldsymbol{g}(\boldsymbol{x}))=\frac{1}{2}\|\boldsymbol{g}(\boldsymbol{x})\|_2^2$，则增广 Lagrangian 目标函数

$$\begin{aligned}L_\rho(\boldsymbol{x},\boldsymbol{s},\boldsymbol{\lambda},\boldsymbol{\nu})=&f(\boldsymbol{x})+\boldsymbol{\lambda}^{\mathrm{T}}(\boldsymbol{Ax}-\boldsymbol{b})+\boldsymbol{\nu}^{\mathrm{T}}(\boldsymbol{Bx}+\boldsymbol{s}-\boldsymbol{h})\\&+\frac{\rho}{2}\left(\|\boldsymbol{Ax}-\boldsymbol{b}\|_2^2+\|\boldsymbol{Bx}+\boldsymbol{s}-\boldsymbol{h}\|_2^2\right)\end{aligned} \tag{4.7.35}$$

式中，两个 Lagrangian 乘子向量 $\boldsymbol{\lambda}\succeq\boldsymbol{0}$ 和 $\boldsymbol{\nu}\succeq\boldsymbol{0}$，并且惩罚参数 $\rho>0$。

这样一来，等式约束优化问题的对偶上升法即可推广应用于式 (4.7.35)，从而得到混合约束优化问题的对偶上升法

$$\boldsymbol{x}_{k+1}=\arg\min_{\boldsymbol{x}} L_\rho(\boldsymbol{x},\boldsymbol{s}_k,\boldsymbol{\lambda}_k,\boldsymbol{\nu}_k) \tag{4.7.36}$$

$$\boldsymbol{s}_{k+1}=\arg\min_{\boldsymbol{s}\succeq\boldsymbol{0}} L_\rho(\boldsymbol{x}_{k+1},\boldsymbol{s},\boldsymbol{\lambda}_k,\boldsymbol{\nu}_k) \tag{4.7.37}$$

$$\boldsymbol{\lambda}_{k+1}=\boldsymbol{\lambda}_k+\rho_k(\boldsymbol{Ax}_{k+1}-\boldsymbol{b}) \tag{4.7.38}$$

$$\boldsymbol{\nu}_{k+1}=\boldsymbol{\nu}_k+\rho_k(\boldsymbol{Bx}_{k+1}+\boldsymbol{s}_{k+1}-\boldsymbol{h}) \tag{4.7.39}$$

其中，式 (4.7.36) 和式 (4.7.37) 分别为原始变量 $\boldsymbol{x}$ 和中间变量 $\boldsymbol{s}$ 的更新，式 (4.7.38) 和式 (4.7.39) 则分别是对应于等式约束 $\boldsymbol{Ax}=\boldsymbol{b}$ 和不等式约束 $\boldsymbol{Bx}\preceq\boldsymbol{h}$ 的 Lagrangian 乘子向量 $\boldsymbol{\lambda}$ 和 $\boldsymbol{\nu}$ 的对偶更新。

4.7.4 交替方向乘子法

在应用统计学和机器学习中，经常会遇到大尺度的等式约束优化问题，其中 $\boldsymbol{x}\in\mathbb{R}^n$ 的维数 n 很大。如果向量 $\boldsymbol{x}$ 可以分解为几个子向量，即 $\boldsymbol{x}=(\boldsymbol{x}_1,\cdots,\boldsymbol{x}_r)$，并且目标函数也可分解为

$$f(\boldsymbol{x})=\sum_{i=1}^{r}f_i(\boldsymbol{x}_i)$$

其中 $\boldsymbol{x}_i\in\mathbb{R}^{n_i}$，并且 $\sum\limits_{i=1}^{r}n_i=n$，则大尺度的优化问题可转变为分布式优化 (distributed optimization) 问题。

交替方向乘子法 (alternating direction method of multipliers, ADMM) 是一种非常适用于分布式凸优化的简单而有效的方法。

ADMM 采用一种分解坐标法的方式，将优化问题的求解变成较小的局部子问题的求解，然后这些局部子问题的解以协同的方式，用于恢复或重构大尺度优化问题的解。

ADMM 是 20 世纪 70 年代中期由 Gabay 和 Mercier [179]，Glowinski 和 Marrocco [183] 独立提出的。

与目标函数 $f(\boldsymbol{x})$ 的分解相对应，等式约束的矩阵也分块为

$$\boldsymbol{A} = [\boldsymbol{A}_1, \cdots, \boldsymbol{A}_r], \quad \boldsymbol{A}\boldsymbol{x} = \sum_{i=1}^{r} \boldsymbol{A}_i \boldsymbol{x}_i$$

于是，增广 Lagrangian 目标函数可写作 [54]

$$L_\rho(\boldsymbol{x}, \boldsymbol{\lambda}) = \sum_{i=1}^{r} L_i(\boldsymbol{x}_i, \boldsymbol{\lambda}) = \sum_{i=1}^{r} \left(f_i(\boldsymbol{x}_i) + \boldsymbol{\lambda}^{\mathrm{T}} \boldsymbol{A}_i \boldsymbol{x}_i \right) - \boldsymbol{\lambda}^{\mathrm{T}} \boldsymbol{b} + \frac{\rho}{2} \left\| \sum_{i=1}^{r} (\boldsymbol{A}_i \boldsymbol{x}_i) - \boldsymbol{b} \right\|_2^2$$

对增广 Lagrangian 目标函数应用对偶上升法，即可得到能够进行并行运算的分散算法 (decentralized algorithm) [54]

$$\boldsymbol{x}_i^{k+1} = \underset{\boldsymbol{x}_i \in \mathbb{R}^{n_i}}{\arg\min}\, L_i(\boldsymbol{x}_i, \boldsymbol{\lambda}_k), \quad i = 1, \cdots, r \tag{4.7.40}$$

$$\boldsymbol{\lambda}_{k+1} = \boldsymbol{\lambda}_k + \rho_k \left(\sum_{i=1}^{r} \boldsymbol{A}_i \boldsymbol{x}_i^{k+1} - \boldsymbol{b} \right) \tag{4.7.41}$$

其中，$\boldsymbol{x}_i$ 更新 $(i = 1, \cdots, r)$ 可独立地并行运行。由于 $\boldsymbol{x}_i, i = 1, \cdots, r$ 以一种交替或序贯的方式进行更新，故这种增广 Lagrangian 乘子法称为“交替方向”乘子法。

在实际中最简单而有用的分解是 $r = 2$ 的目标函数分解

$$\min f(\boldsymbol{x}) + g(\boldsymbol{z}) \quad \text{subject to} \quad \boldsymbol{A}\boldsymbol{x} + \boldsymbol{B}\boldsymbol{z} = \boldsymbol{c} \tag{4.7.42}$$

式中 $\boldsymbol{x} \in \mathbb{R}^n, \boldsymbol{z} \in \mathbb{R}^m, \boldsymbol{A} \in \mathbb{R}^{p \times n}, \boldsymbol{B} \in \mathbb{R}^{p \times m}, \boldsymbol{c} \in \mathbb{R}^p$。

优化问题式 (4.7.42) 的增广 Lagrangian 目标函数为

$$L_\rho(\boldsymbol{x}, \boldsymbol{z}, \boldsymbol{\lambda}) = f(\boldsymbol{x}) + g(\boldsymbol{z}) + \boldsymbol{\lambda}^{\mathrm{T}} (\boldsymbol{A}\boldsymbol{x} + \boldsymbol{B}\boldsymbol{z} - \boldsymbol{c}) + \frac{\rho}{2} \|\boldsymbol{A}\boldsymbol{x} + \boldsymbol{B}\boldsymbol{z} - \boldsymbol{c}\|_2^2 \tag{4.7.43}$$

由此易知，其最优化条件分为原始可行性

$$\boldsymbol{A}\boldsymbol{x} + \boldsymbol{B}\boldsymbol{z} - \boldsymbol{c} = \boldsymbol{0} \tag{4.7.44}$$

和对偶可行性

$$\boldsymbol{0} \in \partial f(\boldsymbol{x}) + \boldsymbol{A}^{\mathrm{T}} \boldsymbol{x} + \rho(\boldsymbol{A}\boldsymbol{x} + \boldsymbol{B}\boldsymbol{z} - \boldsymbol{c}) = \partial f(\boldsymbol{x}) + \boldsymbol{A}^{\mathrm{T}} \boldsymbol{\lambda} \tag{4.7.45}$$

$$\boldsymbol{0} \in \partial g(\boldsymbol{z}) + \boldsymbol{B}^{\mathrm{T}} \boldsymbol{z} + \rho(\boldsymbol{A}\boldsymbol{x} + \boldsymbol{B}\boldsymbol{z} - \boldsymbol{c}) = \partial g(\boldsymbol{z}) + \boldsymbol{B}^{\mathrm{T}} \boldsymbol{\lambda} \tag{4.7.46}$$

式中 $\partial f(\boldsymbol{x})$ 和 $\partial g(\boldsymbol{z})$ 分别是子目标函数 $f(\boldsymbol{x})$ 和 $g(\boldsymbol{z})$ 的次微分。

优化问题 $\min L_\rho(\boldsymbol{x},\boldsymbol{z},\boldsymbol{\lambda})$ 的交替方向乘子法的更新公式为

$$\boldsymbol{x}_{k+1} = \arg\min_{\boldsymbol{x}\in\mathbb{R}^n} L_\rho(\boldsymbol{x},\boldsymbol{z}_k,\boldsymbol{\lambda}_k) \tag{4.7.47}$$

$$\boldsymbol{z}_{k+1} = \arg\min_{\boldsymbol{z}\in\mathbb{R}^m} L_\rho(\boldsymbol{x}_{k+1},\boldsymbol{z},\boldsymbol{\lambda}_k) \tag{4.7.48}$$

$$\boldsymbol{\lambda}_{k+1} = \boldsymbol{\lambda}_k + \rho_k(\boldsymbol{A}\boldsymbol{x}_{k+1} + \boldsymbol{B}\boldsymbol{z}_{k+1} - \boldsymbol{b}) \tag{4.7.49}$$

原始可行性不可能严格满足，其误差

$$\boldsymbol{r}_k = \boldsymbol{A}\boldsymbol{x}_k + \boldsymbol{B}\boldsymbol{z}_k - \boldsymbol{c} \tag{4.7.50}$$

称为第 k 次迭代的原始残差 (向量)。于是，Lagrangian 乘子向量的更新可以简写为

$$\boldsymbol{\lambda}_{k+1} = \boldsymbol{\lambda}_k + \rho_k\boldsymbol{r}_{k+1} \tag{4.7.51}$$

同样地，对偶可行性也不可能严格满足。由于 $\boldsymbol{x}_{k+1}$ 是 $L_\rho(\boldsymbol{x},\boldsymbol{z}_k,\boldsymbol{\lambda}_k)$ 的极小化变量，故有

$$\begin{aligned}\boldsymbol{0} &\in \partial f(\boldsymbol{x}_{k+1}) + \boldsymbol{A}^{\mathrm{T}}\boldsymbol{\lambda}_k + \rho(\boldsymbol{A}\boldsymbol{x}_{k+1} + \boldsymbol{B}\boldsymbol{z}_k - \boldsymbol{c})\\ &= \partial f(\boldsymbol{x}_{k+1}) + \boldsymbol{A}^{\mathrm{T}}[\boldsymbol{\lambda}_k + \rho\boldsymbol{r}_{k+1} + \rho\boldsymbol{B}(\boldsymbol{z}_k - \boldsymbol{z}_{k+1})]\\ &= \partial f(\boldsymbol{x}_{k+1}) + \boldsymbol{A}^{\mathrm{T}}\boldsymbol{\lambda}_{k+1} + \rho\boldsymbol{A}^{\mathrm{T}}\boldsymbol{B}(\boldsymbol{z}_k - \boldsymbol{z}_{k+1})\end{aligned}$$

与对偶可行性公式 (4.7.45) 比较，易知

$$\boldsymbol{s}_{k+1} = \rho\boldsymbol{A}^{\mathrm{T}}\boldsymbol{B}(\boldsymbol{z}_k - \boldsymbol{z}_{k+1}) \tag{4.7.52}$$

为对偶可行性的误差，故称为第 $k+1$ 次迭代的对偶残差 (向量)。

交替方向乘子法的停止准则是第 $k+1$ 次迭代的原始残差和对偶残差都应该非常小，即满足[54]

$$\|\boldsymbol{r}_{k+1}\|_2 \leqslant \varepsilon_{\mathrm{pri}}, \quad \|\boldsymbol{s}_{k+1}\|_2 \leqslant \varepsilon_{\mathrm{dual}} \tag{4.7.53}$$

式中 $\varepsilon_{\mathrm{pri}}$ 和 $\varepsilon_{\mathrm{dual}}$ 分别是原始可行性和对偶可行性的允许扰动。

若令 $\boldsymbol{\nu} = (1/\rho)\boldsymbol{\lambda}$ 是经过比例 $1/\rho$ 缩放的 Lagrangian 乘子向量 (简称缩放对偶向量)，则式 (4.7.47)～式 (4.7.49) 变为[54]

$$\boldsymbol{x}_{k+1} = \arg\min_{\boldsymbol{x}\in\mathbb{R}^n}\left(f(\boldsymbol{x}) + (\rho/2)\|\boldsymbol{A}\boldsymbol{x} + \boldsymbol{B}\boldsymbol{z}_k - \boldsymbol{c} + \boldsymbol{\nu}_k\|_2^2\right) \tag{4.7.54}$$

$$\boldsymbol{z}_{k+1} = \arg\min_{\boldsymbol{z}\in\mathbb{R}^m}\left(g(\boldsymbol{z}) + (\rho/2)\|\boldsymbol{A}\boldsymbol{x}_{k+1} + \boldsymbol{B}\boldsymbol{z} - \boldsymbol{c} + \boldsymbol{\nu}_k\|_2^2\right) \tag{4.7.55}$$

$$\boldsymbol{\nu}_{k+1} = \boldsymbol{\nu}_k + \boldsymbol{A}\boldsymbol{x}_{k+1} + \boldsymbol{B}\boldsymbol{z}_{k+1} - \boldsymbol{c} = \boldsymbol{\nu}_k + \boldsymbol{r}_{k+1} \tag{4.7.56}$$

缩放对偶向量具有有趣的解释[54]：由第 k 次迭代的残差 $\boldsymbol{r}_k = \boldsymbol{A}\boldsymbol{x}_k + \boldsymbol{B}\boldsymbol{z}_k - \boldsymbol{c}$ 易知

$$\boldsymbol{\nu}_k = \boldsymbol{\nu}^0 + \sum_{i=1}^{k}\boldsymbol{r}^i \tag{4.7.57}$$

也就是说，第 k 次迭代的缩放对偶向量是所有 k 次迭代的原始残差的运行之和。

式 (4.7.54) ~ 式(4.7.56) 称为缩放形式的交替方向乘子法，而式 (4.7.47) ~ 式(4.7.49) 则为无缩放的交替方向乘子法。

4.8 Newton 法

前面几节主要介绍了一阶优化算法。一阶优化算法只使用目标函数的零阶信息 $f(\boldsymbol{x})$ 和一阶信息 $\nabla f(\boldsymbol{x})$。如果目标函数是二次可微分的，则利用 Hessian 矩阵的 Newton 法是二次或更快速收敛的 [322]。因此，Newton 法是求解最优化问题的一种简单而有效的具体算法。本节主要介绍无约束最优化和等式约束最优化的 Newton 法。

在介绍 Newton 法时，将先讨论实数向量为变元的目标函数最小化的 Newton 法，然后推广到复数向量为变元的目标函数最小化的复 Newton 法。

4.8.1 无约束优化的 Newton 法

由于利用了 Hessian 矩阵提供的目标函数的二阶信息，求解无约束优化 $\min f(\boldsymbol{x})$ 的 Newton 法具有比梯度下降法和最速下降法更优的收敛性能。

对于无约束优化 $\min\limits_{\boldsymbol{x}\in\mathbb{R}^n} f(\boldsymbol{x})$，若 Hessian 矩阵 $\boldsymbol{H} = \nabla^2 f(\boldsymbol{x})$ 正定，则由 Newton 矩阵方程 $\nabla^2 f(\boldsymbol{x})\Delta\boldsymbol{x} = -\nabla f(\boldsymbol{x})$ 可得 Newton 步 $\Delta\boldsymbol{x} = -(\nabla^2 f(\boldsymbol{x}))^{-1}\nabla f(\boldsymbol{x})$，这导致了下面的梯度下降算法

$$\boldsymbol{x}_{k+1} = \boldsymbol{x}_k - \mu_k(\nabla^2 f(\boldsymbol{x}_k))^{-1}\nabla f(\boldsymbol{x}_k) \tag{4.8.1}$$

这就是著名的 Newton 法。

Newton 法在应用中可能会遇到两个棘手的问题：

(1) Hessian 矩阵 $\boldsymbol{H} = \nabla^2 f(\boldsymbol{x})$ 难于求出。

(2) 即便 Hessian 矩阵可以求出，但其求逆 $\boldsymbol{H}^{-1} = (\nabla^2 f(\boldsymbol{x}))^{-1}$ 却有可能是数值不稳定的。

解决这两个棘手问题的方法有以下三种。

1. *截尾 Newton 法*

不直接利用 Hessian 矩阵的逆矩阵求 Newton 步长，而采用迭代方法由 Newton 矩阵方程 $\nabla^2 f(\boldsymbol{x})\Delta\boldsymbol{x}_{\rm nt} = -\nabla f(\boldsymbol{x})$ 求 Newton 步 $\Delta\boldsymbol{x}_{\rm nt}$ 的近似解。

使用迭代方法近似求解 Newton 方程的 Newton 法称为截尾 Newton 法 (truncated Newton method) [134]，在这种方法里，共轭梯度和预处理共轭梯度算法是近似求解 Newton 方程的主流方法。

截尾 Newton 法特别适合于大型无约束优化和约束优化问题以及内点法。

2. 修正 Newton 法

当 Hessian 矩阵不是正定矩阵时，可以对 Newton 方程进行修正[171]

$$(\nabla^2 f(\boldsymbol{x}) + \boldsymbol{E})\Delta \boldsymbol{x}_{\rm nt} = -\nabla f(\boldsymbol{x}) \tag{4.8.2}$$

其中 $\boldsymbol{E}$ 为半正定矩阵，通常取对角矩阵，使得 $\nabla^2 f(\boldsymbol{x}) + \boldsymbol{E}$ 为对称正定矩阵。这一方法称为修正 Newton 法。典型的修正 Newton 法取 $\boldsymbol{E} = \delta \boldsymbol{I}$，其中 $\delta > 0$ 很小。

3. 拟 Newton 法

在 Newton 法中，若使用一对称正定矩阵 $\boldsymbol{B}_k$ 逼近 Hessian 矩阵的逆矩阵 $\boldsymbol{H}_k^{-1}$，便得到下面的算法

$$\boldsymbol{x}_{k+1} = \boldsymbol{x}_k - \boldsymbol{B}_k \nabla f(\boldsymbol{x}_k) \tag{4.8.3}$$

使用一对称矩阵近似 Hessian 矩阵的逆矩阵的 Newton 法称为拟 Newton 法 (quasi-Newton methods)。用对称矩阵 $\Delta \boldsymbol{H}_k = \boldsymbol{H}_{k+1} - \boldsymbol{H}_k$ 近似 Hessian 矩阵，并记 $\boldsymbol{\rho}_k = f'(\boldsymbol{x}_{k+1}) - f'(\boldsymbol{x}_k)$ 和 $\boldsymbol{\delta}_k = \boldsymbol{x}_{k+1} - \boldsymbol{x}_k$。

根据 Hessian 矩阵近似的不同，拟 Newton 法有以下三种常用算法[363]：

(1) 秩 1 更新算法

$$\Delta \boldsymbol{H}_k = \frac{(\boldsymbol{\delta}_k - \boldsymbol{H}_k)(\boldsymbol{\delta}_k - \boldsymbol{H}_k)\mathrm{T}}{\langle \boldsymbol{\delta}_k - \boldsymbol{H}_k \boldsymbol{\rho}_k, \boldsymbol{\rho}_k \rangle}$$

(2) DFP (Davidon-Fletcher-Powell) 算法

$$\Delta \boldsymbol{H}_k = \frac{\boldsymbol{\delta}_k \boldsymbol{\delta}_k^{\mathrm{T}}}{\langle \boldsymbol{\rho}_k, \boldsymbol{\delta} \rangle} - \frac{\boldsymbol{H}_k \boldsymbol{\rho}_k \boldsymbol{\rho}_k^{\mathrm{T}} \boldsymbol{H}_k}{\langle \boldsymbol{H}_k \boldsymbol{\rho}_k, \boldsymbol{\rho} \rangle}$$

(3) BFGS (Broyden-Fletcher-Goldfarb-Shanno) 算法

$$\Delta \boldsymbol{H}_k = \frac{\boldsymbol{H}_k \boldsymbol{\rho}_k \boldsymbol{\delta}_k^{\mathrm{T}} + \delta_k \boldsymbol{\rho}_k^{\mathrm{T}} \boldsymbol{H}_k}{\langle \boldsymbol{H}_k \boldsymbol{\rho}_k, \boldsymbol{\rho}_k \rangle} - \beta_k \frac{\boldsymbol{H}_k \boldsymbol{\rho}_k \boldsymbol{\rho}_k^{\mathrm{T}} \boldsymbol{H}_k}{\langle \boldsymbol{H}_k \boldsymbol{\rho}_k, \boldsymbol{\rho}_k \rangle}$$

其中 $\beta_k = 1 + \langle \boldsymbol{\rho}_k, \boldsymbol{\delta}_k \rangle / \langle \boldsymbol{H}_k \boldsymbol{\rho}_k, \boldsymbol{\rho}_k \rangle$。

在各种 Newton 法的迭代过程中，通常都需要沿着直线 $\{\boldsymbol{x} + \mu \Delta \boldsymbol{x} | \mu \geqslant 0\}$ 方向寻找最优点，这一步骤称为直线搜索 (linear search)。步长 μ 的选择只是使目标函数沿着射线 $\{\boldsymbol{x} + \mu \Delta \boldsymbol{x} | \mu \geqslant 0\}$ 近似最小化或者使目标函数“足够”减小，这种达到近似最小化的搜索称为不精确直线搜索 (inexact line search)。

不精确直线搜索的一个通用条件是：搜索直线 $\{\boldsymbol{x} + \mu \Delta \boldsymbol{x} | \mu \geqslant 0\}$ 上的步长 μ_k 首先必须充分降低目标函数 $f(\boldsymbol{x}_k)$，即保证

$$f(\boldsymbol{x}_k + \mu \Delta \boldsymbol{x}_k) < f(\boldsymbol{x}_k) + \alpha \mu (\nabla f(\boldsymbol{x}_k))^{\mathrm{T}} \Delta \boldsymbol{x}_k, \quad \alpha \in (0, 1) \tag{4.8.4}$$

不等式条件式 (4.8.4) 有时称为 Armijo 条件[45, 169, 322, 372]。通常，对于比较大的步长 μ，Armijo 条件往往不满足。因此，可以从单位步长 $\mu = 1$ 开始搜索，若 Armijo 条件不满足，则需要通过一个回调因子 $\beta \in (0, 1)$，将步长下调至 $\mu = \beta \mu$。回调后，若 Armijo

条件仍不满足，则需要进一步回调步长 $\mu=\beta\mu$。如此反复，直至找到一个合适的步长 μ，使得 Aemijo 条件满足为止。这样一种搜索方法习惯称为 Armijo 直线搜索或回溯直线搜索 (backtracking line search)。

回溯直线搜索方法可以确保目标函数 $f(\boldsymbol{x}_{k+1})<f(\boldsymbol{x}_k)$，而且步长 μ 又不至于太小。

算法 4.8.1 无约束优化的 Newton 算法 (回溯直线搜索)

初始化 给定某个初始点 $\boldsymbol{x}_1\in\mathrm{dom}\,f(\boldsymbol{x})$ 以及参数 $\alpha\in(0,0.5),\beta\in(0,1)$。令 $k=1$。

步骤 1 计算目标函数的梯度 $\boldsymbol{b}_k=\nabla f(\boldsymbol{x}_k)$ 和 Hessian 矩阵 $\boldsymbol{H}_k=\nabla^2 f(\boldsymbol{x}_k)$，求解 Newton 方程 $\boldsymbol{H}_k\Delta\boldsymbol{x}_k=-\boldsymbol{b}_k$，得到 Newton 步 $\Delta\boldsymbol{x}_k$。

步骤 2 回溯直线搜索：令 $\mu=1$，若 Armijo 条件不满足，即 $f(\boldsymbol{x}_k+\mu\Delta\boldsymbol{x}_k)>f(\boldsymbol{x}_k)+\alpha\mu\boldsymbol{b}_k^{\mathrm{T}}\Delta\boldsymbol{x}_k$，则回调步长 $\mu=\beta\mu$，并判断步长 μ 回调之后，Armijo 条件是否还不满足，直至找到一个合适的步长 μ，使得 Armijo 条件满足。

步骤 3 利用回溯直线搜索确定的步长 μ，进行更新 $\boldsymbol{x}_{k+1}=\boldsymbol{x}_k+\mu\Delta\boldsymbol{x}_k$。

步骤 4 判断停止准则是否满足：若 $|f(\boldsymbol{x}_{k+1})-f(\boldsymbol{x}_k)|<\varepsilon$，则停止迭代，输出 $\boldsymbol{x}_k$；否则，令 $k\leftarrow k+1$，并返回步骤 1，进行下一轮迭代，直至停止准则满足为止。

如果步骤 1 中的 Newton 方程采用其他方法求解，其他步骤不变，则算法 4.8.1 分别给出截尾 Newton 算法、修正 Newton 算法和拟 Newton 算法。

4.8.2 无约束优化的复 Newton 法

考虑以复向量为变元的实函数的最小化 $\min\ f(\boldsymbol{z})$，其中 $\boldsymbol{z}\in\mathbb{C}^n$, $f:\mathbb{C}^n\to\mathbb{R}$。

由二元复变函数的二阶 Taylor 级数逼近

$$f(x+h_1,y+h_2)=f(x,y)+h_1\frac{\partial f(x,y)}{\partial x}+h_2\frac{\partial f(x,y)}{\partial y}+\frac{1}{2!}\left[h_1^2\frac{\partial^2 f(x,y)}{\partial x\partial x}+2h_1h_2\frac{\partial^2 f(x,y)}{\partial x\partial y}+h_2^2\frac{\partial^2 f(x,y)}{\partial y\partial y}\right] \tag{4.8.5}$$

易知，全纯函数 $f(\boldsymbol{z},\boldsymbol{z}^*)$ 的二阶 Taylor 级数逼近为

$$f(\boldsymbol{z}+\Delta\boldsymbol{z},\boldsymbol{z}^*+\Delta\boldsymbol{z}^*)=f(\boldsymbol{z},\boldsymbol{z}^*)+\left[(\nabla_{\boldsymbol{z}}f(\boldsymbol{z},\boldsymbol{z}^*))^{\mathrm{T}},(\nabla_{\boldsymbol{z}^*}f(\boldsymbol{z},\boldsymbol{z}^*))^{\mathrm{T}}\right]\begin{bmatrix}\Delta\boldsymbol{z}\\ \Delta\boldsymbol{z}^*\end{bmatrix}+\frac{1}{2}\left[(\Delta\boldsymbol{z})^{\mathrm{H}},(\Delta\boldsymbol{z})^{\mathrm{T}}\right]\begin{bmatrix}\dfrac{\partial^2 f(\boldsymbol{z},\boldsymbol{z}^*)}{\partial\boldsymbol{z}^*\partial\boldsymbol{z}^{\mathrm{T}}} & \dfrac{\partial^2 f(\boldsymbol{z},\boldsymbol{z}^*)}{\partial\boldsymbol{z}^*\partial\boldsymbol{z}^{\mathrm{H}}}\\ \dfrac{\partial^2 f(\boldsymbol{z},\boldsymbol{z}^*)}{\partial\boldsymbol{z}\partial\boldsymbol{z}^{\mathrm{T}}} & \dfrac{\partial^2 f(\boldsymbol{z},\boldsymbol{z}^*)}{\partial\boldsymbol{z}\partial\boldsymbol{z}^{\mathrm{H}}}\end{bmatrix}\begin{bmatrix}\Delta\boldsymbol{z}\\ \Delta\boldsymbol{z}^*\end{bmatrix} \tag{4.8.6}$$

由一阶优化条件 $\dfrac{\partial f(\boldsymbol{z}+\Delta\boldsymbol{z},\boldsymbol{z}^*+\Delta\boldsymbol{z}^*)}{\partial\begin{bmatrix}\Delta\boldsymbol{z}\\ \Delta\boldsymbol{z}^*\end{bmatrix}}=\begin{bmatrix}\boldsymbol{0}\\ \boldsymbol{0}\end{bmatrix}$，立即得到无约束优化的复 Newton 步满足的方程

$$\begin{bmatrix}\boldsymbol{H}_{\boldsymbol{z}^*,\boldsymbol{z}} & \boldsymbol{H}_{\boldsymbol{z}^*,\boldsymbol{z}^*}\\ \boldsymbol{H}_{\boldsymbol{z},\boldsymbol{z}} & \boldsymbol{H}_{\boldsymbol{z},\boldsymbol{z}^*}\end{bmatrix}\begin{bmatrix}\Delta\boldsymbol{z}_{\mathrm{nt}}\\ \Delta\boldsymbol{z}_{\mathrm{nt}}^*\end{bmatrix}=-\begin{bmatrix}\nabla_{\boldsymbol{z}}f(\boldsymbol{z},\boldsymbol{z}^*)\\ \nabla_{\boldsymbol{z}^*}f(\boldsymbol{z},\boldsymbol{z}^*)\end{bmatrix} \tag{4.8.7}$$

式中

$$\left.\begin{aligned}\boldsymbol{H}_{\boldsymbol{z}^*,\boldsymbol{z}} &= \frac{\partial^2 f(\boldsymbol{z},\boldsymbol{z}^*)}{\partial \boldsymbol{z}^* \partial \boldsymbol{z}^{\mathrm{T}}}, \quad \boldsymbol{H}_{\boldsymbol{z}^*,\boldsymbol{z}^*} = \frac{\partial^2 f(\boldsymbol{z},\boldsymbol{z}^*)}{\partial \boldsymbol{z}^* \partial \boldsymbol{z}^{\mathrm{H}}} \\ \boldsymbol{H}_{\boldsymbol{z},\boldsymbol{z}} &= \frac{\partial^2 f(\boldsymbol{z},\boldsymbol{z}^*)}{\partial \boldsymbol{z} \partial \boldsymbol{z}^{\mathrm{T}}}, \quad \boldsymbol{H}_{\boldsymbol{z},\boldsymbol{z}^*} = \frac{\partial^2 f(\boldsymbol{z},\boldsymbol{z}^*)}{\partial \boldsymbol{z} \partial \boldsymbol{z}^{\mathrm{H}}}\end{aligned}\right\} \tag{4.8.8}$$

分别是全纯函数 $f(\boldsymbol{z},\boldsymbol{z}^*)$ 的部分 Hessian 矩阵。于是，复 Newton 法的更新公式为

$$\begin{bmatrix}\boldsymbol{z}_{k+1}\\ \boldsymbol{z}_{k+1}^*\end{bmatrix} = \begin{bmatrix}\boldsymbol{z}_k\\ \boldsymbol{z}_k^*\end{bmatrix} + \mu\begin{bmatrix}\Delta\boldsymbol{z}_k\\ \Delta\boldsymbol{z}_k^*\end{bmatrix} \tag{4.8.9}$$

4.8.3 等式约束优化的 Newton 法

考虑等式约束优化问题

$$\min_{\boldsymbol{x}}\ f(\boldsymbol{x}) \quad \text{subject to } \boldsymbol{A}\boldsymbol{x} = \boldsymbol{b} \tag{4.8.10}$$

式中 $f: \mathbb{R}^n \to \mathbb{R}$ 为凸函数，可二次连续微分；而 $\boldsymbol{A} \in \mathbb{R}^{p\times n}$，且 $\text{rank}(\boldsymbol{A}) = p$，其中 $p < n$。

令 $\Delta\boldsymbol{x}_{\text{nt}}$ 代表 Newton 搜索方向，则目标函数 $f(\boldsymbol{x})$ 的二阶 Taylor 近似为

$$f(\boldsymbol{x} + \Delta\boldsymbol{x}_{\text{nt}}) = f(\boldsymbol{x}) + (\nabla f(\boldsymbol{x}))^{\mathrm{T}}\Delta\boldsymbol{x}_{\text{nt}} + \frac{1}{2}(\Delta\boldsymbol{x}_{\text{nt}})^{\mathrm{T}}\nabla^2 f(\boldsymbol{x})\Delta\boldsymbol{x}_{\text{nt}}$$

其约束条件为

$$\boldsymbol{A}(\boldsymbol{x} + \Delta\boldsymbol{x}_{\text{nt}}) = \boldsymbol{b} \quad \text{或} \quad \boldsymbol{A}\Delta\boldsymbol{x}_{\text{nt}} = \boldsymbol{0}$$

换言之，Newton 搜索方向可以通过等式约束优化问题确定

$$\min_{\Delta\boldsymbol{x}_{\text{nt}}}\ f(\boldsymbol{x}) + (\nabla f(\boldsymbol{x}))^{\mathrm{T}}\Delta\boldsymbol{x}_{\text{nt}} + \frac{1}{2}(\Delta\boldsymbol{x}_{\text{nt}})^{\mathrm{T}}\nabla^2 f(\boldsymbol{x})\Delta\boldsymbol{x}_{\text{nt}} \quad \text{subject to } \boldsymbol{A}\Delta\boldsymbol{x}_{\text{nt}} = \boldsymbol{0} \tag{4.8.11}$$

令 $\boldsymbol{\lambda}$ 是与等式约束 $\boldsymbol{A}\Delta\boldsymbol{x}_{\text{nt}} = \boldsymbol{0}$ 对应的 Lagrangian 乘子向量，可得到 Lagrangian 目标函数

$$L(\Delta\boldsymbol{x}_{\text{nt}},\boldsymbol{\lambda}) = f(\boldsymbol{x}) + (\nabla f(\boldsymbol{x}))^{\mathrm{T}}\Delta\boldsymbol{x}_{\text{nt}} + \frac{1}{2}(\Delta\boldsymbol{x}_{\text{nt}})^{\mathrm{T}}\nabla^2 f(\boldsymbol{x})\Delta\boldsymbol{x}_{\text{nt}} + \boldsymbol{\lambda}^{\mathrm{T}}\boldsymbol{A}\Delta\boldsymbol{x}_{\text{nt}} \tag{4.8.12}$$

由一阶最优化条件 $\dfrac{\partial L(\Delta\boldsymbol{x}_{\text{nt}},\boldsymbol{\lambda})}{\partial\Delta\boldsymbol{x}_{\text{nt}}} = \boldsymbol{0}$ 和约束条件 $\boldsymbol{A}\Delta\boldsymbol{x}_{\text{nt}} = \boldsymbol{0}$，易得

$$\nabla f(\boldsymbol{x}) + \nabla^2 f(\boldsymbol{x})\Delta\boldsymbol{x}_{\text{nt}} + \boldsymbol{A}^{\mathrm{T}}\boldsymbol{\lambda} = \boldsymbol{0} \quad \text{和} \quad \boldsymbol{A}\Delta\boldsymbol{x}_{\text{nt}} = \boldsymbol{0}$$

或合并写作

$$\begin{bmatrix}\nabla^2 f(\boldsymbol{x}) & \boldsymbol{A}^{\mathrm{T}}\\ \boldsymbol{A} & \boldsymbol{O}\end{bmatrix}\begin{bmatrix}\Delta\boldsymbol{x}_{\text{nt}}\\ \boldsymbol{\lambda}\end{bmatrix} = \begin{bmatrix}-\nabla f(\boldsymbol{x})\\ \boldsymbol{O}\end{bmatrix} \tag{4.8.13}$$

令等式约束优化问题式 (4.8.10) 的最优解 $\boldsymbol{x}^\star$ 存在，对应的目标函数 $f(\boldsymbol{x})$ 的最优值

$$\boldsymbol{p}^\star = \inf\{f(\boldsymbol{x})|\boldsymbol{A}\boldsymbol{x} = \boldsymbol{b}\} = f(\boldsymbol{x}^\star) \tag{4.8.14}$$

若令

$$\lambda^2(\boldsymbol{x}) = (\Delta\boldsymbol{x}_{\text{nt}})^{\mathrm{T}}\nabla^2 f(\boldsymbol{x})\Delta\boldsymbol{x}_{\text{nt}} \tag{4.8.15}$$

则可以证明[55]，$\lambda^2(\boldsymbol{x})/2$ 给出 Newton 算法收敛点 $\tilde{\boldsymbol{x}}$ 的凸代价函数值 $f(\tilde{\boldsymbol{x}})$ 与最优值 $p^\star$ 之间的偏差 $f(\tilde{\boldsymbol{x}})-p^\star$ 的估计，因此 $\lambda^2(\boldsymbol{x})$ 可以用作 Newton 算法的停止准则。

算法 4.8.2 可行点启动 Newton 算法 (等式约束优化)[55]

初始化 选择一个可行起始点 $\boldsymbol{x}_1 \in \mathrm{dom}\, f$ 且 $\boldsymbol{A}\boldsymbol{x}_1=\boldsymbol{b}$，允许误差 $\varepsilon>0$。给定参数 $\alpha\in(0,0.5),\beta\in(0,1)$。令 $k=1$。

步骤 1 计算目标函数在点 $\boldsymbol{x}_k$ 的梯度向量 $\nabla f(\boldsymbol{x}_k)$ 和 Hessian 矩阵 $\nabla^2 f(\boldsymbol{x}_k)$。

步骤 2 用预处理共轭梯度算法求解 KKT 方程

$$\begin{bmatrix}\nabla^2 f(\boldsymbol{x}_k) & \boldsymbol{A}^{\mathrm{T}}\\ \boldsymbol{A} & \boldsymbol{O}\end{bmatrix}\begin{bmatrix}\Delta\boldsymbol{x}_{\mathrm{nt}}^{(k)}\\ \boldsymbol{\lambda}_{\mathrm{nt}}\end{bmatrix}=\begin{bmatrix}-\nabla f(\boldsymbol{x}_k)\\ \boldsymbol{O}\end{bmatrix} \tag{4.8.16}$$

得到 Newton 搜索方向 $\Delta\boldsymbol{x}_{\mathrm{nt}}^{(k)}$。

步骤 3 计算

$$\lambda^2(\boldsymbol{x}_k)=\left(\Delta\boldsymbol{x}_{\mathrm{nt}}^{(k)}\right)^{\mathrm{T}}\nabla^2 f(\boldsymbol{x}_k)\Delta\boldsymbol{x}_{\mathrm{nt}}^{(k)} \tag{4.8.17}$$

判断停止准则是否满足：若 $\lambda^2(\boldsymbol{x}_k)<\varepsilon$，则输出最优解 $\boldsymbol{x}_k$，并停止迭代；否则，转下一步，进行回溯直线搜索。

步骤 4 回溯直线搜索：令 $\mu=1$，若 $f(\boldsymbol{x}_k+\mu\Delta\boldsymbol{x}_{\mathrm{nt}}^{(k)})>f(\boldsymbol{x}_k)+\alpha\mu(\nabla f(\boldsymbol{x}_k))^{\mathrm{T}}\Delta\boldsymbol{x}_{\mathrm{nt}}^{(k)}$，则令 $\mu=\beta\mu$，再用回调后的 μ 判断上述不等式是否还成立，直至找到一个合适的步长 μ，使得 Armijo 条件满足，即上述不等式反向成立。

步骤 5 进行 Newton 更新 $\boldsymbol{x}_{k+1}=\boldsymbol{x}_k+\mu\Delta\boldsymbol{x}_{\mathrm{nt}}^{(k)}$。令 $k\leftarrow k+1$，并返回步骤 1，进行新一轮 Newton 搜索方向更新和回溯直线搜索，直至停止准则满足为止。

算法 4.8.2 以可行点作为初始点，称为可行点启动 Newton 法。

可行点启动 Newton 法具有以下特点：

(1) 它是一种下降方法，因为步骤 4 的回溯直线搜索能够保证目标函数在每一步迭代都是下降的，并且每一个迭代点 $\boldsymbol{x}_k$ 都满足等式约束。

(2) 该方法需要一可行点作为启动点。

然而，有些情况下，不容易找到一个可行点作为初始点。下面考虑将可行点启动 Newton 法推广为不可行点启动 Newton 法。

当 $\boldsymbol{x}_k$ 是一个不可行点时，考虑等式约束优化问题

$$\begin{aligned}&\min_{\Delta\boldsymbol{x}_k}\ f(\boldsymbol{x}_k+\Delta\boldsymbol{x}_k)=f(\boldsymbol{x}_k)+(\nabla f(\boldsymbol{x}_k))^{\mathrm{T}}\Delta\boldsymbol{x}_k+\frac{1}{2}(\Delta\boldsymbol{x}_k)^{\mathrm{T}}\nabla^2 f(\boldsymbol{x}_k)\Delta\boldsymbol{x}_k\\ &\text{subject to}\ \ \boldsymbol{A}(\boldsymbol{x}_k+\Delta\boldsymbol{x}_k)=\boldsymbol{b}\end{aligned}$$

令 $\boldsymbol{\lambda}_{k+1}(=\boldsymbol{\lambda}_k+\Delta\boldsymbol{\lambda}_k)$ 是与等式约束 $\boldsymbol{A}(\boldsymbol{x}_k+\Delta\boldsymbol{x}_k)=\boldsymbol{b}$ 对应的 Lagrangian 乘子向量，可得 Lagrangian 目标函数

$$\begin{aligned}L(\Delta\boldsymbol{x}_k,\boldsymbol{\lambda}_{k+1})=&\ f(\boldsymbol{x}_k)+(\nabla f(\boldsymbol{x}_k))^{\mathrm{T}}\Delta\boldsymbol{x}_k+\frac{1}{2}(\Delta\boldsymbol{x}_k)^{\mathrm{T}}\nabla^2 f(\boldsymbol{x}_k)\Delta\boldsymbol{x}_k\\ &+\boldsymbol{\lambda}_{k+1}^{\mathrm{T}}[\boldsymbol{A}(\boldsymbol{x}_k+\Delta\boldsymbol{x}_k)-\boldsymbol{b}]\end{aligned}$$

由一阶最优化条件 $\dfrac{\partial L(\Delta \boldsymbol{x}_k, \boldsymbol{\lambda}_{k+1})}{\partial \Delta \boldsymbol{x}_k} = \mathbf{0}$ 和 $\dfrac{\partial L(\Delta \boldsymbol{x}_k, \boldsymbol{\lambda}_{k+1})}{\partial \boldsymbol{\lambda}_{k+1}} = \mathbf{0}$，易得

$$\nabla f(\boldsymbol{x}_k) + \nabla^2 f(\boldsymbol{x}_k)\Delta \boldsymbol{x}_k + \boldsymbol{A}^{\mathrm{T}}\boldsymbol{\lambda}_{k+1} = \mathbf{0}$$

$$\boldsymbol{A}\Delta \boldsymbol{x}_k = -(\boldsymbol{A}\boldsymbol{x}_k - \boldsymbol{b})$$

或合并写作

$$\begin{bmatrix} \nabla^2 f(\boldsymbol{x}_k) & \boldsymbol{A}^{\mathrm{T}} \\ \boldsymbol{A} & \boldsymbol{O} \end{bmatrix} \begin{bmatrix} \Delta \boldsymbol{x}_k \\ \boldsymbol{\lambda}_{k+1} \end{bmatrix} = - \begin{bmatrix} \nabla f(\boldsymbol{x}_k) \\ \boldsymbol{A}\boldsymbol{x}_k - \boldsymbol{b} \end{bmatrix} \tag{4.8.18}$$

将 $\boldsymbol{\lambda}_{k+1} = \boldsymbol{\lambda}_k + \Delta\boldsymbol{\lambda}_k$ 代入上式，立即有

$$\begin{bmatrix} \nabla^2 f(\boldsymbol{x}_k) & \boldsymbol{A}^{\mathrm{T}} \\ \boldsymbol{A} & \boldsymbol{O} \end{bmatrix} \begin{bmatrix} \Delta \boldsymbol{x}_k \\ \Delta\boldsymbol{\lambda}_k \end{bmatrix} = - \begin{bmatrix} \nabla f(\boldsymbol{x}_k) + \boldsymbol{A}^{\mathrm{T}}\boldsymbol{\lambda}_k \\ \boldsymbol{A}\boldsymbol{x}_k - \boldsymbol{b} \end{bmatrix} \tag{4.8.19}$$

式 (4.8.19) 启示了 Newton 算法的停止准则之一。定义残差向量

$$\boldsymbol{r}(\boldsymbol{x}_k, \boldsymbol{\lambda}_k) = \begin{bmatrix} \boldsymbol{r}_{\mathrm{dual}}(\boldsymbol{x}_k, \boldsymbol{\lambda}_k) \\ \boldsymbol{r}_{\mathrm{pri}}(\boldsymbol{x}_k, \boldsymbol{\lambda}_k) \end{bmatrix} = \begin{bmatrix} \nabla f(\boldsymbol{x}_k) + \boldsymbol{A}^{\mathrm{T}}\boldsymbol{\lambda}_k \\ \boldsymbol{A}\boldsymbol{x}_k - \boldsymbol{b} \end{bmatrix} \tag{4.8.20}$$

式中

$$\boldsymbol{r}_{\mathrm{dual}}(\boldsymbol{x}_k, \boldsymbol{\lambda}_k) = \nabla f(\boldsymbol{x}_k) + \boldsymbol{A}^{\mathrm{T}}\boldsymbol{\lambda}_k \tag{4.8.21}$$

$$\boldsymbol{r}_{\mathrm{pri}}(\boldsymbol{x}_k, \boldsymbol{\lambda}_k) = \boldsymbol{A}\boldsymbol{x}_k - \boldsymbol{b} \tag{4.8.22}$$

分别表示对偶残差向量和原始残差向量。

显然，不可行点启动 Newton 算法的停止准则之一可以归纳为

$$\begin{bmatrix} \Delta \boldsymbol{x}_k \\ \Delta\boldsymbol{\lambda}_k \end{bmatrix} \approx \begin{bmatrix} \mathbf{0} \\ \mathbf{0} \end{bmatrix} \Leftrightarrow \begin{bmatrix} \boldsymbol{r}_{\mathrm{dual}}(\boldsymbol{x}_k, \boldsymbol{\lambda}_k) \\ \boldsymbol{r}_{\mathrm{pri}}(\boldsymbol{x}_k, \boldsymbol{\lambda}_k) \end{bmatrix} \approx \begin{bmatrix} \mathbf{0} \\ \mathbf{0} \end{bmatrix} \Leftrightarrow \|\boldsymbol{r}(\boldsymbol{x}_k, \boldsymbol{\lambda}_k)\|_2 < \varepsilon \tag{4.8.23}$$

对很小的扰动误差 $\varepsilon > 0$ 成立。

不可行点启动 Newton 算法的另一个停止准则是等式约束条件必须满足。这一停止准则保证了 Newton 算法的收敛点一定是可行点，虽然其初始点和多数迭代点允许是不可行的。

算法 4.8.3 不可行点启动 Newton 算法 (等式约束优化)[55]

初始化　选择一个不可行起始点 $\boldsymbol{x}_1 \in \mathbb{R}^n$、任意初始 Lagrangian 乘子向量 $\boldsymbol{\lambda}_1 \in \mathbb{R}^p$ 和允许误差 $\varepsilon > 0$。给定参数 $\alpha \in (0, 0.5), \beta \in (0, 1)$，令 $k = 1$。

步骤 1　计算目标函数在点 $\boldsymbol{x}_k$ 的梯度向量 $\nabla f(\boldsymbol{x}_k)$ 和 Hessian 矩阵 $\nabla^2 f(\boldsymbol{x}_k)$。

步骤 2　判断停止准则是否满足：若 $\boldsymbol{A}\boldsymbol{x}_k = \boldsymbol{b}$，并且 $\|\boldsymbol{r}(\boldsymbol{x}_k, \boldsymbol{\lambda}_k)\|_2 < \varepsilon$，则输出 $\boldsymbol{x}_k, \boldsymbol{\lambda}_k$，并停止迭代；否则，转至下一步。

步骤 3　用预处理共轭梯度算法求解 KKT 方程式 (4.8.19)，求 Newton 步 $(\Delta \boldsymbol{x}_k, \Delta\boldsymbol{\lambda}_k)$。

步骤 4　回溯直线搜索：令 $\mu = 1$，若 $f(\boldsymbol{x}_k + \Delta \boldsymbol{x}_k) > f(\boldsymbol{x}_k) + \alpha\mu(\nabla f(\boldsymbol{x}_k))^{\mathrm{T}}\Delta \boldsymbol{x}_k$，则令 $\mu = \beta\mu$，再用回调后的 μ 判断此不等式是否还成立，直至找到一个合适的 μ，使得这一不等式条件反向成立。

步骤 5 进行 Newton 更新

$$\begin{bmatrix} \boldsymbol{x}_{k+1} \\ \boldsymbol{\lambda}_{k+1} \end{bmatrix} = \begin{bmatrix} \boldsymbol{x}_k \\ \boldsymbol{\lambda}_k \end{bmatrix} + \mu \begin{bmatrix} \Delta \boldsymbol{x}_k \\ \Delta \boldsymbol{\lambda}_k \end{bmatrix} \tag{4.8.24}$$

令 $k \leftarrow k+1$，返回步骤1，并重复以上步骤，直至停止准则满足为止。

4.8.4 等式约束优化的复 Newton 法

考虑等式约束下复向量为变元的实目标函数的最小化问题

$$\min_{\boldsymbol{z}} \ f(\boldsymbol{z}) \quad \text{subject to } \boldsymbol{A}\boldsymbol{z} = \boldsymbol{b} \tag{4.8.25}$$

式中 $\boldsymbol{z} \in \mathbb{C}^n, f: \mathbb{C}^n \to \mathbb{R}$ 为凸函数，可二次连续微分；而 $\boldsymbol{A} \in \mathbb{C}^{p\times n}$，且 $\text{rank}(\boldsymbol{A}) = p$，其中 $p < n$。

令 $(\Delta \boldsymbol{z}_k, \Delta \boldsymbol{z}_k^*)$ 代表第 k 次迭代的复搜索方向，则全纯函数 $f(\boldsymbol{z}_k, \boldsymbol{z}_k^*)$ 的二阶 Taylor 展开为

$$f(\boldsymbol{z}_k + \Delta \boldsymbol{z}_k, \boldsymbol{z}_k^* + \Delta \boldsymbol{z}_k^*) = f(\boldsymbol{z}_k, \boldsymbol{z}_k^*) + (\nabla_{\boldsymbol{z}_k} f(\boldsymbol{z}_k, \boldsymbol{z}_k^*))^{\mathrm{T}} \Delta \boldsymbol{z}_k + (\nabla_{\boldsymbol{z}_k^*} f(\boldsymbol{z}_k, \boldsymbol{z}_k^*))^{\mathrm{T}} \Delta \boldsymbol{z}_k^*$$
$$+ \frac{1}{2}[(\Delta \boldsymbol{z}_k)^{\mathrm{H}}, (\Delta \boldsymbol{z}_k)^{\mathrm{T}}] \begin{bmatrix} \dfrac{\partial^2 f(\boldsymbol{z}_k, \boldsymbol{z}_k^*)}{\partial \boldsymbol{z}_k^* \partial \boldsymbol{z}_k^{\mathrm{T}}} & \dfrac{\partial^2 f(\boldsymbol{z}_k, \boldsymbol{z}_k^*)}{\partial \boldsymbol{z}_k^* \partial {\boldsymbol{z}_k}^{\mathrm{H}}} \\ \dfrac{\partial^2 f(\boldsymbol{z}_k, \boldsymbol{z}_k^*)}{\partial \boldsymbol{z}_k \partial \boldsymbol{z}_k^{\mathrm{T}}} & \dfrac{\partial^2 f(\boldsymbol{z}_k, \boldsymbol{z}_k^*)}{\partial \boldsymbol{z}_k \partial \boldsymbol{z}_k^{\mathrm{H}}} \end{bmatrix} \begin{bmatrix} \Delta \boldsymbol{z}_k \\ \Delta \boldsymbol{z}_k^* \end{bmatrix}$$

其约束条件为

$$\boldsymbol{A}(\boldsymbol{z}_k + \Delta \boldsymbol{z}_k) = \boldsymbol{b} \quad \text{或} \quad \boldsymbol{A}\Delta \boldsymbol{z}_k = \boldsymbol{0} \quad (\text{若 } \boldsymbol{z}_k \text{ 为可行点})$$

换言之，Newton 搜索方向可以通过等式约束优化问题确定

$$\begin{aligned} \min_{\Delta \boldsymbol{z}_k, \Delta \boldsymbol{z}_k^*} \quad & f(\boldsymbol{z}_k + \Delta \boldsymbol{z}_k, \boldsymbol{z}_k^* + \Delta \boldsymbol{z}_k^*) \\ \text{subject to} \quad & \boldsymbol{A}\Delta \boldsymbol{z}_k = \boldsymbol{0} \end{aligned} \tag{4.8.26}$$

令 $\boldsymbol{\lambda}_{k+1} = \boldsymbol{\lambda}_k + \Delta \boldsymbol{\lambda}_k \in \mathbb{R}^p$ 是与等式约束条件 $\boldsymbol{A}\Delta \boldsymbol{z}_k = \boldsymbol{0}$ 对应的 Lagrangian 乘子向量，则等式约束优化问题式 (4.8.26) 可转换为无约束优化问题

$$\min_{\Delta \boldsymbol{z}_k, \Delta \boldsymbol{z}_k^*; \Delta \boldsymbol{\lambda}_k} \ f(\boldsymbol{z}_k + \Delta \boldsymbol{z}_k, \boldsymbol{z}_k^* + \Delta \boldsymbol{z}_k^*) + (\boldsymbol{\lambda}_k + \Delta \boldsymbol{\lambda}_k)^{\mathrm{T}} \boldsymbol{A}\Delta \boldsymbol{z}_k$$

由一阶最优化条件 $\dfrac{\partial L(\Delta \boldsymbol{z}_k, \Delta \boldsymbol{z}_k^*; \boldsymbol{\lambda}_{k+1})}{\partial \begin{bmatrix} \Delta \boldsymbol{z}_k \\ \Delta \boldsymbol{z}_k^* \end{bmatrix}} = \begin{bmatrix} \boldsymbol{0} \\ \boldsymbol{0} \end{bmatrix}$ 和 $\dfrac{\partial L(\Delta \boldsymbol{z}_k, \Delta \boldsymbol{z}_k^*; \boldsymbol{\lambda}_{k+1})}{\partial \Delta \boldsymbol{\lambda}_k} = \boldsymbol{0}$ 易得 Newton 方程

$$\begin{bmatrix} \dfrac{\partial^2 f(\boldsymbol{z}_k, \boldsymbol{z}_k^*)}{\partial \boldsymbol{z}_k^* \partial \boldsymbol{z}_k^{\mathrm{T}}} & \dfrac{\partial^2 f(\boldsymbol{z}_k, \boldsymbol{z}_k^*)}{\partial \boldsymbol{z}_k^* \partial \boldsymbol{z}_k^{\mathrm{H}}} & \boldsymbol{A}^{\mathrm{T}} \\ \dfrac{\partial^2 f(\boldsymbol{z}_k, \boldsymbol{z}_k^*)}{\partial \boldsymbol{z}_k \partial \boldsymbol{z}_k^{\mathrm{T}}} & \dfrac{\partial^2 f(\boldsymbol{z}_k, \boldsymbol{z}_k^*)}{\partial \boldsymbol{z}_k \partial \boldsymbol{z}_k^{\mathrm{H}}} & \boldsymbol{O} \\ \boldsymbol{A} & \boldsymbol{O} & \boldsymbol{O} \end{bmatrix} \begin{bmatrix} \Delta \boldsymbol{z}_k \\ \Delta \boldsymbol{z}_k^* \\ \Delta \boldsymbol{\lambda}_k \end{bmatrix} = - \begin{bmatrix} \nabla_{\boldsymbol{z}_k} f(\boldsymbol{z}_k, \boldsymbol{z}_k^*) + \boldsymbol{A}^{\mathrm{T}} \boldsymbol{\lambda}_k \\ \nabla_{\boldsymbol{z}_k^*} f(\boldsymbol{z}_k, \boldsymbol{z}_k^*) \\ \boldsymbol{0} \end{bmatrix} \tag{4.8.27}$$

定义残差向量

$$\boldsymbol{r}(\boldsymbol{z}_k,\boldsymbol{z}_k^*,\boldsymbol{\lambda}_k)=\begin{bmatrix}\nabla_{\boldsymbol{z}_k} f(\boldsymbol{z}_k,\boldsymbol{z}_k^*)+\boldsymbol{A}^{\mathrm{T}}\boldsymbol{\lambda}_k\\ \nabla_{\boldsymbol{z}_k^*} f(\boldsymbol{z}_k,\boldsymbol{z}_k^*)\end{bmatrix} \tag{4.8.28}$$

算法 4.8.4 可行点启动复 Newton 算法 (等式约束优化)

初始化 选择一个可行起始点 $\boldsymbol{z}_1\in\mathrm{dom}\, f$ 且 $\boldsymbol{A}\boldsymbol{z}_1=\boldsymbol{b}$，允许误差 $\varepsilon>0$。给定参数 $\alpha\in(0,0.5),\beta\in(0,1)$。令 $k=1$。

步骤 1 由式 (4.8.28) 计算残差向量，判断停止准则是否满足：若 $\|\boldsymbol{r}(\boldsymbol{z}_k,\boldsymbol{z}_k^*,\boldsymbol{\lambda}_k)\|_2<\varepsilon$，则输出最优解 $\boldsymbol{z}_k$，并停止迭代；否则，继续下面的步骤。

步骤 2 计算目标函数在点 $\boldsymbol{z}_k$ 的梯度向量 $\nabla_{\boldsymbol{z}} f(\boldsymbol{z}_k,\boldsymbol{z}_k^*)$，共轭梯度向量 $\nabla_{\boldsymbol{z}^*} f(\boldsymbol{z}_k,\boldsymbol{z}_k^*)$ 以及全 Hessian 矩阵

$$\boldsymbol{H}_k=\begin{bmatrix}\dfrac{\partial^2 f(\boldsymbol{z}_k,\boldsymbol{z}_k^*)}{\partial\boldsymbol{z}_k^*\partial\boldsymbol{z}_k^{\mathrm{T}}} & \dfrac{\partial^2 f(\boldsymbol{z}_k,\boldsymbol{z}_k^*)}{\partial\boldsymbol{z}_k^*\partial\boldsymbol{z}_k^{\mathrm{H}}}\\ \dfrac{\partial^2 f(\boldsymbol{z}_k,\boldsymbol{z}_k^*)}{\partial\boldsymbol{z}_k\partial\boldsymbol{z}_k^{\mathrm{T}}} & \dfrac{\partial^2 f(\boldsymbol{z}_k,\boldsymbol{z}_k^*)}{\partial\boldsymbol{z}_k\partial\boldsymbol{z}_k^{\mathrm{H}}}\end{bmatrix} \tag{4.8.29}$$

步骤 3 用共轭梯度或者预处理共轭梯度算法解 Newton 方程式 (4.8.27)，得 Newton 步 $(\Delta\boldsymbol{z}_{\mathrm{nt},k},\Delta\boldsymbol{z}_{\mathrm{nt},k}^*,\Delta\boldsymbol{\lambda}_{\mathrm{nt},k})$。

步骤 4 回溯直线搜索：令 $\mu=1$，若

$$f(\boldsymbol{z}_k+\mu\Delta\boldsymbol{z}_{\mathrm{nt},k},\boldsymbol{z}_k^*+\mu\Delta\boldsymbol{z}_{\mathrm{nt},k}^*)>f(\boldsymbol{z}_k,\boldsymbol{z}_k^*)+\alpha\mu[(\nabla_{\boldsymbol{z}} f(\boldsymbol{z},\boldsymbol{z}^*))^{\mathrm{T}},(\nabla_{\boldsymbol{z}^*} f(\boldsymbol{z},\boldsymbol{z}^*))^{\mathrm{T}}]\begin{bmatrix}\Delta\boldsymbol{z}_{\mathrm{nt},k}\\ \Delta\boldsymbol{z}_{\mathrm{nt},k}^*\end{bmatrix}$$

则下调步长 $\mu=\beta\mu$，然后再判断上述不等式是否满足：若满足，则进一步下调步长 $\mu=\beta\mu$；直至找到一个合适的 μ，使上式的不等式号反向成立。

步骤 5 进行 Newton 更新

$$\begin{bmatrix}\boldsymbol{z}_{k+1}\\ \boldsymbol{z}_{k+1}^*\end{bmatrix}=\begin{bmatrix}\boldsymbol{z}_k\\ \boldsymbol{z}_k^*\end{bmatrix}+\mu\begin{bmatrix}\Delta\boldsymbol{z}_{\mathrm{nt},k}\\ \Delta\boldsymbol{z}_{\mathrm{nt},k}^*\end{bmatrix},\quad \boldsymbol{\lambda}_{k+1}=\boldsymbol{\lambda}_k+\Delta\boldsymbol{\lambda}_k$$

令 $k\leftarrow k+1$，并返回步骤1，重复以上步骤，直至停止准则满足为止。

下面讨论用不可行点作为启动点的复 Newton 算法。此时，与式 (4.8.26) 对应的等式约束优化问题为

$$\begin{aligned}\min_{\Delta\boldsymbol{z}_k,\Delta\boldsymbol{z}_k^*}\quad & f(\boldsymbol{z}_k+\Delta\boldsymbol{z}_k,\boldsymbol{z}_k^*+\Delta\boldsymbol{z}_k^*)\\ \text{subject to}\quad & \boldsymbol{A}(\boldsymbol{z}_k+\Delta\boldsymbol{z}_k)=\boldsymbol{b}\end{aligned} \tag{4.8.30}$$

此时，Newton 方程式 (4.8.27) 修正为

$$\begin{bmatrix}\dfrac{\partial^2 f(\boldsymbol{z}_k,\boldsymbol{z}_k^*)}{\partial\boldsymbol{z}_k^*\partial\boldsymbol{z}_k^{\mathrm{T}}} & \dfrac{\partial^2 f(\boldsymbol{z}_k,\boldsymbol{z}_k^*)}{\partial\boldsymbol{z}_k^*\partial\boldsymbol{z}_k^{\mathrm{H}}} & \boldsymbol{A}^{\mathrm{T}}\\ \dfrac{\partial^2 f(\boldsymbol{z}_k,\boldsymbol{z}_k^*)}{\partial\boldsymbol{z}_k\partial\boldsymbol{z}_k^{\mathrm{T}}} & \dfrac{\partial^2 f(\boldsymbol{z}_k,\boldsymbol{z}_k^*)}{\partial\boldsymbol{z}_k\partial\boldsymbol{z}_k^{\mathrm{H}}} & \boldsymbol{O}\\ \boldsymbol{A} & \boldsymbol{O} & \boldsymbol{O}\end{bmatrix}\begin{bmatrix}\Delta\boldsymbol{z}_k\\ \Delta\boldsymbol{z}_k^*\\ \Delta\boldsymbol{\lambda}_k\end{bmatrix}=-\begin{bmatrix}\nabla_{\boldsymbol{z}_k} f(\boldsymbol{z}_k,\boldsymbol{z}_k^*)+\boldsymbol{A}^{\mathrm{T}}\boldsymbol{\lambda}_k\\ \nabla_{\boldsymbol{z}_k^*} f(\boldsymbol{z}_k,\boldsymbol{z}_k^*)\\ \boldsymbol{A}\boldsymbol{z}_k-\boldsymbol{b}\end{bmatrix} \tag{4.8.31}$$

与之对应的残差向量为

$$\boldsymbol{r}(\boldsymbol{z}_k,\boldsymbol{z}_k^*,\boldsymbol{\lambda}_k)=\begin{bmatrix}\nabla_{\boldsymbol{z}_k} f(\boldsymbol{z}_k,\boldsymbol{z}_k^*)+\boldsymbol{A}^{\mathrm{T}}\boldsymbol{\lambda}_k\\ \nabla_{\boldsymbol{z}_k^*} f(\boldsymbol{z}_k,\boldsymbol{z}_k^*)\\ \boldsymbol{A}\boldsymbol{z}_k-\boldsymbol{b}\end{bmatrix} \tag{4.8.32}$$

将可行点启动 Newton 算法 4.8.4 中步骤 1 的残差计算公式式 (4.8.28) 替换成式 (4.8.32)，步骤 3 的待求解 Newton 方程式 (4.8.27) 换成式 (4.8.31)，即可得到不可行点启动 Newton 算法。注意，由式 (4.8.32) 知，残差向量足够逼近零向量时，$\boldsymbol{A}\boldsymbol{z}_k$ 即充分逼近 $\boldsymbol{b}$，因而算法的收敛点一定是一个可行点。

4.9 原始–对偶内点法

业已公认[171]，内点法 (interior point method) 这一术语是 Fiacco 和 McCormick 最早于 1968 年在他们具有开创性的著作 (文献 [164, p.41]) 中提出的。然而，苦于缺乏低复杂度的优化算法，内点法在此后的十几年间并未获得较大的发展；只是直到 Karmarkar[259] 于 1984 年提出了具有多项式复杂度的线性规划算法之后，连续优化的领域才发生了巨大的变化，这一变化被形容为“内点革命”(interior-point revolution)[171]。内点革命导致了连续优化问题的思考方法的根本性转变：以前多年认为互不相关的优化领域实际具有统一的理论框架。

4.9.1 非线性优化的原始–对偶问题

考虑标准形式的非线性优化问题

$$\min\ f(\boldsymbol{x}) \quad \text{subject to} \quad \boldsymbol{d}(\boldsymbol{x},\boldsymbol{z}) = \boldsymbol{0},\ \boldsymbol{z} \succeq \boldsymbol{0} \tag{4.9.1}$$

其中 $\boldsymbol{x} \in \mathbb{R}^n, f : \mathbb{R}^n \to \mathbb{R}, \boldsymbol{d} : \mathbb{R}^n \times \mathbb{R}^m \to \mathbb{R}^m, \boldsymbol{z} \in \mathbb{R}_+^m$；并且 $f(\boldsymbol{x})$ 和 $d_i(\boldsymbol{x},\boldsymbol{z}), i = 1,\cdots,m$ 均为凸函数，且二次可连续微分。

非线性优化模型式 (4.9.1) 包括了以下几种常见优化模型：

(1) 若 $\boldsymbol{d}(\boldsymbol{x},\boldsymbol{z}) = \boldsymbol{h}(\boldsymbol{x}) - \boldsymbol{z}$，其中 $\boldsymbol{z} \succeq \boldsymbol{0}$，则式 (4.9.1) 给出文献 [500] 的非线性优化模型

$$\min\ f(\boldsymbol{x}) \quad \text{subject to} \quad h_i(\boldsymbol{x}) \geqslant 0,\ i = 1,\cdots,m \tag{4.9.2}$$

(2) 令 $\boldsymbol{d}(\boldsymbol{x},\boldsymbol{z}) = \boldsymbol{h}(\boldsymbol{x}) + \boldsymbol{z}$，且 $z_i = 0,\ i = 1,\cdots,p;\ h_{p+i} = g_i,\ z_{p+i} \geqslant 0,\ i = 1,\cdots,m-p$，则式 (4.9.1) 与文献 [72] 的非线性优化模型一致

$$\min\ f(\boldsymbol{x}) \quad \text{subject to} \quad h_i(\boldsymbol{x}) = 0,\ i = 1,\cdots,p;\ g_i(\boldsymbol{x}) \leqslant 0,\ i = 1,\cdots,m-p \tag{4.9.3}$$

(3) 若 $\boldsymbol{d}(\boldsymbol{x},\boldsymbol{z}) = \boldsymbol{c}(\boldsymbol{x}) - \boldsymbol{z}$，并且 $z_i = 0,\ i \in \mathcal{E}; z_i \geqslant 0, i \in \mathcal{I}$，则式 (4.9.1) 给出文献 [171] 的非线性优化模型

$$\min\ f(\boldsymbol{x}) \quad \text{subject to} \quad c_i(\boldsymbol{x}) = 0, i \in \mathcal{E};\ c_i(\boldsymbol{x}) \geqslant 0, i \in \mathcal{I};\ i = 1,\cdots,m \tag{4.9.4}$$

(4) 若 $\boldsymbol{d}(\boldsymbol{x},\boldsymbol{z}) = \boldsymbol{c}(\boldsymbol{x}), \boldsymbol{z} = \boldsymbol{x} \succeq \boldsymbol{0}$，则式 (4.9.1) 与文献 [506] 的非线性优化模型一致

$$\min\ f(\boldsymbol{x}) \quad \text{subject to} \quad \boldsymbol{c}(\boldsymbol{x}) = \boldsymbol{0},\ \boldsymbol{x} \succeq \boldsymbol{0} \tag{4.9.5}$$

(5) 若取 $f(\boldsymbol{x})=\boldsymbol{c}^{\mathrm{T}}\boldsymbol{x}$, $\boldsymbol{z}=\boldsymbol{x}\succeq\boldsymbol{0}$, $m=n$ 以及 $\boldsymbol{d}(\boldsymbol{x},\boldsymbol{z})=\boldsymbol{A}\boldsymbol{x}-\boldsymbol{b}$，则式 (4.9.1) 给出文献 [429] 的线性规划模型

$$\min\ \boldsymbol{c}^{\mathrm{T}}\boldsymbol{x}\quad \text{subject to}\quad \boldsymbol{A}\boldsymbol{x}=\boldsymbol{b},\ \boldsymbol{x}\succeq\boldsymbol{0} \tag{4.9.6}$$

对于不等式约束非线性优化的原始问题

$$(P)\qquad \min\ f(\boldsymbol{x})\quad \text{subject to}\quad \boldsymbol{h}(\boldsymbol{x})\succeq\boldsymbol{0}\quad (\text{其中 } \boldsymbol{h}:\mathbb{R}^n\to\mathbb{R}^m) \tag{4.9.7}$$

其对偶问题可表示为[500]

$$\begin{aligned}(D)\qquad &\max\ L(\boldsymbol{x},\boldsymbol{y})=f(\boldsymbol{x})-\boldsymbol{y}^{\mathrm{T}}\boldsymbol{h}(\boldsymbol{x})+[(\nabla\boldsymbol{h}(\boldsymbol{x}))^{\mathrm{T}}\boldsymbol{y}-\nabla f(\boldsymbol{x})]^{\mathrm{T}}\boldsymbol{x}\\ &\text{subject to}\quad (\nabla\boldsymbol{h}(\boldsymbol{x}))^{\mathrm{T}}\boldsymbol{y}=\nabla f(\boldsymbol{x}),\ \boldsymbol{y}\succeq\boldsymbol{0}\end{aligned} \tag{4.9.8}$$

式中 $\boldsymbol{x}\in\mathbb{R}^n$ 为原始变量，$\boldsymbol{y}\in\mathbb{R}^m$ 为对偶变量。

4.9.2 一阶原始–对偶内点法

为了更好地理解内点法，下面先以线性规划问题

$$\min\{\boldsymbol{c}^{\mathrm{T}}\boldsymbol{x}:\boldsymbol{A}\boldsymbol{x}=\boldsymbol{b},\ \boldsymbol{x}\succeq\boldsymbol{0}\} \tag{4.9.9}$$

为讨论对象。

由式 (4.9.8) 知，上述线性规划的对偶问题为

$$\max\{\boldsymbol{b}^{\mathrm{T}}\boldsymbol{y}:\boldsymbol{A}^{\mathrm{T}}\boldsymbol{y}+\boldsymbol{z}=\boldsymbol{c},\ \boldsymbol{z}\succeq\boldsymbol{0}\} \tag{4.9.10}$$

式中，$\boldsymbol{x}\in\mathbb{R}_+^n,\boldsymbol{y}\in\mathbb{R}^m,\boldsymbol{z}\in\mathbb{R}_+^n$ 分别为原始变量、对偶变量和松弛变量，矩阵 $\boldsymbol{A}\in\mathbb{R}^{m\times n}$，向量 $\boldsymbol{b}\in\mathbb{R}^m,\boldsymbol{c}\in\mathbb{R}^n$。不失一般性，假定矩阵 $\boldsymbol{A}$ 满行秩，即 $\mathrm{rank}(\boldsymbol{A})=m$。

利用一阶优化条件易得原始–对偶问题的 KKT 方程

$$\begin{aligned}\boldsymbol{A}\boldsymbol{x}=\boldsymbol{b},&\quad \boldsymbol{x}\succeq\boldsymbol{0}\\ \boldsymbol{A}^{\mathrm{T}}\boldsymbol{y}+\boldsymbol{z}=\boldsymbol{c},&\quad \boldsymbol{z}\succeq\boldsymbol{0}\\ x_iz_i=0,\ i=1,\cdots,n&\end{aligned}$$

前两个条件分别是原始问题和对偶问题的一阶优化条件及可行性条件，第三个为互补性条件。由于前两个条件包含有非负性要求，决定了上述 KKT 方程只能用迭代方法求解。

互补性条件 $x_iz_i=0$ 可以用中心化条件 $x_iz_i=\mu,i=1,\cdots,n$ 代替，其中 $\mu>0$。关系式 $x_iz_i=\mu,\forall i=1,\cdots,m$ 也称扰动互补性 (perturbed complementarity) 条件或者互补松弛度 (complementary slackness)。显然，若 $\mu\to 0$，则 $x_iz_i\to 0$。

利用扰动互补性代替互补性条件，可以将 KKT 方程等价写作

$$\left.\begin{aligned}\boldsymbol{A}\boldsymbol{x}=\boldsymbol{b},&\quad \boldsymbol{x}\succeq\boldsymbol{0}\\ \boldsymbol{A}^{\mathrm{T}}\boldsymbol{y}+\boldsymbol{z}=\boldsymbol{c},&\quad \boldsymbol{z}\succeq\boldsymbol{0}\\ \boldsymbol{x}^{\mathrm{T}}\boldsymbol{z}=n\mu&\end{aligned}\right\} \tag{4.9.11}$$

定义 4.9.1[430] 若原始问题有一个可行解 $\boldsymbol{x} \succ \boldsymbol{0}$，对偶问题也有一个解 $(\boldsymbol{y}, \boldsymbol{z})$，并且 $\boldsymbol{z} \succ \boldsymbol{0}$，则称原始–对偶问题满足内点条件 (interior-point condition, IPC)。

若内点条件满足，则将式 (4.9.11) 的解记作 $(\boldsymbol{x}(\mu), \boldsymbol{y}(\mu), \boldsymbol{z}(\mu))$，并称之为原始问题 (P) 和对偶问题 (D) 的 μ-中心。所有 μ-中心的集合称作 (P) 和 (D) 的中心路径。

将 $\boldsymbol{x}_k = \boldsymbol{x}_{k-1} + \Delta\boldsymbol{x}_k, \boldsymbol{y}_k = \boldsymbol{y}_{k-1} + \Delta\boldsymbol{y}_k$ 和 $\boldsymbol{z}_k = \boldsymbol{z}_{k-1} + \Delta\boldsymbol{z}_k$ 代入式 (4.9.11)，则有[429]

$$\boldsymbol{A}\Delta\boldsymbol{x}_k = \boldsymbol{b} - \boldsymbol{A}\boldsymbol{x}_{k-1}$$

$$\boldsymbol{A}^{\mathrm{T}}\Delta\boldsymbol{y}_k + \Delta\boldsymbol{z}_k = \boldsymbol{c} - \boldsymbol{A}^{\mathrm{T}}\boldsymbol{y}_{k-1} - \boldsymbol{z}_{k-1}$$

$$\boldsymbol{z}_{k-1}^{\mathrm{T}}\Delta\boldsymbol{x}_k + \boldsymbol{x}_k^{\mathrm{T}}\Delta\boldsymbol{z}_{k-1} = n\mu - \boldsymbol{x}_{k-1}^{\mathrm{T}}\boldsymbol{z}_{k-1}$$

或等价写作

$$\begin{bmatrix} \boldsymbol{A} & \boldsymbol{O} & \boldsymbol{O} \\ \boldsymbol{O} & \boldsymbol{A}^{\mathrm{T}} & \boldsymbol{I} \\ \boldsymbol{z}_{k-1}^{\mathrm{T}} & \boldsymbol{0}^{\mathrm{T}} & \boldsymbol{x}_{k-1}^{\mathrm{T}} \end{bmatrix} \begin{bmatrix} \Delta\boldsymbol{x}_k \\ \Delta\boldsymbol{y}_k \\ \Delta\boldsymbol{z}_k \end{bmatrix} = \begin{bmatrix} \boldsymbol{b} - \boldsymbol{A}\boldsymbol{x}_{k-1} \\ \boldsymbol{c} - \boldsymbol{A}^{\mathrm{T}}\boldsymbol{y}_{k-1} - \boldsymbol{z}_{k-1} \\ n\mu - \boldsymbol{x}_{k-1}^{\mathrm{T}}\boldsymbol{z}_{k-1} \end{bmatrix} \tag{4.9.12}$$

由一阶优化条件得到的内点法称为一阶原始–对偶内点法，其关键步骤是求解式 (4.9.12)，得到 Newton 步 $(\Delta\boldsymbol{x}_k, \Delta\boldsymbol{y}_k, \Delta\boldsymbol{z}_k)$。这一步骤可以直接求逆矩阵，但数值性能更好的方法是使用迭代方法求解式 (4.9.12)。然而，由于最左边的矩阵不是实对称矩阵，所以共轭梯度法和预处理共轭梯度法都无法使用。

算法 4.9.1 可行点启动原始–对偶内点法[429]

输入 精度参数 $\varepsilon > 0$；障碍更新参数 $\theta, 0 < \theta < 1$：可行点 $(\boldsymbol{x}_0, \boldsymbol{y}_0, \boldsymbol{z}_0)$，且 $\boldsymbol{x}_0^{\mathrm{T}}\boldsymbol{z}_0 = n\mu_0$。

初始化 $k = 1$。

步骤 1 求解 KKT 方程式 (4.9.12)，得解 $(\Delta\boldsymbol{x}_k, \Delta\boldsymbol{y}_k, \Delta\boldsymbol{z}_k)$。

步骤 2 μ 更新 $\mu_k = (1-\theta)\mu_{k-1}$。

步骤 3 进行原始变量、对偶变量和 Lagrangian 乘子的更新

$$\boldsymbol{x}_k = \boldsymbol{x}_{k-1} + \rho\Delta\boldsymbol{x}_k, \quad \boldsymbol{y}_k = \boldsymbol{y}_{k-1} + \rho\Delta\boldsymbol{y}_k, \quad \boldsymbol{z}_k = \boldsymbol{z}_{k-1} + \rho\Delta\boldsymbol{z}_k$$

步骤 4 判断收敛准则是否满足：若 $\boldsymbol{x}_k^{\mathrm{T}}\boldsymbol{z}_k < \varepsilon$，则输出 $(\boldsymbol{x}_k, \boldsymbol{y}_k, \boldsymbol{z}_k)$；否则，令 $k \leftarrow k+1$，并返回步骤 1，继续迭代，直到收敛准则满足。

上述算法要求 $(\boldsymbol{x}_0, \boldsymbol{y}_0, \boldsymbol{z}_0)$ 为可行点。这一可行点可以用下面的算法迭代确定。

算法 4.9.2 可行点算法[429]

输入 精度参数 $\varepsilon > 0$；障碍更新参数 $\theta, 0 < \theta < 1$：阈值参数 $\tau > 0$。

初始化 $\boldsymbol{x}_0 \succ \boldsymbol{0}, \boldsymbol{z}_0 \succ \boldsymbol{0}, \boldsymbol{y}_0, \boldsymbol{x}_0^{\mathrm{T}}\boldsymbol{z}_0 = n\mu_0$，令 $k = 1$。

步骤 1 计算残差向量 $\boldsymbol{r}_b^{k-1} = \boldsymbol{b} - \boldsymbol{A}^{\mathrm{T}}\boldsymbol{x}_{k-1}$ 和 $\boldsymbol{r}_c^{k-1} = \boldsymbol{c} - \boldsymbol{A}^{\mathrm{T}}\boldsymbol{y}_{k-1} - \boldsymbol{z}_{k-1}$。

步骤 2 μ 更新 $\nu_{k-1} = \mu_{k-1}/\mu_0$。

步骤 3 求解 KKT 方程

$$\begin{bmatrix} \boldsymbol{A} & \boldsymbol{O} & \boldsymbol{O} \\ \boldsymbol{O} & \boldsymbol{A}^{\mathrm{T}} & \boldsymbol{I} \\ \boldsymbol{z}_{k-1}^{\mathrm{T}} & \boldsymbol{0}^{\mathrm{T}} & \boldsymbol{x}_{k-1}^{\mathrm{T}} \end{bmatrix} \begin{bmatrix} \Delta^f\boldsymbol{x}_k \\ \Delta^f\boldsymbol{y}_k \\ \Delta^f\boldsymbol{z}_k \end{bmatrix} = \begin{bmatrix} \theta\nu_{k-1}\boldsymbol{r}_b^0 \\ \theta\nu_{k-1}\boldsymbol{r}_c^0 \\ n\mu - \boldsymbol{x}_{k-1}^{\mathrm{T}}\boldsymbol{z}_{k-1} \end{bmatrix}$$

步骤 4　变量更新 $(\boldsymbol{x}_k, \boldsymbol{y}_k, \boldsymbol{z}_k) = (\boldsymbol{x}_{k-1}, \boldsymbol{y}_{k-1}, \boldsymbol{z}_{k-1}) + (\Delta^f \boldsymbol{x}_k, \Delta^f \boldsymbol{y}_k, \Delta^f \boldsymbol{z}_k)$。

步骤 5　收敛准则检验：若 $\max\{\boldsymbol{x}_k^{\mathrm{T}}\boldsymbol{z}_k, \boldsymbol{b} - \boldsymbol{A}^{\mathrm{T}}\boldsymbol{x}_k, \boldsymbol{c} - \boldsymbol{A}^{\mathrm{T}}\boldsymbol{y}_k - \boldsymbol{z}_k\} \leqslant \varepsilon$，则输出 $(\boldsymbol{x}, \boldsymbol{y}, \boldsymbol{z}) = (\boldsymbol{x}_k, \boldsymbol{y}_k, \boldsymbol{z}_k)$；否则，令 $k \leftarrow k+1$，并返回步骤1，继续以上迭代，直至收敛准则满足。

4.9.3　二阶原始–对偶内点法

一阶原始–对偶内点法存在以下缺点：① KKT 方程的矩阵不是对称矩阵，难于采用共轭梯度或者预处理共轭梯度等有效算法求解。② KKT 方程只由一阶优化条件得到，未使用 Hessian 矩阵提供的二阶统计信息。③ 难于确保将迭代点控制为内点。④ 不方便推广到一般的非线性优化问题。

为了克服一阶原始–对偶内点法的缺点，非线性优化的原始–对偶内点法由三个基本要素组成：

(1) 障碍函数　将变量 $\boldsymbol{x}$ 限定为可行内点。

(2) Newton 法　等式约束最小化的 Newton 法用于有效求解 KKT 方程。

(3) 回溯直线搜索　用于确定一个合适的步长。

这种障碍函数与 Newton 法相结合的内点法称为二阶原始–对偶内点法。

定义松弛变量 $\boldsymbol{z} \in \mathbb{R}^m$，它是一个满足 $\boldsymbol{h}(\boldsymbol{x}) - \boldsymbol{z} = \boldsymbol{0}$ 的非负变量 $\boldsymbol{z} \succeq \boldsymbol{0}$。借助松弛变量，不定式约束的原始问题 (P) 可以等价表示成等式约束的优化问题

$$\min\ f(\boldsymbol{x}) \quad \text{subject to} \quad \boldsymbol{h}(\boldsymbol{x}) - \boldsymbol{z},\ \boldsymbol{z} \succeq \boldsymbol{0} \tag{4.9.13}$$

为了进一步消去不等式 $\boldsymbol{z} \succeq \boldsymbol{0}$，引入经典 Fiacco-McCormick 对数障碍函数

$$b_\mu(\boldsymbol{x}, \boldsymbol{z}) = f(\boldsymbol{x}) - \mu \sum_{i=1}^{m} \log(z_i) \tag{4.9.14}$$

式中 $\mu > 0$ 为障碍参数。对于非常小的 μ，除了接近约束等于零的点之外，障碍函数 $b_\mu(\boldsymbol{x}, \boldsymbol{z})$ 与原目标函数 $f(\boldsymbol{x})$ 二者的作用相像。

等式约束的优化问题式 (4.9.13) 现在可表示为无约束优化问题

$$\min_{\boldsymbol{x}, \boldsymbol{z}, \boldsymbol{\lambda}}\ L_\mu(\boldsymbol{x}, \boldsymbol{z}, \boldsymbol{\lambda}) = f(\boldsymbol{x}) - \mu \sum_{i=1}^{m} \log(z_i) - \boldsymbol{\lambda}^{\mathrm{T}}(\boldsymbol{h}(\boldsymbol{x}) - \boldsymbol{z}) \tag{4.9.15}$$

式中 $L_\mu(\boldsymbol{x}, \boldsymbol{z}, \boldsymbol{\lambda})$ 为 Lagrangian 目标函数，$\boldsymbol{\lambda} \in \mathbb{R}^m$ 为 Lagrangian 乘子，或叫对偶变量。

记

$$\boldsymbol{Z} = \mathrm{diag}(z_1, \cdots, z_m), \quad \boldsymbol{\Lambda} = \mathrm{diag}(\lambda_1, \cdots, \lambda_m) \tag{4.9.16}$$

令 $\nabla_x L_\mu = \frac{\partial L_\mu}{\partial \boldsymbol{x}^{\mathrm{T}}} = \boldsymbol{0}$, $\nabla_z L_\mu = \frac{\partial L_\mu}{\partial \boldsymbol{z}^{\mathrm{T}}} = \boldsymbol{0}$ 和 $\nabla_\lambda L_\mu = \frac{\partial L_\mu}{\partial \boldsymbol{\lambda}^{\mathrm{T}}} = \boldsymbol{0}$，并用 $\boldsymbol{\Lambda}$ 左乘第二个等式两边，即得一阶优化条件

$$\left.\begin{aligned} \nabla f(\boldsymbol{x}) - (\nabla h(\boldsymbol{x}))^{\mathrm{T}}\boldsymbol{\lambda} &= \boldsymbol{0} \\ -\mu\boldsymbol{1} + \boldsymbol{Z}\boldsymbol{\Lambda}\boldsymbol{1} &= \boldsymbol{0} \\ \boldsymbol{h}(\boldsymbol{x}) - \boldsymbol{z} &= \boldsymbol{0} \end{aligned}\right\} \tag{4.9.17}$$

式中 $\mathbf{1}$ 是一个全部元素为 1 的 m 维向量。

为了推导无约束优化问题式 (4.9.15) 的 Newton 方程，考虑 Lagrangian 目标函数

$$\begin{aligned} L_\mu(\boldsymbol{x}+\Delta\boldsymbol{x},\boldsymbol{z}+\Delta\boldsymbol{z},\boldsymbol{\lambda}+\Delta\boldsymbol{\lambda}) =& f(\boldsymbol{x}+\Delta\boldsymbol{x})-\mu\sum_{i=1}^{m}\log(z_i+\Delta z_i)\\ &-(\boldsymbol{\lambda}+\Delta\boldsymbol{\lambda})^{\mathrm{T}}[\boldsymbol{h}(\boldsymbol{x}+\Delta\boldsymbol{x})-\boldsymbol{z}-\Delta\boldsymbol{z}] \end{aligned}$$

式中

$$\begin{aligned} f(\boldsymbol{x}+\Delta\boldsymbol{x}) &= f(\boldsymbol{x})+(\nabla f(\boldsymbol{x}))^{\mathrm{T}}\Delta\boldsymbol{x}+\frac{1}{2}(\Delta\boldsymbol{x})^{\mathrm{T}}\nabla^2 f(\boldsymbol{x})\Delta\boldsymbol{x}\\ h_i(\boldsymbol{x}+\Delta\boldsymbol{x}) &= h_i(\boldsymbol{x})+(\nabla h_i(\boldsymbol{x}))^{\mathrm{T}}\Delta\boldsymbol{x}+\frac{1}{2}(\Delta\boldsymbol{x})^{\mathrm{T}}\nabla^2 h_i(\boldsymbol{x})\Delta\boldsymbol{x},\quad i=1,\cdots,m \end{aligned}$$

令 $\nabla_x L_\mu=\dfrac{\partial L_\mu}{\partial(\Delta\boldsymbol{x})^{\mathrm{T}}}=\mathbf{0}$, $\nabla_z L_\mu=\dfrac{\partial L_\mu}{\partial(\Delta\boldsymbol{z})^{\mathrm{T}}}=\mathbf{0}$ 和 $\nabla_\lambda L_\mu=\dfrac{\partial L_\mu}{\partial(\Delta\boldsymbol{\lambda})^{\mathrm{T}}}=\mathbf{0}$，即得 Newton 方程 [500]

$$\begin{bmatrix} \boldsymbol{H}(\boldsymbol{x},\boldsymbol{\lambda}) & \boldsymbol{O} & -(\boldsymbol{A}(\boldsymbol{x}))^{\mathrm{T}}\\ \boldsymbol{O} & \boldsymbol{\Lambda} & \boldsymbol{Z}\\ \boldsymbol{A}(\boldsymbol{x}) & -\boldsymbol{I} & \boldsymbol{O} \end{bmatrix} \begin{bmatrix}\Delta\boldsymbol{x}\\ \Delta\boldsymbol{z}\\ \Delta\boldsymbol{\lambda}\end{bmatrix} = \begin{bmatrix} -\nabla f(\boldsymbol{x})+(\nabla h(\boldsymbol{x}))^{\mathrm{T}}\boldsymbol{\lambda}\\ \mu\mathbf{1}-\boldsymbol{Z}\boldsymbol{\Lambda}\mathbf{1}\\ \boldsymbol{z}-\boldsymbol{h}(\boldsymbol{x}) \end{bmatrix} \tag{4.9.18}$$

式中

$$\boldsymbol{H}(\boldsymbol{x},\boldsymbol{\lambda})=\nabla^2 f(\boldsymbol{x})-\sum_{i=1}^{m}\lambda_i\nabla^2 h_i(\boldsymbol{x}),\quad \boldsymbol{A}(\boldsymbol{x})=\nabla\boldsymbol{h}(\boldsymbol{x}) \tag{4.9.19}$$

式 (4.9.18) 中，$\Delta\boldsymbol{x}$ 称为优化方向 (optimality direction)，$\Delta\boldsymbol{z}$ 为中心方向 (centrality direction)，而 $\Delta\boldsymbol{\lambda}$ 为可行方向 (feasibility direction) [500]。三元组 $(\Delta\boldsymbol{x},\Delta\boldsymbol{z},\Delta\boldsymbol{\lambda})$ 组成内点法更新的 Newton 步即搜索方向。

式 (4.9.18) 的第一个方程两边同乘 -1，第二个方程两边左乘 $-\boldsymbol{Z}^{-1}$，则有 [500]

$$\begin{bmatrix} -\boldsymbol{H}(\boldsymbol{x},\boldsymbol{\lambda}) & \boldsymbol{O} & (\boldsymbol{A}(\boldsymbol{x}))^{\mathrm{T}}\\ \boldsymbol{O} & -\boldsymbol{Z}^{-1}\boldsymbol{\Lambda} & -\boldsymbol{I}\\ \boldsymbol{A}(\boldsymbol{x}) & -\boldsymbol{I} & \boldsymbol{O} \end{bmatrix} \begin{bmatrix}\Delta\boldsymbol{x}\\ \Delta\boldsymbol{z}\\ \Delta\boldsymbol{\lambda}\end{bmatrix} = \begin{bmatrix}\boldsymbol{\alpha}\\ -\boldsymbol{\beta}\\ \boldsymbol{\gamma}\end{bmatrix} \tag{4.9.20}$$

其中

$$\boldsymbol{\alpha}=\nabla f(\boldsymbol{x})-(\nabla h(\boldsymbol{x}))^{\mathrm{T}}\boldsymbol{\lambda} \tag{4.9.21}$$

$$\boldsymbol{\beta}=\mu\boldsymbol{Z}^{-1}\mathbf{1}-\boldsymbol{\lambda} \tag{4.9.22}$$

$$\boldsymbol{\gamma}=\boldsymbol{z}-\boldsymbol{h}(\boldsymbol{x}) \tag{4.9.23}$$

以上三个变量具有以下含义：

(1) $\boldsymbol{\gamma}$ 度量原始不可行性，$\boldsymbol{\gamma}=\mathbf{0}$ 意味着 $\boldsymbol{x}$ 是满足等式约束 $\boldsymbol{h}(\boldsymbol{x})-\boldsymbol{z}=\mathbf{0}$ 的可行点；否则，$\boldsymbol{x}$ 是不可行点。

(2) $\boldsymbol{\alpha}$ 度量对偶不可行性，$\boldsymbol{\alpha}=\mathbf{0}$ 意味着对偶变量 $\boldsymbol{\lambda}$ 满足一阶优化条件，是可行的；否则，违背一阶优化条件，是不可行的。

(3) $\boldsymbol{\beta}$ 测量互补松弛度，$\boldsymbol{\beta}=\mathbf{0}$ 即 $\mu\boldsymbol{Z}^{-1}\mathbf{1}=\boldsymbol{\lambda}$ 意味着互补松弛性 $z_i\lambda_i=\mu,\forall i=1,\cdots,m$，并且 $\mu=0$ 时，互补性完全满足；而 μ 偏离 0 值越小，互补松弛度越小；反之，互补松弛度则越大。

式 (4.9.20) 可以分解成两部分

$$\Delta\boldsymbol{z}=\boldsymbol{\Lambda}^{-1}\boldsymbol{Z}(\boldsymbol{\beta}-\Delta\boldsymbol{\lambda}) \tag{4.9.24}$$

和

$$\begin{bmatrix}-\boldsymbol{H}(\boldsymbol{x},\boldsymbol{\lambda}) & (\boldsymbol{A}(\boldsymbol{x}))^{\mathrm{T}}\\ \boldsymbol{A}(\boldsymbol{x}) & \boldsymbol{Z}\boldsymbol{\Lambda}^{-1}\end{bmatrix}\begin{bmatrix}\Delta\boldsymbol{x}\\ \Delta\boldsymbol{\lambda}\end{bmatrix}=\begin{bmatrix}\boldsymbol{\alpha}\\ \boldsymbol{\gamma}+\boldsymbol{Z}\boldsymbol{\Lambda}^{-1}\boldsymbol{\beta}\end{bmatrix} \tag{4.9.25}$$

重要的是，原 Newton 方程式 (4.9.20) 变成了维数更小的子 Newton 方程式 (4.9.25)。

现在，Newton 方程式 (4.9.25) 很容易通过预处理共轭梯度算法迭代求解。一旦 Newton 步 $(\Delta\boldsymbol{x},\Delta\boldsymbol{z},\Delta\boldsymbol{\lambda})$ 由式 (4.9.25) 的解和式 (4.9.24) 求出之后，即可进行下列更新

$$\left.\begin{aligned}\boldsymbol{x}_{k+1}&=\boldsymbol{x}_k+\eta\Delta\boldsymbol{x}_k\\ \boldsymbol{z}_{k+1}&=\boldsymbol{z}_k+\eta\Delta\boldsymbol{z}_k\\ \boldsymbol{\lambda}_{k+1}&=\boldsymbol{\lambda}_k+\eta\Delta\boldsymbol{\lambda}_k\end{aligned}\right\} \tag{4.9.26}$$

式中 η 为更新的共同步长。

1. 凸优化问题的修正

内点法的关键是保证迭代点 $\boldsymbol{x}_k$ 为内点，即满足 $\boldsymbol{h}(\boldsymbol{x}_k)\succ\mathbf{0}$。然而，对于非二次型凸优化，只是简单地选择步长并不足于保证非负变量的正性。为此，有必要对凸优化问题进行适当的修正。

凸优化问题的一种简单修正是引入评价函数 (merit function)。与单纯的代价函数最小化不同，评价函数的最小化有两个目的：既要促使迭代点向目标函数的局部极小点靠拢，又要保证迭代点是等式约束的可行点。因此，评价函数的主要作用有两个：① 将约束优化问题变成无约束约束问题；② 当评价函数的值越小时，迭代点越靠近原始约束优化问题的最优解。

考虑经典的 Fiacco–McCormick 评价函数[164]

$$\Psi_{\rho,\mu}(\boldsymbol{x},\boldsymbol{z})=f(\boldsymbol{x})-\mu\sum_{i=1}^{m}\log(z_i)+\frac{\rho}{2}\|\boldsymbol{h}(\boldsymbol{x})-\boldsymbol{z}\|_2^2 \tag{4.9.27}$$

若定义对偶正规矩阵 (dual normal matrix)

$$\boldsymbol{N}(\boldsymbol{x},\boldsymbol{\lambda},\boldsymbol{z})=\boldsymbol{H}(\boldsymbol{x},\boldsymbol{\lambda})+(\boldsymbol{A}(\boldsymbol{x}))^{\mathrm{T}}\boldsymbol{Z}^{-1}\boldsymbol{\Lambda}\boldsymbol{A}(\boldsymbol{x}) \tag{4.9.28}$$

则下列定理成立。

定理 4.9.1[500] 令 $b(\boldsymbol{x},\boldsymbol{\lambda})=f(\boldsymbol{x})-\sum_{i=1}^{m}\lambda_i\log(z_i)$ 表示障碍函数。假定对偶正规矩阵 $\boldsymbol{N}(\boldsymbol{x},\boldsymbol{\lambda},\boldsymbol{z})$ 正定，则由式 (4.9.20) 确定的搜索方向 $(\Delta\boldsymbol{x},\Delta\boldsymbol{\lambda})$ 具有以下性质：

(1) 若 $\boldsymbol{\gamma}=\mathbf{0}$，则

$$\begin{bmatrix}\nabla_x b(\boldsymbol{x},\boldsymbol{\lambda})\\ \nabla_\lambda b(\boldsymbol{x},\boldsymbol{\lambda})\end{bmatrix}^{\mathrm{T}}\begin{bmatrix}\Delta\boldsymbol{x}\\ \Delta\boldsymbol{\lambda}\end{bmatrix}\leqslant 0$$

(2) 存在一个 $\rho_{\min}\geqslant 0$，使得对于每一个 $\rho>\rho_{\min}$，下列不等式成立

$$\begin{bmatrix}\nabla_x \Psi_{\rho,\mu}(\boldsymbol{x},\boldsymbol{z})\\ \nabla_z \Psi_{\rho,\mu}(\boldsymbol{x},\boldsymbol{z})\end{bmatrix}^{\mathrm{T}}\begin{bmatrix}\Delta\boldsymbol{x}\\ \Delta\boldsymbol{\lambda}\end{bmatrix}\leqslant 0$$

在上述两种情况下，等式成立当且仅当 $(\boldsymbol{x},\boldsymbol{z})$ 对某个 λ 满足式 (4.9.17)。

2. 非凸优化问题的修正

对于非凸优化问题，Hessian 矩阵 $\boldsymbol{H}(\boldsymbol{x},\boldsymbol{\lambda})$ 可能不是半正定的，从而使对偶正规矩阵 $\boldsymbol{N}(\boldsymbol{x},\boldsymbol{\lambda},\boldsymbol{z})$ 可能不是正定的。在这种情况下，可以对 Hessian 矩阵加一个很小的扰动，用 $\tilde{\boldsymbol{H}}(\boldsymbol{x},\boldsymbol{\lambda})=\boldsymbol{H}(\boldsymbol{x},\boldsymbol{\lambda})+\delta\boldsymbol{I}$ 代替对偶正规矩阵里的 Hessian 矩阵 $\boldsymbol{H}(\boldsymbol{x},\boldsymbol{\lambda})$，得

$$\tilde{\boldsymbol{N}}(\boldsymbol{x},\boldsymbol{\lambda},\boldsymbol{z})=\boldsymbol{H}(\boldsymbol{x},\boldsymbol{\lambda})+\delta\boldsymbol{I}+(\boldsymbol{A}(\boldsymbol{x}))^{\mathrm{T}}\boldsymbol{Z}^{-1}\boldsymbol{\Lambda}\boldsymbol{A}(\boldsymbol{x})$$

定理 4.9.2 [499]　若对偶正规矩阵 $\tilde{\boldsymbol{N}}(\boldsymbol{x},\boldsymbol{\lambda},\boldsymbol{z})$ 正定，则使用 $\boldsymbol{H}(\boldsymbol{x},\boldsymbol{\lambda})+\delta\boldsymbol{I}$ 代替 $\boldsymbol{H}(\boldsymbol{x},\boldsymbol{\lambda})$ 之后，由式 (4.9.20) 确定的搜索方向 $(\Delta\boldsymbol{x},\Delta\boldsymbol{\lambda},\Delta\boldsymbol{z})$：

(1) 是函数 $\|\boldsymbol{h}(\boldsymbol{x})-\boldsymbol{z}\|_2^2$ 的下降方向。

(2) 是互补松驰性 $z_i\lambda_i=\mu, i=1,\cdots,m$ 或 $\boldsymbol{Z\Lambda 1}=\mu\boldsymbol{1}$ 的下降方向。

定理 4.9.2 表明，对于非凸优化问题，用小扰动的 Hessian 矩阵 $\boldsymbol{H}(\boldsymbol{x},\boldsymbol{\lambda})+\delta\boldsymbol{I}$ 代替原 Hessian 矩阵 $\boldsymbol{H}(\boldsymbol{x},\boldsymbol{\lambda})$，可以保证内点法收敛至满足约束条件 $\boldsymbol{h}(\boldsymbol{x})\succ\mathbf{0}$ 和互补性 $x_i\lambda_i=0, i=1,\cdots,m$。

本章小结

最优化问题的求解取决于标量目标函数关于自变元 (矩阵或向量) 的梯度和 Hessian 矩阵。本章首先分别以实矩阵 (含实向量) 和复矩阵 (含复向量) 为目标函数的变元，讨论了梯度、共轭梯度以及 Hessian 矩阵的计算方法。特别地，矩阵微分在求梯度矩阵和 Hessian 矩阵中起着重要的作用。

围绕优化理论和算法，本章重点介绍了凸优化理论、一阶与二阶优化算法。针对一阶优化算法，本章依次介绍了平滑函数优化的梯度法和 Nesterov 最优梯度法，非平滑函数优化的次梯度法、共轭函数法和迫近梯度法以及约束优化算法等。然后，介绍了二阶优化算法 (Newton 法和原始–对偶内点法)。

习　　题

4.1　令 $\boldsymbol{y}$ 是一实值观测数据向量，由 $\boldsymbol{y}=\alpha\boldsymbol{x}+\boldsymbol{v}$ 给出，其中，α 为实标量，$\boldsymbol{x}$ 代表

一实值确定性过程，而加性噪声向量$\boldsymbol{v}$ 具有零均值向量，协方差矩阵 $\boldsymbol{R}_v = \mathrm{E}\{\boldsymbol{v}\boldsymbol{v}^{\mathrm{T}}\}$。试求一最优滤波器向量 $\boldsymbol{w}$，使得估计子 $\hat{\alpha} = \boldsymbol{w}^{\mathrm{T}}\boldsymbol{y}$ 是一个方差最小的无偏估计子。

4.2 令 $f(t)$ 为一已知函数。考虑二次型函数的最小化

$$\text{minimize } Q(x) = \text{minimize} \int_0^1 [f(t) - x_0 - x_1 t - \cdots - x_n t^n]^2 \mathrm{d}t$$

判断与线性方程组对应的矩阵是否病态?

4.3 考虑方程 $\boldsymbol{y} = \boldsymbol{A\theta} + \boldsymbol{e}$，其中，$\boldsymbol{e}$ 为误差向量。定义加权误差平方和

$$E_w \stackrel{\text{def}}{=} \boldsymbol{e}^{\mathrm{H}}\boldsymbol{W}\boldsymbol{e}$$

其中，$\boldsymbol{W}$ 为一 Hermitian 正定矩阵，它对误差起加权作用。

(1) 求使 E_w 最小化的参数向量 $\boldsymbol{\theta}$ 的解。这一解称为 $\boldsymbol{\theta}$ 的加权最小二乘估计。

(2) 利用 $\mathrm{LDL}^{\mathrm{H}}$ 分解 $\boldsymbol{W} = \boldsymbol{LDL}^{\mathrm{H}}$，证明加权最小二乘准则相当于使误差或数据向量进行预白化。

4.4 令代价函数为 $f(\boldsymbol{w}) = \boldsymbol{w}^{\mathrm{H}}\boldsymbol{R}_e\boldsymbol{w}$，并且给滤波器加约束条件 $\mathrm{Re}(\boldsymbol{w}^{\mathrm{H}}\boldsymbol{x}) = b$，其中 b 为一常数。试求最优滤波器 $\boldsymbol{w}$。

4.5 解释下列有约束最优化问题是否有解：

(1) $\min\{x_1 + x_2\}$，约束条件为 $x_1^2 + x_2^2 = 2, 0 \leqslant x_1 \leqslant 1,\ 0 \leqslant x_2 \leqslant 1$；

(2) $\min\{x_1 + x_2\}$，约束条件为 $x_1^2 + x_2^2 \leqslant 1,\ x_1 + x_2 = 4$；

(3) $\min\{x_1 x_2\}$，约束条件为 $x_1 + x_2 = 3$。

4.6 考虑约束优化问题

$$\min(x-1)(y+1) \quad \text{subject to } x - y = 0$$

利用 Lagrangian 乘子法证明极小点为 $(1,1)$，且 Lagrangian 乘子 $\lambda = 1$。若 Lagrangian 函数取

$$\psi(x,y) = (x-1)(y+1) - 1(x-y)$$

证明 $\phi(x,y)$ 在 $(0,0)$ 有一个鞍点，即点 $(0,0)$ 不能使 $\psi(x,y)$ 极小化。

4.7 求解约束优化问题 $\min J(x,y,z) = x^2 + y^2 + z^2$，约束条件为 $3x + 4y - z = 25$。

4.8 假定 $\boldsymbol{x}$ 是 N 维数据或文本向量，现在希望寻找一 $n \times N$ 线性变换矩阵$\boldsymbol{W}$ 对 $\boldsymbol{x}$ 进行数据压缩：$\boldsymbol{y} = \boldsymbol{W}\boldsymbol{x}$，使得 $n \ll N$。定义目标函数 $J_W = \mathrm{tr}[(\boldsymbol{W}\boldsymbol{S}_{xw}\boldsymbol{W}^{\mathrm{T}})^{-1}\boldsymbol{W}\boldsymbol{S}_{xb}\boldsymbol{W}^{\mathrm{T}}]$，其中，$\boldsymbol{S}_{xw}$ 和 $\boldsymbol{S}_{xb}$ 分别是原数据向量$\boldsymbol{x}$ 的类内和类间散布矩阵。线性变换矩阵的优化准则是使目标函数 J_W 极大化。设 $\boldsymbol{S}_{xw}^{-1}\boldsymbol{S}_{xb}$ 的特征值为 $\lambda_1, \lambda_2, \cdots, \lambda_N$ $(\lambda_1 \geqslant \lambda_2 \geqslant \cdots \geqslant \lambda_N)$，并且 $\boldsymbol{u}_i$ 是与特征值 λ_i 对应的特征向量。证明 $\boldsymbol{W} = [\boldsymbol{u}_1, \boldsymbol{u}_2, \cdots, \boldsymbol{u}_n]$，并且 $\max J_W = \sum_{i=1}^{n} \lambda_i$。(提示：使用矩阵微分求梯度矩阵 $\partial J_W / \partial \boldsymbol{W}$)

4.9 证明[328]

$$\mathrm{d}(\boldsymbol{F}^{\dagger}\boldsymbol{F}) = \boldsymbol{F}^{\dagger}(\mathrm{d}\boldsymbol{F})(\boldsymbol{I} - \boldsymbol{F}^{\dagger}\boldsymbol{F}) + [\boldsymbol{F}^{\dagger}(\mathrm{d}\boldsymbol{F})(\boldsymbol{I} - \boldsymbol{F}^{\dagger}\boldsymbol{F})]^{\mathrm{T}}$$

$$\mathrm{d}(\boldsymbol{F}\boldsymbol{F}^{\dagger}) = (\boldsymbol{I} - \boldsymbol{F}\boldsymbol{F}^{\dagger})(\mathrm{d}\boldsymbol{F})\boldsymbol{F}^{\dagger} + [(\boldsymbol{I} - \boldsymbol{F}\boldsymbol{F}^{\dagger})(\mathrm{d}\boldsymbol{F})\boldsymbol{F}^{\dagger}]^{\mathrm{T}}$$

式中，$\boldsymbol{A}^{\dagger}$ 是 $\boldsymbol{A}$ 的 Moore-Penrose 逆矩阵。

4.10 已知线性方程

$$\begin{bmatrix} 1 & 1 & \cdots & 1 \\ \lambda_1 & \lambda_2 & \cdots & \lambda_n \\ \vdots & \vdots & \ddots & \vdots \\ \lambda_1^{n-1} & \lambda_2 & \cdots & \lambda_n^{n-1} \end{bmatrix} \begin{bmatrix} \mathrm{d}\lambda_1 \\ \mathrm{d}\lambda_2 \\ \vdots \\ \mathrm{d}\lambda_n \end{bmatrix} = \begin{bmatrix} \mathrm{tr}(\mathrm{d}\boldsymbol{X}) \\ \mathrm{tr}(\boldsymbol{X}_0 \mathrm{d}\boldsymbol{X}) \\ \vdots \\ \mathrm{tr}(\boldsymbol{X}_0^{n-1} \mathrm{d}\boldsymbol{X}) \end{bmatrix}$$

求 $\mathrm{d}\lambda_i$。

4.11 求标量函数 $f(\boldsymbol{X}) = \boldsymbol{a}^{\mathrm{T}}\boldsymbol{X}\boldsymbol{X}^{\mathrm{T}}\boldsymbol{a}$ 的 Hessian 矩阵。

4.12 令观测数据向量由线性回归模型

$$\boldsymbol{y} = \boldsymbol{X}\boldsymbol{\beta} + \boldsymbol{\varepsilon}, \qquad \mathrm{E}\{\boldsymbol{\varepsilon}\} = \boldsymbol{0}, \quad \mathrm{E}\{\boldsymbol{\varepsilon}\boldsymbol{\varepsilon}^{\mathrm{T}}\} = \sigma^2 \boldsymbol{I}$$

产生。现在希望设计一个滤波器矩阵 $\boldsymbol{A}$，其输出向量$\boldsymbol{e} = \boldsymbol{A}\boldsymbol{y}$ 满足 $\mathrm{E}\{\boldsymbol{e} - \boldsymbol{\varepsilon}\} = \boldsymbol{0}$，并且可以使得 $\mathrm{E}\{(\boldsymbol{e} - \boldsymbol{\varepsilon})^{\mathrm{T}}(\boldsymbol{e} - \boldsymbol{\varepsilon})\}$ 最小化。证明这个最优化问题等效为

$$\min\,[\mathrm{tr}(\boldsymbol{A}^{\mathrm{T}}\boldsymbol{A}) - 2\mathrm{tr}(\boldsymbol{A})]$$

约束条件为 $\boldsymbol{A}\boldsymbol{X} = \boldsymbol{O}$，其中，$\boldsymbol{O}$ 为零矩阵。

4.13 证明最优化问题

$$\min\,[\mathrm{tr}(\boldsymbol{A}^{\mathrm{T}}\boldsymbol{A}) - 2\mathrm{tr}(\boldsymbol{A})] \quad \text{subject to } \boldsymbol{A}\boldsymbol{X} = \boldsymbol{O} \quad (\text{零矩阵})$$

的解矩阵为 $\hat{\boldsymbol{A}} = \boldsymbol{I} - \boldsymbol{X}\boldsymbol{X}^{\dagger}$。

4.14 证明无约束问题

$$\min\,[(\boldsymbol{y} - \boldsymbol{X}\boldsymbol{\beta})^{\mathrm{T}}(\boldsymbol{V} + \boldsymbol{X}\boldsymbol{X}^{\mathrm{T}})^{\dagger}(\boldsymbol{y} - \boldsymbol{X}\boldsymbol{\beta})]$$

与下面的约束问题具有相同的解向量 $\boldsymbol{\beta}$:

$$\min\,[(\boldsymbol{y} - \boldsymbol{X}\boldsymbol{\beta})\boldsymbol{V}^{\dagger}(\boldsymbol{y} - \boldsymbol{X}\boldsymbol{\beta})] \quad \text{subject to } (\boldsymbol{I} - \boldsymbol{V}\boldsymbol{V}^{\dagger})\boldsymbol{X}\boldsymbol{\beta} = (\boldsymbol{I} - \boldsymbol{V}\boldsymbol{V}^{\dagger})\boldsymbol{y}$$

4.15 令 $f(\boldsymbol{x}, \boldsymbol{y}) \geqslant 0$。证明：其极大–极小化函数与极小–极大化函数之间存在以下关系

$$\max_{\boldsymbol{x}} \min_{\boldsymbol{y}} f(\boldsymbol{x}, \boldsymbol{y}) \leqslant \min_{\boldsymbol{y}} \max_{\boldsymbol{x}} f(\boldsymbol{x}, \boldsymbol{y})$$

提示：可先证明 $\max\limits_{\boldsymbol{x}} \left(\min\limits_{\boldsymbol{t}} f(\boldsymbol{x}, \boldsymbol{t}) \right) \leqslant \min\limits_{\boldsymbol{y}} \left(\max\limits_{\boldsymbol{s}} f(\boldsymbol{s}, \boldsymbol{y}) \right)$。

4.16 求解下列关于 $\boldsymbol{A}$ 的约束最优化问题

$$\min\ [\mathrm{tr}(\boldsymbol{A}^{\mathrm{T}}\boldsymbol{A}) - 2\mathrm{tr}(\boldsymbol{A})], \quad \text{subject to } \boldsymbol{A}\boldsymbol{x} = \boldsymbol{0}$$

4.17 求解下列关于 $\boldsymbol{x}$ 的约束最优化问题

$$\min\ \frac{1}{2}\boldsymbol{x}^{\mathrm{T}}\boldsymbol{P}\boldsymbol{x} + \boldsymbol{q}^{\mathrm{T}}\boldsymbol{x} + r, \quad \text{subject to } -1 \leqslant x_i \leqslant 1,\ i = 1, 2, 3,$$

其中

$$P = \begin{bmatrix} 13 & 12 & -2 \\ 12 & 17 & 6 \\ -2 & 6 & 12 \end{bmatrix}, \quad q = \begin{bmatrix} -22 \\ -14.5 \\ 13 \end{bmatrix}, \quad r = 1$$

4.18 证明约束最优化问题

$$\min \ \frac{1}{2}\boldsymbol{x}^{\mathrm{T}}\boldsymbol{x} \quad \text{subject to } \boldsymbol{C}\boldsymbol{x} = \boldsymbol{b}$$

具有唯一解 $\boldsymbol{x}^* = \boldsymbol{C}^{\dagger}\boldsymbol{b}$。

4.19 令矩阵 $\boldsymbol{Y} \in \mathbb{R}^{n\times m}$，$\boldsymbol{Z} \in \mathbb{R}^{n\times(n-m)}$，它们的列构成线性无关的集合。如果将服从约束条件 $\boldsymbol{A}\boldsymbol{x} = \boldsymbol{b}$ 的解向量表示为 $\boldsymbol{x} = \boldsymbol{Y}\boldsymbol{x}_Y + \boldsymbol{Z}\boldsymbol{x}_Z$，其中，$\boldsymbol{x}_Y$ 和 $\boldsymbol{x}_Z$ 分别是某个 $m\times 1$ 和 $(n-m)\times 1$ 向量。证明解向量为 $\boldsymbol{x} = \boldsymbol{Y}(\boldsymbol{A}\boldsymbol{Y})^{-1}\boldsymbol{b} + \boldsymbol{Z}\boldsymbol{x}_Z$。

4.20 若约束最优化问题为 $\min\ \mathrm{tr}(\boldsymbol{A}\boldsymbol{V}\boldsymbol{A}^{\mathrm{T}})$，约束条件是 $\boldsymbol{A}\boldsymbol{X} = \boldsymbol{W}$，证明

$$\boldsymbol{A} = \boldsymbol{W}(\boldsymbol{X}^{\mathrm{T}}\boldsymbol{V}_0^{\dagger}\boldsymbol{X})^{\dagger}\boldsymbol{X}^{\mathrm{T}}\boldsymbol{V}_0^{\dagger} + \boldsymbol{Q}(\boldsymbol{I} - \boldsymbol{V}_0\boldsymbol{V}_0^{\dagger})$$

其中，$\boldsymbol{V}_0 = \boldsymbol{V} + \boldsymbol{X}\boldsymbol{X}^{\mathrm{T}}$，$\boldsymbol{Q}$ 是一任意矩阵。

4.21 约束最优化问题为 $\min\ \mathrm{tr}(\boldsymbol{A}\boldsymbol{S}^{\mathrm{T}})$，约束条件为 $\boldsymbol{A}\boldsymbol{X} = \boldsymbol{O}$，$\boldsymbol{A}\boldsymbol{A}^{\mathrm{T}} = \boldsymbol{I}$。证明最优化问题的解为 [328, pp.302~303]

$$\boldsymbol{A} = (\boldsymbol{S}\boldsymbol{M}\boldsymbol{S}^{\mathrm{T}})^{-1/2}\boldsymbol{S}\boldsymbol{M}, \qquad \boldsymbol{M} = \boldsymbol{I} - \boldsymbol{X}\boldsymbol{X}^{\dagger}$$

4.22 [328, p.367] 令 $\boldsymbol{S}$ 和 $\boldsymbol{\Phi}$ 是两个已知的 $m\times m$ 正定矩阵，并且 $\boldsymbol{\Phi}$ 为对角矩阵。令 f 是一实值函数，由

$$f(\boldsymbol{A}) = \log|\boldsymbol{A}\boldsymbol{A}^{\mathrm{T}} + \boldsymbol{\Phi}| + \mathrm{tr}\left((\boldsymbol{A}\boldsymbol{A}^{\mathrm{T}} + \boldsymbol{\Phi})^{-1}\boldsymbol{S}\right)$$

定义，其中，$\boldsymbol{A} \in \mathbb{R}^{m\times n}$，$1 \leqslant n \leqslant m$。证明：

(1) 当 $\boldsymbol{A} = \boldsymbol{\Phi}^{1/2}\boldsymbol{T}(\boldsymbol{\Lambda} - \boldsymbol{I}_n)^{1/2}$ 时，实值函数 f 达到最小。式中，$\boldsymbol{\Phi}$ 是一个 $n\times n$ 对角矩阵，它包含了矩阵 $\boldsymbol{\Phi}^{-1/2}\boldsymbol{S}\boldsymbol{\Phi}^{-1/2}$ 的 n 个最大特征值，而矩阵 $\boldsymbol{T}$ 是一个 $m\times n$ 矩阵，由矩阵 $\boldsymbol{\Phi}^{-1/2}\boldsymbol{S}\boldsymbol{\Phi}^{-1/2}$ 的 n 个主特征向量组成。

(2) 实值函数 f 的最小值为

$$m + \log|\boldsymbol{S}| + \sum_{i=n+1}^{m}(\lambda_i - \log\lambda_i - 1)$$

式中，$\lambda_{n+1}, \lambda_{n+2}, \cdots, \lambda_m$ 表示矩阵 $\boldsymbol{\Phi}^{-1/2}\boldsymbol{S}\boldsymbol{\Phi}^{-1/2}$ 的 $m-n$ 个最小的特征值。

4.23 令 $p > 1$，$a_i \geqslant 0$，$i = 1, 2, \cdots, n$，证明：对每一组满足 $\sum\limits_{i=1}^{n} x_i^q = 1\ (q = p/(p-1))$ 的非负实数 $x_1, x_2, \cdots, x_n$，不等式

$$\sum_{i=1}^{n} a_i x_i \leqslant \left(\sum_{i=1}^{n} a_i^p\right)^{1/p}$$

成立。这一不等式称为 $\left(\sum_{i=1}^{n} a_i^p\right)^{1/p}$ 的表示定理[328, p.218]，并且等号成立，当且仅当 $a_1 = a_2 = \cdots = a_n = 0$ 或者 $x_i^q = a_i^p \left(\sum_{k=1}^{n} a_k^p\right)^{-1}$, $i = 1, 2, \cdots, n$。

4.24 考虑 M 个实谐波信号的 Pisarenko 谐波分解的下列推广[291]。令噪声子空间的维数大于 1，于是张成噪声子空间的矩阵 $\boldsymbol{V}_n$ 的每一个列向量的元素都满足

$$\sum_{k=0}^{2M} v_k \mathrm{e}^{\mathrm{j}\,\omega_i k} = \sum_{k=0}^{2M} v_k \mathrm{e}^{-\mathrm{j}\,\omega_i k} = 0, \quad 1 \leqslant i \leqslant M$$

令 $\bar{\boldsymbol{p}} = \boldsymbol{V}_n \boldsymbol{\alpha}$ 表示 $\boldsymbol{V}_n$ 的列向量的非退化线性组合。所谓非退化，乃是指由向量 $\bar{\boldsymbol{p}} = [\bar{p}_0, \bar{p}_1, \cdots, \bar{p}_{2M}]^{\mathrm{T}}$ 的元素构造的多项式 $p(z)$ 至少具有 $2M$ 阶，即 $p(z) = \bar{p}_0 + \bar{p}_1 z + \cdots + \bar{p}_{2M} z^{2M}$, $\bar{p}_{2M} \neq 0$。于是，这一多项式也满足上面的式子。这意味着，所有谐波频率均可由多项式 $p(z)$ 位于单位圆上的 $2M$ 个根求出。现在希望选择系数向量 $\boldsymbol{\alpha}$ 满足条件：$p_0 = 1$ 和 $\sum_{k=1}^{K} p_k^2 = \min$。

(1) 令 $\boldsymbol{v}^{\mathrm{T}}$ 是矩阵 $\boldsymbol{V}_n$ 的第一行，而 $\boldsymbol{V}$ 是由 $\boldsymbol{V}_n$ 的其他所有行组成的矩阵。若 $\boldsymbol{p}$ 是由 $\bar{\boldsymbol{p}}$ 除第一个元素以外的其他元素组成的向量，试证明

$$\boldsymbol{\alpha} = \arg\ \min \boldsymbol{\alpha}^{\mathrm{T}} \boldsymbol{V}^{\mathrm{T}} \boldsymbol{V} \boldsymbol{\alpha} \quad \text{subject to } \boldsymbol{v}^{\mathrm{T}} \boldsymbol{\alpha} = 1$$

(2) 利用 Lagrangian 乘子法证明约束优化问题的解为

$$\boldsymbol{\alpha} = \frac{(\boldsymbol{V}^{\mathrm{T}} \boldsymbol{V})^{-1} \boldsymbol{v}}{\boldsymbol{v}^{\mathrm{T}} (\boldsymbol{V}^{\mathrm{T}} \boldsymbol{V})^{-1} \boldsymbol{v}}, \qquad \boldsymbol{p} = \frac{\boldsymbol{V} (\boldsymbol{V}^{\mathrm{T}} \boldsymbol{V})^{-1} \boldsymbol{v}}{\boldsymbol{v}^{\mathrm{T}} (\boldsymbol{V}^{\mathrm{T}} \boldsymbol{V})^{-1} \boldsymbol{v}}$$

4.25 设矩阵 $\boldsymbol{X}$ 的秩 $\mathrm{rank}(\boldsymbol{X}) \leqslant r$，证明：对所有满足 $\boldsymbol{A}^{\mathrm{T}} \boldsymbol{A} = \boldsymbol{I}_r$ 的半正交矩阵 $\boldsymbol{A}$ 和所有矩阵 $\boldsymbol{Z} \in \mathbb{R}^{n \times r}$，恒有

$$\min \mathrm{tr} \left((\boldsymbol{X} - \boldsymbol{Z} \boldsymbol{A}^{\mathrm{T}}) (\boldsymbol{X} - \boldsymbol{Z} \boldsymbol{A}^{\mathrm{T}})^{\mathrm{T}} \right) = 0$$

第 5 章　奇异值分析

Beltrami (1835–1899) 和 Jordan (1838–1921) 二位学者被公认为是奇异值分解的创始人：Beltrami 于 1873 年发表了奇异值分解的第一篇论文[38]，一年后 Jordan 发表了自己对奇异值分解的独立推导[257]。现在，奇异值分解 (包括各种推广) 已是数值线性代数的最有用和最有效的工具之一，它在统计分析、物理和应用科学 (如信号与图像处理、系统理论和控制、通信、计算机视觉等) 中被广泛地应用。

本章首先介绍数值算法的数值稳定性与条件数的概念，以引出矩阵奇异值分解的必要性；然后详细讨论奇异值分解和广义奇异值分解的数值计算及应用。接着将介绍奇异值分解的最新推广 —— 奇异值阈值化和奇异值投影以及它们在应用科学的热门领域 —— 矩阵完备化、低秩与稀疏矩阵分解等中的应用。

5.1　数值稳定性与条件数

在信息科学与工程等许多应用中，在对数据进行处理时，常常需要考虑一个重要问题：实际的观测数据存在某种程度的不确定性或误差，而且对数据进行的数值计算也总是伴随有误差。误差有何影响？数据处理和数值分析的算法稳定吗？为了回答这些问题，下面两个概念是极其重要的：

(1) 一种算法的数值稳定性；

(2) 所涉及问题的条件或扰动分析。

假定 f 表示用数学定义的某个问题，它作用于数据 $d \in D$ (其中 D 表示某个数据组)，并产生一个解 $f(d) \in F$ (F 代表某个解集)。给定 $d \in D$，我们希望计算 $f(d)$。通常，只能够已知 d 的某个近似值 d^*，我们所能够做到的就是计算 $f(d^*)$。如果 $f(d^*)$ “逼近”$f(d)$，那么问题就是“良性”的。若 d^* 接近 d 时，$f(d^*)$ 有可能与 $f(d)$ 相差很大，我们就称问题是“病态”的。如果没有有关问题的更详细的信息，术语“逼近”就不可能准确地描述问题。

在扰动理论中，称求解 $f(d)$ 的某种算法是数值上稳定的，若它引入的对扰动的敏感度不会比原问题本身固有的敏感度更大。稳定性可以保证稍有扰动时问题的解接近无扰动时的解。更确切地说，令 f^* 表示用于实现或近似 f 的一算法，则 f^* 是稳定的，若对所有 $d \in D$，存在一接近 d 的 $d^* \in D$ 使得 $f(d^*)$ (稍有扰动的问题的解) 接近解 $f^*(d)$。

当然，我们不可能期望求解病态问题的一种稳定算法会具有比数据无扰动时更高的精确度。然而，一种不稳定的算法甚至会对良性问题给出差的结果。因此，在确定某个解的精度时，有两个不同的因素必须考虑：首先，若算法是稳定的，则 $f^*(d)$ 应该接近

$f(d^*)$；其次，若问题是良性的，则 $f(d^*)$ 应该接近 $f(d)$。这样，$f^*(d)$ 就会接近 $f(d)$。

下面讨论数值稳定性的数学描述。

在工程中，经常会遇到线性方程 $\boldsymbol{Ax}=\boldsymbol{b}$，其中，$n\times n$ 矩阵 $\boldsymbol{A}$ 是一个元素为已知数值的系数矩阵，$n\times 1$ 向量 $\boldsymbol{b}$ 为已知向量，而 $n\times 1$ 向量 $\boldsymbol{x}$ 是一个待求解的未知参数向量。系数矩阵 $\boldsymbol{A}$ 非奇异时，由于独立的方程个数和未知参数的个数相等，故方程具有唯一解，称为适定方程。很自然地，我们会对这个方程解的稳定性产生兴趣：如果系数矩阵 $\boldsymbol{A}$ 与 (或) 向量 $\boldsymbol{b}$ 发生扰动，那么方程的解向量 $\boldsymbol{x}$ 会如何变化呢？还能够保持一定的稳定性吗？研究方程的解向量 $\boldsymbol{x}$ 如何受系数矩阵 $\boldsymbol{A}$ 和系数向量 $\boldsymbol{b}$ 的元素微小变化 (扰动) 的影响，将得到描述矩阵 $\boldsymbol{A}$ 的一个重要特征的数值，称为条件数 (condition number)。

为了分析的方便，先假定只存在向量 $\boldsymbol{b}$ 的扰动 $\delta\,\boldsymbol{b}$，而矩阵 $\boldsymbol{A}$ 是稳定不变的。此时，精确的解向量 $\boldsymbol{x}$ 就会扰动为 $\boldsymbol{x}+\delta\,\boldsymbol{x}$，即有

$$\boldsymbol{A}(\boldsymbol{x}+\delta\,\boldsymbol{x})=\boldsymbol{b}+\delta\,\boldsymbol{b} \tag{5.1.1}$$

这意味着

$$\delta\,\boldsymbol{x}=\boldsymbol{A}^{-1}\delta\,\boldsymbol{b} \tag{5.1.2}$$

因为 $\boldsymbol{Ax}=\boldsymbol{b}$。对式 (5.1.2) 应用矩阵范数的性质，得

$$\|\delta\,\boldsymbol{x}\|_2\leqslant\|\boldsymbol{A}^{-1}\|_2\|\delta\,\boldsymbol{b}\|_2 \tag{5.1.3}$$

对线性方程 $\boldsymbol{Ax}=\boldsymbol{b}$ 也使用矩阵范数的相同性质，又有

$$\|\boldsymbol{b}\|_2\leqslant\|\boldsymbol{A}\|_2\|\boldsymbol{x}\|_2 \tag{5.1.4}$$

由式 (5.1.3) 和式 (5.1.4)，立即得到

$$\frac{\|\delta\,\boldsymbol{x}\|_2}{\|\boldsymbol{x}\|_2}\leqslant\left(\|\boldsymbol{A}\|_2\|\boldsymbol{A}^{-1}\|_2\right)\frac{\|\delta\,\boldsymbol{b}\|_2}{\|\boldsymbol{b}\|_2} \tag{5.1.5}$$

然后，一并考虑扰动 $\delta\boldsymbol{A}$ 的影响。此时，线性方程变为

$$(\boldsymbol{A}+\delta\boldsymbol{A})(\boldsymbol{x}+\delta\,\boldsymbol{x})=\boldsymbol{b}$$

由上式可推导出

$$\begin{aligned}\delta\boldsymbol{x}&=[(\boldsymbol{A}+\delta\boldsymbol{A})^{-1}-\boldsymbol{A}^{-1}]\boldsymbol{b}\\&=\{\boldsymbol{A}^{-1}[\boldsymbol{A}-(\boldsymbol{A}+\delta\boldsymbol{A})](\boldsymbol{A}+\delta\boldsymbol{A})^{-1}\}\boldsymbol{b}\\&=-\boldsymbol{A}^{-1}\delta\boldsymbol{A}(\boldsymbol{A}+\delta\boldsymbol{A})^{-1}\boldsymbol{b}\\&=-\boldsymbol{A}^{-1}\delta\boldsymbol{A}(\boldsymbol{x}+\delta\boldsymbol{x})\end{aligned} \tag{5.1.6}$$

由此得

$$\|\delta\boldsymbol{x}\|_2\leqslant\|\boldsymbol{A}^{-1}\|_2\|\delta\boldsymbol{A}\|_2\|\boldsymbol{x}+\delta\boldsymbol{x}\|_2$$

即有

$$\frac{\|\delta\boldsymbol{x}\|_2}{\|\boldsymbol{x}+\delta\boldsymbol{x}\|_2}\leqslant(\|\boldsymbol{A}\|_2\|\boldsymbol{A}^{-1}\|_2)\frac{\|\delta\boldsymbol{A}\|_2}{\|\boldsymbol{A}\|_2} \tag{5.1.7}$$

式 (5.1.5) 和式 (5.1.7) 表明，解向量 $\boldsymbol{x}$ 的相对误差与数值

$$\mathrm{cond}(\boldsymbol{A})=\|\boldsymbol{A}\|_2\cdot\|\boldsymbol{A}^{-1}\|_2 \tag{5.1.8}$$

成正比。式中，$\mathrm{cond}(\boldsymbol{A})$ 称为矩阵 $\boldsymbol{A}$ 的条件数，有时也用符号 $\kappa(\boldsymbol{A})$ 表示。

当系数矩阵 $\boldsymbol{A}$ 一个很小的扰动只引起解向量 $\boldsymbol{x}$ 很小的扰动时，就称矩阵 $\boldsymbol{A}$ 是“良态”矩阵 (well-conditioned matrix)。若系数矩阵 $\boldsymbol{A}$ 一个很小的扰动会引起解向量 $\boldsymbol{x}$ 很大的扰动，则称矩阵 $\boldsymbol{A}$ 是“病态”矩阵 (ill-conditioned matrix)。条件数刻画了求解线性方程时，误差经过矩阵 $\boldsymbol{A}$ 的传播扩大为解向量的误差的程度，因此是衡量线性方程数值稳定性的一个重要指标。

进一步地，我们来分析误差在线性最小二乘问题中对解的影响。考虑超定的线性方程 $\boldsymbol{Ax}=\boldsymbol{b}$ 的求解：与前面的适定方程不同，这里 $\boldsymbol{A}$ 是一个 $m\times n$ 矩阵，且 $m>n$。由于方程个数多于未知参数个数，这类方程统称超定方程。超定方程存在唯一的线性最小二乘解，由

$$\boldsymbol{A}^{\mathrm{H}}\boldsymbol{Ax}=\boldsymbol{A}^{\mathrm{H}}\boldsymbol{b} \tag{5.1.9}$$

即 $\boldsymbol{x}=(\boldsymbol{A}^{\mathrm{H}}\boldsymbol{A})^{-1}\boldsymbol{A}^{\mathrm{H}}\boldsymbol{b}$ 给出。容易证明 (详见后面的 5.2.2 节)

$$\mathrm{cond}(\boldsymbol{A}^{\mathrm{H}}\boldsymbol{A})=[\mathrm{cond}(\boldsymbol{A})]^2 \tag{5.1.10}$$

由式 (5.1.5) 和式 (5.1.7) 可知，$\boldsymbol{b}$ 的误差 $\delta\boldsymbol{b}$ 和 $\boldsymbol{A}$ 的误差 $\delta\boldsymbol{A}$ 对超定方程式 (5.1.9) 的解 $\boldsymbol{x}$ 的误差的影响分别与 $\boldsymbol{A}$ 的条件数的平方成正比。也就是说，超定方程 (5.1.9) 的条件数将呈平方关系增大。例如，考虑

$$\boldsymbol{A}=\begin{bmatrix}1&1\\\delta&0\\0&\delta\end{bmatrix}$$

的情况，其中，δ 很小。$\boldsymbol{A}$ 的条件数为 δ^{-1} 数量级。由于

$$\boldsymbol{B}=\boldsymbol{A}^{\mathrm{H}}\boldsymbol{A}=\begin{bmatrix}1+\delta^2&1\\1&1+\delta^2\end{bmatrix}$$

因而条件数变为 δ^{-2} 数量级。

另外，如果我们利用 $\boldsymbol{A}$ 的 QR 分解 $\boldsymbol{A}=\boldsymbol{QR}$ 来解超定方程 $\boldsymbol{Ax}=\boldsymbol{b}$ 的话，那么由于 $\boldsymbol{Q}^{\mathrm{H}}\boldsymbol{Q}=\boldsymbol{I}$，故有

$$\mathrm{cond}(\boldsymbol{Q})=1,\quad \mathrm{cond}(\boldsymbol{A})=\mathrm{cond}(\boldsymbol{Q}^{\mathrm{H}}\boldsymbol{A})=\mathrm{cond}(\boldsymbol{R}) \tag{5.1.11}$$

此时，$\boldsymbol{b}$ 和 $\boldsymbol{A}$ 的误差的影响将分别如式 (5.1.5) 和式 (5.1.7) 所示，与 $\boldsymbol{A}$ 的条件数成正比。

以上事实告诉我们，求解超定方程问题的 QR 分解方法具有比最小二乘方法更好的数值稳定性 (更小的条件数)。

若条件数“很大”，线性方程问题便称为 (相对于范数 $\|\cdot\|_2$) 病态的。此时，对于一接近真实 $\boldsymbol{b}$ 的 $\boldsymbol{b}^*$，由于条件数很大，所以与 $\boldsymbol{b}^*$ 对应的解就会远离对应于 $\boldsymbol{b}$ 的解。解决这类病态问题的一种比 QR 分解更加有效的方法是总体最小二乘法 (将在第 6 章介绍)，它的基础就是 5.2 节要讨论的矩阵的奇异值分解。事实上，正如以后几节将看到的那样，矩阵的奇异值分解已被广泛应用于解决工程学科中的许多重要问题。

5.2 奇异值分解

奇异值分解 (singular value decomposition, SVD) 是现代数值分析 (尤其是数值计算) 的最基本和最重要的工具之一。本节介绍奇异值分解的定义、几何解释以及奇异值的性质。

5.2.1 奇异值分解及其解释

奇异值分解最早是 Beltrami 于 1873 年对实正方矩阵提出来的[38]。Beltrami 从双线性函数

$$f(\boldsymbol{x},\boldsymbol{y})=\boldsymbol{x}^{\mathrm{T}}\boldsymbol{A}\boldsymbol{y},\quad \boldsymbol{A}\in\mathbb{R}^{n\times n}$$

出发，通过引入线性变换 $\boldsymbol{x}=\boldsymbol{U}\boldsymbol{\xi}$, $\boldsymbol{y}=\boldsymbol{V}\boldsymbol{\eta}$，将双线性函数变为 $f(\boldsymbol{x},\boldsymbol{y})=\boldsymbol{\xi}^{\mathrm{T}}\boldsymbol{S}\boldsymbol{\eta}$，其中

$$\boldsymbol{S}=\boldsymbol{U}^{\mathrm{T}}\boldsymbol{A}\boldsymbol{V}\tag{5.2.1}$$

Beltrami 观测到，如果约束 $\boldsymbol{U}$ 和 $\boldsymbol{V}$ 为正交矩阵，则它们的选择各存在 n^2-n 个自由度。他提出利用这些自由度使矩阵 $\boldsymbol{S}$ 的对角线以外的元素全部为零，即矩阵 $\boldsymbol{S}=\boldsymbol{\Sigma}=\mathrm{diag}(\sigma_1,\sigma_2,\cdots,\sigma_n)$ 为对角矩阵。于是，用 $\boldsymbol{U}$ 和 $\boldsymbol{V}^{\mathrm{T}}$ 分别左乘和右乘式 (5.2.1)，并利用 $\boldsymbol{U}$ 和 $\boldsymbol{V}$ 的正交性，立即得到

$$\boldsymbol{A}=\boldsymbol{U}\boldsymbol{\Sigma}\boldsymbol{V}^{\mathrm{T}}\tag{5.2.2}$$

这就是 Beltrami 于 1873 年得到的实正方矩阵的奇异值分解[38]。1874 年，Jordan 也独立地推导出了实正方矩阵的奇异值分解[257]。有关奇异值分解的这段发明历史，可参见 MacDuffee 的书[326,p.78] 或 Stewart 的评述论文[465]。文献 [465] 还详细地评述了奇异值分解的整个早期历史。

后来，Autonne[25] 于 1902 年把奇异值分解推广到复正方矩阵；Eckart 与 Young[152] 于 1939 年又进一步把奇异值分解推广到一般的复长方形矩阵。因此，现在常将任意复长方矩阵的奇异值分解定理称为 Autonee-Eckart-Young 定理，详见下述。

定理 5.2.1 (矩阵的奇异值分解) 令 $\boldsymbol{A}\in\mathbb{R}^{m\times n}$(或 $\mathbb{C}^{m\times n}$)，则存在正交 (或酉) 矩阵 $\boldsymbol{U}\in\mathbb{R}^{m\times m}$(或 $\mathbb{C}^{m\times m}$) 和 $\boldsymbol{V}\in\mathbb{R}^{n\times n}$(或 $\mathbb{C}^{n\times n}$) 使得

$$\boldsymbol{A}=\boldsymbol{U}\boldsymbol{\Sigma}\boldsymbol{V}^{\mathrm{T}}\ (\text{或}\,\boldsymbol{U}\boldsymbol{\Sigma}\boldsymbol{V}^{\mathrm{H}})\tag{5.2.3}$$

式中 $\boldsymbol{\Sigma} = \begin{bmatrix} \boldsymbol{\Sigma}_1 & \boldsymbol{O} \\ \boldsymbol{O} & \boldsymbol{O} \end{bmatrix}$，且 $\boldsymbol{\Sigma}_1 = \text{diag}(\sigma_1, \sigma_2, \cdots, \sigma_r)$，其对角元素按照顺序

$$\sigma_1 \geqslant \sigma_2 \geqslant \cdots \geqslant \sigma_r > 0, \qquad r = \text{rank}(\boldsymbol{A}) \tag{5.2.4}$$

排列。

以上定理最早是 Eckart 与 Young [152] 于 1939 年证明的，但证明较繁杂，而 Klema 与 Laub [271] 的证明则比较简单。

数值 $\sigma_1, \sigma_2, \cdots, \sigma_r$ 连同 $\sigma_{r+1} = \sigma_{r+2} = \cdots = \sigma_n = 0$ 一起称作矩阵 $\boldsymbol{A}$ 的奇异值。

定义 5.2.1 矩阵 $\boldsymbol{A}_{m\times n}$ 的奇异值 σ_i 称为单奇异值，若 $\sigma_i \neq \sigma_j$，$\forall\, j \neq i$。

下面是关于奇异值和奇异值分解的几点解释和标记。

(1) $n \times n$ 矩阵 $\boldsymbol{V}$ 为酉矩阵，用 $\boldsymbol{V}$ 右乘式 (5.2.3)，得 $\boldsymbol{AV} = \boldsymbol{U\Sigma}$，其列向量形式为

$$\boldsymbol{A}\boldsymbol{v}_i = \begin{cases} \sigma_i \boldsymbol{u}_i, & i = 1, 2, \cdots, r \\ 0, & i = r+1, r+2, \cdots, n \end{cases} \tag{5.2.5}$$

因此，$\boldsymbol{V}$ 的列向量 $\boldsymbol{v}_i$ 称为矩阵 $\boldsymbol{A}$ 的右奇异向量 (right singular vector)，$\boldsymbol{V}$ 称为 $\boldsymbol{A}$ 的右奇异向量矩阵 (right singular vector matrix)。

(2) $m \times m$ 矩阵 $\boldsymbol{U}$ 是酉矩阵，用 $\boldsymbol{U}^{\text{H}}$ 左乘式 (5.2.3)，得到 $\boldsymbol{U}^{\text{H}}\boldsymbol{A} = \boldsymbol{\Sigma V}$，其列向量形式为

$$\boldsymbol{u}_i^{\text{H}}\boldsymbol{A} = \begin{cases} \sigma_i \boldsymbol{v}_i^{\text{T}}, & i = 1, 2, \cdots, r \\ 0, & i = r+1, r+2, \cdots, n \end{cases} \tag{5.2.6}$$

因此，$\boldsymbol{U}$ 的列向量 $\boldsymbol{u}_i$ 称为矩阵 $\boldsymbol{A}$ 的左奇异向量 (left singular vector)，并称 $\boldsymbol{U}$ 为 $\boldsymbol{A}$ 的左奇异向量矩阵 (left singular vector matrix)。

(3) 矩阵 $\boldsymbol{A}$ 的奇异值分解式 (5.2.3) 可以改写成向量表达形式

$$\boldsymbol{A} = \sum_{i=1}^{r} \sigma_i \boldsymbol{u}_i \boldsymbol{v}_i^{\text{H}} \tag{5.2.7}$$

这种表达有时称为 $\boldsymbol{A}$ 的并向量 (奇异值) 分解 (dyadic decomposition) [198]。

(4) 当矩阵 $\boldsymbol{A}$ 的秩 $r = \text{rank}(\boldsymbol{A}) < \min\{m, n\}$ 时，由于奇异值 $\sigma_{r+1} = \cdots = \sigma_h = 0$，$h = \min\{m, n\}$，故奇异值分解式 (5.2.3) 可以简化为

$$\boldsymbol{A} = \boldsymbol{U}_r \boldsymbol{\Sigma}_r \boldsymbol{V}_r^{\text{H}} \tag{5.2.8}$$

式中

$$\boldsymbol{U}_r = [\boldsymbol{u}_1, \cdots, \boldsymbol{u}_r], \quad \boldsymbol{V}_r = [\boldsymbol{v}_1, \cdots, \boldsymbol{v}_r], \quad \boldsymbol{\Sigma}_r = \text{diag}(\sigma_1, \cdots, \sigma_r)$$

式 (5.2.8) 称为矩阵 $\boldsymbol{A}$ 的截尾奇异值分解 (truncated SVD) 或薄奇异值分解 (thin SVD)。与之形成对照，式 (5.2.3) 则称为全奇异值分解 (full SVD)。

(5) 用 $\boldsymbol{u}_i^{\mathrm{H}}$ 左乘式 (5.2.5)，并注意到 $\boldsymbol{u}_i^{\mathrm{H}}\boldsymbol{u}_i=1$，易得

$$\boldsymbol{u}_i^{\mathrm{H}}\boldsymbol{A}\boldsymbol{v}_i=\sigma_i,\quad i=1,2,\cdots,\min\{m,n\} \tag{5.2.9}$$

或用矩阵形式写成

$$\boldsymbol{U}^{\mathrm{H}}\boldsymbol{A}\boldsymbol{V}=\begin{bmatrix}\boldsymbol{\Sigma}_1 & \boldsymbol{O}\\ \boldsymbol{O} & \boldsymbol{O}\end{bmatrix},\quad \boldsymbol{\Sigma}_1=\begin{bmatrix}\sigma_1 & \cdots & 0\\ \vdots & \ddots & \vdots\\ 0 & \cdots & \sigma_n\end{bmatrix} \tag{5.2.10}$$

式 (5.2.3) 和式 (5.2.9) 是矩阵奇异值分解的两种定义方式。事实上，式 (5.2.3) 很容易由式 (5.2.9) 导出。由于 $\boldsymbol{U}$ 和 $\boldsymbol{V}$ 分别是 $m\times m$ 和 $n\times n$ 酉矩阵，满足 $\boldsymbol{U}\boldsymbol{U}^{\mathrm{H}}=\boldsymbol{I}_m$ 和 $\boldsymbol{V}\boldsymbol{V}^{\mathrm{H}}=\boldsymbol{I}_n$，所以在式 (5.2.9) 两边左乘 $\boldsymbol{U}$ 和右乘 $\boldsymbol{V}^{\mathrm{H}}$ 后，立即得式 (5.2.3)。这也可以看作是定理 5.2.1 的另一种推导。

(6) 由式 (5.2.3) 易得

$$\boldsymbol{A}\boldsymbol{A}^{\mathrm{H}}=\boldsymbol{U}\boldsymbol{\Sigma}^2\boldsymbol{U}^{\mathrm{H}} \tag{5.2.11}$$

这表明，$m\times n$ 矩阵 $\boldsymbol{A}$ 的奇异值 σ_i 是矩阵乘积 $\boldsymbol{A}\boldsymbol{A}^{\mathrm{H}}$ 的特征值 (这些特征值是非负的) 的正平方根。

(7) 如果矩阵 $\boldsymbol{A}_{m\times n}$ 具有秩 r，则：

① $m\times m$ 酉矩阵 $\boldsymbol{U}$ 的前 r 列组成矩阵 $\boldsymbol{A}$ 的列空间的标准正交基。

② $n\times n$ 酉矩阵 $\boldsymbol{V}$ 的前 r 列组成矩阵 $\boldsymbol{A}$ 的行空间或 $\boldsymbol{A}^{\mathrm{H}}$ 的列空间的标准正交基。

③ $\boldsymbol{V}$ 的后 $n-r$ 列组成矩阵 $\boldsymbol{A}$ 的零空间的标准正交基。

④ $\boldsymbol{U}$ 的后 $m-r$ 列组成矩阵 $\boldsymbol{A}^{\mathrm{H}}$ 的零空间的标准正交基。

顾名思义，矩阵 $\boldsymbol{A}$ 的奇异值应该能够描述 $\boldsymbol{A}$ 的奇异性质。下面的定理从数学上严格地叙述了这一事实。

定理 5.2.2 [198] 令 $\boldsymbol{A}\in\mathbb{C}^{m\times n}$ $(m>n)$ 的奇异值为

$$\sigma_1\geqslant\cdots\geqslant\sigma_n\geqslant 0$$

则

$$\sigma_k=\min_{\boldsymbol{E}\in\mathbb{C}^{m\times n}}\{\|\boldsymbol{E}\|_{\mathrm{spec}}:\mathrm{rank}(\boldsymbol{A}+\boldsymbol{E})\leqslant k-1\},\qquad k=1,\cdots,n \tag{5.2.12}$$

并且存在一满足 $\|\boldsymbol{E}_k\|_{\mathrm{spec}}=\sigma_k$ 的误差矩阵 $\boldsymbol{E}$ 使得

$$\mathrm{rank}(\boldsymbol{A}+\boldsymbol{E}_k)=k-1,\qquad k=1,\cdots,n$$

定理 5.2.2 表明，如果原 $n\times n$ 矩阵 $\boldsymbol{A}$ 是正方的，并且具有一个零奇异值，则该矩阵的秩减小 1 的误差矩阵 $\boldsymbol{E}$ 的谱范数等于零。这意味着，误差矩阵必然是一个零矩阵。换句话说，根据定理 5.2.2，当原 $n\times n$ 矩阵 $\boldsymbol{A}$ 有一个零奇异值时，该矩阵的秩 $\mathrm{rank}(\boldsymbol{A})\leqslant n-1$，

即原矩阵 $\boldsymbol{A}$ 本来就不是满秩的。因此，如果一个正方矩阵具有零奇异值，则该矩阵必定是奇异矩阵。从这个角度讲，零奇异值刻画了矩阵 $\boldsymbol{A}$ 的奇异性质。一个正方矩阵只要有一个奇异值接近零，那么这个矩阵就接近于奇异矩阵。推而广之，一个非正方的矩阵如果有奇异值为零，则说明这个长方矩阵一定不是满列秩的或者满行秩的。这种情况称为矩阵的秩亏缺，它相对于矩阵的满秩亦是一种奇异现象。总之，无论是正方还是长方矩阵，零奇异值都刻画矩阵的奇异性。这就是矩阵奇异值的内在含义。

对于矩阵方程式 (5.1.2)，可以把

$$\tilde{\boldsymbol{x}} = \boldsymbol{V}^{\mathrm{H}}\boldsymbol{x} \qquad \text{或} \qquad \boldsymbol{x} = \boldsymbol{V}\tilde{\boldsymbol{x}} \tag{5.2.13}$$

看作是利用 $\boldsymbol{V}$ 进行的一种正交变换 (也可认为是一种旋转)，将 $\boldsymbol{x}$ 的各点旋转为 $\tilde{\boldsymbol{x}}$ 的各点。同样地，也可以利用 $\boldsymbol{U}^{\mathrm{H}}$ 对 $\boldsymbol{b}$ 作正交变换

$$\tilde{\boldsymbol{b}} = \boldsymbol{U}^{\mathrm{H}}\boldsymbol{b} \tag{5.2.14}$$

即将 $\boldsymbol{b}$ 的各点旋转一定角度后变为 $\tilde{\boldsymbol{b}}$ 上的各点。现在，将奇异值分解式 (5.2.3) 代入方程式 $\boldsymbol{Ax} = \boldsymbol{b}$，并利用式 (5.2.13) 和式 (5.2.14)，可得到

$$\tilde{\boldsymbol{b}} = \boldsymbol{\Sigma}\tilde{\boldsymbol{x}} \longrightarrow \tilde{\boldsymbol{x}} = \boldsymbol{\Sigma}^{\dagger}\tilde{\boldsymbol{b}}$$

于是，线性方程式 (5.1.2) 的求解过程可以解释为一系列的线性变换操作，即

$$\boldsymbol{b} \xrightarrow{\boldsymbol{U}} \boldsymbol{U}^{\mathrm{H}}\boldsymbol{b} = \tilde{\boldsymbol{b}} \xrightarrow{\boldsymbol{\Sigma}} \boldsymbol{\Sigma}^{\dagger}\tilde{\boldsymbol{b}} = \tilde{\boldsymbol{x}} \xrightarrow{\boldsymbol{V}} \boldsymbol{V}\tilde{\boldsymbol{x}} = \boldsymbol{x}$$

注意，$\boldsymbol{\Sigma}$ 的广义逆矩阵 $\boldsymbol{\Sigma}^{\dagger}$ 可直接计算为

$$\boldsymbol{\Sigma}^{\dagger} = \begin{bmatrix} \boldsymbol{\Sigma}^{-1} & \boldsymbol{O} \\ \boldsymbol{O} & \boldsymbol{O} \end{bmatrix} \tag{5.2.15}$$

其中

$$\boldsymbol{\Sigma}^{-1} = \mathrm{diag}(1/\sigma_1, 1/\sigma_2, \cdots, 1/\sigma_r) \tag{5.2.16}$$

把 $m \times n$ 矩阵 $\boldsymbol{A}$ 视作从 n 维 (复数) 向量空间 $\mathbb{C}^n$ 到 m 维 (复数) 向量空间 $\mathbb{C}^m$ 的线性映射有时是很方便的。此时，关于奇异值分解的唯一性，有以下结果[543]：

(1) 非零奇异值的个数 r 和它们的值 $\sigma_1, \sigma_2, \cdots, \sigma_r$ 相对于矩阵 $\boldsymbol{A}$ 是唯一确定的。

(2) 若 $\mathrm{rank}(\boldsymbol{A}) = r$，则满足 $\boldsymbol{Ax} = \boldsymbol{0}$ 的 $\boldsymbol{x}\,(\in \mathbb{C}^n)$ 的集合即 $\boldsymbol{A}$ 的零空间 $\mathrm{Null}\,\boldsymbol{A}\,(\subseteq \mathbb{C}^n)$ 是 $n-r$ 维的，因此可选择正交基 $\{\boldsymbol{v}_{r+1}, \boldsymbol{v}_{r+2}, \cdots, \boldsymbol{v}_n\}$ 作为 $\boldsymbol{A}$ 在 $\mathbb{C}^n$ 内的零空间。从这个意义上讲，$\boldsymbol{V}$ 的列向量张成的 $\mathbb{C}^n$ 的子空间 $\mathrm{Null}(\boldsymbol{A})$ 是唯一确定的，但是各个向量只要能组成该子空间的正交基，它们就可以自由地选择。

(3) 可以表示成 $\boldsymbol{y} = \boldsymbol{Ax}$ 的 $\boldsymbol{y}\,(\in \mathbb{C}^m)$ 的集合组成 $\boldsymbol{A}$ 的像空间 $\mathrm{Im}\boldsymbol{A}$，它是 r 维的，而 $\mathrm{Im}\boldsymbol{A}$ 的正交补空间 $(\mathrm{Im}\boldsymbol{A})^{\perp}$ 是 $m-r$ 维的，因此可选择 $\{\boldsymbol{u}_{r+1}, \boldsymbol{u}_{r+2}, \cdots, \boldsymbol{u}_m\}$ 作为 $\mathrm{Im}\boldsymbol{A}$ 在 $\mathbb{C}^m$ 内的正交补空间内的正交基。由 $\boldsymbol{U}$ 的列向量$\boldsymbol{u}_{r+1}, \boldsymbol{u}_{r+2}, \cdots, \boldsymbol{u}_m$ 张成的 $\mathbb{C}^m$ 的子空间 $(\mathrm{Im}\boldsymbol{A})^{\perp}$ 是唯一确定的。

(4) 若 σ_i 是单奇异值 (即 $\sigma_i \neq \sigma_j$, $\forall\, j \neq i$)，则 $\boldsymbol{v}_i$ 和 $\boldsymbol{u}_i$ 除相差一相角 ($\boldsymbol{A}$ 为实数矩阵时，相差一符号) 外是唯一确定的。也就是说，$\boldsymbol{v}_i$ 和 $\boldsymbol{u}_i$ 同时乘以 $\mathrm{e}^{\mathrm{j}\theta}$ ($\mathrm{j}=\sqrt{-1}$，且 θ 为实数) 后，它们仍然分别是矩阵 $\boldsymbol{A}$ 的右和左奇异向量。

5.2.2 奇异值的性质

矩阵的各种变形与奇异值的变化有以下关系：

(1) $m \times n$ 矩阵 $\boldsymbol{A}$ 的共轭转置 $\boldsymbol{A}^{\mathrm{H}}$ 的奇异值分解为

$$\boldsymbol{A}^{\mathrm{H}} = \boldsymbol{V}\boldsymbol{\Sigma}^{\mathrm{T}}\boldsymbol{U}^{\mathrm{H}} \tag{5.2.17}$$

即矩阵 $\boldsymbol{A}$ 和 $\boldsymbol{A}^{\mathrm{H}}$ 具有完全相同的奇异值。

(2) $\boldsymbol{A}^{\mathrm{H}}\boldsymbol{A}$, $\boldsymbol{A}\boldsymbol{A}^{\mathrm{H}}$ 的奇异值分解分别为

$$\boldsymbol{A}^{\mathrm{H}}\boldsymbol{A} = \boldsymbol{V}\boldsymbol{\Sigma}^{\mathrm{T}}\boldsymbol{\Sigma}\boldsymbol{V}^{\mathrm{H}}, \qquad \boldsymbol{A}\boldsymbol{A}^{\mathrm{H}} = \boldsymbol{U}\boldsymbol{\Sigma}^{\mathrm{T}}\boldsymbol{\Sigma}\boldsymbol{U}^{\mathrm{H}} \tag{5.2.18}$$

其中

$$\boldsymbol{\Sigma}^{\mathrm{T}}\boldsymbol{\Sigma} = \mathrm{diag}(\sigma_1^2, \sigma_2^2, \cdots, \sigma_r^2, \overbrace{0, \cdots, 0}^{n-r\text{个}}) \tag{5.2.19}$$

$$\boldsymbol{\Sigma}\boldsymbol{\Sigma}^{\mathrm{T}} = \mathrm{diag}(\sigma_1^2, \sigma_2^2, \cdots, \sigma_r^2, \overbrace{0, \cdots, 0}^{m-r\text{个}}) \tag{5.2.20}$$

(3) $\boldsymbol{P}$ 和 $\boldsymbol{Q}$ 分别为 $m \times m$ 和 $n \times n$ 酉矩阵时，$\boldsymbol{P}\boldsymbol{A}\boldsymbol{Q}^{\mathrm{H}}$ 的奇异值分解由

$$\boldsymbol{P}\boldsymbol{A}\boldsymbol{Q}^{\mathrm{H}} = \tilde{\boldsymbol{U}}\boldsymbol{\Sigma}\tilde{\boldsymbol{V}}^{\mathrm{H}} \tag{5.2.21}$$

给出，其中，$\tilde{\boldsymbol{U}} = \boldsymbol{P}\boldsymbol{U}$，$\tilde{\boldsymbol{V}} = \boldsymbol{Q}\boldsymbol{V}$。也就是说，矩阵 $\boldsymbol{P}\boldsymbol{A}\boldsymbol{Q}^{\mathrm{H}}$ 与 $\boldsymbol{A}$ 具有相同的奇异值，即奇异值具有酉不变性，但奇异向量不同。

(4) $m \times n$ 矩阵 $\boldsymbol{A}$ 的奇异值分解与 $n \times m$ 维 Moore-Penrose 广义逆矩阵 $\boldsymbol{A}^{\dagger}$ 之间存在下列关系

$$\boldsymbol{A}^{\dagger} = \boldsymbol{V}\boldsymbol{\Sigma}^{\dagger}\boldsymbol{U}^{\mathrm{H}} \tag{5.2.22}$$

其中，$\boldsymbol{\Sigma}^{\dagger}$ 由式 (5.2.15) 给定。

虽然 $\boldsymbol{U}$ 和 $\boldsymbol{V}$ 相对于 $\boldsymbol{A}$ 不是唯一确定的，但广义逆矩阵 $\boldsymbol{A}^{\dagger}$ 是唯一确定的。特别地，若 $\boldsymbol{A}$ 是一个正方的非奇异矩阵，则 $\boldsymbol{A}^{\dagger} = \boldsymbol{A}^{-1}$。因此，在这一情况下，如果 $\boldsymbol{A}$ 的奇异值是 $\sigma_1, \cdots, \sigma_n$，那么 $\boldsymbol{A}^{-1}$ 的奇异值就是 $1/\sigma_1, \cdots, 1/\sigma_n$。

关于矩阵和它的子矩阵的奇异值之间的关系，有下面的定理，常被称为奇异值交织定理 (interlacing theorem for singular values)。

定理 5.2.3[239, 248] 令 $\boldsymbol{A}$ 是一个 $m \times n$ 矩阵，其奇异值 $\sigma_1 \geqslant \cdots \geqslant \sigma_r$，其中，$r =$

$\min\{m,n\}$。若 $p\times q$ 矩阵 $\boldsymbol{B}$ 是 $\boldsymbol{A}$ 的子矩阵，其奇异值 $\gamma_1\geqslant\cdots\geqslant\gamma_{\min\{p,q\}}$，则

$$\sigma_i\geqslant\gamma_i,\quad i=1,\cdots,\min\{p,q\} \tag{5.2.23}$$

并且

$$\gamma_i\geqslant\sigma_{i+(m-p)+(n-q)},\quad i\leqslant\min\{p+q-m,p+q-n\} \tag{5.2.24}$$

矩阵的奇异值与矩阵的范数、行列式、条件数、特征值等有着密切的关系。

1. 奇异值与范数的关系

矩阵 $\boldsymbol{A}$ 的谱范数等于 $\boldsymbol{A}$ 的最大奇异值，即

$$\|\boldsymbol{A}\|_{\text{spec}}=\sigma_1 \tag{5.2.25}$$

注意到矩阵 $\boldsymbol{A}$ 的 Frobenius 范数 $\|\boldsymbol{A}\|_{\text{F}}$ 是酉不变的，即 $\|\boldsymbol{U}^{\text{H}}\boldsymbol{A}\boldsymbol{V}\|_{\text{F}}=\|\boldsymbol{A}\|_{\text{F}}$，故有

$$\|\boldsymbol{A}\|_{\text{F}}=\left[\sum_{i=1}^{m}\sum_{j=1}^{n}|a_{ij}|^2\right]^{1/2}=\|\boldsymbol{U}^{\text{H}}\boldsymbol{A}\boldsymbol{V}\|_{\text{F}}=\|\boldsymbol{\Sigma}\|_{\text{F}}=\sqrt{\sigma_1^2+\sigma_2^2+\cdots+\sigma_r^2} \tag{5.2.26}$$

即是说，任何一个矩阵的 Frobenius 范数等于该矩阵所有非零奇异值平方和的正平方根。

2. 奇异值与行列式的关系

设 $\boldsymbol{A}$ 是 $n\times n$ 正方矩阵。由于酉矩阵的行列式之绝对值等于 1，所以由定理 5.2.1 有

$$|\det(\boldsymbol{A})|=|\det\boldsymbol{\Sigma}|=\sigma_1\sigma_2\cdots\sigma_n \tag{5.2.27}$$

若所有 σ_i 都不等于零，则 $|\det(\boldsymbol{A})|\neq 0$，这表明 $\boldsymbol{A}$ 是非奇异的。若至少有一个 $\sigma_i(i>r)$ 等于零，则 $\det(\boldsymbol{A})=0$，即 $\boldsymbol{A}$ 奇异。这就是之所以把全部 σ_i 值统称为奇异值的原因。

3. 奇异值与条件数的关系

对于一个 $m\times n$ 矩阵 $\boldsymbol{A}$，其条件数也可以利用奇异值定义为

$$\text{cond}(\boldsymbol{A})=\sigma_1/\sigma_p,\qquad p=\min\{m,n\} \tag{5.2.28}$$

由定义式 (5.2.28) 可以看出，条件数是一个大于或等于 1 的正数，因为 $\sigma_1\geqslant\sigma_p$。显然，由于至少有一个奇异值 $\sigma_p=0$，故奇异矩阵的条件数为无穷大，而条件数虽然不是无穷大，但很大时，就称 $\boldsymbol{A}$ 是接近奇异的。这意味着，当条件数很大时，$\boldsymbol{A}$ 的行向量或列向量的线性相关性很强。另由定义式 (5.1.8) 易知，正交或酉矩阵 $\boldsymbol{V}$ 的条件数等于 1。从这个意义上讲，正交或酉矩阵是“理想条件”的。式 (5.2.28) 也可用作条件数 $\text{cond}(\boldsymbol{A})$ 的评价。

考虑超定方程 $\boldsymbol{A}\boldsymbol{x}=\boldsymbol{b}$。此时，由于 $\boldsymbol{A}^{\text{H}}\boldsymbol{A}$ 的奇异值分解为

$$\boldsymbol{A}^{\text{H}}\boldsymbol{A}=\boldsymbol{V}\boldsymbol{\Sigma}^2\boldsymbol{V}^{\text{H}} \tag{5.2.29}$$

即矩阵 $\boldsymbol{A}^{\mathrm{H}}\boldsymbol{A}$ 的最大和最小奇异值分别是矩阵 $\boldsymbol{A}$ 的最大和最小奇异值的平方，故

$$\mathrm{cond}(\boldsymbol{A}^{\mathrm{H}}\boldsymbol{A})=\frac{\sigma_1^2}{\sigma_n^2}=[\mathrm{cond}(\boldsymbol{A})]^2 \tag{5.2.30}$$

换言之，矩阵 $\boldsymbol{A}^{\mathrm{H}}\boldsymbol{A}$ 的条件数是矩阵 $\boldsymbol{A}$ 的条件数的平方倍。

4. 奇异值与特征值的关系

设 $n\times n$ 正方对称矩阵 $\boldsymbol{A}$ 的特征值为 $\lambda_1,\cdots,\lambda_n$ ($|\lambda_1|\geqslant\cdots\geqslant|\lambda_n|$)，奇异值为 $\sigma_1,\cdots,\sigma_n$ ($\sigma_1\geqslant\cdots\geqslant\sigma_n\geqslant 0$)，则 $\sigma_1\geqslant|\lambda_i|\geqslant\sigma_n\,(i=1,\cdots,n)$，$\mathrm{cond}(\boldsymbol{A})\geqslant|\lambda_1|/|\lambda_n|$。

下面是奇异值的性质汇总。

1. 奇异值服从的等式关系 [324]

(1) 矩阵 $\boldsymbol{A}_{m\times n}$ 和其 Hermitian 矩阵 $\boldsymbol{A}^{\mathrm{H}}$ 具有相同的奇异值。

(2) 矩阵 $\boldsymbol{A}_{m\times n}$ 的非零奇异值是 $\boldsymbol{A}\boldsymbol{A}^{\mathrm{H}}$ 或者 $\boldsymbol{A}^{\mathrm{H}}\boldsymbol{A}$ 的非零特征值的正平方根。

(3) $\sigma>0$ 是矩阵 $\boldsymbol{A}_{m\times n}$ 的单奇异值，当且仅当 σ^2 是 $\boldsymbol{A}\boldsymbol{A}^{\mathrm{H}}$ 或 $\boldsymbol{A}^{\mathrm{H}}\boldsymbol{A}$ 的单特征值。

(4) 若 $p=\min\{m,n\}$，且 $\sigma_1,\cdots,\sigma_p$ 是矩阵 $\boldsymbol{A}_{m\times n}$ 的奇异值，则

$$\mathrm{tr}\left(\boldsymbol{A}^{\mathrm{H}}\boldsymbol{A}\right)=\sum_{i=1}^{p}\sigma_i^2$$

(5) 矩阵行列式的绝对值等于矩阵奇异值之乘积，即 $|\det(\boldsymbol{A})|=\sigma_1\cdots\sigma_n$。

(6) 矩阵 $\boldsymbol{A}$ 的谱范数等于 $\boldsymbol{A}$ 的最大奇异值，即 $\|\boldsymbol{A}\|_{\mathrm{spec}}=\sigma_{\max}$。

(7) 若 $m\geqslant n$，则对于矩阵 $\boldsymbol{A}_{m\times n}$，有

$$\begin{aligned}\sigma_{\min}(\boldsymbol{A})&=\min\left\{\left(\frac{\boldsymbol{x}^{\mathrm{H}}\boldsymbol{A}^{\mathrm{H}}\boldsymbol{A}\boldsymbol{x}}{\boldsymbol{x}^{\mathrm{H}}\boldsymbol{x}}\right)^{1/2}:\boldsymbol{x}\neq\boldsymbol{0}\right\}\\&=\min\left\{(\boldsymbol{x}^{\mathrm{H}}\boldsymbol{A}^{\mathrm{H}}\boldsymbol{A}\boldsymbol{x})^{1/2}:\boldsymbol{x}^{\mathrm{H}}\boldsymbol{x}=1,\ \boldsymbol{x}\in\mathbb{C}^n\right\}\end{aligned}$$

(8) 若 $m\geqslant n$，则对于矩阵 $\boldsymbol{A}_{m\times n}$，有

$$\begin{aligned}\sigma_{\max}(\boldsymbol{A})&=\max\left\{\left(\frac{\boldsymbol{x}^{\mathrm{H}}\boldsymbol{A}^{\mathrm{H}}\boldsymbol{A}\boldsymbol{x}}{\boldsymbol{x}^{\mathrm{H}}\boldsymbol{x}}\right)^{1/2}:\boldsymbol{x}\neq\boldsymbol{0}\right\}\\&=\max\left\{(\boldsymbol{x}^{\mathrm{H}}\boldsymbol{A}^{\mathrm{H}}\boldsymbol{A}\boldsymbol{x})^{1/2}:\boldsymbol{x}^{\mathrm{H}}\boldsymbol{x}=1,\ \boldsymbol{x}\in\mathbb{C}^n\right\}\end{aligned}$$

(9) 若 $m\times m$ 矩阵 $\boldsymbol{A}$ 非奇异，则

$$\frac{1}{\sigma_{\min}(\boldsymbol{A})}=\max\left\{\left(\frac{\boldsymbol{x}^{\mathrm{H}}(\boldsymbol{A}^{-1})^{\mathrm{H}}\boldsymbol{A}^{-1}\boldsymbol{x}}{\boldsymbol{x}^{\mathrm{H}}\boldsymbol{x}}\right)^{1/2}:\boldsymbol{x}\neq\boldsymbol{0},\ \boldsymbol{x}\in\mathbb{C}^n\right\}$$

(10) 若 $\sigma_1,\cdots,\sigma_p$ 是矩阵 $\boldsymbol{A}\in\mathbb{C}^{m\times n}$ 的非零奇异值 (其中，$p=\min\{m,n\}$)，则矩阵 $\begin{bmatrix}\boldsymbol{O} & \boldsymbol{A}\\ \boldsymbol{A}^{\mathrm{H}} & \boldsymbol{O}\end{bmatrix}$ 有 $2p$ 个非零奇异值 $\sigma_1,\cdots,\sigma_p,-\sigma_1,\cdots,-\sigma_p$ 及 $|m-n|$ 个零奇异值。

(11) 若 $\boldsymbol{A}=\boldsymbol{U}\begin{bmatrix}\boldsymbol{\Sigma}_1 & \boldsymbol{O}\\ \boldsymbol{O} & \boldsymbol{O}\end{bmatrix}\boldsymbol{V}^{\mathrm{H}}$ 是 $m\times n$ 矩阵 $\boldsymbol{A}$ 的奇异值分解，则 $\boldsymbol{A}$ 的 Moore-Penrose 逆矩阵

$$\boldsymbol{A}^{\dagger}=\boldsymbol{V}\begin{bmatrix}\boldsymbol{\Sigma}_1^{-1} & \boldsymbol{O}\\ \boldsymbol{O} & \boldsymbol{O}\end{bmatrix}\boldsymbol{U}^{\mathrm{H}}$$

2. 奇异值服从的不等式关系 [238, 239, 294, 101, 324]

(1) 若 $\boldsymbol{A}$ 和 $\boldsymbol{B}$ 是 $m\times n$ 矩阵，则对于 $(p=\min\{m,n\})$，有

$$\sigma_{i+j-1}(\boldsymbol{A}+\boldsymbol{B})\leqslant\sigma_i(\boldsymbol{A})+\sigma_j(\boldsymbol{B}),\quad 1\leqslant i,j\leqslant p,\ i+j\leqslant p+1$$

特别地，当 $j=1$ 时，$\sigma_i(\boldsymbol{A}+\boldsymbol{B})\leqslant\sigma_i(\boldsymbol{A})+\sigma_1(\boldsymbol{B})$ 对 $i=1,\cdots,p$ 成立。

(2) 对矩阵 $\boldsymbol{A}_{m\times n},\boldsymbol{B}_{m\times n}$，有 $\sigma_{\max}(\boldsymbol{A}+\boldsymbol{B})\leqslant\sigma_{\max}(\boldsymbol{A})+\sigma_{\max}(\boldsymbol{B})$。

(3) 若 $\boldsymbol{A}$ 和 $\boldsymbol{B}$ 是 $m\times n$ 矩阵，则

$$\sum_{j=1}^{p}[\sigma_j(\boldsymbol{A}+\boldsymbol{B})-\sigma_j(\boldsymbol{A})]^2\leqslant\|\boldsymbol{B}\|_{\mathrm{F}}^2,\quad p=\min\{m,n\}$$

(4) 若 $\boldsymbol{A}_{m\times m}=[\boldsymbol{a}_1,\boldsymbol{a}_2,\cdots,\boldsymbol{a}_m]$ 的奇异值 $\sigma_1(\boldsymbol{A})\geqslant\sigma_2(\boldsymbol{A})\geqslant\cdots\geqslant\sigma_m(\boldsymbol{A})$，则

$$\sum_{j=1}^{k}[\sigma_{m-k+j}(\boldsymbol{A})]^2\leqslant\sum_{j=1}^{k}\boldsymbol{a}_j^{\mathrm{H}}\boldsymbol{a}_j\leqslant\sum_{j=1}^{k}[\sigma_j(\boldsymbol{A})]^2,\quad k=1,2,\cdots,m$$

(5) 若 $p=\min\{m,n\}$，且 $\boldsymbol{A}_{m\times n}$ 和 $\boldsymbol{B}_{m\times n}$ 的奇异值排列为 $\sigma_1(\boldsymbol{A})\geqslant\sigma_2(\boldsymbol{A})\geqslant\cdots\geqslant\sigma_p(\boldsymbol{A})$，$\sigma_1(\boldsymbol{B})\geqslant\sigma_2(\boldsymbol{B})\geqslant\cdots\geqslant\sigma_p(\boldsymbol{B})$ 和 $\sigma_1(\boldsymbol{A}+\boldsymbol{B})\geqslant\sigma_2(\boldsymbol{A}+\boldsymbol{B})\geqslant\cdots\geqslant\sigma_p(\boldsymbol{A}+\boldsymbol{B})$，则

$$\sigma_{i+j-1}(\boldsymbol{A}\boldsymbol{B}^{\mathrm{H}})\leqslant\sigma_i(\boldsymbol{A})\sigma_j(\boldsymbol{B}),\quad 1\leqslant i,j\leqslant p,\ i+j\leqslant p+1$$

(6) 设 $m\times(n-1)$ 矩阵 $\boldsymbol{B}$ 是删去 $m\times n$ 矩阵 $\boldsymbol{A}$ 任意一列得到的矩阵，并且它们的奇异值都按照非降顺序排列，则

$$\sigma_1(\boldsymbol{A})\geqslant\sigma_1(\boldsymbol{B})\geqslant\sigma_2(\boldsymbol{A})\geqslant\sigma_2(\boldsymbol{B})\geqslant\cdots\geqslant\sigma_h(\boldsymbol{A})\geqslant\sigma_h(\boldsymbol{B})\geqslant 0$$

式中，$h=\min\{m,n-1\}$。

(7) 矩阵 $\boldsymbol{A}_{m\times n}$ 的最大奇异值满足不等式

$$\sigma_{\max}(\boldsymbol{A})\geqslant\left[\frac{1}{n}\mathrm{tr}(\boldsymbol{A}^{\mathrm{H}}\boldsymbol{A})\right]^{1/2}$$

(8) 设 $(m-1)\times n$ 矩阵 $\boldsymbol{B}$ 是删去 $m\times n$ 矩阵 $\boldsymbol{A}$ 任意一行得到的矩阵，并且它们的奇异值都按照非降顺序排列，则

$$\sigma_1(\boldsymbol{A})\geqslant\sigma_1(\boldsymbol{B})\geqslant\sigma_2(\boldsymbol{A})\geqslant\sigma_2(\boldsymbol{B})\geqslant\cdots\geqslant\sigma_h(\boldsymbol{A})\geqslant\sigma_h(\boldsymbol{B})\geqslant 0$$

式中，$h=\min\{m,n-1\}$。

5.2.3 秩亏缺最小二乘解

在奇异值分析的应用中，常常需要用一个低秩的矩阵逼近一个含噪声或扰动的矩阵。下面的定理给出了逼近质量的评价。

定理 5.2.4 令 $\boldsymbol{A}\in\mathbb{R}^{m\times n}$ 的奇异值分解由 $\boldsymbol{A}=\sum\limits_{i=1}^{p}\sigma_i\boldsymbol{u}_i\boldsymbol{v}_i^{\mathrm{T}}$ 给出，其中 $p=\mathrm{rank}(\boldsymbol{A})$。若 $k<p$，并且 $\boldsymbol{A}_k=\sum\limits_{i=1}^{k}\sigma_i\boldsymbol{u}_i\boldsymbol{v}_i^{\mathrm{T}}$，则逼近质量可分别使用谱范数和 Frobenius 范数度量

$$\min_{\mathrm{rank}(\boldsymbol{B})=k}\|\boldsymbol{A}-\boldsymbol{B}\|_{\mathrm{spec}}=\|\boldsymbol{A}-\boldsymbol{A}_k\|_{\mathrm{spec}}=\sigma_{k+1} \tag{5.2.31}$$

$$\min_{\mathrm{rank}(\boldsymbol{B})=k}\|\boldsymbol{A}-\boldsymbol{B}\|_{\mathrm{F}}=\|\boldsymbol{A}-\boldsymbol{A}_k\|_{\mathrm{F}}=\sqrt{\sum_{i=k+1}^{q}\sigma_i^2} \tag{5.2.32}$$

式中，$q=\min\{m,n\}$。

证明 详见文献 [151, 347, 248]。

在信号处理和系统理论中，最常见的线性方程组 $\boldsymbol{Ax}=\boldsymbol{b}$ 是超定的和非满秩即秩亏缺的，也就是说，矩阵 $\boldsymbol{A}\in\mathbb{C}^{m\times n}$ 的行数 m 比列数 n 大，且 $r=\mathrm{rank}(\boldsymbol{A})<n$。令 $\boldsymbol{A}$ 的奇异值分解由式 $\boldsymbol{A}=\boldsymbol{U\Sigma V}^{\mathrm{H}}$ 给出，其中，$\boldsymbol{\Sigma}=\mathrm{diag}(\sigma_1,\cdots,\sigma_r,0,\cdots,0)$。考察

$$\boldsymbol{G}=\boldsymbol{V\Sigma}^{\dagger}\boldsymbol{U}^{\mathrm{H}} \tag{5.2.33}$$

式中，$\boldsymbol{\Sigma}^{\dagger}=\mathrm{diag}(1/\sigma_1,\cdots,1/\sigma_r,0,\cdots,0)$。由奇异值的性质 (4) 知，$\boldsymbol{G}$ 是 $\boldsymbol{A}$ 的 Moore-Penrose 广义逆矩阵。因此

$$\hat{\boldsymbol{x}}=\boldsymbol{Gb}=\boldsymbol{V\Sigma}^{\dagger}\boldsymbol{U}^{\mathrm{H}}\boldsymbol{b} \tag{5.2.34}$$

或表示为

$$\boldsymbol{x}_{\mathrm{LS}}=\sum_{i=1}^{r}(\boldsymbol{u}_i^{\mathrm{H}}\boldsymbol{b}/\sigma_i)\boldsymbol{v}_i$$

它是最小二乘问题

$$\min\|\boldsymbol{Ax}-\boldsymbol{b}\|_2 \tag{5.2.35}$$

的最小范数解，相应的最小残差为

$$\rho_{\mathrm{LS}}=\|\boldsymbol{Ax}_{\mathrm{LS}}-\boldsymbol{b}\|_2=\|[\boldsymbol{u}_{r+1},\cdots,\boldsymbol{u}_m]^{\mathrm{H}}\boldsymbol{b}\|_2 \tag{5.2.36}$$

应用奇异值分解求解最小二乘问题的方法常简称为奇异值分解方法。虽然在理论上，当 $i>r$ 时奇异值 $\sigma_i=0$，但是计算出来的奇异值 $\hat{\sigma}_i$，$i>r$ 并不会等于零，有时甚至表现出比较大的扰动。因此，需要有计算秩 r 的估计值 $\hat{r}$ 的方法。在信号处理和系统理论中，常将该估计值称为“有效秩”。

有效秩确定有以下两种常用方法。

1. 归一化奇异值方法

计算归一化奇异值

$$\bar{\sigma}_i = \frac{\hat{\sigma}_i}{\hat{\sigma}_1} \tag{5.2.37}$$

选择满足准则

$$\bar{\sigma}_i \geqslant \epsilon \tag{5.2.38}$$

的最大整数作为有效秩的估计值 $\hat{r}$。显然，这一准则等价于选择满足

$$\hat{\sigma}_i \geqslant \epsilon \cdot \hat{\sigma}_1 \tag{5.2.39}$$

的最大整数 $\hat{r}$。式中，ϵ 是某个很小的正数，它根据计算机精度与 (或) 数据精度选取。例如，选取 $\epsilon = 0.1$ 或者 $\epsilon = 0.05$ 等。

2. 范数比方法

令 $m \times n$ 矩阵 $\boldsymbol{A}_k$ 是原 $m \times n$ 矩阵 $\boldsymbol{A}$ 的秩 k 近似，定义该近似矩阵与原矩阵的 Frobenius 范数比为

$$\nu(k) = \frac{\|\boldsymbol{A}_k\|_{\rm F}}{\|\boldsymbol{A}\|_{\rm F}} = \frac{\sqrt{\sigma_1^2 + \sigma_2^2 + \cdots + \sigma_k^2}}{\sqrt{\sigma_1^2 + \sigma_2^2 + \cdots + \sigma_h^2}}, \qquad h = \min\{m, n\} \tag{5.2.40}$$

并选择满足

$$\nu(k) \geqslant \alpha \tag{5.2.41}$$

的最大整数作为有效秩估计 $\hat{r}$，其中，α 是接近于 1 的阈值，例如 $\alpha = 0.997$ 等。

采用以上两种准则确定出有效秩 $\hat{r}$ 后，可将

$$\hat{\boldsymbol{x}}_{\rm LS} = \sum_{i=1}^{\hat{r}} (\hat{\boldsymbol{u}}_i^{\rm H} \boldsymbol{b} / \hat{\sigma}_i) \hat{\boldsymbol{v}}_i \tag{5.2.42}$$

看作是真实最小二乘解 $\boldsymbol{x}_{\rm LS}$ 的一个合理近似。显而易见，这种解就是方程组 $\boldsymbol{A}_{\hat{r}} \boldsymbol{x} = \boldsymbol{b}$ 的最小二乘解，其中

$$\boldsymbol{A}_{\hat{r}} = \sum_{i=1}^{\hat{r}} \sigma_i \boldsymbol{u}_i \boldsymbol{v}_i^{\rm H} \tag{5.2.43}$$

在最小二乘问题中，用 $\boldsymbol{A}_{\hat{r}}$ 代替 $\boldsymbol{A}$ 相当于过滤掉小的奇异值。当 $\boldsymbol{A}$ 是从有噪声的观测数据得到时，这种过滤能够起很大的作用。容易观察出，式 (5.2.42) 给出的最小二乘解 $\hat{\boldsymbol{x}}_{\rm LS}$ 仍然包含了 n 个参数。然而，由于线性方程 $\boldsymbol{A}\boldsymbol{x} = \boldsymbol{b}$ 秩亏缺意味着 $\boldsymbol{x}$ 中只有 r 个参数是独立的，其他参数是这 r 个独立参数的重复作用或线性相关的结果。在许多应用中，当然希望能够求出这 r 个线性无关的参数，而不是包含了冗余因素的 n 个参数。换言之，我们的目的是只估计主要因素，并剔除掉次要因素。这一问题可以借助低秩总体最小二乘方法，将在后面章节讨论。

5.3 乘积奇异值分解

5.2 节介绍了一般矩阵的奇异值分解。从本节开始，将依次讨论几种特殊情况下矩阵的奇异值分解，它们分别是乘积奇异值分解、广义奇异值分解和结构奇异值分解。本节介绍乘积奇异值分解的有关理论和实现算法。

5.3.1 乘积奇异值分解问题

所谓乘积奇异值分解 (product singular value decomposition，PSVD)，顾名思义就是两个矩阵乘积 $\boldsymbol{B}^{\mathrm{T}}\boldsymbol{C}$ 的奇异值分解。考虑矩阵乘积

$$\boldsymbol{A}=\boldsymbol{B}^{\mathrm{T}}\boldsymbol{C},\quad \boldsymbol{B}\in\mathbb{R}^{p\times m},\ \boldsymbol{C}\in\mathbb{R}^{p\times n},\ \mathrm{rank}(\boldsymbol{B})=\mathrm{rank}(\boldsymbol{C})=p \tag{5.3.1}$$

从原理上讲，乘积奇异值分解等价于直接对矩阵的乘积进行普通的奇异值分解。然而，事先直接计算矩阵的乘积，再计算矩阵乘积的奇异值分解往往会让小的奇异值产生大的扰动。为了说明这一点，请看一个例子。

例 5.3.1[145] 令

$$\boldsymbol{B}^{\mathrm{T}}=\begin{bmatrix}1 & \xi\\ -1 & \xi\end{bmatrix},\quad \boldsymbol{C}=\frac{1}{\sqrt{2}}\begin{bmatrix}1 & 1\\ -1 & 1\end{bmatrix},\quad \boldsymbol{B}^{\mathrm{T}}\boldsymbol{C}=\frac{1}{\sqrt{2}}\begin{bmatrix}1-\xi & 1+\xi\\ -1-\xi & -1+\xi\end{bmatrix} \tag{5.3.2}$$

显然，$\boldsymbol{C}$ 是一个正交矩阵，而 $\boldsymbol{B}^{\mathrm{T}}$ 的两列 $[1,-1]^{\mathrm{T}}$ 和 $[\xi,\xi]^{\mathrm{T}}$ 相互正交。矩阵乘积 $\boldsymbol{B}^{\mathrm{T}}\boldsymbol{C}$ 的真实奇异值为 $\sigma_1=\sqrt{2}$ 和 $\sigma_2=\sqrt{2}|\xi|$。然而，若 $|\xi|$ 小于截止误差 ε，式 (5.3.2) 的浮点计算结果为 $\boldsymbol{B}^{\mathrm{T}}\boldsymbol{C}=\frac{1}{\sqrt{2}}\begin{bmatrix}1 & 1\\ -1 & -1\end{bmatrix}$，其奇异值为 $\sigma_1=\sqrt{2}$ 和 $\sigma_2=0$。若 $|\xi|>1/\varepsilon$，则浮点运算得到的矩阵乘积 $\boldsymbol{B}^{\mathrm{T}}\boldsymbol{C}=\frac{1}{\sqrt{2}}\begin{bmatrix}-\xi & \xi\\ -\xi & \xi\end{bmatrix}$，其奇异值为 $\sigma_1=0$ 和 $\sigma_2=\sqrt{2}|\xi|$。因此，矩阵乘积 $\boldsymbol{B}^{\mathrm{T}}\boldsymbol{C}$ 的两个实际的奇异值 $\sigma_1=\sqrt{2}$ 和 $\sigma_2=\sqrt{2}|\xi|$ 在经过浮点算法计算后，最小的奇异值被扰动为 0，与实际的奇异值相差明显。Laub 等人 [304] 指出，当线性系统接近不可控和不可观测时，小奇异值的精确计算显得十分重要，因为如果一个非零的小奇异值被计算为零值，则会导致错误的结论，将一个最小系统判断为非最小系统。

上述例子说明，直接对两个矩阵的乘积 $\boldsymbol{B}^{\mathrm{T}}\boldsymbol{C}$ 进行奇异值分解在数值上是不可取的。因此，有必要考虑一个更加困难的问题：能否使得计算式 (5.3.1) 中 $\boldsymbol{A}=\boldsymbol{B}^{\mathrm{T}}\boldsymbol{C}$ 的奇异值分解尽可能与给定的 $\boldsymbol{B}$ 和 $\boldsymbol{C}$ 具有接近的精度？这就是所谓的 (矩阵) 乘积奇异值分解问题。

乘积奇异值分解是由 Fernando 与 Hammarling 于 1988 年首先提出来的 [163]，它可以用下面的定理来表述。

定理 5.3.1 (乘积奇异值分解)[163] 令 $\boldsymbol{B}^{\mathrm{T}}\in\mathbb{C}^{m\times p}$，$\boldsymbol{C}\in\mathbb{C}^{p\times n}$，则存在酉矩阵 $\boldsymbol{U}\in\mathbb{C}^{m\times m}$, $\boldsymbol{V}\in\mathbb{C}^{n\times n}$ 和非奇异矩阵 $\boldsymbol{Q}\in\mathbb{C}^{p\times p}$ 使得

$$\boldsymbol{U}\boldsymbol{B}^{\mathrm{H}}\boldsymbol{Q}=\begin{bmatrix}\boldsymbol{I} & & \\ & \boldsymbol{O}_B & \\ & & \boldsymbol{\Sigma}_B\end{bmatrix},\qquad \boldsymbol{Q}^{-1}\boldsymbol{C}\boldsymbol{V}^{\mathrm{H}}=\begin{bmatrix}\boldsymbol{O}_C & & \\ & \boldsymbol{I} & \\ & & \boldsymbol{\Sigma}_C\end{bmatrix} \tag{5.3.3}$$

式中

$$\boldsymbol{\Sigma}_B = \text{diag}(s_1, s_2, \cdots, s_r), \qquad 1 > s_1 \geqslant \cdots \geqslant s_r > 0$$
$$\boldsymbol{\Sigma}_C = \text{diag}(t_1, t_2, \cdots, t_r), \qquad 1 > t_1 \geqslant \cdots \geqslant t_r > 0$$

且

$$s_i^2 + t_i^2 = 1, \qquad i = 1, 2, \cdots, r$$

有关本定理的证明，可参见文献 [163]。根据定理 5.3.1，不难验证

$$\boldsymbol{U}\boldsymbol{B}^{\text{H}}\boldsymbol{C}\boldsymbol{V}^{\text{H}} = \text{diag}(\boldsymbol{O}_C, \boldsymbol{O}_B, \boldsymbol{\Sigma}_B\boldsymbol{\Sigma}_C)$$

因此，矩阵乘积 $\boldsymbol{B}^{\text{H}}\boldsymbol{C}$ 的奇异值由零奇异值和非零奇异值两部分组成，其非零奇异值由 $s_i t_i, i = 1, 2, \cdots, r$ 给出。

5.3.2 乘积奇异值分解的精确计算

Drmac 于 1998 年提出了乘积奇异值分解的精确计算算法[145]，其基本思路如下：任何一个矩阵 $\boldsymbol{A}$ 与正交矩阵相乘，其奇异值保持不变。因此，若令

$$\boldsymbol{B}' = \boldsymbol{T}\boldsymbol{B}\boldsymbol{U}, \qquad \boldsymbol{C}' = (\boldsymbol{T}^{\text{T}})^{-1}\boldsymbol{C}\boldsymbol{V} \tag{5.3.4}$$

其中，$\boldsymbol{T}$ 非奇异，$\boldsymbol{U}, \boldsymbol{V}$ 为正交矩阵，则 $\boldsymbol{B}'^{\text{T}}\boldsymbol{C}' = \boldsymbol{U}^{\text{T}}\boldsymbol{B}^{\text{T}}\boldsymbol{C}\boldsymbol{V}$ 与 $\boldsymbol{B}^{\text{T}}\boldsymbol{C}$ 具有完全相同的奇异值 (包括零奇异值在内)，并且很容易由 $\boldsymbol{B}'^{\text{T}}\boldsymbol{C}'$ 的奇异值分解得到 $\boldsymbol{B}^{\text{T}}\boldsymbol{C}$ 的奇异值分解，因为

$$\boldsymbol{B}'^{\text{T}}\boldsymbol{C}' = \boldsymbol{U}^{\text{T}}\boldsymbol{B}^{\text{T}}\boldsymbol{T}^{\text{T}}(\boldsymbol{T}^{\text{T}})^{-1}\boldsymbol{C}\boldsymbol{V} = \boldsymbol{U}^{\text{T}}(\boldsymbol{B}^{\text{T}}\boldsymbol{C})\boldsymbol{V}$$

给定矩阵 $\boldsymbol{B} \in \mathbb{R}^{p\times m}, \boldsymbol{C} \in \mathbb{R}^{p\times n}$，$p \leqslant \min\{m, n\}$，并记矩阵 $\boldsymbol{B}$ 的行向量为 $\boldsymbol{b}_i^{\tau}$，$i = 1, 2, \cdots, p$。Drmac 的乘积奇异值分解算法如下。

算法 5.3.1 乘积奇异值分解 PSVD(B, C)[145]

步骤 1 计算 $\boldsymbol{B}_{\tau} = \text{diag}(\|\boldsymbol{b}_1^{\tau}\|_2, \|\boldsymbol{b}_2^{\tau}\|_2, \cdots, \|\boldsymbol{b}_p^{\tau}\|_2)$，令 $\boldsymbol{B}_1 = \boldsymbol{B}_{\tau}^{\dagger}\boldsymbol{B}, \boldsymbol{C}_1 = \boldsymbol{B}_{\tau}\boldsymbol{C}$。

步骤 2 计算 $\boldsymbol{C}_1^{\text{T}}$ 的 QR 分解，即

$$\boldsymbol{C}_1^{\text{T}}\boldsymbol{\Pi} = \boldsymbol{Q}\begin{bmatrix} \boldsymbol{R} \\ \boldsymbol{O}_{(n-r)\times p} \end{bmatrix}$$

其中，$\boldsymbol{R} \in \mathbb{R}^{r\times p}$, $\text{rank}(\boldsymbol{R}) = r$；$\boldsymbol{Q}$ 为正交矩阵。

步骤 3 利用标准矩阵乘法计算矩阵 $\boldsymbol{F} = \boldsymbol{B}_1^{\text{T}}\boldsymbol{\Pi}\boldsymbol{R}^{\text{T}}$。

步骤 4 计算矩阵 $\boldsymbol{F}$ 的 QR 分解 (最好使用列旋转的 Householder QR 分解算法)

$$\boldsymbol{F}\boldsymbol{\Pi}_F = \boldsymbol{Q}_F\begin{bmatrix} \boldsymbol{R}_F \\ \boldsymbol{O} \end{bmatrix}$$

步骤 5 对转置矩阵 $\boldsymbol{R}_F^{\text{T}}$ 应用奇异值分解的右边 Jacobi 算法 (算法 5.3.1)，计算 $\boldsymbol{R}_F$ 的奇异值分解 $\boldsymbol{\Sigma} = \boldsymbol{V}^{\text{T}}\boldsymbol{R}_F\boldsymbol{W}$。

输出 矩阵乘积 $\boldsymbol{B}^{\mathrm{T}}\boldsymbol{C}$ 的奇异值分解结果为

$$\begin{bmatrix}\boldsymbol{\Sigma}\oplus\boldsymbol{O}\\ \boldsymbol{O}\end{bmatrix}=\begin{bmatrix}\boldsymbol{V}^{\mathrm{T}} & \\ & \boldsymbol{I}\end{bmatrix}\boldsymbol{Q}_F^{\mathrm{T}}\left(\boldsymbol{B}^{\mathrm{T}}\boldsymbol{C}\right)[\boldsymbol{Q}(\boldsymbol{W}\oplus\boldsymbol{I}_{n-p})]$$

式中，$\boldsymbol{A}\oplus\boldsymbol{D}$ 表示矩阵 $\boldsymbol{A}$ 与 $\boldsymbol{D}$ 的直和。

在上述算法中，对角矩阵 $\boldsymbol{D}=\mathrm{diag}(d_1,d_2,\cdots,d_p)$ 的广义逆矩阵 $\boldsymbol{D}^{\dagger}$ 仍然为对角矩阵，其对角元素为 $1/d_i$ ($d_i\neq 0$) 或 $0\,(d_i=0)$。

计算矩阵乘积 $\boldsymbol{B}^{\mathrm{T}}\boldsymbol{C}$ 的奇异值分解的上述算法已被推广到三个矩阵乘积的奇异值分解的精确计算[147]。令

$$\boldsymbol{A}=\boldsymbol{B}^{\mathrm{T}}\boldsymbol{S}\boldsymbol{C} \tag{5.3.5}$$

式中，$\boldsymbol{B}\in\mathbb{R}^{p\times m}$，$\boldsymbol{S}\in\mathbb{R}^{p\times q}$，$\boldsymbol{C}\in\mathbb{R}^{q\times n}$，$p\leqslant m$，$q\leqslant n$。

满足正则条件

$$\mathrm{rank}(\boldsymbol{B})=p,\ \mathrm{rank}(\boldsymbol{C})=q,\ \mathrm{rank}(\boldsymbol{S})=\rho=\min\{p,q\} \tag{5.3.6}$$

的三个矩阵 $(\boldsymbol{B},\boldsymbol{S},\boldsymbol{C})$ 称为正则矩阵三元组 (regular matrix triplet)[147]。在这种情况下，矩阵 $\boldsymbol{A}$ 将有 $\min\{m,n\}-\rho=\min\{m,n\}-\min\{p,q\}$ 个确定的零奇异值。现在的问题是，用尽可能高的相对精度计算其他非零奇异值。

下面是 Drmac 于 2000 年提出的两种算法[147]。

算法 5.3.2 三矩阵乘积 $\boldsymbol{B}^{\mathrm{T}}\boldsymbol{S}\boldsymbol{C}$ 的奇异值分解 PSVD (B,S,C))[147]

输入 $\boldsymbol{B}\in\mathbb{R}^{p\times m}$，$\boldsymbol{S}\in\mathbb{R}^{p\times q}$，$\boldsymbol{C}\in\mathbb{R}^{q\times n}$，$p\leqslant m$，$q\leqslant n$。

步骤 1 计算 $\boldsymbol{B}_\tau=\mathrm{diag}(\|\boldsymbol{b}_1^\tau\|_2,\cdots,\|\boldsymbol{b}_p^\tau\|_2),\boldsymbol{C}_\tau=\mathrm{diag}(\|\boldsymbol{c}_1^\tau\|_2,\cdots,\|\boldsymbol{c}_c^\tau\|_2)$，其中，$\boldsymbol{b}_i^\tau(i=1,\cdots,p)$ 和 $\boldsymbol{c}_j^\tau(j=1,\cdots,q)$ 分别是矩阵 $\boldsymbol{B}$ 和 $\boldsymbol{C}$ 的行向量。然后，令 $\boldsymbol{B}_1=\boldsymbol{B}_\tau^\dagger\boldsymbol{B},\boldsymbol{C}_1=\boldsymbol{C}_\tau^\dagger\boldsymbol{C},\boldsymbol{S}_1=\boldsymbol{B}_\tau\boldsymbol{S}\boldsymbol{C}_\tau$。

步骤 2 利用行和列旋转计算矩阵 $\boldsymbol{S}_1$ 的 LU 分解

$$\boldsymbol{\Pi}_1\boldsymbol{S}_1\boldsymbol{\Pi}_2=\boldsymbol{L}\boldsymbol{U}$$

式中

$$\boldsymbol{L}\in\mathbb{R}^{p\times p},\ \boldsymbol{U}\in\mathbb{R}^{p\times q},\quad \rho=\mathrm{rank}(\boldsymbol{L})=\mathrm{rank}(\boldsymbol{U}),\ L_{ii}=1,\ 1\leqslant i\leqslant\rho$$

步骤 3 利用标准的矩阵乘法运算计算

$$\boldsymbol{M}=\boldsymbol{L}^{\mathrm{T}}\boldsymbol{\Pi}_1\boldsymbol{B}_1,\qquad \boldsymbol{N}=\boldsymbol{U}\boldsymbol{\Pi}_2^{\mathrm{T}}\boldsymbol{C}_1$$

应用算法 5.3.1 直接得到 $\boldsymbol{M}^{\mathrm{T}}\boldsymbol{N}$ 的奇异值分解。

输出 三矩阵乘积 $\boldsymbol{B}^{\mathrm{T}}\boldsymbol{S}\boldsymbol{C}$ 的奇异值分解为

$$\begin{bmatrix}\boldsymbol{\Sigma}\oplus\boldsymbol{O}\\ \boldsymbol{O}\end{bmatrix}=\begin{bmatrix}\boldsymbol{V}^{\mathrm{T}} & \\ & \boldsymbol{I}\end{bmatrix}\boldsymbol{Q}_F^{\mathrm{T}}\left(\boldsymbol{B}^{\mathrm{T}}\boldsymbol{S}\boldsymbol{C}\right)(\boldsymbol{Q}(\boldsymbol{W}\oplus\boldsymbol{I}_{n-p}))$$

式中，$\boldsymbol{Q},\boldsymbol{Q}_F,\boldsymbol{V}$ 和 $\boldsymbol{W}$ 为在步骤 3 中使用算法 5.3.1 得到的结果。

算法 5.3.3 三矩阵乘积 $\boldsymbol{B}^{\mathrm{T}}\boldsymbol{S}^{-1}\boldsymbol{C}$ 的奇异值分解 PSVD (B, S^{-1}, C) [147]

输入 $\boldsymbol{B}\in\mathbb{R}^{p\times m}$, $\boldsymbol{S}\in\mathbb{R}^{p\times p}$, $\boldsymbol{C}\in\mathbb{R}^{p\times n}$, $\mathrm{rank}(\boldsymbol{S})=p$。

步骤 1 计算

$$
\begin{aligned}
\boldsymbol{B}_\tau &= \mathrm{diag}(\|\boldsymbol{b}_1^\tau\|_2, \|, \cdots, \|\boldsymbol{b}_p^\tau\|_2) \\
\boldsymbol{C}_\tau &= \mathrm{diag}(\|\boldsymbol{c}_1^\tau\|_2, \cdots, \|\boldsymbol{c}_c^\tau\|_2)
\end{aligned}
$$

其中，$\boldsymbol{b}_i^\tau(i=1,2,\cdots,p)$ 和 $\boldsymbol{c}_j^\tau(j=1,2,\cdots,q)$ 分别是矩阵 $\boldsymbol{B}$ 和 $\boldsymbol{C}$ 的行向量。然后，令 $\boldsymbol{B}_1=\boldsymbol{B}_\tau^{-1}\boldsymbol{B},\boldsymbol{C}_1=\boldsymbol{C}_\tau^{-1}\boldsymbol{C},\boldsymbol{S}_1=\boldsymbol{C}_\tau^{-1}\boldsymbol{S}\boldsymbol{B}_\tau^{-1}$。

步骤 2 利用行和列旋转计算矩阵 $\boldsymbol{S}_1$ 的 LU 分解

$$
\boldsymbol{\Pi}_1\boldsymbol{S}_1\boldsymbol{\Pi}_2=\boldsymbol{L}\boldsymbol{U}, \qquad L_{ii}=1,\ 1\leqslant i\leqslant p
$$

步骤 3 利用标准的矩阵乘法运算计算

$$
\boldsymbol{M}=\boldsymbol{U}^{-\mathrm{T}}\boldsymbol{\Pi}_2\boldsymbol{B}_1, \qquad \boldsymbol{N}=\boldsymbol{L}^{-1}\boldsymbol{\Pi}_1^{\mathrm{T}}\boldsymbol{C}_1
$$

应用算法 5.3.1 直接得到 $\boldsymbol{M}^{\mathrm{T}}\boldsymbol{N}$ 的奇异值分解。

输出 三矩阵乘积 $\boldsymbol{B}^{\mathrm{T}}\boldsymbol{S}^{-1}\boldsymbol{C}$ 的奇异值分解为

$$
\begin{bmatrix}\boldsymbol{\Sigma}\oplus\boldsymbol{O}\\ \boldsymbol{O}\end{bmatrix}=\begin{bmatrix}\boldsymbol{V}^{\mathrm{T}} & \\ & \boldsymbol{I}\end{bmatrix}\boldsymbol{Q}_F^{\mathrm{T}}\left(\boldsymbol{B}^{\mathrm{T}}\boldsymbol{S}^{-1}\boldsymbol{C}\right)(\boldsymbol{Q}(\boldsymbol{W}\oplus\boldsymbol{I}_{n-p}))
$$

式中，$\boldsymbol{Q},\boldsymbol{Q}_F,\boldsymbol{V}$ 和 $\boldsymbol{W}$ 为在步骤 3 中使用算法 5.3.1 得到的结果。

5.4 奇异值分解的应用

奇异值分解已广泛应用于许多工程问题的解决中。例如，仅奇异值分解与信号处理的国际学术专题讨论会的论文集就有多部 (例如文献 [350]，文献 [197] 等)。本节选择系统辨识和信号处理中的几个典型例子介绍奇异值分解的应用。

5.4.1 静态系统的奇异值分解

以电子器件为例，我们来考虑静态系统的奇异值分解。假定某电子器件的电压 v 和电流 i 之间存在下列关系 (即静态系统模型为)

$$
\underbrace{\begin{bmatrix}1 & -1 & 0 & 0\\ 0 & 0 & 1 & 1\end{bmatrix}}_{\boldsymbol{F}}\begin{bmatrix}v_1\\ v_2\\ i_1\\ i_2\end{bmatrix}=\begin{bmatrix}0\\ 0\end{bmatrix} \tag{5.4.1}
$$

矩阵 $\boldsymbol{F}$ 的元素限定取 v_1,v_2,i_1,i_2 的允许值。

如果所用的电压和电流测量装置具有相同的精度 (比如 1%)，那么我们就可以很容易检测任何一组测量值是或不是式 (5.4.1) 在期望的精度范围内的解。假定用各种方法得到另外一个矩阵表达式

$$\begin{bmatrix} 1 & -1 & 10^6 & 10^6 \\ 0 & 0 & 1 & 1 \end{bmatrix} \begin{bmatrix} v_1 \\ v_2 \\ i_1 \\ i_2 \end{bmatrix} = \begin{bmatrix} 0 \\ 0 \end{bmatrix} \tag{5.4.2}$$

显然，只有当电流非常精确测量时，一组 v_1, v_2, i_1, i_2 测量值才会以合适的精度满足式 (5.4.2)；而对于电流测量有 1% 测量误差的一般情况，式 (5.4.2) 与静态系统模型 (5.4.1) 是大相径庭的：式 (5.4.1) 给出的电压关系为 $v_1 - v_2 = 0$，而由于 $i_1 + i_2 = 0.01$ 的测量误差，式 (5.4.2) 给出的电压关系则是 $v_1 - v_2 + 10^4 = 0$。然而，从代数的角度看，式 (5.4.1) 和式 (5.4.2) 是完全等价的。因此，我们希望能够有某些手段来比较几种代数等价的模型表示，以确定哪一个是我们所希望的、适用一般而不是特殊情况的通用静态系统模型。解决这个问题的基本数学工具就是奇异值分解。

更一般地，我们考虑 n 个电阻的静态系统方程[108]

$$\boldsymbol{F} \begin{bmatrix} \boldsymbol{v} \\ \boldsymbol{i} \end{bmatrix} = 0 \tag{5.4.3}$$

式中，$\boldsymbol{F}$ 是一个 $m \times n$ 矩阵。为了简化表示，我们将一些不变的补偿项撤去了。这样一种表达式是非常通用的，它可以来自某些物理装置 (例如线性化的物理方程) 和网络方程。矩阵 $\boldsymbol{F}$ 对数据的精确部分和非精确部分的作用可以利用奇异值分解来进行分析。令 $\boldsymbol{F}$ 的奇异值分解为

$$\boldsymbol{F} = \boldsymbol{U}^{\mathrm{T}} \boldsymbol{\Sigma} \boldsymbol{V} \tag{5.4.4}$$

于是，精确部分和非精确部分的各个分量被矩阵 $\boldsymbol{F}$ 的奇异值 $\sigma_1, \sigma_2, \cdots, \sigma_r, 0, \cdots, 0$ 做不同的大小改变。如果式 (5.4.3) 是物理装置设计的准确规格，那么矩阵 $\boldsymbol{F}$ 的奇异值分解将提供一个代数等价，但在数值上是最可靠的设计方程。注意到 $\boldsymbol{U}$ 是一正交矩阵，所以由式 (5.4.3) 和式 (5.4.4) 有

$$\boldsymbol{\Sigma V} \begin{bmatrix} \boldsymbol{v} \\ \boldsymbol{i} \end{bmatrix} = \boldsymbol{0} \tag{5.4.5}$$

若将对角矩阵 $\boldsymbol{\Sigma}$ 分块为

$$\boldsymbol{\Sigma} = \begin{bmatrix} \boldsymbol{\Sigma}_1 & \boldsymbol{O} \\ \boldsymbol{O} & \boldsymbol{O} \end{bmatrix}$$

并将正交矩阵 $\boldsymbol{V}$ 作相应的分块，即

$$\boldsymbol{V} = \begin{bmatrix} \boldsymbol{A} & \boldsymbol{B} \\ \boldsymbol{C} & \boldsymbol{D} \end{bmatrix}$$

其中，$[\boldsymbol{A}, \boldsymbol{B}]$ 是 $\boldsymbol{V}$ 最上面的 r 行，则式 (5.4.5) 可以写作

$$\begin{bmatrix} \boldsymbol{\Sigma}_1 & \boldsymbol{O} \\ \boldsymbol{O} & \boldsymbol{O} \end{bmatrix} \begin{bmatrix} \boldsymbol{A} & \boldsymbol{B} \\ \boldsymbol{C} & \boldsymbol{D} \end{bmatrix} \begin{bmatrix} \boldsymbol{v} \\ \boldsymbol{i} \end{bmatrix} = \boldsymbol{0}$$

从而，我们可以得到与式 (5.4.3) 在代数上等价，但在数值上是最可靠的表达式

$$[\boldsymbol{A},\ \boldsymbol{B}]\begin{bmatrix}\boldsymbol{v}\\ \boldsymbol{i}\end{bmatrix}=\boldsymbol{0} \tag{5.4.6}$$

如果式 (5.4.3) 是物理装置的不精确模型，则对角矩阵的对角线上就不会出现零奇异值。这时，我们就不能够直接使用式 (5.4.6)。在这种情况下，我们需要对模型进行修正，方法是令所有奇异值 $\sigma_s,\sigma_{s+1},\cdots$ 等于零，其中，s 是满足 σ_s/σ_1 小于矩阵 $\boldsymbol{F}$ 的元素所允许的精确度 (即物理装置的测量精确度) 的最小整数。于是，式 (5.4.6) 中的 $[\boldsymbol{A},\ \boldsymbol{B}]$ 修正为 $\boldsymbol{V}$ 的最上面 $s-1$ 行。有关结果表明，这样一种修正可以使参数的变化限制在预先设定的误差范围内 [108]。

现在考虑一个电阻性的多端对 (电阻、电导、混合参数、传导和散射等) 的不同表达式，目的是寻找一个尽可能最优的表达式。例如，使用端对坐标 x 和 y 时，电阻性多端对的显式表示则为 [108]

$$\boldsymbol{y}=\boldsymbol{\Lambda x},\qquad \begin{bmatrix}\boldsymbol{y}\\ \boldsymbol{x}\end{bmatrix}=\boldsymbol{\Omega}\begin{bmatrix}\boldsymbol{v}\\ \boldsymbol{i}\end{bmatrix} \tag{5.4.7}$$

通过选择合适的坐标变换 $\boldsymbol{\Omega}$，就可以得到电阻、电导、任意混合参数或传导的表达式。于是，矩阵 $\boldsymbol{\Lambda}$ 的条件数就代表从 $\boldsymbol{x}$ 到 $\boldsymbol{y}$ 的信噪比放大倍数的上限。如果 $\boldsymbol{\Lambda}$ 可逆，则该条件数也是从 $\boldsymbol{y}$ 到 $\boldsymbol{x}$ 的信噪比放大倍数的上限。因此，不同的表达式就可以根据它们的条件数进行排队。这就使得所有参数化表达式一目了然。显然，最优的情况是条件数 $\text{cond}(\boldsymbol{A})=1$ 或 $\boldsymbol{\Lambda}$ 是一正交矩阵 (包含一比例因子)。一个自然会问的问题是，任何一个多端对的电阻器是否有一个最优的表达式？也就是说，是否存在使得 $\text{cond}(\boldsymbol{\Lambda})=1$ 的正交矩阵$\boldsymbol{\Lambda}$？为此，让我们来看一个 n 维 n 端对的电阻器的隐含表达式

$$\boldsymbol{F}\begin{bmatrix}\boldsymbol{v}\\ \boldsymbol{i}\end{bmatrix}=\boldsymbol{0},\qquad \text{rank}(\boldsymbol{F})=n \tag{5.4.8}$$

应用 $\boldsymbol{F}$ 的奇异值分解式 (5.4.4)，即可得到式 (5.4.6)，其中，$r=n$。选择正交坐标变换

$$\begin{bmatrix}\boldsymbol{y}\\ \boldsymbol{x}\end{bmatrix}=\underbrace{\begin{bmatrix}\boldsymbol{I}/\sqrt{2} & \boldsymbol{I}/\sqrt{2}\\ -\boldsymbol{I}/\sqrt{2} & \boldsymbol{I}/\sqrt{2}\end{bmatrix}\begin{bmatrix}\boldsymbol{A} & \boldsymbol{B}\\ \boldsymbol{C} & \boldsymbol{D}\end{bmatrix}}_{\boldsymbol{\Omega}}\begin{bmatrix}\boldsymbol{v}\\ \boldsymbol{i}\end{bmatrix} \tag{5.4.9}$$

这样一来，就可以利用 $\boldsymbol{\Omega}$ 的正交性 $\boldsymbol{\Omega}^{-1}=\boldsymbol{Q}^{\mathrm{T}}$，将隐含表达式 (5.4.6) 表示成

$$\begin{aligned}[\boldsymbol{A},\ \boldsymbol{B}]\begin{bmatrix}\boldsymbol{v}\\ \boldsymbol{i}\end{bmatrix}&=[\boldsymbol{A},\ \boldsymbol{B}]\begin{bmatrix}\boldsymbol{A}^{\mathrm{T}} & \boldsymbol{C}^{\mathrm{T}}\\ \boldsymbol{B}^{\mathrm{T}} & \boldsymbol{D}^{\mathrm{T}}\end{bmatrix}\begin{bmatrix}\boldsymbol{I}/\sqrt{2} & -\boldsymbol{I}/\sqrt{2}\\ \boldsymbol{I}/\sqrt{2} & \boldsymbol{I}/\sqrt{2}\end{bmatrix}\begin{bmatrix}\boldsymbol{y}\\ \boldsymbol{x}\end{bmatrix}\\ &=[\boldsymbol{I},\boldsymbol{O}]\begin{bmatrix}\boldsymbol{I}/\sqrt{2} & -\boldsymbol{I}/\sqrt{2}\\ \boldsymbol{I}/\sqrt{2} & \boldsymbol{I}/\sqrt{2}\end{bmatrix}\begin{bmatrix}\boldsymbol{y}\\ \boldsymbol{x}\end{bmatrix}=\boldsymbol{0}\end{aligned}$$

即有

$$[\boldsymbol{I}/\sqrt{2},\ -\boldsymbol{I}/\sqrt{2}]\begin{bmatrix}\boldsymbol{y}\\ \boldsymbol{x}\end{bmatrix}=\boldsymbol{0}\ \Rightarrow\ \boldsymbol{y}=\boldsymbol{x} \tag{5.4.10}$$

于是，可以得出结论：利用式 (5.4.4) 的奇异值分解可以得到式 (5.4.9) 的正交变换，而通过此正交变换，即可得到一个在数值上最优的显式关系 $\boldsymbol{y}=\boldsymbol{x}$。

5.4.2 图像压缩

奇异值分解在图像处理中有着重要应用。假定一幅图像有 $n \times n$ 个像素，如果将这 n^2 个数据一起传送，往往会显得数据量太大。因此，我们希望能够改为传送另外一些比较少的数据，并且在接收端还能够利用这些传送的数据重构原图像。

不妨用 $n \times n$ 矩阵 $\boldsymbol{A}$ 表示要传送的原 $n \times n$ 个像素。假定对矩阵 $\boldsymbol{A}$ 进行奇异值分解，便得到 $\boldsymbol{A} = \boldsymbol{U\Sigma V}^{\mathrm{T}}$，其中，奇异值按照从大到小的顺序排列。如果从中选择 k 个大奇异值以及与这些奇异值对应的左和右奇异向量逼近原图像，便可以共使用 $k(2n+1)$ 个数值代替原来的 $n \times n$ 个图像数据。这 $k(2n+1)$ 个被选择的新数据是矩阵 $\boldsymbol{A}$ 的前 k 个奇异值、$n \times n$ 左奇异向量矩阵 $\boldsymbol{U}$ 的前 k 列和 $n \times n$ 右奇异向量矩阵 $\boldsymbol{V}$ 的前 k 列的元素。

比率

$$\rho = \frac{n^2}{k(2n+1)} \tag{5.4.11}$$

称为图像的压缩比。显然，被选择的大奇异值的个数 k 应该满足条件 $k(2n+1) < n^2$ 即 $k < \frac{n^2}{2n+1}$。因此，我们在传送图像的过程中，就无须传送 $n \times n$ 个原始数据，而只需要传送 $k(2n+1)$ 个有关奇异值和奇异向量的数据即可。在接收端，在接收到奇异值 $\sigma_1, \sigma_2, \cdots, \sigma_k$ 以及左奇异向量 $\boldsymbol{u}_1, \boldsymbol{u}_2, \cdots, \boldsymbol{u}_k$ 和右奇异向量 $\boldsymbol{v}_1, \boldsymbol{v}_2, \cdots, \boldsymbol{v}_k$ 后，即可通过截尾的奇异值分解公式

$$\hat{\boldsymbol{A}} = \sum_{i=1}^{k} \sigma_i \boldsymbol{u}_i \boldsymbol{v}_i^{\mathrm{T}} \tag{5.4.12}$$

重构出原图像。

一个容易理解的事实是：若 k 值偏小，即压缩比 ρ 偏大，则重构的图像的质量有可能不能令人满意。反之，过大的 k 值又会导致压缩比过小，从而降低图像压缩和传送的效率。因此，需要根据不同种类的图像，选择合适的压缩比，以兼顾图像传送效率和重构质量。

5.5 广义奇异值分解

前面介绍了一个矩阵的奇异值分解和两个矩阵乘积的奇异值分解。本节将讨论两个矩阵组成的矩阵束 $(\boldsymbol{A}, \boldsymbol{B})$ 的奇异值分解。这种分解称为广义奇异值分解。

5.5.1 广义奇异值分解的定义与性质

广义奇异值分解 (GSVD) 方法是 Van Loan 于 1976 年最早提出来[493]。

定理 5.5.1 (广义奇异值分解 1)[493]　若 $\boldsymbol{A} \in \mathbb{C}^{m \times n}, m \geqslant n$ 和 $\boldsymbol{B} \in \mathbb{C}^{p \times n}$，则存在酉

矩阵 $\boldsymbol{U} \in \mathbb{C}^{m\times m}$ 和 $\boldsymbol{V} \in \mathbb{C}^{p\times p}$ 以及非奇异矩阵 $\boldsymbol{Q} \in \mathbb{C}^{n\times n}$，使得

$$\boldsymbol{UAQ} = [\overset{k}{\boldsymbol{\Sigma}_A} \quad \overset{n-k}{\boldsymbol{O}}], \qquad \boldsymbol{\Sigma}_A = \begin{bmatrix} \boldsymbol{I}_r & & \\ & \boldsymbol{S}_A & \\ & & \boldsymbol{O}_A \end{bmatrix} \tag{5.5.1}$$

$$\boldsymbol{VBQ} = [\overset{k}{\boldsymbol{\Sigma}_B} \quad \overset{n-k}{\boldsymbol{O}}], \qquad \boldsymbol{\Sigma}_B = \begin{bmatrix} \boldsymbol{O}_B & & \\ & \boldsymbol{S}_B & \\ & & \boldsymbol{I}_{k-r-s} \end{bmatrix} \tag{5.5.2}$$

式中

$$\boldsymbol{S}_A = \text{diag}(\alpha_{r+1}, \alpha_{r+2}, \cdots, \alpha_{r+s}), \quad \boldsymbol{S}_B = \text{diag}(\beta_{r+1}, \beta_{r+2}, \cdots, \beta_{r+s}) \tag{5.5.3}$$

$$\left.\begin{aligned} 1 > \alpha_{r+1} \geqslant \cdots \geqslant \alpha_{r+s} > 0 \\ 0 < \beta_{r+1} \leqslant \cdots \leqslant \beta_{r+s} < 1 \\ \alpha_i^2 + \beta_i^2 = 1, \quad i = r+1, r+2, \cdots, r+s \end{aligned}\right\} \tag{5.5.4}$$

整数 k, r 和 s 分别为

$$k = \text{rank}\begin{bmatrix}\boldsymbol{A}\\ \boldsymbol{B}\end{bmatrix}, \qquad r = \text{rank}\begin{bmatrix}\boldsymbol{A}\\ \boldsymbol{B}\end{bmatrix} - \text{rank}(\boldsymbol{B})$$

和

$$s = \text{rank}(\boldsymbol{A}) + \text{rank}(\boldsymbol{B}) - \text{rank}\begin{bmatrix}\boldsymbol{A}\\ \boldsymbol{B}\end{bmatrix}$$

本定理有多种证明方法，可参见 Van Loan [493]，Paige 与 Saunders [389]，Golub 与 Van Loan [198] 和 Zha [537] 的证明。

根据文献 [493]，式 (5.5.1) 的对角矩阵 $\boldsymbol{\Sigma}_A$ 和式 (5.5.2) 的对角矩阵 $\boldsymbol{\Sigma}_B$ 的对角线上的元素组成广义奇异值对 (α_i, β_i)。由 $\boldsymbol{\Sigma}_A$ 和 $\boldsymbol{\Sigma}_B$ 的形式，前 k 个广义奇异值对分为三种情况

$$\alpha_i = 1, \quad \beta_i = 0, \quad i = 1, 2, \cdots, r$$

$$\alpha_i, \beta_i \quad (\boldsymbol{S}_A \text{ 和 } \boldsymbol{S}_B \text{ 的元素}), \quad i = r+1, r+2, \cdots, r+s$$

$$\alpha_i = 0, \quad \beta_i = 1, \quad i = r+s+1, r+s+2, \cdots, k$$

这 k 个奇异值对 (α_i, β_i) 统称矩阵束 $(\boldsymbol{A}, \boldsymbol{B})$ 的非平凡广义奇异值对；而 $\alpha_i/\beta_i\,(i = 1, 2, \cdots, k)$ 称为矩阵束 $(\boldsymbol{A}, \boldsymbol{B})$ 的非平凡广义奇异值 (包括无穷大，有限值和零)。反之，对应于式 (5.5.1) 和式 (5.5.2) 中零列向量的另外 $n-k$ 对广义奇异值则称为矩阵束 $(\boldsymbol{A}, \boldsymbol{B})$ 的平凡广义奇异值对。

定理 5.5.1 限制矩阵 $\boldsymbol{A}$ 的列数不得大于行数。当矩阵 $\boldsymbol{A}$ 的维数不满足这一限制时，定理 5.5.1 便不能适用。Paige 与 Saunders [389] 推广了定理 5.5.1，提出了具有相同列数的任意矩阵束 $(\boldsymbol{A}, \boldsymbol{B})$ 的广义奇异值分解。

定理 5.5.2 (广义奇异值分解 2)[389] 假定矩阵 $\boldsymbol{A} \in \mathbb{C}^{m\times n}$ 和 $\boldsymbol{B} \in \mathbb{C}^{p\times n}$，则对于分块矩阵

$$\boldsymbol{K} = \begin{bmatrix} \boldsymbol{A} \\ \boldsymbol{B} \end{bmatrix}, \quad t = \text{rank}(\boldsymbol{K})$$

存在酉矩阵

$$\boldsymbol{U} \in \mathbb{C}^{m\times m}, \quad \boldsymbol{V} \in \mathbb{C}^{p\times p}, \quad \boldsymbol{W} \in \mathbb{C}^{t\times t}, \quad \boldsymbol{Q} \in \mathbb{C}^{n\times n}$$

使得

$$\boldsymbol{U}^{\text{H}}\boldsymbol{A}\boldsymbol{Q} = \boldsymbol{\Sigma}_A[\underbrace{\boldsymbol{W}^{\text{H}}\boldsymbol{R}}_{t}, \underbrace{\boldsymbol{O}}_{n-t}]$$
$$\boldsymbol{V}^{\text{H}}\boldsymbol{B}\boldsymbol{Q} = \boldsymbol{\Sigma}_B[\underbrace{\boldsymbol{W}^{\text{H}}\boldsymbol{R}}_{t}, \underbrace{\boldsymbol{O}}_{n-t}]$$

式中

$$\underset{m\times t}{\boldsymbol{\Sigma}_A} = \begin{bmatrix} \boldsymbol{I}_A & & \\ & \boldsymbol{D}_A & \\ & & \boldsymbol{O}_A \end{bmatrix}, \qquad \underset{p\times t}{\boldsymbol{\Sigma}_B} = \begin{bmatrix} \boldsymbol{I}_B & & \\ & \boldsymbol{D}_B & \\ & & \boldsymbol{O}_B \end{bmatrix} \tag{5.5.5}$$

并且 $\boldsymbol{R} \in \mathbb{C}^{t\times t}$ 非奇异，其奇异值等于矩阵 $\boldsymbol{K}$ 的非零奇异值。矩阵 $\boldsymbol{I}_A$ 为 $r\times r$ 单位矩阵，$\boldsymbol{I}_B$ 为 $(t-r-s)\times(t-r-s)$ 单位矩阵，其中，r 和 s 的值与所给数据有关，且 $\boldsymbol{O}_A$ 和 $\boldsymbol{O}_B$ 分别为 $(m-r-s)\times(t-r-s)$ 维和 $(p-t+r)\times r$ 维零矩阵 (这两个零矩阵有可能没有任何行或任何列)，而

$$\boldsymbol{D}_A = \text{diag}(\alpha_{r+1}, \alpha_{r+2}, \cdots, \alpha_{r+s}), \qquad \boldsymbol{D}_B = \text{diag}(\beta_{r+1}, \beta_{r+2}, \cdots, \beta_{r+s})$$

满足

$$1 > \alpha_{r+1} \geqslant \alpha_{r+2} \geqslant \cdots \geqslant \alpha_{r+s} > 0, \quad 0 < \beta_{r+1} \leqslant \beta_{r+2} \leqslant \cdots \leqslant \beta_{r+s} < 1$$

和

$$\alpha_i^2 + \beta_i^2 = 1, \quad i = r+1, r+2, \cdots, r+s$$

证明 参见文献 [243]。

下面是有关广义奇异值分解的几点注释。

注释 1 由 $(\boldsymbol{A}, \boldsymbol{B})$ 的广义奇异值分解与 $\boldsymbol{A}\boldsymbol{B}^{-1}$ 的奇异值分解之间的等价性显见，若矩阵 $\boldsymbol{B}$ 为单位矩阵 ($\boldsymbol{B} = \boldsymbol{I}$)，则广义奇异值分解简化为普通的奇异值分解。这一观察结果也可从广义奇异值的定义直接得出。这是因为，单位矩阵的奇异值全部等于 1，从而矩阵束 $(\boldsymbol{A}, \boldsymbol{I})$ 的广义奇异值与 $\boldsymbol{A}$ 的奇异值等价。

注释 2 当矩阵 $\boldsymbol{B}$ 非奇异时，矩阵束 $\{\boldsymbol{A}, \boldsymbol{B}\}$ 的广义奇异值分解等同于矩阵乘积 $\boldsymbol{A}\boldsymbol{B}^{-1}$ 的奇异值分解。由于 $\boldsymbol{A}\boldsymbol{B}^{-1}$ 具有类似于商的形式，以及广义奇异值本身就是矩阵 $\boldsymbol{A}$ 和 $\boldsymbol{B}$ 的奇异值之商，所以广义奇异值分解有时也被称作商奇异值分解 (quotient singular value decomposition, QSVD)。

注释 3 如果矩阵 $\boldsymbol{B}$ 不是正方的，或者 $\boldsymbol{B}$ 是奇异的正方矩阵，则 $\boldsymbol{AB}^{\dagger}$ (其中，$\boldsymbol{B}^{\dagger}$ 是 $\boldsymbol{B}$ 的 Moore-Perrose 广义逆) 的奇异值不一定对应为矩阵束 $(\boldsymbol{A},\boldsymbol{B})$ 的广义奇异值。更严格地，有以下结论。

定理 5.5.3[537] 定义

$$\boldsymbol{B}_A^{\dagger}=\boldsymbol{Q}\begin{bmatrix}\boldsymbol{O}_B^{\mathrm{H}} & & \\ & \boldsymbol{S}_B^{-1} & \\ & & I\end{bmatrix}\boldsymbol{V}$$

若 $\mathrm{rank}[\boldsymbol{A}^{\mathrm{H}},\boldsymbol{B}^{\mathrm{H}}]^{\mathrm{H}}=n$，则 $\boldsymbol{B}_A^{\dagger}$ 是唯一定义的，并且 $\boldsymbol{AB}_A^{\dagger}$ 的奇异值包含了矩阵束 $(\boldsymbol{A},\boldsymbol{B})$ 的全部有限大的广义奇异值。

应当注意，$\boldsymbol{B}_A^{\dagger}$ 并不是 $\boldsymbol{B}$ 的 Moore-Penrose 广义逆矩阵，因为它只满足 Moore-Penrose 广义逆矩阵的四个条件中的三个条件

$$\boldsymbol{BB}_A^{\dagger}\boldsymbol{B}=\boldsymbol{B} \tag{5.5.6}$$

$$\boldsymbol{B}_A^{\dagger}\boldsymbol{BB}_A^{\dagger}=\boldsymbol{B}_A^{\dagger} \tag{5.5.7}$$

$$(\boldsymbol{BB}_A^{\dagger})^{\mathrm{H}}=\boldsymbol{BB}_A^{\dagger} \tag{5.5.8}$$

下面的定理表明，$\boldsymbol{B}_A^{\dagger}$ 是一种约束最小化问题的唯一解。

定理 5.5.4[537] 若 $[\boldsymbol{A}^{\mathrm{H}},\boldsymbol{B}^{\mathrm{H}}]^{\mathrm{H}}$ 满列秩，则 $\boldsymbol{B}_A^{\dagger}$ 是下列约束极小化问题的唯一解

$$\min_{X\in\mathbb{C}^{n\times q}}\|\boldsymbol{AX}\|_{\mathrm{F}} \tag{5.5.9}$$

$$\text{subject to}\quad \boldsymbol{BXB}=\boldsymbol{B},\ \boldsymbol{XBX}=\boldsymbol{X},\ (\boldsymbol{BX})^{\mathrm{H}}=\boldsymbol{BX}$$

且 $\|\boldsymbol{AX}\|_{\mathrm{F}}$ 的极小化值为 $\sqrt{\sum_{i=r+1}^{r+s}(\alpha_i/\beta_i)^2}$。

5.5.2 广义奇异值分解的实际算法

如果 $\boldsymbol{A}$ 或 $\boldsymbol{B}$ 相对于方程求解是病态的，那么计算 $\boldsymbol{AB}^{-1}$ 通常会导致非常大的数值误差，所以对 $\boldsymbol{AB}^{-1}$ 本身进行奇异值分解一般并不值得推荐采用。一个自然会问的问题是，能否绕开计算 $\boldsymbol{AB}^{-1}$ 这一步，而直接得到 $\boldsymbol{C}=\boldsymbol{AB}^{-1}$ 的奇异值分解？这是完全可能的，因为 $\boldsymbol{C}=\boldsymbol{AB}^{-1}$ 的奇异值分解实质上就是两个矩阵乘积的奇异值分解。

Paige[390] 根据 $\boldsymbol{C}=\boldsymbol{AB}^{-1}$ 的奇异值分解与矩阵乘积的奇异值分解形式上的一致，提出了一种实际的广义奇异值分解算法。这种算法的关键是如何避免矩阵求逆 $\boldsymbol{B}^{-1}$ 以及如何适用于矩阵 $\boldsymbol{B}$ 奇异的一般情况。

先讨论矩阵 $\boldsymbol{B}$ 非奇异的情况。令 $\boldsymbol{A}_{ij}$ 和 $\boldsymbol{B}_{ij}$ 均代表 2×2 矩阵，它们的元素分别位于 $\boldsymbol{A}$ 的第 i,j 行和 $\boldsymbol{B}$ 的第 i,j 列。如果选择酉矩阵 $\boldsymbol{U}$ 和 $\boldsymbol{V}$ 使得

$$\boldsymbol{U}^{\mathrm{H}}\boldsymbol{A}_{ij}\boldsymbol{B}_{ij}^{-1}\boldsymbol{V}=\boldsymbol{S} \tag{5.5.10}$$

是对角矩阵，则

$$\boldsymbol{U}^{\mathrm{H}}\boldsymbol{A}_{ij} = \boldsymbol{S}\boldsymbol{V}^{\mathrm{H}}\boldsymbol{B}_{ij} \tag{5.5.11}$$

结果是，$\boldsymbol{U}^{\mathrm{H}}\boldsymbol{A}_{ij}$ 的第 1 行与 $\boldsymbol{V}^{\mathrm{H}}\boldsymbol{B}_{ij}$ 的第 1 行平行，$\boldsymbol{U}^{\mathrm{H}}\boldsymbol{A}_{ij}$ 的第 2 行与 $\boldsymbol{V}^{\mathrm{H}}\boldsymbol{B}_{ij}$ 的第 2 行平行。因此，如果 $\boldsymbol{Q}$ 是使得 $\boldsymbol{V}^{\mathrm{H}}\boldsymbol{B}_{ij}\boldsymbol{Q}$ 为下三角矩阵的酉矩阵，即

$$(\boldsymbol{V}^{\mathrm{H}}\boldsymbol{B}_{ij})\boldsymbol{Q} = \begin{bmatrix} \times & \otimes \\ \times & \times \end{bmatrix} = \begin{bmatrix} \times & \\ \times & \times \end{bmatrix} \tag{5.5.12}$$

则 $\boldsymbol{U}^{\mathrm{H}}\boldsymbol{A}_{ij}\boldsymbol{Q}$ 也是下三角矩阵。对于 $n \times n$ 上三角矩阵 $\boldsymbol{C} = \boldsymbol{A}\boldsymbol{B}^{-1}$，可以执行 $n(n-1)/2$ 次 2×2 Kogbetliantz 算法，使矩阵 $\boldsymbol{A}, \boldsymbol{B}$ 和 $\boldsymbol{C}$ 在上三角和下三角形式之间来回变换，最后收敛为对角矩阵形式。

广义奇异值分解也可等价叙述为以下定理[198]。

定理 5.5.5 若 $\boldsymbol{A} \in \mathbb{C}^{m_1 \times n}(m_1 \geqslant n)$，$\boldsymbol{B} \in \mathbb{C}^{m_2 \times n}(m_2 \geqslant n)$，则存在一非奇异矩阵 $\boldsymbol{X} \in \mathbb{C}^{n \times n}$ 使得

$$\begin{aligned} \boldsymbol{X}^{\mathrm{H}}(\boldsymbol{A}^{\mathrm{H}}\boldsymbol{A})\boldsymbol{X} &= \boldsymbol{D}_A = \mathrm{diag}(\alpha_1, \alpha_2, \cdots, \alpha_n), \quad \alpha_k \geqslant 0 \\ \boldsymbol{X}^{\mathrm{H}}(\boldsymbol{B}^{\mathrm{H}}\boldsymbol{B})\boldsymbol{X} &= \boldsymbol{D}_B = \mathrm{diag}(\beta_1, \beta_2, \cdots, \beta_n), \quad \beta_k \geqslant 0 \end{aligned}$$

式中，$\sigma_k = \sqrt{\alpha_k/\beta_k}$ 称为矩阵束 $(\boldsymbol{A}, \boldsymbol{B})$ 的广义奇异值，且 $\boldsymbol{X}$ 的列 $\boldsymbol{x}_k$ 称为与 σ_k 对应的广义奇异向量。

定理 5.5.5 给出了计算矩阵束 $(\boldsymbol{A}, \boldsymbol{B})$ 的广义奇异值分解的多种算法。特别地，我们对寻求使 $\boldsymbol{D}_B$ 为单位矩阵的广义奇异向量矩阵 $\boldsymbol{X}$ 更加感兴趣，因为在这一情况下，广义奇异值 σ_k 由 $\sqrt{\alpha_k}$ 直接给出。下面就是这样的两种实际算法。

算法 5.5.1 GSVD 算法 1[494]

步骤 1 计算矩阵的内积 $\boldsymbol{S}_1 = \boldsymbol{A}^{\mathrm{H}}\boldsymbol{A}$ 和 $\boldsymbol{S}_2 = \boldsymbol{B}^{\mathrm{H}}\boldsymbol{B}$。

步骤 2 计算 $\boldsymbol{S}_2$ 的特征值分解 $\boldsymbol{U}_2^{\mathrm{H}}\boldsymbol{S}_2\boldsymbol{U}_2 = \boldsymbol{D} = \mathrm{diag}(\gamma_1, \cdots, \gamma_n)$。

步骤 3 计算 $\boldsymbol{Y} = \boldsymbol{U}_2\boldsymbol{D}^{-1/2}$ 和 $\boldsymbol{C} = \boldsymbol{Y}^{\mathrm{H}}\boldsymbol{S}_1\boldsymbol{Y}$。

步骤 4 计算 $\boldsymbol{C}$ 的特征值分解 $\boldsymbol{Q}^{\mathrm{H}}\boldsymbol{C}\boldsymbol{Q} = \mathrm{diag}(\alpha_1, \cdots, \alpha_n)$，其中，$\boldsymbol{Q}^{\mathrm{H}}\boldsymbol{Q} = \boldsymbol{I}$。

步骤 5 广义奇异向量矩阵为 $\boldsymbol{X} = \boldsymbol{Y}\boldsymbol{Q}$，且广义奇异值为 $\sqrt{\alpha_k}$, $k = 1, \cdots, n$。

算法 5.5.2 GSVD 算法 2[494]

步骤 1 计算 $\boldsymbol{B}$ 的奇异值分解 $\boldsymbol{U}_2^{\mathrm{H}}\boldsymbol{B}\boldsymbol{V}_2 = \boldsymbol{D} = \mathrm{diag}(\gamma_1, \cdots, \gamma_n)$。

步骤 2 计算 $\boldsymbol{Y} = \boldsymbol{V}_2\boldsymbol{D}^{-1}\boldsymbol{V}_2 = \mathrm{diag}(1/\gamma_1, \cdots, 1/\gamma_n)$。

步骤 3 计算 $\boldsymbol{C} = \boldsymbol{A}\boldsymbol{Y}$。

步骤 4 计算矩阵 $\boldsymbol{C}$ 的奇异值分解 $\boldsymbol{U}_1^{\mathrm{H}}\boldsymbol{C}\boldsymbol{V}_1 = \boldsymbol{D}_A = \mathrm{diag}(\alpha_1, \cdots, \alpha_n)$。

步骤 5 $\boldsymbol{X} = \boldsymbol{Y}\boldsymbol{V}_1$ 为广义奇异向量矩阵，而 $\alpha_k, k = 1, 2, \cdots, n$ 直接是矩阵束 $(\boldsymbol{A}, \boldsymbol{B})$ 的广义奇异值。

算法 5.5.1 与算法 5.5.2 的主要区别在于：前者需要计算矩阵乘积 $\boldsymbol{A}^{\mathrm{H}}\boldsymbol{A}$ 和 $\boldsymbol{B}^{\mathrm{H}}\boldsymbol{B}$，而后者则完全避免了这一计算。正如前面已说明的那样，在计算两个矩阵乘积时会发生信

息的丢失，并会使条件数变坏。因此，算法 5.5.2 具有比算法 5.5.1 更好的数值性能。但是，由于需要矩阵求逆或矩阵乘积的计算，算法 5.5.1 和算法 5.5.2 的性能或多或少都会遭到损害。

一种可以避免任何矩阵求逆或矩阵内积运算的广义奇异值分解算法由 Speiser 与 Van Loan [458] 提出 (也见文献 [494])。

算法 5.5.3 GSVD 算法 3

步骤 1 计算 QR 分解

$$\begin{bmatrix}\boldsymbol{A}\\ \boldsymbol{B}\end{bmatrix}=\begin{bmatrix}\boldsymbol{Q}_1\\ \boldsymbol{Q}_2\end{bmatrix}\boldsymbol{R}$$

其中，$\boldsymbol{Q}_1$ 和 $\boldsymbol{Q}_2$ 分别与 $\boldsymbol{A}$ 和 $\boldsymbol{B}$ 具有相同的维数，且 $\boldsymbol{R}\in\mathbb{C}^{n\times n}$ 为上三角矩阵。假定 $\boldsymbol{R}$ 非奇异，即 $\mathrm{Null}(\boldsymbol{A})\cap\mathrm{Null}(\boldsymbol{B})=\{0\}$。

步骤 2 计算 CS 分解

$$\begin{bmatrix}\boldsymbol{Q}_1\\ \boldsymbol{Q}_2\end{bmatrix}=\begin{bmatrix}\boldsymbol{U}_1 & \boldsymbol{O}\\ \boldsymbol{O} & \boldsymbol{U}_2\end{bmatrix}\begin{bmatrix}\boldsymbol{C}\\ \boldsymbol{S}\end{bmatrix}\boldsymbol{V}$$

其中，$\boldsymbol{U}_1,\boldsymbol{U}_2$ 和 $\boldsymbol{V}$ 为酉矩阵，$\boldsymbol{C}=\mathrm{diag}(\cos(\theta_k))$，$\boldsymbol{S}=\mathrm{diag}(\sin(\theta_k))$，且 $0\leqslant\theta_1\leqslant\cdots\leqslant\theta_n\leqslant\pi/2$。由此可知，若 $\boldsymbol{X}=\boldsymbol{R}^{-1}\boldsymbol{V}$，则 $\boldsymbol{X}^{\mathrm{H}}(\boldsymbol{A}^{\mathrm{H}}\boldsymbol{A}-\mu^2\boldsymbol{B}^{\mathrm{H}}\boldsymbol{B})\boldsymbol{X}=\boldsymbol{C}^{\mathrm{H}}\boldsymbol{C}-\lambda\boldsymbol{S}^{\mathrm{H}}\boldsymbol{S}$，因此，广义奇异值由 $\mu_k=\cot(\theta_k)$ 给出。

步骤 3 利用 $c_d>\epsilon+c_n\geqslant c_{d+1}\geqslant\cdots\geqslant c_n\geqslant 0$ ($\epsilon>0$ 为小的扰动)，其中，$c_k=\cos(\theta_k)$。

步骤 4 计算乘积 $\boldsymbol{ZT}=\boldsymbol{R}^{\mathrm{H}}\boldsymbol{V}$ 的 QR 分解，其中，$\boldsymbol{Z}=[\boldsymbol{z}_1,\boldsymbol{z}_2,\cdots,\boldsymbol{z}_n]$ 为酉矩阵，$\boldsymbol{T}\in\mathbb{C}^{n\times n}$ 为上三角矩阵。由于

$$\boldsymbol{X}=\boldsymbol{R}^{-1}\boldsymbol{V}=(\boldsymbol{V}^{\mathrm{H}}\boldsymbol{R})^{-1}=(\boldsymbol{R}^{\mathrm{H}}\boldsymbol{V})^{-H}=(\boldsymbol{ZT})^{-\mathrm{H}}=\boldsymbol{ZT}^{-\mathrm{H}}$$

且 $\boldsymbol{T}^{-\mathrm{H}}$ 为下三角矩阵，故有 $\mathrm{Span}\{\boldsymbol{z}_{d+1},\boldsymbol{z}_{d+2},\cdots,\boldsymbol{z}_n\}=\mathrm{Span}\{\boldsymbol{x}_{d+1},\boldsymbol{x}_{d+2},\cdots,\boldsymbol{x}_n\}$。

1998 年，Drmac 提出了计算广义奇异值分解的正切算法 (tangent algorithm) [146]。这种算法分两个阶段进行：第一阶段将矩阵束 $(\boldsymbol{A},\boldsymbol{B})$ 简化为一个矩阵$\boldsymbol{F}$；第二阶段计算矩阵 $\boldsymbol{F}$ 的奇异值分解。正切算法的理论基础是，广义奇异值分解在等价变换下是不变的，即有

$$(\boldsymbol{A},\boldsymbol{B})\rightarrow(\boldsymbol{A}',\boldsymbol{B}')=(\boldsymbol{U}^{\mathrm{T}}\boldsymbol{AS},\boldsymbol{V}^{\mathrm{T}}\boldsymbol{BS})\tag{5.5.13}$$

式中，$\boldsymbol{U},\boldsymbol{V}$ 是任意的正交矩阵，且 $\boldsymbol{S}$ 是任意的非奇异矩阵。因此，根据定义，两个矩阵束 $(\boldsymbol{A},\boldsymbol{B})$ 和 $(\boldsymbol{A}',\boldsymbol{B}')$ 具有相同的广义奇异值分解。

算法 5.5.4 广义奇异值分解的正切算法 [146]

输入 矩阵 $\boldsymbol{A}=[\boldsymbol{a}_1,\boldsymbol{a}_2,\cdots,\boldsymbol{a}_n]\in\mathbb{R}^{m\times n},\boldsymbol{B}\in\mathbb{R}^{p\times n}$, $m\geqslant n$, $\mathrm{rank}(\boldsymbol{B})=n$。

步骤 1 计算

$$\boldsymbol{\Delta}_A=\mathrm{diag}(\|\boldsymbol{a}_1\|_2,\|\boldsymbol{a}_2\|_2,\cdots,\|\boldsymbol{a}_n\|_2)$$
$$\boldsymbol{A}_c=\boldsymbol{A}\boldsymbol{\Delta}_A^{-1},\quad \boldsymbol{B}_1=\boldsymbol{B}\boldsymbol{\Delta}_A^{-1}$$

步骤 2 利用具有列旋转的 Householder QR 分解算法计算

$$\begin{bmatrix} \boldsymbol{R} \\ \boldsymbol{O} \end{bmatrix} = \boldsymbol{Q}^{\mathrm{T}} \boldsymbol{B}_1 \boldsymbol{\Pi}$$

步骤 3 通过求解矩阵方程 $\boldsymbol{F}\boldsymbol{R} = \boldsymbol{A}_c \boldsymbol{\Pi}$，计算 $\boldsymbol{F} = \boldsymbol{A}_c \boldsymbol{\Pi} \boldsymbol{R}^{-1}$。

步骤 4 计算矩阵 $\boldsymbol{F}$ 的奇异值分解

$$\begin{bmatrix} \boldsymbol{\Sigma} \\ \boldsymbol{O} \end{bmatrix} = \boldsymbol{V}^{\mathrm{T}} \boldsymbol{F} \boldsymbol{U}$$

步骤 5 计算矩阵

$$\boldsymbol{X} = \boldsymbol{\Delta}_A^{-1} \boldsymbol{\Pi} \boldsymbol{R}^{-1} \boldsymbol{U}, \quad \boldsymbol{W} = \boldsymbol{Q} \begin{bmatrix} \boldsymbol{U} & \boldsymbol{O} \\ \boldsymbol{O} & \boldsymbol{I}_{p-n} \end{bmatrix}$$

输出 $(\boldsymbol{A}, \boldsymbol{B})$ 的广义奇异值分解读作

$$\begin{bmatrix} \boldsymbol{V}^{\mathrm{T}} & \boldsymbol{A} \\ \boldsymbol{W}^{\mathrm{T}} & \boldsymbol{B} \end{bmatrix} \boldsymbol{X} = \begin{bmatrix} \boldsymbol{\Sigma} & \\ & \boldsymbol{O} \\ \boldsymbol{I} & \\ & \boldsymbol{O} \end{bmatrix}$$

5.5.3 高阶广义奇异值分解

广义奇异值分解是两个矩阵组成的矩阵束 $(\boldsymbol{A}, \boldsymbol{B})$ 的奇异值分解。针对由 $\boldsymbol{A}_i \in \mathbb{R}^{m_i \times n}$ 组成的 N 元矩阵组 $(\boldsymbol{A}_1, \cdots, \boldsymbol{A}_N)$，Ponnapalli 等人 [412] 于 2011 年提出了高阶广义奇异值分解 (higher-order generalized singular value decomposition, HO GSVD)

$$\boldsymbol{A}_i = \boldsymbol{U}_i \boldsymbol{\Sigma}_i \boldsymbol{V}^{\mathrm{T}}, \quad i = 1, \cdots, N \tag{5.5.14}$$

式中

$$\boldsymbol{U}_i = [\boldsymbol{u}_{i,1}, \cdots, \boldsymbol{u}_{i,n}] \in \mathbb{R}^{m_i \times n}, \quad \|\boldsymbol{u}_{i,k}\|_2 = 1 \tag{5.5.15}$$

$$\boldsymbol{\Sigma}_i = \mathrm{diag}(\sigma_{i,1}, \cdots, \sigma_{i,n}) \in \mathbb{R}^{n \times n}, \quad \sigma_{i,k} > 0 \tag{5.5.16}$$

$$\boldsymbol{V} = [\boldsymbol{v}_1, \cdots, \boldsymbol{v}_n] \in \mathbb{R}^{n \times n}, \quad \|\boldsymbol{v}_k\|_2 = 1 \tag{5.5.17}$$

$\sigma_{i,k}$ 称为矩阵 $\boldsymbol{A}_i$ 的第 k 个高阶广义奇异值，反映第 k 个右基向量 $\boldsymbol{v}_k$ 在矩阵 $\boldsymbol{A}_i$ 中的重要程度。

高阶广义奇异值分解可以用向量的外积形式等价写作

$$\boldsymbol{A}_i = \boldsymbol{U}_i \boldsymbol{\Sigma}_i \boldsymbol{V}^{\mathrm{T}} = \sum_{k=1}^{n} \sigma_{i,k} \boldsymbol{u}_{i,k} \boldsymbol{v}_k^{\mathrm{T}} = \sum_{k=1}^{n} \sigma_{i,k} \boldsymbol{u}_{i,k} \circ \boldsymbol{v}_k \tag{5.5.18}$$

其中 $\|\boldsymbol{u}_{i,k} \boldsymbol{v}_k^{\mathrm{T}}\|_{\mathrm{F}} = 1$。

令

$$\begin{aligned}\boldsymbol{S} &= \frac{1}{N(N-1)}\sum_{i=1,i\neq j}^{N}\sum_{j=1}^{N}(\boldsymbol{A}_i\boldsymbol{A}_j^{-1}+\boldsymbol{A}_j\boldsymbol{A}_i^{-1})\\ &= \frac{2}{N(N-1)}\sum_{i=1,i\neq j}^{N}\sum_{j=1}^{N}\boldsymbol{S}_{ij}\end{aligned} \tag{5.5.19}$$

其中

$$\boldsymbol{S}_{i,j} = \frac{1}{2}(\boldsymbol{A}_i\boldsymbol{A}_j^{-1}+\boldsymbol{A}_j\boldsymbol{A}_i^{-1}),\ i\neq j \tag{5.5.20}$$

由式 (5.5.18) 和式 (5.5.19) 易知，$\boldsymbol{S}$ 为对称矩阵。令 $\boldsymbol{S}$ 的特征值分解 $\boldsymbol{S}\boldsymbol{V}=\boldsymbol{V}\boldsymbol{\Lambda}$ 即

$$\boldsymbol{S}\boldsymbol{v}_i = \lambda_i\boldsymbol{v}_i,\quad i=1,\cdots,n \tag{5.5.21}$$

并构成矩阵 $\boldsymbol{V}=[\boldsymbol{v}_1,\cdots,\boldsymbol{v}_n]$ 和对角矩阵 $\boldsymbol{\Lambda}=\mathrm{diag}(\lambda_1,\cdots,\lambda_n)$。

对称矩阵 $\boldsymbol{S}$ 的特征值分解具有以下性质：

(1) 矩阵 $\boldsymbol{S}$ 具有 N 个独立的特征向量，并且特征值 λ_i 和特征向量 $\boldsymbol{v}_i$ 都是实的。

(2) $\boldsymbol{S}$ 的特征值 $\lambda_i \geqslant 1$。

一旦确定了矩阵 $\boldsymbol{V}$，即可令 $\boldsymbol{X}_i=\boldsymbol{U}_i\boldsymbol{\Sigma}_i$，将高阶广义奇异值分解 $\boldsymbol{A}_i=\boldsymbol{U}_i\boldsymbol{\Sigma}_i\boldsymbol{V}^{\mathrm{T}}$ 变成 $\boldsymbol{A}_i=\boldsymbol{X}_i\boldsymbol{V}^{\mathrm{T}}$。于是，未知的矩阵 $\boldsymbol{X}_i$ 可以通过求解 N 个独立的线性方程组

$$\boldsymbol{V}\boldsymbol{X}_i^{\mathrm{T}}=\boldsymbol{A}_i^{\mathrm{T}},\quad i=1,\cdots,N \tag{5.5.22}$$

求出。

获得 $\boldsymbol{X}_i$ 之后，又可利用

$$\boldsymbol{X}_i=[\boldsymbol{x}_{i,1},\cdots,\boldsymbol{x}_{i,n}]=\boldsymbol{U}_i\boldsymbol{\Sigma}_i=[\sigma_{i,1}\boldsymbol{u}_{i1},\cdots,\sigma_{i,n}\boldsymbol{u}_{i,n}]$$

得到关系式

$$\boldsymbol{x}_{i,k}=\sigma_{i,k}\boldsymbol{u}_{i,k},\quad k=1,\cdots,n;\ i=1,\cdots,N \tag{5.5.23}$$

由于高阶广义奇异值分解要求 $\|\boldsymbol{u}_{i,k}\|_2=1$，故由式 (5.5.23) 立即得到由 $\boldsymbol{X}_i$ 重构 $\boldsymbol{\Sigma}$ 和 $\boldsymbol{U}_i$ 的公式

$$\sigma_{i,k}=\|\boldsymbol{x}_{i,k}\|_2,\quad \boldsymbol{u}_{i,k}=\boldsymbol{x}_{i,k}/\sigma_{i,k},\quad k=1,\cdots,n;\ i=1,\cdots,N \tag{5.5.24}$$

以上讨论与结果可以综合得到下面高阶广义奇异值分解算法。

算法 5.5.5 高阶广义奇异值分解算法[412]

已知 N 个矩阵 $\boldsymbol{A}_1,\cdots,\boldsymbol{A}_N$。

步骤 1 利用式 (5.5.19) 计算矩阵 $\boldsymbol{S}$。

步骤 2 计算 $\boldsymbol{S}$ 的特征值分解，并由特征向量组成 N 个矩阵 $\boldsymbol{A}_1,\cdots,\boldsymbol{A}_N$ 共同的右基向量矩阵 $\boldsymbol{V}$。

步骤 3 求解 N 个独立的线性方程组 $\boldsymbol{V}\boldsymbol{X}_i^{\mathrm{T}} = \boldsymbol{A}_i^{\mathrm{T}}$，$i = 1,\cdots,N$，得到 $\boldsymbol{X}_i$，$i = 1,\cdots,N$。

步骤 4 利用 $\sigma_{i,k} = \|\boldsymbol{x}_{i,k}\|_2, \boldsymbol{u}_{i,k} = \boldsymbol{x}_{i,k}/\sigma_{i,k}$ $(k = 1,\cdots,n; i = 1,\cdots,N)$ 重构高阶广义奇异值矩阵 $\boldsymbol{\Sigma}_i = \mathrm{diag}(\sigma_{i,1},\cdots,\sigma_{i,n})$ 和左基向量矩阵 $\boldsymbol{U}_i = [\boldsymbol{u}_{i,1},\cdots,\boldsymbol{u}_{i,n}]$，$i = 1,\cdots,N$。

输出 高阶广义奇异值分解结果 $\boldsymbol{V}$ 和 $\boldsymbol{U}_i, \boldsymbol{\Sigma}_i$，$i = 1,\cdots,N$。

5.5.4 应用

多麦克风在离散时间 k 采集的含噪声语音信号可以用观测模型

$$\boldsymbol{y}[k] = \boldsymbol{x}[k] + \boldsymbol{v}[k]$$

描述。式中，$\boldsymbol{x}[k]$ 和 $\boldsymbol{v}[k]$ 分别为语音信号向量和加性噪声向量。若令 $\boldsymbol{R}_{yy} = \mathrm{E}\{\boldsymbol{y}[k]\boldsymbol{y}^{\mathrm{T}}[k]\}$，$\boldsymbol{R}_{vv} = \mathrm{E}\{\boldsymbol{v}[k]\boldsymbol{v}^{\mathrm{T}}[k]\}$ 分别代表观测数据的自相关矩阵和加性噪声的自相关矩阵，则可以对它们进行联合对角化，即

$$\left.\begin{aligned} \boldsymbol{R}_{yy} &= \boldsymbol{Q}\mathrm{diag}(\sigma_1^2,\sigma_2^2,\cdots,\sigma_m^2)\boldsymbol{Q}^{\mathrm{T}} \\ \boldsymbol{R}_{vv} &= \boldsymbol{Q}\mathrm{diag}(\eta_1^2,\eta_2^2,\cdots,\eta_m^2)\boldsymbol{Q}^{\mathrm{T}} \end{aligned}\right\} \tag{5.5.25}$$

2002 年，Doclo 与 Moonen [137] 证明了，为了实现多麦克风语音增强，使均方误差最小的最优滤波器为

$$\boldsymbol{W}[k] = \boldsymbol{R}_{yy}^{-1}[k]\boldsymbol{R}_{xx}[k] = \boldsymbol{R}_{yy}^{-1}[k](\boldsymbol{R}_{yy}[k] - \boldsymbol{R}_{vv}[k]) \tag{5.5.26}$$

$$= \boldsymbol{Q}^{-\mathrm{T}}\mathrm{diag}\left(1-\frac{\sigma_1^2}{\eta_1^2}, 1-\frac{\sigma_2^2}{\eta_2^2},\cdots,1-\frac{\sigma_m^2}{\eta_m^2}\right)\boldsymbol{Q} \tag{5.5.27}$$

构造 $p \times m$ 观测数据矩阵 $\boldsymbol{Y}[k]$ 和 $q \times m$ 加性噪声矩阵 $\boldsymbol{V}[k']$ 如下

$$\boldsymbol{Y}[k] = \begin{bmatrix} \boldsymbol{y}^{\mathrm{T}}[k-p+1] \\ \vdots \\ \boldsymbol{y}^{\mathrm{T}}[k-1] \\ \boldsymbol{y}^{\mathrm{T}}[k] \end{bmatrix}, \qquad \boldsymbol{V}[k'] = \begin{bmatrix} \boldsymbol{v}^{\mathrm{T}}[k'-q+1] \\ \vdots \\ \boldsymbol{v}^{\mathrm{T}}[k'-1] \\ \boldsymbol{v}^{\mathrm{T}}[k'] \end{bmatrix} \tag{5.5.28}$$

式中，$\boldsymbol{V}[k']$ 是平时在无语音信号时测量得到的相同环境下的加性噪声数据矩阵。于是，只要计算矩阵束 $(\boldsymbol{Y}[k], \boldsymbol{V}[k'])$ 的广义奇异值分解，得到 $\boldsymbol{Q}$ 和广义奇异值 σ_i/η_i，即可直接获得最优滤波器 $\boldsymbol{W}^{\mathrm{T}}[k]$。理论和仿真结果表明，这种基于广义奇异值分解的最优滤波器显示了波束形成器的空间指向特性，有着很好的多麦克风语音增强效果。

在信息恢复系统中，降维技术对处理大批量数据是至关重要的。为此，数据的低维表示必须是全部文本数据一个很好的逼近。模式识别通过使类内散布最小、类间散布最大，对数据进行聚类。然而，这种识别分析要求类内散布矩阵或类间散布矩阵必须有一个是非奇异的。但是，文本数据矩阵往往不能满足这一要求。2003 年，Howland 等人 [243] 证

明了，利用广义奇异值分解，无论文本数据维数多少，都可以实现聚类；并且直接使用数据矩阵的广义奇异值分解，还可避免使用散布矩阵带来的数值稳定性问题。基于广义奇异值分解，文献 [243] 提出了聚类文本数据的降维方法，这种方法能够有效保持文本数据的结构。

在生物信息学中，广义奇异值分解已应用于两个不同生物体的基因组范围内表达数据集的比较分析 [15]，而高阶广义奇异值分解被应用于多种生物全球基因的比较 [412]。

在模式识别和机器学习中，判别分析 (discriminant analysis) 广泛用于抽取保留类型可分性的特征，而广义奇异值分解已被推广到判别分析 [244]。

5.6 矩阵完备

在应用科学和工程的领域 (例如图像、语音和视频处理、生物信息学、网络搜索、电子商务等) 中，数据集往往是高维的，其维数甚至达到百万数量级。发现和利用高维数据中的低维结构，在这些应用中显得尤为重要。另外，在这些领域的诸多应用中，人们只能够观测到一个数据矩阵的少量元素，但希望只根据这些有限的信息，能够猜测出未看到的大量元素，从而恢复一个未知的低秩矩阵或近似低秩矩阵。此外，高维数据矩阵的元素还可能含有很大的观测误差，甚至遭到篡改。于是，从数学和应用科学的角度就提出了一个重要的问题：如何从少数 (可能被污染的) 矩阵元素精确地恢复一个低秩的矩阵，而且还能够纠正可能的观测误差甚至错误。这个问题称为矩阵完备 (matrix completion)。

矩阵完备是 Candès 与 Recht 于 2009 年提出的 [86]，近几年已经成为矩阵分析与应用的一个非常活跃的研究热点。本节将介绍矩阵完备的主要理论、实现算法及应用。

5.6.1 矩阵恢复与矩阵分解

假定已知数据已排列成一高维数据或者样本矩阵 $\boldsymbol{D} \in \mathbb{R}^{m \times n}$。估计一低维子空间的问题称为低秩矩阵逼近，系求一低秩矩阵 $\boldsymbol{A}$，使得 $\boldsymbol{D}$ 与 $\boldsymbol{A}$ 的差异 $\boldsymbol{E} = \boldsymbol{D} - \boldsymbol{A}$ 最小化

$$\min_{\boldsymbol{A}} \|\boldsymbol{E}\|_{\mathrm{F}}^2 = \|\boldsymbol{D} - \boldsymbol{A}\|_{\mathrm{F}}^2 \quad \text{subject to } r \leqslant \text{rank}(\boldsymbol{A}) \tag{5.6.1}$$

其中，$r \ll \min\{m, n\}$。求解低秩矩阵逼近问题的著名方法是主分量分析 (principal component analysis, PCA) [240, 151, 256]：计算数据矩阵的奇异值分解 $\boldsymbol{D} = \boldsymbol{U\Sigma V}^{\mathrm{T}}$，确定 r 个主 (要) 奇异值以及与之对应的主 (要) 左奇异向量 $\boldsymbol{u}_1, \cdots, \boldsymbol{u}_r$。这 r 个主左奇异向量反映待分析或识别的模式或信号的主要特征，故基于主左奇异向量的模式与信号分析称为主分量分析。

当两个或多个信号或图像的主要特征 (轮廓) 相同，而它们的次要特征 (细节) 不同时，则需要使用与那些次 (要) 奇异值对应的次 (要) 左奇异向量 $\boldsymbol{u}_{r+1}, \cdots, \boldsymbol{u}_m$ 作为特征向量，进行模式或信号的分析。这样的方法称为次分量分析 (minimal component analysis, MCA)。

若观测数据被独立同分布 (i.i.d.) 高斯噪声污染时，经典 PCA 能够给出低秩矩阵逼近问题的最优解。然而，若观测数据被高度污染 (例如误差或扰动矩阵 $\boldsymbol{E}$ 的很多元素取值很大，或者虽然大多数元素的数值不大，但少数元素为异常值)，则经典 PCA 估计的矩阵 $\hat{\boldsymbol{A}}$ 将远离真实的低秩矩阵 $\boldsymbol{A}$。此时，必须考虑矩阵恢复问题。

矩阵恢复 (matrix recovery) 就是当低秩矩阵 $\boldsymbol{A}$ 的观测或样本矩阵 $\boldsymbol{D}=\boldsymbol{A}+\boldsymbol{E}$ 的某些元素被严重损坏时，能够自动识别被损坏的元素，精确地恢复原低秩矩阵 $\boldsymbol{A}$。

在工程和应用科学的许多领域 (例如机器学习、控制、系统工程、信号处理、模式识别和计算机视觉) 中，将一个数据矩阵分解为一个低秩矩阵与一个误差 (或扰动) 矩阵之和，旨在恢复低秩矩阵是远远不够的，而是需要将一个数据矩阵 $\boldsymbol{D}$ 分解为一个低秩矩阵 $\boldsymbol{A}$ 与一个稀疏矩阵 $\boldsymbol{E}$ 之和 $\boldsymbol{D}=\boldsymbol{A}+\boldsymbol{E}$，并且希望同时恢复低秩矩阵与稀疏矩阵。矩阵的这类分解称为低秩与稀疏矩阵分解。

下面是低秩与稀疏矩阵分解的几个具有代表性的典型应用领域[100, 88]：

(1) *图形化建模* (graphical modeling) 在许多应用中，由于少量的特征因子可以解释大多数的观测统计量，所以大协方差矩阵常用低秩矩阵逼近 (如 PCA)。另一类模型是图形化模型[305]，协方差矩阵的逆矩阵 (也称信息矩阵) 假定相对于某个图形是稀疏的。因此，在统计模型选择设定中，常将数据矩阵分解为低秩矩阵与稀疏矩阵之和，以分别刻画未被观测的隐匿变量的作用和图形化模型。

(2) *组合系统辨识* (composite system identification) 在系统辨识中，常使用由低秩 Hankel 矩阵与稀疏 Hankel 矩阵之和表示一组合系统。其中，稀疏 Hankel 矩阵对应于一个具有稀疏冲激响应的线性时不变系统，而低秩 Hankel 矩阵则对应于具有小的模型阶数的最小实现系统。

(3) *视频监控* (video surveillance) 给定一监控视频帧的序列，通常需要辨识脱离背景的活动。利用图像帧与帧之间的相似性，若将视频帧的序列排列成一个数据矩阵 $\boldsymbol{D}$，则可以将图像分解为一个低秩矩阵 $\boldsymbol{A}$ 与一个稀疏矩阵 $\boldsymbol{E}$ 之和，从而达到背景与前景的分离。其中，低秩矩阵反映图像每帧之间的相似部分 (对应于平稳的图像背景)，而稀疏矩阵则反映图像中的特有部分 (对应于前景中的运动体)。

(4) *人脸识别* (face recognition) 由于不同光照下的凸朗伯表面的图像张成一个低维子空间[33]，所以低维模型对图像数据是最有效的。特别地，人脸的图像可以利用低维子空间很好地逼近。因此，准确地恢复这一子空间在人脸识别和校准中显得尤为关键。然而，实际的人脸图像通常会遭受阴影、高光 (镜面反射或者亮度的饱和度) 等污染或者部分图像被损。因此，通过矩阵分解，可以将人脸图像中的阴影、高光或被损坏部分去除。

(5) *潜在语义检索* (latent semantic indexing, LSI) 网络搜索引擎经常需要检索巨大的文档集之中的某些内容。常用的方法是潜在语义检索[136]，其基本思想是将一个词与文档的相关性 (如频次) 进行编码，作为文档–词矩阵 (document-versus-term matrix) $\boldsymbol{D}$ 的元素。传统的 PCA (或 SVD) 将矩阵 $\boldsymbol{D}$ 分解为一个低秩矩阵与一残差矩阵之和，但残差矩阵不一定是稀疏的。如果将 $\boldsymbol{D}$ 分解为低秩矩阵 $\boldsymbol{A}$ 与稀疏矩阵 $\boldsymbol{E}$ 之和，则 $\boldsymbol{A}$ 就可以捕获在所有文档中共同使用的常见单词，而 $\boldsymbol{E}$ 则能够捕获每一个文档与其他文档相区别的少数几个关键词。

(6) 评分与协同筛选 (ranking and collaborative filtering) 预测用户的喜好在电子商务和广告中越来越重要。商家现在经常定期收集各种产品 (例如书籍、电影、游戏和网络工具等) 的排名。所谓评分和协同筛选，就是利用用户对某些产品的不完整评分，预测任何一个特定用户对任何一个产品的喜好。评分与协同筛选最有名的实现是 Netflix 推荐系统，其目的是对未公演的电影作评分预测。在这种情况中，数据矩阵是不完整的：只观测到一部分矩阵元素，大部分矩阵元素需要精确预测和补充。这样一个数学问题称为低秩矩阵的完备。由于数据采集过程往往缺乏控制，有时甚至是特定条件下采集的，所以少部分可用的评分可能误差比较大，甚至有可能遭到篡改。因此，需要在完备低秩矩阵的同时，还能够矫正错误。

5.6.2 矩阵完备及其可辨识性

秩最小化问题的数学模型为

$$\min \ \text{rank}(\boldsymbol{D}) \quad \text{subject to } \boldsymbol{D} \in \mathcal{C} \tag{5.6.2}$$

式中 $\mathcal{C}$ 为一凸集。

令 $\boldsymbol{D} \in \mathbb{R}^{m\times n}$ 是一高维不完全数据矩阵：只已知或者观测到少量的矩阵元素，这些已知元素或样本元素的指标集为 Ω，即只有 $D_{ij}, (i,j) \in \Omega$ 是已知或被观测的矩阵元素。

指标集的支撑也称基数，记为 $|\Omega|$，表示样本元素的个数；而样本数目与矩阵维数之比 $p = \frac{|\Omega|}{mn}$ 称为数据矩阵的样本密度。在一些典型应用 (例如 Netflix 推荐系统等) 中，样本密度往往只有 1% 甚至更低。

从一个不完全数据矩阵恢复一个低秩矩阵和一个稀疏矩阵的数学问题称为矩阵完备 (matrix completion)。注意，矩阵完备包含有两个目的：

(1) 矩阵填充　补充或者填补低秩矩阵的所有未知元素。

(2) 矩阵纠正　对某些误差大甚至被篡改的样本矩阵元素进行纠正。

表 5.6.1 比较了矩阵完备与低秩矩阵逼近之间的区别。

表 5.6.1 矩阵完备与低秩矩阵逼近的比较

方 法	矩阵完备	低秩矩阵逼近
已 知	数据矩阵的少数元素	整个数据矩阵
目 的	重构整个高维矩阵	抽取高维矩阵的低秩特性
问 题	完备能力受非相干性和采样率限制	可逼近性受真实秩和采样方法限制

低秩矩阵完备的数学问题是：恢复一个低秩 $\text{rank}(\boldsymbol{X}) \ll \min\{m,n\}$ 的矩阵 $\boldsymbol{X}$，使得

$$\hat{\boldsymbol{X}} = \arg\min_{\boldsymbol{X}} \ \text{rank}(\boldsymbol{X}) \quad \text{subject to } \mathcal{P}_\Omega(\boldsymbol{X}) = \mathcal{P}_\Omega(\boldsymbol{D}) \tag{5.6.3}$$

式中，$\mathcal{P}_\Omega : \mathbb{R}^{m\times n} \to \mathbb{R}^{m\times n}$ 是到指标集 Ω 的投影

$$[\mathcal{P}_\Omega(\boldsymbol{D})]_{ij} = \begin{cases} D_{ij}, & (i,j) \in \Omega \\ 0, & \text{否则} \end{cases} \tag{5.6.4}$$

若令 $\boldsymbol{D} = \boldsymbol{A} + \boldsymbol{E}$ 中的“噪声矩阵”$\boldsymbol{E} \in \mathbb{R}^{m\times n}$ 的平均平方元素值 $\sigma^2 = \frac{1}{mn}\|\boldsymbol{E}\|_2^2$，并且被恢复的矩阵为 $\boldsymbol{X}$，则矩阵恢复分为以下四种类型[174]：

(1) 低秩矩阵 $\boldsymbol{A}$ 的精确恢复 (exact recovery) $\hat{\boldsymbol{X}} = \boldsymbol{A}^*$。

(2) 低秩矩阵 $\boldsymbol{A}$ 的近精确恢复 (near-exact recovery) $\frac{1}{mn}\|\hat{\boldsymbol{X}} - \boldsymbol{A}^*\|_2^2 \leqslant \epsilon \cdot \sigma^2$。

(3) 低秩矩阵 $\boldsymbol{A}$ 的逼近恢复 (approximate recovery) $\frac{1}{mn}\|\hat{\boldsymbol{X}} - \boldsymbol{A}^*\|_2^2 \leqslant \epsilon \cdot \text{scale}(\boldsymbol{A})$，其中 $\text{scale}(\boldsymbol{A}) = \frac{1}{mn}\|\boldsymbol{A}\|_\text{F}^2$ (平均平方元素幅值) 或者 $\text{scale}(\boldsymbol{A}) = \|\boldsymbol{A}\|_\infty = \max\{A_{ij}\}$ (最大元素幅值)。

(4) 样本矩阵 $\boldsymbol{D}$ 的逼近恢复 $\frac{1}{mn}\|\hat{\boldsymbol{X}} - \boldsymbol{D}\|_2^2 \leqslant \sigma^2 + \epsilon \cdot \text{scale}(\boldsymbol{A})$。

注意，精确和近精确恢复要求低秩矩阵 $\boldsymbol{A}$ 满足严格的非相干性假设，而一般的低秩矩阵很难满足这一条件。因此，对于不满足严格的非相干条件的低秩矩阵，只能实现逼近恢复。

式 (5.6.3) 所示矩阵完备问题是一个 NP 难题 (NP-hard problem)。为了使矩阵完备问题可解，必须将矩阵的秩最小化予以松弛。这一松弛与矩阵的 Schatten 范数密切相关。

若 $\boldsymbol{U} \in \mathbb{C}^{m\times m}$ 和 $\boldsymbol{V} \in \mathbb{C}^{n\times n}$ 是两个酉矩阵，满足 $\|\boldsymbol{A}\| = \|\boldsymbol{UAV}\|$ 的范数称为酉不变范数 (unitarily invariant norms)[505, 314]。

令矩阵 $\boldsymbol{A} \in \mathbb{C}^{m\times n}$ 有奇异值分解 $\boldsymbol{A} = \boldsymbol{U\Sigma V}^\text{H}$。显然，$\|\boldsymbol{A}\| = \|\boldsymbol{U}^\text{H}\boldsymbol{AV}\| = \|\boldsymbol{\Sigma}\|$ 是一酉不变范数。

令 $\boldsymbol{\sigma} = [\sigma_1, \cdots, \sigma_k]^\text{T}, k = \min\{m,n\}$ 表示全部奇异值组成的向量，则酉不变范数 $\|\boldsymbol{A}\| = \|\boldsymbol{\Sigma}\|$ 可以用奇异值向量的范数形式定义：$\|\boldsymbol{A}\| = \|\boldsymbol{\sigma}\|$。特别地，称

$$\|\boldsymbol{A}\|_p = \|\boldsymbol{\sigma}\|_p = \left(\sum_{i=1}^{\min\{m,n\}} \sigma_i^p\right)^{1/p} \tag{5.6.5}$$

是矩阵 $\boldsymbol{A}$ 的 Schatten p 范数。

最常用的 Schatten 范数是 $p = 1, 2, \infty$ 三种情况：

(1) $p = 1$ 时的 Schatten 范数称为核范数 (nuclear norm)，定义为一矩阵的所有奇异值之和

$$\|\boldsymbol{A}\|_* = \sum_{i=1}^{\min\{m,n\}} \sigma_i = \text{tr}\left(\sqrt{\boldsymbol{A}^\text{H}\boldsymbol{A}}\right) \tag{5.6.6}$$

式中，$\boldsymbol{B} = \sqrt{\boldsymbol{A}^\text{H}\boldsymbol{A}}$ 满足 $\boldsymbol{B}^\text{H}\boldsymbol{B} = \boldsymbol{A}^\text{H}\boldsymbol{A}$。

(2) $p = 2$ 时的 Schatten 范数与 Frobenius 范数等价

$$\|\boldsymbol{A}\|_2 = \|\boldsymbol{A}\|_\text{F} = \sqrt{\sum_{i=1}^{\min\{m,n\}} \sigma_i^2} = \sqrt{\text{tr}\left(\boldsymbol{A}^\text{H}\boldsymbol{A}\right)} = \sum_{i=1}^{m}\sum_{j=1}^{n} |a_{ij}|^2 \tag{5.6.7}$$

(3) $p=\infty$ 时的 Schatten 范数与诱导 l_2 范数 (谱范数) 相同，即 $\|\boldsymbol{A}\|_\infty=\sigma_{\max}(\boldsymbol{A})$。

因此，核范数、Frobenius 范数和谱范数都是酉不变范数。

下面是精确地恢复低秩矩阵 $\boldsymbol{A}$ 和稀疏矩阵 $\boldsymbol{E}$ 的两个要点：

(1) 大多数的低秩矩阵都可以由样本元素的集合精确恢复，这些集合甚至可以只有少得惊人的元素数目。

(2) 秩 r 的矩阵 $\boldsymbol{M}\in\mathbb{R}^{n\times n}$ 可以通过求解下列优化问题完好地恢复

$$\min\|\boldsymbol{X}\|_* \quad \text{subject to } X_{ij}=M_{ij},\quad (i,j)\in\Omega \tag{5.6.8}$$

只要样本元素的个数

$$m\geqslant Cn^{6/5}r\log n \tag{5.6.9}$$

对某个正的常数 C 成立。式 (5.6.8) 中，$\|\boldsymbol{X}\|_*=\sum_i\sigma_i(\boldsymbol{X})$ 表示矩阵的核范数即矩阵所有奇异值之和。

令 $\boldsymbol{P}_\Omega$ 是到矩阵 $\boldsymbol{X}$ 的列空间的正交投影矩阵

$$\boldsymbol{P}_\Omega=\boldsymbol{X}(\boldsymbol{X}^{\mathrm{T}}\boldsymbol{X})^{\dagger}\boldsymbol{X}^{\mathrm{T}},\quad \boldsymbol{X}\in\Omega$$

则有 $\boldsymbol{P}_\Omega\boldsymbol{X}=\boldsymbol{X},\boldsymbol{X}\in\Omega$，相应的元素形式为

$$[\boldsymbol{P}_\Omega\boldsymbol{X}]_{ij}=\begin{cases}X_{ij}, & X_{ij}\in\Omega\\ 0, & X_{ij}\notin\Omega\end{cases} \tag{5.6.10}$$

于是，核范数最小化问题式 (5.6.8) 可以等价写作

$$\min\|\boldsymbol{X}\|_* \quad \text{subject to } \boldsymbol{P}_\Omega\boldsymbol{X}=\boldsymbol{P}_\Omega\boldsymbol{M} \tag{5.6.11}$$

为了求解矩阵完备问题，Candes 等人[88] 提出了稳健主分量分析 (robust principal component analysis) 法：将 NP 难题的秩最小化松弛为核范数的最小化，利用主分量追踪 (principal component pursuit)，通过求解约束最小化问题

$$\min_{\boldsymbol{A},\boldsymbol{E}} f(\boldsymbol{A},\boldsymbol{E})=\|\boldsymbol{A}\|_*+\lambda\|\boldsymbol{E}\|_1 \quad \text{subject to } \boldsymbol{D}=\boldsymbol{A}+\boldsymbol{E} \tag{5.6.12}$$

从数据矩阵 $\boldsymbol{D}\in\mathbb{R}^{m\times n}$ 恢复一个未知的低秩矩阵 $\boldsymbol{A}$ 与一个未知的稀疏矩阵 $\boldsymbol{E}$。式中，$\|\boldsymbol{A}\|_*=\sum\limits_{i}^{\min\{m,n\}}\sigma_i(\boldsymbol{A})$ 表示矩阵的核范数即所有奇异值之和，反映低秩矩阵的代价或者成本；$\|\boldsymbol{E}\|_1=\sum\limits_{i=1}^{m}\sum\limits_{j=1}^{n}|E_{ij}|$ 为矩阵 $\boldsymbol{E}$ 的所有元素的绝对值之和，描述稀疏矩阵的代价；常数 $\lambda>0$ 的作用是平衡低秩要求与稀疏要求之间的矛盾。

在没有关于稀疏模式与/或矩阵秩的附加信息的情况下，矩阵分解 $\boldsymbol{D}=\boldsymbol{A}+\boldsymbol{E}$ 无疑是一个病态问题，存在着低秩与稀疏之间的不确定性，从而引发下面两个可辨识性问题：

(1) 低秩矩阵本身有可能是非常稀疏的。

(2) 稀疏矩阵的非零元素有可能只集中在矩阵的某个列，该列元素就有可能否定低秩矩阵的对应列的元素，从而改变低秩矩阵的秩。

为了解决低秩与稀疏之间的上述两种不确定性，Chandrasekaran 等人[100] 于 2011 年提出了秩–稀疏非相干性 (rank-sparsity incoherence) 条件。

令 $\boldsymbol{L} \in \mathbb{R}^{n\times n}$ 是一低秩矩阵，即 $\text{rank}(\boldsymbol{L}) \leqslant k$。定义秩约束矩阵集合为

$$\mathcal{P}(\boldsymbol{L}) = \{\boldsymbol{L} \in \mathbb{R}^{n\times n} | \,\text{rank}(\boldsymbol{L}) \leqslant k\} \tag{5.6.13}$$

若 $\boldsymbol{L} = \boldsymbol{U\Sigma V}^{\text{T}}$ 是 $n \times n$ 矩阵 $\boldsymbol{L}$ 的奇异值分解，其中 $\boldsymbol{U}, \boldsymbol{V} \in \mathbb{R}^{n\times k}, k = \text{rank}(\boldsymbol{L})$，则所有矩阵 $\boldsymbol{UX}^{\text{T}} + \boldsymbol{VY}^{\text{T}}$ 的集合称为矩阵 $\boldsymbol{M}$ 相对于秩约束矩阵 $\mathcal{P}(\boldsymbol{L})$ 在 $\boldsymbol{L}$ 的切空间 (tangent space)，记作 $T(\boldsymbol{L})$，即有

$$T(\boldsymbol{L}) = \{\boldsymbol{UX}^{\text{T}} + \boldsymbol{VY}^{\text{T}} | \boldsymbol{X}, \boldsymbol{Y} \in \mathbb{R}^{n\times k}\} \tag{5.6.14}$$

显然，$\boldsymbol{L} \in T(\boldsymbol{L})$，并且 $T(\boldsymbol{L})$ 是 $\mathbb{R}^{n\times n}$ 内的一个子空间。

定义系数

$$\xi(\boldsymbol{L}) \stackrel{\text{def}}{=} \max_{\boldsymbol{N}\in T(\boldsymbol{L}), \|\boldsymbol{N}\|_{\text{spec}}\leqslant 1} \|\boldsymbol{N}\|_\infty \tag{5.6.15}$$

其中，$\|\boldsymbol{N}\|_{\text{spec}}$ 是矩阵 $\boldsymbol{N}$ 的谱范数即最大奇异值，而 $\|\boldsymbol{N}\|_\infty$ 为矩阵元素的最大绝对值。因此，系数 $\xi(\boldsymbol{L})$ 描述秩约束矩阵集合中秩小于或者等于 k 的所有低秩矩阵的最大绝对值元素。因此，若 $\xi(\boldsymbol{L})$ 小，则意味着所有低秩矩阵 $\boldsymbol{L}$ 的元素的最大绝对值都比较小，故 $\boldsymbol{L}$ 不可能是非常稀疏的。

另外，令 m 为一正整数，$\Omega(m)$ 表示所有满足稀疏度条件 $\|\boldsymbol{S}\|_1 \leqslant m$ 的所有稀疏矩阵的集合，即

$$\Omega(m) = \{\boldsymbol{S} \in \mathbb{R}^{n\times n} | \,\|\boldsymbol{S}\|_1 \leqslant m\} \tag{5.6.16}$$

若定义系数

$$\mu(\boldsymbol{S}) \stackrel{\text{def}}{=} \max_{\boldsymbol{N}\in \Omega(\boldsymbol{S}), \|\boldsymbol{N}\|_\infty\leqslant 1} \|\boldsymbol{N}\|_{\text{spec}} \tag{5.6.17}$$

则系数 $\mu(\boldsymbol{S})$ 代表稀疏度小于或者等于 m 的所有稀疏矩阵的最大奇异值。显然，若系数 $\mu(\boldsymbol{S})$ 小，则所有稀疏矩阵的奇异值都小，因此它们都不可能是低秩矩阵。

综上所述，对于同一个矩阵 $\boldsymbol{M} \in \mathbb{R}^{n\times n}$，系数 $\xi(\boldsymbol{M})$ 和 $\mu(\boldsymbol{M})$ 不可能同时都小。文献 [100] 已证明：对于任何非零 $n \times n$ 矩阵 $\boldsymbol{M}$，其秩和稀疏度满足以下不确定性原理

$$\xi(\boldsymbol{M})\mu(\boldsymbol{M}) \geqslant 1 \tag{5.6.18}$$

文献 [100] 进一步证明：若真实的矩阵分解 $\boldsymbol{D} = \boldsymbol{A}^\star + \boldsymbol{E}^\star$，并且 $(\hat{\boldsymbol{A}}, \hat{\boldsymbol{E}})$ 是矩阵分解问题式 (5.6.12) 的解

$$(\hat{\boldsymbol{A}}, \hat{\boldsymbol{E}}) = \arg\min_{\boldsymbol{A}, \boldsymbol{E}} \|\boldsymbol{A}\|_* + \lambda\|\boldsymbol{E}\|_1 \quad \text{subject to } \boldsymbol{D} = \boldsymbol{A} + \boldsymbol{E}$$

则 $(\hat{\boldsymbol{A}}, \hat{\boldsymbol{E}}) = (\boldsymbol{A}^\star, \boldsymbol{E}^\star)$ 是矩阵分解问题式 (5.6.12) 的唯一最优解，若系数 $\xi(\boldsymbol{A}^\star)$ 和 $\mu(\boldsymbol{E}^\star)$ 满足不等式

$$\xi(\boldsymbol{A}^\star)\mu(\boldsymbol{E}^\star) \leqslant \frac{1}{6} \tag{5.6.19}$$

并且 Lagrangian 乘子 λ 的取值范围满足

$$\lambda \in \left(\frac{\xi(\boldsymbol{A}^\star)}{1-4\,\xi(\boldsymbol{A}^\star)\mu(\boldsymbol{E}^\star)}, \frac{1-3\,\xi(\boldsymbol{A}^\star)\mu(\boldsymbol{E}^\star)}{\mu(\boldsymbol{E}^\star)}\right) \tag{5.6.20}$$

特别地，$\lambda = \frac{(3\,\xi(\boldsymbol{A}^\star))^p}{(2\,\mu(\boldsymbol{E}^\star))^{1-p}}$ (其中 $p \in [0,1]$) 总是位于上述取值范围，因而总能够保证真实低秩矩阵 $\boldsymbol{A}^\star$ 和真实稀疏矩阵 $\boldsymbol{E}^\star$ 的精确恢复。

5.6.3 矩阵完备的奇异值阈值化法

考虑低秩矩阵 $\boldsymbol{Y} \in \mathbb{R}^{n_1 \times n_2}$ 的截尾奇异值分解

$$\boldsymbol{Y} = \boldsymbol{U}\boldsymbol{\Sigma}\boldsymbol{V}^{\mathrm{T}}, \quad \boldsymbol{\Sigma} = \mathrm{diag}(\sigma_1, \cdots, \sigma_r) \tag{5.6.21}$$

式中，$r = \mathrm{rank}(\boldsymbol{Y}) \ll \min\{n_1, n_2\}, \boldsymbol{U} \in \mathbb{R}^{n_1 \times r}, \boldsymbol{V} \in \mathbb{R}^{n_2 \times r}$。

令 $\tau \geqslant 0$，则

$$\mathcal{D}_\tau(\boldsymbol{Y}) = \boldsymbol{U}\mathcal{D}_\tau(\boldsymbol{\Sigma})\boldsymbol{V}^{\mathrm{T}} \tag{5.6.22}$$

称为矩阵 $\boldsymbol{Y}$ 的奇异值阈值化 (singular value thresholding, SVT)，其中

$$\mathcal{D}_\tau(\boldsymbol{\Sigma}) = \mathrm{diag}\left((\sigma_1 - \tau)_+, \cdots, (\sigma_r - \tau)_+\right) \tag{5.6.23}$$

为奇异值的软阈值化，并且

$$(\sigma_i - \tau)_+ = \begin{cases} \sigma_i - \tau, & \text{若 } \sigma_i > \tau \\ 0, & \text{其他} \end{cases}$$

为软阈值运算。

奇异值阈值化与奇异值分解的关系如下：

(1) 若阈值 $\tau = 0$，则奇异值阈值化退化为截尾奇异值分解式 (5.6.21)。

(2) 所有奇异值以常数 $\tau > 0$ 进行软阈值运算，并不改变左和右奇异向量矩阵 $\boldsymbol{U}$ 和 $\boldsymbol{V}$，只是改变奇异值的大小。

恰当地选择阈值 τ，能够有效地将部分奇异值向零收缩。在这个意义上，又称奇异值阈值化这一变换为奇异值收缩算子 (singular value shrinkage operator)。需要注意，如果阈值 τ 比大多数奇异值大，则奇异值阈值化算子 $\mathcal{D}(\boldsymbol{Y})$ 的秩将比原矩阵 $\boldsymbol{Y}$ 的秩小得多。

奇异值阈值化的关键是如何选择软阈值 τ? 下面的定理给出了这个问题的答案。

定理 5.6.1[75] 对于每一个软阈值 $\tau \geqslant 0$ 和矩阵 $\boldsymbol{Y} \in \mathbb{R}^{n_1 \times n_2}$，奇异值收缩算子式 (5.6.22) 服从

$$\mathcal{D}_\tau(\boldsymbol{Y}) = \arg\min_{\boldsymbol{X}} \left\{\frac{1}{2}\|\boldsymbol{X} - \boldsymbol{Y}\|_{\mathrm{F}}^2 + \tau\|\boldsymbol{X}\|_*\right\} \tag{5.6.24}$$

由定理 5.6.1 知，对于无约束问题

$$\min_{\boldsymbol{A}} \ \tau\|\boldsymbol{A}\|_* + \frac{1}{2}\|\boldsymbol{A} - \boldsymbol{D}\|_{\mathrm{F}}^2 \tag{5.6.25}$$

由于目标函数 $\|\boldsymbol{A}\|_*$ 和 $\frac{1}{2}\|\boldsymbol{A}-\boldsymbol{D}\|_{\mathrm{F}}^2$ 分别是严格凸函数，所以上述矩阵完备问题存在唯一最优解，并由已知数据矩阵 $\boldsymbol{D}$ 的奇异值阈值化直接给出

$$\hat{\boldsymbol{A}}=\mathcal{D}_\tau(\boldsymbol{D})=\boldsymbol{U}\mathcal{D}_\tau(\boldsymbol{\Sigma})\boldsymbol{V}^{\mathrm{H}} \tag{5.6.26}$$

因此，问题是如何将一个矩阵分解问题变换成式 (5.6.25) 所示的规范形式。下面是两个典型的应用例子。

1. 矩阵完备问题

考虑矩阵完备问题

$$\min\ \frac{1}{2}\|\boldsymbol{X}\|_{\mathrm{F}}^2+\tau\|\boldsymbol{X}\|_*\quad \text{subject to } \mathcal{P}_\Omega(\boldsymbol{X})=\mathcal{P}_\Omega(\boldsymbol{D}) \tag{5.6.27}$$

使用 Lagrangian 乘子法，并注意到 $\boldsymbol{\lambda}^{\mathrm{T}}\boldsymbol{c}=\langle\boldsymbol{\Lambda},\boldsymbol{C}\rangle=(\mathrm{vec}(\boldsymbol{\Lambda}))^{\mathrm{T}}\mathrm{vec}(\boldsymbol{C})$，其中 $\mathrm{vec}(\boldsymbol{\Lambda})=\boldsymbol{\lambda}$ 为 Lagrangian 乘子矩阵，且 $\mathrm{vec}(\boldsymbol{C})=\boldsymbol{c}$。于是，Lagrangian 目标函数

$$\begin{aligned}L(\boldsymbol{X},\boldsymbol{\Lambda})&=\frac{1}{2}\|\boldsymbol{X}\|_{\mathrm{F}}^2+\tau\|\boldsymbol{X}\|_*+\boldsymbol{\lambda}^{\mathrm{T}}\mathrm{vec}(\mathcal{P}_\Omega(\boldsymbol{X}-\boldsymbol{D}))\\&=\tau\|\boldsymbol{X}\|_*+\frac{1}{2}\|\boldsymbol{X}\|_{\mathrm{F}}^2+\langle\boldsymbol{\Lambda},\mathcal{P}_\Omega(\boldsymbol{X}-\boldsymbol{D})\rangle\end{aligned} \tag{5.6.28}$$

注意到

$$\arg\min_{\boldsymbol{X}}\ \tau\|\boldsymbol{X}\|_*+\frac{1}{2}\|\boldsymbol{X}\|_{\mathrm{F}}^2+\langle\boldsymbol{\Lambda},\mathcal{P}_\Omega(\boldsymbol{X}-\boldsymbol{D})\rangle=\arg\min_{\boldsymbol{X}}\ \|\boldsymbol{X}\|_*+\frac{1}{2}\|\boldsymbol{X}-\mathcal{P}_\Omega(\boldsymbol{Y})\|_{\mathrm{F}}^2$$

由定理 5.6.1 立即知

$$\boldsymbol{X}_k=\mathcal{D}_\tau(\mathcal{P}_\Omega(\boldsymbol{\Lambda}_{k-1}))=\mathcal{D}_\tau(\boldsymbol{Y}_{k-1}) \tag{5.6.29}$$

因为 $\boldsymbol{\Lambda}_k=\mathcal{P}_\Omega(\boldsymbol{\Lambda}_k),\forall k\geqslant 0$。另由式 (5.6.28) 易知，Lagrangian 函数在 $\boldsymbol{\Lambda}$ 点的梯度

$$\frac{\partial L(\boldsymbol{X},\boldsymbol{\Lambda})}{\partial\boldsymbol{\Lambda}^{\mathrm{T}}}=\mathcal{P}_\Omega(\boldsymbol{X}-\boldsymbol{D})$$

于是，$\boldsymbol{\Lambda}_k$ 更新的梯度下降法为

$$\boldsymbol{\Lambda}_k=\boldsymbol{\Lambda}_{k-1}+\mu\mathcal{P}_\Omega(\boldsymbol{D}-\boldsymbol{X}_k) \tag{5.6.30}$$

其中 μ 为步长。

式 (5.6.29) 和式 (5.6.30) 一起给出迭代序列 [75]

$$\begin{cases}\boldsymbol{X}_k=\mathcal{D}_\tau(\boldsymbol{\Lambda}_{k-1})\\ \boldsymbol{\Lambda}_k=\boldsymbol{\Lambda}_{k-1}+\mu\mathcal{P}_\Omega(\boldsymbol{D}-\boldsymbol{X}_k)\end{cases}$$

上述迭代为线性化的 Bregman 迭代，它是 Uzawa 算法 [24] 的特例。

上述迭代序列具有以下特点：

(1) 稀疏性　对每一个 $k\geqslant 0$，$\boldsymbol{\Lambda}_k$ 在 Ω 以外的元素都等于零，因此 $\boldsymbol{Y}_k$ 为稀疏矩阵。

(2) 低秩性　矩阵 $\boldsymbol{X}_k$ 具有低秩。由于只需要存储主要的特征因子，因此算法需要的存储小。

2. 仿射约束的矩阵完备问题

对于仿射约束的矩阵完备问题

$$\min\ \tau\|\boldsymbol{X}\|_* + \frac{1}{2}\|\boldsymbol{X}\|_{\rm F}^2 \quad \text{subject to } \mathcal{A}(\boldsymbol{X}) = \boldsymbol{b} \tag{5.6.31}$$

由于 Lagrangian 函数

$$L(\boldsymbol{X},\boldsymbol{\lambda}) = \tau\|\boldsymbol{X}\|_* + \frac{1}{2}\|\boldsymbol{X}\|_{\rm F}^2 + \langle\boldsymbol{\lambda}, \boldsymbol{b} - \mathcal{A}(\boldsymbol{X})\rangle$$

所以迭代序列为[75]

$$\begin{cases} \boldsymbol{X}_k = \mathcal{D}_\tau(\mathcal{A}^*(\boldsymbol{\lambda}_{k-1})) \\ \boldsymbol{\lambda}_k = \boldsymbol{\lambda}_{k-1} + \mu(\boldsymbol{b} - \mathcal{A}(\boldsymbol{X}_k)) \end{cases}$$

其中 $\mathcal{A}^*$ 是满足 $\mathcal{A}^*\mathcal{A} = \mathcal{I}$ 的仿射变换 $\mathcal{A}$ 的伴随算子。

Cai 与 Osher 针对奇异值阈值化的实现，提出了无须进行奇异值分解的快速奇异值阈值化算法[76]。

数据矩阵 $\boldsymbol{D}$ 的奇异值分解 $\boldsymbol{D} = \boldsymbol{U\Sigma V}^{\rm T}$ 可以分解为两部分之和

$$\boldsymbol{D} = \boldsymbol{U}\begin{bmatrix} (\sigma_1-\tau)_+ & & 0 \\ & \ddots & \\ 0 & & (\sigma_r-\tau)_+ \end{bmatrix}\boldsymbol{V}^{\rm T} + \boldsymbol{U}\begin{bmatrix} \min\{\sigma_1,\tau\} & & 0 \\ & \ddots & \\ 0 & & \min\{\sigma_r,\tau\} \end{bmatrix}\boldsymbol{V}^{\rm T}$$

或者写作

$$\boldsymbol{D} = \mathcal{D}_\tau(\boldsymbol{D}) + \mathcal{P}_\tau(\boldsymbol{D}) \tag{5.6.32}$$

式中

$$\mathcal{P}_\tau(\boldsymbol{D}) = \boldsymbol{U}\begin{bmatrix} \min\{\sigma_1,\tau\} & & 0 \\ & \ddots & \\ 0 & & \min\{\sigma_r,\tau\} \end{bmatrix}\boldsymbol{V}^{\rm T} \tag{5.6.33}$$

表示数据矩阵 $\boldsymbol{D}$ 到 2-范数球的投影。

若数据矩阵的极式分解为 $\boldsymbol{D} = \boldsymbol{WZ}$，其中 $\boldsymbol{W}$ 是酉矩阵，$\boldsymbol{Z}$ 为对称的非负定矩阵，则由于 Frobenius 范数是酉不变范数，故有[76]

$$\mathcal{P}_\tau(\boldsymbol{D}) = \underset{\|\boldsymbol{A}\|_2\leqslant\tau}{\arg\min}\|\boldsymbol{D}-\boldsymbol{A}\|_{\rm F} = \boldsymbol{W}\underset{\|\boldsymbol{A}\|_2\leqslant\tau}{\arg\min}\|\boldsymbol{Z}-\boldsymbol{A}\|_{\rm F} = \boldsymbol{W}\mathcal{P}_\tau(\boldsymbol{Z}) \tag{5.6.34}$$

式中

$$\mathcal{P}_\tau(\boldsymbol{Z}) = \underset{\|\boldsymbol{A}\|_2\leqslant\tau}{\arg\min}\|\boldsymbol{Z}-\boldsymbol{A}\|_{\rm F} \tag{5.6.35}$$

于是，奇异值阈值化 $\mathcal{D}_\tau(\boldsymbol{D}) = \boldsymbol{D} - \boldsymbol{W}\mathcal{P}_\tau(\boldsymbol{Z})$ 的计算转换成投影 $\mathcal{P}_\tau(\boldsymbol{Z})$ 的计算，从而构成了快速奇异值阈值化的三步算法[76]：

(1) 利用文献 [230, 231] 的方法计算数据矩阵的极式分解 $\boldsymbol{D} = \boldsymbol{WZ}$。

(2) 计算投影 $\mathcal{P}_\tau(\boldsymbol{Z}) = \underset{\|\boldsymbol{A}\|_2\leqslant\tau}{\arg\min}\|\boldsymbol{Z}-\boldsymbol{A}\|_{\rm F}$。

(3) 令 $\mathcal{D}_\tau(\boldsymbol{D}) = \boldsymbol{D} - \boldsymbol{W}\mathcal{P}_\tau(\boldsymbol{Z})$。

下面分别是极式分解和投影计算的算法。

算法 5.6.1 $\boldsymbol{D}=\boldsymbol{W}\boldsymbol{Z}$ 的极式分解算法[230, 231]

输入 数据矩阵 $\boldsymbol{D}$。

输出 极式因子矩阵 $\boldsymbol{W}$ 和对称非负定矩阵 $\boldsymbol{Z}$。

步骤 1 若数据矩阵奇异或者为 $m\times n$ 非正方矩阵，则使用 QR 分解计算数据矩阵的完全正交分解

$$\boldsymbol{D}=\boldsymbol{U}\begin{bmatrix}\boldsymbol{R} & \boldsymbol{O}\\ \boldsymbol{O} & \boldsymbol{O}\end{bmatrix}\boldsymbol{Q}$$

其中，$\boldsymbol{U}\in\mathbb{R}^{m\times m},\boldsymbol{Q}\in\mathbb{R}^{n\times n}$ 均为正交矩阵，$\boldsymbol{R}\in\mathbb{R}^{r\times r}$ 为可逆的上三角矩阵，$\boldsymbol{O}$ 为零矩阵。取 $\boldsymbol{W}_0=\boldsymbol{R}$；否则，取 $\boldsymbol{W}_0=\boldsymbol{D}$。

步骤 2 对 $k=0,1,\cdots,k_{\max}$ (最大迭代次数)，执行以下运算：

(1) 计算 $\boldsymbol{W}_k^{-\mathrm{T}}$；

(2) 令 $\gamma_k=\left(\dfrac{\|\boldsymbol{W}_k^{-1}\|_1\,\|\boldsymbol{W}_k^{-1}\|_\infty}{\|\boldsymbol{W}_k\|_1\,\|\boldsymbol{W}_k\|_\infty}\right)^{1/4}$；

(3) 令 $\boldsymbol{W}_{k+1}=\frac{1}{2}(\gamma_k\boldsymbol{W}_k+\gamma_k^{-1}\boldsymbol{W}_k^{-\mathrm{T}})$；

(4) 检验 $\boldsymbol{W}_{k+1}$ 是否收敛？若 $\|\boldsymbol{W}_{k+1}-\boldsymbol{W}_k\|_\mathrm{F}\leqslant\epsilon\|\boldsymbol{D}\|_\mathrm{F}$，则停止迭代，并输出 $\boldsymbol{W}=\boldsymbol{W}_{k+1}$ 和 $\boldsymbol{Z}=\boldsymbol{W}_{k+1}^{\mathrm{T}}\boldsymbol{D}$；否则，令 $k\leftarrow k+1$，并返回 (1)，重复以上运算，直至 $\boldsymbol{W}_{k+1}$ 收敛或达到最大迭代次数 $k_{\max}$。

算法 5.6.2 投影 $\mathcal{P}_\tau(\boldsymbol{Z})$ 的算法[76]

输入 对称非负定矩阵 $\boldsymbol{Z}$，实数 δ。

输出 投影 $\boldsymbol{P}=\mathcal{P}_\tau(\boldsymbol{Z})$。

步骤 1 计算 $\boldsymbol{Z}$ 位于 $[\tau(1-\delta),\tau(1+\delta)]$ 区间的特征值矩阵 $\boldsymbol{\Sigma}_1$ 及与这些特征值对应的特征向量 $\boldsymbol{V}_1$。

步骤 2 令 $\boldsymbol{Z}\leftarrow\boldsymbol{Z}-\boldsymbol{U}_1\boldsymbol{\Sigma}_1\boldsymbol{V}_1^{\mathrm{T}}$ 及 $\boldsymbol{P}_k=\boldsymbol{O}$。

步骤 3 对 $k=0,1,\cdots,k_{\max}$ (最大迭代次数)，执行以下运算：

(1) 计算

$$\boldsymbol{P}_{k+1}=\frac{1}{2}\boldsymbol{P}_k+\frac{1}{4}\boldsymbol{Z}+\frac{3\tau}{4}\boldsymbol{I}-(2\boldsymbol{P}_k-\boldsymbol{Z}-\tau\boldsymbol{I})^{-1}\left(\tau\boldsymbol{P}_k-\frac{1}{4}\boldsymbol{Z}^2-\frac{3\tau^2}{4}\boldsymbol{I}\right)$$

(2) 检验 $\boldsymbol{P}_{k+1}$ 是否收敛？若 $\|\boldsymbol{P}_{k+1}-\boldsymbol{P}_k\|_\mathrm{F}\leqslant\epsilon\|\boldsymbol{Z}\|_\mathrm{F}$，则停止迭代，并输出

$$\boldsymbol{P}=\boldsymbol{P}_{k+1}-\boldsymbol{V}_1\mathcal{P}_\tau(\boldsymbol{\Sigma}_1)\boldsymbol{V}_1^{\mathrm{T}}$$

否则，令 $k\leftarrow k+1$，并重复 (1) 和 (2)，直至 $\boldsymbol{P}_{k+1}$ 收敛或者达到最大迭代次数 $k_{\max}$。

本章小结

本章首先分析了单个矩阵的 (普通) 奇异值分解、奇异值的性质以及奇异值分解的数值计算。然后，以两个矩阵作为对象，介绍了奇异值分解的两种推广——乘积奇异值分解和广义奇异值分解。又以多个矩阵为对象，介绍了高阶广义奇异值分解。本章还分别介绍了奇异值分解和广义奇异值分解的应用。

作为奇异值分解的最新发展，本章最后介绍了矩阵完备和奇异值阈值化。

习 题

5.1 已知矩阵

$$\boldsymbol{A}=\begin{bmatrix}1 & 1\\ 1 & 1\\ 0 & 0\end{bmatrix}$$

通过计算 $\boldsymbol{A}\boldsymbol{A}^{\mathrm{T}}$ 和 $\boldsymbol{A}^{\mathrm{T}}\boldsymbol{A}$ 的特征值和特征向量，求矩阵$\boldsymbol{A}$ 的奇异值分解。

5.2 分别计算矩阵

$$\boldsymbol{A}=\begin{bmatrix}1 & -1\\ 3 & -3\\ -3 & 3\end{bmatrix} \quad 和 \quad \boldsymbol{A}=\begin{bmatrix}3 & 4 & 5\\ 2 & 1 & 7\end{bmatrix}$$

的奇异值分解。

5.3 已知矩阵

$$\boldsymbol{A}=\begin{bmatrix}-149 & -50 & -154\\ 537 & 180 & 546\\ -27 & 9 & -25\end{bmatrix}$$

求 $\boldsymbol{A}$ 的奇异值以及与最小奇异值 σ_1 相对应的左、右奇异向量。

5.4 令 $\boldsymbol{A}=\boldsymbol{x}\boldsymbol{p}^{\mathrm{H}}+\boldsymbol{y}\boldsymbol{q}^{\mathrm{H}}$，其中，$\boldsymbol{x}\perp\boldsymbol{y}$ 和 $\boldsymbol{p}^{\perp}\boldsymbol{q}$。求矩阵$\boldsymbol{A}$ 的 Frobenius 范数 $\|\boldsymbol{A}\|_{\mathrm{F}}$。(提示：计算 $\boldsymbol{A}^{\mathrm{H}}\boldsymbol{A}$，并求 $\boldsymbol{A}$ 的奇异值。)

5.5 已知 $\boldsymbol{A}=\boldsymbol{U}\boldsymbol{\Sigma}\boldsymbol{V}^{\mathrm{H}}$ 是矩阵 $\boldsymbol{A}$ 的奇异值分解，矩阵 $\boldsymbol{A}^{\mathrm{H}}$ 的奇异值与 $\boldsymbol{A}$ 的奇异值有何关系？

5.6 证明：若 $\boldsymbol{A}$ 为正方矩阵，则 $|\det(\boldsymbol{A})|$ 等于 $\boldsymbol{A}$ 的奇异值之积。

5.7 假定 $\boldsymbol{A}$ 为可逆矩阵，求 $\boldsymbol{A}^{-1}$ 的奇异值分解。

5.8 证明：若 $\boldsymbol{A}$ 为 $n\times n$ 正定矩阵，则 $\boldsymbol{A}$ 的奇异值与 $\boldsymbol{A}$ 的特征值相同。

5.9 令 $\boldsymbol{A}$ 为 $m\times n$ 矩阵，且 $\boldsymbol{P}$ 为 $m\times m$ 正交矩阵。证明 $\boldsymbol{PA}$ 与 $\boldsymbol{A}$ 的奇异值相同。矩阵 $\boldsymbol{PA}$ 与 $\boldsymbol{A}$ 的左、右奇异向量有何关系？

5.10 令 $\boldsymbol{A}$ 是一个 $m\times n$ 矩阵，并且 $\lambda_1,\cdots,\lambda_n$ 是矩阵 $\boldsymbol{A}^{\mathrm{T}}\boldsymbol{A}$ 的特征值，相对应的特征向量为 $\boldsymbol{u}_1,\cdots,\boldsymbol{u}_n$。证明 $\boldsymbol{A}$ 的奇异值 σ_i 等于范数 $\|\boldsymbol{A}\boldsymbol{u}_i\|$，即 $\sigma_i=\|\boldsymbol{A}\boldsymbol{u}_i\|, i=1,\cdots,n$。

5.11 令 $\lambda_1, \lambda_2, \cdots, \lambda_n$ 和 $\boldsymbol{u}_1, \boldsymbol{u}_2, \cdots, \boldsymbol{u}_n$ 分别是矩阵 $\boldsymbol{A}^{\mathrm{T}}\boldsymbol{A}$ 的特征值和特征向量。假定矩阵 $\boldsymbol{A}$ 有 r 个非零的奇异值，证明 $\{\boldsymbol{A}\boldsymbol{u}_1, \boldsymbol{A}\boldsymbol{u}_2, \cdots, \boldsymbol{A}\boldsymbol{u}_r\}$ 是列空间 $\mathrm{Col}(\boldsymbol{A})$ 的一组正交基，并且 $\mathrm{rank}(\boldsymbol{A}) = r$。

5.12 令 $\boldsymbol{B}, \boldsymbol{C} \in \mathbb{R}^{m\times n}$，求复矩阵 $\boldsymbol{A} = \boldsymbol{B} + \mathrm{j}\boldsymbol{C}$ 与实分块矩阵 $\begin{bmatrix} \boldsymbol{B} & -\boldsymbol{C} \\ \boldsymbol{C} & \boldsymbol{B} \end{bmatrix}$ 的奇异值和奇异向量之间的关系。

5.13 用矩阵 $\boldsymbol{A} \in \mathbb{R}^{m\times n}$ $(m \geqslant n)$ 的奇异向量表示 $\begin{bmatrix} \boldsymbol{O} & \boldsymbol{A}^{\mathrm{T}} \\ \boldsymbol{A} & \boldsymbol{O} \end{bmatrix}$ 的特征向量。

5.14 利用 MATLAB 函数 $[\mathrm{U}, \mathrm{S}, \mathrm{V}] = \mathrm{svd}(\mathbf{X})$ 求解方程 $\boldsymbol{A}\boldsymbol{x} = \boldsymbol{b}$，其中

$$\boldsymbol{A} = \begin{bmatrix} 1 & 1 & 1 \\ 3 & 1 & 3 \\ 1 & 0 & 1 \\ 2 & 2 & 1 \end{bmatrix}, \quad \boldsymbol{b} = \begin{bmatrix} 1 \\ 4 \\ 3 \\ 2 \end{bmatrix}$$

5.15 假定计算机仿真的观测数据为

$$x(n) = \sqrt{20}\sin(2\pi 0.2n) + \sqrt{2}\sin(2\pi 0.215n) + w(n)$$

产生，其中，$w(n)$ 是一高斯白噪声，其均值为 0，方差为 1，并取 $n = 1, 2, \cdots, 128$。试针对 10 次独立的仿真实验数据，分别确定自相关矩阵

$$\boldsymbol{R} = \begin{bmatrix} r(0) & r(-1) & \cdots & r(-2p) \\ r(1) & r(0) & \cdots & r(-2p+1) \\ \vdots & \vdots & \vdots & \vdots \\ r(M) & r(M-1) & \cdots & r(M-2p) \end{bmatrix}$$

的有效秩。式中，$r(k) = \frac{1}{128}\sum_{i=1}^{128-k} x(i)x(i+k)$ 表示观测信号的样本自相关函数 (未知的观测数据皆令其等于 0)，并取 $M = 50$，$p = 10$。

5.16 [198] 使用奇异值分解证明：若 $\boldsymbol{A} \in \mathbb{R}^{m\times n}$ $(m \geqslant n)$，则存在 $\boldsymbol{Q} \in \mathbb{R}^{m\times n}$ 和 $\boldsymbol{P} \in \mathbb{R}^{n\times n}$，使得 $\boldsymbol{A} = \boldsymbol{Q}\boldsymbol{P}$，其中，$\boldsymbol{Q}^{\mathrm{T}}\boldsymbol{Q} = \boldsymbol{I}_n$，并且 $\boldsymbol{P}$ 是对称的和非负定的。这一分解有时称为极分解 (polar decomposition)，因为它与复数分解 $z = |z|\mathrm{e}^{\mathrm{j}\arg(z)}$ 类似。

第 6 章　矩阵方程求解

在众多科学与工程学科，如物理、化学工程、统计学、经济学、生物学、信号处理、自动控制、系统理论、医学和军事工程等中，许多问题都可用数学建模成矩阵方程 $\boldsymbol{Ax}=\boldsymbol{b}$。根据数据向量 $\boldsymbol{b}\in\mathbb{R}^{m\times 1}$ 和数据矩阵 $\boldsymbol{A}\in\mathbb{R}^{m\times n}$ 的不同，矩阵方程有以下三种主要类型(参见图 6.0.1)：

(1) *超定矩阵方程*　$m>n$，并且数据矩阵 $\boldsymbol{A}$ 和数据向量 $\boldsymbol{b}$ 均已知，其中之一或者二者可能存在误差或者干扰。

(2) *盲矩阵方程*　仅数据向量 $\boldsymbol{b}$ 已知，数据矩阵 $\boldsymbol{A}$ 未知。

(3) *欠定稀疏矩阵方程*　$m<n$，数据矩阵 $\boldsymbol{A}$ 和数据向量 $\boldsymbol{b}$ 均已知，但未知向量 $\boldsymbol{x}$ 为稀疏向量。

本章将依次详细讨论上述矩阵方程的求解方法。

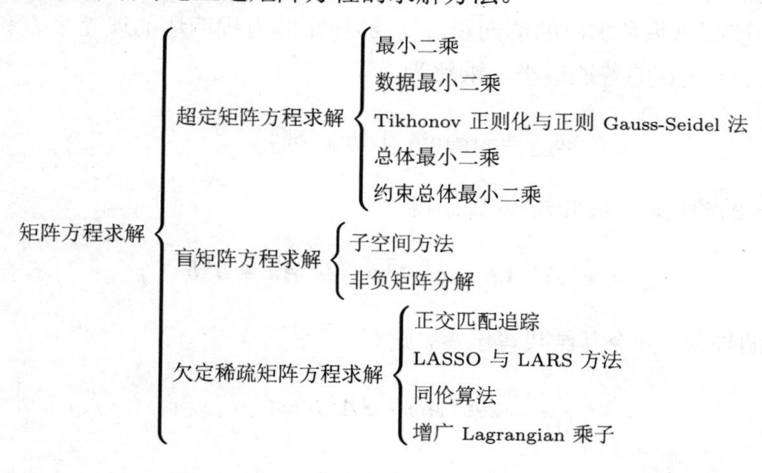

图 6.0.1　矩阵方程的三种主要类型

6.1　最小二乘方法

线性参数估计问题广泛存在于科学与技术问题中，最小二乘方法是最常用的线性参数估计方法。实际上，早在高斯的年代，最小二乘方法就用来对平面上的点拟合线，对高维空间的点拟合超平面。本节分析最小二乘方法的工作原理、最优解的条件及其不足。

6.1.1　普通最小二乘

考虑超定矩阵方程 $\boldsymbol{Ax}=\boldsymbol{b}$，其中 $\boldsymbol{b}$ 为 $m\times 1$ 数据向量，$\boldsymbol{A}$ 为 $m\times n$ 数据矩阵，并且 $m>n$。

假定数据向量存在加性观测误差或噪声，即 $\boldsymbol{b}=\boldsymbol{b}_0+\boldsymbol{e}$，其中 $\boldsymbol{b}_0$ 和 $\boldsymbol{e}$ 分别是无误差的数据向量和误差向量。

为了抵制误差对矩阵方程求解的影响，引入一校正向量 $\Delta\boldsymbol{b}$，并用它去“扰动”有误差的数据向量 $\boldsymbol{b}$。我们的目标是，使校正项 $\Delta\boldsymbol{b}$ “尽可能小”，同时通过强令 $\boldsymbol{Ax}=\boldsymbol{b}+\Delta\boldsymbol{b}$ 补偿存在于数据向量 $\boldsymbol{b}$ 中的不确定性 (噪声或误差)，使得 $\boldsymbol{b}+\Delta\boldsymbol{b}=\boldsymbol{b}_0+\boldsymbol{e}+\Delta\boldsymbol{b}\rightarrow\boldsymbol{b}_0$，从而实现

$$\boldsymbol{Ax}=\boldsymbol{b}+\Delta\boldsymbol{b}\implies\boldsymbol{Ax}=\boldsymbol{b}_0 \tag{6.1.1}$$

的转换。也就是说，如果直接选择校正向量 $\Delta\boldsymbol{b}=\boldsymbol{Ax}-\boldsymbol{b}$，并且使校正向量“尽可能小”，则可以实现无误差的矩阵方程 $\boldsymbol{Ax}=\boldsymbol{b}_0$ 的求解。

矩阵方程的这一求解思想可以用下面的优化问题进行描述

$$\min_{\boldsymbol{x}}\|\Delta\boldsymbol{b}\|^2=\|\boldsymbol{Ax}-\boldsymbol{b}\|_2^2=(\boldsymbol{Ax}-\boldsymbol{b})^{\mathrm{T}}(\boldsymbol{Ax}-\boldsymbol{b}) \tag{6.1.2}$$

这一方法称为普通最小二乘 (ordinary least squares, OLS) 法，常简称为最小二乘法。

事实上，校正向量 $\Delta\boldsymbol{b}=\boldsymbol{Ax}-\boldsymbol{b}$ 恰好是矩阵方程 $\boldsymbol{Ax}=\boldsymbol{b}$ 两边的误差向量。因此，最小二乘方法的核心思想是求出的解向量 $\boldsymbol{x}$ 能够使矩阵方程两边的误差平方和最小化。于是，矩阵方程 $\boldsymbol{Ax}=\boldsymbol{b}$ 的普通最小二乘解为

$$\hat{\boldsymbol{x}}_{\mathrm{LS}}=\arg\min_{\boldsymbol{x}}\ \|\boldsymbol{Ax}-\boldsymbol{b}\|_2^2 \tag{6.1.3}$$

为了推导 $\boldsymbol{x}$ 的解析解，展开式 (6.1.2) 得

$$\phi=\boldsymbol{x}^{\mathrm{T}}\boldsymbol{A}^{\mathrm{T}}\boldsymbol{Ax}-\boldsymbol{x}^{\mathrm{T}}\boldsymbol{A}^{\mathrm{T}}\boldsymbol{b}-\boldsymbol{b}^{\mathrm{T}}\boldsymbol{Ax}+\boldsymbol{b}^{\mathrm{T}}\boldsymbol{b}$$

求 ϕ 相对于 $\boldsymbol{x}$ 的导数，并令其结果等于零，则有

$$\frac{\mathrm{d}\phi}{\mathrm{d}x}=2\boldsymbol{A}^{\mathrm{T}}\boldsymbol{Ax}-2\boldsymbol{A}^{\mathrm{T}}\boldsymbol{b}=0$$

也就是说，解 $\boldsymbol{x}$ 必然满足

$$\boldsymbol{A}^{\mathrm{T}}\boldsymbol{Ax}=\boldsymbol{A}^{\mathrm{T}}\boldsymbol{b} \tag{6.1.4}$$

当 $m\times n$ 矩阵 $\boldsymbol{A}$ 具有不同的秩时，上述方程的解有两种不同的情况。

情况 1　超定方程 $(m>n)$ 满列秩，即 $\mathrm{rank}(\boldsymbol{A})=n$。

由于 $\boldsymbol{A}^{\mathrm{T}}\boldsymbol{A}$ 非奇异，所以方程有唯一的解

$$\boldsymbol{x}_{\mathrm{LS}}=(\boldsymbol{A}^{\mathrm{T}}\boldsymbol{A})^{-1}\boldsymbol{A}^{\mathrm{T}}\boldsymbol{b} \tag{6.1.5}$$

这恰好就是我们在第 1 章证明过的最小二乘解。在参数估计理论中，称这种可以唯一确定的未知参数 $\boldsymbol{x}$ 是 (唯一) 可辨识的。

对于秩亏缺 $(\mathrm{rank}(\boldsymbol{A})<n)$ 的超定方程，则最小二乘解为

$$\boldsymbol{x}_{\mathrm{LS}}=(\boldsymbol{A}^{\mathrm{T}}\boldsymbol{A})^{\dagger}\boldsymbol{A}^{\mathrm{T}}\boldsymbol{b} \tag{6.1.6}$$

其中 $\boldsymbol{B}^\dagger$ 代表矩阵 $\boldsymbol{B}$ 的 Moore-Penrose 逆矩阵。

情况 2 欠定方程 $\text{rank}(\boldsymbol{A}) = m < n$。

在这种情况下，由 $\boldsymbol{x}$ 的不同解均得到相同的 $\boldsymbol{Ax}$ 值。显而易见，虽然数据向量 $\boldsymbol{b}$ 可以提供有关 $\boldsymbol{Ax}$ 的某些信息，但是无法区别对应于相同 $\boldsymbol{Ax}$ 值的各个不同的未知参数向量 $\boldsymbol{x}$。因此，称这样的参数向量是不可辨识的。更一般地，如果某参数的不同值给出在抽样空间上的相同分布，则称该参数是不可辨识的[456]。

6.1.2 Gauss-Markov 定理

在参数估计理论中，称参数向量 $\boldsymbol{\theta}$ 的估计 $\hat{\boldsymbol{\theta}}$ 为无偏估计，若它的数学期望值等于真实的未知参数向量，即 $\text{E}\{\hat{\boldsymbol{\theta}}\} = \boldsymbol{\theta}$。进一步地，如果一个无偏估计还具有最小方差，则称这一无偏估计为最优无偏估计。类似地，对于数据向量 $\boldsymbol{b}$ 含有加性噪声或者扰动的超定方程 $\boldsymbol{A\theta} = \boldsymbol{b} + \boldsymbol{e}$，若最小二乘解 $\hat{\boldsymbol{\theta}}_{\text{LS}}$ 的数学期望等于真实参数向量 $\boldsymbol{\theta}$，便称最小二乘解是无偏的。如果它还具有最小方差，则称最小二乘解是最优无偏的。

定理 6.1.1 (Gauss-Markov 定理) 考虑线性方程组

$$\boldsymbol{Ax} = \boldsymbol{b} + \boldsymbol{e} \tag{6.1.7}$$

式中，$m \times n$ 矩阵 $\boldsymbol{A}$ 和 $n \times 1$ 向量 $\boldsymbol{x}$ 分别为常数矩阵和参数向量；$\boldsymbol{b}$ 为 $m \times 1$ 向量，它存在随机误差向量 $\boldsymbol{e} = [e_1, e_2, \cdots, e_m]^{\text{T}}$。误差向量的均值向量和协方差矩阵分别为

$$\text{E}\{\boldsymbol{e}\} = \boldsymbol{0}, \qquad \text{Cov}(\boldsymbol{e}) = \text{E}\{\boldsymbol{e}\boldsymbol{e}^{\text{H}}\} = \sigma^2 \boldsymbol{I}$$

$n \times 1$ 参数向量 $\boldsymbol{x}$ 的最优无偏解 $\hat{\boldsymbol{x}}$ 存在，当且仅当 $\text{rank}(\boldsymbol{A}) = n$。此时，最优无偏解由最小二乘解

$$\hat{\boldsymbol{x}}_{\text{LS}} = (\boldsymbol{A}^{\text{H}}\boldsymbol{A})^{-1}\boldsymbol{A}^{\text{H}}\boldsymbol{b} \tag{6.1.8}$$

给出，其方差

$$\text{Var}(\hat{\boldsymbol{x}}_{\text{LS}}) \leqslant \text{Var}(\tilde{\boldsymbol{x}}) \tag{6.1.9}$$

式中，$\tilde{\boldsymbol{x}}$ 是矩阵方程 $\boldsymbol{Ax} = \boldsymbol{b} + \boldsymbol{e}$ 的任何一个其他解。

证明 由假设条件 $\text{E}\{\boldsymbol{e}\} = \boldsymbol{0}$ 立即有

$$\text{E}\{\boldsymbol{b}\} = \text{E}\{\boldsymbol{Ax}\} - \text{E}\{\boldsymbol{e}\} = \boldsymbol{Ax} \tag{1}$$

利用已知条件 $\text{Cov}(\boldsymbol{e}) = \text{E}\{\boldsymbol{e}\boldsymbol{e}^{\text{H}}\} = \sigma^2\boldsymbol{I}$，并注意到 $\boldsymbol{Ax}$ 与误差向量 $\boldsymbol{e}$ 统计不相关，又有

$$\text{E}\{\boldsymbol{b}\boldsymbol{b}^{\text{H}}\} = \text{E}\{(\boldsymbol{Ax} - \boldsymbol{e})(\boldsymbol{Ax} - \boldsymbol{e})^{\text{H}}\} = \text{E}\{\boldsymbol{A}\boldsymbol{x}\boldsymbol{x}^{\text{H}}\boldsymbol{A}^{\text{H}}\} + \text{E}\{\boldsymbol{e}\boldsymbol{e}^{\text{H}}\} = \boldsymbol{A}\boldsymbol{x}\boldsymbol{x}^{\text{H}}\boldsymbol{A}^{\text{H}} + \sigma^2\boldsymbol{I} \tag{2}$$

由于 $\text{rank}(\boldsymbol{A}) = n$，矩阵乘积 $\boldsymbol{A}^{\text{H}}\boldsymbol{A}$ 非奇异，因此有

$$\text{E}\{\hat{\boldsymbol{x}}_{\text{LS}}\} = \text{E}\{(\boldsymbol{A}^{\text{H}}\boldsymbol{A})^{-1}\boldsymbol{A}^{\text{H}}\boldsymbol{b}\} = (\boldsymbol{A}^{\text{H}}\boldsymbol{A})^{-1}\boldsymbol{A}^{\text{H}}\text{E}\{\boldsymbol{b}\} = (\boldsymbol{A}^{\text{H}}\boldsymbol{A})^{-1}\boldsymbol{A}^{\text{H}}\boldsymbol{Ax} = \boldsymbol{x}$$

即最小二乘解 $\hat{\boldsymbol{x}}_{\rm LS}=(\boldsymbol{A}^{\rm H}\boldsymbol{A})^{-1}\boldsymbol{A}^{\rm H}\boldsymbol{b}$ 是矩阵方程 $\boldsymbol{Ax}=\boldsymbol{b}+\boldsymbol{e}$ 的无偏解。

下面证明 $\hat{\boldsymbol{x}}_{\rm LS}$ 具有最小方差。为此，假定 $\boldsymbol{x}$ 还有另外一个候补解 $\tilde{\boldsymbol{x}}$，则可以将它表示成

$$\tilde{\boldsymbol{x}}=\hat{\boldsymbol{x}}_{\rm LS}+\boldsymbol{Cb}+\boldsymbol{d}$$

式中，$\boldsymbol{C}$ 和 $\boldsymbol{d}$ 分别为常数矩阵和常数向量。解 $\tilde{\boldsymbol{x}}$ 是无偏的，即

$$\mathrm{E}\{\tilde{\boldsymbol{x}}\}=\mathrm{E}\{\hat{\boldsymbol{x}}_{\rm LS}\}+\mathrm{E}\{\boldsymbol{Cb}\}+\boldsymbol{d}=\boldsymbol{x}+\boldsymbol{CAx}+\boldsymbol{d}=\boldsymbol{x}+\boldsymbol{CAx}+\boldsymbol{d},\quad \forall\,\boldsymbol{x}$$

当且仅当

$$\boldsymbol{CA}=\boldsymbol{O}\ (\text{零矩阵}),\qquad \boldsymbol{d}=\boldsymbol{0} \tag{3}$$

利用这两个无偏约束条件，易知 $\mathrm{E}\{\boldsymbol{Cb}\}=\boldsymbol{C}\mathrm{E}\{\boldsymbol{b}\}=\boldsymbol{CA\theta}=\boldsymbol{0}$。于是，得

$$\begin{aligned}\mathrm{cov}(\tilde{\boldsymbol{x}})&=\mathrm{Cov}(\hat{\boldsymbol{x}}_{\rm LS}+\boldsymbol{Cb})=\mathrm{E}\{[(\hat{\boldsymbol{x}}_{\rm LS}-\boldsymbol{x})+\boldsymbol{Cb}][(\hat{\boldsymbol{x}}_{\rm LS}-\boldsymbol{x})+\boldsymbol{Cb}]^{\rm H}\}\\&=\mathrm{Cov}(\hat{\boldsymbol{x}}_{\rm LS})+\mathrm{E}\{(\hat{\boldsymbol{x}}_{\rm LS}-\boldsymbol{x})(\boldsymbol{Cb})^{\rm H}\}+\mathrm{E}\{\boldsymbol{Cb}(\hat{\boldsymbol{x}}_{\rm LS}-\boldsymbol{x})^{\rm H}\}+\mathrm{E}\{\boldsymbol{Cbb}^{\rm H}\boldsymbol{C}^{\rm H}\}\end{aligned} \tag{4}$$

但是，由式 (1) ~ 式 (3)，易知

$$\begin{aligned}\mathrm{E}\{(\hat{\boldsymbol{x}}_{\rm LS}-\boldsymbol{x})(\boldsymbol{Cb})^{\rm H}\}&=\mathrm{E}\{(\boldsymbol{A}^{\rm H}\boldsymbol{A})^{-1}\boldsymbol{A}^{\rm H}\boldsymbol{bb}^{\rm H}\boldsymbol{C}^{\rm H}\}-\mathrm{E}\{\boldsymbol{xb}^{\rm H}\boldsymbol{C}^{\rm H}\}\\&=(\boldsymbol{A}^{\rm H}\boldsymbol{A})^{-1}\boldsymbol{A}^{\rm H}\mathrm{E}\{\boldsymbol{bb}^{\rm H}\}\boldsymbol{C}^{\rm H}-\boldsymbol{x}\mathrm{E}\{\boldsymbol{b}^{\rm H}\}\boldsymbol{C}^{\rm H}\\&=(\boldsymbol{A}^{\rm H}\boldsymbol{A})^{-1}\boldsymbol{A}^{\rm H}(\boldsymbol{Axx}^{\rm H}\boldsymbol{A}^{\rm H}+\sigma^2\boldsymbol{I})\boldsymbol{C}^{\rm H}-\boldsymbol{xx}^{\rm H}\boldsymbol{A}^{\rm H}\boldsymbol{C}^{\rm H}\\&=\boldsymbol{O}\\ \mathrm{E}\{\boldsymbol{Cb}(\hat{\boldsymbol{x}}_{\rm LS}-\boldsymbol{x})^{\rm H}\}&=[\mathrm{E}\{(\hat{\boldsymbol{x}}_{\rm LS}-\boldsymbol{x})(\boldsymbol{Cb})^{\rm H}\}]^{\rm H}=\boldsymbol{O}\\ \mathrm{E}\{\boldsymbol{Cbb}^{\rm H}\boldsymbol{C}^{\rm H}\}&=\boldsymbol{C}\mathrm{E}\{\boldsymbol{bb}^{\rm H}\}\boldsymbol{C}^{\rm H}=\boldsymbol{C}(\boldsymbol{Axx}^{\rm H}\boldsymbol{A}^{\rm H}+\sigma^2\boldsymbol{I})\boldsymbol{C}^{\rm H}=\sigma^2\boldsymbol{CC}^{\rm H}\end{aligned}$$

故式 (4) 可化简为

$$\mathrm{Cov}(\tilde{\boldsymbol{x}})=\mathrm{Cov}(\hat{\boldsymbol{x}}_{\rm LS})+\sigma^2\boldsymbol{CC}^{\rm H} \tag{5}$$

上式取迹函数后，利用迹函数的性质 $\mathrm{tr}(\boldsymbol{A}+\boldsymbol{B})=\mathrm{tr}(\boldsymbol{A})+\mathrm{tr}(\boldsymbol{B})$，并注意到对于具有零均值向量的随机向量 $\boldsymbol{x}$，有 $\mathrm{tr}[\mathrm{Cov}(\boldsymbol{x})]=\mathrm{Var}(\boldsymbol{x})$，即可将式 (5) 改写作

$$\mathrm{Var}(\tilde{\boldsymbol{x}})=\mathrm{Var}(\hat{\boldsymbol{x}}_{\rm LS})+\sigma^2\mathrm{tr}(\boldsymbol{CC}^{\rm H})\geqslant\mathrm{Var}(\hat{\boldsymbol{x}}_{\rm LS})$$

因为 $\mathrm{tr}(\boldsymbol{CC}^{\rm H})\geqslant 0$。这就证明了 $\hat{\boldsymbol{x}}_{\rm LS}$ 具有最小方差，从而是最优无偏解。■

注意，定理 6.1.1 的条件 $\mathrm{Cov}(\boldsymbol{e})=\sigma^2\boldsymbol{I}$ 意味着加性误差向量 $\boldsymbol{e}$ 的各个分量互不相关，并且具有相同的方差 σ^2。只有在这种情况下，最小二乘解才是无偏的和最优的。这正是 Gauss-Markov 定理的物理含义所在。

6.1.3 普通最小二乘解与最大似然解的等价性

若加性误差向量 $\boldsymbol{e} = [e_1, \cdots, e_m]^{\mathrm{T}}$ 为独立同分布的复高斯随机向量，则由式 (1.5.35) 知，其概率密度函数为

$$f(\boldsymbol{e}) = \frac{1}{\pi^m |\boldsymbol{\Gamma}_e|} \exp\left[-(\boldsymbol{e}-\boldsymbol{\mu}_e)^{\mathrm{H}} \boldsymbol{\Gamma}_e^{-1} (\boldsymbol{e}-\boldsymbol{\mu}_e)\right] \tag{6.1.10}$$

式中，$|\boldsymbol{\Gamma}_e|$ 表示协方差矩阵 $\boldsymbol{\Gamma}_e = \mathrm{diag}(\sigma_1^2, \cdots, \sigma_m^2)$ 的行列式，即有 $|\boldsymbol{\Gamma}_e| = \sigma_1^2 \cdots \sigma_m^2$。

在 Gauss-Markov 定理的条件 (即误差向量的各个独立同分布的高斯随机变量均具有零均值和相同方差 σ^2)下，加性误差向量的概率密度函数简化为

$$f(\boldsymbol{e}) = \frac{1}{(\pi\sigma^2)^m} \exp\left(-\frac{1}{\sigma^2}\boldsymbol{e}^{\mathrm{H}}\boldsymbol{e}\right) = \frac{1}{(\pi\sigma^2)^m} \exp\left(-\frac{1}{\sigma^2}\|\boldsymbol{e}\|_2^2\right) \tag{6.1.11}$$

其似然函数

$$L(\boldsymbol{e}) = \log f(\boldsymbol{e}) = -\frac{1}{\pi^m \sigma^{2(m+1)}}\|\boldsymbol{e}\|_2^2 = -\frac{1}{\pi^m \sigma^{2(m+1)}}\|\boldsymbol{A}\boldsymbol{x}-\boldsymbol{b}\|_2^2 \tag{6.1.12}$$

于是，矩阵方程 $\boldsymbol{A}\boldsymbol{x} = \boldsymbol{b}$ 的最大似然解

$$\hat{\boldsymbol{x}}_{\mathrm{ML}} = \arg\max_{\boldsymbol{x}} \frac{-1}{\pi^m \sigma^{2(m+1)}}\|\boldsymbol{A}\boldsymbol{x}-\boldsymbol{b}\|_2^2 = \arg\min_{\boldsymbol{x}} \frac{1}{2}\|\boldsymbol{A}\boldsymbol{x}-\boldsymbol{b}\|_2^2 = \hat{\boldsymbol{x}}_{\mathrm{LS}} \tag{6.1.13}$$

即是说，在 Gauss-Markov 定理的条件下，矩阵方程 $\boldsymbol{A}\boldsymbol{x} = \boldsymbol{b}$ 的最大似然解 $\hat{\boldsymbol{x}}_{\mathrm{ML}}$ 与最小二乘解 $\hat{\boldsymbol{x}}_{\mathrm{LS}}$ 等价。

容易看出，当误差向量 $\boldsymbol{e}$ 为零均值的高斯随机向量，但其元素具有不同方差时，由于协方差矩阵 $\boldsymbol{\Gamma}_e$ 不等于 $\sigma^2\boldsymbol{I}$，所以这种情况下的最大似然解

$$\hat{\boldsymbol{x}}_{\mathrm{ML}} = \arg\max_{\boldsymbol{x}} \frac{1}{\pi^m \sigma_1^2 \cdots \sigma_m^2} \exp\left(-\boldsymbol{e}^{\mathrm{H}}\boldsymbol{\Gamma}_e^{-1}\boldsymbol{e}\right)$$

将不可能等于最小二乘解 $\hat{\boldsymbol{x}}_{\mathrm{LS}}$，即最小二乘解不再是最优的。

6.1.4 数据最小二乘

考虑超定矩阵方程 $\boldsymbol{A}\boldsymbol{x} = \boldsymbol{b}$，但与普通最小二乘问题不同，这里假定数据向量 $\boldsymbol{b}$ 无观测误差或噪声，只有数据矩阵 $\boldsymbol{A} = \boldsymbol{A}_0 + \boldsymbol{E}$ 有观测误差或噪声，并且误差矩阵 $\boldsymbol{E}$ 的每一个误差元素服从零均值、等方差的独立高斯分布。

考虑用校正矩阵 $\Delta\boldsymbol{A}$ 干扰有误差的数据矩阵 $\boldsymbol{A}$，使得 $\boldsymbol{A}+\Delta\boldsymbol{A} = \boldsymbol{A}_0+\boldsymbol{E}+\Delta\boldsymbol{A} \to \boldsymbol{A}_0$。与普通最小二乘方法相类似，通过强令 $(\boldsymbol{A}+\Delta\boldsymbol{A})\boldsymbol{x} = \boldsymbol{b}$，补偿数据矩阵中存在的误差矩阵，实现

$$(\boldsymbol{A}+\Delta\boldsymbol{A})\boldsymbol{x} = \boldsymbol{b} \implies \boldsymbol{A}_0\boldsymbol{x} = \boldsymbol{b}$$

此时，$\boldsymbol{x}$ 的最优解为

$$\hat{\boldsymbol{x}}_{\mathrm{DLS}} = \arg\min_{\boldsymbol{x}} \|\Delta\boldsymbol{A}\|_2^2 \quad \text{subject to } \boldsymbol{b} \in \mathrm{Range}(\boldsymbol{A}-\Delta\boldsymbol{A}) \tag{6.1.14}$$

这一方法称为数据最小二乘 (data least squares, DLS) 法。其中，约束条件 $\boldsymbol{b}\in \text{Range}(\boldsymbol{A}+\Delta\boldsymbol{A})$ 意味着，对于每一个给定的精确数据向量 $\boldsymbol{b}\in\mathbb{C}^m$ 和有误差的数据矩阵 $\boldsymbol{A}\in\mathbb{C}^{m\times n}$，总可以找到一个向量 $\boldsymbol{x}\in\mathbb{C}^n$，使得 $(\boldsymbol{A}+\Delta\boldsymbol{A})\boldsymbol{x}=\boldsymbol{b}$。因此，两个约束条件 $\boldsymbol{b}\in\text{Range}(\boldsymbol{A}+\Delta\boldsymbol{A})$ 和 $(\boldsymbol{A}+\Delta\boldsymbol{A})\boldsymbol{x}=\boldsymbol{b}$ 的表述等价。

利用 Lagrange 乘子法，可以将约束的数据最小二乘问题式 (6.1.14) 转变成无约束优化问题

$$\min L(\boldsymbol{x})=\text{tr}(\Delta\boldsymbol{A}(\Delta\boldsymbol{A})^{\text{H}})+\boldsymbol{\lambda}^{\text{H}}(\boldsymbol{A}\boldsymbol{x}+\Delta\boldsymbol{A}\boldsymbol{x}-\boldsymbol{b}) \tag{6.1.15}$$

令共轭梯度矩阵 $\partial L(\boldsymbol{x})/\partial\Delta\boldsymbol{A}^{\text{H}}$ 等于零矩阵，立即得 $\Delta\boldsymbol{A}=-\boldsymbol{\lambda}\boldsymbol{x}^{\text{H}}$。将 $\Delta\boldsymbol{A}=-\boldsymbol{\lambda}\boldsymbol{x}^{\text{H}}$ 代入约束条件 $(\boldsymbol{A}+\Delta\boldsymbol{A})\boldsymbol{x}=\boldsymbol{b}$，即有 $\boldsymbol{\lambda}=\dfrac{\boldsymbol{A}\boldsymbol{x}-\boldsymbol{b}}{\boldsymbol{x}^{\text{H}}\boldsymbol{x}}$，从而有 $\Delta\boldsymbol{A}=-\dfrac{(\boldsymbol{A}\boldsymbol{x}-\boldsymbol{b})\boldsymbol{x}^{\text{H}}}{\boldsymbol{x}^{\text{H}}\boldsymbol{x}}$。于是，原目标函数

$$J(\boldsymbol{x})=\|\Delta\boldsymbol{A}\|_2^2=\text{tr}(\Delta\boldsymbol{A}(\Delta\boldsymbol{A})^{\text{H}})=\text{tr}\left(\frac{(\boldsymbol{A}\boldsymbol{x}-\boldsymbol{b})\boldsymbol{x}^{\text{H}}}{\boldsymbol{x}^{\text{H}}\boldsymbol{x}}\frac{\boldsymbol{x}(\boldsymbol{A}\boldsymbol{x}-\boldsymbol{b})^{\text{H}}}{\boldsymbol{x}^{\text{H}}\boldsymbol{x}}\right)$$

利用迹函数性质 $\text{tr}(\boldsymbol{B}\boldsymbol{C})=\text{tr}(\boldsymbol{C}\boldsymbol{B})$，立即有

$$J(\boldsymbol{x})=\frac{(\boldsymbol{A}\boldsymbol{x}-\boldsymbol{b})^{\text{H}}(\boldsymbol{A}\boldsymbol{x}-\boldsymbol{b})}{\boldsymbol{x}^{\text{H}}\boldsymbol{x}} \tag{6.1.16}$$

由此得

$$\hat{\boldsymbol{x}}_{\text{DLS}}=\arg\min_{\boldsymbol{x}}\frac{(\boldsymbol{A}\boldsymbol{x}-\boldsymbol{b})^{\text{H}}(\boldsymbol{A}\boldsymbol{x}-\boldsymbol{b})}{\boldsymbol{x}^{\text{H}}\boldsymbol{x}} \tag{6.1.17}$$

这就是超定矩阵方程 $\boldsymbol{A}\boldsymbol{x}=\boldsymbol{b}$ 的数据最小二乘解。

6.2　Tikhonov 正则化与正则 Gauss-Seidel 法

在求解超定矩阵方程 $\boldsymbol{A}_{m\times n}\boldsymbol{x}_{n\times 1}=\boldsymbol{b}_{m\times 1}$ (其中 $m>n$) 的时候，普通最小二乘法和数据最小二乘法有两个基本的假设：① 数据矩阵 $\boldsymbol{A}$ 非奇异或者满列秩；② 数据向量 $\boldsymbol{b}$ 或者数据矩阵 $\boldsymbol{A}$ 存在加性噪声或误差。

本节介绍数据矩阵秩亏缺或者存在误差时超定矩阵方程求解的正则化方法。

6.2.1　Tikhonov 正则化

如 6.1 节所述，当 $m=n$，并且 $\boldsymbol{A}$ 非奇异时，矩阵方程 $\boldsymbol{A}\boldsymbol{x}=\boldsymbol{b}$ 的解为 $\hat{\boldsymbol{x}}=\boldsymbol{A}^{-1}\boldsymbol{b}$；而当 $m>n$，并且 $\boldsymbol{A}_{m\times n}$ 满列秩时，方程组的解由 $\hat{\boldsymbol{x}}_{\text{LS}}=\boldsymbol{A}^{\dagger}\boldsymbol{b}=(\boldsymbol{A}^{\text{H}}\boldsymbol{A})^{-1}\boldsymbol{A}^{\text{H}}\boldsymbol{b}$ 给出。

问题是，在工程应用中，矩阵 $\boldsymbol{A}$ 往往是秩亏缺的。在这些情况下，解 $\hat{\boldsymbol{x}}=\boldsymbol{A}^{-1}\boldsymbol{b}$ 或者 $\hat{\boldsymbol{x}}_{\text{LS}}=(\boldsymbol{A}^{\text{H}}\boldsymbol{A})^{-1}\boldsymbol{A}^{\text{H}}\boldsymbol{b}$ 要么发散，要么即使存在，也只是对 $\boldsymbol{x}$ 的毫无意义的质量很差的逼近。即便幸运的话，碰巧找到一个对 $\boldsymbol{x}$ 的合理逼近，但是误差估计值 $\|\boldsymbol{x}-\hat{\boldsymbol{x}}\|\leqslant\|\boldsymbol{A}^{-1}\|\,\|\boldsymbol{A}\hat{\boldsymbol{x}}-\boldsymbol{b}\|$ 或 $\|\boldsymbol{x}-\hat{\boldsymbol{x}}\|\leqslant\|\boldsymbol{A}^{\dagger}\|\,\|\boldsymbol{A}\hat{\boldsymbol{x}}-\boldsymbol{b}\|$ 也令人大失所望[367]。观察易知，问题出在数据矩阵 $\boldsymbol{A}$ 的协方差矩阵 $\boldsymbol{A}^{\text{H}}\boldsymbol{A}$ 的求逆。

作为最小二乘方法的代价函数 $\frac{1}{2}\|\boldsymbol{Ax}-\boldsymbol{b}\|_2^2$ 的改进，Tikhonov [472] 于 1963 年提出使用正则化最小二乘代价函数

$$J(\boldsymbol{x})=\frac{1}{2}\left(\|\boldsymbol{Ax}-\boldsymbol{b}\|_2^2+\lambda\|\boldsymbol{x}\|_2^2\right) \tag{6.2.1}$$

式中 $\lambda \geqslant 0$ 称为正则化参数 (regularization parameters)。

代价函数关于变元 $\boldsymbol{x}$ 的共轭梯度

$$\frac{\partial J(\boldsymbol{x})}{\partial \boldsymbol{x}^{\mathrm{H}}}=\frac{\partial}{\partial \boldsymbol{x}^{\mathrm{H}}}\left((\boldsymbol{Ax}-\boldsymbol{b})^{\mathrm{H}}(\boldsymbol{Ax}-\boldsymbol{b})+\lambda \boldsymbol{x}^{\mathrm{H}}\boldsymbol{x}\right)=\boldsymbol{A}^{\mathrm{H}}\boldsymbol{Ax}-\boldsymbol{A}^{\mathrm{H}}\boldsymbol{b}+\lambda\boldsymbol{x}$$

令 $\frac{\partial J(\boldsymbol{x})}{\partial \boldsymbol{x}^{\mathrm{H}}}=\boldsymbol{0}$，立即得解

$$\hat{\boldsymbol{x}}_{\mathrm{Tik}}=(\boldsymbol{A}^{\mathrm{H}}\boldsymbol{A}+\lambda\boldsymbol{I})^{-1}\boldsymbol{A}^{\mathrm{H}}\boldsymbol{b} \tag{6.2.2}$$

这种使用 $(\boldsymbol{A}^{\mathrm{H}}\boldsymbol{A}+\lambda\boldsymbol{I})^{-1}$ 代替协方差矩阵的直接求逆 $(\boldsymbol{A}^{\mathrm{H}}\boldsymbol{A})^{-1}$ 的方法常称为 Tikhonov 正则化 (Tikhonov regularization)，或简称正则化方法 (regularized method)。在信号处理与图像处理的文献中，有时把正则化法称为松弛法 (relaxation method)。

Tikhonov 正则化方法的本质是：通过对秩亏缺的矩阵 $\boldsymbol{A}$ 的协方差矩阵 $\boldsymbol{A}^{\mathrm{H}}\boldsymbol{A}$ 的每一个对角元素加一个很小的扰动 λ，使得奇异的协方差矩阵 $\boldsymbol{A}^{\mathrm{H}}\boldsymbol{A}$ 的求逆变成非奇异矩阵 $\boldsymbol{A}^{\mathrm{H}}\boldsymbol{A}+\lambda\boldsymbol{I}$ 的求逆，从而大大改善求解秩亏缺矩阵方程 $\boldsymbol{Ax}=\boldsymbol{b}$ 的数值稳定性。

显然，若数据矩阵 $\boldsymbol{A}$ 满列秩，但存在误差或者噪声时，就需要采用与 Tikhonov 正则化相反的做法，对被噪声污染的协方差矩阵 $\boldsymbol{A}^{\mathrm{H}}\boldsymbol{A}$ 加一个很小的负扰动矩阵 $-\lambda\boldsymbol{I}$，使 $\boldsymbol{A}^{\mathrm{H}}\boldsymbol{A}$ 去干扰。这种使用负的正则化参数 $-\lambda$ 的 Tikhonov 正则化称为反正则化方法 (deregularized method)，其解由

$$\hat{\boldsymbol{x}}=(\boldsymbol{A}^{\mathrm{H}}\boldsymbol{A}-\lambda\boldsymbol{I})^{-1}\boldsymbol{A}^{\mathrm{H}}\boldsymbol{b} \tag{6.2.3}$$

给出。6.3 节将介绍的总体最小二乘方法就是一种典型的反正则化方法。

如前所述，正则化参数 λ 应该取很小的值，这样既可以使 $(\boldsymbol{A}^{\mathrm{H}}\boldsymbol{A}+\lambda\boldsymbol{I})^{-1}$ 更好地逼近 $(\boldsymbol{A}^{\mathrm{H}}\boldsymbol{A})^{-1}$，又可避免 $\boldsymbol{A}^{\mathrm{H}}\boldsymbol{A}$ 的奇异，从而使 Tikhonov 正则法可以明显改进奇异和病态方程组求解的数值稳定性。这是因为，矩阵 $\boldsymbol{A}^{\mathrm{H}}\boldsymbol{A}$ 是半正定的，故 $\boldsymbol{A}^{\mathrm{H}}\boldsymbol{A}+\lambda\boldsymbol{I}$ 的特征值位于区间 $[\lambda,\lambda+\|\boldsymbol{A}\|_{\mathrm{F}}^2]$，这使得条件数

$$\mathrm{cond}(\boldsymbol{A}^{\mathrm{H}}\boldsymbol{A}+\lambda\boldsymbol{I})\leqslant(\lambda+\|\boldsymbol{A}_{\mathrm{F}}\|^2)/\lambda \tag{6.2.4}$$

相比 $\boldsymbol{A}^{\mathrm{H}}\boldsymbol{A}$ 的条件数 $\leqslant\infty$，有明显的改善。

为了进一步改善 Tikhonov 正则化求解奇异和病态方程组的结果，可以使用迭代 Tikhonov 正则化 (iterated Tikhonov regularization) [367]：令初始解向量 $\boldsymbol{x}_0=\boldsymbol{0}$ 和初始残差向量 $\boldsymbol{r}_0=\boldsymbol{b}$，则解向量和残差向量可以用以下迭代公式进行更新

$$\left.\begin{aligned}\boldsymbol{x}_k&=\boldsymbol{x}_{k-1}+(\boldsymbol{A}^{\mathrm{H}}\boldsymbol{A}+\lambda\boldsymbol{I})^{-1}\boldsymbol{A}^{\mathrm{H}}\boldsymbol{r}_{k-1}\\ \boldsymbol{r}_k&=\boldsymbol{b}-\boldsymbol{Ax}_k\end{aligned}\right\},\quad k=1,2,\cdots \tag{6.2.5}$$

令 $\boldsymbol{A}=\boldsymbol{U\Sigma V}^{\mathrm{H}}$ 是矩阵 $\boldsymbol{A}$ 的奇异值分解，则 $\boldsymbol{A}^{\mathrm{H}}\boldsymbol{A}=\boldsymbol{V\Sigma}^2\boldsymbol{V}^{\mathrm{H}}$，从而得普通最小二乘解和 Tikhonov 正则化解分别为

$$\hat{\boldsymbol{x}}_{\mathrm{LS}}=(\boldsymbol{A}^{\mathrm{H}}\boldsymbol{A})^{-1}\boldsymbol{A}^{\mathrm{H}}\boldsymbol{b}=\boldsymbol{V\Sigma}^{-1}\boldsymbol{U}^{\mathrm{H}}\boldsymbol{b} \tag{6.2.6}$$

$$\hat{\boldsymbol{x}}_{\mathrm{Tik}}=(\boldsymbol{A}^{\mathrm{H}}\boldsymbol{A}+\sigma_{\min}^2\boldsymbol{I})^{-1}\boldsymbol{A}^{\mathrm{H}}\boldsymbol{b}=\boldsymbol{V}(\boldsymbol{\Sigma}^2+\sigma_{\min}^2\boldsymbol{I})^{-1}\boldsymbol{\Sigma}\boldsymbol{U}^{\mathrm{H}}\boldsymbol{b} \tag{6.2.7}$$

其中 $\sigma_{\min}$ 是矩阵 $\boldsymbol{A}$ 最小的非零奇异值。若矩阵 $\boldsymbol{A}$ 奇异或者病态，即 $\sigma_n=0$，则由于 $\boldsymbol{\Sigma}^{-1}$ 的对角元素中会出现 $\frac{1}{\sigma_n}=\infty$ 的项，从而导致最小二乘解发散。相反，基于奇异值分解的 Tikhonov 正则化解 $\hat{\boldsymbol{x}}_{\mathrm{Tik}}$ 却具有很好的数值稳定性，因为

$$(\boldsymbol{\Sigma}^2+\delta^2\boldsymbol{I})^{-1}\boldsymbol{\Sigma}=\mathrm{diag}\left(\frac{\sigma_1}{\sigma_1^2+\sigma_{\min}^2},\cdots,\frac{\sigma_n}{\sigma_n^2+\sigma_{\min}^2}\right) \tag{6.2.8}$$

的对角元素介于 0 和 $\sigma_1/(\sigma_1^2+\sigma_{\min}^2)$ 之间。

当正则化参数 λ 在定义区间 $[0,\infty)$ 内变化时，一个正则化最小二乘问题的解族称为该正则化问题的正则化路径 (regularization path)。

Tikhonov 正则化解具有以下重要性质 [270]：

(1) 线性　Tikhonov 正则化最小二乘问题的解 $\hat{\boldsymbol{x}}_{\mathrm{Tik}}=(\boldsymbol{A}^{\mathrm{H}}\boldsymbol{A}+\lambda\boldsymbol{I})^{-1}\boldsymbol{A}^{\mathrm{H}}\boldsymbol{b}$ 是观测数据向量 $\boldsymbol{b}$ 的线性函数。

(2) $\lambda\to 0$ 时的极限特性　当正则化参数 $\lambda\to 0$ 时，Tikhonov 正则化最小二乘问题的解收敛为普通最小二乘解或 Moore-Penrose 解 $\lim\limits_{\lambda\to 0}\hat{\boldsymbol{x}}_{\mathrm{Tik}}=\hat{\boldsymbol{x}}_{\mathrm{LS}}=\boldsymbol{A}^{\dagger}\boldsymbol{b}=(\boldsymbol{A}^{\mathrm{H}}\boldsymbol{A})^{-1}\boldsymbol{A}^{\mathrm{H}}\boldsymbol{b}$。解点 $\hat{\boldsymbol{x}}_{\mathrm{Tik}}$ 在满足 $\boldsymbol{A}^{\mathrm{H}}(\boldsymbol{Ax}-\boldsymbol{b})=\boldsymbol{0}$ 的所有可行点中具有最小 L_2 范数

$$\hat{\boldsymbol{x}}_{\mathrm{Tik}}=\mathop{\arg\min}_{\boldsymbol{A}^{\mathrm{T}}(\boldsymbol{b}-\boldsymbol{Ax})=\boldsymbol{0}}\|\boldsymbol{x}\|_2 \tag{6.2.9}$$

(3) $\lambda\to\infty$ 时的极限特性　当 $\lambda\to\infty$ 时，Tikhonov 正则化最小二乘问题的最优解收敛为零向量，即 $\lim\limits_{\lambda\to\infty}\hat{\boldsymbol{x}}_{\mathrm{Tik}}=\boldsymbol{0}$。

(4) 正则化路径　当正则化参数 λ 在 $[0,\infty)$ 区间变化时，Tikhonov 正则化最小二乘问题的最优解是正则化参数的光滑函数，即当 λ 减小为零时，最优解收敛为 Moore-Penrose 解；而当 λ 增大时，最优解收敛为零向量解。

Tikhonov 正则化可以有效防止矩阵 $\boldsymbol{A}$ 秩亏缺时最小二乘解 $\hat{\boldsymbol{x}}_{\mathrm{LS}}=(\boldsymbol{A}^{\mathrm{T}}\boldsymbol{A})^{-1}\boldsymbol{A}^{\mathrm{T}}\boldsymbol{b}$ 的发散，明显改善最小二乘和交替最小二乘算法的收敛性能，因而被广泛应用。

6.2.2　正则 Gauss-Seidel 法

令 $X_i\subseteq\mathbb{R}^{n_i}$ 是 n_i 维列向量 $\boldsymbol{x}_i$ 的可行集。考虑非线性最小化问题

$$\min_{\boldsymbol{x}\in X}f(\boldsymbol{x})=f(\boldsymbol{x}_1,\cdots,\boldsymbol{x}_m) \tag{6.2.10}$$

式中，$\boldsymbol{x}\in X=X_1\times X_2\times\cdots\times X_m\subseteq\mathbb{R}^n$ 为闭合的、非空的凸集 $X_i\subseteq\mathbb{R}^{n_i},i=1,\cdots,m$ 的笛卡儿积，并且 $\sum\limits_{i=1}^{m}n_i=n$。

式 (6.2.10) 是一个 m 个变元向量耦合在一起的无约束优化问题。求解这类耦合优化问题的有效方法是分块非线性 Gauss-Seidel 法 [45, 209]，常简称为 GS 法。

在 GS 法的每一步迭代中，固定 $m-1$ 个变元向量为已知，对剩下的另一个待优化变元向量进行最小化。这一思想构成了非线性无约束优化问题式 (6.2.10) 的 GS 法的基本框架，具体步骤如下：

(1) 初始化 $m-1$ 个变元向量 $\boldsymbol{x}_i, i=2,\cdots,m$，并令 $k=0$。

(2) 求分离的子优化问题的解

$$\boldsymbol{x}_i^{k+1}=\arg\min_{\boldsymbol{y}\in X_i} f(\boldsymbol{x}_1^{k+1},\cdots,\boldsymbol{x}_{i-1}^{k+1},\boldsymbol{y},\boldsymbol{x}_{i+1}^{k},\cdots,\boldsymbol{x}_m^{k}),\quad i=1,\cdots,m \tag{6.2.11}$$

在更新 $\boldsymbol{x}_i$ 的第 $k+1$ 步迭代，$\boldsymbol{x}_1,\cdots,\boldsymbol{x}_{i-1}$ 业已更新为 $\boldsymbol{x}_1^{k+1},\cdots,\boldsymbol{x}_{i-1}^{k+1}$，故这些子向量和尚待进行 $k+1$ 步迭代的子向量 $\boldsymbol{x}_{i+1}^{k},\cdots,\boldsymbol{x}_m^{k}$ 被固定为已知向量。

(3) 检验 m 个变元向量是否均收敛。若收敛，则输出优化结果 $(\boldsymbol{x}_1^{k+1},\cdots,\boldsymbol{x}_m^{k+1})$；否则，令 $k\leftarrow k+1$，返回步骤 (2)，并继续迭代，直至收敛准则满足为止。

GS 方法有两种主要的变型：

(1) 分块协同下降法

当 n 维变元向量 $\boldsymbol{x}\in\mathbb{R}^n$ 的分块数 $m=n$ 时，分块非线性 GS 方法常称为分块协同下降 (block coordinate descent, BCD) 法 [415, 484]。

(2) 交替最小二乘法

若优化问题式 (6.2.10) 的目标函数 $f(\boldsymbol{x})$ 为最小二乘误差函数 (例如 $\|\boldsymbol{Ax}-\boldsymbol{b}\|_2^2$)，则 GS 法习惯称为交替最小二乘 (alternating least squares, ALS) 法。

例 6.2.1 考虑 $m\times n$ 已知数据矩阵 $\boldsymbol{X}$ 的满秩分解 $\boldsymbol{X}=\boldsymbol{AB}$，其中 $m\times r$ 矩阵 $\boldsymbol{A}$ 满列秩，$r\times n$ 矩阵 $\boldsymbol{B}$ 满行秩。令矩阵满秩分解的代价函数

$$f(\boldsymbol{A},\boldsymbol{B})=\frac{1}{2}\|\boldsymbol{X}-\boldsymbol{AB}\|_{\mathrm{F}}^2 \tag{6.2.12}$$

交替最小二乘算法首先初始化矩阵 $\boldsymbol{A}$。在第 $k+1$ 次迭代中，由固定的矩阵 $\boldsymbol{A}_k$，即可更新矩阵 $\boldsymbol{B}$ 的最小二乘解

$$\boldsymbol{B}_{k+1}=(\boldsymbol{A}_k^{\mathrm{T}}\boldsymbol{A}_k)^{-1}\boldsymbol{A}_k^{\mathrm{T}}\boldsymbol{X} \tag{6.2.13}$$

然后，由矩阵分解的转置 $\boldsymbol{X}^{\mathrm{T}}=\boldsymbol{B}^{\mathrm{T}}\boldsymbol{A}^{\mathrm{T}}$，立即又可以更新矩阵 $\boldsymbol{A}^{\mathrm{T}}$ 的最小二乘解

$$\boldsymbol{A}_{k+1}^{\mathrm{T}}=(\boldsymbol{B}_{k+1}\boldsymbol{B}_{k+1}^{\mathrm{T}})^{-1}\boldsymbol{B}_{k+1}\boldsymbol{X}^{\mathrm{T}} \tag{6.2.14}$$

以上两种最小二乘方法交替进行。一旦算法收敛，即可得到矩阵分解的优化结果。

下面分析 GS 法的收敛性能。为此，先引入极限点和临界点的概念。

令 S 是拓补空间 X 的一个子集，称空间 X 内的点 x 是子集 S 的一个极限点 (limit point)，若 x 的每一个邻域至少总含有 S 中的一个点 (不包含 x 本身)。换言之，极限点 x 是拓补空间 X 内可以用 S 中的点 (不包含 x 本身) 进行“逼近”的点。

导数等于零或者导数不存在的函数曲线上的点在优化问题中起着重要的作用。点 x 称为函数 $f(x)$ 的一个临界点 (critical point)，若 x 位于该函数的定义域，并且函数在该点的导数 $f'(x)=0$ 或者 $f'(x)$ 不存在。一个临界点的几何解释是：在曲线上该点的切线要么是水平的，抑或是垂直的，要么根本不存在。

例 6.2.2 考虑一实值函数 $f(x)=x^4-4x^2$，其导数 $f'(x)=4x^3-8x$，由 $f'(x)=0$ 立即得到函数 $f(x)$ 的三个临界点 $x=0,-\sqrt{2}$ 和 $\sqrt{2}$。

上述关于标量变元的极限点和临界点的概念很容易推广到向量变元。

定义 6.2.1 (极限点) 称向量 $\boldsymbol{x}\in\mathbb{R}^n$ 是向量序列 $\{\boldsymbol{x}_k\}_{k=1}^{\infty}$ 在向量空间 $\mathbb{R}^n$ 的一个极限点，若存在 $\{\boldsymbol{x}_k\}_{k=1}^{\infty}$ 的一个子序列收敛为 $\boldsymbol{x}$。

定义 6.2.2 (临界点) 令 $f:X\to\mathbb{R}$ (其中 $X\subset\mathbb{R}^n$) 是一实值函数，称 $\bar{\boldsymbol{x}}\in\mathbb{R}^n$ 是函数 $f(\boldsymbol{x})$ 的一个临界点，若下列条件满足

$$\boldsymbol{g}^{\mathrm{T}}(\bar{\boldsymbol{x}})(\boldsymbol{y}-\bar{\boldsymbol{x}})\geqslant 0,\quad \forall\,\boldsymbol{y}\in X \tag{6.2.15}$$

其中 $\boldsymbol{g}^{\mathrm{T}}(\bar{\boldsymbol{x}})$ 表示向量函数 $\boldsymbol{g}(\bar{\boldsymbol{x}})$ 的转置，并且 $\boldsymbol{g}(\bar{\boldsymbol{x}})=\nabla f(\bar{\boldsymbol{x}})$ 表示连续可微分函数 $f(\boldsymbol{x})$ 在点 $\bar{\boldsymbol{x}}$ 的梯度向量，或者 $\boldsymbol{g}(\bar{\boldsymbol{x}})\in\partial f(\bar{\boldsymbol{x}})$ 表示不可微分的非平滑函数 $f(\boldsymbol{x})$ 在点 $\bar{\boldsymbol{x}}$ 的次梯度向量。若 $X=\mathbb{R}^n$ 或者 $\bar{\boldsymbol{x}}$ 是 X 的内点，则临界点条件式 (6.2.15) 退化为无约束最小化问题 $\min f(\boldsymbol{x})$ 的平稳点条件 $\nabla f(\bar{\boldsymbol{x}})=\boldsymbol{0}$ (对连续可微分的目标函数) 或者 $\boldsymbol{0}\in\partial f(\bar{\boldsymbol{x}})$ (对非平滑的目标函数)。

令 $\boldsymbol{x}^k=(\boldsymbol{x}_1^k,\cdots,\boldsymbol{x}_m^k)$ 表示 GS 算法产生的迭代结果，自然希望迭代序列 $\{\boldsymbol{x}^k\}_{k=1}^{\infty}$ 有极限点，并且每一个极限点都是目标函数 f 的一临界点。对于优化问题式 (6.2.10)，GS 算法的这一收敛性能取决于目标函数 f 的拟凸性。

定义 6.2.3 (拟凸函数与严格拟凸函数) 令 S 是一实向量空间的凸子集。函数 $f:S\to\mathbb{R}$ 称为 S 内的拟凸函数 (quasiconvex function)，若对每一个向量 $\boldsymbol{x},\boldsymbol{y}\in S$ 和常数 $\alpha\in(0,1)$，下列条件满足

$$f(\alpha\boldsymbol{x}+(1-\alpha)\boldsymbol{y})\leqslant\max\{f(\boldsymbol{x}),f(\boldsymbol{y})\} \tag{6.2.16}$$

称 f 是严格拟凸函数 (strictly quasiconvex function)，若

$$f(\alpha\boldsymbol{x}+(1-\alpha)\boldsymbol{y})<\max\{f(\boldsymbol{x}),f(\boldsymbol{y})\} \tag{6.2.17}$$

令 $\alpha\in(0,1)$ 和 $\boldsymbol{y}_i\neq\boldsymbol{x}_i$。类似于定义 6.2.3，交替最小二乘问题式 (6.2.10) 的目标函数 $f(\boldsymbol{x})$ 称作相对于 $\boldsymbol{x}_i\in X_i$ 的拟凸函数，若

$$\begin{aligned}&f(\boldsymbol{x}_1,\cdots,\boldsymbol{x}_{i-1},\alpha\boldsymbol{x}_i+(1-\alpha)\boldsymbol{y}_i,\boldsymbol{x}_{i+1},\cdots,\boldsymbol{x}_m)\\ \leqslant&\max\{f(\boldsymbol{x}),f(\boldsymbol{x}_1,\cdots,\boldsymbol{x}_{i-1},\boldsymbol{y}_i,\boldsymbol{x}_{i+1},\cdots,\boldsymbol{x}_m)\}\end{aligned}$$

称 $f(\boldsymbol{x})$ 是严格拟凸函数，若

$$\begin{aligned}&f(\boldsymbol{x}_1,\cdots,\boldsymbol{x}_{i-1},\alpha\boldsymbol{x}_i+(1-\alpha)\boldsymbol{y}_i,\boldsymbol{x}_{i+1},\cdots,\boldsymbol{x}_m)\\ <&\max\{f(\boldsymbol{x}),f(\boldsymbol{x}_1,\cdots,\boldsymbol{x}_{i-1},\boldsymbol{y}_i,\boldsymbol{x}_{i+1},\cdots,\boldsymbol{x}_m)\}\end{aligned}$$

下面是在不同假设条件下 GS 算法的收敛性能。

定理 6.2.1 [209] 假定函数 f 相对于 X 上的向量 $\boldsymbol{x}_i\,(i=1,\cdots,m-2)$ 是一严格拟凸函数，并且由 GS 法产生的序列 $\{\boldsymbol{x}^k\}$ 具有极限点，则 $\{\boldsymbol{x}^k\}$ 的每一个极限点 $\bar{\boldsymbol{x}}$ 都是优化问题式 (6.2.10) 的一个临界点。

定理 6.2.2 [45] 令 f 是式 (6.2.10) 中的目标函数。假定对每一个 i 和 $\boldsymbol{x}\in X$，优化算法

$$\min_{\boldsymbol{y}\in X_i} f(\boldsymbol{x}_1,\cdots,\boldsymbol{x}_{i-1},\boldsymbol{y},\boldsymbol{x}_{i+1},\cdots,\boldsymbol{x}_m)$$

的极小点唯一得到。若 $\{\boldsymbol{x}^k\}$ 是由 GS 算法产生的迭代序列，则 $\boldsymbol{x}^k$ 的每一个极限点都是一个临界点。

然而，在实际应用中，优化问题式 (6.2.10) 的目标函数常常可能不满足上述两个定理的条件。例如，根据定理 6.2.1 知，在矩阵 $\boldsymbol{A}$ 列秩亏缺的情况下，二次目标函数 $\|\boldsymbol{Ax}-\boldsymbol{b}\|_2^2$ 不是拟凸函数，所以交替最小二乘法的收敛性能将无法保证。

GS 法产生的序列虽然含有极限点，但它们可能不是优化问题式 (6.2.10) 的临界点。GS 算法有可能不收敛这一事实早在 1973 年就被 Powell 观察到，并称为 GS 法的“徘徊”(circle) 现象 [415]。最近，文献 [356, 315] 通过大量仿真实验观察到，即使能够收敛，交替最小二乘法的迭代过程也很容易陷入“泥沼”(swamp) 之中：异常高的迭代次数导致收敛速度大幅放缓。特别地，当 m 个变元矩阵之中只要有一个变元矩阵的列秩是亏缺的，或者 m 个变元矩阵虽然都满列秩，但某些变元矩阵的列向量之间存在共线性 (collinearity) 时，很容易观察到这种泥沼现象 [356, 315]。

避免 GS 法的徘徊和泥沼现象的一种简单而有效的方法是将优化问题式 (6.2.10) 的目标函数进行 Tikhonov 正则化，将分离的子优化算法式 (6.2.11) 正则化为

$$\boldsymbol{x}_i^{k+1}=\arg\min_{\boldsymbol{y}\in X_i} f(\boldsymbol{x}_1^{k+1},\cdots,\boldsymbol{x}_{i-1}^{k+1},\boldsymbol{y},\boldsymbol{x}_{i+1}^{k},\cdots,\boldsymbol{x}_m^{k})+\frac{1}{2}\tau_i\|\boldsymbol{y}-\boldsymbol{x}_i^k\|_2^2 \tag{6.2.18}$$

式中 $i=1,\cdots,m$。

上述算法称为 GS 算法的迫近点版本 (proximal point versions) [26, 47]，缩写为 PGS。正则项 $\|\boldsymbol{y}-\boldsymbol{x}_i^k\|_2^2$ 的作用是迫使更新后的向量 $\boldsymbol{x}_i^{k+1}=\boldsymbol{y}$ 接近 $\boldsymbol{x}_i^k$，不致偏离太多，避免迭代过程的剧烈震荡，防止算法发散。这大概就是“迫近点版本”这一术语的本质所在。

称 GS 或 PGS 方法是良好定义的 (well-defined)，若每个子问题都有一个最优解 [209]。

定理 6.2.3 (PGS 的收敛性) [209] 假定 PGS 方法是良好定义的，并且序列 $\{\boldsymbol{x}^k\}$ 有极限点，则 $\{\boldsymbol{x}^k\}$ 的每一个极限点 $\bar{\boldsymbol{x}}$ 都是优化问题式 (6.2.10) 的一临界点。

定理 6.2.3 表明，PGS 法的收敛性能确实优于 GS 法。文献 [315] 通过大量仿真实验表明，在达到相同误差的条件下，限于泥沼之中的 GS 法的迭代次数异常大，而 PGS 法往往收敛很快。PGS 法在有些文献中也称为正则 GS 算法。

交替最小二乘法和正则交替最小二乘法在非负矩阵分解和张量分解中有着重要的应用，将在后面具体介绍。

6.3 总体最小二乘

尽管最初的称呼不同，总体最小二乘 (total least squares, TLS) 实际上已有相当长的历史了。有关总体最小二乘最早的思想可追溯到 Pearson 于 1901 年发表的论文[399]，当时他考虑的是 $\boldsymbol{A}$ 和 $\boldsymbol{b}$ 同时存在误差时矩阵方程 $\boldsymbol{Ax}=\boldsymbol{b}$ 的近似求解方法。但是，只是到了 1980 年，才由 Golub 和 Van Loan [196] 从数值分析的观点首次对这种方法进行了整体分析，并正式称为总体最小二乘。在数理统计中，这种方法称为正交回归 (orthogonal regression) 或变量误差回归 (errors-in-variables regression) [190]。在系统辨识中，总体最小二乘称为特征向量法或 Koopmans-Levin 方法 [496]。现在，总体最小二乘方法已经广泛应用于信号处理、自动控制、系统科学、统计学、物理学、经济学、生物学和医学等众多学科与领域。

6.3.1 总体最小二乘问题

令 $\boldsymbol{A}_0$ 和 $\boldsymbol{b}_0$ 分别代表不可观测的无误差数据矩阵和无误差数据向量，实际观测的数据矩阵和数据向量分别为

$$\boldsymbol{A}=\boldsymbol{A}_0+\boldsymbol{E},\quad \boldsymbol{b}=\boldsymbol{b}_0+\boldsymbol{e} \tag{6.3.1}$$

其中，$\boldsymbol{E}$ 和 $\boldsymbol{e}$ 分别表示误差数据矩阵和误差数据向量。

总体最小二乘的基本思想是：不仅用校正向量 $\Delta\boldsymbol{b}$ 去干扰数据向量 $\boldsymbol{b}$，同时用校正矩阵 $\Delta\boldsymbol{A}$ 去干扰数据矩阵 $\boldsymbol{A}$，以便对 $\boldsymbol{A}$ 和 $\boldsymbol{b}$ 二者内存在的误差或噪声进行联合补偿

$$\boldsymbol{b}+\Delta\boldsymbol{b}=\boldsymbol{b}_0+\boldsymbol{e}+\Delta\boldsymbol{b}\rightarrow\boldsymbol{b}_0$$

$$\boldsymbol{A}+\Delta\boldsymbol{A}=\boldsymbol{A}_0+\boldsymbol{E}+\Delta\boldsymbol{A}\rightarrow\boldsymbol{A}_0$$

以抑制观测误差或噪声对矩阵方程求解的影响，从而实现有误差的矩阵方程求解向精确矩阵方程的求解的转换

$$(\boldsymbol{A}+\Delta\boldsymbol{A})\boldsymbol{x}=\boldsymbol{b}+\Delta\boldsymbol{b}\implies\boldsymbol{A}_0\boldsymbol{x}=\boldsymbol{b}_0 \tag{6.3.2}$$

自然地，我们希望校正数据矩阵和校正数据向量都尽可能小。因此，总体最小二乘问题可以用约束优化问题叙述为

$$\text{TLS:}\qquad \min_{\Delta\boldsymbol{A},\Delta\boldsymbol{b},\boldsymbol{x}}\ \|[\Delta\boldsymbol{A},\Delta\boldsymbol{b}]\|_2^2=\|\Delta\boldsymbol{A}\|_2^2+\|\Delta\boldsymbol{b}\|_2^2 \tag{6.3.3}$$

$$\text{subject to}\quad(\boldsymbol{A}+\Delta\boldsymbol{A})\boldsymbol{x}=\boldsymbol{b}+\Delta\boldsymbol{b} \tag{6.3.4}$$

约束条件 $(\boldsymbol{A}+\Delta\boldsymbol{A})\boldsymbol{x}=\boldsymbol{b}+\Delta\boldsymbol{b}$ 有时也表示为 $(\boldsymbol{b}+\Delta\boldsymbol{b})\in\text{Range}\,(\boldsymbol{A}+\Delta\boldsymbol{A})$。

由式 (6.3.2) 知，原矩阵方程 $\boldsymbol{Ax}=\boldsymbol{b}$ 可以改写为

$$([\boldsymbol{A},\,\boldsymbol{b}]+[\Delta\boldsymbol{A},\,\Delta\boldsymbol{b}])\begin{bmatrix}\boldsymbol{x}\\-1\end{bmatrix}=\boldsymbol{0} \tag{6.3.5}$$

或等价为

$$(\boldsymbol{B}+\boldsymbol{D})\boldsymbol{z}=\boldsymbol{0} \tag{6.3.6}$$

式中，增广数据矩阵 $\boldsymbol{B}=[\boldsymbol{A},\boldsymbol{b}]$ 和增广校正矩阵 $\boldsymbol{D}=[\Delta\boldsymbol{A},\Delta\boldsymbol{b}]$ 均为 $m\times(n+1)$ 维矩阵，而 $\boldsymbol{z}=\begin{bmatrix}\boldsymbol{x}\\-1\end{bmatrix}$ 为 $(n+1)\times 1$ 向量。

由式 (6.3.5) 知，解向量 $\begin{bmatrix}\boldsymbol{x}\\-1\end{bmatrix}$ 是与增广矩阵 $[\boldsymbol{A},\boldsymbol{b}]$ 的最小奇异值 $\sigma_{\min}$ 对应的右奇异向量，亦即与 $[\boldsymbol{A},\boldsymbol{b}]^{\mathrm{H}}[\boldsymbol{A},\boldsymbol{b}]$ 的最小特征值 $\lambda_{\min}$ 对应的特征向量。换言之，解向量 $\begin{bmatrix}\boldsymbol{x}\\-1\end{bmatrix}$ 是下列 Rayleigh 商最小化的无约束优化问题的解

$$\min_{\boldsymbol{x}}\ J(\boldsymbol{x})=\frac{\begin{bmatrix}\boldsymbol{x}\\-1\end{bmatrix}^{\mathrm{H}}[\boldsymbol{A},\boldsymbol{b}]^{\mathrm{H}}[\boldsymbol{A},\boldsymbol{b}]\begin{bmatrix}\boldsymbol{x}\\-1\end{bmatrix}}{\begin{bmatrix}\boldsymbol{x}\\-1\end{bmatrix}^{\mathrm{H}}\begin{bmatrix}\boldsymbol{x}\\-1\end{bmatrix}}=\frac{\|\boldsymbol{A}\boldsymbol{x}-\boldsymbol{b}\|_2^2}{\|\boldsymbol{x}\|_2^2+1} \tag{6.3.7}$$

6.3.2 总体最小二乘解

在超定方程的总体最小二乘解中，有两种可能的情况。

情况 1 矩阵 $\boldsymbol{B}$ 的奇异值 σ_n 明显比 σ_{n+1} 大，即最小的奇异值只有一个。

式 (6.3.3) 表明，总体最小二乘问题可以归结为：求一具有最小范数平方的扰动矩阵 $\boldsymbol{D}\in\mathbb{C}^{m\times(n+1)}$，使得 $\boldsymbol{B}+\boldsymbol{D}$ 是非满秩的 (如果满秩，则只有平凡解 $\boldsymbol{z}=\boldsymbol{0}$)。

事实上，如果约束最小二乘解 $\boldsymbol{z}$ 是一个单位范数的向量，并且将式 (6.3.6) 改写为 $\boldsymbol{B}\boldsymbol{z}=\boldsymbol{r}=-\boldsymbol{D}\boldsymbol{z}$，则总体最小二乘问题式 (6.3.3) 又可以等价写作一个带约束的标准最小二乘问题

$$\min\|\boldsymbol{B}\boldsymbol{z}\|_2^2=\min\|\boldsymbol{r}\|_2^2\quad\text{subject to}\quad\boldsymbol{z}^{\mathrm{H}}\boldsymbol{z}=1 \tag{6.3.8}$$

因为 $\boldsymbol{r}$ 可以视为矩阵方程 $\boldsymbol{B}\boldsymbol{z}=\boldsymbol{0}$ 的总体最小二乘解 $\boldsymbol{z}$ 的误差向量。换言之，总体最小二乘解 $\boldsymbol{z}$ 是使得误差平方和 $\|\boldsymbol{r}\|_2^2$ 为最小的最小二乘解。

上述约束最小二乘问题很容易用 Lagrange 乘数法求解。定义目标函数

$$J(\boldsymbol{z})=\|\boldsymbol{B}\boldsymbol{z}\|_2^2+\lambda(1-\boldsymbol{z}^{\mathrm{H}}\boldsymbol{z}) \tag{6.3.9}$$

式中，λ 为 Lagrange 乘数。注意到 $\|\boldsymbol{B}\boldsymbol{z}\|_2^2=\boldsymbol{z}^{\mathrm{H}}\boldsymbol{B}^{\mathrm{H}}\boldsymbol{B}\boldsymbol{z}$，故由 $\frac{\partial J(\boldsymbol{z})}{\partial\boldsymbol{z}^*}=0$，得到

$$\boldsymbol{B}^{\mathrm{H}}\boldsymbol{B}\boldsymbol{z}=\lambda\boldsymbol{z} \tag{6.3.10}$$

这表明，Lagrange 乘数应该选择为矩阵 $\boldsymbol{B}^{\mathrm{H}}\boldsymbol{B}$ 的最小特征值 (即 $\boldsymbol{B}$ 的最小奇异值的平方)，而总体最小二乘解 $\boldsymbol{z}$ 是与最小奇异值 $\sigma_{\min}=\sqrt{\lambda_{\min}}$ 对应的右奇异向量。

令 $m\times(n+1)$ 增广矩阵 $\boldsymbol{B}$ 的奇异值分解为

$$\boldsymbol{B}=\boldsymbol{U}\boldsymbol{\Sigma}\boldsymbol{V}^{\mathrm{H}} \tag{6.3.11}$$

并且其奇异值按照顺序 $\sigma_1 \geqslant \cdots \geqslant \sigma_{n+1}$ 排列，与这些奇异值对应的右奇异向量为 $\boldsymbol{v}_1,\cdots,\boldsymbol{v}_{n+1}$。于是，根据上面的分析，总体最小二乘解为 $\boldsymbol{z}=\boldsymbol{v}_{n+1}$。也就是说，原矩阵方程 $\boldsymbol{Ax}=\boldsymbol{b}$ 的最小二乘解由下式给出

$$\boldsymbol{x}_{\text{TLS}}=\frac{1}{v(1,n+1)}\begin{bmatrix} v(2,n+1)\\ \vdots \\ v(n+1,n+1)\end{bmatrix} \tag{6.3.12}$$

其中，$v(i,n+1)$ 是 $\boldsymbol{V}$ 的第 $n+1$ 列的第 i 个元素。

总结以上讨论，可以得到求解约束优化问题

$$\text{TLS}:\quad \min_{\Delta\boldsymbol{A},\Delta\boldsymbol{b},\boldsymbol{x}} \|\Delta\boldsymbol{A}\|_2^2+\alpha^2\|\Delta\boldsymbol{b}\|_2^2 \tag{6.3.13}$$

$$(\boldsymbol{A}+\Delta\boldsymbol{A})\boldsymbol{x}=\boldsymbol{b}+\Delta\boldsymbol{b} \tag{6.3.14}$$

的总体最小二乘算法 TLS $(\boldsymbol{A},\boldsymbol{b},\alpha)=(\Delta\boldsymbol{A},\Delta\boldsymbol{b},\boldsymbol{x})$ 如下。

算法 6.3.1 [196] TLS 算法 TLS $(\boldsymbol{A},\boldsymbol{b},\alpha)=(\Delta\boldsymbol{A},\Delta\boldsymbol{b},\boldsymbol{x})$

输入 $\boldsymbol{A}\in\mathbb{C}^{m\times n},\boldsymbol{b}\in\mathbb{C}^m,\alpha>0$。

输出 $\Delta\boldsymbol{A}\in\mathbb{C}^{m\times n},\Delta\boldsymbol{b}\in\mathbb{C}^m,\boldsymbol{x}\in\mathbb{C}^m$。

步骤 1 计算 SVD $[\boldsymbol{A},\alpha\boldsymbol{b}]=\boldsymbol{U\Sigma V}^{\text{H}}$，其中 $\boldsymbol{\Sigma}=\begin{bmatrix}\boldsymbol{\Sigma}_1\\ \text{O}\end{bmatrix}$, $\boldsymbol{\Sigma}_1=\text{diag}(\sigma_1,\cdots,\sigma_{n+1})$。

步骤 2 若 $\sigma_n(\boldsymbol{A})>\sigma_{n+1}$ (其中 $\sigma_n(\boldsymbol{A})$ 是数据矩阵 $\boldsymbol{A}$ 的第 n 个奇异值)，则总体最小二乘问题的解由下式给出

$$(\Delta\boldsymbol{A},\Delta\boldsymbol{b})=\sigma_{n+1}\boldsymbol{u}_{n+1}\boldsymbol{v}_{n+1}^{\text{T}}\text{diag}(\underbrace{1,\cdots,1}_{n\text{个}},\alpha)$$

$$\boldsymbol{x}=-\frac{1}{\alpha V_{n+1,n+1}}[V_{1,n+1},\cdots,V_{n,n+1}]^{\text{T}}$$

式中，$\boldsymbol{u}_{n+1}$ 和 $\boldsymbol{v}_{n+1}$ 分别是 $\boldsymbol{U}$ 和 $\boldsymbol{V}$ 的第 $n+1$ 列，而 $V_{i,j}$ 是 $\boldsymbol{U}$ 的第 (i,j) 元素。

情况 2 矩阵 $\boldsymbol{B}$ 的最小奇异值多重 (最后面若干个奇异值重复或非常接近)。

不妨令

$$\sigma_1\geqslant\sigma_2\geqslant\cdots\geqslant\sigma_p>\sigma_{p+1}\approx\cdots\approx\sigma_{n+1} \tag{6.3.15}$$

且 $\boldsymbol{v}_i$ 是子空间

$$S=\text{Span}\{\boldsymbol{v}_{p+1},\boldsymbol{v}_{p+2},\cdots,\boldsymbol{v}_{n+1}\}$$

中的任一列向量，则上述任一右奇异向量 $\boldsymbol{v}_i$ 都给出一组总体最小二乘解

$$\boldsymbol{x}=\boldsymbol{y}_i/\alpha_i,\qquad i=p+1,p+2,\cdots,n+1$$

其中，α_i 是向量 $\boldsymbol{v}_i$ 的第一个元素，而其他的元素组成向量 $\boldsymbol{y}_i$，也即 $\boldsymbol{v}_i=\begin{bmatrix}\alpha_i\\ \boldsymbol{y}_i\end{bmatrix}$。因此，会有 $n+1-p$ 个总体最小二乘解。然而，可以找出在某种意义下唯一的总体最小二乘解。可能的唯一解有两种：

(1) 最小范数解：解向量由 n 个参数组成。

(2) 最优最小二乘近似解：解向量仅包含 p 个参数。

下面分别给予介绍。

1. 最小范数解

最小范数解为 n 个参数的总体最小二乘解。求解最小范数解的总体最小二乘算法由 Golub 和 Van Loan [196] 提出。

算法 6.3.2 最小范数解的 TLS 算法

步骤 1 计算增广矩阵的奇异值分解 $\boldsymbol{B}=\boldsymbol{U\Sigma V}^{\mathrm{H}}$，并存储矩阵 $\boldsymbol{V}$ 和所有奇异值。

步骤 2 确定主奇异值的个数 p。

步骤 3 令 $\boldsymbol{V}_1=[\boldsymbol{v}_{p+1},\boldsymbol{v}_{p+2},\cdots,\boldsymbol{v}_{n+1}]$ 是 $\boldsymbol{V}$ 的列分块形式，并计算 Householder 变换矩阵 $\boldsymbol{Q}$ 使得

$$\boldsymbol{V}_1\boldsymbol{Q}=\left[\begin{array}{c|c}\alpha & 0\ \cdots\ 0\\ \hline \boldsymbol{y} & \times\end{array}\right]$$

其中，α 是一个标量，$\times$ 代表其数值在下一步不起作用的块。

步骤 4 若 $\alpha\neq 0$，则 $\boldsymbol{x}_{\mathrm{TLS}}=\boldsymbol{y}/\alpha$；若 $\alpha=0$，则对原设定的 p 无 TLS 解，应减小 p，即使用 $p\leftarrow p-1$，并重复以上步骤，直至求出唯一的 TLS 解。

步骤 4 表明，确定 $\boldsymbol{x}_{\mathrm{TLS}}$ 只需要使用 $[\alpha,\boldsymbol{y}^{\mathrm{T}}]^{\mathrm{T}}$，因此在步骤 3，没有必要计算整个矩阵 $\boldsymbol{Q}$，只需要计算出 $\boldsymbol{Q}$ 的第 1 列即可。具体说来，$[\alpha,\boldsymbol{y}^{\mathrm{T}}]^{\mathrm{T}}$ 可以通过使 $\boldsymbol{Q}$ 的第 1 列取 $\boldsymbol{V}_1$ 的第 1 行的复数共轭直接获得 (还有其他方法，但这是最简单的一种)。如果令向量 $\bar{\boldsymbol{v}}_1$ 是矩阵 $\boldsymbol{V}_1$ 的第 1 行，即对 $\boldsymbol{V}_1$ 作如下分块

$$\boldsymbol{V}_1=\begin{bmatrix}\bar{\boldsymbol{v}}_1\\ \bar{\boldsymbol{V}}\end{bmatrix} \tag{6.3.16}$$

即可将 TLS 解最终写作

$$\boldsymbol{x}_{\mathrm{TLS}}=\frac{\bar{\boldsymbol{V}}\bar{\boldsymbol{v}}_1^{\mathrm{H}}}{\bar{\boldsymbol{v}}_1\bar{\boldsymbol{v}}_1^{\mathrm{H}}}=\alpha^{-1}\bar{\boldsymbol{V}}\bar{\boldsymbol{v}}_1^{\mathrm{H}} \tag{6.3.17}$$

显然，$\alpha\approx 0$ 对应于 $\boldsymbol{V}_1$ 的第 1 行均为数值很小的元素。在这种情况下，应该减小 p 即增加 $\boldsymbol{V}_1$ 的维数，以便得到一个非零的 $\alpha=\bar{\boldsymbol{v}}_1\bar{\boldsymbol{v}}_1^{\mathrm{H}}$ (注意，这里的 $\bar{\boldsymbol{v}}_1$ 是一个行向量)。

应当注意的是，最小范数解 $\boldsymbol{x}_{\mathrm{TLS}}$ 和原方程 $\boldsymbol{Ax}=\boldsymbol{b}$ 的未知参数向量 $\boldsymbol{x}$ 一样，含有 n 个参数。由此可见，尽管 $\boldsymbol{B}$ 的有效秩 p 小于 n，但是最小范数解仍然假定在向量 $\boldsymbol{x}$ 中的 n 个未知参数是相互独立的。事实上，由于增广矩阵 $\boldsymbol{B}=[\boldsymbol{A},\boldsymbol{b}]$ 与原数据矩阵 $\boldsymbol{A}$ 具有相同的秩，故 $\boldsymbol{A}$ 的秩也是 p。这意味着，$\boldsymbol{A}$ 中仅有 p 列是线性无关的，从而原方程 $\boldsymbol{Ax}=\boldsymbol{b}$ 中起主导作用的参数个数是 p，而不是 n。概而言之，TLS 问题的最小范数解中包含了一些冗余的参数，它们与另外一些参数是线性相关的。在信号处理和系统理论中，往往对不含冗余参数的唯一 TLS 解更加感兴趣，这就是最优最小二乘近似解。

2. 最优最小二乘近似解

首先，令 $m\times(n+1)$ 矩阵 $\hat{\boldsymbol{B}}$ 是增广矩阵 $\boldsymbol{B}$ 的一个秩 p 的最佳逼近，即

$$\hat{\boldsymbol{B}}=\boldsymbol{U}\boldsymbol{\Sigma}_p\boldsymbol{V}^{\mathrm{H}} \tag{6.3.18}$$

式中，$\boldsymbol{\Sigma}_p=\mathrm{diag}(\sigma_1,\cdots,\sigma_p,0,\cdots,0)$。

再令 $m\times(p+1)$ 矩阵 $\hat{\boldsymbol{B}}_j^{(p)}$ 是 $m\times(n+1)$ 最优逼近矩阵 $\hat{\boldsymbol{B}}$ 中的一个子矩阵，定义为

$$\hat{\boldsymbol{B}}_j^{(p)}\text{：由 }\hat{\boldsymbol{B}}\text{ 的第 }j\text{ 列到第 }p+j\text{ 列组成的子矩阵} \tag{6.3.19}$$

显然，这样的子矩阵共有 $n+1-p$ 个，即 $\hat{\boldsymbol{B}}_1^{(p)},\hat{\boldsymbol{B}}_2^{(p)},\cdots,\hat{\boldsymbol{B}}_{n+1-p}^{(p)}$。

如前所述，$\boldsymbol{B}$ 的有效秩为 p 意味着参数向量 $\boldsymbol{x}$ 中只有 p 个是线性独立的。不妨令 $(p+1)\times 1$ 向量 $\boldsymbol{a}=\begin{bmatrix}\boldsymbol{x}^{(p)}\\-1\end{bmatrix}$，其中，$\boldsymbol{x}^{(p)}$ 是由向量 $\boldsymbol{x}$ 中的 p 个线性独立的未知参数组成的列向量。这样一来，原总体最小二乘问题的求解就变成了下列 $n+1-p$ 个 TLS 问题的求解

$$\hat{\boldsymbol{B}}_j^{(p)}\boldsymbol{a}=0,\qquad j=1,2,\cdots,n+1-p \tag{6.3.20}$$

或等价为合成的 TLS 问题的求解

$$\begin{bmatrix}\hat{\boldsymbol{B}}(1:p+1)\\ \hat{\boldsymbol{B}}(2:p+2)\\ \vdots\\ \hat{\boldsymbol{B}}(n+1-p:n+1)\end{bmatrix}\boldsymbol{a}=\boldsymbol{0} \tag{6.3.21}$$

式中，$\hat{\boldsymbol{B}}(i:p+i)$ 代表式 (6.3.19) 定义的 $\hat{\boldsymbol{B}}_i^{(p)}$。不难证明

$$\hat{\boldsymbol{B}}(i:p+i)=\sum_{k=1}^{p}\sigma_k\boldsymbol{u}_k(\boldsymbol{v}_k^i)^{\mathrm{H}} \tag{6.3.22}$$

式中，$\boldsymbol{v}_k^i$ 是酉矩阵 $\boldsymbol{V}$ 的第 k 列向量的一个加窗段，定义为

$$\boldsymbol{v}_k^i=[v(i,k),v(i+1,k),\cdots,v(i+p,k)]^{\mathrm{T}} \tag{6.3.23}$$

这里，$v(i,k)$ 是酉矩阵 $\boldsymbol{V}$ 第 i 行第 k 列上的元素。

根据最小二乘原理，求方程组式 (6.3.21) 的最小二乘解等价于使测度 (或代价) 函数

$$\begin{aligned}f(\boldsymbol{a})=&[\hat{\boldsymbol{B}}(1:p+1)\boldsymbol{a}]^{\mathrm{H}}\hat{\boldsymbol{B}}(1:p+1)\boldsymbol{a}+[\hat{\boldsymbol{B}}(2:p+2)\boldsymbol{a}]^{\mathrm{H}}\hat{\boldsymbol{B}}(2:p+2)\boldsymbol{a}+\cdots+\\&[\hat{\boldsymbol{B}}(n+1-p:n+1)\boldsymbol{a}]^{\mathrm{H}}\hat{\boldsymbol{B}}(n+1-p:n+1)\boldsymbol{a}\\=&\boldsymbol{a}^{\mathrm{H}}\left[\sum_{i=1}^{n+1-p}[\hat{\boldsymbol{B}}(i:p+i)]^{\mathrm{H}}\hat{\boldsymbol{B}}(i:p+i)\right]\boldsymbol{a}\end{aligned} \tag{6.3.24}$$

极小化。

定义 $(p+1)\times(p+1)$ 矩阵

$$\boldsymbol{S}^{(p)}=\sum_{i=1}^{n+1-p}[\hat{\boldsymbol{B}}(i:p+i)]^{\mathrm{H}}\hat{\boldsymbol{B}}(i:p+i) \tag{6.3.25}$$

则测度函数可简写为

$$f(\boldsymbol{a})=\boldsymbol{a}^{\mathrm{H}}\boldsymbol{S}^{(p)}\boldsymbol{a} \tag{6.3.26}$$

$f(\boldsymbol{a})$ 的极小化变量 $\boldsymbol{a}$ 由 $\partial f(\boldsymbol{a})/\partial\boldsymbol{a}^*=0$ 给出，其结果为

$$\boldsymbol{S}^{(p)}\boldsymbol{a}=\alpha\boldsymbol{e}_1 \tag{6.3.27}$$

式中，$\boldsymbol{e}_1=[1,0,\cdots,0]^{\mathrm{T}}$，而常数 $\alpha>0$ 表示误差能量。由定义式 (6.3.25) 和式 (6.3.22) 可以求得

$$\boldsymbol{S}^{(p)}=\sum_{j=1}^{p}\sum_{i=1}^{n+1-p}\sigma_j^2\boldsymbol{v}_j^i(\boldsymbol{v}_j^i)^{\mathrm{H}} \tag{6.3.28}$$

方程式 (6.3.27) 的求解是简单的，它与未知的常数 α 无关。如果我们令 $\boldsymbol{S}^{-(p)}$ 为矩阵 $\boldsymbol{S}^{(p)}$ 的逆矩阵，则解向量 $\boldsymbol{a}$ 仅取决于逆矩阵 $\boldsymbol{S}^{-(p)}$ 的第 1 列。易知，TLS 解向量 $\boldsymbol{a}=\begin{bmatrix}\boldsymbol{x}^{(p)}\\-1\end{bmatrix}$ 中的 $\boldsymbol{x}^{(p)}=[x_{\mathrm{TLS}}(1),\cdots,x_{\mathrm{TLS}}(p)]^{\mathrm{T}}$ 的元素由

$$x_{\mathrm{TLS}}(i)=-\boldsymbol{S}^{-(p)}(i,1)/\boldsymbol{S}^{-(p)}(p+1,1),\qquad i=1,\cdots,p \tag{6.3.29}$$

给出。通常称这种解为最优最小二乘近似解。由于这种解的参数个数与有效秩相同，故又称为低阶模型或低秩总体最小二乘解 [74]。

注意，若增广矩阵 $\boldsymbol{B}=[-\boldsymbol{b},\boldsymbol{A}]$，则

$$x_{\mathrm{TLS}}(i)=\boldsymbol{S}^{-(p)}(i+1,1)/\boldsymbol{S}^{-(p)}(1,1),\qquad i=1,2,\cdots,p \tag{6.3.30}$$

因为在这种情况下，解向量 $\boldsymbol{a}=\begin{bmatrix}1\\\boldsymbol{x}^{(p)}\end{bmatrix}$。

归纳起来，求最优最小二乘近似解的具体算法如下。

算法 6.3.3 SVD-TLS 算法

步骤 1 计算增广矩阵 $\boldsymbol{B}$ 的 SVD，并存储右奇异矩阵 $\boldsymbol{V}$。

步骤 2 确定 $\boldsymbol{B}$ 的有效秩 p。

步骤 3 利用式 (6.3.28) 和式 (6.3.23) 计算 $(p+1)\times(p+1)$ 矩阵 $\boldsymbol{S}^{(p)}$。

步骤 4 求 $\boldsymbol{S}^{(p)}$ 的逆矩阵 $\boldsymbol{S}^{-(p)}$，并由式 (6.3.29) 求最优最小二乘近似解。

上述算法的基本思想是由 Cadzow [74] 提出来的。

6.3.3 总体最小二乘解的性能

总体最小二乘有两个非常有趣的解释：一个是它的几何解释 [196]，另一个是它的闭式解 [513]。

1. 总体最小二乘解的几何解释

令 $\boldsymbol{a}_i^{\mathrm{T}}$ 是矩阵的第 i 行，b_i 是向量 $\boldsymbol{b}$ 的第 i 个元素，则总体最小二乘解 $\boldsymbol{x}_{\mathrm{TLS}}$ 是使

$$\min_{\boldsymbol{x}}\frac{\|\boldsymbol{A}\boldsymbol{x}-\boldsymbol{b}\|_2^2}{|\boldsymbol{x}\|_2^2+1}=\sum_{i=1}^{n}\frac{|\boldsymbol{a}_i^{\mathrm{T}}\boldsymbol{x}-b_i|^2}{\boldsymbol{x}^{\mathrm{T}}\boldsymbol{x}+1} \tag{6.3.31}$$

的极小化变量，其中 $|\boldsymbol{a}_i^{\mathrm{T}}\boldsymbol{x}-b_i|/(\boldsymbol{x}^{\mathrm{T}}\boldsymbol{x}+1)$ 是从点 $\begin{pmatrix}\boldsymbol{a}_i\\ b_i\end{pmatrix}\in\mathbb{C}^{n+1}$ 到子空间 P_x 内的最近点的距离，且子空间 P_x 定义为

$$P_x=\left\{\begin{pmatrix}\boldsymbol{a}\\ b\end{pmatrix}\middle|\,\boldsymbol{a}\in\mathbb{C}^{n\times 1},b\in C,b=\boldsymbol{x}^{\mathrm{T}}\boldsymbol{a}\right\}\tag{6.3.32}$$

因此，总体最小二乘解可以用子空间 P_x 表征[196]：总体最小二乘问题等价于求到 m 个二元组 $\begin{pmatrix}\boldsymbol{a}_i\\ b_i\end{pmatrix}, i=1,2,\cdots,m$ 的最近的子空间 P_x，即解点 $\begin{pmatrix}\boldsymbol{a}_i\\ b_i\end{pmatrix}$ 到 P_x 的距离的平方和为最小。图 6.3.1 画出了一维情况下 LS 解与 TLS 解的比较。

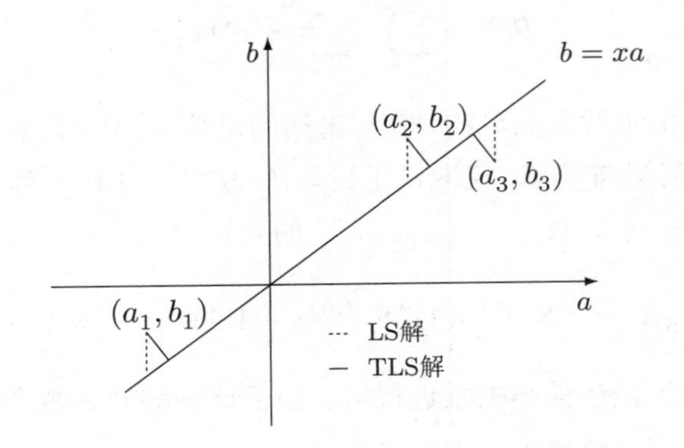

图 6.3.1 LS 解与 TLS 解

图 6.3.1 中，虚线表示的是 LS 解，它是 (与 b 轴) 平行的竖直距离；实线所示为 TLS 解，它始于点 (a_i,b_i)，是到直线 $b=xa$ 的垂直距离。从这一几何解释，可以得出结论：总体最小二乘方法比最小二乘方法好，因为前者在曲线拟合中的残差最小。

2. 总体最小二乘解的闭式解

若增广矩阵 $\boldsymbol{B}$ 的奇异值为 $\sigma_1\geqslant\cdots\geqslant\sigma_{n+1}$，则总体最小二乘解可表示成[513]

$$\boldsymbol{x}_{\mathrm{TLS}}=(\boldsymbol{A}^{\mathrm{H}}\boldsymbol{A}-\sigma_{n+1}^2\boldsymbol{I})^{-1}\boldsymbol{A}^{\mathrm{H}}\boldsymbol{b}\tag{6.3.33}$$

与 Tikhonov 正则化比较知，总体最小二乘是一种反正则化方法，可以解释为一种具有噪声清除作用的最小二乘方法：先从协方差矩阵 $\boldsymbol{A}^{\mathrm{T}}\boldsymbol{A}$ 中减去噪声影响项 $\sigma_{n+1}^2\boldsymbol{I}$，然后再矩阵求逆，得到最小二乘解。

令含误差的数据矩阵 $\boldsymbol{A}=\boldsymbol{A}_0+\boldsymbol{E}$，则其协方差矩阵 $\boldsymbol{A}^{\mathrm{H}}\boldsymbol{A}=\boldsymbol{A}_0^{\mathrm{H}}\boldsymbol{A}_0+\boldsymbol{E}^{\mathrm{H}}\boldsymbol{A}_0+\boldsymbol{A}_0^{\mathrm{H}}\boldsymbol{E}+\boldsymbol{E}^{\mathrm{H}}\boldsymbol{E}$。显然，当误差矩阵 $\boldsymbol{E}$ 具有零均值时，协方差矩阵的数学期望 $\mathrm{E}\{\boldsymbol{A}^{\mathrm{H}}\boldsymbol{A}\}=\mathrm{E}\{\boldsymbol{A}_0^{\mathrm{H}}\boldsymbol{A}_0\}+\mathrm{E}\{\boldsymbol{E}^{\mathrm{H}}\boldsymbol{E}\}=\boldsymbol{A}_0^{\mathrm{H}}\boldsymbol{A}_0+\mathrm{E}\{\boldsymbol{E}^{\mathrm{H}}\boldsymbol{E}\}$。若误差矩阵的列向量统计不相关，并且具有相同方差，即 $\mathrm{E}\{\boldsymbol{E}^{\mathrm{T}}\boldsymbol{E}\}=\sigma^2\boldsymbol{I}$，则 $(n+1)\times(n+1)$ 协方差矩阵 $\boldsymbol{A}^{\mathrm{H}}\boldsymbol{A}$ 的最小特征值 $\lambda_{n+1}=\sigma_{n+1}^2$ 就是误差矩阵 $\boldsymbol{E}$ 的奇异值的平方。由于奇异值平方 σ_{n+1}^2 恰巧体现了误差矩阵各个列向量共同的方差 σ^2，使得通过 $\boldsymbol{A}^{\mathrm{H}}\boldsymbol{A}-\sigma_{n+1}^2\boldsymbol{I}$ 之运算，可以恢复原来无误差数据矩阵的协方差矩阵，即有 $\boldsymbol{A}^{\mathrm{T}}\boldsymbol{A}-\sigma_{n+1}^2\boldsymbol{I}=\boldsymbol{A}_0^{\mathrm{H}}\boldsymbol{A}_0$。换言之，总体最小二乘方法有效地抑制了未知误差矩阵的影响。

应当指出，求解矩阵方程 $\boldsymbol{A}_{m\times n}\boldsymbol{x}_n=\boldsymbol{b}_m$ 的总体最小二乘方法与 Tikhonov 正则化方法的主要区别在于：总体最小二乘解可以只包含 $p=\text{rank}([\boldsymbol{A},\boldsymbol{b}])$ 个主要参数在内，将冗余参数剔除；而 Tikhonov 正则化方法求得的解包含了所有 n 个参数，没有抓主舍次的参数选择功能。

以下是求解超定矩阵方程 $\boldsymbol{Ax}=\boldsymbol{b}$ 的普通最小二乘、数据最小二乘、Tikhonov 正则化和总体最小二乘四种方法之间的比较。

1. 解向量的比较

$$\hat{\boldsymbol{x}}_{\text{LS}}=\arg\min_{\boldsymbol{x}}\|\boldsymbol{Ax}-\boldsymbol{b}\|_2^2=\arg\min_{\boldsymbol{x}}(\boldsymbol{Ax}-\boldsymbol{b})^{\text{H}}(\boldsymbol{Ax}-\boldsymbol{b}) \tag{6.3.34}$$

$$\hat{\boldsymbol{x}}_{\text{DLS}}=\arg\min_{\boldsymbol{x}}\frac{\|\boldsymbol{Ax}-\boldsymbol{b}\|_2^2}{\|\boldsymbol{x}\|_2^2}=\arg\min_{\boldsymbol{x}}\frac{(\boldsymbol{Ax}-\boldsymbol{b})^{\text{H}}(\boldsymbol{Ax}-\boldsymbol{b})}{\boldsymbol{x}^{\text{H}}\boldsymbol{x}} \tag{6.3.35}$$

$$\hat{\boldsymbol{x}}_{\text{Tik}}=\arg\min_{\boldsymbol{x}}\|\boldsymbol{Ax}-\boldsymbol{b}\|_2^2+\lambda\|\boldsymbol{x}\|_2^2=\arg\min_{\boldsymbol{x}}(\boldsymbol{Ax}-\boldsymbol{b})^{\text{H}}(\boldsymbol{Ax}-\boldsymbol{b})+\lambda\boldsymbol{x}^{\text{H}}\boldsymbol{x} \tag{6.3.36}$$

$$\hat{\boldsymbol{x}}_{\text{TLS}}=\arg\min_{\boldsymbol{x}}\frac{\|\boldsymbol{Ax}-\boldsymbol{b}\|_2^2}{\|\boldsymbol{x}\|_2^2+1}=\arg\min_{\boldsymbol{x}}\frac{(\boldsymbol{Ax}-\boldsymbol{b})^{\text{H}}(\boldsymbol{Ax}-\boldsymbol{b})}{\boldsymbol{x}^{\text{H}}\boldsymbol{x}+1} \tag{6.3.37}$$

2. 扰动方法的比较

(1) 普通最小二乘方法：用尽可能小的校正项 $\Delta\boldsymbol{b}$ “扰动”数据向量 $\boldsymbol{b}$，使得 $\boldsymbol{b}-\Delta\boldsymbol{b}\approx\boldsymbol{b}_0$，从而补偿 $\boldsymbol{b}$ 中存在的观测噪声或误差 $\boldsymbol{e}$。校正向量选择 $\Delta\boldsymbol{b}=\boldsymbol{Ax}-\boldsymbol{b}$，解析解为 $\hat{\boldsymbol{x}}_{\text{LS}}=(\boldsymbol{A}^{\text{H}}\boldsymbol{A})^{-1}\boldsymbol{A}^{\text{H}}\boldsymbol{b}$。

(2) 数据最小二乘方法：校正矩阵 $\Delta\boldsymbol{A}=\dfrac{(\boldsymbol{Ax}-\boldsymbol{b})\boldsymbol{x}^{\text{H}}}{\boldsymbol{x}^{\text{H}}\boldsymbol{x}}$，其目的是补偿数据矩阵 $\boldsymbol{A}$ 中存在的观测误差矩阵 $\boldsymbol{E}$。数据最小二乘解为 $\hat{\boldsymbol{x}}_{\text{DLS}}=\arg\min\limits_{\boldsymbol{x}}\dfrac{(\boldsymbol{Ax}-\boldsymbol{b})^{\text{H}}(\boldsymbol{Ax}-\boldsymbol{b})}{\boldsymbol{x}^{\text{H}}\boldsymbol{x}}$。

(3) Tikhonov 正则化方法：解析解为 $(\boldsymbol{A}^{\text{H}}\boldsymbol{A}+\lambda\boldsymbol{I})^{-1}\boldsymbol{A}^{\text{H}}\boldsymbol{b}$，通过给矩阵 $\boldsymbol{A}^{\text{H}}\boldsymbol{A}$ 的每个对角元素加相同的扰动项 $\lambda>0$，可以避免最小二乘解 $(\boldsymbol{A}^{\text{H}}\boldsymbol{A})^{-1}\boldsymbol{A}^{\text{H}}\boldsymbol{b}$ 的数值不稳定性。

(4) 总体最小二乘方法：存在三种不同的解：最小范数解、含全部 n 个元素的反正则化解 $\hat{\boldsymbol{x}}_{\text{TLS}}=(\boldsymbol{A}^{\text{H}}\boldsymbol{A}-\lambda\boldsymbol{I})^{-1}\boldsymbol{A}^{\text{H}}\boldsymbol{b}$ 以及只有 $p=\text{rank}([\boldsymbol{A},\boldsymbol{b}])$ 个主要参数的 SVD-TLS 解。

特别地，上述四种方法的适用范围不同：

(1) 最小二乘方法适用于数据矩阵 $\boldsymbol{A}$ 满列秩和精确已知，数据向量 $\boldsymbol{b}$ 存在独立同分布的高斯误差的情况。

(2) 数据最小二乘适用于数据矩阵 $\boldsymbol{A}$ 满列秩，且存在独立同分布的高斯误差以及数据向量 $\boldsymbol{b}$ 无误差的情况。

(3) Tikhonov 正则化适用于数据矩阵 $\boldsymbol{A}$ 的列秩亏缺的情况。

(4) 总体最小二乘适用于满列秩的数据矩阵 $\boldsymbol{A}$ 和数据向量 $\boldsymbol{b}$ 均存在独立同分布的高斯误差的情况。

6.3.4　总体最小二乘拟合

举凡需要求解线性方程 $\boldsymbol{Ax}=\boldsymbol{b}$ 的工程问题，由于矩阵 $\boldsymbol{A}$ 和向量 $\boldsymbol{b}$ 的元素都是实测数据，总是存在误差。因此，总体最小二乘方法在这些场合都可以使用。事实上，总体最小二乘方法已在工程问题中获得了广泛的应用。

在科学与工程问题的数值分析中，经常需要对给定的一些数据点，拟合一条曲线或一曲面。由于这些数据点通常是观测得到的，不可避免地会含有误差或被噪声污染，总体最小二乘方法可望给出比一般最小二乘方法更好的拟合结果。

考虑数据拟合问题：给定 n 个数据点 $(x_1,y_1),\cdots,(x_n,y_n)$，希望对这些点拟合一直线。假定直线方程为 $ax+by-c=0$。若直线通过点 (x_0,y_0)，则 $c=ax_0+by_0$。

现在考虑让拟合直线通过已知 n 个数据点的中心

$$\bar{x}=\frac{1}{n}\sum_{i=1}^{n}x_i,\quad \bar{y}=\frac{1}{n}\sum_{i=1}^{n}y_i \tag{6.3.38}$$

若将 $c=a\bar{x}+b\bar{y}$ 代入,则可将直线方程写作

$$a(x-\bar{x})+b(y-\bar{y})=0 \tag{6.3.39}$$

或者用斜率形式等价写为

$$m(x-\bar{x})+(y-\bar{y})=0 \tag{6.3.40}$$

参数向量 $[a,b]^{\mathrm{T}}$ 称为拟合直线的法向量 (normal vector)，而 $-m=-a/b$ 称为拟合直线的斜率。于是，直线拟合问题便变成了法向量 $[a,b]^{\mathrm{T}}$ 或者斜率参数 m 的求解。

显然，将 n 个已知数据点代入直线方程后，直线方程不可能严格满足，会存在拟合误差。最小二乘拟合就是使拟合误差的平方和最小化，即最小二乘拟合的代价函数取为

$$D_{\mathrm{LS}}^{(1)}(m,\bar{x},\bar{y})=\sum_{i=1}^{n}[(x_i-\bar{x})+m(y_i-\bar{y})]^2 \tag{6.3.41}$$

$$D_{\mathrm{LS}}^{(2)}(m,\bar{x},\bar{y})=\sum_{i=1}^{n}[m(x_i-\bar{x})-(y_i-\bar{y})]^2 \tag{6.3.42}$$

令 $\frac{\partial D_{\mathrm{LS}}^{(i)}(m,\bar{x},\bar{y})}{\partial m}=0$，$i=1,2$，即可求出直线斜率 m。然后，只要将 m 代入式 (6.3.40)，便可得到拟合直线的方程。

与最小二乘拟合不同，总体最小二乘拟合则考虑使各个已知数据点到直线方程 $a(x-x_0)+b(y-y_0)=0$ 的距离平方和最小化。

点 (p,q) 到直线 $ax+by-c=0$ 的距离 d 由

$$d^2=\frac{(ap+bq-c)^2}{a^2+b^2}=\frac{[a(p-x_0)+b(q-y_0)]^2}{a^2+b^2} \tag{6.3.43}$$

确定。于是，已知的 n 个数据点到直线 $a(x-\bar{x})+b(y-\bar{y})=0$ 的距离平方和为

$$D(a,b,\bar{x},\bar{y})=\sum_{i=1}^{n}\frac{[a(x_i-\bar{x})+b(y_i-\bar{y})]^2}{a^2+b^2} \tag{6.3.44}$$

引理 6.3.1[370] 对过直线的数据点 (x_0, y_0) 和数据点集合 $(x_1, y_1), \cdots, (x_n, y_n)$，恒有不等式

$$D(a, b, \bar{x}, \bar{y}) \leqslant D(a, b, x_0, y_0) \tag{6.3.45}$$

等号成立，当且仅当 $x_0 = \bar{x}$ 和 $y_0 = \bar{y}$。

引理 6.3.1 表明，总体最小二乘拟合的直线必须通过 n 个数据点的中心 $(\bar{x}, \bar{y})$，才能使偏差 D 最小。

为了求拟合直线的法向量 $[a, b]^{\mathrm{T}}$ 或斜率 $-m = -a/b$，下面考虑如何使偏差 D 最小。为此，将 D 写成 2×1 单位向量 $\boldsymbol{t} = (a^2 + b^2)^{-1/2}[a, b]^{\mathrm{T}}$ 与 $n \times 2$ 矩阵 $\boldsymbol{M}$ 的乘积，即

$$D(a, b, \bar{x}, \bar{y}) = \|\boldsymbol{M}\boldsymbol{t}\|_2^2 = \left\| \begin{bmatrix} x_1 - \bar{x} & y_1 - \bar{y} \\ x_2 - \bar{x} & y_2 - \bar{y} \\ \vdots & \vdots \\ x_n - \bar{x} & y_n - \bar{y} \end{bmatrix} \frac{1}{\sqrt{a^2 + b^2}} \begin{bmatrix} a \\ b \end{bmatrix} \right\|_2^2 \tag{6.3.46}$$

式中

$$\boldsymbol{M} = \begin{bmatrix} x_1 - \bar{x} & y_1 - \bar{y} \\ x_2 - \bar{x} & y_2 - \bar{y} \\ \vdots & \vdots \\ x_n - \bar{x} & y_n - \bar{y} \end{bmatrix} \tag{6.3.47}$$

由式 (6.3.46) 直接可得下面的结果[370]。

命题 6.3.1 距离平方和 $D(a, b, \bar{x}, \bar{y})$ 在单位法向量 $\boldsymbol{t} = (a^2 + b^2)^{-1/2}[a, b]^{\mathrm{T}}$ 达到最小值。此时，映射 $\boldsymbol{t} \mapsto \|\boldsymbol{M}\boldsymbol{t}\|_2$ 在单位球面 $\mathcal{S}^1 = \{\boldsymbol{t} \in \mathbb{R}^2 \mid \|\boldsymbol{t}\|_2 = 1\}$ 达到最小值。

命题 6.3.1 表明，距离平方和 $D(a, b, \bar{x}, \bar{y})$ 有一个最小值。下面的定理给出了如何获得这一最小距离平方和的方法。

定理 6.3.1[370] 若 2×1 法向量 $\boldsymbol{t}$ 取作与 2×2 矩阵 $\boldsymbol{M}^{\mathrm{T}}\boldsymbol{M}$ 的最小特征值 σ_2^2 对应的特征向量，则距离平方和 $D(a, b, \bar{x}, \bar{y})$ 取最小值 σ_2^2。

文献 [370] 给出的定理证明不严密。事实上，定理的证明是简单的：利用 $\|\boldsymbol{t}\|_2 = 1$ 的约定，距离平方和 $D(a, b, \bar{x}, \bar{y})$ 可以写作

$$D(a, b, \bar{x}, \bar{y}) = \frac{\boldsymbol{t}^{\mathrm{T}}\boldsymbol{M}^{\mathrm{T}}\boldsymbol{M}\boldsymbol{t}}{\boldsymbol{t}^{\mathrm{T}}\boldsymbol{t}} \tag{6.3.48}$$

这是典型的 Rayleigh 商形式。显然，$D(a, b, \bar{x}, \bar{y})$ 取最小值的条件是：法向量 $\boldsymbol{t}$ 取作与矩阵 $\boldsymbol{M}^{\mathrm{T}}\boldsymbol{M}$ 的最小特征值对应的特征向量。

下面的例子有助于我们进一步理解总体最小二乘拟合与一般的最小二乘拟合之间的差别。

例 6.3.1 已知三个数据点 $(2, 1), (2, 4), (5, 1)$。计算中心点，得

$$\bar{x} = \frac{1}{3}(2 + 2 + 5) = 3, \quad \bar{y} = \frac{1}{3}(1 + 4 + 1) = 2$$

减去这些均值后，得到零均值的数据矩阵

$$\boldsymbol{M}=\begin{bmatrix}2-3 & 1-2\\ 2-3 & 4-2\\ 5-3 & 1-2\end{bmatrix}=\begin{bmatrix}-1 & -1\\ -1 & 2\\ 2 & -1\end{bmatrix}$$

从而有

$$\boldsymbol{M}^{\mathrm{T}}\boldsymbol{M}=\begin{bmatrix}6 & -3\\ -3 & 6\end{bmatrix}$$

其特征值分解为

$$\boldsymbol{M}^{\mathrm{T}}\boldsymbol{M}=\begin{bmatrix}\frac{1}{\sqrt{2}} & \frac{1}{\sqrt{2}}\\ -\frac{1}{\sqrt{2}} & \frac{1}{\sqrt{2}}\end{bmatrix}\begin{bmatrix}9 & 0\\ 0 & 3\end{bmatrix}\begin{bmatrix}\frac{1}{\sqrt{2}} & -\frac{1}{\sqrt{2}}\\ \frac{1}{\sqrt{2}} & \frac{1}{\sqrt{2}}\end{bmatrix}=\begin{bmatrix}6 & -3\\ -3 & 6\end{bmatrix}$$

因此，法向量 $\boldsymbol{t}=[a,b]^{\mathrm{T}}=[1/\sqrt{2},1/\sqrt{2}]^{\mathrm{T}}$。最后，得总体最小二乘拟合的直线方程为

$$a(x-\bar{x})+b(y-\bar{y})=0 \implies \frac{1}{\sqrt{2}}(x-3)+\frac{1}{\sqrt{2}}(y-2)=0$$

即 $y=-x+5$。此时，距离平方和为

$$D_{\mathrm{TLS}}(a,b,\bar{x},\bar{y})=\|\boldsymbol{Mt}\|_2^2=\left\|\begin{bmatrix}-1 & -1\\ -1 & 2\\ 2 & -1\end{bmatrix}\begin{bmatrix}\frac{1}{\sqrt{2}}\\ \frac{1}{\sqrt{2}}\end{bmatrix}\right\|_2^2=3$$

与总体最小二乘拟合不同，若最小二乘拟合的代价函数取

$$\begin{aligned}D_{\mathrm{LS}}^{(1)}(m,\bar{x},\bar{y})&=\frac{1}{m^2+1}\sum_{i=1}^{3}[m(x_i-\bar{x})+(y_i-\bar{y})]^2\\ &=\frac{1}{m^2+1}[(-m-1)^2+(-m+2)^2+(2m-1)^2]\end{aligned}$$

令

$$\frac{\partial D_{\mathrm{LS}}^{(1)}(m,\bar{x},\bar{y})}{\partial m}=6m-3=0$$

得 $m=1/2$,即斜率为 $-1/2$。此时，最小二乘拟合的直线方程为 $\frac{1}{2}(x-3)+(y-2)=0$，即 $x+2y-7=0$，相应的距离平方和 $D_{\mathrm{LS}}^{(1)}(m,\bar{x},\bar{y})=3.6$。

类似地，若最小二乘拟合采用代价函数

$$\begin{aligned}D_{\mathrm{LS}}^{(2)}(m,\bar{x},\bar{y})&=\frac{1}{m^2+1}\sum_{i=1}^{3}[m(y_i-\bar{y})+(x_i-\bar{x})]^2\\ &=\frac{1}{m^2+1}[(-m-1)^2+(2m-1)^2+(-m+2)^2]\end{aligned}$$

则使得 $D_{\mathrm{LS}}^{(2)}(m,\bar{x},\bar{y})$ 最小的 $m=\frac{1}{2}$，即拟合的直线方程为 $2x-y-4=0$，相应的距离平方和 $D_{\mathrm{LS}}^{(2)}(m,\bar{x},\bar{y})=3.6$。

图 6.3.2 画出了使用总体最小二乘方法和两种最小二乘方法拟合直线的结果。

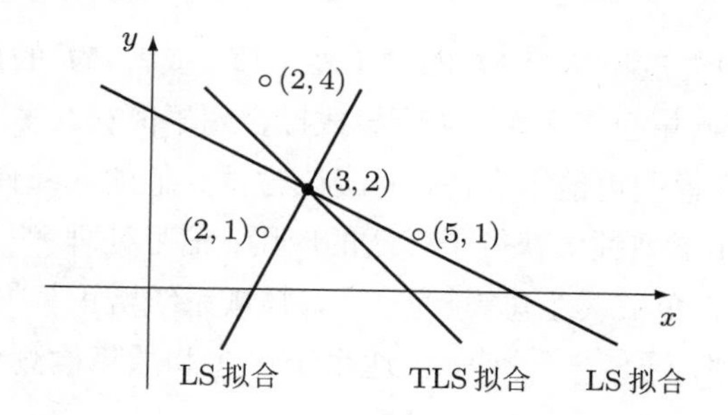

图 6.3.2 最小二乘拟合直线与总体最小二乘拟合直线

这个例子表明，$D_{\rm LS}^{(1)}(m,\bar{x},\bar{y}) = D_{\rm LS}^{(2)}(m,\bar{x},\bar{y}) > D_{\rm TLS}(a,b,\bar{x},\bar{y})$，即两种最小二乘拟合具有相同的拟合误差偏差，它们比总体最小二乘的拟合偏差大。可见，总体最小二乘拟合确实比最小二乘拟合的精度高。

定理 6.3.1 很容易推广到高维数据情况。令 n 个数据向量 $\boldsymbol{x}_i = [x_{1i},\cdots,x_{mi}]^{\rm T}, i = 1,2,\cdots,n$ 分别为 m 维数据，并且

$$\bar{\boldsymbol{x}} = \frac{1}{n}\sum_{i=1}^{n}\boldsymbol{x}_i = [\bar{x}_1,\bar{x}_2,\cdots,\bar{x}_m]^{\rm T} \tag{6.3.49}$$

为均值 (即中心) 向量，式中，$\bar{x}_j = \sum\limits_{i=1}^{n} x_{ji}$。现在考虑使用 m 维法向量 $\boldsymbol{r} = [r_1,\cdots,r_m]^{\rm T}$ 对已知的数据向量，拟合超平面 (syperplane) $\boldsymbol{x}$，即 $\boldsymbol{x}$ 满足法方程

$$\langle \boldsymbol{x} - \bar{\boldsymbol{x}}, \boldsymbol{r}\rangle = 0 \tag{6.3.50}$$

构造 $n\times m$ 矩阵

$$\boldsymbol{M} = \begin{bmatrix} \boldsymbol{x}_1 - \bar{\boldsymbol{x}} \\ \vdots \\ \boldsymbol{x}_n - \bar{\boldsymbol{x}} \end{bmatrix} = \begin{bmatrix} x_{11}-\bar{x}_1 & x_{12}-\bar{x}_2 & \cdots & x_{1m}-\bar{x}_m \\ \vdots & \vdots & \vdots & \vdots \\ x_{n1}-\bar{x}_1 & x_{n2}-\bar{x}_2 & \cdots & x_{nm}-\bar{x}_m \end{bmatrix} \tag{6.3.51}$$

则可以得到拟合 m 维超平面的总体最小二乘算法如下。

算法 6.3.4 *m 维超平面拟合的总体最小二乘算法* [370]

已知 n 个数据向量 $\boldsymbol{x}_1,\boldsymbol{x}_2,\cdots,\boldsymbol{x}_n$。

步骤 1 计算均值向量 $\bar{\boldsymbol{x}} = \frac{1}{n}\sum\limits_{i=1}^{n}\boldsymbol{x}_i$。

步骤 2 利用式 (6.3.51) 构造 $n\times m$ 矩阵$\boldsymbol{M}$。

步骤 3 计算 $m\times m$ 矩阵 $\boldsymbol{M}^{\rm T}\boldsymbol{M}$ 的最小特征值及其对应的特征向量 $\boldsymbol{u}$，并令 $\boldsymbol{r} = \boldsymbol{u}$。

结果 由法方程 $\langle \boldsymbol{x} - \bar{\boldsymbol{x}}, \boldsymbol{r}\rangle = 0$ 确定的超平面可以使得距离平方和 $D(\boldsymbol{r},\bar{\boldsymbol{x}})$ 最小。

距离平方和 $D(\boldsymbol{r},\bar{\boldsymbol{x}})$ 实际上代表了各个已知数据向量 (点) 到达超平面的距离平方和。因此，距离平方和最小，意味着拟合误差平方和最小。

需要注意的是，如果矩阵 $\boldsymbol{M}^{\mathrm{T}}\boldsymbol{M}$ 的最小特征值 (或者 $\boldsymbol{M}$ 的最小奇异值) 具有多重度，则与之对应的特征向量也有多个，从而导致拟合超平面存在多个解。这种情况的发生或许昭示线性数据拟合模型可能不合适，而应该尝试其他的非线性拟合模型。

总体最小二乘已在下列领域获得了广泛的应用：信号处理[261, 546]，生物医学信号处理[492]，图像处理[369]，变量误差建模[491, 467]，频域系统辨识[408, 441]，线性系统的子空间辨识[495]，天文学[59]，通信[385, 545]，雷达系统[162] 和故障检测[246] 等。

6.4 约束总体最小二乘

求解矩阵方程 $\boldsymbol{Ax}=\boldsymbol{b}$ 的数据最小二乘法和总体最小二乘法虽然考虑了数据矩阵存在观测误差或噪声的情况，但都假定误差随机变量是独立同分布的，并且具有相同的方差。然而，在一些重要的应用中，数据矩阵 $\boldsymbol{A}$ 的噪声分量可能是统计相关的；或者虽然统计不相关，但却具有不同的方差。本节讨论噪声矩阵的列向量统计相关情况下，超定矩阵方程的求解。

6.4.1 约束总体最小二乘方法

矩阵方程 $\boldsymbol{A}_{m\times n}\boldsymbol{x}_n=\boldsymbol{b}_m$ 可以改写为

$$[\boldsymbol{A},\boldsymbol{b}]\begin{bmatrix}\boldsymbol{x}\\-1\end{bmatrix}=\boldsymbol{0}\quad 或\quad \boldsymbol{C}\begin{bmatrix}\boldsymbol{x}\\-1\end{bmatrix}=\boldsymbol{0}\tag{6.4.1}$$

其中 $\boldsymbol{C}=[\boldsymbol{A},\boldsymbol{b}]\in\mathbb{C}^{m\times(n+1)}$ 为增广数据矩阵。

考虑存在于增广数据矩阵中的噪声矩阵 $\boldsymbol{D}=[\boldsymbol{E},\boldsymbol{e}]$。在噪声矩阵的列向量之间存在统计相关的情况下，与总体最小二乘方法一样，有必要使用增广校正矩阵 $\Delta\boldsymbol{C}=[\Delta\boldsymbol{A},\Delta\boldsymbol{b}]$ 抑制噪声矩阵 $\boldsymbol{D}=[\boldsymbol{E},\boldsymbol{e}]$ 的影响，并且校正矩阵的列向量之间也应该统计相关。

使校正矩阵 $\Delta\boldsymbol{C}$ 列向量之间统计相关的简单方法是令每个列向量都与同一个向量 (例如 $\boldsymbol{u}$) 线性相关

$$\Delta\boldsymbol{C}=[\boldsymbol{G}_1\boldsymbol{u},\cdots,\boldsymbol{G}_{n+1}\boldsymbol{u}]\ \in\mathbb{R}^{m\times(n+1)}\tag{6.4.2}$$

式中，$\boldsymbol{G}_i\in\mathbb{R}^{m\times m}, i=1,\cdots,n+1$ 为已知矩阵，而 $\boldsymbol{u}$ 待确定。

约束总体最小二乘问题可以叙述如次[1]：确定一解向量 $\boldsymbol{x}$ 和最小范数扰动向量 $\boldsymbol{u}$，使得

$$(\boldsymbol{C}+[\boldsymbol{G}_1\boldsymbol{u},\cdots,\boldsymbol{G}_{n+1}\boldsymbol{u}])\begin{bmatrix}\boldsymbol{x}\\-1\end{bmatrix}=\boldsymbol{0}\tag{6.4.3}$$

或等价表示成约束优化问题

$$\left.\begin{aligned}&\min_{\boldsymbol{u},\boldsymbol{x}}\ \boldsymbol{u}^{\mathrm{T}}\boldsymbol{W}\boldsymbol{u}\\&\text{subject to }(\boldsymbol{A}+\Delta\boldsymbol{A})\boldsymbol{x}=\boldsymbol{b}+\Delta\boldsymbol{b}\\&\qquad\qquad[\Delta\boldsymbol{A},\Delta\boldsymbol{b}]=[\boldsymbol{G}_1\boldsymbol{u},\cdots,\boldsymbol{G}_{n+1}\boldsymbol{u}]\end{aligned}\right\}\tag{6.4.4}$$

或者更简洁地写作

$$\min_{\boldsymbol{u},\boldsymbol{x}} \ \boldsymbol{u}^{\mathrm{T}}\boldsymbol{W}\boldsymbol{u} \quad \text{subject to} \quad (\boldsymbol{C}+[\boldsymbol{G}_1\boldsymbol{u},\cdots,\boldsymbol{G}_{n+1}\boldsymbol{u}])\begin{bmatrix}\boldsymbol{x}\\-1\end{bmatrix}=\boldsymbol{0} \tag{6.4.5}$$

式中，$\boldsymbol{W}$ 为加权矩阵，通常取对角矩阵或者单位矩阵。

与总体最小二乘不同，校正矩阵 $\Delta\boldsymbol{A}$ 约束为 $\Delta\boldsymbol{A}=[\boldsymbol{G}_1\boldsymbol{u},\cdots,\boldsymbol{G}_n\boldsymbol{u}]$，而校正向量 $\Delta\boldsymbol{b}$ 约束为 $\Delta\boldsymbol{b}=\boldsymbol{G}_{n+1}\boldsymbol{u}$。在约束总体最小二乘问题里，增广校正矩阵 $[\Delta\boldsymbol{A},\Delta\boldsymbol{b}]$ 的列向量之间的线性相关结构通过选择适当的矩阵 $\boldsymbol{G}_i\,(i=1,\cdots,n+1)$ 得以保持。方法应用的关键是如何根据应用对象，选择合适的基本矩阵 $\boldsymbol{G}_i$。

式 (6.4.5) 是一个在二次型方程约束下的二次型函数的极小化问题，它可能没有闭式解，但是在适当的条件下，该极小化问题可以转换成一个对极小化变量 $\boldsymbol{x}$ 的无约束极小化问题。

定理 6.4.1[1] 令

$$\boldsymbol{W}_x=\sum_{i=1}^{n}x_i\boldsymbol{G}_i-\boldsymbol{G}_{n+1} \tag{6.4.6}$$

则约束总体最小二乘的解向量就是满足下列函数极小化的变量 $\boldsymbol{x}$

$$\min_{\boldsymbol{x}} \ F(\boldsymbol{x})=\begin{bmatrix}\boldsymbol{x}\\-1\end{bmatrix}^{\mathrm{H}}\boldsymbol{C}^{\mathrm{H}}(\boldsymbol{W}_x\boldsymbol{W}_x^{\mathrm{H}})^{\dagger}\boldsymbol{C}\begin{bmatrix}\boldsymbol{x}\\-1\end{bmatrix} \tag{6.4.7}$$

式中，$\boldsymbol{W}_x^{\dagger}$ 是 $\boldsymbol{W}_x$ 的 Moore-Penrose 逆矩阵。

文献 [1] 提出了计算约束总体最小二乘解的一种复数形式的 Newton 方法：将矩阵 $F(\boldsymbol{x})$ 视为 $2n$ 个复变量 $x_1,\cdots,x_n,x_1^*,\cdots,x_n^*$ 的复解析函数。

Newton 递推公式如下

$$\boldsymbol{x}=\boldsymbol{x}_0+(\boldsymbol{A}^*\boldsymbol{B}^{-1}\boldsymbol{A}-\boldsymbol{B}^*)^{-1}(\boldsymbol{a}^*-\boldsymbol{A}^*\boldsymbol{B}^{-1}\boldsymbol{a}) \tag{6.4.8}$$

式中

$$\left.\begin{aligned}
\boldsymbol{a}&=\frac{\partial F}{\partial \boldsymbol{x}}=\left[\frac{\partial F}{\partial x_1},\frac{\partial F}{\partial x_2},\cdots,\frac{\partial F}{\partial x_n}\right]^{\mathrm{T}}=F\text{ 的复梯度}\\
\boldsymbol{A}&=\frac{\partial^2 F}{\partial \boldsymbol{x}\partial \boldsymbol{x}^{\mathrm{T}}}=F\text{ 的无共轭复 Hessian 矩阵}\\
\boldsymbol{B}&=\frac{\partial^2 F}{\partial \boldsymbol{x}^*\partial \boldsymbol{x}^{\mathrm{T}}}=F\text{ 的共轭复 Hessian 矩阵}
\end{aligned}\right\} \tag{6.4.9}$$

两个 $n\times n$ 部分 Hessian 矩阵的第 (k,l) 元素定义为

$$\left[\frac{\partial^2 F}{\partial \boldsymbol{x}\partial \boldsymbol{x}^{\mathrm{T}}}\right]_{k,l}=\frac{\partial^2 F}{\partial x_k\partial x_l}=\frac{1}{4}\left(\frac{\partial F}{\partial x_{k\mathrm{R}}}-\mathrm{j}\frac{\partial F}{\partial x_{k\mathrm{I}}}\right)\left(\frac{\partial F}{\partial x_{l\mathrm{R}}}-\mathrm{j}\frac{\partial F}{\partial x_{l\mathrm{I}}}\right) \tag{6.4.10}$$

$$\left[\frac{\partial^2 F}{\partial \boldsymbol{x}^*\partial \boldsymbol{x}^{\mathrm{T}}}\right]_{k,l}=\frac{\partial^2 F}{\partial x_k^*\partial x_l}=\frac{1}{4}\left(\frac{\partial F}{\partial x_{k\mathrm{R}}}+\mathrm{j}\frac{\partial F}{\partial x_{k\mathrm{I}}}\right)\left(\frac{\partial F}{\partial x_{l\mathrm{R}}}-\mathrm{j}\frac{\partial F}{\partial x_{l\mathrm{I}}}\right) \tag{6.4.11}$$

式中，$x_{k\mathrm{R}}$ 和 $x_{k\mathrm{I}}$ 分别表示 x_k 的实部和虚部。

令

$$\boldsymbol{u}=(\boldsymbol{W}_x\boldsymbol{W}_x^{\mathrm{H}})^{-1}\boldsymbol{C}\begin{bmatrix}\boldsymbol{x}\\-1\end{bmatrix} \tag{6.4.12}$$

$$\tilde{\boldsymbol{B}}=\boldsymbol{C}\boldsymbol{I}_{n+1,n}-[\boldsymbol{G}_1\boldsymbol{W}_x^{\mathrm{H}}\boldsymbol{u},\cdots,\boldsymbol{G}_n\boldsymbol{W}_x^{\mathrm{H}}\boldsymbol{u}] \tag{6.4.13}$$

$$\tilde{\boldsymbol{G}}=[\boldsymbol{G}_1^{\mathrm{H}}\boldsymbol{u},\cdots,\boldsymbol{G}_n^{\mathrm{H}}\boldsymbol{u}] \tag{6.4.14}$$

其中，$\boldsymbol{I}_{n+1,n}$ 是一个 $(n+1)\times n$ 对角矩阵，其对角线元素为 1。于是，$\boldsymbol{a},\boldsymbol{A}$ 和 $\boldsymbol{B}$ 可以分别计算如下

$$\boldsymbol{a}=(\boldsymbol{u}^{\mathrm{H}}\tilde{\boldsymbol{B}})^{\mathrm{T}} \tag{6.4.15}$$

$$\boldsymbol{A}=-\tilde{\boldsymbol{G}}^{\mathrm{H}}\boldsymbol{W}_x^{\mathrm{H}}(\boldsymbol{W}_x\boldsymbol{W}_x^{\mathrm{H}})^{-1}\tilde{\boldsymbol{B}}-(\tilde{\boldsymbol{G}}^{\mathrm{H}}\boldsymbol{W}_x^{\mathrm{H}}(\boldsymbol{W}_x\boldsymbol{W}_x^{\mathrm{H}})^{-1}\tilde{\boldsymbol{B}})^{\mathrm{T}} \tag{6.4.16}$$

$$\boldsymbol{B}=[\tilde{\boldsymbol{B}}^{\mathrm{H}}(\boldsymbol{W}_x\boldsymbol{W}_x^{\mathrm{H}})^{-1}\tilde{\boldsymbol{B}}]^{\mathrm{T}}+\tilde{\boldsymbol{G}}^{\mathrm{H}}[\boldsymbol{W}_x^{\mathrm{H}}(\boldsymbol{W}_x\boldsymbol{W}_x^{\mathrm{H}})^{-1}\boldsymbol{W}_x-\boldsymbol{I}]\tilde{\boldsymbol{G}} \tag{6.4.17}$$

业已证明[1]，约束总体最小二乘估计与约束极大似然估计等价。

6.4.2 超分辨谐波恢复

Abatzoglou 等人[1] 以谐波信号的超分辨恢复为例，介绍了约束总体最小二乘的应用。假定有 L 个窄带波前信号照射到 N 个线性均匀阵列上。阵列信号满足下面的前向线性预测方程[292]

$$\boldsymbol{C}_k\begin{bmatrix}\boldsymbol{x}\\-1\end{bmatrix}=\boldsymbol{0},\qquad k=1,2,\cdots,M \tag{6.4.18}$$

其中

$$\boldsymbol{C}_k=\begin{bmatrix}y_k(1) & y_k(2) & \cdots & y_k(L+1)\\ y_k(2) & y_k(3) & \cdots & y_k(L+2)\\ \vdots & \vdots & \vdots & \vdots\\ y_k(N-L) & y_k(N-L+1) & \cdots & y_k(N)\\ \hdashline y_k^*(L+1) & y_k^*(L) & \cdots & y_k^*(1)\\ \vdots & \vdots & \vdots & \vdots\\ y_k^*(N) & y_k^*(N-1) & \cdots & y_k^*(N-L)\end{bmatrix} \tag{6.4.19}$$

这里，$y_k(i)$ 是第 k 个阵列在 i 时刻的输出观测值。矩阵 $\boldsymbol{C}_k$ 称为第 k 个快拍的数据矩阵。将所有的数据矩阵合成一个数据矩阵 $\boldsymbol{C}$，即

$$\boldsymbol{C}=\begin{bmatrix}\boldsymbol{C}_1\\ \vdots\\ \boldsymbol{C}_M\end{bmatrix} \tag{6.4.20}$$

于是，超分辨谐波恢复问题归结为利用约束总体最小二乘求解矩阵方程，即

$$\boldsymbol{C}\begin{bmatrix}\boldsymbol{x}\\-1\end{bmatrix}=\boldsymbol{0}$$

而 $\boldsymbol{W}_x$ 的估计结果由下式给出

$$\hat{\boldsymbol{W}}_x = \begin{bmatrix} \boldsymbol{W}_1 & 0 \\ 0 & \boldsymbol{W}_2 \end{bmatrix}$$

其中

$$\boldsymbol{W}_1 = \begin{bmatrix} x_1 & x_2 & \cdots & x_L & -1 & & 0 \\ & \ddots & \ddots & & \ddots & \ddots & \\ 0 & & x_1 & x_2 & \cdots & x_L & -1 \end{bmatrix}$$

$$\boldsymbol{W}_2 = \begin{bmatrix} -1 & x_L & \cdots & x_2 & x_1 & & 0 \\ & \ddots & \ddots & & \ddots & \ddots & \\ 0 & & -1 & x_L & \cdots & x_2 & x_1 \end{bmatrix}$$

另外

$$\begin{aligned} F(\boldsymbol{x}) &= \begin{bmatrix} \boldsymbol{x} \\ -1 \end{bmatrix}^{\mathrm{H}} \boldsymbol{C}^{\mathrm{H}} (\boldsymbol{W}_x \boldsymbol{W}_x^{\mathrm{H}})^{-1} \boldsymbol{C} \begin{bmatrix} \boldsymbol{x} \\ -1 \end{bmatrix} \\ &= \begin{bmatrix} \boldsymbol{x} \\ -1 \end{bmatrix}^{\mathrm{H}} \sum_{m=1}^{M} \boldsymbol{C}_m^{\mathrm{H}} (\hat{\boldsymbol{W}}_x \hat{\boldsymbol{W}}_x^{\mathrm{H}})^{-1} \boldsymbol{C}_m \begin{bmatrix} \boldsymbol{x} \\ -1 \end{bmatrix} \end{aligned} \tag{6.4.21}$$

为了估计相关的波数 ϕ_i，约束总体最小二乘方法分为三步：

(1) 利用 6.4.1 节介绍的 Newton 方法求解式 (6.4.21)，得到 $\boldsymbol{x}$；

(2) 计算线性预测系数多项式

$$\sum_{k=1}^{L} x_k z^{k-1} - z^L = 0 \tag{6.4.22}$$

(3) 估计对应的角度 $\phi_i = \arg(z_i),\ i = 1, \cdots, L$。

6.4.3 正则化约束总体最小二乘图像恢复

退化图像的恢复是一个重要的问题，因为它能够从观测到的退化图像数据恢复丢失的信息。图像恢复的目的是在已知记录数据和某些先验知识的情况下，求原始图像的最优解。

令 $N \times 1$ 点扩展函数 (point-spread function，PSF) 表示为

$$\boldsymbol{h} = \bar{\boldsymbol{h}} + \Delta \boldsymbol{h} \tag{6.4.23}$$

式中，$\bar{\boldsymbol{h}}, \Delta \boldsymbol{h} \in \mathbb{R}^N$ 分别是点扩展函数的已知部分和 (未知的) 误差部分。误差分量$\Delta \boldsymbol{h} = [\Delta h(0), \Delta h(1), \cdots, \Delta h(N-1)]^{\mathrm{T}}$ 为独立同分布噪声，均值为 0，方差为 σ_h。

观测到的退化图像用向量 $\boldsymbol{g}$ 表示，成像方程可用矩阵–向量形式表示为

$$\boldsymbol{g} = \boldsymbol{H} \boldsymbol{f} + \Delta \boldsymbol{g} \tag{6.4.24}$$

式中，$\boldsymbol{f}$ 和 $\Delta \boldsymbol{g} \in \mathbb{R}^N$ 分别表示原始图像和观测图像的加性噪声。加性噪声 $\Delta \boldsymbol{g} = [\Delta g(0), \Delta g(1), \cdots, \Delta g(N-1)]^{\mathrm{T}}$ 也是独立同分布噪声，并与点扩展函数的误差分量 $\Delta \boldsymbol{h}$ 统计不相关。矩阵 $\boldsymbol{H} \in \mathbb{R}^{N \times N}$ 表示点扩展矩阵，由已知部分 $\bar{\boldsymbol{H}}$ 和误差部分组成，即

$$\boldsymbol{H} = \bar{\boldsymbol{H}} + \Delta \boldsymbol{H} \tag{6.4.25}$$

式 (6.4.24) 的总体最小二乘解为

$$\boldsymbol{f} = \arg \min_{[\hat{\boldsymbol{H}}, \hat{\boldsymbol{g}}] \in \mathbb{R}^{N \times (N+1)}} \left\| [\boldsymbol{H}, \boldsymbol{g}] - [\hat{\boldsymbol{H}}, \hat{\boldsymbol{g}}] \right\|_{\mathrm{F}}^2 \tag{6.4.26}$$

式中，$\hat{\boldsymbol{g}}$ 服从约束条件

$$\hat{\boldsymbol{g}} \in \mathrm{Range}(\hat{\boldsymbol{H}}) \tag{6.4.27}$$

通过定义未知的归一化噪声向量 $\boldsymbol{u} \in \mathbb{R}^{2N}$ (由 $\Delta \boldsymbol{h}$ 和 $\Delta \boldsymbol{g}$ 组成)，即

$$\boldsymbol{u} = \left[\frac{\Delta h(0)}{\sigma_h}, \cdots, \frac{\Delta h(N-1)}{\sigma_h}, \frac{\Delta g(0)}{\sigma_g}, \cdots, \frac{\Delta g(N-1)}{\sigma_g} \right]^{\mathrm{T}} \tag{6.4.28}$$

Mesarovic 等人[341] 提出了基于约束总体最小二乘的图像恢复算法

$$\boldsymbol{f} = \arg \min_{\boldsymbol{f}} \left\{ \|\boldsymbol{u}\|_2^2 \right\} \quad \text{subject to } \bar{\boldsymbol{H}} \boldsymbol{f} - \boldsymbol{g} + \boldsymbol{L}\boldsymbol{u} = \boldsymbol{0} \tag{6.4.29}$$

式中，$\boldsymbol{L}$ 是一个 $N \times 2N$ 矩阵，定义为

$$\boldsymbol{L} = \left[\begin{array}{cccc:cccc} \sigma_h f(0) & \sigma_h f(N-1) & \cdots & \sigma_h f(1) & \sigma_g & 0 & \cdots & 0 \\ \sigma_h f(1) & \sigma_h f(0) & \cdots & \sigma_h f(2) & 0 & \sigma_g & \cdots & 0 \\ \vdots & \vdots & \ddots & \vdots & \vdots & \vdots & \ddots & \vdots \\ \sigma_h f(N-1) & \sigma_h f(N-2) & \cdots & \sigma_h f(0) & 0 & 0 & \cdots & \sigma_g \end{array} \right] \tag{6.4.30}$$

在给定被记录的数据向量 $\boldsymbol{g}$ 和点扩展矩阵已知部分 $\bar{\boldsymbol{H}}$ 的情况下，式 (6.4.24) 的原始图像 $\boldsymbol{f}$ 的求解是一个典型的逆问题。因此，图像恢复问题的求解在数学上对应为式 (6.4.24) 的逆变换的存在性和唯一性。若逆变换不存在，则称图像恢复这一逆问题为奇异的。另外，逆变换虽然存在，但是其解有可能不唯一，而是有一组解。对一个实际的物理问题而言，这种非唯一解是不可接受的。此时，称图像恢复为病态的逆问题。这意味着，观测数据向量 $\boldsymbol{g}$ 中的小扰动有可能导致恢复图像 $\boldsymbol{g}$ 中的大扰动[20, 473]。

克服图像恢复病态问题的有效方法之一是使用正则化方法[473, 135]，得到正则化约束总体最小二乘算法[135, 180]。

正则化约束总体最小二乘图像恢复算法的基本思想是引入正则化算子 $\boldsymbol{Q}$ 和正则化参数 $\lambda > 0$，将最小化的目标函数替换为两个互补函数之和，即式 (6.4.29) 变成

$$\boldsymbol{f} = \arg \min_{\boldsymbol{f}} \left\{ \|\boldsymbol{u}\|_2^2 + \lambda \|\boldsymbol{Q}\boldsymbol{f}\|_2^2 \right\} \quad \text{subject to } \bar{\boldsymbol{H}} \boldsymbol{f} - \boldsymbol{g} + \boldsymbol{L}\boldsymbol{u} = \boldsymbol{0} \tag{6.4.31}$$

正则化参数的选择需要兼顾观测数据的保真度和解的平滑性。为了进一步改善正则化约束总体最小二乘图像恢复算法的性能，Chen 等人[106] 提出了自适应选择正则化参

数 λ 的方法，并称为自适应正则化约束总体最小二乘图像恢复算法。这一算法的解为

$$\boldsymbol{f} = \arg\min_{\boldsymbol{f}} \left\{ \|\boldsymbol{u}\|_2^2 + \lambda(\boldsymbol{f}) \|\boldsymbol{Q}\boldsymbol{f}\|_2^2 \right\} \quad \text{subject to } \bar{\boldsymbol{H}}\boldsymbol{f} - \boldsymbol{g} + \boldsymbol{L}\boldsymbol{u} = \boldsymbol{0} \tag{6.4.32}$$

以上介绍了约束总体最小二乘在图像恢复中的应用原理。限于篇幅，对以上两种算法的实现，不再赘述，感兴趣的读者可分别参考文献 [341] 和文献 [106]。

6.5 盲矩阵方程求解的子空间方法

考虑盲矩阵方程

$$\boldsymbol{X} = \boldsymbol{A}\boldsymbol{S} \tag{6.5.1}$$

其中 $\boldsymbol{X}_{N\times M}$ 为复矩阵，其元素为观测数据；而复矩阵 $\boldsymbol{A}_{N\times d}$ 和 $\boldsymbol{S}_{d\times M}$ 均未知。盲矩阵方程求解的问题是：在只已知 $\boldsymbol{X}$ 的情况下，能够求出未知矩阵 $\boldsymbol{S}$ 吗？答案是肯定的，但需要假定两个条件：矩阵 $\boldsymbol{A}$ 满列秩和 $\boldsymbol{S}$ 满行秩。这两个假设条件在工程问题中往往是满足的。例如，在阵列信号处理中，矩阵 $\boldsymbol{A}$ 满列秩意味着各个信号的波达方向是独立的，而矩阵 $\boldsymbol{S}$ 满行秩则要求各个源信号是独立发射的。

假定 N 为数据长度，d 为源信号个数，M 为传感器个数，通常取 $M \geqslant d$ 和 $N > M$。定义数据矩阵 $\boldsymbol{X}$ 的截尾奇异值分解为

$$\boldsymbol{X} = \hat{\boldsymbol{U}}\hat{\boldsymbol{\Sigma}}\hat{\boldsymbol{V}}^{\mathrm{H}} \tag{6.5.2}$$

式中，$\hat{\boldsymbol{\Sigma}}$ 是包含了 d 个主要奇异值的 $d \times d$ 对角矩阵。由于 $\mathrm{Col}(\boldsymbol{A}) = \mathrm{Col}(\hat{\boldsymbol{U}})$，即矩阵 $\boldsymbol{A}$ 和 $\hat{\boldsymbol{U}}$ 二者张成同一个信号子空间，故有

$$\hat{\boldsymbol{U}} = \boldsymbol{A}\boldsymbol{T} \tag{6.5.3}$$

式中，$\boldsymbol{T}$ 是一个 $d \times d$ 非奇异矩阵。

令 $\boldsymbol{W}$ 是一个 $d \times N$ 复矩阵，它代表一神经网络或者滤波器。用 $\boldsymbol{W}$ 左乘式 (6.5.1)，得到

$$\boldsymbol{W}\boldsymbol{X} = \boldsymbol{W}\boldsymbol{A}\boldsymbol{S}$$

若调整矩阵 $\boldsymbol{W}$ 使得 $\boldsymbol{W}\boldsymbol{A} = \boldsymbol{I}_d$，则立即得到方程式 (6.5.1) 的解

$$\boldsymbol{S} = \boldsymbol{W}\boldsymbol{X} \tag{6.5.4}$$

为了求 $\boldsymbol{W}$，计算

$$\boldsymbol{W}\hat{\boldsymbol{U}} = \boldsymbol{W}\boldsymbol{A}\boldsymbol{T} = \boldsymbol{T}$$

立即有

$$\boldsymbol{W} = \boldsymbol{T}\hat{\boldsymbol{U}}^{\mathrm{H}} \tag{6.5.5}$$

总结以上讨论，可以得到求解盲矩阵方程式 (6.5.1) 的以下方法

$$\left.\begin{array}{ll}\text{数据模型} & \boldsymbol{X}=\boldsymbol{AS}\\ \text{截尾SVD} & \boldsymbol{X}=\hat{\boldsymbol{U}}\hat{\boldsymbol{\Sigma}}\hat{\boldsymbol{V}}\\ \text{求　　解} & \hat{\boldsymbol{U}}=\boldsymbol{AT}\ \text{得到}\ \boldsymbol{T}\\ \text{方程的解} & \boldsymbol{S}=\left(\boldsymbol{T}\hat{\boldsymbol{U}}^{\mathrm{T}}\right)\boldsymbol{X}\end{array}\right\}\tag{6.5.6}$$

由于这种方法利用了信号子空间，故称为子空间方法。因此，盲矩阵方程求解的关键问题是如何在 $\boldsymbol{A}$ 和 $\boldsymbol{T}$ 均未知的情况下，从 $\hat{\boldsymbol{U}}=\boldsymbol{AT}$ 求出非奇异矩阵 $\boldsymbol{T}$。

下面以无线通信为例，介绍盲矩阵方程式 (6.5.1) 的求解。

在不考虑无线通信中的多径传输的情况下，方程式 (6.5.1) 中的矩阵为[503]

$$\boldsymbol{A}=\boldsymbol{A}_\theta\boldsymbol{B}\tag{6.5.7}$$

式中

$$\boldsymbol{A}_\theta=[\boldsymbol{a}(\theta_1),\boldsymbol{a}(\theta_2),\cdots,\boldsymbol{a}(\theta_d)]=\begin{bmatrix}1 & 1 & \cdots & 1\\ \theta_1 & \theta_2 & \cdots & \theta_d\\ \vdots & \vdots & \vdots & \vdots\\ \theta_1^{N-1} & \theta_2^{N-1} & \cdots & \theta_d^{N-1}\end{bmatrix}$$

$$\boldsymbol{B}=\mathrm{daig}(\beta_1,\beta_2,\cdots,\beta_d)$$

式中，θ_i 和 β_i 分别是第 i 个用户信号的波达方向和衰减系数，它们都是未知的。

定义对角矩阵

$$\boldsymbol{\Theta}=\mathrm{diag}(\theta_1,\theta_2,\cdots,\theta_d)\tag{6.5.8}$$

和 $(M-1)\times M$ 维选择矩阵

$$\boldsymbol{J}_1=[\boldsymbol{I}_{M-1},\boldsymbol{0}],\qquad \boldsymbol{J}_2=[\boldsymbol{0},\boldsymbol{I}_{M-1}]$$

它们分别选出矩阵 $\boldsymbol{A}_\theta$ 的上面 $M-1$ 行和下面 $M-1$ 行。易知

$$(\boldsymbol{J}_1\boldsymbol{A}_\theta)\boldsymbol{\Theta}=\boldsymbol{J}_2\boldsymbol{A}_\theta\tag{6.5.9}$$

于是，有

$$\hat{\boldsymbol{U}}=\boldsymbol{AT}=\boldsymbol{A}_\theta\boldsymbol{BT}\tag{6.5.10}$$

为了求出非奇异矩阵 $\boldsymbol{T}$，若用选择矩阵 $\boldsymbol{J}_1$ 和 $\boldsymbol{J}_2$ 分别左乘式 (6.5.10)，并令 $\boldsymbol{A}_\theta'=\boldsymbol{J}_1\boldsymbol{A}_\theta$，然后利用式 (6.5.9)，则得

$$\hat{\boldsymbol{U}}_1=\boldsymbol{J}_1\hat{\boldsymbol{U}}=(\boldsymbol{J}_1\boldsymbol{A}_\theta)\boldsymbol{BT}=\boldsymbol{A}_\theta'\boldsymbol{BT}\tag{6.5.11}$$

$$\hat{\boldsymbol{U}}_2=\boldsymbol{J}_2\hat{\boldsymbol{U}}=(\boldsymbol{J}_2\boldsymbol{A}_\theta)\boldsymbol{BT}=\boldsymbol{A}_\theta'\boldsymbol{\Theta BT}\tag{6.5.12}$$

由于 $\boldsymbol{B}$ 和 $\boldsymbol{\Theta}$ 都是对角矩阵，故 $\boldsymbol{\Theta B} = \boldsymbol{B\Theta}$，从而有

$$\hat{\boldsymbol{U}}_2 = \boldsymbol{A}'_\theta \boldsymbol{B\Theta T} = \boldsymbol{A}'_\theta \boldsymbol{BTT}^{-1}\boldsymbol{\Theta T} = \hat{\boldsymbol{U}}_1 \boldsymbol{T}^{-1}\boldsymbol{\Theta T}$$

或写作

$$\hat{\boldsymbol{U}}_1^\dagger \hat{\boldsymbol{U}}_2 = \boldsymbol{T}^{-1}\boldsymbol{\Theta T} \tag{6.5.13}$$

式中，$\hat{\boldsymbol{U}}_1^\dagger = (\hat{\boldsymbol{U}}_1^{\mathrm{H}}\hat{\boldsymbol{U}}_1)^{-1}\hat{\boldsymbol{U}}_1^{\mathrm{H}}$ 是矩阵 $\hat{\boldsymbol{U}}_1$ 的广义逆矩阵。

由于 $\boldsymbol{\Theta}$ 为对角矩阵，易知式 (6.5.13) 是一典型的相似变换。因此，通过对矩阵 $\hat{\boldsymbol{U}}_1^\dagger \hat{\boldsymbol{U}}_2$ 进行相似变换，即可得到非奇异矩阵 $\boldsymbol{T}$。

以上讨论可以总结为求解盲矩阵方程 $\boldsymbol{X} = \boldsymbol{A}_\theta \boldsymbol{B}$ 的下列算法：

(1) 计算矩阵 $\boldsymbol{X}$ 的截尾奇异值分解 $\boldsymbol{X} = \hat{\boldsymbol{U}}\hat{\boldsymbol{\Sigma}}\hat{\boldsymbol{V}}^{\mathrm{H}}$。

(2) 抽取矩阵 $\hat{\boldsymbol{U}}$ 的上面 $M-1$ 行组成 $\hat{\boldsymbol{U}}_1$，下面 $M-1$ 行组成 $\hat{\boldsymbol{U}}_2$。

(3) 对矩阵 $\hat{\boldsymbol{U}}_1^\dagger \hat{\boldsymbol{U}}_2$ 进行相似变换，得到非奇异矩阵 $\boldsymbol{T}$。

(4) 矩阵方程 $\boldsymbol{X} = \boldsymbol{A}_\theta \boldsymbol{B}$ 的解为

$$\boldsymbol{B} = \left(\hat{\boldsymbol{U}}^{\mathrm{H}}\boldsymbol{T}\right)\boldsymbol{X}$$

虽然上面只是介绍了单路径传输的情况，但是求解矩阵方程 $\boldsymbol{X} = \boldsymbol{AS}$ 的子空间方法也适用于多径传输的情况。不同的只是矩阵 $\boldsymbol{A}$ 的形式不同，从而使得求非奇异矩阵 $\boldsymbol{T}$ 的方法也有所不同。限于篇幅，这里不再赘述，有兴趣的读者可进一步参考文献 [503] 或文献 [545, p.365-367]。

6.6 非负矩阵分解的优化理论

全部元素为非负实数的矩阵称为非负矩阵。已知矩阵 $\boldsymbol{X}$ 以及两个未知矩阵 $\boldsymbol{A}$、$\boldsymbol{S}$ 均为非负矩阵的矩阵方程 $\boldsymbol{X} = \boldsymbol{AS}$ 称为盲非负矩阵方程，它广泛存在于工程应用问题中。

6.6.1 非负性约束与稀疏性约束

在很多工程应用问题中，常常需要对数据施加两个约束：非负性约束和稀疏性约束。

非负性约束就是约束数据是非负的。实际的数据很多本来就是非负的，它们组成非负矩阵。非负矩阵广泛存在于日常生活中，下面是非负矩阵的四种重要的实际例子 [296]：

(1) 在文本采集中，文本被存储为一个个向量，每个文本向量的元素是某个相关的术语 (term) 在该文本中出现的次数的计数。将文本向量一个接一个堆栈起来，就构成了一个非负的“术语 × 文本”矩阵。

(2) 在图像采集中，每一图像都用向量表示，向量的每一个元素对应为一个像素。像素的强度和颜色由非负数值给出，由此形成了非负的“像素 × 图像”矩阵。

(3) 对于商品设定 (item sets) 或推荐系统，顾客的购买记录或评分以非负的稀疏矩阵的形式存储。

(4) 在基因表示分析中，“基因 × 实验”矩阵是通过观测在某些实验条件下所产生的基因序列构造的。

此外，在模式识别和信号处理中，对于某个特定的模式或目标信号而言，所有特征向量的线性组合很可能不太合适。相反，某些特征向量的部分组合则更合适。例如，人脸识别中，强调眼睛、鼻子、嘴唇等特定部分的组合往往更加有效。在所有组合中，正的和负的组合系数分别强调部分特征的正面和负面作用，而零组合系数意味着某些特征不起作用。与之不同，在部分组合中，只有起作用和不起作用的两类特征。因此，为了强调某些主要特征的作用，很自然地会对系数向量中的元素加上非负性约束。

稀疏性约束就是约束数据不是稠密的，而是稀疏的，即大多数的数据取零值，只有很少的数据取非零值。一个大多数元素取零，少部分元素取非零值的矩阵称为稀疏矩阵；而元素只取非负值的稀疏矩阵称为非负稀疏矩阵。例如，商品推荐系统中的顾客的购买或者评分组成的矩阵就是非负稀疏矩阵。在经济学中，很多变量和数据 (例如，成交量和价格等) 既是稀疏的，又是非负的。稀疏性约束可以增加投资组合的有效性，而非负性约束则既可以提高投资的有效性，又能够降低投资风险[535, 448]。另外，很多自然界的信号与图像本身虽然不是稀疏的，但是经过某种变换之后，在变换域内却是稀疏的。例如，人脸和医学图像的离散余弦变换 (DCT) 就是典型的稀疏数据；语音信号的短时 Fourier 变换在时频域内是稀疏的。

6.6.2 非负矩阵分解的数学模型及解释

线性数据分析的基本问题是：通过某种适当的变换或分解，将高维的原始数据向量表示成一组低维向量的线性组合。由于抽取了原数据向量的本质或特征，可以用来进行模式识别，所以这组低维向量常称为原数据的“模式向量”或“基 (本) 向量”或“特征向量”。

在进行数据分析、建模和处理时，通常必须考虑模式向量的两个基本要求：

(1) 可解释性 (interpretability)　模式向量的分量应该具有明确的物理或者生理意义和含义。

(2) 统计保真度 (statistical fidelity)　当数据一致和没有太多误差或噪声时，模式向量的分量应该可以解释数据的方差 (主要能量分布)。

矢量量化 (VQ：vector quantization) 和主分量分析是两种广泛被使用的非监督学习算法，它们采用根本不同的方式对数据进行编码。

1. 矢量量化法

矢量量化法使用存储的模式 (prototype) 向量作为码矢 (codevector)。令 $\boldsymbol{c}_n$ 是 k 维

码矢，并共存储有 N 个码矢，即

$$\boldsymbol{c}_n = [c_{n,1}, c_{n,2}, \cdots, c_{n,k}]^{\mathrm{T}}, \quad n = 1, \cdots, N$$

N 个码矢的集合 $\{\boldsymbol{c}_1, \cdots, \boldsymbol{c}_N\}$ 组成码书 (codebook)。

所有与存储的模式向量即码矢 $\boldsymbol{c}_n$ 最接近的数据向量组成的区域称为码矢 $\boldsymbol{c}_n$ 的编码区 (encoding region)，定义为

$$S_n = \{\boldsymbol{x} \mid \|\boldsymbol{x} - \boldsymbol{c}_n\|^2 \leqslant \|\boldsymbol{x} - \boldsymbol{c}_{n'}\|^2, \forall n' = 1, \cdots, N\} \tag{6.6.1}$$

矢量量化问题的提法是：给定 M 个 k 维数据向量 $\boldsymbol{x}_i = [x_{i,1}, x_{i,2}, \cdots, x_{i,k}]^{\mathrm{T}}, i = 1, \cdots, M$，确定这些向量所在的编码区，即这些向量各自对应的码矢。

令 $\boldsymbol{X} = [\boldsymbol{x}_1, \cdots, \boldsymbol{x}_M] \in \mathbb{R}^{k \times M}$ 为数据矩阵，$\boldsymbol{C} = [\boldsymbol{c}_1, \cdots, \boldsymbol{c}_N] \in \mathbb{R}^{k \times N}$ 表示码书矩阵，则数据矩阵的矢量量化可以用以下模型描述

$$\boldsymbol{X} = \boldsymbol{CS} \tag{6.6.2}$$

其中，$\boldsymbol{S} = [\boldsymbol{s}_1, \cdots, \boldsymbol{s}_M] \in \mathbb{R}^{N \times M}$ 为量化系数矩阵，其列称为量化系数向量。

从最优化的角度看问题，矢量量化的优化准则是“胜者赢得一切”(winner-take-all)，将输入数据聚类到互相排斥的模式 [188, 308]。从编码的观点出发，矢量量化为“祖母细胞编码”(grandmother cell coding)，每一个数据只由一个基向量解释 (即数据被聚类) [512]。具体而言，每一个量化系数向量都是一个只有一个元素为 1，其他元素皆等于零的 N 维基本向量。因此，码书矩阵第 j 列的第 i 个元素等于 1，表明数据向量 $\boldsymbol{x}_j$ 被判断为与码矢 $\boldsymbol{c}_i$ 最接近，即一个数据向量只对应一个码矢。矢量量化可以捕获输入数据的非线性结构，但是其捕获能力比较弱，因为矢量量化法中数据向量与码矢是一对一对应的。如果数据的维数很大，就需要大量的码矢才能表示输入数据。

2. 主分量分析法

线性数据模型是广泛使用的一种数据模型，包括主分量分析 (principal component analysis, PCA), 线性判别分析 (linear discriminant analysis, LDA) 和独立分量分析 (independent component analysis, ICA) 等多元数据分析方法 (multivariate data analysis) 都采用这一线性数据模型。

与矢量量化由码矢组成码书类似，主分量分析方法由一组与主要分量对应的相互正交的基向量 $\boldsymbol{a}_i$ 组成基矩阵 $\boldsymbol{A}$。这些基向量称为模式或特征向量。对于一数据向量 $\boldsymbol{x}$，主分量分析采用分享的约束原则进行优化，用模式向量的线性组合 $\boldsymbol{x} = \boldsymbol{As}$ 表示输入数据。从编码的角度看，主分量分析是一种分布式编码。与祖母细胞编码的矢量量化法相比，主分量分析法由于采用分布式编码，所以只需要较少的基向量就可以表示大维数的数据。

主分量分析法的缺点是：

(1) 不能捕获输入数据的非线性结构。

(2) 虽然基向量可以统计解释为最大差异的方向，但许多方向并没有一个明显的视觉解释，这是因为基矩阵 $\boldsymbol{A}$ 和量化系数向量 $\boldsymbol{s}$ 的元素可以取零、正和负的符号。由于基向量用于线性组合，而这种组合涉及正、负数之间的复杂对消，所以许多单个的基向量由于被对消而失掉了直观的物理意义，对于非负数据 (例如彩色图像的像素值) 不具有可解释性。这是因为，非负数据的模式向量的元素应该都是非负的数值，但是相互正交的特征向量不可能都含有非负的元素：如果与最大特征值对应的特征向量 $\boldsymbol{u}_1$ 的元素全部是非负的，则其他与之正交的特征向量 $\boldsymbol{u}_j, j \neq 1$ 就必然含有负的元素，否则两个向量的正交条件 $\langle \boldsymbol{u}_1, \boldsymbol{u}_j \rangle = 0, j \neq 1$ 不可能成立。这一事实表明，相互正交的特征向量不能用作非负数据分析的模式向量或基向量。

在主分量分析、线性判别分析和独立分量分析等方法中，系数向量的元素通常多取正和负值，鲜有取零值。这意味着在这些方法中，所有基向量都参与观测数据向量的拟合或者回归。与这些方法不同，非负矩阵分解 (non-negative matrix factorization, NMF) 中，由于对基向量和系数向量的元素均作非负的约束，所以容易想象，此时参与拟合或者回归观测数据向量的基向量的个数肯定比较少。从这一角度讲，非负矩阵分解有抽取主要基向量的作用。

非负矩阵分解的另一个突出优点是：对组合因子的非负约束有利于产生稀疏的编码，即很多编码值为零。在生物学中，人脑就是以这种稀疏编码的方式对信息进行编码的 [165]。

因此，作为线性数据分析的另一类方法，应该在使数据重构误差最小化时，撤销对基向量的正交化约束，而改为非负性约束。

非负矩阵分解是一种线性、非负逼近的数据表示。令 $\boldsymbol{x}(j) = [x_1(j), \cdots, x_I(j)]^{\mathrm{T}} \in \mathbb{R}_+^{I\times 1}$ 和 $\boldsymbol{s}(j) = [s_1(j), \cdots, s_K(j)]^{\mathrm{T}} \in \mathbb{R}_+^{K\times 1}$ 分别代表用 I 个传感器测得的离散时间 j 的非负数据向量和 K 维非负系数向量，其中 $\mathbb{R}_+$ 表示非负象限。非负数据向量的数学模型如下式所示

$$\begin{bmatrix} x_1(j) \\ \vdots \\ x_I(j) \end{bmatrix} = \begin{bmatrix} a_{11} & \cdots & a_{1K} \\ \vdots & \ddots & \vdots \\ a_{I1} & \cdots & a_{IK} \end{bmatrix} \begin{bmatrix} s_1(j) \\ \vdots \\ s_K(j) \end{bmatrix} \quad 或 \quad \boldsymbol{x}(j) = \boldsymbol{A}\boldsymbol{s}(j) \tag{6.6.3}$$

式中，$\boldsymbol{A} = [\boldsymbol{a}_1, \cdots, \boldsymbol{a}_K] \in \mathbb{R}^{I\times K}$ 称为基矩阵，$\boldsymbol{s}$ 称为系数向量。

基矩阵的各个列向量 $\boldsymbol{a}_k, k = 1, \cdots, K$ 称为基向量。由于不同时刻的测量向量 $\boldsymbol{x}(j)$ 都用相同的一组基向量 $\boldsymbol{a}_k, k = 1, \cdots, K$ 表示，所以这些 I 维基向量可以想象成数据表示的积木块，而 K 维系数向量 $\boldsymbol{s}(j)$ 的元素 $s_k(j)$ 则表示第 k 个基向量 (积木块) $\boldsymbol{a}_k$ 在数据向量 $\boldsymbol{x}(j)$ 中的存在强度，体现对应的基向量 $\boldsymbol{a}_k$ 在观测向量 $\boldsymbol{x}$ 的拟合或回归中的贡献。因此，系数向量的元素 $s_k(j)$ 常称为拟合系数、回归系数或组合系数等。$s_k(j) > 0$ 表示基向量 $\boldsymbol{a}_k$ 的贡献为加法组合即正面作用；$s_k(j) = 0$ 表示相对应的基向量的零贡献，即不参与拟合或回归；而负的系数 $s_k(j) < 0$ 则意味着基向量的减法组合，起着负面的组合作用。

如果将 $j = 1, \cdots, J$ 个离散时间的非负观测数据向量排列成一个非负的观测矩阵，

则有

$$[\boldsymbol{x}(1),\cdots,\boldsymbol{x}(J)]=\boldsymbol{A}[\boldsymbol{s}(1),\cdots,\boldsymbol{s}(J)] \implies \boldsymbol{X}=\boldsymbol{AS} \tag{6.6.4}$$

矩阵 $\boldsymbol{S}$ 称为系数矩阵。系数矩阵本质上是基矩阵的编码矩阵。

盲非负矩阵方程 $\boldsymbol{X}=\boldsymbol{AS}$ 的求解问题可以叙述为：给定一个非负矩阵 $\boldsymbol{X}\in\mathbb{R}_+^{I\times J}$ (其元素 $x_{ij}\geqslant 0$) 和一个低秩 $r<\min\{I,J\}$，由 $\boldsymbol{X}$ 求未知的稀疏矩阵 $\boldsymbol{A}\in\mathbb{R}_+^{I\times r}$ 及 $\boldsymbol{S}\in\mathbb{R}_+^{r\times J}$，使得

$$\boldsymbol{X}=\boldsymbol{AS}+\boldsymbol{N} \tag{6.6.5}$$

或者

$$\boldsymbol{X}_{ij}=[\boldsymbol{AS}]_{ij}+\boldsymbol{N}_{ij}=\sum_{k=1}^{r}a_{ik}s_{kj}+n_{ij} \tag{6.6.6}$$

其中 $\boldsymbol{N}\in\mathbb{R}^{I\times J}$ 为逼近误差矩阵。系数矩阵 $\boldsymbol{S}$ 也称编码变量矩阵 (encoding variable matrix)，其元素为未知的隐匿非负分量。

将一个非负的数据矩阵分解为非负的基矩阵与非负的系数矩阵的乘积这一问题习惯称为非负矩阵分解。非负矩阵分解由 Lee 和 Seung 于 1999 年在 Nature 上提出 [307]，它本质上是一种线性的、非负的数据表示。如果数据矩阵 $\boldsymbol{X}$ 是正的矩阵，则要求基矩阵 $\boldsymbol{A}$ 和系数矩阵 $\boldsymbol{S}$ 也都是正的矩阵。这样的矩阵分解称为正矩阵分解 (positive matrix factorization, PMF)，由 Paattero 与 Tapper 于 1994 年提出 [386]。在非负矩阵分解的范畴里，矩阵 $\boldsymbol{X}$、$\boldsymbol{A}$ 和 $\boldsymbol{S}$ 分别称为数据矩阵、基矩阵和系数矩阵。

式 (6.6.5) 表明，当数据矩阵 $\boldsymbol{X}$ 的秩 $r=\text{rank}(\boldsymbol{X})<\min\{I,J\}$ 时，非负矩阵逼近 $\boldsymbol{AS}$ 可以想象成数据矩阵 $\boldsymbol{X}$ 的一种压缩和去噪形式。

非负矩阵分解的另一个重要特征是它的分布式非负编码和部位组合能力。

非负矩阵分解不允许矩阵分解因子 $\boldsymbol{A}$ 和 $\boldsymbol{S}$ 中出现负的元素，其优点是：与矢量量化的单一约束不同，非负约束允许采用多个基图像或特征脸的组合表示一张人脸图像；与主分量分析不同，非负矩阵分解只允许加法组合，因为 $\boldsymbol{A}$ 和 $\boldsymbol{S}$ 的非零元素全部都是正的，从而避免了主分量分析中的基图像之间的任何减法组合的发生。就优化准则而言，非负矩阵分解采用分享约束加非负约束。从编码的观点看，非负矩阵分解是一种分布式的非负编码，常常可以导致稀疏编码。

由于这些优点，使得非负矩阵分解给人的直觉印象是：不是将所有特征进行组合，而是将部分特征 (简称部位，parts) 组合成一个 (目标) 整体。从机器学习的角度看，非负矩阵分解是一种基于部位组合表示的机器学习方法，具有抽取主要特征的能力。

非负矩阵分解的第三个主要特征是它的多线性数据分析能力。主分量分析使用所有特征基向量的线性组合表示数据，只能提取数据的线性结构。与之不同，非负矩阵分解使用不同数量和不同标记的基向量 (部位) 的组合表示数据，所以可以抽取数据的多线性结构，具有一定的非线性数据分析能力。

表 6.6.1 有助于理解矢量量化、主分量分析与非负矩阵分解之间的联系与区别。

表 6.6.1 矢量量化、主分量分析与非负矩阵分解的比较

方 法	矢量量化 (VQ)	主分量分析 (PCA)	非负矩阵分解 (NMF)
约束条件	胜者赢得一切 (独享)	全体分享	少数个体分享 + 非负性
组 成	码书矩阵 $\boldsymbol{C}$，量化系数矩阵 $\boldsymbol{S}$	基矩阵 $\boldsymbol{A}$，系数矩阵 $\boldsymbol{S}$	基矩阵 $\boldsymbol{A}$，系数矩阵 $\boldsymbol{S}$
数学模型	模式聚类：$\boldsymbol{X}=\boldsymbol{CS}$	线性组合：$\boldsymbol{X}=\boldsymbol{AS}$	非负分解：$\boldsymbol{X}=\boldsymbol{AS}$
结构特点	量化系数向量 $\boldsymbol{s}_j$：码矢 $\boldsymbol{c}_i$	基向量 $\boldsymbol{a}_k$：相互正交	基矩阵 $\boldsymbol{A}$、系数矩阵 $\boldsymbol{S}$：非负矩阵
分析能力	非线性分析	线性分析	多线性分析
编码方式	祖母细胞编码	分布式编码	分布式非负编码 (稀疏编码)
机器学习	单一模式学习	分布式学习	部位组合学习

6.6.3 散度与变形对数

非负矩阵分解本质上是一个最优化问题，常采用某种散度作为代价函数。

两个概率密度 p 和 q 之间的距离 $D(\boldsymbol{p}\|\boldsymbol{g})$ 称为散度 (divergences)，若它只满足非负性和正定性条件 $D(\boldsymbol{p}\|\boldsymbol{g})\geqslant 0$ (等号成立当且仅当 $\boldsymbol{p}=\boldsymbol{g}$)。

根据噪声统计分布的先验知识，非负矩阵分解常用的散度有 Kullback-Leibler 散度和 Alpha-Beta (AB)-散度等。

1. 平方 Euclidean 距离

当逼近误差服从正态分布时，非负矩阵分解一般使用误差矩阵的平方 Euclidean 距离作代价函数

$$D_{\mathrm{E}}(\boldsymbol{X}\|\boldsymbol{AS})=\|\boldsymbol{X}-\boldsymbol{AS}\|_2^2=\frac{1}{2}\sum_{i=1}^{I}\sum_{j=1}^{J}(x_{ij}-[\boldsymbol{AS}]_{ij})^2 \tag{6.6.7}$$

其中 $[\boldsymbol{AS}]_{ij}$ 表示矩阵乘积 $\boldsymbol{AS}$ 第 i 行、第 j 列的元素。虽然优化问题对 $\boldsymbol{A}$ 和 $\boldsymbol{S}$ 分别是凸的，但是当两个矩阵同时作为变元时，优化问题却不是凸的。

在很多应用中，除了非负约束 $a_{ik}\geqslant 0; s_{kj}\geqslant 0, \forall i,j,k$ 之外，往往还会要求期望解 $\boldsymbol{S}$ 或 $\boldsymbol{A}$ 分别具有某种与应用有关的特性 $J_S(\boldsymbol{S})$ 和 $J_A(\boldsymbol{A})$。这些特性分别称为系数矩阵 $\boldsymbol{X}$ 和基矩阵 $\boldsymbol{A}$ 的正则化函数，所得到的代价函数

$$D_{\mathrm{E}}(\boldsymbol{X}\|\boldsymbol{AS})=\frac{1}{2}\|\boldsymbol{X}-\boldsymbol{AS}\|_2^2+\alpha_A J_A(\boldsymbol{A})+\alpha_S J_S(\boldsymbol{S}) \tag{6.6.8}$$

称为正则化平方 Euclidean 距离代价函数。其中，α_S 和 α_A 为正则化参数。

2. Kullback-Leibler 散度

令 $\phi:\mathcal{D}\to\mathbb{R}$ 为定义在闭合凸集 $\mathcal{D}\subseteq\mathbb{R}_+^K$ 的一连续可微分凸函数。与函数 ϕ 对应的两个向量 $\boldsymbol{x},\boldsymbol{g}\in\mathcal{D}$ 之间的 Bregman 距离记作 $B_\phi(\boldsymbol{x}\|\boldsymbol{g})$，定义为

$$B_\phi(\boldsymbol{x}\|\boldsymbol{g})\overset{\text{def}}{=}\phi(\boldsymbol{x})-\phi(\boldsymbol{g})-\langle\nabla\phi(\boldsymbol{x}),\boldsymbol{x}-\boldsymbol{g}\rangle \tag{6.6.9}$$

其中 $\nabla\phi(\boldsymbol{x})$ 是函数 ϕ 在 $\boldsymbol{x}$ 的梯度。特别地，若 ϕ 取凸函数

$$\phi(\boldsymbol{x}) = \sum_{i=1}^{K} x_i \ln x_i \tag{6.6.10}$$

则 Bregman 距离改称为 Kullback-Leibler 散度，记作 $D_{\mathrm{KL}}(\boldsymbol{x}\|\boldsymbol{g})$。

在概率论和信息论中，Kullback-Leibler 散度又称信息散度 (information divergence)、信息增益、相对熵 (relative entropy)，常被简称为 KL 散度或 I 散度。

对于一随机过程的两个概率分布矩阵 $\boldsymbol{P},\boldsymbol{G}\in\mathbb{R}^{I\times J}$，假定它们是两个非负矩阵，则它们之间的 KL 散度用符号 $D_{\mathrm{KL}}(\boldsymbol{P}\|\boldsymbol{G})$ 表示，定义为

$$D_{\mathrm{KL}}(\boldsymbol{P}\|\boldsymbol{G}) = \sum_{i=1}^{I}\sum_{j=1}^{J}\left(p_{ij}\ln\frac{p_{ij}}{g_{ij}} - p_{ij} + g_{ij}\right) \tag{6.6.11}$$

容易验证，KL 散度 $D_{\mathrm{KL}}(\boldsymbol{P}\|\boldsymbol{G})\geqslant 0$，并且 $D_{\mathrm{KL}}(\boldsymbol{P}\|\boldsymbol{G})\neq D_{\mathrm{KL}}(\boldsymbol{G}\|\boldsymbol{P})$，不具有对称性。

3. AB-散度

Alpha-Beta 散度简称 AB-散度，是一个以 α 和 β 为参数的距离函数。AB-散度包括了大多数的散度为特例。

令 $\boldsymbol{P},\boldsymbol{G}\in\mathbb{R}^{I\times J}$ 是两个非负的测量矩阵，则它们之间的 AB-散度定义为[17, 110, 111]

$$D_{AB}^{(\alpha,\beta)}(\boldsymbol{P}\|\boldsymbol{G}) = \begin{cases} -\dfrac{1}{\alpha\beta}\displaystyle\sum_{i=1}^{I}\sum_{j=1}^{J}\left(p_{ij}^{\alpha}g_{ij}^{\beta} - \tfrac{\alpha}{\alpha+\beta}p_{ij}^{\alpha+\beta} - \tfrac{\beta}{\alpha+\beta}g_{ij}^{\alpha+\beta}\right), & \alpha,\beta,\alpha+\beta\neq 0 \\ \dfrac{1}{\alpha^2}\displaystyle\sum_{i=1}^{I}\sum_{j=1}^{J}\left(p_{ij}^{\alpha}\ln\tfrac{p_{ij}^{\alpha}}{g_{ij}^{\alpha}} - p_{ij}^{\alpha} + g_{ij}^{\alpha}\right), & \alpha\neq 0,\beta=0 \\ \dfrac{1}{\alpha^2}\displaystyle\sum_{i=1}^{I}\sum_{j=1}^{J}\left(\ln\tfrac{g_{ij}^{\alpha}}{p_{ij}^{\alpha}} + \left(\tfrac{g_{ij}^{\alpha}}{p_{ij}^{\alpha}}\right)^{-1} - 1\right), & \alpha=-\beta\neq 0 \\ \dfrac{1}{\beta^2}\displaystyle\sum_{i=1}^{I}\sum_{j=1}^{J}\left(g_{ij}^{\beta}\ln\tfrac{g_{ij}^{\beta}}{p_{ij}^{\beta}} - g_{ij}^{\beta} + p_{ij}^{\beta}\right), & \alpha=0,\beta\neq 0 \\ \dfrac{1}{2}\displaystyle\sum_{i=1}^{I}\sum_{j=1}^{J}\left(\ln p_{ij} - \ln g_{ij}\right)^2, & \alpha=0,\beta=0 \end{cases} \tag{6.6.12}$$

以下是 AB-散度的几个特例。

(1) Alpha-散度　当 $\alpha+\beta=1$ 时，AB-散度退化为 Alpha-散度 (或称 α 散度)

$$D_{\alpha}(\boldsymbol{P}\|\boldsymbol{G}) = D_{AB}^{(\alpha,1-\alpha)}(\boldsymbol{P}\|\boldsymbol{G}) = \frac{1}{\alpha(\alpha-1)}\sum_{i=1}^{I}\sum_{j=1}^{J}\left[p_{ij}^{\alpha}g_{ij}^{1-\alpha} - \alpha p_{ij} + (\alpha-1)g_{ij}\right] \tag{6.6.13}$$

其中 $\alpha\neq 0$ 和 $\alpha\neq 1$。

(2) Beta-散度　当 $\alpha=1$ 时，AB-散度给出 Beta-散度 (或称 β 散度)

$$D_{\beta}(\boldsymbol{P}\|\boldsymbol{G}) = D_{AB}^{(1,\beta)}(\boldsymbol{P}\|\boldsymbol{G}) = -\frac{1}{\beta}\sum_{i=1}^{I}\sum_{j=1}^{J}\left(p_{ij}g_{ij}^{\beta} - \frac{1}{1+\beta}p_{ij}^{1+\beta} - \frac{\beta}{1+\beta}g_{ij}^{1+\beta}\right) \tag{6.6.14}$$

其中 $\beta \neq 0$。特别地，若 $\beta = 1$，则

$$D_{\beta=1}(\boldsymbol{P}\|\boldsymbol{G}) = D_{AB}^{(1,1)}(\boldsymbol{P}\|\boldsymbol{G}) = \frac{1}{2}\sum_{i=1}^{I}\sum_{j=1}^{J}(p_{ij} - g_{ij})^2 \tag{6.6.15}$$

退化为平方 Euclidean 距离。

(3) Kullback-Leibler (KL) 散度　当 $\alpha = 1$ 和 $\beta = 0$ 时，AB-散度退化为标准的 Kullback-Leibler 散度，即 $D_{AB}^{(1,0)}(\boldsymbol{P}\|\boldsymbol{G}) = D_{\beta=0}(\boldsymbol{P}\|\boldsymbol{G}) = D_{\text{KL}}(\boldsymbol{P}\|\boldsymbol{G})$。

(4) Itakura-Saito (IS) 散度　当 $\alpha = 1$ 和 $\beta = -1$ 时，AB-散度给出标准的 Itakura-Saito 散度

$$D_{\text{IS}}(\boldsymbol{P}\|\boldsymbol{G}) = D_{AB}^{(1,-1)}(\boldsymbol{P}\|\boldsymbol{G}) = \sum_{i=1}^{I}\sum_{j=1}^{J}\left(\ln\frac{g_{ij}}{p_{ij}} + \frac{p_{ij}}{g_{ij}} - 1\right) \tag{6.6.16}$$

以下是几种常用的 α 散度 [111]：

① 当 $\alpha = 2$ 时，α 散度退化为 Pearson χ^2 距离；

② 当 $\alpha = 0.5$ 时，α 散度退化为 Hellinger 距离；

③ 当 $\alpha = -1$ 时，α 散度退化为 Neyman χ^2 距离；

④ 当 α 趋于零时，α 散度的极限是从 $\boldsymbol{G}$ 到 $\boldsymbol{P}$ 的 KL 散度，即

$$\lim_{\alpha\to 0} D_\alpha(\boldsymbol{P}\|\boldsymbol{G}) = D_{\text{KL}}(\boldsymbol{G}\|\boldsymbol{P})$$

⑤ 当 α 趋于 1 时，α 散度的极限是从 $\boldsymbol{P}$ 到 $\boldsymbol{G}$ 的 KL 散度，即

$$\lim_{\alpha\to 1} D_\alpha(\boldsymbol{P}\|\boldsymbol{G}) = D_{\text{KL}}(\boldsymbol{P}\|\boldsymbol{G})$$

在数理统计和信息论中，对于一组概率的离散集合 $\{p_i\}$ (其满足条件 $\sum_i p_i = 1$)，Shannon 熵定义为

$$S = -\sum_i p_i \log_2(p_i) \tag{6.6.17}$$

Boltzmann-Gibbs 熵定义为

$$S_{\text{BG}} = -k\sum_i p_i \ln(p_i) \tag{6.6.18}$$

对于两个独立的系统 A 和 B，它们的联合概率密度 $p(A,B) = p(A)p(B)$，且 Shannon 熵和 Boltzmann-Gibbs 熵都具有可加性 (additivity)

$$S(A+B) = S(A) + S(B), \quad S_{\text{BG}}(A+B) = S_{\text{BG}}(A) + S_{\text{BG}}(B)$$

所以称为扩张熵 (extensive entropy)。

在物理学中，Tsallis 熵是标准 Boltzmann-Gibbs 熵的推广。Tsallis 熵是 Tsallis 于 1988 年提出的，并称为 q 熵 [481]

$$S_q(p_i) = \frac{1 - \sum_i^q (p_i)^q}{q - 1} \tag{6.6.19}$$

Boltzmann-Gibbs 熵是 $q \to 1$ 时 Tsallis 熵的极限，即有

$$S_{\mathrm{BG}} = \lim_{q\to 1} D_q(p_i)$$

Tsallis 熵具有伪可加性 (pseudo additivity)

$$S_q(A+B) = S_q(A) + S_q(B) + (1-q)S_q(A)S_q(B)$$

因此是一种非扩张熵 (non-extensive entropy) 或非加性熵 (nonadditive Entropy) [482]。

采用 Tsallis 熵的数理统计常称为 Tsallis 数理统计。Tsallis 数理统计的主要数学工具是 q 对数 (q logarithm) 和 q 指数 (q exponential)。特别地，重要的 q-高斯分布由 q-指数定义。

对于非负的实数 q 和 x，函数

$$\ln_q(x) = \begin{cases} \dfrac{x^{(1-q)}-1}{1-q}, & q \neq 1 \\ \ln(x), & q = 1 \end{cases} \tag{6.6.20}$$

称为 x 的 Tsallis 对数 [481]，也称 q-对数。对所有 $x \geqslant 0$，Tsallis 对数是解析的、递增的凹函数。q-对数的逆函数称为 q-指数，定义为

$$\exp_q(x) = \begin{cases} [1+(1-q)x]^{\frac{1}{1-q}}, & 1+(1-q)x > 0 \\ 0, & q < 1 \\ +\infty, & q > 1 \\ \exp(x), & q = 1 \end{cases} \tag{6.6.21}$$

q-指数与 Tsallis 对数的关系为

$$\exp_q(\ln_q(x)) = x \tag{6.6.22}$$

$$\ln_q(\exp_q(x)) = x \tag{6.6.23}$$

概率密度分布 $f(x)$ 称为 q-高斯分布，若

$$f(x) = \frac{\sqrt{\beta}}{C_q}\exp_q(-\beta x^2) \tag{6.6.24}$$

其中 $\exp_q(x) = [1+(1-q)x]^{\frac{1}{1-q}}$ 为 q-指数，归一化因子 C_q 由下式决定

$$C_q = \begin{cases} \dfrac{2\sqrt{\pi}\,\Gamma\left(\frac{1}{1-q}\right)}{(3-q)\sqrt{1-q}\,\Gamma\left(\frac{1}{1-q}\right)}, & -\infty < q < 1 \\ \sqrt{\pi}, & q = 1 \\ \dfrac{\sqrt{\pi}\,\Gamma\left(\frac{3-q}{2(q-1)}\right)}{\sqrt{q-1}\,\Gamma\left(\frac{1}{q-1}\right)}, & 1 < q < 3 \end{cases}$$

当 $q \to 1$ 时，q-高斯分布的极限即为高斯分布；q-高斯分布已经应用于统计力学、地质学、解剖学、天文学、经济学、金融与机器学习中。

与高斯分布相比，取 $1 < q < 3$ 的 q-高斯分布的一个突出特点是具有明显的拖尾。由于这一特点，q-对数即 Tsallis 对数和 q-指数非常适合于用 AB-散度作为非负矩阵分解优化问题的代价函数。

为了方便 Tsallis 对数和 q-指数在非负矩阵分解中的应用，定义变形对数 (deformed logarithm)

$$\phi(x) = \ln_{1-\alpha}(x) = \begin{cases} \frac{x^\alpha - 1}{\alpha}, & \alpha \neq 0 \\ \ln(x), & \alpha = 0 \end{cases} \tag{6.6.25}$$

变形对数的逆变换

$$\phi^{-1}(x) = \exp_{1-\alpha}(x) = \begin{cases} \exp(x), & \alpha = 0 \\ (1+\alpha x)^{1/\alpha}, & \alpha \neq 0; 1+\alpha x \geqslant 0 \\ 0, & \alpha \neq 0; 1+\alpha x < 0 \end{cases} \tag{6.6.26}$$

称为变形指数 (deformed exponential)。

变形对数和变形指数在非负矩阵分解的最优化算法中有重要的应用。

6.7 非负矩阵分解算法

非负矩阵分解是一个具有非负约束的最小化问题。根据 Berry 等人 [43] 的分类，非负矩阵分解有三种基本算法：

(1) 乘法算法；

(2) 梯度下降法；

(3) 交替最小二乘算法。

这些算法都属于一阶优化算法。其中，乘法算法本质上也是梯度下降法，但它通过步长的聪明选择，将一般梯度下降法的减法更新规则转变为乘法更新。后来，Cichocki, Zdunek 与 Amari [112] 在 Berry 等人分类的基础上，又增加了拟牛顿法 (二阶优化算法) 和多层分解法两类方法。

下面依次介绍这五种代表性方法。

6.7.1 非负矩阵分解的乘法算法

梯度下降算法是一种被广泛使用的优化算法，其基本思想是被优化的变元加上适当的校正项之后，即给出被优化变元的更新。步长是这类算法的一个关键的选择参数，它决定了校正量的大小。

考虑无约束最小化问题 $\min f(\boldsymbol{X})$ 的梯度下降算法的一般更新规则

$$x_{ij} \leftarrow x_{ij} - \eta_{ij} \nabla f(x_{ij}), \quad i = 1, \cdots, I; j = 1, \cdots, J \tag{6.7.1}$$

其中 x_{ij} 是变元矩阵 $\boldsymbol{X}$ 的元素，$\nabla f(x_{ij})$ 为代价函数 $f(\boldsymbol{X})$ 的梯度矩阵 $\frac{\partial f(\boldsymbol{X})}{\partial \boldsymbol{X}}$ 在点 x_{ij} 的值。如果适当地选择步长 η_{ij}，使得上述加法更新规则中的加法项 x_{ij} 能够被消去，就可

将原来为加法运算的梯度下降算法变成乘法运算的梯度下降算法。这种乘法算法是 Lee 和 Seung 针对非负矩阵分解专门提出的[308]，但对其他很多优化问题同样适用，因此具有广泛的应用性。

1. 平方 Euclidean 距离最小化的乘法算法

考虑使用典型的平方 Euclidean 距离作代价函数的无约束优化问题 $\min D_{\mathrm{E}}(\boldsymbol{X}\|\boldsymbol{AS})=\frac{1}{2}\|\boldsymbol{X}-\boldsymbol{AS}\|_2^2$，其梯度下降算法为

$$a_{ik}\leftarrow a_{ik}-\mu_{ik}\frac{\partial D_{\mathrm{E}}(\boldsymbol{X}\|\boldsymbol{AS})}{\partial a_{ik}} \tag{6.7.2}$$

$$s_{kj}\leftarrow s_{kj}-\eta_{kj}\frac{\partial D_{\mathrm{E}}(\boldsymbol{X}\|\boldsymbol{AS})}{\partial s_{kj}} \tag{6.7.3}$$

式中

$$\frac{\partial D_{\mathrm{E}}(\boldsymbol{X}\|\boldsymbol{AS})}{\partial a_{ik}}=-\left[(\boldsymbol{X}-\boldsymbol{AS})\boldsymbol{S}^{\mathrm{T}}\right]_{ik}$$

$$\frac{\partial D_{\mathrm{E}}(\boldsymbol{X}\|\boldsymbol{AS})}{\partial s_{kj}}=-\left[\boldsymbol{A}^{\mathrm{T}}(\boldsymbol{X}-\boldsymbol{AS})\right]_{kj}$$

分别是代价函数关于变元矩阵的元素 a_{ik} 和 s_{kj} 的梯度。

若令

$$\mu_{ik}=\frac{a_{ik}}{[\boldsymbol{ASS}^{\mathrm{T}}]_{ik}},\qquad \eta_{kj}=\frac{s_{kj}}{[\boldsymbol{A}^{\mathrm{T}}\boldsymbol{AS}]_{kj}} \tag{6.7.4}$$

则梯度下降算法变成乘法算法：

$$a_{ik}\leftarrow a_{ik}\frac{[\boldsymbol{XS}^{\mathrm{T}}]_{ik}}{[\boldsymbol{ASS}^{\mathrm{T}}]_{ik}},\quad i=1,\cdots,I;k=1,\cdots,K \tag{6.7.5}$$

$$s_{kj}\leftarrow s_{kj}\frac{[\boldsymbol{A}^{\mathrm{T}}\boldsymbol{X}]_{kj}}{[\boldsymbol{A}^{\mathrm{T}}\boldsymbol{AS}]_{kj}},\quad k=1,\cdots,K;j=1,\cdots,J \tag{6.7.6}$$

关于乘法算法，有四点重要的注释。

注释 1　乘法算法的理论基础是期望最大化 (expectation-maximization, EM) 算法中的辅助函数。因此，乘法算法实际上是一种期望最大化的极大似然 (expectation maximization maximum likelihood, EMML) 算法[111]。

注释 2　上述元素形式的乘法算法很容易改写为矩阵形式的乘法算法

$$\boldsymbol{A}\leftarrow\boldsymbol{A}*\left[(\boldsymbol{XS}^{\mathrm{T}})\oslash(\boldsymbol{ASS}^{\mathrm{T}})\right] \tag{6.7.7}$$

$$\boldsymbol{S}\leftarrow\boldsymbol{S}*\left[(\boldsymbol{A}^{\mathrm{T}}\boldsymbol{X})\oslash(\boldsymbol{A}^{\mathrm{T}}\boldsymbol{AS})\right] \tag{6.7.8}$$

式中，$\boldsymbol{B}*\boldsymbol{C}$ 表示两个矩阵的元素乘积 (components-wise product) 即 Hadamard 积，而 $\boldsymbol{B}\oslash\boldsymbol{C}$ 代表两个矩阵的元素除法 (element-wise division)，即有

$$[\boldsymbol{B}*\boldsymbol{C}]_{ik}=b_{ik}c_{ik},\quad [\boldsymbol{B}\oslash\boldsymbol{C}]_{ik}=b_{ik}/c_{ik} \tag{6.7.9}$$

注释 3　梯度下降算法中，通常取固定的步长或者自适应的步长，与被更新的变元的下标无关。换言之，步长一般随更新的时间而变。在同一更新时间内，变元矩阵的不同元素实际上采用相同的步长进行更新。与之形成强烈对比的是，乘法算法则针对变元矩阵的元素取不同的步长 μ_{ik}。因此，这种步长既是时间自适应的，又是与变元元素自适应的。这正是乘法算法能够提高梯度下降算法性能的重要原因。

注释 4　散度 $D(\boldsymbol{X}\|\boldsymbol{AS})$ 在不同的乘法更新规则中是非递增的 [308]，而这一非递增性有可能导致算法最终收敛不到平稳点 [199]。

对于正则化非负矩阵分解的代价函数 $J(\boldsymbol{A},\boldsymbol{S})=\frac{1}{2}\|\boldsymbol{X}-\boldsymbol{AS}\|_2^2+\alpha_A J_A(\boldsymbol{A})+\alpha_S J_S(\boldsymbol{S})$，由于梯度分别为

$$\nabla_{a_{ik}}J(\boldsymbol{A},\boldsymbol{S})=\frac{\partial D_{\mathrm{E}}(\boldsymbol{X}\|\boldsymbol{AS})}{\partial a_{ik}}+\alpha_A\frac{\partial J_A(\boldsymbol{A})}{\partial a_{ik}}$$

$$\nabla_{s_{kj}}J(\boldsymbol{A},\boldsymbol{S})=\frac{\partial D_{\mathrm{E}}(\boldsymbol{X}\|\boldsymbol{AS})}{\partial s_{kj}}+\alpha_A\frac{\partial J_S(\boldsymbol{S})}{\partial s_{kj}}$$

所以乘法算法是式 (6.7.6) 的适当修正 [308]

$$a_{ik}\leftarrow a_{ik}\frac{\Big[[\boldsymbol{XS}^T]_{ik}-\alpha_A\nabla J_A(a_{ik})\Big]_+}{[\boldsymbol{ASS}^T]_{ik}+\epsilon}\tag{6.7.10}$$

$$s_{kj}\leftarrow s_{kj}\frac{\Big[[\boldsymbol{A}^T\boldsymbol{X}]_{kj}-\alpha_S\nabla J_S(s_{kj})\Big]_+}{[\boldsymbol{A}^T\boldsymbol{AS}]_{kj}+\epsilon}\tag{6.7.11}$$

式中，$\nabla J_A(a_{ik})=\dfrac{\partial J_A(\boldsymbol{A})}{\partial a_{ik}}$，$\nabla J_S(s_{kj})=\dfrac{\partial J_S(\boldsymbol{S})}{\partial s_{kj}}$，并且 $[u]_+=\max\{u,\epsilon\}$。参数 ϵ 是一个很小的正数，主要为了防止出现近似等于零的分母，以保证算法的收敛性能和数值稳定性。

上述元素形式的乘法算法也可以改写为矩阵形式

$$\boldsymbol{A}\leftarrow\boldsymbol{A}*\Big[(\boldsymbol{XS}^{\mathrm{T}}-\alpha_A\boldsymbol{\Psi}_A)\oslash(\boldsymbol{ASS}^{\mathrm{T}}+\epsilon\boldsymbol{I})\Big]\tag{6.7.12}$$

$$\boldsymbol{S}\leftarrow\boldsymbol{S}*\Big[(\boldsymbol{A}^{\mathrm{T}}\boldsymbol{X}-\alpha_S\boldsymbol{\Psi}_S)\oslash(\boldsymbol{A}^{\mathrm{T}}\boldsymbol{AS}+\epsilon\boldsymbol{I})\Big]\tag{6.7.13}$$

式中 $\boldsymbol{\Psi}_A=\dfrac{\partial J_A(\boldsymbol{A})}{\partial\boldsymbol{A}}$ 和 $\boldsymbol{\Psi}_S=\dfrac{\partial J_S(\boldsymbol{S})}{\partial\boldsymbol{S}}$ 是两个梯度矩阵，而 $\boldsymbol{I}$ 为单位矩阵。

2. KL 散度最小化的乘法算法

考虑 KL 散度

$$D_{\mathrm{KL}}(\boldsymbol{X}\|\boldsymbol{AS})=\sum_{i_1=1}^{I}\sum_{j_1=1}^{J}\left(x_{i_1j_1}\ln\frac{x_{i_1j_1}}{[\boldsymbol{AS}]_{i_1j_1}}-x_{i_1j_1}+[\boldsymbol{AS}]_{i_1j_1}\right)\tag{6.7.14}$$

的最小化问题。由于

$$\frac{\partial D_{\mathrm{KL}}(\boldsymbol{X}\|\boldsymbol{AS})}{\partial a_{ik}}=-\sum_{j=1}^{J}\left(s_{kj}x_{ij}/[\boldsymbol{AS}]_{ij}+s_{kj}\right)$$

$$\frac{\partial D_{\mathrm{KL}}(\boldsymbol{X}\|\boldsymbol{AS})}{\partial s_{kj}}=-\sum_{i=1}^{I}\left(a_{ik}x_{ij}/[\boldsymbol{AS}]_{ij}+a_{ik}\right)$$

所以梯度下降算法为

$$a_{ik} \leftarrow a_{ik} - \mu_{ik} \times \left[-\sum_{j=1}^{J} \left(s_{kj} x_{ij} / [\boldsymbol{AS}]_{ij} + s_{kj} \right) \right]$$

$$s_{kj} \leftarrow s_{kj} - \eta_{kj} \times \left[-\sum_{i=1}^{I} \left(a_{ik} x_{ij} / [\boldsymbol{AS}]_{ij} + a_{ik} \right) \right]$$

若令

$$\mu_{ik} = \frac{1}{\sum\limits_{j=1}^{J} s_{kj}}, \quad \eta_{kj} = \frac{1}{\sum\limits_{i=1}^{I} a_{ik}}$$

则梯度下降算法可以改写为乘法算法[308]

$$a_{ik} \leftarrow a_{ik} \frac{\sum\limits_{j=1}^{J} s_{kj} x_{ik} / [\boldsymbol{AS}]_{ik}}{\sum\limits_{j=1}^{J} s_{kj}} \tag{6.7.15}$$

$$s_{kj} \leftarrow s_{kj} \frac{\sum\limits_{i=1}^{I} a_{ik} x_{ik} / [\boldsymbol{AS}]_{ik}}{\sum\limits_{i=1}^{I} a_{ik}} \tag{6.7.16}$$

其矩阵形式为

$$\boldsymbol{A} \leftarrow \left[\boldsymbol{A} \oslash \left[\mathbf{1}_I \otimes (\boldsymbol{S} \mathbf{1}_K)^{\mathrm{T}} \right] \right] * \left[\left[\boldsymbol{X} \oslash (\boldsymbol{AS}) \right] \boldsymbol{S}^{\mathrm{T}} \right] \tag{6.7.17}$$

$$\boldsymbol{S} \leftarrow \left[\boldsymbol{S} \oslash \left[(\boldsymbol{A}^{\mathrm{T}} \mathbf{1}_I) \otimes \mathbf{1}_K \right] \right] * \left[\boldsymbol{A}^{\mathrm{T}} \left[\boldsymbol{X} \oslash (\boldsymbol{AS}) \right] \right] \tag{6.7.18}$$

式中 $\mathbf{1}_I$ 是全部元素为 1 的 I 维列向量。

3. AB 散度最小化的乘法算法

对于 AB 散度 (其中 $\alpha, \beta, \alpha+\beta \neq 0$)

$$D_{AB}^{(\alpha,\beta)}(\boldsymbol{X} \| \boldsymbol{AS}) = -\frac{1}{\alpha\beta} \sum_{i=1}^{I} \sum_{j=1}^{J} \left(x_{ij}^{\alpha} [\boldsymbol{AS}]_{ij}^{\beta} - \frac{\alpha}{\alpha+\beta} x_{ij}^{\alpha+\beta} - \frac{\beta}{\alpha+\beta} [\boldsymbol{AS}]_{ij}^{\alpha+\beta} \right) \tag{6.7.19}$$

其梯度

$$\frac{\partial D_{AB}^{(\alpha,\beta)}(\boldsymbol{X} \| \boldsymbol{AS})}{\partial a_{ik}} = -\frac{1}{\alpha} \sum_{j=1}^{J} \left(s_{kj} x_{ij}^{\alpha} [\boldsymbol{AS}]_{ij}^{1-\beta} - [\boldsymbol{AS}]_{ij}^{\alpha+\beta-1} s_{kj} \right) \tag{6.7.20}$$

$$\frac{\partial D_{AB}^{(\alpha,\beta)}(\boldsymbol{X} \| \boldsymbol{AS})}{\partial s_{kj}} = -\frac{1}{\alpha} \sum_{i=1}^{I} \left(a_{ik} x_{ij}^{\alpha} [\boldsymbol{AS}]_{ij}^{1-\beta} - [\boldsymbol{AS}]_{ij}^{\alpha+\beta-1} a_{ik} \right) \tag{6.7.21}$$

因此，若令步长

$$\mu_{ik} = \frac{\alpha a_{ik}}{\sum\limits_{j=1}^{J} s_{kj} [\boldsymbol{AS}]_{ij}^{\alpha+\beta-1}}, \quad \eta_{kj} = \frac{\alpha s_{kj}}{\sum\limits_{i=1}^{I} a_{ik} [\boldsymbol{AS}]_{ij}^{\alpha+\beta-1}}$$

则得到 AB 散度最小化的乘法算法

$$a_{ik} \leftarrow a_{ik} \left(\frac{\sum_{j=1}^{J} s_{kj} x_{ij}^{\alpha} [\boldsymbol{AS}]_{ij}^{\beta-1}}{\sum_{j=1}^{J} s_{kj} [\boldsymbol{AS}]_{ij}^{\alpha+\beta-1}} \right), \quad s_{kj} \leftarrow s_{kj} \left(\frac{\sum_{i=1}^{I} a_{ik} x_{ij}^{\alpha} [\boldsymbol{AS}]_{ij}^{\beta-1}}{\sum_{i=1}^{I} a_{ik} [\boldsymbol{AS}]_{ij}^{\alpha+\beta-1}} \right)$$

为了加快期望最大化的极大似然算法的收敛，文献 [110] 提出使用更新规则

$$a_{ik} \leftarrow a_{ik} \left(\frac{\sum_{j=1}^{J} s_{kj} x_{ij}^{\alpha} [\boldsymbol{AS}]_{ij}^{\beta-1}}{\sum_{j=1}^{J} s_{kj} [\boldsymbol{AS}]_{ij}^{\alpha+\beta-1}} \right)^{1/\alpha} \tag{6.7.22}$$

$$s_{kj} \leftarrow s_{kj} \left(\frac{\sum_{i=1}^{I} a_{ik} x_{ij}^{\alpha} [\boldsymbol{AS}]_{ij}^{\beta-1}}{\sum_{i=1}^{I} a_{ik} [\boldsymbol{AS}]_{ij}^{\alpha+\beta-1}} \right)^{1/\alpha} \tag{6.7.23}$$

其中 $1/\alpha$ 为正的松弛参数，有助于改善算法的收敛。

当 $\beta = 1 - \alpha$ 时，由 AB 散度最小化的乘法算法，立即得到代价函数为 Alpha 散度时的乘法算法

$$a_{ik} \leftarrow a_{ik} \left(\frac{\sum_{j=1}^{J} (x_{ij}/[\boldsymbol{AS}]_{ij})^{\alpha} s_{kj}}{\sum_{j=1}^{J} s_{kj}} \right)^{1/\alpha} \tag{6.7.24}$$

$$s_{kj} \leftarrow s_{kj} \left(\frac{\sum_{i=1}^{I} a_{ik} (x_{ij}/[\boldsymbol{AS}]_{ij})^{\alpha}}{\sum_{i=1}^{I} a_{ik}} \right)^{1/\alpha} \tag{6.7.25}$$

对于包含 $\alpha = 0$ 与/或 $\beta = 0$ 在内的一般情况，AB 散度的梯度为[110]

$$\frac{\partial D_{AB}^{(\alpha,\beta)}(\boldsymbol{X} \| \boldsymbol{AS})}{\partial a_{ik}} = -\sum_{j=1}^{J} [\boldsymbol{AS}]_{ij}^{\lambda-1} s_{kj} \ln_{1-\alpha} \left(\frac{x_{ij}}{[\boldsymbol{AS}]_{ij}} \right) \tag{6.7.26}$$

$$\frac{\partial D_{AB}^{(\alpha,\beta)}(\boldsymbol{X} \| \boldsymbol{AS})}{\partial s_{kj}} = -\sum_{i=1}^{I} [\boldsymbol{AS}]_{ij}^{\lambda-1} a_{ik} \ln_{1-\alpha} \left(\frac{x_{ij}}{[\boldsymbol{AS}]_{ij}} \right) \tag{6.7.27}$$

其中 $\lambda = \alpha + \beta$。于是，利用变形对数与变形指数的关系 $\exp_{1-\alpha}(\ln_{1-\alpha}(x)) = x$ 易知，AB 散度函数最小化的梯度算法为

$$a_{ik} \leftarrow \exp_{1-\alpha} \left(\ln_{1-\alpha}(a_{ik}) - \mu_{ik} \frac{\partial D_{AB}^{(\alpha,\beta)}(\boldsymbol{X} \| \boldsymbol{AS})}{\partial \ln_{1-\alpha}(a_{ik})} \right) \tag{6.7.28}$$

$$s_{kj} \leftarrow \exp_{1-\alpha} \left(\ln_{1-\alpha}(s_{kj}) - \eta_{kj} \frac{\partial D_{AB}^{(\alpha,\beta)}(\boldsymbol{X} \| \boldsymbol{AS})}{\partial \ln_{1-\alpha}(s_{kj})} \right) \tag{6.7.29}$$

若选择

$$\mu_{ik} = \frac{a_{ik}^{2\alpha-1}}{\sum\limits_{j=1}^{J} s_{kj}[\boldsymbol{AS}]_{ij}^{\lambda-1}}, \quad \eta_{kj} = \frac{s_{kj}^{2\alpha-1}}{\sum\limits_{i=1}^{I} a_{ik}[\boldsymbol{AS}]_{ij}^{\lambda-1}}$$

则可得到 Cichocki, Cruces 与 Amari 提出的 AB 乘法的非负矩阵分解算法 [110]

$$a_{ik} \leftarrow a_{ik} \exp_{1-\alpha}\left(\sum_{j=1}^{J} \frac{s_{kj}[\boldsymbol{AS}]_{ij}^{\lambda-1}}{\sum_{j=1}^{J} s_{kj}[\boldsymbol{AS}]_{ij}^{\lambda-1}} \ln_{1-\alpha}\left(\frac{x_{ij}}{[\boldsymbol{AS}]_{ij}}\right)\right) \tag{6.7.30}$$

$$s_{kj} \leftarrow s_{kj} \exp_{1-\alpha}\left(\underbrace{\sum_{i=1}^{I} \frac{a_{ik}[\boldsymbol{AS}]_{ij}^{\lambda-1}}{\sum_{i=1}^{I} a_{ik}[\boldsymbol{AS}]_{ij}^{\lambda-1}}}_{\text{权系数}} \underbrace{\ln_{1-\alpha}\left(\frac{x_{ij}}{[\boldsymbol{AS}]_{ij}}\right)}_{\alpha-\text{变焦}}\right) \tag{6.7.31}$$

由于参数 α 的变焦作用，基矩阵 $\boldsymbol{A} = [a_{ik}]$ 和系数矩阵 $\boldsymbol{S} = [s_{kj}]$ 的元素更新的相对误差主要由变形对数的比值 $x_{ij}/[\boldsymbol{AS}]_{ij}$ 控制：当 $\alpha > 1$ 时，变形对数 $\ln_{1-\alpha}(x_{ij}/[\boldsymbol{AS}]_{ij})$ 具有缩小功能，强调的是较大比值 $x_{ij}/[\boldsymbol{AS}]_{ij}$ 的作用，因为较小比值被缩小后，更加被忽视；而当 $\alpha < 1$ 时，变形对数的放大功能则相对突出了较小比值 $x_{ij}/[\boldsymbol{AS}]_{ij}$ 的影响。

由于 AB 散度包含了许多散度为特例，所以 AB 乘法非负矩阵分解算法融合了多种非负矩阵分解算法。

在以上各种乘法更新公式中，通常都需要在每一个分母项加一很小的扰动 (例如 $\epsilon = 10^{-9}$)，以防止被零除。

6.7.2 投影梯度法和 Nesterov 最优梯度法

非负矩阵分解的梯度下降法由两个梯度下降算法组成

$$\boldsymbol{A}_{k+1} = \boldsymbol{A}_k - \mu_A \frac{\partial f(\boldsymbol{A}_k, \boldsymbol{S}_k)}{\partial \boldsymbol{A}_k}$$

$$\boldsymbol{S}_{k+1} = \boldsymbol{S}_k - \mu_S \frac{\partial f(\boldsymbol{A}_k, \boldsymbol{S}_k)}{\partial \boldsymbol{S}_k}$$

为了保证矩阵 $\boldsymbol{A}_k$ 和 $\boldsymbol{S}_k$ 的非负性，在每一步更新中都需要将得到的更新矩阵 $\boldsymbol{A}_{k+1}$ 和 $\boldsymbol{S}_{k+1}$ 的所有元素向非负象限进行投影，这就构成了非负矩阵分解的投影梯度算法 [317]

$$\boldsymbol{A}_{k+1} = \left[\boldsymbol{A}_k - \mu_A \frac{\partial f(\boldsymbol{A}_k, \boldsymbol{S}_k)}{\partial \boldsymbol{A}_k}\right]_+ \tag{6.7.32}$$

$$\boldsymbol{S}_{k+1} = \left[\boldsymbol{S}_k - \mu_S \frac{\partial f(\boldsymbol{A}_k, \boldsymbol{S}_k)}{\partial \boldsymbol{S}_k}\right]_+ \tag{6.7.33}$$

由于步长 μ_A 和 μ_S 没有像乘法算法那样经过精心选择，加之非负性投影，所以投影梯度算法的收敛分析比较困难。

Nesterov 最优梯度法为改善梯度下降法的收敛性能提供了一个有效的途径。

考虑低秩非负矩阵 $\boldsymbol{X} \in \mathbb{R}^{m \times n}$ 的分解

$$\min \frac{1}{2}\|\boldsymbol{X} - \boldsymbol{AS}\|_{\mathrm{F}}^2 \quad \text{subject to } \boldsymbol{A} \in \mathbb{R}_+^{m \times r},\ \boldsymbol{S} \in \mathbb{R}_+^{r \times n} \tag{6.7.34}$$

其中 $r=\text{rank}(\boldsymbol{X})<\min\{m,n\}$。

由于式 (6.7.34) 是一个非凸最小化问题，故可以使用块协同下降法即交替非负最小二乘表示式 (6.7.63) 与式 (6.7.64) 求解最小化问题式 (6.7.34) 的局部解

$$\boldsymbol{S}_{t+1}=\arg\min_{\boldsymbol{S}\geqslant 0} F(\boldsymbol{A}_t,\boldsymbol{S})=\frac{1}{2}\|\boldsymbol{X}-\boldsymbol{A}_t\boldsymbol{S}\|_{\text{F}}^2 \tag{6.7.35}$$

$$\boldsymbol{A}_{t+1}^{\text{T}}=\arg\min_{\boldsymbol{A}\geqslant 0} F(\boldsymbol{S}_{t+1}^{\text{T}},\boldsymbol{A}^{\text{T}})=\frac{1}{2}\|\boldsymbol{X}^{\text{T}}-\boldsymbol{S}_{t+1}^{\text{T}}\boldsymbol{A}^{\text{T}}\|_{\text{F}}^2 \tag{6.7.36}$$

式中 t 表示第 t 个数据块。

最近，Guan 等人[210] 证明了非负矩阵分解的目标函数满足 Nesterov 最优梯度法的条件：

(1) 目标函数 $F(\boldsymbol{A}_t,\boldsymbol{S})=\frac{1}{2}\|\boldsymbol{X}-\boldsymbol{A}_t\boldsymbol{S}\|_{\text{F}}^2$ 是凸函数。

(2) 目标函数 $F(\boldsymbol{A}_t,\boldsymbol{S})$ 的梯度是 Lipschitz 连续的，且 Lipschitz 常数为 $L=\|\boldsymbol{A}_t^{\text{T}}\boldsymbol{A}_t\|_{\text{F}}$。

据此，文献 [210] 提出了低秩非负矩阵分解的 Nesterov 最优梯度算法 (NeNMF)。

算法 6.7.1 Nesterov 非负矩阵分解 (NeNMF) 算法

输入　数据矩阵 $\boldsymbol{X}\in\mathbb{R}_+^{m\times n}, 1\leqslant r\leqslant\min\{m,n\}$。

输出　基矩阵 $\boldsymbol{A}\in\mathbb{R}_+^{m\times r}$ 和系数矩阵 $\boldsymbol{S}\in\mathbb{R}_+^{r\times n}$。

初始化　$\boldsymbol{A}_1\geqslant 0,\boldsymbol{S}_1\geqslant 0,t=1$。

步骤 1　更新 $\boldsymbol{A}_{t+1}$ 和 $\boldsymbol{S}_{t+1}$

$$\boldsymbol{S}_{t+1}=\text{OGM}(\boldsymbol{A}_t,\boldsymbol{S}),\quad \boldsymbol{A}_{t+1}=\text{OGM}(\boldsymbol{S}_{t+1}^{\text{T}},\boldsymbol{A}^{\text{T}})$$

步骤 2　检验迭代算法的停止准则

$$\nabla_S^P F(\boldsymbol{A}_t,\boldsymbol{S}_t)=0,\quad \nabla_A^P F(\boldsymbol{A}_t,\boldsymbol{S}_t)=0$$

其中

$$\nabla_S^P F(\boldsymbol{A}_t,\boldsymbol{S}_t)_{ij}=\begin{cases}\nabla_S F(\boldsymbol{A}_t,\boldsymbol{S}_t)_{ij}, & (\boldsymbol{S}_t)_{ij}>0\\ \min\left\{0,\nabla_S F(\boldsymbol{A}_t,\boldsymbol{S}_t)_{ij}\right\}, & (\boldsymbol{S}_t)_{ij}=0\end{cases}$$

$$\nabla_A^P F(\boldsymbol{A}_t,\boldsymbol{S}_t)_{ij}=\begin{cases}\nabla_A F(\boldsymbol{A}_t,\boldsymbol{S}_t)_{ij}, & (\boldsymbol{A}_t)_{ij}>0\\ \min\left\{0,\nabla_A F(\boldsymbol{A}_t,\boldsymbol{S}_t)_{ij}\right\}, & (\boldsymbol{A}_t)_{ij}=0\end{cases}$$

分别是目标函数 $F(\boldsymbol{A}_t,\boldsymbol{S}_t)$ 关于 $\boldsymbol{S}$ 和 $\boldsymbol{A}$ 的投影梯度。

步骤 3　若停止准则满足，则停止迭代，并输出矩阵 $\boldsymbol{A}_t$ 和 $\boldsymbol{S}_t$；否则，令 $t\leftarrow t+1$，并返回步骤 1，继续迭代，直至停止准则满足。

算法 6.7.1 中的函数 $\text{OGM}(\boldsymbol{A}_t,\boldsymbol{S})$ 和 $\text{OGM}(\boldsymbol{S}_{t+1}^{\text{T}},\boldsymbol{A}^{\text{T}})$ 分别是求解交替非负最小二乘问题式 (6.7.58) 和式 (6.7.59) 的 Nesterov 最优梯度法(OGM)。

算法 6.7.2 最优梯度法 $\text{OGM}(\boldsymbol{A}_t,\boldsymbol{S})$[210]

输入　$\boldsymbol{A}_t,\boldsymbol{S}_t$。

输出 $\boldsymbol{S}_{t+1}$。

初始化 $\boldsymbol{Y}_0 = \boldsymbol{S}_t \geqslant 0, \alpha_0 = 1, L = \|\boldsymbol{A}_t^{\mathrm{T}}\boldsymbol{A}_t\|_{\mathrm{F}}, k = 0$。

步骤 1 更新

$$\boldsymbol{S}_k = \mathcal{P}_+\left(\boldsymbol{Y}_k - \frac{1}{L}\nabla_S F(\boldsymbol{A}_t, \boldsymbol{Y}_k)\right)$$

$$\alpha_{k+1} = \frac{1+\sqrt{4\alpha_k^2+1}}{2}$$

$$\boldsymbol{Y}_{k+1} = \boldsymbol{S}_k + \frac{\alpha_k - 1}{\alpha_{k+1}}(\boldsymbol{S}_k - \boldsymbol{S}_{k-1})$$

步骤 2 检验收敛准则是否满足

$$\nabla_S^P F(\boldsymbol{A}_t, \boldsymbol{S}_k) = 0$$

若满足，则停止迭代，进入步骤 3；否则，返回步骤 1，继续迭代，直至收敛准则满足。

步骤 3 输出 $\boldsymbol{S}_{t+1} = \boldsymbol{S}_k$。

注释 将算法 6.7.2 中的矩阵作如下置换：$\boldsymbol{A}_t \to \boldsymbol{S}_t^{\mathrm{T}}$ 和 $\boldsymbol{S}_t \to \boldsymbol{A}_t^{\mathrm{T}}$，并且 Lipschitz 常数更换为 $L = \|\boldsymbol{S}_t\boldsymbol{S}_t^{\mathrm{T}}\|_{\mathrm{F}}$，即得到最优梯度算法 $\mathrm{OGM}(\boldsymbol{S}_{t+1}^{\mathrm{T}}, \boldsymbol{A}^{\mathrm{T}})$，其输出为 $\boldsymbol{A}_{t+1}^{\mathrm{T}} = \boldsymbol{A}_k^{\mathrm{T}}$。

文献 [210] 还分别介绍了 NeNMF 算法对 L_1 正则化、L_2 正则化以及流形正则化非负矩阵分解的应用。

由于在优化中引入了结构信息，所以 NeNMF 算法在固定一个矩阵而优化另外一个矩阵时，能够以 $O\left(\frac{1}{k^2}\right)$ 的速率收敛[210]。

6.7.3 交替非负最小二乘算法

交替最小二乘方法最早由 Paatero 与 Tapper[386] 用于非负矩阵分解。由于这种方法约束矩阵是非负的，所以现在习惯称为交替非负最小二乘 (alternating nonnegative least squares, ANLS) 算法。

非负矩阵分解 $\boldsymbol{X}_{I\times J} = \boldsymbol{A}_{I\times K}\boldsymbol{S}_{K\times J}$ 的优化问题

$$\min_{\boldsymbol{A},\boldsymbol{S}} \frac{1}{2}\|\boldsymbol{X} - \boldsymbol{A}\boldsymbol{S}\|_{\mathrm{F}}^2 \quad \text{subject to} \quad \boldsymbol{A}, \boldsymbol{S} \geqslant 0 \tag{6.7.37}$$

可以分解为两个交替非负最小二乘子问题[386]

$$\text{ANLS1} \quad \min_{\boldsymbol{S}\geqslant 0} f_1(\boldsymbol{S}) = \frac{1}{2}\|\boldsymbol{A}\boldsymbol{S} - \boldsymbol{X}\|_{\mathrm{F}}^2 \quad (\boldsymbol{A}\ \text{固定}) \tag{6.7.38}$$

$$\text{ANLS2} \quad \min_{\boldsymbol{A}\geqslant 0} f_2(\boldsymbol{A}^{\mathrm{T}}) = \frac{1}{2}\|\boldsymbol{S}^{\mathrm{T}}\boldsymbol{A}^{\mathrm{T}} - \boldsymbol{X}^{\mathrm{T}}\|_{\mathrm{F}}^2 \quad (\boldsymbol{S}\ \text{固定}) \tag{6.7.39}$$

这两个交替非负最小二乘子问题相当于使用最小二乘方法交替求解矩阵方程 $\boldsymbol{A}\boldsymbol{S} = \boldsymbol{X}$ 和 $\boldsymbol{S}^{\mathrm{T}}\boldsymbol{A}^{\mathrm{T}} = \boldsymbol{X}^{\mathrm{T}}$，其最小二乘解分别为

$$\boldsymbol{S} = \mathcal{P}_+\left((\boldsymbol{A}^{\mathrm{T}}\boldsymbol{A})^{\dagger}\boldsymbol{A}^{\mathrm{T}}\boldsymbol{X}\right) \tag{6.7.40}$$

$$\boldsymbol{A}^{\mathrm{T}} = \mathcal{P}_+\left((\boldsymbol{S}\boldsymbol{S}^{\mathrm{T}})^{\dagger}\boldsymbol{S}\boldsymbol{X}^{\mathrm{T}}\right) \tag{6.7.41}$$

当 $\boldsymbol{A}$ 与/或 $\boldsymbol{S}$ 在迭代过程中奇异时，算法将无法收敛。

为了克服交替最小二乘算法的数值稳定性差的缺点，Langville 等人[296] 和 Pauca 等人[397] 于 2006 年独立地提出了约束非负矩阵分解 (constrained nonnegative matrix factorization, CNMF)

$$\text{CNMF}\qquad \min_{\boldsymbol{A},\boldsymbol{S}} \frac{1}{2}\left(\|\boldsymbol{X}-\boldsymbol{A}\boldsymbol{S}\|_{\mathrm{F}}^2+\alpha\|\boldsymbol{A}\|_{\mathrm{F}}^2+\beta\|\boldsymbol{S}\|_{\mathrm{F}}^2\right)\quad \text{subject to } \boldsymbol{A},\boldsymbol{S}\geqslant 0 \tag{6.7.42}$$

式中，$\alpha\geqslant 0$ 和 $\beta\geqslant 0$ 是两个正则化参数，分别起到压制 $\|\boldsymbol{A}\|_{\mathrm{F}}^2$ 和 $\|\boldsymbol{S}\|_{\mathrm{F}}^2$ 的作用。

上述约束优化实际上是 Tikhonov 于 1963 年提出的正则化最小二乘问题[472] 的一个典型应用。

正则化非负矩阵分解问题可以分解为两个交替正则化非负最小二乘 (alternating regularization nonnegative least squares, ARNLS) 问题

$$\text{ARNLS1}\qquad \min_{\boldsymbol{S}\in\mathbb{R}_+^{J\times K}} J_1(\boldsymbol{S})=\frac{1}{2}\|\boldsymbol{A}\boldsymbol{S}-\boldsymbol{X}\|_{\mathrm{F}}^2+\frac{1}{2}\beta\|\boldsymbol{S}\|_{\mathrm{F}}^2\quad (\boldsymbol{A}\ \text{固定}) \tag{6.7.43}$$

$$\text{ARNLS2}\qquad \min_{\boldsymbol{A}\in\mathbb{R}_+^{I\times J}} J_2(\boldsymbol{A}^{\mathrm{T}})=\frac{1}{2}\|\boldsymbol{S}^{\mathrm{T}}\boldsymbol{A}^{\mathrm{T}}-\boldsymbol{X}^{\mathrm{T}}\|_{\mathrm{F}}^2+\frac{1}{2}\alpha\|\boldsymbol{A}\|_{\mathrm{F}}^2\quad (\boldsymbol{S}\ \text{固定}) \tag{6.7.44}$$

或者等价写作

$$\text{ARNLS1}\qquad \min_{\boldsymbol{S}\in\mathbb{R}_+^{J\times K}} J_1(\boldsymbol{S})=\frac{1}{2}\left\|\begin{bmatrix}\boldsymbol{A}\\ \sqrt{\beta}\boldsymbol{I}_J\end{bmatrix}\boldsymbol{S}-\begin{bmatrix}\boldsymbol{X}\\ \boldsymbol{O}_{J\times K}\end{bmatrix}\right\|_{\mathrm{F}}^2 \tag{6.7.45}$$

$$\text{ARNLS2}\qquad \min_{\boldsymbol{A}\in\mathbb{R}_+^{I\times J}} J_2(\boldsymbol{A}^{\mathrm{T}})=\frac{1}{2}\left\|\begin{bmatrix}\boldsymbol{S}^{\mathrm{T}}\\ \sqrt{\alpha}\boldsymbol{I}_J\end{bmatrix}\boldsymbol{A}^{\mathrm{T}}-\begin{bmatrix}\boldsymbol{X}^{\mathrm{T}}\\ \boldsymbol{O}_{J\times I}\end{bmatrix}\right\|_{\mathrm{F}}^2 \tag{6.7.46}$$

由矩阵微分

$$\begin{aligned}
\mathrm{d}J_1(\boldsymbol{S})&=\frac{1}{2}\mathrm{d}\left(\mathrm{tr}[(\boldsymbol{A}\boldsymbol{S}-\boldsymbol{X})^{\mathrm{T}}(\boldsymbol{A}\boldsymbol{S}-\boldsymbol{X})]+\beta\mathrm{tr}(\boldsymbol{S}^{\mathrm{T}}\boldsymbol{S})\right)\\
&=\mathrm{tr}\left((\boldsymbol{S}^{\mathrm{T}}\boldsymbol{A}^{\mathrm{T}}\boldsymbol{A}-\boldsymbol{X}^{\mathrm{T}}\boldsymbol{A}+\beta\boldsymbol{S}^{\mathrm{T}})\mathrm{d}\boldsymbol{S}\right)\\
\mathrm{d}J_2(\boldsymbol{A}^{\mathrm{T}})&=\frac{1}{2}\mathrm{d}\left(\mathrm{tr}[(\boldsymbol{A}\boldsymbol{S}-\boldsymbol{X})(\boldsymbol{A}\boldsymbol{S}-\boldsymbol{X})^{\mathrm{T}}]+\alpha\mathrm{tr}(\boldsymbol{A}^{\mathrm{T}}\boldsymbol{A})\right)\\
&=\mathrm{tr}\left((\boldsymbol{A}\boldsymbol{S}\boldsymbol{S}^{\mathrm{T}}-\boldsymbol{X}\boldsymbol{S}^{\mathrm{T}}+\alpha\boldsymbol{A})\mathrm{d}\boldsymbol{A}^{\mathrm{T}}\right)
\end{aligned}$$

由此得梯度矩阵

$$\frac{\partial J_1(\boldsymbol{S})}{\partial\boldsymbol{S}}=-\boldsymbol{A}^{\mathrm{T}}\boldsymbol{X}+\boldsymbol{A}^{\mathrm{T}}\boldsymbol{A}\boldsymbol{S}+\beta\boldsymbol{S} \tag{6.7.47}$$

$$\frac{\partial J_2(\boldsymbol{A}_{\mathrm{T}})}{\partial\boldsymbol{A}}=-\boldsymbol{S}\boldsymbol{X}^{\mathrm{T}}+\boldsymbol{S}\boldsymbol{S}^{\mathrm{T}}\boldsymbol{A}^{\mathrm{T}}+\alpha\boldsymbol{A}^{\mathrm{T}} \tag{6.7.48}$$

由 $\dfrac{\partial J_1(\boldsymbol{S})}{\partial\boldsymbol{S}}=0$ 和 $\dfrac{\partial J_2(\boldsymbol{A}^{\mathrm{T}})}{\partial\boldsymbol{A}^{\mathrm{T}}}=0$ 分别得到两个正则化最小二乘子问题的解为

$$(\boldsymbol{A}^{\mathrm{T}}\boldsymbol{A}+\beta\boldsymbol{I}_J)\boldsymbol{S}=\boldsymbol{A}^{\mathrm{T}}\boldsymbol{X}\quad\text{或}\quad \boldsymbol{S}=(\boldsymbol{A}^{\mathrm{T}}\boldsymbol{A}+\beta\boldsymbol{I}_J)^{-1}\boldsymbol{A}^{\mathrm{T}}\boldsymbol{X} \tag{6.7.49}$$

$$(\boldsymbol{S}\boldsymbol{S}^{\mathrm{T}}+\alpha\boldsymbol{I}_J)\boldsymbol{A}^{\mathrm{T}}=\boldsymbol{S}\boldsymbol{X}^{\mathrm{T}}\quad\text{或}\quad \boldsymbol{A}^{\mathrm{T}}=(\boldsymbol{S}\boldsymbol{S}^{\mathrm{T}}+\alpha\boldsymbol{I}_J)^{-1}\boldsymbol{S}\boldsymbol{X}^{\mathrm{T}} \tag{6.7.50}$$

求解上述问题的最小二乘方法称为交替约束最小二乘方法，其基本框架如下[296]：

(1) 用非负元素初始化 $\boldsymbol{A}\in\mathbb{R}^{I\times K}$。

(2) 迭代求正则化最小二乘解式 (6.7.49) 和式 (6.7.50)，并且强制矩阵 $\boldsymbol{S}$ 和 $\boldsymbol{A}$ 非负化

$$s_{kj}=\boldsymbol{S}_{kj}=\max\{0,s_{kj}\}\quad 和\quad a_{ik}=\boldsymbol{A}_{ik}=\max\{0,a_{ik}\}\tag{6.7.51}$$

(3) 将 $\boldsymbol{A}$ 的各列和 $\boldsymbol{S}$ 的各行分别归一化为单位 Frobenius 范数。然后，返回 (2)，并重复迭代，直至某个收敛准则满足。

更好的方法是使用乘法算法求解两个交替最小二乘问题。由梯度表达式 (6.7.47) 和式 (6.7.48) 立即得交替梯度算法

$$\boldsymbol{S}_{kj}\leftarrow\boldsymbol{S}_{kj}+\eta_{kj}\left[\boldsymbol{A}^{\mathrm{T}}\boldsymbol{X}-\boldsymbol{A}\boldsymbol{A}^{\mathrm{T}}\boldsymbol{S}-\beta\boldsymbol{S}\right]_{kj}$$

$$\boldsymbol{A}_{ik}^{\mathrm{T}}\leftarrow\boldsymbol{A}_{ik}^{\mathrm{T}}+\mu_{ik}\left[\boldsymbol{X}\boldsymbol{S}^{\mathrm{T}}-\boldsymbol{A}\boldsymbol{S}\boldsymbol{S}^{\mathrm{T}}-\alpha\boldsymbol{A}\right]_{ik}$$

若选择

$$\eta_{kj}=\frac{\boldsymbol{S}_{kj}}{[\boldsymbol{A}\boldsymbol{A}^{\mathrm{T}}\boldsymbol{S}+\beta\boldsymbol{S}]_{kj}},\qquad \mu_{ik}=\frac{\boldsymbol{A}_{ik}^{\mathrm{T}}}{[\boldsymbol{A}\boldsymbol{S}\boldsymbol{S}^{\mathrm{T}}+\alpha\boldsymbol{A}]_{ik}}$$

则梯度算法变为乘法算法

$$\boldsymbol{S}_{kj}\leftarrow\boldsymbol{S}_{kj}\frac{[\boldsymbol{A}^{\mathrm{T}}\boldsymbol{X}]_{ik}}{[\boldsymbol{A}\boldsymbol{A}^{\mathrm{T}}\boldsymbol{S}+\beta\boldsymbol{S}]_{ik}}\tag{6.7.52}$$

$$\boldsymbol{A}_{ik}^{\mathrm{T}}\leftarrow\boldsymbol{A}_{ik}^{\mathrm{T}}\frac{[\boldsymbol{X}\boldsymbol{S}^{\mathrm{T}}]_{kj}}{[\boldsymbol{A}\boldsymbol{S}\boldsymbol{S}^{\mathrm{T}}+\alpha\boldsymbol{A}]_{kj}}\tag{6.7.53}$$

只要矩阵 $\boldsymbol{A}$ 和 $\boldsymbol{S}$ 使用非负数值初始化，上述迭代即可保证这两个矩阵的非负性。

文献 [397] 通过选择步长

$$\eta_{kj}=\frac{\boldsymbol{S}_{kj}}{[\boldsymbol{A}\boldsymbol{A}^{\mathrm{T}}\boldsymbol{S}]_{kj}},\qquad \mu_{ik}=\frac{\boldsymbol{A}_{ik}^{\mathrm{T}}}{[\boldsymbol{A}\boldsymbol{S}\boldsymbol{S}^{\mathrm{T}}]_{ik}}$$

得到乘法算法

$$\boldsymbol{S}_{kj}\leftarrow\boldsymbol{S}_{kj}\frac{[\boldsymbol{X}\boldsymbol{S}^{\mathrm{T}}-\beta\boldsymbol{S}]_{kj}}{[\boldsymbol{A}\boldsymbol{A}^{\mathrm{T}}\boldsymbol{S}]_{kj}+\epsilon}\tag{6.7.54}$$

$$\boldsymbol{A}_{ik}^{\mathrm{T}}\leftarrow\boldsymbol{A}_{ik}^{\mathrm{T}}\frac{[\boldsymbol{A}^{\mathrm{T}}\boldsymbol{X}-\alpha\boldsymbol{A}]_{ik}}{[\boldsymbol{A}\boldsymbol{S}\boldsymbol{S}^{\mathrm{T}}]_{ik}+\epsilon}\tag{6.7.55}$$

注意，上述算法由于分子存在减法运算，故一般不能保证矩阵元素的非负性。

6.7.4 拟牛顿法与多层分解法

1. 拟牛顿法[536]

假定需要求解超定矩阵方程 $\boldsymbol{S}^{\mathrm{T}}\boldsymbol{A}^{\mathrm{T}}=\boldsymbol{X}^{\mathrm{T}}$ (其中 $J\gg K$) 中的未知矩阵 $\boldsymbol{A}^{\mathrm{T}}$，有效方法之一是拟牛顿法。

代价函数 $D_{\mathrm{E}}(\boldsymbol{X}\|\boldsymbol{AS})=\frac{1}{2}\|\boldsymbol{X}-\boldsymbol{AS}\|_2^2$ 的 Hessian 矩阵 $\boldsymbol{H}_A=\nabla_A^2(D_{\mathrm{E}})=\boldsymbol{I}_{I\times I}\otimes\boldsymbol{SS}^{\mathrm{T}}\in\mathbb{R}^{IK\times IK}$ 是一个分块对角矩阵，对角线上的块矩阵为 $\boldsymbol{SS}^{\mathrm{T}}$。于是，拟牛顿法取

$$\boldsymbol{A}\leftarrow\left[\boldsymbol{A}-\nabla_A\left(D_{\mathrm{E}}(\boldsymbol{X}\|\boldsymbol{AS})\right)\boldsymbol{H}_A^{-1}\right]$$

其中 $\nabla_A\left(D_{\mathrm{E}}(\boldsymbol{X}\|\boldsymbol{AS})\right)=(\boldsymbol{AS}-\boldsymbol{X})\boldsymbol{S}^{\mathrm{T}}$ 是代价函数 $D_{\mathrm{E}}(\boldsymbol{X}\|\boldsymbol{AS})$ 的梯度矩阵。因此，拟牛顿算法具体为

$$\boldsymbol{A}\leftarrow\left[\boldsymbol{A}-(\boldsymbol{AS}-\boldsymbol{X})\boldsymbol{S}^{\mathrm{T}}\left(\boldsymbol{SS}^{\mathrm{T}}\right)^{-1}\right]$$

为了防止矩阵 $\boldsymbol{SS}^{\mathrm{T}}$ 奇异或者条件数很大，可以采用松弛法

$$\boldsymbol{A}\leftarrow\left[\boldsymbol{A}-(\boldsymbol{AS}-\boldsymbol{X})\boldsymbol{S}^{\mathrm{T}}\left(\boldsymbol{SS}^{\mathrm{T}}+\lambda\boldsymbol{I}_{K\times K}\right)^{-1}\right]$$

2. *多层分解法* [113~115]

多层非负矩阵分解的基本思想是：认为第 1 次分解的结果 $\boldsymbol{X}\approx\boldsymbol{A}^{(1)}\boldsymbol{S}^{(1)}$存在较大的误差，因而将 $\boldsymbol{S}^{(1)}$ 视为新的数据矩阵，再作第 2 层的非负矩阵分解 $\boldsymbol{S}^{(1)}\approx\boldsymbol{A}^{(2)}\boldsymbol{S}^{(2)}$。第 2 层分解的结果仍然存在误差，又作第 3 层非负矩阵分解 $\boldsymbol{S}^{(2)}\approx\boldsymbol{A}^{(3)}\boldsymbol{S}^{(3)}$，如此继续，形成一个 L 层的非负矩阵分解

$$\begin{aligned}\boldsymbol{X}&\approx\boldsymbol{A}^{(1)}\boldsymbol{S}^{(1)}\in\mathbb{R}^{I\times J}\quad(\text{其中 }\boldsymbol{A}^{(1)}\in\mathbb{R}^{I\times K})\\\boldsymbol{S}^{(1)}&\approx\boldsymbol{A}^{(2)}\boldsymbol{S}^{(2)}\in\mathbb{R}^{K\times J}\quad(\text{其中 }\boldsymbol{A}^{(2)}\in\mathbb{R}^{K\times K})\\&\vdots\\\boldsymbol{S}^{(L-1)}&\approx\boldsymbol{A}^{(L)}\boldsymbol{S}^{(L)}\in\mathbb{R}^{K\times J}\quad(\text{其中 }\boldsymbol{A}^{(L)}\in\mathbb{R}^{K\times K})\end{aligned}$$

每层分解都是非负矩阵分解，可以采用前述任何一种算法进行。最后的多层分解结果为

$$\boldsymbol{X}\approx\boldsymbol{A}^{(1)}\boldsymbol{A}^{(2)}\cdots\boldsymbol{A}^{(L)}\boldsymbol{S}^{(L)}$$

由此得非负矩阵分解 $\boldsymbol{A}=\boldsymbol{A}^{(1)}\boldsymbol{A}^{(2)}\cdots\boldsymbol{A}^{(L)}$ 和 $\boldsymbol{S}=\boldsymbol{S}^{(L)}$。

6.7.5 稀疏非负矩阵分解

非负矩阵分解最有用的性质之一是它往往会产生数据的稀疏表示。因此，在希望利用非负矩阵分解得到数据的稀疏表示时，有必要考虑具有稀疏度约束的非负矩阵分解。

给定一向量 $\boldsymbol{x}\in\mathbb{R}^n$，Hoyer [245] 提出使用 L_1 范数和 L_2 范数之比

$$\text{sparseness}\,(\boldsymbol{x})=\frac{\sqrt{n}-\|\boldsymbol{x}\|_1/\|\boldsymbol{x}\|_2}{\sqrt{n}-1}\tag{6.7.56}$$

作为该向量的稀疏度测度 (sparseness measure)。显然，若 $\boldsymbol{x}$ 只有一个非零元素，则其稀疏度等于 1；当且仅当 $\boldsymbol{x}$ 的所有元素的绝对值相等，其稀疏度为零。一向量的稀疏度介于这两个边界值之间。

具有稀疏度约束的非负矩阵分解的定义如下[245]：给定一个非负数据矩阵 $\boldsymbol{X} \in \mathbb{R}_{+}^{I\times J}$，求非负基矩阵 $\boldsymbol{A} \in \mathbb{R}_{+}^{I\times K}$ 和非负系数矩阵 $\boldsymbol{S} \in \mathbb{R}_{+}^{K\times J}$，使得

$$L(\boldsymbol{A},\boldsymbol{S}) = \|\boldsymbol{X} - \boldsymbol{A}\boldsymbol{S}\|_{\mathrm{F}}^2 \tag{6.7.57}$$

最小化，并且 $\boldsymbol{A}$ 和 $\boldsymbol{S}$ 满足以下稀疏度约束

$$\text{sparseness}\,(\boldsymbol{a}_k) = S_a,\quad k = 1,\cdots,K$$

$$\text{sparseness}\,(\boldsymbol{s}_k) = S_s,\quad k = 1,\cdots,K$$

其中，$\boldsymbol{a}_k$ 和 $\boldsymbol{s}_k$ 分别是非负矩阵 $\boldsymbol{A}$ 的第 k 列和 $\boldsymbol{S}$ 的第 k 行。另外，K 为分量的个数，S_a 和 S_s 分别是 $\boldsymbol{A}$ 的各列和 $\boldsymbol{S}$ 的各行的 (期望) 稀疏度，这三个参数由用户根据应用对象决定。

稀疏约束非负矩阵分解的要点是：

(1) 约束非负基矩阵 $\boldsymbol{A}$ 的各个列向量为稀疏向量，并且具有相同的列稀疏度。

(2) 约束非负系数矩阵 $\boldsymbol{S}$ 的各个行向量为稀疏向量，并且具有相同的行稀疏度。

下面是具有稀疏度约束的非负矩阵分解的基本框架[245]：

1. 用两个随机正矩阵分别初始化矩阵 $\boldsymbol{A}$ 和 $\boldsymbol{S}$。

2. 若对矩阵 $\boldsymbol{A}$ 运用稀疏度约束，则

(1) 令 $\boldsymbol{A} \leftarrow \boldsymbol{A} - \mu_{\boldsymbol{A}}(\boldsymbol{A}\boldsymbol{S} - \boldsymbol{X})\boldsymbol{S}^{\mathrm{T}}$。

(2) 将 $\boldsymbol{A}$ 的每一个列向量投影成一个 L_2 范数不变，但 L_1 范数与期望的稀疏度相等的新的非负列向量。

若对矩阵 $\boldsymbol{A}$ 不运用稀疏度约束，则取标准的乘法算法 $\boldsymbol{A} = \boldsymbol{A} * (\boldsymbol{X}\boldsymbol{S}^{\mathrm{T}}) \oslash (\boldsymbol{A}\boldsymbol{S}\boldsymbol{S}^{\mathrm{T}})$。

3. 若对矩阵 $\boldsymbol{S}$ 运用稀疏度约束，则

(1) 令 $\boldsymbol{S} \leftarrow \boldsymbol{S} - \mu_{\boldsymbol{S}}\boldsymbol{A}^{\mathrm{T}}(\boldsymbol{A}\boldsymbol{S} - \boldsymbol{X})$。

(2) 将 $\boldsymbol{S}$ 的每一个行向量投影成一个 L_2 范数不变，但 L_1 范数与期望的稀疏度相等的新的非负行向量。

若对矩阵 $\boldsymbol{S}$ 不运用稀疏度约束，则取标准的乘法算法 $\boldsymbol{S} = \boldsymbol{S} * (\boldsymbol{A}^{\mathrm{T}}\boldsymbol{X}) \oslash (\boldsymbol{A}^{\mathrm{T}}\boldsymbol{A}\boldsymbol{S})$。

给定任一向量 $\boldsymbol{x} \in \mathbb{R}^n$，下面的算法[245] 求与 $\boldsymbol{x}$ 的 Euclidean 距离最近的非负向量 $\boldsymbol{s}$，它具有给定的 L_1 范数 L_1 和给定的 L_2 范数 L_2。

1. 初始化　令 $Z = \{\}$ 和 $s_i = x_i + (L_1 - \sum x_i)/\dim(\boldsymbol{x}),\ i = 1,\cdots,n$。

2. 迭代

(1) 令 $m_i = \begin{cases} L_1/(\dim(\boldsymbol{x}) - \text{size}(Z)), & \text{若 } i \notin Z \\ 0, & \text{若 } i \in Z \end{cases}$

(2) 选择 $\alpha \geqslant 0$ 满足 $\alpha\|\boldsymbol{s}\|_2 + (1-\alpha)\|\boldsymbol{m}\|_2 = L_2$，并令 $\boldsymbol{s} = \boldsymbol{m} + \alpha(\boldsymbol{s} - \boldsymbol{m})$。

(3) 若 $\boldsymbol{s}$ 的所有元素都是非负的，则输出 $\boldsymbol{s}$，并停止迭代；否则，进行下一步。

(4) 令 $Z = Z \cup \{i|s_i < 0\}$。

(5) 令 $s_i = 0, \forall i \in Z$。

(6) 计算 $c=(\sum s_i-L_1)/(\dim(\boldsymbol{x})-\text{size}(Z))$。

(7) 令 $s_i=s_i-c,\forall i\notin Z$。

(8) 返回 (1)，并继续迭代。

以上算法适用于对非负基矩阵 $\boldsymbol{A}$ 的列向量与/或非负系数矩阵 $\boldsymbol{S}$ 的行向量有 L_1 范数和 L_2 范数约束的非负矩阵分解。

下面考虑对矩阵 $\boldsymbol{S}$ 的列加稀疏性约束的正则化非负矩阵分解

$$\min_{\boldsymbol{A},\boldsymbol{S}}\frac{1}{2}\left(\|\boldsymbol{AS}-\boldsymbol{X}\|_\text{F}^2+\alpha\|\boldsymbol{A}\|_\text{F}^2+\beta\sum_{j=1}^{J}\|\boldsymbol{S}_{:,j}\|_1^2\right)\quad\text{subject to}\quad \boldsymbol{A},\boldsymbol{S}\geqslant 0 \tag{6.7.58}$$

其中 $\boldsymbol{S}_{:,j}$ 表示矩阵 $\boldsymbol{S}$ 的第 j 列。

稀疏非负矩阵分解问题式 (6.7.58) 可以分解为两个交替最小二乘子问题[269]

$$\min_{\boldsymbol{A}\in\mathbb{R}_+^{I\times K}} J_3(\boldsymbol{S})=\frac{1}{2}\left\|\begin{bmatrix}\boldsymbol{A}\\ \sqrt{\beta}\boldsymbol{1}_K^\text{T}\end{bmatrix}\boldsymbol{S}-\begin{bmatrix}\boldsymbol{X}\\ \boldsymbol{O}_{K\times J}\end{bmatrix}\right\|_\text{F}^2 \tag{6.7.59}$$

$$\min_{\boldsymbol{S}\in\mathbb{R}_+^{K\times J}} J_4(\boldsymbol{A}^\text{T})=\frac{1}{2}\left\|\begin{bmatrix}\boldsymbol{S}^\text{T}\\ \sqrt{\alpha}\boldsymbol{I}_K\end{bmatrix}\boldsymbol{A}^\text{T}-\begin{bmatrix}\boldsymbol{X}^\text{T}\\ \boldsymbol{O}_{K\times I}\end{bmatrix}\right\|_\text{F}^2 \tag{6.7.60}$$

式中 $\boldsymbol{1}_K$ 是一个全部元素为 1 的 K 维列向量。式 (6.7.60) 的最小化相当于使矩阵 $\boldsymbol{S}\in\mathbb{R}^{K\times J}$ 的各列的 L_1 范数最小化，即对 $\boldsymbol{S}$ 规定稀疏度。

由矩阵微分

$$\begin{aligned}\text{d}J_3(\boldsymbol{S})&=\frac{1}{2}\text{d}\left(\text{tr}[(\boldsymbol{AS}-\boldsymbol{X})^\text{T}(\boldsymbol{AS}-\boldsymbol{X})+\beta\boldsymbol{S}^\text{T}\boldsymbol{1}_K\boldsymbol{1}_K^\text{T}\boldsymbol{S}]\right)\\&=\text{tr}\left((\boldsymbol{S}^\text{T}\boldsymbol{A}^\text{T}\boldsymbol{A}-\boldsymbol{X}^\text{T}\boldsymbol{A}+\beta\boldsymbol{S}^\text{T}\boldsymbol{E}_K)\text{d}\boldsymbol{S}\right)\\ \text{d}J_4(\boldsymbol{A}^\text{T})=\text{d}J_2(\boldsymbol{A}^\text{T})&=\text{tr}\left((\boldsymbol{ASS}^\text{T}-\boldsymbol{XS}^\text{T}+\alpha\boldsymbol{A})\text{d}\boldsymbol{A}^\text{T}\right)\end{aligned}$$

即得稀疏非负最小二乘问题的目标函数的梯度矩阵

$$\frac{\partial J_3(\boldsymbol{S})}{\partial\boldsymbol{S}}=-\boldsymbol{A}^\text{T}\boldsymbol{X}+\boldsymbol{A}^\text{T}\boldsymbol{AS}+\beta\boldsymbol{E}_J\boldsymbol{S} \tag{6.7.61}$$

$$\frac{\partial J_4(\boldsymbol{A}^\text{T})}{\partial\boldsymbol{A}^\text{T}}=-\boldsymbol{SX}^\text{T}+\boldsymbol{SS}^\text{T}\boldsymbol{A}^\text{T}+\alpha\boldsymbol{A}^\text{T} \tag{6.7.62}$$

式中，$\boldsymbol{E}_K=\boldsymbol{1}_K\boldsymbol{1}_K^\text{T}$ 是一个全部元素为 1 的 $K\times K$ 矩阵。

于是，交替稀疏非负最小二乘解分别由

$$(\boldsymbol{A}^\text{T}\boldsymbol{A}+\beta\boldsymbol{E}_J)\boldsymbol{S}=\boldsymbol{A}^\text{T}\boldsymbol{X}\quad\text{或}\quad\boldsymbol{S}=(\boldsymbol{A}^\text{T}\boldsymbol{A}+\beta\boldsymbol{E}_J)^{-1}\boldsymbol{A}^\text{T}\boldsymbol{X} \tag{6.7.63}$$

$$(\boldsymbol{SS}^\text{T}+\alpha\boldsymbol{I}_J)\boldsymbol{A}^\text{T}=\boldsymbol{SX}^\text{T}\quad\text{或}\quad\boldsymbol{A}^\text{T}=(\boldsymbol{SS}^\text{T}+\alpha\boldsymbol{I}_J)^{-1}\boldsymbol{SX}^\text{T} \tag{6.7.64}$$

给出。

另一方面，稀疏非负矩阵分解的梯度算法为

$$\begin{aligned}\boldsymbol{S}_{kj}&\leftarrow\boldsymbol{S}_{kj}+\eta_{kj}(\boldsymbol{A}^\text{T}\boldsymbol{X}-\boldsymbol{A}^\text{T}\boldsymbol{AS}-\beta\boldsymbol{E}_K\boldsymbol{S})\\ \boldsymbol{A}_{ik}^\text{T}&\leftarrow\boldsymbol{A}_{ik}^\text{T}+\mu_{ik}(\boldsymbol{SX}^\text{T}-\boldsymbol{SS}^\text{T}\boldsymbol{A}^\text{T}-\alpha\boldsymbol{A}^\text{T})\end{aligned}$$

若选择步长

$$\eta_{kj}=\frac{\boldsymbol{S}_{kj}}{[\boldsymbol{A}^{\mathrm{T}}\boldsymbol{A}\boldsymbol{S}+\beta\boldsymbol{E}_J\boldsymbol{S}]_{kj}},\quad \mu_{ik}=\frac{\boldsymbol{A}_{ik}^{\mathrm{T}}}{[\boldsymbol{S}\boldsymbol{S}^{\mathrm{T}}\boldsymbol{A}^{\mathrm{T}}+\alpha\boldsymbol{A}^{\mathrm{T}}]_{ik}}$$

则梯度算法变成乘法算法

$$\boldsymbol{S}_{kj}\leftarrow\boldsymbol{S}_{kj}\frac{[\boldsymbol{A}^{\mathrm{T}}\boldsymbol{X}]_{kj}}{[\boldsymbol{A}^{\mathrm{T}}\boldsymbol{A}\boldsymbol{S}+\beta\boldsymbol{E}_J\boldsymbol{S}]_{kj}} \tag{6.7.65}$$

$$\boldsymbol{A}_{ik}^{\mathrm{T}}\leftarrow\boldsymbol{A}_{ik}^{\mathrm{T}}\frac{[\boldsymbol{S}\boldsymbol{X}^{\mathrm{T}}]_{ik}}{[\boldsymbol{S}\boldsymbol{S}^{\mathrm{T}}\boldsymbol{A}^{\mathrm{T}}+\alpha\boldsymbol{A}^{\mathrm{T}}]_{ik}} \tag{6.7.66}$$

这就是稀疏非负矩阵分解的交替最小二乘乘法算法[269]。

6.8 稀疏矩阵方程求解: 优化理论

在稀疏表示与压缩感知中，需要求解欠定的稀疏矩阵方程 $\boldsymbol{A}\boldsymbol{x}=\boldsymbol{b}$，其中 $\boldsymbol{x}$ 为稀疏向量，只有少量元素不等于零。本节讨论求解稀疏矩阵方程的优化理论。

6.8.1 L_1 范数最小化

如第 1 章所述，稀疏表示和压缩感知的核心问题是 L_0 拟范数最小化

$$(P_0)\qquad \min_{\boldsymbol{x}}\|\boldsymbol{x}\|_0\quad\text{subject to }\boldsymbol{y}=\boldsymbol{\Phi}\boldsymbol{x} \tag{6.8.1}$$

其中 $\boldsymbol{\Phi}\in\mathbb{R}^{m\times n},\boldsymbol{x}\in\mathbb{R}^n,\boldsymbol{y}\in\mathbb{R}^m$。

由于观测信号通常被噪声污染，所以上述优化问题中的等式约束常松弛为允许某个误差扰动 $\varepsilon\geqslant 0$ 的不等式约束的 L_0 拟范数最小化问题

$$\min_{\boldsymbol{x}}\|\boldsymbol{x}\|_0\quad\text{subject to}\quad\|\boldsymbol{\Phi}\boldsymbol{x}-\boldsymbol{y}\|_2\leqslant\varepsilon \tag{6.8.2}$$

直接求解优化问题式 (P_0) 或式 (6.8.2)，必须筛选出系数向量 $\boldsymbol{x}$ 中所有可能的非零元素。此方法是不可跟踪的 (intractable) 或 NP 困难的，因为搜索空间过于庞大[331, 129, 355]。

向量 $\boldsymbol{x}=[x_i,\cdots,x_N]^{\mathrm{T}}$ 的非零元素的指标集合称为支撑区，用符号 $\mathrm{supp}(\boldsymbol{x})=\{i|x_i\neq 0\}$ 表示，支撑区的长度即非零元素的个数用 L_0 拟范数

$$\|\boldsymbol{x}\|_0=|\mathrm{supp}(\boldsymbol{x})| \tag{6.8.3}$$

度量。一个向量 $\boldsymbol{x}\in\mathbb{C}^N$ 称为 K-稀疏的，若 $\|\boldsymbol{x}\|_0\leqslant K$，其中 $K\in\{1,\cdots,N\}$。

K-稀疏向量的集合记为

$$\Sigma_K=\{\boldsymbol{x}\in\mathbb{C}^N\,|\,\|\boldsymbol{x}\|_0\leqslant K\} \tag{6.8.4}$$

若 $\hat{\boldsymbol{x}}\in\Sigma_K$，则称向量 $\hat{\boldsymbol{x}}\in\mathbb{C}^N$ 是 $\boldsymbol{x}\in\mathbb{C}^N$ 的 K-项逼近或者 K-稀疏逼近。

对于任何正数 $p>0$，定义向量的 L_p 范数

$$\|\boldsymbol{x}\|_p=\left(\sum_{i\in\text{supp}(\boldsymbol{x})}|x_i|^p\right)^{1/p} \tag{6.8.5}$$

给定 L 个 M 维实数输入向量 $\{\boldsymbol{y}_1,\cdots,\boldsymbol{y}_L\}$，它们组成数据矩阵 $\boldsymbol{Y}=[\boldsymbol{y}_1,\cdots,\boldsymbol{y}_L]\in\mathbb{R}^{M\times L}$。稀疏编码 (sparse coding) 问题的提法是：确定 N 个 M 维基向量 $\boldsymbol{a}_1,\cdots,\boldsymbol{a}_N\in\mathbb{R}^M$，以及对每一个输入向量 $\boldsymbol{y}_l$，确定一个 N 维稀疏的权向量或系数向量 $\boldsymbol{s}_l\in\mathbb{R}^N$，使得少数基向量的加权线性组合即可逼近原输入向量

$$\boldsymbol{y}_l=\sum_{i=1}^{N}s_{l,i}\boldsymbol{a}_i=\boldsymbol{A}\boldsymbol{s}_l,\quad l=1,\cdots,L \tag{6.8.6}$$

式中 $s_{l,i}$ 表示稀疏权向量 $\boldsymbol{s}_l$ 的第 i 个元素。

稀疏编码可视为神经编码的一种形式：由于权向量是稀疏的，所以对于每一个输入向量，只有少量的神经元 (基向量) 被强激励；而且输入向量不同时，被激励的神经元也各异。

称 $\hat{\boldsymbol{x}}$ 是 $\boldsymbol{x}$ 在 L_p 范数条件下的最优 K-稀疏逼近，若逼近误差向量 $\boldsymbol{x}-\hat{\boldsymbol{x}}$ 的 L_p 范数达到下确界，即

$$\|\boldsymbol{x}-\hat{\boldsymbol{x}}\|_p=\inf_{\boldsymbol{z}\in\Sigma_K}\|\boldsymbol{x}-\boldsymbol{z}\|_p$$

显然，L_0 范数定义式 (6.8.3) 与 L_p 范数定义式 (6.8.5) 之间存在密切的关系：当 $p\to 0$ 时，$\|\boldsymbol{x}\|_0=\lim\limits_{p\to 0}\|\boldsymbol{x}\|_p^p$。由于当且仅当 $p\geqslant 1$ 时 $\|\boldsymbol{x}\|_p$ 为凸函数，所以 L_1 范数是最接近于 L_0 拟范数的凸目标函数。于是，从最优化的角度，称 L_1 范数是 L_0 拟范数的凸松弛。因此，L_0 拟范数最小化问题 (P_0) 便可转变为凸松弛的 L_1 范数最小化问题

$$(P_1)\qquad \min_{\boldsymbol{x}}\|\boldsymbol{x}\|_1\quad \text{subject to } \boldsymbol{y}=\boldsymbol{\Phi}\boldsymbol{x} \tag{6.8.7}$$

这是一个凸优化问题，因为作为目标函数的 L_1 范数 $\|\boldsymbol{x}\|_1$ 本身是凸函数，而等式约束 $\boldsymbol{y}=\boldsymbol{\Phi}\boldsymbol{x}$ 又是仿射函数。

存在观测噪声的实际情况下，等式约束的最优化问题 (P_1) 又可松弛为不等式约束的最优化问题

$$(P_{10})\qquad \min_{\boldsymbol{x}}\|\boldsymbol{x}\|_1\quad \text{subject to}\quad \|\boldsymbol{y}-\boldsymbol{\Phi}\boldsymbol{x}\|_2\leqslant\epsilon \tag{6.8.8}$$

L_1 范数下的最优化问题又称为基追踪 (base pursuit, BP)。这是一个二次约束线性规划 (quadratically constrained linear program, QCLP) 问题。

若 $\boldsymbol{x}_1$ 是 (P_1) 的解，且 $\boldsymbol{x}_0$ 是 (P_0) 的解，则 [141]

$$\|\boldsymbol{x}_1\|_1\leqslant\|\boldsymbol{x}_0\|_1 \tag{6.8.9}$$

因为 $\boldsymbol{x}_0$ 只是 (P_1) 的可行解，而 $\boldsymbol{x}_1$ 则是 (P_1) 的最优解；同时有

$$\boldsymbol{\Phi x}_1 = \boldsymbol{\Phi x}_0 \tag{6.8.10}$$

与不等式约束 L_0 范数最小化式 (6.8.2) 相类似，不等式约束 L_1 范数最小化表达式 (6.8.8) 也有两种变型：

(1) 利用 $\boldsymbol{x}$ 是 K 稀疏向量的约束，将不等式约束 L_1 范数最小化变成不等式约束的 L_2 范数最小化

$$(P_{11}) \qquad \min_{\boldsymbol{x}} \frac{1}{2}\|\boldsymbol{y}-\boldsymbol{\Phi x}\|_2^2 \quad \text{subject to} \quad \|\boldsymbol{x}\|_1 \leqslant q \tag{6.8.11}$$

这是一个二次规划 (quadratic program, QP) 问题。

(2) 利用 Lagrangian 乘子法，将不等式约束的 L_1 范数最小化变成

$$(P_{12}) \qquad \min_{\lambda,\boldsymbol{x}} \frac{1}{2}\|\boldsymbol{y}-\boldsymbol{\Phi x}\|_2^2 + \lambda\|\boldsymbol{x}\|_1 \tag{6.8.12}$$

这一最小化问题称为基追踪去噪 (basis pursuit denoising, BPDN) [105]。其中，Lagrangian 乘子称为正则化参数，用于控制稀疏解的稀疏度：λ 取值越大，解 $\boldsymbol{x}$ 越稀疏。当正则化参数 λ 足够大时，解 $\boldsymbol{x}$ 为零向量；随着 λ 的逐渐减小，解向量 $\boldsymbol{x}$ 的稀疏度也逐渐减小；当 λ 逐渐减小至 0 时，解向量 $\boldsymbol{x}$ 便变成使得 $\|\boldsymbol{y}-\boldsymbol{\Phi x}\|_2^2$ 最小化的向量。也就是说，$\lambda > 0$ 可以平衡双重目标函数 (twin objectives)

$$J(\lambda,\boldsymbol{x}) = \frac{1}{2}\|\boldsymbol{y}-\boldsymbol{\Phi x}\|_2^2 + \lambda\|\boldsymbol{x}\|_1 \tag{6.8.13}$$

中的误差平方和代价函数 $\frac{1}{2}\|\boldsymbol{y}-\boldsymbol{\Phi x}\|_2^2$ 及 L_1 范数代价函数 $\|\boldsymbol{x}\|_1$。

优化问题 (P_{10}) 和 (P_{11}) 分别称为误差约束的 L_1-最小化和 L_1-惩罚最小化 [479]。

在基于小波的图像/信号重构和恢复 (即解卷积) 中，也会遇到优化问题 (P_{12})。此时，矩阵 $\boldsymbol{\Phi}$ 具有形式 $\boldsymbol{RW}$，其中 $\boldsymbol{R}$ 是观测算子的一种矩阵表示，而 $\boldsymbol{W}$ 则由小波基或冗余字典组成，并且 $\boldsymbol{x}$ 为未知图像/信号的表示系数 [156, 166]。

L_1 范数最小化也称 L_1 线性规划或 L_1 范数正则化最小二乘。

6.8.2 RIP 条件

L_1 范数最小化问题 (P_1) 是 L_0 范数最小化 (P_0) 某种程度的凸松弛。与 L_0 范数最小化问题具有不可跟踪性不同，L_1 范数最小化问题具有可跟踪性 (trackability)。一个自然会问的问题是“这两种优化问题的解之间究竟有何关系”？

定义 6.8.1 约束等距性 (restricted isometry property, RIP) 条件：称矩阵 $\boldsymbol{\Phi}$ 满足 K 阶 RIP 条件，若

$$\|\boldsymbol{x}\|_0 \leqslant K \Longrightarrow (1-\delta_K)\|\boldsymbol{x}\|_2^2 \leqslant \|\boldsymbol{\Phi}_K\boldsymbol{x}\|_2^2 \leqslant (1+\delta_K)\|\boldsymbol{x}\|_2^2 \tag{6.8.14}$$

式中 $0 \leqslant \delta_K < 1$ 是一个与稀疏度 K 有关的常数，而 $\boldsymbol{\Phi}_K$ 是由字典矩阵 $\boldsymbol{\Phi}$ 的任意 K 列组成的子矩阵。

RIP 条件由 Candes 和 Tao 于 2006 年提出[79]，后经 Foucart 和 Lai 于 2009 年加以细化[173]。

当 RIP 条件满足时，非凸的 L_0 范数最小化 (P_0) 与凸的 L_1 范数最小化 (P_1) 等价。

令 $I = \{i|x_i \neq 0\} \subset \{1, \cdots, n\}$ 表示稀疏向量 $\boldsymbol{x}$ 的非零元素的支撑区，$|I|$ 表示支撑区的长度即稀疏向量 $\boldsymbol{x}$ 的非零元素的个数。

具有参数 δ_K 的 K 阶 RIP 条件常简记为 RIP(K, δ_K)，而 δ_K 常称为约束等距常数 (restricted isometry constants, RIC)，定义为所有使 RIP(K, δ_K) 成立的参数 δ 的下确界

$$\delta_K = \inf \left\{ \delta \left| (1-\delta)\|\boldsymbol{z}\|_2^2 \leqslant \|\boldsymbol{\Phi}_I \boldsymbol{z}\|_2^2 \leqslant (1+\delta)\|\boldsymbol{z}\|_2^2, \ \forall |I| \leqslant K, \ \forall \boldsymbol{z} \in \mathbb{R}^{|I|} \right. \right\} \tag{6.8.15}$$

由定义 6.8.1 不难看出，若矩阵 $\boldsymbol{\Phi}_K$ 为正交矩阵，则 $\delta_K = 0$，因为 $\|\boldsymbol{\Phi}_K \boldsymbol{x}\|_2 = \|\boldsymbol{x}\|_2$。于是，一个矩阵的约束等距常数 δ_K 的非零值实际上可以评价该矩阵的非正交程度。另外，由于 $\boldsymbol{\Phi}_K$ 是由 $\boldsymbol{\Phi}$ 的 K 列的任意抽取构成的，故要求信号 $\boldsymbol{x}$ 在 $\boldsymbol{\Phi}$ 的每一列上的能量投影都尽可能地均匀。这就是限制等距的物理含义。

若 $K + K' < P$，则字典矩阵 $\boldsymbol{\Phi}$ 的约束正交常数 (restricted orthogonality constant, ROC) $\theta_{K,K'}$ 定义为满足下列不等式的最小常数[77]

$$\langle \boldsymbol{\Phi z}, \boldsymbol{\Phi z}' \rangle \leqslant \theta_{K,K'} \|\boldsymbol{z}\|_2 \|\boldsymbol{z}'\|_2 \tag{6.8.16}$$

式中 $\boldsymbol{z}$ 和 $\boldsymbol{z}'$ 分别是 K 稀疏和 K' 稀疏的任意两个向量，并且它们的支撑区无交连。

下面是约束等距常数的性质。

(1) *稀疏信号精确重构的充分条件*　若字典矩阵 $\boldsymbol{\Phi}$ 分别满足具有常数 $\delta_K, \delta_{2K}, \delta_{3K}$ 的 RIP 条件，并且

$$\delta_K + \delta_{2K} + \delta_{3K} < 1 \tag{6.8.17}$$

则 L_1 范数最小化可以精确重构所有 K 稀疏的信号[78]。上述充分条件也可以改善为[84]

$$\delta_{2K} < \sqrt{2} - 1 \tag{6.8.18}$$

文献 [77] 最近证明了约束等距常数的新下界为

$$\delta_K < 0.307 \tag{6.8.19}$$

在此条件下，若无噪声存在，则 K 稀疏信号可以确保由 L_1 范数最小化精确恢复；并且在有噪声情况下 K 稀疏信号则可由 L_1 范数最小化稳定地估计。

(2) *约束等距常数与特征值的关系*　若字典矩阵 $\boldsymbol{\Phi} \in \mathbb{R}^{m \times n}$ 满足 RIP(K, δ_K)，则约束等距常数与特征值之间存在下列不等式关系[126]

$$1 - \delta_K \leqslant \lambda_{\min}(\boldsymbol{\Phi}_I^{\mathrm{T}} \boldsymbol{\Phi}_I) \leqslant \lambda_{\max}(\boldsymbol{\Phi}_I^{\mathrm{T}} \boldsymbol{\Phi}_I) \leqslant 1 + \delta_K \tag{6.8.20}$$

式中 $\lambda_{\min}(\boldsymbol{\Phi}_I^{\mathrm{T}}\boldsymbol{\Phi}_I)$ 和 $\lambda_{\max}(\boldsymbol{\Phi}_I^{\mathrm{T}}\boldsymbol{\Phi}_I)$ 分别表示 $\boldsymbol{\Phi}_I^{\mathrm{T}}\boldsymbol{\Phi}_I$ 的最小和最大特征值。

(3) 约束等距常数 δ_K 和约束正交常数 $\theta_{K,K'}$ 的单调性[77]

$$\delta_K \leqslant \delta_{K_1} \quad (\text{若 } K \leqslant K_1) \tag{6.8.21}$$

$$\theta_{K,K'} \leqslant \theta_{K_1,K_1'} \quad (\text{若 } K \leqslant K_1; K' \leqslant K_1') \tag{6.8.22}$$

RIP 条件与矩阵 $\boldsymbol{\Phi}$ 的列之间的相干统计量

$$\mu = \max_{j\neq k} \left|\langle \boldsymbol{\phi}_j, \boldsymbol{\phi}_k \rangle\right| \tag{6.8.23}$$

密切相关。Donoho 与 Elad [139] 借助 Gershgorin 圆盘定理证明了 $\delta_K \leqslant \mu(K-1)$。在信号处理应用中，常取 $\mu \approx m^{-1/2}$，由此得非平凡的 RIP 临界 $K \approx \sqrt{m}$。对于某些随机矩阵，它们具有更高的 RIP 临界，例如高斯随机矩阵和 Bernoulli 随机矩阵的 RIP 临界为 $K = m/\log(n/m)$，这就解释了在压缩感知中将随机矩阵作为测量矩阵的优势。

L_0 范数稀疏逼近算法通常收敛缓慢，除非字典矩阵 $\boldsymbol{\Phi}$ 允许有快速的矩阵–向量乘法。幸运的是，对在某个变换域(如频域和小波域) 可压缩的自然信号或图像，压缩后的系数 (如 Fourier 变换系数和小波变换系数) 是稀疏的，相应的变换矩阵 $\boldsymbol{\Phi}$ 为部分正交矩阵 (partial orthogonal matrix)。部分正交矩阵有快速的矩阵–向量乘法。

对一个 $n \times n$ 正交矩阵随机抽取 m 个行向量得到的矩阵称为 $m \times n$ 部分正交矩阵 (partial orthogonal matrices)。常用的部分正交矩阵有以下三类：

(1) 部分 Fourier 矩阵 (partial Fourier matrix, PFM) 从 $n \times n$ 维 Fourier 矩阵随机抽取 m 行得到的 $m \times n$ 维部分正交矩阵。由于部分 Fourier 矩阵可用于从部分频域信息对医学数据进行模型重构，所以在医学成像和光谱学中具有重要的应用。

(2) 部分小波矩阵 (partial wavelet matrix, PWM) 每一行由 n 维正交小波基构造的 $m \times n$ 维矩阵。

(3) 部分 Hadamard 矩阵 (partial Hadamard matrix, PHM) 从 $n \times n$ 维 Hadamard 矩阵随机抽取 m 行组成的 $m \times n$ 维部分正交矩阵。

当字典矩阵 $\boldsymbol{\Phi}$ 是部分 Fourier 矩阵或者部分小波矩阵时，矩阵–向量乘法 $\boldsymbol{\Phi x}$ 可以利用快速 Fourier 变换 (FFT) 算法或快速小波变换 (FWT) 算法。若字典矩阵 $\boldsymbol{\Phi}$ 是部分 Hadamard 矩阵，则矩阵–向量乘法 $\boldsymbol{\Phi x}$ 实质上变成了向量元素的加法，因为部分 Hadamard 矩阵的每一行的元素只取 +1 或者 −1。

6.8.3 与 Tikhonov 正则化最小二乘的关系

在 Tikhonov 正则化最小二乘问题中，用未知系数向量 $\boldsymbol{x}$ 的 L_1 范数代替正则项中的 L_2 范数，即得到 L_1 正则化最小二乘问题

$$\min_{\boldsymbol{x}} \ \frac{1}{2}\|\boldsymbol{y} - \boldsymbol{\Phi x}\|_2^2 + \lambda\|\boldsymbol{x}\|_1 \tag{6.8.24}$$

L_1 正则化最小二乘问题总是有解，但不一定是唯一解。

令 $\boldsymbol{x}=[x_1,\cdots,x_n]^{\mathrm{T}}\in\mathbb{R}^n$，则 L_1 范数和 L_2 范数之间有不等式[77]

$$0\leqslant\|\boldsymbol{x}\|_2-\frac{\|\boldsymbol{x}\|_1}{\sqrt{n}}\leqslant\frac{\sqrt{n}}{4}\left(\max_{1\leqslant i\leqslant n}x_i-\min_{1\leqslant i\leqslant n}x_i\right)\tag{6.8.25}$$

等号成立，当且仅当 $|x_1|=\cdots=|x_n|$。这一不等式描述了 L_1 范数最小化的解向量与 Tikhonov 正则化最小二乘解向量之间的关系。

下面是 L_1 正则化的性质，反映了 L_1 正则化与 Tikhonov 正则化二者之间的类似点与不同点[270]：

(1) 非线性　与 Tikhonov 正则化问题的解向量 $\boldsymbol{x}$ 是观测数据向量 $\boldsymbol{y}$ 的线性函数不同，L_1 正则化问题的解向量不是观测数据向量的线性函数。

(2) $\lambda\to 0$ 时的极限特性　当 $\lambda\to 0$ 时，Tikhonov 正则化问题的解的极限点在满足 $\boldsymbol{\Phi}^{\mathrm{H}}(\boldsymbol{y}-\boldsymbol{\Phi x})=\boldsymbol{0}$ 的所有可行点中具有最小 L_2 范数 $\|\boldsymbol{x}\|_2$。与之不同，当 $\lambda\to 0$ 时，L_1 正则化问题的解的极限点在满足 $\boldsymbol{\Phi}^{\mathrm{H}}(\boldsymbol{y}-\boldsymbol{\Phi x})=\boldsymbol{0}$ 的所有可行点中具有最小 L_1 范数 $\|\boldsymbol{x}\|_1$。

(3) 当 $\lambda\geqslant\lambda_{\max}$ 有限大时的极限特性　当 $\lambda\to\infty$ 时，Tikhonov 正则化问题的最优解收敛为零向量；然而，只要

$$\lambda\geqslant\lambda_{\max}=\|\boldsymbol{\Phi}^{\mathrm{H}}\boldsymbol{y}\|_\infty\tag{6.8.26}$$

则 L_1 正则化问题的解便收敛为零向量。式中 $\|\boldsymbol{w}\|_\infty=\max\{w_i\}$ 为向量 $\boldsymbol{w}$ 的 L_∞ 范数。

(4) 正则化路径　当正则化参数 λ 在 $[0,\infty)$ 区间变化时，Tikhonov 正则化问题的最优解是正则化参数的光滑函数。与之不同，当 λ 在定义域 $[0,\infty)$ 内变化时，L_1 正则化最小二乘问题的解族则具有分段线性的求解路径性质[154]：存在正则化参数 $\lambda_1,\cdots,\lambda_k$ (其中 $0=\lambda_k<\cdots<\lambda_1=\lambda_{\max}$)，使得 L_1 正则化问题的解向量是分段线性的

$$\boldsymbol{x}_{L_1}=\frac{\lambda_i-\lambda}{\lambda_i-\lambda_{i+1}}\boldsymbol{x}_{L_1}^{(i+1)}-\frac{\lambda-\lambda_{i+1}}{\lambda_i-\lambda_{i+1}}\boldsymbol{x}_{L_1}^{(i)}\tag{6.8.27}$$

其中 $\lambda_{i+1}\leqslant\lambda\leqslant\lambda_i; i=1,\cdots,k-1$，并且 $\boldsymbol{x}_{L_1}^{(i)}$ 表示正则化参数取 λ_i 时 L_1 正则化问题的解向量，而 $\boldsymbol{x}_{L_1}$ 为 L_1 正则化问题的最优解。因此有 $\boldsymbol{x}_{L_1}^{(1)}=\boldsymbol{0}$ 和 $\boldsymbol{x}_{L_1}=\boldsymbol{0}$，当 $\lambda\geqslant\lambda_1$ 时。

L_1 正则化最小二乘问题与 Tikhonov 正则化最小二乘问题的最根本的区别是：L_1 正则化最小二乘问题的解向量通常是稀疏向量，而 Tikhonov 正则化最小二乘问题的解中的所有的系数一般是非零的。

6.8.4 L_1 范数最小化的梯度分析

一个实值变元 $t\in\mathbb{R}$ 的正负号函数 (signum function) 定义为

$$\mathrm{sgn}(t)=\begin{cases}+1, & t>0\\ 0, & t=0\\ -1, & t<0\end{cases}\tag{6.8.28}$$

$t \in \mathbb{R}$ 的正负号多值函数 (signum multifunction) 又称集 (合) 值函数 (set-valued function)，定义为[213]

$$\mathrm{SGN}(t) = \frac{\partial |t|}{\partial t} = \begin{cases} \{+1\}, & t > 0 \\ [-1, +1], & t = 0 \\ \{-1\}, & t < 0 \end{cases} \tag{6.8.29}$$

正负号多值函数也称 $|t|$ 的次微分 (subdifferential)。

对于 L_1 范数优化问题

$$\min_{\boldsymbol{x}} J(\lambda, \boldsymbol{x}) = \min_{\boldsymbol{x}} \frac{1}{2}\|\boldsymbol{y} - \boldsymbol{\Phi x}\|_2^2 + \lambda\|\boldsymbol{x}\|_1 \tag{6.8.30}$$

其目标函数的梯度向量

$$\nabla_{\boldsymbol{x}} J(\lambda, \boldsymbol{x}) = \frac{\partial J(\lambda, \boldsymbol{x})}{\partial \boldsymbol{x}} = -\boldsymbol{\Phi}^{\mathrm{T}}(\boldsymbol{y} - \boldsymbol{\Phi x}) + \lambda \nabla_{\boldsymbol{x}}\|\boldsymbol{x}\|_1 = -\boldsymbol{c} + \lambda \nabla_{\boldsymbol{x}}\|\boldsymbol{x}\|_1 \tag{6.8.31}$$

其中 $\boldsymbol{c} = \boldsymbol{\Phi}^{\mathrm{T}}(\boldsymbol{y} - \boldsymbol{\Phi x})$ 称为残差相关向量 (vector of residual correlations)，并且 $\nabla_{\boldsymbol{x}}\|\boldsymbol{x}\|_1 = [\nabla_{x_1}\|\boldsymbol{x}\|_1, \cdots, \nabla_{x_n}\|\boldsymbol{x}\|_1]^{\mathrm{T}}$ 是 L_1 范数 $\|\boldsymbol{x}\|_1$ 的梯度向量，其第 i 个元素

$$\nabla_{x_i}\|\boldsymbol{x}\|_1 = \frac{\partial \|\boldsymbol{x}\|_1}{\partial x_i} = \begin{cases} \{+1\}, & x_i > 0 \\ \{-1\}, & x_i < 0 \\ [-1, +1], & x_i = 0 \end{cases} \quad (i = 1, \cdots, n) \tag{6.8.32}$$

由式 (6.8.31) 知，L_1 范数最小化问题 (P_{12}) 的平稳点由条件 $\nabla_{\boldsymbol{x}} J(\lambda, \boldsymbol{x}) = -\boldsymbol{c} + \lambda \nabla_{\boldsymbol{x}}\|\boldsymbol{x}\|_1 = \boldsymbol{0}$ 即

$$\boldsymbol{c} = \lambda \nabla_{\boldsymbol{x}}\|\boldsymbol{x}\|_1 \tag{6.8.33}$$

确定。

若记 $\boldsymbol{c} = [c(1), \cdots, c(n)]^{\mathrm{T}}$，并将式 (6.8.32) 代入式 (6.8.33)，则可以将平稳点条件改写为

$$c(i) = \begin{cases} \{+\lambda\}, & x_i > 0 \\ \{-\lambda\}, & x_i < 0 \\ [-\lambda, \lambda], & x_i = 0 \end{cases} \quad (i = 1, \cdots, n) \tag{6.8.34}$$

由于 L_1 范数最小化是一个凸函数优化问题，所以上述平稳点条件实际上就是 L_1 范数最小化的最优解的充分与必要条件。

平稳点条件式 (6.8.34) 可以用残差相关向量表示为

$$\boldsymbol{c}(I) = \lambda \cdot \mathrm{sgn}(\boldsymbol{x}) \quad \text{和} \quad |\boldsymbol{c}(I^c)| \leqslant \lambda \tag{6.8.35}$$

其中 $I^c = \{1, \cdots, n\} - I$ 是支撑区 I 的补集。这表明，支撑区内的残差相关的幅值大小等于 λ，符号则与向量 $\boldsymbol{x}$ 的相应元素的符号一致。

式 (6.8.35) 可以等价写作

$$|c(j)| = \lambda \quad \forall j \in I \quad \text{和} \quad |c(j)| \leqslant \lambda \quad \forall j \in I^c \tag{6.8.36}$$

也就是说，支撑区内的残差相关的绝对值等于 λ；而支撑区以外的残差相关的绝对值则小于或者等于 λ，即有 $\|\boldsymbol{c}\|_\infty = \max\{c(j)\} = \lambda$。

6.9 稀疏矩阵方程求解: 优化算法

6.8 节讨论了稀疏矩阵方程求解的 L_1 范数最小化理论，本节讨论求解稀疏矩阵方程的 L_1 范数最小化的具体算法。尽管优化算法各不相同，但是它们有共同的基本思想：利用式 (6.8.36)，通过稀疏向量的支撑区的识别，将欠定的稀疏矩阵方程变换为超定的 (非稀疏) 矩阵方程的求解。

6.9.1 正交匹配追踪法

正交匹配追踪法是信号处理文献中拟合稀疏模型的一种贪婪分步最小二乘 (greedy stepwise least squares) 法。

求解欠定矩阵方程 $\boldsymbol{\Phi}_{m\times n}\boldsymbol{x}_{n\times 1}=\boldsymbol{y}_{m\times 1}$ $(m\ll n)$ 具有稀疏度 s 的整体最优解的一般方法是：先求超定方程 $\boldsymbol{A}_{m\times s}\tilde{\boldsymbol{x}}_{s\times 1}=\boldsymbol{y}$ (通常 $m\gg s$) 的最小二乘解，并从中确定最优解。其中，$\boldsymbol{A}$ 由矩阵 $\boldsymbol{\Phi}$ 的 s 个列向量组成，$\tilde{\boldsymbol{x}}$ 则由 $\boldsymbol{x}$ 中与矩阵 $\boldsymbol{\Phi}$ 被抽取列标号对应的元素组成。由于超定方程共有 C_m^s 种组合形式，整体求解既费时，又费事。

贪婪算法 (greedy algorithm)[478] 的基本思想是：不求整体最优解，而是试图尽快找到在某种意义上的局部最优解。贪婪法虽然不能够对所有问题得到整体最优解，但对范围相当广泛的许多问题能产生整体最优解或者整体最优解的近似解。

典型的贪婪算法有以下匹配追踪算法：

(1) 匹配追踪 (matching pursuit, MP) 法　由 Mallat 和 Zhang 于 1993 年提出[331]，其基本思想是，不是针对某个代价函数进行最小化，而是考虑迭代地构造一个稀疏解 $\boldsymbol{x}$：只使用字典矩阵 $\boldsymbol{\Phi}$ 的少数列向量 (简称原子) 的线性组合对观测向量 $\boldsymbol{x}$ 实现稀疏逼近 $\boldsymbol{\Phi x}=\boldsymbol{y}$，其中字典矩阵 $\boldsymbol{\Phi}$ 被选择的列向量所组成的作用集是以逐列的方式建立的。在每一步迭代，字典矩阵中同当前残差向量 $\boldsymbol{r}=\boldsymbol{\Phi x}-\boldsymbol{y}$ 最相似的列向量被选择作为作用集的新的一列。如果残差随着迭代的进行递减，则可以保证算法收敛。

(2) 正交匹配追踪 (orthogonal matching pursuit, OMP)[396, 129, 182]　匹配追踪只能保证残差向量与每一步迭代所选择的字典矩阵列向量正交，但与以前选择的列向量一般不正交。正交匹配追踪则能够保证每步迭代后残差向量与以前选择的所有列向量正交，以保证迭代的最优性，从而减少了迭代次数，性能也更稳健。正交匹配追踪算法复杂度为 $O(mn)$，可以得到稀疏度 $K\leqslant m/(2\log n)$ 的系数向量。

(3) 正则正交匹配追踪 (ROMP)[358, 359]　在 OMP 算法基础上，加入正则化过程。首先根据相关原子挑选多个原子作为候选集，然后从候选集中按照正则化原则挑选出部分原子，最后将其并入最终的支撑集，实现原子的快速、有效选择。

(4) 分段正交匹配追踪 (StOMP) [143] 将 OMP 算法进行了一定程度的简化，以牺牲逼近精度为代价，进一步提高了计算速度，复杂度为 $O(n)$，更适合求解大规模稀疏逼近问题。

(5) 压缩采样匹配追踪 (CoSaMP) [360] 引入了回退筛选的思想，是对 ROMP 结果的改进。与 OMP 算法相比，该算法逼近精度更高，复杂度更低，为 $O(n\log^2 n)$，稀疏系数向量的稀疏度 $K \leqslant m/(2\log(1+n/K))$。

此外，还有梯度追踪 (gradient pursuit) 算法 [50] 和子空间追踪算法 [126] 等。

虽然正交匹配追踪与 L_1 范数最小化公式 (P_1) 无关，但在某些应用中可以成功获得 L_1 范数最小化问题 (P_1) 的解。

算法 6.9.1 正交匹配追踪算法 [396, 129]

输入 观测数据向量 $\boldsymbol{y} \in \mathbb{R}^m$ 和字典矩阵 $\boldsymbol{\Phi} \in \mathbb{R}^{m\times n}$。

输出 稀疏的系数向量 $\boldsymbol{x} \in \mathbb{R}^n$。

步骤 1 初始化 令标签集 $\Omega_0 = \varnothing$，初始残差向量 $\boldsymbol{r}_0 = \boldsymbol{y}$，令 $k = 1$。

步骤 2 辨识 求矩阵 $\boldsymbol{\Phi}$ 中与残差向量 $\boldsymbol{r}_{k-1}$ 最强相关的列

$$j_k \in \arg\max_j |\langle \boldsymbol{r}_{k-1}, \boldsymbol{\phi}_j\rangle|, \quad \Omega_k = \Omega_{k-1} \cup \{j_k\} \tag{6.9.1}$$

步骤 3 估计 最小化问题 $\min\limits_{\boldsymbol{x}} \|\boldsymbol{y} - \boldsymbol{\Phi}_{\Omega_k}\boldsymbol{x}\|_2$ 的解由

$$\boldsymbol{x}_k = (\boldsymbol{\Phi}_{\Omega_k}^{\mathrm{H}}\boldsymbol{\Phi}_{\Omega_k})^{-1}\boldsymbol{\Phi}_{\Omega_k}^{\mathrm{H}}\boldsymbol{y} \tag{6.9.2}$$

给出，其中 $\boldsymbol{\Phi}_{\Omega_k} = [\boldsymbol{\varphi}_{\omega_1}, \cdots, \boldsymbol{\varphi}_{\omega_k}]$, $\omega_1, \cdots, \omega_k \in \Omega_k$。

步骤 4 更新残差

$$\boldsymbol{r}_k = \boldsymbol{y} - \boldsymbol{\Phi}_{\Omega_k}\boldsymbol{x}_k \tag{6.9.3}$$

步骤 5 令 $k \leftarrow k+1$，并重复步骤 2 至步骤 4。若某个停止判据满足，则停止迭代。

步骤 6 输出系数向量

$$\boldsymbol{x}(i) = \begin{cases} \boldsymbol{x}_k(i), & i \in \Omega_k \\ 0, & \text{其他} \end{cases} \tag{6.9.4}$$

Sparsify toolbox (http://www.see.ed.ac.uk/tblumens/sparsify) 提供了 greed_omp_qr 函数。该函数基于 QR 分解，并要求矩阵的每一列都具有单位范数。

下面是三种常用的停止判据 [480]：

(1) 运行到某个固定的迭代步数后停止。

(2) 残差能量小于某个预先给定值 ε

$$\|\boldsymbol{r}_k\|_2 \leqslant \varepsilon \tag{6.9.5}$$

(3) 当字典矩阵 $\boldsymbol{\Phi}$ 的任何一列都没有残差向量 $\boldsymbol{r}_k$ 的明显能量时

$$\|\boldsymbol{\Phi}^{\mathrm{H}}\boldsymbol{r}_k\|_\infty \leqslant \varepsilon \tag{6.9.6}$$

在第 k 步迭代中，正交匹配追踪、分段正交匹配追踪和正则正交匹配追踪等方法均将字典矩阵 $\boldsymbol{\Phi}$ 中的新候选列的标签集与第 $k-1$ 步迭代的标签集 Ω_{k-1} 合并。一旦一个候选列入选，它将保留在被选列的列表中，直至算法结束。

与之不同，压缩感知信号重构的子空间追踪算法[126] 则对 K 稀疏信号，保留 K 个候选列的标签集不变，而允许其中的候选列在迭代过程中不断更新。

算法 6.9.2 子空间追踪算法[126]

输入 稀疏度 K，字典矩阵 $\boldsymbol{\Phi} \in \mathbb{R}^{m\times n}$，观测向量 $\boldsymbol{y} \in \mathbb{R}^m$。

初始化 (1) $\Omega_0 = \{$向量 $\boldsymbol{\Phi}^{\mathrm{T}}\boldsymbol{y}$ 中具有最大幅值的 K 个元素的标签集合$\}$。

(2) 残差 $\boldsymbol{r}_0 = \boldsymbol{y} - \boldsymbol{\Phi}_{\Omega_0}\boldsymbol{\Phi}_{\Omega_0}^{\dagger}\boldsymbol{y}$。

迭代 对 $k = 1, 2, \cdots$，执行以下运算。

步骤 1 $\tilde{\Omega}_k = \Omega_{k-1} \bigcup \{$向量 $\boldsymbol{\Phi}_{\Omega_{k-1}}^{\mathrm{T}}\boldsymbol{r}_{k-1}$ 中具有最大幅值的 K 个标签集合$\}$。

步骤 2 计算系数向量 $\boldsymbol{x}_p = \boldsymbol{\Phi}_{\tilde{\Omega}_k}^{\dagger}\boldsymbol{y}$。

步骤 3 $\Omega_k = \{$向量 $\boldsymbol{x}_p$ 中具有最大幅值的 K 个标签集合$\}$。

步骤 4 $\boldsymbol{r}_k = \boldsymbol{y} - \boldsymbol{\Phi}_{\Omega_k}\boldsymbol{\Phi}_{\Omega_k}^{\dagger}\boldsymbol{y}$。

步骤 5 若 $\|\boldsymbol{r}_k\|_2 > \|\boldsymbol{r}_{k-1}\|_2$，则令 $\Omega_k = \Omega_{k-1}$，并退出迭代；否则，令 $k \leftarrow k+1$，并返回步骤 1，继续新一轮迭代。

业已证明[478, 140]，正交匹配追踪在某些情况下可以成功地求出最稀疏的解。然而，在 L_1 范数最小化成功的某些应用中，正交匹配追踪却可能找不到最稀疏的解[104, 478, 141]。

6.9.2 LASSO 算法与 LARS 算法

在信号处理界研究有关稀疏表示的优化算法的同时，数理统计界则从统计拟合的角度研究这个问题，并取得重要进展。

为了减少直接求解 (P_1) 的计算复杂度，考虑观测向量 $\boldsymbol{y}$ 的线性回归问题 $\hat{\boldsymbol{y}} = \boldsymbol{\Phi}\hat{\boldsymbol{x}}$，其中向量 $\boldsymbol{y} \in \mathbb{R}^m$ 已经零均值化，并且矩阵 $\boldsymbol{\Phi} \in \mathbb{R}^{m\times n}$ 的列已经零均值化和 L_2 范数已经单位化

$$\sum_{i=1}^{m} y_i = 0, \quad \sum_{i=1}^{m} \phi_{ij} = 0, \quad \sum_{i=1}^{m} \phi_{ij}^2 = 1, \quad j = 1, \cdots, n \tag{6.9.7}$$

假定一候选回归系数向量 $\hat{\boldsymbol{x}} = [\hat{x}_1, \cdots, \hat{x}_n]^{\mathrm{T}}$ 给出预测向量

$$\hat{\boldsymbol{y}} = \sum_{i=1}^{n} \hat{x}_i \boldsymbol{\phi}_i = \boldsymbol{\Phi}\hat{\boldsymbol{x}} \tag{6.9.8}$$

相对应的误差能量即误差平方和为

$$\|\boldsymbol{y} - \hat{\boldsymbol{y}}\|_2^2 = \sum_{i=1}^{m} (y_i - \hat{y}_i)^2 \tag{6.9.9}$$

Tibshirani[471] 于 1996 年提出了求解线性回归的的最小绝对收缩与选择算子 (least absolute shrinkage and selection operator, LASSO) 算法，其求最优预测向量的基本思想

是：通过约束预测向量的 L_1 范数不超过某个上限 q，使预测误差平方和最小化，即

$$\text{LASSO}: \quad \min_{\boldsymbol{x}} \|\boldsymbol{y}-\hat{\boldsymbol{y}}\|_2^2 \quad \text{subject to} \quad \|\boldsymbol{x}\|_1=\sum_{i=1}^{n}|x_i| \leqslant q \tag{6.9.10}$$

可见 L_1 范数最小化问题的变型 (P_{11}) 与 LASSO 算法的模型具有完全相同的形式。

如式 (6.9.10) 所示，LASSO 算法是一种不等式约束的普通最小二乘方法。LASSO 算法的显著特点是它具有的收缩和选择两种基本功能：

(1) *收缩功能* 与每一步估计所有未知参数的迭代算法不同，LASSO 算法收缩待估计的参数的范围，每一步只对入选的少数参数进行估计。

(2) *选择功能* 使用 L_1 范数作为惩罚项，LASSO 算法会自动地选择很少一部分变量进行线性回归。

求解 LASSO 问题的有效方法是 Efron 等人的最小角度回归 (least angle regressive, LARS) 算法 [154]。LARS 算法是一种逐步回归的方法，其基本思想是：以保证当前残差和已入选变量之间的相关系数相等的方式，选择当前残差在已入选变量的构成空间的投影作为求解路径 (solution path)。然后，在这一求解路径上继续搜索，吸收新的变量加入，然后调整求解路径。

令标签集 $\Omega_0=\emptyset$，且残差向量的初始值 $\boldsymbol{r}=\boldsymbol{y}$。第 1 步迭代找出字典矩阵 $\boldsymbol{\Phi}$ 中与残差向量 (此时 $\boldsymbol{r}=\boldsymbol{y}$) 相关系数 $\hat{c}_i$ 最大的列 $\boldsymbol{\phi}_i^{(1)}$，并将其加入作用集，即将该列向量的编号计入标签集 Ω_1，并得到第 1 个回归变量集 $\boldsymbol{\Phi}_{\Omega_1}$。

LARS 算法的基本步骤如下：假设经过 $k-1$ 个 LARS 步骤，已经得到一个回归变量集 $\boldsymbol{\Phi}_{\Omega_{k-1}}$。于是，可以得到一个向量表达式

$$\boldsymbol{w}_{\Omega_{k-1}}=(\boldsymbol{1}_{\Omega_{k-1}}^{\mathrm{T}}(\boldsymbol{\Phi}_{\Omega_{k-1}}^{\mathrm{T}}\boldsymbol{\Phi}_{\Omega_{k-1}})^{-1}\boldsymbol{1}_{\Omega_{k-1}})^{-1/2}(\boldsymbol{\Phi}_{\Omega_{k-1}}^{\mathrm{T}}\boldsymbol{\Phi}_{\Omega_{k-1}})^{-1}\boldsymbol{1}_{\Omega_{k-1}} \tag{6.9.11}$$

$\boldsymbol{\Phi}_{\Omega_{k-1}}\boldsymbol{w}_{\Omega_{k-1}}$ 就是 LARS 算法在当前回归变量集 Ω_{k-1} 下的求解路径，而 $\boldsymbol{w}_{\Omega_{k-1}}$ 则是 $\boldsymbol{x}$ 的继续搜索的路径。

为了搜索 $\boldsymbol{x}$，Efron 等人定义了一个向量 $\hat{\boldsymbol{d}}$，其元素为 $s_i w_i, i\in\Omega_{k-1}$，其中 w_i 是向量 $\boldsymbol{w}_{\Omega_{k-1}}$ 的第 i 个元素，而 s_i 则是入选变量向量 $\boldsymbol{\phi}_i$ 与当前残差 $\boldsymbol{y}-\hat{\boldsymbol{y}}_{k-1}$ 的相关系数的符号，也就是 $\hat{x}_i$ 的符号。那些没有入选的变量对应在 $\hat{\boldsymbol{d}}$ 中的元素为 0，即有

$$x_j(\gamma)=\hat{x}_j+\gamma\hat{d}_j$$

很显然，$x_j(\gamma)$ 会在 $\gamma_j=-\hat{x}_j/\hat{d}_j$ 处变号。对于业已得到的 LASSO 估计 $x(\gamma)$，其中的元素会在某个大于 0 的最小 γ_j 处变号，将这个最小 γ_j 记作 $\tilde{\gamma}$。如果没有 γ_j 大于 0，则记 $\tilde{\gamma}$ 为无穷大。根据这一观察，可以对 LARS 算法实施 LASSO 修正。

具有 LASSO 修正的 LARS 算法的核心是“一步一个”(one at a time)，即每一步迭代都要增加或删掉一个回归变量。具体做法是：在现有回归变量集和当前残差的基础上，会有一条求解路径，在此路径上前进的最大步记为 $\hat{\gamma}$，而找到一个新变量的最大步记为 $\tilde{\gamma}$。

如果 $\tilde{\gamma} < \hat{\gamma}$，则对应于 LARS 估计的那个新变量 $x_j(\gamma)$ 便不会成为一个 LASSO 估计，应该将这个变量从回归变量集中删去；反之，若 $\tilde{\gamma} > \hat{\gamma}$，则对应于 LARS 估计的那个 $x_j(\gamma)$ 应该成为一个新 LASSO 估计，此时需要将此变量加入回归变量集中。去掉一个变量或者增加一个变量后，都需要停止在原求解路径上前进，通过重新计算当前残差和当前这些新变量集之间的相关系数，确定出一条新的求解路径，并继续进行"一步一个"的 LARS 迭代步骤。如此重复，即可通过 LARS 算法得到所有的 LASSO 估计。

下面是具有 LASSO 修正的 LARS 算法的具体步骤[154]。

算法 6.9.3 具有 LASSO 修正的 LARS 算法

输入 观测数据向量 $\boldsymbol{y} \in \mathbb{R}^m$ 和字典矩阵 $\boldsymbol{\Phi} \in \mathbb{R}^{m\times n}$。

输出 系数向量 $\boldsymbol{x} \in \mathbb{R}^n$。

初始化 标签集 $\Omega_0 = \emptyset$，初始拟合观测向量 $\hat{\boldsymbol{y}} = \boldsymbol{0}$，字典矩阵 $\boldsymbol{\Phi}_{\Omega_0} = \boldsymbol{\Phi}$。

对 $k = 1, 2, \cdots$，执行以下运算。

步骤 1 计算相关向量

$$\hat{\boldsymbol{c}}_k = \boldsymbol{\Phi}_{\Omega_{k-1}}^{\mathrm{T}}(\boldsymbol{y} - \hat{\boldsymbol{y}}_{k-1}) \tag{6.9.12}$$

步骤 2 记最大相关系数 $C = \max\{|\hat{c}_k(1)|, \cdots, |\hat{c}_k(n)|\}$，更新标签集

$$\Omega_k = \Omega_{k-1} \bigcup \{j^{(k)} \,|\, |\hat{c}_k(j)| = C\} \tag{6.9.13}$$

步骤 3 将字典矩阵与标签集 Ω_k 的所有元素对应的列向量组成矩阵 $\boldsymbol{\Phi}_{\Omega_k} = [s_j\boldsymbol{\phi}_j, j \in \Omega_k]$，其中 $s_j = \mathrm{sgn}(\hat{c}_k(j))$ 是相关系数 $\hat{c}_k(j)$ 的符号函数。

步骤 4 求当前最小角度方向即角平分线方向 $\boldsymbol{\mu}_k$

$$\boldsymbol{G}_{\Omega_k} = \boldsymbol{\Phi}_{\Omega_k}^{\mathrm{T}}\boldsymbol{\Phi}_{\Omega_k} \in \mathbb{R}^{k\times k} \tag{6.9.14}$$

$$\alpha_{\Omega_k} = (\boldsymbol{1}_k^{\mathrm{T}}\boldsymbol{G}_{\Omega_k}\boldsymbol{1}_k)^{-1/2} \tag{6.9.15}$$

$$\boldsymbol{w}_{\Omega_k} = \alpha_{\Omega_k}\boldsymbol{G}_{\Omega_k}^{-1}\boldsymbol{1}_k \in \mathbb{R}^k \tag{6.9.16}$$

$$\boldsymbol{\mu}_k = \boldsymbol{\Phi}_{\Omega_k}\boldsymbol{w}_{\Omega_k} \in \mathbb{R}^k \tag{6.9.17}$$

步骤 5 使用最小二乘法估计系数向量

$$\hat{\boldsymbol{x}}_k = (\boldsymbol{\Phi}_{\Omega_k}^{\mathrm{T}}\boldsymbol{\Phi}_{\Omega_k})^{-1}\boldsymbol{\Phi}_{\Omega_k}^{\mathrm{T}} = \boldsymbol{G}_{\Omega_k}^{-1}\boldsymbol{\Phi}_{\Omega_k}^{\mathrm{T}} \tag{6.9.18}$$

并计算

$$\boldsymbol{b} = \boldsymbol{\Phi}_{\Omega_k}^{\mathrm{T}}\boldsymbol{\mu}_k = [b_1, \cdots, b_m]^{\mathrm{T}} \tag{6.9.19}$$

步骤 6 计算

$$\hat{\gamma} = \min_{j\in\Omega_k^c}{}^{+}\left\{\frac{C - \hat{c}_k(j)}{\alpha_{\Omega_k} - b_j}, \frac{C + \hat{c}_k(j)}{\alpha_{\Omega_k} + b_j}\right\} \tag{6.9.20}$$

$$\tilde{\gamma} = \min_{j\in\Omega_k}{}^{+}\left\{-\frac{x_j}{w_j}\right\} \tag{6.9.21}$$

式中 w_j 是向量 $\boldsymbol{w}_{\Omega_k}=[w_1,\cdots,w_n]^{\mathrm{T}}$ 的第 j 个元素，而 $\min^+\{\cdot\}$ 表示只取括号中正的最小项。若无正的项存在，则 $\min^+$ 取无穷大。

步骤 7　若 $\tilde{\gamma}<\hat{\gamma}$，则拟合向量和标签集分别修正为

$$\hat{\boldsymbol{y}}_k=\hat{\boldsymbol{y}}_{k-1}+\tilde{\gamma}\boldsymbol{\mu}_k \quad 和 \quad \Omega_k=\Omega_k-\{\tilde{j}\} \tag{6.9.22}$$

式中去除的一个候选变量的下标 $\tilde{j}$ 是式 (6.9.21) 取最小值所对应的变量下标 $j\in\Omega_k$。反之，若 $\hat{\gamma}<\tilde{\gamma}$，则拟合向量和标签集分别修正为

$$\hat{\boldsymbol{y}}_k=\hat{\boldsymbol{y}}_{k-1}+\hat{\gamma}\boldsymbol{\mu}_k \quad 和 \quad \Omega_k=\Omega_k\cup\{\hat{j}\} \tag{6.9.23}$$

其中，增加的一个候选变量的指标 $\hat{j}$ 是式 (6.9.20) 取最小值所对应的变量下标 $j\in\Omega_k$。

步骤 8　$k\leftarrow k+1$，并重复步骤 1 ~ 步骤 7，直至算法满足某个停止准则。

步骤 9　输出 $\hat{\boldsymbol{x}}_k$。

SparseLab toolbox (http://www.sparselab.stanford.edu) 提供了 SolveLasso 函数和 SolveOMP 函数。

6.9.3 同伦算法

在拓扑中，同伦的概念描述两个对象间的“连续变化”。同伦算法 (homotopy algorithm) 是一种从一个简单解开始，通过迭代计算，变化到所希望的复杂解的搜索算法。因此，同伦算法的关键是初始简单解的确定。

考虑 L_1 范数最小化问题 (P_1) 和无约束 L_2 最小化问题 (P_{12}) 之间的关系，假定对每一个最小化问题 $(P_{12}):\lambda\in[0,\infty)$，有一个相应的唯一解 $\boldsymbol{x}_\lambda$。于是，集合 $\{\boldsymbol{x}_\lambda|\lambda\in[0,\infty)\}$ 便确定一个求解路径，并且对于足够大的 λ 值有 $\boldsymbol{x}_\lambda=\boldsymbol{0}$，而当 $\lambda\to 0$ 时，(P_{12}) 的解 $\tilde{\boldsymbol{x}}_\lambda$ 收敛为 L_1 范数最小化问题 (P_1) 的解。因此，$\boldsymbol{x}_\lambda=\boldsymbol{0}$ 就是求解最小化问题 (P_1) 的同伦算法的初始解。

求解无约束 L_2 范数最小化问题 (P_{12}) 的同伦算法从初始值 $\boldsymbol{x}_0=\boldsymbol{0}$ 开始，以一种迭代的方式运行，计算 $k=1,2,\cdots$ 各步的解 $\boldsymbol{x}_k$。在整个运算中，保持作用集

$$I=\{j\,|\,|c_k(j)|=\|\boldsymbol{c}_k\|_\infty=\lambda\} \tag{6.9.24}$$

不变。

下面是求解 L_1 范数最小化问题的同伦算法[144]。

算法 6.9.4　同伦算法

输入　观测向量 $\boldsymbol{y}\in\mathbb{R}^m$，字典矩阵 $\boldsymbol{\Phi}$，参数 λ。

初始化　$\boldsymbol{x}_0=\boldsymbol{0}$, $\boldsymbol{c}_0=\boldsymbol{\Phi}^{\mathrm{T}}\boldsymbol{y}$。

迭代　$k=1,2,\cdots$。

步骤 1　用式 (6.9.24) 构造作用集 I，组成支撑区的残差相关向量 $\boldsymbol{c}_k(I)=[c_k(i),i\in I]$ 和字典矩阵 $\boldsymbol{\Phi}_I=[\boldsymbol{\phi}_i,i\in I]$。

步骤 2 计算残差相关向量 $\boldsymbol{c}_k(I)=\boldsymbol{\Phi}_I^{\mathrm{T}}(\boldsymbol{y}-\boldsymbol{\Phi}_I\boldsymbol{x}_k)$。

步骤 3 通过求解方程

$$\boldsymbol{\Phi}_I^{\mathrm{T}}\boldsymbol{\Phi}_I\boldsymbol{d}_k(I)=\mathrm{sgn}(\boldsymbol{c}_k(I)) \tag{6.9.25}$$

得到更新方向向量 $\boldsymbol{d}_k(I)$。

步骤 4 计算

$$\gamma_k^+ = \min_{i\in I^c}{}^+\left\{\frac{\lambda-c_k(i)}{1-\boldsymbol{\phi}_i^{\mathrm{T}}\boldsymbol{v}_k},\ \frac{\lambda+c_k(i)}{1+\boldsymbol{\phi}_i^{\mathrm{T}}\boldsymbol{v}_k}\right\} \tag{6.9.26}$$

$$\gamma_k^- = \min_{i\in I}\{-x_k(i)/d_k(i)\} \tag{6.9.27}$$

步骤 5 确定断点 (breakpoint)

$$\gamma_k=\min\{\gamma_k^+,\gamma_k^-\} \tag{6.9.28}$$

步骤 6 更新解向量

$$\boldsymbol{x}_k=\boldsymbol{x}_{k-1}+\gamma_k\boldsymbol{d}_k \tag{6.9.29}$$

步骤 7 若 $\|\boldsymbol{x}_k\|_\infty=0$，则算法停止，并输出稀疏向量结果 $\boldsymbol{x}_k$；否则，返回步骤1，并继续以上迭代。

随着 λ 的减小，(P_{11}) 的目标函数将经历一个从 L_2 范数约束到 L_1 范数目标函数的同伦过程。这就是同伦算法可以求解 L_1 优化问题 (P_{11}) 的原理所在。

业已证明[154, 383]，同伦算法是求解 L_1 最小化问题 (P_1) 的一种正确解法。

6.9.4 Bregman 迭代算法

前面讨论的求解矩阵方程 $\boldsymbol{Au}=\boldsymbol{b}$ 的稀疏优化模型可以归纳为：

(1) L_0 极小化模型 $\min\limits_{\boldsymbol{u}}\|\boldsymbol{u}\|_0$ subject to $\boldsymbol{Au}=\boldsymbol{b}$;

(2) 基追踪 (BP)/压缩感知模型 $\min\limits_{\boldsymbol{u}}\|\boldsymbol{u}\|_1$ subject to $\boldsymbol{Au}=\boldsymbol{b}$;

(3) 基追踪去噪 (basis-pursuit de-noising) 模型 $\min\limits_{\boldsymbol{u}}\|\boldsymbol{u}\|_1$ subject to $\|\boldsymbol{Au}-\boldsymbol{b}\|_2<\epsilon$;

(4) LASSO 模型 $\min\limits_{\boldsymbol{u}}\|\boldsymbol{Au}-\boldsymbol{b}\|_2$ subject to $\|\boldsymbol{u}\|_1\leqslant s$。

其中，基追踪是 L_1 极小化的松弛形式，LASSO 是基追踪去噪的等价线性预测表示。

下面讨论以上优化模型的一般形式

$$\boldsymbol{u}^{k+1}=\arg\min_{\boldsymbol{u}} J(\boldsymbol{u})+\lambda H(\boldsymbol{u}) \tag{6.9.30}$$

其中 $J:X\to\mathbb{R}$ 和 $H:X\to\mathbb{R}$ 均为非负的凸函数 (X 为闭凸集)，但 J 为非平滑函数，而 H 可微分。

形象地讲，一个函数被称作有界变差函数 (function of bounded variation)，若其图形的振荡 (即摆动、变差) 在一个特定的区间内一定程度上是可控的 (manageable) 或温顺的 (tame)。在数学分析中，有界变差函数就是其变差有界的实函数。

向量 $\boldsymbol{u}$ 的有界变差范数 (bounde-variation norm, BV norm) 记作 $\|\boldsymbol{u}\|_{\mathrm{BV}}$，定义为[10]

$$\|\boldsymbol{u}\|_{\mathrm{BV}}=\|\boldsymbol{u}\|_1+J_0(\boldsymbol{u})=\|\boldsymbol{u}\|_1+\int_{\Omega}|\nabla\boldsymbol{u}|\mathrm{d}x \tag{6.9.31}$$

其中 $J_0(\boldsymbol{u})$ 表示 $\boldsymbol{u}$ 的全变分 (total variation, 即总变差)。

若令 $J(\boldsymbol{u})=\|\boldsymbol{u}\|_{\mathrm{BV}}$ 和 $H(\boldsymbol{u})=\frac{1}{2}\|\boldsymbol{u}-\boldsymbol{f}\|_2^2$，则优化模型式 (6.9.30) 变成全变分/Rudin-Osher-Fatemi (ROF) 去噪模型[432]

$$\boldsymbol{u}^{k+1}=\arg\min_{\boldsymbol{u}}\|\boldsymbol{u}\|_{\mathrm{BV}}+\frac{\lambda}{2}\|\boldsymbol{u}-\boldsymbol{f}\|_2^2 \tag{6.9.32}$$

求解优化问题式 (6.9.30) 的一种著名迭代方法为 Bregman 迭代，它的主要数学工具是 Bregman 距离[60]。

定义 6.9.1 令 $J(\boldsymbol{u})$ 为凸函数，向量 $\boldsymbol{u},\boldsymbol{v}\in X$，且 $\boldsymbol{g}\in\partial J(\boldsymbol{v})$ 是函数 J 在点 $\boldsymbol{v}$ 的次梯度向量。点 $\boldsymbol{u}$ 和 $\boldsymbol{v}$ 之间的 Bregman 距离记作 $D_J^g(\boldsymbol{u},\boldsymbol{v})$，并定义为

$$D_J^g(\boldsymbol{u},\boldsymbol{v})=J(\boldsymbol{u})-J(\boldsymbol{v})-\langle\boldsymbol{g},\boldsymbol{u}-\boldsymbol{v}\rangle \tag{6.9.33}$$

Bregman 距离不是传统意义下的一种距离，因为 $D_J^g(\boldsymbol{u},\boldsymbol{v})\neq D_J^g(\boldsymbol{v},\boldsymbol{u})$。然而，Bregman 距离却具有几个很好的性质，这使得它成为求解 L_1 正则化优化问题的一种有效工具。

性质 1 对于所有 $\boldsymbol{u},\boldsymbol{v}\in X$ 和 $\boldsymbol{g}\in\partial J(\boldsymbol{v})$ 而言，Bregman 距离是非负的，即有 $D_J^g(\boldsymbol{u},\boldsymbol{v})\geqslant 0$。

性质 2 相同两点之间的 Bregman 距离为零 $D_J^g(\boldsymbol{v},\boldsymbol{v})=0$。

性质 3 Bregman 距离可度量两个点 $\boldsymbol{u}$ 和 $\boldsymbol{v}$ 之间的接近度 (closeness)，因为对于连接 $\boldsymbol{u}$ 和 $\boldsymbol{v}$ 的直线段内的任何点 $\boldsymbol{w}$ 而言，均有 $D_J^g(\boldsymbol{u},\boldsymbol{v})\geqslant D_J^g(\boldsymbol{w},\boldsymbol{v})$。

考虑非平滑函数 $J(\boldsymbol{u})$ 在第 k 次迭代点 $\boldsymbol{u}^k$ 的一阶 Taylor 级数逼近 $J(\boldsymbol{u})=J(\boldsymbol{u}^k)+\langle\boldsymbol{g}^k,\boldsymbol{u}-\boldsymbol{u}^k\rangle$。逼近误差由 Bregman 距离

$$D_J^{g^k}(\boldsymbol{u},\boldsymbol{u}^k)=J(\boldsymbol{u})-J(\boldsymbol{u}^k)-\langle\boldsymbol{g}^k,\boldsymbol{u}-\boldsymbol{u}^k\rangle \tag{6.9.34}$$

度量。

Bergman 于 1965 年提出，无约束优化问题式 (6.9.30) 可以修正为[60]

$$\boldsymbol{u}^{k+1}=\arg\min_{\boldsymbol{u}}D_J^{g^k}(\boldsymbol{u})+\lambda H(\boldsymbol{u}) \tag{6.9.35}$$

$$=\arg\min_{\boldsymbol{u}}J(\boldsymbol{u})-\langle\boldsymbol{g}^k,\boldsymbol{u}-\boldsymbol{u}^k\rangle+\lambda H(\boldsymbol{u}) \tag{6.9.36}$$

这就是著名的 Bregman 迭代。

下面介绍 Bregman 迭代的具体算法及其推广。

1. Bregman 迭代算法

记 Bregman 迭代优化问题的目标函数 $L(\boldsymbol{u})=J(\boldsymbol{u})-\langle\boldsymbol{g}^k,\boldsymbol{u}-\boldsymbol{u}^k\rangle+\lambda H(\boldsymbol{u})$。由平稳点条件 $\boldsymbol{0}\in\partial L(\boldsymbol{u})$ 得 $\boldsymbol{0}\in\partial J(\boldsymbol{u})-\boldsymbol{g}^k+\lambda\nabla H(\boldsymbol{u})$。因此，在第 $k+1$ 次迭代点 $\boldsymbol{u}^{k+1}$，有

$$\boldsymbol{g}^{k+1}=\boldsymbol{g}^k-\lambda\nabla H(\boldsymbol{u}^{k+1}),\quad \boldsymbol{g}^{k+1}\in\partial J(\boldsymbol{u}^{k+1}) \tag{6.9.37}$$

式 (6.9.36) 和式 (6.9.37) 一起组成了 Bregman 迭代算法 (Bregman iterative algorithm)，它是 Osher 等人 [384] 于 2005 年针对图像处理提出的。

算法 6.9.5 Bregman 迭代算法

初始化 $k=0,\ \boldsymbol{u}^0=\boldsymbol{0},\ \boldsymbol{g}^0=\boldsymbol{0}$。

迭代

$$\boldsymbol{u}^{k+1}=\arg\min_{\boldsymbol{u}} D_J^{g^k}(\boldsymbol{u},\boldsymbol{u}^k)+\lambda H(\boldsymbol{u})$$

$$\boldsymbol{g}^{k+1}=\boldsymbol{g}^k-\lambda\nabla H(\boldsymbol{u}^{k+1})\ \in\partial J(\boldsymbol{u}^{k+1})$$

若 $\boldsymbol{u}^k$ 未收敛，则令 $k=k+1$，返回迭代。

由于 $\boldsymbol{u}^1=\arg\min\limits_{\boldsymbol{u}} J(\boldsymbol{u})+H(\boldsymbol{u})$，所以第 1 步迭代求解的优化问题为原始问题。从第 2 步迭代开始，执行的是基于 Bregman 距离的 Bregman 迭代。

文献 [384] 证明了上述 Bergman 迭代算法的收敛性能。

定理 6.9.1 假定 J 和 H 都是凸函数，并且 H 可微分。若式 (6.9.36) 的解存在，则下列收敛结果为真：

(1) 函数 H 在迭代过程中是单调下降的，即 $H(\boldsymbol{u}^{k+1})\leqslant H(\boldsymbol{u}^k)$。

(2) 函数 H 将收敛为最优解 $H(\boldsymbol{u}^\star)$，因为 $H(\boldsymbol{u}^k)\leqslant H(\boldsymbol{u}^\star)+J(\boldsymbol{u}^\star)/k$。

Bregman 迭代算法有两种常用版本 [530]：

版本 1: $k=0,\ \boldsymbol{u}^0=\boldsymbol{0},\ \boldsymbol{g}^0=\boldsymbol{0}$。

迭代

$$\boldsymbol{u}^{k+1}=\arg\min_{\boldsymbol{u}} D_J^{g^k}(\boldsymbol{u},\boldsymbol{u}^k)+\frac{1}{2}\|\boldsymbol{A}\boldsymbol{u}-\boldsymbol{b}\|_2^2$$

$$\boldsymbol{g}^{k+1}=\boldsymbol{g}^k-\boldsymbol{A}^{\mathrm{T}}(\boldsymbol{A}\boldsymbol{u}^{k+1}-\boldsymbol{b})$$

若 $\boldsymbol{u}^k$ 未收敛，则令 $k\leftarrow k+1$，并返回迭代。

版本 2: $k=0,\ \boldsymbol{b}^0=\boldsymbol{0},\ \boldsymbol{u}^0=\boldsymbol{0}$。

迭代

$$\boldsymbol{b}^{k+1}=\boldsymbol{b}+(\boldsymbol{b}^k-\boldsymbol{A}\boldsymbol{u}^k)$$

$$\boldsymbol{u}^{k+1}=\arg\min_{\boldsymbol{u}} J(\boldsymbol{u})+\frac{1}{2}\|\boldsymbol{A}\boldsymbol{u}-\boldsymbol{b}^{k+1}\|_2^2$$

若 $\boldsymbol{u}^k$ 未收敛，则令 $k\leftarrow k+1$，并返回迭代。

文献 [530] 证明了以上两种版本是等价的。

2. 线性化 Bregman 迭代算法

Bregman 迭代算法提供了优化问题的一种有效工具，但是由于每一步都需要进行目标函数 $D_J^{g^k}(\boldsymbol{u},\boldsymbol{u}^k)+H(\boldsymbol{u})$ 的最小化，所以运算比较费时。为了提高 Bregman 迭代算法的计算效率，Yin 等人 [530] 于 2008 年提出了线性化 Bregman 迭代算法。

线性化 Bregman 迭代的基本思想是：在 Bregman 迭代的基础上，再使用一阶 Taylor 级数展开将非线性函数 $H(\boldsymbol{u})$ 在点 $\boldsymbol{u}^k$ 线性化为 $H(\boldsymbol{u})=H(\boldsymbol{u}^k)+\langle\nabla H(\boldsymbol{u}^k),\boldsymbol{u}-\boldsymbol{u}^k\rangle$。于

是，具有 $\lambda=1$ 的优化问题式 (6.9.30) 变为

$$\boldsymbol{u}^{k+1}=\arg\min_{\boldsymbol{u}} D_J^{g^k}(\boldsymbol{u},\boldsymbol{u}^k)+H(\boldsymbol{u}^k)+\langle\nabla H(\boldsymbol{u}^k),\boldsymbol{u}-\boldsymbol{u}^k\rangle$$

注意到一阶 Taylor 级数展开只是对 $\boldsymbol{u}$ 位于点 $\boldsymbol{u}^k$ 的邻域时才精确，并且相对于 $\boldsymbol{u}$ 的优化而言，$H(\boldsymbol{u}^k)$ 作为相加的常数项，可以省去，故上述优化问题的更精确的表达形式是

$$\boldsymbol{u}^{k+1}=\arg\min_{\boldsymbol{u}} D_J^{g^k}(\boldsymbol{u},\boldsymbol{u}^k)+\langle\nabla H(\boldsymbol{u}^k),\boldsymbol{u}-\boldsymbol{u}^k\rangle+\frac{1}{2\delta}\|\boldsymbol{u}-\boldsymbol{u}^k\|_2^2 \tag{6.9.38}$$

重要的是，上式又可等价写作

$$\boldsymbol{u}^{k+1}=\arg\min_{\boldsymbol{u}} D_J^{g^k}(\boldsymbol{u},\boldsymbol{u}^k)+\frac{1}{2\delta}\left\|\boldsymbol{u}-\left(\boldsymbol{u}^k-\delta\nabla H(\boldsymbol{u}^k)\right)\right\|_2^2 \tag{6.9.39}$$

因为式 (6.9.38) 与式 (6.9.39) 只是相差一个与 $\boldsymbol{u}$ 无关的常数项。

特别地，若 $H(\boldsymbol{u})=\frac{1}{2}\|\boldsymbol{A}\boldsymbol{u}-\boldsymbol{b}\|_2^2$，则由 $\nabla H(\boldsymbol{u})=\boldsymbol{A}^{\mathrm{T}}(\boldsymbol{A}\boldsymbol{u}-\boldsymbol{b})$，式 (6.9.39) 可写作

$$\boldsymbol{u}^{k+1}=\arg\min_{\boldsymbol{u}} D_J^{g^k}(\boldsymbol{u},\boldsymbol{u}^k)+\frac{1}{2\delta}\left\|\boldsymbol{u}-\left(\boldsymbol{u}^k-\delta\boldsymbol{A}^{\mathrm{T}}(\boldsymbol{A}\boldsymbol{u}^k-\boldsymbol{b})\right)\right\|_2^2 \tag{6.9.40}$$

考察式 (6.9.40) 的目标函数

$$L(\boldsymbol{u})=J(\boldsymbol{u})-J(\boldsymbol{u}^k)-\langle\boldsymbol{g}^k,\boldsymbol{u}-\boldsymbol{u}^k\rangle+\frac{1}{2\delta}\left\|\boldsymbol{u}-\left(\boldsymbol{u}^k-\delta\boldsymbol{A}^{\mathrm{T}}(\boldsymbol{A}\boldsymbol{u}^k-\boldsymbol{b})\right)\right\|_2^2$$

由平稳点的次微分条件 $\boldsymbol{0}\in\partial L(\boldsymbol{u})$ 知

$$\boldsymbol{0}\in\partial J(\boldsymbol{u})-\boldsymbol{g}^k+\frac{1}{\delta}\left[\boldsymbol{u}-\left(\boldsymbol{u}^k-\delta\boldsymbol{A}^{\mathrm{T}}(\boldsymbol{A}\boldsymbol{u}^k-\boldsymbol{b})\right)\right]$$

记 $\boldsymbol{g}^{k+1}\in\partial J(\boldsymbol{u}^{k+1})$，则由上式有 [530]

$$\boldsymbol{g}^{k+1}=\boldsymbol{g}^k-\boldsymbol{A}^{\mathrm{T}}(\boldsymbol{A}\boldsymbol{u}^k-\boldsymbol{b})-\frac{(\boldsymbol{u}^{k+1}-\boldsymbol{u}^k)}{\delta}=\cdots=\sum_{i=1}^{k}\boldsymbol{A}^{\mathrm{T}}(\boldsymbol{b}-\boldsymbol{A}\boldsymbol{u}^i)-\frac{\boldsymbol{u}^{k+1}}{\delta} \tag{6.9.41}$$

若令

$$\boldsymbol{v}^k=\sum_{i=1}^{k}\boldsymbol{A}^{\mathrm{T}}(\boldsymbol{b}-\boldsymbol{A}\boldsymbol{u}^i) \tag{6.9.42}$$

则可以得到两个重要的迭代公式。

首先，由式 (6.9.41) 和式 (6.9.42) 得变元 $\boldsymbol{u}$ 第 k 次迭代的更新公式

$$\boldsymbol{u}^{k+1}=\delta(\boldsymbol{v}^k-\boldsymbol{g}^{k+1}) \tag{6.9.43}$$

其次，由式 (6.9.42) 直接得到中间变元 $\boldsymbol{v}^k$ 的迭代公式

$$\boldsymbol{v}^{k+1}=\boldsymbol{v}^k+\boldsymbol{A}^{\mathrm{T}}(\boldsymbol{b}-\boldsymbol{A}\boldsymbol{u}^{k+1}) \tag{6.9.44}$$

式 (6.9.43) 和式 (6.9.44) 一起组成了求解优化问题

$$\min_{\boldsymbol{u}}\ J(\boldsymbol{u})+\frac{1}{2}\|\boldsymbol{A}\boldsymbol{u}-\boldsymbol{b}\|_2^2 \tag{6.9.45}$$

的线性化 Bregman 迭代算法 (linearized Bregman iterative algorithm) [530]。

如果限定 $J(\boldsymbol{u}) = \mu\|\boldsymbol{u}\|_1$，则由于

$$\partial(\|\boldsymbol{u}\|_1)_i = \begin{cases} \{+1\}, & \text{若 } u_i > 0 \\ [-1,+1], & \text{若 } u_i = 0 \\ \{-1\}, & \text{若 } u_i < 0 \end{cases} \tag{6.9.46}$$

所以式 (6.9.43) 可写作分量形式

$$u_i^{k+1} = \delta(v_i^k - g_i^{k+1}) = \delta \cdot \text{shrink}(v_i^k, \mu), \quad i = 1, \cdots, n \tag{6.9.47}$$

式中

$$\text{shrink}(y, \alpha) = \text{sgn}(y) \max\{|y| - \alpha, 0\} = \begin{cases} y - \alpha, & y \in (\alpha, \infty) \\ 0, & y \in [-\alpha, \alpha] \\ y + \alpha, & y \in (-\infty, -\alpha) \end{cases}$$

为收缩算子。

以上结果可以总结为求解基追踪去噪/全变分去噪的线性化 Bregman 迭代算法 [530]。

算法 6.9.6 基追踪/压缩感知的线性化 Bregman 迭代算法

初始化 $k = 0$, $\boldsymbol{u}^0 = \boldsymbol{0}$, $\boldsymbol{v}^0 = \boldsymbol{0}$。

迭代

$$u_i^{k+1} = \delta \cdot \text{shrink}(v_i^k, \mu), \ i = 1, \cdots, n$$

$$\boldsymbol{v}^{k+1} = \boldsymbol{v}^k + \boldsymbol{A}^{\mathrm{T}}(\boldsymbol{b} - \boldsymbol{A}\boldsymbol{u}^{k+1})$$

若 $\boldsymbol{u}^k$ 未收敛，则令 $k = k + 1$，返回迭代。

3. 分割 Bregman 算法

考虑 $J(\boldsymbol{u}) = \|\boldsymbol{\Phi}(\boldsymbol{u})\|_1$ 时的优化问题

$$\boldsymbol{u}^{k+1} = \arg\min_{\boldsymbol{u}} \|\boldsymbol{\Phi}(\boldsymbol{u})\|_1 + H(\boldsymbol{u}) \tag{6.9.48}$$

引入中间变量 $\boldsymbol{z} = \boldsymbol{\Phi}(\boldsymbol{u})$，则无约束优化问题式 (6.9.30) 可写成约束优化问题

$$(\boldsymbol{u}^{k+1}, \boldsymbol{z}^{k+1}) = \arg\min_{\boldsymbol{u},\boldsymbol{z}} \|\boldsymbol{z}\|_1 + H(\boldsymbol{u}) \quad \text{subject to } \boldsymbol{z} = \boldsymbol{\Phi}(\boldsymbol{u}) \tag{6.9.49}$$

增加一个 L_2 惩罚项，即可将这一约束优化问题变成无约束优化问题

$$(\boldsymbol{u}^{k+1}, \boldsymbol{z}^{k+1}) = \arg\min_{\boldsymbol{u},\boldsymbol{z}} \|\boldsymbol{z}\|_1 + H(\boldsymbol{u}) + \frac{\lambda}{2}\|\boldsymbol{z} - \boldsymbol{\Phi}(\boldsymbol{u})\|_2^2 \tag{6.9.50}$$

Goldstein 与 Osher [192] 已经证明：看似比较复杂的 Bergman 迭代

$$\begin{aligned} \boldsymbol{x}^{k+1} &= \arg\min_{\boldsymbol{x}} D_E^g(\boldsymbol{x}, \boldsymbol{x}^k) + \frac{\lambda}{2}\|\boldsymbol{A}\boldsymbol{x} - \boldsymbol{b}\|_2^2 \\ &= \arg\min_{\boldsymbol{x}} E(\boldsymbol{x}) - \langle \boldsymbol{g}^k, \boldsymbol{x} - \boldsymbol{x}^k \rangle + \frac{\lambda}{2}\|\boldsymbol{A}\boldsymbol{x} - \boldsymbol{b}\|_2^2 \end{aligned} \tag{6.9.51}$$

$$\boldsymbol{g}^{k+1} = \boldsymbol{g}^k - \lambda \boldsymbol{A}^{\mathrm{T}}(\boldsymbol{A}\boldsymbol{x}^{k+1} - \boldsymbol{b}) \tag{6.9.52}$$

等价于简化的 Bergman 迭代

$$\boldsymbol{x}^{k+1} = \arg\min_{\boldsymbol{x}} E(\boldsymbol{x}) + \frac{\lambda}{2}\|\boldsymbol{A}\boldsymbol{x} - \boldsymbol{b}^k\|_2^2 \tag{6.9.53}$$

$$\boldsymbol{b}^{k+1} = \boldsymbol{b}^k + \boldsymbol{b} - \boldsymbol{A}\boldsymbol{x}^k \tag{6.9.54}$$

将这一等价关系应用于无约束优化问题式 (6.9.50)，即得到下列分割 Bergman 迭代算法 (split Bregman iterative algorithm) [192]

$$\boldsymbol{u}^{k+1} = \arg\min_{\boldsymbol{u}} H(\boldsymbol{u}) + \frac{\lambda}{2}\|\boldsymbol{z}^k - \boldsymbol{\Phi}(\boldsymbol{u}) - \boldsymbol{b}^k\|_2^2 \tag{6.9.55}$$

$$\boldsymbol{z}^{k+1} = \arg\min_{\boldsymbol{z}} \|\boldsymbol{z}\|_1 + \frac{\lambda}{2}\|\boldsymbol{z} - \boldsymbol{\Phi}(\boldsymbol{u}^{k+1}) - \boldsymbol{b}^k\|_2^2 \tag{6.9.56}$$

$$\boldsymbol{b}^{k+1} = \boldsymbol{b}^k + [\boldsymbol{\Phi}(\boldsymbol{u}^{k+1}) - \boldsymbol{z}^{k+1}] \tag{6.9.57}$$

分割 Bregman 迭代算法的三个迭代具有以下特点：

(1) 第 1 个迭代是一个可微分的优化问题，可以使用 Gauss-Seidel 方法求解。

(2) 第 2 个迭代可以使用收缩算子有效求解。

(3) 第 3 个迭代为显式计算。

本章小结

本章集中讨论了超定矩阵方程、盲矩阵方程以及欠定稀疏矩阵方程求解的线性代数方法。

超定矩阵方程求解的主要方法有：① Tikhonov 正则化，可有效防止矩阵 $\boldsymbol{A}$ 秩亏缺对解向量的影响。② 正则 Gauss-Seidel 法，基本思想是对多个变元向量进行解耦。主要有分块协同下降法和交替最小二乘法。③ 总体最小二乘法 (同时考虑数据矩阵 $\boldsymbol{A}$ 和数据向量 $\boldsymbol{b}$ 的独立高斯白噪声)。④ 约束总体最小二乘 (克服 $\boldsymbol{A}$ 的误差矩阵的列向量之间的相关性)。

盲矩阵方程求解：主要介绍了子空间方法和非负矩阵分解的典型算法——乘法算法、投影梯度法、Nesterov 最优梯度法、交替非负最小二乘算法和非负稀疏矩阵方程求解。

稀疏矩阵方程求解：首先讨论了 L_0 范数优化的松弛及正则化理论，然后重点介绍了稀疏优化的正交匹配追踪法、LASSO 算法与 LARS 算法、同伦算法、Bregman 迭代 (包括线性化 Bergman 迭代和分割 Bergman 迭代算法)。

围绕矩阵方程求解的应用，主要介绍了总体最小二乘拟合、超分辨谐波恢复、正则化约束总体最小二乘图像恢复、非负矩阵分解在模式识别中的应用、基追踪去噪、压缩感知和全变分去噪等。

习 题

6.1 考虑线性方程 $\boldsymbol{Ax}+\boldsymbol{\epsilon}=\boldsymbol{x}$，其中，$\boldsymbol{\epsilon}$ 为加性有色噪声向量，满足条件 $\mathrm{E}\{\boldsymbol{\epsilon}\}=\boldsymbol{0}$ 和 $\mathrm{E}\{\boldsymbol{\epsilon}\boldsymbol{\epsilon}^{\mathrm{T}}\}=\boldsymbol{R}$。令 $\boldsymbol{R}$ 已知，并使用加权误差函数 $Q(\boldsymbol{x})=\boldsymbol{\epsilon}^{\mathrm{T}}\boldsymbol{W}\boldsymbol{\epsilon}$ 作为求参数向量 $\boldsymbol{x}$ 最优估计 $\hat{\boldsymbol{x}}_{\mathrm{WLS}}$ 的代价函数。这种方法称为加权最小二乘方法。证明

$$\hat{\boldsymbol{x}}_{\mathrm{WLS}}=(\boldsymbol{A}^{\mathrm{T}}\boldsymbol{W}\boldsymbol{A})^{-1}\boldsymbol{A}^{\mathrm{T}}\boldsymbol{W}\boldsymbol{x}$$

其中，加权矩阵 $\boldsymbol{W}$ 的最优选择为 $\boldsymbol{W}_{\mathrm{opt}}=\boldsymbol{R}^{-1}$。

6.2 已知超定的线性方程 $\boldsymbol{Z}_t^{\mathrm{T}}\boldsymbol{X}_t=\boldsymbol{Z}_t^{\mathrm{T}}\boldsymbol{Y}_t\boldsymbol{x}$，其中，$\boldsymbol{Z}_t\in\mathbb{R}^{(t+1)\times K}$ 称为辅助变量矩阵，并且 $t+1>K$。

(1) 令参数向量 $\boldsymbol{x}$ 在 t 时刻的估计为 $\hat{\boldsymbol{x}}$，求其表达式。这一方法称为辅助变量方法 (instrumental variable method)。

(2) 令

$$\boldsymbol{Y}_{t+1}=\begin{bmatrix}\boldsymbol{Y}_t\\ \boldsymbol{y}_{t+1}\end{bmatrix},\qquad \boldsymbol{Z}_{t+1}=\begin{bmatrix}\boldsymbol{Z}_t\\ \boldsymbol{z}_{t+1}\end{bmatrix},\qquad \boldsymbol{X}_{t+1}=\begin{bmatrix}\boldsymbol{X}_t\\ \boldsymbol{x}_{t+1}\end{bmatrix}$$

求 $\boldsymbol{x}_{t+1}$ 的递推计算公式。

6.3[540] 给定 $\boldsymbol{A}\in\mathbb{R}^{m\times n},\boldsymbol{x}\in\mathbb{R}^n,\boldsymbol{b}\in\mathbb{R}^m,\boldsymbol{C}\in\mathbb{R}^{p\times n},\boldsymbol{d}\in\mathbb{R}^p$，并且 τ 是一个大于零的数。现在希望求解带有二次约束的最小二乘问题

$$\min\|\boldsymbol{Ax}-\boldsymbol{b}\|_2,\quad \boldsymbol{x}\in S(\tau)$$

其中，$S(\tau)$ 是一个向量集合，定义为

$$S(\tau)=\{\boldsymbol{x}\,|\,\|\boldsymbol{Cx}-\boldsymbol{d}\|_2\leqslant\tau\}$$

(1) 证明：若 $\|(\boldsymbol{I}-\boldsymbol{C}\boldsymbol{C}^{\dagger})\boldsymbol{d}\|_2>\tau$，则上述两式所表述的二次约束最小二乘问题无解。

(2) 二次约束最小二乘问题存在显式解，当且仅当存在 $\boldsymbol{z}\in\mathbb{R}^n$ 使得

$$\|\boldsymbol{C}[\boldsymbol{A}^{\dagger}\boldsymbol{b}+(\boldsymbol{I}-\boldsymbol{A}^{\dagger}\boldsymbol{A})\boldsymbol{z}]-\boldsymbol{d}\|_2\leqslant\tau$$

成立，并且对应的显式解由 $\boldsymbol{x}=\boldsymbol{A}^{\dagger}+(\boldsymbol{I}-\boldsymbol{A}^{\dagger}\boldsymbol{A})\boldsymbol{z}$ 给出。（提示：无约束最小二乘问题 $\min\|\boldsymbol{Ax}-\boldsymbol{b}\|_2$ 的通解为 $\boldsymbol{x}=\boldsymbol{A}^{\dagger}\boldsymbol{b}+\mathrm{Null}(\boldsymbol{A})=\boldsymbol{A}^{\dagger}\boldsymbol{b}+\mathrm{Range}(\boldsymbol{I}-\boldsymbol{A}^{\dagger}\boldsymbol{A})$。）

6.4 令 $\lambda>0$，并且 $\boldsymbol{Ax}=\boldsymbol{b}$ 为超定方程。证明：反 Tikhonov 正则化优化问题

$$\min\frac{1}{2}\|\boldsymbol{Ax}-\boldsymbol{b}\|_2^2-\frac{1}{2}\lambda\|\boldsymbol{x}\|_2^2$$

的最优解为

$$\boldsymbol{x}=(\boldsymbol{A}^{\mathrm{H}}\boldsymbol{A}-\lambda\boldsymbol{I})^{-1}\boldsymbol{A}^{\mathrm{H}}\boldsymbol{b}$$

6.5[198] 求解线性方程 $\boldsymbol{A}\boldsymbol{x}=\boldsymbol{b}$ 的总体最小二乘问题也可以表示为

$$\min_{\boldsymbol{b}+\boldsymbol{e}\in\text{Range}(\boldsymbol{A}+\boldsymbol{E})}\|\boldsymbol{D}[\boldsymbol{E},\boldsymbol{e}]\boldsymbol{T}\|_\text{F},\quad \boldsymbol{E}\in\mathbb{R}^{m\times n},\ \boldsymbol{e}\in\mathbb{R}^m$$

式中，$\boldsymbol{D}=\text{diag}(d_1,\cdots,d_m)$ 和 $\boldsymbol{T}=\text{diag}(t_1,\cdots,t_{n+1})$ 非奇异。

(1) 证明：若 $\text{rank}(\boldsymbol{A})<n$，则上述总体最小二乘问题有一个解，当且仅当 $\boldsymbol{b}\in\text{Range}(\boldsymbol{A})$。

(2) 证明：若 $\text{rank}(\boldsymbol{A})=n$，$\boldsymbol{A}^\text{T}\boldsymbol{D}^2\boldsymbol{b}=\boldsymbol{0}$，$|t_{n+1}|\|\boldsymbol{D}\boldsymbol{b}\|_2\geqslant\sigma_n(\boldsymbol{D}\boldsymbol{A}\boldsymbol{T}_1)$，$\boldsymbol{T}_1=\text{diag}(t_1,\cdots,t_n)$，则总体最小二乘问题无解。其中，$\sigma_n(\boldsymbol{C})$ 表示矩阵 $\boldsymbol{C}$ 的第 n 个奇异值。

6.6 考虑上题所述的总体最小二乘问题。证明：若 $\boldsymbol{C}=\boldsymbol{D}[\boldsymbol{A},\boldsymbol{b}]\boldsymbol{T}=[\boldsymbol{A}_1,\boldsymbol{d}]$，并且 $\sigma_n(\boldsymbol{C})>\sigma_{n+1}(\boldsymbol{C})$，则总体最小二乘解满足 $(\boldsymbol{A}_1^\text{T}\boldsymbol{A}_1-\sigma_{n+1}^2(\boldsymbol{C})\boldsymbol{I})\boldsymbol{x}=\boldsymbol{A}_1^\text{T}\boldsymbol{d}$。

6.7 已知数据点 $(1,3)$, $(3,1)$, $(5,7)$, $(4,6)$, $(7,4)$，分别求总体最小二乘和一般最小二乘的拟合直线，并分析它们的距离平方和。

6.8 考虑加性白噪声中的谐波恢复问题

$$x(n)=\sum_{i=1}^{p}A_i\sin(2\pi f_1 n+\phi_i)+e(n)$$

其中，A_i, f_i, ϕ_i 分别是第 i 个谐波的幅值、频率和相位，而 $e(n)$ 为加性高斯白噪声。已知上述谐波过程服从特殊 ARMA 模型

$$x(n)+\sum_{i=1}^{2p}a_i x(n-i)=e(n)+\sum_{i=1}^{2p}a_i e(n-i),\quad n=1,2,\cdots$$

和差分方程 (修正 Yule-Walker 方程)

$$R_x(k)+\sum_{i=1}^{2p}a_i R_x(k-i)=0,\quad \forall\, k$$

并且谐波频率可以通过

$$f_i=\arctan[\text{Im}(z_i)/\text{Re}(z_i)]/2\pi,\quad i=1,2,\cdots,p$$

恢复，其中，z_i 是特征多项式

$$A(z)=1+\sum_{i=1}^{2p}a_i z^{-i}$$

的共轭根对 (z_i,z_i^*) 的一个根。若

$$x(n)=\sqrt{20}\sin(2\pi\, 0.2n)+\sqrt{2}\sin(2\pi\, 0.213n)+e(n)$$

其中，$e(n)$ 是均值为 0，方差为 1 的标准高斯白噪声，并取 $n=1,2,\cdots,128$。试使用一般的最小二乘方法和奇异值–总体最小二乘(SVD-TLS) 算法分别估计观测数据的 ARMA

模型的 AR 参数 a_i，并估计谐波频率 f_1 和 f_2。假定差分方程个数取为 40，使用最小二乘方法时分别取 $p=2$ 和 $p=3$，而总体最小二乘算法取未知参数个数为 14，通过有效奇异值个数的判断，确定谐波个数，然后计算特征多项式的根。从这一计算机仿真实验，你能够得出最小二乘方法和总体最小二乘方法的某些比较结果吗？

6.9 通过令

$$\boldsymbol{X}_{:j:} = \boldsymbol{c}_1 \boldsymbol{a}_1^{\mathrm{T}} b_{j1} + \cdots + \boldsymbol{c}_R \boldsymbol{a}_R^{\mathrm{T}} b_{jR}$$

证明

$$\boldsymbol{X}^{(K\times IJ)} = [\boldsymbol{X}_{:1:}, \cdots, \boldsymbol{X}_{:J:}] = \boldsymbol{C}(\boldsymbol{B}\odot\boldsymbol{A})^{\mathrm{T}}$$

6.10 证明 KL 散度

$$D_{\mathrm{KL}}(\boldsymbol{P}\|\boldsymbol{Q}) = \sum_{i=1}^{I}\sum_{j=1}^{K}\left(p_{ij}\log\frac{p_{ij}}{q_{ij}} - p_{ij} + q_{ij}\right)$$

的非负性，并且 KL 散度等于零，当且仅当 $\boldsymbol{P}=\boldsymbol{Q}$。

6.11 令 $D_{\mathrm{E}}(\boldsymbol{X}\|\boldsymbol{AS}) = \frac{1}{2}\|\boldsymbol{X}-\boldsymbol{AS}\|_2^2$，证明

$$\nabla D_{\mathrm{E}}(\boldsymbol{X}\|\boldsymbol{AS}) = \frac{\partial D_{\mathrm{E}}(\boldsymbol{X}\|\boldsymbol{AS})}{\partial \boldsymbol{A}} = -(\boldsymbol{X}-\boldsymbol{AS})\boldsymbol{S}^{\mathrm{T}}$$

$$\nabla D_{\mathrm{E}}(\boldsymbol{X}\|\boldsymbol{AS}) = \frac{\partial D_{\mathrm{E}}(\boldsymbol{X}\|\boldsymbol{AS})}{\partial \boldsymbol{S}} = -\boldsymbol{A}^{\mathrm{T}}(\boldsymbol{X}-\boldsymbol{AS})$$

第 7 章　特征分析

对一个已知的量确定描述其特征的坐标系，称为特征分析 (eigenanalysis)。特征分析在数学和工程应用中都具有重要的实际意义。本章将围绕矩阵的特征分析，首先详细讨论矩阵的特征值分解。然后围绕特征值分解的以下推广分别展开专题介绍：矩阵束的广义特征值分解、Rayleigh 商、广义 Rayleigh 商、二次特征值问题以及多个矩阵的联合对角化。最后，将讨论特征分析与 Fourier 分析之间的联系。为了方便读者进一步理解这些理论，还将重点介绍有关典型应用。

7.1　特征值问题与特征方程

特征值问题既是一个理论上非常有意义的问题，同时又有着广泛的应用。

7.1.1　特征值问题

若对任意非零向量 $\boldsymbol{w}$ 恒有 $\mathcal{L}[\boldsymbol{w}]=\boldsymbol{w}$，则称 $\mathcal{L}$ 为恒等变换 (identity transformation)。当一个线性算子作用于一向量时，如果仍然输出此向量，便称该线性算子具有输入重生 (input-reproducing) 特性。输入重生有两种情况：

(1) 对任何非零输入向量，线性算子的输出向量都与输入向量完全相同 (恒等算子即属这种情况)。

(2) 只是对某些特定的输入向量，线性算子的输出向量才与输入向量相同，并且还相差一个常数因子。

定义 7.1.1　若非零向量 $\boldsymbol{u}$ 作为线性算子 $\mathcal{L}$ 的输入时，所产生的输出与输入相同 (顶多相差一个常数因子 λ)，即

$$\mathcal{L}[\boldsymbol{u}]=\lambda\boldsymbol{u},\quad \boldsymbol{u}\neq\boldsymbol{0} \tag{7.1.1}$$

则称向量 $\boldsymbol{u}$ 是线性算子 $\mathcal{L}$ 的特征向量，称标量 λ 为线性算子 $\mathcal{L}$ 的特征值。

工程应用中最常用的线性算子或线性变换当属线性时不变系统，其一连串的输入为向量，对应的输出也为向量形式。由上述定义知，若将每一个特征向量 $\boldsymbol{u}$ 视为线性时不变系统的输入，那么与每一个特征向量对应的特征值 λ 就相当于线性系统 $\mathcal{L}$ 输入该特征向量时的增益。由于只有当特征向量 $\boldsymbol{u}$ 作线性系统 $\mathcal{L}$ 的输入时，系统的输出才具有与输入相同 (除相差一个倍数因子外) 这一重要特征，所以特征向量 (eigenvector) 可以看作是表征系统特征的向量，其英文名又叫 characteristic vector。这就是从线性系统的观点，给出的特征向量的物理解释。

一个线性变换 $\boldsymbol{w}=\mathcal{L}(\boldsymbol{x})$ 若能够表示为 $\boldsymbol{w}=\boldsymbol{A}\boldsymbol{x}$，则称 $\boldsymbol{A}$ 是线性变换的标准矩阵 (standard matrix)。显然，如果 $\boldsymbol{A}$ 是线性变换的标准矩阵，则线性变换的特征值问题的表达式 (7.1.1) 可以写作

$$\boldsymbol{A}\boldsymbol{u}=\lambda\boldsymbol{u}, \qquad \boldsymbol{u}\neq\boldsymbol{0} \tag{7.1.2}$$

这样的标量 λ 称为矩阵 $\boldsymbol{A}$ 的特征值 (eigenvalue)，向量 $\boldsymbol{u}$ 称为与 λ 对应的特征向量 (eigenvector)。式 (7.1.2) 有时也被称为特征值–特征向量方程式。

由式 (7.1.2) 易知，若 $\boldsymbol{A}\in\mathbb{C}^{n\times n}$ 为 Hermitian 矩阵，则其特征值 λ 一定是实数，并且有

$$\boldsymbol{A}=\boldsymbol{U}\boldsymbol{\Sigma}\boldsymbol{U}^{\mathrm{H}} \tag{7.1.3}$$

式中，$\boldsymbol{U}=[\boldsymbol{u}_1,\cdots,\boldsymbol{u}_n]^{\mathrm{T}}$ 和 $\boldsymbol{\Sigma}=\mathrm{diag}(\lambda_1,\cdots,\lambda_n)$。式 (7.1.3) 称为 Hermitian 矩阵 $\boldsymbol{A}$ 的特征值分解。

由于特征值 λ 和特征向量 $\boldsymbol{u}$ 经常成对出现，因此常将 $(\lambda,\boldsymbol{u})$ 称为矩阵 $\boldsymbol{A}$ 的特征对 (eigenpair)。虽然特征值可以取零值，但是特征向量不可以是零向量。

由上述分析有下列结论：

(1) 标量 λ 是线性变换 $\mathcal{L}$ 的特征值，当且仅当 λ 是该线性变换的标准矩阵 $\boldsymbol{A}$ 的特征值。

(2) 向量 $\boldsymbol{u}$ 是线性变换 $\mathcal{L}$ 与特征值 λ 对应的特征向量，当且仅当 $\boldsymbol{u}$ 是该线性变换的标准矩阵 $\boldsymbol{A}$ 与特征值 λ 的特征向量。

式 (7.1.2) 意味着，使用矩阵 $\boldsymbol{A}$ 对向量 $\boldsymbol{u}$ 所作的线性变换 $\boldsymbol{A}\boldsymbol{u}$ 不改变向量 $\boldsymbol{u}$ 的方向。因此，线性变换 $\boldsymbol{A}\boldsymbol{u}$ 是一种“保持方向不变”的映射。为了确定向量 $\boldsymbol{u}$，不妨将式 (7.1.2) 改写作

$$(\boldsymbol{A}-\lambda\boldsymbol{I})\boldsymbol{u}=\boldsymbol{0} \tag{7.1.4}$$

由于上式对任意向量 $\boldsymbol{u}$ 均应该成立，故式 (7.1.4) 存在非零解 $\boldsymbol{u}\neq\boldsymbol{0}$ 的唯一条件是矩阵 $\boldsymbol{A}-\lambda\boldsymbol{I}$ 的行列式等于零，即

$$\det(\boldsymbol{A}-\lambda\boldsymbol{I})=0 \tag{7.1.5}$$

应当指出，一个特征值不一定是唯一的，有可能多个特征值取相同的值。同一特征值重复的次数称为特征值的多重度 (multiplicity)。例如，$n\times n$ 单位矩阵的 n 个特征值都等于 1，其多重度为 n。

观察式 (7.1.5)，很容易直接得出下面的重要结果：若特征值问题具有非零解 $\boldsymbol{x}\neq\boldsymbol{0}$，则标量 λ 必然使 $n\times n$ 矩阵 $\boldsymbol{A}-\lambda\boldsymbol{I}$ 奇异。因此，特征值问题的求解由以下两步组成：

(1) 求出所有使矩阵 $\boldsymbol{A}-\lambda\boldsymbol{I}$ 奇异的标量 λ (特征值)；

(2) 给出一个使矩阵 $\boldsymbol{A}-\lambda\boldsymbol{I}$ 奇异的特征值 λ，求出所有满足 $(\boldsymbol{A}-\lambda\boldsymbol{I})\boldsymbol{x}=\boldsymbol{0}$ 的非零向量 $\boldsymbol{x}$，它就是与 λ 对应的特征向量。

7.1.2 特征多项式

根据矩阵的奇异性和行列式之间的关系知，矩阵 $(\boldsymbol{A}-\lambda\boldsymbol{I})$ 是奇异矩阵，当且仅当 $\det(\boldsymbol{A}-\lambda\boldsymbol{I})=0$，即

$$(\boldsymbol{A}-\lambda\boldsymbol{I})\text{ 奇异 }\iff \det(\boldsymbol{A}-\lambda\boldsymbol{I})=0 \tag{7.1.6}$$

因此，矩阵 $(\boldsymbol{A}-\lambda\boldsymbol{I})$ 称为 $\boldsymbol{A}$ 的特征矩阵 (characteristic matrix) [424]。当 $\boldsymbol{A}$ 是 $n\times n$ 矩阵时，展开式 (7.1.6) 左端的行列式，即得到显式的 n 次多项式方程

$$\alpha_0+\alpha_1\lambda+\cdots+\alpha_{n-1}\lambda^{n-1}+(-1)^n\lambda^n=0 \tag{7.1.7}$$

称为矩阵 $\boldsymbol{A}$ 的特征方程，多项式 $\det(\boldsymbol{A}-\lambda\boldsymbol{I})$ 称为特征多项式。为了避免矩阵 $\boldsymbol{A}$ 的特征值 λ 计算与特征多项式求根问题之间的混淆，常在特征多项式中用 x 代替 λ。

定义 7.1.2 令 $\boldsymbol{A}$ 是一个 $n\times n$ 矩阵，则 n 阶多项式

$$\begin{aligned}p(x)=\det(\boldsymbol{A}-x\boldsymbol{I})&=\begin{vmatrix}a_{11}-x & a_{12} & \cdots & a_{1n}\\ a_{21} & a_{22}-x & \cdots & a_{2n}\\ \vdots & \vdots & \ddots & \vdots\\ a_{n1} & a_{n2} & \cdots & a_{nn}-x\end{vmatrix}\\ &=p_nx^n+p_{n-1}x^{n-1}+\cdots+p_1x+p_0\end{aligned} \tag{7.1.8}$$

称为矩阵 $\boldsymbol{A}$ 的特征多项式。方程

$$p(x)=\det(\boldsymbol{A}-x\boldsymbol{I})=0 \tag{7.1.9}$$

称为矩阵 $\boldsymbol{A}$ 的特征方程。特征方程的根称为矩阵 $\boldsymbol{A}$ 的特征值 (eigenvalues，characteristic values，latent values) 或特征根 (characteristic roots，latent roots)。

显然，矩阵 $\boldsymbol{A}$ 的 n 个特征值 λ 的计算与特征方程 $p(x)=0$ 的求根是两个等价的问题。由于特征多项式 $p(x)$ 是变量 x 的 n 阶多项式，特征方程 $p(x)=0$ 不可能有多于 n 个不同的根。即是说，矩阵 $\boldsymbol{A}_{n\times n}$ 共有 n 个特征值。一个 $n\times n$ 矩阵 $\boldsymbol{A}$ 能够产生一个特征多项式。同样，每一个 n 次多项式也可以写成一个 $n\times n$ 矩阵的特征多项式 [36]。

定理 7.1.1 任何一个多项式

$$p(\lambda)=\lambda^n+a_1\lambda^{n-1}+\cdots+a_{n-1}\lambda+a_n$$

都可以写成 $n\times n$ 矩阵

$$\boldsymbol{A}=\begin{bmatrix}-a_1 & -a_2 & \cdots & -a_{n-1} & -a_n\\ -1 & 0 & \cdots & 0 & 0\\ 0 & -1 & \cdots & 0 & 0\\ \vdots & \vdots & \ddots & \vdots & \vdots\\ 0 & 0 & \cdots & -1 & 0\end{bmatrix}$$

的特征多项式，即有 $p(\lambda)=\det(\lambda\boldsymbol{I}-\boldsymbol{A})$。

7.2 特征值与特征向量

本节重点讨论矩阵 $\boldsymbol{A}$ 的特征值与特征向量的有关计算及性质。

7.2.1 特征值

根据代数学基本定理知，即使矩阵 $\boldsymbol{A}$ 是实的，特征方程的根也可能是复的，而且根的多重数可以是任意的，甚至可以是 n 重根。这些根统称矩阵 $\boldsymbol{A}$ 的特征值。

关于特征值，有必要先集中介绍以下术语 [434, p.15]：

(1) 称 $\boldsymbol{A}$ 的特征值 λ 具有代数多重度 (algebraic multiplicity) μ，若 λ 是特征多项式 $\det(\boldsymbol{A} - z\boldsymbol{I}) = 0$ 的 μ 重根。

(2) 若特征值 λ 的代数多重度为 1，则称该特征值为单特征值 (simple eigenvalue)。非单的特征值称为多重特征值 (multiple eigenvalue)。

(3) 称 $\boldsymbol{A}$ 的特征值 λ 具有几何多重度 (geometric multiplicity) γ，若与 λ 对应的线性无关特征向量的个数为 γ。换言之，几何多重度 γ 是特征空间 $\mathrm{Null}(\boldsymbol{A} - \lambda\boldsymbol{I})$ 的维数。

(4) 矩阵 $\boldsymbol{A}$ 称为减次矩阵 (derogatory matrix)，若至少有一个特征值的几何多重度大于 1。

(5) 一特征值称为半单特征值 (semi-simple eigenvalue)，若它的代数多重度等于它的几何多重度。不是半单的特征值称为亏损特征值 (defective eigenvalue)。

几何多重度还有另外一种定义，将在稍后介绍。

众所周知，任何一个 n 阶多项式 $p(x)$ 都可以写成因式分解形式

$$p(x) = a(x - x_1)(x - x_2)\cdots(x - x_n) \tag{7.2.1}$$

注意，特征多项式 $p(x)$ 的 n 个根 $x_1, x_2, \cdots, x_n$ 不一定是各不相同的，也不一定就是实的。

一般说来，矩阵 $\boldsymbol{A}$ 的特征值是各不相同的。若特征多项式存在多重根，则称矩阵 $\boldsymbol{A}$ 具有退化特征值 (degenerate enginvalue)。

需要注意的是，即使矩阵 $\boldsymbol{A}$ 是实矩阵，其特征值也可能是复的。以 Givens 旋转矩阵

$$\boldsymbol{A} = \begin{bmatrix} \cos\theta & -\sin\theta \\ \sin\theta & \cos\theta \end{bmatrix}$$

为例，其特征方程

$$\det(\boldsymbol{A} - \lambda\boldsymbol{I}) = \begin{vmatrix} \cos\theta - \lambda & -\sin\theta \\ \sin\theta & \cos\theta - \lambda \end{vmatrix} = (\cos\theta - \lambda)^2 + \sin^2\theta = 0$$

然而，若 θ 不是 π 的整数倍，则 $\sin^2\theta > 0$。此时，特征方程不可能有 λ 的实根，即 Givens 旋转矩阵的两个特征值都为复数，与它们对应的特征向量也是复向量。

下面是特征值的一些重要性质。

性质 1 矩阵 $\boldsymbol{A}$ 奇异，当且仅当至少有一个特征值 $\lambda = 0$。

性质 2 矩阵 $\boldsymbol{A}$ 和 $\boldsymbol{A}^{\mathrm{T}}$ 具有相同的特征值。

性质 3 若 λ 是 $n \times n$ 矩阵 $\boldsymbol{A}$ 的特征值，则有

(1) λ^k 是矩阵 $\boldsymbol{A}^k$ 的特征值。

(2) 若 $\boldsymbol{A}$ 非奇异，则 $\boldsymbol{A}^{-1}$ 具有特征值 $1/\lambda$。

(3) 矩阵 $\boldsymbol{A} + \sigma^2 \boldsymbol{I}$ 的特征值为 $\lambda + \sigma^2$。

7.2.2 特征向量

若矩阵 $\boldsymbol{A}_{n\times n}$ 是一个一般的复矩阵，并且 λ 是其特征值，则满足

$$(\boldsymbol{A} - \lambda \boldsymbol{I})\boldsymbol{v} = \boldsymbol{0} \quad 或 \quad \boldsymbol{A}\boldsymbol{v} = \lambda \boldsymbol{v} \tag{7.2.2}$$

的向量 $\boldsymbol{v}$ 称为 $\boldsymbol{A}$ 与特征值 λ 对应的右特征向量，而满足

$$\boldsymbol{u}^{\mathrm{H}}(\boldsymbol{A} - \lambda \boldsymbol{I}) = \boldsymbol{0}^{\mathrm{T}} \quad 或 \quad \boldsymbol{u}^{\mathrm{H}}\boldsymbol{A} = \lambda \boldsymbol{u}^{\mathrm{H}} \tag{7.2.3}$$

的向量 $\boldsymbol{u}$ 称为 $\boldsymbol{A}$ 与特征值 λ 对应的左特征向量。

若矩阵 $\boldsymbol{A}$ 为 Hermitian 矩阵，则由于其所有特征值为实数，立即知 $\boldsymbol{v} = \boldsymbol{u}$，即 Hermitian 矩阵的左和右特征向量相同。

有必要对矩阵的奇异值分解与特征值分解之间的联系与区别作一番比较：

(1) 奇异值分解适用于任何 $m \times n$ 长方形矩阵 ($m \geqslant n$ 或者 $m < n$ 均可)，特征值分解只适用于正方矩阵。

(2) 即使是同一个 $n \times n$ 非 Hermitian 矩阵 $\boldsymbol{A}$，奇异值和特征值的定义也是完全不同的：奇异值定义为使原矩阵 $\boldsymbol{A}$ 的秩减小 1 的误差矩阵 $\boldsymbol{E}_k$ 的谱范数

$$\sigma_k = \min_{\boldsymbol{E} \in \mathbb{C}^{m\times n}} \{\|\boldsymbol{E}\|_{\mathrm{spec}} : \mathrm{rank}(\boldsymbol{A} + \boldsymbol{E}) \leqslant k - 1\},\ k = 1, \cdots, \min\{m, n\} \tag{7.2.4}$$

而特征值定义为特征多项式 $\det(\boldsymbol{A} - \lambda \boldsymbol{I}) = 0$ 的根。同一正方矩阵的奇异值和特征值之间无内在的关系，但 $m \times n$ 矩阵 $\boldsymbol{A}$ 的非零奇异值是 $n \times n$ Hermitian 矩阵 $\boldsymbol{A}^{\mathrm{H}}\boldsymbol{A}$ 或 $m \times m$ Hermitian 矩阵 $\boldsymbol{A}\boldsymbol{A}^{\mathrm{H}}$ 的非零特征值的正平方根。

(3) $m \times n$ 矩阵 $\boldsymbol{A}$ 与奇异值 σ_i 对应的左奇异向量 $\boldsymbol{u}_i$ 和右奇异向量 $\boldsymbol{v}_i$ 定义为满足 $\boldsymbol{u}_i^{\mathrm{H}}\boldsymbol{A}\boldsymbol{v}_i = \sigma_i$ 的两个向量，而 $n \times n$ 矩阵 $\boldsymbol{A}$ 的左和右特征向量则分别由 $\boldsymbol{u}^{\mathrm{H}}\boldsymbol{A} = \lambda_i \boldsymbol{u}^{\mathrm{H}}$ 和 $\boldsymbol{A}\boldsymbol{v}_i = \lambda_i \boldsymbol{v}_i$ 定义。因此，对于同一个 $n \times n$ 非 Hermitian 矩阵 $\boldsymbol{A}$，它的 (左和右) 奇异向量与 (左和右) 特征向量之间也没有内在的关系。然而，矩阵 $\boldsymbol{A} \in \mathbb{C}^{m\times n}$ 的左奇异向量 $\boldsymbol{u}_i$ 和右奇异向量 $\boldsymbol{v}_i$ 分别是 $m \times m$ Hermitian 矩阵 $\boldsymbol{A}\boldsymbol{A}^{\mathrm{H}}$ 和 $\boldsymbol{A}^{\mathrm{H}}\boldsymbol{A}$ 的特征向量。

命题 7.2.1 令 $\boldsymbol{u}_1,\cdots,\boldsymbol{u}_k$ 是 $n\times n$ 矩阵 $\boldsymbol{A}$ 与不同特征值 $\lambda_1,\cdots,\lambda_k$ 相对应的特征向量，即

$$\boldsymbol{A}\boldsymbol{u}_i=\lambda_i\boldsymbol{u}_i,\quad i=1,2,\cdots,k;\ k\leqslant n \tag{7.2.5}$$

$$\lambda_i\neq\lambda_j,\quad i\neq j;\ 1\leqslant i,j\leqslant k \tag{7.2.6}$$

则这 k 个特征向量的集合 $\{\boldsymbol{u}_1,\cdots,\boldsymbol{u}_k\}$ 是一个线性无关集合。

证明 参见文献 [255]。

若 $k=n$，则命题 7.2.1 的结果为下列推论。

推论 7.2.1 令 $\boldsymbol{A}$ 是一个 $n\times n$ 矩阵。若 $\boldsymbol{A}$ 具有不同的 n 个特征值，则 $\boldsymbol{A}$ 具有 n 个线性无关的特征向量。

另一方面，从式 (7.1.2) 容易看出，一个特征向量乘以任一非零的标量后，仍然满足式 (7.1.2)，即还是特征向量。为了避免特征向量的多值性，通常定义特征向量总是具有单位内积 (或者单位范数)，即约定 $\boldsymbol{u}^{\mathrm{H}}\boldsymbol{u}=1$。

命题 7.2.2 若 $(\lambda,\boldsymbol{u})$ 是 $n\times n$ 实矩阵 $\boldsymbol{A}$ 的特征对，则 $(\lambda^*,\boldsymbol{u}^*)$ 也是实矩阵 $\boldsymbol{A}$ 的特征对。换言之，若实矩阵存在复特征值与/或复特征向量，则它们一定分别以复共轭对的形式出现。

证明 由于 $\boldsymbol{A}$ 是实矩阵，故有 $(\boldsymbol{A}\boldsymbol{u})^*=\boldsymbol{A}\boldsymbol{u}^*$，式中，$*$ 为复数共轭。利用这一结果和已知条件 $\boldsymbol{A}\boldsymbol{u}=\lambda\boldsymbol{u}$，易知 $\boldsymbol{A}\boldsymbol{u}^*=(\boldsymbol{A}\boldsymbol{u})^*=(\lambda\boldsymbol{u})^*=\lambda^*\boldsymbol{u}^*$。这一结果表明，$(\lambda^*,\boldsymbol{u}^*)$ 也是实矩阵 $\boldsymbol{A}$ 的特征对。 ■

如果一个普通的 $n\times n$ 矩阵 $\boldsymbol{A}$ 已求出了不同的特征值，那么只要求解矩阵方程 $(\boldsymbol{A}-\lambda\boldsymbol{I})\boldsymbol{x}=\boldsymbol{0}$，即可得到与每个已知 λ 对应的特征向量 $\boldsymbol{x}$。

下面通过一个例子说明如何分步求出一个 $n\times n$ 矩阵 $\boldsymbol{A}$ 的特征值、对应的特征向量和对角化。

例 7.2.1 已知一个 3×3 实矩阵

$$\boldsymbol{A}=\begin{bmatrix}1&1&1\\0&3&3\\-2&1&1\end{bmatrix}$$

是非对称的一般矩阵。直接计算知，特征多项式

$$\det(\boldsymbol{A}-\lambda\boldsymbol{I})=\begin{vmatrix}1-\lambda&1&1\\0&3-\lambda&3\\-2&1&1-\lambda\end{vmatrix}=-\lambda(\lambda-2)(\lambda-3)$$

求解特征方程 $\det(\boldsymbol{A}-\lambda\boldsymbol{I})=0$ 得到矩阵 $\boldsymbol{A}$ 的 3 个特征值 $\lambda=0,2,3$。

(1) 对于特征值 $\lambda=0$，有 $(\boldsymbol{A}-0\boldsymbol{I})\boldsymbol{x}=\boldsymbol{0}$，即有

$$\begin{aligned}x_1+x_2+x_3&=0\\3x_2+3x_3&=0\\-2x_1+x_2+x_3&=0\end{aligned}$$

其解为 $x_1 = 0$ 和 $x_2 = -x_3$，其中，x_3 任意。因此，与特征值 $\lambda = 0$ 对应的特征向量为

$$\boldsymbol{x} = \begin{bmatrix} 0 \\ -a \\ a \end{bmatrix} = a \begin{bmatrix} 0 \\ -1 \\ 1 \end{bmatrix}, \quad a \neq 0$$

取 $a = 1$，得特征向量为 $\boldsymbol{x}_1 = [0,\ -1,\ 1]^{\mathrm{T}}$。

(2) 对于特征值 $\lambda = 2$，有 $(\boldsymbol{A} - 2\boldsymbol{I})\boldsymbol{x} = \boldsymbol{0}$，即

$$\begin{aligned} -x_1 + x_2 + x_3 &= 0 \\ x_2 + 3x_3 &= 0 \\ -2x_1 + x_2 - x_3 &= 0 \end{aligned}$$

其解为 $x_1 = -2x_3, x_2 = -3x_3$，其中，x_3 任意。因此，与特征值 $\lambda = 2$ 对应的特征向量为

$$\boldsymbol{x} = \begin{bmatrix} -2a \\ -3a \\ a \end{bmatrix} = a \begin{bmatrix} -2 \\ -3 \\ 1 \end{bmatrix}, \quad a \neq 0$$

取 $a = 1$，得特征向量为 $\boldsymbol{x}_2 = [-2,\ -3,\ 1]^{\mathrm{T}}$。

(3) 类似地，与 $\lambda = 3$ 对应的特征向量为 $\boldsymbol{x}_3 = [1,\ 2,\ 0]^{\mathrm{T}}$。三个特征向量组成矩阵

$$\boldsymbol{U} = \begin{bmatrix} 0 & -2 & 1 \\ -1 & -3 & 2 \\ 1 & 1 & 0 \end{bmatrix}$$

其逆矩阵为

$$\boldsymbol{U}^{-1} = \begin{bmatrix} 1 & -1/2 & 1/2 \\ -1 & 1/2 & 1/2 \\ -1 & 1 & 1 \end{bmatrix}$$

于是，矩阵 $\boldsymbol{A}$ 的对角化结果为

$$\begin{aligned} \boldsymbol{U}^{-1}\boldsymbol{A}\boldsymbol{U} &= \begin{bmatrix} 1 & -1/2 & 1/2 \\ -1 & 1/2 & 1/2 \\ -1 & 1 & 1 \end{bmatrix} \begin{bmatrix} 1 & 1 & 1 \\ 0 & 3 & 3 \\ -2 & 1 & 1 \end{bmatrix} \begin{bmatrix} 0 & -2 & 1 \\ -1 & -3 & 2 \\ 1 & 1 & 0 \end{bmatrix} \\ &= \begin{bmatrix} 1 & -1/2 & 1/2 \\ -1 & 1/2 & 1/2 \\ -1 & 1 & 1 \end{bmatrix} \begin{bmatrix} 0 & -4 & 3 \\ 0 & -6 & 6 \\ 0 & 2 & 0 \end{bmatrix} \\ &= \begin{bmatrix} 0 & 0 & 0 \\ 0 & 2 & 0 \\ 0 & 0 & 3 \end{bmatrix} \end{aligned}$$

它恰好就是由矩阵 $\boldsymbol{A}$ 的三个不同特征值 $0, 2, 3$ 构成的对角矩阵。

7.2.3 与其他矩阵函数的关系

一个矩阵的特征值与矩阵的其他标量函数有着密切的关系。这里先引出特征值的条件数的定义。

定义 7.2.1 [434, p.93] 任意一个矩阵 $\boldsymbol{A}$ 的单个特征值 λ 的条件数定义为

$$\text{cond}(\lambda)=\frac{1}{\cos\theta(\boldsymbol{u},\boldsymbol{v})} \tag{7.2.7}$$

式中，$\theta(\boldsymbol{u},\boldsymbol{v})$ 表示与特征值 λ 对应的左特征向量 $\boldsymbol{u}$ 和右特征向量 $\boldsymbol{v}$ 之间的夹角 (锐角)。

例 7.2.2 [434, p.93] 考虑矩阵

$$\boldsymbol{A}=\begin{bmatrix}-149 & -50 & -154\\ 537 & 180 & 546\\ -27 & -9 & -25\end{bmatrix}$$

其特征值为 $\{1,2,3\}$。与特征值 $\lambda=1$ 对应的左和右特征向量分别为

$$\boldsymbol{u}=\begin{bmatrix}0.6810\\ 0.2253\\ 0.6967\end{bmatrix}\quad 和 \quad \boldsymbol{v}=\begin{bmatrix}0.3162\\ -0.9487\\ 0.0000\end{bmatrix}$$

相应的条件数 $\text{cond}(\lambda_1)\approx 603.64$。这说明矩阵元素 0.01 数量级的扰动将引起特征值 λ_1 最大 6 倍的变化。例如，元素 a_{11} 扰动到 -149.01，则矩阵 $\boldsymbol{A}$ 的特征值变为

$$\{0.2287, 3.2878, 2.4735\}$$

下面讨论一个矩阵的所有特征值的集合与该矩阵的谱、行列式、迹之间的关系。

1. 与矩阵的谱的关系

定义 7.2.2 矩阵 $\boldsymbol{A}\in\mathbb{C}^{n\times n}$ 的所有特征值 $\lambda\in\mathbb{C}$ 的集合称为矩阵 $\boldsymbol{A}$ 的谱，记作 $\lambda(\boldsymbol{A})$。矩阵 $\boldsymbol{A}$ 的谱半径是非负实数，定义为

$$\rho(\boldsymbol{A})=\max|\lambda|:\lambda\in\lambda(\boldsymbol{A}) \tag{7.2.8}$$

由于 $\rho(\boldsymbol{A})$ 是包含 $\boldsymbol{A}$ 的所有特征值在圆内或圆上的最小圆盘的半径，圆心在复平面的原点，故名谱半径。

令 $\lambda(\boldsymbol{A})=\{\lambda_1,\lambda_2,\cdots,\lambda_n\}$，则

$$\det(\boldsymbol{A})=\lambda_1\lambda_2\cdots\lambda_n \tag{7.2.9}$$

显然，若 $\boldsymbol{A}$ 具有零特征值，则 $\det(\boldsymbol{A})=0$，即矩阵 $\boldsymbol{A}$ 奇异。反之，若 $\boldsymbol{A}$ 的所有特征值都不等于零，则 $\det(\boldsymbol{A})\neq 0$，即矩阵 $\boldsymbol{A}$ 非奇异。

2. 与矩阵的行列式和迹的关系

矩阵 $\boldsymbol{A}$ 的迹等于其所有特征值之和，而行列式 $|\boldsymbol{A}|$ 等于矩阵 $\boldsymbol{A}$ 所有特征值的乘积，即有

$$\text{tr}(\boldsymbol{A})=\sum_{i=1}^{n}\lambda_i \tag{7.2.10}$$

$$\det(\boldsymbol{A})=\prod_{i=1}^{n}\lambda_i \tag{7.2.11}$$

令 $\boldsymbol{s}(t)=[s_1(t),s_2(t),\cdots,s_n(t)]^{\mathrm{T}}$ 表示 n 个信号组成的向量，且 $\boldsymbol{R}_s=\mathrm{E}\{\boldsymbol{s}(t)\boldsymbol{s}^{\mathrm{H}}(t)\}$ 表示信号向量 $\boldsymbol{s}(t)$ 的相关矩阵，即

$$\boldsymbol{R}_s=\begin{bmatrix}\mathrm{E}\{|s_1(t)|^2\} & \mathrm{E}\{s_1(t)s_2^*(t)\} & \cdots & \mathrm{E}\{s_1(t)s_n^*(t)\}\\ \mathrm{E}\{s_2(t)s_1^*(t)\} & \mathrm{E}\{|s_2(t)|^2\} & \cdots & \mathrm{E}\{s_2(t)s_n^*(t)\}\\ \vdots & \vdots & \ddots & \vdots\\ \mathrm{E}\{s_n(t)s_1^*(t)\} & \mathrm{E}\{s_n(t)s_2^*(t)\} & \cdots & \mathrm{E}\{|s_n(t)|^2\}\end{bmatrix}$$

假定其 n 个特征特征值为 $\lambda_1,\lambda_2,\cdots,\lambda_n$。利用矩阵的迹的定义知

$$\mathrm{tr}(\boldsymbol{R}_s)=\sum_{i=1}^{n}\mathrm{E}\{|s_i(t)|^2\}=\sum_{i=1}^{n}\lambda_i \tag{7.2.12}$$

即是说，相关矩阵 $\boldsymbol{R}_s$ 的特征值之和反映 n 个信号功率之和。

定义 7.2.3 对称矩阵 $\boldsymbol{A}\in\mathbb{R}^{n\times n}$ 的惯性 $\mathrm{In}(\boldsymbol{A})$ 定义为三元组

$$\mathrm{In}(\boldsymbol{A})=(i_+(\boldsymbol{A}),i_-(\boldsymbol{A}),i_0(\boldsymbol{A}))$$

其中，$i_+(\boldsymbol{A}),i_-(\boldsymbol{A})$ 和 $i_0(\boldsymbol{A})$ 分别是 $\boldsymbol{A}$ 的正、负和零特征值的个数 (多重特征值分别计算多重数在内)。另外，量 $i_+(\boldsymbol{A})-i_-(\boldsymbol{A})$ 叫做 $\boldsymbol{A}$ 的符号差 (signature)。

显然，对称矩阵 $\boldsymbol{A}$ 的秩由 $\mathrm{rank}(\boldsymbol{A})=i_+(\boldsymbol{A})+i_-(\boldsymbol{A})$ 决定。

3. 矩阵多项式的特征值

考虑矩阵 $\boldsymbol{A}$ 的 n 次多项式

$$f(\boldsymbol{A})=\boldsymbol{A}^n+c_1\boldsymbol{A}^{n-1}+\cdots+c_{n-1}\boldsymbol{A}+c_n\boldsymbol{I} \tag{7.2.13}$$

若矩阵 $\boldsymbol{A}$ 有特征对 $(\lambda,\boldsymbol{u})$，即 $\boldsymbol{A}\boldsymbol{u}=\lambda\boldsymbol{u}$，则由于

$$\boldsymbol{A}^2\boldsymbol{u}=\lambda\boldsymbol{A}\boldsymbol{u}=\lambda^2\boldsymbol{u},\quad \boldsymbol{A}^3\boldsymbol{u}=\lambda\boldsymbol{A}^2\boldsymbol{u}=\lambda^3\boldsymbol{u},\quad\cdots,\quad \boldsymbol{A}^n\boldsymbol{u}=\lambda^n\boldsymbol{u}$$

立即有

$$\begin{aligned}&(\boldsymbol{A}^n+c_1\boldsymbol{A}^{n-1}+\cdots+c_{n-1}\boldsymbol{A}+c_n\boldsymbol{I})\boldsymbol{u}\\ &=\boldsymbol{A}^n\boldsymbol{u}+c_1\boldsymbol{A}^{n-1}\boldsymbol{u}+\cdots+c_{n-1}\boldsymbol{A}\boldsymbol{u}+c_n\boldsymbol{u}\\ &=\lambda^n\boldsymbol{u}+c_1\lambda^{n-1}\boldsymbol{u}+\cdots+c_{n-1}\lambda\boldsymbol{u}+c_n\boldsymbol{u}\\ &=(\lambda^n+c_1\lambda^{n-1}+\cdots+c_{n-1}\lambda+c_n)\boldsymbol{u}\end{aligned} \tag{7.2.14}$$

令矩阵多项式 $f(\boldsymbol{A})$ 的特征值为 $f(\lambda)$，即 $f(\boldsymbol{A})\boldsymbol{u}=f(\lambda)\boldsymbol{u}$。将这一关系式代入式 (7.2.14)，易知

$$f(\lambda)=\lambda^n+c_1\lambda^{n-1}+\cdots+c_{n-1}\lambda+c_n \tag{7.2.15}$$

是矩阵多项式 $f(\boldsymbol{A})$ 的特征值。

标量 x 的幂级数定义为 $e^x = 1 + x + x^2/2! + x^3/3! + \cdots$。类似地，矩阵 $\boldsymbol{A}$ 的幂级数定义为

$$e^{\boldsymbol{A}} = \boldsymbol{I} + \boldsymbol{A} + \frac{1}{2!}\boldsymbol{A}^2 + \frac{1}{3!}\boldsymbol{A}^3 + \cdots = \sum_{i=0}^{\infty}\frac{1}{i!}\boldsymbol{A}^i \tag{7.2.16}$$

假定级数收敛。若矩阵 $\boldsymbol{A}$ 的特征值为 λ，则由矩阵多项式的特征值表示式 (7.2.15)，立即知矩阵的指数函数 $e^{\boldsymbol{A}}$ 的特征值为

$$f(\lambda) = \sum_{i=0}^{\infty}\lambda^i/i! = e^{\lambda} \tag{7.2.17}$$

7.2.4 特征值和特征向量的性质

前面分析了特征值和特征向量的一些典型性质。事实上，一个 $n \times n$ 矩阵 (不一定是 Hermitian 矩阵) $\boldsymbol{A}$ 的特征值具有广泛的性质，详见下面的汇总[238]。

(1) $n \times n$ 矩阵 $\boldsymbol{A}$ 共有 n 个特征值，其中，多重特征值按照其多重度计数。

(2) 若非对称的实矩阵 $\boldsymbol{A}$ 存在复特征值与/或复特征向量，则它们一定分别以复共轭对的形式出现。

(3) 若 $\boldsymbol{A}$ 是实对称矩阵或 Hermitian 矩阵，则其所有特征值都是实数。

(4) 关于对角矩阵与三角矩阵的特征值：

① 若 $\boldsymbol{A} = \text{diag}(a_{11}, a_{22}, \cdots, a_{nn})$，则其特征值为 $a_{11}, a_{22}, \cdots, a_{nn}$。

② 若 $\boldsymbol{A}$ 为三角矩阵，则其对角元素是所有的特征值。

(5) 对一个 $n \times n$ 矩阵 $\boldsymbol{A}$：

① 若 λ 是 $\boldsymbol{A}$ 的特征值，则 λ 也是 $\boldsymbol{A}^{\mathrm{T}}$ 的特征值。

② 若 λ 是 $\boldsymbol{A}$ 的特征值，则 λ^* 是 $\boldsymbol{A}^{\mathrm{H}}$ 的特征值。

③ 若 λ 是 $\boldsymbol{A}$ 的特征值，则 $\lambda + \sigma^2$ 是 $\boldsymbol{A} + \sigma^2\boldsymbol{I}$ 的特征值。

④ 若 λ 是矩阵 $\boldsymbol{A}$ 的特征值，则 $1/\lambda$ 是逆矩阵 $\boldsymbol{A}^{-1}$ 的特征值。

(6) 幂等矩阵 $\boldsymbol{A}^2 = \boldsymbol{A}$ 的所有特征值取 0 或者 1。

(7) 若 $\boldsymbol{A}$ 是实正交矩阵，则其所有特征值位于单位圆上。

(8) 特征值与矩阵奇异性的关系：

① 若 $\boldsymbol{A}$ 奇异，则它至少有一个特征值为 0。

② 若 $\boldsymbol{A}$ 非奇异，则它所有的特征值非零。

(9) 特征值与迹的关系：矩阵 $\boldsymbol{A}$ 的特征值之和等于该矩阵的迹，即 $\sum_{i=1}^{n}\lambda_i = \text{tr}(\boldsymbol{A})$。

(10) 与不同特征值 $\lambda_1, \lambda_2, \cdots, \lambda_n$ 对应的非零特征向量 $\boldsymbol{u}_1, \boldsymbol{u}_2, \cdots, \boldsymbol{u}_n$ 线性无关。

(11) 一个 Hermitian 矩阵 $\boldsymbol{A}$ 是正定 (或半正定) 的，当且仅当它的特征值是正 (或者非负) 的。

(12) 特征值与行列式的关系：矩阵 $\boldsymbol{A}$ 所有特征值的乘积等于该矩阵的行列式，即 $\prod_{i=1}^{n}\lambda_i = \det(\boldsymbol{A}) = |\boldsymbol{A}|$。

(13) 特征值与秩的关系：

① 若 $n\times n$ 矩阵 $\boldsymbol{A}$ 有 r 个非零特征值，则 $\text{rank}(\boldsymbol{A}) \geqslant r$。

② 若 0 是 $n\times n$ 矩阵 $\boldsymbol{A}$ 的无多重的特征值，则 $\text{rank}(\boldsymbol{A}) = n-1$。

③ 若 $\text{rank}(\boldsymbol{A}-\lambda\boldsymbol{I}) \leqslant n-1$，则 λ 是矩阵 $\boldsymbol{A}$ 的特征值。

(14) 若 $\boldsymbol{A}$ 的特征值不相同，则一定可以找到一个相似矩阵 $\boldsymbol{S}^{-1}\boldsymbol{A}\boldsymbol{S} = \boldsymbol{D}$ (对角矩阵)，其对角元素即是矩阵$\boldsymbol{A}$ 的特征值。

(15) $n\times n$ 矩阵 $\boldsymbol{A}$ 的任何一个特征值 λ 的几何多重度都不可能大于 λ 的代数多重度。

(16) Cayley-Hamilton 定理：若 $\lambda_1,\lambda_2,\cdots,\lambda_n$ 是 $n\times n$ 矩阵 $\boldsymbol{A}$ 的特征值，则

$$\prod_{i=1}^{n}(\boldsymbol{A}-\lambda_i\boldsymbol{I}) = 0$$

(17) 关于相似矩阵的特征值：

① 若 λ 是 $n\times n$ 矩阵 $\boldsymbol{A}$ 的一个特征值，并且 $n\times n$ 矩阵 $\boldsymbol{B}$ 非奇异，则 λ 也是矩阵 $\boldsymbol{B}^{-1}\boldsymbol{A}\boldsymbol{B}$ 的一个特征值，但对应的特征向量一般不相同。

② 若 λ 是 $n\times n$ 矩阵 $\boldsymbol{A}$ 的一个特征值，并且 $n\times n$ 矩阵 $\boldsymbol{B}$ 是酉矩阵，则 λ 也是矩阵 $\boldsymbol{B}^{\text{H}}\boldsymbol{A}\boldsymbol{B}$ 的一个特征值，但对应的特征向量一般不相同。

③ 若 λ 是 $n\times n$ 矩阵 $\boldsymbol{A}$ 的一个特征值，并且 $n\times n$ 矩阵 $\boldsymbol{B}$ 是正交矩阵，则 λ 也是矩阵 $\boldsymbol{B}^{\text{T}}\boldsymbol{A}\boldsymbol{B}$ 的一个特征值，但对应的特征向量一般不相同。

(18) 一个 $n\times n$ 矩阵 $\boldsymbol{A}=[a_{ij}]$ 的最大特征值以该矩阵的列元素之和的最大值为界，即 $\lambda_{\max} \leqslant \max\limits_{i}\sum_{j=1}^{n}a_{ij}$。

(19) 随机向量 $\boldsymbol{x}(t) = [x_1(t), x_2(t),\cdots,x_n(t)]^{\text{T}}$ 的相关矩阵 $\boldsymbol{R} = \text{E}\{\boldsymbol{x}(t)\boldsymbol{x}^{\text{H}}(t)\}$ 的特征值以信号的最大功率 $P_{\max} = \max\limits_{i}\text{E}\{|x_i(t)|^2\}$ 和最小功率 $P_{\min} = \min_i \text{E}\{|x_i(t)|^2\}$ 为界，即有

$$P_{\min} \leqslant \lambda_i \leqslant P_{\max} \tag{7.2.18}$$

(20) 随机向量 $\boldsymbol{x}(t)$ 的相关矩阵$\boldsymbol{R}$ 的特征值散布 (eigenvalue spread) 为

$$\mathcal{X}(\boldsymbol{R}) = \frac{\lambda_{\max}}{\lambda_{\min}} \tag{7.2.19}$$

(21) 关于绝对值小于 1 的特征值：

① 若 $|\lambda_i| < 1, i = 1,\cdots,n$，则矩阵 $\boldsymbol{A}\pm\boldsymbol{I}_n$ 非奇异。

② $|\lambda_i| < 1, i = 1,\cdots,n \Leftrightarrow \det(\boldsymbol{A}-z\boldsymbol{I}_n) = 0$ 的根只可能位于单位圆内。

(22) 关于 $m\times n$ $(n\geqslant m)$ 矩阵 $\boldsymbol{A}$ 与 $n\times m$ 矩阵 $\boldsymbol{B}$ 乘积的特征值：

① 若 λ 是矩阵乘积 $\boldsymbol{AB}$ 的特征值，则 λ 也是 $\boldsymbol{BA}$ 的特征值。

② 若 $\lambda\neq 0$ 是矩阵乘积 $\boldsymbol{BA}$ 的特征值，则 λ 也是 $\boldsymbol{AB}$ 的特征值。

③ 若 $\lambda_1,\lambda_2,\cdots,\lambda_m$ 是矩阵乘积 $\boldsymbol{AB}$ 的特征值，则矩阵乘积 $\boldsymbol{BA}$ 的 n 个特征值为 $\lambda_1,\cdots,\lambda_m,0,\cdots,0$。

(23) 若矩阵 $\boldsymbol{A}$ 的特征值为 λ，则矩阵多项式 $f(\boldsymbol{A})=\boldsymbol{A}^n+c_1\boldsymbol{A}^{n-1}+\cdots+c_{n-1}\boldsymbol{A}+c_n\boldsymbol{I}$ 的特征值为

$$f(\lambda)=\lambda^n+c_1\lambda^{n-1}+\cdots+c_{n-1}\lambda+c_n \tag{7.2.20}$$

(24) 若矩阵 $\boldsymbol{A}$ 的特征值为 λ，则矩阵指数函数 $\mathrm{e}^{\boldsymbol{A}}$ 的特征值为 e^{λ}。

性质 (14) 给出了求矩阵 $\boldsymbol{A}$ 的特征值的相似变换方法。此时，通常选择相似变换矩阵 $\boldsymbol{S}$ 为正交矩阵。

下面概括了特征值 λ 与特征向量 $\boldsymbol{u}$ 组成的特征对 $(\lambda,\boldsymbol{u})$ 具有的性质 [238]。

(1) 若 $(\lambda,\boldsymbol{u})$ 是矩阵 $\boldsymbol{A}$ 的特征对，则 $(c\lambda,\boldsymbol{u})$ 是矩阵 $c\boldsymbol{A}$ 的特征对，其中，c 为非零的常数。

(2) 若 $(\lambda,\boldsymbol{u})$ 是矩阵 $\boldsymbol{A}$ 的特征对，则 $(\lambda,c\boldsymbol{u})$ 也是矩阵 $\boldsymbol{A}$ 的一个特征对，其中，c 为非零的常数。

(3) 若 $(\lambda_i,\boldsymbol{u}_i)$ 和 $(\lambda_j,\boldsymbol{u}_j)$ 分别是矩阵 $\boldsymbol{A}$ 的特征对，并且 $\lambda_i\neq\lambda_j$，则特征向量 $\boldsymbol{u}_i$ 与 $\boldsymbol{u}_j$ 线性无关。

(4) Hermitian 矩阵与不同特征值对应的特征向量相互正交，即对于 $\lambda_i\neq\lambda_j$，有 $\boldsymbol{u}_i^{\mathrm{H}}\boldsymbol{u}_j=0$。

(5) 若 λ 是矩阵 $\boldsymbol{A}$ 的特征值，向量 $\boldsymbol{u}_1$ 和 $\boldsymbol{u}_2$ 分别是与 λ 对应的特征向量，则 $c_1\boldsymbol{u}_1+c_2\boldsymbol{u}_2$ 是矩阵 $\boldsymbol{A}$ 与特征值 λ 对应的特征向量，其中，c_1 和 c_2 为常数，并且至少有一个不等于 0。

(6) 若 $(\lambda,\boldsymbol{u})$ 是矩阵 $\boldsymbol{A}$ 的特征对，并且 $\alpha_0,\alpha_1,\cdots,\alpha_p$ 为复常数，则 $f(\lambda)=\alpha_0+\alpha_1\lambda+\cdots+\alpha_p\lambda^p$ 是矩阵多项式 $f(\boldsymbol{A})=\alpha_0\boldsymbol{I}+\alpha_1\boldsymbol{A}+\cdots+\alpha_p\boldsymbol{A}^p$ 的特征值，与之对应的特征向量仍然为 $\boldsymbol{u}$。

(7) 若 $(\lambda,\boldsymbol{u})$ 是矩阵 $\boldsymbol{A}$ 的特征对，则 $(\lambda^k,\boldsymbol{u})$ 是矩阵 $\boldsymbol{A}^k$ 的特征对。

(8) 若 $(\lambda,\boldsymbol{u})$ 是矩阵 $\boldsymbol{A}$ 的特征对，则 $(\mathrm{e}^{\lambda},\boldsymbol{u})$ 是矩阵指数函数 $\mathrm{e}^{\boldsymbol{A}}$ 的特征对。

(9) 若 $n\times n$ 矩阵 $\boldsymbol{A}$ 有 n 个线性无关的特征向量，则 $\boldsymbol{A}$ 的特征值分解为

$$\boldsymbol{A}=\boldsymbol{U\Sigma U}^{-1} \tag{7.2.21}$$

(10) 若 $\lambda(A)$ 和 $\lambda(B)$ 分别是矩阵 $\boldsymbol{A}$ 和 $\boldsymbol{B}$ 的特征值，而 $\boldsymbol{u}(A)$ 和 $\boldsymbol{u}(B)$ 分别是与特征值 $\lambda(A)$ 和 $\lambda(B)$ 对应的特征向量，则

① $\lambda(A)\lambda(B)$ 是矩阵 Kronecker 积 $\boldsymbol{A}\otimes\boldsymbol{B}$ 的特征值，并且 $\boldsymbol{u}(A)\otimes\boldsymbol{u}(B)$ 是与特征值 $\lambda(A)\lambda(B)$ 对应的特征向量。

② $\lambda(A)$ 和 $\lambda(B)$ 分别是矩阵直和 $\boldsymbol{A}\oplus\boldsymbol{B}$ 的特征值，与它们对应的特征向量分别为 $\begin{bmatrix}\boldsymbol{u}(A)\\ \boldsymbol{0}\end{bmatrix}$ 和 $\begin{bmatrix}\boldsymbol{0}\\ \boldsymbol{u}(B)\end{bmatrix}$。

(11) 令 $\boldsymbol{B}$ 是一个秩等于 1 的 $n\times n$ 矩阵，其特征值为 λ，特征向量为 $\boldsymbol{u}_1$，则

$$
\begin{aligned}
(\boldsymbol{B}+\alpha\boldsymbol{I})^{-1} &= \frac{1}{\alpha+\lambda}\boldsymbol{u}_1\boldsymbol{u}_1^{\mathrm{H}}+\frac{1}{\alpha}\boldsymbol{I}-\frac{1}{\alpha}\boldsymbol{u}_1\boldsymbol{u}_1^{\mathrm{H}}\\
&= \frac{1}{\alpha}\boldsymbol{I}-\frac{\lambda}{\alpha(\alpha+\lambda)}\boldsymbol{u}_1\boldsymbol{u}_1^{\mathrm{H}}
\end{aligned}
\tag{7.2.22}
$$

矩阵 $\boldsymbol{A}$ 的奇异值问题往往转化为相应矩阵的特征值问题求解。实现这一转化有两种主要方法：

方法 1　矩阵 $\boldsymbol{A}_{m\times n}$ 的非零奇异值是 $m\times m$ 矩阵 $\boldsymbol{A}\boldsymbol{A}^{\mathrm{T}}$ 或者 $n\times n$ 矩阵 $\boldsymbol{A}^{\mathrm{T}}\boldsymbol{A}$ 的非零特征值 λ_i 的正平方根，并且 $\boldsymbol{A}$ 与 σ_i 对应的左奇异向量 $\boldsymbol{u}_j$ 和右奇异向量 $\boldsymbol{v}_i$ 分别是矩阵 $\boldsymbol{A}\boldsymbol{A}^{\mathrm{T}}$ 和 $\boldsymbol{A}^{\mathrm{T}}\boldsymbol{A}$ 与非零特征值 λ_i 对应的特征向量。

方法 2　矩阵 $\boldsymbol{A}_{m\times n}$ 的奇异值分解转化为 $(m+n)\times(m+n)$ 增广矩阵

$$
\begin{bmatrix}\boldsymbol{O} & \boldsymbol{A}\\ \boldsymbol{A}^{\mathrm{T}} & \boldsymbol{O}\end{bmatrix}
\tag{7.2.23}
$$

的特征值分解。

定理 7.2.1 (Jordan-Wielandt 定理)[463, Theorem I.4.2]　若 $\sigma_1\geqslant\sigma_2\geqslant\cdots\geqslant\sigma_{p-1}\geqslant\sigma_p$ 是 $\boldsymbol{A}_{m\times n}$ 的奇异值 (其中，$p=\min\{m,n\}$)，则上述增广矩阵具有特征值

$$
-\sigma_1,\cdots,-\sigma_p,\underbrace{0,\cdots,0}_{|m-n|\text{个}},\sigma_p,\cdots,\sigma_1
$$

与 $\pm\sigma_j$ 相对应的特征向量为

$$
\begin{bmatrix}\boldsymbol{u}_j\\ \pm\boldsymbol{v}_j\end{bmatrix},\quad j=1,2,\cdots,p
$$

若 $m\neq n$，则另有特征向量

$$
\begin{bmatrix}\boldsymbol{u}_j\\ \boldsymbol{0}\end{bmatrix},\quad n+1\leqslant j\leqslant m\qquad \text{或}\qquad \begin{bmatrix}\boldsymbol{0}\\ \boldsymbol{v}_j\end{bmatrix},\quad m+1\leqslant j\leqslant n
$$

分别取决于 $m>n$ 或者 $m<n$。

定理 7.2.1 启迪了使用增广矩阵的特征值分解计算矩阵 $\boldsymbol{A}$ 的奇异值分解的一类方法。例如，通过对 Jacobi-Davidson 算法加以推广，Hochstenbach 于 2001 年提出了 Jacobi-Davidson 型奇异值分解算法[236]。

关于矩阵之和 $\boldsymbol{A}+\boldsymbol{B}$ 的特征值，有下面的结果。

定理 7.2.2 (Weyl 定理)[294] 设 $\boldsymbol{A},\boldsymbol{B}\in\mathbb{C}^{n\times n}$ 是 Hermitian 矩阵，且特征值按照递增顺序排列

$$\lambda_1(\boldsymbol{A})\leqslant\lambda_2(\boldsymbol{A})\leqslant\cdots\leqslant\lambda_n(\boldsymbol{A})$$
$$\lambda_1(\boldsymbol{B})\leqslant\lambda_2(\boldsymbol{B})\leqslant\cdots\leqslant\lambda_n(\boldsymbol{B})$$
$$\lambda_1(\boldsymbol{A}+\boldsymbol{B})\leqslant\lambda_2(\boldsymbol{A}+\boldsymbol{B})\leqslant\cdots\leqslant\lambda_n(\boldsymbol{A}+\boldsymbol{B})$$

则

$$\lambda_i(\boldsymbol{A}+\boldsymbol{B})\geqslant\begin{cases}\lambda_i(\boldsymbol{A})+\lambda_1(\boldsymbol{B})\\ \lambda_{i-1}(\boldsymbol{A})+\lambda_2(\boldsymbol{B})\\ \quad\vdots\\ \lambda_1(\boldsymbol{A})+\lambda_i(\boldsymbol{B})\end{cases}\tag{7.2.24}$$

和

$$\lambda_i(\boldsymbol{A}+\boldsymbol{B})\leqslant\begin{cases}\lambda_i(\boldsymbol{A})+\lambda_n(\boldsymbol{B})\\ \lambda_{i+1}(\boldsymbol{A})+\lambda_{n-1}(\boldsymbol{B})\\ \quad\vdots\\ \lambda_n(\boldsymbol{A})+\lambda_i(\boldsymbol{B})\end{cases}\tag{7.2.25}$$

式中，$i=1,2,\cdots,n$。

特别地，当 $\boldsymbol{A}$ 为实对称矩阵，并且 $\boldsymbol{B}=a\boldsymbol{z}\boldsymbol{z}^{\mathrm{T}}$，则有下面的交织特征值定理 (interlacing eigenvalue theorem) [198, Theorem 8.1.8]。

定理 7.2.3 令 $\boldsymbol{A}\in\mathbb{R}^{n\times n}$ 是一对称矩阵，其特征值 $\lambda_1,\lambda_2,\cdots,\lambda_n$ 满足

$$\lambda_1\geqslant\lambda_2\geqslant\cdots\geqslant\lambda_n\tag{7.2.26}$$

并令 $\boldsymbol{z}\in\mathbb{R}^n$ 是一向量，其范数 $\|\boldsymbol{z}\|=1$。假定 a 为一实数，并且矩阵 $\boldsymbol{A}+a\boldsymbol{z}\boldsymbol{z}^{\mathrm{T}}$ 的特征值

$$\xi_1\geqslant\xi_2\geqslant\cdots\geqslant\xi_n\tag{7.2.27}$$

则

$$\xi_1\geqslant\lambda_1\geqslant\xi_2\geqslant\lambda_2\geqslant\cdots\geqslant\xi_n\geqslant\lambda_n,\quad 若\, a>0\tag{7.2.28}$$

或者

$$\lambda_1\geqslant\xi_1\geqslant\lambda_2\geqslant\xi_2\geqslant\cdots\geqslant\lambda_n\geqslant\xi_n,\quad 若\, a<0\tag{7.2.29}$$

并且无论 $a>0$ 还是 $a<0$，均有

$$\sum_{i=1}^{n}(\xi_i-\lambda_i)=a\tag{7.2.30}$$

7.2.5 矩阵的可对角化定理

一个矩阵的规范化表示称为该矩阵的范式。现在考虑使用特征值和特征向量表示的矩阵范式。为此，先分析矩阵的秩与多重特征值之间的重要关系。

引理 7.2.1 若 $n \times n$ 矩阵 $\boldsymbol{A}$ 的秩为 r_A，并且具有 z_A 个零特征值，则

$$r_A \geqslant n - z_A \tag{7.2.31}$$

即非零特征值的个数不会超过矩阵的秩。

引理 7.2.2 若 λ_k 是 $n \times n$ 矩阵 $\boldsymbol{A}$ 的多重特征值，并且其多重度为 m_k，则

$$\text{rank}(\boldsymbol{A} - \lambda_k \boldsymbol{I}) \geqslant n - m_k \tag{7.2.32}$$

以上两个引理的证明可参考文献 [444, p.306]。

下面考虑如何对一个正方矩阵进行相似变换，将它变成对角矩阵。

如前所述，任意正方矩阵 $\boldsymbol{A}$ 的每一个特征值 λ_i 都有一个相对应的特征向量 $\boldsymbol{u}_i$ 满足

$$\boldsymbol{A}\boldsymbol{u}_i = \lambda_i \boldsymbol{u}_i, \quad i = 1, 2, \cdots, n \tag{7.2.33}$$

这一方程组也可合写为

$$\boldsymbol{A}[\boldsymbol{u}_1, \cdots, \boldsymbol{u}_n] = [\boldsymbol{u}_1, \cdots, \boldsymbol{u}_n] \begin{bmatrix} \lambda_1 & & 0 \\ & \ddots & \\ 0 & & \lambda_n \end{bmatrix} \tag{7.2.34}$$

定义矩阵

$$\boldsymbol{U} = [\boldsymbol{u}_1, \cdots, \boldsymbol{u}_n], \quad \boldsymbol{\Sigma} = \text{diag}(\lambda_1, \cdots, \lambda_n) \tag{7.2.35}$$

则式 (7.2.34) 可以简写作

$$\boldsymbol{A}\boldsymbol{U} = \boldsymbol{U}\boldsymbol{\Sigma} \tag{7.2.36}$$

若矩阵 $\boldsymbol{U}$ 非奇异，则有

$$\boldsymbol{U}^{-1}\boldsymbol{A}\boldsymbol{U} = \boldsymbol{\Sigma} = \text{diag}(\lambda_1, \cdots, \lambda_n) \tag{7.2.37}$$

通过相似变换得到的对角矩阵 $\boldsymbol{\Sigma}$ 称为矩阵 $\boldsymbol{A}$ 在相似下的范式 (canonical form under similarity) 或简称为相似范式 (similar canonical form) [444, p.283]。

定义 7.2.4 一个 $n \times n$ 实矩阵 $\boldsymbol{A}$ 若与一个对角矩阵相似，则称矩阵 $\boldsymbol{A}$ 是可对角化的 (diagonalizable)。

定理 7.2.4 一个 $n \times n$ 实矩阵 $\boldsymbol{A}$ 是可对角化的，当且仅当 $\boldsymbol{A}$ 具有 n 个线性无关的特征向量。

证明 (1) 充分条件的证明 假设 $\boldsymbol{u}_1, \cdots, \boldsymbol{u}_n$ 是矩阵 $\boldsymbol{A}$ 的 n 个线性无关的特征向量，即有 $\boldsymbol{A}\boldsymbol{u}_i = \lambda_i \boldsymbol{u}_i, i = 1, \cdots, n$。令矩阵 $\boldsymbol{S} = [\boldsymbol{u}_1, \cdots, \boldsymbol{u}_n]$ 由特征向量 $\boldsymbol{u}_1, \cdots, \boldsymbol{u}_n$ 组

成。由于这些特征向量相互线性无关，矩阵 $\boldsymbol{S}$ 为非奇异矩阵，其逆矩阵 $\boldsymbol{S}^{-1}$ 存在。根据逆矩阵的定义知 $\boldsymbol{S}^{-1}\boldsymbol{S} = [\boldsymbol{S}^{-1}\boldsymbol{u}_1, \cdots, \boldsymbol{S}^{-1}\boldsymbol{u}_n] = \boldsymbol{I}$。另外，由 $\boldsymbol{A}\boldsymbol{u}_i = \lambda_i \boldsymbol{u}_i$ 易知

$$\boldsymbol{A}\boldsymbol{S} = [\boldsymbol{A}\boldsymbol{u}_1, \cdots, \boldsymbol{A}\boldsymbol{u}_n] = [\lambda_1 \boldsymbol{u}_1, \cdots, \lambda_n \boldsymbol{u}_n]$$

上式左乘逆矩阵 $\boldsymbol{S}^{-1}$，则有

$$\begin{aligned}\boldsymbol{S}^{-1}\boldsymbol{A}\boldsymbol{S} &= [\lambda_1 \boldsymbol{S}^{-1}\boldsymbol{u}_1, \cdots, \lambda_n \boldsymbol{S}^{-1}\boldsymbol{u}_n] \\ &= \begin{bmatrix}\lambda_1 & & 0 \\ & \ddots & \\ 0 & & \lambda_n\end{bmatrix}[\boldsymbol{S}^{-1}\boldsymbol{u}_1, \cdots, \boldsymbol{S}^{-1}\boldsymbol{u}_n] \\ &= \begin{bmatrix}\lambda_1 & & 0 \\ & \ddots & \\ 0 & & \lambda_n\end{bmatrix}\boldsymbol{I} = \begin{bmatrix}\lambda_1 & & 0 \\ & \ddots & \\ 0 & & \lambda_n\end{bmatrix}\end{aligned}$$

即充分性得证。

(2) 必要条件的证明　令矩阵 $\boldsymbol{A}$ 与对角矩阵 $\boldsymbol{D}$ 相似，即 $\boldsymbol{S}^{-1}\boldsymbol{A}\boldsymbol{S} = \boldsymbol{D}$。由此得 $\boldsymbol{A}\boldsymbol{S} = \boldsymbol{S}\boldsymbol{D}$。记 $\boldsymbol{S} = [\boldsymbol{s}_1, \cdots, \boldsymbol{s}_n]$，$\boldsymbol{D} = \mathrm{diag}(d_1, \cdots, d_n)$，则 $\boldsymbol{A}\boldsymbol{S} = \boldsymbol{S}\boldsymbol{D}$ 可以写作

$$[\boldsymbol{A}\boldsymbol{s}_1, \cdots, \boldsymbol{A}\boldsymbol{s}_n] = [d_1\boldsymbol{s}_1, \cdots, d_n\boldsymbol{s}_n]$$

立即有

$$\boldsymbol{A}\boldsymbol{s}_i = d_i\boldsymbol{s}_i, \qquad i = 1, \cdots, n$$

这说明矩阵 $\boldsymbol{S}$ 的列向量 $\boldsymbol{s}_i$ 是矩阵 $\boldsymbol{A}$ 的特征向量 $\boldsymbol{u}_i$，即 $\boldsymbol{s}_i = \boldsymbol{u}_i, i = 1, \cdots, n$。但是，由于矩阵 $\boldsymbol{S}$ 非奇异，所以其所有列向量线性无关，从而知 $\boldsymbol{u}_1, \cdots, \boldsymbol{u}_n$ 线性无关。这就证明了必要条件。 ■

由于一个 $n \times n$ 矩阵有 n 个不同的特征值时，它的 n 个特征向量线性无关，所以定理 7.2.4 给出下面的推论。

推论 7.2.2　若 $n \times n$ 矩阵 $\boldsymbol{A}$ 有 n 个不同的特征值，则 $\boldsymbol{A}$ 是可对角化的。

更一般地，即使矩阵 $\boldsymbol{A}$ 具有多重根，它仍然有可能是可对角化的，因为 $\boldsymbol{A}$ 的 n 个特征向量有可能是线性无关的。下面的定理给出了矩阵的所有特征向量线性无关的充分必要条件，从而也是一个矩阵可对角化的充分必要条件。这一定理常被称为可对角化定理 (diagonability theorem)。

定理 7.2.5[444,p.307]　若矩阵 $\boldsymbol{A} \in \mathbb{C}^{n\times n}$ 的特征值 λ_k 具有代数多重度 m_k, $k = 1, \cdots, p$，并且 $\sum\limits_{k=1}^{p} m_k = n$，则矩阵 $\boldsymbol{A}$ 具有 n 个线性无关的特征向量，当且仅当 $\mathrm{rank}(\boldsymbol{A} - \lambda_k\boldsymbol{I}) = n - m_k, k = 1, \cdots, p$。此时，$\boldsymbol{A}\boldsymbol{U} = \boldsymbol{U}\boldsymbol{\Sigma}$ 中的矩阵 $\boldsymbol{U}$ 是非奇异的，而且 $\boldsymbol{A}$ 可对角化为 $\boldsymbol{U}^{-1}\boldsymbol{A}\boldsymbol{U} = \boldsymbol{\Sigma}$。

7.3 Cayley-Hamilton 定理及其应用

如 7.2 节所述，一个 $n \times n$ 矩阵 $\boldsymbol{A}$ 的特征值由特征多项式 $\det(\boldsymbol{A}-\lambda\boldsymbol{I})$ 决定。不仅如此，特征多项式还与矩阵的求逆、矩阵幂和矩阵指数函数的计算密切相关，所以有必要对特征多项式作更深入的讨论与分析。

7.3.1 Cayley-Hamilton 定理

Cayley-Hamilton 定理是关于一般矩阵的特征多项式的重要结果。从这一定理出发，很容易解决矩阵的求逆、矩阵幂和矩阵指数函数的计算等问题。为了引出 Cayley-Hamilton 定理，先介绍几个与多项式有关的重要概念。

当 $p_n \neq 0$ 时，n 称为多项式 $p(x)=p_nx^n+p_{n-1}x^{n-1}+\cdots+p_1x+p_0$ 的阶数。一个 n 阶多项式称为首一多项式 (monic polynomial)，若 x^n 的系数等于 1。

若 $p(\boldsymbol{A})=p_n\boldsymbol{A}^n+p_{n-1}\boldsymbol{A}^{n-1}+\cdots+p_1\boldsymbol{A}+p_0\boldsymbol{I}=\boldsymbol{O}$，则称 $p(x)=p_nx^n+p_{n-1}x^{n-1}+\cdots+p_1x+p_0$ 是使矩阵 $\boldsymbol{A}$ 零化的多项式，简称零化多项式 (annihilating polynomial)。

对于一个 $n\times n$ 矩阵 $\boldsymbol{A}$，令 m 是使得幂 $\boldsymbol{I},\boldsymbol{A},\cdots,\boldsymbol{A}^m$ 线性相关的最小整数。于是，有方程式

$$p_m\boldsymbol{A}^m+p_{m-1}\boldsymbol{A}^{m-1}+\cdots+p_1\boldsymbol{A}+p_0\boldsymbol{I}=\boldsymbol{O}_{n\times n} \tag{7.3.1}$$

式中，$\boldsymbol{A}^m$ 的系数不为零。多项式 $p(x)=p_mx^m+p_{m-1}x^{m-1}+\cdots+p_1x+p_0$ 称为矩阵 $\boldsymbol{A}$ 的最小多项式。

下面的定理表明，特征多项式 $p(x)=\det(\boldsymbol{A}-x\boldsymbol{I})$ 是使矩阵 $\boldsymbol{A}_{n\times n}$ 零化的多项式。

定理 7.3.1 (Cayley-Hamilton 定理) 每一个正方矩阵 $\boldsymbol{A}_{n\times n}$ 都满足其特征方程，即若特征多项式具有式 (7.1.8) 的形式，则

$$p_n\boldsymbol{A}^n+p_{n-1}\boldsymbol{A}^{n-1}+\cdots+p_1\boldsymbol{A}+p_0\boldsymbol{I}=\boldsymbol{O} \tag{7.3.2}$$

式中，$\boldsymbol{I}$ 和 $\boldsymbol{O}$ 分别为 $n\times n$ 单位矩阵和零矩阵。

证明 逆矩阵的定义公式 $\boldsymbol{B}^{-1}=\frac{1}{\det(\boldsymbol{B})}\mathrm{adj}(\boldsymbol{B})$ 可以等价写作 $\boldsymbol{B}\mathrm{adj}(\boldsymbol{B})=\det(\boldsymbol{B})\boldsymbol{I}_n$，故有

$$(\boldsymbol{A}-x\boldsymbol{I})\mathrm{adj}(\boldsymbol{A}-x\boldsymbol{I})=\det(\boldsymbol{A}-x\boldsymbol{I})\boldsymbol{I}$$

将 $p(x)=\det(\boldsymbol{A}-x\boldsymbol{I})=p_nx^n+p_{n-1}x^{n-1}+\cdots+p_1x+p_0$ 代入上式，便有

$$(\boldsymbol{A}-x\boldsymbol{I})\mathrm{adj}(\boldsymbol{A}-x\boldsymbol{I})=(p_nx^n+p_{n-1}x^{n-1}+\cdots+p_1x+p_0)\boldsymbol{I} \tag{1}$$

上式表明，伴随矩阵 $\mathrm{adj}(\boldsymbol{A}-x\boldsymbol{I})$ 必然是一个关于 x 的 $n-1$ 次矩阵多项式，不妨令其为

$$\mathrm{adj}(\boldsymbol{A}-x\boldsymbol{I})=x^{n-1}\boldsymbol{B}_{n-1}+x^{n-2}\boldsymbol{B}_{n-2}+\cdots+x\boldsymbol{B}_1+\boldsymbol{B}_0 \tag{2}$$

式中，$\boldsymbol{B}_{n-1}, \boldsymbol{B}_{n-2}, \cdots, \boldsymbol{B}_1$ 均为 $n \times n$ 常数矩阵。将式 (2) 代入式 (1)，得

$$(\boldsymbol{A} - x\boldsymbol{I})(x^{n-1}\boldsymbol{B}_{n-1} + x^{n-2}\boldsymbol{B}_{n-2} + \cdots + x\boldsymbol{B}_1 + \boldsymbol{B}_0) \\ = (p_n x^n + p_{n-1}x^{n-1} + \cdots + p_1 x + p_0)\boldsymbol{I}$$

比较上式两边同幂次项 x^k 的系数，即可得到 $n+1$ 个方程

$$\begin{aligned} -\boldsymbol{B}_{n-1} &= p_n \boldsymbol{I} \\ -B_{n-2} + \boldsymbol{A}\boldsymbol{B}_{n-1} &= p_{n-1}\boldsymbol{I} \\ &\vdots \\ -\boldsymbol{B}_0 + \boldsymbol{A}\boldsymbol{B}_1 &= p_1 \boldsymbol{I} \\ -\boldsymbol{A}\boldsymbol{B}_0 &= p_0 \boldsymbol{I} \end{aligned}$$

在上述前 n 个方程中，两边分别左乘矩阵 $\boldsymbol{A}^n, \boldsymbol{A}^{n-1}, \cdots, \boldsymbol{A}$，然后将所有 $n+1$ 个方程相加，立即有 $\boldsymbol{O} = p_n\boldsymbol{A}^n + p_{n-1}\boldsymbol{A}^{n-2} + \cdots + p_1\boldsymbol{A} + p_0\boldsymbol{I}$，这正是所期望的结果。 ■

以上证明是大多数文献采用的传统证明方法。Jain 与 Gunawardena 从矩阵分解的角度，给出了另外一种证明。对此证明感兴趣的读者可参考文献 [251, p.180]。

Cayley-Hamilton 定理有很多非常有趣和重要的应用。例如，利用 Cayley-Hamilton 定理，也能够直接证明两个相似矩阵具有相同的特征值。

考查两个相似矩阵的特征多项式。令 $\boldsymbol{B} = \boldsymbol{S}^{-1}\boldsymbol{A}\boldsymbol{S}$ 是 $\boldsymbol{A}$ 的相似矩阵，并且已知矩阵 $\boldsymbol{A}$ 的特征多项式 $p(\boldsymbol{x}) = \det(\boldsymbol{A} - x\boldsymbol{I}) = p_n x^n + p_{n-1}x^{n-1} + \cdots + p_1 x + p_0$。根据 Cayley-Hamilton 定理知 $p(\boldsymbol{A}) = p_n\boldsymbol{A}^n + p_{n-1}\boldsymbol{A}^{n-1} + \cdots + p_1\boldsymbol{A} + p_0\boldsymbol{I} = \boldsymbol{O}$。

对于相似矩阵 $\boldsymbol{B}$，由于

$$\boldsymbol{B}^k = (\boldsymbol{S}^{-1}\boldsymbol{A}\boldsymbol{S})(\boldsymbol{S}^{-1}\boldsymbol{A}\boldsymbol{S})\cdots(\boldsymbol{S}^{-1}\boldsymbol{A}\boldsymbol{S}) = \boldsymbol{S}^{-1}\boldsymbol{A}^k\boldsymbol{S}$$

故有

$$\begin{aligned} p(\boldsymbol{B}) &= p_n\boldsymbol{B}^n + p_{n-1}\boldsymbol{B}^{n-1} + \cdots + p_1\boldsymbol{B} + p_0\boldsymbol{I} \\ &= p_n\boldsymbol{S}^{-1}\boldsymbol{A}^n\boldsymbol{S} + p_{n-1}\boldsymbol{S}^{-1}\boldsymbol{A}^{n-1}\boldsymbol{S} + \cdots + p_1\boldsymbol{S}^{-1}\boldsymbol{A}\boldsymbol{S} + p_0\boldsymbol{I} \\ &= \boldsymbol{S}^{-1}\left(p_n\boldsymbol{A}^n + p_{n-1}\boldsymbol{A}^{n-1} + \cdots + p_1\boldsymbol{A} + p_0\boldsymbol{I}\right)\boldsymbol{S} \\ &= \boldsymbol{S}^{-1}p(\boldsymbol{A})\boldsymbol{S} \\ &= \boldsymbol{O} \end{aligned}$$

在得到最后一个式子时，代入了 Cayley-Hamilton 定理的结果 $p(\boldsymbol{A}) = \boldsymbol{O}$。换言之，两个相似矩阵 $\boldsymbol{A} \sim \boldsymbol{B}$ 具有相同的特征多项式，从而它们具有相同的特征值。

下面再介绍 Cayley-Hamilton 定理的几个重要应用。

7.3.2 逆矩阵和广义逆矩阵的计算

若矩阵 $\boldsymbol{A}_{n\times n}$ 非奇异，则用 $\boldsymbol{A}^{-1}$ 右乘 (或左乘) 式 (7.3.2) 两边，立即有

$$p_n\boldsymbol{A}^{n-1}+p_{n-1}\boldsymbol{A}^{n-2}+\cdots+p_2\boldsymbol{A}+p_1\boldsymbol{I}+p_0\boldsymbol{A}^{-1}=\boldsymbol{O}$$

由此即可得到逆矩阵的计算公式

$$\boldsymbol{A}^{-1}=-\frac{1}{p_0}(p_n\boldsymbol{A}^{n-1}+p_{n-1}\boldsymbol{A}^{n-2}+\cdots+p_2\boldsymbol{A}+p_1\boldsymbol{I}) \tag{7.3.3}$$

例 7.3.1 已知矩阵

$$\boldsymbol{A}=\begin{bmatrix}1&5\\4&6\end{bmatrix}$$

其特征多项式为

$$\det(\boldsymbol{A}-x\boldsymbol{I})=\begin{vmatrix}1-x&5\\4&6-x\end{vmatrix}=(1-x)(6-x)-5\times 4=x^2-7x-14$$

即 $p_0=-14,\ p_1=-7$，$p_2=1$。将这些值代入式(7.3.3)，立即得

$$\boldsymbol{A}^{-1}=\frac{1}{14}(\boldsymbol{A}-7\boldsymbol{I})=\frac{1}{14}\left(\begin{bmatrix}1&5\\4&6\end{bmatrix}-7\begin{bmatrix}1&0\\0&1\end{bmatrix}\right)=\begin{bmatrix}-\frac{3}{7}&\frac{5}{14}\\\frac{2}{7}&-\frac{1}{14}\end{bmatrix}$$

例 7.3.2 由矩阵

$$\boldsymbol{A}=\begin{bmatrix}2&0&1\\0&2&0\\0&0&3\end{bmatrix}$$

得矩阵的二次幂

$$\boldsymbol{A}^2=\begin{bmatrix}2&0&1\\0&2&0\\0&0&3\end{bmatrix}\begin{bmatrix}2&0&1\\0&2&0\\0&0&3\end{bmatrix}=\begin{bmatrix}4&0&5\\0&4&0\\0&0&9\end{bmatrix}$$

和特征多项式

$$\begin{aligned}\det(\boldsymbol{A}-x\boldsymbol{I})&=\begin{vmatrix}2-x&0&1\\0&2-x&0\\0&0&3-x\end{vmatrix}=(2-x)^2(3-x)\\&=-x^3+7x^2-16x+12\end{aligned}$$

即 $p_0=12,\ p_1=-16,\ p_2=7$，$p_3=-1$。将这些值连同矩阵 $\boldsymbol{A},\boldsymbol{A}^2$ 一起代入矩阵求逆公式 (7.3.3)，则有

$$\begin{aligned}\boldsymbol{A}^{-1}&=-\frac{1}{12}(-\boldsymbol{A}^2+7\boldsymbol{A}-16\boldsymbol{I})\\&=-\frac{1}{12}\left(-\begin{bmatrix}4&0&5\\0&4&0\\0&0&9\end{bmatrix}+7\begin{bmatrix}2&0&1\\0&2&0\\0&0&3\end{bmatrix}-16\begin{bmatrix}1&0&0\\0&1&0\\0&0&1\end{bmatrix}\right)\\&=\frac{1}{6}\begin{bmatrix}3&0&-1\\0&3&0\\0&0&2\end{bmatrix}\end{aligned}$$

Cayley-Hamilton 定理还可用于求任意一个复矩阵的广义逆矩阵。这一结果是 Decell 于 1965 年得到的[131]。

定理 7.3.2 令矩阵 $\boldsymbol{A}$ 是任意一个 $m \times n$ 矩阵，并且令

$$f(\lambda) = (-1)^m(a_0\lambda^m + a_1\lambda^{m-1} + \cdots + a_{m-1}\lambda + a_m), \quad a_0 = 1 \tag{7.3.4}$$

是矩阵乘积 $\boldsymbol{A}\boldsymbol{A}^{\mathrm{H}}$ 的特征多项式 $\det(\boldsymbol{A}\boldsymbol{A}^{\mathrm{H}} - \lambda\boldsymbol{I})$。若 k 是满足 $a_k \neq 0$ 的最大整数，则 $\boldsymbol{A}$ 的广义逆矩阵由

$$\boldsymbol{A}^{\dagger} = -a_k^{-1}\boldsymbol{A}^{\mathrm{H}}\left[(\boldsymbol{A}\boldsymbol{A}^{\mathrm{H}})^{k-1} + a_1(\boldsymbol{A}\boldsymbol{A}^{\mathrm{H}})^{k-2} + \cdots + a_{k-2}(\boldsymbol{A}\boldsymbol{A}^{\mathrm{H}}) + a_{k-1}\boldsymbol{I}\right] \tag{7.3.5}$$

确定。当 $k = 0$ 是使 $a_k \neq 0$ 的最大整数时，广义逆矩阵 $\boldsymbol{A}^{\dagger} = \boldsymbol{O}$。

证明 参见文献 [131]。

在有些文献 (例如文献 [460]) 中，称上述定理为 Decell 定理。注意，Decell 定理中的整数 k 就是矩阵 $\boldsymbol{A}$ 的秩，即 $k = \mathrm{rank}(\boldsymbol{A})$。

根据上述定理，Decell 提出了计算 Moore-Penrose 逆矩阵的下列方法[131]。

(1) 构造矩阵序列 $\boldsymbol{A}_0, \boldsymbol{A}_1, \cdots, \boldsymbol{A}_k$

$$\begin{array}{lll}
\boldsymbol{A}_0 = \boldsymbol{O}, & -1 = q_0, & \boldsymbol{B}_0 = \boldsymbol{I} \\
\boldsymbol{A}_1 = \boldsymbol{A}\boldsymbol{A}^{\mathrm{H}}, & \mathrm{tr}(\boldsymbol{A}_1) = q_1, & \boldsymbol{B}_1 = \boldsymbol{A}_1 - q_1\boldsymbol{I} \\
\boldsymbol{A}_2 = \boldsymbol{A}\boldsymbol{A}^{\mathrm{H}}\boldsymbol{B}_1, & \dfrac{\mathrm{tr}(\boldsymbol{A}_2)}{2} = q_2, & \boldsymbol{B}_2 = \boldsymbol{A}_2 - q_2\boldsymbol{I} \\
\vdots & \vdots & \vdots \\
\boldsymbol{A}_{k-1} = \boldsymbol{A}\boldsymbol{A}^{\mathrm{H}}\boldsymbol{B}_{k-2}, & \dfrac{\mathrm{tr}(\boldsymbol{A}_{k-1})}{k-1} = q_{k-1}, & \boldsymbol{B}_{k-1} = \boldsymbol{A}_{k-1} - q_{k-1}\boldsymbol{I} \\
\boldsymbol{A}_k = \boldsymbol{A}\boldsymbol{A}^{\mathrm{H}}\boldsymbol{B}_{k-1}, & \dfrac{\mathrm{tr}(\boldsymbol{A}_k)}{k} = q_k, & \boldsymbol{B}_k = \boldsymbol{A}_k - q_k\boldsymbol{I}
\end{array}$$

Faddeev 证明了[161, pp.260~265]，按此方法构造的系数 $q_i = -a_i, i = 1, \cdots, k$。

(2) 计算 Moore-Penrose 逆矩阵

$$\begin{aligned}
\boldsymbol{A}^{\dagger} &= -a_k^{-1}\boldsymbol{A}^{\mathrm{H}}\left[(\boldsymbol{A}\boldsymbol{A}^{\mathrm{H}})^{k-1} + a_1(\boldsymbol{A}\boldsymbol{A}^{\mathrm{H}})^{k-2} + \cdots + a_{k-2}(\boldsymbol{A}\boldsymbol{A}^{\mathrm{H}}) + a_{k-1}\boldsymbol{I}\right] \\
&= -a_k^{-1}\boldsymbol{A}^{\mathrm{H}}\boldsymbol{B}_{k-1}
\end{aligned} \tag{7.3.6}$$

7.3.3 矩阵幂的计算

给定任意一个矩阵 $\boldsymbol{A}_{n\times n}$ 和一个整数 k，称 $\boldsymbol{A}^k$ 是矩阵 $\boldsymbol{A}$ 的 k 次幂。如果 k 比较大，显然矩阵幂 $\boldsymbol{A}^k$ 的计算是一件很繁琐的事。幸运的是，Cayley-Hamilton 定理为这个问题提供了一种简单的解决方法。

考查多项式除法 $f(x)/g(x)$，其中，$g(x) \neq 0$。根据 Euclidean 除法知，存在两个多项式 $q(x)$ 和 $r(x)$，使得

$$f(x) = g(x)q(x) + r(x)$$

式中，$q(x)$ 和 $r(x)$ 分别称为商和余项，并且余项 $r(x)$ 的阶数小于 $g(x)$ 的阶数或 $r(x)=0$。

令矩阵 $\boldsymbol{A}$ 的特征多项式为

$$p(x)=p_nx^n+p_{n-1}x^{n-1}+\cdots+p_1x+p_0$$

则对于任何一个 x，其 K 次幂

$$x^K=p(x)q(x)+r(x) \tag{7.3.7}$$

当 x 是特征方程 $p(x)=0$ 的一个根时，上式变为

$$x^K=r(x)=r_0+r_1x+\cdots+r_{n-1}x^{n-1} \tag{7.3.8}$$

因为 $r(x)$ 的阶数小于 $p(x)$ 的阶数 n。

用 $\boldsymbol{A}$ 代替标量 x，则式 (7.3.7) 变为

$$\boldsymbol{A}^K=p(\boldsymbol{A})q(\boldsymbol{A})+r(\boldsymbol{A}) \tag{7.3.9}$$

根据 Cayley-Hamilton 定理知，若 $p(x)$ 是矩阵 $\boldsymbol{A}$ 的特征多项式，则 $p(\boldsymbol{A})=\boldsymbol{O}$。因此，式 (7.3.9) 简化为

$$\boldsymbol{A}^K=r(\boldsymbol{A})=r_0\boldsymbol{I}+r_1\boldsymbol{A}+\cdots+r_{n-1}\boldsymbol{A}^{n-1} \tag{7.3.10}$$

式 (7.3.10) 给出了计算矩阵幂 $\boldsymbol{A}^K$ 的方法。

算法 7.3.1 矩阵幂的计算 [251, p.172]

步骤 1 构造特征多项式

$$p(x)=\det(\boldsymbol{A}-x\boldsymbol{I})=p_nx^n+p_{n-1}x^{n-1}+\cdots+p_1x+p_0 \tag{7.3.11}$$

步骤 2 计算特征方程 $p(x)=0$ 的 n 个特征根即特征值 $\lambda_1,\lambda_2,\cdots,\lambda_n$。

步骤 3 将特征值代入式 (7.3.8)，得到一组线性方程

$$\left.\begin{aligned} r_0+\lambda_1r_1+\cdots+\lambda_1^{n-1}r_{n-1}&=\lambda_1^K\\ r_0+\lambda_2r_1+\cdots+\lambda_2^{n-1}r_{n-1}&=\lambda_2^K\\ &\vdots\\ r_0+\lambda_nr_1+\cdots+\lambda_n^{n-1}r_{n-1}&=\lambda_n^K \end{aligned}\right\} \tag{7.3.12}$$

解之，得 $r_0,r_1,\cdots,r_{n-1}$。

步骤 4 计算矩阵幂

$$\boldsymbol{A}^K=r_0\boldsymbol{I}+r_1\boldsymbol{A}+\cdots+r_{n-1}\boldsymbol{A}^{n-1}$$

下面举例加以说明。

例 7.3.3 已知

$$A = \begin{bmatrix} 1 & 1/2 \\ 2 & 1 \end{bmatrix}$$

计算 A^{731}。

解 利用式 (7.3.11) 构造特征多项式

$$p(x) = \det(A - xI) = \begin{vmatrix} 1-x & 1/2 \\ 2 & 1-x \end{vmatrix} = x^2 - 2x$$

令 $p(x) = 0$，求出 A 的特征值 $\lambda_1 = 0$ 和 $\lambda_2 = 2$。将特征值代入式 (7.3.12) 得线性方程组

$$r_0 + 0r_1 = 0^{731}$$

$$r_0 + 2r_1 = 2^{731}$$

解之，得 $r_0 = 0$ 和 $r_1 = 2^{730}$。计算矩阵幂，得

$$A^{731} = 2^{730}A = 2^{730}\begin{bmatrix} 1 & 1/2 \\ 2 & 1 \end{bmatrix} = \begin{bmatrix} 2^{730} & 2^{729} \\ 2^{731} & 2^{730} \end{bmatrix}$$

7.3.4 矩阵指数函数的计算

类似于标量指数函数

$$e^{at} = 1 + at + \frac{1}{2!}a^2t^2 + \cdots + \frac{1}{k!}a^kt^k + \cdots$$

对一个已知矩阵 A，可以定义矩阵指数函数 (matrix exponential function)

$$e^{At} = I + At + \frac{1}{2!}A^2t^2 + \cdots + \frac{1}{k!}A^kt^k + \cdots \tag{7.3.13}$$

矩阵指数函数可以用来表示一阶微分方程的解。在工程应用中，经常会遇到线性一阶微分方程组

$$\dot{x}(t) = Ax(t), \qquad x(0) = x_0$$

其中，A 为常数矩阵。上述一阶微分方程组的解可以写作 $x(t) = e^{At}x_0$。因此，线性一阶微分方程组的求解等价于计算矩阵指数函数 e^{At}。

利用 Cayley-Hamilton 定理，可以证明 n 阶线性矩阵微分方程的解的唯一性。

定理 7.3.3 [310] 令 A 是一个 $n \times n$ 常数矩阵，其特征多项式为

$$p(\lambda) = \det(\lambda I - A) = \lambda^n + c_{n-1}\lambda^{n-1} + \cdots + c_1\lambda + c_0 \tag{7.3.14}$$

并且 n 阶矩阵微分方程

$$\Phi^{(n)}(t) + c_{n-1}\Phi^{(n-1)}(t) + \cdots + c_1\Phi'(t) + c_0\Phi(t) = O \tag{7.3.15}$$

满足初始条件

$$\Phi(0) = I, \quad \Phi'(0) = A, \quad \Phi''(0) = A^2, \quad \cdots, \Phi^{(n-1)} = A^{n-1} \tag{7.3.16}$$

则 $\boldsymbol{\Phi}(t)=\mathrm{e}^{\boldsymbol{A}t}$ 是 n 阶矩阵微分方程式 (7.3.15) 的唯一解。

定理 7.3.3 保证了矩阵微分方程的唯一解的存在性。下面的定理给出了求这一唯一解的方法。

定理 7.3.4[310] 令 $\boldsymbol{A}$ 是一个 $n\times n$ 常数矩阵，其特征多项式为

$$p(\lambda)=\det(\lambda\boldsymbol{I}-\boldsymbol{A})=\lambda^n+c_{n-1}\lambda^{n-1}+\cdots+c_1\lambda+c_0$$

则满足初始条件式 (7.3.16) 的矩阵微分方程式 (7.3.15) 的解由

$$\boldsymbol{\Phi}(t)=\mathrm{e}^{\boldsymbol{A}t}=x_1(t)\boldsymbol{I}+x_2(t)\boldsymbol{A}+x_3(t)\boldsymbol{A}^2+\cdots+x_n(t)\boldsymbol{A}^{n-1} \tag{7.3.17}$$

给出，式中，$x_k(t)$ 是 n 阶标量微分方程

$$x^{(n)}(t)+c_{n-1}x^{(n-1)}(t)+\cdots+c_1x'(t)+c_0x(t)=0 \tag{7.3.18}$$

满足初始条件

$$\left.\begin{array}{r}x_1(0)=1\\ x_1'(0)=0\\ \vdots\\ x_1^{(n-1)}(0)=0\end{array}\right\},\quad \left.\begin{array}{r}x_2(0)=0\\ x_2'(0)=1\\ \vdots\\ x_2^{(n-1)}(0)=0\end{array}\right\},\quad \cdots,\quad \left.\begin{array}{r}x_n(0)=0\\ x_n'(0)=0\\ \vdots\\ x_n^{(n-1)}(0)=1\end{array}\right\}$$

的解。

式 (7.3.17) 给出了计算矩阵指数函数 $\mathrm{e}^{\boldsymbol{A}t}$ 的一种有效方法。

例 7.3.4 已知矩阵

$$\boldsymbol{A}=\begin{bmatrix}1&0&1\\0&1&0\\0&0&2\end{bmatrix}$$

利用定理 7.3.4 求 $\mathrm{e}^{\boldsymbol{A}t}$。

解 由特征方程

$$\det(\lambda\boldsymbol{I}-\boldsymbol{A})=\begin{vmatrix}\lambda-1&0&-1\\0&\lambda-1&0\\0&0&\lambda-2\end{vmatrix}=(\lambda-1)^2(\lambda-2)=0$$

求得矩阵 $\boldsymbol{A}$ 的特征值 $\lambda_1=1,\lambda_2=1,\lambda_3=2$，即特征值 1 的多重度为 2。

由定理 7.3.4 知，矩阵指数函数

$$\mathrm{e}^{\boldsymbol{A}t}=x_1(t)\boldsymbol{I}+x_2(t)\boldsymbol{A}+x_3(t)\boldsymbol{A}^2$$

式中，$x_1(t),x_2(t),x_3(t)$ 是三阶标量微分方程

$$x'''(t)+c_2x''(t)+c_1x'(t)+c_0x(t)=0$$

满足初始条件

$$\left.\begin{aligned}x_1(0)=1\\x_1'(0)=0\\x_1''(0)=0\end{aligned}\right\},\quad \left.\begin{aligned}x_2(0)=0\\x_2'(0)=1\\x_2''(0)=0\end{aligned}\right\},\quad \left.\begin{aligned}x_3(0)=0\\x_3'(0)=0\\x_3''(0)=1\end{aligned}\right\}$$

的解。

由矩阵 $\boldsymbol{A}$ 的特征值 $\lambda_1=1,\lambda_2=1,\lambda_3=2$ 知，标量微分方程 $x'''(t)+c_2x''(t)+c_1x'(t)+c_0x(t)=0$ 的通解由

$$x(t)=a_1t\mathrm{e}^t+a_2\mathrm{e}^t+a_3\mathrm{e}^{2t}$$

给出。

由上述通解公式易得以下结果:

(1) 将初始条件 $x_1(0)=1,x_1'(0)=0,x_1''(0)=0$ 代入通解公式，得

$$\begin{cases}a_2+a_3=1\\a_1+a_2+2a_3=0\\2a_1+a_2+4a_3=0\end{cases}\Rightarrow\begin{cases}a_1=-2\\a_2=0\\a_3=1\end{cases}$$

即满足初始条件 $x_1(0)=1,x_1'(0)=0,x_1''(0)=0$ 的特解为

$$x_1(t)=-2t\mathrm{e}^t+\mathrm{e}^{2t}$$

(2) 由初始条件 $x_2(0)=0,x_2'(0)=1,x_2''(0)=0$ 得

$$\begin{cases}a_2+a_3=0\\a_1+a_2+2a_3=1\\2a_1+a_2+4a_3=0\end{cases}\Rightarrow\begin{cases}a_1=1\\a_2=2\\a_3=-1\end{cases}$$

从而得满足初始条件 $x_2(0)=0,x_2'(0)=1,x_2''(0)=0$ 的特解为

$$x_2(t)=t\mathrm{e}^t+2\mathrm{e}^t-\mathrm{e}^{2t}$$

(3) 由初始条件 $x_3(0)=0,x_3'(0)=0,x_3''(0)=1$ 得

$$\begin{cases}a_2+a_3=0\\a_1+a_2+2a_3=0\\2a_1+a_2+4a_3=1\end{cases}\Rightarrow\begin{cases}a_1=-1\\a_2=-1\\a_3=1\end{cases}$$

换言之，满足初始条件 $x_3(0)=0,x_3'(0)=0,x_3''(0)=1$ 的特解为

$$x_3(t)=-t\mathrm{e}^t-\mathrm{e}^t+\mathrm{e}^{2t}$$

计算知

$$\boldsymbol{A}^2=\begin{bmatrix}1&0&1\\0&1&0\\0&0&2\end{bmatrix}\begin{bmatrix}1&0&1\\0&1&0\\0&0&2\end{bmatrix}=\begin{bmatrix}1&0&3\\0&1&0\\0&0&4\end{bmatrix}$$

因此，由定理 7.3.4 可求得

$$\begin{aligned}\mathrm{e}^{\boldsymbol{A}t}&=x_1(t)\boldsymbol{I}+x_2(t)\boldsymbol{A}+x_3(t)\boldsymbol{A}^2\\&=(-2t\mathrm{e}^t+\mathrm{e}^{2t})\begin{bmatrix}1&0&0\\0&1&0\\0&0&1\end{bmatrix}+(t\mathrm{e}^t+2\mathrm{e}^t-\mathrm{e}^{2t})\begin{bmatrix}1&0&1\\0&1&0\\0&0&2\end{bmatrix}+\\&\quad(-t\mathrm{e}^t-\mathrm{e}^t+\mathrm{e}^{2t})\begin{bmatrix}1&0&3\\0&1&0\\0&0&4\end{bmatrix}\end{aligned}$$

即有

$$\mathrm{e}^{\boldsymbol{A}t}=\begin{bmatrix}-2t\mathrm{e}^t+\mathrm{e}^t+\mathrm{e}^{2t}&0&-2t\mathrm{e}^t-\mathrm{e}^t+2\mathrm{e}^{2t}\\0&-2t\mathrm{e}^t+\mathrm{e}^t+\mathrm{e}^{2t}&0\\0&0&-4t\mathrm{e}^t+3\mathrm{e}^{2t}\end{bmatrix}$$

总结以上讨论，可以得出结论：Cayley-Hamliton 定理为矩阵求逆、矩阵幂的计算、线性微分方程的求解 (或等价于矩阵指数函数的计算) 提供了非常有效的工具。

7.4 特征值分解的几种典型应用

特征值分解有着广泛的应用。本节以信号处理和模式识别中的问题为例，介绍几个典型的应用：标准正交变换、迷向圆变换、Pisarenko 谐波分解、主分量分析。

7.4.1 标准正交变换与迷向圆变换

给定一组彼此相关的随机变量，常常希望通过线性变换，把它变换成另外一组统计不相关的随机变量。甚至更进一步，希望变换后的一组统计不相关随机变量各个分量还具有单位方差。这两个任务可以通过标准正交变换和迷向圆变换分别完成。

令 $\boldsymbol{x}$ 为一 $m\times 1$ 随机向量，其均值向量为 $\boldsymbol{m}_x$，协方差矩阵为 $\boldsymbol{C}_x$。

首先，使用线性变换 $\boldsymbol{x}_0=\boldsymbol{x}-\boldsymbol{m}_x$ 将 $\boldsymbol{x}$ 变成零均值的随机向量 $\boldsymbol{x}_0$。此时，随机向量 $\boldsymbol{x}_0$ 的自相关矩阵与 $\boldsymbol{x}$ 的协方差矩阵相同，即 $\boldsymbol{R}_{x_0}=\boldsymbol{C}_x$。

1. 标准正交变换

令 $\boldsymbol{C}_x$ 的特征值分解为

$$\boldsymbol{C}_x=\boldsymbol{U}_x\boldsymbol{\Sigma}_x\boldsymbol{U}_x^{\mathrm{H}} \tag{7.4.1}$$

利用 $\boldsymbol{U}_x^{\mathrm{H}}$ 对 $\boldsymbol{x}_0$ 进行线性变换，其结果为

$$\boldsymbol{w}=\boldsymbol{U}_x^{\mathrm{H}}\boldsymbol{x}_0=\boldsymbol{U}_x^{\mathrm{H}}(\boldsymbol{x}-\boldsymbol{m}_x) \tag{7.4.2}$$

于是，变换结果 $\boldsymbol{w}$ 的均值向量

$$\boldsymbol{m}_w = \boldsymbol{U}_x^{\mathrm{H}}\mathrm{E}\{\boldsymbol{x}_0\} = \boldsymbol{U}_x^{\mathrm{H}}\mathrm{E}\{\boldsymbol{x}-\boldsymbol{m}_x\} = \boldsymbol{0} \tag{7.4.3}$$

且 $\boldsymbol{w}$ 的协方差矩阵

$$\begin{aligned}\boldsymbol{C}_w = \boldsymbol{R}_w &= \mathrm{E}\{\boldsymbol{w}\boldsymbol{w}^{\mathrm{H}}\} = \mathrm{E}\{\boldsymbol{U}_x^{\mathrm{H}}\boldsymbol{x}_0\boldsymbol{x}_0^{\mathrm{H}}\boldsymbol{U}_x\}\\ &= \boldsymbol{U}_x^{\mathrm{H}}\boldsymbol{R}_{x_0}\boldsymbol{U}_x = \boldsymbol{U}_x^{\mathrm{H}}\boldsymbol{C}_x\boldsymbol{U}_x = \boldsymbol{\Sigma}_x\end{aligned} \tag{7.4.4}$$

由于 $\boldsymbol{\Sigma}_x$ 是对角矩阵，故 $\boldsymbol{C}_w$ 也是对角矩阵。

总结以上讨论，使用特征值分解的线性变换 $\boldsymbol{w} = \boldsymbol{U}_x\boldsymbol{x}_0 = \boldsymbol{U}_x(\boldsymbol{x}-\boldsymbol{m}_x)$ 具有以下有趣的性质 [332]：

(1) 随机向量 $\boldsymbol{w}$ 具有零均值，各个分量彼此统计不相关 (因而正交)。进一步地，若 $\boldsymbol{x}$ 是具有均值向量 $\boldsymbol{m}_x$ 和协方差矩阵 $\boldsymbol{C}_x$ 的正态或高斯分布 $N(\boldsymbol{m}_x, \boldsymbol{C}_x)$，则 $\boldsymbol{w}$ 是一个具有零均值向量和协方差矩阵为对角矩阵的正态分布 $N(\boldsymbol{0}, \boldsymbol{\Sigma}_x)$，即它的各个分量相互统计独立 (注：对于具有零均值向量的正态或高斯随机向量，正交、统计不相关和统计独立三者等价)。

(2) 随机变量 $w_i (i = 1, 2, \cdots, m)$ 的方差等于协方差矩阵 $\boldsymbol{C}_x$ 的特征值。

(3) 由于线性变换矩阵 $\boldsymbol{U}_x$ 是标准正交矩阵，所以线性变换 $\boldsymbol{w} = \boldsymbol{U}_x^{\mathrm{H}}\boldsymbol{x}_0$ 称为标准正交变换 (orthonormal transformation)，且距离函数的平方

$$d^2(\boldsymbol{x}_0) \stackrel{\mathrm{def}}{=} \boldsymbol{x}_0^{\mathrm{H}}\boldsymbol{C}_{x_0}^{-1}\boldsymbol{x}_0 = (\boldsymbol{x}^{\mathrm{H}}\boldsymbol{U}_x)\boldsymbol{\Sigma}_x^{-1}\boldsymbol{U}_x^{\mathrm{H}}\boldsymbol{x} = \boldsymbol{x}^{\mathrm{H}}\boldsymbol{C}_x^{-1}\boldsymbol{x} = d^2(\boldsymbol{x}) \tag{7.4.5}$$

在标准正交变换下保持不变。距离测度 $d^2(\boldsymbol{x}) = \boldsymbol{x}^{\mathrm{H}}\boldsymbol{C}_x^{-1}\boldsymbol{x}$ 称为 Mahalanobis 距离。在正态随机向量的情况下，Mahalanobis 距离与对数似然函数有关。

2. 迷向圆变换

在上面的标准正交变换中，线性变换 $\boldsymbol{w} = \boldsymbol{U}_x^{\mathrm{H}}\boldsymbol{x}_0$ 的自相关矩阵 (与协方差矩阵相等) $\boldsymbol{R}_x$ 为对角矩阵，但不是单位矩阵 $\boldsymbol{I}$。要使 $\boldsymbol{w}$ 的自相关矩阵为单位矩阵，就需要对 $\boldsymbol{w}$ 再作另一个线性变换

$$\boldsymbol{y} = \boldsymbol{\Sigma}_x^{-1/2}\boldsymbol{w} = \boldsymbol{\Sigma}_x^{-1/2}\boldsymbol{U}_x^{\mathrm{H}}\boldsymbol{x}_0 = \boldsymbol{\Sigma}_x^{-1/2}\boldsymbol{U}_x^{\mathrm{H}}(\boldsymbol{x}-\boldsymbol{m}_x) \tag{7.4.6}$$

由上式和式 (7.4.4)，得

$$\boldsymbol{R}_y = \mathrm{E}\{\boldsymbol{y}\boldsymbol{y}^{\mathrm{H}}\} = \boldsymbol{\Sigma}_x^{-1/2}\boldsymbol{C}_w\boldsymbol{\Sigma}_x^{-1/2} = \boldsymbol{\Sigma}_x^{-1/2}\boldsymbol{\Sigma}_x\boldsymbol{\Sigma}_x^{-1/2} = \boldsymbol{I}$$

线性变换 $\boldsymbol{y} = \boldsymbol{\Sigma}_x^{-1/2}\boldsymbol{w} = \boldsymbol{\Sigma}_x^{-1/2}\boldsymbol{U}_x^{\mathrm{H}}\boldsymbol{x}_0$ 称为迷向圆变换 (isotropic circular transformation)，因为向量 $\boldsymbol{y}$ 的所有分量都是零均值的、具有单位方差的统计不相关随机变量。图 7.4.1 画出了二维情况下迷向圆变换的几何解释 [332]。

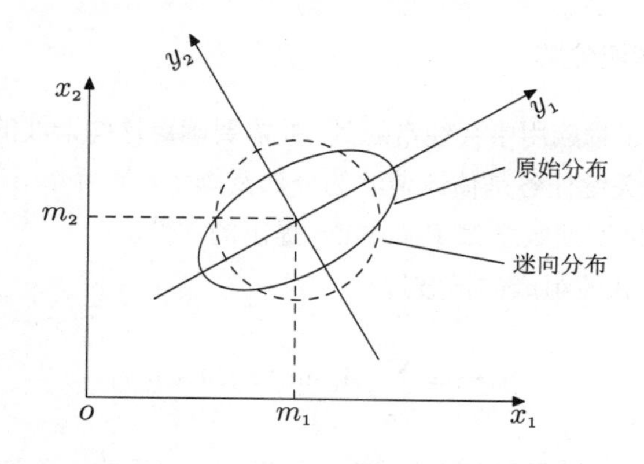

图 7.4.1 迷向圆变换的几何解释

图 7.4.1 清楚地表明，在迷向圆变换中不仅存在坐标轴的平移和旋转，而且还存在坐标轴的伸缩。结果是，向量 $\boldsymbol{y}$ 的分布变成了圆周型的分布，在所有方向上都相同，即分布是方向不变的。这样一种分布称为各向同性分布或迷向分布 (isotropic distribution)。

从图 7.4.1 可以看出，以二维向量 $\boldsymbol{x}=\overrightarrow{AB}=(a,b)$ 为例，经过标准正交变换 $\boldsymbol{w}=\boldsymbol{U}_x(\boldsymbol{x}-\boldsymbol{m}_x)$ 后，描述 $\boldsymbol{w}$ 的新坐标系具有以下几何特点：

(1) 新坐标系是描述向量 $\boldsymbol{x}$ 的原坐标系的平移，即原点从 $(0,0)$ 平移至 (a,b)。

(2) 新坐标系是原坐标系的旋转。

总结以上讨论，可以得出迷向圆变换所具有的重要性质：

(1) 经过迷向圆变换之后，自相关矩阵变成单位矩阵。这意味着，迷向圆变换得到的随机向量的所有分量具有单位方差，而且彼此统计不相关。

(2) 对具有零均值向量的随机向量 $\boldsymbol{x}_0$ 所进行的迷向圆变换 $\boldsymbol{y}=\boldsymbol{\Sigma}_x^{-1/2}\boldsymbol{U}_x^{\mathrm{H}}\boldsymbol{x}_0$ 的矩阵 (称为迷向圆变换矩阵) $\boldsymbol{A}=\boldsymbol{\Sigma}_x^{-1/2}\boldsymbol{U}_x^{\mathrm{H}}$ 是正交的，但不是标准正交的。

(3) Mahalanobis 距离 $d^2(\boldsymbol{x}_0)$ 在迷向圆变换下不能保持不变，即 $d^2(\boldsymbol{y})\neq d^2(\boldsymbol{x}_0)$。

下面从信号处理的观点观看标准正交变换和迷向圆变换。

若将 m 个相关的零均值随机过程 $\{x_1(n),x_2(n),\cdots,x_m(n)\}$ 视为一随机向量 $\boldsymbol{x}(n)=[x_1(n),x_2(n),\cdots,x_m(n)]^{\mathrm{T}}$，则随机向量 $\boldsymbol{x}(n)$ 的标准正交变换等价于将 m 个相关的随机过程 $x_1(n),x_2(n),\cdots,x_m(n)$ 分别变换为白 (色) 噪声过程，简称 (预) 白化。在这类情况下，m 个白噪声过程具有不同的方差。

对随机向量 $\boldsymbol{x}(n)$ 进行迷向圆变换时，m 个相关随机过程 $x_1(n),x_2(n),\cdots,x_m(n)$ 分别白化为具有单位方差的白噪声，常称标准白化。

因此，若将数学语言翻译成信号处理语言，即有：m 维随机向量的标准正交变换和迷向圆变换分别是 m 个随机过程的白化和标准白化。白化或标准白化是信号处理、模式识别和机器学习等中经常使用的数据预处理手段。

7.4.2 Pisarenko 谐波分解

谐波过程在很多工程应用中会经常遇到，并需要确定这些谐波的频率和功率 (合称谐波恢复)。谐波恢复的关键任务是估计谐波的个数及频率。下面介绍谐波恢复的 Pisarenko 谐波分解方法，它是俄罗斯数学家 Pisarenko 提出的 [409]。

考虑由 p 个实正弦波组成的谐波过程

$$x(n)=\sum_{i=1}^{p}A_i\sin(2\pi f_i n+\theta_i) \tag{7.4.7}$$

当相位 θ_i 为常数时，上述谐波过程是一确定性过程，它是非平稳的。为了保证谐波过程的平稳性，通常假定相位 θ_i 是在 $[-\pi,\pi]$ 内均匀分布的随机数。此时，谐波过程是一随机过程。

谐波过程可以使用差分方程描述。先考虑单个正弦波的情况。为简单计，令谐波信号 $x(n)=\sin(2\pi fn+\theta)$。回忆三角函数恒等式

$$\sin(2\pi fn+\theta)+\sin[2\pi f(n-2)+\theta]=2\cos(2\pi f)\sin[2\pi f(n-1)+\theta]$$

若将 $x(n)=\sin(2\pi fn+\theta)$ 代入上式，便得到二阶差分方程

$$x(n)-2\cos(2\pi f)x(n-1)+x(n-2)=0$$

对上式作 z 变换，得

$$[1-2\cos(2\pi f)z^{-1}+z^{-2}]X(z)=0$$

于是，得到特征多项式

$$1-2\cos(2\pi f)z^{-1}+z^{-2}=0$$

它有一对共轭复数根，即

$$z=\cos(2\pi f)\pm \mathrm{j}\,\sin(2\pi f)=\mathrm{e}^{\pm \mathrm{j}\,2\pi f}$$

注意，共轭根的模为 1，即 $|z_1|=|z_2|=1$。由特征多项式的根可决定正弦波的频率，即有

$$f_i=\arctan[\mathrm{Im}(z_i)/\mathrm{Re}(z_i)]/2\pi \tag{7.4.8}$$

通常，只取正的频率。显然，如果 p 个实的正弦波信号没有重复频率的话，则这 p 个频率应该由特征多项式

$$\prod_{i=1}^{p}(z-z_i)(z-z_i^*)=\sum_{i=0}^{2p}a_i z^{2p-i}=0$$

或

$$1+a_1z^{-1}+\cdots+a_{2p-1}z^{-(2p-1)}+a_{2p}z^{-2p}=0 \tag{7.4.9}$$

的根决定。易知，这些根的模全部等于 1。由于所有根都是以共轭对的形式出现，所以特征多项式 (7.4.9) 的系数存在对称性，即

$$a_i = a_{2p-i}, \quad i = 0, 1, \cdots, p \tag{7.4.10}$$

与式 (7.4.10) 对应的差分方程为

$$x(n) + \sum_{i=1}^{2p} a_i x(n-i) = 0 \tag{7.4.11}$$

正弦波过程一般是在加性白噪声中被观测的，设加性白噪声为 $e(n)$，即观测过程

$$y(n) = x(n) + e(n) = \sum_{i=1}^{p} A_i \sin(2\pi f_i n + \theta_i) + e(n) \tag{7.4.12}$$

式中，$e(n) \sim N(0, \sigma_e^2)$ 为高斯白噪声，它与正弦波信号 $x(n)$ 统计独立。将 $x(n) = y(n) - e(n)$ 代入式 (7.4.11)，立即得到白噪声中的正弦波过程所满足的差分方程

$$y(n) + \sum_{i=1}^{2p} a_i y(n-i) = e(n) + \sum_{i=1}^{2p} a_i e(n-i) \tag{7.4.13}$$

这是一个特殊的自回归–滑动平均 (ARMA) 过程，不仅自回归 (AR) 阶数与滑动平均 (MA) 阶数相等，而且 AR 参数也与 MA 参数完全相同。

现在推导这一特殊 ARMA 过程的 AR 参数满足的法方程。为此，定义向量

$$\left.\begin{aligned} \boldsymbol{y}(n) &= [y(n), y(n-1), \cdots, y(n-2p)]^{\mathrm{T}} \\ \boldsymbol{w} &= [1, a_1, \cdots, a_{2p}]^{\mathrm{T}} \\ \boldsymbol{e}(n) &= [e(n), e(n-1), \cdots, e(n-2p)]^{\mathrm{T}} \end{aligned}\right\} \tag{7.4.14}$$

于是，式 (7.4.13) 可写成

$$\boldsymbol{y}^{\mathrm{T}}(n)\boldsymbol{w} = \boldsymbol{e}^{\mathrm{T}}(n)\boldsymbol{w} \tag{7.4.15}$$

用向量 $\boldsymbol{y}(n)$ 左乘式 (7.4.15)，并取数学期望，即得

$$\mathrm{E}\{\boldsymbol{y}(n)\boldsymbol{y}^{\mathrm{T}}(n)\}\boldsymbol{w} = \mathrm{E}\{\boldsymbol{y}(n)\boldsymbol{e}^{\mathrm{T}}(n)\}\boldsymbol{w} \tag{7.4.16}$$

令 $R_y(k) = \mathrm{E}\{y(n+k)y(n)\}$ 表示观测数据 $y(n)$ 的自相关函数，则

$$\mathrm{E}\{\boldsymbol{y}(n)\boldsymbol{y}^{\mathrm{T}}(n)\} = \begin{bmatrix} R_y(0) & R_y(-1) & \cdots & R_y(-2p) \\ R_y(1) & R_y(0) & \cdots & R_y(-2p+1) \\ \vdots & \vdots & \ddots & \vdots \\ R_y(2p) & R_y(2p-1) & \cdots & R_y(0) \end{bmatrix} \stackrel{\mathrm{def}}{=} \boldsymbol{R}$$

$$\mathrm{E}\{\boldsymbol{y}(n)\boldsymbol{e}^{\mathrm{T}}(n)\} = \mathrm{E}\{[\boldsymbol{x}(n) + \boldsymbol{e}(n)]\boldsymbol{e}^{\mathrm{T}}(n)\} = \mathrm{E}\{\boldsymbol{e}(n)\boldsymbol{e}^{\mathrm{T}}(n)\} = \sigma_e^2 \boldsymbol{I}$$

其中，使用了 $x(n)$ 与 $e(n)$ 统计独立的假设。将以上两个关系式代入式 (7.4.16)，便得到一个重要的法方程

$$\boldsymbol{R}\boldsymbol{w} = \sigma_e^2 \boldsymbol{w} \tag{7.4.17}$$

这表明，σ_e^2 是观测过程 $\{y(n)\}$ 的自相关矩阵 $\boldsymbol{R}=\mathrm{E}\{\boldsymbol{y}(n)\boldsymbol{y}^{\mathrm{T}}(n)\}$ 的特征值，而特征多项式的系数向量 $\boldsymbol{w}$ 是对应于该特征值的特征向量。这就是 Pisarenko 谐波分解方法的理论基础。

注意，自相关矩阵 $\boldsymbol{R}$ 的特征值 σ_e^2 是噪声 $e(n)$ 的方差，其他特征值则与各个谐波信号的功率对应。当信噪比比较大时，特征值 σ_e^2 明显小于其他特征值。因此，Pisarenko 谐波分解启迪我们，谐波恢复问题可以转化为自相关矩阵 $\boldsymbol{R}$ 的特征值分解：谐波过程的特征多项式的系数向量 $\boldsymbol{w}$ 就是自相关矩阵中与最小特征值 σ_e^2 对应的那个特征向量。

7.4.3　离散 Karhunen-Loeve 变换

在许多信号处理和模式识别应用中，常常需要将随机信号的观测样本用另外一组数 (或系数) 表示，同时使这种新的表示具有某些所希望的性质。例如，对于编码而言，希望信号可以用少数系数表示，同时这些系数集中了原信号的功率。又如，对于最优滤波，则希望变换后的样本统计不相关，这样就可以降低滤波器的复杂度，或者提高信噪比。实现上述目标的通用做法是将信号展开成正交基函数的线性组合，使得信号相对于基函数的各个分量不会相互干扰。

如果正交基函数根据信号观测样本的协方差矩阵适当选择，就有可能在所有正交基函数中，获得具有最小均方误差的信号表示。在均方误差最小的意义上，这样一种信号表示是最优的信号表示，它在随机信号的分析与编码中具有重要的意义和应用。这种信号变换是 Karhunen 和 Loeve 针对连续随机信号提出的，称为 Kauhunen-Loeve 变换。后来，Hotelling 把它推广到离散随机信号，所以也叫 Hotelling 变换。不过，在大多数文献中，仍习惯称为离散 Karhunen-Loeve 变换。

令 $\boldsymbol{x}=[x_1,\cdots,x_M]^{\mathrm{T}}$ 是一个零均值的随机向量，其自相关矩阵 $\boldsymbol{R}_x=\mathrm{E}\{\boldsymbol{x}\boldsymbol{x}^{\mathrm{H}}\}$。现在，希望使用线性变换

$$\boldsymbol{w}=\boldsymbol{Q}^{\mathrm{H}}\boldsymbol{x} \tag{7.4.18}$$

其中，$\boldsymbol{Q}$ 是一酉矩阵，即 $\boldsymbol{Q}^{-1}=\boldsymbol{Q}^{\mathrm{H}}$。于是，原随机信号向量 $\boldsymbol{x}$ 可以用线性正交变换矩阵 $\boldsymbol{Q}$ 表示成 $\boldsymbol{w}$ 的线性组合，即

$$\boldsymbol{x}=\boldsymbol{Q}\boldsymbol{w}=\sum_{i=1}^{M}w_i\boldsymbol{q}_i,\quad \boldsymbol{q}_i^{\mathrm{H}}\boldsymbol{q}_j=0,\quad i\neq j \tag{7.4.19}$$

为了减小变换后的系数 w_i 的个数，假定在上式中只使用 $\boldsymbol{w}$ 的前 m 个系数 $w_1,\cdots,w_m$ $(m=1,\cdots,M)$ 逼近随机信号向量 $\boldsymbol{x}$，即

$$\hat{\boldsymbol{x}}=\sum_{i=1}^{m}w_i\boldsymbol{q}_i,\quad 1\leqslant m\leqslant M \tag{7.4.20}$$

于是，随机信号向量的 m 阶逼近的误差由

$$\boldsymbol{e}_m=\boldsymbol{x}-\hat{\boldsymbol{x}}=\sum_{i=1}^{M}w_i\boldsymbol{q}_i-\sum_{i=1}^{m}w_i\boldsymbol{q}_i=\sum_{i=m+1}^{M}w_i\boldsymbol{q}_i \tag{7.4.21}$$

给出。由此可以得到均方误差

$$E_m = \mathrm{E}\{\boldsymbol{e}_m^{\mathrm{H}}\boldsymbol{e}_m\} = \sum_{i=m+1}^{M} \boldsymbol{q}_i^{\mathrm{H}}\mathrm{E}\{|w_i|^2\}\boldsymbol{q}_i = \sum_{i=m+1}^{M} \mathrm{E}\{|w_i|^2\}\boldsymbol{q}_i^{\mathrm{H}}\boldsymbol{q}_i \tag{7.4.22}$$

由 $w_i = \boldsymbol{q}_i^{\mathrm{H}}\boldsymbol{x}$ 易知 $\mathrm{E}\{|w_i|^2\} = \boldsymbol{q}_i^{\mathrm{H}}\boldsymbol{R}_x\boldsymbol{q}_i$。若进一步约束 $\boldsymbol{q}_i^{\mathrm{H}}\boldsymbol{q}_i = 1$，则式 (7.4.22) 表示的均方误差可以重新写为

$$E_m = \sum_{i=m+1}^{M} \mathrm{E}\{|w_i|^2\} = \sum_{i=m+1}^{M} \boldsymbol{q}_i^{\mathrm{H}}\boldsymbol{R}_x\boldsymbol{q}_i \tag{7.4.23}$$

约束条件为

$$\boldsymbol{q}_i^{\mathrm{H}}\boldsymbol{q}_i = 1, \quad i = m+1, m+2, \cdots, M$$

为了使均方误差最小化，使用 Lagrangian 乘子法构造代价函数

$$J = \sum_{i=m+1}^{M} \boldsymbol{q}_i^{\mathrm{H}}\boldsymbol{R}_x\boldsymbol{q}_i + \sum_{i=m+1}^{M} \lambda_i(1 - \boldsymbol{q}_i^{\mathrm{H}}\boldsymbol{q}_i),$$

令 $\dfrac{\partial J}{\partial \boldsymbol{q}_i^*} = 0,\ i = m+1, m+2, \cdots, M$，即

$$\frac{\partial}{\partial \boldsymbol{q}_i^*}\left[\sum_{i=m+1}^{M} \boldsymbol{q}_i^{\mathrm{H}}\boldsymbol{R}_x\boldsymbol{q}_i + \sum_{i=m+1}^{M} \lambda_i(1 - \boldsymbol{q}_i^{\mathrm{H}}\boldsymbol{q}_i)\right] = \boldsymbol{R}_x\boldsymbol{q}_i - \lambda_i\boldsymbol{q}_i = 0$$
$$i = m+1, m+2, \cdots, M \tag{7.4.24}$$

即得

$$\boldsymbol{R}_x\boldsymbol{q}_i = \lambda_i\boldsymbol{q}_i, \quad i = m+1, m+2, \cdots, M \tag{7.4.25}$$

这一变换称为 Karhunen-Loeve 变换。

上述讨论说明，当使用式 (7.4.20) 逼近一个随机信号向量 $\boldsymbol{x}$ 时，为了使逼近的均方误差为最小，应该选择 Lagrangian 乘子 λ_i 和代价函数中的正交基向量 $\boldsymbol{g}_i$ 分别是信号自相关矩阵 $\boldsymbol{R}_x$ 后面的 $M-m$ 个特征值和特征向量。换言之，式 (7.4.20) 中用作随机信号向量的正交基应该是 $\boldsymbol{R}_x$ 的前 m 个特征向量。

令 $M \times M$ 自相关矩阵 $\boldsymbol{R}_x$ 的特征值分解为

$$\boldsymbol{R}_x = \sum_{i=1}^{M} \lambda_i\boldsymbol{u}_i\boldsymbol{u}_i^{\mathrm{H}} \tag{7.4.26}$$

因此，式 (7.4.20) 中被选择的正交基为 $\boldsymbol{g}_i = \boldsymbol{u}_i, i = 1, \cdots, m$。

如果自相关矩阵 $\boldsymbol{R}_x$ 只有 K 个大特征值，并且其他 $M-K$ 个特征值可以忽略，则式 (7.4.20) 中信号逼近的阶数应该取 $m = K$，从而得到信号的 K 阶离散 Kauhunen-Loeve 展开式

$$\hat{\boldsymbol{x}} = \sum_{i=1}^{K} w_i\boldsymbol{u}_i \tag{7.4.27}$$

其中，$w_i, i=1,\cdots,K$ 是 $K\times 1$ 向量

$$\boldsymbol{w}=\boldsymbol{U}_1^{\mathrm{H}}\boldsymbol{x} \tag{7.4.28}$$

的第 i 个元素。式中，$\boldsymbol{U}_1=[\boldsymbol{u}_1,\cdots,\boldsymbol{u}_K]$ 由自相关矩阵中与 K 个大特征值对应的特征向量组成。此时，K 阶离散 Karhunen-Loeve 展开的均方误差为

$$E_K=\sum_{i=K+1}^{M}\boldsymbol{u}_i^{\mathrm{H}}\boldsymbol{R}_x\boldsymbol{u}_i=\sum_{i=K+1}^{M}\boldsymbol{u}_i^{\mathrm{H}}\left(\sum_{j=1}^{M}\lambda_j\boldsymbol{u}_j\boldsymbol{u}_j^{\mathrm{H}}\right)\boldsymbol{u}_i=\sum_{i=K+1}^{M}\lambda_i \tag{7.4.29}$$

由于 $\lambda_i, i=K+1,\cdots,M$ 都是自相关矩阵 $\boldsymbol{R}_x$ 的次特征值，均方误差 E_K 很小。

如果原数据 $x_1,\cdots,x_M$ 是需要发射的 M 个数据，在发射端直接发射这些数据，会带来两个问题：这些数据很容易被他人接收；在很多情况下，数据长度 M 可能很大。例如，一幅图像需要先按行转换为数据，然后将各行的数据合成一个很长的数据段。利用离散 Karhunen-Loeve 展开，则可以避免直接发射原数据的这两个缺陷。假定需要发送的图像或者语音信号的 M 个离散样本为 $x_c(0),x_c(1),\cdots,x_c(M-1)$，其中，$M$ 很大。如果分析给定数据 $x_c(0),x_c(1),\cdots,x_c(M-1)$ 的自相关矩阵，并确定其大特征值的个数 K，就可以得到 K 个线性变换系数 $w_1,\cdots,w_K$ 和 K 个正交的特征向量 $\boldsymbol{u}_1,\cdots,\boldsymbol{u}_K$。这样，就只需要在发射端发射 K 个系数 $w_1,\cdots,w_K$。如果在接收端有这 K 个特征向量的信息，则可利用

$$\hat{\boldsymbol{x}}=\sum_{i=1}^{K}w_i\boldsymbol{u}_i \tag{7.4.30}$$

重构被发射的 M 个数据 $x_c(i), i=0,1,\cdots,M-1$。

将 M 个信号数据 $x_c(0),x_c(1),\cdots,x_c(M-1)$ 变换成 K 个系数 $w_1,\cdots,w_K$ 的过程称为信号编码或数据压缩；而从这 K 个系数重构 M 个信号数据的过程则称为信号解码。图 7.4.2 画出了信号编码和解码的原理图。

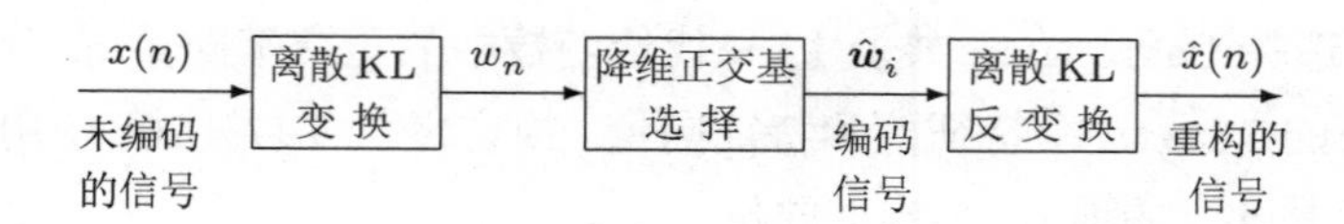

图 7.4.2 利用离散 Karhunen-Loeve 变换的信号编码和解码原理图

比率 M/K 称为压缩比。若 K 比 M 小得多时，即可得到大的压缩比。显然，经过离散 Karhunen-Loeve 变换对原数据进行编码后，不仅可以大大压缩发射数据的长度，而且即使 K 个编码系数被他人接收，由于没有 K 个特征向量的信息，他人也难于准确重构原数据。

7.4.4 主分量分析

假定有 P 个统计相关的性质指标集合 $\{x_1,\cdots,x_P\}$，由于它们之间的相关性，在这

P 个性质指标中存在信息的冗余。现在希望通过正交变换，从中获得 K 个新特征集合 $\{\tilde{x}_1,\cdots,\tilde{x}_K\}$。这些新特征相互正交。由于彼此正交，新特征之间不再有信息的冗余。这一过程称为特征提取。从空间变换的角度，特征提取的实质就是从 P 个原始变量的 C^P 空间内，提取出彼此正交的 K 个新变量，组成 C^K 空间。将一个存在信息冗余的多维空间变成一个无信息冗余的较低维空间，这样一种线性变换称为降维 (reduced dimension)。作为降维处理的典型一例，下面介绍主分量分析 (principal component analysis, PCA)。

通过正交变换，可以将存在统计相关的 P 个原始性质指标变成 P 个彼此正交的新的性质指标。在这 P 个新的性质指标中，具有较大功率的 K 个性质指标可以视为 P 个原始性质指标的主要成分，简称主分量或者主成分。只利用数据向量的 K 个主分量进行的数据或者信号分析称为主分量分析。

主分量分析的主要目的是用 K $(<P)$ 个主分量概括表达统计相关的 P 个变量。为了全面反映 P 个原始变量所携带的有用信息，每一个主分量都应该是 P 个原始变量的线性组合方式。

定义 7.4.1 令 $\boldsymbol{R}_x$ 是数据向量 $\boldsymbol{x}$ 的自相关矩阵，它有 K 个主特征值，与这些主特征值对应的 K 个特征向量称为数据向量 $\boldsymbol{x}$ 的主分量。

主分量分析的主要步骤及思想如下。

(1) 降维　将 P 个变量综合成 K 个主分量

$$\tilde{x}_j=\sum_{i=1}^{P}a_{ij}^*x_i=\boldsymbol{a}_j^{\mathrm{H}}\boldsymbol{x},\qquad j=1,2,\cdots,K \tag{7.4.31}$$

式中，$\boldsymbol{a}_j=[a_{1j},\cdots,a_{Pj}]^{\mathrm{T}}$ 和 $\boldsymbol{x}=[x_1,\cdots,x_P]^{\mathrm{T}}$。

(2) 正交化　欲使主分量正交归一，即

$$\langle\tilde{x}_i,\tilde{x}_j\rangle=\boldsymbol{x}^{\mathrm{H}}\boldsymbol{x}\boldsymbol{a}_i^{\mathrm{H}}\boldsymbol{a}_j=\begin{cases}1, & i=j\\ 0, & i\neq j\end{cases}$$

必须选择系数向量 $\boldsymbol{a}_i$ 满足正交归一条件 $\boldsymbol{a}_i^{\mathrm{H}}\boldsymbol{a}_j=\delta_{i-j}$ (Kronecker δ 函数)，因为 $\boldsymbol{x}$ 各个元素统计相关，即 $\boldsymbol{x}^{\mathrm{H}}\boldsymbol{x}\neq 0$。

(3) 功率最大化　若选择 $\boldsymbol{a}_i=\boldsymbol{u}_i,\ i=1,\cdots,K$，其中，$\boldsymbol{u}_i(i=1,\cdots,K)$ 是自相关矩阵 $\boldsymbol{R}_x=\mathrm{E}\{\boldsymbol{x}\boldsymbol{x}^{\mathrm{H}}\}$ 与 K 个大特征值 $\lambda_1\geqslant\cdots\geqslant\lambda_K$ 对应的特征向量，则容易计算出各个无冗余分量的能量为

$$\begin{aligned}E_{\tilde{x}_i}&=\mathrm{E}\{|\tilde{x}_i|^2\}=\mathrm{E}\{\boldsymbol{a}_i^{\mathrm{H}}\boldsymbol{x}(\boldsymbol{a}_i^{\mathrm{H}}\boldsymbol{x})^*\}=\boldsymbol{u}_i^{\mathrm{H}}\mathrm{E}\{\boldsymbol{x}\boldsymbol{x}^{\mathrm{H}}\boldsymbol{u}_i\}=\boldsymbol{u}_i^{\mathrm{H}}\boldsymbol{R}_x\boldsymbol{u}_i\\ &=\boldsymbol{u}_i^{\mathrm{H}}[\boldsymbol{u}_1,\boldsymbol{u}_2,\cdots,\boldsymbol{u}_P]\begin{bmatrix}\lambda_1 & & & 0\\ & \lambda_2 & & \\ & & \ddots & \\ 0 & & & \lambda_P\end{bmatrix}\begin{bmatrix}\boldsymbol{u}_1^{\mathrm{H}}\\ \boldsymbol{u}_2^{\mathrm{H}}\\ \vdots\\ \boldsymbol{u}_P^{\mathrm{H}}\end{bmatrix}\boldsymbol{u}_i\\ &=\lambda_i\end{aligned}$$

由于特征值按照非降顺序排列，故

$$E_{\tilde{x}_1} \geqslant E_{\tilde{x}_2} \geqslant \cdots \geqslant E_{\tilde{x}_k} \tag{7.4.32}$$

因此，按照能量的大小，常称 $\tilde{x}_1$ 为第一主分量，$\tilde{x}_2$ 为第二主分量，等等。

注意到 $P \times P$ 自相关矩阵

$$\boldsymbol{R}_x = \mathrm{E}\{\boldsymbol{x}\boldsymbol{x}^{\mathrm{H}}\} = \begin{bmatrix} \mathrm{E}\{|x_1|^2\} & \mathrm{E}\{x_1 x_2^*\} & \cdots & \mathrm{E}\{x_1 x_P^*\} \\ \mathrm{E}\{x_2 x_1^*\} & \mathrm{E}\{|x_2|^2\} & \cdots & \mathrm{E}\{x_2 x_P^*\} \\ \vdots & \vdots & \ddots & \vdots \\ \mathrm{E}\{x_P x_1^*\} & \mathrm{E}\{x_P x_2^*\} & \cdots & \mathrm{E}\{|x_P|^2\} \end{bmatrix} \tag{7.4.33}$$

利用矩阵迹的定义和性质知

$$\mathrm{tr}(\boldsymbol{R}_x) = \mathrm{E}\{|x_1|^2\} + \mathrm{E}\{|x_2|^2\} + \cdots + \mathrm{E}\{|x_P|^2\} = \lambda_1 + \lambda_2 + \cdots + \lambda_P \tag{7.4.34}$$

但是，若自相关矩阵 $\boldsymbol{R}_x$ 只有 K 个大的特征值，则有

$$\mathrm{E}\{|x_1|^2\} + \mathrm{E}\{|x_2|^2\} + \cdots + \mathrm{E}\{|x_P|^2\} \approx \lambda_1 + \lambda_2 + \cdots + \lambda_K \tag{7.4.35}$$

总结以上讨论，可以得出结论：主分量分析的基本思想是通过降维、正交化和能量最大化这三个步骤，将原来统计相关的 P 个随机数据变换成 K 个相互正交的主分量，这些主分量的能量之和近似等于原 P 个随机数据的能量之和。

定义 7.4.2[521] 令 $\boldsymbol{R_x}$ 是 P 维数据向量 $\boldsymbol{x}$ 的自相关矩阵，它有 K 个主特征值和 $P-K$ 个次特征值 (即小特征值)，与这些次特征值对应的 $P-K$ 个特征向量称为数据向量 $\boldsymbol{x}$ 的次分量。

只利用数据向量的 $P-K$ 个次分量进行的数据或者信号分析称为次分量分析 (minor component analysis，MCA)。

主分量分析可以给出被分析信号和图像的轮廓和主要信息。与之不同，次分量分析则可以提供信号的细节和图像的纹理。次分量分析在很多领域中有着广泛的应用。例如，次分量分析已用于频率估计 [337, 338]、盲波束形成 [208]、动目标显示 [272]、杂波对消 [30] 等。在模式识别中，当主分量分析不能识别两个对象信号时，应进一步作次分量分析，比较它们所含信息的细节部分。

7.5 广义特征值分解

前面几节讨论了单个 $n \times n$ 矩阵的特征值分解及其应用。从这一节开始，我们的注意力将陆续转移到特征值问题的各种推广。本节先考虑两个矩阵组成的矩阵对的特征值分解，习惯称其为广义特征值分解。事实上，单个矩阵的特征值分解是广义特征值分解的一种特例。

7.5.1 广义特征值分解及其性质

特征值分解的基础是线性变换 $\mathcal{L}[\boldsymbol{u}] = \lambda \boldsymbol{u}$ 表示的特征系统 (eigensystem)：取线性变换 $\mathcal{L}[\boldsymbol{u}] = \boldsymbol{A}\boldsymbol{u}$，即得特征值分解 $\boldsymbol{A}\boldsymbol{u} = \lambda \boldsymbol{u}$。

现在考虑特征系统的推广：它由两个线性系统 $\mathcal{L}_a$ 和 $\mathcal{L}_b$ 共同组成，两个线性系统都以向量 $\boldsymbol{u}$ 作为输入，但第一个系统 $\mathcal{L}_a$ 的输出 $\mathcal{L}_a[\boldsymbol{u}]$ 是第二个系统 $\mathcal{L}_b$ 的输出 $\mathcal{L}_b[\boldsymbol{u}]$ 的某个常数 (例如 λ) 倍，即特征系统推广为 [254]

$$\mathcal{L}_a[\boldsymbol{u}] = \lambda \mathcal{L}_c[\boldsymbol{u}], \qquad \boldsymbol{u} \neq \boldsymbol{0} \tag{7.5.1}$$

称为广义特征系统，记作 $(\mathcal{L}_a, \mathcal{L}_b)$。式中的常数 λ 和非零向量 $\boldsymbol{u}$ 分别称为广义特征系统的特征值 (即广义特征值) 和特征向量 (即广义特征向量)。

特别地，若两个线性变换分别取

$$\mathcal{L}_a[\boldsymbol{u}] = \boldsymbol{A}\boldsymbol{u}, \quad \mathcal{L}_b[\boldsymbol{u}] = \boldsymbol{B}\boldsymbol{u} \tag{7.5.2}$$

则广义特征系统变为

$$\boldsymbol{A}\boldsymbol{u} = \lambda \boldsymbol{B}\boldsymbol{u} \tag{7.5.3}$$

广义特征系统的两个 $n \times n$ 矩阵 $\boldsymbol{A}$ 和 $\boldsymbol{B}$ 组成一矩阵束 (matrix pencil) 或矩阵对 (matrix pair)，记作 $(\boldsymbol{A}, \boldsymbol{B})$；常数 λ 和非零向量 $\boldsymbol{u}$ 分别称为矩阵束的广义特征值 (generalized eigenvalue) 和广义特征向量 (generalized eigenvector)。

一个广义特征值和与之对应的广义特征向量合称广义特征对，记作 $(\lambda, \boldsymbol{u})$。式 (7.5.3) 也称广义特征方程。观察知，特征值问题是当矩阵束取作 $(\boldsymbol{A}, \boldsymbol{I})$ 时广义特征值问题的一个特例。

虽然广义特征值和广义特征向量总是成对出现，但是广义特征值可以单独求出。这一情况与特征值可以单独求出类似。为了单独求出广义特征值，将广义特征方程式 (7.5.3) 稍加改写，即有

$$(\boldsymbol{A} - \lambda \boldsymbol{B})\boldsymbol{u} = \boldsymbol{0} \tag{7.5.4}$$

如果上式括号内的矩阵 $\boldsymbol{A} - \lambda \boldsymbol{B}$ 是非奇异的，则广义特征方程只有唯一的零解 $\boldsymbol{u} = \boldsymbol{0}$。显然，这种解是平凡的，毫无意义。为了求出非零的有用解，矩阵 $\boldsymbol{A} - \lambda \boldsymbol{B}$ 不能是非奇异的。这意味着，它们的行列式必须等于零

$$(\boldsymbol{A} - \lambda \boldsymbol{B}) \text{ 奇异} \;\Leftrightarrow\; \det(\boldsymbol{A} - \lambda \boldsymbol{B}) = 0 \tag{7.5.5}$$

$\det(\boldsymbol{A} - \lambda \boldsymbol{B}) = 0$ 称为广义特征多项式。鉴于此，矩阵束 $(\boldsymbol{A}, \boldsymbol{B})$ 又常表示成 $\boldsymbol{A} - \lambda \boldsymbol{B}$。

对于 $n \times n$ 维的矩阵束 $(\boldsymbol{A}, \boldsymbol{B})$，式 (7.5.5) 是一个 n 阶多项式，称为广义特征多项式。因此，矩阵束 $(\boldsymbol{A}, \boldsymbol{B})$ 的广义特征值 λ 是满足广义特征多项式 $\det(\boldsymbol{A} - z\boldsymbol{B}) = 0$ 的所有解 z (包括零值在内)。显然，若矩阵 $\boldsymbol{B}$ 为单位矩阵，则广义特征多项式退化为 $\det(\boldsymbol{A} - \lambda \boldsymbol{I}) = 0$

即特征多项式 (7.1.6)。从这一角度讲，广义特征多项式是特征多项式的推广，而特征多项式是广义特征多项式在 $\boldsymbol{B}=\boldsymbol{I}$ 时的一个特例。

若将矩阵束的广义特征值记作 $\lambda(\boldsymbol{A},\boldsymbol{B})$，则广义特征值定义为

$$\lambda(\boldsymbol{A},\boldsymbol{B})=\{z\in\mathbb{C}:\det(\boldsymbol{A}-z\boldsymbol{B})=0\} \tag{7.5.6}$$

定理 7.5.1[540] $\lambda\in\mathbb{C}$ 和 $\boldsymbol{u}\in\mathbb{C}^n$ 分别是矩阵束 $(\boldsymbol{A},\boldsymbol{B})_{n\times n}$ 的广义特征值和广义特征向量，当且仅当

(1) $\det(\boldsymbol{A}-\lambda\boldsymbol{B})=0$。

(2) $\boldsymbol{u}\in\text{Null}(\boldsymbol{A}-\lambda\boldsymbol{B})$，并且 $\boldsymbol{u}\neq\boldsymbol{0}$。

下面是关于广义特征值问题 $\boldsymbol{Ax}=\lambda\boldsymbol{Bx}$ 的一些性质[252, pp.176~177]：

(1) 若矩阵 $\boldsymbol{A}$ 和 $\boldsymbol{B}$ 互换，则广义特征值将变为其倒数，但广义特征向量保持不变，即有

$$\boldsymbol{Ax}=\lambda\boldsymbol{Bx}\ \Rightarrow\ \boldsymbol{Bx}=\frac{1}{\lambda}\boldsymbol{Ax}$$

(2) 若 $\boldsymbol{B}$ 非奇异，则广义特征值分解简化为标准的特征值分解

$$\boldsymbol{Ax}=\lambda\boldsymbol{Bx}\ \Rightarrow\ (\boldsymbol{B}^{-1}\boldsymbol{A})\boldsymbol{x}=\lambda\boldsymbol{x}$$

(3) 若 $\boldsymbol{A}$ 和 $\boldsymbol{B}$ 均为实对称的正定矩阵，则广义特征值一定是正的。

(4) 如果 $\boldsymbol{A}$ 奇异，则 $\lambda=0$ 必定是一个广义特征值。

(5) 若 $\boldsymbol{A}$ 和 $\boldsymbol{B}$ 均为正定的 Hermitian 矩阵，则广义特征值必定是实的，并且与不同广义特征值对应的广义特征向量相对于正定矩阵 $\boldsymbol{A}$ 和 $\boldsymbol{B}$ 分别正交，即有

$$\boldsymbol{x}_i^{\text{H}}\boldsymbol{Ax}_j=\boldsymbol{x}_i^{\text{H}}\boldsymbol{Bx}_j=0,\quad i\neq j$$

(6) 若 $\boldsymbol{A}$ 和 $\boldsymbol{B}$ 均为实对称矩阵，并且 $\boldsymbol{B}$ 正定，则广义特征值问题 $\boldsymbol{Ax}=\lambda\boldsymbol{Bx}$ 可以变换为标准的对称特征值问题

$$(\boldsymbol{L}^{-1}\boldsymbol{A}\boldsymbol{L}^{-\text{T}})(\boldsymbol{L}^{\text{T}}\boldsymbol{x})=\lambda(\boldsymbol{L}^{\text{T}}\boldsymbol{x})$$

式中，$\boldsymbol{L}$ 为下三角矩阵，它是 Cholesky 分解 $\boldsymbol{B}=\boldsymbol{L}\boldsymbol{L}^{\text{T}}$ 的因子。

(7) 若 $\tilde{\boldsymbol{B}}=\boldsymbol{B}+(1/\alpha)\boldsymbol{A}$，其中，$\alpha$ 是任意一个不等于零的标量，则修正的广义特征值问题 $\boldsymbol{Ax}=\tilde{\lambda}\tilde{\boldsymbol{B}}\boldsymbol{x}$ 的广义特征值 $\tilde{\lambda}$ 与原广义特征值 λ 之间存在下列关系，即 $\tilde{\lambda}^{-1}=\lambda^{-1}+\alpha^{-1}$。

严格地说，上面介绍的广义特征向量 $\boldsymbol{u}$ 称为矩阵束的右广义特征向量。与广义特征值 λ 对应的左特征向量定义为满足

$$\boldsymbol{v}^{\text{H}}\boldsymbol{A}=\lambda\boldsymbol{v}^{\text{H}}\boldsymbol{B} \tag{7.5.7}$$

的列向量 $\boldsymbol{v}$。令 $\boldsymbol{X}$ 和 $\boldsymbol{Y}$ 均为非奇异矩阵，则由式 (7.5.3) 和式 (7.5.7) 立即知

$$\boldsymbol{XAu} = \lambda\boldsymbol{XBu}, \quad \boldsymbol{v}^{\mathrm{H}}\boldsymbol{AY} = \lambda\boldsymbol{v}^{\mathrm{H}}\boldsymbol{BY} \tag{7.5.8}$$

这表明，矩阵束 $(\boldsymbol{A},\boldsymbol{B})$ 左乘非奇异矩阵，不改变矩阵束的右广义特征向量；而矩阵束右乘非奇异矩阵，则不改变左广义特征向量。

在很多应用中，往往只使用广义特征值 (如稍后将介绍的 ESPRIT 方法)，在这种情况下，等价矩阵束是一个非常有用的概念。

定义 7.5.1 所有广义特征值相同的两个矩阵束称为等价矩阵束。

由广义特征值的定义 $\det(\boldsymbol{A}-\lambda\boldsymbol{B})=0$ 和行列式的性质，易知

$$\det(\boldsymbol{XAY}-\lambda\boldsymbol{XBY})=0 \quad \Longleftrightarrow \quad \det(\boldsymbol{A}-\lambda\boldsymbol{B})=0$$

因此，矩阵束左乘任意一个非奇异矩阵与 (或) 右乘任意一个非奇异矩阵，都不会改变矩阵束的广义特征值。这一结果可以总结为下面的命题。

命题 7.5.1 若 $\boldsymbol{X}$ 和 $\boldsymbol{Y}$ 是两个非奇异矩阵，则 $(\boldsymbol{XAY},\boldsymbol{XBY})$ 和 $(\boldsymbol{A},\boldsymbol{B})$ 是两个等价的矩阵束。

7.5.2 广义特征值分解算法

下面的算法使用压缩映射计算 $n\times n$ 实对称矩阵束 $(\boldsymbol{A},\boldsymbol{B})$ 的广义特征对 $(\lambda,\boldsymbol{u})$。

算法 7.5.1 广义特征值分解的 Lanczos 算法[434,p.298]

步骤 1 初始化

选择范数满足 $\boldsymbol{u}_1^{\mathrm{H}}\boldsymbol{B}\boldsymbol{u}_1=1$ 的向量 $\boldsymbol{u}_1$，并令 $\alpha_1=0$, $\boldsymbol{z}_0=\boldsymbol{u}_0=\boldsymbol{0}$, $\boldsymbol{z}_1=\boldsymbol{B}\boldsymbol{u}_1$。

步骤 2 对 $i=1,2,\cdots,n$，计算

$\boldsymbol{u}=\boldsymbol{A}\boldsymbol{u}_i-\alpha_i\boldsymbol{z}_{i-1}$

$\beta_i=\langle\boldsymbol{u},\boldsymbol{u}_i\rangle$

$\boldsymbol{u}=\boldsymbol{u}-\beta_i\boldsymbol{z}_i$

$\boldsymbol{w}=\boldsymbol{B}^{-1}\boldsymbol{u}$

$\alpha_{i+1}=\sqrt{\langle\boldsymbol{w},\boldsymbol{u}\rangle}$

$\boldsymbol{u}_{i+1}=\boldsymbol{w}/\alpha_{i+1}$

$\boldsymbol{z}_{i+1}=\boldsymbol{u}/\alpha_{i+1}$

$\lambda_i=\beta_{i+1}/\alpha_{i+1}$

广义特征值问题也可等价写作

$$\alpha\boldsymbol{Au}=\beta\boldsymbol{Bu} \tag{7.5.9}$$

此时，广义特征值定义为 $\lambda=\beta/\alpha$。

下面是计算 $n\times n$ 对称正定矩阵束 $(\boldsymbol{A},\boldsymbol{B})$ 的广义特征值分解的正切算法，它是 Drmac 于 1998 年提出的[146]。

算法 7.5.2 对称正定矩阵束的广义特征值分解

步骤 1 计算 $\boldsymbol{\Delta}_A = \text{diag}(A_{11}, A_{22}, \cdots, A_{nn})^{-1/2}, \boldsymbol{A}_s = \boldsymbol{\Delta}_A \boldsymbol{A} \boldsymbol{\Delta}_A$ 和 $\boldsymbol{B}_1 = \boldsymbol{\Delta}_A \boldsymbol{B} \boldsymbol{\Delta}_A$。

步骤 2 计算 Cholesky 分解 $\boldsymbol{R}_A^{\mathrm{T}} \boldsymbol{R}_A = \boldsymbol{A}_s$ 和 $\boldsymbol{R}_B^{\mathrm{T}} \boldsymbol{R}_B = \boldsymbol{\Pi}^{\mathrm{T}} \boldsymbol{B}_1 \boldsymbol{\Pi}$。

步骤 3 通过求解矩阵方程 $\boldsymbol{F}\boldsymbol{R}_B = \boldsymbol{A}\boldsymbol{\Pi}$，计算 $\boldsymbol{F} = \boldsymbol{A}\boldsymbol{\Pi}\boldsymbol{R}_B^{-1}$。

步骤 4 求 $\boldsymbol{F}$ 的奇异值分解$\boldsymbol{\Sigma} = \boldsymbol{V}\boldsymbol{F}\boldsymbol{U}^{\mathrm{T}}$。

步骤 5 计算 $\boldsymbol{X} = \boldsymbol{\Delta}_A \boldsymbol{\Pi} \boldsymbol{R}_B^{-1} \boldsymbol{U}$。

输出 矩阵 $\boldsymbol{X}$ 和 $\boldsymbol{\Sigma}$ 满足 $\boldsymbol{A}\boldsymbol{X} = \boldsymbol{B}\boldsymbol{X}\boldsymbol{\Sigma}^2$。

当矩阵 $\boldsymbol{B}$ 奇异时，以上两种算法将是不稳定的。矩阵 $\boldsymbol{B}$ 奇异时的矩阵束 $(\boldsymbol{A}, \boldsymbol{B})$ 的广义特征值分解算法由 Nour-Omid 等人 [373] 提出。这种算法的主要思想是：通过引入一移位因子 σ，使 $(\boldsymbol{A} - \sigma\boldsymbol{B})$ 非奇异。

算法 7.5.3 $\boldsymbol{B}$ 奇异时的广义特征值分解算法 [373, 434]

步骤 1 初始化

选择 $\text{Range}[(\boldsymbol{A} - \sigma\boldsymbol{B})^{-1}\boldsymbol{B}]$ 的基向量 $\boldsymbol{w}$，计算 $\boldsymbol{z}_1 = \boldsymbol{B}\boldsymbol{w}$，$\alpha_1 = \sqrt{\langle \boldsymbol{w}, \boldsymbol{z}_1 \rangle}$，令 $\boldsymbol{u}_0 = \boldsymbol{0}$。

步骤 2 对 $i = 1, 2, \cdots, n$，计算

$$
\begin{aligned}
\boldsymbol{u}_i &= \boldsymbol{w}/\alpha_i \\
\boldsymbol{z}_i &= (\boldsymbol{A} - \sigma\boldsymbol{B})^{-1}\boldsymbol{w} \\
\boldsymbol{w} &= \boldsymbol{w} - \alpha_i \boldsymbol{u}_{i-1} \\
\beta_i &= \langle \boldsymbol{w}, \boldsymbol{z}_i \rangle \\
\boldsymbol{z}_{i+1} &= \boldsymbol{B}\boldsymbol{w} \\
\alpha_{i+1} &= \sqrt{\langle \boldsymbol{z}_{i+1}, \boldsymbol{w} \rangle} \\
\lambda_i &= \beta_i/\alpha_{i+1}
\end{aligned}
$$

7.5.3 广义特征值分解的总体最小二乘方法

在广义特征值分解的应用中，我们往往只对非零的广义特征值感兴趣，因为这些非零的广义特征值的个数反映了信号分量的个数，而广义特征值本身则往往隐含了信号参数的有用信息。然而，在实际应用中，信号分量的个数常常是不知道的，需要估计。通常，矩阵束 $(\boldsymbol{A}, \boldsymbol{B})$ 的维数往往比信号分量的实际个数大。另外，矩阵 $\boldsymbol{A}$ 和 $\boldsymbol{B}$ 又常常分别由观测数据向量的自相关矩阵和互相关矩阵构成。在实际应用中，这些相关矩阵中的自相关函数和互相关函数往往由比较短的观测样本数据估计得到，存在比较大的估计误差。矩阵束的实际维数取大和相关矩阵存在较大估计误差这两个事实，使得矩阵束的非零广义特征值的估计成为最小二乘算子。

Roy 和 Kailath 指出 [431]，最小二乘算子会导致在求解广义特征值问题的某些潜在的数值困难。前面两章已详细分析了奇异值分解 (SVD) 和总体最小二乘 (TLS) 的应用可以将一个较大维数 $(m \times m)$ 病态最小二乘问题转化为一个较小维数 $(p \times p)$ 的无病态总体最小二乘问题。因此，求解广义特征值问题的总体最小二乘方法成为广义特征值分解应

用中的一种自然选择。

已提出了多种求解广义特征值问题的总体最小二乘方法。这些方法的中心思想都是在不改变矩阵束的非零广义特征值的前提下，利用截尾的奇异值分解，将一个大维数的矩阵束转化为一个小维数的矩阵束。这些方法需要的奇异值分解次数各不相同。其中，Zhang 和 Liang [538] 提出的方法只需要 1 次奇异值分解，是计算最简单的。

考虑矩阵束 $(\boldsymbol{A},\boldsymbol{B})$ 的广义特征值分解。令 $\boldsymbol{A}$ 的奇异值分解为

$$\boldsymbol{A}=\boldsymbol{U}\boldsymbol{\Sigma}\boldsymbol{V}^{\mathrm{H}}=[\boldsymbol{U}_1,\ \boldsymbol{U}_2]\begin{bmatrix}\boldsymbol{\Sigma}_1 & \boldsymbol{O}\\ \boldsymbol{O} & \boldsymbol{\Sigma}_2\end{bmatrix}\begin{bmatrix}\boldsymbol{V}_1^{\mathrm{H}}\\ \boldsymbol{V}_2^{\mathrm{H}}\end{bmatrix} \tag{7.5.10}$$

式中，$\boldsymbol{\Sigma}_1$ 由 p 个主奇异值组成，在不改变广义特征值的条件下，可以用 $\boldsymbol{U}_1^H$ 左乘和用 $\boldsymbol{V}_1$ 右乘矩阵 $\boldsymbol{A}-\gamma\boldsymbol{B}$，得到

$$\boldsymbol{\Sigma}_1-\gamma\boldsymbol{U}_1^{\mathrm{H}}\boldsymbol{B}\boldsymbol{V}_1 \tag{7.5.11}$$

原较大维数的矩阵束 $(\boldsymbol{A},\boldsymbol{B})$ 的广义特征值问题变成了较小维数 $(p\times p)$ 的矩阵束 $(\boldsymbol{\Sigma}_1,\boldsymbol{U}_1^{\mathrm{H}}\boldsymbol{B}\boldsymbol{V}_1)$ 的广义特征值问题。这一方法称为广义特征值分解的总体最小二乘方法。

7.5.4 应用举例 —— ESPRIT 方法

ESPRIT 是借助旋转不变技术估计信号参数 (estimating signal parameter via rotational invariance techniques) 的英文缩写。ESPRIT 方法最早是由 Roy 等人 [431] 于 1989 年提出的，现已成为现代信号处理中的一种主要方法，并得到了广泛的应用。

考虑白噪声中的 p 个谐波信号

$$x(n)=\sum_{i=1}^{p}s_i\mathrm{e}^{\mathrm{j}\,n\omega_i}+w(n) \tag{7.5.12}$$

式中，s_i 和 $\omega_i\in(-\pi,\pi)$ 分别为第 i 个谐波信号的复幅值和频率。假定 $w(n)$ 是一零均值、方差为 σ^2 的复值高斯白噪声过程，即

$$\mathrm{E}\{w(k)w^*(l)\}=\sigma^2\delta(k-l),\quad \mathrm{E}\{w(k)w(l)\}=0,\quad \forall\, k,l$$

问题是，只根据观测数据 $x(1),\cdots,x(N)$，估计谐波信号的个数 p 和频率 $\omega_1,\cdots,\omega_p$。

定义一个新的过程 $y(n)\stackrel{\mathrm{def}}{=}x(n+1)$。选择 $m>p$，并引入以下 $m\times 1$ 维向量

$$\boldsymbol{x}(n)\stackrel{\mathrm{def}}{=}[x(n),x(n+1),\cdots,x(n+m-1)]^{\mathrm{T}} \tag{7.5.13}$$

$$\boldsymbol{w}(n)\stackrel{\mathrm{def}}{=}[w(n),w(n+1),\cdots,w(n+m-1)]^{\mathrm{T}} \tag{7.5.14}$$

$$\begin{aligned}\boldsymbol{y}(n)&\stackrel{\mathrm{def}}{=}[y(n),y(n+1),\cdots,y(n+m-1)]^{\mathrm{T}}\\&=[x(n+1),x(n+2),\cdots,x(n+m)]^{\mathrm{T}}\end{aligned} \tag{7.5.15}$$

$$\boldsymbol{a}(\omega_i)\stackrel{\mathrm{def}}{=}[1,\mathrm{e}^{\mathrm{j}\,\omega_i},\cdots,\mathrm{e}^{\mathrm{j}\,(m-1)\omega_i}]^{\mathrm{T}} \tag{7.5.16}$$

于是，式 (7.5.12) 可以写作向量形式

$$\boldsymbol{x}(n)=\boldsymbol{A}\boldsymbol{s}(n)+\boldsymbol{w}(n) \tag{7.5.17}$$

另有

$$\boldsymbol{y}(n)=\boldsymbol{A\Phi s}(n)+\boldsymbol{w}(n+1) \tag{7.5.18}$$

式中

$$\boldsymbol{A}\stackrel{\text{def}}{=}[\boldsymbol{a}(\omega_1),\boldsymbol{a}(\omega_2),\cdots,\boldsymbol{a}(\omega_p)] \tag{7.5.19}$$

$$\boldsymbol{s}(n)\stackrel{\text{def}}{=}[s_1\mathrm{e}^{\mathrm{j}\,\omega_1 n},s_2\mathrm{e}^{\mathrm{j}\,\omega_2 n},\cdots,s_p\mathrm{e}^{\mathrm{j}\,\omega_p n}]^{\mathrm{T}} \tag{7.5.20}$$

$$\boldsymbol{\Phi}\stackrel{\text{def}}{=}\mathrm{diag}(\mathrm{e}^{\mathrm{j}\,\omega_1},\mathrm{e}^{\mathrm{j}\,\omega_2},\cdots,\mathrm{e}^{\mathrm{j}\,\omega_p}) \tag{7.5.21}$$

注意，$\boldsymbol{\Phi}$ 是一酉矩阵，即有 $\boldsymbol{\Phi}^{\mathrm{H}}\boldsymbol{\Phi}=\boldsymbol{\Phi}\boldsymbol{\Phi}^{\mathrm{H}}=\boldsymbol{I}$，它将空间的向量$\boldsymbol{x}(n)$ 和 $\boldsymbol{y}(n)$ 联系在一起；矩阵 $\boldsymbol{A}$ 是一个 $m\times p$ 维 Vandermonde 矩阵。由于 $\boldsymbol{y}(n)=\boldsymbol{x}(n+1)$，故 $\boldsymbol{y}(n)$ 可以看作是 $\boldsymbol{x}(n)$ 的平移结果。鉴于此，矩阵 $\boldsymbol{\Phi}$ 被称作旋转算符，因为平移是最简单的旋转。

观测向量 $\boldsymbol{x}(n)$ 的自相关矩阵为

$$\boldsymbol{R}_{xx}=\mathrm{E}\{\boldsymbol{x}(n)\boldsymbol{x}^{\mathrm{H}}(n)\}=\boldsymbol{APA}^{\mathrm{H}}+\sigma^2\boldsymbol{I} \tag{7.5.22}$$

式中 $\boldsymbol{P}=\mathrm{E}\{\boldsymbol{s}(n)\boldsymbol{s}^{\mathrm{H}}(n)\}$ 是信号向量的相关矩阵。

向量 $\boldsymbol{x}(n)$ 和 $\boldsymbol{y}(n)$ 的互相关矩阵为

$$\boldsymbol{R}_{xy}=\mathrm{E}\{\boldsymbol{x}(n)\boldsymbol{y}^{\mathrm{H}}(n)\}=\boldsymbol{AP\Phi}^{\mathrm{H}}\boldsymbol{A}^{\mathrm{H}}+\sigma^2\boldsymbol{Z} \tag{7.5.23}$$

式中，$\sigma^2\boldsymbol{Z}=\mathrm{E}\{\boldsymbol{w}(n)\boldsymbol{w}^{\mathrm{H}}(n+1)\}$。容易验证，$\boldsymbol{Z}$ 是一个 $m\times m$ 特殊矩阵

$$\boldsymbol{Z}=\begin{bmatrix}0 & & & 0\\ 1 & 0 & & \\ & \ddots & \ddots & \\ 0 & & 1 & 0\end{bmatrix} \tag{7.5.24}$$

即主对角线下面的对角线上的元素全部为 1，而其他元素皆等于 0。

现在的问题是：已知自相关矩阵 $\boldsymbol{R}_{xx}$ 和互相关矩阵 $\boldsymbol{R}_{xy}$，如何估计谐波信号的个数 p、谐波频率 ω_i 以及谐波功率 $|s_i|^2\,(i=1,2,\cdots,p)$。

向量 $\boldsymbol{x}(n)$ 经过平移，变为 $\boldsymbol{y}(n)=\boldsymbol{x}(n+1)$，但是这种平移却保持了 $\boldsymbol{x}(n)$ 和 $\boldsymbol{y}(n)$ 对应的信号子空间的不变性。这是因为 $\boldsymbol{R}_{xx}\stackrel{\text{def}}{=}\mathrm{E}\{\boldsymbol{x}(n)\boldsymbol{x}^{\mathrm{H}}(n)\}=\mathrm{E}\{\boldsymbol{x}(n+1)\boldsymbol{x}^{\mathrm{H}}(n+1)\}\stackrel{\text{def}}{=}\boldsymbol{R}_{yy}$，它们完全相同！

对 $\boldsymbol{R}_{xx}$ 作特征值分解，可以得到其最小特征值 $\lambda_{\min}=\sigma^2$。构造一对新的矩阵

$$\boldsymbol{C}_{xx}=\boldsymbol{R}_{xx}-\lambda_{\min}\boldsymbol{I}=\boldsymbol{R}_{xx}-\sigma^2\boldsymbol{I}=\boldsymbol{APA}^{\mathrm{H}} \tag{7.5.25}$$

$$\boldsymbol{C}_{xy}=\boldsymbol{R}_{xy}-\lambda_{\min}\boldsymbol{Z}=\boldsymbol{R}_{xy}-\sigma^2\boldsymbol{Z}=\boldsymbol{AP\Phi}^{\mathrm{H}}\boldsymbol{A}^{\mathrm{H}} \tag{7.5.26}$$

用 $(\boldsymbol{C}_{xx},\boldsymbol{C}_{xy})$ 组成一矩阵束。

考查矩阵束

$$\boldsymbol{C}_{xx}-\gamma\boldsymbol{C}_{xy}=\boldsymbol{AP}(\boldsymbol{I}-\gamma\boldsymbol{\Phi}^{\mathrm{H}})\boldsymbol{A}^{\mathrm{H}} \tag{7.5.27}$$

由于 $\boldsymbol{A}$ 满列秩和 $\boldsymbol{P}$ 非奇异，所以从矩阵秩的角度，式 (7.5.27) 可以写作

$$\operatorname{rank}(\boldsymbol{C}_{xx}-\gamma\boldsymbol{C}_{xy})=\operatorname{rank}(\boldsymbol{I}-\gamma\boldsymbol{\Phi}^{\mathrm{H}}) \tag{7.5.28}$$

当 $\gamma\neq \mathrm{e}^{\mathrm{j}\omega_i}, i=1,\cdots,p$ 时，矩阵 $(\boldsymbol{I}-\gamma\boldsymbol{\Phi})$ 是非奇异的，而当 $\gamma=\mathrm{e}^{\mathrm{j}\omega_i}$ 时，由于 $\gamma\mathrm{e}^{-\mathrm{j}\omega_i}=1$，所以矩阵 $(\boldsymbol{I}-\gamma\boldsymbol{\Phi})$ 奇异，即秩亏缺。这说明，$\mathrm{e}^{\mathrm{j}\omega_i}, i=1,\cdots,p$ 都是矩阵束 $(\boldsymbol{C}_{xx},\boldsymbol{C}_{xy})$ 的广义特征值。这一结果可以用下面的定理加以归纳。

定理 7.5.2[431] 定义 $\boldsymbol{\Gamma}$ 为矩阵束 $(\boldsymbol{C}_{xx},\boldsymbol{C}_{xy})$ 的广义特征值矩阵，其中，$\boldsymbol{C}_{xx}=\boldsymbol{R}_{xx}-\lambda_{\min}\boldsymbol{I}$，$\boldsymbol{C}_{xy}=\boldsymbol{R}_{xy}-\lambda_{\min}\boldsymbol{Z}$，且 $\lambda_{\min}$ 是自相关矩阵 $\boldsymbol{R}_{xx}$ 的最小特征值。若矩阵 $\boldsymbol{P}$ 非奇异，则矩阵 $\boldsymbol{\Gamma}$ 与旋转算符矩阵 $\boldsymbol{\Phi}$ 之间有下列关系

$$\boldsymbol{\Gamma}=\begin{bmatrix}\boldsymbol{\Phi} & \boldsymbol{O}\\ \boldsymbol{O} & \boldsymbol{O}\end{bmatrix} \tag{7.5.29}$$

即 $\boldsymbol{\Gamma}$ 的非零元素是旋转算符矩阵 $\boldsymbol{\Phi}$ 的各元素的一个排列。

基本的 ESPRIT 算法可总结如下。

算法 7.5.4 基本 ESPRIT 算法 1[431]

步骤 1 利用已知观测数据 $x(1),\cdots,x(N)$ 估计自相关函数 $R_{xx}(0),R_{xx}(1),\cdots,R_{xx}(m)$。

步骤 2 由估计的自相关函数构造 $m\times m$ 自相关矩阵 $\boldsymbol{R}_{xx}$ 和 $m\times m$ 互相关矩阵 $\boldsymbol{R}_{xy}$。

步骤 3 求 $\boldsymbol{R}_{xx}$ 的特征值分解。对于 $m>p$，最小特征值为噪声方差 σ^2 的估计。

步骤 4 利用 σ^2 计算 $\boldsymbol{C}_{xx}=\boldsymbol{R}_{xx}-\sigma^2\boldsymbol{I}$ 和 $\boldsymbol{C}_{xy}=\boldsymbol{R}_{xy}-\sigma^2\boldsymbol{Z}$。

步骤 5 求矩阵束 $(\boldsymbol{C}_{xx},\boldsymbol{C}_{xy})$ 的广义特征值分解，得到位于单位圆上的 p 个广义特征值 $\mathrm{e}^{\mathrm{j}\omega_i}, i=1,\cdots,p$，它们直接给出谐波频率。

以上介绍的基本 ESPRIT 方法可以看作是一种最小二乘算子，其作用是将原 m 维观测空间约束到一个子空间 (其维数等于波达方向个数 p)。因此，这种基本 ESPRIT 方法有时称作 LS-ESPRIT 算法。前已分析过，将总体最小二乘方法的思想应用于广义特征值分解，可以改善其数值性能。因此，对 ESPRIT 方法有必要使用下面的总体最小二乘算法。

算法 7.5.5 TLS-ESPRIT 算法[538]

步骤 1 进行矩阵 $\boldsymbol{R}_{xx}$ 的特征值分解。

步骤 2 利用最小特征值 σ^2 计算 $\boldsymbol{C}_{xx}=\boldsymbol{R}_{xx}-\sigma^2\boldsymbol{I}$ 和 $\boldsymbol{C}_{xy}=\boldsymbol{R}_{xy}-\sigma^2\boldsymbol{Z}$。

步骤 3 作矩阵 $\boldsymbol{C}_{xx}$ 的奇异值分解，确定其有效秩，并存储与 p 个主奇异值对应的 $\boldsymbol{\Sigma}_1,\boldsymbol{U}_1$ 和 $\boldsymbol{V}_1$。

步骤 4 计算 $\boldsymbol{U}_1^{\mathrm{H}}\boldsymbol{C}_{xy}\boldsymbol{V}_1$。

步骤 5 求矩阵束 $(\boldsymbol{\Sigma}_1,\ \boldsymbol{U}_1^{\mathrm{H}}\boldsymbol{C}_{xy}\boldsymbol{V}_1)$ 的广义特征值分解，得到单位圆上的广义特征值，它们直接给出谐波频率。

业已证明，虽然 LS-ESPRIT 和 TLS-ESPRIT 给出相同的渐近 (对大样本) 估计精度，但是在小样本时 TLS-ESPRIT 总是比 LS-ESPRIT 好。此外，与 LS-ESPRIT 不同，TLS-ESPRIT 考虑了 $\boldsymbol{C}_{xx}$ 和 $\boldsymbol{C}_{xy}$ 二者的噪声影响，所以比 LS-ESPRIT 更合理。

7.5.5 相似变换在广义特征值分解中的应用

考查一个由 m 个阵元组成的等距线阵。如图 7.5.1 所示，现在将这个等距线阵分为两个子阵列，其中，子阵列 1 由第 1 个至第 $m-1$ 个阵元组成，子阵列 2 由第 2 个至第 m 个阵元组成。

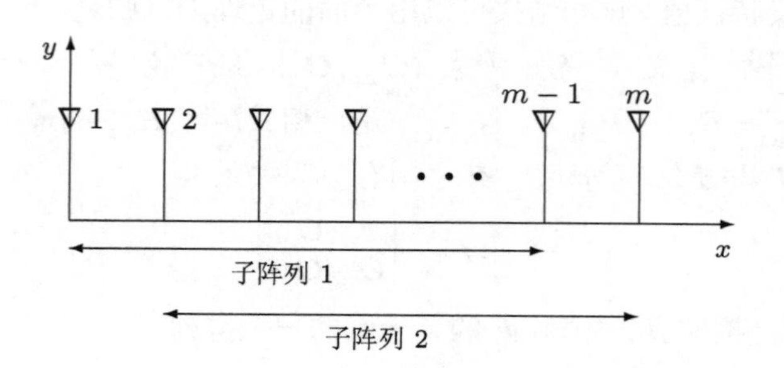

图 7.5.1 阵列分成两个子阵列

令 $m \times N$ 矩阵

$$\boldsymbol{X} = [\boldsymbol{x}(1), \boldsymbol{x}(2), \cdots, \boldsymbol{x}(N)] \tag{7.5.30}$$

代表原阵列的观测数据矩阵，其中，$\boldsymbol{x}(n) = [x_1(n), x_2(n), \cdots, x_m(n)]^{\mathrm{T}}$ 是 m 个阵元在 n 时刻的观测信号组成的观测数据向量；而 N 为数据长度，即 $n = 1, 2, \cdots, N$。

若令

$$\boldsymbol{S} = [\boldsymbol{s}(1), \boldsymbol{s}(2), \cdots, \boldsymbol{s}(N)] \tag{7.5.31}$$

代表信号矩阵，式中，$\boldsymbol{s}(n) = [s_1(n), s_2(n), \cdots, s_p(n)]^{\mathrm{T}}$ 表示信号向量，则对于 N 个快拍的数据，式 (7.5.12) 可以用矩阵形式表示成

$$\boldsymbol{X} = [\boldsymbol{x}(1), \boldsymbol{x}(2), \cdots, \boldsymbol{x}(N)] = \boldsymbol{AS} \tag{7.5.32}$$

式中，$\boldsymbol{A}$ 是 $m \times p$ 阵列方向矩阵。

令 $\boldsymbol{J}_1$ 和 $\boldsymbol{J}_2$ 是两个 $(m-1) \times m$ 选择矩阵，且有

$$\boldsymbol{J}_1 = [\boldsymbol{I}_{m-1} \,\vdots\, \boldsymbol{0}_{m-1}] \tag{7.5.33}$$

$$\boldsymbol{J}_2 = [\boldsymbol{0}_{m-1} \,\vdots\, \boldsymbol{I}_{m-1}] \tag{7.5.34}$$

式中，$\boldsymbol{I}_{m-1}$ 代表 $(m-1) \times (m-1)$ 单位矩阵，$\boldsymbol{0}_{m-1}$ 表示 $(m-1) \times 1$ 零向量。

用选择矩阵 $\boldsymbol{J}_1$ 和 $\boldsymbol{J}_2$ 分别左乘观测数据矩阵 $\boldsymbol{X}$，得到

$$\boldsymbol{X}_1 = \boldsymbol{J}_1\boldsymbol{X} = [\boldsymbol{x}_1(1), \boldsymbol{x}_1(2), \cdots, \boldsymbol{x}_1(N)] \tag{7.5.35}$$

$$\boldsymbol{X}_2 = \boldsymbol{J}_2\boldsymbol{X} = [\boldsymbol{x}_2(1), \boldsymbol{x}_2(2), \cdots, \boldsymbol{x}_2(N)] \tag{7.5.36}$$

式中

$$\boldsymbol{x}_1(n) = [x_1(n), x_2(n), \cdots, x_{m-1}(n)]^{\mathrm{T}}, \quad n = 1, 2, \cdots, N \tag{7.5.37}$$

$$\boldsymbol{x}_2(n) = [x_2(n), x_3(n), \cdots, x_m(n)]^{\mathrm{T}}, \quad n = 1, 2, \cdots, N \tag{7.5.38}$$

即是说，观测数据子矩阵 $\boldsymbol{X}_1$ 由观测数据矩阵$\boldsymbol{X}$ 的前 $m-1$ 行组成，相当于子阵列 1 的观测数据矩阵；$\boldsymbol{X}_2$ 则由 $\boldsymbol{X}$ 的后 $m-1$ 行组成，相当于子阵列 2 的观测数据矩阵。

令

$$\boldsymbol{A} = \begin{bmatrix} \boldsymbol{A}_1 \\ \text{最后一行} \end{bmatrix} = \begin{bmatrix} \text{第 1 行} \\ \boldsymbol{A}_2 \end{bmatrix} \tag{7.5.39}$$

则根据等距线阵的阵列响应矩阵 $\boldsymbol{A}$ 的结构知，子矩阵 $\boldsymbol{A}_1$ 和 $\boldsymbol{A}_2$ 之间存在以下关系

$$\boldsymbol{A}_2 = \boldsymbol{A}_1 \boldsymbol{\varPhi} \tag{7.5.40}$$

容易验证

$$\boldsymbol{X}_1 = \boldsymbol{A}_1 \boldsymbol{S} \tag{7.5.41}$$

$$\boldsymbol{X}_2 = \boldsymbol{A}_2 \boldsymbol{S} = \boldsymbol{A}_1 \boldsymbol{\varPhi} \boldsymbol{S} \tag{7.5.42}$$

由于 $\boldsymbol{\varPhi}$ 是一酉矩阵，所以 $\boldsymbol{X}_1$ 和 $\boldsymbol{X}_2$ 具有相同的信号子空间和噪声子空间，即子阵列 1 和子阵列 2 具有相同的观测空间 (信号子空间 + 噪声子空间)。这就是等距线阵的平移不变性的物理解释。

由式 (7.5.22) 得

$$\begin{aligned}
\boldsymbol{R}_{xx} &= \boldsymbol{A}\boldsymbol{P}\boldsymbol{A}^{\mathrm{H}} + \sigma^2 \boldsymbol{I} = [\boldsymbol{U}_s, \boldsymbol{U}_n] \begin{bmatrix} \boldsymbol{\varSigma}_s & \boldsymbol{O} \\ \boldsymbol{O} & \sigma^2 \boldsymbol{I} \end{bmatrix} \begin{bmatrix} \boldsymbol{U}_s^{\mathrm{H}} \\ \boldsymbol{U}_n^{\mathrm{H}} \end{bmatrix} \\
&= [\boldsymbol{U}_s \boldsymbol{\varSigma}_s, \sigma^2 \boldsymbol{U}_n] \begin{bmatrix} \boldsymbol{U}_s^{\mathrm{H}} \\ \boldsymbol{U}_n^{\mathrm{H}} \end{bmatrix} = \boldsymbol{U}_s \boldsymbol{\varSigma}_s \boldsymbol{U}_s^{\mathrm{H}} + \sigma^2 \boldsymbol{U}_n \boldsymbol{U}_n^{\mathrm{H}}
\end{aligned} \tag{7.5.43}$$

由于 $\boldsymbol{I} - \boldsymbol{U}_n \boldsymbol{U}_n^{\mathrm{H}} = \boldsymbol{U}_s \boldsymbol{U}_s^{\mathrm{H}}$，故由式 (7.5.43) 得

$$\boldsymbol{A}\boldsymbol{P}\boldsymbol{A}^{\mathrm{H}} + \sigma^2 \boldsymbol{U}_s \boldsymbol{U}_s^{\mathrm{H}} = \boldsymbol{U}_s \boldsymbol{\varSigma}_s \boldsymbol{U}_s^{\mathrm{H}} \tag{7.5.44}$$

用 $\boldsymbol{U}_s$ 右乘上式两边，注意到 $\boldsymbol{U}_s^{\mathrm{H}} \boldsymbol{U}_s = \boldsymbol{I}$，并加以重排，即得

$$\boldsymbol{U}_s = \boldsymbol{A}\boldsymbol{T} \tag{7.5.45}$$

式中，$\boldsymbol{T}$ 是一个非奇异矩阵，且

$$\boldsymbol{T} = \boldsymbol{P}\boldsymbol{A}^{\mathrm{H}} \boldsymbol{U}_s (\boldsymbol{\varSigma}_s - \sigma^2 \boldsymbol{I})^{-1} \tag{7.5.46}$$

虽然 $\boldsymbol{T}$ 是一未知矩阵，但它只是下面分析中的一个“虚拟参数”，我们只用到它的非奇异性。用 $\boldsymbol{T}$ 右乘式 (7.5.39)，则有

$$\boldsymbol{A}\boldsymbol{T} = \begin{bmatrix} \boldsymbol{A}_1 \boldsymbol{T} \\ \text{最后一行} \end{bmatrix} = \begin{bmatrix} \text{第 1 行} \\ \boldsymbol{A}_2 \boldsymbol{T} \end{bmatrix} \tag{7.5.47}$$

采用相同的分块形式，将 $\boldsymbol{U}_s$ 也分块成

$$\boldsymbol{U}_s = \begin{bmatrix} \boldsymbol{U}_1 \\ \text{最后一行} \end{bmatrix} = \begin{bmatrix} \text{第 1 行} \\ \boldsymbol{U}_2 \end{bmatrix} \tag{7.5.48}$$

由于 $\boldsymbol{AT} = \boldsymbol{U}_s$，故比较式(7.5.47) 与式 (7.5.48)，立即有

$$\boldsymbol{U}_1 = \boldsymbol{A}_1\boldsymbol{T} \quad \text{和} \quad \boldsymbol{U}_2 = \boldsymbol{A}_2\boldsymbol{T} \tag{7.5.49}$$

将式 (7.5.40) 代入式 (7.5.49)，即有

$$\boldsymbol{U}_2 = \boldsymbol{A}_1\boldsymbol{\Phi T} \tag{7.5.50}$$

由式 (7.5.49) 及式 (7.5.50)，又有

$$\boldsymbol{U}_1\boldsymbol{T}^{-1}\boldsymbol{\Phi T} = \boldsymbol{A}_1\boldsymbol{T}\boldsymbol{T}^{-1}\boldsymbol{\Phi T} = \boldsymbol{A}_1\boldsymbol{\Phi T} = \boldsymbol{U}_2 \tag{7.5.51}$$

定义

$$\boldsymbol{\Psi} = \boldsymbol{T}^{-1}\boldsymbol{\Phi T} \tag{7.5.52}$$

矩阵 $\boldsymbol{\Psi}$ 称为矩阵 $\boldsymbol{\Phi}$ 的相似变换，因此它们具有相同的特征值，即 $\boldsymbol{\Psi}$ 的特征值也为 $\mathrm{e}^{\mathrm{j}\phi_m}$，$m = 1, 2, \cdots, M$。

将式 (7.5.52) 代入式 (7.5.51)，则得到一个重要的关系式，即

$$\boldsymbol{U}_2 = \boldsymbol{U}_1\boldsymbol{\Psi} \tag{7.5.53}$$

式 (7.5.53) 启迪了基本 ESPRIT 算法的另一种算法。

算法 7.5.6 (基本 ESPRIT 算法 2)

步骤 1　计算阵列协方差矩阵 $\hat{\boldsymbol{R}}_{xx}$ 的特征值分解 $\hat{\boldsymbol{R}}_{xx} = \hat{\boldsymbol{U}}\boldsymbol{\Sigma}\hat{\boldsymbol{U}}^{\mathrm{H}}$。

步骤 2　矩阵 $\hat{\boldsymbol{U}}$ 与 $\hat{\boldsymbol{R}}_{xx}$ 的 p 个主特征值对应的部分组成 $\hat{\boldsymbol{U}}_s$。

步骤 3　抽取 $\hat{\boldsymbol{U}}_s$ 的前面 $m-1$ 行组成矩阵 $\hat{\boldsymbol{U}}_1$，后面 $m-1$ 行组成矩阵 $\hat{\boldsymbol{U}}_2$。计算 $\boldsymbol{\Psi} = (\hat{\boldsymbol{U}}_1^{\mathrm{H}}\hat{\boldsymbol{U}}_1)^{-1}\hat{\boldsymbol{U}}_1^{\mathrm{H}}\hat{\boldsymbol{U}}_2$ 的特征值分解。矩阵 $\boldsymbol{\Psi}$ 的特征值 $\mathrm{e}^{\mathrm{j}\omega_i}(i = 1, 2, \cdots, p)$ 给出估计值 $\hat{\omega}_i$, $i = 1, 2, \cdots, p$。

ESPRIT 方法在通信信号处理尤其是在空时二维处理中有着重要的应用，感兴趣的读者可参考文献 [545]。

7.6 Rayleigh 商

在物理和信息技术中，常常会遇到 Hermitian 矩阵的二次型函数的商的最大化或者最小化。这种商有两种形式，它们分别是一个 Hermitian 矩阵的 Rayleigh 商 (有时也叫 Rayleigh-Ritz 比) 和两个 Hermitian 矩阵的广义 Rayleigh 商 (或广义 Rayleigh-Ritz 比)。

7.6.1 Rayleigh 商的定义及性质

在研究振动系统的小振荡时，为了找到合适的广义坐标，Rayleigh 于 20 世纪 30 年代提出了一种特殊形式的商[425]，被后人称为 Rayleigh 商。下面是现在被广泛采用的 Rayleigh 商定义。

定义 7.6.1 Hermitian 矩阵 $\boldsymbol{A} \in \mathbb{C}^{n\times n}$ 的 Rayleigh 商或 Rayleigh-Ritz 比 $R(\boldsymbol{x})$ 是一个标量，定义为

$$R(\boldsymbol{x}) = R(\boldsymbol{x}, \boldsymbol{A}) = \frac{\boldsymbol{x}^{\rm H}\boldsymbol{A}\boldsymbol{x}}{\boldsymbol{x}^{\rm H}\boldsymbol{x}} \tag{7.6.1}$$

其中，$\boldsymbol{x}$ 是待选择的向量，其目的是使 Rayleigh 商最大化或者最小化。

Rayleigh 商的重要性质如下[393, 394, 101, 224]。

性质 1 (齐次性) 若 α 和 β 为标量，则

$$R(\alpha\boldsymbol{x}, \beta\boldsymbol{A}) = \beta R(\boldsymbol{x}, \boldsymbol{A}) \tag{7.6.2}$$

性质 2 (平移不变性)

$$R(\boldsymbol{x}, \boldsymbol{A} - \alpha\boldsymbol{I}) = R(\boldsymbol{x}, \boldsymbol{A}) - \alpha \tag{7.6.3}$$

性质 3 (正交性)

$$\boldsymbol{x} \perp (\boldsymbol{A} - R(\boldsymbol{x})\boldsymbol{I})\boldsymbol{x} \tag{7.6.4}$$

性质 4 (有界性) 当向量 $\boldsymbol{x}$ 在所有非零向量的范围变化时，Rayleigh 商 $R(\boldsymbol{x})$ 落在一复平面的区域 (称为矩阵 $\boldsymbol{A}$ 的值域) 内，这一区域是闭合的、有界的和凸的。若 $\boldsymbol{A}$ 是 Hermitian 的，即满足 $\boldsymbol{A} = \boldsymbol{A}^{\rm H}$，则这一区域是一个闭区间 $[\lambda_1, \lambda_n]$。

性质 5 (最小残差) 对于所有向量 $\boldsymbol{x} \neq \boldsymbol{0}$ 和所有标量 μ，恒有

$$\|[\boldsymbol{A} - R(\boldsymbol{x})\boldsymbol{I}]\boldsymbol{x}\| \leqslant \|[\boldsymbol{A} - \mu\boldsymbol{I}]\boldsymbol{x}\| \tag{7.6.5}$$

关于有界性，可进一步参考文献 [333]。

Hermitian 矩阵的 Rayleigh 商的有界性可以用下面的定理严格叙述。

定理 7.6.1 (Rayleigh-Ritz 定理) 令 $\boldsymbol{A} \in \mathbb{C}^{n\times n}$ 是 Hermitian 的，并令 $\boldsymbol{A}$ 的特征值按递增次序

$$\lambda_{\min} = \lambda_1 \leqslant \lambda_2 \leqslant \cdots \leqslant \lambda_{n-1} \leqslant \lambda_n = \lambda_{\max} \tag{7.6.6}$$

排列，则

$$\max_{\boldsymbol{x}\neq\boldsymbol{0}} \frac{\boldsymbol{x}^{\rm H}\boldsymbol{A}\boldsymbol{x}}{\boldsymbol{x}^{\rm H}\boldsymbol{x}} = \max_{\boldsymbol{x}^{\rm H}\boldsymbol{x}=1} \frac{\boldsymbol{x}^{\rm H}\boldsymbol{A}\boldsymbol{x}}{\boldsymbol{x}^{\rm H}\boldsymbol{x}} = \lambda_{\max}, \quad 若\ \boldsymbol{A}\boldsymbol{x} = \lambda_{\max}\boldsymbol{x} \tag{7.6.7}$$

和

$$\min_{\boldsymbol{x}\neq\boldsymbol{0}} \frac{\boldsymbol{x}^{\rm H}\boldsymbol{A}\boldsymbol{x}}{\boldsymbol{x}^{\rm H}\boldsymbol{x}} = \min_{\boldsymbol{x}^{\rm H}\boldsymbol{x}=1} \frac{\boldsymbol{x}^{\rm H}\boldsymbol{A}\boldsymbol{x}}{\boldsymbol{x}^{\rm H}\boldsymbol{x}} = \lambda_{\min}, \quad 若\ \boldsymbol{A}\boldsymbol{x} = \lambda_{\min}\boldsymbol{x} \tag{7.6.8}$$

更一般地，矩阵 $\boldsymbol{A}$ 的所有特征向量和特征值分别称为 Rayleigh 商 $R(\boldsymbol{x})$ 的临界点 (critical point) 和临界值 (critical value)。

这个定理的证明方法有多种，如参考文献 [198, 224, 117]。

下面考虑 Rayleigh 商的梯度与 Hessian 矩阵 [224, 117]。为简便计，将 Rayleigh 商 $R(\boldsymbol{x})$ 简记作 R。

Rayleigh 商的梯度为

$$\nabla_{\boldsymbol{x}} = \frac{\partial R}{\partial \boldsymbol{x}^{\mathrm{T}}} = \frac{2}{\|\boldsymbol{x}\|_2^2}(\boldsymbol{A} - R\boldsymbol{I})\boldsymbol{x} \tag{7.6.9}$$

而 Rayleigh 商的 Hessian 矩阵为

$$\boldsymbol{H}_R = \frac{\partial^2 R}{\partial \boldsymbol{x} \partial \boldsymbol{x}^{\mathrm{T}}} = \frac{2}{\|\boldsymbol{x}\|_2^2}\left[\boldsymbol{A} - \nabla_{\boldsymbol{x}}(R)\boldsymbol{x}^{\mathrm{T}} - \boldsymbol{x}\nabla_{\boldsymbol{x}}^{\mathrm{T}}(R)\boldsymbol{x} - R\boldsymbol{I}\right] \tag{7.6.10}$$

令 $\boldsymbol{u}_i, \lambda_i, i = 1, \cdots, n$ 分别是矩阵 $\boldsymbol{A}$ 的特征向量和特征值，即它们分别是 Rayleigh 商的临界点和临界值，即有

$$R(\boldsymbol{u}_i) = \lambda_i, \quad i = 1, \cdots, n \tag{7.6.11}$$

计算 Hessian 矩阵在临界点 $\boldsymbol{u}_i$ 的值，易得

$$\boldsymbol{H}_R(\boldsymbol{u}_i) = \boldsymbol{A} - \lambda_i \boldsymbol{I}, \quad i = 1, \cdots, n \tag{7.6.12}$$

由式 (7.6.12) 可得两个重要结果：

(1) Hessian 矩阵的行列式

$$|\boldsymbol{H}_R(\boldsymbol{u}_i)| = |\boldsymbol{A} - \lambda_i \boldsymbol{I}| = 0 \tag{7.6.13}$$

因为 $\boldsymbol{A} - z\boldsymbol{I}$ 是矩阵 $\boldsymbol{A}$ 的特征多项式。上式意味着 Hessian 矩阵 $\boldsymbol{H}_R(\boldsymbol{u}_i)$ 对于所有临界点 $\boldsymbol{u}_i$ 都是奇异矩阵。

(2) 用向量 $\boldsymbol{u}_j$ 右乘式 (7.6.12)，立即有

$$\boldsymbol{H}_R(\boldsymbol{u}_i)\boldsymbol{u}_j = (\boldsymbol{A} - \lambda_i \boldsymbol{I})\boldsymbol{u}_j = \boldsymbol{A}\boldsymbol{u}_j - \lambda_i \boldsymbol{u}_j = \lambda_j \boldsymbol{u}_j - \lambda_i \boldsymbol{u}_j$$

因为 $\boldsymbol{A}\boldsymbol{u}_j = \lambda_j \boldsymbol{u}_j$。上式即是

$$\boldsymbol{H}_R(\boldsymbol{u}_i)\boldsymbol{u}_j = \begin{cases} 0, & j = i \\ (\lambda_j - \lambda_i)\boldsymbol{u}_j, & j \neq i \end{cases} \tag{7.6.14}$$

这说明，由 Rayleigh 商的临界点计算得到的 Hessian 矩阵 $\boldsymbol{H}_R(\boldsymbol{u}_i)$ 与矩阵 $\boldsymbol{A}$ 具有相同的特征向量，但特征值不同。此外，由于 $\lambda_j - \lambda_{\min} \geqslant 0$，故只有在临界点 $\boldsymbol{u}_{\min}$ 的 Hessian 矩阵是半正定的，满足 $\boldsymbol{H}_R(\boldsymbol{u}_{\min}) \succeq 0$。

7.6.2 Rayleigh 商迭代

令 $\boldsymbol{A} \in \mathbb{C}^{n \times n}$ 是一个可对角化的矩阵，其特征值为 λ_i，与之对应的特征向量为 $\boldsymbol{u}_i$。为方便计，假定矩阵 $\boldsymbol{A}$ 非奇异，第一个特征值比其他特征值都大，并且 $\lambda_1 > \lambda_2 \geqslant \cdots \geqslant \lambda_n$，则特征值 λ_1 和与之对应的特征向量 $\boldsymbol{u}_1$ 分别称为矩阵 $\boldsymbol{A}$ 的主特征值和主特征向量。

乘幂法使用

$$x_k = \frac{Ax_{k-1}}{\|Ax_{k-1}\|_2} = \frac{A^k x_0}{\|A^k x_0\|_2} \tag{7.6.15}$$

迭代计算向量 $\boldsymbol{x}$，同时希望它收敛为主特征向量，即

$$\lim_{k\to\infty} x_k = \lambda \frac{u_1}{\|u_1\|} \quad \text{对某个满足 } |\lambda| = 1 \text{ 的复常数 } \lambda \tag{7.6.16}$$

乘幂法的魅力在于它的简单性，而非计算有效性。

Rayleigh 观察到 $\lambda_i = R(\boldsymbol{x}_i)$，并提出了当矩阵 $\boldsymbol{A}$ 是 Hermitian 矩阵时，计算其主特征值和主特征向量的迭代方法，现在习惯称为 Rayleigh 商迭代。

Rayleigh 商迭代是逆迭代的一种变型，其标准算法如下。选择一个单位长度的初始向量 $\boldsymbol{x}_0$，对 $k = 0, 1, \cdots$ 执行以下运算：

(1) 构造 $R_k = R(\boldsymbol{x}_k) = \boldsymbol{x}_k^{\mathrm{H}} \boldsymbol{A} \boldsymbol{x}_k$。

(2) 若 $(\boldsymbol{A} - R_k \boldsymbol{I})$ 奇异，则求 $(\boldsymbol{A} - R_k \boldsymbol{I})\boldsymbol{x}_{k+1} = \boldsymbol{0}$ 的非零解 $\boldsymbol{x}_{k+1} \neq \boldsymbol{0}$，并停止迭代。若 $(\boldsymbol{A} - R_k \boldsymbol{I})$ 非奇异，则继续下面的运算。

(3) 计算

$$x_{k+1} = \frac{(A_k - R_k I)^{-1} x_k}{\|(A_k - R_k I)^{-1} x_k\|} \tag{7.6.17}$$

迭代结果 $\{R_k, \boldsymbol{x}_k\}$ 称为由 Rayleigh 迭代产生的 Rayleigh 序列。

Rayleigh 序列具有以下性质 [393]：

(1) 尺度不变性　矩阵 $\alpha \boldsymbol{A}$ $(\alpha \neq 0)$ 产生与矩阵 $\boldsymbol{A}$ 相同的 Rayleigh 序列。

(2) 平移不变性　矩阵 $\boldsymbol{A} - \alpha \boldsymbol{I}$ 产生的Rayleigh 序列为 $\{R_k - \alpha, \boldsymbol{x}_k\}$。

(3) 酉相似性　矩阵 $\boldsymbol{U}\boldsymbol{A}\boldsymbol{U}^{\mathrm{H}}$ ($\boldsymbol{U}$ 是酉矩阵) 产生的 Rayleigh 序列为 $\{R_k, \boldsymbol{U}\boldsymbol{x}_k\}$。

Rayleigh 商迭代算法还有下面的推广 [393]，它适用于一般矩阵 $\boldsymbol{A}$。选择一个单位长度的初始向量 $\boldsymbol{x}_0$，并针对 $k = 0, 2, 4, \cdots$ 执行下面的迭代运算：

(1) 构造 $R_k = R(\boldsymbol{x}_k)$。

(2) 求解 $\boldsymbol{x}_{k+1}^{\mathrm{H}}(\boldsymbol{A} - R_k \boldsymbol{I}) = \tau_k \boldsymbol{x}_k^{\mathrm{H}}$，并使 $\|\boldsymbol{x}_{k+1}\| = 1$。

(3) 构造 $R_{k+1} = R(\boldsymbol{x}_{k+1})$。

(4) 求解 $(\boldsymbol{A} - R_{k+1}\boldsymbol{I})\boldsymbol{x}_{k+2} = \tau_{k+1}\boldsymbol{x}_{k+1}$，并使 $\|\boldsymbol{x}_{k+2}\| = 1$。

如果碰巧 $(\boldsymbol{A} - R_k \boldsymbol{I})$ 或者 $(\boldsymbol{A} - R_{k+1}\boldsymbol{I})$ 奇异，则求解齐次方程，直接得到相应的特征向量。若矩阵 $\boldsymbol{A} = \boldsymbol{A}^{\mathrm{H}}$，则上述推广算法退化为原标准 Rayleigh 商迭代方法。

7.6.3 Rayleigh 商问题求解的共轭梯度算法

取 Rayleigh 商的梯度的负方向作为向量 $\boldsymbol{x}$ 的梯度流，即

$$\dot{x} = -[A - R(x)I]x \tag{7.6.18}$$

则向量 $\boldsymbol{x}$ 可以利用梯度算法迭代计算[224]

$$\boldsymbol{x}_{k+1}=\boldsymbol{x}_k+\mu\dot{\boldsymbol{x}}_k=\boldsymbol{x}_k-\mu[\boldsymbol{A}-R(\boldsymbol{x}_k)\boldsymbol{I}]\boldsymbol{x}_k \tag{7.6.19}$$

正如下面的定理所述，Rayleigh 商问题求解的梯度算法具有比标准 Rayleigh 商迭代算法更快的收敛速率。

定理 7.6.2 假定 $\lambda_1>\lambda_2$。对于几乎所有满足 $\|\boldsymbol{x}_0\|=1$ 的初始值 $\boldsymbol{x}_0$，由梯度算法迭代计算的向量 $\boldsymbol{x}_k$ 以速率 $\lambda_1-\lambda_2$ 指数收敛为矩阵 $\boldsymbol{A}$ 的最大特征向量 $\boldsymbol{u}_1$ 或 $-\boldsymbol{u}_1$。

证明 参见文献 [224, p.18]。

下面介绍求解 Rayleigh 商问题

$$R(\boldsymbol{x})=\frac{\boldsymbol{x}^{\mathrm{H}}\boldsymbol{A}\boldsymbol{x}}{\boldsymbol{x}^{\mathrm{H}}\boldsymbol{x}} \tag{7.6.20}$$

的共轭梯度算法，式中，$\boldsymbol{A}$ 为实对称矩阵。

从某个初始向量 $\boldsymbol{x}_0$ 出发，共轭梯度算法使用迭代公式

$$\boldsymbol{x}_{k+1}=\boldsymbol{x}_k+\alpha_k\boldsymbol{p}_k \tag{7.6.21}$$

更新和逼近对称矩阵的最小 (或最大) 特征向量。实系数 α_k 由下式给出[449, 525]

$$\alpha_k=\pm\frac{1}{2D}\left(-B+\sqrt{B^2-4CD}\right) \tag{7.6.22}$$

式中，正号适用于最小特征向量的更新，负号对应于最大特征向量的更新。

式 (7.6.22) 的参数 D,B,C 的计算公式如下

$$D=P_b(k)P_c(k)-P_a(k)P_d(k) \tag{7.6.23}$$

$$B=P_b(k)-\lambda_kP_d(k) \tag{7.6.24}$$

$$C=P_a(k)-\lambda_kP_c(k) \tag{7.6.25}$$

$$P_a(k)=\boldsymbol{p}_k^{\mathrm{T}}\boldsymbol{A}\boldsymbol{x}_k/(\boldsymbol{x}_k^{\mathrm{T}}\boldsymbol{x}_k) \tag{7.6.26}$$

$$P_b(k)=\boldsymbol{p}_k^{\mathrm{T}}\boldsymbol{A}\boldsymbol{p}_k/(\boldsymbol{x}_k^{\mathrm{T}}\boldsymbol{x}_k) \tag{7.6.27}$$

$$P_c(k)=\boldsymbol{p}_k^{\mathrm{T}}\boldsymbol{x}_k/(\boldsymbol{x}_k^{\mathrm{T}}\boldsymbol{x}_k) \tag{7.6.28}$$

$$P_d(k)=\boldsymbol{p}_k^{\mathrm{T}}\boldsymbol{p}_k/(\boldsymbol{x}_k^{\mathrm{T}}\boldsymbol{x}_k) \tag{7.6.29}$$

$$\lambda_k=R(\boldsymbol{x}_k)=\boldsymbol{x}_k^{\mathrm{T}}\boldsymbol{A}\boldsymbol{x}_k/(\boldsymbol{x}_k^{\mathrm{T}}\boldsymbol{x}_k) \tag{7.6.30}$$

在第 $k+1$ 步迭代，搜索方向按照下列方式选择

$$\boldsymbol{p}_{k+1}=\boldsymbol{r}_{k+1}+b(k)\boldsymbol{p}_k \tag{7.6.31}$$

式中，$b(-1)=0$，且 $\boldsymbol{r}_{k+1}$ 为 $k+1$ 步迭代的残差向量，由

$$\boldsymbol{r}_{k+1}=-\frac{1}{2}\nabla_{\boldsymbol{x}^*}R(\boldsymbol{x}_{k+1})=(\lambda_{k+1}\boldsymbol{x}_{k+1}-\boldsymbol{A}\boldsymbol{x}_{k+1})/(\boldsymbol{x}_{k+1}^{\mathrm{T}}\boldsymbol{x}_{k+1}) \tag{7.6.32}$$

式 (7.6.31) 中的 $b(k)$ 的选择应该使搜索方向 $\boldsymbol{p}_{k+1}$ 与 $\boldsymbol{p}_k$ 是相对于 Rayleigh 商的 Hessian 矩阵 $\boldsymbol{H}$ 共轭的或者 $\boldsymbol{H}$ 正交的，即

$$\boldsymbol{p}_{k+1}^{\mathrm{T}}\boldsymbol{H}\boldsymbol{p}_k = 0 \tag{7.6.33}$$

关于 $\boldsymbol{H}$ 的选择，Chen 等人[103] 使用矩阵 $\boldsymbol{A}$ 作 $\boldsymbol{H}$。此时

$$b(k) = -\frac{\boldsymbol{r}_{k+1}^{\mathrm{T}}\boldsymbol{A}\boldsymbol{p}_k}{\boldsymbol{p}^{\mathrm{T}}\boldsymbol{A}\boldsymbol{p}_k} \tag{7.6.34}$$

但是，这种选择只适用于二次型目标函数 $\boldsymbol{x}^{\mathrm{H}}\boldsymbol{A}\boldsymbol{x}$，因为这种函数的 Hessian 矩阵等于 $\boldsymbol{A}$。

由于 Rayleigh 商不是二次型函数，直接计算 Hessian 矩阵，得[525]

$$\boldsymbol{H}(\boldsymbol{x}) = \frac{2}{\boldsymbol{x}^{\mathrm{T}}\boldsymbol{x}}\left[\boldsymbol{A} - \frac{\partial R(\boldsymbol{x})}{\partial \boldsymbol{x}}\boldsymbol{x}^{\mathrm{T}} - \boldsymbol{x}\left(\frac{\partial R(\boldsymbol{x})}{\partial \boldsymbol{x}}\right)^{\mathrm{T}} - R(\boldsymbol{x})\boldsymbol{I}\right] \tag{7.6.35}$$

式中

$$\frac{\partial R(\boldsymbol{x})}{\partial \boldsymbol{x}} = -\frac{\boldsymbol{x}}{(\boldsymbol{x}^{\mathrm{T}}\boldsymbol{x})^2}\boldsymbol{x}^{\mathrm{T}}\boldsymbol{A}\boldsymbol{x} + \frac{2}{\boldsymbol{x}^{\mathrm{T}}\boldsymbol{x}}\boldsymbol{A}\boldsymbol{x} = -\frac{R(\boldsymbol{x})}{\boldsymbol{x}^{\mathrm{T}}\boldsymbol{x}}\boldsymbol{x} + \frac{2}{\boldsymbol{x}^{\mathrm{T}}\boldsymbol{x}}\boldsymbol{A}\boldsymbol{x} \tag{7.6.36}$$

当 $\boldsymbol{x} = \boldsymbol{x}_{k+1}$ 时，将 Hessian 矩阵简记为 $\boldsymbol{H}_{k+1} = \boldsymbol{H}(\boldsymbol{x}_{k+1})$。此时，参数

$$b(k) = -\frac{\boldsymbol{r}_{k+1}^{\mathrm{T}}\boldsymbol{H}_{k+1}\boldsymbol{p}_k}{\boldsymbol{p}_k\boldsymbol{H}_{k+1}sj\boldsymbol{p}_k} \tag{7.6.37}$$

将 $\boldsymbol{H}_{k+1}$ 代入后，得

$$b(k) = -\frac{\boldsymbol{r}_{k+1}^{\mathrm{T}}\boldsymbol{A}\boldsymbol{p}_k + (\boldsymbol{r}_{k+1}^{\mathrm{T}}\boldsymbol{r}_{k+1})(\boldsymbol{x}_{k+1}^{\mathrm{T}}\boldsymbol{p}_k)}{\boldsymbol{p}_k^{\mathrm{T}}(\boldsymbol{A}\boldsymbol{p}_k - \lambda_{k+1}\boldsymbol{I})\boldsymbol{p}_k} \tag{7.6.38}$$

式 (7.6.21) ~ 式 (7.6.30) 以及式 (7.6.38) 一起组成了求解 Rayleigh 商问题式 (7.6.20) 的共轭梯度算法。如果对更新的 $\boldsymbol{x}_k$ 进行归一化，并且当式 (7.6.22) 前面取正号时，算法求出的是对称矩阵 $\boldsymbol{A}$ 的最小特征值和对应的最小特征向量。若希望求 $\boldsymbol{A}$ 的最大特征值和相应的最大特征向量，则只要在式 (7.6.22) 前面取负号即可。这种算法是 Yang 等人提出的[525]。

7.7 广义 Rayleigh 商

Rayleigh 商的推广形式称为广义 Rayleigh 商。本节讨论广义 Rayleigh 商的定义和求解方法，并以模式识别和移动通信为例，介绍广义 Rayleigh 商的典型应用。

7.7.1 广义 Rayleigh 商的定义及性质

定义 7.7.1 令 $\boldsymbol{A}$ 和 $\boldsymbol{B}$ 均为 $n \times n$ 维 Hermitian 矩阵，且 $\boldsymbol{B}$ 是正定矩阵。矩阵束 $(\boldsymbol{A}, \boldsymbol{B})$ 的广义 Rayleigh 商或广义 Rayleigh-Ritz 比 $R(\boldsymbol{x})$ 是一个标量 (函数)，定义为

$$R(\boldsymbol{x}) = \frac{\boldsymbol{x}^{\mathrm{H}}\boldsymbol{A}\boldsymbol{x}}{\boldsymbol{x}^{\mathrm{H}}\boldsymbol{B}\boldsymbol{x}} \tag{7.7.1}$$

其中，$\boldsymbol{x}$ 是待选择的向量，其目的是使广义 Rayleigh 商最大化或者最小化。

为了求解广义 Rayleigh 商，定义一个新向量 $\tilde{\boldsymbol{x}} = \boldsymbol{B}^{1/2}\boldsymbol{x}$，其中，$\boldsymbol{B}^{1/2}$ 表示正定矩阵 $\boldsymbol{B}$ 的平方根。用 $\boldsymbol{x} = \boldsymbol{B}^{-1/2}\tilde{\boldsymbol{x}}$ 代入广义 Rayleigh 商定义式(7.7.1)，则有

$$R(\tilde{\boldsymbol{x}}) = \frac{\tilde{\boldsymbol{x}}^{\mathrm{H}}\left(\boldsymbol{B}^{-1/2}\right)^{\mathrm{H}}\boldsymbol{A}\left(\boldsymbol{B}^{-1/2}\right)\tilde{\boldsymbol{x}}}{\tilde{\boldsymbol{x}}^{\mathrm{H}}\tilde{\boldsymbol{x}}} \tag{7.7.2}$$

这表明，矩阵束 $(\boldsymbol{A},\boldsymbol{B})$ 的广义 Rayleigh 商等价为矩阵乘积 $(\boldsymbol{B}^{-1/2})^{\mathrm{H}}\boldsymbol{A}(\boldsymbol{B}^{-1/2})$ 的 Rayleigh 商。由 Rayleigh-Ritz 定理知，当选择向量 $\tilde{\boldsymbol{x}}$ 是与矩阵乘积 $(\boldsymbol{B}^{-1/2})^{\mathrm{H}}\boldsymbol{A}(\boldsymbol{B}^{-1/2})$ 的最小特征值 $\lambda_{\min}$ 对应的特征向量时，广义 Rayleigh 商取最小值 $\lambda_{\min}$；而当选择向量 $\boldsymbol{x}$ 是与矩阵乘积 $\boldsymbol{B}^{-1/2})^{\mathrm{H}}\boldsymbol{A}(\boldsymbol{B}^{-1/2})$ 的最大特征值 $\lambda_{\max}$ 对应的特征向量时，广义 Rayleigh 商取最大值 $\lambda_{\max}$。考查矩阵乘积 $(\boldsymbol{B}^{-1/2})^{\mathrm{H}}\boldsymbol{A}(\boldsymbol{B}^{-1/2})$ 的特征值分解

$$\left(\boldsymbol{B}^{-1/2}\right)^{\mathrm{H}}\boldsymbol{A}\left(\boldsymbol{B}^{-1/2}\right)\tilde{\boldsymbol{x}} = \lambda\tilde{\boldsymbol{x}} \tag{7.7.3}$$

若 $\boldsymbol{B} = \sum\limits_{i=1}^{n}\beta_i\boldsymbol{v}_i\boldsymbol{v}_i^{\mathrm{H}}$ 是矩阵 $\boldsymbol{B}$ 的特征值分解，则

$$\boldsymbol{B}^{1/2} = \sum_{i=1}^{n}\sqrt{\beta_i}\boldsymbol{v}_i\boldsymbol{v}_i^{\mathrm{H}}$$

并且 $\boldsymbol{B}^{1/2}\boldsymbol{B}^{1/2} = \boldsymbol{B}$。由于矩阵 $\boldsymbol{B}^{1/2}$ 和其逆矩阵 $\boldsymbol{B}^{-1/2}$ 具有相同的特征向量和互为倒数的特征值，故

$$\boldsymbol{B}^{-1/2} = \sum_{i=1}^{n}\frac{1}{\sqrt{\beta_i}}\boldsymbol{v}_i\boldsymbol{v}_i^{\mathrm{H}} \tag{7.7.4}$$

说明 $\boldsymbol{B}^{-1/2}$ 也是 Hermitian 矩阵，即有 $(\boldsymbol{B}^{-1/2})^{\mathrm{H}} = \boldsymbol{B}^{-1/2}$。

用矩阵 $\boldsymbol{B}^{-1/2}$ 左乘式 (7.7.3) 两边，并代入 $(\boldsymbol{B}^{-1/2})^{\mathrm{H}} = \boldsymbol{B}^{-1/2}$，即得

$$\boldsymbol{B}^{-1}\boldsymbol{A}\boldsymbol{B}^{-1/2}\tilde{\boldsymbol{x}} = \lambda\boldsymbol{B}^{-1/2}\tilde{\boldsymbol{x}} \quad \text{或} \quad \boldsymbol{B}^{-1}\boldsymbol{A}\boldsymbol{x} = \lambda\boldsymbol{x}$$

因为 $\boldsymbol{x} = \boldsymbol{B}^{-1/2}\tilde{\boldsymbol{x}}$。因此，矩阵乘积 $(\boldsymbol{B}^{-1/2})^{\mathrm{H}}\boldsymbol{A}(\boldsymbol{B}^{-1/2})$ 的特征值分解与矩阵 $\boldsymbol{B}^{-1}\boldsymbol{A}$ 的特征值分解等价。由于 $\boldsymbol{B}^{-1}\boldsymbol{A}$ 的特征值分解就是矩阵束 $(\boldsymbol{A},\boldsymbol{B})$ 的广义特征值分解，所以上述讨论可归结为：广义 Rayleigh 商取最大值和最小值的条件是

$$R(\boldsymbol{x}) = \frac{\boldsymbol{x}^{\mathrm{H}}\boldsymbol{A}\boldsymbol{x}}{\boldsymbol{x}^{\mathrm{H}}\boldsymbol{B}\boldsymbol{x}} = \lambda_{\max}, \quad \text{若选择 } \boldsymbol{A}\boldsymbol{x} = \lambda_{\max}\boldsymbol{B}\boldsymbol{x} \tag{7.7.5}$$

$$R(\boldsymbol{x}) = \frac{\boldsymbol{x}^{\mathrm{H}}\boldsymbol{A}\boldsymbol{x}}{\boldsymbol{x}^{\mathrm{H}}\boldsymbol{B}\boldsymbol{x}} = \lambda_{\min}, \quad \text{若选择 } \boldsymbol{A}\boldsymbol{x} = \lambda_{\min}\boldsymbol{B}\boldsymbol{x} \tag{7.7.6}$$

即是说，欲使广义 Rayleigh 商最大化，向量 $\boldsymbol{x}$ 必须选取与矩阵束 $(\boldsymbol{A},\boldsymbol{B})$ 最大广义特征值对应的特征向量；反之，需要使广义 Rayleigh 商最小化时，则应该取与矩阵束 $(\boldsymbol{A},\boldsymbol{B})$ 最小广义特征值对应的特征向量作 $\boldsymbol{x}$。

7.7.2 应用举例 1：类鉴别有效性的评估

模式识别广泛应用于人的特征 (如人脸、指纹、虹膜等) 识别和各种雷达目标 (如飞机、舰船等) 识别。在这些应用中，信号特征的提取是至关重要的。例如，将目标视为一个线性系统，系统的参数就是目标信号的一种特征。

散布 (divergence) 是两类信号间“距离”或相异度的一种测度，常常用于进行特征评价和类鉴别有效性的评估。

令 Q 是待评估的几种方法抽取的信号特征向量的共同维数。假设共有 c 类信号，Fisher 类鉴别测度需要比较 $c-1$ 个类鉴别函数。作为 Fisher 测度的推广，现在考虑所有 Q 维特征向量在 $c-1$ 维类鉴别空间上的投影。

令 $N = N_1 + \cdots + N_c$，其中，N_i 表示在训练阶段提取的第 i 类信号的特征向量的个数。假定

$$\boldsymbol{s}_{i,k} = [s_{i,k}(1), \cdots, s_{i,k}(Q)]^{\mathrm{T}}$$

表示在训练阶段由第 i 类信号的第 k 组观测数据得到的 Q 维特征向量，而

$$\boldsymbol{m}_i = [m_i(1), \cdots, m_i(Q)]^{\mathrm{T}}$$

为第 i 类信号的特征向量的样本均值向量，其中

$$m_i(q) = \frac{1}{N_i}\sum_{k=1}^{N_i} s_{i,k}(q), \quad i = 1, \cdots, c, \ q = 1, \cdots, Q$$

类似地，令

$$\boldsymbol{m} = [m(1), \cdots, m(Q)]^{\mathrm{T}}$$

表示由全体观测数据得到的所有特征向量的总体均值向量，其中

$$m(q) = \frac{1}{c}\sum_{i=1}^{c} m_i(q), \quad q = 1, \cdots, Q$$

有了以上向量后，即可定义 $Q \times Q$ 类内散布矩阵 (within-class scatter matrix) [149]

$$\boldsymbol{S}_w \stackrel{\text{def}}{=} \frac{1}{c}\sum_{i=1}^{c}\left[\frac{1}{N_i}\sum_{k=1}^{N_i}(\boldsymbol{s}_{i,k} - \boldsymbol{m}_i)(\boldsymbol{s}_{i,k} - \boldsymbol{m}_i)^{\mathrm{T}}\right] \tag{7.7.7}$$

和 $Q \times Q$ 类间散布矩阵 (between-class scatter matrix) [149]

$$\boldsymbol{S}_b \stackrel{\text{def}}{=} \frac{1}{c}\sum_{i=1}^{c}(\boldsymbol{m}_i - \boldsymbol{m})(\boldsymbol{m}_i - \boldsymbol{m})^{\mathrm{T}} \tag{7.7.8}$$

令 $\mathrm{Span}(\boldsymbol{U})$ 为 $Q \times Q$ 矩阵 $\boldsymbol{U}$ 的列张成的 Q 维子空间。定义准则函数

$$J(\boldsymbol{U}) \stackrel{\text{def}}{=} \frac{\prod_{\text{diag}} \boldsymbol{U}^{\mathrm{T}}\boldsymbol{S}_b\boldsymbol{U}}{\prod_{\text{diag}} \boldsymbol{U}^{\mathrm{T}}\boldsymbol{S}_w\boldsymbol{U}} \tag{7.7.9}$$

式中，$\prod\limits_{\text{diag}} \boldsymbol{A}$ 表示矩阵 $\boldsymbol{A}$ 的对角元素的乘积。作为评估类鉴别能力的测度，应该使 J 最大化。称 $\text{Span}(\boldsymbol{U})$ 是类鉴别空间，若

$$\boldsymbol{U} = \underset{\boldsymbol{U} \in \mathbb{R}^{Q \times Q}}{\text{argmax}}\, J(\boldsymbol{U}) = \frac{\prod\limits_{\text{diag}} \boldsymbol{U}^{\text{T}} \boldsymbol{S}_b \boldsymbol{U}}{\prod\limits_{\text{diag}} \boldsymbol{U}^{\text{T}} \boldsymbol{S}_w \boldsymbol{U}} \tag{7.7.10}$$

这一优化问题又可等价写作

$$[\boldsymbol{u}_1, \cdots, \boldsymbol{u}_Q] = \underset{\boldsymbol{u}_i \in \mathbb{R}^Q}{\text{argmax}} \frac{\prod\limits_{i=1}^{Q} \boldsymbol{u}_i^{\text{T}} \boldsymbol{S}_b \boldsymbol{u}_i}{\prod\limits_{i=1}^{Q} \boldsymbol{u}_i^{\text{T}} \boldsymbol{S}_w \boldsymbol{u}_i} = \prod_{i=1}^{Q} \frac{\boldsymbol{u}_i^{\text{T}} \boldsymbol{S}_b \boldsymbol{u}_i}{\boldsymbol{u}_i^{\text{T}} \boldsymbol{S}_w \boldsymbol{u}_i} \tag{7.7.11}$$

其解为

$$\boldsymbol{u}_i = \underset{\boldsymbol{u}_i \in \mathbb{R}^Q}{\text{argmax}} \frac{\boldsymbol{u}_i^{\text{T}} \boldsymbol{S}_b \boldsymbol{u}_i}{\boldsymbol{u}_i^{\text{T}} \boldsymbol{S}_w \boldsymbol{u}_i}, \quad i = 1, \cdots, Q \tag{7.7.12}$$

这恰好就是广义 Rayleigh 商的最大化。上式有着明确的物理意义：构成最优类鉴别子空间的矩阵 $\boldsymbol{U}$ 的列向量 $\boldsymbol{u}$ 应该同时使得类间散布最大和类内散布最小，即广义 Rayleigh 商最大化。

对于 c 类信号的分类，最优的类鉴别子空间是 $c-1$ 维的。因此，式 (7.7.12) 只需要对 $c-1$ 个广义 Rayleigh 商最大化。换言之，只需要求解广义特征值问题

$$\boldsymbol{S}_b \boldsymbol{u}_i = \lambda_i \boldsymbol{S}_w \boldsymbol{u}_i, \quad i = 1, 2, \cdots, c-1 \tag{7.7.13}$$

得到 $c-1$ 个广义特征向量 $\boldsymbol{u}_1, \cdots, \boldsymbol{u}_{c-1}$。这些广义特征向量构成的 $Q \times (c-1)$ 矩阵

$$\boldsymbol{U}_{c-1} = [\boldsymbol{u}_1, \cdots, \boldsymbol{u}_{c-1}] \tag{7.7.14}$$

它的列张成最优的类鉴别子空间。

获得了矩阵 $Q \times (c-1)$ 矩阵 $\boldsymbol{U}_{c-1}$ 后，即可以对在训练阶段获得的每一个信号特征向量 $\boldsymbol{s}_{i,k}$，求出它在最优类鉴别子空间的投影

$$\boldsymbol{y}_{i,k} = \boldsymbol{U}_{c-1}^{\text{T}} \boldsymbol{s}_{i,k}, \quad i = 1, \cdots, c,\ k = 1, \cdots, N_i \tag{7.7.15}$$

当只有三类信号 $(c=3)$ 时，最优的类鉴别子空间是一平面，每个特征向量在最优类鉴别子空间上的投影为一个点。这些投影图直观地反映出不同特征向量在信号分类中的鉴别能力。

7.7.3 应用举例 2：干扰抑制的鲁棒波束形成

在无线通信中，基站若使用由多个天线 (称为阵元) 组成的天线阵列，便可以通过空间处理，达到分离多个同信道的用户，从而检测出期望用户的信号。

考虑由 M 个全向性天线组成的阵列，并且 K 个窄带信号位于远场。由 M 个阵元接收到的观测信号向量为

$$\boldsymbol{y}(n)=\boldsymbol{d}(n)+\boldsymbol{i}(n)+\boldsymbol{e}(n) \tag{7.7.16}$$

式中，$\boldsymbol{e}(n)$ 为 M 个阵元上的加性白噪声组成的向量，而

$$\boldsymbol{d}(n)=\boldsymbol{a}(\theta_0(n))s_0(n) \tag{7.7.17}$$

$$\boldsymbol{i}(n)=\sum_{k=1}^{K-1}\boldsymbol{a}(\theta_k(n))s_k(n) \tag{7.7.18}$$

分别为 M 个阵元接收到的期望信号向量和其他 $K-1$ 个用户的干扰信号向量。其中，$\theta_0(n)$ 和 $\theta_k(n)$ 分别代表期望信号和第 k 个干扰信号的波达方向 (角)，向量 $\boldsymbol{a}(\theta_0(n))$ 和 $\boldsymbol{a}(\theta_k(n))$ 分别是期望信号和第 k 个干扰信号的阵列响应向量。

假定所有信号源彼此统计不相关，各个阵元的加性白噪声统计不相关，并且具有相同方差 σ^2。于是，观测信号的自相关矩阵为

$$\boldsymbol{R}_y=\mathrm{E}\{\boldsymbol{y}(n)\boldsymbol{y}^{\mathrm{H}}(n)\}=\boldsymbol{R}_d+\boldsymbol{R}_{i+e} \tag{7.7.19}$$

式中

$$\boldsymbol{R}_d=\mathrm{E}\{\boldsymbol{d}(n)\boldsymbol{d}^{\mathrm{H}}(n)\}=P_0\boldsymbol{a}(\theta_0)\boldsymbol{a}^{\mathrm{H}}(\theta_0) \tag{7.7.20}$$

$$\boldsymbol{R}_{i+e}=\mathrm{E}\{[\boldsymbol{i}(n)+\boldsymbol{e}(n)][\boldsymbol{i}(n)+\boldsymbol{e}(n)]^{\mathrm{H}}\}=\sum_{k=1}^{K-1}P_k\boldsymbol{a}(\theta_k)\boldsymbol{a}^{\mathrm{H}}(\theta_k)+\sigma^2\boldsymbol{I} \tag{7.7.21}$$

其中，常数 P_0 和 P_k 分别表示期望信号和第 k 个干扰信号的功率。

令 $\boldsymbol{w}(n)$ 是波束形成器在 n 时刻的权向量，其输出

$$z(n)=\boldsymbol{w}^{\mathrm{H}}(n)\boldsymbol{y}(n) \tag{7.7.22}$$

容易求得波束形成器输出的信干噪比 (signal-to-interference-plus-noise-ratio，SINR) 为

$$\mathrm{SINR}(\boldsymbol{w})=\frac{\mathrm{E}\{|\boldsymbol{w}^{\mathrm{H}}\boldsymbol{d}(n)|^2\}}{\mathrm{E}\{|\boldsymbol{w}^{\mathrm{H}}[\boldsymbol{i}(n)+\boldsymbol{e}(n)]|^2\}}=\frac{\boldsymbol{w}^{\mathrm{H}}\boldsymbol{R}_d\boldsymbol{w}}{\boldsymbol{w}^{\mathrm{H}}\boldsymbol{R}_{i+e}\boldsymbol{w}} \tag{7.7.23}$$

为了达到干扰抑制之目的，应该使 Rayleigh 商 SINR ($\boldsymbol{w}$) 最大化。即是说，干扰抑制的最优波束形成器应该选择为矩阵束 $\{\boldsymbol{R}_d,\boldsymbol{R}_{i+e}\}$ 与最大广义特征值对应的广义特征向量。然而，这需要分别计算期望信号的自相关矩阵 $\boldsymbol{R}_d$ 和干扰加噪声的自相关矩阵 $\boldsymbol{R}_{i+e}$。这是难于直接做到的。

将 $\boldsymbol{R}_d=P_0\boldsymbol{a}(\theta_0)\boldsymbol{a}^{\mathrm{H}}(\theta_0)$ 代入信干噪比公式 (7.7.23)，无约束最优化问题可表示为

$$\max\ \mathrm{SINR}(\boldsymbol{w})=\max\frac{P_0|\boldsymbol{w}^{\mathrm{H}}\boldsymbol{a}(\theta_0)|^2}{\boldsymbol{w}^{\mathrm{H}}\boldsymbol{R}_{i+e}\boldsymbol{w}} \tag{7.7.24}$$

若增加约束条件 $\boldsymbol{w}^{\mathrm{H}}\boldsymbol{a}(\theta_0)=1$，则无约束最优化问题等价为下列约束最优化问题

$$\min\ \boldsymbol{w}^{\mathrm{H}}\boldsymbol{R}_{i+e}\boldsymbol{w}\quad \text{subject to}\quad \boldsymbol{w}^{\mathrm{H}}\boldsymbol{a}(\theta_0)=1 \tag{7.7.25}$$

这个最优化问题仍然不方便求解，因为 $\boldsymbol{R}_{i+e}$ 不可能计算。

注意到

$$\boldsymbol{w}^{\mathrm{H}}\boldsymbol{R}_y\boldsymbol{w}=\boldsymbol{w}^{\mathrm{H}}\boldsymbol{R}_d\boldsymbol{w}+\boldsymbol{w}^{\mathrm{H}}\boldsymbol{R}_{i+e}\boldsymbol{w}=P_0+\boldsymbol{w}^{\mathrm{H}}\boldsymbol{R}_{i+e}\boldsymbol{w}$$

而期望信号功率 P_0 是与波束形成器无关的常数，所以式 (7.7.25) 的约束最优化问题又等价为

$$\min\ \boldsymbol{w}^{\mathrm{H}}\boldsymbol{R}_y\boldsymbol{w}\quad \text{subject to}\quad \boldsymbol{w}^{\mathrm{H}}\boldsymbol{a}(\theta_0)=1 \tag{7.7.26}$$

与式 (7.7.25) 不同的是，观测信号向量的自相关矩阵 $\boldsymbol{R}_y$ 容易估计。使用 Lagrangian 乘子法，容易求出约束最优化问题式 (7.7.26) 的解为

$$\boldsymbol{w}_{\mathrm{opt}}(n)=\frac{\boldsymbol{R}_y^{-1}\boldsymbol{a}(\theta_0(n))}{\boldsymbol{a}^{\mathrm{H}}(\theta_0(n))\boldsymbol{R}_y^{-1}\boldsymbol{a}(\theta_0(n))} \tag{7.7.27}$$

无线通信干扰抑制的这一鲁棒波束形成器是文献 [427] 提出的。

7.8 二次特征值问题

在流体力学中流量的线性稳定性研究[62, 223]、声学系统的动态分析、结构力学中结构系统的振动分析、电路仿真[474]、微电子力学系统 (microelectronic mechanical system，MEMS) 的数学建模[118]、生物医学信号处理、时间序列预报、语音的线性预测编码[130]、多输入–多输出 (multiple input-multiple output, MIMO) 系统分析[474]、工业应用的偏微分方程的有限元分析[279, 381] 以及线性代数问题的一些应用中，常常会遇到一个共同的问题——二次特征值问题 (quadratic eigenvalue problem, QEP)。

二次特征值问题与标准的特征值问题尤其是广义特征值问题，既存在密切的联系，又有着明显的不同。鉴于理论、方法及应用的重要性，本节对二次特征值问题进行专门讨论与介绍。

7.8.1 二次特征值问题的描述

具有粘滞阻尼和无外力作用的结构系统，其运动方程为微分方程[252, 434]

$$\boldsymbol{M}\ddot{\boldsymbol{x}}+\boldsymbol{C}\dot{\boldsymbol{x}}+\boldsymbol{K}\boldsymbol{x}=\boldsymbol{0} \tag{7.8.1}$$

式中，$\boldsymbol{M}$、$\boldsymbol{C}$、$\boldsymbol{K}$ 分别为质量矩阵、阻尼矩阵和刚度矩阵；而向量 $\ddot{\boldsymbol{x}}$、$\dot{\boldsymbol{x}}$ 和 $\boldsymbol{x}$ 分别为加速度、速度和位移向量。

在振动分析中，齐次线性方程式 (7.8.1) 的通解形式为

$$\boldsymbol{x}=\mathrm{e}^{\lambda t}\boldsymbol{u} \tag{7.8.2}$$

式中，$\boldsymbol{u}$ 通常为复向量，而 λ 为特征值，它一般也是复数。将式 (7.8.2) 及其关于时间的导数代入式 (7.8.1)，便得到特征方程

$$(\lambda^2\boldsymbol{M}+\lambda\boldsymbol{C}+\boldsymbol{K})\boldsymbol{u}=\boldsymbol{0}$$

由于某些矩阵是非对称的，上式左边也存在形如

$$\boldsymbol{v}^{\mathrm{H}}(\lambda^2\boldsymbol{M}+\lambda\boldsymbol{C}+\boldsymbol{K})=\boldsymbol{0}^{\mathrm{T}}$$

的解。显然，以上两个方程是关于特征值的二次方程，简称二次特征值问题。

抽去物理含义，可以将二次特征值问题叙述为 [295]：求标量 λ 和非零向量 $\boldsymbol{u},\boldsymbol{v}$，使它们满足方程

$$(\lambda^2\boldsymbol{M}+\lambda\boldsymbol{C}+\boldsymbol{K})\boldsymbol{u}=\boldsymbol{0},\qquad \boldsymbol{v}^{\mathrm{H}}(\lambda^2\boldsymbol{M}+\lambda\boldsymbol{C}+\boldsymbol{K})=\boldsymbol{0}^{\mathrm{T}}\tag{7.8.3}$$

式中，$\boldsymbol{M},\boldsymbol{C},\boldsymbol{K}$ 为 $n\times n$ 复矩阵。满足上述方程的标量 λ 称为特征值，非零向量 $\boldsymbol{u}$ 和 $\boldsymbol{v}$ 分别称为与特征值 λ 对应的右和左特征向量。特征值和特征向量组成二次特征值问题的特征对。

特征值问题 $\boldsymbol{A}_{n\times n}\boldsymbol{u}=\lambda\boldsymbol{u}$ 的特征方程为 $|\boldsymbol{A}-\lambda\boldsymbol{I}|=0$，广义特征值问题 $\boldsymbol{A}_{n\times n}\boldsymbol{u}=\lambda\boldsymbol{B}_{n\times n}\boldsymbol{u}$ 的特征方程为 $|\boldsymbol{A}-\lambda\boldsymbol{B}|=0$ 都是关于特征值的一次方程。与之不同，式 (7.8.3) 的特征值由二次特征方程 $|\lambda^2\boldsymbol{M}+\lambda\boldsymbol{C}+\boldsymbol{K}|=0$ 决定，故称为二次特征值。显然，二次特征值问题存在 $2n$ 个特征值 (有限大或者无穷大)，$2n$ 个右特征向量以及 $2n$ 个左特征向量。在工程应用中，特征值通常为复数，其虚部为谐振频率，实部表示指数阻尼，并且希望得到在频率范围内所有的特征值。一般情况下，特征对有几十个到几百个之多。

二次特征值问题是非线性特征值问题的一个重要子类。令

$$\boldsymbol{Q}(\lambda)=\lambda^2\boldsymbol{M}+\lambda\boldsymbol{C}+\boldsymbol{K}\tag{7.8.4}$$

这是一个二次 $n\times n$ 矩阵多项式。换言之，矩阵 $\boldsymbol{Q}(\lambda)$ 的系数是 λ 的二次多项式。通常称 $\boldsymbol{Q}(\lambda)$ 为 λ 矩阵 [293]。于是，特征值 λ 是特征方程

$$|\boldsymbol{Q}(z)|=|z^2\boldsymbol{M}+z\boldsymbol{C}+\boldsymbol{K}|=0\tag{7.8.5}$$

的根，并称 $|\boldsymbol{Q}(\lambda)|$ 为特征多项式。

定义 7.8.1[474] 矩阵 $\boldsymbol{Q}(\lambda)$ 称为正则 λ 矩阵，若特征多项式 $|\boldsymbol{Q}(z)|$ 对所有 z 值不恒等于零。反之，若 $|\boldsymbol{Q}(z)|\equiv 0,\ \forall\, z$，则称矩阵 $\boldsymbol{Q}(z)$ 是非正则 λ 矩阵。

在非正则矩阵的情况下，存在无穷多个特征值，因此这种矩阵不在考虑之列。下面假定矩阵 $\boldsymbol{Q}(z)$ 为正则矩阵，或等价假定 λ 矩阵 $\boldsymbol{Q}(\lambda)$ 为正则矩阵。对于一个正则的 λ 矩阵 $\boldsymbol{Q}(\lambda)$，两个不同的特征值可能有同一个特征向量。

表 7.8.1 汇总了二次特征值问题的特征值与特征向量的性质。

表 7.8.1　二次特征值问题的特征值与特征向量的性质[474]

编号	矩阵性质	特征值性质	特征向量性质
1	$\boldsymbol{M}$ 非奇异	$2n$ 个有限大特征值	
2	$\boldsymbol{M}$ 奇异	有限大和无穷大特征值	
3	$\boldsymbol{M},\boldsymbol{C},\boldsymbol{K}$ 为实矩阵	实或共轭成对 (λ,λ^*)	若 $\boldsymbol{u}$ 是 λ 的右特征向量，则 $\boldsymbol{u}^*$ 是 λ^* 的右特征向量
4	$\boldsymbol{M},\boldsymbol{C},\boldsymbol{K}$ 为 Hermitian 矩阵	实或共轭成对 (λ,λ^*)	若 $\boldsymbol{u}$ 是 λ 的右特征向量，则 $\boldsymbol{u}^*$ 是 λ^* 的右特征向量
5	$\boldsymbol{M}$: Hermitian 正定 $\boldsymbol{C},\boldsymbol{K}$: Hermitian 半正定	$\mathrm{Re}(\lambda)\leqslant 0$	
6	$\boldsymbol{M},\boldsymbol{C}$对称正定 $\boldsymbol{K}$对称半正定 $\gamma(\boldsymbol{M},\boldsymbol{C},\boldsymbol{K})>0$	λ 取正和负，n 个大特征值与 n 个小特征值	与 n 个大特征值 (或 n 个小特征值) 对应的 n 个特征向量线性无关
7	$\boldsymbol{M},\boldsymbol{K}$: Hermitian 矩阵 $\boldsymbol{M}$正定，$\boldsymbol{C}=-\boldsymbol{C}^{\mathrm{H}}$	特征值为纯虚数或共轭成对(λ,λ^*)	若 $\boldsymbol{u}$ 是 λ 的右特征向量，则 $\boldsymbol{u}$ 是 $-\lambda^*$ 的左特征向量
8	$\boldsymbol{M},\boldsymbol{K}$实对称正定 $\boldsymbol{C}=-\boldsymbol{C}^{\mathrm{T}}$	特征值为纯虚数	

表中，$\gamma(\boldsymbol{M},\boldsymbol{C},\boldsymbol{K})=\min\left\{\left(\boldsymbol{u}^{\mathrm{H}}\boldsymbol{C}\boldsymbol{u}\right)^2-4\left(\boldsymbol{u}^{\mathrm{H}}\boldsymbol{M}\boldsymbol{u}\right)\left(\boldsymbol{u}^{\mathrm{H}}\boldsymbol{K}\boldsymbol{u}\right):\|\boldsymbol{u}\|_2=1\right\}$。

需要指出，根据二次型函数的大小，二次特征值问题又可进一步分类如下 [215]：

(1) 二次型函数满足 $(\boldsymbol{u}^{\mathrm{H}}\boldsymbol{C}\boldsymbol{u})^2<4(\boldsymbol{u}^{\mathrm{H}}\boldsymbol{M}\boldsymbol{u})(\boldsymbol{u}^{\mathrm{H}}\boldsymbol{K}\boldsymbol{u})$ 的二次特征值问题式 (7.8.1) 称为椭圆二次特征值问题 (elliptic QEP)。

(2) 二次型函数满足 $(\boldsymbol{u}^{\mathrm{H}}\boldsymbol{C}\boldsymbol{u})^2>4(\boldsymbol{u}^{\mathrm{H}}\boldsymbol{M}\boldsymbol{u})(\boldsymbol{u}^{\mathrm{H}}\boldsymbol{K}\boldsymbol{u})$ 的二次特征值问题式 (7.8.1) 称为双曲线二次特征值问题 (hyperbolic QEP)。

7.8.2　二次特征值问题求解

求解二次特征值问题有以下两种主要方法：

(1) 分解法　基于广义 Bezout 定理，将二次特征值问题分解为两个一次特征值子问题。

(2) 线性化方法　通过线性化手段，将非线性的二次特征值问题变为线性广义特征值问题。

下面分别介绍这两种方法。

1. 分解法

定义矩阵

$$\boldsymbol{Q}(S)=\boldsymbol{M}\boldsymbol{S}^2+\boldsymbol{C}\boldsymbol{S}+\boldsymbol{K},\quad \boldsymbol{S}\in\mathbb{C}^{n\times n} \tag{7.8.6}$$

则它与 $\boldsymbol{Q}(\lambda)$ 之差为

$$\boldsymbol{Q}(\lambda)-\boldsymbol{Q}(S)=\boldsymbol{M}(\lambda^2\boldsymbol{I}-\boldsymbol{S}^2)+\boldsymbol{C}(\lambda\boldsymbol{I}-\boldsymbol{S})=(\lambda\boldsymbol{M}+\boldsymbol{M}\boldsymbol{S}+\boldsymbol{C})(\lambda\boldsymbol{I}-\boldsymbol{S}) \tag{7.8.7}$$

这一结果称为二次矩阵多项式的广义 Bezout 定理 [186]。

如果二次矩阵方程

$$Q(S)=MS^2+CS+K=O \tag{7.8.8}$$

存在一个解 $S\in\mathbb{C}^{n\times n}$，则称这一解为二次矩阵方程的 (右) 解 (right solvent)。类似地，方程 $S^2M+SC+K=O$ 的解称为二次矩阵方程的左解 (left solvent)[474]。显然，若 S 是二次矩阵方程 $Q(S)=O$ 的解，则广义 Bezout 定理的公式 (7.8.7) 简化为

$$Q(\lambda)=(\lambda M+MS+C)(\lambda I-S) \tag{7.8.9}$$

式 (7.8.9) 表明，若 S 是二次矩阵方程 (7.8.8) 的解，则二次特征值问题 $|Q(\lambda)|=|\lambda^2M+\lambda C+K|=0$ 等价为 $|Q(\lambda)|=|(\lambda M+MS+C)(\lambda I-S)|=0$。由矩阵乘积的行列式性质 $|AB|=|A|\,|B|$ 知，二次特征值问题变成了以下两个 (一次) 特征值子问题：

(1) n 个二次特征值是特征方程 $|\lambda M+MS+C|=0$ 的解；

(2) 另外 n 个二次特征值是特征方程 $|\lambda I-S|=0$ 的解。

由于 $|\lambda M+MS+C|=|MS+C-\lambda(-M)|$，故特征值问题 $|\lambda M+MS+C|=0$ 与广义特征值问题 $(MS+C)u=\lambda(-M)u$ 等价。

总结以上讨论知，从广义 Bezout 定理出发，二次特征值问题 $(\lambda^2M+\lambda C+K)u=0$ 可以分解为两个一次特征值问题：

(1) 矩阵束 $(MS+C,-M)$ 的广义特征值问题，即 $(MS+C)u=-\lambda Mu$；

(2) 矩阵 S 的标准特征值问题 $Su=\lambda u$。

也就是说，二次特征值问题的 $2n$ 个特征对 (λ_i,u_i) 由广义特征值问题 $(MS+C)u=-\lambda Mu$ 的 n 个广义特征对以及二次矩阵方程式 (7.8.8) 的解矩阵 S 的 n 个特征对共同组成。

2. 线性化方法

求解非线性方程的常用思路之一是将非线性方程线性化，变为线性方程后再求解。这一思想同样适用于二次特征值问题的求解，因为二次特征值问题本身就是非线性特征问题的一个重要子类。

若令 $z=\begin{bmatrix}\lambda x\\ x\end{bmatrix}$，则特征方程 $(\lambda^2M+\lambda C+K)x=0$ 可以写成等价形式 $L_c(\lambda)z=0$，其中

$$L_c(\lambda)=\lambda\begin{bmatrix}M & O\\ O & I\end{bmatrix}-\begin{bmatrix}-C & -K\\ I & O\end{bmatrix} \tag{7.8.10}$$

或者

$$L_c(\lambda)=\lambda\begin{bmatrix}M & C\\ O & I\end{bmatrix}-\begin{bmatrix}O & -K\\ I & O\end{bmatrix} \tag{7.8.11}$$

式中，$L_c(\lambda)$ 称为 $Q(\lambda)$ 的友型 (companion form) 或线性化 λ 矩阵。

友型矩阵分为第 1 友型 (first companion form)

$$L1:\qquad A=\begin{bmatrix}-C & -K\\ I & O\end{bmatrix},\quad B=\begin{bmatrix}M & O\\ O & I\end{bmatrix} \tag{7.8.12}$$

和第 2 友型 (second companion form)

$$L2: \qquad \boldsymbol{A}=\begin{bmatrix}\boldsymbol{O} & -\boldsymbol{K}\\ \boldsymbol{I} & \boldsymbol{O}\end{bmatrix}, \qquad \boldsymbol{B}=\begin{bmatrix}\boldsymbol{M} & \boldsymbol{C}\\ \boldsymbol{O} & \boldsymbol{I}\end{bmatrix} \tag{7.8.13}$$

于是，经过线性化，二次特征值问题 $\boldsymbol{Q}(\lambda)\boldsymbol{x}=\boldsymbol{0}$ 变成了广义特征值问题 $\boldsymbol{L}_c(\lambda)\boldsymbol{z}=\boldsymbol{0}$ 或 $\boldsymbol{A}\boldsymbol{z}=\lambda\boldsymbol{B}\boldsymbol{z}$。

如 7.5 节所述，为了保证矩阵束 $(\boldsymbol{A},\boldsymbol{B})$ 的广义特征值分解是唯一确定的，矩阵 $\boldsymbol{B}$ 必须是非奇异矩阵。由式 (7.8.12) 和式 (7.8.13) 知，这相当于要求矩阵 $\boldsymbol{M}$ 非奇异。

算法 7.8.1 矩阵 $\boldsymbol{M}$ 非奇异时求解二次特征值问题的线性化算法[474]

输入 λ 矩阵 $\boldsymbol{P}(\lambda)=\lambda^2\boldsymbol{M}+\lambda\boldsymbol{C}+\boldsymbol{K}$。

步骤 1 利用线性化公式 (7.8.12) 或者式 (7.8.13) 构造矩阵束 $(\boldsymbol{A},\boldsymbol{B})$。

步骤 2 使用 QZ 分解计算广义 Schur 分解

$$\boldsymbol{T}=\boldsymbol{Q}^{\mathrm{H}}\boldsymbol{A}\boldsymbol{Z}, \qquad \boldsymbol{S}=\boldsymbol{Q}^{\mathrm{H}}\boldsymbol{B}\boldsymbol{Z} \tag{7.8.14}$$

式中，$\boldsymbol{T}$ 和 $\boldsymbol{S}$ 为上三角矩阵 (对角元素分别为 t_{kk} 和 s_{kk})，而 $\boldsymbol{Q}$ 和 $\boldsymbol{Z}$ 为酉矩阵。

步骤 3 计算二次特征值及其对应的特征向量

for $k=1:2n$

$\lambda_k=t_{kk}/s_{kk}$

求解 $(\boldsymbol{T}-\lambda_k\boldsymbol{S})\boldsymbol{\phi}=\boldsymbol{0}$，并令 $\boldsymbol{\xi}=\boldsymbol{Z}\boldsymbol{\phi}$

$\boldsymbol{\xi}_1=\boldsymbol{\xi}(1:n)$; $\boldsymbol{\xi}_2=\boldsymbol{\xi}(n+1:2n)$

$\boldsymbol{r}_1=\boldsymbol{P}(\lambda_k)\boldsymbol{\xi}_1/\|\boldsymbol{\xi}_1\|$; $\boldsymbol{r}_2=\boldsymbol{P}(\lambda_2)\boldsymbol{\xi}_2/\|\boldsymbol{\xi}_2\|$

$$\boldsymbol{u}_k=\begin{cases}\boldsymbol{\xi}(1:n), & \text{若 } \|\boldsymbol{r}_1\|\leqslant\|\boldsymbol{r}_2\|\\ \boldsymbol{\xi}(n+1:2n), & \text{其他}\end{cases}$$

endfor

步骤 2 的 QZ 分解可以直接使用 MATLAB 程序的 qz 函数运行。顺便指出，当上三角矩阵 $\boldsymbol{S}$ 的某个对角元素 $s_{ii}=0$ 时，则特征值 $\lambda=\infty$。

如果矩阵 $\boldsymbol{M},\boldsymbol{C}$ 和 $\boldsymbol{K}$ 均为对称矩阵，并且 $\boldsymbol{A}-\lambda\boldsymbol{B}$ 是 $\boldsymbol{P}(\lambda)=\lambda^2\boldsymbol{M}+\lambda\boldsymbol{C}+\boldsymbol{K}$ 的对称线性化时，算法 7.8.1 将不能保证 $\boldsymbol{A}-\lambda\boldsymbol{B}$ 的对称性，这是因为步骤 2 采用的 QZ 分解不能保证 $(\boldsymbol{A},\boldsymbol{B})$ 的对称性。在这种情况下，需要改用以下方法[474]：

(1) 若 $\boldsymbol{B}$ 为确定的矩阵，则先计算 $\boldsymbol{B}$ 的 Cholesky 分解 $\boldsymbol{B}=\boldsymbol{L}\boldsymbol{L}^{\mathrm{T}}$，其中，$\boldsymbol{L}$ 为下三角矩阵。

(2) 将 $\boldsymbol{B}=\boldsymbol{L}\boldsymbol{L}^{\mathrm{T}}$ 代入对称的广义特征值问题 $\boldsymbol{A}\boldsymbol{\xi}=\lambda\boldsymbol{B}\boldsymbol{\xi}$，变成对称的标准特征值问题 $\boldsymbol{L}^{-1}\boldsymbol{A}\boldsymbol{L}^{-\mathrm{T}}\boldsymbol{\phi}=\lambda\boldsymbol{\phi}$，其中，$\boldsymbol{\phi}=\boldsymbol{L}^{\mathrm{T}}\boldsymbol{\xi}$。

(3) 利用对称 QR 分解，计算对称矩阵 $\boldsymbol{L}^{-1}\boldsymbol{A}\boldsymbol{L}^{-\mathrm{T}}$ 的特征对 $(\lambda,\boldsymbol{\phi})$。这些特征对即是二次特征值问题待求的特征对。

文献 [339] 介绍了线性化后二次特征值分解的广义 Davidson 算法、修正 Davidson 算法、二次残差迭代法等几种方法。

算法 7.8.1 只适用于矩阵 $\boldsymbol{M}$ 非奇异的情况。然而，在一些工业应用中，矩阵 $\boldsymbol{M}$ 往往是奇异矩阵。例如，在阻尼结构的有限元分析中，经常遇到所谓的无质量自由度 (massless degree of freedom)，它们对应为质量矩阵 $\boldsymbol{M}$ 的某些列为零向量 [279]。

当矩阵 $\boldsymbol{M}$ 奇异，从而使 $\boldsymbol{B}$ 也奇异时，有两种方法可以改进原二次特征值问题 [279]。

一种方法使用谱变换 (spectral transformation)，即引入一个适当的特征值位移量 λ_0，变为

$$\mu = \lambda - \lambda_0 \tag{7.8.15}$$

于是，典型的 I 型线性化变为

$$\begin{bmatrix} -\boldsymbol{C} - \lambda_0 \boldsymbol{M} & -\boldsymbol{K} \\ \boldsymbol{I} & -\lambda_0 \boldsymbol{I} \end{bmatrix} \begin{bmatrix} \dot{\boldsymbol{u}} \\ \boldsymbol{u} \end{bmatrix} = \mu \begin{bmatrix} \boldsymbol{M} & \boldsymbol{O} \\ \boldsymbol{O} & \boldsymbol{I} \end{bmatrix} \begin{bmatrix} \dot{\boldsymbol{u}} \\ \boldsymbol{u} \end{bmatrix} \tag{7.8.16}$$

注意，位移 λ_0 的适当选择可以保证矩阵 $\begin{bmatrix} -\boldsymbol{C} - \lambda_0 \boldsymbol{M} & -\boldsymbol{K} \\ \boldsymbol{I} & -\lambda_0 \boldsymbol{I} \end{bmatrix}$ 非奇异。

另一改进是令

$$\alpha = \frac{1}{\mu} \tag{7.8.17}$$

将 $\mu = 1/\alpha$ 代入式 (7.8.16)，并予以重排，即得

$$\begin{bmatrix} -\boldsymbol{C} - \lambda_0 \boldsymbol{M} & -\boldsymbol{K} \\ \boldsymbol{I} & -\lambda_0 \boldsymbol{I} \end{bmatrix}^{-1} \begin{bmatrix} \boldsymbol{M} & \boldsymbol{O} \\ \boldsymbol{O} & \boldsymbol{I} \end{bmatrix} \begin{bmatrix} \dot{\boldsymbol{u}} \\ \boldsymbol{u} \end{bmatrix} = \alpha \begin{bmatrix} \dot{\boldsymbol{u}} \\ \boldsymbol{u} \end{bmatrix} \tag{7.8.18}$$

上式是标准的特征值分解

$$\boldsymbol{A}\boldsymbol{x} = \alpha \boldsymbol{x} \tag{7.8.19}$$

式中

$$\boldsymbol{A} = \begin{bmatrix} -\boldsymbol{C} - \lambda_0 \boldsymbol{M} & -\boldsymbol{K} \\ \boldsymbol{I} & -\lambda_0 \boldsymbol{I} \end{bmatrix}^{-1} \begin{bmatrix} \boldsymbol{M} & \boldsymbol{O} \\ \boldsymbol{O} & \boldsymbol{I} \end{bmatrix} \tag{7.8.20}$$

因此，求解特征值问题 $\boldsymbol{A}\boldsymbol{x} = \alpha \boldsymbol{x}$，即可得到特征值 α 和与之对应的特征向量。然后，又可由

$$\lambda = \mu + \lambda_0 = \frac{1}{\alpha} + \lambda_0 \tag{7.8.21}$$

确定二次特征值问题的特征值。

有必要指出，任何一个高次特征值问题

$$(\lambda^m \boldsymbol{A}_m + \lambda^{m-1} \boldsymbol{A}_{m-1} + \cdots + \lambda \boldsymbol{A}_1 + \boldsymbol{A}_0)\boldsymbol{u} = \boldsymbol{0} \tag{7.8.22}$$

都可以线性化，例如 [339]

$$\begin{bmatrix} -\boldsymbol{A}_0 & & & \\ & \boldsymbol{I} & & \\ & & \ddots & \\ & & & \boldsymbol{I} \end{bmatrix} \begin{bmatrix} \boldsymbol{u} \\ \lambda \boldsymbol{u} \\ \vdots \\ \lambda^{m-1} \boldsymbol{u} \end{bmatrix} = \lambda \begin{bmatrix} \boldsymbol{A}_1 & \boldsymbol{A}_2 & \cdots & \boldsymbol{A}_m \\ \boldsymbol{I} & \boldsymbol{O} & \cdots & \boldsymbol{O} \\ \vdots & \ddots & \ddots & \vdots \\ \boldsymbol{O} & \cdots & \boldsymbol{I} & \boldsymbol{O} \end{bmatrix} \begin{bmatrix} \boldsymbol{u} \\ \lambda \boldsymbol{u} \\ \vdots \\ \lambda^{m-1} \boldsymbol{u} \end{bmatrix} \tag{7.8.23}$$

也就是说，m 次特征值问题也可以线性化为标准的广义特征值问题 $\boldsymbol{A}\boldsymbol{x} = \lambda \boldsymbol{B}\boldsymbol{x}$ 求解。

7.8.3 应用举例

下面介绍二次特征值的几个应用例子。

1. AR 参数估计

考虑将实随机过程建模成自回归 (AR) 过程

$$x(n)+a(1)x(n-1)+\cdots+a(p)x(n-p)=e(n) \tag{7.8.24}$$

式中，$a(1),\cdots,a(p)$ 为 AR 参数，p 为 AR 阶数，$e(n)$ 为不可观测的激励信号，通常为白噪声，其方差为 σ_e^2。

用 $x(n-\tau),\tau\geqslant 1$ 同乘上式两边，并取数学期望，得线性法方程

$$R_x(\tau)+a(1)R_x(\tau-1)+\cdots+a(p)R_x(\tau-p)=0,\quad \tau=1,2,\cdots \tag{7.8.25}$$

式中，$R_x(\tau)=\mathrm{E}\{x(n)x(n-\tau)\}$ 表示 AR 过程的自相关函数。这一法方程称为 Yule-Walker 方程。

取 $\tau=1,\cdots,p$，则式 (7.8.25) 可以写作

$$\begin{bmatrix} R_x(0) & R_x(-1) & \cdots & R_x(-p+1)\\ R_x(1) & R_x(0) & \cdots & R_x(-p+2)\\ \vdots & \vdots & \ddots & \vdots\\ R_x(p-1) & R_x(p-2) & \cdots & R_x(0)\end{bmatrix}\begin{bmatrix}a(1)\\a(2)\\\vdots\\a(p)\end{bmatrix}=-\begin{bmatrix}R_x(1)\\R_x(2)\\\vdots\\R_x(p)\end{bmatrix} \tag{7.8.26}$$

然而，在许多情况下存在观测噪声 $v(n)$，即实际观测信号为

$$y(n)=x(n)+v(n)$$

式中，$v(n)$ 为白噪声，其方差为 σ^2，并与 $x(n)$ 统计不相关。在这一假设下，观测信号 $y(n)$ 与 AR 随机过程 $x(n)$ 的自相关函数之间存在下列关系

$$R_x(\tau)=R_y(\tau)-\sigma^2\delta(\tau)=\begin{cases}R_y(0)-\sigma^2, & \tau=0\\ R_y(\tau), & \tau\neq 0\end{cases}$$

将这一关系代入式 (7.8.26) 后，Yule-Walker 方程变为

$$\begin{bmatrix} R_y(0)-\sigma^2 & R_y(-1) & \cdots & R_y(-p+1)\\ R_y(1) & R_y(0)-\sigma^2 & \cdots & R_y(-p+2)\\ \vdots & \vdots & \ddots & \vdots\\ R_y(p-1) & R_y(p-2) & \cdots & R_y(0)-\sigma^2\end{bmatrix}\begin{bmatrix}a(1)\\a(2)\\\vdots\\a(p)\end{bmatrix}=-\begin{bmatrix}R_y(1)\\R_y(2)\\\vdots\\R_y(p)\end{bmatrix} \tag{7.8.27}$$

称为噪声补偿的 Yule-Walker 方程 [474]。

令 $\boldsymbol{a}=[-a(1),-a(2),\cdots,-a(p)]^{\mathrm{T}},\boldsymbol{r}_1=[R_y(1),R_y(2),\cdots,R_y(p)]^{\mathrm{T}}$ 和

$$\boldsymbol{R}_y=\begin{bmatrix} R_y(0) & R_y(-1) & \cdots & R_y(-p+1)\\ R_y(1) & R_y(0) & \cdots & R_y(-p+2)\\ \vdots & \vdots & \ddots & \vdots\\ R_y(p-1) & R_y(p-2) & \cdots & R_y(0)\end{bmatrix}$$

则式 (7.8.27) 可改写为

$$(\boldsymbol{R}_y - \sigma^2 \boldsymbol{I}_p)\boldsymbol{a} = \boldsymbol{r}_1 \tag{7.8.28}$$

由于 $R_y(\tau) = R_x(\tau),\ \tau \geqslant 1$，故若令 $\tau = p+1, p+2, \cdots, p+q$，则由式 (7.8.25) 得

$$\left.\begin{aligned} \boldsymbol{g}_1^{\mathrm{T}}\boldsymbol{a} &= R_y(p+1) \\ \boldsymbol{g}_2^{\mathrm{T}}\boldsymbol{a} &= R_y(p+2) \\ &\ \vdots \\ \boldsymbol{g}_q^{\mathrm{T}}\boldsymbol{a} &= R_y(p+q) \end{aligned}\right\} \tag{7.8.29}$$

式中，$\boldsymbol{g}_i = [R_y(p+i-1), R_y(p+i-2), \cdots, R_y(i)]^{\mathrm{T}}$。将式 (7.8.28) 和式(7.8.29) 合并，即可得到矩阵方程

$$(\bar{\boldsymbol{R}}_y - \lambda \boldsymbol{D})\boldsymbol{v} = \boldsymbol{0}_{p+q} \tag{7.8.30}$$

式中，$\bar{\boldsymbol{R}}_y$ 和 $\boldsymbol{D}$ 均为 $(p+q)\times(p+1)$ 矩阵，且 $\boldsymbol{v}$ 是 $(p+1)\times 1$ 向量，它们定义为

$$\bar{\boldsymbol{R}}_y = \begin{bmatrix} R_y(1) & R_y(0) & R_y(-1) & \cdots & R_y(-p+1) \\ R_y(2) & R_y(1) & R_y(0) & \cdots & R_y(-p+2) \\ \vdots & \vdots & \vdots & \ddots & \vdots \\ R_y(p) & R_y(p-1) & R_y(p-2) & \cdots & R_y(0) \\ R_y(p+1) & R_y(p) & R_y(2) & \cdots & R_y(1) \\ \vdots & \vdots & \vdots & \ddots & \vdots \\ R_y(p+q) & R_y(p+q-1) & R_y(p+q-2) & \cdots & R_y(q) \end{bmatrix}$$

和

$$\boldsymbol{D} = \begin{bmatrix} 0 & 1 & 0 & \cdots & 0 \\ 0 & 0 & 1 & \cdots & 0 \\ \vdots & \vdots & \vdots & \ddots & \vdots \\ 0 & 0 & 0 & \cdots & 1 \\ 0 & 0 & 0 & \cdots & 0 \\ \vdots & \vdots & \vdots & \ddots & \vdots \\ 0 & 0 & 0 & \cdots & 0 \end{bmatrix}, \qquad \boldsymbol{v} = \begin{bmatrix} 1 \\ a(1) \\ a(2) \\ \vdots \\ a(p) \end{bmatrix}$$

用 $(\bar{\boldsymbol{R}}_y - \lambda \boldsymbol{D})^{\mathrm{T}}$ 左乘式 (7.8.30) 两边，即有

$$(\lambda^2 \boldsymbol{M} + \lambda \boldsymbol{C} + \boldsymbol{K})\boldsymbol{v} = \boldsymbol{0}_{p+1} \tag{7.8.31}$$

式中

$$\boldsymbol{M} = \bar{\boldsymbol{R}}_y^{\mathrm{T}}\bar{\boldsymbol{R}}_y, \quad \boldsymbol{C} = -(\bar{\boldsymbol{R}}_y^{\mathrm{T}}\boldsymbol{D} + \boldsymbol{D}^{\mathrm{T}}\bar{\boldsymbol{R}}_y), \quad \boldsymbol{K} = \boldsymbol{D}^{\mathrm{T}}\boldsymbol{D} \tag{7.8.32}$$

由于矩阵 $\boldsymbol{M}, \boldsymbol{C}$ 和 $\boldsymbol{K}$ 均为对称矩阵，故式 (7.8.31) 为对称二次特征值问题。

令

$$\boldsymbol{A} = \begin{bmatrix} \boldsymbol{K} & \boldsymbol{O} \\ \boldsymbol{O} & \boldsymbol{I} \end{bmatrix}, \qquad \boldsymbol{B} = \begin{bmatrix} -\boldsymbol{C} & -\boldsymbol{M} \\ \boldsymbol{I} & \boldsymbol{O} \end{bmatrix} \tag{7.8.33}$$

则二次特征值问题变为 $2(p+1)$ 维广义特征值问题

$$(\boldsymbol{A}-\lambda\boldsymbol{B})\boldsymbol{u}=\boldsymbol{0} \tag{7.8.34}$$

由于特征值是实的或共轭成对 (λ,λ^*) 出现，并且与 (λ,λ^*) 对应的右特征向量也为共轭对 $(\boldsymbol{u},\boldsymbol{u}^*)$。在 $2(p+1)$ 个特征对 $(\lambda_i,\boldsymbol{u}_i)$ 中，只有同时满足式 (7.8.28) 和式 (7.8.29) 的特征值 λ 及其对应的特征向量 $\boldsymbol{u}$ 才分别是待求的观测噪声方差 σ^2 和 AR 随机过程参数向量 $[1,a(1),\cdots,a(p)]^{\mathrm{T}}$ 的估计。

由被加性白噪声污染的观测数据估计 AR 随机过程参数的上述方法是 Davila 于 1998 年提出的 [130]。

2. 约束最小二乘

考虑下面的约束最小二乘问题

$$\boldsymbol{x}=\arg\min\left\{\boldsymbol{x}^{\mathrm{T}}\boldsymbol{A}\boldsymbol{x}-2\boldsymbol{b}^{\mathrm{T}}\boldsymbol{x}\right\} \tag{7.8.35}$$

约束条件为 $\boldsymbol{x}^{\mathrm{T}}\boldsymbol{x}=c^2$。其中，$\boldsymbol{A}\in\mathbb{R}^{n\times n}$ 为对称矩阵；c 为不等于 0 的实常数，在很多应用中常取 $c=1$。

这个约束最优化问题可以用 Lagrangian 乘子法求解。令代价函数

$$J(\boldsymbol{x},\lambda)=\boldsymbol{x}^{\mathrm{T}}\boldsymbol{A}\boldsymbol{x}-2\boldsymbol{b}^{\mathrm{T}}\boldsymbol{x}+\lambda(c^2-\boldsymbol{x}^{\mathrm{T}}\boldsymbol{x}) \tag{7.8.36}$$

由 $\dfrac{\partial J(\boldsymbol{x},\lambda)}{\partial\boldsymbol{x}}=\boldsymbol{0}$ 和 $\dfrac{\partial J(\boldsymbol{x},\lambda)}{\partial\lambda}=0$ 分别得

$$(\boldsymbol{A}-\lambda\boldsymbol{I})\boldsymbol{x}=\boldsymbol{b},\qquad \boldsymbol{x}^{\mathrm{T}}\boldsymbol{x}=c^2 \tag{7.8.37}$$

令 $\boldsymbol{x}=(\boldsymbol{A}-\lambda\boldsymbol{I})\boldsymbol{y}$，将这一假设代入式(7.8.37) 的第一个式子，即得

$$(\boldsymbol{A}-\lambda\boldsymbol{I})^2\boldsymbol{y}=\boldsymbol{b}\quad 或\quad (\lambda^2\boldsymbol{I}-2\lambda\boldsymbol{A}+\boldsymbol{A}^2)\boldsymbol{y}-\boldsymbol{b}=\boldsymbol{0} \tag{7.8.38}$$

利用 $\boldsymbol{x}=(\boldsymbol{A}-\lambda\boldsymbol{I})\boldsymbol{y}$ 及 $\boldsymbol{A}$ 为对称矩阵之假设，易知

$$\begin{aligned}\boldsymbol{x}^{\mathrm{T}}\boldsymbol{x}&=\boldsymbol{y}^{\mathrm{T}}(\boldsymbol{A}-\lambda\boldsymbol{I})^{\mathrm{T}}(\boldsymbol{A}-\lambda\boldsymbol{I})\boldsymbol{y}=\boldsymbol{y}^{\mathrm{T}}(\boldsymbol{A}-\lambda\boldsymbol{I})[(\boldsymbol{A}-\lambda\boldsymbol{I})\boldsymbol{y}]\\&=\boldsymbol{y}^{\mathrm{T}}(\boldsymbol{A}-\lambda\boldsymbol{I})\boldsymbol{x}=\boldsymbol{y}^{\mathrm{T}}\boldsymbol{b}\end{aligned}$$

于是，式 (7.8.37) 的第二个式子可以等价写作

$$\boldsymbol{y}^{\mathrm{T}}\boldsymbol{b}=c^2\quad 或\quad 1=\boldsymbol{y}^{\mathrm{T}}\boldsymbol{b}/c^2$$

由此得

$$\boldsymbol{b}=\boldsymbol{b}\boldsymbol{y}^{\mathrm{T}}\boldsymbol{b}/c^2=\boldsymbol{b}\boldsymbol{b}^{\mathrm{T}}\boldsymbol{y}/c^2$$

因为 $\boldsymbol{y}^{\mathrm{T}}\boldsymbol{b}=\boldsymbol{b}^{\mathrm{T}}\boldsymbol{y}$。将上式代入式 (7.8.38)，即有

$$\left[\lambda^2\boldsymbol{I}-2\lambda\boldsymbol{A}+\left(\boldsymbol{A}^2-c^{-2}\boldsymbol{b}\boldsymbol{b}^{\mathrm{T}}\right)\right]\boldsymbol{y}=\boldsymbol{0} \tag{7.8.39}$$

这恰好是一个对称的二次特征值问题。

Gander 等人[181] 业已证明，约束最小二乘问题的求解需要 Lagrangian 乘子 λ 的最小二乘解。

总结以上讨论，可以得出约束最小二乘问题式 (7.8.35) 的求解步骤如下：

(1) 求解二次特征值问题式 (7.8.39)，得到特征值 λ_i (特征向量 $\boldsymbol{y}_i$ 可以不需要)。

(2) 确定最小的特征值 $\lambda_{\min}$。

(3) 约束最小二乘问题式 (7.8.35) 的解由 $\boldsymbol{x} = (\boldsymbol{A} - \lambda_{\min}\boldsymbol{I})^{-1}\boldsymbol{b}$ 给出。

3. 多输入–多输出系统

多输入–多输出 (multiple input-multiple output，MIMO) 系统是通信、雷达、信号处理、自动控制和系统工程中经常遇到的线性系统。考虑 m 个输入和 n 个输出的线性受控系统

$$\boldsymbol{M}\ddot{\boldsymbol{q}}(t) + \boldsymbol{C}\dot{\boldsymbol{q}}(t) + \boldsymbol{K}\boldsymbol{q}(t) = \boldsymbol{B}\boldsymbol{u}(t) \tag{7.8.40}$$

$$\boldsymbol{y}(t) = \boldsymbol{L}\boldsymbol{q}(t) \tag{7.8.41}$$

式中，$\boldsymbol{u}(t) \in \mathbb{C}^m, m \leqslant r$ 为某个输入信号向量；$\boldsymbol{q}(t) \in \mathbb{C}^r$ 为系统的状态向量；$\boldsymbol{y}(t) \in \mathbb{C}^n$ 为系统的输出向量；$\boldsymbol{B} \in \mathbb{C}^{r\times m}$ 为系统的输入作用矩阵；$\boldsymbol{L} \in \mathbb{C}^{n\times r}$ 为系统的输出作用矩阵；$\boldsymbol{M}, \boldsymbol{C}, \boldsymbol{K}$ 为 $r \times r$ 矩阵。

取 MIMO 系统的 Laplace 变换，并假定零初始条件，得

$$s^2\boldsymbol{M}\bar{\boldsymbol{q}}(s) + s\boldsymbol{C}\bar{\boldsymbol{q}}(s) + \boldsymbol{K}\bar{\boldsymbol{q}}(s) = \boldsymbol{B}\bar{\boldsymbol{u}}(s) \tag{7.8.42}$$

$$\bar{\boldsymbol{y}}(s) = \boldsymbol{L}\bar{\boldsymbol{q}}(s) \tag{7.8.43}$$

于是，系统的传递函数矩阵 (transfer function matrix)

$$\boldsymbol{G}(s) = \frac{\bar{\boldsymbol{y}}(s)}{\bar{\boldsymbol{u}}(s)} = \boldsymbol{L}(s^2\boldsymbol{M} + s\boldsymbol{C} + \boldsymbol{K})^{-1}\boldsymbol{B} \tag{7.8.44}$$

令 $\boldsymbol{Q}(s) = s^2\boldsymbol{M} + s\boldsymbol{C} + \boldsymbol{K}$，则由式 (7.8.12) 和式 (7.8.13)，得第 1 友型 $L1$ 和第 2 友型 $L2$ 情况下的逆矩阵

$$L1: \quad (s^2\boldsymbol{M} + s\boldsymbol{C} + \boldsymbol{K})^{-1} = \boldsymbol{U}(s\boldsymbol{I} - \boldsymbol{\Lambda})^{-1}\boldsymbol{\Lambda}\boldsymbol{V}^{\mathrm{H}} = \sum_{i=1}^{2n} \frac{\lambda_i \boldsymbol{u}_i \boldsymbol{v}_i^{\mathrm{H}}}{s - \lambda_i} \tag{7.8.45}$$

$$L2: \quad (s^2\boldsymbol{M} + s\boldsymbol{C} + \boldsymbol{K})^{-1} = \boldsymbol{U}(s\boldsymbol{I} - \boldsymbol{\Lambda})^{-1}\boldsymbol{V}^{\mathrm{H}} = \sum_{i=1}^{2n} \frac{\boldsymbol{u}_i \boldsymbol{v}_i^{\mathrm{H}}}{s - \lambda_i} \tag{7.8.46}$$

即是说，二次特征多项式 $s^2\boldsymbol{M} + s\boldsymbol{C} + \boldsymbol{K}$ 的特征值给出受控 MIMO 系统传递函数的极点。因此，二次特征值为研究受控 MIMO 系统的控制性能和响应性能提供了依据。

文献 [474] 介绍了二次特征值问题的诸多应用，是一篇关于二次特征值问题的精彩综述。

7.9 联合对角化

特征值分解是一个 Hermitian 矩阵的对角化，广义特征值分解可视为两个矩阵的联合对角化。一个自然会问的问题是：能否对多个矩阵同时对角化或联合对角化？这正是本节的主题。

7.9.1 联合对角化问题

考虑阵列接收信号模型

$$\boldsymbol{x}(t)=\boldsymbol{A}\boldsymbol{s}(t)+\boldsymbol{v}(t),\quad t=1,2,\cdots \tag{7.9.1}$$

其中，$\boldsymbol{x}(t)=[x_1(t),\cdots,x_m(t)]^{\mathrm{T}}$ 为观测信号向量，m 是观测信号的传感器数目；$\boldsymbol{s}(t)=[s_1(t),\cdots,s_n(t)]^{\mathrm{T}}$ 为源信号向量，并且 $m\geqslant n$；$\boldsymbol{v}(t)=[v_1(t),\cdots,v_m(t)]^{\mathrm{T}}$ 为传感器阵列上的加性噪声向量；而 $\boldsymbol{A}\in\mathbb{C}^{m\times n}$ 表示信号源混合状况的矩阵，称为混合矩阵。

盲信号分离问题的提法是：利用观测信号向量 $\boldsymbol{x}(t)$ 辨识未知的混合矩阵 $\boldsymbol{A}$，然后利用分离矩阵 $\boldsymbol{W}=\boldsymbol{A}^{\dagger}\in\mathbb{C}^{n\times m}$，恢复源信号向量 $\boldsymbol{s}(t)=\boldsymbol{W}\boldsymbol{x}(t)$，达到信号分离之目的。因此，盲信号分离的关键是混合矩阵 $\boldsymbol{A}$ 的辨识。为此，需要对盲信号分离模型作以下假设：

(1) 加性噪声是是时域白色，空域有色的，即其自相关矩阵

$$\boldsymbol{R}_v(k)=\mathrm{E}\{\boldsymbol{v}(t)\boldsymbol{v}^{\mathrm{H}}(t-k)\}=\delta(k)\boldsymbol{R}_v=\begin{cases}\boldsymbol{R}_v, & k=0\ (\text{空域有色})\\ \boldsymbol{O}, & k\neq 0\ (\text{时域白色})\end{cases}$$

其中，时域白色是指每个传感器上的加性噪声为白噪声，而空域有色系指不同传感器的加性白噪声可能相关。

(2) n 个源信号统计独立，即有 $\mathrm{E}\left\{\boldsymbol{s}(t)\boldsymbol{s}^{\mathrm{H}}(t-k)\right\}=\boldsymbol{D}_k$ (对角矩阵)。

(3) 源信号与加性噪声统计独立，即有 $\mathrm{E}\left\{\boldsymbol{s}(t)\boldsymbol{v}^{\mathrm{H}}(t-k)\right\}=\boldsymbol{O}$ (零矩阵)。

在上述假设条件下，阵列输出向量的协方差矩阵为

$$\begin{aligned}\boldsymbol{C}_x(k)&=\mathrm{E}\left\{\boldsymbol{x}(t)\boldsymbol{x}^{\mathrm{H}}(t-k)\right\}\\&=\mathrm{E}\left\{[\boldsymbol{A}\boldsymbol{s}(t)+\boldsymbol{v}(t)][\boldsymbol{A}\boldsymbol{s}(t-k)+\boldsymbol{v}(t-k)]^{\mathrm{H}}\right\}\\&=\boldsymbol{A}\mathrm{E}\left\{\boldsymbol{s}(t)\boldsymbol{s}^{\mathrm{H}}(t-k)\right\}\boldsymbol{A}^{\mathrm{H}}+\mathrm{E}\left\{\boldsymbol{v}(t)\boldsymbol{v}^{\mathrm{H}}(t-k)\right\}\\&=\begin{cases}\boldsymbol{A}\boldsymbol{D}_0\boldsymbol{A}^{\mathrm{H}}+\boldsymbol{R}_v, & k=0\\ \boldsymbol{A}\boldsymbol{D}_k\boldsymbol{A}^{\mathrm{H}}, & k\neq 0\end{cases}\end{aligned}\tag{7.9.2}$$

这一结果表明，若采用无噪声影响 (滞后 $k\neq 0$) 的 K 个协方差矩阵 $\boldsymbol{C}_x(k),\ k=1,\cdots,K$，并且对这 K 个矩阵进行联合对角化

$$\boldsymbol{C}_x(k)=\boldsymbol{U}\boldsymbol{\Sigma}_k\boldsymbol{U}^{\mathrm{H}},\quad k=1,\cdots,K \tag{7.9.3}$$

就有可能辨识出混合矩阵 $\boldsymbol{A}$。

应当注意的是，$\boldsymbol{U}$ 不一定就是 $\boldsymbol{A}$，对角矩阵 $\boldsymbol{\Sigma}_k$ 也不一定就是原对角矩阵 $\boldsymbol{D}_k$，因为对于任何一个广义置换矩阵 $\boldsymbol{G}$ 而言，$\boldsymbol{U}=\boldsymbol{A}\boldsymbol{G}$ 都能够满足式 (7.9.2)。

定义 7.9.1 (本质相等矩阵) 两个 $n\times m$ 矩阵 $\boldsymbol{A}$ 和 $\boldsymbol{U}$ 称为本质相等矩阵，记作 $\boldsymbol{A}\doteq\boldsymbol{U}$，若 $\boldsymbol{U}=\boldsymbol{A}\boldsymbol{G}$，其中 $\boldsymbol{G}$ 为 $m\times m$ 广义置换矩阵。

由式 (7.9.3) 不能精确辨识混合矩阵 $\boldsymbol{A}$，只能辨识与之本质相等的矩阵 $\boldsymbol{A}\boldsymbol{G}$。这一数学结果也可从盲信号分离的数学模型直接得到解释：由

$$\boldsymbol{x}(t)=\boldsymbol{A}\boldsymbol{s}(t)=\sum_{i=1}^{m}\frac{\boldsymbol{a}_i^{\mathrm{T}}}{\alpha}\alpha s_i(t) \tag{7.9.4}$$

知，交换源信号的排列顺序和幅值的固定因子变化，只要混合矩阵的列向量作相应的排列和相反的幅度变化，得到的混合信号则完全相同。换言之，只根据观测信号 $\boldsymbol{x}(t)$ 或其自相关矩阵，只能辨识与 $\boldsymbol{A}$ 本质相等的矩阵 $\boldsymbol{A}\boldsymbol{G}$。这一现象称为盲信号分离的模糊性或不确定性。不过，从信号分离的角度，分离信号的排序和幅度的不确定性是完全允许的。

多个矩阵的联合对角化最早是 Flury 于 1984 年考虑 K 个协方差矩阵的共同主分量分析时提出的。后来，Cardoso 与 Souloumiac [90] 于 1996 年，Belochrani 等人 [37] 于 1997 年从盲信号分离的角度分别提出了多个累积量矩阵和协方差矩阵的近似联合对角化。从此，联合对角化在盲信号分离领域获得了广泛的研究与应用。

联合对角化的数学问题是：给定 K 个 $m\times m$ 对称矩阵 $\boldsymbol{A}_1,\cdots,\boldsymbol{A}_K$，寻求一 $m\times n$ 满列秩矩阵 $\boldsymbol{U}$，使得这 K 个矩阵同时对角化 (联合对角化)

$$\boldsymbol{A}_k=\boldsymbol{U}\boldsymbol{\Lambda}_k\boldsymbol{U}^{\mathrm{H}},\quad k=1,\cdots,K \tag{7.9.5}$$

其中 $\boldsymbol{U}\in\mathbb{C}^{m\times n}$ 称为联合对角化器 (joint diagonalizer)，对角矩阵 $\boldsymbol{\Lambda}_k\in\mathbb{R}^{n\times n},k=1,\cdots,K$。

值得指出的是，两个 $n\times n$ Hermitian 矩阵 $\boldsymbol{A}$ 和 $\boldsymbol{B}$ 的 (精确) 联合对角化与 Hermitian 矩阵束 $(\boldsymbol{A},\boldsymbol{B})$ 的广义特征值分解等价。

联合对角化 $\boldsymbol{A}_k=\boldsymbol{U}\boldsymbol{\Lambda}_k\boldsymbol{U}^{\mathrm{H}}$ 为精确联合对角化。然而，实际的联合对角化为近似联合对角化：给定矩阵集合 $\mathcal{A}=\{\boldsymbol{A}_1,\cdots,\boldsymbol{A}_K\}$，希望求一个联合对角化器 $\boldsymbol{U}\in\mathbb{C}^{m\times n}$ 和 K 个对应的 $n\times n$ 对角矩阵 $\boldsymbol{\Lambda}_1,\cdots,\boldsymbol{\Lambda}_K$，使目标函数最小化 [89, 90]

$$\min J_1(\boldsymbol{U},\boldsymbol{\Lambda}_1,\cdots,\boldsymbol{\Lambda}_K)=\min\sum_{k=1}^{K}w_k\left\|\boldsymbol{U}^{\mathrm{H}}\boldsymbol{A}_k\boldsymbol{U}-\boldsymbol{\Lambda}_k\right\|_{\mathrm{F}}^2 \tag{7.9.6}$$

或者 [510, 527]

$$\min J_2(\boldsymbol{U},\boldsymbol{\Lambda}_1,\cdots,\boldsymbol{\Lambda}_K)=\min\sum_{k=1}^{K}w_k\left\|\boldsymbol{A}_k-\boldsymbol{U}\boldsymbol{\Lambda}_k\boldsymbol{U}^{\mathrm{H}}\right\|_{\mathrm{F}}^2 \tag{7.9.7}$$

式中，$w_1,\cdots,w_K$ 为正的权系数。为简化叙述，下面假定 $w_1=\cdots=w_K=1$。

7.9.2 正交近似联合对角化

在很多工程应用中，只使用联合对角化矩阵 $\boldsymbol{U}$，无须使用对角矩阵 $\boldsymbol{\Lambda}_1,\cdots,\boldsymbol{\Lambda}_K$。因此，如何将近似联合对角化问题的目标函数转换成只包含联合对角化矩阵 $\boldsymbol{U}$ 的函数，便是一个有着实际意义的问题。这种单一优化问题有以下几种求解方法。

1. 非对角函数最小化方法

在数值分析中，一个 $m\times m$ 正方矩阵 $\boldsymbol{B}=[B_{ij}]$ 所有非主对角线元素的绝对值的平方和定义为该矩阵的非对角 (off) 函数，即有

$$\mathrm{off}(\boldsymbol{B})\overset{\mathrm{def}}{=}\sum_{i=1,\,i\neq j}^{m}\sum_{j=1}^{n}|B_{ij}|^2 \tag{7.9.8}$$

如果将抽取正方矩阵 $\boldsymbol{M}$ 所有非主对角线元素组成的矩阵

$$[\boldsymbol{M}_{\mathrm{off}}]_{ij}=\begin{cases}0, & i=j\\ M_{ij}, & i\neq j\end{cases} \tag{7.9.9}$$

称为 off 矩阵，则 off 函数就是 off 矩阵的 Frobenius 范数的平方

$$\mathrm{off}(\boldsymbol{M})=\|\boldsymbol{M}_{\mathrm{off}}\|_{\mathrm{F}}^2 \tag{7.9.10}$$

利用 off 函数，可以将正交近似联合对角化问题表示为[89, 90]

$$\min J_{1a}(\boldsymbol{U})=\sum_{k=1}^{K}\mathrm{off}(\boldsymbol{U}^{\mathrm{H}}\boldsymbol{A}_k\boldsymbol{U})=\sum_{k=1}^{K}\sum_{i=1,\,i\neq j}^{n}\sum_{j=1}^{n}|(\boldsymbol{U}^{\mathrm{H}}\boldsymbol{A}_k\boldsymbol{U})_{ij}|^2 \tag{7.9.11}$$

对矩阵 $\boldsymbol{A}_1,\cdots,\boldsymbol{A}_K$ 的非对角元素实施一系列的 Given 旋转，即可实现这些矩阵的正交联合对角化。所有 Givens 旋转矩阵的乘积即给出联合对角化器 $\boldsymbol{U}$。这就是 Cardoso 等人提出的近似联合对角化的 Jacobi 算法[89, 90]。

2. 对角函数最大化方法

一个正方矩阵的对角函数可以是标量函数、向量函数或矩阵函数。

(1) 对角函数　$\mathrm{diag}(\boldsymbol{B})\in\mathbb{R}$ 是 $m\times m$ 正方矩阵 $\boldsymbol{B}$ 的对角函数，定义为

$$\mathrm{diag}(\boldsymbol{B})\overset{\mathrm{def}}{=}\sum_{i=1}^{m}|B_{ii}|^2 \tag{7.9.12}$$

(2) 对角向量函数　$m\times m$ 正方矩阵 $\boldsymbol{B}$ 的对角向量化函数记作 $\mathbf{diag}(\boldsymbol{B})\in\mathbb{C}^m$，是一个将矩阵 $\boldsymbol{B}$ 的对角元素排列的列向量，即有

$$\mathbf{diag}(\boldsymbol{B})\overset{\mathrm{def}}{=}[B_{11},\cdots,B_{mm}]^{\mathrm{T}} \tag{7.9.13}$$

(3) 对角矩阵函数　$m\times m$ 正方矩阵 $\boldsymbol{B}$ 的对角矩阵函数记作 $\mathbf{Diag}(\boldsymbol{B})\in\mathbb{C}^{m\times m}$，是一个抽取矩阵 $\boldsymbol{B}$ 的对角元素组成的对角矩阵，即有

$$\mathbf{Diag}(\boldsymbol{B})\overset{\mathrm{def}}{=}\begin{bmatrix}B_{11} & & 0\\ & \ddots & \\ 0 & & B_{mm}\end{bmatrix} \tag{7.9.14}$$

使 off($\boldsymbol{B}$) 最小化，又可等价为对角函数 diag($\boldsymbol{B}$) 的最大化，即有

$$\min \text{off}(\boldsymbol{B}) = \max \text{diag}(\boldsymbol{B}) \tag{7.9.15}$$

所以式 (7.9.11) 又可改写为[510]

$$\max J_{1b}(\boldsymbol{U}) = \sum_{k=1}^{K} \text{diag}(\boldsymbol{U}^{\text{H}}\boldsymbol{A}_k\boldsymbol{U}) = \sum_{k=1}^{K}\sum_{i=1}^{n} |(\boldsymbol{U}^{\text{H}}\boldsymbol{A}_k\boldsymbol{U})_{ii}|^2 \tag{7.9.16}$$

事实上，对角函数 diag($\boldsymbol{B}$) 实际上就是正方矩阵 $\boldsymbol{B}$ 与自己的内积，也就是矩阵乘积 $\boldsymbol{B}^{\text{H}}\boldsymbol{B}$ 的迹函数

$$\text{diag}(\boldsymbol{B}) = \langle \boldsymbol{B}, \boldsymbol{B} \rangle = \text{tr}(\boldsymbol{B}^{\text{H}}\boldsymbol{B}) \tag{7.9.17}$$

于是，优化问题式 (7.9.16) 可以用迹函数写作

$$\max J_{1b}(\boldsymbol{U}) = \sum_{k=1}^{K} \text{tr}(\boldsymbol{U}^{\text{H}}\boldsymbol{A}_k^{\text{H}}\boldsymbol{U}\boldsymbol{U}^{\text{H}}\boldsymbol{A}_k\boldsymbol{U}) \tag{7.9.18}$$

特别地，在正交近似联合对角化的情况下，由于 $\boldsymbol{U}\boldsymbol{U}^{\text{H}} = \boldsymbol{U}^{\text{H}}\boldsymbol{U} = \boldsymbol{I}$ 和 $\boldsymbol{A}_k^{\text{H}} = \boldsymbol{A}_k, k = 1, \cdots, K$，故上式可简化为

$$\max J_{1b}(\boldsymbol{U}) = \sum_{k=1}^{K} \text{tr}(\boldsymbol{U}^{\text{H}}\boldsymbol{A}_k^2\boldsymbol{U}) \tag{7.9.19}$$

3. 子空间方法

在正交近似联合对角化的情况下，联合对角化器 $\boldsymbol{U}$ 为酉矩阵，其列向量具有单位范数，即 $\|\boldsymbol{u}_k\|_{\text{F}} = 1$。

定义 $\boldsymbol{m}_k = \textbf{diag}(\boldsymbol{\Lambda}_k)$ 是由对角矩阵 $\boldsymbol{\Lambda}$ 的对角元素组成的向量，并令

$$\hat{\boldsymbol{A}} = [\text{vec}(\boldsymbol{A}_1), \cdots, \text{vec}(\boldsymbol{A}_K)], \qquad \boldsymbol{M} = [\boldsymbol{m}_1, \cdots, \boldsymbol{m}_K]$$

则联合对角化问题的代价函数可以等价写为

$$\begin{aligned}\sum_{k=1}^{K} \left\|\boldsymbol{A}_k - \boldsymbol{U}\boldsymbol{\Lambda}_k\boldsymbol{U}^{\text{H}}\right\|_{\text{F}}^2 &= \sum_{k=1}^{K} \|\text{vec}(\boldsymbol{A}_k) - (\boldsymbol{U}^* \odot \boldsymbol{U})\text{diag}(\boldsymbol{\Lambda}_k)\|_{\text{F}}^2 \\ &= \left\|\hat{\boldsymbol{A}} - (\boldsymbol{U}^* \odot \boldsymbol{U})\boldsymbol{M}\right\|_{\text{F}}^2\end{aligned} \tag{7.9.20}$$

式中，$\boldsymbol{C} \odot \boldsymbol{D}$ 是矩阵的 Khatri-Rao 积，它是矩阵列分量的 Kronecker 积

$$\boldsymbol{C} * \boldsymbol{D} = [\boldsymbol{c}_1 \otimes \boldsymbol{d}_1, \boldsymbol{c}_2 \otimes \boldsymbol{d}_2, \cdots, \boldsymbol{c}_n \otimes \boldsymbol{d}_n] \tag{7.9.21}$$

于是，联合对角化问题的解式 (7.9.20) 可以换写为

$$\{\boldsymbol{U}, \boldsymbol{M}\} = \arg \min_{\boldsymbol{U}, \boldsymbol{M}} \left\|\hat{\boldsymbol{A}} - \boldsymbol{B}\boldsymbol{M}\right\|_{\text{F}}^2, \qquad \boldsymbol{B} = \boldsymbol{U}^* \odot \boldsymbol{U} \tag{7.9.22}$$

这一最优化问题是可分离的，因为 $\boldsymbol{M}$ 的最小二乘解为

$$\boldsymbol{M} = (\boldsymbol{B}^{\mathrm{H}}\boldsymbol{B})^{-1}\boldsymbol{B}^{\mathrm{H}}\hat{\boldsymbol{A}} \tag{7.9.23}$$

将式 (7.9.23) 代入式 (7.9.22) 后，可以消去 $\boldsymbol{M}$，得到

$$\boldsymbol{U} = \arg\min_{\boldsymbol{U}} \left\| \hat{\boldsymbol{A}} - \boldsymbol{B}(\boldsymbol{B}^{\mathrm{H}}\boldsymbol{B})^{-1}\boldsymbol{B}^{\mathrm{H}}\hat{\boldsymbol{A}} \right\|_{\mathrm{F}}^2 = \arg\min_{\boldsymbol{U}} \left\| \boldsymbol{P}_B^{\perp}\hat{\boldsymbol{A}} \right\|_{\mathrm{F}}^2 \tag{7.9.24}$$

式中，$\boldsymbol{P}_B^{\perp} = \boldsymbol{I} - \boldsymbol{B}(\boldsymbol{B}^{\mathrm{H}}\boldsymbol{B})^{-1}\boldsymbol{B}^{\mathrm{H}}$ 为正交投影矩阵。求解最优化问题式 (7.9.24) 的具体算法可参考文献 [490]。

上面介绍的三种方法都属于正交近似联合对角化算法，因为它们给出的联合对角化器为酉矩阵。

7.9.3 非正交近似联合对角化

正交联合对角化的优点是不会出现无平凡解 ($\boldsymbol{U} = \boldsymbol{0}$) 和退化解 ($\boldsymbol{U}$ 奇异)；缺点是正交联合对角化必须先对观测数据向量预白化。

预白化有两个主要缺点：

(1) 预白化严重影响分离信号的性能，因为预白化的误差在后面的信号分离中得不到纠正。

(2) 白化会破坏加权最小二乘准则，造成某个矩阵被精确对角化，而其他矩阵的对角化可能很差。

非正交联合对角化就是没有约束 $\boldsymbol{U}^{\mathrm{H}}\boldsymbol{U} = \boldsymbol{I}$ 的联合对角化，已经成为主流的联合对角化方法。非正交联合对角化的优点是没有白化的两个缺点，而缺点则是可能存在平凡解和退化解。

非正交联合对角化的典型算法有：Pham [404] 的基于信息论准则最小化的迭代算法，van der Veen [490] 的 Newton 型迭代的子空间拟合算法，Yeredor [527] 的 AC-DC 算法等。

AC-DC 算法将耦合的优化问题

$$\begin{aligned} J_{\mathrm{WLS2}}(\boldsymbol{U}, \boldsymbol{\Lambda}_1, \cdots, \boldsymbol{\Lambda}_K) &= \sum_{k=1}^{K} w_k \|\boldsymbol{A}_k - \boldsymbol{U}\boldsymbol{\Lambda}_k\boldsymbol{U}^H\|_F^2 \\ &= \sum_{k=1}^{K} w_k \left\| \boldsymbol{A}_k - \sum_{n=1}^{N} \lambda_n^{[k]} \boldsymbol{u}_k \boldsymbol{u}_k^H \right\|_F^2 \end{aligned}$$

分离成两个单独的优化问题。这一算法由两个阶段组成：

(1) 交替列 (AC，alternating columns) 阶段　固定 $\boldsymbol{U}$ 的其他列和矩阵 $\boldsymbol{\Lambda}_1, \cdots, \boldsymbol{\Lambda}_K$，使目标函数 $J_{\mathrm{WLS2}}(\boldsymbol{U})$ 相对于 $\boldsymbol{U}$ 的某个列向量最小化。

(2) 对角中心 (DC, diagonal centers) 阶段　固定 $\boldsymbol{U}$，使 $J_{\mathrm{WLS2}}(\boldsymbol{U}, \boldsymbol{\Lambda}_1, \cdots, \boldsymbol{\Lambda}_K)$ 相对于所有 $\boldsymbol{\Lambda}_1, \cdots, \boldsymbol{\Lambda}_K$ 最小化。

避免平凡解的简单方法是加约束条件 $\mathbf{Diag}(\boldsymbol{U})=\boldsymbol{I}$。然而，非正交联合对角化的主要缺点是联合对角化器 $\boldsymbol{U}$ 有可能奇异或者条件数很大。奇异或条件数很大的解称为退化解。非正交联合对角化问题的退化解是文献 [316] 提出并解决的。

为了同时避免非正交联合对角化问题的平凡解和退化解，Li 和 Zhang 提出使用下面的目标函数[316]

$$\min f(\boldsymbol{U})=\sum_{k=1}^{K}\alpha_k\sum_{i=1}^{N}\sum_{j=1,j\neq i}^{N}|[\boldsymbol{U}^{\mathrm{H}}\boldsymbol{A}_k\boldsymbol{U}]_{ij}|^2-\beta\ln|\det(\boldsymbol{U})| \tag{7.9.25}$$

其中 $\alpha_k(1\leqslant k\leqslant K)$ 为正的权重系数，β 为一正数，ln 表示自然对数。

上述代价函数可分为平方对角化误差函数

$$f_1(\boldsymbol{U})=\sum_{k=1}^{K}\alpha_k\sum_{i=1}^{N}\sum_{j=1,j\neq i}^{N}|[\boldsymbol{U}^{\mathrm{H}}\boldsymbol{A}_k\boldsymbol{U}]_{ij}|^2 \tag{7.9.26}$$

与负对数行列式项

$$f_2(\boldsymbol{U})=-\ln|\det(\boldsymbol{U})| \tag{7.9.27}$$

之和。

代价函数 (7.9.25) 的一个明显优点是：当 $\boldsymbol{U}=\boldsymbol{O}$ 或者奇异时，$f_2(\boldsymbol{U})\to+\infty$。因此，代价函数 $f(\boldsymbol{U})$ 的最小化可以同时避免平凡解和退化解。

此外，文献 [316] 还证明了以下两个重要结果：

(1) 当且仅当非奇异矩阵 $\boldsymbol{U}$ 使得所有矩阵 $\boldsymbol{A}_k,\ k=1,\cdots,K$ 精确联合对角化时，$f_1(\boldsymbol{U})$ 是下无界的。换言之，在近似联合对角化时，$f(\boldsymbol{U})$ 是下有界的。

(2) 代价函数 $f(\boldsymbol{U})$ 的最小化与惩罚参数 β 的数值无关，这意味着，β 可以选择有限大的任意值，通常可直接选 $\beta=1$，从而避免了罚函数法性能取决于惩罚参数的选择。

联合对角化已广泛应用于盲信号分离[12, 37, 352, 527]、盲波束形成[89]、时延估计[528]、频率估计[343]、阵列信号处理[511]、多输入–多输出 (MIMO) 盲均衡[125] 以及盲 MIMO 系统辨识[102] 等问题中。

7.10 Fourier 分析与特征分析

实际应用的信号或函数要么是周期函数，要么是非周期函数。周期函数和非周期函数的正交展开是函数分析的简单而有效的方法。本节分别讨论周期函数的 Fourier 分析和非周期函数的特征分析。

7.10.1 周期函数的 Fourier 分析

Fourier 分析是一种非常有用的数学工具，广泛应用于数学、物理、信息科学和诸多工程学科。Fourier 分析由 Fourier 级数和 Fourier 积分变换两部分组成。

考虑使用复指数函数或复谐波信号 $\mathrm{e}^{\mathrm{j}\,\omega n}$ 作为线性时不变系统 $\mathcal{L}$ 的输入。令线性系统的传递函数为 $H(\mathrm{e}^{\mathrm{j}\,\omega}) = \sum_{k=-\infty}^{\infty} h(k)\mathrm{e}^{-\mathrm{j}\,\omega k}$，其中 $h(k)$ 称为系统的冲激响应系数。由于系统的输出是系统输入与系统冲激响应的卷积和，故有

$$\mathcal{L}[\mathrm{e}^{\mathrm{j}\,\omega n}] = \sum_{k=-\infty}^{\infty} h(n-k)\mathrm{e}^{\mathrm{j}\,\omega k} = \sum_{k=-\infty}^{\infty} h(k)\mathrm{e}^{\mathrm{j}\,\omega(n-k)} = H(\mathrm{e}^{\mathrm{j}\,\omega})\mathrm{e}^{\mathrm{j}\,\omega n} \tag{7.10.1}$$

令 $n = 0, 1, \cdots, N-1$，则有

$$\mathcal{L}\begin{bmatrix} 1 \\ \mathrm{e}^{\mathrm{j}\,\omega} \\ \vdots \\ \mathrm{e}^{\mathrm{j}\,\omega(N-1)} \end{bmatrix} = H(e^{\mathrm{j}\,\omega})\begin{bmatrix} 1 \\ \mathrm{e}^{\mathrm{j}\,\omega} \\ \vdots \\ \mathrm{e}^{\mathrm{j}\,\omega(N-1)} \end{bmatrix}$$

或简写为

$$\mathcal{L}[\boldsymbol{w}(\omega)] = H(\mathrm{e}^{\mathrm{j}\,\omega})\boldsymbol{w}(\omega) \tag{7.10.2}$$

式中

$$\boldsymbol{w}(\omega) = [1, \mathrm{e}^{\mathrm{j}\,\omega}, \cdots, \mathrm{e}^{\mathrm{j}\,\omega(N-1)}]^{\mathrm{T}} \tag{7.10.3}$$

式 (7.10.2) 表明，向量 $\boldsymbol{w}(\omega) = [1, \mathrm{e}^{\mathrm{j}\,\omega}, \cdots, \mathrm{e}^{\mathrm{j}\,\omega(N-1)}]^{\mathrm{T}}$ 是线性时不变系统的特征向量，而系统传递函数 $H(\mathrm{e}^{\mathrm{j}\,\omega})$ 是与 $\boldsymbol{w}(\omega)$ 相对应的特征值。由于对于每个频率 ω，式 (7.10.2) 都成立，所以线性时不变系统有无穷多个特征向量 $\boldsymbol{w}(\omega), \omega = -\infty, \cdots, \infty$，相对应的特征值也有无穷多个，它们是 $H(\mathrm{e}^{\mathrm{j}\,\omega}), \omega = -\infty, \cdots, \infty$。

复指数函数 $\mathrm{e}^{\mathrm{j}\,\omega n}$ 常称为线性系统的本征函数，它也是周期函数的 Fourier 级数展开的基函数。

一个周期为 T 的平稳的周期随机过程 $x(t)$ 可以用指数函数展开为 Fourier 级数

$$x(t) = \sum_{k=-\infty}^{\infty} c_k \mathrm{e}^{\mathrm{j}\,k\omega_0 t} \tag{7.10.4}$$

式中，$\omega_0 = 2\pi/T$ 为角频率，c_k 称为展开系数或 Fourier 系数，由 Fourier 变换

$$c_k = \frac{1}{T}\int_0^T x(t)\mathrm{e}^{-\mathrm{j}\,k\omega_0 t}\mathrm{d}t \tag{7.10.5}$$

确定。

对随机过程的周期性要求可以保证展开系数 c_k 和 c_n 在 $k \neq n$ 的情况下相互正交。其证明如下。

由式 (7.10.5) 易求得

$$\mathrm{E}\{c_k c_n^*\} = \frac{1}{T^2}\mathrm{E}\left\{\int_0^T\int_0^T x(t)x^*(u)\mathrm{e}^{\mathrm{j}\,k\omega_0 t}\mathrm{e}^{-\mathrm{j}\,n\omega_0 s}\mathrm{d}t\mathrm{d}u\right\} \tag{7.10.6}$$

$$= \frac{1}{T^2}\int_0^T\int_0^T R(t-u)\mathrm{e}^{\mathrm{j}\,\omega_0(kt-nu)}\mathrm{d}t\mathrm{d}u \tag{7.10.7}$$

式中，$R(t-u)=\mathrm{E}\{x(t)x^*(u)\}$ 是周期随机过程 $x(t)$ 的相关函数，它也是周期函数。令滞后 (lag) $\tau=t-u$，则

$$R(\tau)=\sum_{m=-\infty}^{\infty}b_m\mathrm{e}^{\mathrm{j}\,m\omega_0\tau} \tag{7.10.8}$$

将上式代入式 (7.10.7)，得

$$\begin{aligned}\mathrm{E}\{c_kc_n^*\}&=\frac{1}{T^2}\int_0^T\int_0^T\sum_{m=-\infty}^{\infty}b_m\mathrm{e}^{\mathrm{j}\,m\omega_0(t-u)}\mathrm{e}^{\mathrm{j}\,\omega_0(nu-kt)}\mathrm{d}t\mathrm{d}u\\&=\sum_{m=-\infty}^{\infty}b_m\frac{1}{T}\int_0^T\mathrm{e}^{\mathrm{j}\,\omega_0(m-k)t}\mathrm{d}t\frac{1}{T}\int_0^T\mathrm{e}^{\mathrm{j}\,\omega_0(m-n)u}\mathrm{d}u\\&=\begin{cases}1, & k=n\\0, & k\neq n\end{cases}\end{aligned}$$

即当 $k\neq n$ 时，展开系数 c_k 和 c_n 正交。反之，也可以证明，欲使展开系数正交，则平稳的随机过程必须是周期函数。

7.10.2 非周期函数的特征分析

一个平稳的非周期随机过程或函数不可能用复指数函数作基函数展开为 Fourier 级数形式，但可以用正交函数 $\phi_k(t)$ 为基函数展开为级数形式。这种方法称为 Karhunen-Loeve 展开，简称 KL 展开。

假定一个平稳的非周期随机过程 $x(t)$ 的时间定义域为区间 $[a,b]$，则 $x(t)$ 可以用级数形式展开为

$$x(t)=\sum_{k=1}^{\infty}\alpha_kc_k\phi_k(t) \tag{7.10.9}$$

式中，α_k 是实或复常数，并且

$$\int_a^b\phi_k(t)\phi_n^*(t)\mathrm{d}t=\begin{cases}1, & k=n\\0, & k\neq n\end{cases} \tag{7.10.10}$$

$$\mathrm{E}\{c_kc_n^*\}=\begin{cases}1, & k=n\\0, & k\neq n\end{cases} \tag{7.10.11}$$

用 $\phi_n^*(t)$ 乘式 (7.10.9) 的两边，再对时间 t 在区间 $[a,b]$ 内积分，并且使用式 (7.10.10)，易知

$$c_k=\frac{1}{\alpha_k}\int_a^b x(t)\phi_k^*(t)\mathrm{d}t \tag{7.10.12}$$

式 (7.10.9) 称为随机过程 $x(t)$ 的 KL 展开，是一种正交展开；而积分变换式 (7.10.12) 称为 $x(t)$ 的 KL 变换。因此，使用 KL 展开和 KL 变换对随机过程进行分析时，需要确定复常数 α_k 和正交基函数 $\phi_k(t)$。

计算随机过程的自相关函数，并利用展开系数的正交式 (7.10.11)，立即有

$$\begin{aligned}R(t,u)&=\mathrm{E}\{x(t)x^*(u)\}\\&=\mathrm{E}\left\{\sum_{k=1}^{\infty}\alpha_k c_k\phi_k(t)\sum_{n=1}^{\infty}\alpha_n^*c_n^*\phi_n^*(u)\right\}\\&=\sum_{k=1}^{\infty}|\alpha_k|^2\phi_k(t)\phi_k^*(u)\end{aligned}\tag{7.10.13}$$

由上式及式 (7.10.10) 得

$$\int_a^b R(t,u)\phi_i(u)\mathrm{d}u=\sum_{k=1}^{\infty}|\alpha_k|^2\phi_k(t)\int_a^b\phi_i(u)\phi_k^*(u)\mathrm{d}u=|\alpha_i|^2\phi_i(t)\tag{7.10.14}$$

这表明，复常数的模平方 $|\alpha_i|^2$ 是积分方程的特征值 λ，基函数 $\phi_i(t)$ 是与该特征值对应的特征函数 $\phi(t)$，即

$$\int_a^b R(t,u)\phi(u)\mathrm{d}u=\lambda\phi(t)\tag{7.10.15}$$

以上讨论的是连续时间的单个平稳非周期随机过程的情况。下面考查 m 个离散时间的平稳非周期随机过程 $x_i(n)\,(n=1,\cdots,N;\,i=1,\cdots,m)$ 的级数展开表示。为此，我们先来讨论任意一个向量的坐标表示。

定理 7.10.1 令 V 是一向量空间，并且 $B=\{\boldsymbol{u}_1,\cdots,\boldsymbol{u}_p\}$ 是 V 空间的一组基向量。对于 V 空间内的每一个向量 $\boldsymbol{w}$，存在唯一的一组标量，使得 $\boldsymbol{w}$ 可以表示成

$$\boldsymbol{w}=w_1\boldsymbol{u}_1+\cdots+w_p\boldsymbol{u}_p\tag{7.10.16}$$

证明 假定 $\boldsymbol{w}\in V$ 有两种不同的表示方式

$$\boldsymbol{w}=w_1\boldsymbol{u}_1+\cdots+w_p\boldsymbol{u}_p$$

$$\boldsymbol{w}=\alpha_1\boldsymbol{u}_1+\cdots+\alpha_p\boldsymbol{u}_p$$

两式相减，得

$$\boldsymbol{0}=(w_1-\alpha_1)\boldsymbol{u}_1+\cdots+(w_p-\alpha_p)\boldsymbol{u}_p$$

由于 $\{\boldsymbol{u}_1,\cdots,\boldsymbol{u}_p\}$ 为基向量，它们线性无关，因此 $w_1-\alpha_1=0,\cdots,w_p-\alpha_p=0$，即 $\alpha_1=w_1,\cdots,\alpha_p=w_p$。即是说，当利用基 B 表示向量 $\boldsymbol{w}$ 时，不可能有两种不同的表示方式。 ■

定理 7.10.1 表明，向量空间 V 内任一向量 $\boldsymbol{w}$ 的唯一表示决定于基 $B=\{\boldsymbol{u}_1,\cdots,\boldsymbol{u}_p\}$ 的选择和标量 $w_1,\cdots,w_p$ 的确定。基向量 $\boldsymbol{u}_1,\cdots,\boldsymbol{u}_p$ 组成了向量表示的坐标系(coordinate system)，而标量 $w_1,\cdots,w_p$ 称为向量 $\boldsymbol{w}$ 相对于基 B 的坐标 (coordinates)，这些坐标组成的向量

$$[\boldsymbol{w}]_B=\begin{bmatrix}w_1\\w_2\\\vdots\\w_p\end{bmatrix}\tag{7.10.17}$$

称为向量 $\boldsymbol{w}$ 相对于基 B 的坐标向量 (coordinate vector)。

很自然地，与坐标轴通常应该相互垂直类似，坐标系 $\boldsymbol{u}_1,\cdots,\boldsymbol{u}_p$ 最好相互正交。标准正交基 $\{\boldsymbol{u}_1,\cdots,\boldsymbol{u}_p\}$ 的使用给坐标向量的确定带来很大的方便：用 $\boldsymbol{u}_i^{\mathrm{H}}$ 左乘式 (7.10.16)，并注意到正交性 $\boldsymbol{u}_i^{\mathrm{H}}\boldsymbol{u}_j=\delta(i-j)$，立即有

$$w_i=\boldsymbol{u}_i^{\mathrm{H}}\boldsymbol{w}=\langle\boldsymbol{u}_i,\boldsymbol{w}\rangle \tag{7.10.18}$$

换句话说，若使用标准正交基 $\{\boldsymbol{u}_1,\boldsymbol{u}_2,\cdots,\boldsymbol{u}_p\}$ 作为向量 $\boldsymbol{w}$ 表示的坐标系，则 $\boldsymbol{w}$ 的坐标可以利用式 (7.10.18) 直接确定。

定理 7.10.1 构成了著名的 KL 展开的理论基础：为了寻找 m 个离散时间的平稳非周期随机过程 $x_i(n)\,(n=1,\cdots,N;\,i=1,\cdots,m)$ 的级数展开，关键是如何选择一组适合于 $x_i(n)\,(n=1,\cdots,N;\,i=1,\cdots,m)$ 的标准正交基作为坐标系。

令 $\boldsymbol{x}_i=[x_i(1),\cdots,x_i(N)]^{\mathrm{T}}$ 表示第 i 个随机过程的观测数据向量，$\boldsymbol{\phi}_k=[\phi_k(1),\cdots,\phi_k(N)]^{\mathrm{T}}$ 表示第 k 个正交基向量，即

$$\mathrm{E}\{\boldsymbol{\phi}_k^{\mathrm{H}}\boldsymbol{\phi}_j\}=\begin{cases}1, & k=j\\ 0, & k\neq j\end{cases} \tag{7.10.19}$$

于是，KL 展开式 (7.10.9) 变为

$$\boldsymbol{x}_i=\sum_{k=1}^{N}c_{ik}\boldsymbol{\phi}_k \tag{7.10.20}$$

若令 $\boldsymbol{c}_i=[c_{i1},\cdots,c_{iN}]^{\mathrm{T}}$，则式 (7.10.20) 可以写成更加紧凑的形式，即

$$\boldsymbol{x}_i=\boldsymbol{\Phi}\boldsymbol{c}_i \tag{7.10.21}$$

式中，$\boldsymbol{\Phi}=[\boldsymbol{\phi}_1,\cdots,\boldsymbol{\phi}_N]$。

将式 (7.10.21) 代入 M 个随机信号向量 $\boldsymbol{x}_1,\cdots,\boldsymbol{x}_M$ 的相关矩阵，得

$$\boldsymbol{R}=\sum_{i=1}^{M}\mathrm{E}\{\boldsymbol{x}_i\boldsymbol{x}_i^{\mathrm{H}}\}=\boldsymbol{\Phi}\left(\sum_{i=1}^{M}\mathrm{E}\{\boldsymbol{c}_i\boldsymbol{c}_i^{\mathrm{H}}\}\right)\boldsymbol{\Phi}^{\mathrm{H}} \tag{7.10.22}$$

但由于要求展开系数必须相互正交，故

$$\sum_{i=1}^{M}\mathrm{E}\{\boldsymbol{c}_i\boldsymbol{c}_i^{\mathrm{H}}\}=\begin{bmatrix}\lambda_1 & & 0\\ & \ddots & \\ 0 & & \lambda_N\end{bmatrix}=\boldsymbol{D} \tag{7.10.23}$$

于是，式 (7.10.22) 可写为

$$\boldsymbol{R}=\boldsymbol{\Phi}\boldsymbol{D}\boldsymbol{\Phi}^{\mathrm{H}}\quad 或 \quad \boldsymbol{R}\boldsymbol{\Phi}=\boldsymbol{\Phi}\boldsymbol{D}$$

即有

$$\boldsymbol{R}\boldsymbol{\phi}_i=\lambda_i\boldsymbol{\phi}_i,\quad i=1,\cdots,N \tag{7.10.24}$$

这说明，基向量 $\boldsymbol{\phi}_i$ 是 $N\times N$ 相关矩阵 $\boldsymbol{R}$ 的特征向量，与之对应的特征值为 λ_i。

式 (7.10.21) 两边左乘矩阵 $\boldsymbol{\Phi}^{\mathrm{H}}$，并注意到正交基向量 $\boldsymbol{\phi}_i$ 满足 $\boldsymbol{\Phi}^{\mathrm{H}}\boldsymbol{\Phi}=\boldsymbol{I}$，即得

$$\boldsymbol{c}_i=\boldsymbol{\Phi}^{\mathrm{H}}\boldsymbol{x}_i \tag{7.10.25}$$

综合定理 7.10.1 和以上讨论，利用相关矩阵的特征值和特征向量对 M 个随机过程得观测向量 $\boldsymbol{x}_1,\cdots,\boldsymbol{x}_M$ 进行分析的方法可以总结如下：

(1) 利用式 (7.10.21) 计算 $N\times N$ 相关矩阵 $\boldsymbol{R}$。

(2) 对相关矩阵 $\boldsymbol{R}$ 进行特征值分解，得到特征值 λ_i 及对应的特征向量 $\boldsymbol{u}_i$，$i=1,\cdots,N$。取 P 个大特征值及其对应的特征向量，组成 $P\times N$ 矩阵 $\boldsymbol{U}=[\boldsymbol{u}_1,\cdots,\boldsymbol{u}_P]$。

(3) 利用这 P 个特征向量做标准正交基，对第 i 个随机向量的级数展开式为

$$\boldsymbol{x}_i=\sum_{k=1}^{P}c_{ik}\boldsymbol{u}_k,\quad i=1,\cdots,M \tag{7.10.26}$$

称为随机向量的线性特征向量展开 (linear eigenvector expansion)。展开式中的展开系数 c_{ik} 由

$$\boldsymbol{c}_i=\boldsymbol{U}^{\mathrm{H}}\boldsymbol{x}_i,\quad i=1,\cdots,M \tag{7.10.27}$$

确定，其中，$\boldsymbol{c}_i=[c_{i1},\cdots,c_{iP}]^{\mathrm{T}}$, $i=1,\cdots,M$。

如前所述，Fourier 级数和 Fourier 展开共同构成了 Fourier 分析的理论框架。与此类似，式 (7.10.26) 和式 (7.10.27) 一起形成了对平稳非周期随机过程的分析方法。由于这种方法是基于特征值和特征向量导出的，所以很自然地可称为随机过程的特征分析。

对于单个随机向量，线性特征向量展开式 (7.10.26) 简化为

$$\boldsymbol{x}=\sum_{k=1}^{P}c_k\boldsymbol{u}_k \tag{7.10.28}$$

式中，展开系数 c_k 由向量的内积

$$c_k=\langle\boldsymbol{u}_k,\boldsymbol{x}\rangle,\qquad k=1,\cdots,P \tag{7.10.29}$$

确定。这恰好就是式 (7.10.18)。

线性特征向量展开式 (7.10.26) 表明，特征向量可以定义一种新的坐标系。这一坐标系由 P 个相互垂直 (即正交) 的坐标组成。当随机向量 $\boldsymbol{x}$ 作为线性系统 $\mathcal{L}$ 的输入时，由式 (7.10.28) 知，线性系统的输出为

$$\mathcal{L}[\boldsymbol{x}]=\mathcal{L}\left[\sum_{k=1}^{P}c_k\boldsymbol{u}_k\right]=\sum_{k=1}^{P}c_k\mathcal{L}[\boldsymbol{u}_k] \tag{7.10.30}$$

由于 $\mathcal{L}[\boldsymbol{u}_k]=\lambda_k\boldsymbol{u}_k$，上式给出结果

$$\mathcal{L}[\boldsymbol{x}]=\sum_{k=1}^{P}\lambda_k c_k\boldsymbol{u}_k \tag{7.10.31}$$

这说明，如果使用特征值和特征向量，线性系统的输出 $\mathcal{L}[\boldsymbol{x}]$ 将变得容易计算。

综合以上讨论，可以看出，特征值和特征向量不仅是随机向量的线性展开的有力工具，而且也对线性系统输出的分析有着重要的作用。

式 (7.10.28) 可以用来解释随机信号的功率谱。考虑离散随机信号 $x(0),x(1),\cdots,x(N-1)$ 的功率谱，定义 Fourier 向量为

$$\boldsymbol{w}=[1,\mathrm{e}^{\mathrm{j}\,\omega},\cdots,\mathrm{e}^{\mathrm{j}\,(N-1)\omega}]^{\mathrm{H}} \tag{7.10.32}$$

则 $x(0),x(1),\cdots,x(N-1)$ 的离散 Fourier 变换即信号的频谱为

$$X(\omega)=\sum_{k=0}^{N-1}x(k)\mathrm{e}^{-\mathrm{j}\,k\omega}=\boldsymbol{w}^{\mathrm{H}}\boldsymbol{x} \tag{7.10.33}$$

由于信号的功率谱 $P(\omega)$ 定义为频谱模值的平方，故

$$P(\omega)=|X(\omega)|^2=|\boldsymbol{w}^{\mathrm{H}}\boldsymbol{x}|^2=\boldsymbol{w}^{\mathrm{H}}\left(\boldsymbol{x}\boldsymbol{x}^{\mathrm{H}}\right)\boldsymbol{w}=\boldsymbol{w}^{\mathrm{H}}\hat{\boldsymbol{R}}\boldsymbol{w} \tag{7.10.34}$$

式中，$N\times N$ 矩阵 $\hat{\boldsymbol{R}}=\boldsymbol{x}\boldsymbol{x}^{\mathrm{H}}$ 是自相关矩阵 $\boldsymbol{R}=\mathrm{E}\{\boldsymbol{x}(t)\boldsymbol{x}^{\mathrm{H}}(t)\}$ 的瞬时估计。令 $\hat{\boldsymbol{R}}$ 的特征值分解为

$$\hat{\boldsymbol{R}}=\sum_{k=1}^{N}\lambda_k\boldsymbol{u}_k\boldsymbol{u}_k^{\mathrm{H}} \tag{7.10.35}$$

式中，$\lambda_1\geqslant\lambda_2\geqslant\cdots\geqslant\lambda_N$。于是，式 (7.10.34) 定义的功率谱可以写作

$$P(\omega)=\boldsymbol{w}^{\mathrm{H}}\hat{\boldsymbol{R}}\boldsymbol{w}=\sum_{k=1}^{N}\lambda_k|\boldsymbol{w}^{\mathrm{H}}\boldsymbol{u}_k|^2\geqslant 0 \tag{7.10.36}$$

因为特征值 $\lambda_i\geqslant 0$。

由于 Fourier 向量的元素以角频率 ω 为变量，功率谱 $P(\omega)$ 取连续函数形式。此时，Rayleigh 商为

$$\lambda_N\leqslant\frac{\boldsymbol{w}^{\mathrm{H}}\hat{\boldsymbol{R}}\boldsymbol{w}}{\boldsymbol{w}^{\mathrm{H}}\boldsymbol{w}}\leqslant\lambda_1 \tag{7.10.37}$$

注意，对于 $N\times 1$ 维 Fourier 向量 $\boldsymbol{w}$，有 $\boldsymbol{w}^{\mathrm{H}}\boldsymbol{w}=N$。将这以一结果代入式 (7.10.37)，立即有

$$N\lambda_N\leqslant P(\omega)\leqslant N\lambda_1 \tag{7.10.38}$$

从以上分析可以得出功率谱分析的以下结论：

(1) 由于 Rayleigh 商的性质，功率谱 $P(\omega)$ 的取值位于区间 $[N\lambda_N,N\lambda_1]$。

(2) 当 Fourier 向量碰巧是 $\hat{\boldsymbol{R}}$ 的一个特征向量，并且对应的特征值非零时，功率谱 $P(\omega)$ 取极大值即峰值。

应当指出，对于一般的随机信号，Fourier 向量不会碰巧与信号相关矩阵的特征向量一致。然而，对于等距离布置的直线阵列，这一情况是会发生的。此时，各个阵元观测信号的空间自相关矩阵是 Hermitian 矩阵，其理想的特征向量取 Fourier 向量的形式。对此感兴趣的读者可进一步参考文献 [254]。

本章小结

矩阵的特征分析包含了丰富多彩的内容。不仅标准的特征值分解有许多有趣的性质和广泛的应用，而且它还有各类既有趣又极为重要的推广：广义特征值分解、Rayleigh 商、广义 Rayleigh 商、二次特征值和多个矩阵的联合对角化，它们之间有以下关系：

(1) 对称的正定矩阵束 $(\boldsymbol{A},\boldsymbol{B})$ 的广义特征值分解等价为 $\boldsymbol{B}^{-1}\boldsymbol{A}$ 的特征值分解；

(2) 满足对称矩阵 $\boldsymbol{A}$ 的 Rayleigh 商的极小值和极大值的解 $(\lambda,\boldsymbol{u})$ 分别是与 $\boldsymbol{A}$ 的最小和最大的特征值对应的特征对；

(3) 满足对称矩阵束 $(\boldsymbol{A},\boldsymbol{B})$ 的广义 Rayleigh 商的极小值和极大值的解 $(\lambda,\boldsymbol{u})$ 分别是与矩阵束 $(\boldsymbol{A},\boldsymbol{B})$ 的最小和最大的广义特征值对应的广义特征对；

(4) 二次特征值问题通过线性化，可以转换为标准的特征值问题求解；

(5) 两个对称矩阵的联合对角化等同于这两个矩阵组成的矩阵束的广义特征值分解。

围绕这些推广的特征值分解，本章分别列举了一些典型的应用例子。

最后，本章还讨论了特征分析与 Fourier 分析之间的关系。

习　　题

7.1 证明特征值的以下性质：若 λ 是 $n\times n$ 矩阵 $\boldsymbol{A}$ 的特征值，则有

(1) λ^k 是矩阵 $\boldsymbol{A}^k$ 的特征值。

(2) 若 $\boldsymbol{A}$ 非奇异，则 $\boldsymbol{A}^{-1}$ 具有特征值 $1/\lambda$。

(3) 矩阵 $\boldsymbol{A}+\sigma^2\boldsymbol{I}$ 的特征值为 $\lambda+\sigma^2$。

7.2 证明当 $\boldsymbol{A}$ 为幂等矩阵时，矩阵 $\boldsymbol{BA}$ 的特征值与 $\boldsymbol{ABA}$ 的特征值相同。

7.3 设 n 阶矩阵 $\boldsymbol{A}$ 的全部元素为 1，求 $\boldsymbol{A}$ 的 n 个特征值。

7.4 设矩阵

$$\boldsymbol{A}=\begin{bmatrix}0&1&0&0\\1&0&0&0\\0&0&y&1\\0&0&1&2\end{bmatrix}$$

(1) 已知 $\boldsymbol{A}$ 的一个特征值为 3，试求 y 值。

(2) 求矩阵 $\boldsymbol{P}$，使 $(\boldsymbol{AP})^{\mathrm{T}}\boldsymbol{AP}$ 为对角矩阵。

7.5 令初始值 $u(0)=2, v(0)=8$。利用特征值求解微分方程

$$u'(t)=3u(t)+v(t)$$
$$v'(t)=-2u(t)+v(t)$$

7.6 令 4×4 维 Hessenberg 矩阵

$$\boldsymbol{H}=\begin{bmatrix} a_1 & b_1 & c_1 & d_1 \\ a_2 & b_2 & c_2 & d_2 \\ 0 & b_3 & c_3 & d_3 \\ 0 & 0 & c_4 & d_4 \end{bmatrix}$$

证明以下两个结果：

(1) 若 a_2, b_3, c_4 均不等于零，并且 $\boldsymbol{H}$ 的任意特征值 λ 为实数，则 λ 的几何多重度必定等于 1。

(2) 若 $\boldsymbol{H}$ 与对称矩阵 $\boldsymbol{A}$ 相似，并且 $\boldsymbol{A}$ 的某个特征值 λ 的代数多重度大于 1，则 a_2, b_3, c_4 至少有一个等于零。

7.7 证明以下各题：

(1) 若 $\boldsymbol{A}=\boldsymbol{A}^2=\boldsymbol{A}^{\mathrm{H}}\in\mathbb{C}^{n\times n}$，并且 $\mathrm{rank}(\boldsymbol{A})=r<n$，则存在 $n\times n$ 酉矩阵 $\boldsymbol{V}$，使得

$$\boldsymbol{V}^{\mathrm{H}}\boldsymbol{A}\boldsymbol{V}=\mathrm{diag}(\boldsymbol{I}_r, \boldsymbol{0})$$

(2) 若 $\boldsymbol{A}=\boldsymbol{A}^{\mathrm{H}}\in\mathbb{C}^{n\times n}$，并且 $\boldsymbol{A}^2=\boldsymbol{I}_n$，则存在酉矩阵 $\boldsymbol{V}$，使得

$$\boldsymbol{V}^{\mathrm{H}}\boldsymbol{A}\boldsymbol{V}=\mathrm{diag}(\boldsymbol{I}_r, \boldsymbol{I}_{n-r})$$

7.8 令 $\boldsymbol{H}=\boldsymbol{I}-2\boldsymbol{u}\boldsymbol{u}^{\mathrm{H}}$ 为 Householder 变换矩阵。

(1) 证明：具有单位范数的向量 $\boldsymbol{u}$ 是 Householder 变换矩阵的特征向量，并求与之相对应的特征值。

(2) 若向量 $\boldsymbol{w}$ 与 $\boldsymbol{u}$ 正交，证明 $\boldsymbol{w}$ 是矩阵 $\boldsymbol{H}$ 的特征向量，并求与之对应的特征向量。

7.9 设矩阵 $\boldsymbol{A}$ 和 $\boldsymbol{B}$ 相似，其中

$$\boldsymbol{A}=\begin{bmatrix} -2 & 0 & 0 \\ 2 & x & 2 \\ 3 & 1 & 1 \end{bmatrix},\qquad \boldsymbol{B}=\begin{bmatrix} -1 & 0 & 0 \\ 0 & 2 & 0 \\ 0 & 0 & y \end{bmatrix}$$

(1) 求 x 和 y 的值。

(2) 求可逆矩阵 $\boldsymbol{P}$，使得 $\boldsymbol{P}^{\mathrm{T}}\boldsymbol{A}\boldsymbol{P}=\boldsymbol{B}$。

7.10 利用分块矩阵，可以将矩阵的特征值问题降维。令

$$\boldsymbol{A}=\begin{bmatrix} \boldsymbol{B} & \boldsymbol{X} \\ \boldsymbol{O} & \boldsymbol{C} \end{bmatrix}\quad (\boldsymbol{O}\text{ 为零矩阵})$$

证明：$\det(\boldsymbol{A}-\lambda\boldsymbol{I})=\det(\boldsymbol{B}-\lambda\boldsymbol{I})\det(\boldsymbol{C}-\lambda\boldsymbol{I})$。

7.11 令 $\boldsymbol{u}$ 是矩阵 $\boldsymbol{A}$ 与特征值 λ 对应的一个特征向量。

(1) 证明 $\boldsymbol{u}$ 是矩阵 $\boldsymbol{A}-3\boldsymbol{I}$ 的一个特征向量。

(2) 证明 $\boldsymbol{u}$ 是矩阵 $\boldsymbol{A}^2-4\boldsymbol{A}+3\boldsymbol{I}$ 的一个特征向量。

7.12 [251] 令

$$\boldsymbol{A}=\begin{bmatrix}-2 & 4 & 3\\ 0 & 0 & 0\\ -1 & 5 & 2\end{bmatrix},\qquad f(x)=x^{593}-2x^{15}$$

证明

$$\boldsymbol{A}^{593}-2\boldsymbol{A}^{15}=-\boldsymbol{A}=\begin{bmatrix}2 & -4 & -3\\ 0 & 0 & 0\\ 1 & -5 & -2\end{bmatrix}$$

7.13 [251] 假定 $a_0,a_1,a_2,\cdots$ 为正整数序列，并且满足递推关系 $a_{k+1}=a_k+2a_{k-1}$，$\forall\, k\geqslant 1$。若 $a_0=0,\ a_1=1$，求 a_k 值。（提示：建立向量 $\begin{bmatrix}a_{k+1}\\ a_k\end{bmatrix}$ 与 $\begin{bmatrix}a_1\\ a_0\end{bmatrix}$ 之间的关系，并运用 Cayley-Hamilton 定理。）

7.14 已知矩阵 $\boldsymbol{A}=\begin{bmatrix}2 & 0 & 1\\ 0 & 2 & 0\\ 0 & 0 & 3\end{bmatrix}$，求 $\mathrm{e}^{\boldsymbol{A}t}$。

7.15 [251] 已知矩阵 $\boldsymbol{A}=\begin{bmatrix}1 & 1 & 2\\ -1 & 2 & 1\\ 0 & 1 & 3\end{bmatrix}$，求非奇异矩阵 $\boldsymbol{S}$ 使相似矩阵 $\boldsymbol{B}=\boldsymbol{S}^{-1}\boldsymbol{AS}$ 为对角矩阵。

7.16 证明：满足 $\boldsymbol{A}^2-\boldsymbol{A}=2\boldsymbol{I}$ 的矩阵$\boldsymbol{A}_{n\times n}$ 是可对角化的。

7.17 已知 $\boldsymbol{u}=[1,1,-1]^{\mathrm{T}}$ 是矩阵 $\boldsymbol{A}=\begin{bmatrix}2 & -1 & 2\\ 5 & a & 3\\ -1 & b & -2\end{bmatrix}$ 的一个特征向量。

(1) 求 a,b 和特征向量 $\boldsymbol{u}$ 对应的特征值。

(2) 矩阵 $\boldsymbol{A}$ 能否相似于对角矩阵？试说明理由。

7.18 证明：矩阵 $\boldsymbol{A}$ 和 $\boldsymbol{B}$ 的 Kronecker 积 $\boldsymbol{A}\otimes\boldsymbol{B}$ 的非零特征值等于 $\boldsymbol{A}$ 的特征值与 $\boldsymbol{B}$ 的特征值的乘积，即 $\lambda(\boldsymbol{A}\otimes\boldsymbol{B})=\lambda(\boldsymbol{A})\lambda(\boldsymbol{B})$。

7.19 令 $\boldsymbol{A}$ 和 $\boldsymbol{B}$ 均为 Hermitian 矩阵，并且 λ_i 和 μ_i 分别是矩阵 $\boldsymbol{A}$ 和 $\boldsymbol{B}$ 的特征值。证明：若 $c_1\boldsymbol{A}+c_2\boldsymbol{B}$ 具有特征值 $c_1\lambda_i+c_2\mu_i$，其中，c_1,c_2 为任意标量，则 $\boldsymbol{AB}=\boldsymbol{BA}$。

7.20 证明：若 $\boldsymbol{A},\boldsymbol{B},\boldsymbol{C}$ 正定，则 $|\boldsymbol{A}\lambda^2+\boldsymbol{B}\lambda+\boldsymbol{C}|=0$ 的根具有负的实部。

7.21 令 $\boldsymbol{P},\boldsymbol{Q},\boldsymbol{R},\boldsymbol{X}$ 为 2×2 矩阵。证明：矩阵方程 $\boldsymbol{PX}^2+\boldsymbol{QX}+\boldsymbol{R}=\boldsymbol{O}$ (零矩阵) 的解 $\boldsymbol{X}$ 的每一个特征值都是 $|\boldsymbol{P}\lambda^2+\boldsymbol{Q}\lambda+\boldsymbol{C}|=0$ 的根。

7.22 令

$$\boldsymbol{A}=\begin{bmatrix}-1 & 0\\ 0 & 1\end{bmatrix},\qquad \boldsymbol{B}=\begin{bmatrix}0 & 1\\ 1 & 0\end{bmatrix}$$

若定义矩阵束 $(\boldsymbol{A},\boldsymbol{B})$ 的广义特征值 (α,β_i) 是满足 $\det(\beta\boldsymbol{A}-\alpha\boldsymbol{B})=0$ 的数值 α 和 β，试求 α 和 β。

7.23 [434, p.286] 令矩阵束 $(\boldsymbol{A},\boldsymbol{B})$ 的广义特征值 (α,β) 如上题所定义。令 $\lambda_i=(\alpha_i,\beta_i)$ 和 $\lambda_j=(\alpha_j,\beta_j)$ 是矩阵束 $(\boldsymbol{A},\boldsymbol{B})$ 的两个不同广义特征值，并且 $\boldsymbol{u}_i$ 是与广义特征值 λ_i 对

应的右广义特征向量，而 $\boldsymbol{w}_j$ 是与 λ_j 对应的左广义特征向量，证明

$$\langle \boldsymbol{A}\boldsymbol{u}_i, \boldsymbol{w}_j\rangle = \langle \boldsymbol{B}\boldsymbol{u}_i, \boldsymbol{w}_j\rangle = 0$$

7.24 令矩阵 $\boldsymbol{G}$ 是 $\boldsymbol{A}$ 的广义逆矩阵，并且 $\boldsymbol{A}$ 和 $\boldsymbol{GA}$ 都是对称矩阵。证明 $\boldsymbol{A}$ 的非零特征值的倒数是广义逆矩阵 $\boldsymbol{G}$ 的一个特征值。

7.25 [36, p.226] 令 $\boldsymbol{A}$ 是一个 $n\times n$ 复矩阵，其特征值为 $\lambda_1,\lambda_2,\cdots,\lambda_n$。证明 $\boldsymbol{A}$ 为正规矩阵，当且仅当下列条件之一成立：

(1) $\boldsymbol{A}\boldsymbol{A}^{\mathrm{H}}$ 的特征值为 $|\lambda_1|^2,|\lambda_2|^2,\cdots,|\lambda_n|^2$。

(2) $\boldsymbol{A}+\boldsymbol{A}^{\mathrm{H}}$ 的特征值为 $\lambda_1+\lambda_1^*,\lambda_2+\lambda_2^*,\cdots,\lambda_n+\lambda_n^*$。

7.26 利用特征方程证明：若 λ 是矩阵 $\boldsymbol{A}$ 的实特征值，则 $\boldsymbol{A}+\boldsymbol{A}^{-1}$ 的特征值的绝对值等于或大于 2。

7.27 设 $\boldsymbol{A}_{4\times 4}$ 满足条件 $|3\boldsymbol{I}_4+\boldsymbol{A}|=0, \boldsymbol{A}\boldsymbol{A}^{\mathrm{T}}=2\boldsymbol{I}_4$ 和 $|\boldsymbol{A}|<0$。求矩阵 $\boldsymbol{A}$ 的伴随矩阵 $\mathrm{adj}(\boldsymbol{A})=\det(\boldsymbol{A})\boldsymbol{A}^{-1}$ 的一个特征值。

7.28 证明二次型 $f=\boldsymbol{x}^{\mathrm{T}}\boldsymbol{A}\boldsymbol{x}$ 在 $\|\boldsymbol{x}\|=1$ 时的最大值等于对称矩阵 $\boldsymbol{A}$ 的最大特征值。（提示：将 f 化为标准二次型。）

7.29 证明：若 λ 是矩阵 $\boldsymbol{AB}$ 的一个非零特征值，则它也是矩阵 $\boldsymbol{BA}$ 的非零特征值 ($\boldsymbol{A},\boldsymbol{B}$ 不一定为正方矩阵，但 $\boldsymbol{AB}$ 和 $\boldsymbol{BA}$ 分别是正方的)。

7.30 令 $\boldsymbol{A}_{n\times n}$ 为对称矩阵，其特征值为 $\lambda_i, i=1,2,\cdots,n$。证明

$$\sum_{i=1}^{n}\sum_{j=1}^{n} a_{ij}^2 = \sum_{k=1}^{n}\lambda_k^2$$

7.31 设 $\boldsymbol{A}_{n\times n}$ 的全部特征值为 $\lambda_1,\lambda_2,\cdots,\lambda_n$，且与 λ_i 对应的特征向量为 $\boldsymbol{u}_i$。试求

(1) $\boldsymbol{P}^{-1}\boldsymbol{A}\boldsymbol{P}$ 的特征值与相对应的特征向量。

(2) $(\boldsymbol{P}^{-1}\boldsymbol{A}\boldsymbol{P})^{\mathrm{T}}$ 的特征值与相对应的特征向量。

7.32 设 $n\times n$ 矩阵 $\boldsymbol{A}=\{a_{ij}\}$，其中 $a_{ij}=a\,(i=j)$ 或 $b\,(i\neq j)$。求 $\boldsymbol{A}$ 的特征值及特征向量。

7.33 令 $p(z)=a_0+a_1z+\cdots+a_nz^n$ 为一多项式。证明：矩阵 $\boldsymbol{A}$ 的特征向量一定是矩阵多项式 $p(\boldsymbol{A})$ 的特征向量，但 $p(\boldsymbol{A})$ 的特征向量不一定是 $\boldsymbol{A}$ 的特征向量。

7.34 令 $\boldsymbol{A}$ 为实斜对称矩阵，即其元素 $a_{ij}=-a_{ji}$。证明：

(1) $\boldsymbol{A}$ 的特征值为纯虚数或零。

(2) 若 $\boldsymbol{u}+\mathrm{j}\boldsymbol{v}$ 是与特征值 $\mathrm{j}\mu$ (其中，μ 是非零的实数) 对应的特征向量，并且 $\boldsymbol{u}$ 和 $\boldsymbol{v}$ 为实向量，则 $\boldsymbol{u}$ 与 $\boldsymbol{v}$ 正交。

7.35 令 $\boldsymbol{A}$ 是一个正交矩阵，λ 是 $\boldsymbol{A}$ 的一个不等于 ± 1，但其模为 1 的特征值，并且 $\boldsymbol{u}+\mathrm{j}\boldsymbol{v}$ 是与该特征值对应的特征向量，其中，$\boldsymbol{u}$ 和 $\boldsymbol{v}$ 为实向量。证明 $\boldsymbol{u}$ 和 $\boldsymbol{v}$ 正交。

7.36 一滤波器的抽头延迟线的输出为 $y(k)=\boldsymbol{a}^{\mathrm{T}}\boldsymbol{x}(k)$，其中 $\boldsymbol{a}=[a_0,a_1,\cdots,a_n]^{\mathrm{T}}$ 和 $\boldsymbol{x}(k)=[x(k),x(k-1),\cdots,x(k-n)]^{\mathrm{T}}$。令 $\boldsymbol{R}_x\stackrel{\mathrm{def}}{=}\mathrm{E}\{\boldsymbol{x}\boldsymbol{x}^{\mathrm{T}}\}=\boldsymbol{Q\Sigma Q}^{\mathrm{T}}$，其中 $\boldsymbol{\Sigma}=$

$\mathrm{diag}(\lambda_0, \lambda_1, \cdots, \lambda_n)$。如果输出序列 $\{y(k)\}$ 的均方值为 $J_a = \frac{1}{2}\mathrm{E}\{y^2(k)\}$，证明以下结果：

(1) 在条件 $\boldsymbol{a}^{\mathrm{T}}\boldsymbol{a} = 1$ 的约束下，使 J_a 最小化等价于 $J_w = \frac{1}{2}\sum_{i=0}^{n} w_i^2 \lambda_i$ 的最小化，其中 $\boldsymbol{w} = [w_0, w_1, \cdots, w_n]^{\mathrm{T}}, \sum_{i=0}^{n} w_i^2 = 1$，且 $\boldsymbol{w} = \boldsymbol{Q}^{\mathrm{T}}\boldsymbol{a}$。

(2) 若取 $\boldsymbol{w} = [\pm 1, 0, \cdots, 0]^{\mathrm{T}}$，则使 J_a 最小化的最优向量 $\boldsymbol{a} = \pm \boldsymbol{a}_0$，其中，$\boldsymbol{a}_0$ 是矩阵 $\boldsymbol{R}_x$ 相对于最小特征值 λ_0 的特征向量。

7.37 证明：一个 $n \times n$ 实对称矩阵 $\boldsymbol{A}$ 可以写作

$$\boldsymbol{A} = \sum_{i=1}^{n} \lambda_i \boldsymbol{Q}_i$$

式中，λ_i 是 $\boldsymbol{A}$ 的特征值；$\boldsymbol{Q}_i$ 为非负定矩阵，并且不仅满足正交条件

$$\boldsymbol{Q}_i \boldsymbol{Q}_j = \boldsymbol{O}, \quad i \neq j$$

而且还是幂等矩阵，即 $\boldsymbol{Q}_i^2 = \boldsymbol{Q}_i$。矩阵 $\boldsymbol{A}$ 的这一表示称为 $\boldsymbol{A}$ 的谱分解[36, p.64]。

7.38 已知

$$\boldsymbol{A} = \begin{bmatrix} 3 & -1 & 0 \\ 0 & 5 & -2 \\ 0 & 0 & 9 \end{bmatrix}$$

求非奇异矩阵 $\boldsymbol{S}$ 使得相似变换 $\boldsymbol{S}^{-1}\boldsymbol{A}\boldsymbol{S} = \boldsymbol{B}$ 为对角矩阵，并求对角矩阵 $\boldsymbol{B}$。

7.39 已知矩阵

$$\boldsymbol{A} = \begin{bmatrix} 0 & 0 & 1 \\ x & 1 & y \\ 1 & 0 & 0 \end{bmatrix}$$

有三个线性无关的特征向量，求 x 和 y 应该满足的条件。

7.40 设

$$\boldsymbol{A} = \begin{bmatrix} 1 & -1 \\ 1 & 1 \end{bmatrix}$$

试通过求矩阵 $\boldsymbol{S}$ 使得 $\boldsymbol{S}^{-1}\boldsymbol{A}\boldsymbol{S} = \boldsymbol{D}$ (对角矩阵)，证明 $\boldsymbol{A}$ 是可对角化的。

7.41 证明下列结论：

(1) 若 $\boldsymbol{u}_1, \boldsymbol{u}_2, \cdots, \boldsymbol{u}_p$ 是矩阵 $\boldsymbol{A}_{n\times n}$ 与同一特征值 λ 对应的特征向量，则 $\boldsymbol{u}_1, \boldsymbol{u}_2, \cdots, \boldsymbol{u}_p$ 的任意一个线性组合也是 $\boldsymbol{A}$ 的属于特征值 λ 的特征向量。

(2) 若 $\boldsymbol{u}_1, \boldsymbol{u}_2, \cdots, \boldsymbol{u}_p$ 是矩阵 $\boldsymbol{A}_{n\times n}$ 与不同特征值 $\lambda_1, \lambda_2, \cdots, \lambda_p$ 对应的特征向量，则当 $c_1, c_2, \cdots, c_p$ 中至少有两个不为零时，$c_1\boldsymbol{u}_1 + c_2\boldsymbol{u}_2 + \cdots + c_p\boldsymbol{u}_p$ 必定不是 $\boldsymbol{A}$ 的特征向量。

7.42 设三阶实对称矩阵 $\boldsymbol{A}$ 的特征值为 $\lambda_1 = -1, \lambda_2 = 1, \lambda_3 = -2$，且与 λ_1 对应的特征向量为 $\boldsymbol{u}_1 = [0, 1, 1]^{\mathrm{T}}$，求矩阵 $\boldsymbol{A}$ 的表达式。

7.43 已知矩阵

$$\boldsymbol{A} = \begin{bmatrix} 1 & -1 & 1 \\ x & 4 & y \\ -3 & -3 & 5 \end{bmatrix}$$

有三个线性无关的特征向量，且 $\lambda = 2$ 是 $\boldsymbol{A}$ 的二重特征值。试求可逆矩阵 $\boldsymbol{P}$，使得 $\boldsymbol{P}^{-1}\boldsymbol{A}\boldsymbol{P}$ 为对角矩阵。

7.44 设向量 $\boldsymbol{\alpha} = [\alpha_1, \alpha_2, \cdots, \alpha_n]^{\mathrm{T}}$ 和 $\boldsymbol{\beta} = [\beta_1, \beta_2, \cdots, \beta_n]^{\mathrm{T}}$ 是两个正交的非零向量。若令 $\boldsymbol{A} = \boldsymbol{\alpha}\boldsymbol{\beta}^{\mathrm{T}}$，试求

(1) $\boldsymbol{A}^2$；

(2) 矩阵 $\boldsymbol{A}$ 的特征值和特征向量。

7.45 已知矩阵

$$\boldsymbol{A} = \begin{bmatrix} 1 & 0 & 1 \\ 0 & 2 & 0 \\ 1 & 0 & 1 \end{bmatrix}$$

且 $\boldsymbol{B} = (k\boldsymbol{I} + \boldsymbol{A})^2$，其中，$k$ 为实数。

(1) 求矩阵 $\boldsymbol{B}$ 的对角化矩阵 $\boldsymbol{\Lambda}$。

(2) 试问：k 为何值时，矩阵 $\boldsymbol{B}$ 是正定的？

7.46 设

$$|\boldsymbol{A}| = \begin{vmatrix} a & -1 & c \\ 5 & b & 3 \\ 1-c & 0 & -a \end{vmatrix} = -1$$

又 $\boldsymbol{A}$ 的伴随矩阵 $\mathrm{adj}(\boldsymbol{A}) = |\boldsymbol{A}|\boldsymbol{A}^{-1}$ 有一个特征值为 λ，与之对应的特征向量 $\boldsymbol{u} = [-1, -1, 1]^{\mathrm{T}}$。求 a, b, c 和 λ 的值。

7.47 求矩阵

$$\boldsymbol{A} = \begin{bmatrix} 1 & -1 & -1 & -1 \\ -1 & 1 & -1 & -1 \\ -1 & -1 & 1 & -1 \\ -1 & -1 & -1 & 1 \end{bmatrix}$$

的正交基。

7.48 求解广义特征值问题 $\boldsymbol{A}\boldsymbol{x} = \lambda\boldsymbol{B}\boldsymbol{x}$ 时，矩阵 $\boldsymbol{B}$ 必须是非奇异的。现在假定 $\boldsymbol{B}$ 奇异，其广义逆矩阵为 $\boldsymbol{B}^{\dagger}$。

(1) 令 $(\lambda, \boldsymbol{x})$ 是矩阵 $\boldsymbol{B}^{\dagger}\boldsymbol{A}$ 的一个特征对。证明，该特征对是矩阵束 $(\boldsymbol{A}, \boldsymbol{B})$ 的一个广义特征对，若 $\boldsymbol{A}\boldsymbol{x}$ 是矩阵 $\boldsymbol{B}\boldsymbol{B}^{\dagger}$ 与特征值 1 对应的特征向量。

(2) 令 $\lambda, \boldsymbol{x}$ 满足 $\boldsymbol{A}\boldsymbol{x} = \lambda\boldsymbol{B}\boldsymbol{x}$。证明：若 $\boldsymbol{x}$ 也是矩阵 $\boldsymbol{B}^{\dagger}\boldsymbol{B}$ 与特征值 1 对应的特征向量，则 $(\lambda, \boldsymbol{x})$ 是矩阵$\boldsymbol{B}^{\dagger}\boldsymbol{A}$ 的一个特征对。

7.49 令矩阵束 $(\boldsymbol{A}, \boldsymbol{B})$ 与广义特征值 λ_1 对应的右特征向量为 $\boldsymbol{u}_1$，左特征向量为 $\boldsymbol{v}_1$，并且 $\langle \boldsymbol{B}\boldsymbol{u}_1, \boldsymbol{B}\boldsymbol{v}_1 \rangle = 1$。试证明：矩阵束 $(\boldsymbol{A}, \boldsymbol{B})$ 和

$$\boldsymbol{A}_1 = \boldsymbol{A} - \sigma_1 \boldsymbol{B}\boldsymbol{u}_1\boldsymbol{v}_1^{\mathrm{H}}\boldsymbol{B}^{\mathrm{H}}, \qquad \boldsymbol{B}_1 = \boldsymbol{B} - \sigma_2 \boldsymbol{A}\boldsymbol{u}_1\boldsymbol{v}_1^{\mathrm{H}}\boldsymbol{B}^{\mathrm{H}}$$

具有相同的左和右特征向量。式中，假定移位因子 σ_1 和 σ_2 满足条件 $1 - \sigma_1\sigma_2 \neq 0$。

7.50 若 $\boldsymbol{A}$ 和 $\boldsymbol{B}$ 均为正定的 Hermitian 矩阵，证明：广义特征值必定是实的，并且与不同广义特征值对应的广义特征向量相对于正定矩阵 $\boldsymbol{A}$ 和 $\boldsymbol{B}$ 分别正交，即有

$$\boldsymbol{x}_i^{\mathrm{H}}\boldsymbol{A}\boldsymbol{x}_j = \boldsymbol{x}_i^{\mathrm{H}}\boldsymbol{B}\boldsymbol{x}_j = 0, \quad i \neq j$$

7.51 假定

$$\begin{bmatrix} \boldsymbol{O} & \boldsymbol{A} \\ \boldsymbol{A}^{\mathrm{T}} & \boldsymbol{O} \end{bmatrix} \begin{bmatrix} \boldsymbol{y} \\ \boldsymbol{z} \end{bmatrix} = \lambda \begin{bmatrix} \boldsymbol{B}_1 & \boldsymbol{O} \\ \boldsymbol{O} & \boldsymbol{B}_2 \end{bmatrix} \begin{bmatrix} \boldsymbol{y} \\ \boldsymbol{z} \end{bmatrix}$$

式中，$\boldsymbol{A} \in \mathbb{R}^{m\times n}, \boldsymbol{B}_1 \in \mathbb{R}^{m\times m}$，$\boldsymbol{B}_2 \in \mathbb{R}^{n\times n}$。假定矩阵 $\boldsymbol{B}_1$ 和 $\boldsymbol{B}_2$ 正定，并且分别具有 Cholesky 三角因子 $\boldsymbol{G}_1$ 和 $\boldsymbol{G}_2$。将上式描述的广义特征值问题与 $\boldsymbol{G}_1^{-1}\boldsymbol{A}\boldsymbol{G}_2^{-\mathrm{T}}$ 联系起来。

7.52 已知矩阵

$$\begin{aligned} \frac{\mathrm{d}x(t)}{\mathrm{d}t} &= \omega x(t) + 0y(t) + 0z(t) \\ \frac{\mathrm{d}y(t)}{\mathrm{d}t} &= 0x(t) + \omega y(t) + z(t) \\ \frac{\mathrm{d}z(t)}{\mathrm{d}t} &= 0x(t) + y(t) + \omega z(t) \end{aligned}$$

求三阶矩阵微分方程

$$\boldsymbol{\Phi}^{(n)}(t) + c_2\boldsymbol{\Phi}''(t) + c_1\boldsymbol{\Phi}'(t) + c_0\boldsymbol{\Phi}(t) = \boldsymbol{O}$$

满足初始条件

$$\boldsymbol{\Phi}(0) = \boldsymbol{I}, \quad \boldsymbol{\Phi}'(0) = \boldsymbol{A}, \quad \boldsymbol{\Phi}''(0) = \boldsymbol{A}^2$$

的解 $\boldsymbol{\Phi}(t)$。

7.53 若 $\boldsymbol{M}, \boldsymbol{C}, \boldsymbol{K}$ 对称和正定，证明

$$|\lambda^2\boldsymbol{M} + \lambda\boldsymbol{C} + \boldsymbol{K}| = 0$$

的根有负的实部。

7.54 已知 $m\times m$ 矩阵

$$\boldsymbol{A} = \begin{bmatrix} 2 & -1 & & & \\ -1 & 2 & -1 & & \\ & & \ddots & & \\ & & -1 & 2 & -1 \\ & & & -1 & 2 \end{bmatrix}$$

证明

$$|\lambda\boldsymbol{I} - \boldsymbol{A}| = \prod_{i=1}^{m}\left(\lambda - 2 - 2\cos\frac{i\pi}{m+1}\right)$$

7.55 假定 $n\times n$ 维 Hermitian 矩阵 $\boldsymbol{A}$ 的特征值按照顺序 $\lambda_1(\boldsymbol{A}) \geqslant \lambda_2(\boldsymbol{A}) \geqslant \cdots \geqslant \lambda_n(\boldsymbol{A})$ 排列。用Rayleigh 商证明：

(1) $\lambda_1(\boldsymbol{A}+\boldsymbol{B}) \geqslant \lambda_1(\boldsymbol{A}) + \lambda_n(\boldsymbol{B})$。

(2) $\lambda_n(\boldsymbol{A}+\boldsymbol{B}) \geqslant \lambda_n(\boldsymbol{A}) + \lambda_n(\boldsymbol{B})$。

7.56 利用 Rayleigh 商证明：对于任何一个 $n\times n$ 对称矩阵 $\boldsymbol{A}$ 和任何一个 $n\times n$ 半正定矩阵 $\boldsymbol{B}$，特征值服从不等式

$$\lambda_k(\boldsymbol{A}+\boldsymbol{B}) \geqslant \lambda_k(\boldsymbol{A}), \quad k = 1, 2, \cdots, n$$

若 $\boldsymbol{B}$ 正定，则

$$\lambda_k(\boldsymbol{A}+\boldsymbol{B}) > \lambda_k(\boldsymbol{A}), \quad k=1,2,\cdots,n$$

7.57 令 $\boldsymbol{A}$ 和 $\boldsymbol{B}$ 分别是 $n\times n$ 对称矩阵，证明

$$\lambda_1(\boldsymbol{A}+\boldsymbol{B}) \leqslant \lambda_1(\boldsymbol{A})+\lambda_1(\boldsymbol{B})$$

和

$$\lambda_n(\boldsymbol{A}+\boldsymbol{B}) \geqslant \lambda_n(\boldsymbol{A})+\lambda_n(\boldsymbol{B})$$

7.58 令 $\boldsymbol{A}$ 是一个 $n\times n$ 矩阵 (不一定对称)。证明对任意 $n\times 1$ 向量 $\boldsymbol{x}$，恒有不等式

$$(\boldsymbol{x}^{\mathrm{T}}\boldsymbol{A}\boldsymbol{x})^2 \leqslant (\boldsymbol{x}^{\mathrm{T}}\boldsymbol{A}\boldsymbol{A}^{\mathrm{T}}\boldsymbol{x})(\boldsymbol{x}^{\mathrm{T}}\boldsymbol{x})$$

和

$$\frac{1}{2}\left|\frac{\boldsymbol{X}^{\mathrm{T}}(\boldsymbol{A}+\boldsymbol{A}^{\mathrm{T}})\boldsymbol{x}}{\boldsymbol{x}^{\mathrm{T}}\boldsymbol{x}}\right| \leqslant \left(\frac{\boldsymbol{x}^{\mathrm{T}}\boldsymbol{A}\boldsymbol{A}^{\mathrm{T}}\boldsymbol{x}}{\boldsymbol{x}^{\mathrm{T}}\boldsymbol{x}}\right)^{1/2}$$

7.59 考虑对称矩阵序列

$$\boldsymbol{A}_r=[a_{ij}], \qquad i,j=1,2,\cdots,r$$

其中，$r=1,2,\cdots,n$。令 $\lambda_i(\boldsymbol{A}_r)$, $i=1,2,\cdots,r$ 是矩阵 $\boldsymbol{A}_r$ 的第 i 个特征值，并且

$$\lambda_1(\boldsymbol{A}_r) \geqslant \lambda_2(\boldsymbol{A}_r) \geqslant \cdots \geqslant \lambda_r(\boldsymbol{A}_r)$$

则

$$\lambda_{k+1}(\boldsymbol{A}_{i+1}) \leqslant \lambda_k(\boldsymbol{A}_i) \leqslant \lambda_k(\boldsymbol{A}_{i+1})$$

这一结果称为 Sturmian 分离定理 [36, p.117]。试使用 Rayleigh 商证明这一定理。

7.60 证明式(7.8.1) 是双曲线二次特征值问题，当且仅当 $\boldsymbol{Q}(\lambda)$ 对某些实特征值 $\lambda\in R$ 负定。

7.61 对于两个相同维数的任意正方矩阵 $\boldsymbol{A},\boldsymbol{B}$，证明

(1) $2(\boldsymbol{A}\boldsymbol{A}^{\mathrm{T}}+\boldsymbol{B}\boldsymbol{B}^{\mathrm{T}})-(\boldsymbol{A}+\boldsymbol{B})(\boldsymbol{A}+\boldsymbol{B})^{\mathrm{T}}$ 半正定。

(2) $\mathrm{tr}[(\boldsymbol{A}+\boldsymbol{B})(\boldsymbol{A}+\boldsymbol{B})^{\mathrm{T}}] \leqslant 2[\mathrm{tr}(\boldsymbol{A}\boldsymbol{A}^{\mathrm{T}})+\mathrm{tr}(\boldsymbol{B}\boldsymbol{B}^{\mathrm{T}})]$。

(3) $\lambda[(\boldsymbol{A}+\boldsymbol{B})(\boldsymbol{A}+\boldsymbol{B})^{\mathrm{T}}] \leqslant 2[\lambda(\boldsymbol{A}\boldsymbol{A}^{\mathrm{T}})+\lambda(\boldsymbol{B}\boldsymbol{B}^{\mathrm{T}})]$。

7.62 令 $\boldsymbol{A}$ 和 $\boldsymbol{B}$ 是两个维数相同的半正定矩阵，证明 [524]

$$\sqrt{\mathrm{tr}(\boldsymbol{A}\boldsymbol{B})} \leqslant \frac{1}{2}[\mathrm{tr}(\boldsymbol{A})+\mathrm{tr}(\boldsymbol{B})]$$

等号成立，当且仅当 $\boldsymbol{A}=\boldsymbol{B}$ 和 $\mathrm{rank}(\boldsymbol{A})\leqslant 1$。

7.63 对于多项式 $p(x) = x^n + a_{n-1}x^{n-1} + \cdots + a_1x + a_0$，称 $n \times n$ 矩阵

$$
\boldsymbol{C}_p = \begin{bmatrix} 0 & 1 & 0 & \cdots & 0 \\ 0 & 0 & 1 & \cdots & 0 \\ \vdots & \vdots & \vdots & \ddots & \vdots \\ 0 & 0 & 0 & \cdots & 1 \\ -a_0 & -a_1 & -a_2 & \cdots & -a_{n-1} \end{bmatrix}
$$

为多项式 $p(x)$ 的友矩阵。利用数学归纳法证明：对于 $n \geqslant 2$，恒有

$$
\det(\boldsymbol{C}_p - \lambda\boldsymbol{I}) = (-1)^n(a_0 + a_1\lambda + \cdots + a_{n-1}\lambda^{n-1} + \lambda^n) = (-1)^n p(\lambda)
$$

7.64 令 $p(x) = x^3 + a_2x^2 + a_1x + a_0$，并且 λ 是多项式 $p(x)$ 的一个零点。

(1) 写出多项式 $p(x)$ 的友矩阵 $\boldsymbol{C}_p$。

(2) 解释为什么 $\lambda^3 = -a_2\lambda^2 - a_1\lambda - a_0$，并证明 $(1, \lambda, \lambda^2)$ 是多项式 $p(x)$ 的友矩阵 $\boldsymbol{C}_p$ 的特征值。

7.65[344] 令 $\boldsymbol{A}, \boldsymbol{B}$ 和 $\boldsymbol{A} - \boldsymbol{B}$ 为半正定矩阵。证明：$\boldsymbol{B}^\dagger - \boldsymbol{A}^\dagger$ 是半正定的，当且仅当 $\text{rank}(\boldsymbol{A}) = \text{rank}(\boldsymbol{B})$。

7.66 令 $\boldsymbol{A}$ 是一个 $n \times n$ 矩阵 (不一定对称)。证明：对于每一个 $n \times 1$ 向量 $\boldsymbol{x}$，恒有

$$
(\boldsymbol{x}^{\mathrm{T}}\boldsymbol{A}\boldsymbol{x})^2 \leqslant (\boldsymbol{x}^{\mathrm{T}}\boldsymbol{A}\boldsymbol{A}^{\mathrm{T}}\boldsymbol{x})(\boldsymbol{x}^{\mathrm{T}}\boldsymbol{x})
$$

因此有

$$
\frac{1}{2}\left|\frac{\boldsymbol{x}^{\mathrm{T}}(\boldsymbol{A} + \boldsymbol{A}^{\mathrm{T}})\boldsymbol{x}}{\boldsymbol{x}^{\mathrm{T}}\boldsymbol{x}}\right| \leqslant \left(\frac{\boldsymbol{x}^{\mathrm{T}}\boldsymbol{A}\boldsymbol{A}^{\mathrm{T}}\boldsymbol{x}}{\boldsymbol{X}^{\mathrm{T}}\boldsymbol{x}}\right)^{1/2}
$$

7.67 证明：对于任何一个 $n \times n$ 对称矩阵 $\boldsymbol{A}$ 和任何一个半正定矩阵 $\boldsymbol{B}$，恒有特征值不等式

$$
\lambda_k(\boldsymbol{A} + \boldsymbol{B}) \geqslant \lambda_k(\boldsymbol{A}), \qquad k = 1, 2, \cdots, n
$$

并且若 $\boldsymbol{B}$ 正定，则有

$$
\lambda_k(\boldsymbol{A} + \boldsymbol{B}) > \lambda_k(\boldsymbol{A}), \qquad k = 1, 2, \cdots, n
$$

(提示：利用 Rayleigh 商的极大–极小原理。)

7.68[328] 令 $\boldsymbol{A}$ 是 $n \times n$ 正定矩阵，其特征值 $0 < \lambda_1 \leqslant \lambda_2 \leqslant \cdots \leqslant \lambda_n$。证明：矩阵

$$
(\lambda_1 + \lambda_n)\boldsymbol{I}_n - \boldsymbol{A} - (\lambda_1\lambda_n)\boldsymbol{A}^{-1}
$$

半正定，并且其秩 $\leqslant n - 2$。 (提示：利用 $x^2 - (a + b)x + ab \leqslant 0, \forall\, x \in [a, b]$。)

7.69[328] 令 $\boldsymbol{A}$ 是一个 $n \times n$ 正定矩阵，其特征值 $0 < \lambda_1 \leqslant \lambda_2 \leqslant \cdots \leqslant \lambda_n$。利用上一习题证明：

$$
1 \leqslant (\boldsymbol{x}^{\mathrm{T}}\boldsymbol{A}\boldsymbol{x})(\boldsymbol{x}^{\mathrm{T}}\boldsymbol{A}^{-1}\boldsymbol{x}) \leqslant \frac{(\lambda_1 + \lambda_n)^2}{4\lambda_1\lambda_n}
$$

对所有满足 $\boldsymbol{x}^{\mathrm{T}}\boldsymbol{x} = 1$ 的实向量 $\boldsymbol{x}$ 成立。这一不等式称为 Kantorovich 不等式[258]。

第 8 章　子空间分析与跟踪

在涉及逼近、最优化、微分方程、通信、信号处理、系统科学等问题中，子空间起着非常重要的作用。向量子空间的框架可以帮助我们回答一些重要问题：例如，怎样才能对复杂函数获得一个好的多项式逼近？如何求微分方程好的逼近解？怎样设计一个更好的信号处理器？诸如此类的问题实际上是许多工程应用的核心问题。向量子空间为解决这些问题提供了一类有效的方法——子空间方法。

本章主要讨论子空间的分析理论，介绍子空间方法的一些典型应用。在很多复杂的工程问题中，子空间是时变的，而我们又需要对接收信号作实时处理，或者对系统进行实时控制。在这些场合，需要对子空间进行跟踪。因此，本章还将重点讨论如何对子空间进行跟踪与更新。

8.1　子空间的一般理论

在具体讨论各种子空间之前，有必要先介绍子空间的基本概念、子空间之间的代数关系和几何关系等。

8.1.1　子空间的基

令 $V=\mathbb{C}^n$ 为 n 维复向量空间。考虑 m 个 n 维复向量的子集合，其中 $m<n$。

定义 8.1.1　若 $S=\{\boldsymbol{u}_1,\cdots,\boldsymbol{u}_m\}$ 是向量空间 V 的向量子集合，则 $\boldsymbol{u}_1,\cdots,\boldsymbol{u}_m$ 的所有线性组合的集合 W 称为由 $\boldsymbol{u}_1,\cdots,\boldsymbol{u}_m$ 张成的子空间，定义为

$$W=\mathrm{Span}\{\boldsymbol{u}_1,\cdots,\boldsymbol{u}_m\}=\{\boldsymbol{u}|\boldsymbol{u}=a_1\boldsymbol{u}_1+\cdots+a_m\boldsymbol{u}_m\} \tag{8.1.1}$$

张成子空间 W 的每个向量称为 W 的生成元 (generator)，而所有生成元组成的集合 $\{\boldsymbol{u}_1,\cdots,\boldsymbol{u}_m\}$ 称为子空间的张成集 (spanning set)。一个只包含了零向量的向量子空间称为平凡子空间 (trivial subspace)。

定理 8.1.1 张成集定理 (spanning set theorem)[306, p.234]　令 $S=\{\boldsymbol{u}_1,\cdots,\boldsymbol{u}_m\}$ 是向量空间 V 的一个子集，并且 $W=\mathrm{Span}\{\boldsymbol{u}_1,\cdots,\boldsymbol{u}_m\}$ 是由 S 的 m 个列向量张成的一个子空间。

(1) 如果 S 内有某个向量 (例如 $\boldsymbol{u}_k$) 是其他向量的线性组合，则从 S 中删去向量 $\boldsymbol{u}_k$ 后，其他向量仍然张成子空间 W。

(2) 若 $W\neq\{\boldsymbol{0}\}$ 即 W 为非平凡子空间，则在 S 内一定存在某个由线性无关的向量组成的子集合，它张成子空间 W。

证明 (1) 由于子空间的生成只与张成集的向量有关，与它们的排列顺序无关，故不失一般性，可以假定 S 内的向量经过排列，使得向量 $\boldsymbol{u}_m$ 是 $\boldsymbol{u}_1,\cdots,\boldsymbol{u}_{m-1}$ 的线性组合

$$\boldsymbol{u}_m = a_1\boldsymbol{u}_1 + \cdots + a_{m-1}\boldsymbol{u}_{m-1}$$

若 $\boldsymbol{x}$ 为子空间 W 内的某个向量，则对合适的标量 $c_1,\cdots,c_m$，可以将 $\boldsymbol{x}$ 写作

$$\boldsymbol{x} = c_1\boldsymbol{u}_1 + \cdots + c_{m-1}\boldsymbol{u}_{m-1} + c_m\boldsymbol{u}_m$$

将 $\boldsymbol{u}_m$ 的线性组合表达式代入上式，易看出 $\boldsymbol{x}$ 是 $\boldsymbol{u}_1,\cdots,\boldsymbol{u}_{m-1}$ 的线性组合。因此，删去 $\boldsymbol{u}_m$ 后，向量子集合 $\{\boldsymbol{u}_1,\cdots,\boldsymbol{u}_{m-1}\}$ 仍然张成子空间 W，因为 $\boldsymbol{x}$ 是 W 的一任意元素。

(2) 如果 S 内仍然存在与其他向量线性相关的向量，则可以继续删去该向量，一直到删去所有与其他向量线性相关的向量为止。然而，由于 $W \neq \{\boldsymbol{0}\}$，所以在 S 内至少会剩下一个非零向量不至于被删去。换言之，张成集一定存在。 ■

假定从向量集合 $S=\{\boldsymbol{u}_1,\cdots,\boldsymbol{u}_m\}$ 中删去与其他向量线性相关的所有多余向量后，剩下 p 个线性无关的向量 $\{\boldsymbol{u}_1,\cdots,\boldsymbol{u}_p\}$，它们仍然张成子空间 W。在张成同一子空间 W 的意义上，称 $\{\boldsymbol{u}_1,\cdots,\boldsymbol{u}_p\}$ 和 $\{\boldsymbol{u}_1,\cdots,\boldsymbol{u}_m\}$ 为等价张成集 (equivalent spanning sets)。由此可引出子空间的基的概念。

定义 8.1.2 令 W 是一向量子空间。向量集合 $\{\boldsymbol{u}_1,\cdots,\boldsymbol{u}_p\}$ 称为 W 的一组基，若下列两个条件满足：

(1) 子空间 W 由向量 $\boldsymbol{u}_1,\cdots,\boldsymbol{u}_p$ 张成，即

$$W = \mathrm{Span}\{\boldsymbol{u}_1,\cdots,\boldsymbol{u}_p\}$$

(2) 向量集合 $B=\{\boldsymbol{u}_1,\cdots,\boldsymbol{u}_p\}$ 是一线性无关的集合。

定理 8.1.1 的 (1) 给出了从子空间 W 的张成集 S 构造 W 的基的原则：删去所有与其他向量线性有关的向量；定理的 (2) 则保证了非平凡子空间 W 的基的存在性。

关于子空间的基，有以下两点重要的观察：

(1) 当使用张成集定理从向量集合 S 中删去某个向量时，一旦 S 变成线性无关向量的集合，则必须立即停止从 S 内再删除向量。如果删去不是其他剩余向量的线性组合的额外向量，则较小的向量集合将不再张成原子空间 W。因此，子空间的一组基是一个尽可能小的张成集。换句话说，张成子空间 W 的基向量一个也不能少。

(2) 一组基也是线性无关向量的尽可能大的集合。令 S 是子空间 W 的一组基，如果从子空间 W 内，给 S 再扩大一个向量 (例如 $\boldsymbol{w}$)，则新的向量集合不可能是线性无关的，因为 S 张成子空间 W，并且 W 内的向量 $\boldsymbol{w}$ 本身就是 S 内各个基向量的线性组合。因此，张成子空间 W 的基向量一个也不能多。

需要注意的是，当提及某个向量子空间的基时，并非说它是唯一的基，而只是强调它是其中的一组基。虽然一个向量子空间的基可能有多种选择，但所有的基都必定含有相

同数目的线性无关向量，否则有较多向量的张成集合就不能算作一组基。从这一讨论中，很容易引出子空间的维数的概念。

定义 8.1.3 子空间 W 的任何一组基的向量个数称为 W 的维数，用符号 $\dim(W)$ 表示。若 W 的任何一组基都不是由有限个线性无关的向量组成时，则称 W 是无限维向量子空间 (infinite-dimensional vector subspace)。

由于任何一个零向量都与其他向量线性相关，所以不失一般性，通常假定在子空间的张成集合中不含零向量。

对于给定的张成集合 $\{\boldsymbol{u}_1, \boldsymbol{u}_2, \cdots, \boldsymbol{u}_n\}$，很容易构成子空间 $\text{Span}\{\boldsymbol{u}_1, \boldsymbol{u}_2, \cdots, \boldsymbol{u}_n\}$ 的一组基，详见 8.2 节的讨论。

给向量子空间 W 规定一组基的一个重要原因是：能够为子空间 W 提供一坐标系。下面的定理说明了坐标系的存在性。

定理 8.1.2 令 $B = \{\boldsymbol{b}_1, \boldsymbol{b}_2, \cdots, \boldsymbol{b}_n\}$ 是 n 维向量子空间 W 的一组基，则对于 W 中的任何一个向量 $\boldsymbol{x}$，都存在一组唯一的标量 $c_1, c_2, \cdots, c_n$，使得 $\boldsymbol{x}$ 可以表示为

$$\boldsymbol{x} = c_1\boldsymbol{b}_1 + c_2\boldsymbol{b}_2 + \cdots + c_n\boldsymbol{b}_n \tag{8.1.2}$$

证明 [306, p.240] 由于基 B 张成子空间 W，所以该子空间的任何一个向量都可以表示为这些基向量的线性组合，即式 (8.1.2) 成立。假定 $\boldsymbol{x}$ 存在另外一种表示

$$\boldsymbol{x} = d_1\boldsymbol{b}_1 + d_2\boldsymbol{b}_2 + \cdots + d_n\boldsymbol{b}_n$$

则有

$$\boldsymbol{0} = \boldsymbol{x} - \boldsymbol{x} = (c_1 - d_1)\boldsymbol{b}_1 + (c_2 - d_2)\boldsymbol{b}_2 + \cdots + (c_n - d_n)\boldsymbol{b}_n$$

因为 B 的向量 $\boldsymbol{b}_1, \boldsymbol{b}_2, \cdots, \boldsymbol{b}_n$ 线性无关，故上式成立的条件是 $c_i = d_i, i = 1, 2, \cdots, n$。这就证明了式 (8.1.2) 的唯一性。 ■

上述定理称为子空间向量的唯一表示定理。系数 $c_1, c_2, \cdots, c_n$ 的唯一性，使得可以利用它们构成子空间 W 表示的 n 个坐标，从而组成子空间的坐标系。

8.1.2 无交连、正交与正交补

在子空间分析中，两个子空间之间的关系由这两个子空间的元素 (即向量) 之间的关系刻画。下面讨论子空间之间的代数关系。

子空间 $S_1, S_2, \cdots, S_n$ 的交

$$S = S_1 \cap S_2 \cap \cdots \cap S_n \tag{8.1.3}$$

是子空间 $S_1, S_2, \cdots, S_n$ 共同拥有的所有向量组成的集合。若这些子空间共同的唯一向量为零向量，即 $S = S_1 \cap S_2 \cap \cdots \cap S_n = \{\boldsymbol{0}\}$，则称子空间 $S_1, S_2, \cdots, S_n$ 无交连 (disjoint)。无交连的子空间的并 $S = S_1 \cup S_2 \cup \cdots \cup S_n$ 称为子空间的直和，记作

$$S = S_1 \oplus S_2 \oplus \cdots \oplus S_n \tag{8.1.4}$$

此时，每一个向量 $\boldsymbol{x} \in S$ 具有唯一的分解表示 $\boldsymbol{x} = \boldsymbol{a}_1 + \boldsymbol{a}_2 + \cdots + \boldsymbol{a}_n$，其中，$\boldsymbol{a}_i \in S_i$。

若一向量与子空间 S 的所有向量都正交，则称该向量正交于子空间 S。推而广之，称子空间 $S_1, S_2, \cdots, S_n$ 为正交子空间，记作 $S_i \perp S_j$，$i \neq j$，若 $\boldsymbol{a}_i \perp \boldsymbol{a}_j$ 对所有 $\boldsymbol{a}_i \in S_i, \boldsymbol{a}_j \in S_j \ (i \neq j)$ 恒成立。

特别地，与子空间 S 正交的所有向量的集合组成一个向量子空间，称为 S 的正交补 (orthogonal complement) 空间，记作 $S^\perp$。具体而言，令 S 为一向量空间，则称向量空间 $S^\perp$ 为 S 的正交补，若

$$S^\perp = \{\boldsymbol{x} | \boldsymbol{x}^{\mathrm{T}} \boldsymbol{y} = 0, \ \forall \boldsymbol{y} \in S\} \tag{8.1.5}$$

子空间 S 和它的正交补 $S^\perp$ 的维数满足关系式

$$\dim(S) + \dim(S^\perp) = \dim(V) \tag{8.1.6}$$

顾名思义，子空间 S 在向量空间 V 的正交补空间 $S^\perp$ 含有正交和补充双重含义：

(1) 子空间 $S^\perp$ 与 S 正交；

(2) 向量空间 V 是子空间 S 与 $S^\perp$ 的直和，即 $V = S \oplus S^\perp$。这表明，向量空间 V 是由子空间 S 补充 $S^\perp$ 而成。

下面是无交连子空间、正交子空间和正交补空间的关系。

(1) 无交连是比正交更弱的条件，这是因为：两个子空间无交连，只是表明这两个子空间没有任何一对非零的共同向量，并不意味着这两个向量之间的任何其他关系。与之相反，当子空间 S_1 和 S_2 正交时，任意两个向量 $\boldsymbol{x} \in S_1$ 和 $\boldsymbol{y} \in S_2$ 都是正交的，它们之间没有任何相关的部分，即 S_1 和 S_2 一定是无交连的。因此，无交连的两个子空间不一定正交，但正交的两个子空间必定是无交连的。

(2) 正交补空间是一个比正交子空间更严格的概念：子空间 S 在向量空间 V 的正交补 $S^\perp$ 一定与 S 正交，但与 S 正交的子空间一般不是 S 的正交补。例如，向量空间 V 内可能会有多个子空间 $S_1, S_2, \cdots, S_p$ 都与子空间 S 正交，只要 $\boldsymbol{x}_i^{\mathrm{T}} \boldsymbol{y} = 0, \forall \boldsymbol{x}_i \in S_i, i = 1, 2, \cdots, p$; $\boldsymbol{y} \in S$。因此，不能说其中的某个正交子空间 S_i 是 S 的正交补。由于向量空间 V 是由它的子空间 S 与正交补 $S^\perp$ 补充而成，所以当向量空间 V 和子空间 S 给定之后，正交补 $S^\perp$ 便是唯一确定的。

特别地，向量空间 $\mathbb{R}^m$ 的每一个向量 $\boldsymbol{u}$ 都可以用唯一的方式分解为子空间 S 的向量 $\boldsymbol{x}$ 与正交补 $S^\perp$ 的向量 $\boldsymbol{y}$ 之和，即

$$\boldsymbol{u} = \boldsymbol{x} + \boldsymbol{y}, \qquad \boldsymbol{x} \perp \boldsymbol{y} \tag{8.1.7}$$

这一分解形式称为向量的正交分解。向量的正交分解在信号处理、模式识别、自动控制、系统科学等学科中有着广泛的应用。

例 8.1.1 函数 $u(t)$ 称为严格平方可积分函数，记作 $u(t) \in L^2(R)$，若

$$\int_{-\infty}^{\infty} |u(t)|^2 \mathrm{d}t < \infty$$

在小波分析中，通常使用多个分辨率对平方可积分函数或信号 $u(t) \in L^2(R)$ 进行逼近，称为函数或信号的多分辨率分析。在多分辨率分析中，需要构造 $L^2(R)$ 空间内的一个子空间列或链 $\{V_j : j \in Z\}$，使它具有一些所期望的性质。其中，这个子空间列必须具有包容性

$$\cdots \subset V_{-2} \subset V_{-1} \subset V_0 \subset V_1 \subset V_2 \subset \cdots$$

根据这一包容性知，V_j 是 V_{j+1} 的子空间。因此，一定存在 V_j 的正交补 W_j，使得

$$V_{j+1} = V_j \oplus W_j$$

式中，V_j 和 W_j 分别称为分辨率为 2^{-j} 情况下的尺度子空间和小波子空间。满足上述条件的多分辨率分析称为正交多分辨率分析。

满足关系式

$$\{0\} \subset S_1 \subset S_2 \subset \cdots \subset S_m$$

的子空间集 $\{S_1, S_2, \cdots, S_m\}$ 称为子空间套。

一个特征向量定义一个一维子空间，它相对于左乘矩阵 $\boldsymbol{A}$ 是不变的。更一般地，有不变子空间 (invariant subspace) 的下述定义 [198]。

定义 8.1.4 一个子空间 $S \subseteq \mathbb{C}^n$ 称为 (相对于) $\boldsymbol{A}$ 不变的，若

$$\boldsymbol{x} \in S \implies \boldsymbol{Ax} \in S$$

例 8.1.2 令 $n \times n$ (对称或非对称) 矩阵 $\boldsymbol{A}$ 的特征向量为 $\boldsymbol{u}_1, \boldsymbol{u}_2, \cdots, \boldsymbol{u}_n$，且 $S = \text{Span}\{\boldsymbol{u}_1, \boldsymbol{u}_2, \cdots, \boldsymbol{u}_n\}$，则由于 $\boldsymbol{Au}_i = \lambda_i \boldsymbol{u}_i, i = 1, 2, \cdots, n$，故

$$\boldsymbol{u}_i \in S \implies \boldsymbol{Au}_i \in S, \quad i = 1, 2, \cdots, n$$

这表明，由 $\boldsymbol{A}$ 的特征向量张成的子空间 S 是相对于 $\boldsymbol{A}$ 不变的子空间。

对 $n \times n$ 矩阵 $\boldsymbol{A}$ 的任意一个特征值 λ，子空间 $\text{Null}(\boldsymbol{A} - \lambda \boldsymbol{I})$ 是相对于 $\boldsymbol{A}$ 不变的子空间，因为

$$\boldsymbol{u} \in \text{Null}(\boldsymbol{A} - \lambda \boldsymbol{I}) \implies (\boldsymbol{A} - \lambda \boldsymbol{I})\boldsymbol{u} = \boldsymbol{0} \implies \boldsymbol{Au} = \lambda \boldsymbol{u} \in \text{Null}(\boldsymbol{A} - \lambda \boldsymbol{I})$$

零空间 $\text{Null}(\boldsymbol{A} - \lambda \boldsymbol{I})$ 称为矩阵 $\boldsymbol{A}$ 与特征值 λ 对应的特征空间 (eigenspace)。

令 $\boldsymbol{A} \in \mathbb{C}^{n \times n}$，$\boldsymbol{B} \in \mathbb{C}^{k \times k}$，$\boldsymbol{X} \in \mathbb{C}^{n \times k}$，并且 $\boldsymbol{X} = [\boldsymbol{x}_1, \boldsymbol{x}_2, \cdots, \boldsymbol{x}_k]$，则 $\boldsymbol{AX} = \boldsymbol{XB}$ 的第 j 列为

$$\begin{aligned} \boldsymbol{Ax}_j &= \begin{bmatrix} b_{1j}x_{11} + b_{2j}x_{12} + \cdots + b_{kj}x_{1k} \\ b_{1j}x_{21} + b_{2j}x_{22} + \cdots + b_{kj}x_{2k} \\ \vdots \\ b_{1j}x_{n1} + b_{2j}x_{n2} + \cdots + b_{kj}x_{nk} \end{bmatrix} \\ &= b_{1j}\boldsymbol{x}_1 + b_{2j}\boldsymbol{x}_2 + \cdots + b_{kj}\boldsymbol{x}_k \end{aligned}$$

因此，若 $S = \mathrm{Span}\{\boldsymbol{x}_1, \boldsymbol{x}_2, \cdots, \boldsymbol{x}_k\}$，则

$$\boldsymbol{A}\boldsymbol{x}_j \in S, \quad j = 1, 2, \cdots, k$$

换言之，子空间 $S = \mathrm{Span}\{\boldsymbol{x}_1, \boldsymbol{x}_2, \cdots, \boldsymbol{x}_k\}$ 是相对于 $\boldsymbol{A}$ 不变的子空间，若

$$\boldsymbol{A}\boldsymbol{X} = \boldsymbol{X}\boldsymbol{B}, \quad \boldsymbol{A} \in \mathbb{C}^{n\times n},\ \boldsymbol{B} \in \mathbb{C}^{k\times k},\ \boldsymbol{X} \in \mathbb{C}^{n\times k} \tag{8.1.8}$$

此时，若 $\boldsymbol{X}$ 具有满列秩，并且 $(\lambda, \boldsymbol{u})$ 是矩阵 $\boldsymbol{B}$ 的特征对，即 $\boldsymbol{B}\boldsymbol{u} = \lambda\boldsymbol{u}$，则两边可以同时左乘满列秩矩阵 $\boldsymbol{X}$，从而有

$$\boldsymbol{B}\boldsymbol{u} = \lambda\boldsymbol{u} \implies \boldsymbol{X}\boldsymbol{B}\boldsymbol{u} = \lambda\boldsymbol{X}\boldsymbol{u} \implies \boldsymbol{A}(\boldsymbol{X}\boldsymbol{u}) = \lambda(\boldsymbol{X}\boldsymbol{u}) \tag{8.1.9}$$

即 $\lambda(\boldsymbol{B}) \subseteq \lambda(\boldsymbol{A})$，等号成立，当且仅当 $\boldsymbol{X}$ 为正方的非奇异矩阵时。也就是说，若 $\boldsymbol{X}$ 是非奇异矩阵，则 $\boldsymbol{B} = \boldsymbol{X}^{-1}\boldsymbol{A}\boldsymbol{X}$ 是 $\boldsymbol{A}$ 的相似矩阵，并且 $\lambda(\boldsymbol{B}) = \lambda(\boldsymbol{A})$。这就从不变子空间的角度，又一次证明了两个相似矩阵具有相同的特征值，但它们的特征向量可能不同。

不变子空间的概念在利用子空间迭代跟踪和更新大的稀疏矩阵的特征值时，起着重要的作用。

8.1.3 子空间的正交投影与夹角

关于子空间之间的几何关系，我们会问：沿着某个子空间，到另一个子空间的投影如何描述？两个子空间之间的距离和夹角又是如何定义的？

1. 子空间的正交投影

令 $\boldsymbol{x} \in \mathbb{R}^n$，并且 S 和 H 是两个子空间。现在，希望使用一线性矩阵变换 $\boldsymbol{P}$，将 $\mathbb{R}^n$ 的向量 $\boldsymbol{x}$ 映射为子空间 S 的向量 $\boldsymbol{x}_1$。这样一种线性变换称为沿着 H 的方向到 S 的投影算子 (projector onto S along H)，常用符号 $\boldsymbol{P}_{S|H}$ 表示。若子空间 H 是 S 的正交补，则 $\boldsymbol{P}_{S|S^\perp}\boldsymbol{x}$ 是将 $\mathbb{R}^n$ 的向量 $\boldsymbol{x}$ 沿着与子空间 S 垂直的方向，到子空间 S 的投影，故称 $\boldsymbol{P}_{S|S^\perp}\boldsymbol{x}$ 为到子空间 S 的正交投影，常用 $\boldsymbol{P}_S$ 作数学符号。

定义 8.1.5 [198, p.75] 矩阵 $\boldsymbol{P} \in \mathbb{C}^{n\times n}$ 称为到子空间 S 的正交投影算子，若 $\mathrm{Range}(\boldsymbol{P}) = S, \boldsymbol{P}^2 = \boldsymbol{P}$ 和 $\boldsymbol{P}^{\mathrm{H}} = \boldsymbol{P}$。

对上述定义的三个条件加以解读，可以得到以下结果：

(1) 条件 $\mathrm{Range}(\boldsymbol{P}) = S$ 意味着 $\boldsymbol{P}$ 的列空间必须等于子空间 S。若子空间 S 是矩阵 $\boldsymbol{A}_{m\times n}$ 的 n 个列向量张成的子空间，即 $S = \mathrm{Span}(\boldsymbol{A})$，则 $\mathrm{Range}(\boldsymbol{P}) = \mathrm{Span}(\boldsymbol{A}) = \mathrm{Range}(\boldsymbol{A})$。这意味着，若将矩阵 $\boldsymbol{A}$ 向子空间 S 作正交投影，则其结果 $\boldsymbol{P}\boldsymbol{A}$ 必须等于原矩阵 $\boldsymbol{A}$，即有 $\boldsymbol{P}\boldsymbol{A} = \boldsymbol{A}$。

(2) 条件 $\boldsymbol{P}^2 = \boldsymbol{P}$ 意味着正交投影算子必须是幂等算子。

(3) 条件 $\boldsymbol{P}^{\mathrm{H}} = \boldsymbol{P}$ 表明，正交投影算子必须具有复共轭对称性即 Hermitian 性。

应当注意的是，在有些文献中，一般定义具有 Hermitian 性的幂等算子为正交投影算子，是因为并没有强调它是到哪一个子空间的正交投影算子。当我们需要刻意强调是到子空间 S 的正交投影算子时，就必须加上 $\text{Range}(\boldsymbol{P}) = S$ 这一条件。换言之，即使一线性算子满足幂等性和 Hermitian 性，但若其列空间与子空间 S 不一致，它便不是到子空间 S 的正交投影算子，而可能是到另外某个子空间的正交投影算子。

根据正交投影算子的定义知，若 $\boldsymbol{x} \in \mathbb{R}^n$，则有 $\boldsymbol{Px} \in S$ 和 $(\boldsymbol{I}-\boldsymbol{P})\boldsymbol{x} \in S^{\perp}$。

假定 $\boldsymbol{P}_1$ 和 $\boldsymbol{P}_2$ 都是到子空间 S 的正交投影算子，则对于任意一个向量 $\boldsymbol{x} \in \mathbb{R}^n$，有下列结果

$$\begin{aligned}\|(\boldsymbol{P}_1-\boldsymbol{P}_2)\boldsymbol{x}\|_2^2 &= (\boldsymbol{P}_1\boldsymbol{x}-\boldsymbol{P}_2\boldsymbol{x})^{\mathrm{H}}(\boldsymbol{P}_1\boldsymbol{x}-\boldsymbol{P}_2\boldsymbol{x}) \\ &= (\boldsymbol{P}_1\boldsymbol{x})^{\mathrm{H}}(\boldsymbol{I}-\boldsymbol{P}_2)\boldsymbol{x} + (\boldsymbol{P}_2\boldsymbol{x})^{\mathrm{H}}(\boldsymbol{I}-\boldsymbol{P}_1)\boldsymbol{x} \\ &\equiv 0, \quad \forall\, \boldsymbol{x}\end{aligned}$$

这是因为 $\boldsymbol{P}_1\boldsymbol{x}$ 和 $\boldsymbol{P}_2\boldsymbol{x}$ 都是到子空间 S 的正交投影，从而有

$$\begin{aligned}&\boldsymbol{y}_1 = \boldsymbol{P}_1\boldsymbol{x} \in S, \quad \boldsymbol{z}_2 = (\boldsymbol{I}-\boldsymbol{P}_2)\boldsymbol{x} \in S^{\perp} \quad \Longrightarrow \quad \boldsymbol{y}_1^{\mathrm{H}}\boldsymbol{z}_2 = 0 \\ &\boldsymbol{y}_2 = \boldsymbol{P}_2\boldsymbol{x} \in S, \quad \boldsymbol{z}_1 = (\boldsymbol{I}-\boldsymbol{P}_1)\boldsymbol{x} \in S^{\perp} \quad \Longrightarrow \quad \boldsymbol{y}_2^{\mathrm{H}}\boldsymbol{z}_1 = 0\end{aligned}$$

由于 $\|(\boldsymbol{P}_1-\boldsymbol{P}_2)\boldsymbol{x}\|_2^2 = 0$ 对所有非零向量 $\boldsymbol{x}$ 成立，故 $\boldsymbol{P}_1 = \boldsymbol{P}_2$，即到一个子空间的正交投影算子是唯一确定的。

对于子空间 $S = \text{Span}(\boldsymbol{A}_{m\times n})$，假定 $m \geqslant n$，并且 $\text{rank}(\boldsymbol{A}) = n$。观察知，线性变换矩阵

$$\boldsymbol{P}_S = \boldsymbol{A}(\boldsymbol{A}^{\mathrm{H}}\boldsymbol{A})^{-1}\boldsymbol{A}^{\mathrm{H}} \tag{8.1.10}$$

满足正交投影算子定义的幂等性和 Hermitian 性。另外，由于 $\boldsymbol{P}_S\boldsymbol{A} = \boldsymbol{A}$，即 $\boldsymbol{P}$ 等价满足 $\text{Range}(\boldsymbol{P}_S) = \text{Span}(\boldsymbol{A}) = S$。因此，式 (8.1.10) 定义的线性变换算子 $\boldsymbol{P}_S$ 是到由 $\boldsymbol{A}$ 的列向量生成的子空间 S 上的正交投影算子。

如果子空间 H 与 S 不正交，则 $\boldsymbol{P}_{S|H}\boldsymbol{x}$ 称为向量 $\boldsymbol{x}$ 沿着子空间 H 的方向，到子空间 S 的斜投影，并称 $\boldsymbol{P}_{S|H}$ 为斜投影算子。

关于正交投影算子和斜投影算子，将在第 9 章“投影分析”作专题讨论。

2. 子空间的夹角与距离

复向量空间 $\mathbb{C}^n$ 内两个非零向量 $\boldsymbol{x}$ 和 $\boldsymbol{y}$ 之间的夹角记为 $\theta(\boldsymbol{x},\boldsymbol{y})$，它们之间的锐角由

$$\cos\theta(\boldsymbol{x},\boldsymbol{y}) = \frac{|\langle\boldsymbol{x},\boldsymbol{y}\rangle|}{\|\boldsymbol{x}\|_2\|\boldsymbol{y}\|_2}, \quad 0 \leqslant \theta(\boldsymbol{x},\boldsymbol{y}) \leqslant \frac{\pi}{2} \tag{8.1.11}$$

定义。

向量 $\boldsymbol{x}$ 与子空间 S 之间的锐角定义为 $\boldsymbol{x}$ 与子空间 S 的所有向量 $\boldsymbol{y}$ 之间的最小锐角，即

$$\theta(\boldsymbol{x},S) = \min_{\boldsymbol{y}\in S}\theta(\boldsymbol{x},\boldsymbol{y}) \tag{8.1.12}$$

正交投影算子的优化性能可以使用向量与子空间之间的锐角描述。

定理 8.1.3 [434, p.63] 令 $\boldsymbol{P}$ 是到子空间 S 的正交投影算子，则对于复向量空间 $\mathbb{C}^n$ 内的任意向量 $\boldsymbol{x}$，有

$$\min_{\boldsymbol{y}\in S}\|\boldsymbol{x}-\boldsymbol{y}\|_2=\|\boldsymbol{x}-\boldsymbol{P}\boldsymbol{x}\|_2 \tag{8.1.13}$$

或等价为

$$\theta(\boldsymbol{x},S)=\theta(\boldsymbol{x},\boldsymbol{P}\boldsymbol{x}) \tag{8.1.14}$$

定理 8.1.3 表明，复向量空间 $\mathbb{C}^n$ 内任意一个向量 $\boldsymbol{x}$ 在向量空间 S 的最优逼近由投影 $\boldsymbol{P}_S\boldsymbol{x}$ 决定，其他任何逼近形式都不可能比 $\boldsymbol{P}_S\boldsymbol{x}$ 更接近 $\boldsymbol{x}$。

定义 8.1.6 [198, p.76] 假定 S_1 和 S_2 是 $\mathbb{C}^n$ 的两个子空间，并且 $\dim(S_1)=\dim(S_2)$，则这两个子空间之间的距离定义为

$$\text{dist}(S_1,S_2)=\|\boldsymbol{P}_{S_1}-\boldsymbol{P}_{S_2}\|_\text{F} \tag{8.1.15}$$

式中，$\boldsymbol{P}_{S_i}$ 是到子空间 $S_i, i=1,2$ 的正交投影算子。

8.1.4 主角与补角

当两个子空间的基向量不止一个时，子空间之间的夹角显然会有多个。此时，两个子空间之间的角度是直线与平面之间角度概念的推广。

给定 n 维 Hilbert 空间 V 的两个子空间 H_1 和 H_2，则两个子空间之间的夹角有多个。这些角度的个数与两个子空间的最小维数相同。不妨令 $\dim(H_1)=p$, $\dim(H_2)=q$，并且 $p>q$，则 H_1 和 H_2 之间的夹角共有 q 个。

定义 8.1.7 [198] 子空间 H_1 与 H_2 之间的第 i 主角 (principal angle) $\phi_i(H_1,H_2)$ 是介于 0 和 $\pi/2$ 之间的角度，定义为

$$\phi_i(H_1,H_2)=\arccos\left(\max_{\boldsymbol{u}\in H_1}\max_{\boldsymbol{v}\in H_2}\boldsymbol{u}^\text{H}\boldsymbol{v}\right)=\arccos\left(\boldsymbol{u}_i^\text{H}\boldsymbol{v}_i\right) \tag{8.1.16}$$

约束条件为

$$\left.\begin{aligned}\boldsymbol{u}^\text{H}\boldsymbol{u}=\boldsymbol{v}^\text{H}\boldsymbol{v}&=1\\ \boldsymbol{u}^\text{H}\boldsymbol{u}_j=0,\quad j&=1,2,\cdots,i-1\\ \boldsymbol{v}^\text{H}\boldsymbol{v}_j=0,\quad j&=1,2,\cdots,i-1\end{aligned}\right\} \tag{8.1.17}$$

式中，$\boldsymbol{u}_i$ 和 $\boldsymbol{v}_i$ 是 ϕ_i 达到第 i 个最大值时的向量 $\boldsymbol{u}$ 和 $\boldsymbol{v}$。

在这些主角之中，最小的主角称为最小角度 (minimum angle)。

定义 8.1.8 [262] 子空间 H_1 与 H_2 之间的最小角度 $\phi(H_1,H_2)$ 是介于 0 和 $\pi/2$ 之间的角度，其余弦定义为

$$\cos\phi(H_1,H_2)\overset{\text{def}}{=}\max\left\{\left|\boldsymbol{u}^\text{H}\boldsymbol{v}\right|:\boldsymbol{u}\in H_1,\,\boldsymbol{v}\in H_2,\,\|\boldsymbol{u}\|=1,\,\|\boldsymbol{v}\|=1\right\} \tag{8.1.18}$$

显然，两个子空间之间的最小角度就是它们之间的第 1 个主角。

若将两个子空间的相交部分排除在外，即可得到与最小角度略有不同的角度定义。令 $H_{1:2} \stackrel{\text{def}}{=} H_1 \cap H_2$。

定义 8.1.9[262] 子空间 H_2 与 H_1 之间的补角 (complementary angle) 定义为

$$\phi_{\text{c}}(H_2, H_1) = \phi(H_2 \cap H_{1:2}^{\perp}, H_1 \cap H_{1:2}^{\perp}) \tag{8.1.19}$$

式中，$H_{1:2}^{\perp}$ 是 $H_{1:2}$ 的正交补空间。

注意，若两个子空间无交连，即 $H_1 \cap H_2 = \{\mathbf{0}\}$，则这两个子空间之间的补角与最小角度相同，即 $\phi_{\text{c}}(H_1, H_2) = \phi(H_1, H_2)$。

关于补角的取值，Lorch[321] 证明了以下结果。

引理 8.1.1 令 H_1 和 H_2 是 Hilbert 空间 V 的闭合子空间，则

$$\phi_{\text{c}}(H_1, H_2) > 0 \tag{8.1.20}$$

当且仅当 $H_1 + H_2$ 是闭合的。

8.1.5 子空间的旋转

在工程中经常会对同一对象进行多次测量，并且每一次的测量数据并不完全相同。令 $\boldsymbol{A}$ 和 $\boldsymbol{B}$ 分别是两次测量得到的 $m \times n$ 数据矩阵，现在，希望求一个 $n \times n$ 实正交矩阵 $\boldsymbol{Q}$，在 $\boldsymbol{Q}^{\text{T}}\boldsymbol{Q} = \boldsymbol{I}$ 的约束条件下，使得

$$\min \|\boldsymbol{A} - \boldsymbol{B}\boldsymbol{Q}\|_{\text{F}} \tag{8.1.21}$$

即通过正交矩阵 $\boldsymbol{Q}$，强迫 $\boldsymbol{B}\boldsymbol{Q}$ 与 $\boldsymbol{A}$ 尽可能一致。

上述问题称为正交强迫一致问题 (orthogonal Procrustes problem)，它最早是 Green 于 1952 年在计量心理学杂志上提出的[204]。由于 $\boldsymbol{Q}$ 是正交矩阵，矩阵乘积 $\boldsymbol{B}\boldsymbol{Q}$ 并不改变 $\boldsymbol{B}$ 的列向量之间的线性无关性，所以列空间 $\text{Col}(\boldsymbol{B}\boldsymbol{Q}) = \text{Col}(\boldsymbol{B})$。另外，矩阵乘积 $\boldsymbol{B}\boldsymbol{Q}$ 相当于使矩阵 $\boldsymbol{B}$ 旋转。因此，从子空间的角度看问题，正交强迫一致的运算相当于使列空间 $\text{Col}(\boldsymbol{B})$ 旋转进入列空间 $\text{Col}(\boldsymbol{A})$ 内。显然，矩阵的 Frobenius 范数 $\|\boldsymbol{A} - \boldsymbol{B}\boldsymbol{Q}\|_{\text{F}}$ 起着度量正交强迫一致问题的解的质量的作用。

显而易见，为了实现 $\|\boldsymbol{A} - \boldsymbol{B}\boldsymbol{Q}\|_{\text{F}}^2$ 的最小化，应该选择正交矩阵 $\boldsymbol{Q}$ 使得 $\boldsymbol{B}\boldsymbol{Q}$ 具有与 $\boldsymbol{A}$ 完全相同的非对角元素，并且对角元素的平方和尽可能接近。此时，矩阵范数平方和 $\|\boldsymbol{A} - \boldsymbol{B}\boldsymbol{Q}\|_{\text{F}}^2$ 可以写成迹函数的形式

$$\|\boldsymbol{A} - \boldsymbol{B}\boldsymbol{Q}\|_{\text{F}}^2 = \text{tr}(\boldsymbol{A}^{\text{T}}\boldsymbol{A}) + \text{tr}(\boldsymbol{B}^{\text{T}}\boldsymbol{B}) - 2\text{tr}(\boldsymbol{Q}^{\text{T}}\boldsymbol{B}^{\text{T}}\boldsymbol{A})$$

于是，式 (8.1.21) 等价于使矩阵的迹 $\text{tr}(\boldsymbol{Q}^{\text{T}}\boldsymbol{B}^{\text{T}}\boldsymbol{A})$ 最大化。

迹函数 $\text{tr}(\boldsymbol{Q}^{\text{T}}\boldsymbol{B}^{\text{T}}\boldsymbol{A})$ 的最大化可以通过矩阵乘积 $\boldsymbol{B}^{\text{T}}\boldsymbol{A}$ 的奇异值分解[198, p.582] 来实现。令矩阵 $\boldsymbol{B}^{\text{T}}\boldsymbol{A}$ 的奇异值分解为 $\boldsymbol{B}^{\text{T}}\boldsymbol{A} = \boldsymbol{U}\boldsymbol{\Sigma}\boldsymbol{V}^{\text{T}}$，式中，$\boldsymbol{\Sigma} = \text{diag}(\sigma_1, \sigma_2, \cdots, \sigma_n)$。若

定义正交矩阵 $\boldsymbol{Z}=\boldsymbol{V}^{\mathrm{T}}\boldsymbol{Q}^{\mathrm{T}}\boldsymbol{U}$，则有

$$\begin{aligned}\mathrm{tr}(\boldsymbol{Q}^{\mathrm{T}}\boldsymbol{B}^{\mathrm{T}}\boldsymbol{A})&=\mathrm{tr}(\boldsymbol{Q}^{\mathrm{T}}\boldsymbol{U}\boldsymbol{\Sigma}\boldsymbol{V}^{\mathrm{T}})=\mathrm{tr}(\boldsymbol{V}^{\mathrm{T}}\boldsymbol{Q}^{\mathrm{T}}\boldsymbol{U}\boldsymbol{\Sigma})\\&=\mathrm{tr}(\boldsymbol{Z}\boldsymbol{\Sigma})=\sum_{i=1}^{n}z_{ii}\sigma_i\\&\leqslant\sum_{i=1}^{n}\sigma_i\end{aligned}$$

当且仅当 $\boldsymbol{Z}=\boldsymbol{I}$ 即 $\boldsymbol{Q}=\boldsymbol{U}\boldsymbol{V}^{\mathrm{T}}$ 时，等号成立。换言之，若选择 $\boldsymbol{Q}=\boldsymbol{U}\boldsymbol{V}^{\mathrm{T}}$，则 $\mathrm{tr}(\boldsymbol{Q}^{\mathrm{T}}\boldsymbol{B}^{\mathrm{T}}\boldsymbol{A})$ 取最大值，从而使 $\|\boldsymbol{A}-\boldsymbol{B}\boldsymbol{Q}\|_{\mathrm{F}}$ 取最小值。

以上分析表明，若 $\boldsymbol{B}^{\mathrm{T}}\boldsymbol{A}=\boldsymbol{U}\boldsymbol{\Sigma}\boldsymbol{V}^{\mathrm{T}}$ 是矩阵乘积 $\boldsymbol{B}^{\mathrm{T}}\boldsymbol{A}$ 的奇异值分解，则 $\boldsymbol{Q}=\boldsymbol{U}\boldsymbol{V}^{\mathrm{T}}$ 就是正交强迫一致问题式 (8.1.21) 的解。

解矩阵 $\boldsymbol{Q}$ 称为矩阵乘积 $\boldsymbol{B}^{\mathrm{T}}\boldsymbol{A}$ 的正交极因子 (orthogonal polar factor) [198]，因为正交强迫一致问题相当于将矩阵 $\boldsymbol{A}$ 分解为 $\boldsymbol{B}\boldsymbol{Q}$，而这种矩阵分解称为极式分解 (polar decomposition)，则因与复数的极坐标分解 $z=|z|\mathrm{e}^{\mathrm{j}\arg(z)}$ 类似而得名。关于矩阵的极式分解及其应用，读者可进一步参考文献 [49] 和 [230]。

有意思的是，若 $\boldsymbol{B}=\boldsymbol{I}_n$，则正交强迫一致问题变为

$$\boldsymbol{Q}=\min_{\boldsymbol{Q}^{\mathrm{T}}\boldsymbol{Q}=\boldsymbol{I}}\|\boldsymbol{A}-\boldsymbol{Q}\|_{\mathrm{F}}$$

这一问题的数学描述是求与已知 $n\times n$ 矩阵 $\boldsymbol{A}$ 最接近的正交矩阵，根据前面的分析，若 $\boldsymbol{A}=\boldsymbol{U}\boldsymbol{\Sigma}\boldsymbol{V}^{\mathrm{T}}$ 是 $\boldsymbol{A}$ 的奇异值分解，则 $\boldsymbol{Q}=\boldsymbol{U}\boldsymbol{V}^{\mathrm{T}}$ 是与矩阵 $\boldsymbol{A}$ 最接近的正交矩阵。

8.2 列空间、行空间与零空间

在对向量子空间进行分析之前，有必要先了解与矩阵密切相关的基本空间：列空间、行空间和零空间。

8.2.1 矩阵的列空间、行空间与零空间

为方便叙述，对于矩阵 $\boldsymbol{A}\in\mathbb{C}^{m\times n}$，其 m 个行向量记作

$$\begin{aligned}\boldsymbol{r}_1&=[a_{11},\cdots,a_{1n}]\\&\ \vdots\\\boldsymbol{r}_m&=[a_{m1},\cdots,a_{mn}]\end{aligned}$$

n 个列向量记作

$$\boldsymbol{a}_1=\begin{bmatrix}a_{11}\\\vdots\\a_{m1}\end{bmatrix},\quad\cdots,\quad\boldsymbol{a}_n=\begin{bmatrix}a_{1n}\\\vdots\\a_{mn}\end{bmatrix}$$

定义 8.2.1 若 $\boldsymbol{A}=[\boldsymbol{a}_1,\boldsymbol{a}_2,\cdots,\boldsymbol{a}_n]\in\mathbb{C}^{m\times n}$ 为复矩阵，则其列向量的所有线性组合的集合构成一个子空间，称为矩阵 $\boldsymbol{A}$ 的列空间 (column space) 或列张成 (column span)，用符号 $\mathrm{Col}(\boldsymbol{A})$ 表示，即有

$$\mathrm{Col}(\boldsymbol{A})=\mathrm{Span}\{\boldsymbol{a}_1,\boldsymbol{a}_2,\cdots,\boldsymbol{a}_n\} \tag{8.2.1}$$

$$=\left\{\boldsymbol{y}\in\mathbb{C}^m\middle|\boldsymbol{y}=\sum_{j=1}^{n}\alpha_j\boldsymbol{a}_j,\ \alpha_j\in\mathbb{C}\right\} \tag{8.2.2}$$

类似地，矩阵 $\boldsymbol{A}$ 的复共轭行向量 $\boldsymbol{r}_1^*,\boldsymbol{r}_2^*,\cdots,\boldsymbol{r}_m^*\in\mathbb{C}^n$ 的所有线性组合的集合称为矩阵 $\boldsymbol{A}$ 的行空间 (row space) 或行张成 (row span)，用符号 $\mathrm{Row}(\boldsymbol{A})$ 表示，即有

$$\mathrm{Row}(\boldsymbol{A})=\mathrm{Span}\{\boldsymbol{r}_1^*,\boldsymbol{r}_2^*,\cdots,\boldsymbol{r}_m^*\} \tag{8.2.3}$$

$$=\left\{\boldsymbol{y}\in\mathbb{C}^n\middle|\boldsymbol{y}=\sum_{i=1}^{m}\beta_i\boldsymbol{r}_i^*,\ \beta_i\in C\right\} \tag{8.2.4}$$

在有些文献中，常用符号 $\mathrm{Span}\{\boldsymbol{A}\}$ 作为 $\boldsymbol{A}$ 的列空间的略写，即

$$\mathrm{Col}(\boldsymbol{A})=\mathrm{Span}(\boldsymbol{A})=\mathrm{Span}\{\boldsymbol{a}_1,\boldsymbol{a}_2,\cdots,\boldsymbol{a}_n\} \tag{8.2.5}$$

类似地，符号 $\mathrm{Span}(\boldsymbol{A}^{\mathrm{H}})$ 表示 $\boldsymbol{A}$ 的复共轭转置矩阵 $\boldsymbol{A}^{\mathrm{H}}$ 的列空间。由于 $\boldsymbol{A}^{\mathrm{H}}$ 的列向量就是矩阵 $\boldsymbol{A}$ 的复共轭行向量，故

$$\mathrm{Row}(\boldsymbol{A})=\mathrm{Col}(\boldsymbol{A}^{\mathrm{H}})=\mathrm{Span}(\boldsymbol{A}^{\mathrm{H}})=\mathrm{Span}\{\boldsymbol{r}_1^*,\boldsymbol{r}_2^*,\cdots,\boldsymbol{r}_m^*\} \tag{8.2.6}$$

即复矩阵 $\boldsymbol{A}$ 的行空间与复共轭转置矩阵 $\boldsymbol{A}^{\mathrm{H}}$ 的列空间等价。

将复矩阵 $\boldsymbol{A}$ 的行空间定义为其复共轭行向量 $\boldsymbol{r}_1^*,\boldsymbol{r}_2^*,\cdots,\boldsymbol{r}_m^*$ 的所有线性组合的集合，虽然在形式上比直接定义为 $\boldsymbol{r}_1,\boldsymbol{r}_2,\cdots,\boldsymbol{r}_m$ 的所有线性组合的集合略显复杂，但在利用矩阵的奇异值分解得到行空间时，却会带来很大的方便，详见 8.3 节。

行空间和列空间是直接针对矩阵 $\boldsymbol{A}_{m\times n}$ 本身定义的向量子空间。此外，还有另外两个向量子空间不是直接用矩阵 $\boldsymbol{A}$ 定义，而是通过矩阵变换 $\boldsymbol{Ax}$ 定义的。这两个子空间是映射或变换的值域和零空间。

在第 1 章中，映射 T 的值域定义为 $T(\boldsymbol{x})\neq\boldsymbol{0}$ 的所有值的集合，而映射 T 的核或零空间则定义为满足 $T(\boldsymbol{x})=\boldsymbol{0}$ 的所有非零解向量 $\boldsymbol{x}$ 的集合。很自然地，若线性映射 $\boldsymbol{y}=T(\boldsymbol{x})$ 是从 $\mathbb{C}^n$ 空间到 $\mathbb{C}^m$ 空间的矩阵变换，即 $\boldsymbol{y}_{m\times 1}=\boldsymbol{A}_{m\times n}\boldsymbol{x}_{n\times 1}$，则对于一个给定的矩阵 $\boldsymbol{A}$，矩阵变换 $\boldsymbol{Ax}$ 的值域定义为向量 $\boldsymbol{y}=\boldsymbol{Ax}$ 的所有值的集合；而零空间则定义为满足 $\boldsymbol{Ax}=\boldsymbol{0}$ 的向量 $\boldsymbol{x}$ 的集合。在一些文献 (特别是工程文献) 中，常将矩阵变换 $\boldsymbol{Ax}$ 的值域和零空间分别直接当作矩阵 $\boldsymbol{A}$ 的值域和零空间，即有以下定义。

定义 8.2.2 若 $\boldsymbol{A}$ 是一个 $m\times n$ 复矩阵，则 $\boldsymbol{A}$ 的值域 (range) 定义为

$$\mathrm{Range}(\boldsymbol{A})=\{\boldsymbol{y}\in\mathbb{C}^m|\boldsymbol{Ax}=\boldsymbol{y},\quad \boldsymbol{x}\in\mathbb{C}^n\} \tag{8.2.7}$$

矩阵 $\boldsymbol{A}$ 的零空间 (null space) 也称 $\boldsymbol{A}$ 的核 (kernel)，定义为满足齐次线性方程 $\boldsymbol{Ax}=\boldsymbol{0}$ 的所有解向量的集合，即

$$\text{Null}(\boldsymbol{A})=\text{Ker}(\boldsymbol{A})=\{\boldsymbol{x}\in\mathbb{C}^n|\boldsymbol{Ax}=\boldsymbol{0}\} \tag{8.2.8}$$

类似地，复矩阵 $\boldsymbol{A}_{m\times n}$ 的共轭转置 $\boldsymbol{A}^{\text{H}}$ 的零空间定义为

$$\text{Null}(\boldsymbol{A}^{\text{H}})=\text{Ker}(\boldsymbol{A}^{\text{H}})=\{\boldsymbol{x}\in\mathbb{C}^m|\boldsymbol{A}^{\text{H}}\boldsymbol{x}=\boldsymbol{0}\} \tag{8.2.9}$$

零空间的维数称为 $\boldsymbol{A}$ 的零化维 (nullity)，即有

$$\text{nullity}(\boldsymbol{A})=\dim[\text{Null}\,(\boldsymbol{A})] \tag{8.2.10}$$

若 $\boldsymbol{A}=[\boldsymbol{a}_1,\boldsymbol{a}_2,\cdots,\boldsymbol{a}_n]$ 是 $\boldsymbol{A}$ 的列分块，不妨令 $\boldsymbol{x}=[\alpha_1,\alpha_2,\cdots,\alpha_n]^{\text{T}}$，则 $\boldsymbol{Ax}=\sum\limits_{j=1}^{n}\alpha_j\boldsymbol{a}_j$，故立即有

$$\text{Range}(\boldsymbol{A})=\left\{\boldsymbol{y}\in\mathbb{C}^m\middle|\boldsymbol{y}=\sum_{j=1}^{n}\alpha_j\boldsymbol{a}_j,\ \alpha_j\in C\right\}=\text{Span}\{\boldsymbol{a}_1,\boldsymbol{a}_2,\cdots,\boldsymbol{a}_n\}$$

表明矩阵 $\boldsymbol{A}$ 的值域就是 $\boldsymbol{A}$ 的列空间，即有

$$\text{Range}(\boldsymbol{A})=\text{Col}(\boldsymbol{A})=\text{Span}\{\boldsymbol{a}_1,\boldsymbol{a}_2,\cdots,\boldsymbol{a}_n\} \tag{8.2.11}$$

类似地，有

$$\text{Range}(\boldsymbol{A}^{\text{H}})=\text{Col}(\boldsymbol{A}^{\text{H}})=\text{Span}\{\boldsymbol{r}_1^*,\boldsymbol{r}_2^*,\cdots,\boldsymbol{r}_m^*\} \tag{8.2.12}$$

定理 8.2.1 若 $\boldsymbol{A}$ 是 $m\times n$ 复矩阵，则 $\boldsymbol{A}$ 的行空间的正交补 $(\text{Row}(\boldsymbol{A}))^{\perp}$ 是 $\boldsymbol{A}$ 的零空间，并且 $\boldsymbol{A}$ 的列空间的正交补 $(\text{Col}(\boldsymbol{A}))^{\perp}$ 是 $\boldsymbol{A}^{\text{H}}$ 的零空间，即有

$$(\text{Row}(\boldsymbol{A}))^{\perp}=\text{Null}(\boldsymbol{A}),\qquad (\text{Col}\,\boldsymbol{A})^{\perp}=\text{Null}(\boldsymbol{A}^{\text{H}}) \tag{8.2.13}$$

证明 令矩阵 $\boldsymbol{A}$ 的行向量为 $\boldsymbol{r}_i, i=1,\cdots,m$。由矩阵的乘法规则知，若 $\boldsymbol{x}$ 位于零空间 $\text{Null}(\boldsymbol{A})$，即满足 $\boldsymbol{Ax}=\boldsymbol{0}$，则 $\boldsymbol{r}_i\boldsymbol{x}=0$。写成两个列向量正交的标准形式，为 $(\boldsymbol{r}_i^{\text{H}})^{\text{H}}\boldsymbol{x}=0, i=1,\cdots,m$。这意味着，向量 $\boldsymbol{x}$ 与 $\boldsymbol{r}_1^{\text{H}},\cdots,\boldsymbol{r}_m^{\text{H}}$ 的线性张成正交，即

$$\boldsymbol{x}\perp\text{Span}\{\boldsymbol{r}_1^{\text{H}},\cdots,\boldsymbol{r}_m^{\text{H}}\}=\text{Col}(\boldsymbol{A}^{\text{H}})=\text{Row}(\boldsymbol{A})$$

从而 $\boldsymbol{x}$ 的所有集合即 $\text{Null}(\boldsymbol{A})$ 与 $\text{Row}(\boldsymbol{A})$ 正交。反之，若 $\boldsymbol{x}$ 与 $\text{Row}(\boldsymbol{A})=\text{Col}(\boldsymbol{A}^{\text{H}})$ 正交，则有 $\boldsymbol{x}$ 与 $\boldsymbol{r}_i^{\text{H}}, i=1,\cdots,m$ 正交，即 $(\boldsymbol{r}_i^{\text{H}})^{\text{H}}\boldsymbol{x}=0$，等价为 $\boldsymbol{r}_i\boldsymbol{x}=0, i=1,\cdots,m$ 或 $\boldsymbol{Ax}=\boldsymbol{0}$。这表明，与 $\text{Row}(\boldsymbol{A})$ 正交的向量 $\boldsymbol{x}$ 的集合是矩阵 $\boldsymbol{A}$ 的零空间。因此，有 $(\text{Row}(\boldsymbol{A}))^{\perp}=\text{Null}(\boldsymbol{A})$。

在 $(\text{Row}(\boldsymbol{B}_{n\times m}))^{\perp}=\text{Null}(\boldsymbol{B})$ 中令 $\boldsymbol{B}=\boldsymbol{A}_{m\times n}^{\text{H}}$，立即有

$$(\text{Row}(\boldsymbol{A}^{\text{H}}))^{\perp}=\text{Null}(\boldsymbol{A}^{\text{H}})\implies(\text{Col}(\boldsymbol{A}))^{\perp}=\text{Null}(\boldsymbol{A}^{\text{H}})$$

这就完成了本定理的证明。 ■

总结以上讨论，即可得到与矩阵 $\boldsymbol{A}$ 的向量子空间之间的关系：

(1) 矩阵 $\boldsymbol{A}$ 的值域与列空间相等，即

$$\text{Range}(\boldsymbol{A}) = \text{Col}(\boldsymbol{A}) = \text{Span}\{\boldsymbol{a}_1, \boldsymbol{a}_2, \cdots, \boldsymbol{a}_n\}$$

(2) 矩阵 $\boldsymbol{A}$ 的行空间与 $\boldsymbol{A}^{\text{H}}$ 的列空间相等，即

$$\text{Row}(\boldsymbol{A}) = \text{Col}(\boldsymbol{A}^{\text{H}}) = \text{Range}(\boldsymbol{A}^{\text{H}})$$

(3) 矩阵 $\boldsymbol{A}$ 的行空间的正交补等于 $\boldsymbol{A}$ 的零空间，即

$$(\text{Row}(\boldsymbol{A}))^{\perp} = \text{Null}(\boldsymbol{A})$$

(4) 矩阵 $\boldsymbol{A}$ 的列空间的正交补就是 $\boldsymbol{A}^{\text{H}}$ 的零空间，即

$$(\text{Col}(\boldsymbol{A}))^{\perp} = \text{Null}(\boldsymbol{A}^{\text{H}})$$

既然矩阵 $\boldsymbol{A}$ 的列空间 $\text{Col}(\boldsymbol{A})$ 是其列向量的所有线性组合的集合，那么列空间 $\text{Col}(\boldsymbol{A})$ 便只由那些线性无关的列向量 $\boldsymbol{a}_{i_1}, \boldsymbol{a}_{i_2}, \cdots, \boldsymbol{a}_{i_k}$ 决定，而与这些列向量线性相关的其他列向量对于列空间的生成则是多余的。

子集合 $\{\boldsymbol{a}_{i_1}, \cdots, \boldsymbol{a}_{i_k}\}$ 是列向量集合 $\{\boldsymbol{a}_1, \cdots, \boldsymbol{a}_n\}$ 的最大线性无关子集合 (maximal linearly independent subset)，若 $\boldsymbol{a}_{i_1}, \cdots, \boldsymbol{a}_{i_k}$ 线性无关，并且这些线性无关的列向量不包含在 $\{\boldsymbol{a}_1, \cdots, \boldsymbol{a}_n\}$ 的任何其他线性无关的子集合中。

若 $\{\boldsymbol{a}_{i_1}, \cdots, \boldsymbol{a}_{i_k}\}$ 是最大线性无关子集合，则

$$\text{Span}\{\boldsymbol{a}_1, \cdots, \boldsymbol{a}_n\} = \text{Span}\{\boldsymbol{a}_{i_1}, \cdots, \boldsymbol{a}_{i_k}\} \tag{8.2.14}$$

并称最大线性无关子集合 $\{\boldsymbol{a}_1, \cdots, \boldsymbol{a}_n\}$ 是矩阵 $\boldsymbol{A}$ 的列空间 $\text{Col}(\boldsymbol{A})$ 的基。显然，对于一个给定的矩阵 $\boldsymbol{A}_{m\times n}$，它的基可以有不同的组合形式，但所有基形式都必须包含相同的向量 (基向量) 个数。这个共同的向量个数称为矩阵 $\boldsymbol{A}$ 的列空间 $\text{Col}(\boldsymbol{A})$ 的维数，用符号 $\dim[\text{Col}(\boldsymbol{A})]$ 表示。又由于矩阵 $\boldsymbol{A}_{m\times n}$ 的秩定义为线性无关的列向量个数，故矩阵 $\boldsymbol{A}$ 的秩与列空间 $\text{Col}(\boldsymbol{A})$ 的维数是一致的，即也可以将秩定义为

$$\text{rank}(\boldsymbol{A}) = \dim[\text{Col}(\boldsymbol{A})] = \dim[\text{Range}(\boldsymbol{A})] \tag{8.2.15}$$

一个自然的问题是：矩阵的列空间和零空间之间有什么样的联系？事实上，这两个子空间存在很大的不同，详见表 8.2.1。

8.2.2 子空间的基构造：初等变换法

如上所述，矩阵 $\boldsymbol{A}_{m\times n}$ 的列空间和行空间分别由 $\boldsymbol{A}$ 的 n 个列向量和 m 个行向量张成。但是，如果矩阵的秩 $r = \text{rank}(\boldsymbol{A})$，则只需要矩阵 $\boldsymbol{A}$ 的 r 个线性无关列向量或行向

表8.2.1 $m \times n$ 矩阵 $\boldsymbol{A}$ 的零空间与列空间的对比 [306, p.226]

零空间 Null ($\boldsymbol{A}$)	列空间 Col ($\boldsymbol{A}$)
Null ($\boldsymbol{A}$) 是 $\mathbb{C}^m$ 的子空间	Col ($\boldsymbol{A}$) 是 $\mathbb{C}^n$ 的子空间
Null ($\boldsymbol{A}$) 为隐含定义，与 $\boldsymbol{A}$ 的列向量无直接关系	Col ($\boldsymbol{A}$) 为显式定义，直接由 $\boldsymbol{A}$ 的所有列向量张成
Null ($\boldsymbol{A}$) 的基应满足$\boldsymbol{Ax}=\boldsymbol{0}$	Col ($\boldsymbol{A}$) 的基是 $\boldsymbol{A}$ 的主元列
Null ($\boldsymbol{A}$) 与矩阵 $\boldsymbol{A}$ 的元素无任何明显关系	矩阵 $\boldsymbol{A}$ 的每一列都在 Col ($\boldsymbol{A}$) 内
Null ($\boldsymbol{A}$) 的典型向量 $\boldsymbol{v}$ 满足 $\boldsymbol{Av}=\boldsymbol{0}$	Col ($\boldsymbol{A}$) 的典型向量满足 $\boldsymbol{Ax}=\boldsymbol{v}$ 为一致方程
$\boldsymbol{v} \in$ Null ($\boldsymbol{A}$) 的条件：$\boldsymbol{Av}=\boldsymbol{0}$	$\boldsymbol{v} \in$ Col ($\boldsymbol{A}$) 的条件：$[\boldsymbol{A}, \boldsymbol{v}]$ 与 $\boldsymbol{A}$ 具有相同的秩
Null ($\boldsymbol{A}$) $=\{\boldsymbol{0}\}$ 当且仅当 $\boldsymbol{Ax}=\boldsymbol{0}$ 只有零解	Col ($\boldsymbol{A}$) $=\{\boldsymbol{0}\}$ 当且仅当 $\boldsymbol{Ax}=\boldsymbol{b}$ 有解
Null ($\boldsymbol{A}$) $=\{\boldsymbol{0}\}$ 当且仅当 $\boldsymbol{Ax}$ 为一对一映射	Col ($\boldsymbol{A}$) $=\{\boldsymbol{0}\}$ 当且仅当 $\boldsymbol{Ax}$ 为 $\mathbb{C}^n$ 到 $\mathbb{C}^m$ 的映射

量 (即基)，即可分别生成列空间 Span($\boldsymbol{A}$) 和行空间 Span($\boldsymbol{A}^{\mathrm{H}}$)。显然，使用基向量是一种更加经济和更好的子空间表示法。那么，如何寻找所需要的基向量呢？下面讨论矩阵 $\boldsymbol{A}$ 的行空间 Row($\boldsymbol{A}$)、列空间 Col($\boldsymbol{A}$) 以及零空间 Null($\boldsymbol{A}$) 和 Null($\boldsymbol{A}^{\mathrm{H}}$) 的基的构造。

容易证明下面的结果 [306]：

(1) 初等行变换不改变矩阵 $\boldsymbol{A}$ 的行空间 Row($\boldsymbol{A}$) 和零空间 Null($\boldsymbol{A}$)。

(2) 初等列变换不改变矩阵 $\boldsymbol{A}$ 的列空间 Col($\boldsymbol{A}$) 和矩阵 $\boldsymbol{A}^{\mathrm{H}}$ 的零空间 Null($\boldsymbol{A}^{\mathrm{H}}$)。

下面的定理给出了利用矩阵的初等行变换或者初等列变换构造所需要的子空间的方法。

定理 8.2.2 [306] 令矩阵 $\boldsymbol{A}_{m\times n}$ 经过初等行变换后，变成阶梯型矩阵 $\boldsymbol{B}$，则

(1) 阶梯型矩阵 $\boldsymbol{B}$ 的非零行组成矩阵 $\boldsymbol{A}$ 和 $\boldsymbol{B}$ 的行空间的一组基；

(2) 矩阵 $\boldsymbol{A}$ 的主元列组成列空间 Col($\boldsymbol{A}$) 的一组基。

总结以上讨论，可得到构造矩阵的行空间和列空间的基向量的初等变换法如下：

初等行变换法 令矩阵 $\boldsymbol{A}$ 经过初等行变换，变为简约阶梯型矩阵 $\boldsymbol{B}_r$，则

(1) 简约阶梯型 $\boldsymbol{B}_r$ 所有主元位置所在的非零行构成行空间 Row($\boldsymbol{A}$) 的基；

(2) 矩阵 $\boldsymbol{A}$ 的主元列组成列空间 Col($\boldsymbol{A}$) 的基；

(3) 矩阵 $\boldsymbol{A}$ 的非主元列组成零空间 Null($\boldsymbol{A}^{\mathrm{H}}$) 的基。

初等列变换法 令矩阵 $\boldsymbol{A}$ 经过初等列变换，变为列形式的简约阶梯型矩阵 $\boldsymbol{B}_c$，则

(1) 列形式的阶梯型矩阵 $\boldsymbol{B}_c$ 所有主元位置所在的非零列构成列空间 Col($\boldsymbol{A}$) 的基；

(2) 矩阵 $\boldsymbol{A}$ 的主元行组成行空间 Row($\boldsymbol{A}$) 的基；

(3) 矩阵 $\boldsymbol{A}$ 的非主元行组成零空间 Null($\boldsymbol{A}$) 的基。

下面举例加以说明。

例 8.2.1 求 3×3 矩阵

$$\boldsymbol{A} = \begin{bmatrix} 1 & 2 & 1 \\ -1 & -1 & 1 \\ 1 & 4 & 5 \end{bmatrix}$$

的行空间与列空间。

解法 1 依次进行初等列变换：$C_2 - 2C_1$ (第 1 列乘 -2，与第 2 列相加)，$C_3 - C_1, C_1 + C_2, C_3 - 2C_2$，变换结果为

$$\boldsymbol{B}_c = \begin{bmatrix} 1 & 0 & 0 \\ 0 & 1 & 0 \\ 3 & 2 & 0 \end{bmatrix}$$

由此得到两个线性无关的列向量 $\boldsymbol{c}_1 = [1, 0, 3]^{\mathrm{T}}, \boldsymbol{c}_2 = [0, 1, 2]^{\mathrm{T}}$，它们就是列空间 $\mathrm{Col}(\boldsymbol{A})$ 的基，即

$$\mathrm{Col}(\boldsymbol{A}) = \mathrm{Span}\left\{ \begin{bmatrix} 1 \\ 0 \\ 3 \end{bmatrix}, \begin{bmatrix} 0 \\ 1 \\ 2 \end{bmatrix} \right\}$$

根据列简约阶梯型矩阵 $\boldsymbol{B}$ 的主元位置，矩阵 $\boldsymbol{A}$ 的主元行是第 1 行和第 2 行，即行空间 $\mathrm{Row}(\boldsymbol{A})$ 可以写作

$$\mathrm{Row}(\boldsymbol{A}) = \mathrm{Span}\{[1, 2, 1], [-1, -1, 1]\}$$

解法 2 依次作初等行变换：$R_2 + R_1$ (第 1 行加到第 2 行)，$R_3 - R_1, R_3 - 2R_2$，则变换结果为

$$\boldsymbol{B}_r = \begin{bmatrix} 1 & 2 & 1 \\ 0 & 1 & 2 \\ 0 & 0 & 0 \end{bmatrix}$$

得到两个线性无关的行向量 $\boldsymbol{r}_1 = [1, 2, 1], \boldsymbol{r}_2 = [0, 1, 2]$，它们组成行空间 $\mathrm{Row}(\boldsymbol{A})$ 的基向量，即

$$\mathrm{Row}(\boldsymbol{A}) = \mathrm{Span}\{[1, 2, 1], [0, 1, 2]\}$$

而矩阵 $\boldsymbol{A}$ 的主元列为第 1 列和第 2 列，它们组成列空间 $\mathrm{Col}(\boldsymbol{A})$ 的基，即

$$\mathrm{Col}(\boldsymbol{A}) = \mathrm{Span}\left\{ \begin{bmatrix} 1 \\ -1 \\ 1 \end{bmatrix}, \begin{bmatrix} 2 \\ -1 \\ 4 \end{bmatrix} \right\}$$

事实上，两种解法的结果等价，因为对解法 2 求得的列空间的基作初等列变换，有

$$\begin{bmatrix} 1 & 2 \\ -1 & -1 \\ 1 & 4 \end{bmatrix} \xrightarrow{-C_1 + C_2} \begin{bmatrix} 1 & 1 \\ -1 & 0 \\ 1 & 3 \end{bmatrix} \xrightarrow{C_2 - C_1} \begin{bmatrix} 0 & 1 \\ 1 & 0 \\ 2 & 3 \end{bmatrix} \xrightarrow{C_1 \leftrightarrow C_2} \begin{bmatrix} 1 & 0 \\ 0 & 1 \\ 3 & 2 \end{bmatrix}$$

与解法 1 的列空间基向量结果相同。类似地，可以证明，解法 1 和解法 2 得到的行空间的基向量也等价。

由于初等行变换与初等列变换得到的行空间与列空间的基向量等价，故任意选择一种初等变换均可。习惯上使用初等行变换。不过，若矩阵的列数明显少于行数时，初等列变换需要较少的次数。

下面的定理描述了一个 $m \times n$ 矩阵的秩与其零空间维数之间的关系，称为秩定理 (rank theorem)。

定理 8.2.3 矩阵 $\boldsymbol{A}_{m\times n}$ 的列空间与行空间的维数相等。这个共同的维数就是矩阵 $\boldsymbol{A}$ 的秩 $\text{rank}(\boldsymbol{A})$，它与零空间维数之间有下列关系

$$\text{rank}(\boldsymbol{A}) + \dim[\text{Null}(\boldsymbol{A})] = n \tag{8.2.16}$$

证明 根据矩阵秩的定义式 (8.2.15) 知，$\text{rank}(\boldsymbol{A})$ 就是矩阵 $\boldsymbol{A}$ 中线性无关列 (即主元列) 的个数。即是说，$\text{rank}(\boldsymbol{A})$ 是经过初等行变换得到的阶梯型矩阵 $\boldsymbol{B}$ 的主元的个数。由于在每一个主元位置，阶梯型矩阵 $\boldsymbol{B}$ 的行都是线性无关的非零行，并且这些行构成矩阵 $\boldsymbol{A}$ 的行空间，所以矩阵的秩 $\text{rank}(\boldsymbol{A})$ 也是行空间 $\text{Row}(\boldsymbol{A})$ 的维数。由定理 8.2.1 知

$$\begin{aligned}\text{rank}(\boldsymbol{A}) + \dim[\text{Null}(\boldsymbol{A})] &= \text{rank}(\boldsymbol{A}) + \dim[(\text{Row}(\boldsymbol{A}))^{\perp}] \\ &= \dim[\text{Row}(\boldsymbol{A})] + \dim[(\text{Row}(\boldsymbol{A}))^{\perp}]\end{aligned}$$

本定理成立。 ■

下面的定理表明，矩阵的 QR 分解也可以用于构造列空间的基向量。

定理 8.2.4 若 $\boldsymbol{A} = \boldsymbol{QR}$ 是一个满列秩矩阵 $\boldsymbol{A} \in \mathbb{R}^{m\times n}$ 的 QR 分解，并且 $\boldsymbol{A} = [\boldsymbol{a}_1,\cdots,\boldsymbol{a}_n]$ 和 $\boldsymbol{Q} = [\boldsymbol{q}_1,\cdots,\boldsymbol{q}_m]$ 是列分块的，则

$$\text{Span}\{\boldsymbol{a}_1,\cdots,\boldsymbol{a}_k\} = \text{Span}\{\boldsymbol{q}_1,\cdots,\boldsymbol{q}_k\}, \qquad k = 1,\cdots,n$$

特别地，若 $\boldsymbol{Q} = [\boldsymbol{Q}_1,\boldsymbol{Q}_2]$，其中，$\boldsymbol{Q}_1$ 是 $\boldsymbol{Q}$ 的前 n 列组成的分块，$\boldsymbol{Q}_2$ 是 $\boldsymbol{Q}$ 的其他列组成的分块，则

$$\text{Range}(\boldsymbol{A}) = \text{Range}(\boldsymbol{Q}_1), \quad (\text{Range}(\boldsymbol{A}))^{\perp} = \text{Range}(\boldsymbol{Q}_2)$$

并且 $\boldsymbol{A} = \boldsymbol{Q}_1\boldsymbol{R}_1$，$\boldsymbol{R}_1 = \boldsymbol{R}(1:n,1:n)$，即 $\boldsymbol{R}_1$ 是 $\boldsymbol{R}$ 的左上方 $n\times n$ 方块。

证明 比较 $\boldsymbol{A} = \boldsymbol{QR}$ 左右两边的第 k 列，可以得出结论

$$\boldsymbol{a}_k = \sum_{i=1}^{k} r_{ik}\boldsymbol{q}_i \in \text{Span}\{\boldsymbol{q}_1,\cdots,\boldsymbol{q}_k\}$$

上式表明，$\text{Span}\{\boldsymbol{a}_1,\cdots,\boldsymbol{a}_k\} \subseteq \text{Span}\{\boldsymbol{q}_1,\cdots,\boldsymbol{q}_k\}$。然而，由于 $\text{rank}(\boldsymbol{A}) = n$，故 $\text{Span}\{\boldsymbol{a}_1,\cdots,\boldsymbol{a}_k\}$ 具有维数 k，从而有 $\text{Span}\{\boldsymbol{a}_1,\cdots,\boldsymbol{a}_k\} = \text{Span}\{\boldsymbol{q}_1,\cdots,\boldsymbol{q}_k\}$。定理的剩余部分可以直接得出。 ■

8.2.3 基本空间的标准正交基构造：奇异值分解法

初等变换法得到的只是线性无关的基向量。然而，在很多应用中，希望获得已知矩阵的列空间、行空间和零空间的正交基。对线性无关的基向量，使用 Gram-Schmidt 正交化，可以实现这些要求。但是，更方便的方法是利用矩阵的奇异值分解。

令秩 $\text{rank}(\boldsymbol{A}) = r$ 的矩阵 $\boldsymbol{A}_{m\times n}$ 具有以下奇异值分解

$$\boldsymbol{A} = \boldsymbol{U\Sigma V}^{\text{H}} \tag{8.2.17}$$

式中

$$\boldsymbol{U} = [\boldsymbol{U}_r, \tilde{\boldsymbol{U}}_r], \quad \boldsymbol{V} = [\boldsymbol{V}_r, \tilde{\boldsymbol{V}}_r], \quad \boldsymbol{\Sigma} = \begin{bmatrix} \boldsymbol{\Sigma}_r & \boldsymbol{O}_{r\times(n-r)} \\ \boldsymbol{O}_{(m-r)\times(n-r)} & \boldsymbol{O}_{(n-r)\times(n-r)} \end{bmatrix}$$

这里，$\boldsymbol{U}_r$ 和 $\tilde{\boldsymbol{U}}_r$ 分别为 $m\times r$ 和 $m\times(m-r)$ 矩阵，$\boldsymbol{V}_r$ 和 $\tilde{\boldsymbol{V}}_r$ 分别为 $n\times r$ 和 $n\times(n-r)$ 矩阵，并且 $\boldsymbol{\Sigma} = \text{diag}(\sigma_1, \sigma_2, \cdots, \sigma_r)$。

显然，矩阵 $\boldsymbol{A}$ 的奇异值分解可简化为

$$\boldsymbol{A} = \boldsymbol{U}_r\boldsymbol{\Sigma}_r\boldsymbol{V}_r^{\text{H}} = \sum_{i=1}^{r} \sigma_i \boldsymbol{u}_i \boldsymbol{v}_i^{\text{H}} \tag{8.2.18}$$

$$\boldsymbol{A}^{\text{H}} = \boldsymbol{V}_r\boldsymbol{\Sigma}_r\boldsymbol{U}_r^{\text{H}} = \sum_{i=1}^{r} \sigma_i \boldsymbol{v}_i \boldsymbol{u}_i^{\text{H}} \tag{8.2.19}$$

下面分别讨论列空间、行空间和零空间的标准正交基的构造。

1. 列空间的标准正交基构造

将式 (8.2.18) 代入值域 $\text{Range}(\boldsymbol{A})$ 的定义式，易得

$$\begin{aligned}
\text{Range}(\boldsymbol{A}) &= \{\boldsymbol{y} \in \mathbb{C}^m : \ \boldsymbol{y} = \boldsymbol{A}\boldsymbol{x}, \quad \boldsymbol{x} \in \mathbb{C}^n\} \\
&= \left\{\boldsymbol{y} \in \mathbb{C}^m : \ \boldsymbol{y} = \sum_{i=1}^{r} \sigma_i \boldsymbol{u}_i \boldsymbol{v}_i^{\text{H}} \boldsymbol{x}, \quad \boldsymbol{x} \in \mathbb{C}^n\right\} \\
&= \left\{\boldsymbol{y} \in \mathbb{C}^m : \ \boldsymbol{y} = \sum_{i=1}^{r} \boldsymbol{u}_i (\sigma_i \boldsymbol{v}_i^{\text{H}} \boldsymbol{x}), \quad \boldsymbol{x} \in \mathbb{C}^n\right\} \\
&= \left\{\boldsymbol{y} \in \mathbb{C}^m : \ \boldsymbol{y} = \sum_{i=1}^{r} \alpha_i \boldsymbol{u}_i, \quad \alpha_i = \sigma_i \boldsymbol{v}_i^{\text{H}} \boldsymbol{x} \in C\right\} \\
&= \text{Span}\{\boldsymbol{u}_1, \cdots, \boldsymbol{u}_r\}
\end{aligned}$$

利用值域与列空间的等价关系，即有

$$\text{Col}(\boldsymbol{A}) = \text{Range}(\boldsymbol{A}) = \text{Span}\{\boldsymbol{u}_1, \cdots, \boldsymbol{u}_r\}$$

这表明，与 r 个非零奇异值对应的左奇异向量 $\boldsymbol{u}_1, \cdots, \boldsymbol{u}_r$ 构成列空间 $\text{Col}(\boldsymbol{A})$ 的一组基。

2. 行空间的标准正交基构造

计算复共轭转置矩阵 $\boldsymbol{A}^{\mathrm{H}}$ 的值域，得

$$\begin{aligned}\mathrm{Range}(\boldsymbol{A}^{\mathrm{H}}) &= \{\boldsymbol{y}\in\mathbb{C}^n:\ \boldsymbol{y}=\boldsymbol{A}^{\mathrm{H}}\boldsymbol{x},\quad \boldsymbol{x}\in\mathbb{C}^m\}\\ &=\left\{\boldsymbol{y}\in\mathbb{C}^n:\ \boldsymbol{y}=\sum_{i=1}^{r}\sigma_i\boldsymbol{v}_i\boldsymbol{u}_i^{\mathrm{H}}\boldsymbol{x},\quad \boldsymbol{x}\in\mathbb{C}^m\right\}\\ &=\left\{\boldsymbol{y}\in\mathbb{C}^n:\ \boldsymbol{y}=\sum_{i=1}^{r}\alpha_i\boldsymbol{v}_i,\quad \alpha_i=\sigma_i\boldsymbol{u}_i^{\mathrm{H}}\boldsymbol{x}\in C\right\}\\ &=\mathrm{Span}\{\boldsymbol{v}_1,\cdots,\boldsymbol{v}_r\}\end{aligned}$$

从而有

$$\mathrm{Row}(\boldsymbol{A})=\mathrm{Range}(\boldsymbol{A}^{\mathrm{H}})=\mathrm{Span}\{\boldsymbol{v}_1,\cdots,\boldsymbol{v}_r\}$$

即与 r 个非零奇异值对应的右奇异向量 $\boldsymbol{v}_1,\cdots,\boldsymbol{v}_r$ 是行空间 $\mathrm{Row}(\boldsymbol{A})$ 的一组基。

3. 零空间的标准正交基构造

由于假定矩阵的秩为 r，故零空间 $\mathrm{Null}(\boldsymbol{A})$ 的维数等于 $n-r$。因此，我们需要寻找 $n-r$ 个线性无关的标准正交向量作为零空间的标准正交基。为此，考虑满足 $\boldsymbol{Ax}=\boldsymbol{0}$ 的向量。由奇异向量的性质得 $\boldsymbol{v}_i^{\mathrm{H}}\boldsymbol{v}_j=0,\ \forall\, i=1,\cdots,r,\ j=r+1,\cdots,n$。由此知

$$\boldsymbol{Av}_j=\sum_{i=1}^{r}\sigma_i\boldsymbol{u}_i\boldsymbol{v}_i^{\mathrm{H}}\boldsymbol{v}_j=\boldsymbol{0},\qquad \forall\, j=r+1,r+2,\cdots,n$$

由于与零奇异值对应的 $n-r$ 个右奇异向量 $\boldsymbol{v}_{r+1},\cdots,\boldsymbol{v}_n$ 线性无关，并且满足 $\boldsymbol{Ax}=\boldsymbol{0}$ 的条件，故它们组成了零空间 $\mathrm{Null}(\boldsymbol{A})$ 的基，即有

$$\mathrm{Null}(\boldsymbol{A})=\mathrm{Span}\{\boldsymbol{v}_{r+1},\boldsymbol{v}_{r+2},\cdots,\boldsymbol{v}_n\}$$

类似地，有

$$\boldsymbol{A}^{\mathrm{H}}\boldsymbol{u}_j=\sum_{i=1}^{r}\sigma_i\boldsymbol{v}_i\boldsymbol{u}_i^{\mathrm{H}}\boldsymbol{u}_j=\boldsymbol{0},\qquad \forall\, j=r+1,r+2,\cdots,m$$

由于 $m-r$ 个右奇异向量 $\boldsymbol{u}_{r+1},\cdots,\boldsymbol{u}_m$ 线性无关，并且满足 $\boldsymbol{A}^{\mathrm{H}}\boldsymbol{x}=\boldsymbol{0}$ 的条件，故它们组成了零空间 $\mathrm{Null}(\boldsymbol{A}^{\mathrm{H}})$ 的基，即有

$$\mathrm{Null}(\boldsymbol{A}^{\mathrm{H}})=\mathrm{Span}\{\boldsymbol{u}_{r+1},\cdots,\boldsymbol{u}_m\}$$

由于矩阵 $\boldsymbol{A}\in\mathbb{C}^{m\times n}$ 的左奇异向量矩阵 $\boldsymbol{U}$ 和右奇异向量矩阵 $\boldsymbol{V}$ 为酉矩阵，所以上述方法实际上分别提供了 $\boldsymbol{A}$ 的列空间、行空间和零空间的标准正交基。总结以上讨论，对于秩为 r 的复矩阵 $\boldsymbol{A}\in\mathbb{C}^{m\times n}$，有以下结论：

(1) 与非零奇异值对应的 r 个左奇异向量 $\boldsymbol{u}_1,\cdots,\boldsymbol{u}_r$ 是列空间 $\mathrm{Col}(\boldsymbol{A})$ 的标准正交基，即有

$$\mathrm{Col}(\boldsymbol{A})=\mathrm{Span}\{\boldsymbol{u}_1,\cdots,\boldsymbol{u}_r\} \tag{8.2.20}$$

(2) 与零奇异值对应的 $m-r$ 个左奇异向量 $\boldsymbol{u}_{r+1},\cdots,\boldsymbol{u}_m$ 是零空间 $\mathrm{Null}(\boldsymbol{A}^{\mathrm{H}})$ 的标准正交基，即

$$\mathrm{Null}(\boldsymbol{A}^{\mathrm{H}})=(\mathrm{Col}(\boldsymbol{A}))^{\perp}=\mathrm{Span}\{\boldsymbol{u}_{r+1},\cdots,\boldsymbol{u}_m\} \tag{8.2.21}$$

(3) 与非零奇异值对应的 r 个右奇异向量 $\boldsymbol{v}_1,\cdots,\boldsymbol{v}_r$ 是行空间 $\mathrm{Row}(\boldsymbol{A})$ 的标准正交基，即

$$\mathrm{Row}(\boldsymbol{A})=\mathrm{Span}\{\boldsymbol{v}_1,\cdots,\boldsymbol{v}_r\} \tag{8.2.22}$$

(4) 与零奇异值对应的 $n-r$ 个右奇异向量 $\boldsymbol{v}_{r+1},\cdots,\boldsymbol{v}_n$ 是零空间 $\mathrm{Null}(\boldsymbol{A})$ 的标准正交基，即

$$\mathrm{Null}(\boldsymbol{A})=(\mathrm{Row}(\boldsymbol{A}))^{\perp}=\mathrm{Span}\{\boldsymbol{v}_{r+1},\cdots,\boldsymbol{v}_n\} \tag{8.2.23}$$

令 $\boldsymbol{U}_H$ 是与矩阵 $\boldsymbol{H}$ 的 p 个非零奇异值对应的左奇异向量组成的矩阵。类似地，$\boldsymbol{U}_S$ 是与矩阵 $\boldsymbol{S}$ 的 q 个非零奇异值对应的左奇异向量组成的矩阵，其中，假设 $p>q$。Golub 与 Van Loan [198] 证明了，所有主角都可以利用奇异值分解计算：由于 $\mathrm{Span}(\boldsymbol{U}_H)=\mathrm{Range}(\boldsymbol{H})$ 和 $\mathrm{Span}(\boldsymbol{U}_S)=\mathrm{Range}(\boldsymbol{S})$，故子空间 $\mathrm{Range}(\boldsymbol{H})$ 和 $\mathrm{Range}(\boldsymbol{S})$ 之间的第 i 个主角由

$$\phi_i=\arccos\lambda_i,\quad i=1,2,\cdots,q \tag{8.2.24}$$

给出，式中，λ_i 是乘积矩阵 $\boldsymbol{U}_H^{\mathrm{H}}\boldsymbol{U}_S$ 的第 i 个奇异值。

QR 分解是构造矩阵 $\boldsymbol{A}$ 的列空间的正交基的另外一种方法 [508]。令 $n\times n$ 矩阵 $\boldsymbol{A}=[\boldsymbol{a}_1,\cdots,\boldsymbol{a}_n]$ 非奇异，并令 $\boldsymbol{Q}=[\boldsymbol{q}_1,\cdots,\boldsymbol{q}_n]$。由 $\boldsymbol{a}_1=r_{11}\boldsymbol{q}_1,\boldsymbol{a}_2=r_{12}\boldsymbol{q}_1+r_{22}\boldsymbol{q}_2$ 可以写出一般形式

$$\boldsymbol{a}_k=r_{1k}\boldsymbol{q}_1+r_{2k}\boldsymbol{q}_2+\cdots+r_{kk}\boldsymbol{q}_k,\quad k=1,\cdots,n$$

由此得 $\mathrm{Span}\{\boldsymbol{a}_1)=\mathrm{Span}\{\boldsymbol{q}_1\}$，$\mathrm{Span}\{\boldsymbol{a}_1,\boldsymbol{a}_2\}=\mathrm{Span}\{\boldsymbol{q}_1,\boldsymbol{q}_2\}$ 以及一般形式

$$\mathrm{Span}\{\boldsymbol{a}_1,\boldsymbol{a}_2,\cdots,\boldsymbol{a}_k\}=\mathrm{Span}\{\boldsymbol{q}_1,\boldsymbol{q}_2,\cdots,\boldsymbol{q}_k\},\quad k=1,2,\cdots,n$$

最后有 $\mathrm{Col}(\boldsymbol{A})=\mathrm{Col}(\boldsymbol{Q})$。换言之，酉矩阵 $\boldsymbol{Q}$ 的列向量是矩阵 $\boldsymbol{A}$ 的列空间的一组标准正交基。

8.2.4 构造两个零空间交的标准正交基

上面介绍了使用矩阵奇异值分解，构造单个零空间 $\mathrm{Null}(\boldsymbol{A})$ 的标准正交基的方法。现在考虑对给定的两个矩阵 $\boldsymbol{A}\in\mathbb{C}^{m\times n}$ 和 $\boldsymbol{B}\in\mathbb{C}^{p\times n}$，如何构造零空间的交 $\mathrm{Null}(\boldsymbol{A})\cap\mathrm{Null}(\boldsymbol{B})$ 的标准正交基。

显然，若令

$$C = \begin{bmatrix} A \\ B \end{bmatrix} \in \mathbb{C}^{(m+p)\times n}$$

则

$$Cx = 0 \iff Ax = 0 \quad 和 \quad Bx = 0$$

即 C 的零空间等于 A 的零空间与 B 的零空间的交

$$\mathrm{Null}(C) = \mathrm{Null}(A) \cap \mathrm{Null}(B)$$

这表明，若 $(m+p)\times n$ 矩阵 C 的秩为 $r = \mathrm{rank}(C)$，则它的右奇异向量 $v_1, \cdots, v_n$ 中，与 $n-r$ 个零奇异值对应的右奇异向量 $v_{r+1}, \cdots, v_n$ 构成零空间的交 $\mathrm{Null}(A) \cap \mathrm{Null}(B)$ 的标准正交基。但是，这涉及 $(m+p)\times n$ 矩阵 C 的奇异值分解。

定理 8.2.5 [198,p.583] 令 $A \in \mathbb{R}^{m\times n}$，并且 $\{z_1, \cdots, z_t\}$ 是零空间 $\mathrm{Null}(A)$ 的一组正交基。记 $Z = [z_1, \cdots, z_t]$，并定义 $\{w_1, \cdots, w_q\}$ 是零空间 $\mathrm{Null}(BZ)$ 的一组正交基，其中，$B \in \mathbb{R}^{p\times n}$。若 $W = [w_1, \cdots, w_q]$，则 ZW 的列向量构成零空间的交 $\mathrm{Null}(A) \cap \mathrm{Null}(B)$ 的一组正交基。

给定矩阵 $A_{m\times n}$，$B_{p\times n}$，上述定理给出了构造 $\mathrm{Null}(A) \cap \mathrm{Null}(B)$ 的正交基的方法：

(1) 计算矩阵 A 的奇异值分解 $A = U_A \Sigma_A V_A^{\mathrm{T}}$，判断矩阵 A 的有效秩 r，进而得到零空间 $\mathrm{Null}(A)$ 的正交基 $v_{r+1}, \cdots, v_n$，其中 v_i 是矩阵 A 的右奇异向量。令 $Z = [v_{r+1}, \cdots, v_n]$。

(2) 计算矩阵 $C_{p\times(n-r)} = BZ$ 和它的奇异值分解 $C = U_C \Sigma_C V_{\mathbb{C}}^{\mathrm{T}}$，判断其有效秩 q，进而得到零空间 $\mathrm{Null}(BZ)$ 的正交基 $w_{q+1}, \cdots, w_{n-r}$，其中，w_i 是矩阵 $C = BZ$ 的右奇异向量。令 $W = [w_{q+1}, \cdots, w_{n-r}]$。

(3) 计算矩阵 ZW，其列向量即为零空间的交 $\mathrm{Null}(A) \cap \mathrm{Null}(B)$ 的正交基 (由于 Z 和 W 分别是矩阵 A 和 BZ 的右奇异向量组成的矩阵，故 ZW 具有正交性)。

8.3 子空间方法

前面介绍了矩阵的列空间、行空间与零空间。本节讨论子空间分析方法及其在工程和信号处理中的应用。由于在工程应用中，多数情况下使用列空间，因此本章今后将以矩阵的列空间作为主要讨论对象。

观测数据矩阵 A 不可避免地存在观测误差或噪声。令

$$X = A + W = [x_1, x_2, \cdots, x_n] \in \mathbb{C}^{m\times n} \tag{8.3.1}$$

为观测数据矩阵，其中，$x_i \in \mathbb{C}^{m\times 1}$ 为观测数据向量，而 W 表示加性观测误差矩阵。

在信号处理和系统科学等领域中，观测数据矩阵的列空间

$$\mathrm{Span}(\boldsymbol{X}) = \mathrm{Span}\{\boldsymbol{x}_1, \boldsymbol{x}_2, \cdots, \boldsymbol{x}_n\} \tag{8.3.2}$$

称为观测数据空间，而观测误差矩阵的列空间

$$\mathrm{Span}(\boldsymbol{W}) = \mathrm{Span}\{\boldsymbol{w}_1, \boldsymbol{w}_2, \cdots, \boldsymbol{w}_n\} \tag{8.3.3}$$

则称为噪声子空间。

8.3.1 信号子空间与噪声子空间

定义相关矩阵

$$\boldsymbol{R}_X = \mathrm{E}\{\boldsymbol{X}^{\mathrm{H}}\boldsymbol{X}\} = \mathrm{E}\{(\boldsymbol{A}+\boldsymbol{W})^{\mathrm{H}}(\boldsymbol{A}+\boldsymbol{W})\} \tag{8.3.4}$$

假设误差矩阵 $\boldsymbol{W} = [\boldsymbol{w}_1, \boldsymbol{w}_2, \cdots, \boldsymbol{w}_n]$ 与真实数据矩阵 $\boldsymbol{A}$ 统计不相关，则

$$\boldsymbol{R}_X = \mathrm{E}\{\boldsymbol{X}^{\mathrm{H}}\boldsymbol{X}\} = \mathrm{E}\{\boldsymbol{A}^{\mathrm{H}}\boldsymbol{A}\} + \mathrm{E}\{\boldsymbol{W}^{\mathrm{H}}\boldsymbol{W}\} \tag{8.3.5}$$

令 $\boldsymbol{R} = \mathrm{E}\{\boldsymbol{A}^{\mathrm{H}}\boldsymbol{A}\}$ 和 $\mathrm{E}\{\boldsymbol{W}^{\mathrm{H}}\boldsymbol{W}\} = \sigma_w^2\boldsymbol{I}$ (即各观测噪声相互统计不相关，并且具有相同的方差 σ_w^2)，则

$$\boldsymbol{R}_X = \boldsymbol{R} + \sigma_w^2\boldsymbol{I}$$

令 $\mathrm{rank}(\boldsymbol{A}) = r$，则矩阵 $\boldsymbol{R}_X = \mathrm{E}\{\boldsymbol{A}^{\mathrm{H}}\boldsymbol{A}\}$ 的特征值分解

$$\boldsymbol{R}_X = \boldsymbol{U}\boldsymbol{\Lambda}\boldsymbol{U}^{\mathrm{H}} + \sigma_w^2\boldsymbol{I} = \boldsymbol{U}(\boldsymbol{\Lambda} + \sigma_w^2\boldsymbol{I})\boldsymbol{U}^{\mathrm{H}} = \boldsymbol{U}\boldsymbol{\Pi}\boldsymbol{U}^{\mathrm{H}}$$

式中

$$\boldsymbol{\Pi} = \boldsymbol{\Sigma} + \sigma_w^2\boldsymbol{I} = \mathrm{diag}(\sigma_1^2 + \sigma_w^2, \cdots, \sigma_r^2 + \sigma_w^2, \sigma_w^2, \cdots, \sigma_w^2)$$

其中，$\boldsymbol{\Sigma} = \mathrm{diag}(\sigma_1^2, \cdots, \sigma_r^2, 0, \cdots, 0)$，且 $\sigma_1^2 \geqslant \cdots \geqslant \sigma_r^2$ 为真实自相关矩阵 $\mathrm{E}\{\boldsymbol{A}^{\mathrm{H}}\boldsymbol{A}\}$ 的非零特征值。

显然，如果信噪比足够大，即 σ_r^2 比 σ_w^2 明显大，则将含噪声的自相关矩阵 $\boldsymbol{R}_X$ 的前 r 个大特征值

$$\lambda_1 = \sigma_1^2 + \sigma_w^2,\ \cdots,\ \lambda_r = \sigma_r^2 + \sigma_w^2$$

称为主特征值 (principal eigenvalue)，而将剩余的 $n-r$ 个小特征值

$$\lambda_{r+1} = \sigma_w^2,\ \cdots,\ \lambda_n = \sigma_w^2$$

称为次特征值 (minor eigenvalue)。

这样，自相关矩阵 $\boldsymbol{R}_X$ 的特征值分解即可写成

$$\boldsymbol{R}_X = [\boldsymbol{U}_s, \boldsymbol{U}_n]\begin{bmatrix}\boldsymbol{\Sigma}_s & \boldsymbol{O}\\ \boldsymbol{O} & \boldsymbol{\Sigma}_n\end{bmatrix}\begin{bmatrix}\boldsymbol{U}_s^{\mathrm{H}}\\ \boldsymbol{U}_n^{\mathrm{H}}\end{bmatrix} = \boldsymbol{S}\boldsymbol{\Sigma}_s\boldsymbol{S}^{\mathrm{H}} + \boldsymbol{G}\boldsymbol{\Sigma}_n\boldsymbol{G}^{\mathrm{H}} \tag{8.3.6}$$

式中

$$
\begin{aligned}
\boldsymbol{S} &\stackrel{\text{def}}{=} [\boldsymbol{s}_1, \cdots, \boldsymbol{s}_r] = [\boldsymbol{u}_1, \cdots, \boldsymbol{u}_r] \\
\boldsymbol{G} &\stackrel{\text{def}}{=} [\boldsymbol{g}_1, \cdots, \boldsymbol{g}_{n-r}] = [\boldsymbol{u}_{r+1}, \cdots, \boldsymbol{u}_n] \\
\boldsymbol{\Sigma}_s &= \text{diag}(\sigma_1^2 + \sigma_w^2, \cdots, \sigma_r^2 + \sigma_w^2) \\
\boldsymbol{\Sigma}_n &= \text{diag}(\sigma_w^2, \cdots, \sigma_w^2)
\end{aligned}
$$

因此，$m \times r$ 酉矩阵 $\boldsymbol{S}$ 和 $m \times (n-r)$ 酉矩阵 $\boldsymbol{G}$ 分别是与 r 个主特征值和 $n-r$ 个次特征值对应的特征向量构成的矩阵。

定义 8.3.1 令 $\boldsymbol{S}$ 是与观测数据的自相关矩阵的 r 个大特征值 $\lambda_1, \cdots, \lambda_r$ 对应的特征向量矩阵，其列空间 $\text{Span}(\boldsymbol{S}) = \text{Span}\{\boldsymbol{u}_1, \cdots, \boldsymbol{u}_r\}$ 称为观测数据空间 $\text{Span}(\boldsymbol{X})$ 的信号子空间，而与另外 $n-r$ 个次特征值对应的特征向量矩阵 $\boldsymbol{G}$ 的列空间 $\text{Span}(\boldsymbol{G}) = \text{Span}\{\boldsymbol{u}_{r+1}, \cdots, \boldsymbol{u}_n\}$ 称为观测数据空间的噪声子空间。

下面分析信号子空间和噪声子空间的几何意义。

由子空间的构造方法及酉矩阵的特点知，信号子空间与噪声子空间正交，即

$$
\text{Span}\{\boldsymbol{s}_1, \cdots, \boldsymbol{s}_r\} \perp \text{Span}\{\boldsymbol{g}_1, \cdots, \boldsymbol{g}_{n-r}\} \tag{8.3.7}
$$

由于 $\boldsymbol{U}$ 是酉矩阵，故

$$
\boldsymbol{U}\boldsymbol{U}^{\text{H}} = [\boldsymbol{S}, \boldsymbol{G}] \begin{bmatrix} \boldsymbol{S}^{\text{H}} \\ \boldsymbol{G}^{\text{H}} \end{bmatrix} = \boldsymbol{S}\boldsymbol{S}^{\text{H}} + \boldsymbol{G}\boldsymbol{G}^{\text{H}} = \boldsymbol{I}
$$

即有

$$
\boldsymbol{G}\boldsymbol{G}^{\text{H}} = \boldsymbol{I} - \boldsymbol{S}\boldsymbol{S}^{\text{H}} \tag{8.3.8}
$$

定义信号子空间上的投影矩阵

$$
\boldsymbol{P}_s \stackrel{\text{def}}{=} \boldsymbol{S}\langle \boldsymbol{S}, \boldsymbol{S} \rangle^{-1} \boldsymbol{S}^{\text{H}} = \boldsymbol{S}\boldsymbol{S}^{\text{H}} \tag{8.3.9}
$$

式中使用了矩阵内积 $\langle \boldsymbol{S}, \boldsymbol{S} \rangle = \boldsymbol{S}^{\text{H}}\boldsymbol{S} = \boldsymbol{I}$。于是，$\boldsymbol{P}_s\boldsymbol{x} = \boldsymbol{S}\boldsymbol{S}^{\text{H}}\boldsymbol{x}$ 可视为向量 $\boldsymbol{x}$ 在信号子空间上的投影，故常将 $\boldsymbol{S}\boldsymbol{S}^{\text{H}}$ 视为信号子空间 (signal subspace)。

另外，$(\boldsymbol{I} - \boldsymbol{P}_s)\boldsymbol{x}$ 则代表向量 $\boldsymbol{x}$ 在信号子空间上的正交投影。由 $\langle \boldsymbol{G}, \boldsymbol{G} \rangle = \boldsymbol{G}^{\text{H}}\boldsymbol{G} = \boldsymbol{I}$ 得噪声子空间上的投影矩阵 $\boldsymbol{P}_n = \boldsymbol{G}\langle \boldsymbol{G}, \boldsymbol{G} \rangle^{-1}\boldsymbol{G}^{\text{H}} = \boldsymbol{G}\boldsymbol{G}^{\text{H}}$。因此，常称

$$
\boldsymbol{G}\boldsymbol{G}^{\text{H}} = \boldsymbol{I} - \boldsymbol{S}\boldsymbol{S}^{\text{H}} = \boldsymbol{I} - \boldsymbol{P}_s \tag{8.3.10}
$$

为噪声子空间 (noise subspace)，它表示信号子空间的正交投影矩阵。

只使用信号子空间 $\boldsymbol{S}\boldsymbol{S}^{\text{H}}$ 或者噪声子空间 $\boldsymbol{G}\boldsymbol{G}^{\text{H}}$ 的信号分析方法分别称为信号子空间方法或噪声子空间方法。在模式识别中，信号子空间方法被称为主分量分析 (principal component analysis, PCA) 方法，而噪声子空间方法则被称为次分量分析 (minor component analysis, MCA) 方法。

子空间应用具有以下几个特点[522]：

(1) 无论信号子空间方法，还是噪声子空间方法，都只需要使用少数几个奇异向量或者特征向量。若矩阵 $\boldsymbol{A}_{m\times n}$ 的大奇异值 (或者特征值) 个数比小奇异值 (或者特征值) 个数少，则使用维数比较小的信号子空间比噪声子空间更有效。反之，则使用噪声子空间更方便。

(2) 在很多应用中，并不需要奇异值或者特征值，而只需知道矩阵的秩以及奇异向量或者特征向量即可。

(3) 多数情况下，并不需要准确知道奇异向量或者特征向量，而只需知道张成信号子空间或者噪声子空间的基向量即可。

(4) 信号子空间 $\boldsymbol{S}\boldsymbol{S}^{\mathrm{H}}$ 和噪声子空间 $\boldsymbol{G}\boldsymbol{G}^{\mathrm{H}}$ 可以通过 $\boldsymbol{G}\boldsymbol{G}^{\mathrm{H}}=\boldsymbol{I}-\boldsymbol{S}\boldsymbol{S}^{\mathrm{H}}$ 相互转换。

下面介绍子空间方法的两个应用。

8.3.2 子空间方法应用 1：多重信号分类 (MUSIC)

下面讨论如何利用子空间进行多个信号分类。

令 $\boldsymbol{x}(t)$ 是在第 t 个快拍观察到的数据向量。在阵列信号处理和空间谱估计中，$\boldsymbol{x}(t)=[x_1(t),x_2,\cdots,x_n(t)]^{\mathrm{T}}$ 由 n 个阵元 (天线或传感器) 的观测数据组成。在时域谱估计中，向量 $\boldsymbol{x}(t)=[x(t),x(t-1),\cdots,x(t-n-1)]^{\mathrm{T}}$ 由连续的 n 个观察数据样本组成。

假定数据向量 $\boldsymbol{x}(t)$ 是 r 个窄带信号入射到 n 个阵元组成的阵列的观察数据向量或者是 r 个不相干的复谐波的叠加，即

$$\boldsymbol{x}(t)=\sum_{i=1}^{r}s_i(t)\boldsymbol{a}(\omega_i)+\boldsymbol{v}(t)=\boldsymbol{A}\boldsymbol{s}(t)+\boldsymbol{n}(t) \tag{8.3.11}$$

式中，$\boldsymbol{A}=[\boldsymbol{a}(\omega_1),\cdots,\boldsymbol{a}(\omega_r)]$ 为 $n\times r$ 阵列响应矩阵，$\boldsymbol{a}(\omega_i)=[1,\mathrm{e}^{\mathrm{j}\,\omega_i},\cdots,\mathrm{e}^{\mathrm{j}\,(n-1)\omega_i}]^{\mathrm{T}}$ 为方向向量或者频率向量；$\boldsymbol{s}(t)=[s_1(t),\cdots,s_r(t)]^{\mathrm{T}}$ 为随机信号向量，其均值为零向量，协方差矩阵为 $\boldsymbol{R}_s=\mathrm{E}\{\boldsymbol{s}(t)\boldsymbol{s}^{\mathrm{H}}(t)\}$；而 $\boldsymbol{v}(t)=[v_1(t),\cdots,v_n(t)]^{\mathrm{T}}$ 为加性噪声向量，其各个分量为高斯白噪声，它们具有零均值和相同的方差 σ^2。在谐波恢复中，参数 ω_i 为复谐波的频率；在阵列信号处理中，ω_i 是一空间参数

$$\omega_i=2\pi\frac{d}{\lambda}\sin\theta_i$$

式中，d 为相邻两个阵元之间的距离 (假定阵元等间距排列成一直线)，λ 为波长，且 θ_i 表示第 i 个窄带信号达到阵元的入射方向，简称波达方向。

现在的问题是：根据 N 个快拍的观测数据向量 $\boldsymbol{x}(t)\,(t=1,2,\cdots,N)$ 估计 r 个参数 ω_i。这相当于对 r 个混合信号进行分类，简称多重信号分类。

假定噪声向量 $\boldsymbol{v}(t)$ 与信号向量 $\boldsymbol{s}(t)$ 统计不相关，并令观测数据向量的协方差矩阵 $\boldsymbol{R}_{xx}=\mathrm{E}\{\boldsymbol{x}(t)\boldsymbol{x}^{\mathrm{H}}(t)\}$ 的特征值分解为

$$\boldsymbol{R}_{xx}=\boldsymbol{A}\boldsymbol{P}_{ss}\boldsymbol{A}^{\mathrm{H}}+\sigma^2\boldsymbol{I}=\boldsymbol{U}\boldsymbol{\Sigma}\boldsymbol{U}^{\mathrm{H}}=[\boldsymbol{S},\boldsymbol{G}]\begin{bmatrix}\boldsymbol{\Sigma} & \boldsymbol{O}\\ \boldsymbol{O} & \sigma^2\boldsymbol{I}_{n-r}\end{bmatrix}\begin{bmatrix}\boldsymbol{S}^{\mathrm{H}}\\ \boldsymbol{G}^{\mathrm{H}}\end{bmatrix} \tag{8.3.12}$$

式中，$\boldsymbol{P}_{ss}=\mathrm{E}\{\boldsymbol{s}(t)\boldsymbol{s}^{\mathrm{H}}(t)\}$，且 $\boldsymbol{\Sigma}$ 包含了 r 个大特征值，它们比 σ^2 明显大。

考查

$$\boldsymbol{R}_{xx}\boldsymbol{G}=[\boldsymbol{S},\boldsymbol{G}]\begin{bmatrix}\boldsymbol{\Sigma} & \boldsymbol{O}\\ \boldsymbol{O} & \sigma^2\boldsymbol{I}_{n-r}\end{bmatrix}\begin{bmatrix}\boldsymbol{S}^{\mathrm{H}}\\ \boldsymbol{G}^{\mathrm{H}}\end{bmatrix}\boldsymbol{G}=[\boldsymbol{S},\boldsymbol{G}]\begin{bmatrix}\boldsymbol{\Sigma} & \boldsymbol{O}\\ \boldsymbol{O} & \sigma^2\boldsymbol{I}_{n-r}\end{bmatrix}\begin{bmatrix}\boldsymbol{O}\\ \boldsymbol{I}\end{bmatrix}=\sigma^2\boldsymbol{G} \tag{8.3.13}$$

又由 $\boldsymbol{R}_{xx}=\boldsymbol{A}\boldsymbol{P}_{ss}\boldsymbol{A}^{\mathrm{H}}+\sigma^2\boldsymbol{I}$ 有 $\boldsymbol{R}_{xx}\boldsymbol{G}=\boldsymbol{A}\boldsymbol{P}_{ss}\boldsymbol{A}^{\mathrm{H}}\boldsymbol{G}+\sigma^2\boldsymbol{G}$，利用式 (8.3.13) 的结果，立即得到

$$\boldsymbol{A}\boldsymbol{P}_{ss}\boldsymbol{A}^{\mathrm{H}}\boldsymbol{G}=\boldsymbol{O}$$

进而有

$$\boldsymbol{G}^{\mathrm{H}}\boldsymbol{A}\boldsymbol{P}_{ss}\boldsymbol{A}^{\mathrm{H}}\boldsymbol{G}=\boldsymbol{O} \tag{8.3.14}$$

众所周知，$\boldsymbol{Q}$ 非奇异时 $\boldsymbol{t}^{\mathrm{H}}\boldsymbol{Q}\boldsymbol{t}=0$，当且仅当 $\boldsymbol{t}=\boldsymbol{0}$，故式 (8.3.14) 成立的充分必要条件是

$$\boldsymbol{A}^{\mathrm{H}}\boldsymbol{G}=\boldsymbol{O} \tag{8.3.15}$$

因为 $\boldsymbol{P}_{ss}=\mathrm{E}\{\boldsymbol{s}(t)\boldsymbol{s}^{\mathrm{H}}(t)\}$ 非奇异。将 $\boldsymbol{A}=[\boldsymbol{a}(\omega_1),\cdots,\boldsymbol{a}(\omega_p)]$ 代入式 (8.3.15)，即有

$$\boldsymbol{a}^{\mathrm{H}}(\omega)\boldsymbol{G}=\boldsymbol{0}^{\mathrm{T}},\quad \omega=\omega_1,\omega_2,\cdots,\omega_p \tag{8.3.16}$$

显然，当 $\omega\neq\omega_1,\omega_2,\cdots,\omega_p$ 时，$\boldsymbol{a}^{\mathrm{H}}(\omega)\boldsymbol{G}\neq\boldsymbol{0}^{\mathrm{T}}$。

将式 (8.3.16) 改写成标量形式，可以定义一种类似于功率谱的函数

$$P(\omega)=\frac{1}{\boldsymbol{a}^{\mathrm{H}}(\omega)\boldsymbol{G}\boldsymbol{G}^{\mathrm{H}}\boldsymbol{a}(\omega)} \tag{8.3.17}$$

上式取峰值的 p 个 ω 值 $\omega_1,\omega_2,\cdots,\omega_p$ 给出 p 个信号的波达方向 $\theta_1,\theta_2,\cdots,\theta_p$。

由于式 (8.3.17) 定义的函数 $P(\omega)$ 描述了空间参数 (即波达方向) 的分布，故常称为空间谱。由于它能够对多个空间信号进行识别 (即分类) 故这种方法称为多重信号分类方法，简称 MUSIC (multiple signal classification) 方法，它是 Schmidt [438]，Biemvenu 及 Kopp[48] 于 1979 年独立提出的。后来，Schmidt 于 1986 年重新发表了他的论文[439]。

将式 (8.3.10) 代入式 (8.3.17)，又可得到

$$P(\omega)=\frac{1}{\boldsymbol{a}^{\mathrm{H}}(\omega)(\boldsymbol{I}-\boldsymbol{S}\boldsymbol{S}^{\mathrm{H}})\boldsymbol{a}(\omega)} \tag{8.3.18}$$

因为 $\boldsymbol{G}\boldsymbol{G}^{\mathrm{H}}$ 和 $\boldsymbol{S}\boldsymbol{S}^{\mathrm{H}}$ 分别代表信号子空间和噪声子空间，故式 (8.3.17) 和式 (8.3.18) 可分别视为噪声子空间方法和信号子空间方法。

在实际应用中，通常将 ω 划分为数百个等间距的单位，得到

$$\omega_i=2\pi i\Delta f \tag{8.3.19}$$

例如取 $\Delta f=\dfrac{0.5}{500}=0.001$，然后将每个 ω_i 值代入式 (8.3.17) 或式 (8.3.18)，求出所有峰值对应的 ω 值。因此，MUSIC 算法需要在频率轴上进行全域搜索，计算量比较大。另外，

执行 MUSIC 算法是选择噪声子空间还是信号子空间方式，决定于 $\boldsymbol{G}$ 和 $\boldsymbol{S}$ 中哪一个具有更小的维数。除了计算量有所不同外，这两种方式并没有本质上的区别。

为了改进 MUSIC 算法的性能，已提出了好几种变型，例如基于最大似然法的改进 MUSIC 算法[446]、解相干 MUSIC 算法和求根MUSIC 算法[29] 等。有关这些变型的详细讨论，可参考文献 [546]。

8.3.3 子空间方法应用 2：子空间白化

令 $\boldsymbol{a}$ 是 $m \times 1$ 随机向量，具有零均值，其协方差矩阵 $\boldsymbol{C}_a = \mathrm{E}\{\boldsymbol{a}\boldsymbol{a}^{\mathrm{H}}\}$。若 $m \times m$ 协方差矩阵 $\boldsymbol{C}_a$ 非奇异，且不等于单位矩阵，则称随机向量 $\boldsymbol{a}$ 为有色或非白随机向量。

令协方差矩阵的特征值分解为 $\boldsymbol{C}_a = \boldsymbol{V}\boldsymbol{D}\boldsymbol{V}^{\mathrm{H}}$，并且矩阵

$$\boldsymbol{W} = \boldsymbol{V}\boldsymbol{D}^{-1/2}\boldsymbol{V}^{\mathrm{H}} = \boldsymbol{C}_a^{-1/2} \tag{8.3.20}$$

则变换结果

$$\boldsymbol{b} = \boldsymbol{W}\boldsymbol{a} = \boldsymbol{C}_a^{-1/2}\boldsymbol{a} \tag{8.3.21}$$

的协方差矩阵等于单位矩阵，即有

$$\boldsymbol{C}_b = \mathrm{E}\{\boldsymbol{b}\boldsymbol{b}^{\mathrm{H}}\} = \boldsymbol{W}\boldsymbol{C}_a\boldsymbol{W}^{\mathrm{H}} = \boldsymbol{C}_a^{-1/2}\mathrm{E}\{\boldsymbol{a}\boldsymbol{a}^{\mathrm{H}}\}[\boldsymbol{C}_a^{-1/2}]^{\mathrm{H}} = \boldsymbol{I} \tag{8.3.22}$$

因为 $\boldsymbol{C}_a^{-1/2} = \boldsymbol{V}\boldsymbol{D}^{-1/2}\boldsymbol{V}^{\mathrm{H}}$ 为 Hermitian 矩阵。上式表明，随机向量 $\boldsymbol{b}$ 为标准白色随机向量 (随机向量的各元素相互统计不相关，并且各方差均等于 1)。换言之，原来有色的随机向量经过线性变换 $\boldsymbol{W}\boldsymbol{a}$ 之后，变成了白色随机向量。线性变换矩阵 $\boldsymbol{W} = \boldsymbol{C}_a^{-1/2}$ 称为随机向量 $\boldsymbol{a}$ 的白化矩阵。

然而，若 $m \times m$ 协方差矩阵 $\boldsymbol{C}_a$ 奇异或者秩亏缺，例如 $\mathrm{rank}(\boldsymbol{C}_a) = n < m$，则不存在使 $\boldsymbol{W}\boldsymbol{C}_a\boldsymbol{W}^{\mathrm{H}} = \boldsymbol{I}$ 的白化矩阵 $\boldsymbol{W}$。此时，应该考虑在秩空间 $V = \mathrm{Range}(\boldsymbol{C}_a) = \mathrm{Col}(\boldsymbol{C}_a)$ 上使随机向量 $\boldsymbol{a}$ 白化。这一白化称为子空间白化 (subspace whitening)，是 Eldar 和 Oppenheim 于 2003 年提出的[157]。

若秩亏缺的协方差矩阵 $\boldsymbol{C}_a$ 的特征值分解为

$$\boldsymbol{C}_a = [\boldsymbol{V}_1, \boldsymbol{V}_2]\begin{bmatrix}\boldsymbol{D}_{n\times n} & \boldsymbol{O}_{n\times(m-n)} \\ \boldsymbol{O}_{(m-n)\times n} & \boldsymbol{O}_{(m-n)\times(m-n)}\end{bmatrix}\begin{bmatrix}\boldsymbol{V}_1^{\mathrm{H}} \\ \boldsymbol{V}_2^{\mathrm{H}}\end{bmatrix} \tag{8.3.23}$$

并令

$$\boldsymbol{W} = \boldsymbol{V}_1\boldsymbol{D}^{-1/2}\boldsymbol{V}_1^{\mathrm{H}} \tag{8.3.24}$$

则易知线性变换结果

$$\boldsymbol{b} = \boldsymbol{W}\boldsymbol{a} = \boldsymbol{V}_1\boldsymbol{D}^{-1/2}\boldsymbol{V}_1^{\mathrm{H}}\boldsymbol{a} \tag{8.3.25}$$

的协方差矩阵

$$\begin{aligned}\boldsymbol{C}_b &= \mathrm{E}\{\boldsymbol{b}\boldsymbol{b}^{\mathrm{H}}\} = \boldsymbol{W}\boldsymbol{C}_a\boldsymbol{W}^{\mathrm{H}} \\ &= \boldsymbol{V}_1\boldsymbol{D}^{-1/2}\boldsymbol{V}_1^{\mathrm{H}}[\boldsymbol{V}_1,\boldsymbol{V}_2]\begin{bmatrix}\boldsymbol{D} & \boldsymbol{O}\\ \boldsymbol{O} & \boldsymbol{O}\end{bmatrix}\begin{bmatrix}\boldsymbol{V}_1^{\mathrm{H}}\\ \boldsymbol{V}_2^{\mathrm{H}}\end{bmatrix}\boldsymbol{V}_1\boldsymbol{D}^{-1/2}\boldsymbol{V}_1^{\mathrm{H}} \\ &= [\boldsymbol{V}_1\boldsymbol{D}^{-1/2},\boldsymbol{O}]\begin{bmatrix}\boldsymbol{D} & \boldsymbol{O}\\ \boldsymbol{O} & \boldsymbol{O}\end{bmatrix}\begin{bmatrix}\boldsymbol{D}^{-1/2}\boldsymbol{V}_1^{\mathrm{H}}\\ \boldsymbol{O}\end{bmatrix} = \begin{bmatrix}\boldsymbol{I}_n & \boldsymbol{O}\\ \boldsymbol{O} & \boldsymbol{O}\end{bmatrix}\end{aligned}$$

即 $\boldsymbol{b}=\boldsymbol{W}\boldsymbol{a}$ 是在子空间 $\mathrm{Range}(\boldsymbol{C}_a)$ 内的白色随机向量。因此，称 $\boldsymbol{W}=\boldsymbol{V}_1\boldsymbol{D}^{-1/2}\boldsymbol{V}_1^{\mathrm{H}}$ 为子空间白化矩阵。关于子空间白化及其具体实现，读者可进一步参考文献 [157]。文献 [158] 将子空间白化应用于信号检测，提出了基于正交和投影正交匹配滤波器的检测方法。

8.4　Grassmann 流形与 Stiefel 流形

考察目标函数 $J(\boldsymbol{W})$ 的最小化，其中，$\boldsymbol{W}$ 为 $n\times r$ 矩阵。对 $\boldsymbol{W}$ 的常用约束有两类：

(1) *正交约束* (orthogonality constraint)　要求 $\boldsymbol{W}$ 满足正交条件 $\boldsymbol{W}^{\mathrm{H}}\boldsymbol{W}=\boldsymbol{I}_r$ $(n\geqslant r)$ 或者 $\boldsymbol{W}\boldsymbol{W}^{\mathrm{H}}=\boldsymbol{I}_n$ $(n<r)$。满足这种条件的矩阵 $\boldsymbol{W}$ 称为半正交矩阵。

(2) *齐次性约束* (homogeneity constraint)　要求 $J(\boldsymbol{W})=J(\boldsymbol{W}\boldsymbol{Q})$，其中，$\boldsymbol{Q}$ 为 $r\times r$ 正交矩阵。

下面分别研究两类最优化问题：一类同时使用正交约束和齐次性约束，另一类只使用正交约束。

8.4.1　不变子空间

定义 8.4.1 (*线性流形*)　令 H 是 V 空间的子空间，$\mathcal{L}$ 代表 H 内有限个元素的所有线性组合的全体，即

$$\mathcal{L}=\left\{\xi:\xi=\sum_{i=1}^{n}a_i\eta_i,\ \eta_i\in H\right\}$$

称 $\mathcal{L}$ 是由 H 张成的线性流形。

称两个矩阵为等价矩阵，若它们的列向量张成的子空间相同。换言之，等价的矩阵集合具有相同的列空间，即子空间相对于基的任意选择是不变的。在这个意义上，这类子空间也称不变子空间。所有相同的子空间组成等价子空间类。

令 $n\times r$ 矩阵 $\boldsymbol{W}$ 具有满列秩，其列空间 $H=\mathrm{Col}(\boldsymbol{W})$，并令 $\boldsymbol{x}$ 是 $\mathbb{C}^n$ 空间的一任意向量，则 $\boldsymbol{x}$ 到 H 子空间的投影为

$$\boldsymbol{P}_H\boldsymbol{x}=\boldsymbol{W}(\boldsymbol{W}^{\mathrm{H}}\boldsymbol{W})^{-1}\boldsymbol{W}^{\mathrm{H}}\boldsymbol{x}$$

令 $r\times r$ 矩阵 $\boldsymbol{M}$ 非奇异，且 $n\times r$ 矩阵 $\boldsymbol{W}\boldsymbol{M}$ 的列空间 $S=\mathrm{Col}(\boldsymbol{W}\boldsymbol{M})$，则 $\boldsymbol{x}$ 到 S 子空

间的投影为

$$\begin{aligned}\boldsymbol{P}_S\boldsymbol{x} &= \boldsymbol{WM}[(\boldsymbol{WM})^{\mathrm{H}}(\boldsymbol{WM})]^{-1}(\boldsymbol{WM})^{\mathrm{H}}\boldsymbol{x}\\ &= \boldsymbol{W}(\boldsymbol{W}^{\mathrm{H}}\boldsymbol{W})^{-1}\boldsymbol{W}^{\mathrm{H}}\boldsymbol{x} = \boldsymbol{P}_H\boldsymbol{x}\end{aligned}$$

由于向量 $\boldsymbol{x}$ 到子空间 H 和 S 的投影相等，故称 H 和 S 是两个等价子空间，或者称 $n\times r$ 满列秩矩阵 $\boldsymbol{W}$ 的列空间 $\mathrm{Col}(\boldsymbol{W})$ 是相对于 $r\times r$ 非奇异矩阵 $\boldsymbol{M}$ 不变的子空间。

类似地，向量 $\boldsymbol{x}$ 到具有满行秩的 $n\times r$ 矩阵 $\boldsymbol{W}$ 的行空间 $H_1 = \mathrm{Row}(\boldsymbol{W})$ 上的投影

$$\boldsymbol{x}\boldsymbol{P}_{H_1} = \boldsymbol{x}\boldsymbol{W}^{\mathrm{H}}(\boldsymbol{W}\boldsymbol{W}^{\mathrm{H}})^{-1}\boldsymbol{W}$$

若 $\boldsymbol{N}$ 是一个 $n\times n$ 非奇异矩阵，则 $\boldsymbol{x}$ 到行空间 $S_1 = \mathrm{Row}(\boldsymbol{NW})$ 上的投影

$$\begin{aligned}\boldsymbol{x}\boldsymbol{P}_{S_1} &= \boldsymbol{x}\boldsymbol{W}^{\mathrm{H}}\boldsymbol{N}^{\mathrm{H}}(\boldsymbol{N}\boldsymbol{W}\boldsymbol{W}^{\mathrm{H}}\boldsymbol{N}^{\mathrm{H}})^{-1}\boldsymbol{N}\boldsymbol{W}\\ &= \boldsymbol{x}\boldsymbol{W}^{\mathrm{H}}(\boldsymbol{W}\boldsymbol{W}^{\mathrm{H}})^{-1}\boldsymbol{W} = \boldsymbol{x}\boldsymbol{P}_{H_1}\end{aligned}$$

即 H_1 和 S_1 为等价子空间。也就是说，$n\times r$ 满行秩矩阵的行空间 $\mathrm{Row}(\boldsymbol{W})$ 是相对于 $n\times n$ 非奇异矩阵 $\boldsymbol{N}$ 不变的子空间。

下面考察不变子空间的集合。

8.4.2 Grassmann 流形

围绕子空间 H 展开的理论分析，其核心问题往往集中体现在另一空间 V 的任意向量 $\boldsymbol{x}$ 到子空间 H 的投影分析，因为这一投影涉及信号的最优滤波、最优估计、干扰对消等一系列应用。在这些应用中，到子空间的投影矩阵 $\boldsymbol{P}_H$ 和正交投影矩阵 $\boldsymbol{P}_H^{\perp} = \boldsymbol{I} - \boldsymbol{P}_H$ 起着关键的作用。当 H 是矩阵 $\boldsymbol{W}$ 的列 (或者行) 向量张成的子空间即列 (或者行) 空间时，常将 $\boldsymbol{W}$ 的投影矩阵视为子空间 H 的代表。因此，不变子空间也可以通过投影矩阵作解释。

(1) “高瘦”半正交矩阵 (tall-skinny semi-orthogonal matrix)

当 $n \geqslant r$，并且对矩阵 $\boldsymbol{W}_{n\times r}$ 加有正交约束 $\boldsymbol{W}^{\mathrm{H}}\boldsymbol{W} = \boldsymbol{I}_r$ 时，$\boldsymbol{W}$ 的列空间 $H = \mathrm{Col}(\boldsymbol{W})$ 常可以用投影矩阵

$$\boldsymbol{P}_H = \boldsymbol{W}(\boldsymbol{W}^{\mathrm{H}}\boldsymbol{W})^{-1}\boldsymbol{W}^{\mathrm{H}} = \boldsymbol{W}\boldsymbol{W}^{\mathrm{H}}$$

等价描述。因此，不变的列空间 $\mathrm{Col}(\boldsymbol{W})$ 可等价描述为矩阵乘积 $\boldsymbol{W}\boldsymbol{W}^{\mathrm{H}}$ 不变。也就是说，当两个 $n\times r$ 半正交矩阵 $\boldsymbol{W}_1 \neq \boldsymbol{W}_2$ 不同，但却满足条件 $\boldsymbol{W}_1\boldsymbol{W}_1^{\mathrm{H}} = \boldsymbol{W}_2\boldsymbol{W}_2^{\mathrm{H}}$ 时，矩阵 $\boldsymbol{W}_1$ 和 $\boldsymbol{W}_2$ 就是等价矩阵，它们的列空间相同。

(2) “矮”半正交矩阵 (short semi-orthogonal matrix)

当 $n < r$，并且对矩阵 $\boldsymbol{W}_{n\times r}$ 加有正交约束 $\boldsymbol{W}\boldsymbol{W}^{\mathrm{H}} = \boldsymbol{I}_n$ 时，$\boldsymbol{W}$ 的行空间 $H = \mathrm{Row}(\boldsymbol{W})$ 常可以用投影矩阵

$$\boldsymbol{P}_H = \boldsymbol{W}^{\mathrm{H}}(\boldsymbol{W}\boldsymbol{W}^{\mathrm{H}})^{-1}\boldsymbol{W} = \boldsymbol{W}^{\mathrm{H}}\boldsymbol{W}$$

等价描述。因此，不变的行空间 $\text{Row}(\boldsymbol{W})$ 可等价描述为矩阵乘积 $\boldsymbol{W}^{\text{H}}\boldsymbol{W}$ 不变。换言之，满足 $\boldsymbol{W}_1^{\text{H}}\boldsymbol{W}_1=\boldsymbol{W}_2^{\text{H}}\boldsymbol{W}_2$ 的两个不同矩阵 $\boldsymbol{W}_1$ 和 $\boldsymbol{W}_2$ 相互等价。

引理 8.4.1　假定 $n\times r$ 矩阵 $\boldsymbol{W}_1=\boldsymbol{W}_2\boldsymbol{Q}$，其中，$n\geqslant r$，$\boldsymbol{Q}$ 是 $r\times r$ 正交矩阵，并且 $H_1=\text{Col}(\boldsymbol{W}_1)$ 和 $H_2=\text{Col}(\boldsymbol{W}_2)$，则 $\boldsymbol{P}_{H_1}=\boldsymbol{P}_{H_2}$，从而 $\boldsymbol{W}_1$ 和 $\boldsymbol{W}_2$ 等价。

证明　计算到 $\boldsymbol{W}_1=\boldsymbol{W}_2\boldsymbol{Q}$ 的列空间 H_1 的投影矩阵，得

$$\boldsymbol{P}_{H_1}=(\boldsymbol{W}_2\boldsymbol{Q})[(\boldsymbol{W}_2\boldsymbol{Q})^{\text{H}}(\boldsymbol{W}_2\boldsymbol{Q})]^{-1}(\boldsymbol{W}_2\boldsymbol{Q})^{\text{H}}=\boldsymbol{W}_2(\boldsymbol{W}_2^{\text{H}}\boldsymbol{W}_2)^{-1}\boldsymbol{W}_2^{\text{H}}=\boldsymbol{P}_{H_2}$$

由于列空间 $\text{Col}(\boldsymbol{W}_1)$ 与 $\text{Col}(\boldsymbol{W}_2)$ 相同，故矩阵 $\boldsymbol{W}_1$ 与 $\boldsymbol{W}_2$ 等价。 ■

上述引理表明，两个矩阵等价或者张成相同的列空间，若一个矩阵等于另外一个矩阵右乘一个正交矩阵。特别地，若 $\boldsymbol{W}_{n\times r}$ 满足正交约束条件 $\boldsymbol{W}^{\text{H}}\boldsymbol{W}=\boldsymbol{I}_r$ 和齐次性约束条件 $J(\boldsymbol{W})=J(\boldsymbol{W}\boldsymbol{Q})$，其中，$\boldsymbol{Q}$ 为 $r\times r$ 任意正交矩阵，则极小化问题 $\min J(\boldsymbol{W})$ 的解不是一个 $\boldsymbol{W}$ 矩阵，而是由 $\boldsymbol{W}\boldsymbol{Q}$ 组成的矩阵集合。矩阵集合内的任何一个矩阵的列向量都张成相同的 $\mathbb{C}^r$ 子空间。$\mathbb{C}^n$ 内的这一子空间集合称为 Grassmann 流形，用符号 $Gr(n,r)$ 表示，即有

$$Gr(n,r)=\{\boldsymbol{W}\in\mathbb{C}^{n\times r}:\ \boldsymbol{W}^{\text{H}}\boldsymbol{W}=\boldsymbol{I}_r, \boldsymbol{W}\boldsymbol{W}^{\text{H}}=\text{同一矩阵}\} \tag{8.4.1}$$

Grassmann 流形是 Grassmann 于 1848 年提出的，但当时的表示比较模糊，以至于许多年之后，才被人们认识[2]。Grassmann 流形的原始定义可以在文献 [200, Chap.3, Sec.1] 中找到。

总结以上讨论，可以得出以下结论：对于极小化问题

$$\min J(\boldsymbol{W}) \tag{8.4.2}$$

约束条件为

$$\boldsymbol{W}^{\text{H}}\boldsymbol{W}=\boldsymbol{I}_r,\quad J(\boldsymbol{W})=J(\boldsymbol{W}\boldsymbol{Q}),\quad \boldsymbol{Q}^{\text{H}}\boldsymbol{Q}=\boldsymbol{Q}\boldsymbol{Q}^{\text{H}}=\boldsymbol{I}_r \tag{8.4.3}$$

其解不是单个矩阵，而是称为 Grassmann 流形的矩阵集合。也就是说，Grassmann 流形的任何一个点都是同时具有正交约束和齐次性约束的极小化问题的解。

Grassmann 流形在最优化算法、不变子空间计算、物理计算、子空间跟踪等中有着重要的应用，其几何特性由 Edelman 等人于 1998 年给出了比较系统的解释[153]。

8.4.3　Stiefel 流形

下面考虑只有正交约束的最小化问题

$$\min J(\boldsymbol{W})\quad \text{subject to}\quad \boldsymbol{W}^{\text{H}}\boldsymbol{W}=\boldsymbol{I}_r \tag{8.4.4}$$

上述最优化问题的解为 $n\times r$ 半正交矩阵的集合。所有 $n\times r$ 半正交矩阵的集合称为 Stiefel 流形，用符号 $St(n,r)$ 表示，即

$$St(n,r)=\{\boldsymbol{W}\in\mathbb{C}^{n\times r}:\ \boldsymbol{W}^{\text{H}}\boldsymbol{W}=\boldsymbol{I}_r\} \tag{8.4.5}$$

它是 Stiefel 在 1930 年代研究拓扑时提出的[466]。Stiefel 还与 Hestens 一起于 1952 年提出了著名的共轭梯度算法[228]。

比较 Grassmann 流形与 Stiefel 流形之间的联系与区别是有趣的。

(1) Stiefel 流形 $St(n,r)$ 是 $n\times r$ “高瘦”半正交矩阵的集合，该流形 $St(n,r)$ 上的一个点代表 $n\times r$ 半正交矩阵集合的一个半正交矩阵。

(2) Grassmann 流形 $Gr(n,r)$ 由 Stiefel 流形 $St(n,r)$ 中那些张成相同列空间的矩阵组成，该流形 $Gr(n,r)$ 上的一个点是张成相同列空间的一个矩阵组合。张成该子空间的矩阵存在多种选择。换言之，Grassmann 流形的点是 $n\times r$ 半正交矩阵的等价类，其中的任何两个矩阵都是等价的，即一个矩阵等于另外一个矩阵右乘一个 $r\times r$ 正交矩阵。

所有 $r\times r$ 正交矩阵 $\boldsymbol{Q}$ 的集合称为正交群 (orthogonal group)，用符号 O_r 表示，即有

$$O_r=\{\boldsymbol{Q}_r\in\mathbb{C}^{r\times r}|\boldsymbol{Q}_r^{\mathrm{H}}\boldsymbol{Q}_r=\boldsymbol{Q}_r\boldsymbol{Q}_r^{\mathrm{H}}=\boldsymbol{I}_r\} \tag{8.4.6}$$

正交群、Grassmann 流形与 Stiefel 流形是与正交约束密切相关的三种子空间流形。下面研究这三种子空间流形之间的关系。

首先，令 $\boldsymbol{W}$ 是 Stiefel 流形上的一个点，即 $\boldsymbol{W}\in St(n,r)$ 是一个 $n\times r$ 半正交矩阵。收集所有满足正交条件 $\boldsymbol{W}_\perp^{\mathrm{H}}\boldsymbol{W}_\perp=\boldsymbol{I}_{n-r}$ 和 $\boldsymbol{W}_\perp^{\mathrm{H}}\boldsymbol{W}=\boldsymbol{O}_{(n-r)\times r}$ 的 $n\times(n-r)$ 矩阵 $\boldsymbol{W}_\perp\in St(n,n-r)$，则 $[\boldsymbol{W},\boldsymbol{W}_\perp]$ 构成一正交群 O_n。如果令 $\boldsymbol{Q}$ 是满足 $\boldsymbol{W}_\perp\boldsymbol{Q}=\boldsymbol{O}$ 的任意一个 $(n-r)\times(n-r)$ 正交矩阵，则 $\boldsymbol{Q}$ 的集合是另一正交群 O_{n-r}。注意到矩阵乘积

$$[\boldsymbol{W},\boldsymbol{W}_\perp]\begin{bmatrix}\boldsymbol{I}\\ \boldsymbol{Q}\end{bmatrix}=\boldsymbol{W}$$

这表明，半正交矩阵 $\boldsymbol{W}_{n\times r}$ 可以通过 $n\times n$ 正交群 O_n 和 $(n-r)\times(n-r)$ 正交群 O_{n-r} 识别。由上式的矩阵乘法知，Stiefel 流形 $St(n,r)$ 上的一个点可以用两个正交群的商 O_n/O_{n-r} 作表示形式，即有

$$St(n,r)=O_n/O_{n-r} \tag{8.4.7}$$

其次，如果我们使用半正交矩阵 $\boldsymbol{W}_{n\times r}$ 表示 Stiefel 流形上的一个点，则满足 $\boldsymbol{W}=\boldsymbol{U}_s\boldsymbol{Q}$ ($\boldsymbol{Q}$ 为 $r\times r$ 任意正交矩阵) 或 $\boldsymbol{U}_s=\boldsymbol{W}\boldsymbol{Q}^{-1}$ 的所有矩阵 $\boldsymbol{U}_s$ 组成 Grassmann 流形 $Gr(n,r)$ 的一个点 (等价子空间类)。因此，若将逆矩阵运算视为矩阵除法，则可以将 Grassmann 流形 $Gr(n,r)$ 表示成 Stiefel 流形 $St(n,r)$ 与正交矩阵 $\boldsymbol{Q}$ 的商，即有

$$Gr(n,r)=St(n,r)/O_r \tag{8.4.8}$$

式中，O_r 表示 $r\times r$ 正交群。若将式 (8.4.7) 代入式(8.4.8)，又可将 Grassmann 流形表示为正交群的商

$$Gr(n,r)=O_n/(O_r\times O_{n-r}) \tag{8.4.9}$$

以上关于正交群、Grassmann 流形和 Stiefel 流形三种子空间流形的讨论可以总结为表 8.4.1 的形式。

表 8.4.1 子空间流形的表示 [153]

子空间流形	符号	矩阵表示	商表示
正交群	O_n	$n\times n$ 矩阵	
Stiefel 流形	$St(n,r)$	$n\times r$ 矩阵	O_n/O_{n-r}
Grassmann 流形	$Gr(n,r)$	无	$St(n,r)/O_r$ 或者 $O_n/(O_r\times O_{n-r})$

下面讨论 Stiefel 流形、Grassmann 流形与 Rayleigh 商之间的关系。

定义 8.4.2 [224, 5] 令 $\boldsymbol{X}\in St(n,r)$ 是一个 $n\times r$ 半正交矩阵，且 $\boldsymbol{A}$ 为 $n\times n$ 维 Hermitian 矩阵，则

$$\boldsymbol{R}_A(X)=(\boldsymbol{X}^{\mathrm{H}}\boldsymbol{X})^{-1}\boldsymbol{X}^{\mathrm{H}}\boldsymbol{A}\boldsymbol{X} \tag{8.4.10}$$

称为 $\boldsymbol{A}$ 的矩阵 Rayleigh 商。矩阵 Rayleigh 商的迹

$$\begin{aligned}\rho_A(\boldsymbol{X})&=\mathrm{tr}(\boldsymbol{R}_A(X))=\mathrm{tr}\left(\boldsymbol{X}^{\mathrm{H}}\boldsymbol{A}\boldsymbol{X}(\boldsymbol{X}^{\mathrm{H}}\boldsymbol{X})^{-1}\right) &(8.4.11)\\&=\mathrm{tr}\left((\boldsymbol{X}^{\mathrm{H}}\boldsymbol{X})^{-1/2}\boldsymbol{X}^{\mathrm{H}}\boldsymbol{A}\boldsymbol{X}(\boldsymbol{X}^{\mathrm{H}}\boldsymbol{X})^{-1/2}\right) &(8.4.12)\end{aligned}$$

称为推广的 (标量) Rayleigh 商。

与 Rayleigh 商 $\dfrac{\boldsymbol{x}^{\mathrm{H}}\boldsymbol{A}\boldsymbol{x}}{\boldsymbol{x}^{\mathrm{H}}\boldsymbol{x}}$ 通常约定 $\boldsymbol{x}^{\mathrm{H}}\boldsymbol{x}=1$ 相类似，矩阵 Rayleigh 商假设 $\boldsymbol{X}^{\mathrm{H}}\boldsymbol{X}=\boldsymbol{I}$，即 $\boldsymbol{X}$ 是 Stiefel 流形上的点。换言之，矩阵 Rayleigh 商利用 Stiefel 流形定义。

推广的 Rayleigh 商保留了经典 Rayleigh 商的以下重要特性。

命题 8.4.1 [5] 矩阵 Rayleigh 商定义式 (8.4.10) 和推广的 Rayleigh 商定义式 (8.4.12) 满足以下性质：

(1) 齐次性 Rayleigh 商 $\rho_A(\boldsymbol{X})=\rho_A(\boldsymbol{X}\boldsymbol{M})$ 对所有非奇异矩阵 $\boldsymbol{M}$ 成立。这意味着，若 $\mathrm{Col}(\boldsymbol{W}_1)=\mathrm{Col}(\boldsymbol{W}_2)$，则 $\rho_A(\boldsymbol{W}_1)=\rho_A(\boldsymbol{W}_2)$。换言之，推广的 Rayleigh 商定义了 Grassmann 流形上的一个标量场 (scalar field)。

(2) 平稳性 推广的 Rayleigh 商 $\rho_A(\boldsymbol{X})$ 关于 $\boldsymbol{X}$ 的梯度矩阵 $\nabla\rho_A(\boldsymbol{X})=\boldsymbol{O}$，当且仅当 $\mathrm{col}(\boldsymbol{X})$ 是矩阵 $\boldsymbol{A}$ 的不变子空间，即 $\mathrm{Col}(\boldsymbol{A}\boldsymbol{X})\subset\mathrm{Col}(\boldsymbol{X})$。

(3) 最小残差 $\|\boldsymbol{A}\boldsymbol{X}-\boldsymbol{X}\boldsymbol{B}\|_{\mathrm{F}}^2\geqslant\|\boldsymbol{A}\boldsymbol{X}\|_{\mathrm{F}}^2-\|\boldsymbol{X}\boldsymbol{R}_A(X)\|_{\mathrm{F}}^2$，等号成立，当且仅当 $\boldsymbol{B}=\boldsymbol{R}_A(X)$。因此，$\boldsymbol{B}=\boldsymbol{R}_A(X)$ 是 $\min\|\boldsymbol{A}\boldsymbol{X}-\boldsymbol{X}\boldsymbol{B}\|_{\mathrm{F}}^2$ 的唯一解。

上述讨论可以总结为 Stiefel 流形、Grassmann 流形与 Rayleigh 商之间的下列关系：

1. 矩阵 Rayleigh 商 $\boldsymbol{R}_A(X)=(\boldsymbol{X}^{\mathrm{H}}\boldsymbol{X})^{-1}\boldsymbol{X}^{\mathrm{H}}\boldsymbol{A}\boldsymbol{X}$ 利用 Stiefel 流形 (即 $\boldsymbol{X}\in St(n,r)$) 定义。

2. 推广的 Rayleigh 商定义了 Grassmann 流形上的一个标量场。

8.5 投影逼近子空间跟踪

特征子空间的跟踪与更新主要用于实时信号处理，所以要求它们应该是快速算法。快速算法至少应该考虑到以下因素：

(1) n 时刻的子空间可以通过更新 $n-1$ 时刻的子空间获得。

(2) $n-1$ 时刻到 n 时刻的协方差矩阵的变化应该尽可能是低秩变化 (最好是秩 1 变化或秩 2 变化)。

(3) 只需要跟踪低维子空间。

特征子空间跟踪与更新方法可以分为以下四大类。

(1) *正交基跟踪*　只使用噪声子空间特征向量的正交基，而无须使用特征向量本身。这一特点可以简化一类特征子空间的自适应跟踪问题。

(2) *秩 1 更新*　将非平稳信号在 k 时刻的协方差矩阵看作是 $k-1$ 时刻的协方差矩阵与另外一个秩等于 1 的矩阵 (它是观测向量的共轭转置与其本身的乘积) 之和。因此，协方差矩阵的特征值分解的跟踪与所谓的秩 1 更新密切相关。文献 [532] 和文献 [95] 是这类方法的两个典型代表，其中，文献 [95] 的方法将秩 1 更新与一阶扰动问题联系起来，文献 [532] 的方法则包含了基于秩 1 和秩 2 修正的修正特征值分解的递推更新。

(3) *投影逼近*　将特征子空间的确定当作一个无约束最优化问题来求解，相应的方法称为投影逼近子空间跟踪[522]。

(4) *Lanczos 子空间跟踪*　利用 Lanczos 型迭代和随机逼近的概念，可以进行时变数据矩阵的子空间跟踪[177]。Xu 等人在文献 [519] 和文献 [520] 中分别提出了三 Lanczos 和双 Lanczos 子空间跟踪算法；前者适用于协方差矩阵的特征值分解，后者针对数据矩阵的奇异值分解；而且在 Lanczos 递推过程中能够对主特征值和主奇异值的个数进行检验估计。

本节介绍基于投影逼近的子空间跟踪。

8.5.1 投影逼近子空间跟踪的基本理论

下面证明，具有正交性约束 $\boldsymbol{W}_{n\times r}^{\mathrm{H}}\boldsymbol{W}_{n\times r}=\boldsymbol{I}_r$ 和齐次性约束 $J(\boldsymbol{W})=J(\boldsymbol{W}\boldsymbol{Q}_{r\times r})$ 的极小化问题 $\min J(\boldsymbol{W})$ 可以等价为一个无约束的最优化问题。

令 $\boldsymbol{C}=\mathrm{E}\{\boldsymbol{x}\boldsymbol{x}^{\mathrm{H}}\}$ 表示 $n\times 1$ 随机向量的自相关矩阵，目标函数为

$$J(\boldsymbol{W})=\mathrm{E}\{\|\boldsymbol{x}-\boldsymbol{W}\boldsymbol{W}^{\mathrm{H}}\boldsymbol{x}\|^2\} \tag{8.5.1}$$

或写作

$$\begin{aligned}J(\boldsymbol{W})&=\mathrm{E}\{\|\boldsymbol{x}-\boldsymbol{W}\boldsymbol{W}^{\mathrm{H}}\boldsymbol{x}\|^2\}\\&=\mathrm{E}\{(\boldsymbol{x}-\boldsymbol{W}\boldsymbol{W}^{\mathrm{H}}\boldsymbol{x})^{\mathrm{H}}(\boldsymbol{x}-\boldsymbol{W}\boldsymbol{W}^{\mathrm{H}}\boldsymbol{x})\}\\&=\mathrm{E}\{\boldsymbol{x}^{\mathrm{H}}\boldsymbol{x}\}-2\mathrm{E}\{\boldsymbol{x}^{\mathrm{H}}\boldsymbol{W}\boldsymbol{W}^{\mathrm{H}}\boldsymbol{x}\}+\mathrm{E}\{\boldsymbol{x}^{\mathrm{H}}\boldsymbol{W}\boldsymbol{W}^{\mathrm{H}}\boldsymbol{W}\boldsymbol{W}^{\mathrm{H}}\boldsymbol{x}\}\end{aligned} \tag{8.5.2}$$

注意到

$$\mathrm{E}\{\boldsymbol{x}^{\mathrm{H}}\boldsymbol{x}\}=\sum_{i=1}^{n}\mathrm{E}\{|x_i|^2\}=\mathrm{tr}\left(\mathrm{E}\{\boldsymbol{x}\boldsymbol{x}^{\mathrm{H}}\}\right)=\mathrm{tr}(\boldsymbol{C})$$

$$\mathrm{E}\{\boldsymbol{x}^{\mathrm{H}}\boldsymbol{W}\boldsymbol{W}^{\mathrm{H}}\boldsymbol{x}\}=\mathrm{tr}\left(\mathrm{E}\{\boldsymbol{W}^{\mathrm{H}}\boldsymbol{x}\boldsymbol{x}^{\mathrm{H}}\boldsymbol{W}\}\right)=\mathrm{tr}(\boldsymbol{W}^{\mathrm{H}}\boldsymbol{C}\boldsymbol{W})$$

$$\mathrm{E}\{\boldsymbol{x}^{\mathrm{H}}\boldsymbol{W}\boldsymbol{W}^{\mathrm{H}}\boldsymbol{W}\boldsymbol{W}^{\mathrm{H}}\boldsymbol{x}\}=\mathrm{tr}\left(\mathrm{E}\{\boldsymbol{W}^{\mathrm{H}}\boldsymbol{x}\boldsymbol{x}^{\mathrm{H}}\boldsymbol{W}\boldsymbol{W}^{\mathrm{H}}\boldsymbol{W}\}\right)=\mathrm{tr}(\boldsymbol{W}^{\mathrm{H}}\boldsymbol{C}\boldsymbol{W}\boldsymbol{W}^{\mathrm{H}}\boldsymbol{W})$$

则目标函数可以用迹函数表示为

$$J(\boldsymbol{W})=\mathrm{tr}(\boldsymbol{C})-2\mathrm{tr}(\boldsymbol{W}^{\mathrm{H}}\boldsymbol{C}\boldsymbol{W})+\mathrm{tr}(\boldsymbol{W}^{\mathrm{H}}\boldsymbol{C}\boldsymbol{W}\boldsymbol{W}^{\mathrm{H}}\boldsymbol{W}) \tag{8.5.3}$$

式中，$\boldsymbol{W}$ 是 $n\times r$ 矩阵，假定其秩等于 r。下面考虑极小化问题 $\min J(\boldsymbol{W})$，与之相关的重要问题是：

(1) 是否存在 $J(\boldsymbol{W})$ 的全局极小点 $\boldsymbol{W}$？

(2) 该极小点 $\boldsymbol{W}$ 与自相关矩阵 $\boldsymbol{C}$ 的信号子空间有何关系？

(3) 是否存在 $J(\boldsymbol{W})$ 的其他局部极小点？

Yang 证明了下面的两个定理，给出了以上问题的答案[522]。

定理 8.5.1 $\boldsymbol{W}$ 是 $J(\boldsymbol{W})$ 的一个平稳点，当且仅当 $\boldsymbol{W}=\boldsymbol{U}_r\boldsymbol{Q}$，其中，$\boldsymbol{U}_r\in\mathbb{C}^{n\times r}$ 由自相关矩阵 $\boldsymbol{C}$ 的 r 个不同的特征向量组成，并且 $\boldsymbol{Q}\in\mathbb{C}^{r\times r}$ 为任意酉矩阵。在每一个平衡点，目标函数 $J(\boldsymbol{W})$ 的值等于特征向量不在 $\boldsymbol{U}_r$ 的那些特征值之和。

定理 8.5.2 目标函数 $J(\boldsymbol{W})$ 的所有平稳点都是鞍点，除非 $\boldsymbol{U}_r$ 由自相关矩阵 $\boldsymbol{C}$ 的 r 个主特征向量组成。在这一特殊情况下，$J(\boldsymbol{W})$ 达到全局极小值。

定理 8.5.1 和定理 8.5.2 表明了以下事实：

(1) 虽然在定义目标函数和无约束极小化问题时，没有要求 $\boldsymbol{W}$ 的列正交，但是两个定理却表明，式 (8.5.1) 的目标函数 $J(\boldsymbol{W})$ 的极小化将自动导致 $\boldsymbol{W}$ 为半正交矩阵，即满足 $\boldsymbol{W}^{\mathrm{H}}\boldsymbol{W}=\boldsymbol{I}$。

(2) 定理 8.5.2 表明，当 $\boldsymbol{W}$ 的列空间等于信号子空间，即 $\mathrm{Col}(\boldsymbol{W})=\mathrm{Span}(\boldsymbol{U}_r)$ 时，目标函数 $J(\boldsymbol{W})$ 达到全局极小值，并且目标函数没有其他任何局部极小值。

(3) 由目标函数的定义式 (8.5.1) 易知，$J(\boldsymbol{W})=J(\boldsymbol{W}\boldsymbol{Q})$ 对于所有 $r\times r$ 酉矩阵 $\boldsymbol{Q}$ 成立，即目标函数自动满足齐次性约束。

(4) 由于式 (8.5.1) 定义的目标函数自动满足齐次性约束，并且其极小化自动导致 $\boldsymbol{W}$ 满足正交约束 $\boldsymbol{W}^{\mathrm{H}}\boldsymbol{W}=\boldsymbol{I}$，故目标函数极小化的解 $\boldsymbol{W}$ 不是唯一确定的，而是 Grassmann 流形上的点。

(5) 虽然 $\boldsymbol{W}$ 不是唯一确定的，但投影矩阵 $\boldsymbol{P}=\boldsymbol{W}(\boldsymbol{W}^{\mathrm{H}}\boldsymbol{W})^{-1}\boldsymbol{W}^{\mathrm{H}}=\boldsymbol{W}\boldsymbol{W}^{\mathrm{H}}=\boldsymbol{U}_r\boldsymbol{U}_r^{\mathrm{H}}$ 是唯一确定的。也就是说，不同的解张成相同的列空间。

(6) 当 $r=1$ 即目标函数为向量 $\boldsymbol{w}$ 的函数时，$J(\boldsymbol{w})$ 极小化的解 $\boldsymbol{w}$ 为自相关矩阵 $\boldsymbol{C}$ 与最大特征值对应的特征向量。

因此，具有正交性约束和齐次性约束的目标函数 $J(\boldsymbol{W})$ 的极小化求解变为奇异值分解或特征值分解问题：

(1) 利用观测数据向量 $\boldsymbol{x}(k)$ 构造数据矩阵 $\boldsymbol{X}=[\boldsymbol{x}(1),\boldsymbol{x}(2),\cdots,\boldsymbol{x}(N)]$，再计算 $\boldsymbol{X}$ 的奇异值分解，判断数据矩阵的有效秩 r，得到 r 个主奇异值和与之对应的左奇异向量矩阵 $\boldsymbol{U}_r$。极小化问题的最优解为 $\boldsymbol{W}=\boldsymbol{U}_r$。

(2) 计算自相关矩阵 $\boldsymbol{C}=\boldsymbol{X}\boldsymbol{X}^{\mathrm{H}}$ 的特征值分解，得到与 r 个主特征值对应的特征向量矩阵 $\boldsymbol{U}_r$，它便是极小化问题的最优解。

然而，在实际应用中，自相关矩阵 $\boldsymbol{C}$ 有可能是随时间变化的，从而，其特征值和特征向量也是随时间变化的。由式 (8.5.3) 知，在时变的情况下，目标函数 $J(\boldsymbol{W}(t))$ 的矩阵微分为

$$\begin{aligned}\mathrm{d}J(\boldsymbol{W}(t))=&-2\mathrm{tr}\left(\boldsymbol{W}^{\mathrm{H}}(t)\boldsymbol{C}(t)\mathrm{d}\boldsymbol{W}(t)+[\boldsymbol{C}(t)\boldsymbol{W}(t)]^{\mathrm{T}}\mathrm{d}\boldsymbol{W}^*(t)\right)\\&+\mathrm{tr}\left([\boldsymbol{W}^{\mathrm{H}}(t)\boldsymbol{W}(t)\boldsymbol{W}^{\mathrm{H}}(t)\boldsymbol{C}(t)+\boldsymbol{W}(t)\boldsymbol{C}(t)\boldsymbol{W}(t)\boldsymbol{W}^{\mathrm{H}}(t)]\mathrm{d}\boldsymbol{W}(t)\right.\\&\left.+[\boldsymbol{C}(t)\boldsymbol{W}(t)\boldsymbol{W}^{\mathrm{H}}(t)\boldsymbol{W}(t)+\boldsymbol{W}(t)\boldsymbol{W}^{\mathrm{H}}(t)\boldsymbol{C}(t)\boldsymbol{W}(t)]^{\mathrm{T}}\mathrm{d}\boldsymbol{W}^*(t)\right)\end{aligned}$$

由此得梯度矩阵

$$\begin{aligned}\nabla_W J(\boldsymbol{W}(t))&=-2\boldsymbol{C}(t)\boldsymbol{W}(t)+\boldsymbol{C}(t)\boldsymbol{W}(t)\boldsymbol{W}^{\mathrm{H}}(t)\boldsymbol{W}(t)+\boldsymbol{W}(t)\boldsymbol{W}^{\mathrm{H}}(t)\boldsymbol{C}(t)\boldsymbol{W}(t)\\&=\boldsymbol{W}(t)\boldsymbol{W}^{\mathrm{H}}(t)\boldsymbol{C}(t)\boldsymbol{W}(t)-\boldsymbol{C}(t)\boldsymbol{W}(t)\end{aligned}$$

式中，利用了 $\boldsymbol{W}(t)$ 的半正交约束条件 $\boldsymbol{W}^{\mathrm{H}}(t)\boldsymbol{W}(t)=\boldsymbol{I}$。

将 $\boldsymbol{C}(t)=\boldsymbol{x}(t)\boldsymbol{x}^{\mathrm{H}}(t)$ 代入梯度矩阵公式，即可得到求解极小化问题的梯度下降算法 $\boldsymbol{W}(t)=\boldsymbol{W}(t-1)-\mu\nabla_W J(\boldsymbol{W}(t))$ 如下

$$\boldsymbol{y}(t)=\boldsymbol{W}^{\mathrm{H}}(t)\boldsymbol{x}(t) \tag{8.5.4}$$

$$\boldsymbol{W}(t)=\boldsymbol{W}(t-1)+\mu[\boldsymbol{x}(t)-\boldsymbol{W}(t-1)\boldsymbol{y}(t)]\boldsymbol{y}^{\mathrm{H}}(t) \tag{8.5.5}$$

但是，这一更新 $\boldsymbol{W}(t)$ 的梯度下降算法收敛比较慢，跟踪时变子空间的能力也比较差。更好的方法是下面的递推最小二乘算法。

定义指数加权的目标函数

$$J_1(\boldsymbol{W}(t))=\sum_{i=1}^{t}\beta^{t-i}\|\boldsymbol{x}(i)-\boldsymbol{W}(t)\boldsymbol{W}^{\mathrm{H}}(t)\boldsymbol{x}(i)\|^2 \tag{8.5.6}$$

$$=\sum_{i=1}^{t}\beta^{t-i}\|\boldsymbol{x}(i)-\boldsymbol{W}(t)\boldsymbol{y}(i)\|^2 \tag{8.5.7}$$

式中，$0<\beta\leqslant 1$ 称为遗忘因子，而 $\boldsymbol{y}(i)=\boldsymbol{W}^{\mathrm{H}}(t)\boldsymbol{x}(i)$。

由自适应滤波理论知，极小化问题 $\min J_1(\boldsymbol{W})$ 的最优解为 Wiener 滤波器

$$\boldsymbol{W}(t)=\boldsymbol{C}_{xy}(t)\boldsymbol{C}_{yy}^{-1}(t) \tag{8.5.8}$$

式中，互相关矩阵 $\boldsymbol{C}_{xy}(t)$ 和自相关矩阵 $\boldsymbol{C}_{yy}(t)$ 可以递推

$$\boldsymbol{C}_{xy}(t) = \sum_{i=1}^{t} \beta^{t-i} \boldsymbol{x}(i)\boldsymbol{y}^{\mathrm{H}}(i) = \beta \boldsymbol{C}_{xy}(t-1) + \boldsymbol{x}(t)\boldsymbol{y}^{\mathrm{H}}(t) \tag{8.5.9}$$

$$\boldsymbol{C}_{yy}(t) = \sum_{i=1}^{t} \beta^{t-i} \boldsymbol{y}(i)\boldsymbol{y}^{\mathrm{H}}(i) = \beta \boldsymbol{C}_{yy}(t-1) + \boldsymbol{y}(t)\boldsymbol{y}^{\mathrm{H}}(t) \tag{8.5.10}$$

8.5.2 投影逼近子空间跟踪算法

将式 (8.5.9) 和式 (8.5.10) 代入式 (8.5.8)，并运用矩阵求逆引理，即可得到投影逼近的子空间跟踪 (projection approximation subspace tracking，PAST) 算法如下。

算法 8.5.1 投影逼近子空间跟踪 (PAST) 算法[522]

选择初始化矩阵 $\boldsymbol{P}(0)$ 和 $\boldsymbol{W}(0)$。

对 $t = 1, 2, \cdots$，计算

$$\begin{aligned}
\boldsymbol{y}(t) &= \boldsymbol{W}^{\mathrm{H}}(t-1)\boldsymbol{x}(t) \\
\boldsymbol{h}(t) &= \boldsymbol{P}(t-1)\boldsymbol{y}(t) \\
\boldsymbol{g}(t) &= \boldsymbol{h}(t)/[\beta + \boldsymbol{y}^{\mathrm{H}}(t)\boldsymbol{h}(t)] \\
\boldsymbol{P}(t) &= \frac{1}{\beta}\mathrm{Tri}[\boldsymbol{P}(t-1) - \boldsymbol{g}(t)\boldsymbol{h}^{\mathrm{H}}(t)] \\
\boldsymbol{e}(t) &= \boldsymbol{x}(t) - \boldsymbol{W}(t-1)\boldsymbol{y}(t) \\
\boldsymbol{W}(t) &= \boldsymbol{W}(t-1) + \boldsymbol{e}(t)\boldsymbol{g}^{\mathrm{H}}(t)
\end{aligned}$$

式中，$\mathrm{Tri}[\boldsymbol{A}]$ 表示只计算矩阵 $\boldsymbol{A}$ 的上 (或下) 三角部分，然后将上 (或下) 三角部分复制为矩阵的下 (或上) 三角部分。

PAST 算法从数据向量中提取信号子空间，是一种主分量分析方法。特别地，若上述算法的第一式用

$$\boldsymbol{y}(t) = g\left(\boldsymbol{W}^{\mathrm{H}}(t-1)\boldsymbol{x}(t)\right) \tag{8.5.11}$$

取代，其中，$g(\boldsymbol{z}(t)) = [g(z_1(t)), g(z_2(t)), \cdots, g(z_n(t))]^{\mathrm{T}}$ 为非线性函数，则可得到一类称为非线性主分量分析的盲信号分离算法。非线性主分量分析的 LMS 算法和 RLS 算法分别由文献 [377] 和文献 [391] 提出。此外，若 $r = 1$，则 PAST 算法简化为以下算法。

算法 8.5.2 子空间跟踪的压缩映射 (PASTd) 算法[522]

选择初始化向量 $\boldsymbol{d}_i(0)$ 和 $\boldsymbol{w}_i(0)$。

对 $t = 1, 2, \cdots$，计算

$$\boldsymbol{x}_1(t) = \boldsymbol{x}(t)$$

对 $i = 1, 2, \cdots, r$，计算

$$\begin{aligned}
y_i(t) &= \boldsymbol{w}_i^{\mathrm{H}}(t-1)\boldsymbol{x}_i(t) \\
d_i(t) &= \beta d_i(t-1) + |y_i(t)|^2
\end{aligned}$$

$$\boldsymbol{e}_i(t) = \boldsymbol{x}_i(t) - \boldsymbol{w}_i(t-1)y_i(t)$$
$$\boldsymbol{w}_i(t) = \boldsymbol{w}_i(t-1) + \boldsymbol{e}_i(t)[y_i^*(t)/d_i(t)]$$
$$\boldsymbol{x}_{i+1}(t) = \boldsymbol{x}_i(t) - \boldsymbol{w}_i(t)y_i(t)$$

PASTd 算法又可进一步推广为秩和子空间二者同时跟踪的算法。对此推广感兴趣的读者可参考文献 [523]。

投影逼近子空间跟踪算法可以对 $\boldsymbol{W} = \boldsymbol{U}_r\boldsymbol{Q}$ 进行跟踪。现在考虑信号子空间 $\boldsymbol{U}_r\boldsymbol{U}_r^{\rm H}$ 的直接跟踪。由投影矩阵的关系式 $\boldsymbol{P} = \boldsymbol{W}\boldsymbol{W}^{\rm H} = \boldsymbol{U}_r\boldsymbol{U}_r^{\rm H}$ 知，信号子空间 $\boldsymbol{U}_r\boldsymbol{U}_r^{\rm H}$ 的跟踪等价于投影矩阵 $\boldsymbol{P}$ 的跟踪。使用投影矩阵代替式 (8.5.1) 的代价函数中的矩阵 $\boldsymbol{W}\boldsymbol{W}^{\rm H}$，即可将投影逼近子空间跟踪的代价函数等价写成

$$J(\boldsymbol{P}) = {\rm E}\{\|\boldsymbol{x} - \boldsymbol{P}\boldsymbol{x}\|^2\} = {\rm tr}(\boldsymbol{C}) - {\rm tr}(\boldsymbol{C}\boldsymbol{P}) - {\rm tr}(\boldsymbol{C}\boldsymbol{P}^{\rm H}) + {\rm tr}(\boldsymbol{C}\boldsymbol{P}\boldsymbol{P}^{\rm H}) \tag{8.5.12}$$

为了使 $\boldsymbol{P}$ 为投影矩阵，必须对它加幂等矩阵的约束条件 $\boldsymbol{P}^2 = \boldsymbol{P}$ 和复共轭对称的约束条件 $\boldsymbol{P}^{\rm H} = \boldsymbol{P}$。利用这些约束条件可以简化式 (8.5.12)。于是，便得到直接跟踪信号子空间投影矩阵的约束优化问题

$$\min J(\boldsymbol{P}) = \min {\rm E}\{\|\boldsymbol{x} - \boldsymbol{P}\boldsymbol{x}\|^2\} = \min[{\rm tr}(\boldsymbol{C}) - {\rm tr}(\boldsymbol{C}\boldsymbol{P})] \tag{8.5.13}$$

约束条件为 ${\rm rank}(\boldsymbol{P}) \neq n$，$\boldsymbol{P}^2 = \boldsymbol{P}$ 和 $\boldsymbol{P}^{\rm H} = \boldsymbol{P}$。这一优化准则是 Utschick 提出的[488]。约束条件 ${\rm rank}(\boldsymbol{P}) \neq n$ 意味着 $\boldsymbol{P}$ 不可以是非奇异的幂等矩阵 (即单位矩阵)。

在大多数情况下，PAST 算法收敛为半正交矩阵 $\boldsymbol{W}^{\rm H}\boldsymbol{W} = \boldsymbol{I}$。但是，在某些情况下，PAST 算法将不能收敛，而呈振荡状态。为了克服 PAST 算法的这一缺点，文献 [3] 提出了一种正交 PAST 算法：在 PAST 算法的基础上，增加一种正交化运算，以便在每一步迭代都能够保证半正交条件 $\boldsymbol{W}^{\rm H}(i)\boldsymbol{W}(i) = \boldsymbol{I}$。其结果反而简化了整个算法的运算。

算法 8.5.3 正交投影逼近子空间跟踪 (OPAST) 算法[3]

选择初始化矩阵 $\boldsymbol{P}(0)$ 和 $\boldsymbol{W}(0)$。

对 $t = 1, 2, \cdots$，计算

$$\boldsymbol{W}(i) = \boldsymbol{W}(i-1) + \tilde{\boldsymbol{p}}^{\rm H}(i)\boldsymbol{q}(i) \tag{8.5.14}$$

$$\tau(i) = \frac{1}{\|\boldsymbol{q}(i)\|_2^2}\left(\frac{1}{\sqrt{1 + \|\boldsymbol{p}(i)\|_2^2\|\boldsymbol{q}(i)\|_2^2}} - 1\right) \tag{8.5.15}$$

$$\tilde{\boldsymbol{p}}(i) = \tau(i)\boldsymbol{W}(i-1)\boldsymbol{q}(i) + (1 + \tau(i)\|\boldsymbol{q}(i)\|_2^2)\boldsymbol{p}(i) \tag{8.5.16}$$

8.6 快速子空间分解

从 Krylov 子空间的角度出发，样本协方差矩阵 $\boldsymbol{R}$ 的信号子空间的跟踪变成 $\boldsymbol{R}$ 的 Rayleigh-Ritz (RR) 向量的跟踪。这一方法的基本出发点是，样本协方差矩阵 $\hat{\boldsymbol{R}}$ 的主特征向量的张成与 $\hat{\boldsymbol{R}}$ 的 Rayleigh-Ritz (RR) 向量的张成是 $\boldsymbol{R}$ 的信号子空间的渐近等价估计。由于 RR 向量可以利用 Lanczos 算法有效求出，故可以实现信号子空间的快速分解。

8.6.1 Rayleigh-Ritz 逼近

令 $\boldsymbol{A} \in \mathbb{C}^{M\times M}$ 为协方差矩阵，它是 Hermitian 的。考虑样本协方差矩阵 $\hat{\boldsymbol{A}} = \boldsymbol{X}\boldsymbol{X}^{\mathrm{H}}/N$，其中 $\boldsymbol{X} = [\boldsymbol{x}(1),\cdots,\boldsymbol{x}(N)]^{\mathrm{T}}$ 为数据矩阵。

令 Hermitian 矩阵 $\boldsymbol{A}$ 的特征值分解为

$$\boldsymbol{A} = \sum_{k=1}^{M} \lambda_k \boldsymbol{u}_k \boldsymbol{u}_k^{\mathrm{H}} \tag{8.6.1}$$

其中，$(\lambda_k, \boldsymbol{u}_k)$ 为 $\boldsymbol{A}$ 的第 k 个特征值和特征向量，并假定 $\lambda_1 > \cdots > \lambda_d > \lambda_{d+1} = \cdots = \lambda_M = \sigma$。即是说，$\{\lambda_k, \boldsymbol{u}_k\}_{k=1}^{d}$ 为信号特征值和信号特征向量。

现在考虑信号特征值和信号特征向量的 Rayleigh-Ritz (RR) 逼近问题。为此，先引入以下定义。

定义 8.6.1 对于一个 m 维子空间 S^m，若

$$\boldsymbol{A}\boldsymbol{y}_i^{(m)} - \theta_i^{(m)}\boldsymbol{y}_i^{(m)} \perp S^m \tag{8.6.2}$$

则分别称 $\theta_i^{(m)}$ 和 $\boldsymbol{y}_i^{(m)}$ 是 Hermitian 矩阵 $\boldsymbol{A}$ 的 Rayleigh-Ritz (RR) 值和 RR 向量。

定义 8.6.2 Krylov 矩阵记作 $\boldsymbol{K}^m(A,f)$，定义为

$$\boldsymbol{K}^m(A,f) = [\boldsymbol{f},\, \boldsymbol{A}\boldsymbol{f},\, \cdots,\, \boldsymbol{A}^{m-1}\boldsymbol{f}] \tag{8.6.3}$$

并将其张成

$$\mathcal{K}^m(A,f) = \mathrm{Span}\{\boldsymbol{f}, \boldsymbol{A}\boldsymbol{f}, \cdots, \boldsymbol{A}^{m-1}\boldsymbol{f}\} \tag{8.6.4}$$

称作 Krylov 子空间。

对于 RR 值和 RR 向量，文献 [394] 证明了以下结果。

引理 8.6.1 令 $(\theta_i^{(m)}, \boldsymbol{y}_i^{(m)})\,(i=1,\cdots,m)$ 为子空间 S^m 的 RR 值和 RR 向量，且 $\boldsymbol{Q} = [\boldsymbol{q}_1,\cdots,\boldsymbol{q}_m]$ 为同一子空间的正交基。如果 $(\alpha_i, \boldsymbol{u}_i)$ 是 $m\times m$ 矩阵 $\boldsymbol{Q}^{\mathrm{H}}\boldsymbol{A}\boldsymbol{Q}$ 的第 i 个特征对 (特征值与特征向量)，其中，$i=1,\cdots,m$，则

$$\theta_i^{(m)} = \alpha_i \tag{8.6.5}$$

$$\boldsymbol{y}_i^{(m)} = \boldsymbol{Q}\boldsymbol{u}_i \tag{8.6.6}$$

引理 8.6.1 表明，一个 Hermitian 矩阵的特征值和特征向量可以分别用 Krylov 子空间的 RR 值和 RR 向量逼近。这种逼近称为 Rayleigh-Ritz 逼近。

Rayleigh-Ritz 逼近的性能用 RR 值和 RR 向量的渐近性质评估：对 $m > d$，它们各自的误差

$$\theta_k^{(m)} - \hat{\lambda}_k = O(N^{-m-d}), \quad k=1,\cdots,d \tag{8.6.7}$$

$$\boldsymbol{y}_k^{(m)} - \hat{\boldsymbol{u}}_k = O(N^{-(m-d)/2}), \quad k=1,\cdots,d \tag{8.6.8}$$

式中，N 为数据长度。因此，一旦 $m \geqslant d+2$，则有

$$\lim_{N\to\infty} \sqrt{N}(\boldsymbol{y}_k^{(m)} - \boldsymbol{u}_k) = \lim_{N\to\infty} \sqrt{N}(\hat{\boldsymbol{u}}_k - \boldsymbol{u}_k), \quad k = 1, \cdots, d \tag{8.6.9}$$

即 $\text{Span}\{\boldsymbol{y}_1^{(m)}, \cdots, \boldsymbol{y}_d^{(m)}\}$ 和 $\text{Span}\{\hat{\boldsymbol{u}}_1, \cdots, \hat{\boldsymbol{u}}_d\}$ 都是信号子空间 $\text{Span}\{\boldsymbol{u}_1, \cdots, \boldsymbol{u}_d\}$ 的渐近等价估计，故 Hermitian 矩阵 $\boldsymbol{A}$ 的信号子空间的求解变成 $\boldsymbol{A}$ 的 RR 特征向量的求解。

8.6.2 快速子空间分解算法

进一步地，Lanczos 基通过 Hermitian 矩阵 $\boldsymbol{A}$ 的三对角化，将 $\boldsymbol{A}$ 的 RR 对 (RR 值和 RR 向量) 与三对角矩阵的特征对 (特征值和特征向量) 紧密联系在一起。

令 $\boldsymbol{Q}_m = [\boldsymbol{q}_1, \cdots, \boldsymbol{q}_m]$ 是 Lanczos 基，则由文献 [394] 知

$$\boldsymbol{Q}_m^{\text{H}} \hat{\boldsymbol{A}} \boldsymbol{Q}_m = \boldsymbol{T}_m = \begin{bmatrix} \alpha_1 & \beta_1 & & & \\ \beta_1 & \alpha_2 & \beta_2 & & \\ & \ddots & \ddots & \ddots & \\ & & \ddots & \alpha_{m-1} & \beta_{m-1} \\ & & & \beta_{m-1} & \alpha_m \end{bmatrix} \tag{8.6.10}$$

其中，$\boldsymbol{T}_m$ 为 $m \times m$ 实三角矩阵。

由于 $\boldsymbol{Q}_m^{\text{H}} \hat{\boldsymbol{A}} \boldsymbol{Q}_m = \boldsymbol{T}_m$，故 RR 值和 RR 向量可以根据 $m \times m$ 三对角矩阵 $\boldsymbol{T}_m$ 的特征值分解求出。于是，Krylov 子空间 $\mathcal{K}^m(\hat{A}, f)$ 的 RR 值和 RR 向量可用来逼近样本协方差矩阵 $\hat{\boldsymbol{A}}$ 的期望特征值和特征向量。这一过程称作 Rayleigh-Ritz 逼近，简称 RR 逼近。Lanczos 算法最吸引人的性质就是：原来求 $M \times M$ (复值) 样本协方差 (Hermitian) 矩阵 $\hat{\boldsymbol{A}}$ 的期望特征值和特征向量这一较大的问题，借助 Lanczos 基后，转变成计算 $m \times m$ (实) 三对角矩阵的特征值分解的较小的问题，因为 m 通常比 M 小很多。

RR 值和 RR 向量与 Lanczos 算法密切相关。特别地，RR 值 $\{\theta_k^{(m)}\}$ 和 RR 向量 $\{\boldsymbol{y}_k^{(m)}\}$ 可以在 Lanczos 算法的第 m 步获得。Lanczos 算法分两种：实现 Hermitian 矩阵的三对角化的三 Lanczos 迭代和实现任意矩阵双对角化的双 Lanczos 迭代。

算法 8.6.1 三 Lanczos 迭代算法 [198]

给定 Hermitian 矩阵 $\boldsymbol{A}$；$\boldsymbol{r}_0 = \boldsymbol{f}$ (单位范数向量)；$\beta_0 = 1$；$j = 0$。

while ($\beta_j \neq 0$)

　　$\boldsymbol{q}_{j+1} = \boldsymbol{r}_j / \beta_j$;

　　$j = j + 1$;

　　$\alpha_j = \boldsymbol{q}_j^{\text{H}} \boldsymbol{A} \boldsymbol{q}_j$;

　　$\boldsymbol{r}_j = \boldsymbol{A}\boldsymbol{q}_j - \alpha_j \boldsymbol{q}_j - \beta_{j-1} \boldsymbol{q}_{j-1}$;

　　$\beta_j = \|\boldsymbol{r}_j\|_2$

end

在三 Lanczos 迭代的第 m 步 (即 $j=m$)，将得到 m 个正交向量 $\{\boldsymbol{q}_1,\cdots,\boldsymbol{q}_m\}$，它们组成 Krylov 子空间 $\mathcal{K}^m(A,f)=\text{Span}\{\boldsymbol{f},\boldsymbol{A}\boldsymbol{f},\cdots,\boldsymbol{A}^{m-1}\boldsymbol{f}\}$ 的一组正交基 $\boldsymbol{Q}_m$，常称为 Lanczos 基。

关于 RR 逼近，Xu 与 Kailath [520] 证明了下面的重要结果。

定理 8.6.1 令 $\hat{\lambda}_1>\cdots>\hat{\lambda}_M$ 和 $\hat{\boldsymbol{u}}_1,\cdots,\hat{\boldsymbol{u}}_M$ 分别是样本协方差矩阵 $\hat{\boldsymbol{A}}$ 的特征值和特征向量，其中 $\hat{\boldsymbol{A}}$ 是利用 N 个独立同正态分布 $N(0,\boldsymbol{A})$ 的数据向量计算得到的，且 $\boldsymbol{A}$ 是一个结构化的矩阵 (秩 d 矩阵 $+\sigma\boldsymbol{I}$)。令 $\lambda_1>\cdots>\lambda_d>\lambda_{d+1}=\cdots=\lambda_M=\sigma$ 和 $\boldsymbol{u}_1,\cdots,\boldsymbol{u}_M$ 分别是真实协方差矩阵 $\boldsymbol{A}$ 的特征值和特征向量。用 $\theta_1^{(m)}\geqslant\cdots\geqslant\theta_m^{(m)}$ 和 $\boldsymbol{y}_1^{(m)},\cdots,\boldsymbol{y}_m^{(m)}$ 分别表示从 Krylov 子空间 $\mathcal{K}^m(A,f)$ 获得的 RR 值和 RR 向量。若选择 $\boldsymbol{f}$ 满足 $\boldsymbol{f}^{\mathrm{H}}\hat{\boldsymbol{u}}_i\neq\boldsymbol{0}\,(1\leqslant i\leqslant d)$，则对于 $k=1,\cdots,d$，下列结果成立：

(1) 若 $m\geqslant d+2$，则 RR 值 $\theta_k^{(m)}$ 逼近它们对应的特征值 λ_k 的精度为 $O(N^{-(m-d)})$，而 RR 向量 $\boldsymbol{y}_k^{(m)}$ 逼近它们对应的特征向量 $\hat{\boldsymbol{u}}_k$ 的精度为 $O(N^{(m-d)/2})$，即

$$\theta_k^{(m)}=\hat{\lambda}_k+O(N^{-(m-d)}) \tag{8.6.11}$$

$$\boldsymbol{y}_k^{(m)}=\hat{\boldsymbol{u}}_k+O(N^{-(m-d)/2}) \tag{8.6.12}$$

(2) 若 $m\geqslant d+1$,则 $\theta_k^{(m)}$ 和 $\hat{\lambda}_k$ 是特征值 λ_k 的渐近等价估计。如果 $m\geqslant d+2$，则 $\boldsymbol{y}_k^{(m)}$ 和 $\hat{\boldsymbol{e}}_k$ 也是特征向量 $\boldsymbol{u}_k$ 的渐近等价估计。

定理 8.6.1 表明，从三 Lanczos 迭代的第 $m\,(\geqslant d+1)$ 步得到的 d 个比较大的 RR 值可以用来代替信号特征值。但是，还需要先估计 d。为此，构造检验统计量

$$\phi_{\hat{d}}=N(M-\hat{d})\log\left[\frac{\sqrt{\dfrac{1}{M-\hat{d}}\left(\|\hat{\boldsymbol{A}}\|_{\mathrm{F}}^2-\displaystyle\sum_{k=1}^{\hat{d}}\theta_k^{(m)^2}\right)}}{\dfrac{1}{M-\hat{d}}\left(\mathrm{tr}(\hat{\boldsymbol{A}})-\displaystyle\sum_{k=1}^{\hat{d}}\theta_k^{(m)}\right)}\right] \tag{8.6.13}$$

其中

$$\mathrm{tr}(\hat{\boldsymbol{A}})=\sum_{k=1}^{M}\hat{\lambda}_k,\qquad \|\hat{\boldsymbol{A}}\|_{\mathrm{F}}^2=\sum_{k=1}^{M}\hat{\lambda}_k^2 \tag{8.6.14}$$

文献 [520] 提出的快速子空间分解算法如下。

算法 8.6.2 快速子空间分解算法 (三 Lanczos 迭代)

步骤 1 适当选择 $\boldsymbol{r}_0=\boldsymbol{f}$，它满足定理 8.6.1 中的条件。令 $m=1,\beta_0=\|\boldsymbol{r}_0\|=1$ 和 $\hat{d}=1$。

步骤 2 执行第 m 次三 Lanczos 迭代 (算法 8.6.1)。

步骤 3 利用算法 8.6.1 得到的 α 和 β 值，构造 $m\times m$ 三对角矩阵 $\boldsymbol{T}_m$，并求其特征值，得到 RR 值 $\theta_i^{(m)},i=1,2,\cdots,m$。

步骤 4 对 $\hat{d}=1,\cdots,m-1$，用式 (8.6.13) 计算检验统计量 $\phi_{\hat{d}}$。若 $\phi_{\hat{d}}\leqslant\gamma_{\hat{d}}c(N)$，则令 $d=\hat{d}$ (接受 H_0 假设)，并转到步骤 5；否则，令 $m=m+1$，并返回步骤 2。

步骤 5 计算 $m\times m$ 三对角矩阵 $\boldsymbol{T}_m$ 的特征值分解，得到与 Krylov 子空间 $\mathcal{K}^m(\hat{A},f)$ 相关联的 d 个主 RR 向量 $y_k^{(m)}$。最后的信号子空间估计为 $\mathrm{Span}\{\boldsymbol{y}_1^{(m)},\cdots,\boldsymbol{y}_d^{(m)}\}$。

三 Lanczos 迭代仅适用于 Hermitian 矩阵的三角化，不能够用于非正方的矩阵。下面考虑对 $N\times M$ 数据矩阵 $\boldsymbol{X}_N$ 直接求 RR 向量。

算法 8.6.3 双 Lanczos 迭代 [198]

给定 $\boldsymbol{X}_N;\boldsymbol{p}_0=\boldsymbol{f}$ (单位范数向量); $\beta_0=1;\boldsymbol{u}_0=\boldsymbol{0};j=0$。

while $\beta_j^{(b)}\neq 0$

$\boldsymbol{v}_{j+1}=\boldsymbol{p}_j/\beta_j^{(b)}$;

$j=j+1$;

$\boldsymbol{r}_j=\boldsymbol{X}_N\boldsymbol{v}_j-\beta_{j-1}^{(b)}\boldsymbol{u}_{j-1}$;

$\alpha_j^{(b)}=\|\boldsymbol{r}_j\|$;

$\boldsymbol{u}_j=\boldsymbol{r}_j/\alpha_j^{(b)}$;

$\boldsymbol{p}_j=\boldsymbol{X}_N^{\mathrm{H}}\boldsymbol{u}_j-\alpha_j^{(b)}\boldsymbol{v}$;

$\beta_j^{(b)}=\|\boldsymbol{p}_j\|$;

end

类似于三 Lanczos 迭代，双 Lanczos 迭代给出左 Lanczos 基 $\boldsymbol{U}_j=[\boldsymbol{u}_1,\cdots,\boldsymbol{u}_j]$，右 Lanczos 基 $\boldsymbol{V}_j=[\boldsymbol{v}_1,\cdots,\boldsymbol{v}_j]$ 以及双对角矩阵

$$\boldsymbol{B}_j=\begin{bmatrix}\alpha_1^{(b)} & \beta_1^{(b)} & & \\ & \alpha_2^{(b)} & \ddots & \\ & & \ddots & \beta_{j-1}^{(b)} \\ & & & \alpha_j^{(b)}\end{bmatrix} \tag{8.6.15}$$

下面的定理表明，对矩形的数据矩阵 $\boldsymbol{X}_N$ 使用双 Lanczos 迭代等价于对样本协方差矩阵 $\hat{\boldsymbol{A}}$ 使用三 Lanczos 迭代。

定理 8.6.2 [519] 考查任一 $N\times M$ 矩阵 $\boldsymbol{X}_N$。对 $\boldsymbol{X}_N^{\mathrm{H}}\boldsymbol{X}_N$ 应用三Lanczos 迭代，并对 $\boldsymbol{X}_N$ 使用双 Lanczos 迭代。如果两个算法使用相同的初始值，即如果 $\boldsymbol{q}_1=\boldsymbol{v}_1$，则

(1) $\boldsymbol{Q}_j=\boldsymbol{V}_j,\quad j=1,\cdots,M$；

(2) $\boldsymbol{T}_j=\boldsymbol{B}_j^{\mathrm{H}}\boldsymbol{B}_j,\quad j=1,\cdots,M$。

根据上述定理描述的等价性，只要将算法 8.6.2 中的三 Lanczos 迭代换成双 Lanczos 迭代，即可得到基于双 Lanczos 迭代的快速子空间分解算法。

算法 8.6.4 快速子空间分解算法 (双 Lanczos 迭代) [519]

步骤 1 适当选择 $\boldsymbol{r}_0=\boldsymbol{f}$，它满足定理 8.6.1 中的条件。令 $m=1,\beta_0=\|\boldsymbol{r}_0\|=1$ 和 $\hat{d}=1$。

步骤 2 执行第 m 次双 Lanczos 迭代 (算法 8.6.3)。

步骤 3 利用算法 8.6.3 得到的 α 和 β 值，构造 $m \times m$ 双对角矩阵 $\boldsymbol{B}_m$，并求其奇异值奇异值 $\theta_i^{(m)}, i = 1, \cdots, m$。

步骤 4 对 $\hat{d} = 1, \cdots, m-1$，计算检验统计量

$$\phi_{\hat{d}} = \sqrt{N} |\log(\hat{\sigma}_{\hat{d}} / \hat{\sigma}_{\hat{d}+1})| \tag{8.6.16}$$

式中 $\hat{\sigma}_i = \frac{1}{M-j}\left(\left\|\frac{1}{\sqrt{N}}\boldsymbol{X}_N\right\|_2^2 - \sum_{i=1}^{j}(\theta_i^{(m)})^2\right)$。若 $\phi_{\hat{d}} < \gamma_{\hat{d}}\sqrt{\log N}$，则令 $d = \hat{d}$ (接受 H_0 假设)，并转到步骤 5；否则，令 $m = m+1$，并返回步骤 2。

步骤 5 计算 $m \times m$ 双对角矩阵 $\boldsymbol{B}_m$ 的奇异值分解，得到与 Krylov 子空间 $\mathcal{K}^m(\hat{A}, f)$ 相关联的 d 个主 RR 右奇异向量 $v_k^{(m)}$。最后的信号子空间估计为 $\mathrm{Span}\{\boldsymbol{v}_1^{(m)}, \cdots, \boldsymbol{v}_d^{(m)}\}$。

文献 [519] 介绍了快速子空间分解在信号处理和无线通信中的应用。

本章小结

本章从子空间的代数关系和几何关系入手，介绍了子空间的分析理论与方法:

(1) 矩阵基本子空间 (行空间、列空间和零空间) 的性质与构造方法;

(2) 信号子空间分析方法和噪声子空间分析方法。

为了适应实时信号处理的需要，本章还专门讨论了子空间的实时跟踪与更新的下列方法:

(1) 基于优化理论的子空间跟踪;

(2) 快速子空间分解。

特别地，围绕基于优化理论的子空间跟踪，重点介绍了 Grassmann 流形、Stiefel 流形和投影逼近子空间跟踪等典型方法。

习 题

8.1 令 V 是所有 2×2 矩阵的向量空间，证明子空间

$$W = \left\{\boldsymbol{A} : \boldsymbol{A} = \begin{bmatrix} a & b \\ c & d \end{bmatrix}, \quad ad = 0, bc = 0\right\}$$

不是 V 的子空间。

8.2 令 W 是所有 3×3 斜对称矩阵的集合。证明 W 是所有 3×3 矩阵的向量空间V的一个子空间，并求其张成子空间的基。

8.3 令 V 是 2×2 矩阵的向量空间，并且

$$W = \left\{\boldsymbol{A} : \boldsymbol{A} = \begin{bmatrix} a & 0 \\ 0 & b \end{bmatrix}, \quad a, b\,\text{为任意实数}\right\}$$

是 V 的一个子空间。若

$$\boldsymbol{B}_1=\begin{bmatrix}0 & 2\\1 & 0\end{bmatrix},\quad \boldsymbol{B}_2=\begin{bmatrix}0 & 3\\0 & 0\end{bmatrix},\quad \boldsymbol{B}_3=\begin{bmatrix}0 & 3\\2 & 0\end{bmatrix}$$

(1) 证明矩阵集合 $\{\boldsymbol{B}_1,\boldsymbol{B}_2,\boldsymbol{B}_3\}$ 线性相关，并将 $\boldsymbol{B}_3$ 表示为 $\boldsymbol{B}_1$ 和 $\boldsymbol{B}_2$ 的线性组合；

(2) 证明 $\{\boldsymbol{B}_1,\boldsymbol{B}_2\}$ 是一个线性无关的矩阵集合。

8.4 令 $\boldsymbol{u}_1,\boldsymbol{u}_2,\cdots,\boldsymbol{u}_p$ 是有限维的非零向量空间 V 的向量，并且 $S=\{\boldsymbol{u}_1,\boldsymbol{u}_2,\cdots,\boldsymbol{u}_p\}$ 为一向量集合。判断下列结果的真与假：

(1) $\boldsymbol{u}_1,\boldsymbol{u}_2,\cdots,\boldsymbol{u}_p$ 的所有线性组合的集合为一向量空间；

(2) 若 $\{\boldsymbol{u}_1,\boldsymbol{u}_2,\cdots,\boldsymbol{u}_{p-1}\}$ 线性无关，则 S 也是线性无关的向量集合；

(3) 若向量集合 S 线性无关，则 S 是向量空间 V 的一组基；

(4) 若 $V=\text{Span}\{\boldsymbol{u}_1,\boldsymbol{u}_2,\cdots,\boldsymbol{u}_p\}$，则 S 的某个子集是 V 的一组基；

(5) 若 $\dim(V)=p$ 和 $V=\text{Span}\{\boldsymbol{u}_1,\boldsymbol{u}_2,\cdots,\boldsymbol{u}_p\}$，则向量集合 S 不可能线性相关。

8.5 判断下列结果是否为真：

(1) 矩阵 $\boldsymbol{A}$ 的行空间与 $\boldsymbol{A}^{\mathrm{T}}$ 的列空间相同。

(2) 矩阵 $\boldsymbol{A}$ 的行空间和列空间的维数相同，即使 $\boldsymbol{A}$ 不是正方矩阵。

(3) 矩阵 $\boldsymbol{A}$ 的行空间和零空间的维数之和等于 $\boldsymbol{A}$ 的行数。

(4) 矩阵 $\boldsymbol{A}^{\mathrm{T}}$ 的行空间与 $\boldsymbol{A}$ 的列空间相同。

8.6 令 $\boldsymbol{A}$ 为 $m\times n$ 矩阵，在子空间 $\text{Row}(\boldsymbol{A}),\text{Col}(\boldsymbol{A}),\text{Null}(\boldsymbol{A}),\text{Row}(\boldsymbol{A}^{\mathrm{T}}),\text{Col}(\boldsymbol{A}^{\mathrm{T}})$ 和 $\text{Null}(\boldsymbol{A}^{\mathrm{T}})$ 内，有几个不同的子空间？哪些位于 $\mathbb{R}^m$ 空间，哪些位于 $\mathbb{R}^n$ 空间？

8.7 证明下列向量集合 W 为向量子空间，或举反例说明它不是向量子空间：

(1) $W=\left\{\begin{bmatrix}a\\b\\c\\d\end{bmatrix}:\begin{matrix}2a+b=c\\a+b+c=d\end{matrix}\right\}$；　(2) $W=\left\{\begin{bmatrix}a-b\\3b\\3a-2b\\a\end{bmatrix}:a,b\text{为实数}\right\}$

(3) $W=\left\{\begin{bmatrix}2a+3b\\c+a-2b\\4c+a\\3c-a-b\end{bmatrix}:a,b,c\text{为实数}\right\}$

8.8 已知

$$\boldsymbol{A}=\begin{bmatrix}8 & 2 & 9\\-3 & -2 & -4\\5 & 0 & 5\end{bmatrix},\qquad \boldsymbol{w}=\begin{bmatrix}2\\1\\-2\end{bmatrix}$$

判断 $\boldsymbol{w}$ 是在列空间 $\text{Col}(\boldsymbol{A})$ 还是零空间 $\text{Null}(\boldsymbol{A})$？

8.9 在统计理论中常常要求矩阵是满秩的。若矩阵 $\boldsymbol{A}$ 是一个 $m\times n$ 矩阵，其中，$m>n$，试解释 $\boldsymbol{A}$ 满秩的条件是其列线性无关。

8.10 一个 7×10 矩阵能否有二维的零空间？

8.11 试证明 $\boldsymbol{v}$ 在矩阵 $\boldsymbol{A}$ 的列空间 $\text{Col}(\boldsymbol{A})$ 内，若 $\boldsymbol{A}\boldsymbol{v}=\lambda\boldsymbol{v}$，且 $\lambda\neq 0$。

8.12 令 $\boldsymbol{V}_1$ 和 $\boldsymbol{V}_2$ 的列向量分别是 $\mathbb{C}^n$ 的同一子空间的正交基，证明 $\boldsymbol{V}_1\boldsymbol{V}_1^{\rm H}\boldsymbol{x} = \boldsymbol{V}_2\boldsymbol{V}_2^{\rm H}\boldsymbol{x}, \forall \boldsymbol{x}$。

8.13 令 V 是一子空间，且 S 是 V 的生成元或张成集合。已知

$$S = \left\{ \begin{bmatrix} 1 \\ 0 \\ -1 \end{bmatrix}, \begin{bmatrix} -1 \\ -2 \\ -3 \end{bmatrix}, \begin{bmatrix} 1 \\ 1 \\ 2 \end{bmatrix}, \begin{bmatrix} 2 \\ -1 \\ 0 \end{bmatrix} \right\}$$

求 V 的基，并计算 $\dim(V)$。

8.14 题图 8.14 中的电路由电阻 R (欧姆)、电感 L (亨利) 和电容 C (法拉) 和初始电压源 V 组成。令 $b = R/(2L)$，并假定 R, L, C 的值使得 b 的数值也等于 $1/\sqrt{LC}$ (例如，伏特计就是这种情况)。令 $v(t)$ 是在时间 t 测得的电容两端的瞬时电压，而 H 是将 $v(t)$ 映射为 $Lv''(t) + Rv'(t) + (1/C)v(t)$ 的线性变换的零空间。可以证明，v 位于零空间 H 内，并且 H 由所有具有形式 $v(t) = {\rm e}^{-bt}(c_1 + c_2 t)$ 的函数组成。求零空间 H 的一组基。

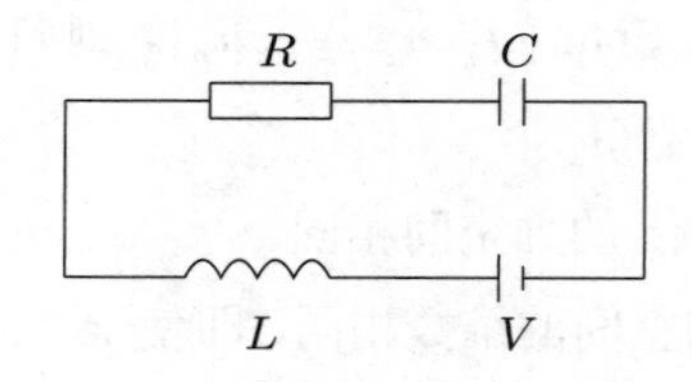

题图 8.14 电路图

8.15 一质量为 m 的物体挂在一弹簧的末端。如果压紧该弹簧，然后再释放，这一质量—弹簧系统就会开始振荡。假定质量 m 与其静止位置的位移 $y(t)$ 由函数

$$y(t) = c_1 \cos(\omega t) + c_2 \sin(\omega t)$$

描述，其中，ω 是一个与质量 m 和弹簧有关的常数。固定 ω，令 c_1 和 c_2 任意。

(1) 证明：描述质量-弹簧系统振荡的函数 $y(t)$ 的集合为一向量空间 V。

(2) 求向量空间 V 的一组基。

8.16 令

$$W = \left\{ \begin{bmatrix} a \\ b \\ c \end{bmatrix} : a - 3b - c = 0 \right\}$$

证明 W 是 $\mathbb{R}^3$ 的一个子空间。

8.17 已知矩阵

$$\boldsymbol{A} = \begin{bmatrix} 1 & 3 \\ 2 & 4 \\ 5 & 7 \end{bmatrix}, \quad \boldsymbol{B} = \begin{bmatrix} 1 & 4 \\ 2 & -7 \\ 5 & -1 \end{bmatrix}$$

求列空间 ${\rm Col}(\boldsymbol{A})$ 和 ${\rm Col}(\boldsymbol{B})$ 之间的主角的余弦。

8.18 假定 $\boldsymbol{X}$ 和 $\boldsymbol{Y}\in\mathbb{C}^{m\times n}\,(m\geqslant n)$，且 $\boldsymbol{X}^{\mathrm{H}}\boldsymbol{X}=\boldsymbol{Y}^{\mathrm{H}}\boldsymbol{Y}=\boldsymbol{I}_n$。证明：子空间 $\mathrm{Col}(\boldsymbol{X})$ 和 $\mathrm{Col}(\boldsymbol{Y})$ 之间的第 i 主角的余弦是矩阵 $\boldsymbol{X}^{\mathrm{H}}\boldsymbol{Y}$ 的第 i 个奇异值 (按递减顺序排列)。

8.19 令矩阵 $\boldsymbol{A}\in\mathbb{C}^{m\times n}$，证明：

$$\min_{\mathrm{rank}(\boldsymbol{X})\leqslant k}\|\boldsymbol{A}-\boldsymbol{X}\|_{\mathrm{F}}=\left(\sum_{i=k+1}^{n}\sigma_i^2\right)^{1/2}$$

式中，$\boldsymbol{X}\in\mathbb{C}^{m\times n}, k<n$，且 $\sigma_1\geqslant\sigma_2\geqslant\cdots\geqslant\sigma_n$ 是矩阵 $\boldsymbol{A}$ 的 n 个奇异值。

8.20 假定 $\boldsymbol{X},\boldsymbol{Y}\in\mathbb{C}^{m\times n}\,(m\geqslant n)$，并且 $\boldsymbol{X}^{\mathrm{H}}\boldsymbol{X}=\boldsymbol{Y}^{\mathrm{H}}\boldsymbol{Y}=\boldsymbol{I}_n$。定义子空间 $S_1=\mathrm{Col}(\boldsymbol{X})$ 和 $S_2=\mathrm{Col}(\boldsymbol{Y})$ 之间的距离为

$$d(S_1,S_2)=\|\boldsymbol{P}_{S_1}-\boldsymbol{P}_{S_2}\|_{\mathrm{F}}$$

(1) 求投影矩阵 $\boldsymbol{P}_{S_1}$ 和 $\boldsymbol{P}_{S_2}$；

(2) 证明：

$$d(S_1,S_2)=(1-\sigma_{\min}(\boldsymbol{X}^{\mathrm{H}}\boldsymbol{Y}))^{1/2}$$

其中，$\sigma_{\min}(\boldsymbol{X}^{\mathrm{H}}\boldsymbol{Y})$ 是矩阵 $\boldsymbol{X}^{\mathrm{H}}\boldsymbol{Y}$ 的最小奇异值。

8.21 令 $\boldsymbol{A}$ 和 $\boldsymbol{B}$ 是两个 $m\times n$ 矩阵，并且 $m\geqslant n$。证明

$$\min_{\boldsymbol{Q}^{\mathrm{T}}\boldsymbol{Q}=\boldsymbol{I}_n}\|\boldsymbol{A}-\boldsymbol{B}\boldsymbol{Q}\|_{\mathrm{F}}^2=\sum_{i=1}^{n}[(\sigma_i(\boldsymbol{A}))^2-2\sigma_i(\boldsymbol{B}^{\mathrm{T}}\boldsymbol{A})+(\sigma_i(\boldsymbol{B}))^2]$$

式中，$\sigma_i(\boldsymbol{A})$ 是矩阵 $\boldsymbol{A}$ 的第 i 个奇异值。

8.22 假定 T 是一个一对一线性变换，并且 $T(\boldsymbol{u})=T(\boldsymbol{v})$ 总是意味着 $\boldsymbol{u}=\boldsymbol{v}$。证明：若像的集合 $\{T(\boldsymbol{u}_1),T(\boldsymbol{u}_2),\cdots,T(\boldsymbol{u}_p)\}$ 线性相关，则向量集合 $\{\boldsymbol{u}_1,\boldsymbol{u}_2,\cdots,\boldsymbol{u}_p\}$ 线性相关。(注：该命题表明，一个一对一线性变换将线性无关的向量集合映射为线性无关的向量集合。)

8.23 已知矩阵

$$\boldsymbol{A}=\begin{bmatrix}2&5&-8&0&17\\1&3&-5&1&5\\-3&-11&19&-7&-1\\1&7&-13&5&-3\end{bmatrix}$$

试求其列空间、行空间和零空间的基。

8.24 已知

$$\boldsymbol{A}=\begin{bmatrix}-2&1&-1&6&-8\\1&-2&-4&3&-2\\7&-8&-10&-3&10\\4&-5&-7&0&4\end{bmatrix}$$

和

$$\boldsymbol{B}=\begin{bmatrix}1&-2&-4&3&-2\\0&3&9&-12&12\\0&0&0&0&0\\0&0&0&0&0\end{bmatrix}$$

是两个行等价的矩阵，试求

(1) 矩阵 $\boldsymbol{A}$ 的秩和零空间 $\text{Null}(\boldsymbol{A})$ 的维数；

(2) 列空间 $\text{Col}(\boldsymbol{A})$ 和行空间 $\text{Row}(\boldsymbol{A})$ 的基；

(3) 如果希望求零空间 $\text{Null}(\boldsymbol{A})$ 的基，下一步应该执行什么运算？

(4) 在 $\boldsymbol{A}^{\text{T}}$ 的行阶梯型中有几个主元列？

8.25 [434] 令 $\boldsymbol{P}$ 是一投影算子，并且 $\boldsymbol{U} = [\boldsymbol{u}_1, \boldsymbol{u}_2, \cdots, \boldsymbol{u}_m]$ 的列向量组成值域 $\text{Range}(\boldsymbol{P})$ 的一组基。试解释为什么总是存在 $\text{Null}(\boldsymbol{P})^{\perp}$ 的一组基 $\boldsymbol{V} = [\boldsymbol{v}_1, \boldsymbol{v}_2, \cdots, \boldsymbol{v}_m]$，使得 $\boldsymbol{u}_i^{\text{H}}\boldsymbol{v}_j = 0$？满足这一正交关系的矩阵$\boldsymbol{U}$ 和 $\boldsymbol{V}$ 称为双正交的。令 S 和 H 是两个子空间，它们具有相同维数 m。是否总是存在双正交的 $\boldsymbol{U}$ 和 $\boldsymbol{V}$，使得 $\boldsymbol{U}$ 的列向量组成子空间 S 的一组基，而$\boldsymbol{V}$ 的列向量是 H 的一组基？

8.26 令 $\boldsymbol{A}$ 是一个 $n \times n$ 对称矩阵，证明：

(1) $(\text{Col}\boldsymbol{A})^{\perp} = \text{Null}(\boldsymbol{A})$。

(2) $\mathbb{R}^n$ 内的每一个向量 $\boldsymbol{x}$ 都可以写作 $\boldsymbol{x} = \hat{\boldsymbol{x}} + \boldsymbol{z}$，式中，$\hat{\boldsymbol{x}} \in \text{Col}(\boldsymbol{A})$，$\boldsymbol{z} \in \text{Null}(\boldsymbol{A})$。

8.27 考虑一码分多址 (CDMA) 系统，它共有 K 个用户。假定用户 1 为期望用户，其特征波形向量 $\boldsymbol{s}_1$ 为已知，并满足单位能量条件 $\langle \boldsymbol{s}_1, \boldsymbol{s}_1 \rangle = \boldsymbol{s}_1^{\text{T}}\boldsymbol{s}_1 = 1$。现有一接收机的观测数据向量为 $\boldsymbol{y}(n)$，它包含了 K 个用户信号的线性混合。为了检测期望用户的信号，希望设计一多用户检测器 $\boldsymbol{c}_1$，使检测器的输出能量最小化。若多用户检测器服从约束条件 $\boldsymbol{c}_1 = \boldsymbol{s}_1 + \boldsymbol{U}_i\boldsymbol{w}$，其中，$\boldsymbol{U}_i$ 称为干扰子空间，亦即它的列张成干扰子空间。求干扰子空间 $\boldsymbol{U}_i$。

第 9 章　投影分析

在许多工程应用 (例如无线通信、雷达、声纳、时间序列分析和信号处理等) 中，许多问题的最优求解都可归结为：提取某个所希望的信号，而抑制掉其他所有干扰、杂波或者噪声。投影是解决这类问题的一个极为重要的数学工具。

投影分为正交投影和斜投影两类。本章将系统介绍向量与矩阵的投影分析。首先，将给出投影与正交投影的基本知识。其次，将分别从数学和信号处理的角度，引出投影矩阵与正交投影矩阵的定义公式。然后，将围绕投影矩阵与正交投影矩阵的应用，展开多方面的讨论。特别地，将介绍投影矩阵与正交投影矩阵的递推计算，以及这种递推计算的应用。最后，将聚焦于斜投影矩阵及其有趣的典型应用。

9.1　投影与正交投影

在学习力学的过程中，我们已经熟悉图 9.1.1 所示一方块物体在斜面上重力的分解。

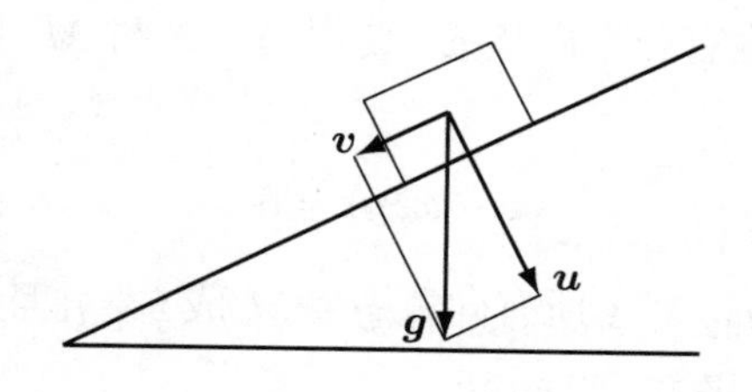

图 9.1.1　物体重力的分解

图 9.1.1 中，物体的重力 $\boldsymbol{g}$ 垂直向下，它可以分解为两个分量：一个与斜面垂直，为物体的压力 $\boldsymbol{u}$；另一个与斜面平行，为物体的下滑力，即有 $\boldsymbol{g}=\boldsymbol{u}+\boldsymbol{v}$。由于压力 $\boldsymbol{u}$ 与下滑力 $\boldsymbol{v}$ 相互垂直，所以重力的分解 $\boldsymbol{g}=\boldsymbol{u}+\boldsymbol{v}$ 属于所谓的正交分解。

如果定义斜面的法线 (下指) 向量为 $\boldsymbol{w}$，则压力 $\boldsymbol{u}$ 可视为重力 $\boldsymbol{g}$ 在 $\boldsymbol{w}$ 上的投影：

$$\boldsymbol{u}=\mathrm{Proj}_{\boldsymbol{w}}\boldsymbol{g}$$

而与压力 $\boldsymbol{u}$ 垂直的下滑力 $\boldsymbol{v}$ 即是重力 $\boldsymbol{g}$ 在 $\boldsymbol{w}$ 上的正交投影，记作

$$\boldsymbol{v}=\mathrm{Proj}_{\boldsymbol{w}}^{\perp}\boldsymbol{g}$$

9.1.1 投影定理

更一般地，我们来考虑向量子空间中的投影与正交投影。

众所周知，在初等几何中，一个点到一直线的最短距离为垂直距离。推而广之，从一个点到一子空间的最短距离是与该子空间正交的距离。如果 $\boldsymbol{x} \in H$，而 M 是向量空间 H 的一个子空间，并且 $\boldsymbol{x}$ 不在子空间 M 内，那么最短距离问题就是求向量 $\boldsymbol{y} \in M$ 使得向量 $\boldsymbol{x}-\boldsymbol{y}$ 的长度最短。如果 $\hat{\boldsymbol{x}} \in M$ 使得 Euclidean 范数 $\|\boldsymbol{x}-\hat{\boldsymbol{x}}\|_2$ 最小，则 $\hat{\boldsymbol{x}}$ 称为向量 $\boldsymbol{x}$ 在子空间 M 上的投影。类似地，向量 $\boldsymbol{x}$ 到子空间 M 的正交补 $M^{\perp}$ 上的投影则称为正交投影。

令 M 是 H 的一个子空间。已知 V 中的向量 $\boldsymbol{x}$，现希望求向量 $\hat{\boldsymbol{x}} \in M$ 使得

$$\|\boldsymbol{x}-\hat{\boldsymbol{x}}\|_2 \leqslant \|\boldsymbol{x}-\boldsymbol{y}\|_2, \quad \forall \boldsymbol{y} \in M \tag{9.1.1}$$

子空间 M 中满足不等式 (9.1.1) 的向量 $\hat{\boldsymbol{x}}$ 称为向量 $\boldsymbol{x}$ 在子空间 M 上的投影或向量 $\boldsymbol{x}$ 的最小二乘逼近。直观上，向量 $\hat{\boldsymbol{x}}$ 是子空间 M 中与 $\boldsymbol{x}$ 距离最近的向量。

显然，上述问题的求解过程本质上与最小二乘问题等价。需要注意的是，若 M 是 H 的一个无穷维的子空间，那么向量 $\boldsymbol{x}$ 到子空间 M 的投影就有可能不存在。但是，如果 M 是有限维的子空间，向量 $\boldsymbol{x}$ 到该子空间的投影就一定存在，并且唯一。

定理 9.1.1 (投影定理) 令 H 是向量空间，而 M 是 H 内的 n 维子空间。若对于 H 中的向量 $\boldsymbol{x}$，在子空间 M 内有一个向量 $\hat{\boldsymbol{x}}$，使得 $\boldsymbol{x}-\hat{\boldsymbol{x}}$ 与 M 中的每一个向量 $\boldsymbol{y}$ 都满足正交条件，即

$$\langle \boldsymbol{x}-\hat{\boldsymbol{x}}, \boldsymbol{y}\rangle = 0 \tag{9.1.2}$$

则不等式 $\|\boldsymbol{x}-\hat{\boldsymbol{x}}\|_2 \leqslant \|\boldsymbol{x}-\boldsymbol{y}\|_2$ 对于所有向量 $\boldsymbol{y} \in M$ 成立，并且等号仅当 $\boldsymbol{y}=\hat{\boldsymbol{x}}$ 时成立。

证明 计算向量范数的平方，直接得

$$\begin{aligned}\|\boldsymbol{x}-\boldsymbol{y}\|_2^2 &= \|(\boldsymbol{x}-\hat{\boldsymbol{x}})+(\hat{\boldsymbol{x}}-\boldsymbol{y})\|_2^2 \\ &= (\boldsymbol{x}-\hat{\boldsymbol{x}})^{\mathrm{T}}(\boldsymbol{x}-\hat{\boldsymbol{x}}) + 2(\boldsymbol{x}-\hat{\boldsymbol{x}})^{\mathrm{T}}(\hat{\boldsymbol{x}}-\boldsymbol{y}) + (\hat{\boldsymbol{x}}-\boldsymbol{y})^{\mathrm{T}}(\hat{\boldsymbol{x}}-\boldsymbol{y})\end{aligned}$$

由于 $(\boldsymbol{x}-\hat{\boldsymbol{x}})^{\mathrm{T}}\boldsymbol{y} = \langle \boldsymbol{x}-\hat{\boldsymbol{x}}, \boldsymbol{y}\rangle = 0$ 对于每一个向量 $\boldsymbol{y} \in M$ 均成立，故对于 M 中的向量 $\hat{\boldsymbol{x}}$ 自然也成立，即 $(\boldsymbol{x}-\hat{\boldsymbol{x}})^{\mathrm{T}}\hat{\boldsymbol{x}} = 0$。于是，有

$$(\boldsymbol{x}-\hat{\boldsymbol{x}})^{\mathrm{T}}(\hat{\boldsymbol{x}}-\boldsymbol{y}) = (\boldsymbol{x}-\hat{\boldsymbol{x}})^{\mathrm{T}}\hat{\boldsymbol{x}} - (\boldsymbol{x}-\hat{\boldsymbol{x}})^{\mathrm{T}}\boldsymbol{y} = 0$$

由以上两式立即有 $\|\boldsymbol{x}-\boldsymbol{y}\|^2 = \|\boldsymbol{x}-\hat{\boldsymbol{x}}\|_2^2 + \|\hat{\boldsymbol{x}}-\boldsymbol{y}\|_2^2 \geqslant \|\boldsymbol{x}-\hat{\boldsymbol{x}}\|_2^2$，等号仅当 $\boldsymbol{y}=\hat{\boldsymbol{x}}$ 成立。■

定理 9.1.1 表明，向量 $\boldsymbol{x}$ 到有限维子空间 M 的投影 $\hat{\boldsymbol{x}}$ 唯一存在。

向量 $\boldsymbol{x}$ 到子空间 M 上的投影 $\hat{\boldsymbol{x}}$ 常用数学符号缩写为

$$\hat{\boldsymbol{x}} = \boldsymbol{P}_M \boldsymbol{x}, \quad \hat{\boldsymbol{x}} \in M \tag{9.1.3}$$

其中，$\boldsymbol{P}_M$ 代表到闭子空间 M 上的投影映射，习惯称为投影算子。如图 9.1.2 所示，$(\boldsymbol{x}-\hat{\boldsymbol{x}})$ 是从 $\boldsymbol{x}$ 到 M 的垂直线。

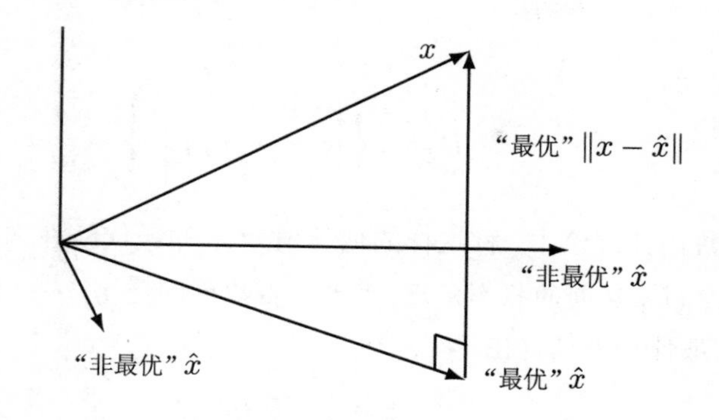

图 9.1.2 投影定理的几何解释

给定一个向量空间 H，一个子空间 M 和一个元素 $\boldsymbol{x}\in H$，定理 9.1.1 表明，M 内与 $\boldsymbol{x}$ 最接近的元素 (即 $\hat{\boldsymbol{x}}\in M$) 是唯一的，它满足方程

$$\langle \boldsymbol{x}-\hat{\boldsymbol{x}}, \boldsymbol{y}\rangle = 0, \quad \forall\, \boldsymbol{y}\in M \tag{9.1.4}$$

式 (9.1.4) 给出了 $\boldsymbol{x}$ 在子空间 M 内的最佳 (均方) 预测子 $\hat{\boldsymbol{x}}=\boldsymbol{P}_M\boldsymbol{x}$ 应该满足的方程，称之为预测方程。

令 $M^{\perp}$ 表示子空间 M 的正交补。投影 $\boldsymbol{P}_M\boldsymbol{x}$ 具有以下性质[68]：

(1) 齐次性 $\boldsymbol{P}_M(\alpha\boldsymbol{x}+\beta\boldsymbol{y})=\alpha\boldsymbol{P}_M\boldsymbol{x}+\beta\boldsymbol{P}_M\boldsymbol{y},\quad \boldsymbol{x},\boldsymbol{y}\in H;\quad \alpha,\beta\in C$。

(2) 直角三角形等式 $\|\boldsymbol{x}\|^2=\|\boldsymbol{P}_M\boldsymbol{x}\|^2+\|(\boldsymbol{I}-\boldsymbol{P}_M)\boldsymbol{x}\|^2$。

(3) 正交分解 每一个 $\boldsymbol{x}\in M$ 都具有以下的唯一表示

$$\boldsymbol{x}=\boldsymbol{P}_M\boldsymbol{x}+(\boldsymbol{I}-\boldsymbol{P}_M)\boldsymbol{x} \tag{9.1.5}$$

即 $\boldsymbol{x}$ 可以唯一分解成 M 的分量 $\boldsymbol{P}_M\boldsymbol{x}$ 与 $M^{\perp}$ 的分量 $(\boldsymbol{I}-\boldsymbol{P}_M)\boldsymbol{x}$ 之和。

(4) 收敛性 $\boldsymbol{P}_M\boldsymbol{x}_n\to\boldsymbol{P}_M\boldsymbol{x}$，若 $\|\boldsymbol{x}_n-\boldsymbol{x}\|\to 0$。

(5) 自投影 $\boldsymbol{x}\in M$ 当且仅当 $\boldsymbol{P}_M\boldsymbol{x}=\boldsymbol{x}$。

(6) 正交投影 $\boldsymbol{x}\in M^{\perp}$ 当且仅当 $\boldsymbol{P}_M\boldsymbol{x}=\boldsymbol{0}$。

(7) 包容性 $M_1\subseteq M_2$，当且仅当 $\boldsymbol{P}_{M_1}\boldsymbol{P}_{M_2}\boldsymbol{x}=\boldsymbol{P}_{M_1}\boldsymbol{x}$ 对所有 $\boldsymbol{x}\in H$ 恒成立。

9.1.2 均方估计

一个集合 $M\subseteq L_2$ 称为正交随机变量系，若对每个 $\boldsymbol{\xi},\boldsymbol{\eta}\in M(\boldsymbol{\xi}\neq\boldsymbol{\eta})$ 均有 $\boldsymbol{\xi}\perp\boldsymbol{\eta}$。特别地，若对每一个 $\boldsymbol{\xi}\in M$ 均有 $\|\boldsymbol{\xi}\|=1$，则称 M 是一标准正交系。

许多工程问题都可以归结为：给定 n 个数据向量 $\boldsymbol{\eta}_1,\cdots,\boldsymbol{\eta}_n$，希望找出 n 个常数 $a_1,\cdots,a_n$，使得用线性组合 $\hat{\boldsymbol{\xi}}=\sum\limits_{i=1}^{n}a_i\boldsymbol{\eta}_i$ 拟合未知的随机变量 $\boldsymbol{\xi}$ 时，拟合 (或估计) 误差

向量

$$\boldsymbol{\epsilon}=\boldsymbol{\xi}-\hat{\boldsymbol{\xi}}=\boldsymbol{\xi}-\sum_{i=1}^{n}a_i\boldsymbol{\eta}_i \tag{9.1.6}$$

的均方值

$$P=\mathrm{E}\left\{\left|\boldsymbol{\xi}-\sum_{i=1}^{n}a_i\boldsymbol{\eta}_i\right|^2\right\} \tag{9.1.7}$$

为最小。在参数估计理论中，称这样的估计值为 $\boldsymbol{\xi}$ 的最佳线性均方估计[349]。

定理 9.1.2 (L_2 空间的投影定理) [349] 若数据向量 $\boldsymbol{\eta}_1,\cdots,\boldsymbol{\eta}_n$ 组成标准正交系，则随机变量 $\boldsymbol{\xi}$ 的最佳均方估计由

$$\hat{\boldsymbol{\xi}}=\sum_{i=1}^{n}\langle\boldsymbol{\xi},\boldsymbol{\eta}_i\rangle\boldsymbol{\eta}_i \tag{9.1.8}$$

确定。

定义 9.1.1 (线性流形) 令 M 是 H 空间的子空间，L 代表 M 内的有限个元素的所有线性组合的全体，即 $L=\left\{\boldsymbol{\xi}:\boldsymbol{\xi}=\sum_{i=1}^{n}a_i\boldsymbol{\eta}_i,\ \boldsymbol{\eta}_i\in M\right\}$，称 L 是由 M 张成的线性流形。

下面解释最佳线性均方估计式 (9.1.8) 式的几何意义。考虑以下分解

$$\boldsymbol{\xi}=\hat{\boldsymbol{\xi}}+(\boldsymbol{\xi}-\hat{\boldsymbol{\xi}}) \tag{9.1.9}$$

可以证明，上述分解就是正交分解，即 $\hat{\boldsymbol{\xi}}\perp(\boldsymbol{\xi}-\hat{\boldsymbol{\xi}})$。为此，只要等价证明 $\mathrm{E}\{\hat{\boldsymbol{\xi}}(\boldsymbol{\xi}-\hat{\boldsymbol{\xi}})\}=0$ 即可。证明是简单的，因为

$$\begin{aligned}
\mathrm{E}\{\hat{\boldsymbol{\xi}}(\boldsymbol{\xi}-\hat{\boldsymbol{\xi}})\}&=\mathrm{E}\left\{\left[\sum_{j=1}^{n}\langle\boldsymbol{\xi},\boldsymbol{\eta}_j\rangle\boldsymbol{\eta}_j\right]\left[\boldsymbol{\xi}-\sum_{i=1}^{n}\langle\boldsymbol{\xi},\boldsymbol{\eta}_i\rangle\boldsymbol{\eta}_i\right]\right\}\\
&=\mathrm{E}\left\{\boldsymbol{\xi}\sum_{j=1}^{n}\langle\boldsymbol{\xi},\boldsymbol{\eta}_j\rangle\boldsymbol{\eta}_j\right\}-\mathrm{E}\left\{\sum_{i=1}^{n}\langle\boldsymbol{\xi},\boldsymbol{\eta}_i\rangle\boldsymbol{\eta}_i\sum_{j=1}^{n}\langle\boldsymbol{\xi},\boldsymbol{\eta}_j\rangle\boldsymbol{\eta}_j\right\}\\
&=\sum_{j=1}^{n}[\mathrm{E}\{\langle\boldsymbol{\xi},\boldsymbol{\eta}_j\rangle\}]^2-\sum_{i=1}^{n}\sum_{j=1}^{n}\mathrm{E}\{\langle\boldsymbol{\xi},\boldsymbol{\eta}_i\rangle\}\mathrm{E}\{\langle\boldsymbol{\xi},\boldsymbol{\eta}_j\rangle\}\mathrm{E}\{\langle\boldsymbol{\eta}_i,\boldsymbol{\eta}_j\rangle\}\\
&=\sum_{j=1}^{n}[\mathrm{E}\{\langle\boldsymbol{\xi},\boldsymbol{\eta}_j\rangle\}]^2-\sum_{i=1}^{n}[\mathrm{E}\{\langle\boldsymbol{\xi},\boldsymbol{\eta}_i\rangle\}]^2\\
&=0
\end{aligned}$$

在得到倒数第二式时，利用了 $\boldsymbol{\eta}_1,\cdots,\boldsymbol{\eta}_n$ 的标准正交假设 $\mathrm{E}\{\langle\boldsymbol{\eta}_i,\boldsymbol{\eta}_j\rangle\}=\delta_{ij}$，其中 δ_{ij} 为 Kronecker δ 函数。

图 9.1.3 画出了式 (9.1.9) 的正交分解，其中，$\boldsymbol{i}_1$ 和 $\boldsymbol{i}_2$ 分别为长度为 1 的向量。

很自然地，称 $\boldsymbol{\xi}-\hat{\boldsymbol{\xi}}$ 垂直于线性流形 L，并称 $\hat{\boldsymbol{\xi}}$ 是 $\boldsymbol{\xi}$ 在线性流形 L 上的投影。因此，常用投影 $\mathrm{Proj}\{\boldsymbol{\xi}|\boldsymbol{\eta}_1,\cdots,\boldsymbol{\eta}_n\}$ 表示已知数据向量 $\boldsymbol{\eta}_1,\cdots,\boldsymbol{\eta}_n$ 情况下未知参数向量 $\boldsymbol{\xi}$ 的均

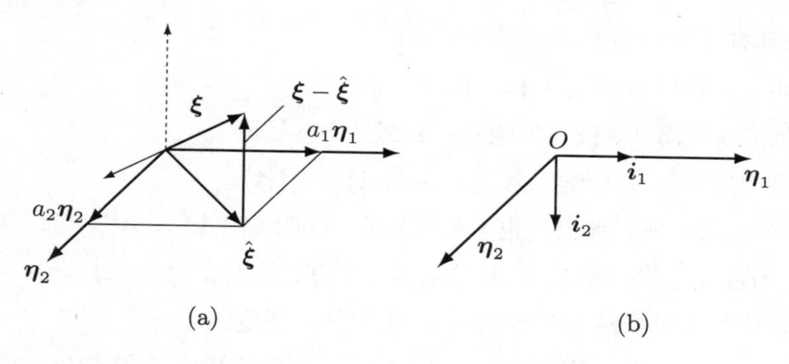

图 9.1.3 正交分解

方估计。这就是为什么把定理 9.1.2 称为 L_2 空间的投影定理的缘故。此外，有时也使用符号 $\hat{\mathrm{E}}\{\boldsymbol{\xi}|\boldsymbol{\eta}_1,\cdots,\boldsymbol{\eta}_n\}$ 表示由已知数据向量 $\boldsymbol{\eta}_1,\cdots,\boldsymbol{\eta}_n$ 求得的 $\boldsymbol{\xi}$ 均方估计。

L_2 空间的投影定理提供了求最佳线性均方估计的方法，但要求所给定的全部数据 $\boldsymbol{\eta}_1,\cdots,\boldsymbol{\eta}_n$ 是标准正交的。在已知数据向量不正交的一般情况下，应该利用预白化，将原来非正交的数据向量先白化成具有零均值和单位方差的标准白噪声 (它们是标准正交的)。然后，对白化之后的数据向量使用投影定理求均方估计。

在某些情况下，可以很容易求得向量 $\boldsymbol{x}$ 到子空间 M 的投影。

定理 9.1.3[255] 令 H 是一内积空间，$\boldsymbol{x}$ 是 H 中的一个向量。若 M 是 H 中的 n 维子空间，并且 $\{\boldsymbol{u}_1,\cdots,\boldsymbol{u}_n\}$ 是子空间 M 的一组正交基向量，则

$$\|\boldsymbol{x}-\hat{\boldsymbol{x}}\|\leqslant\|\boldsymbol{x}-\boldsymbol{y}\|$$

当且仅当

$$\hat{\boldsymbol{x}}=\frac{\langle\boldsymbol{x},\boldsymbol{u}_1\rangle}{\langle\boldsymbol{u}_1,\boldsymbol{u}_1\rangle}\boldsymbol{u}_1+\frac{\langle\boldsymbol{x},\boldsymbol{u}_2\rangle}{\langle\boldsymbol{u}_2,\boldsymbol{u}_2\rangle}\boldsymbol{u}_2+\cdots+\frac{\langle\boldsymbol{x},\boldsymbol{u}_n\rangle}{\langle\boldsymbol{u}_n,\boldsymbol{u}_n\rangle}\boldsymbol{u}_n \tag{9.1.10}$$

这一定理的意义在于：当 M 是内积空间 H 的有限维子空间时，可以先求出子空间 M 的一组正交基向量 $\{\boldsymbol{u}_1,\cdots,\boldsymbol{u}_n\}$ (例如使用 Gram-Schmidt 正交化方法)；然后，再根据式 (9.1.10) 计算向量 $\boldsymbol{x}$ 在子空间 M 上的投影 $\hat{\boldsymbol{x}}$。

9.2 投影矩阵与正交投影矩阵

在 9.1 节的讨论中，只是简单地提及了投影算子这一术语。本节对投影算子展开专门分析。由于投影算子与幂等矩阵密切相关，先讨论幂等矩阵。

9.2.1 幂等矩阵

任何一个满足幂等关系 $\boldsymbol{A}^2=\boldsymbol{A}$ 的矩阵 $\boldsymbol{A}$ 称为幂等矩阵。容易验证，单位矩阵也是幂等矩阵，但在以后的讨论中，假定幂等矩阵不取单位矩阵的形式，除非另有申明。

幂等矩阵具有以下有用性质 [444]：

(1) 幂等矩阵的特征值只取 1 和 0 两个数值。

(2) 所有的幂等矩阵 (单位矩阵除外) $\boldsymbol{A}$ 都是奇异矩阵。

(3) 所有幂等矩阵的秩与迹相等，即 $\text{rank}(\boldsymbol{A}) = \text{tr}(\boldsymbol{A})$。

(4) 若 $\boldsymbol{A}$ 为幂等矩阵，则 $\boldsymbol{A}^{\text{H}}$ 也为幂等矩阵，即有 $\boldsymbol{A}^{\text{H}}\boldsymbol{A}^{\text{H}} = \boldsymbol{A}^{\text{H}}$。

(5) 若 $\boldsymbol{A}$ 为幂等矩阵，则 $\boldsymbol{I}_n - \boldsymbol{A}$ 也是幂等矩阵，且 $\text{rank}(\boldsymbol{I}_n - \boldsymbol{A}) = n - \text{rank}(\boldsymbol{A})$。

(6) 所有对称的幂等矩阵 (单位矩阵除外) 都是半正定的。

(7) 令 $n \times n$ 幂等矩阵 $\boldsymbol{A}$ 的秩为 r_A，则 $\boldsymbol{A}$ 有 r_A 个特征值 1 和 $n - r_A$ 个特征值 0。

(8) 一个对称的幂等矩阵 $\boldsymbol{A}$ 可以表示为 $\boldsymbol{A} = \boldsymbol{L}\boldsymbol{L}^{\text{T}}$，其中，$\boldsymbol{L}$ 满足 $\boldsymbol{L}^{\text{T}}\boldsymbol{L} = \boldsymbol{I}_{r_A}$。

(9) 所有的幂等矩阵 $\boldsymbol{A}$ 都是可对角化的

$$\boldsymbol{U}^{-1}\boldsymbol{A}\boldsymbol{U} = \boldsymbol{\Sigma} = \begin{bmatrix} \boldsymbol{I}_{r_A} & \boldsymbol{O} \\ \boldsymbol{O} & \boldsymbol{O} \end{bmatrix} \tag{9.2.1}$$

式中，$r_A = \text{rank}(\boldsymbol{A})$。

虽然幂等矩阵的特征值只取 0 和 1，但是特征值只取 0 和 1 的矩阵却不一定是幂等矩阵。例如

$$\boldsymbol{B} = \frac{1}{8}\begin{bmatrix} 11 & 3 & 3 \\ 1 & 1 & 1 \\ -12 & -4 & -4 \end{bmatrix}$$

有三个特征值 1, 0 和 0，但它不是幂等矩阵，因为

$$\boldsymbol{B}^2 = \frac{1}{8}\begin{bmatrix} 11 & 3 & 3 \\ 0 & 0 & 0 \\ -11 & -3 & -3 \end{bmatrix} \neq \boldsymbol{B}$$

与幂等矩阵的定义相类似，满足 $\boldsymbol{A}^2 = \boldsymbol{O}$ (零矩阵) 的矩阵 $\boldsymbol{A}$ 称为幂零矩阵 (nilpotent matrix)，而满足 $\boldsymbol{A}^2 = \boldsymbol{I}$ (单位矩阵) 的矩阵 $\boldsymbol{A}$ 则称为幂 1 矩阵 (unipotent matrix) [444]。

矩阵 $\boldsymbol{A}_{n\times n}$ 称为三幂矩阵 (tripotent matrix)，若 $\boldsymbol{A}^3 = \boldsymbol{A}$。

容易看出，若 $\boldsymbol{A}$ 为三幂矩阵，则 $-\boldsymbol{A}$ 也是三幂矩阵。

需要注意的是，一个三幂矩阵不一定是幂等矩阵，虽然一个幂等矩阵肯定是三幂矩阵 (因为若 $\boldsymbol{A}^2 = \boldsymbol{A}$，则 $\boldsymbol{A}^3 = \boldsymbol{A}^2\boldsymbol{A} = \boldsymbol{A}\boldsymbol{A} = \boldsymbol{A}$)。为了证明这一点，我们来考察三幂矩阵的特征值。令 λ 是三幂矩阵 $\boldsymbol{A}$ 的特征值，并且 $\boldsymbol{u}$ 是与之对应的特征向量，即有 $\boldsymbol{A}\boldsymbol{u} = \lambda\boldsymbol{u}$。两边左乘矩阵 $\boldsymbol{A}$，则有 $\boldsymbol{A}^2\boldsymbol{u} = \lambda\boldsymbol{A}\boldsymbol{u} = \lambda^2\boldsymbol{u}$。等式两边左乘矩阵 $\boldsymbol{A}$，立即得

$$\boldsymbol{A}^3\boldsymbol{u} = \lambda^2\boldsymbol{A}\boldsymbol{u} = \lambda^3\boldsymbol{u}$$

由于 $\boldsymbol{A}^3 = \boldsymbol{A}$ 为三幂矩阵，上式又可写作 $\boldsymbol{A}\boldsymbol{u} = \lambda^3\boldsymbol{u}$，故三幂矩阵的特征值满足关系式 $\lambda = \lambda^3$，即三幂矩阵的特征值有 $-1, 0, +1$ 三种取值的可能，这与幂等矩阵的特征值只取 0 和 +1 两种值不同。从这个意义上讲，幂等矩阵是没有特征值为 -1 的特殊三幂矩阵。

9.2.2 投影算子与正交投影算子

定义 9.2.1 [424] 考虑向量空间的直和分解 $\mathbb{C}^n = S \oplus H$ 内的任意向量 $\boldsymbol{x} \in \mathbb{C}^n$。若 $\boldsymbol{x} = \boldsymbol{x}_1 + \boldsymbol{x}_2$ 满足 $\boldsymbol{x}_1 \in S$ 和 $\boldsymbol{x}_2 \in H$，并且 $\boldsymbol{x}_1$ 和 $\boldsymbol{x}_2$ 是唯一确定的，则称映射 $\boldsymbol{P}\boldsymbol{x} = \boldsymbol{x}_1$ 是向量 $\boldsymbol{x}$ 沿着子空间 H 的方向，到子空间 S 的投影，并称 $\boldsymbol{P}$ 是沿着 H 的方向，到 S 的投影算子 (projector onto S along H)，常简记为 $\boldsymbol{P}_{S|H}$。

令 $\boldsymbol{y} = \boldsymbol{P}_{S|H}\boldsymbol{x}$ 表示向量 $\boldsymbol{x}$ 沿着子空间 H 的方向到子空间 S 的投影，则 $\boldsymbol{y} \in S$。如果将 $\boldsymbol{y}$ 沿着 H 的方向，再向 S 子空间投影，则显然有 $\boldsymbol{P}_{S|H}\boldsymbol{y} = \boldsymbol{y}$。于是，有

$$\boldsymbol{P}_{S|H}\boldsymbol{y} = \boldsymbol{y} \Longrightarrow \boldsymbol{P}_{S|H}(\boldsymbol{P}_{S|H}\boldsymbol{x}) = \boldsymbol{P}_{S|H}\boldsymbol{P}_{S|H}\boldsymbol{x} = \boldsymbol{P}_{S|H}\boldsymbol{x} \Longrightarrow \boldsymbol{P}_{S|H}^2 = \boldsymbol{P}_{S|H}$$

定义 9.2.2 齐次线性算子 $\boldsymbol{P}$ 称为投影算子，若它具有幂等性，即 $\boldsymbol{P}^2 = \boldsymbol{P}\boldsymbol{P} = \boldsymbol{P}$。

唯一分解

$$\boldsymbol{x} = \boldsymbol{x}_1 + \boldsymbol{x}_2 = \boldsymbol{P}\boldsymbol{x} + (\boldsymbol{I} - \boldsymbol{P})\boldsymbol{x} \tag{9.2.2}$$

将 $\mathbb{C}^n$ 的任意一个向量 $\boldsymbol{x}$ 映射为 S 子空间的分量 $\boldsymbol{x}_1$ 和 H 子空间的分量 $\boldsymbol{x}_2$。然而，式 (9.2.2) 的唯一分解并不能保证 $\boldsymbol{x}_1$ 和 $\boldsymbol{x}_2$ 相互正交。在很多实际应用中，常要求复向量空间 $\mathbb{C}^n$ 的任一向量 $\boldsymbol{x}$ 在两个子空间的投影 $\boldsymbol{x}_1$ 和 $\boldsymbol{x}_2$ 正交。由 $\boldsymbol{x}_1$ 和 $\boldsymbol{x}_2$ 正交的条件

$$\langle \boldsymbol{x}_1, \boldsymbol{x}_2 \rangle = (\boldsymbol{P}\boldsymbol{x})^{\mathrm{H}}(\boldsymbol{I} - \boldsymbol{P})\boldsymbol{x} = 0 \Longrightarrow \boldsymbol{x}^{\mathrm{H}}\boldsymbol{P}^{\mathrm{H}}(\boldsymbol{I} - \boldsymbol{P})\boldsymbol{x} = 0,\ \forall \boldsymbol{x} \neq \boldsymbol{0}$$

立即有

$$\boldsymbol{P}^{\mathrm{H}}(\boldsymbol{I} - \boldsymbol{P}) = \boldsymbol{O} \Longrightarrow \boldsymbol{P}^{\mathrm{H}}\boldsymbol{P} = \boldsymbol{P}^{\mathrm{H}} = \boldsymbol{P}$$

由此可引出正交投影算子的定义。

定义 9.2.3 映射 $\boldsymbol{P}^{\perp} = \boldsymbol{I} - \boldsymbol{P}$ 称为 $\boldsymbol{P}$ 的正交投影算子 (orthogonal projector)，若 $\boldsymbol{P}$ 不仅是幂等矩阵，而且还是 Hermitian 矩阵。

正交投影算子具有以下性质 [400]：

(1) 若 $\boldsymbol{I} - \boldsymbol{P}$ 是 $\boldsymbol{P}$ 的正交投影算子，则 $\boldsymbol{P}$ 也是 $\boldsymbol{I} - \boldsymbol{P}$ 的正交投影算子。

(2) 若 $\boldsymbol{E}_1$ 和 $\boldsymbol{E}_2$ 均为正交投影算子，且 $\boldsymbol{E}_1$ 和 $\boldsymbol{E}_2$ 无交叉项：$\boldsymbol{E}_1\boldsymbol{E}_2 = \boldsymbol{E}_2\boldsymbol{E}_1 = \boldsymbol{O}$，则 $\boldsymbol{E}_1 + \boldsymbol{E}_2$ 为正交投影算子。

(3) 若 $\boldsymbol{E}_1$ 和 $\boldsymbol{E}_2$ 均为正交投影算子，且 $\boldsymbol{E}_1\boldsymbol{E}_2 = \boldsymbol{E}_2\boldsymbol{E}_1 = \boldsymbol{E}_2$，则 $\boldsymbol{E}_1 - \boldsymbol{E}_2$ 为正交投影算子。

(4) 若 $\boldsymbol{E}_1$ 和 $\boldsymbol{E}_2$ 为正交投影算子，且 $\boldsymbol{E}_1\boldsymbol{E}_2 = \boldsymbol{E}_2\boldsymbol{E}_1$，则 $\boldsymbol{E}_1\boldsymbol{E}_2$ 是正交投影算子。

投影算子的幂等性和正交投影算子的 Hermitian 性具有明确的物理解释。

如图 9.2.1 所示，将离散时间的滤波器视作一个投影算符或算子，不妨令其为 $\boldsymbol{P}$。设滤波器在离散时间 n 的输入向量为

$$\boldsymbol{x}(n) = [x(1), x(2), \cdots, x(n)]^{\mathrm{T}} \tag{9.2.3}$$

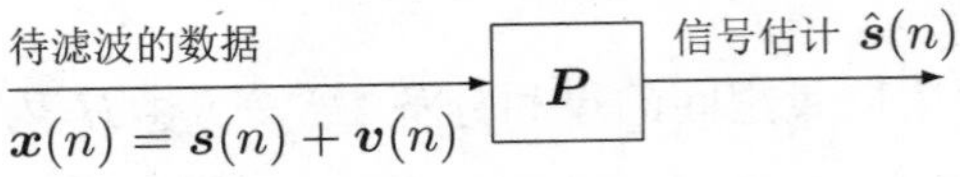

待滤波的数据 $\boldsymbol{x}(n)=\boldsymbol{s}(n)+\boldsymbol{v}(n)$ → $\boldsymbol{P}$ → 信号估计 $\hat{\boldsymbol{s}}(n)$

图 9.2.1 滤波器的投影算子表示

它是信号向量 $\boldsymbol{s}(n)$ 与加性白噪声 $\boldsymbol{v}(n)$ 的混合，即 $\boldsymbol{x}(n)=\boldsymbol{s}(n)+\boldsymbol{v}(n)$。

我们希望含噪声的数据向量 $\boldsymbol{x}(n)$ 通过滤波器 $\boldsymbol{P}$ 后，得到滤波后的数据向量即信号向量的估计 $\hat{\boldsymbol{s}}(n)=\boldsymbol{P}\boldsymbol{x}(n)$。下面分析对滤波器算子 $\boldsymbol{P}$ 应该有哪些基本要求？为简便计，省略向量 $\boldsymbol{s}(n)$ 和 $\boldsymbol{x}(n)$ 等中的时间变量，将它们分别简记为 $\boldsymbol{s}$ 和 $\boldsymbol{x}$。

(1) 为了保证信号通过滤波器后不致发生“畸变”，投影算子 $\boldsymbol{P}$ 必须是一线性算子。

(2) 当滤波器输出 $\hat{\boldsymbol{s}}(n)$ 再次通过滤波器时，信号估计 $\hat{\boldsymbol{s}}(n)$ 不应发生任何变化。这意味着 $\boldsymbol{PPx}=\boldsymbol{Px}=\hat{\boldsymbol{s}}$ 必须得到满足。这一条件等价为 $\boldsymbol{P}^2\overset{\text{def}}{=}\boldsymbol{PP}=\boldsymbol{P}$，即投影算子 $\boldsymbol{P}$ 必须是一个幂等算子。

(3) 由于信号估计为 $\hat{\boldsymbol{s}}=\boldsymbol{Px}$，因此 $\boldsymbol{x}-\boldsymbol{Px}$ 代表滤波器的估计误差。根据正交性原理的引理，当滤波器工作在最优条件时，估计误差 $\boldsymbol{x}-\boldsymbol{Px}$ 应该与期望响应的估计值 $\boldsymbol{Px}$ 正交，即 $[\boldsymbol{x}-\boldsymbol{Px}]\perp\boldsymbol{Px}$。这恰好就是正交分解的条件，意味着正交投影算子必须具有 Hermitian 性。

下面讨论投影矩阵的构造方法。

为方便计，令 $m\times m$ 投影矩阵 $\boldsymbol{P}$ 有 r 个特征值为 1，另外 $m-r$ 个特征值为 0。于是，投影矩阵可以写作

$$\boldsymbol{P}=\sum_{i=1}^{m}\lambda_i\boldsymbol{u}_i\boldsymbol{u}_i^{\mathrm{H}}=\sum_{i=1}^{r}\boldsymbol{u}_i\boldsymbol{u}_i^{\mathrm{H}} \tag{9.2.4}$$

考查任意一个 $m\times 1$ 向量 $\boldsymbol{x}$ 的投影 $\boldsymbol{y}=\boldsymbol{Px}$，则

$$\boldsymbol{y}=\boldsymbol{Px}=\sum_{i=1}^{r}\boldsymbol{u}_i\boldsymbol{u}_i^{\mathrm{H}}\boldsymbol{x}=\sum_{i=1}^{r}(\boldsymbol{x}^{\mathrm{H}}\boldsymbol{u}_i)^{\mathrm{H}}\boldsymbol{u}_i \tag{9.2.5}$$

式 (9.2.5) 揭示了投影矩阵的本质作用：

(1) 向量 $\boldsymbol{x}$ 经过投影矩阵 $\boldsymbol{P}$ 投影后，向量 $\boldsymbol{x}$ 与投影矩阵中具有特征值 1 的特征向量相关的部分 $\boldsymbol{x}^{\mathrm{H}}\boldsymbol{u}_i\,(i=1,2,\cdots,r)$ 在投影结果 $\boldsymbol{Px}$ 中被完整保留。

(2) 向量 $\boldsymbol{x}$ 与投影矩阵中具有特征值 0 的特征向量相关的部分 $\boldsymbol{x}^{\mathrm{H}}\boldsymbol{u}_i\,(i=r+1,r+2,\cdots,m)$ 被投影矩阵全部对消，不出现在投影结果 $\boldsymbol{Px}$ 中。

因此，当矩阵 $\boldsymbol{P}$ 是只具有特征值 0 和 1 的幂等矩阵时，变换结果 $\boldsymbol{Px}$ 是向量 $\boldsymbol{x}$ 在 $\boldsymbol{P}$ 那些具有特征值 1 的特征向量上的投影 $(\boldsymbol{x}^{\mathrm{H}}\boldsymbol{u}_i)^{\mathrm{H}}\boldsymbol{u}_i\,(i=1,2,\cdots,r)$ 之叠加。“投影矩阵”由此而得名。

9.2.3 到列空间的投影矩阵与正交投影矩阵

令 $m \times n$ 维矩阵 $\boldsymbol{A}$ 是一个满列秩矩阵，即 $\text{rank}(\boldsymbol{A}) = n$。记矩阵 $\boldsymbol{A}$ 的列空间 $\mathcal{C}(A) = \text{Col}(\boldsymbol{A}) = \text{Range}(\boldsymbol{A})$。一个自然会问的问题是：如何构造到列空间 $\mathcal{C}(A)$ 的投影矩阵 $\boldsymbol{P}_{\mathcal{C}(A)}$?

由于矩阵 $\boldsymbol{A}$ 的秩为 n，只有 n 个非零奇异值 $\sigma_1, \cdots, \sigma_n$，故 $\boldsymbol{A}$ 的奇异值分解

$$\boldsymbol{A} = \boldsymbol{U\Sigma V}^{\text{H}} = [\boldsymbol{U}_1, \boldsymbol{U}_2] \begin{bmatrix} \boldsymbol{\Sigma}_1 \\ \boldsymbol{O}_{(m-n)\times n} \end{bmatrix} \boldsymbol{V}^{\text{H}} = \boldsymbol{U}_1 \boldsymbol{\Sigma}_1 \boldsymbol{V}^{\text{H}} \tag{9.2.6}$$

的对角矩阵 $\boldsymbol{\Sigma}_1 = \text{diag}(\sigma_1, \cdots, \sigma_n)$，并且

$$\boldsymbol{U}_1 = [\boldsymbol{u}_1, \cdots, \boldsymbol{u}_n], \quad \boldsymbol{U}_2 = [\boldsymbol{u}_{n+1}, \cdots, \boldsymbol{u}_m] \tag{9.2.7}$$

分别是与 n 个非零奇异值和 $m-n$ 个零奇异值对应的奇异向量矩阵。

在第 8 章中，我们曾经得到关于列空间的两个重要结果：

(1) 与非零奇异值对应的 n 个左奇异向量 $\boldsymbol{u}_1, \cdots, \boldsymbol{u}_n$ 是列空间 $\text{Col}(\boldsymbol{A})$ 的标准正交基，即有

$$\text{Col}(\boldsymbol{A}) = \text{Span}\{\boldsymbol{u}_1, \cdots, \boldsymbol{u}_n\} = \text{Span}(\boldsymbol{U}_1) \tag{9.2.8}$$

(2) 与零奇异值对应的 $m-n$ 个左奇异向量 $\boldsymbol{u}_{n+1}, \cdots, \boldsymbol{u}_m$ 是零空间 $\text{Null}(\boldsymbol{A}^{\text{H}})$ 的标准正交基，即

$$\text{Null}(\boldsymbol{A}^{\text{H}}) = (\text{Col}\,\boldsymbol{A})^{\perp} = \text{Span}\{\boldsymbol{u}_{n+1}, \cdots, \boldsymbol{u}_m\} = \text{Span}(\boldsymbol{U}_2) \tag{9.2.9}$$

用矩阵 $\boldsymbol{A}$ 对 $n \times 1$ 向量 $\boldsymbol{x}$ 作线性变换，得到 $m \times 1$ 向量 $\boldsymbol{y} = \boldsymbol{Ax}$，则向量 $\boldsymbol{y}$ 可以表示为

$$\boldsymbol{y} = \boldsymbol{Ax} = \sum_{i=1}^{n} \sigma_i \boldsymbol{u}_i (\boldsymbol{v}_i^{\text{H}} \boldsymbol{x}) = \sum_{i=1}^{n} (\sigma_i \alpha_i) \boldsymbol{u}_i \tag{9.2.10}$$

式中，$\alpha_i = \boldsymbol{v}_i^{\text{H}} \boldsymbol{x}$ 是特征向量 $\boldsymbol{v}$ 与向量 $\boldsymbol{x}$ 的内积。式 (9.2.10) 表明，线性变换结果 $\boldsymbol{y} = \boldsymbol{Ax}$ 是矩阵 $\boldsymbol{A}$ 的左奇异向量的线性组合。

$m \times n$ 线性变换 $\boldsymbol{A}$ 的投影矩阵 $\boldsymbol{P}_{\boldsymbol{A}}$ 将所有 $m \times 1$ 向量 $\boldsymbol{x}$ 投影到由线性变换 $\boldsymbol{A}$ 定义的子空间。投影矩阵 $\boldsymbol{P}_{\boldsymbol{A}}$ 与线性变换 $\boldsymbol{A}$ 具有相同的特征向量：n 个特征向量与非零特征值对应，其他 $m-n$ 个特征向量与零特征值对应。由于投影矩阵只有特征值 1 和 0，因此投影矩阵的 n 个特征向量与特征值 1 对应，其他 $m-n$ 个特征向量与特征值 0 对应。换言之，投影矩阵的特征值分解具有以下形式

$$\boldsymbol{P}_{\boldsymbol{A}} = [\boldsymbol{U}_1, \boldsymbol{U}_2] \begin{bmatrix} \boldsymbol{I}_n & \boldsymbol{O}_{n\times(m-n)} \\ \boldsymbol{O}_{(m-n)\times n} & \boldsymbol{O}_{(m-n)\times(m-n)} \end{bmatrix} \begin{bmatrix} \boldsymbol{U}_1^{\text{H}} \\ \boldsymbol{U}_2^{\text{H}} \end{bmatrix} = \boldsymbol{U}_1 \boldsymbol{U}_1^{\text{H}} \tag{9.2.11}$$

另一方面，由式 (9.2.6) 可求得

$$
\begin{aligned}
\boldsymbol{A}\langle\boldsymbol{A},\boldsymbol{A}\rangle^{-1}\boldsymbol{A}^{\mathrm{H}} &= \boldsymbol{A}(\boldsymbol{A}^{\mathrm{H}}\boldsymbol{A})^{-1}\boldsymbol{A}^{\mathrm{H}} \\
&= \boldsymbol{U}_1\boldsymbol{\Sigma}_1\boldsymbol{V}^{\mathrm{H}}(\boldsymbol{V}\boldsymbol{\Sigma}_1\boldsymbol{U}_1^{\mathrm{H}}\boldsymbol{U}_1\boldsymbol{\Sigma}_1\boldsymbol{V}^{\mathrm{H}})^{-1}\boldsymbol{V}\boldsymbol{\Sigma}_1\boldsymbol{U}_1^{\mathrm{H}} \\
&= \boldsymbol{U}_1\boldsymbol{\Sigma}_1\boldsymbol{V}^{\mathrm{H}}(\boldsymbol{V}\boldsymbol{\Sigma}_1^2\boldsymbol{V}^{\mathrm{H}})^{-1}\boldsymbol{V}\boldsymbol{\Sigma}_1\boldsymbol{U}_1^{\mathrm{H}} \\
&= \boldsymbol{U}_1\boldsymbol{\Sigma}_1\boldsymbol{V}^{\mathrm{H}}\boldsymbol{V}\boldsymbol{\Sigma}_1^{-2}\boldsymbol{V}^{\mathrm{H}}\boldsymbol{V}\boldsymbol{\Sigma}_1\boldsymbol{U}_1^{\mathrm{H}} \\
&= \boldsymbol{U}_1\boldsymbol{U}_1^{\mathrm{H}}
\end{aligned}
\tag{9.2.12}
$$

比较式 (9.2.11) 和式 (9.2.12)，立即得到矩阵 $\boldsymbol{A}$ 的投影矩阵 $\boldsymbol{P_A}$ 的定义式

$$
\boldsymbol{P_A} = \boldsymbol{A}\langle\boldsymbol{A},\boldsymbol{A}\rangle^{-1}\boldsymbol{A}^{\mathrm{H}} \tag{9.2.13}
$$

以上介绍的投影矩阵 $\boldsymbol{P_A}$ 的定义式 (9.2.13) 的推导是数学文献中通常采用的方法，其关键是先猜测到投影公式 $\boldsymbol{A}\langle\boldsymbol{A},\boldsymbol{A}\rangle^{-1}\boldsymbol{A}^{\mathrm{H}}$ 的形式，再进行验证。

下面介绍另外一种推导方法，投影公式 $\boldsymbol{A}\langle\boldsymbol{A},\boldsymbol{A}\rangle^{-1}\boldsymbol{A}^{\mathrm{H}}$ 的形式可以自然地得到，其基础是 Moore-Penrose 逆矩阵和投影的基本事实。

用 $\boldsymbol{U}^{\dagger}\boldsymbol{U}$ 右乘影射函数 $\boldsymbol{PU}=\boldsymbol{V}$ 两边，由于

$$
\boldsymbol{PUU}^{\dagger}\boldsymbol{U} = \boldsymbol{PU} = \boldsymbol{VU}^{\dagger}\boldsymbol{U}
$$

对任意矩阵 $\boldsymbol{U}$ 恒成立，故有

$$
\boldsymbol{P} = \boldsymbol{VU}^{\dagger} = \boldsymbol{V}(\boldsymbol{U}^{\mathrm{H}}\boldsymbol{U})^{\dagger}\boldsymbol{U}^{\mathrm{H}} \tag{9.2.14}
$$

令 $A=\mathrm{Col}(\boldsymbol{A})$ 是矩阵 $\boldsymbol{A}\in\mathbb{C}^{m\times n}$ 的列空间，$A^{\perp}=(\mathrm{Col}(\boldsymbol{A}))^{\perp}=\mathrm{Null}(\boldsymbol{A}^{\mathrm{H}})$ 是列空间 A 的正交补。因此，若 $\boldsymbol{S}\in A^{\perp}$，则 $\boldsymbol{S}$ 和 $\boldsymbol{A}$ 相互正交，即 $\boldsymbol{S}\perp\boldsymbol{A}$。

于是，我们有投影的下列两个基本事实

$$
\boldsymbol{P_A A} = \boldsymbol{A}, \quad \boldsymbol{P_A S} = \boldsymbol{O},\ \forall \boldsymbol{S}\in \mathrm{Range}(\boldsymbol{A})^{\perp} \tag{9.2.15}
$$

或合写为

$$
\boldsymbol{P}_A[\boldsymbol{A},\boldsymbol{S}] = [\boldsymbol{A},\boldsymbol{O}] \tag{9.2.16}
$$

其中 $\boldsymbol{O}$ 为零矩阵。由式 (9.2.14) 和式 (9.2.16) 立即有

$$
\begin{aligned}
\boldsymbol{P}_A &= [\boldsymbol{A},\boldsymbol{O}]([\boldsymbol{A},\boldsymbol{S}]^{\mathrm{H}}[\boldsymbol{A},\boldsymbol{S}])^{\dagger}[\boldsymbol{A},\boldsymbol{S}]^{\mathrm{H}} \\
&= [\boldsymbol{A},\boldsymbol{O}]\begin{bmatrix}\boldsymbol{A}^{\mathrm{H}}\boldsymbol{A} & \boldsymbol{A}^{\mathrm{H}}\boldsymbol{S} \\ \boldsymbol{S}^{\mathrm{H}}\boldsymbol{A} & \boldsymbol{S}^{\mathrm{H}}\boldsymbol{S}\end{bmatrix}^{\dagger}\begin{bmatrix}\boldsymbol{A}^{\mathrm{H}} \\ \boldsymbol{S}^{\mathrm{H}}\end{bmatrix} \\
&= [\boldsymbol{A},\boldsymbol{O}]\begin{bmatrix}\boldsymbol{A}^{\mathrm{H}}\boldsymbol{A} & \boldsymbol{O} \\ \boldsymbol{O} & \boldsymbol{S}^{\mathrm{H}}\boldsymbol{S}\end{bmatrix}^{\dagger}\begin{bmatrix}\boldsymbol{A}^{\mathrm{H}} \\ \boldsymbol{S}^{\mathrm{H}}\end{bmatrix} \\
&= \boldsymbol{A}(\boldsymbol{A}^{\mathrm{H}}\boldsymbol{A})^{\dagger}\boldsymbol{A}^{\mathrm{H}}
\end{aligned}
\tag{9.2.17}
$$

这与前面推导的结果完全相同。

容易验证，由式 (9.2.13) 定义的投影矩阵 $\boldsymbol{P_A}$ 具有以下性质：

(1) 幂等性

$$\boldsymbol{P_A}\boldsymbol{P_A} = \boldsymbol{P_A} \tag{9.2.18}$$

(2) 复共轭对称性或 Hermitian 性

$$\boldsymbol{P_A}^{\mathrm{H}} = \boldsymbol{P_A} \tag{9.2.19}$$

有了投影矩阵后，又可定义新的矩阵

$$\boldsymbol{P_A}^{\perp} = \boldsymbol{I} - \boldsymbol{P_A} = \boldsymbol{I} - \boldsymbol{A}\langle\boldsymbol{A},\boldsymbol{A}\rangle^{-1}\boldsymbol{A}^{\mathrm{H}} \tag{9.2.20}$$

由此定义式易知 $\boldsymbol{P_A}^{\perp}$ 具有以下性质：

(1) 对称性

$$[\boldsymbol{P_A}^{\perp}]^{\mathrm{H}} = \boldsymbol{P_A}^{\perp} \tag{9.2.21}$$

(2) 幂等性

$$\boldsymbol{P_A}^{\perp}\boldsymbol{P_A}^{\perp} = \boldsymbol{P_A}^{\perp} \tag{9.2.22}$$

(3) 与投影矩阵的正交性

$$\boldsymbol{P_A}^{\perp}\boldsymbol{P_A} = \boldsymbol{O} \quad 或 \quad \boldsymbol{P_A}\boldsymbol{P_A}^{\perp} = \boldsymbol{O} \quad (零矩阵) \tag{9.2.23}$$

由于 $\boldsymbol{P_A}^{\perp}$ 与投影矩阵 $\boldsymbol{P_A}$ 正交，故 $\boldsymbol{P_A}^{\perp}$ 称作正交投影矩阵。

9.2.4 投影矩阵的导数

令投影矩阵

$$\boldsymbol{P_A}(\boldsymbol{\theta}) = \boldsymbol{A}(\boldsymbol{\theta})[\boldsymbol{A}^{\mathrm{H}}(\boldsymbol{\theta})\boldsymbol{A}(\boldsymbol{\theta})]^{-1}\boldsymbol{A}^{\mathrm{H}}(\boldsymbol{\theta}) = \boldsymbol{A}(\boldsymbol{\theta})\boldsymbol{A}^{\dagger}(\boldsymbol{\theta})$$

是某个向量 $\boldsymbol{\theta}$ 的函数，式中，$\boldsymbol{A}^{\dagger}(\boldsymbol{\theta}) = [\boldsymbol{A}^{\mathrm{H}}(\boldsymbol{\theta})\boldsymbol{A}(\boldsymbol{\theta})]^{-1}\boldsymbol{A}^{\mathrm{H}}(\boldsymbol{\theta})$ 是矩阵 $\boldsymbol{A}(\boldsymbol{\theta})$ 的伪逆矩阵。为了书写的简洁，将 $\boldsymbol{P_A}(\boldsymbol{\theta})$ 简记为 $\boldsymbol{P}$。

下面介绍投影矩阵 $\boldsymbol{P}$ 关于向量 $\boldsymbol{\theta} = [\theta_1,\cdots,\theta_n]^{\mathrm{T}}$ 的各个元素 θ_i 的一阶与二阶导数。这些结果是由 Golub 与 Pereyra 最早给出的[195]。

定义投影矩阵关于 θ_i 的一阶偏导数为

$$\boldsymbol{P}_i \stackrel{\text{def}}{=} \frac{\partial \boldsymbol{P}}{\partial \theta_i} \tag{9.2.24}$$

利用求导数的链式法则，得

$$\boldsymbol{P}_i = \boldsymbol{A}_i\boldsymbol{A}^{\dagger} + \boldsymbol{A}\boldsymbol{A}_i^{\dagger} \tag{9.2.25}$$

式中

$$\boldsymbol{A}_i \stackrel{\text{def}}{=} \frac{\partial \boldsymbol{A}}{\partial \theta_i}, \qquad \boldsymbol{A}_i^{\dagger} \stackrel{\text{def}}{=} \frac{\partial \boldsymbol{A}^{\dagger}}{\partial \theta_i} \tag{9.2.26}$$

分别是矩阵 $\boldsymbol{A}(\boldsymbol{\theta})$ 及其 Moore-Penrose 逆矩阵 $\boldsymbol{A}^{\dagger}(\boldsymbol{\theta})$ 关于 θ_i 的偏导数。

在经过某些代数运算后，可得伪逆矩阵 $\boldsymbol{A}^{\dagger}$ 的一阶偏导数为

$$\boldsymbol{A}_i^{\dagger} = (\boldsymbol{A}^{\mathrm{H}}\boldsymbol{A})^{-1}\boldsymbol{A}_i^{\mathrm{H}}\boldsymbol{P}^{\perp} - \boldsymbol{A}^{\dagger}\boldsymbol{A}_i\boldsymbol{A}^{\dagger} \tag{9.2.27}$$

综合式 (9.2.25) 和式 (9.2.27) 得到

$$\boldsymbol{P}_i = \boldsymbol{P}^{\perp}\boldsymbol{A}_i\boldsymbol{A}^{\dagger} + (\boldsymbol{P}^{\perp}\boldsymbol{A}_i\boldsymbol{A}^{\dagger})^{\mathrm{H}} \tag{9.2.28}$$

由此式容易验证，正如所希望的那样，有 $\mathrm{tr}(\boldsymbol{P}_i) = 0$，因为一个投影矩阵的迹只与投影矩阵投影到的子空间的维数有关。

投影矩阵的二阶偏导数为

$$\begin{aligned}\boldsymbol{P}_{i,j} =& \boldsymbol{P}_j^{\perp}\boldsymbol{A}_i\boldsymbol{A}^{\dagger} + \boldsymbol{P}^{\perp}\boldsymbol{A}_{i,j}\boldsymbol{A}^{\dagger} + \boldsymbol{P}^{\perp}\boldsymbol{A}_i\boldsymbol{A}_j^{\mathrm{H}} + \\ &(\boldsymbol{P}_j^{\perp}\boldsymbol{A}_i\boldsymbol{A}^{\dagger} + \boldsymbol{P}^{\perp}\boldsymbol{A}_{i,j}\boldsymbol{A}^{\dagger} + \boldsymbol{P}^{\perp}\boldsymbol{A}_i\boldsymbol{A}_j^{\mathrm{H}})^{\mathrm{H}}\end{aligned} \tag{9.2.29}$$

注意到 $\boldsymbol{P}_j^{\perp} = -\boldsymbol{P}_j$，并利用式 (9.2.27)，可以将式 (9.2.29) 表述为[504]

$$\begin{aligned}\boldsymbol{P}_{i,j} =& -\boldsymbol{P}^{\perp}\boldsymbol{A}_j\boldsymbol{A}^{\dagger}\boldsymbol{A}_i\boldsymbol{A}^{\dagger} - (\boldsymbol{A}^{\dagger})^{\mathrm{H}}\boldsymbol{A}_j^{\mathrm{H}}\boldsymbol{P}^{\perp}\boldsymbol{A}_i\boldsymbol{A}^{\mathrm{H}} + \boldsymbol{P}^{\perp}\boldsymbol{A}_{i,j}\boldsymbol{A}^{\dagger} + \\ &\boldsymbol{P}^{\perp}\boldsymbol{A}_i(\boldsymbol{A}^{\mathrm{H}}\boldsymbol{A})^{-1}\boldsymbol{A}_j^{\mathrm{H}}\boldsymbol{P}^{\perp} - \boldsymbol{P}^{\perp}\boldsymbol{A}_i\boldsymbol{A}^{\dagger}\boldsymbol{A}_j\boldsymbol{A}^{\dagger} + \\ &[-\boldsymbol{P}^{\perp}\boldsymbol{A}_j\boldsymbol{A}^{\dagger}\boldsymbol{A}_i\boldsymbol{A}^{\dagger} - (\boldsymbol{A}^{\dagger})^{\mathrm{H}}\boldsymbol{A}_j^{\mathrm{H}}\boldsymbol{P}^{\perp}\boldsymbol{A}_i\boldsymbol{A}^{\mathrm{H}} + \boldsymbol{P}^{\perp}\boldsymbol{A}_{i,j}\boldsymbol{A}^{\dagger} + \\ &\boldsymbol{P}^{\perp}\boldsymbol{A}_i(\boldsymbol{A}^{\mathrm{H}}\boldsymbol{A})^{-1}\boldsymbol{A}_j^{\mathrm{H}}\boldsymbol{P}^{\perp} - \boldsymbol{P}^{\perp}\boldsymbol{A}_i\boldsymbol{A}^{\dagger}\boldsymbol{A}_j\boldsymbol{A}^{\dagger}]^{\mathrm{H}}\end{aligned} \tag{9.2.30}$$

投影矩阵的导数公式在涉及投影矩阵的某些估计器的统计性能分析时非常有用。对此应用感兴趣的读者可参考文献 [504]。

9.3 投影矩阵与正交投影矩阵的应用举例

9.2 节分别从数学和信号处理角度出发，引出了投影矩阵的概念。本节将通过举例，介绍投影矩阵和正交投影矩阵的几个典型应用。

9.3.1 投影梯度

考查一直接序列码分多址 (CDMA) 系统，它有 K 个用户。在经过一系列预处理后，接收机在第 n 个码元间隔的离散时间输出可用信号模型

$$y(n) = \sum_{k=1}^{K} A_k b_k s_k(n) + \sigma v(n), \quad n = 0, 1, \cdots, N-1 \tag{9.3.1}$$

表示。式中，$v(n)$ 为信道高斯白噪声；A_k, b_k 和 $s_k(n)$ 分别是第 k 个用户的接收幅值、信息字符序列和特征波形；σ^2 为一常数，表示高斯白噪声的方差。现在假定各个用户的信息字符从 $\{-1, +1\}$ 中独立地、等概率地选取，还假定特征波形的长度为 N，具有单位能量，即

$$\sum_{n=0}^{N-1} |s_k(n)|^2 = 1 \quad 或 \quad \langle \boldsymbol{s}_k, \boldsymbol{s}_k \rangle = 1 \tag{9.3.2}$$

式中，$\boldsymbol{s}_k = [s_k(0), s_k(1), \cdots, s_k(N-1)]^{\mathrm{T}}$ 表示用户 k 的特征波形向量。

盲多用户检测问题的提法是：只已知一个码元间隔内的接收信号 $y(0), \cdots, y(N-1)$ 和期望用户的特征波形 $s_d(0), s_d(1), \cdots, s_d(N-1)$，估计期望用户发射的信息字符 b_d。这里，“盲”是指我们不知道其他用户的任何信息。不失一般性，假定用户 1 为期望用户。

定义

$$\boldsymbol{y}(n) = [y(0), y(1), \cdots, y(N-1)]^{\mathrm{T}}$$
$$\boldsymbol{v}(n) = [v(0), v(1), \cdots, v(N-1)]^{\mathrm{T}}$$

分别为接收信号向量和噪声向量，则式 (9.3.1) 可以用向量形式写作

$$\boldsymbol{y}(n) = A_1 b_1(n)\boldsymbol{s}_1 + \sum_{k=2}^{K} A_k b_k(n)\boldsymbol{s}_k + \sigma \boldsymbol{v}(n) \tag{9.3.3}$$

式中，第一项为期望用户的信号，第二项为所有其他用户 (统称干扰用户) 的干扰信号之和，第三项代表信道噪声。

现在针对期望用户 1，设计其在码元间隔 n 内的多用户检测器 $\boldsymbol{c}_1(n)$，则检测器输出为 $\boldsymbol{c}_1^{\mathrm{T}}(n)\boldsymbol{y}(n) = \langle \boldsymbol{c}_1, \boldsymbol{y}\rangle$。因此，在第 n 个码元间隔内的期望用户的二进制信息字符 $+1$ 或 -1 可以使用

$$\hat{b}_1(n) = \mathrm{sgn}(\langle \boldsymbol{c}_1, \boldsymbol{y}\rangle) = \mathrm{sgn}(\boldsymbol{c}_1^{\mathrm{T}}(n)\boldsymbol{y}(n)) \tag{9.3.4}$$

检测。

将盲多用户检测器 $\boldsymbol{c}_1$ 分解为固定部分 $\boldsymbol{s}_1$ 与自适应调整部分 $\boldsymbol{x}_1$ 之和 [237]

$$\boldsymbol{c}_1(n) = \boldsymbol{s}_1 + \boldsymbol{x}_1(n) \tag{9.3.5}$$

并且这两部分正交，即

$$\langle \boldsymbol{s}_1, \boldsymbol{x}_1(n)\rangle = 0 \tag{9.3.6}$$

因此，式 (9.3.5) 是一种典型的正交分解。

现在，在盲多用户检测器 $\boldsymbol{c}_1(n)$ 的设计中，采用一种最小输出能量准则，即使得多用户检测器的平均输出能量 (MOE)

$$\mathrm{MOE}(\boldsymbol{c}_1) = \mathrm{E}\left\{\langle \boldsymbol{c}_1, \boldsymbol{y}\rangle^2\right\} = \mathrm{E}\left\{(\boldsymbol{c}_1^{\mathrm{T}}(n)\boldsymbol{y}(n))^2\right\} \tag{9.3.7}$$

最小化。求平均输出能量关于 $\boldsymbol{c}_1(n)$ 的无约束梯度，得

$$\nabla \mathrm{MOE} = 2\mathrm{E}\{\langle \boldsymbol{y}, \boldsymbol{s}_1 + \boldsymbol{x}_1\rangle\}\boldsymbol{y} \tag{9.3.8}$$

于是，盲多用户检测器 $\boldsymbol{c}_1(n)$ 的自适应部分 $\boldsymbol{x}_1(i)$ 的随机梯度自适应算法为

$$\boldsymbol{x}_1(i) = \boldsymbol{x}_1(i-1) - \mu\hat{\nabla}\mathrm{MOE} \tag{9.3.9}$$

式中，$\hat{\nabla}\mathrm{MOE}$ 是 $\nabla\mathrm{MOE}$ 的估计，这里采用数学期望直接用其瞬时值代替的梯度

$$\hat{\nabla}\mathrm{MOE} = 2\langle \boldsymbol{y}, \boldsymbol{s}_1 + \boldsymbol{x}_1\rangle\boldsymbol{y} \tag{9.3.10}$$

称为瞬时梯度。此时，盲多用户检测器的随机梯度算法为

$$\boldsymbol{x}_1(i)=\boldsymbol{x}_1(i-1)-\mu\langle\boldsymbol{y},\boldsymbol{s}_1+\boldsymbol{x}_1\rangle\boldsymbol{y} \tag{9.3.11}$$

由正交约束式 (9.3.6) 知，在任何时刻 i，向量 $\boldsymbol{x}_1(i)$ 都应该与特征波形向量 $\boldsymbol{s}_1$ 正交。因此，在随机梯度算法式 (9.3.11) 中的瞬时梯度 $\langle\boldsymbol{y},\boldsymbol{s}_1+\boldsymbol{x}_1\rangle\boldsymbol{y}$ 应该与 $\boldsymbol{s}_1$ 正交。这只要将式 (9.3.11) 改为

$$\boldsymbol{x}_1(i)=\boldsymbol{x}_1(i-1)-\mu\langle\boldsymbol{y},\boldsymbol{s}_1+\boldsymbol{x}_1\rangle\boldsymbol{y}_1 \tag{9.3.12}$$

即可，其中，$\boldsymbol{y}_1$ 是 $\boldsymbol{y}$ 中与 $\boldsymbol{s}_1$ 正交的分量，可用正交投影矩阵表示为

$$\boldsymbol{y}_1=\boldsymbol{P}_{\boldsymbol{s}_1}^{\perp}\boldsymbol{y}=(\boldsymbol{I}-\boldsymbol{P}_{\boldsymbol{s}_1})\boldsymbol{y} \tag{9.3.13}$$

梯度 $2\langle\boldsymbol{y},\boldsymbol{s}_1+\boldsymbol{x}_1\rangle\boldsymbol{y}_1$ 称为投影梯度，因为 $\boldsymbol{y}_1$ 与 $\boldsymbol{s}_1$ 正交，是原观测数据向量 $\boldsymbol{y}$ 在 $\boldsymbol{s}_1$ 张成的子空间上的正交投影。

注意到

$$\boldsymbol{P}_{\boldsymbol{s}_1}=\boldsymbol{s}_1\langle\boldsymbol{s}_1,\boldsymbol{s}_1\rangle^{-1}\boldsymbol{s}_1^{\mathrm{T}}=\boldsymbol{s}_1\boldsymbol{s}_1^{\mathrm{T}}$$

式中，使用了式 (9.3.2) 即 $\langle\boldsymbol{s}_1,\boldsymbol{s}_1\rangle=1$。于是，式 (9.3.13) 为

$$\boldsymbol{y}_1=(\boldsymbol{I}-\boldsymbol{s}_1\boldsymbol{s}_1^{\mathrm{T}})\boldsymbol{y}=\boldsymbol{y}-\langle\boldsymbol{y},\boldsymbol{s}_1\rangle\boldsymbol{s}_1 \tag{9.3.14}$$

将式 (9.3.14) 代入式 (9.3.12)，即得盲多用户检测器的最小均方 (LMS) 型自适应算法如下 [237]

$$\boldsymbol{x}_1(i)=\boldsymbol{x}_1(i-1)-\mu\langle\boldsymbol{y},\boldsymbol{s}_1+\boldsymbol{x}_1\rangle(\boldsymbol{y}-\langle\boldsymbol{y},\boldsymbol{s}_1\rangle\boldsymbol{s}_1) \tag{9.3.15}$$

或写作

$$\boldsymbol{x}_1(i)=\boldsymbol{x}_1(i-1)-\mu Z(i)\left[\boldsymbol{y}(i)-Z_{\mathrm{MF}}(i)\boldsymbol{s}_1\right] \tag{9.3.16}$$

式中

$$\begin{aligned}Z_{\mathrm{MF}}(i)&=\langle\boldsymbol{y}(i),\boldsymbol{s}_1\rangle\\ Z(i)&=\langle\boldsymbol{y}(i),\boldsymbol{s}_1+\boldsymbol{x}_1(i-1)\rangle\end{aligned}$$

9.3.2 预测滤波器的表示

假定滤波器的输入和抽头权系数均为实数。为方便叙述，先引入时移向量

$$z^{-j}\boldsymbol{x}(n)=[0,\cdots,0,x(1),\cdots,x(n-j)]^{\mathrm{T}} \tag{9.3.17}$$

注意，这里 z^{-j} 只是代表一个时间上移位的算子，而不要把它当成一种乘法。此外，约定离散时间变量的起点为 1，即 $x(n)=0$ 对所有 $n\leqslant 0$。

先考虑 m 阶前向预测滤波器

$$\hat{x}(k)=\sum_{i=1}^{m}w_i^{\mathrm{f}}(n)x(k-i),\qquad k=1,2,\cdots,n \tag{9.3.18}$$

式中，$w_i^{\rm f}(n), i=1,2,\cdots,m$ 表示 n 时刻的滤波器权系数向量。将上式写成矩阵方程

$$\begin{bmatrix} 0 & 0 & \cdots & 0 \\ x(1) & 0 & \cdots & 0 \\ \vdots & \vdots & \vdots & \vdots \\ x(n-1) & x(n-2) & \cdots & x(n-m) \end{bmatrix} \begin{bmatrix} w_1^{\rm f}(n) \\ w_2^{\rm f}(n) \\ \vdots \\ w_m^{\rm f}(n) \end{bmatrix} = \begin{bmatrix} \hat{x}(1) \\ \hat{x}(2) \\ \vdots \\ \hat{x}(n) \end{bmatrix} \tag{9.3.19}$$

定义数据矩阵

$$\begin{aligned} \boldsymbol{X}_{1,m}(n) &\stackrel{\rm def}{=} [z^{-1}\boldsymbol{x}(n), z^{-2}\boldsymbol{x}(n), \cdots, z^{-m}\boldsymbol{x}(n)] \\ &= \begin{bmatrix} 0 & 0 & \cdots & 0 \\ x(1) & 0 & \cdots & 0 \\ \vdots & \vdots & \vdots & \vdots \\ x(n-1) & x(n-2) & \cdots & x(n-m) \end{bmatrix} \end{aligned}$$

并分别定义 m 级前向预测系数向量 $\boldsymbol{w}_m^{\rm f}(n)$ 和前向预测值向量 $\hat{\boldsymbol{x}}(n)$ 为

$$\boldsymbol{w}_m^{\rm f}(n) \stackrel{\rm def}{=} [w_1^{\rm f}(n), w_2^{\rm f}(n), \cdots, w_m^{\rm f}(n)]^{\rm T} \tag{9.3.20}$$

$$\hat{\boldsymbol{x}}(n) \stackrel{\rm def}{=} [\hat{x}(1), \hat{x}(2), \cdots, \hat{x}(n)]^{\rm T} \tag{9.3.21}$$

则式 (9.3.19) 可以用简洁的形式写作

$$\boldsymbol{X}_{1,m}(n)\boldsymbol{w}_m^{\rm f}(n) = \hat{\boldsymbol{x}}(n) \tag{9.3.22}$$

为了求出前向预测形式向量的最小二乘估计，用 $\boldsymbol{x}(n)$ 代替上式中的 $\hat{\boldsymbol{x}}(n)$，便得到

$$\boldsymbol{w}_m^{\rm f}(n) = \langle \boldsymbol{X}_{1,m}^{\rm T}(n), \boldsymbol{X}_{1,m}(n)\rangle^{-1}\boldsymbol{X}_{1,m}^{\rm T}(n)\boldsymbol{x}(n) \tag{9.3.23}$$

将式 (9.3.23) 代入式 (9.3.22)，使用投影矩阵符号可将前向预测值向量表示为

$$\hat{\boldsymbol{x}}(n) = \boldsymbol{P}_{1,m}(n)\boldsymbol{x}(n) \tag{9.3.24}$$

式中，$\boldsymbol{P}_{1,m}(n) = \boldsymbol{X}_{1,m}(n)\langle \boldsymbol{X}_{1,m}^{\rm T}(n), \boldsymbol{X}_{1,m}(n)\rangle^{-1}\boldsymbol{X}_{1,m}^{\rm T}(n)$ 表示数据矩阵 $\boldsymbol{X}_{1,m}(n)$ 的投影矩阵。

若定义前向预测误差向量

$$\boldsymbol{e}_m^{\rm f}(n) = [e_m^{\rm f}(1), \cdots, e_m^{\rm f}(n)]^{\rm T} = \boldsymbol{x}(n) - \hat{\boldsymbol{x}}(n) \tag{9.3.25}$$

式中，$e_m^{\rm f}(k), k=1,\cdots,n$ 是滤波器在 k 时刻的前向预测误差，则由式 (9.3.24) 及正交投影矩阵的定义立即知

$$\boldsymbol{e}_m^{\rm f}(n) = \boldsymbol{P}_{1,m}^{\perp}(n)\boldsymbol{x}(n) \tag{9.3.26}$$

式 (9.3.24) 和式 (9.3.26) 的物理解释是：前向预测值向量 $\hat{\boldsymbol{x}}(n)$ 和前向预测误差向量 $\boldsymbol{e}_m^{\rm f}(n)$ 分别是数据向量 $\boldsymbol{x}(n)$ 在数据矩阵 $\boldsymbol{X}_{1,m}(n)$ 所张成的子空间上的投影和正交投影。

现在考虑后向预测滤波器

$$\hat{x}(k-m) = \sum_{i=1}^{m} w_i^{\rm b}(n)x(k-m+i), \qquad k=1,2,\cdots,n \tag{9.3.27}$$

式中，$w_i^{\mathrm{b}}(n), i=1,2,\cdots,m$ 为 m 阶后向预测滤波器在 n 时刻的权系数。使用矩阵和向量书写上式，得

$$\begin{bmatrix} x(1) & 0 & \cdots & 0 \\ \vdots & \vdots & \vdots & \vdots \\ x(m) & x(m-1) & \cdots & 0 \\ x(m+1) & x(m) & \cdots & x(1) \\ \vdots & \vdots & \vdots & \vdots \\ x(n) & x(n-1) & \cdots & x(n-m+1) \end{bmatrix} \begin{bmatrix} w_m^{\mathrm{b}}(n) \\ w_{m-1}^{\mathrm{b}}(n) \\ \vdots \\ w_1^{\mathrm{b}}(n) \end{bmatrix} = \begin{bmatrix} 0 \\ \vdots \\ 0 \\ \hat{x}(1) \\ \vdots \\ \hat{x}(n-m) \end{bmatrix} \tag{9.3.28}$$

或

$$\boldsymbol{X}_{0,m-1}(n)\boldsymbol{w}_m^{\mathrm{b}}(n) = z^{-m}\hat{\boldsymbol{x}}(n) \tag{9.3.29}$$

式中

$$\begin{aligned} \boldsymbol{X}_{0,m-1}(n) &= [z^0\boldsymbol{x}(n), z^{-1}\boldsymbol{x}(n), \cdots, z^{-m+1}\boldsymbol{x}(n)] \\ &= \begin{bmatrix} x(1) & 0 & \cdots & 0 \\ x(2) & x(1) & \cdots & 0 \\ \vdots & \vdots & \vdots & \vdots \\ x(n) & x(n-1) & \cdots & x(n-m+1) \end{bmatrix} \end{aligned} \tag{9.3.30}$$

$$\boldsymbol{w}_m^{\mathrm{b}}(n) = [w_m^{\mathrm{b}}(n), w_{m-1}^{\mathrm{b}}(n), \cdots, w_1^{\mathrm{b}}(n)]^{\mathrm{T}} \tag{9.3.31}$$

$$\hat{\boldsymbol{x}}(n-m) = z^{-m}\hat{\boldsymbol{x}}(n) = [0, \cdots, 0, \hat{x}(1), \cdots, \hat{x}(n-m)]^{\mathrm{T}} \tag{9.3.32}$$

在式 (9.3.29) 中用已知的数据向量 $\boldsymbol{x}(n)$ 代替未知的预测值向量 $\hat{\boldsymbol{x}}(n)$，即可得到后向预测滤波器权向量的最小二乘解为

$$\boldsymbol{w}_m^{\mathrm{b}}(n) = \langle \boldsymbol{X}_{0,m-1}(n), \boldsymbol{X}_{0,m-1}(n)\rangle^{-1}\boldsymbol{X}_{0,m-1}^{\mathrm{T}}(n)\boldsymbol{x}(n-m) \tag{9.3.33}$$

将式 (9.3.33) 代入式 (9.3.29)，后向预测 (值) 向量可用投影矩阵表示为

$$\hat{\boldsymbol{x}}(n-m) = \boldsymbol{P}_{0,m-1}(n)\boldsymbol{x}(n-m) = \boldsymbol{P}_{0,m-1}(n)z^{-m}\boldsymbol{x}(n) \tag{9.3.34}$$

式中，$\boldsymbol{P}_{0,m-1}(n) = \boldsymbol{X}_{0,m-1}(n)\langle \boldsymbol{X}_{0,m-1}(n), \boldsymbol{X}_{0,m-1}(n)\rangle^{-1}\boldsymbol{X}_{0,m-1}^{\mathrm{T}}(n)$ 是 $\boldsymbol{X}_{0,m-1}(n)$ 的投影矩阵。

定义后向预测误差向量

$$\boldsymbol{e}_m^{\mathrm{b}}(n) = [e_m^{\mathrm{b}}(1), \cdots, e_m^{\mathrm{b}}(n)]^{\mathrm{T}} = \boldsymbol{x}(n-m) - \hat{\boldsymbol{x}}(n-m) \tag{9.3.35}$$

式中，$e_m^{\mathrm{b}}(k)\ (k=1,\cdots,n)$ 是 k 时刻的后向预测误差，则将式 (9.3.34) 代入式 (9.3.35) 后，又可用正交投影矩阵来表示后向预测误差向量

$$\boldsymbol{e}_m^{\mathrm{b}}(n) = \boldsymbol{P}_{0,m-1}^{\perp}(n)z^{-m}\boldsymbol{x}(n) \tag{9.3.36}$$

式 (9.3.34) 和式 (9.3.35) 的物理含义如下：后向预测向量 $\hat{\boldsymbol{x}}(n-m)$ 和后向预测误差向量$\boldsymbol{e}_m^{\mathrm{b}}(n)$ 分别是移位的数据向量 $z^{-m}\boldsymbol{x}(n)$ 在数据矩阵 $\boldsymbol{X}_{0,m-1}(n)$ 所张成子空间上的投影和正交投影。

例 9.3.1 假定观测数据矩阵为 $\boldsymbol{X}_{N\times M}$，现在希望设计一 $M\times 1$ 阶滤波器向量$\boldsymbol{w}$ 拟合向量 $\boldsymbol{y}$，则观测方程可以写作

$$\boldsymbol{y}=\boldsymbol{X}\boldsymbol{w}+\boldsymbol{e} \tag{9.3.37}$$

式中，$\boldsymbol{e}$ 为拟合误差向量。设最优滤波器为 $\boldsymbol{w}_{\text{opt}}$，其估计误差向量为 $\boldsymbol{e}_{\text{opt}}$，则

$$\boldsymbol{y}=\boldsymbol{X}\boldsymbol{w}_{\text{opt}}+\boldsymbol{e}_{\text{opt}} \tag{9.3.38}$$

两边同乘 $(\boldsymbol{X}^{\text{H}}\boldsymbol{X})^{-1}\boldsymbol{X}^{\text{H}}$，即有

$$\boldsymbol{w}_{\text{opt}}=(\boldsymbol{X}^{\text{H}}\boldsymbol{X})^{-1}\boldsymbol{X}^{\text{H}}\boldsymbol{y}-(\boldsymbol{X}^{\text{H}}\boldsymbol{X})^{-1}\boldsymbol{X}^{\text{H}}\boldsymbol{e}_{\text{opt}} \tag{9.3.39}$$

根据前面的分析，滤波器的最小二乘估计为

$$\boldsymbol{w}_{\text{LS}}=(\boldsymbol{X}^{\text{H}}\boldsymbol{X})^{-1}\boldsymbol{X}^{\text{H}}\boldsymbol{y} \tag{9.3.40}$$

将式 (9.3.39) 代入上式，即得

$$\boldsymbol{w}_{\text{LS}}=\boldsymbol{w}_{\text{opt}}+(\boldsymbol{X}^{\text{H}}\boldsymbol{X})^{-1}\boldsymbol{X}^{\text{H}}\boldsymbol{e}_{\text{opt}} \tag{9.3.41}$$

于是，有

$$\boldsymbol{y}-\boldsymbol{X}\boldsymbol{w}_{\text{LS}}=\boldsymbol{y}-\boldsymbol{X}\boldsymbol{w}_{\text{opt}}-\boldsymbol{X}(\boldsymbol{X}^{\text{H}}\boldsymbol{X})^{-1}\boldsymbol{X}^{\text{H}}\boldsymbol{e}_{\text{opt}}$$

由上式、式 (9.3.39) 和式 (9.3.40)，立即得

$$(\boldsymbol{I}-\boldsymbol{P})\boldsymbol{y}=(\boldsymbol{I}-\boldsymbol{P})\boldsymbol{e}_{\text{opt}} \tag{9.3.42}$$

最小二乘估计

$$\hat{\boldsymbol{y}}=\boldsymbol{X}\boldsymbol{w}_{\text{LS}}=\boldsymbol{X}(\boldsymbol{X}^{\text{T}}\boldsymbol{X})^{-1}\boldsymbol{X}^{\text{T}}\boldsymbol{y}=\boldsymbol{P}\boldsymbol{y} \tag{9.3.43}$$

式中，$\boldsymbol{P}=\boldsymbol{X}(\boldsymbol{X}^{\text{T}}\boldsymbol{X})^{-}\boldsymbol{X}^{\text{T}}$ 表示观测数据矩阵 $\boldsymbol{X}$ 的投影矩阵。于是，估计误差向量

$$\boldsymbol{e}_{\text{LS}}=\boldsymbol{y}-\hat{\boldsymbol{y}}=(\boldsymbol{I}-\boldsymbol{P})\boldsymbol{y}=(\boldsymbol{I}-\boldsymbol{P})\boldsymbol{e}_{\text{opt}} \tag{9.3.44}$$

式中，使用了式 (9.3.42)。

估计误差平方和

$$E_{\text{LS}}=\boldsymbol{e}_{\text{LS}}^{\text{H}}\boldsymbol{e}_{\text{LS}}=\boldsymbol{e}_{\text{opt}}^{\text{H}}(\boldsymbol{I}-\boldsymbol{P})^{\text{H}}(\boldsymbol{I}-\boldsymbol{P})\boldsymbol{e}_{\text{opt}}=\boldsymbol{e}_{\text{opt}}^{\text{H}}(\boldsymbol{I}-\boldsymbol{P})\boldsymbol{e}_{\text{opt}} \tag{9.3.45}$$

估计误差平方和的数学期望值称为均方误差，即有

$$\begin{aligned}\text{E}\{E_{\text{LS}}\}&=\text{E}\{\boldsymbol{e}_{\text{opt}}^{\text{H}}(\boldsymbol{I}-\boldsymbol{P})\boldsymbol{e}_{\text{opt}}\}=\text{E}\left\{\text{tr}[(\boldsymbol{I}-\boldsymbol{P})\boldsymbol{e}_{\text{opt}}\boldsymbol{e}_{\text{opt}}^{\text{H}}]\right\}\\&=\text{tr}\left[(\boldsymbol{I}-\boldsymbol{P})\text{E}\{\boldsymbol{e}_{\text{opt}}\boldsymbol{e}_{\text{opt}}^{\text{H}}\}\right]\end{aligned}$$

式中，利用了矩阵的迹的性质 $\boldsymbol{x}^{\text{H}}\boldsymbol{A}\boldsymbol{x}=\text{tr}(\boldsymbol{A}\boldsymbol{x}\boldsymbol{x}^{\text{H}})$。令 $\sigma_{\text{opt}}^2=\text{E}\{\boldsymbol{e}_{\text{opt}}^{\text{H}}\boldsymbol{e}_{\text{opt}}\}$ 表示最优滤波器的均方误差。于是，上式可以写为

$$\text{E}\{E_{\text{LS}}\}=\sigma_{\text{opt}}^2\text{tr}(\boldsymbol{I}-\boldsymbol{P}) \tag{9.3.46}$$

计算矩阵的迹，得

$$\begin{aligned}\mathrm{tr}(\boldsymbol{I}-\boldsymbol{P}) &= \mathrm{tr}[\boldsymbol{I}-\boldsymbol{X}(\boldsymbol{X}^{\mathrm{H}}\boldsymbol{X})^{-1}\boldsymbol{X}^{\mathrm{H}}] \\ &= \mathrm{tr}(\boldsymbol{I}_N)-\mathrm{tr}[\boldsymbol{X}(\boldsymbol{X}^{\mathrm{H}}\boldsymbol{X})^{-1}\boldsymbol{X}^{\mathrm{H}}] \\ &= \mathrm{tr}(\boldsymbol{I}_N)-\mathrm{tr}[\boldsymbol{X}^{\mathrm{H}}\boldsymbol{X}(\boldsymbol{X}^{\mathrm{H}}\boldsymbol{X})^{-1}] \\ &= \mathrm{tr}(\boldsymbol{I}_N)-\mathrm{tr}(\boldsymbol{I}_M) \\ &= N-M\end{aligned}$$

将此值代入式 (9.3.46)，则

$$\mathrm{E}\{E_{\mathrm{LS}}\}=(N-M)\sigma_{\mathrm{opt}}^2 \tag{9.3.47}$$

即最小二乘滤波器的均方误差 $\mathrm{E}\{\boldsymbol{e}_{\mathrm{LS}}^{\mathrm{H}}\boldsymbol{e}_{\mathrm{LS}}\}$ 是最优滤波器的均方误差 σ_{opt}^2 的 $(N-M)$ 倍。

9.4 投影矩阵和正交投影矩阵的更新

自适应滤波器是滤波器系数可以随时间作自适应调节的滤波器，这种自适应调节依靠的是简单的时间更新公式，因为复杂的计算不能够满足信号处理的实时要求。因此，为了将投影矩阵和正交投影矩阵应用于自适应滤波器的设计中，需要推导出这两种矩阵的时间更新公式。

假定目前的数据空间为 $\{\boldsymbol{U}\}$，相对应的投影矩阵是 $\boldsymbol{P}_U$，正交投影矩阵为 $\boldsymbol{P}_U^{\perp}$。这里，$\boldsymbol{U}$ 取 $\boldsymbol{X}_{1,m}(n)$ 或 $\boldsymbol{X}_{0,m-1}(n)$ 等形式。现在假设有一个新的数据向量 $\boldsymbol{u}$ 加入到 $\{\boldsymbol{U}\}$ 的原向量组中。一般说来，新数据向量 $\boldsymbol{u}$ 将提供某些新的信息，它们是在 $\{\boldsymbol{U}\}$ 的原向量组中没有包含的。由于数据子空间从 $\{\boldsymbol{U}\}$ 扩大为 $\{\boldsymbol{U},\boldsymbol{u}\}$，所以应该寻找与新子空间对应的“新的”投影矩阵 $\boldsymbol{P}_{U,u}$ 和正交投影矩阵 $\boldsymbol{P}_{U,u}^{\perp}$。

从自适应更新的角度出发，由已知的投影矩阵 $\boldsymbol{P}_U$ 求更新的投影矩阵 $\boldsymbol{P}_{U,u}$ 的最简单方法是将 $\boldsymbol{P}_{U,u}$ 分解为两部分：一部分是非自适应部分或已知部分，另一部分为自适应更新部分。存在一种特别有用的分解方式，即要求非自适应部分与自适应部分彼此正交。这样一种分解称为“正交分解”。具体说来，投影矩阵 $\boldsymbol{P}_{U,u}$ 的正交分解为

$$\boldsymbol{P}_{U,u}=\boldsymbol{P}_U+\boldsymbol{P}_w \tag{9.4.1}$$

式中，$\boldsymbol{P}_w$ 的选择应满足正交条件

$$\langle\boldsymbol{P}_U,\boldsymbol{P}_w\rangle=\boldsymbol{0} \tag{9.4.2}$$

或简记作 $\boldsymbol{P}_w\perp\boldsymbol{P}_U$。

由于更新是通过原投影矩阵 $\boldsymbol{P}_U$ 和新数据向量 $\boldsymbol{u}$ 实现的，而 $\boldsymbol{P}_U$ 中不包含新数据向量的任何作用，所以正交分解中的更新部分 $\boldsymbol{P}_w$ 应该包含有新数据向量 $\boldsymbol{u}$。不妨令 $\boldsymbol{w}=\boldsymbol{X}\boldsymbol{u}$，即 $\boldsymbol{P}_w=\boldsymbol{X}\boldsymbol{u}\langle\boldsymbol{X}\boldsymbol{u},\boldsymbol{X}\boldsymbol{u}\ \rangle^{-1}(\boldsymbol{X}\boldsymbol{u})^{\mathrm{T}}$。将 $\boldsymbol{P}_w$ 代入正交条件式 (9.4.2)，则有

$$\langle\boldsymbol{P}_U,\boldsymbol{P}_w\rangle=\boldsymbol{P}_U\boldsymbol{X}\boldsymbol{u}\langle\boldsymbol{X}\boldsymbol{u},\boldsymbol{X}\boldsymbol{u}\rangle^{-1}(\boldsymbol{X}\boldsymbol{u})^{\mathrm{T}}=\boldsymbol{0}$$

这里使用了投影矩阵的对称性 $\boldsymbol{P}_U^{\mathrm{T}}=\boldsymbol{P}_U$。由于 $\boldsymbol{w}=\boldsymbol{X}\boldsymbol{u}\neq\boldsymbol{0}$，故上式意味着 $\boldsymbol{P}_U\boldsymbol{X}\boldsymbol{u}=\boldsymbol{0}$，$\forall\boldsymbol{u}$ 恒成立，故 $\boldsymbol{P}_U\boldsymbol{X}=\boldsymbol{0}$。这意味着 $\boldsymbol{X}$ 应该是正交投影矩阵 $\boldsymbol{P}_U^{\perp}$。

综合以上讨论，得到正交分解式 (9.4.1) 中的向量 $\boldsymbol{w}$ 为

$$\boldsymbol{w}=\boldsymbol{P}_U^{\perp}\boldsymbol{u} \tag{9.4.3}$$

即是说，$\boldsymbol{w}$ 是数据向量 $\boldsymbol{u}$ 在数据矩阵 $\boldsymbol{U}$ 的列空间上的正交投影。

利用投影矩阵的定义式和正交投影矩阵的对称性 $[\boldsymbol{P}_U^{\perp}]^{\mathrm{T}}=\boldsymbol{P}_U^{\perp}$，易求得

$$\boldsymbol{P}_w=\boldsymbol{w}\langle\boldsymbol{w},\boldsymbol{w}\rangle^{-1}\boldsymbol{w}^{\mathrm{T}}=\boldsymbol{P}_U^{\perp}\boldsymbol{u}\langle\boldsymbol{P}_U^{\perp}\boldsymbol{u},\boldsymbol{P}_U^{\perp}\boldsymbol{u}\rangle^{-1}\boldsymbol{u}^{\mathrm{T}}\boldsymbol{P}_U^{\perp} \tag{9.4.4}$$

将式 (9.4.4) 代入正交分解式 (9.4.1)，便得到“新的”投影矩阵的更新公式如下

$$\boldsymbol{P}_{U,u}=\boldsymbol{P}_U+\boldsymbol{P}_U^{\perp}\boldsymbol{u}\langle\boldsymbol{P}_U^{\perp}\boldsymbol{u},\boldsymbol{P}_U^{\perp}\boldsymbol{u}\rangle^{-1}\boldsymbol{u}^{\mathrm{T}}\boldsymbol{P}_U^{\perp} \tag{9.4.5}$$

再使用正交投影矩阵的定义式，又可得到“新的”正交投影矩阵的更新公式

$$\boldsymbol{P}_{U,u}^{\perp}=\boldsymbol{P}_U^{\perp}-\boldsymbol{P}_U^{\perp}\boldsymbol{u}\langle\boldsymbol{P}_U^{\perp}\boldsymbol{u},\boldsymbol{P}_U^{\perp}\boldsymbol{u}\rangle^{-1}\boldsymbol{u}^{\mathrm{T}}\boldsymbol{P}_U^{\perp} \tag{9.4.6}$$

式 (9.4.5) 和式 (9.4.6) 分别组成了投影矩阵和正交投影矩阵的更新。用 $\boldsymbol{y}$ 分别右乘式 (9.4.5) 和式 (9.4.6)，得到更新公式

$$\boldsymbol{P}_{U,u}\boldsymbol{y}=\boldsymbol{P}_U\boldsymbol{y}+\boldsymbol{P}_U^{\perp}\boldsymbol{u}\langle\boldsymbol{P}_U^{\perp}\boldsymbol{u},\boldsymbol{P}_U^{\perp}\boldsymbol{u}\rangle^{-1}\langle\boldsymbol{u},\boldsymbol{P}_U^{\perp}\boldsymbol{y}\rangle \tag{9.4.7}$$

$$\boldsymbol{P}_{U,u}^{\perp}\boldsymbol{y}=\boldsymbol{P}_U^{\perp}\boldsymbol{y}-\boldsymbol{P}_U^{\perp}\boldsymbol{u}\langle\boldsymbol{P}_U^{\perp}\boldsymbol{u},\boldsymbol{P}_U^{\perp}\boldsymbol{u}\rangle^{-1}\langle\boldsymbol{u},\boldsymbol{P}_U^{\perp}\boldsymbol{y}\rangle \tag{9.4.8}$$

若用向量 $\boldsymbol{z}$ 左乘式 (9.4.7) 和式 (9.4.8)，又可得到更新公式

$$\langle\boldsymbol{z},\boldsymbol{P}_{U,u}\boldsymbol{y}\rangle=\langle\boldsymbol{z},\boldsymbol{P}_U\boldsymbol{y}\rangle+\langle\boldsymbol{z},\boldsymbol{P}_U^{\perp}\boldsymbol{u}\rangle\langle\boldsymbol{P}_U^{\perp}\boldsymbol{u},\boldsymbol{P}_U^{\perp}\boldsymbol{u}\rangle^{-1}\langle\boldsymbol{u},\boldsymbol{P}_U^{\perp}\boldsymbol{y}\rangle \tag{9.4.9}$$

$$\langle\boldsymbol{z},\boldsymbol{P}_{U,u}^{\perp}\boldsymbol{y}\rangle=\langle\boldsymbol{z},\boldsymbol{P}_U^{\perp}\boldsymbol{y}\rangle-\langle\boldsymbol{z},\boldsymbol{P}_U^{\perp}\boldsymbol{u}\rangle\langle\boldsymbol{P}_U^{\perp}\boldsymbol{u},\boldsymbol{P}_U^{\perp}\boldsymbol{u}\rangle^{-1}\langle\boldsymbol{u},\boldsymbol{P}_U^{\perp}\boldsymbol{y}\rangle \tag{9.4.10}$$

式 (9.4.5) 和式 (9.4.6) 分别组成了投影矩阵和正交投影矩阵的更新公式；式 (9.4.7) 和式 (9.4.8) 分别是数据向量的投影和正交投影的更新公式；而式 (9.4.9) 和式 (9.4.10) 则分别是与投影矩阵和正交投影矩阵有关的标量形式的更新公式。

9.5 满列秩矩阵的斜投影算子

前面几节详细讨论了正交投影算子的理论与应用。概括起来，向量 $\boldsymbol{z}$ 到子空间 H 的正交投影可以分解为该向量分别到子空间 H_1 和 H_2 的正交投影之和。其中，子空间 H_2 要求是 H_1 的正交补，并且正交投影算子本身必须同时是幂等的和复共轭对称的。本节讨论子空间 H_2 不是 H_1 的正交补的情况下的投影，从中引出一种不具有复共轭对称性的幂等算子。这类算子统称为斜投影算子 (oblique projector)。

斜投影算子最早是在 20 世纪 30 年代由 Murray [354] 和 Lorch [321] 先后提出的。后来，Afriat [13]， Lyantse [325]，Rao 与 Mitra [424]，Halmos [214]，Kato [260] 以及 Takeuchi 等

人[470] 从数学角度作了进一步的论述与介绍。1989 年，Kayalar 与 Weinert[262] 提出在阵列信号处理中使用斜投影算子，并且推导出了计算斜投影算子的一些新的公式和迭代算法。1994 年，Behrent 与 Scharf[35] 针对到矩阵的列空间的斜投影算子，推导了更加实际的计算公式。2000 年，Vandaele 和 Moonen[497] 利用矩阵的 LQ 分解，给出了到矩阵的行空间的斜投影公式。

由于斜投影算子的广泛应用，本节和 9.6 节将分别针对满列秩和满行秩矩阵，系统地讨论斜投影算子的有关理论方法和应用。

9.5.1 斜投影算子的定义及性质

令 V 是一 Hilbert 空间，H 是 V 中由观测数据张成的一个闭合子空间。假定数据分成两个子集，这两个子集张成两个闭合的子空间 H_1 和 H_2，并且满足 $H = H_1 + H_2$，其中，H_1 和 H_2 的交集 $H_1 \cap H_2 = \{0\}$，即子空间 H_1 和 H_2 是无重叠的 (nonoverlapping) 或无交连的 (disjoint)。注意，两个子空间无交连只是表明它们之间没有共同的非零元素，并不意味这两个子空间正交。正交是比无交连更强的条件：若两个子空间正交，则它们一定是无交连的。

令 $\boldsymbol{P}, \boldsymbol{P}_1, \boldsymbol{P}_2$ 分别是到子空间 H, H_1, H_2 上的正交投影算子。对向量 $\boldsymbol{z} \in V$，现在希望计算它在子空间 H 上的正交投影 $\boldsymbol{Pz}$。Aronszajn[23] 提出，可以先分别求出向量 $\boldsymbol{z}$ 到子空间 H_1 和 H_2 的正交投影 $\boldsymbol{P}_1\boldsymbol{z}$ 和 $\boldsymbol{P}_2\boldsymbol{z}$，然后再按照综合公式

$$\boldsymbol{Pz} = (\boldsymbol{I} - \boldsymbol{P}_2)(\boldsymbol{I} - \boldsymbol{P}_1\boldsymbol{P}_2)^{-1}\boldsymbol{P}_1\boldsymbol{z} + (\boldsymbol{I} - \boldsymbol{P}_1)(\boldsymbol{I} - \boldsymbol{P}_2\boldsymbol{P}_1)^{-1}\boldsymbol{P}_2\boldsymbol{z} \tag{9.5.1}$$

得到 $\boldsymbol{Pz}$。

上述 Aronszajn 综合公式可以直接解决某些统计内插问题[11, 398, 435]，并且正如文献 [262] 所指出的那样，所有双滤波器平滑公式都是 Aronszajn 综合公式的特例。

应当指出，当子空间 H_2 是 H_1 的正交补时，正交投影算子 $\boldsymbol{P}_2 = \boldsymbol{P}_1^{\perp}$ 或 $\boldsymbol{P}_1 = \boldsymbol{P}_2^{\perp}$。此时，Aronszajn 综合公式式 (9.5.1) 简化为

$$\boldsymbol{Pz} = \boldsymbol{P}_1\boldsymbol{z} + \boldsymbol{P}_1^{\perp}\boldsymbol{z} = \boldsymbol{P}_2\boldsymbol{z} + \boldsymbol{P}_2^{\perp}\boldsymbol{z} \tag{9.5.2}$$

即为典型的正交分解。因此，Aronszajn 综合公式是正交分解的推广。

Aronsajn 综合方法利用两个非正交的子空间的正交投影算子 $\boldsymbol{P}_1$ 和 $\boldsymbol{P}_2$ 计算正交投影 $\boldsymbol{Pz}$。这一方法存在以下两个缺点：

(1) 需要比较大的计算量。

(2) 不容易推广到子空间 H 分解为三个或者多个子空间的情况。

Aronszajn 综合方法的这两个固有缺点可以通过计算非正交投影加以避免。这种非正交的投影就是下面将介绍的斜投影。

欲使正交投影 $\boldsymbol{Pz}$ 的计算变得尽可能简单，最简便的方法莫过于使 $\boldsymbol{Pz}$ 是向量 $\boldsymbol{z}$ 到子空间 H_1 和 H_2 的两个投影的直和，即

$$\boldsymbol{Pz} = \boldsymbol{E}_1\boldsymbol{z} + \boldsymbol{E}_2\boldsymbol{z} \tag{9.5.3}$$

虽然仍然是综合正交投影 $\boldsymbol{Pz}$，但是与 Aronszajn 综合公式 (9.5.2) 不同，式 (9.5.3) 中的两个投影矩阵不再是正交的： $\boldsymbol{E}_1 \neq \boldsymbol{E}_2^{\perp}$，即两个子空间 H_1 与 H_2 相互不正交。此时，称

$$H = H_1 \oplus H_2 \tag{9.5.4}$$

是子空间 H 的直和分解。注意，算子 $\boldsymbol{E}_1$ 和 $\boldsymbol{E}_2$ 不再是正交投影算子。为了便于区别，以后将统一使用符号 $\boldsymbol{P}$ 和 $\boldsymbol{E}$ 分别表示正交投影算子和非正交投影算子。非正交投影算子统称斜投影算子。

应当注意，无论是正交投影算子，还是斜投影算子，都必须满足任何一个投影算子所必须具有的幂等性。容易验证，Aronszajn 综合公式 (9.5.1) 中的 $(\boldsymbol{I}-\boldsymbol{P}_2)(\boldsymbol{I}-\boldsymbol{P}_1\boldsymbol{P}_2)^{-1}\boldsymbol{P}_1$ 和 $(\boldsymbol{I}-\boldsymbol{P}_1)(\boldsymbol{I}-\boldsymbol{P}_2\boldsymbol{P}_1)^{-1}\boldsymbol{P}_2$ 都不是斜投影算子，因为它们都不是幂等算子。

那么，如何构造式 (9.5.3) 中的两个斜投影算子 $\boldsymbol{E}_1$ 和 $\boldsymbol{E}_2$ 呢？下面以满列秩矩阵作为讨论对象。

令 $n \times m$ 矩阵 $\boldsymbol{H}$ 是一个满列秩矩阵，其值域 (空间) 为

$$\text{Range}(\boldsymbol{H}) = \{\boldsymbol{y} \in \mathbb{C}^m \mid \boldsymbol{y} = \boldsymbol{Hx},\ \boldsymbol{x} \in \mathbb{C}^n\} \tag{9.5.5}$$

并且

$$\text{Null}(\boldsymbol{H}) = \{\boldsymbol{x} \in \mathbb{C}^n \mid \boldsymbol{Hx} = \boldsymbol{0}\} \tag{9.5.6}$$

是 $\boldsymbol{H}$ 的零空间。

现在考虑 $n \times m$ 满列秩矩阵 $\boldsymbol{H}$ 和 $n \times k$ 满列秩矩阵 $\boldsymbol{S}$ 组合成一个 $n \times (m+k)$ 矩阵 $[\boldsymbol{H}, \boldsymbol{S}]$，其中，$m+k<n$，使得矩阵 $[\boldsymbol{H}, \boldsymbol{S}]$ 的列秩小于行数 n，并且 $\boldsymbol{H}$ 的列向量与 $\boldsymbol{S}$ 的列向量线性无关。由于 $\boldsymbol{H}$ 的列向量与 $\boldsymbol{S}$ 的列向量线性无关，所以两个值域 Range($\boldsymbol{H}$) 和 Range($\boldsymbol{S}$) 是无交连的。

根据投影矩阵的定义，到值域空间 Range($\boldsymbol{H}, \boldsymbol{S}$) 的正交投影算子为

$$\begin{aligned}\boldsymbol{P}_{HS} &= [\boldsymbol{H}, \boldsymbol{S}] \langle [\boldsymbol{H}, \boldsymbol{S}], [\boldsymbol{H}, \boldsymbol{S}] \rangle^{-1} [\boldsymbol{H}, \boldsymbol{S}]^{\mathrm{H}} \\ &= [\boldsymbol{H}, \boldsymbol{S}] \begin{bmatrix} \boldsymbol{H}^{\mathrm{H}}\boldsymbol{H} & \boldsymbol{H}^{\mathrm{H}}\boldsymbol{S} \\ \boldsymbol{S}^{\mathrm{H}}\boldsymbol{H} & \boldsymbol{S}^{\mathrm{H}}\boldsymbol{S} \end{bmatrix}^{-1} \begin{bmatrix} \boldsymbol{H}^{\mathrm{H}} \\ \boldsymbol{S}^{\mathrm{H}} \end{bmatrix}\end{aligned} \tag{9.5.7}$$

式 (9.5.7) 表明，正交投影算子 $\boldsymbol{P}_{HS}$ 可以分解为 [35]

$$\boldsymbol{P}_{HS} = \boldsymbol{E}_{H|S} + \boldsymbol{E}_{S|H} \tag{9.5.8}$$

式中

$$\boldsymbol{E}_{H|S} = [\boldsymbol{H}, \boldsymbol{O}] \begin{bmatrix} \boldsymbol{H}^{\mathrm{H}}\boldsymbol{H} & \boldsymbol{H}^{\mathrm{H}}\boldsymbol{S} \\ \boldsymbol{S}^{\mathrm{H}}\boldsymbol{H} & \boldsymbol{S}^{\mathrm{H}}\boldsymbol{S} \end{bmatrix}^{-1} \begin{bmatrix} \boldsymbol{H}^{\mathrm{H}} \\ \boldsymbol{S}^{\mathrm{H}} \end{bmatrix} \tag{9.5.9}$$

$$\boldsymbol{E}_{S|H} = [\boldsymbol{O}, \boldsymbol{S}] \begin{bmatrix} \boldsymbol{H}^{\mathrm{H}}\boldsymbol{H} & \boldsymbol{H}^{\mathrm{H}}\boldsymbol{S} \\ \boldsymbol{S}^{\mathrm{H}}\boldsymbol{H} & \boldsymbol{S}^{\mathrm{H}}\boldsymbol{S} \end{bmatrix}^{-1} \begin{bmatrix} \boldsymbol{H}^{\mathrm{H}} \\ \boldsymbol{S}^{\mathrm{H}} \end{bmatrix} \tag{9.5.10}$$

这里，$\boldsymbol{O}$ 代表零矩阵。

利用第 1 章的分块矩阵求逆引理公式 (1.7.11)，易求得

$$\begin{aligned}\boldsymbol{A}^{-1}&=\begin{bmatrix}\boldsymbol{H}^{\mathrm{H}}\boldsymbol{H} & \boldsymbol{H}^{\mathrm{H}}\boldsymbol{S}\\ \boldsymbol{S}^{\mathrm{H}}\boldsymbol{H} & \boldsymbol{S}^{\mathrm{H}}\boldsymbol{S}\end{bmatrix}^{-1}\\ &=\begin{bmatrix}(\boldsymbol{H}^{\mathrm{H}}\boldsymbol{P}_S^{\perp}\boldsymbol{H})^{-1} & -(\boldsymbol{H}^{\mathrm{H}}\boldsymbol{P}_S^{\perp}\boldsymbol{H})^{-1}\boldsymbol{H}^{\mathrm{H}}\boldsymbol{S}(\boldsymbol{S}^{\mathrm{H}}\boldsymbol{S})^{-1}\\ -(\boldsymbol{S}^{\mathrm{H}}\boldsymbol{P}_H^{\perp}\boldsymbol{S})^{-1}\boldsymbol{S}^{\mathrm{H}}\boldsymbol{H}(\boldsymbol{H}^{\mathrm{H}}\boldsymbol{H})^{-1} & (\boldsymbol{S}^{\mathrm{H}}\boldsymbol{P}_H^{\perp}\boldsymbol{S})^{-1}\end{bmatrix}\end{aligned}\tag{9.5.11}$$

式中

$$\boldsymbol{P}_S^{\perp}=\boldsymbol{I}-\boldsymbol{P}_S=\boldsymbol{I}-\boldsymbol{S}(\boldsymbol{S}^{\mathrm{H}}\boldsymbol{S})^{-1}\boldsymbol{S}^{\mathrm{H}}$$
$$\boldsymbol{P}_H^{\perp}=\boldsymbol{I}-\boldsymbol{P}_H=\boldsymbol{I}-\boldsymbol{H}(\boldsymbol{H}^{\mathrm{H}}\boldsymbol{H})^{-1}\boldsymbol{H}^{\mathrm{H}}$$

将式 (9.5.11) 代入式 (9.5.9)，立即得到

$$\begin{aligned}\boldsymbol{E}_{H|S}&=[\boldsymbol{H},\boldsymbol{O}]\begin{bmatrix}(\boldsymbol{H}^{\mathrm{H}}\boldsymbol{P}_S^{\perp}\boldsymbol{H})^{-1} & -(\boldsymbol{H}^{\mathrm{H}}\boldsymbol{P}_S^{\perp}\boldsymbol{H})^{-1}\boldsymbol{H}^{\mathrm{H}}\boldsymbol{S}(\boldsymbol{S}^{\mathrm{H}}\boldsymbol{S})^{-1}\\ -(\boldsymbol{S}^{\mathrm{H}}\boldsymbol{P}_H^{\perp}\boldsymbol{S})^{-1}\boldsymbol{S}^{\mathrm{H}}\boldsymbol{H}(\boldsymbol{H}^{\mathrm{H}}\boldsymbol{H})^{-1} & (\boldsymbol{S}^{\mathrm{H}}\boldsymbol{P}_H^{\perp}\boldsymbol{S})^{-1}\end{bmatrix}\begin{bmatrix}\boldsymbol{H}^{\mathrm{H}}\\ \boldsymbol{S}^{\mathrm{H}}\end{bmatrix}\\ &=\boldsymbol{H}(\boldsymbol{H}^{\mathrm{H}}\boldsymbol{P}_S^{\perp}\boldsymbol{H})^{-1}\boldsymbol{H}^{\mathrm{H}}-\boldsymbol{H}(\boldsymbol{H}^{\mathrm{H}}\boldsymbol{P}_S^{\perp}\boldsymbol{H})^{-1}\boldsymbol{H}^{\mathrm{H}}\boldsymbol{P}_S\end{aligned}$$

整理后，得到

$$\boldsymbol{E}_{H|S}=\boldsymbol{H}(\boldsymbol{H}^{\mathrm{H}}\boldsymbol{P}_S^{\perp}\boldsymbol{H})^{-1}\boldsymbol{H}^{\mathrm{H}}\boldsymbol{P}_S^{\perp}\tag{9.5.12}$$

类似地，将式 (9.5.11) 代入式 (9.5.10)，又可得到

$$\boldsymbol{E}_{S|H}=\boldsymbol{S}(\boldsymbol{S}^{\mathrm{H}}\boldsymbol{P}_H^{\perp}\boldsymbol{S})^{-1}\boldsymbol{S}^{\mathrm{H}}\boldsymbol{P}_H^{\perp}\tag{9.5.13}$$

式 (9.5.12) 和式 (9.5.13) 是 Behrent 与 Scharf 于 1994 年得到的 [35]。

观察式 (9.5.12) 和式 (9.5.13) 知，幂等算子 $\boldsymbol{E}_{H|S}$ 和 $\boldsymbol{E}_{S|H}$ 都不是复共轭对称即 Hermitian 的，所以它们虽然是投影算子，但不是正交投影算子。

定义 9.5.1 一个不具有复共轭对称性的幂等算子 $\boldsymbol{E}$ 称为斜投影算子。

根据定义，由式 (9.5.12) 定义的算子 $\boldsymbol{E}_{H|S}$ 和由式 (9.5.13) 定义的算子 $\boldsymbol{E}_{S|H}$ 今后称为斜投影算子。

斜投影算子 $\boldsymbol{E}_{H|S}$ 读作“沿着与子空间 Range($\boldsymbol{S}$) 平行的方向，到子空间 Range($\boldsymbol{H}$) 上的投影算子”。类似地，斜投影算子 $\boldsymbol{E}_{S|H}$ 则读作“沿着与子空间 Range($\boldsymbol{H}$) 平行的方向，到子空间 Range($\boldsymbol{S}$) 上的投影算子”。这一称呼给出了斜投影算子的几何解释。以斜投影算子 $\boldsymbol{E}_{H|S}$ 为例，其投影方向与子空间 Range($\boldsymbol{S}$) 平行，故投影算子 $\boldsymbol{E}_{H|S}$ 的子空间与子空间 Range($\boldsymbol{S}$) 不可能有任何交连。由于 $\boldsymbol{E}_{H|S}\boldsymbol{H}$ 是 $\boldsymbol{H}$ 沿着与子空间 Range($\boldsymbol{S}$) 平行的方向，到子空间 Range($\boldsymbol{H}$) 上的投影，而 $\boldsymbol{H}$ 本身位于子空间 Range($\boldsymbol{H}$)，所以斜投影 $\boldsymbol{E}_{H|S}\boldsymbol{H}$ 的结果为 $\boldsymbol{H}$，即 $\boldsymbol{E}_{H|S}\boldsymbol{H}=\boldsymbol{H}$。

斜投影算子是正交投影算子的扩展，而正交投影算子则是斜投影算子的一个特例。下面汇总了斜投影算子的一些重要性质 [35]：

(1) $\boldsymbol{E}_{H|S}$ 和 $\boldsymbol{E}_{S|H}$ 均为幂等算子，即有

$$\boldsymbol{E}_{H|S}^2=\boldsymbol{E}_{H|S},\qquad \boldsymbol{E}_{S|H}^2=\boldsymbol{E}_{S|H}$$

(2) $\boldsymbol{E}_{H|S}[\boldsymbol{H},\boldsymbol{S}] = [\boldsymbol{H},\boldsymbol{O}]$ 和 $\boldsymbol{E}_{S|H}[\boldsymbol{H},\boldsymbol{S}] = [\boldsymbol{O},\boldsymbol{S}]$，或者等价为

$$\boldsymbol{E}_{H|S}\boldsymbol{H} = \boldsymbol{H}, \qquad \boldsymbol{E}_{H|S}\boldsymbol{S} = \boldsymbol{O}$$

$$\boldsymbol{E}_{S|H}\boldsymbol{H} = \boldsymbol{O}, \qquad \boldsymbol{E}_{S|H}\boldsymbol{S} = \boldsymbol{S}$$

(3) 斜投影算子 $\boldsymbol{E}_{H|S}$ 和 $\boldsymbol{E}_{S|H}$ 的交叉项为零，即有

$$\boldsymbol{E}_{H|S}\boldsymbol{E}_{S|H} = \boldsymbol{O}, \qquad \boldsymbol{E}_{S|H}\boldsymbol{E}_{H|S} = \boldsymbol{O}$$

(4) 斜投影后，再正交投影，不会改变原斜投影

$$\boldsymbol{E}_{H|S} = \boldsymbol{P}_H\boldsymbol{E}_{H|S}, \qquad \boldsymbol{E}_{S|H} = \boldsymbol{P}_S\boldsymbol{E}_{S|H}$$

(5) 令 $\boldsymbol{B}^\dagger = (\boldsymbol{B}^{\mathrm{H}}\boldsymbol{B})^{-1}\boldsymbol{B}^{\mathrm{H}}$ 表示矩阵 $\boldsymbol{B}$ 的广义逆矩阵，则

$$\boldsymbol{H}^\dagger\boldsymbol{E}_{H|S} = (\boldsymbol{P}_S^\perp\boldsymbol{H})^\dagger, \qquad \boldsymbol{S}^\dagger\boldsymbol{E}_{S|H} = (\boldsymbol{P}_H^\perp\boldsymbol{S})^\dagger$$

(6) 斜投影矩阵与正交投影矩阵的关系

$$\boldsymbol{P}_S^\perp\boldsymbol{E}_{H|S}\boldsymbol{P}_S^\perp = \boldsymbol{P}_S^\perp\boldsymbol{P}_{\boldsymbol{P}_S^\perp\boldsymbol{H}}\boldsymbol{P}_S^\perp = \boldsymbol{P}_{\boldsymbol{P}_S^\perp\boldsymbol{H}}$$

(7) 若子空间 $\mathrm{Range}(\boldsymbol{H})$ 与 $\mathrm{Range}(\boldsymbol{S})$ 正交，即 $\mathrm{Range}(\boldsymbol{H}) \perp \mathrm{Range}(\boldsymbol{S})$，则

$$\boldsymbol{E}_{H|S} = \boldsymbol{P}_H, \qquad \boldsymbol{E}_{S|H} = \boldsymbol{P}_H^\perp$$

下面是关于上述性质的几点注释。

注释 1　性质 (2) 表明：

① $\boldsymbol{E}_{H|S}$ 的值域是 $\mathrm{Range}(\boldsymbol{H})$，而 $\boldsymbol{E}_{H|S}$ 的零空间包含 $\mathrm{Range}(\boldsymbol{S})$，即有

$$\mathrm{Range}(\boldsymbol{E}_{H|S}) = \mathrm{Range}(\boldsymbol{H}), \qquad \mathrm{Range}(\boldsymbol{S}) \subset \mathrm{Null}(\boldsymbol{E}_{H|S}) \tag{9.5.14}$$

② $\boldsymbol{E}_{S|H}$ 的值域是 $\mathrm{Range}(\boldsymbol{S})$，而 $\boldsymbol{E}_{S|H}$ 的零空间包含 $\mathrm{Range}(\boldsymbol{H})$，即有

$$\mathrm{Range}(\boldsymbol{E}_{S|H}) = \mathrm{Range}(\boldsymbol{S}), \qquad \mathrm{Range}(\boldsymbol{H}) \subset \mathrm{Null}(\boldsymbol{E}_{S|H}) \tag{9.5.15}$$

换言之，斜投影算子 $\boldsymbol{E}_{H|S}$ 的值域在 $\boldsymbol{E}_{S|H}$ 的零空间内，而 $\boldsymbol{E}_{S|H}$ 的值域则在 $\boldsymbol{E}_{H|S}$ 的零空间内。

注释 2　由于斜投影算子 $\boldsymbol{E}_{H|S}$ 和 $\boldsymbol{E}_{S|H}$ 的交叉项为零，故值域空间 $\mathrm{Range}(\boldsymbol{E}_{H|S})$ 和 $\mathrm{Range}(\boldsymbol{E}_{S|H})$ 是无交连的。

注释3　性质 (4) 也是性质 (2) 的体现，与斜投影算子的几何解释吻合：斜投影 $\boldsymbol{E}_{H|S}$ 是沿着与子空间 $\mathrm{Range}(\boldsymbol{S})$ 平行的方向，到子空间 $\mathrm{Range}(\boldsymbol{H})$ 上的投影，即有 $\mathrm{Range}(\boldsymbol{E}_{H|S}) = \mathrm{Range}(\boldsymbol{H})$。因此，斜投影 $\boldsymbol{E}_{H|S}$ 再向子空间 $\mathrm{Range}(\boldsymbol{H})$ 上投影，其结果将不会发生任何变化。

注释 4　性质 (5) 和性质 (6) 可视为斜投影算子与正交投影算子之间的关系。

9.5.2 斜投影算子的几何解释

总结以上讨论，可以得到三个投影算子各自的含义如下：

(1) 正交投影算子 $\boldsymbol{P}_{HS}$ 是到合成矩阵 $[\boldsymbol{H},\boldsymbol{S}]$ 的列向量张成的值域空间 $\text{Range}(\boldsymbol{H},\boldsymbol{S})$ 上的正交投影算子。

(2) 斜投影算子 $\boldsymbol{E}_{H|S}$ 是沿着值域空间 $\text{Range}(\boldsymbol{S})$，到另一值域空间 $\text{Range}(\boldsymbol{H})$ 的投影算子。

(3) 斜投影算子 $\boldsymbol{E}_{S|H}$ 是沿着值域空间 $\text{Range}(\boldsymbol{H})$，到值域空间 $\text{Range}(\boldsymbol{S})$ 的投影算子。

前面已经解释过，斜投影算子 $\boldsymbol{E}_{H|S}$ 的值域是 $\text{Range}(\boldsymbol{H})$，其零空间包含 $\text{Range}(\boldsymbol{S})$。为了完整地表达斜投影算子 $\boldsymbol{E}_{H|S}$ 的零空间，定义矩阵 $\boldsymbol{A}$ 是合成矩阵 $[\boldsymbol{H},\boldsymbol{S}]$ 的正交矩阵，即有 $[\boldsymbol{H},\boldsymbol{S}]^{\text{H}}\boldsymbol{A}=\boldsymbol{O}$，从而有

$$\boldsymbol{H}^{\text{H}}\boldsymbol{A}=\boldsymbol{O},\qquad \boldsymbol{S}^{\text{H}}\boldsymbol{A}=\boldsymbol{O} \tag{9.5.16}$$

第二式左乘满列秩矩阵 $\boldsymbol{S}(\boldsymbol{S}^{\text{H}}\boldsymbol{S})^{-1}$，即可将 $\boldsymbol{S}^{\text{H}}\boldsymbol{A}=\boldsymbol{O}$ 等价写作

$$\boldsymbol{P}_S\boldsymbol{A}=\boldsymbol{O}\Longrightarrow \boldsymbol{P}_S^{\perp}\boldsymbol{A}=\boldsymbol{A} \tag{9.5.17}$$

利用这些结果，由式 (9.5.12) 得

$$\begin{aligned}\boldsymbol{E}_{H|S}\boldsymbol{A}&=\boldsymbol{H}(\boldsymbol{H}^{\text{H}}\boldsymbol{P}_S^{\perp}\boldsymbol{H})^{-1}\boldsymbol{H}^{\text{H}}\boldsymbol{P}_S^{\perp}\boldsymbol{A}\\&=\boldsymbol{H}(\boldsymbol{H}^{\text{H}}\boldsymbol{P}_S^{\perp}\boldsymbol{H})^{-1}\boldsymbol{H}^{\text{H}}\boldsymbol{A}=\boldsymbol{O}\end{aligned}$$

这说明，矩阵 $\boldsymbol{A}$ 的列张成的值域子空间 $\text{Range}(\boldsymbol{A})$ 也在斜投影算子 $\boldsymbol{E}_{H|S}$ 的零空间内，即 $\text{Range}(\boldsymbol{A})\subset\text{Null}(\boldsymbol{E}_{H|S})$。

式 (9.5.16) 表明，值域子空间 $\text{Range}(\boldsymbol{A})$ 与其他两个值域子空间 $\text{Range}(\boldsymbol{H})$ 和 $\text{Range}(\boldsymbol{S})$ 分别正交。于是，可以利用三个空间方向 $\text{Range}(\boldsymbol{H}),\text{Range}(\boldsymbol{S})$ 和 $\text{Range}(\boldsymbol{A})$ 作为由 $n\times(m+k)$ 矩阵 $[\boldsymbol{H},\boldsymbol{S}]$ 的列向量张成的 Euclidean 空间 $\mathcal{C}^{m+k}$ 的坐标轴，如图 9.5.1 所示。

图 9.5.1 中，坐标轴 $\text{Range}(\boldsymbol{A})$ 与另外两个坐标轴 $\text{Range}(\boldsymbol{H}),\text{Range}(\boldsymbol{S})$ 垂直，但水平面上的坐标轴 $\text{Range}(\boldsymbol{H})$ 和 $\text{Range}(\boldsymbol{S})$ 不相互垂直。换句话说，Euclidean 空间可以分解为三个方向的直和

$$\mathcal{C}^{m+k}=\text{Range}(\boldsymbol{H})\oplus\text{Range}(\boldsymbol{S})\oplus\text{Range}(\boldsymbol{A}) \tag{9.5.18}$$

图 9.5.1 (a) 所示的正交投影已经在前面解说过，现对图 9.5.1 (b) 所示的斜投影解释如下：当向量 $\boldsymbol{y}$ 位于两个坐标轴 $\text{Range}(\boldsymbol{H})$ 和 $\text{Range}(\boldsymbol{S})$ 组成的水平面上时，向量 $\boldsymbol{y}$ 沿着与 $\text{Range}(\boldsymbol{S})$ 平行的方向，到 $\text{Range}(\boldsymbol{H})$ 的斜投影 $\boldsymbol{E}_{H|S}\boldsymbol{y}$ 满足以下两个条件：

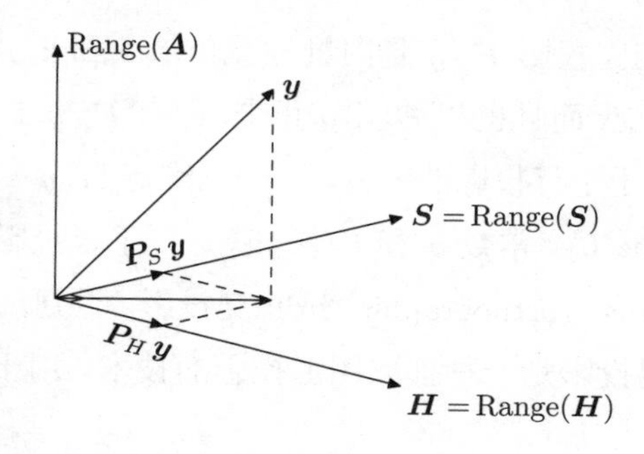

(a) 正交投影的几何解释

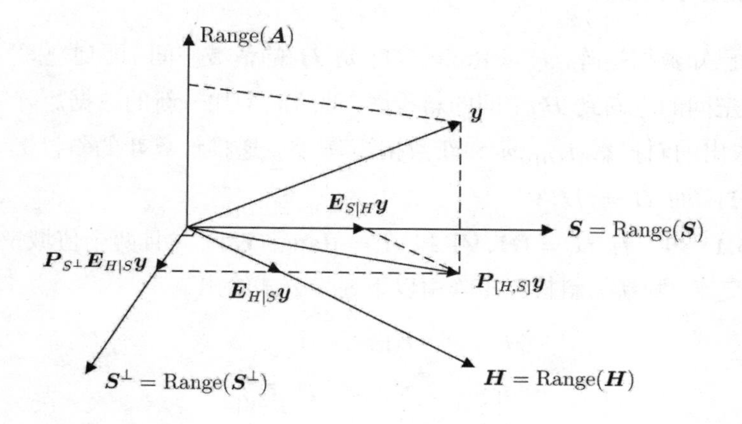

(b) 斜投影的几何解释

图 9.5.1 正交投影与斜投影

① 斜投影 $\boldsymbol{E}_{H|S}\boldsymbol{y}$ 位于坐标轴 Range($\boldsymbol{H}$) 上，即 $\boldsymbol{E}_{H|S}\boldsymbol{y} \in \text{Range}(\boldsymbol{H})$；

② 斜投影 $\boldsymbol{E}_{H|S}\boldsymbol{y}$ 的端点到向量 $\boldsymbol{y}$ 的端点之间的连线与坐标轴 Range($\boldsymbol{S}$) 平行，即 $\boldsymbol{E}_{H|S}\boldsymbol{y} \notin \text{Range}(\boldsymbol{S})$。

如图 9.5.1 (b) 所示，对于 Euclidean 空间中的向量 $\boldsymbol{y}$ 而言，斜投影 $\boldsymbol{E}_{H|S}\boldsymbol{y}$ 的构造分为以下两个步骤：

(1) 向量 $\boldsymbol{y}$ 先正交投影到坐标轴 Range($\boldsymbol{H}$) 和 Range($\boldsymbol{S}$) 组成的平面上，即投影 $\boldsymbol{P}_{HS}\boldsymbol{y}$ 是向量 $\boldsymbol{y}$ 在矩阵 $[\boldsymbol{H},\boldsymbol{S}]$ 的列张成的值域 Range($\boldsymbol{H},\boldsymbol{S}$) 上的正交投影，记作 $\boldsymbol{y}_{HS} = \boldsymbol{P}_{HS}\boldsymbol{y}$。

(2) 利用图 9.5.1 (a) 的方法，求正交投影 $\boldsymbol{y}_{HS}$ 沿着与值域 Range($\boldsymbol{S}$) 平行的方向，到值域 Range($\boldsymbol{H}$) 的斜投影 $\boldsymbol{E}_{H|S}\boldsymbol{y}_{HS}$。

斜投影算子的物理含义是：向量 $\boldsymbol{y}$ 的斜投影 $\boldsymbol{E}_{H|S}\boldsymbol{y}$ 是向量 $\boldsymbol{y}$ 沿着值域 Range($\boldsymbol{S}$) 的方向，到值域 Range($\boldsymbol{H}$) 的投影。翻译成信号处理的语言，即是“斜投影 $\boldsymbol{E}_{H|S}\boldsymbol{y}$ 抽取向量 $\boldsymbol{y}$ 在特定方向 (值域 Range($\boldsymbol{H}$)) 的分量，并完全对消掉向量 $\boldsymbol{y}$ 在另一个方向 (值域 Range($\boldsymbol{S}$)) 的所有分量”。

从图 9.5.1 还可看出，投影 $\boldsymbol{P}_A\boldsymbol{y}$ 是向量 $\boldsymbol{y}$ 到值域 $\text{Range}(\boldsymbol{A})$ 的正交投影。其中，投影 $\boldsymbol{P}_A\boldsymbol{y}$ 不仅与 $\boldsymbol{E}_{H|S}\boldsymbol{y}$ 正交，而且也与 $\boldsymbol{E}_{S|H}\boldsymbol{y}$ 正交，即有 $\boldsymbol{P}_A\boldsymbol{y}\perp\boldsymbol{E}_{H|S}\boldsymbol{y}$ 和 $\boldsymbol{P}_A\boldsymbol{y}\perp\boldsymbol{E}_{S|H}\boldsymbol{y}$。

数学上，斜投影属于平行投影的一种。一个三维点 (x,y,z) 到平面 (x,y) 的平行投影的结果为 $(x+az,y+bz,0)$。常数 a 和 b 唯一决定一平行投影。若 $a=b=0$，则平行投影的结果称为“正交图形”(orthographic) 或正交投影。否则，称为斜投影。

在图像处理中，斜投影是一种抽取图形投影的技术，用于产生三维物体的二维画面即二维图像。

9.5.3　斜投影算子的递推

令 $\boldsymbol{H}$ 为已知数据矩阵，$H=\text{Range}(\boldsymbol{H})$ 是 $\boldsymbol{H}$ 的值域空间 (即列空间)，$E_{H|S}\boldsymbol{x}$ 是向量 $\boldsymbol{x}$ 沿着 S 空间的方向到 H 空间的斜投影。现在，增加一新的数据矩阵 $\boldsymbol{V}$，问题是如何利用已经求出的斜投影 $E_{H|S}\boldsymbol{x}$ 和新数据矩阵 $\boldsymbol{V}$，递推计算新的斜投影 $E_{\tilde{H}|S}\boldsymbol{x}$，其中 $\tilde{H}=\text{Range}(\tilde{\boldsymbol{H}})$，而 $\tilde{\boldsymbol{H}}=[\boldsymbol{H},\boldsymbol{V}]$。

定理 9.5.1[401]　若 $\tilde{\boldsymbol{H}}=[\boldsymbol{H},\boldsymbol{V}]$ 和 $\tilde{H}=\text{Range}(\tilde{\boldsymbol{H}})$，并且两个值域空间 $\tilde{H}$ 和 $S=\text{Range}(\boldsymbol{S})$ 无交连，则新的斜投影矩阵由以下递推公式给出

$$\boldsymbol{E}_{\tilde{H}|S}=\boldsymbol{E}_{H|S}+\boldsymbol{E}_{\tilde{V}|S} \tag{9.5.19}$$

$$\boldsymbol{E}_{S|\tilde{H}}=\boldsymbol{E}_{S|H}-\boldsymbol{P}_S\boldsymbol{E}_{\tilde{V}|S} \tag{9.5.20}$$

其中，$\tilde{V}=\text{Range}(\tilde{\boldsymbol{V}}),\tilde{\boldsymbol{V}}=\boldsymbol{V}-\boldsymbol{E}_{H|S}\boldsymbol{V}$，而 $\boldsymbol{P}_H$ 是矩阵 $\boldsymbol{H}$ 的投影矩阵。

定理 9.5.1 的下述三条注释有助于理解斜投影递推与正交投影递推之间的关系以及斜投影矩阵的作用。

注释 1　若子空间 $\tilde{H}$ 与 S 正交，则斜投影矩阵

$$\boldsymbol{E}_{\tilde{H}|S}=\boldsymbol{P}_{\tilde{H}},\quad \boldsymbol{E}_{H|S}=\boldsymbol{P}_H$$

$$\boldsymbol{E}_{S|\tilde{H}}=\boldsymbol{P}_{\tilde{H}}^{\perp},\quad \boldsymbol{E}_{S|H}=\boldsymbol{P}_H^{\perp}$$

此时，$\tilde{\boldsymbol{V}}=(\boldsymbol{I}-\boldsymbol{P}_H)\boldsymbol{V}=\boldsymbol{P}_H^{\perp}\boldsymbol{V}$。于是有

$$\boldsymbol{E}_{\tilde{V}}=\boldsymbol{P}_{\tilde{V}},\quad \boldsymbol{P}_S\boldsymbol{P}_{\tilde{V}}=\boldsymbol{P}_{\tilde{V}}$$

将以上关系代入式 (9.5.19) 和式 (9.5.20)，分别得

$$\boldsymbol{P}_{\tilde{H}}=\boldsymbol{P}_H+\boldsymbol{P}_H^{\perp}\boldsymbol{V}\langle\boldsymbol{P}_H^{\perp},\boldsymbol{P}_H^{\perp}\boldsymbol{V}\rangle^{-1}\boldsymbol{V}^{\mathrm{T}}\boldsymbol{P}_H^{\perp}$$

$$\boldsymbol{P}_{\tilde{H}}^{\perp}=\boldsymbol{P}_H^{\perp}-\boldsymbol{P}_H^{\perp}\boldsymbol{V}\langle\boldsymbol{P}_H^{\perp},\boldsymbol{P}_H^{\perp}\boldsymbol{V}\rangle^{-1}\boldsymbol{V}^{\mathrm{T}}\boldsymbol{P}_H^{\perp}$$

它们恰好分别是投影矩阵与正交投影矩阵的递推公式。因此，定理 9.5.1 是投影矩阵与正交投影矩阵在 $\tilde{H}$ 与 S 非正交情况下的推广。

注释 2　定理 9.5.1 可以从新息过程的角度进行解释。根据 Kalman 滤波理论，在正交投影的情况下，$\boldsymbol{P}_H\boldsymbol{V}$ 代表数据矩阵 $\boldsymbol{V}$ 的均方估计，$\tilde{\boldsymbol{V}}=\boldsymbol{V}-\boldsymbol{P}_H\boldsymbol{V}$ 可以视为数据矩阵

$\boldsymbol{V}$ 的新息矩阵，而 Range($\tilde{\boldsymbol{V}}$) 则表示正交投影中的新息子空间。类似地，$\boldsymbol{E}_{H|S}\boldsymbol{V}$ 是数据矩阵 $\boldsymbol{V}$ 在子空间 H 内沿着无交连的子空间 S 的均方估计，$\tilde{\boldsymbol{V}} = \boldsymbol{V} - \boldsymbol{E}_{H|S}\boldsymbol{V}$ 可以视为数据矩阵 $\boldsymbol{V}$ 在 H 内沿着 S 的新息矩阵，而 Range($\tilde{\boldsymbol{V}}$) 则表示斜投影中的新息子空间。

注释 3　从子空间的观点出发，向量空间 $\mathcal{C}^n = H \oplus S \oplus (H \oplus S)^{\perp}$，其中 H, S 和 $(H \oplus S)^{\perp}$ 分别代表期望信号 (值域)、结构性噪声 (干扰) 和非结构性噪声子空间。由定理 9.5.1 及 $\boldsymbol{P}_{(H,S)} = \boldsymbol{E}_{H|S} + \boldsymbol{E}_{S|H}$，易知

$$\tilde{\boldsymbol{V}} = (\boldsymbol{I} - \boldsymbol{E}_{H|S})\boldsymbol{V} = \boldsymbol{E}_{S|H}\boldsymbol{V} + \boldsymbol{P}_{(H,S)}^{\perp}\boldsymbol{V} = \boldsymbol{V}_S + \boldsymbol{V}_{(H,S)^{\perp}}$$

即是说，数据矩阵 $\boldsymbol{V}$ 在 H 内沿 S 的新息矩阵 $\tilde{\boldsymbol{V}}$ 由两个分量组成：$\boldsymbol{V}_S = \boldsymbol{E}_{S|H}\boldsymbol{V}$ 是子空间 S 内的结构化噪声的新息矩阵，$\boldsymbol{V}_{(H,S)^{\perp}}\boldsymbol{V}$ 是在正交补子空间 $(H \oplus S)^{\perp}$ 内的非结构化噪声的新息矩阵。若结构化噪声相比非结构化噪声可以忽略不计，则新息矩阵 $\tilde{\boldsymbol{V}} = \boldsymbol{V}_{(H,S)^{\perp}}$。在这种情况下，$\boldsymbol{P}_S^{\perp}\tilde{\boldsymbol{V}} \approx \boldsymbol{P}_S^{\perp}\boldsymbol{V}_{(H,S)^{\perp}} = \boldsymbol{V}_{(H,S)^{\perp}}$，并且

$$\boldsymbol{E}_{\tilde{V}|S} = \tilde{\boldsymbol{V}}(\tilde{\boldsymbol{V}}^{\mathrm{H}}\boldsymbol{P}_S^{\perp}\tilde{\boldsymbol{V}})^{-1\mathrm{H}}\boldsymbol{P}_S^{\perp} = \boldsymbol{V}_{(H,S)^{\perp}}(\boldsymbol{V}_{(H,S)^{\perp}}^{\mathrm{H}}\boldsymbol{V}_{(H,S)^{\perp}})^{-1}\boldsymbol{V}_{(H,S)^{\perp}}^{\mathrm{H}}$$

它正好就是 $\boldsymbol{V}_{(H,S)^{\perp}}$ 的投影矩阵。

9.6　满行秩矩阵的斜投影算子

在前面几节关于正交投影算子和斜正交投影算子的讨论中，均以满列秩的矩阵作为讨论对象。如果是满行秩矩阵，则相对应的正交投影算子和斜投影算子具有不同的定义与表达形式。

9.6.1　满行秩矩阵的斜投影算子定义

若 $\boldsymbol{D} \in \mathbb{C}^{m\times k}$ 具有满行秩，即 $\mathrm{rank}(\boldsymbol{D}) = m\ (m < k)$，则其投影矩阵 $\boldsymbol{P}_D$ 是一个 $k \times k$ 矩阵，定义为

$$\boldsymbol{P}_D = \boldsymbol{D}^{\mathrm{H}}(\boldsymbol{D}\boldsymbol{D}^{\mathrm{H}})^{-1}\boldsymbol{D} \tag{9.6.1}$$

考查矩阵 $\boldsymbol{B} \in \mathbb{C}^{m\times k}$ 和 $\boldsymbol{C} \in \mathbb{C}^{n\times k}$，它们都是满行秩矩阵，即 $\mathrm{rank}(\boldsymbol{B}) = m, \mathrm{rank}(\boldsymbol{C}) = n$，并且它们组合成的矩阵 $\begin{bmatrix}\boldsymbol{B}\\ \boldsymbol{C}\end{bmatrix} \in \mathbb{C}^{(m+n)\times k}$ 也是满行秩的，即其秩为 $m+n$，其中，$m+n < k$。这意味着，矩阵 $\boldsymbol{B}$ 的行向量与 $\boldsymbol{C}$ 的行向量线性无关。从而，矩阵 $\boldsymbol{B}$ 的行向量张成的值域空间 (简称行空间) $\mathcal{Z}_B$ 和矩阵 $\boldsymbol{C}$ 的行空间 $\mathcal{Z}_C$ 是无交连的。

令 $\boldsymbol{D} = \begin{bmatrix}\boldsymbol{B}\\ \boldsymbol{C}\end{bmatrix}$，并代入式 (9.6.1)，可求得正交投影算子

$$\boldsymbol{P}_D = [\boldsymbol{B}^{\mathrm{H}}, \boldsymbol{C}^{\mathrm{H}}]\begin{bmatrix}\boldsymbol{B}\boldsymbol{B}^{\mathrm{H}} & \boldsymbol{B}\boldsymbol{C}^{\mathrm{H}}\\ \boldsymbol{C}\boldsymbol{B}^{\mathrm{H}} & \boldsymbol{C}\boldsymbol{C}^{\mathrm{H}}\end{bmatrix}^{-1}\begin{bmatrix}\boldsymbol{B}\\ \boldsymbol{C}\end{bmatrix} \tag{9.6.2}$$

它可分解为

$$\boldsymbol{P}_D = \boldsymbol{E}_{\mathcal{Z}_B|\mathcal{Z}_C} + \boldsymbol{E}_{\mathcal{Z}_C|\mathcal{Z}_B} \tag{9.6.3}$$

式中

$$\boldsymbol{E}_{\mathcal{Z}_B|\mathcal{Z}_C}=[\boldsymbol{B}^{\mathrm{H}},\boldsymbol{C}^{\mathrm{H}}]\begin{bmatrix}\boldsymbol{BB}^{\mathrm{H}} & \boldsymbol{BC}^{\mathrm{H}}\\ \boldsymbol{CB}^{\mathrm{H}} & \boldsymbol{CC}^{\mathrm{H}}\end{bmatrix}^{-1}\begin{bmatrix}\boldsymbol{B}\\ \boldsymbol{O}\end{bmatrix} \tag{9.6.4}$$

$$\boldsymbol{E}_{\mathcal{Z}_C|\mathcal{Z}_B}=[\boldsymbol{B}^{\mathrm{H}},\boldsymbol{C}^{\mathrm{H}}]\begin{bmatrix}\boldsymbol{BB}^{\mathrm{H}} & \boldsymbol{BC}^{\mathrm{H}}\\ \boldsymbol{CB}^{\mathrm{H}} & \boldsymbol{CC}^{\mathrm{H}}\end{bmatrix}^{-1}\begin{bmatrix}\boldsymbol{O}\\ \boldsymbol{C}\end{bmatrix} \tag{9.6.5}$$

用矩阵 $\begin{bmatrix}\boldsymbol{B}\\ \boldsymbol{C}\end{bmatrix}$ 分别左乘以上两式，立即有

$$\begin{bmatrix}\boldsymbol{B}\\ \boldsymbol{C}\end{bmatrix}\boldsymbol{E}_{\mathcal{Z}_B|\mathcal{Z}_C}=\begin{bmatrix}\boldsymbol{B}\\ \boldsymbol{O}\end{bmatrix} \tag{9.6.6}$$

$$\begin{bmatrix}\boldsymbol{B}\\ \boldsymbol{C}\end{bmatrix}\boldsymbol{E}_{\mathcal{Z}_C|\mathcal{Z}_B}=\begin{bmatrix}\boldsymbol{O}\\ \boldsymbol{C}\end{bmatrix} \tag{9.6.7}$$

或等价为

$$\boldsymbol{BE}_{\mathcal{Z}_B|\mathcal{Z}_C}=\boldsymbol{B},\qquad \boldsymbol{CE}_{\mathcal{Z}_B|\mathcal{Z}_C}=\boldsymbol{O} \tag{9.6.8}$$

$$\boldsymbol{BE}_{\mathcal{Z}_C|\mathcal{Z}_B}=\boldsymbol{O},\qquad \boldsymbol{CE}_{\mathcal{Z}_C|\mathcal{Z}_B}=\boldsymbol{C} \tag{9.6.9}$$

这表明，算子 $\boldsymbol{E}_{\mathcal{Z}_B|\mathcal{Z}_C}$ 与 $\boldsymbol{E}_{\mathcal{Z}_C|\mathcal{Z}_B}$ 之间无交叉项，即

$$\boldsymbol{E}_{\mathcal{Z}_B|\mathcal{Z}_C}\boldsymbol{E}_{\mathcal{Z}_C|\mathcal{Z}_B}=\boldsymbol{O}\quad 和 \quad \boldsymbol{E}_{\mathcal{Z}_C|\mathcal{Z}_B}\boldsymbol{E}_{\mathcal{Z}_B|\mathcal{Z}_C}=\boldsymbol{O} \tag{9.6.10}$$

由正交投影算子 $\boldsymbol{P}_D$ 的幂等性，得

$$\begin{aligned}\boldsymbol{P}_D^2&=(\boldsymbol{E}_{\mathcal{Z}_B|\mathcal{Z}_C}+\boldsymbol{E}_{\mathcal{Z}_C|\mathcal{Z}_B})(\boldsymbol{E}_{\mathcal{Z}_B|\mathcal{Z}_C}+\boldsymbol{E}_{\mathcal{Z}_C|\mathcal{Z}_B})\\&=\boldsymbol{E}^2_{\mathcal{Z}_B|\mathcal{Z}_C}+\boldsymbol{E}^2_{\mathcal{Z}_C|\mathcal{Z}_B}\\&=\boldsymbol{P}_D=\boldsymbol{E}_{\mathcal{Z}_B|\mathcal{Z}_C}+\boldsymbol{E}_{\mathcal{Z}_C|\mathcal{Z}_B}\end{aligned}$$

由此有

$$\boldsymbol{E}^2_{\mathcal{Z}_B|\mathcal{Z}_C}=\boldsymbol{E}_{\mathcal{Z}_B|\mathcal{Z}_C},\qquad \boldsymbol{E}^2_{\mathcal{Z}_C|\mathcal{Z}_B}=\boldsymbol{E}_{\mathcal{Z}_C|\mathcal{Z}_B} \tag{9.6.11}$$

由于具有幂等性，故 $\boldsymbol{E}_{\mathcal{Z}_B|\mathcal{Z}_C}$ 和 $\boldsymbol{E}_{\mathcal{Z}_C|\mathcal{Z}_B}$ 均为投影算子。又由式 (9.6.8) 和式 (9.6.9) 知，$\boldsymbol{E}_{\mathcal{Z}_B|\mathcal{Z}_C}$ 和 $\boldsymbol{E}_{\mathcal{Z}_C|\mathcal{Z}_B}$ 具有斜投影的几何意义。

满行秩矩阵的斜投影算子具有以下有用性质 [497]。

性质 1 若矩阵 $\boldsymbol{B}$ 的行空间与 $\boldsymbol{C}$ 的行空间正交，即 $\boldsymbol{BC}^{\mathrm{H}}=\boldsymbol{O}$，$\boldsymbol{CB}^{\mathrm{H}}=\boldsymbol{O}$，则斜投影退化为正交投影

$$\boldsymbol{E}_{\mathcal{Z}_B|\mathcal{Z}_C}=\boldsymbol{B}^{\mathrm{H}}(\boldsymbol{BB}^{\mathrm{H}})^{-1}\boldsymbol{B}=\boldsymbol{P}_B \tag{9.6.12}$$

$$\boldsymbol{E}_{\mathcal{Z}_C|\mathcal{Z}_B}=\boldsymbol{C}^{\mathrm{H}}(\boldsymbol{CC}^{\mathrm{H}})^{-1}\boldsymbol{C}=\boldsymbol{P}_C \tag{9.6.13}$$

证明 将正交条件 $\boldsymbol{BC}^{\mathrm{H}}=\boldsymbol{O}$ 和 $\boldsymbol{CB}^{\mathrm{H}}=\boldsymbol{O}$ 代入式 (9.6.4)，立即有

$$\begin{aligned}\boldsymbol{E}_{\mathcal{Z}_B|\mathcal{Z}_C}&=[\boldsymbol{B}^{\mathrm{H}},\boldsymbol{C}^{\mathrm{H}}]\begin{bmatrix}\boldsymbol{BB}^{\mathrm{H}} & \boldsymbol{O}\\ \boldsymbol{O} & \boldsymbol{CC}^{\mathrm{H}}\end{bmatrix}^{-1}\begin{bmatrix}\boldsymbol{B}\\ \boldsymbol{O}\end{bmatrix}\\&=[\boldsymbol{B}^{\mathrm{H}},\boldsymbol{C}^{\mathrm{H}}]\begin{bmatrix}(\boldsymbol{BB}^{\mathrm{H}})^{-1} & \boldsymbol{O}\\ \boldsymbol{O} & (\boldsymbol{CC}^{\mathrm{H}})^{-1}\end{bmatrix}\begin{bmatrix}\boldsymbol{B}\\ \boldsymbol{O}\end{bmatrix}\\&=\boldsymbol{B}^{\mathrm{H}}(\boldsymbol{BB}^{\mathrm{H}})^{-1}\boldsymbol{B}\\&=\boldsymbol{P}_B\end{aligned}$$

类似地，可以证明 $\boldsymbol{E}_{\mathcal{Z}_C|\mathcal{Z}_B}=\boldsymbol{C}^{\mathrm{H}}(\boldsymbol{CC}^{\mathrm{H}})^{-1}\boldsymbol{C}=\boldsymbol{P}_C$。 ■

性质 2 若 (1) $\boldsymbol{A}=\boldsymbol{MB}+\boldsymbol{NC}$；(2) 矩阵 $\boldsymbol{B}$ 和 $\boldsymbol{C}$ 的行空间无交连，则

$$\boldsymbol{AE}_{\mathcal{Z}_B|\mathcal{Z}_C}=\boldsymbol{MB} \tag{9.6.14}$$

$$\boldsymbol{AE}_{\mathcal{Z}_C|\mathcal{Z}_B}=\boldsymbol{NC} \tag{9.6.15}$$

证明 由条件 (1) 知

$$\begin{aligned}\boldsymbol{AE}_{\mathcal{Z}_B|\mathcal{Z}_C}&=(\boldsymbol{MB}+\boldsymbol{NC})\boldsymbol{E}_{\mathcal{Z}_B|\mathcal{Z}_C}\\&=\boldsymbol{MBE}_{\mathcal{Z}_B|\mathcal{Z}_C}+\boldsymbol{NCE}_{\mathcal{Z}_B|\mathcal{Z}_C}\end{aligned}$$

但是，在条件 (2) 之下，式 (9.6.8) 成立。将式 (9.6.8) 代入上式，立即得 $\boldsymbol{AE}_{\mathcal{Z}_B|\mathcal{Z}_C}=\boldsymbol{MB}$。类似地，可以证明 $\boldsymbol{AE}_{\mathcal{Z}_C|\mathcal{Z}_B}=\boldsymbol{NC}$。 ■

9.6.2 斜投影的计算

一个 $m\times n\ (m>n)$ 实矩阵 $\boldsymbol{A}$ 的 QR 分解为

$$\boldsymbol{Q}^{\mathrm{T}}\boldsymbol{A}=\begin{bmatrix}\boldsymbol{R}\\ \boldsymbol{O}\end{bmatrix} \tag{9.6.16}$$

式中，$\boldsymbol{Q}$ 为 $m\times m$ 正交矩阵，$\boldsymbol{R}$ 为上三角矩阵。

若 $\boldsymbol{B}$ 是一个列数大于行数的实矩阵 $\boldsymbol{B}$，则只要令 $\boldsymbol{B}=\boldsymbol{A}^{\mathrm{T}}$，并取 QR 分解式 (9.6.16) 的转置，即可得到矩阵 $\boldsymbol{B}$ 的 LQ 分解如下

$$\boldsymbol{BQ}=\boldsymbol{A}^{\mathrm{T}}\boldsymbol{Q}=[\boldsymbol{L},\boldsymbol{O}] \tag{9.6.17}$$

或

$$\boldsymbol{B}=[\boldsymbol{L},\boldsymbol{O}]\boldsymbol{Q}^{\mathrm{T}} \tag{9.6.18}$$

式中，$\boldsymbol{L}=\boldsymbol{R}^{\mathrm{T}}$ 为下三角矩阵。

令 $\boldsymbol{B}\in\mathbb{R}^{m\times k},\boldsymbol{C}\in\mathbb{R}^{n\times k}$，$\boldsymbol{A}\in\mathbb{R}^{p\times k}$，其中，$(m+n+p)<k$，则矩阵 $\left[\boldsymbol{B}^{\mathrm{T}},\boldsymbol{C}^{\mathrm{T}},\boldsymbol{A}^{\mathrm{T}}\right]^{\mathrm{T}}$ 的 LQ 分解为

$$\begin{bmatrix}\boldsymbol{B}\\ \boldsymbol{C}\\ \boldsymbol{A}\end{bmatrix}[\boldsymbol{Q}_1,\boldsymbol{Q}_2,\boldsymbol{Q}_3]=\begin{bmatrix}\boldsymbol{L}_{11} & & \\ \boldsymbol{L}_{21} & \boldsymbol{L}_{22} & \\ \boldsymbol{L}_{31} & \boldsymbol{L}_{32} & \boldsymbol{L}_{33}\end{bmatrix} \tag{9.6.19}$$

式中，$\boldsymbol{Q}_1 \in \mathbb{R}^{k\times m}, \boldsymbol{Q}_2 \in \mathbb{R}^{k\times n}, \boldsymbol{Q}_3 \in \mathbb{R}^{k\times p}$ 为正交矩阵，即 $\boldsymbol{Q}_i^{\mathrm{T}}\boldsymbol{Q}_i = \boldsymbol{I}$ 和 $\boldsymbol{Q}_i^{\mathrm{T}}\boldsymbol{Q}_j = \boldsymbol{O}, i \neq j$；并且 $\boldsymbol{L}_{ij}$ 为下三角矩阵。式 (9.6.19) 也可以等价写成

$$\begin{bmatrix}\boldsymbol{B}\\ \boldsymbol{C}\\ \boldsymbol{A}\end{bmatrix} = \begin{bmatrix}\boldsymbol{L}_{11} & & \\ \boldsymbol{L}_{21} & \boldsymbol{L}_{22} & \\ \boldsymbol{L}_{31} & \boldsymbol{L}_{32} & \boldsymbol{L}_{33}\end{bmatrix}\begin{bmatrix}\boldsymbol{Q}_1^{\mathrm{T}}\\ \boldsymbol{Q}_2^{\mathrm{T}}\\ \boldsymbol{Q}_3^{\mathrm{T}}\end{bmatrix} \tag{9.6.20}$$

根据斜投影定义式 (9.6.4)，并利用 $\boldsymbol{Q}_i^{\mathrm{T}}\boldsymbol{Q}_i = \boldsymbol{I}$ 和 $\boldsymbol{Q}_i^{\mathrm{T}}\boldsymbol{Q}_j = \boldsymbol{O}, i \neq j$，易求得

$$\begin{aligned}\boldsymbol{E}_{\mathcal{Z}_B|\mathcal{Z}_C} &= \left[\boldsymbol{B}^{\mathrm{T}}, \boldsymbol{C}^{\mathrm{T}}\right]\begin{bmatrix}\boldsymbol{B}\boldsymbol{B}^{\mathrm{T}} & \boldsymbol{B}\boldsymbol{C}^{\mathrm{T}}\\ \boldsymbol{C}\boldsymbol{B}^{\mathrm{T}} & \boldsymbol{C}\boldsymbol{C}^{\mathrm{T}}\end{bmatrix}^{-1}\begin{bmatrix}\boldsymbol{B}\\ \boldsymbol{O}\end{bmatrix}\\ &= [\boldsymbol{Q}_1, \boldsymbol{Q}_2]\begin{bmatrix}\boldsymbol{L}_{11} & \\ \boldsymbol{L}_{21} & \boldsymbol{L}_{22}\end{bmatrix}^{\mathrm{T}}\left\{\begin{bmatrix}\boldsymbol{L}_{11} & \\ \boldsymbol{L}_{21} & \boldsymbol{L}_{22}\end{bmatrix}\begin{bmatrix}\boldsymbol{Q}_1^{\mathrm{T}}\boldsymbol{Q}_1 & \boldsymbol{Q}_1^{\mathrm{T}}\boldsymbol{Q}_2\\ \boldsymbol{Q}_2^{\mathrm{T}}\boldsymbol{Q}_1 & \boldsymbol{Q}_2^{\mathrm{T}}\boldsymbol{Q}_2\end{bmatrix}\begin{bmatrix}\boldsymbol{L}_{11} & \\ \boldsymbol{L}_{21} & \boldsymbol{L}_{22}\end{bmatrix}^{\mathrm{T}}\right\}^{-1}\begin{bmatrix}\boldsymbol{B}\\ \boldsymbol{O}\end{bmatrix}\\ &= [\boldsymbol{Q}_1, \boldsymbol{Q}_2]\begin{bmatrix}\boldsymbol{L}_{11} & \\ \boldsymbol{L}_{21} & \boldsymbol{L}_{22}\end{bmatrix}^{-1}\begin{bmatrix}\boldsymbol{B}\\ \boldsymbol{O}\end{bmatrix}\end{aligned} \tag{9.6.21}$$

类似地，有

$$\boldsymbol{E}_{\mathcal{Z}_C|\mathcal{Z}_B} = [\boldsymbol{Q}_1, \boldsymbol{Q}_2]\begin{bmatrix}\boldsymbol{L}_{11} & \\ \boldsymbol{L}_{21} & \boldsymbol{L}_{22}\end{bmatrix}^{-1}\begin{bmatrix}\boldsymbol{O}\\ \boldsymbol{C}\end{bmatrix} \tag{9.6.22}$$

注意到矩阵 $\boldsymbol{A}$ 的 LQ 分解为

$$\boldsymbol{A} = [\boldsymbol{L}_{31}, \boldsymbol{L}_{32}, \boldsymbol{L}_{33}]\begin{bmatrix}\boldsymbol{Q}_1^{\mathrm{T}}\\ \boldsymbol{Q}_2^{\mathrm{T}}\\ \boldsymbol{Q}_3^{\mathrm{T}}\end{bmatrix}$$

由式 (9.6.21) 可求得 $p\times k$ 矩阵 $\boldsymbol{A}$ 的行空间沿着与 $n\times k$ 矩阵 $\boldsymbol{C}$ 的行空间平行的方向，到 $m\times k$ 矩阵 $\boldsymbol{B}$ 的行空间的斜投影等于

$$\begin{aligned}\boldsymbol{A}\boldsymbol{E}_{\mathcal{Z}_B|\mathcal{Z}_C} &= [\boldsymbol{L}_{31}, \boldsymbol{L}_{32}, \boldsymbol{L}_{33}]\begin{bmatrix}\boldsymbol{Q}_1^{\mathrm{T}}\\ \boldsymbol{Q}_2^{\mathrm{T}}\\ \boldsymbol{Q}_3^{\mathrm{T}}\end{bmatrix}[\boldsymbol{Q}_1, \boldsymbol{Q}_2]\begin{bmatrix}\boldsymbol{L}_{11} & \\ \boldsymbol{L}_{21} & \boldsymbol{L}_{22}\end{bmatrix}^{-1}\begin{bmatrix}\boldsymbol{B}\\ \boldsymbol{O}\end{bmatrix}\\ &= [\boldsymbol{L}_{31}, \boldsymbol{L}_{32}]\begin{bmatrix}\boldsymbol{L}_{11} & \\ \boldsymbol{L}_{21} & \boldsymbol{L}_{22}\end{bmatrix}^{-1}\begin{bmatrix}\boldsymbol{B}\\ \boldsymbol{O}\end{bmatrix}\end{aligned}$$

若令

$$[\boldsymbol{L}_{31}, \boldsymbol{L}_{32}]\begin{bmatrix}\boldsymbol{L}_{11} & \\ \boldsymbol{L}_{21} & \boldsymbol{L}_{22}\end{bmatrix}^{-1} = [\boldsymbol{L}_B, \boldsymbol{L}_C] \tag{9.6.23}$$

则有 [497]

$$\boldsymbol{A}\boldsymbol{E}_{\mathcal{Z}_B|\mathcal{Z}_C} = [\boldsymbol{L}_B, \boldsymbol{L}_C]\begin{bmatrix}\boldsymbol{B}\\ \boldsymbol{O}\end{bmatrix} = \boldsymbol{L}_B\boldsymbol{B} \tag{9.6.24}$$

类似地，$p\times k$ 矩阵 $\boldsymbol{A}$ 的行空间沿着与 $m\times k$ 矩阵 $\boldsymbol{B}$ 的行空间平行的方向，到 $n\times k$ 矩阵 $\boldsymbol{C}$ 的行空间的斜投影等于

$$\boldsymbol{A}\boldsymbol{E}_{\mathcal{Z}_C|\mathcal{Z}_B} = [\boldsymbol{L}_B, \boldsymbol{L}_C]\begin{bmatrix}\boldsymbol{O}\\ \boldsymbol{C}\end{bmatrix} = \boldsymbol{L}_C\boldsymbol{C} \tag{9.6.25}$$

由式 (9.6.23) 得

$$[\boldsymbol{L}_{31}, \boldsymbol{L}_{32}] = [\boldsymbol{L}_B, \boldsymbol{L}_C] \begin{bmatrix} \boldsymbol{L}_{11} & \\ \boldsymbol{L}_{21} & \boldsymbol{L}_{22} \end{bmatrix}$$

即有

$$\boldsymbol{L}_C = \boldsymbol{L}_{32}\boldsymbol{L}_{22}^{-1} \tag{9.6.26}$$

$$\boldsymbol{L}_B = (\boldsymbol{L}_{31} - \boldsymbol{L}_C\boldsymbol{L}_{21})\boldsymbol{L}_{11}^{-1} = (\boldsymbol{L}_{31} - \boldsymbol{L}_{32}\boldsymbol{L}_{22}^{-1}\boldsymbol{L}_{21})\boldsymbol{L}_{11}^{-1} \tag{9.6.27}$$

将以上两式分别代入式 (9.6.24) 和式 (9.6.25)，则有

$$\begin{aligned}\boldsymbol{A}\boldsymbol{E}_{\mathcal{Z}_B|\mathcal{Z}_C} &= (\boldsymbol{L}_{31} - \boldsymbol{L}_{32}\boldsymbol{L}_{22}^{-1}\boldsymbol{L}_{21})\boldsymbol{L}_{11}^{-1}\boldsymbol{L}_{11}\boldsymbol{Q}_1^{\mathrm{T}} \\ &= (\boldsymbol{L}_{31} - \boldsymbol{L}_{32}\boldsymbol{L}_{22}^{-1}\boldsymbol{L}_{21})\boldsymbol{Q}_1^{\mathrm{T}} \end{aligned} \tag{9.6.28}$$

$$\begin{aligned}\boldsymbol{A}\boldsymbol{E}_{\mathcal{Z}_C|\mathcal{Z}_B} &= \boldsymbol{L}_{32}\boldsymbol{L}_{22}^{-1}[\boldsymbol{L}_{21}, \boldsymbol{L}_{22}] \begin{bmatrix} \boldsymbol{Q}_1^{\mathrm{T}} \\ \boldsymbol{Q}_2^{\mathrm{T}} \end{bmatrix} \\ &= \boldsymbol{L}_{32}\boldsymbol{L}_{22}^{-1}\boldsymbol{L}_{21}\boldsymbol{Q}_1^{\mathrm{T}} + \boldsymbol{L}_{32}\boldsymbol{Q}_2^{\mathrm{T}} \end{aligned} \tag{9.6.29}$$

9.6.3 斜投影算子的应用

斜投影算子已经陆续应用于广义图像恢复 [531]、求解大型非对称方程组 [433]、快速系统辨识 [436]、多变元分析 [470]、偏相关 (PARCOR) 估计 [273]、脉冲噪声对消 [516]、误码校正编码 [335]、猝发误码校正解码 [289]、模型简化 [249]、系统建模 [35]、无线信道的估计 [497]、信道与发射字符的联合估计 [533]。

在系统辨识、参数估计、信号检测等实际情况中，除了感兴趣的信号 (简称期望信号) 外，往往存在其他干扰信号或加性有色噪声。此外，测量误差总是不可避免的，它们通常表现为高斯白噪声。不妨令 $\boldsymbol{\theta}$ 是期望信号待估计的参数向量，它通过一线性系统 $\boldsymbol{H}$ 后，产生期望信号 $\boldsymbol{x} = \boldsymbol{H}\boldsymbol{\theta}$。假定其他干扰信号向量与 (或) 加性有色噪声向量 $\boldsymbol{i}$ 由另外一个合成的线性系统 $\boldsymbol{S}$ 所产生，即 $\boldsymbol{i} = \boldsymbol{S}\boldsymbol{\phi}$。若观测数据向量为 $\boldsymbol{y}$，加性白色测量误差向量为 $\boldsymbol{e}$，则有

$$\boldsymbol{y} = \boldsymbol{H}\boldsymbol{\theta} + \boldsymbol{S}\boldsymbol{\phi} + \boldsymbol{e} \tag{9.6.30}$$

图 9.6.1 画出了这一观测模型的方框图。通常，产生期望信号的线性系统 $\boldsymbol{H}$ 的各个列向量不仅线性无关，而且与产生干扰或者有色噪声的线性系统 $\boldsymbol{S}$ 的各个列向量也线性无关。因此，由线性系统 $\boldsymbol{H}$ 的值域 $\mathrm{Range}(\boldsymbol{H})$ 与线性系统 $\boldsymbol{S}$ 的值域 $\mathrm{Range}(\boldsymbol{S})$ 是无交连的，但它们一般是不正交的。

由一线性系统产生的任何非期望信号常统称为结构化噪声 (structured noise)。假定结构化噪声与加性高斯白噪声 $\boldsymbol{e}$ 正交，则

$$\langle \boldsymbol{S}\boldsymbol{\phi}, \boldsymbol{e}\rangle = 0 \implies \boldsymbol{\phi}^{\mathrm{H}}\boldsymbol{S}^{\mathrm{H}}\boldsymbol{e} = 0,\ \forall\, \boldsymbol{\phi} \neq \boldsymbol{0} \implies \boldsymbol{S}^{\mathrm{H}}\boldsymbol{e} = \boldsymbol{0} \tag{9.6.31}$$

类似地，设期望信号也与加性高斯白噪声正交，又有

$$\boldsymbol{H}^{\mathrm{H}}\boldsymbol{e} = \boldsymbol{0} \tag{9.6.32}$$

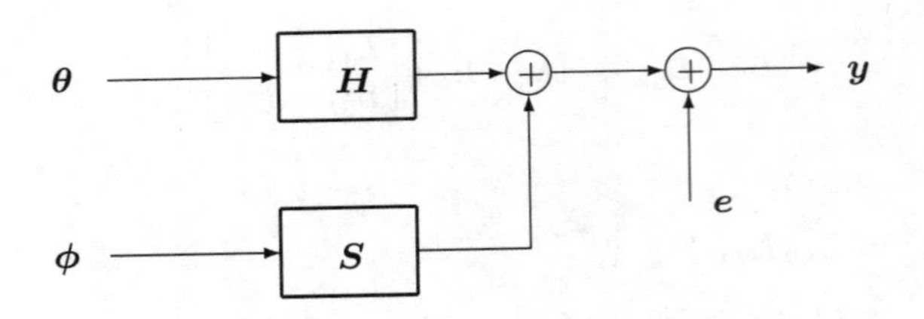

图 9.6.1 观测模型

给定矩阵 $\boldsymbol{H}$ 和 $\boldsymbol{S}$，系统建模的目的是估计与期望信号有关的系统参数向量 $\boldsymbol{\theta}$。为此，用正交投影矩阵 $\boldsymbol{P}_S^{\perp}$ 左乘式 (9.6.30)，即得

$$\boldsymbol{P}_S^{\perp}\boldsymbol{y} = \boldsymbol{P}_S^{\perp}\boldsymbol{H}\boldsymbol{\theta} + \boldsymbol{e} \tag{9.6.33}$$

这里使用了 $\boldsymbol{P}_S^{\perp}\boldsymbol{S} = \boldsymbol{O}$ 和 $\boldsymbol{P}_S^{\perp}\boldsymbol{e} = [\boldsymbol{I} - \boldsymbol{S}(\boldsymbol{S}^{\mathrm{H}}\boldsymbol{S})^{-1}\boldsymbol{S}^{\mathrm{H}}]\boldsymbol{e} = \boldsymbol{e}$。

用矩阵 $\boldsymbol{H}^{\mathrm{H}}$ 左乘式 (9.6.33) 两边，并利用 $\boldsymbol{H}^{\mathrm{H}}\boldsymbol{e} = \boldsymbol{0}$，易知

$$\boldsymbol{\theta} = (\boldsymbol{H}^{\mathrm{H}}\boldsymbol{P}_S^{\perp}\boldsymbol{H})^{-1}\boldsymbol{H}^{\mathrm{H}}\boldsymbol{P}_S^{\perp}\boldsymbol{y} \tag{9.6.34}$$

于是，期望信号的估计为

$$\hat{\boldsymbol{x}} = \boldsymbol{H}\boldsymbol{\theta} = \boldsymbol{H}(\boldsymbol{H}^{\mathrm{H}}\boldsymbol{P}_S^{\perp}\boldsymbol{H})^{-1}\boldsymbol{H}^{\mathrm{H}}\boldsymbol{P}_S^{\perp}\boldsymbol{y} = \boldsymbol{E}_{H|S}\boldsymbol{y} \tag{9.6.35}$$

即期望信号的估计是观测数据向量 $\boldsymbol{y}$ 沿着与矩阵 $\boldsymbol{S}$ 的列空间平行的方向，到 $\boldsymbol{H}$ 的列空间上的斜投影。

本章小结

向量或矩阵到子空间的投影分为正交投影和斜投影两大类。正交投影是斜投影的特例。描述正交投影的矩阵分为投影矩阵和正交投影矩阵。本章从数学和信号处理的不同观点出发，对投影矩阵进行了讨论与分析，并得到了相同的结果。接着，又介绍了投影矩阵与正交投影矩阵的递推计算及其在自适应滤波器设计中的应用。

斜投影刻画了另一类重要的科学与技术问题：沿着一个子空间到另一个子空间的投影。本章围绕满列秩矩阵和满行秩矩阵的斜投影算子，重点介绍了它们的性质、计算方法以及几种典型应用。

习　题

9.1 证明唯一的非奇异幂等矩阵为单位矩阵。

9.2 证明幂等矩阵的下列性质:

(1) 幂等矩阵的特征值只取 1 和 0 两个数值。

(2) 所有的幂等矩阵 (单位矩阵除外) $\boldsymbol{A}$ 都是奇异矩阵。

(3) 所有幂等矩阵的秩与迹相等, 即 $\text{rank}(\boldsymbol{A}) = \text{tr}(\boldsymbol{A})$。

(4) 若 $\boldsymbol{A}$ 为幂等矩阵, 则 $\boldsymbol{A}^{\text{H}}$ 也为幂等矩阵, 即有 $\boldsymbol{A}^{\text{H}}\boldsymbol{A}^{\text{H}} = \boldsymbol{A}^{\text{H}}$。

9.3 若 $\boldsymbol{A}$ 为幂等矩阵, 证明

(1) 矩阵 $\boldsymbol{A}^k$ 具有与 $\boldsymbol{A}$ 相同的特征值。

(2) $\boldsymbol{A}^k$ 与 $\boldsymbol{A}$ 具有相同的秩。

9.4 假定 $\boldsymbol{A}$ 和 $\boldsymbol{B}$ 为对称矩阵, 并且 $\boldsymbol{B}$ 正定。若 $\boldsymbol{AB}$ 的所有特征值为 1 或者 0, 证明 $\boldsymbol{AB}$ 是幂等矩阵。

9.5 若 $\boldsymbol{A}, \boldsymbol{B}$ 为 $n \times n$ 幂等矩阵, 并且 $\boldsymbol{AB} = \boldsymbol{BA}$, 证明 $\boldsymbol{AB}$ 也是幂等矩阵。

9.6 令 $\boldsymbol{X}$ 表示观测数据矩阵, 现在用它估计向量 $\boldsymbol{y}$。已知两个观测数据向量 $\boldsymbol{x}_1 = [2,1,2,3]^{\text{T}}, \boldsymbol{x}_2 = [1,2,1,1]^{\text{T}}$。若使用它们估计 $\boldsymbol{y} = [1,2,3,2]^{\text{T}}$, 求估计的误差平方和。 (提示: 令最优滤波器为 $\boldsymbol{w}_{\text{opt}}$, 则有观测方程 $\boldsymbol{X}\boldsymbol{w}_{\text{opt}} = \boldsymbol{y}$。)

9.7 假定 $\boldsymbol{V}_1, \boldsymbol{V}_2$ 分别由复向量 $\mathbb{C}^n$ 的子空间 W 的两组标准正交基组成, 证明

$$\boldsymbol{V}_1\boldsymbol{V}_1^{\text{H}}\boldsymbol{x} = \boldsymbol{V}_2\boldsymbol{V}_2^{\text{H}}\boldsymbol{x}$$

对所有向量 $\boldsymbol{x}$ 成立。

9.8 证明: 若投影算子 $\boldsymbol{P}_1$ 和 $\boldsymbol{P}_2$ 是可交换的, 即 $\boldsymbol{P}_1\boldsymbol{P}_2 = \boldsymbol{P}_2\boldsymbol{P}_1$, 则它们的乘积 $\boldsymbol{P} = \boldsymbol{P}_1\boldsymbol{P}_2$ 是一投影算子; 并求 $\boldsymbol{P}$ 的值域 $\text{Range}(\boldsymbol{P})$ 和零空间 $\text{Null}(\boldsymbol{P})$。

9.9 已知矩阵

$$\boldsymbol{A} = \begin{bmatrix} 6 & 2 \\ -7 & 6 \end{bmatrix}$$

和

$$\boldsymbol{A} = \begin{bmatrix} 0 & 1 & 1 \\ 1 & 1 & 0 \end{bmatrix}$$

分别求它们的 Moore-Penrose 逆矩阵 $\boldsymbol{A}^\dagger$, 并解释为什么 $\boldsymbol{A}\boldsymbol{A}^\dagger$ 和 $\boldsymbol{A}^\dagger\boldsymbol{A}$ 分别是到矩阵 $\boldsymbol{A}$ 的列空间和行空间的正交投影。

9.10 假定两个基向量

$$\boldsymbol{u}_1 = [-1, 2, -4, 3, 1]^{\text{T}}$$
$$\boldsymbol{u}_2 = [5, 6, 2, -2, -1]^{\text{T}}$$

生成向量空间 $\text{Range}(\boldsymbol{U}) = \text{Span}\{\boldsymbol{u}_1, \boldsymbol{u}_2\}$。试问向量

$$\boldsymbol{v} = [-31, -18, -34, 28, 11]^{\text{T}}$$

是否在向量空间 $\text{Range}(\boldsymbol{U})$ 内, 并加以证明。

9.11 证明下列关系为真

$$\boldsymbol{X}_{1,k}(n)=\begin{bmatrix}\mathbf{0}_k^{\mathrm{T}}\\ \boldsymbol{X}_{0,k-1}(n-1)\end{bmatrix}$$

和

$$\boldsymbol{P}_{1,k}(n)=\begin{bmatrix}0 & \mathbf{0}_{k-1}^{\mathrm{T}}\\ \mathbf{0}_{k-1} & \boldsymbol{P}_{0,k-1}(n-1)\end{bmatrix}$$

式中，$\mathbf{0}_k$ 为 $k\times 1$ 维零向量。

9.12 用逆矩阵

$$\langle \boldsymbol{X}_{1,p}(n-1),\boldsymbol{X}_{1,p}(n-1)\rangle^{-1}$$

表示逆矩阵

$$\langle \boldsymbol{X}_{1,p}(n),\boldsymbol{X}_{1,p}(n)\rangle^{-1}$$

9.13 已知

$$\gamma_m(n-1)=\langle \boldsymbol{\pi}(n),\boldsymbol{P}_{1,m}^{\perp}(n)\boldsymbol{\pi}(n)\rangle$$

其中 $\pi(n)=[0,\cdots,0,1]^{\mathrm{T}}$ 的 n 维向量。

证明

$$\gamma_m(n)=\langle \boldsymbol{\pi}(n),\boldsymbol{P}_{0,m-1}^{\perp}(n)\boldsymbol{\pi}(n)\rangle$$

9.14 给定一时间信号 $\boldsymbol{v}(n)=[v(1),v(2),v(3),\cdots,v(n)]^{\mathrm{T}}=[4,2,4,\cdots]^{\mathrm{T}}$。计算：

(1) 数据向量 $\boldsymbol{v}(2)$ 和 $\boldsymbol{v}(3)$。

(2) 向量 $z^{-1}\boldsymbol{v}(2)$ 和 $z^{-2}\boldsymbol{v}(2)$。

(3) 向量 $z^{-1}\boldsymbol{v}(3)$ 和 $z^{-2}\boldsymbol{v}(3)$。

(4) 若令 $\boldsymbol{u}(n)=z^{-1}\boldsymbol{v}(n)$，计算投影矩阵 $\boldsymbol{P}_u(2)$ 和 $\boldsymbol{P}_u(3)$。

(5) 利用 $\boldsymbol{u}(n)$ 求 $\boldsymbol{v}(n)$ 的最小二乘预测。这一预测称为 $\boldsymbol{v}(n)$ 的一步前向预测。

(6) 计算前向预测误差向量 $\boldsymbol{e}_1^f(2)$ 和 $\boldsymbol{e}_1^f(3)$。

9.15 已知前向和后向预测残差分别为

$$\epsilon_m^{\mathrm{f}}(n)=\langle \boldsymbol{x}(n),\boldsymbol{P}_{1,m}^{\perp}(n)\boldsymbol{x}(n)\rangle$$

$$\epsilon_m^{\mathrm{b}}(n)=\langle z^{-m}\boldsymbol{x}(n),\boldsymbol{P}_{0,m-1}^{\perp}(n)z^{-m}\boldsymbol{x}(n)\rangle$$

和偏相关系数 $\varDelta_{m+1}(n)=\langle \boldsymbol{e}_m^{\mathrm{f}}(n),z^{-1}\boldsymbol{e}_m^{\mathrm{b}}(n)\rangle$。证明

$$\epsilon_{m+1}^{\mathrm{f}}(n)=\epsilon_m^{\mathrm{f}}(n)-\frac{\varDelta_{m+1}^2(n)}{\epsilon_m^{\mathrm{b}}(n-1)}$$

$$\epsilon_{m+1}^{\mathrm{b}}(n)=\epsilon_m^{\mathrm{b}}(n-1)-\frac{\varDelta_{m+1}^2(n)}{\epsilon_m^{\mathrm{f}}(n)}$$

9.16 令 $\boldsymbol{U}$ 是 $n\times N$ 实矩阵，并且满列秩，则

$$\boldsymbol{K}_U=\langle \boldsymbol{U},\boldsymbol{U}\rangle^{-1}\boldsymbol{U}^{\mathrm{T}}$$

称为列空间 $U=\mathrm{Span}(\boldsymbol{U})$ 的横向滤波器算子。考虑新的列空间 $Uu=\mathrm{Span}\{\boldsymbol{U},\boldsymbol{u}\}$，试证明横向滤波器算子的下列递推公式

$$\boldsymbol{K}_{Uu}=\begin{bmatrix}\boldsymbol{K}_U\\ \boldsymbol{0}_N^{\mathrm{T}}\end{bmatrix}+\left(\begin{bmatrix}\boldsymbol{0}_N\\ 1\end{bmatrix}-\begin{bmatrix}\boldsymbol{K}_U\boldsymbol{u}\\ 0\end{bmatrix}\right)\langle\boldsymbol{P}_U^{\perp}\boldsymbol{u},\boldsymbol{P}_U^{\perp}\boldsymbol{u}\rangle^{-1}\boldsymbol{u}^{\mathrm{T}}\boldsymbol{P}_U^{\perp}$$

9.17 记

$$\begin{aligned}\{\boldsymbol{U},\boldsymbol{u}\}&=\{\boldsymbol{x}(n),z^{-1}\boldsymbol{x}(n),\cdots,z^{-N+1}\boldsymbol{x}(n),\boldsymbol{\pi}(n)\}\\&=\{\boldsymbol{X}_{0,N-1}(n),\boldsymbol{\pi}(n)\}\end{aligned}$$

证明

$$\boldsymbol{K}_{0,N-1,\pi}(n)=\begin{bmatrix}\boldsymbol{K}_{0,N-1}(n-1) & \boldsymbol{0}_N\\ \boldsymbol{y}^{\mathrm{T}}(n-1) & 1\end{bmatrix}$$

式中，“$0,N-1,\pi$”表示在 $\boldsymbol{X}_{0,N-1}(n)$ 的最后一列之后追加 $\pi(n)$，$\boldsymbol{y}(n-1)$ 是一任意向量。（提示：使用 $\boldsymbol{P}_{0,N-1,\pi}(n)$ 的递推公式。）

9.18 令

$$\begin{aligned}\boldsymbol{E}_{H|S}&=\boldsymbol{H}(\boldsymbol{H}^{\mathrm{H}}\boldsymbol{P}_S^{\perp}\boldsymbol{H})^{-1}\boldsymbol{H}^{\mathrm{H}}\boldsymbol{P}_S^{\perp}\\ \boldsymbol{E}_{S|H}&=\boldsymbol{S}(\boldsymbol{S}^{\mathrm{H}}\boldsymbol{P}_H^{\perp}\boldsymbol{S})^{-1}\boldsymbol{S}^{\mathrm{H}}\boldsymbol{P}_H^{\perp}\end{aligned}$$

试证明：

(1) $\boldsymbol{E}_{H|S}$ 和 $\boldsymbol{E}_{S|H}$ 均为幂等算子，即有

$$\boldsymbol{E}_{H|S}^2=\boldsymbol{E}_{H|S}\quad 和\quad \boldsymbol{E}_{S|H}^2=\boldsymbol{E}_{S|H}$$

(2) $[\boldsymbol{H},\boldsymbol{S}]$ 到 $\mathrm{Range}([\boldsymbol{H},\boldsymbol{S}])$ 的斜投影

$$\begin{aligned}\boldsymbol{E}_{H|S}[\boldsymbol{H},\boldsymbol{S}]&=[\boldsymbol{H},\boldsymbol{O}]\\ \boldsymbol{E}_{S|H}[\boldsymbol{H},\boldsymbol{S}]&=[\boldsymbol{O},\boldsymbol{S}]\end{aligned}$$

或等价为

$$\begin{aligned}&\boldsymbol{E}_{H|S}\boldsymbol{H}=\boldsymbol{H}\quad 和\quad \boldsymbol{E}_{H|S}\boldsymbol{S}=\boldsymbol{O}\\ &\boldsymbol{E}_{S|H}\boldsymbol{H}=\boldsymbol{O}\quad 和\quad \boldsymbol{E}_{S|H}\boldsymbol{S}=\boldsymbol{S}\end{aligned}$$

9.19 证明广义逆矩阵与斜投影的乘积

$$\boldsymbol{H}^{\dagger}\boldsymbol{E}_{H|S}=(\boldsymbol{P}_S^{\perp}\boldsymbol{H})^{\dagger},\qquad \boldsymbol{S}^{\dagger}\boldsymbol{E}_{S|H}=(\boldsymbol{P}_H^{\perp}\boldsymbol{S})^{\dagger}\tag{9.6.36}$$

式中，$\boldsymbol{B}^{\dagger}=(\boldsymbol{B}^{\mathrm{H}}\boldsymbol{B})^{-1}\boldsymbol{B}^{\mathrm{H}}$ 表示矩阵 $\boldsymbol{B}$ 的广义逆矩阵。

9.20 证明斜投影算子 $\boldsymbol{E}_{H|S}$ 和 $\boldsymbol{E}_{S|H}$ 的交叉项为零，即有

$$\boldsymbol{E}_{H|S}\boldsymbol{E}_{S|H}=\boldsymbol{O},\qquad \boldsymbol{E}_{S|H}\boldsymbol{E}_{H|S}=\boldsymbol{O}$$

9.21 证明斜投影后，再正交投影，不会改变原斜投影

$$\boldsymbol{E}_{H|S}=\boldsymbol{P}_H\boldsymbol{E}_{H|S},\qquad \boldsymbol{E}_{S|H}=\boldsymbol{P}_S\boldsymbol{E}_{S|H}$$

9.22 假设在同步 CDMA 中有 K 个用户同时在通信，CDMA 的扩频增益为 N，在接收机处，第 k 个用户的接收功率为 A_k，第 k 个用户的扩频波形为 $\boldsymbol{s}_k$，且 $\|\boldsymbol{s}_k\|=1$，则接收信号的等效基带信号可以表示为

$$\boldsymbol{r}=\boldsymbol{SAb}+\boldsymbol{n}$$

其中 $b=[b_1,b_2,\cdots,b_K]^{\mathrm{T}}$ 为 K 个用户传输的信息比特，$\boldsymbol{A}=\mathrm{diag}\left(A_1,A_2,\cdots,A_K\right)$，$\boldsymbol{S}=[\boldsymbol{s}_1,\boldsymbol{s}_2,\cdots,\boldsymbol{s}_K]$，$\boldsymbol{n}$ 是高斯噪声向量。则解相关输出为

$$\begin{aligned}\hat{\boldsymbol{y}}&=\boldsymbol{S}^{\dagger}\boldsymbol{r}=\left(\boldsymbol{S}^{\mathrm{H}}\boldsymbol{S}\right)^{-1}\boldsymbol{S}^{\mathrm{H}}\left(\boldsymbol{SAb}+\boldsymbol{n}\right)\\&=\boldsymbol{Ab}+\left(\boldsymbol{S}^{\mathrm{H}}\boldsymbol{S}\right)^{-1}\boldsymbol{S}^{\mathrm{H}}\boldsymbol{n}=\boldsymbol{Ab}+\boldsymbol{\nu}\end{aligned}$$

证明解相关检测器等价于斜投影。

第10章　张量分析

在多门学科中，越来越多的问题需要使用两个下标以上的数据来描述。两个下标以上的数据的多路排列称为多路数据，其表示形式为张量。

采用向量和矩阵的数据分析属线性数据分析，基于张量的数据分析称为张量分析 (tensor analysis)，属多重线性数据分析 (multilinear data analysis) 范畴。

线性数据分析是一种单因子 (single-factor) 分析方法，而多重线性数据分析则是一种多因子 (multi-factor) 分析方法。正如张量是矩阵的推广一样，多重线性数据分析是线性数据分析的自然扩展。

10.1　张量及其表示

数据沿一相同方向的排列称为一路阵列。标量是零路阵列的表示，行向量和列向量分别是数据沿水平和垂直方向排列的一路阵列，矩阵是数据沿水平和垂直两个方向排列的二路阵列。张量是数据的多路阵列表示，一个张量就是一个多路阵列或多维阵列，它是矩阵的一种扩展。数学中的张量专指多路阵列，因此不应与物理和工程中的张量 (例如应力张量) 混淆，后者在数学中常称为张量场 (tensor fields) [455]。

张量用花体符号表示，如 $\mathcal{T},\mathcal{A},\mathcal{X}$ 等。n 路阵列表示的张量称为 n 阶张量，是定义在 n 个向量空间的笛卡儿积上的多重线性函数，记为 $\mathcal{T}\in\mathbb{K}^{I_1\times I_2\times\cdots\times I_n}$，其中 $\mathbb{K}$ 代表实数域 $\mathbb{R}$ 或者复数域 $\mathbb{C}$。因此，标量为零阶张量 (zero-order tensor)，向量属一阶张量 (first-order tensor)，矩阵为二阶张量 (second-order tensor)；张量则是标量、向量和矩阵的高阶推广，是跨越 n 个向量空间的多线性映射 (multilinear mappings)，即有

$$\mathcal{T}:\ \mathbb{K}^{I_1}\times\mathbb{K}^{I_2}\times\cdots\times\mathbb{K}^{I_n}\to\mathbb{K}^{I_1\times I_2\times\cdots\times I_n} \tag{10.1.1}$$

随着现代应用的发展，多路模型已涉及化学、医学与神经科学、文本挖掘、聚类、互联网流量、脑电图、计算机视觉、通信记录和大规模社会网络等。以下是多路模型在几门学科中的典型应用 [9]。

(1) 化学　在化学、医药和食品科学中常用的荧光激发发射数据 (fluorescence excitation-emission) 典型地含有不同浓度的几种化学成分。荧光光谱能够生成具有模式“样本 × 激发 × 发射”的三路数据集。对这种数据类型进行分析的主要目的是为了确定每一个样本中含有哪些化学成分以及这些成分的相对浓度。

(2) 医学与神经科学　多通道脑电图 (electroencephalogram, EEG) 数据通常表示为一个 $m\times n$ 矩阵，该矩阵的元素是采自 m 个时间样本和 n 个电极的信号值。然而，为了

发现隐藏的脑动力结构，就需要考虑脑电信号的频率分量 (例如 p 个特定频率的瞬时信号功率)。在这种情况下，脑电图数据即可排列成 $m \times n \times p$ 三路数据集[348, 9]。三路数据阵列分别对应于通道即空间 (不同位置的电极)、时间 (数据样本) 和频率分量。如果再增加主题和条件这两个模态 (modelities)，则得到的是"通道 × 时间 × 频率 × 主题 × 条件"的 5 路阵列或张量。多路模型早在 2001 年就已经用于研究新的药物对大脑活动的影响[159]。在这一研究中，EEG 数据和不同剂量的药物对几种病人在某些情况下的实验数据被排列成具有下列模式的六路阵列：EEG、病人、剂量、条件等。结果表明，通过多路模型而不是二路模型 (如 PCA)，从复杂的药物数据集中成功地提取到了重要的信息。

(3) *社会网络分析/Web 挖掘* 多路数据分析也经常用于提取社会网络中的关系。社会网络分析的目的是研究和发现社会网络中的隐藏结构，例如，提取人与人之间或组织内的沟通模式。在文献 [6] 中，聊天室通信数据被排列成具有模式"用户 × 关键词 × 时间样本"的三路阵列，并且多路模型在捕捉潜在的用户群结构方面的性能与二路模型进行了比较。不仅聊天室，而且电子邮件 (email) 通信数据也可表示为"发送者 × 接收者 × 时间"的三路模型[27]。在网络链接分析的范围内，结合超链接和锚文本信息，将网页图形数据重新排列成具有模式"网页 × 网页 × 锚文本"的稀疏三路张量[275, 277]。在网页个性化中，点击数据被排列成具有模式"用户 × 查询词 × 网页"的三路阵列[468]。

(4) *计算机视觉* 张量的逼近已被证明在计算机视觉中有着重要的应用，例如用于图像压缩和人脸识别。在计算机视觉和图形学中，数据本质上通常为多路。例如，一幅彩色图像是三路阵列，其 x 和 y 坐标为两个模式，色彩为第三个模式。过去的图像编码技术将图像视为向量或矩阵。现已证明，当图像表示成张量时，迭代得到的张量的秩 1 逼近即可用于压缩这些图像[507]。此外，图像的这一张量构造既能够保留图像的二维特征，又可避免图像信息的损失[222]。因此，在进行图像压缩时，张量表示比矩阵表示更有效[447]。

(5) *癫痫张量 (epilepsy tensors)* 通过识别癫痫发作与假象的空域、频谱与时域特征，确定癫痫发作的焦点，或者排除癫痫假象。因此，需要使用时间、频率和空间 (电极) 三路阵列对癫痫信号建模[8]。

(6) *高光谱图像 (hyperspectral image)* 是一组二维图像，因此高光谱图像数据可以用三路阵列表示：两路空间数据和一路频谱数据[395, 96, 311]。其中，两路空间数据确定像素的位置，另外一路频谱数据与光谱波段有关。

(7) *人脸识别的多线性图像分析*[501, 502] 其中，张量脸 (tensor faces) 建模为 5 阶张量 $\mathcal{D} \in \mathbb{R}^{28\times5\times3\times3\times7943}$，表示 28 个人在 5 种拍摄角度 (viewpoint)、3 种光照 (illumination)、3 种表情 (expression) 情况下拍摄的脸部图像，每幅图像有 7943 个像素 (pixel)。

图 10.1.1 画出了三路阵列和张量脸的数据表示例子。

线性代数即有限维向量空间的矩阵的代数，定义了一个有限维向量空间的线性算子。由于矩阵属二阶张量，所以线性代数也可视为二阶张量的代数。多重线性代数即高阶张量代数，定义了一组有限维向量空间的多重线性算子。作为传统的线性分析的推广，张量分析提供了可处理一系列计算机视觉问题的一种统一的理论框架。

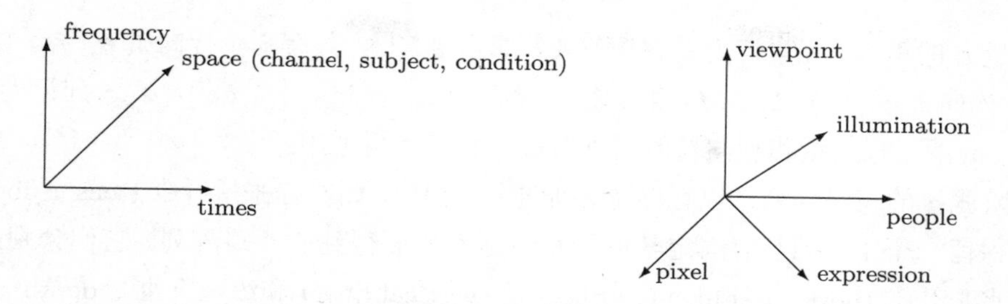

图 10.1.1 三路阵列 (左) 与张量脸 (右) 的数据表示

矩阵 $\boldsymbol{A} \in \mathbb{K}^{m\times n}$ 用其元素和矩阵符号 $[\cdot]$ 表示为 $\boldsymbol{A} = [a_{ij}]_{i,j=1}^{m,n}$。类似地，$n$ 阶张量 $\mathcal{A} \in \mathbb{K}^{I_1\times I_2\times\cdots\times I_n}$ 用双重矩阵符号 $[\![\cdot]\!]$ 表示为 $\mathcal{A} = [\![a_{i_1\cdots i_n}]\!]_{i_1,\cdots,i_n=1}^{I_1,\cdots,I_n}$，其中 $a_{i_1 i_2\cdots i_n}$ 是张量的第 $(i_1,\cdots,i_n)$ 元素。n 阶张量有时也称 n 维超矩阵 (n-dimensional hypermatrix)[124]。所有 $I_1\times I_2\times\cdots\times I_n$ 维张量的集合常记为 $\mathcal{T}(I_1,I_2,\cdots,I_n)$。

最常用的张量为三阶张量 (third-order tensor) $\mathcal{A} = [\![a_{ijk}]\!]_{i,j,k}^{I,J,K} \in \mathbb{K}^{I\times J\times K}$。三阶张量有时也称三维矩阵[486]。维数相同的正方三阶张量 $\mathcal{X} \in \mathbb{K}^{I\times I\times I}$ 称为立方体 (cubical)。特别地，一个立方体是超对称张量 (supersymmetric tensor)[123, 278]，若其元素具有下列对称性

$$x_{ijk} = x_{ikj} = x_{jik} = x_{jki} = x_{kij} = x_{kji}, \quad \forall i,j,k = 1,\cdots,I$$

图 10.1.2 (a) 画出了三阶张量 $\mathcal{A} \in \mathbb{R}^{I\times J\times K}$。

正方三阶张量从 $i=j=k=1$ 到 $i=j=k=N$ 相连接的直线称为超对角线 (superdiagonal)。超对角线上的元素全部为 1，而其他所有元素皆等于零的三阶张量称为单位三阶张量，即其元素为

$$I_{ijk} = \begin{cases} 1, & i=j=k \in \{1,\cdots,N\} \\ 0, & \text{其他} \end{cases} \tag{10.1.2}$$

单位三阶张量用符号 $\mathcal{I} \in \mathbb{R}^{N\times N\times N}$ 表示，如图 10.1.2 (b) 所示。

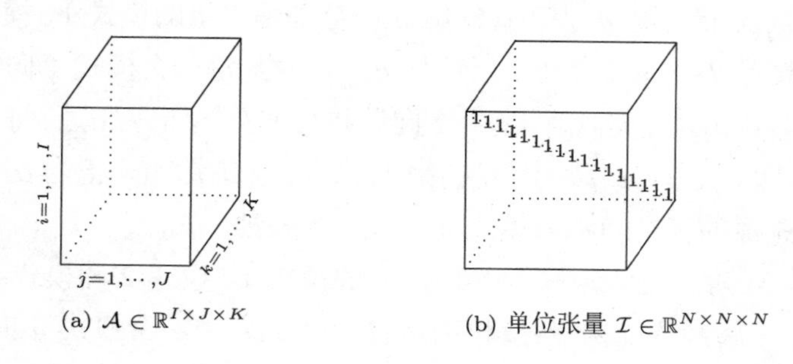

图 10.1.2 三阶张量

在张量分析中，将三阶张量视为向量或者矩阵的集合，往往会带来很大的方便。

向量 $\boldsymbol{a}$ 的第 i 个元素记为 a_i，矩阵 $\boldsymbol{A}=[a_{ij}]\in\mathbb{K}^{I\times J}$ 共有 I 个行向量 $\boldsymbol{a}_{i:}, i=1,\cdots,I$ 和 J 个列向量 $\boldsymbol{a}_{:j}, j=1,\cdots J$。第 i 行向量记为 $\boldsymbol{a}_{i:}=[a_{i1},\cdots,a_{iJ}]$，第 j 列记为 $\boldsymbol{a}_{:j}=[a_{1j},\cdots,a_{Ij}]^{\mathrm{T}}$。行向量和列向量的概念对高阶张量不再适用。

三阶张量的三路阵列不以行向量、列向量等相称，而改称张量纤维 (tensor fiber)。纤维是只保留一个下标可变，固定其他所有下标不变而得到的一路阵列。它们分别是三阶张量的水平纤维 (horizontal fiber)、竖直纤维 (vertical fiber) 和纵深纤维 (“depth” fiber)。三阶张量 $\mathcal{A}\in\mathbb{K}^{I\times J\times K}$ 的竖直纤维又叫列纤维 (column fiber)，用符号 $\boldsymbol{a}_{:jk}$ 表示；水平纤维也称行纤维 (row fiber)，符号为 $\boldsymbol{a}_{i:k}$；纵深纤维或叫管纤维 (tube fibers)，用符号 $\boldsymbol{a}_{ij:}$ 记之。图 10.1.3 (a)~(c) 的纤维图分别画出了三阶张量的列纤维、行纤维和管纤维。

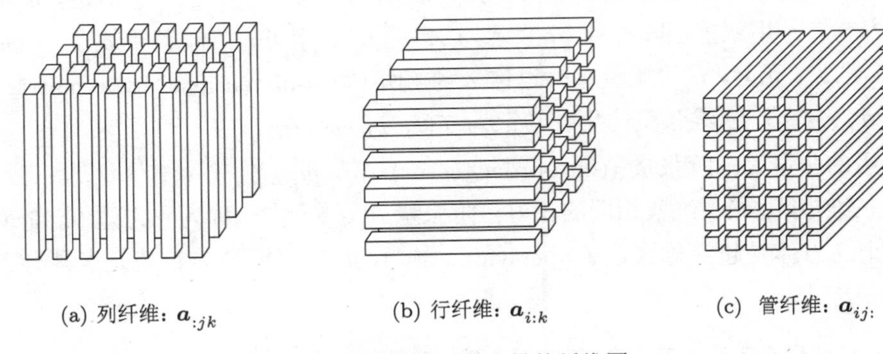

(a) 列纤维：$\boldsymbol{a}_{:jk}$ (b) 行纤维：$\boldsymbol{a}_{i:k}$ (c) 管纤维：$\boldsymbol{a}_{ij:}$

图 10.1.3 三阶张量的纤维图

显然，三阶张量 $\mathcal{A}\in\mathbb{K}^{I\times J\times K}$ 分别有 $J\cdot K=JK$ 个列纤维、KI 个行纤维和 IJ 个管纤维。N 阶张量有 N 种不同的纤维，称为模式-n 纤维或者模式-n 向量。

定义 10.1.1[302] N 阶张量 $\mathcal{A}=[\![a_{i_1i_2\cdots i_N}]\!]\in\mathbb{K}^{I_1\times I_2\times\cdots\times I_N}$ 的模式-n 向量是一个以 i_n 为元素下标变量，而其他下标 $\{i_1,\cdots,i_N\}\setminus i_n$ 全部被固定不变的 I_n 维向量，用符号记作 $\boldsymbol{A}_{i_1\cdots i_{n-1}:i_{n+1}\cdots i_N}$。

注意张量的阶数与维数的区别：张量 $\mathcal{A}\in\mathbb{R}^{I_1\times I_2\times\cdots\times I_N}$ 中的 N 称为张量的阶数，而 I_n 称为第 n 路阵列的维数。

矩阵中，列向量称为模式-1 向量，行向量称为模式-2 向量。在三阶张量 $\mathcal{A}\in\mathbb{K}^{I\times J\times K}$ 中，列纤维 $\boldsymbol{a}_{:jk}$、行纤维 $\boldsymbol{a}_{i:k}$ 和管纤维 $\boldsymbol{a}_{ij:}$ 分别是张量的模式-1、模式-2 和模式-3 向量。模式-1 向量共有 $J\cdot K=JK$ 个，用符号 $\boldsymbol{a}_{:jk}$ 记之，每一个模式-1 向量含有 I 个元素，即 $\boldsymbol{a}_{:jk}=(a_{1jk},\cdots,a_{Ijk})$。类似地，模式-2 向量共有 KI 个，记为 $\boldsymbol{a}_{i:k}$，每一个模式-2 向量由 J 个元素组成，即 $\boldsymbol{a}_{i:k}=(a_{i1k},\cdots,a_{iJk})$；模式-3 向量有 IJ 个，记为 $\boldsymbol{a}_{ij:}=(a_{ij1},\cdots,a_{ijK})$。模式-$n$ 向量张成的子空间称为模式-n 空间。一般地，$\boldsymbol{a}_{:i_2\cdots i_N}, \boldsymbol{a}_{i_1:i_3\cdots i_N}, \boldsymbol{a}_{i_1\cdots i_{n-1}:i_{n+1}\cdots,i_N}$ 分别是 $N\ (>3)$ 阶张量 $\mathcal{A}\in\mathbb{K}^{I_1\times I_2\times\cdots\times I_N}$ 的模式-1、模式-2 和模式-n 向量。显然，N 阶张量共有 $I_2\cdots I_N$ 个模式-1 向量和 $I_1\cdots I_{n-1}I_{n+1}\cdots I_N$ 个模式-n 向量。

注意，我们没有把模式-n 向量表示成列向量 $[\cdots]^{\mathrm{T}}$ 或行向量 $[\cdots]$ 的形式，而是刻意使用符号 $(\cdots)$ 表示，乃是因为同一模式的向量有时为列向量，有时为行向量，取决于张量的切片矩阵的结构。

高阶张量也可以用矩阵的集合表示。这些矩阵形成了三阶张量的水平切片 (horizontal slice)、侧向切片 (lateral slice) 和正面切片 (frontal slice)，如图 10.1.4 (a)~(c) 所示。

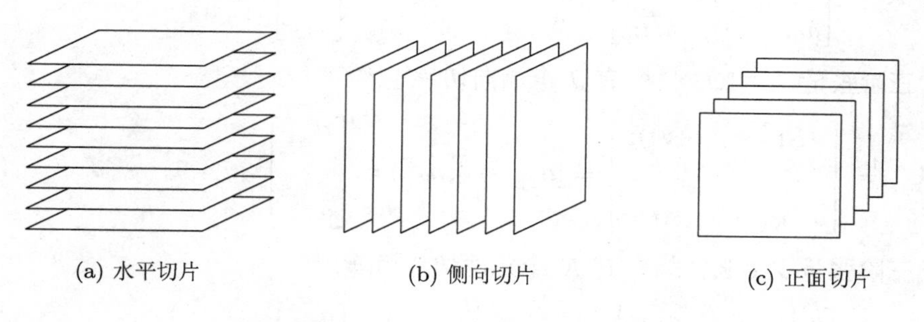

图 10.1.4　三阶张量的切片图

三阶张量的水平切片、侧向切片和正面切片分别使用矩阵符号 $\boldsymbol{A}_{i::}$, $\boldsymbol{A}_{:j:}$ 和 $\boldsymbol{A}_{::k}$ 表示。图 10.1.5 示出了三种切片矩阵的标准表示。

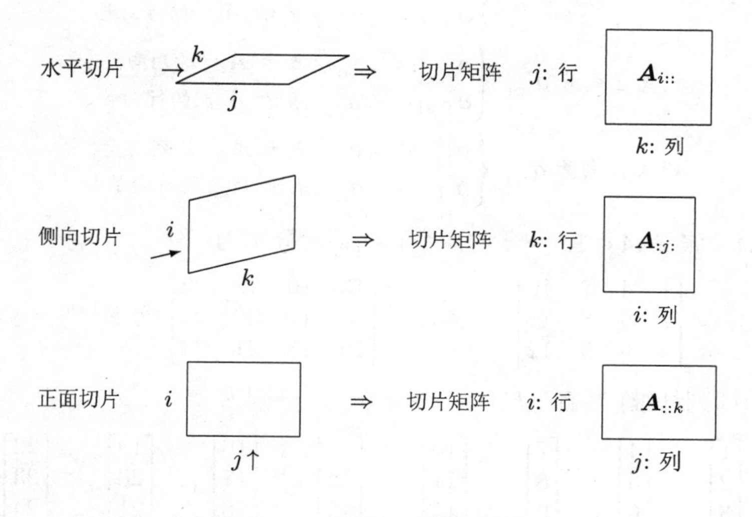

图 10.1.5　切片矩阵的标准表示

图中，箭头所指切口方向代表矩阵的列方向。事实上，三阶张量的标号 i, j, k 可按顺序组成标号集合 (index sets) $(i, j), (j, k), (k, i)$，每组集合的第 1 个和第 2 个元素分别代表相应切片矩阵的行和列的标号。三阶张量的各个切片矩阵的行与列的关系如下：

正面切片矩阵 $\boldsymbol{A}_{::k}$:　i 为行的序号，j 为列的序号；

水平切片矩阵 $\boldsymbol{A}_{i::}$:　j 为行的序号，k 为列的序号；

侧向切片矩阵 $\boldsymbol{A}_{:j:}$:　k 为行的序号，i 为列的序号。

下面是三阶张量的三种切片矩阵的数学表示。

(1) 三阶张量 $\mathcal{A} \in \mathbb{K}^{I\times J\times K}$ 有 I 个水平切片矩阵

$$\boldsymbol{A}_{i::} \stackrel{\text{def}}{=} \begin{bmatrix} a_{i11} & \cdots & a_{i1K} \\ \vdots & \ddots & \vdots \\ a_{iJ1} & \cdots & a_{iJK} \end{bmatrix} = [\boldsymbol{a}_{i:1}, \cdots, \boldsymbol{a}_{i:K}] = \begin{bmatrix} \boldsymbol{a}_{i1:} \\ \vdots \\ \boldsymbol{a}_{iJ:} \end{bmatrix},\ i = 1, \cdots, I \tag{10.1.3}$$

(2) 三阶张量 $\mathcal{A} \in \mathbb{K}^{I\times J\times K}$ 有 J 个侧向切片矩阵

$$\boldsymbol{A}_{:j:} \stackrel{\text{def}}{=} \begin{bmatrix} a_{1j1} & \cdots & a_{Ij1} \\ \vdots & \ddots & \vdots \\ a_{1jK} & \cdots & a_{IjK} \end{bmatrix} = [\boldsymbol{a}_{1j:}, \cdots, \boldsymbol{a}_{Ij:}] = \begin{bmatrix} \boldsymbol{a}_{:j1} \\ \vdots \\ \boldsymbol{a}_{:jK} \end{bmatrix},\ j = 1, \cdots, J \tag{10.1.4}$$

(3) 三阶张量 $\mathcal{A} \in \mathbb{K}^{I\times J\times K}$ 有 K 个正面切片矩阵

$$\boldsymbol{A}_{::k} \stackrel{\text{def}}{=} \begin{bmatrix} a_{11k} & \cdots & a_{1Jk} \\ \vdots & \ddots & \vdots \\ a_{I1k} & \cdots & a_{IJk} \end{bmatrix} = [\boldsymbol{a}_{:1k}, \cdots, \boldsymbol{a}_{:Jk}] = \begin{bmatrix} \boldsymbol{a}_{1:k} \\ \vdots \\ \boldsymbol{a}_{I:k} \end{bmatrix},\ k = 1, \cdots, K \tag{10.1.5}$$

从以上分析知，同一种模式-n 向量在不同的切片矩阵中或作为列向量或作为行向量

$$\text{模式-1 向量 } \boldsymbol{a}_{:jk} \begin{cases} \boldsymbol{a}_{:1k}, \cdots, \boldsymbol{a}_{:Jk} \text{ 表示 } \boldsymbol{A}_{::k} \text{ 的列向量} \\ \boldsymbol{a}_{:j1}, \cdots, \boldsymbol{a}_{:jK} \text{ 表示 } \boldsymbol{A}_{:j:} \text{ 的行向量} \end{cases}$$

$$\text{模式-2 向量 } \boldsymbol{a}_{i:k} \begin{cases} \boldsymbol{a}_{i:1}, \cdots, \boldsymbol{a}_{i:K} \text{ 表示 } \boldsymbol{A}_{i::} \text{ 的列向量} \\ \boldsymbol{a}_{1:k}, \cdots, \boldsymbol{a}_{I:k} \text{ 表示 } \boldsymbol{A}_{::k} \text{ 的行向量} \end{cases}$$

$$\text{模式-3 向量 } \boldsymbol{a}_{ij:} \begin{cases} \boldsymbol{a}_{1j:}, \cdots, \boldsymbol{a}_{Ij:} \text{ 表示 } \boldsymbol{A}_{:j:} \text{ 的列向量} \\ \boldsymbol{a}_{i1:}, \cdots, \boldsymbol{a}_{iJ:} \text{ 表示 } \boldsymbol{A}_{i::} \text{ 的行向量} \end{cases}$$

例 10.1.1 张量 $\mathcal{A} \in \mathbb{R}^{3\times 4\times 2}$ 的两个正面切片分别为 [276]

$$\boldsymbol{A}_{::1} = \begin{bmatrix} 1 & 4 & 7 & 10 \\ 2 & 5 & 8 & 11 \\ 3 & 6 & 9 & 12 \end{bmatrix},\quad \boldsymbol{A}_{::2} = \begin{bmatrix} 13 & 16 & 19 & 22 \\ 14 & 17 & 20 & 23 \\ 15 & 18 & 21 & 24 \end{bmatrix} \in \mathbb{R}^{3\times 4} \tag{10.1.6}$$

模式-1 向量 (即列纤维) 共有 $JK = 4\times 2 = 8$ 个，分别为

$$\begin{bmatrix} 1 \\ 2 \\ 3 \end{bmatrix},\ \begin{bmatrix} 4 \\ 5 \\ 6 \end{bmatrix},\ \begin{bmatrix} 7 \\ 8 \\ 9 \end{bmatrix},\ \begin{bmatrix} 10 \\ 11 \\ 12 \end{bmatrix},\ \begin{bmatrix} 13 \\ 14 \\ 15 \end{bmatrix},\ \begin{bmatrix} 16 \\ 17 \\ 18 \end{bmatrix},\ \begin{bmatrix} 19 \\ 20 \\ 21 \end{bmatrix},\ \begin{bmatrix} 22 \\ 23 \\ 24 \end{bmatrix}$$

它们张成为张量 $\mathcal{A} \in \mathbb{R}^{3\times 4\times 2}$ 的模式-1 空间。模式-2 向量共有 $KI = 2\times 3 = 6$ 个，分别为

$$[1, 4, 7, 10], [2, 5, 8, 11], [3, 6, 9, 12], [13, 16, 19, 22], [14, 17, 20, 23], [15, 18, 21, 24]$$

模式-3 向量共有 $IJ = 3\times 4 = 12$ 个，分别是

$$[1, 13], [4, 16], [7, 19], [10, 22]; [2, 14], [5, 17], [8, 20], [11, 23]; [3, 15], [6, 18], [9, 21], [12, 24]$$

另外，张量的三个水平切片矩阵为

$$\boldsymbol{A}_{1::} = \begin{bmatrix} 1 & 13 \\ 4 & 16 \\ 7 & 19 \\ 10 & 22 \end{bmatrix},\quad \boldsymbol{A}_{2::} = \begin{bmatrix} 2 & 14 \\ 5 & 17 \\ 8 & 20 \\ 11 & 23 \end{bmatrix},\quad \boldsymbol{A}_{3::} = \begin{bmatrix} 3 & 15 \\ 6 & 18 \\ 9 & 21 \\ 12 & 24 \end{bmatrix} \in \mathbb{R}^{4\times 2} \tag{10.1.7}$$

四个侧向切片矩阵为

$$\left.\begin{aligned} \boldsymbol{A}_{:1:} &= \begin{bmatrix} 1 & 2 & 3 \\ 13 & 14 & 15 \end{bmatrix}, \quad \boldsymbol{A}_{:2:} = \begin{bmatrix} 4 & 5 & 6 \\ 16 & 17 & 18 \end{bmatrix} \\ \boldsymbol{A}_{:3:} &= \begin{bmatrix} 7 & 8 & 9 \\ 19 & 20 & 21 \end{bmatrix}, \quad \boldsymbol{A}_{:4:} = \begin{bmatrix} 10 & 11 & 12 \\ 22 & 23 & 24 \end{bmatrix} \end{aligned}\right\} \in \mathbb{R}^{2\times 3} \tag{10.1.8}$$

将三阶张量的切片概念加以推广，我们可以将四阶张量 $\mathcal{A} \in \mathbb{K}^{I\times J\times K\times L}$ 分为 L 个 $I\times J\times K$ 维三阶张量切片 $\mathcal{A}_1,\cdots,\mathcal{A}_L$。依次类推，五阶张量 $\mathcal{A}^{I\times J\times K\times L\times M}$ 可以分为 M 个四阶张量切片，而每个四阶张量切片又可进一步分为 L 个三阶张量切片。从这个意义上讲，三阶张量是张量分析的基础。

10.2 张量的矩阵化与向量化

三阶张量 $\mathcal{A} \in \mathbb{K}^{I\times J\times K}$ 有 I 个水平切片矩阵 $\boldsymbol{A}_{i::} \in \mathbb{K}^{J\times K}(i=1,\cdots,I)$、$J$ 个侧向切片矩阵 $\boldsymbol{A}_{:j:} \in \mathbb{K}^{K\times I}(j=1,\cdots,J)$ 和 K 个正面切片矩阵 $\boldsymbol{A}_{::k} \in \mathbb{K}^{I\times J}(k=1,\cdots,K)$。然而，在张量的分析与计算中，却经常希望用一个矩阵代表一个三阶张量。此时，就需要有一种运算，能够将一个三阶张量 (三路阵列) 经过重新组织或者排列，变成一个矩阵 (二路阵列)。将一个三路或 N 路阵列重新组织成一个矩阵形式的变换称为张量的矩阵化 (matricization 或 matricizing) [267]。张量的矩阵化有时也称张量的展开 (unfolding) [66] 或扁平化 (flattening)。注意，这里的展开和扁平化只是指将一个立体或三维的阵列展开为平面或二维的阵列。

除了高阶张量的唯一矩阵表示外，一个高阶张量的唯一向量表示也是很多场合感兴趣的。高阶张量的向量化 (vectorization) 是一种将张量排列成唯一一个向量的变换。

10.2.1 张量的水平展开与向量化

将三阶张量的同一种切片矩阵按照水平方向依次排列，称为三阶张量的水平展开 (horizontal unfolding)。

依照切片矩阵的不同，可以得到三种不同的水平展开方法。为了避免切片矩阵符号的混淆，这里规定正面切片 $\boldsymbol{A}_{::k}$ 为 $I\times J$ 矩阵、水平切片 $\boldsymbol{A}_{i::}$ 为 $J\times K$ 矩阵、纵向切片 $\boldsymbol{A}_{:j:}$ 为 $K\times I$ 矩阵。因此，如果正面切片是按照 $J\times I$ 矩阵的形式水平展开，则用转置矩阵 $\boldsymbol{A}_{::k}^{\mathrm{T}}$ 表示，依次类推。

1. Kiers 水平展开方法

这是 Kiers 于 2000 年提出的张量矩阵化方法。在这一方法里，三阶张量 $\mathcal{A} \in \mathbb{K}^{I\times J\times K}$

分别矩阵化为以下三种水平展开矩阵 [267]

$$\left.\begin{aligned} a_{i,(k-1)J+j}^{(I\times JK)} = a_{ijk} &\iff \boldsymbol{A}^{(I\times JK)} = \boldsymbol{A}_{(1)} = [\boldsymbol{A}_{::1},\cdots,\boldsymbol{A}_{::K}] \\ a_{j,(i-1)K+k}^{(J\times KI)} = a_{ijk} &\iff \boldsymbol{A}^{(J\times KI)} = \boldsymbol{A}_{(2)} = [\boldsymbol{A}_{1::},\cdots,\boldsymbol{A}_{I::}] \\ a_{k,(j-1)I+i}^{(K\times IJ)} = a_{ijk} &\iff \boldsymbol{A}^{(K\times IJ)} = \boldsymbol{A}_{(3)} = [\boldsymbol{A}_{:1:},\cdots,\boldsymbol{A}_{:J:}] \end{aligned}\right\} \tag{10.2.1}$$

图 10.2.1 画出了三阶张量 $\mathcal{A}\in\mathbb{K}^{I\times J\times K}$ 的三种水平展开。

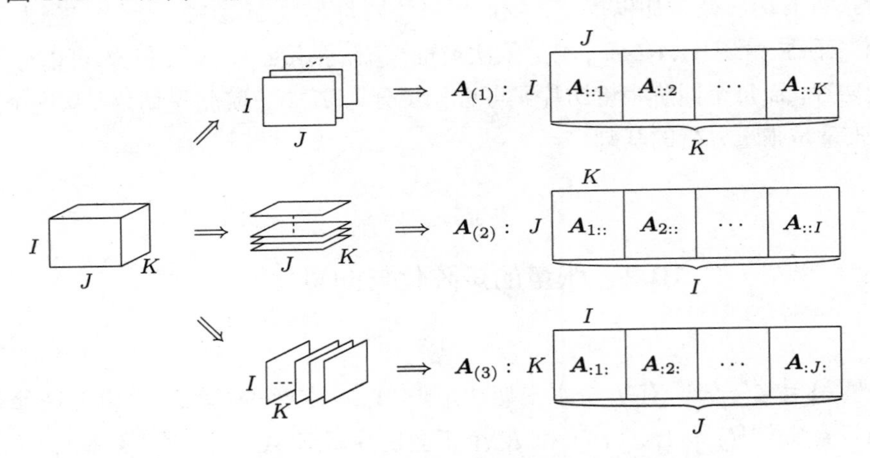

图 10.2.1 三阶张量的水平展开 (Kiers 方法)

推而广之，N 阶张量的 Kiers 水平展开方法将张量 $\mathcal{A}\in\mathbb{K}^{I_1\times I_2\times\cdots\times I_N}$ 的元素 $a_{i_1i_2\cdots i_N}$ 映射为矩阵 $\boldsymbol{A}^{(I_n\times I_1\cdots I_{n-1}\cdots I_{n+1}\cdots I_N)}$ 的第 (i_n,j) 个元素

$$[\boldsymbol{A}_{(n)}]_{i_n,j} = a_{i_n,j}^{(I_n\times I_1\cdots I_{n-1}\cdots I_{n+1}\cdots I_N)} = a_{i_1i_2\cdots i_N} \tag{10.2.2}$$

其中 $i_n=1,\cdots,I_n$，且

$$j=\sum_{p=1}^{N-2}\left((i_{N+n-p}-1)\prod_{q=n+1}^{N+n-p-1}I_q\right)+i_{n+1},\quad n=1,\cdots,N \tag{10.2.3}$$

以及 $I_{N+m}=I_m, i_{N+m}=i_m\ (m>0)$。

2. LMV 水平展开方法

Lathauwer, Moor 和 Vanderwalle 于 2000 年提出了三阶张量的以下水平展开 (简称 LMV 方法) [298]

$$\left.\begin{aligned} a_{i,(j-1)K+k}^{(I\times JK)} = a_{ijk} &\iff \boldsymbol{A}^{(I\times JK)} = \boldsymbol{A}_{(1)} = [\boldsymbol{A}_{:1:}^{\mathrm{T}},\cdots,\boldsymbol{A}_{:J:}^{\mathrm{T}}] \\ a_{j,(k-1)I+i}^{(J\times KI)} = a_{ijk} &\iff \boldsymbol{A}^{(J\times KI)} = \boldsymbol{A}_{(2)} = [\boldsymbol{A}_{::1}^{\mathrm{T}},\cdots,\boldsymbol{A}_{::K}^{\mathrm{T}}] \\ a_{k,(i-1)J+j}^{(K\times IJ)} = a_{ijk} &\iff \boldsymbol{A}^{(K\times IJ)} = \boldsymbol{A}_{(3)} = [\boldsymbol{A}_{1::}^{\mathrm{T}},\cdots,\boldsymbol{A}_{I::}^{\mathrm{T}}] \end{aligned}\right\} \tag{10.2.4}$$

图 10.2.2 示出了三阶张量的水平展开示意图。

K
I
K
$\Longrightarrow$ $\boldsymbol{A}_{(1)}$: I
$\boldsymbol{A}_{:1:}^{\mathrm{T}}$ $\boldsymbol{A}_{:2:}^{\mathrm{T}}$ $\cdots$ $\boldsymbol{A}_{:J:}^{\mathrm{T}}$
J
I
I
J
K
I
J
$\Longrightarrow$ $\boldsymbol{A}_{(2)}$: J
$\boldsymbol{A}_{::1}^{\mathrm{T}}$ $\boldsymbol{A}_{::2}^{\mathrm{T}}$ $\cdots$ $\boldsymbol{A}_{::K}^{\mathrm{T}}$
K
J
J
K
$\Longrightarrow$ $\boldsymbol{A}_{(3)}$: K
$\boldsymbol{A}_{1::}^{\mathrm{T}}$ $\boldsymbol{A}_{2::}^{\mathrm{T}}$ $\cdots$ $\boldsymbol{A}_{I::}^{\mathrm{T}}$
I

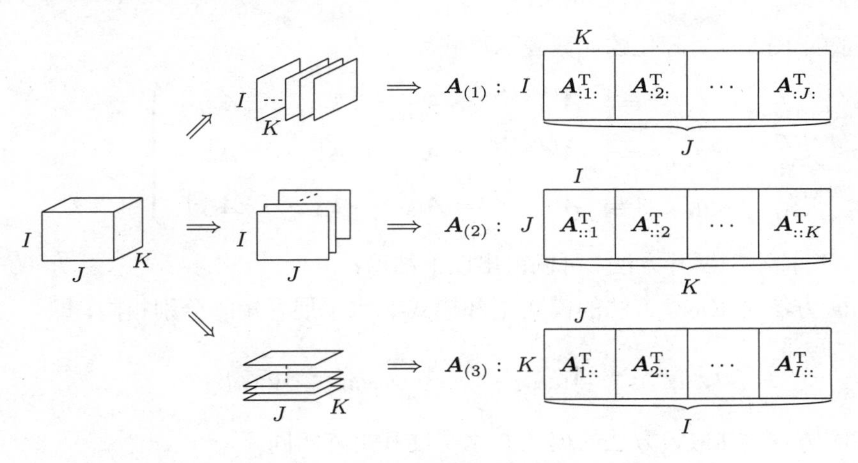

图 10.2.2 三阶张量的水平展开 (LMV 方法)

N 阶张量 $\mathcal{A}$ 的 LMV 水平展开将张量 $\mathcal{A}$ 的元素 $a_{i_1,i_2,\cdots,i_N}$ 映射为模式-n 矩阵 $\boldsymbol{A}_{(n)}$ 的元素 $a_{i_n,j}^{(I_n\times I_1\cdots I_{n-1}I_{n+1}\cdots I_N)}$，其中

$$j=(i_{n+1}-1)I_{n+2}I_{n+3}\cdots I_NI_1I_2\cdots I_{n-1}+(i_{n+2}-1)I_{n+3}I_{n+4}\cdots I_NI_1I_2\cdots I_{n-1}+\cdots$$
$$+(i_N-1)I_1I_2\cdots I_{n-1}+(i_1-1)I_2I_3\cdots I_{n-1}+(i_2-1)I_3I_4\cdots I_{n-1}+\cdots+i_{n-1} \tag{10.2.5}$$

3. Kolda 水平展开方法

Kolda 于 2006 年提出的矩阵化方法[276, 278] 将 N 阶张量元素 $a_{i_1,i_2,\cdots,i_N}$ 映射为模式-n 矩阵 $\boldsymbol{A}_{(n)}$ 的元素 $a_{i_n,j}^{(I_n\times I_1\cdots I_{n-1}I_{n+1}\cdots I_N)}$，其中

$$j=1+\sum_{k=1,k\neq n}^{N}\left[(i_k-1)\prod_{m=1,m\neq n}^{k-1}I_m\right] \tag{10.2.6}$$

图 10.2.3 画出了三阶张量矩阵化的 Kolda 方法。

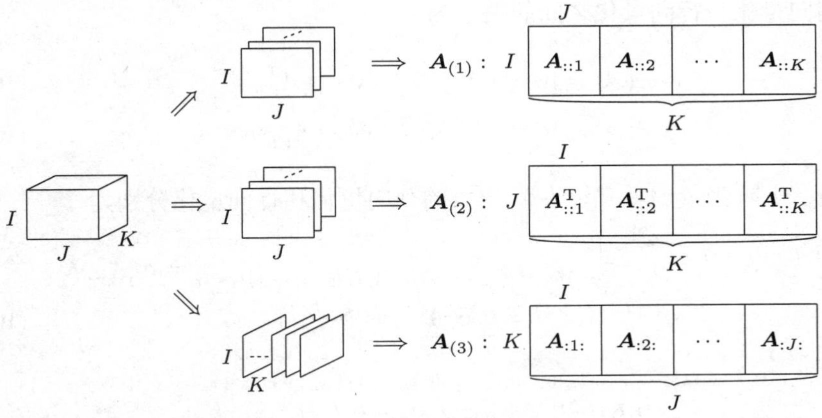

J
I
J
$\Longrightarrow$ $\boldsymbol{A}_{(1)}$: I
$\boldsymbol{A}_{::1}$ $\boldsymbol{A}_{::2}$ $\cdots$ $\boldsymbol{A}_{::K}$
K
I
I
J
K
I
J
$\Longrightarrow$ $\boldsymbol{A}_{(2)}$: J
$\boldsymbol{A}_{::1}^{\mathrm{T}}$ $\boldsymbol{A}_{::2}^{\mathrm{T}}$ $\cdots$ $\boldsymbol{A}_{::K}^{\mathrm{T}}$
K
I
I
K
$\Longrightarrow$ $\boldsymbol{A}_{(3)}$: K
$\boldsymbol{A}_{:1:}$ $\boldsymbol{A}_{:2:}$ $\cdots$ $\boldsymbol{A}_{:J:}$
J

图 10.2.3 三阶张量的水平展开 (Kolda 方法)

三阶张量的 Kolda 矩阵化的元素表示形式为

$$\left.\begin{aligned} a_{i,(k-1)J+j}^{(I\times JK)} = a_{ijk} &\iff \boldsymbol{A}^{(I\times JK)} = \boldsymbol{A}_{(1)} = [\boldsymbol{A}_{::1},\cdots,\boldsymbol{A}_{::K}] \\ a_{j,(k-1)I+i}^{(J\times KI)} = a_{ijk} &\iff \boldsymbol{A}^{(J\times KI)} = \boldsymbol{A}_{(2)} = [\boldsymbol{A}_{::1}^{\mathrm{T}},\cdots,\boldsymbol{A}_{::K}^{\mathrm{T}}] \\ a_{k,(j-1)I+j}^{(K\times IJ)} = a_{ijk} &\iff \boldsymbol{A}^{(K\times IJ)} = \boldsymbol{A}_{(3)} = [\boldsymbol{A}_{:1:},\cdots,\boldsymbol{A}_{:J:}] \end{aligned}\right\} \tag{10.2.7}$$

比较以上三种水平展开方法，可以得出以下结论：

(1) Kolda 方法与 Kiers 方法的模式-1 和模式-3 水平展开矩阵分别相同，即

$$\boldsymbol{A}_{\text{Kolda}(1)} = \boldsymbol{A}_{\text{Kiers}(1)}, \quad \boldsymbol{A}_{\text{Kolda}(3)} = \boldsymbol{A}_{\text{Kiers}(3)}$$

(2) Kolda 方法与 LMV 方法的模式-2 水平展开矩阵相同

$$\boldsymbol{A}_{\text{Kolda}(2)} = \boldsymbol{A}_{\text{LMV}(2)}$$

三阶张量的 (列) 向量化是将张量 $\mathcal{A}\in\mathbb{K}^{I\times J\times K}$ 排列成一个 $(I\cdot J\cdot K)\times 1$ 列向量 $\boldsymbol{a}$ 的运算，记作 $\boldsymbol{a}^{(IJK\times 1)} = \text{vec}(\mathcal{A})$。三阶张量的行向量化则是将张量排列成行向量的运算，用符号 $\boldsymbol{a}^{(1\times IJK)} = \text{rvec}(\mathcal{A})$ 表示。

三阶张量的向量化通常定义为正面切片矩阵的列向量化的纵向排列

$$\boldsymbol{a}^{(IJK\times 1)} \stackrel{\text{def}}{=} \begin{bmatrix} \text{vec}(\boldsymbol{A}_{::1}) \\ \vdots \\ \text{vec}(\boldsymbol{A}_{::K}) \end{bmatrix} \tag{10.2.8}$$

其元素的定义公式为

$$\boldsymbol{a}_{(k-1)IJ+(j-1)I+i}^{(IJK\times 1)} = a_{ijk} \iff \boldsymbol{a}^{(IJK\times 1)} = \text{vec}(\boldsymbol{A}^{(I\times JK)}) \tag{10.2.9}$$

三阶张量 $\mathcal{A}\in\mathbb{K}^{I\times J\times K}$ 的行向量化定义为

$$\boldsymbol{a}^{(1\times IJK)} \stackrel{\text{def}}{=} \text{rvec}(\mathcal{A}) = [\text{rvec}(\boldsymbol{A}_{::1}),\cdots,\text{rvec}(\boldsymbol{A}_{::K})] \tag{10.2.10}$$

张量的列向量化与行向量化之间的关系为

$$\text{rvec}(\mathcal{A}) = [\text{vec}^{\mathrm{T}}(\boldsymbol{A}_{::1}^{\mathrm{T}}),\cdots,\text{vec}^{\mathrm{T}}(\boldsymbol{A}_{::K}^{\mathrm{T}})] \tag{10.2.11}$$

$$\text{vec}(\mathcal{A}) = [\text{rvec}(\boldsymbol{A}_{::1}^{\mathrm{T}}),\cdots,\text{rvec}(\boldsymbol{A}_{::K}^{\mathrm{T}})]^{\mathrm{T}} \tag{10.2.12}$$

更一般地，N 阶张量 $\mathcal{A}\in\mathbb{K}^{I_1\times I_2\times\cdots\times I_N}$ 的列向量化和行向量化分别为

$$\begin{aligned} &\boldsymbol{a}_{(i_N-1)I_1\cdots I_{N-1}+(i_{N-1}-1)I_1\cdots I_{N-2}+\cdots+(i_3-1)I_1I_2+(i_2-1)I_1+i_1}^{(I_1I_2\cdots I_N\times 1)} = a_{i_1i_2\cdots i_n} \\ &\qquad\iff \boldsymbol{a}^{(I_1I_2\cdots I_N\times 1)} = \text{vec}(\boldsymbol{A}^{(I_1\times I_2I_3\cdots I_N)}) \end{aligned} \tag{10.2.13}$$

$$\begin{aligned} &\boldsymbol{a}_{(i_1-1)I_2\cdots I_N+(i_2-1)I_3\cdots I_N+\cdots+(i_{N-2}-1)I_{N-1}+(i_{N-1}-1)I_N+i_N}^{(1\times I_1I_2\cdots I_N)} = a_{i_1i_2\cdots i_N} \\ &\qquad\iff \boldsymbol{a}^{(1\times I_1I_2\cdots I_N)} = \text{rvec}(\boldsymbol{A}^{(I_3\cdots I_NI_1\times I_2)}) \end{aligned} \tag{10.2.14}$$

10.2.2 张量的纵向展开

将张量的同一种切片矩阵按照纵向依次排列，称为张量的纵向展开 (longitudinal unfolding)。与水平展开类似，纵向展开也有三种不同的方法，它们分别与水平展开的三种方法相对应。N 阶张量 $\mathcal{A} \in \mathbb{K}^{I_1 I_2 \cdots I_N}$ 的模式-n 纵向展开用符号 $\boldsymbol{A}^{(n)}$ 表示。

三阶张量 $\mathcal{A} \in \mathbb{K}^{I \times J \times K}$ 可以分别矩阵化为 $(JK) \times I$ 矩阵、$(KI) \times J$ 矩阵和 $(IJ) \times K$ 矩阵，记作

$$\boldsymbol{A}^{(1)} = \boldsymbol{A}^{(JK \times I)}, \quad \boldsymbol{A}^{(2)} = \boldsymbol{A}^{(KI \times J)}, \quad \boldsymbol{A}^{(3)} = \boldsymbol{A}^{(IJ \times K)} \tag{10.2.15}$$

1. 纵向展开的 Keirs 方法

三阶张量的 Keirs 纵向展开为

$$\left.\begin{aligned}
a_{(k-1)J+j,i}^{(JK \times I)} = a_{ijk} \iff \boldsymbol{A}^{(JK \times I)} = \boldsymbol{A}^{(1)} = \begin{bmatrix} \boldsymbol{A}_{::1}^{\mathrm{T}} \\ \vdots \\ \boldsymbol{A}_{::K}^{\mathrm{T}} \end{bmatrix} \\
a_{(i-1)K+k,j}^{(KI \times J)} = a_{ijk} \iff \boldsymbol{A}^{(KI \times J)} = \boldsymbol{A}^{(2)} = \begin{bmatrix} \boldsymbol{A}_{1::}^{\mathrm{T}} \\ \vdots \\ \boldsymbol{A}_{I::}^{\mathrm{T}} \end{bmatrix} \\
a_{(j-1)I+i,k}^{(IJ \times K)} = a_{ijk} \iff \boldsymbol{A}^{(IJ \times K)} = \boldsymbol{A}^{(3)} = \begin{bmatrix} \boldsymbol{A}_{:1:}^{\mathrm{T}} \\ \vdots \\ \boldsymbol{A}_{:J:}^{\mathrm{T}} \end{bmatrix}
\end{aligned}\right\} \tag{10.2.16}$$

更一般地，N 阶张量 $\mathcal{A} \in \mathbb{K}^{I_1 \times I_2 \times \cdots \times I_N}$ 的模式 n-纵向展开 $\boldsymbol{A}^{(I_1 \cdots I_{n-1} I_{n+1} \cdots I_N \times I_n)}$ 的第 j 行、第 i_n 列元素定义为

$$a_{j,i_n}^{(I_1 \cdots I_{n-1} I_{n+1} \cdots I_N \times I_n)} = a_{i_1 i_2 \cdots i_N} \tag{10.2.17}$$

其中 j 由式 (10.2.3) 给定。

2. 纵向展开的 LMV 方法

三阶张量的 LMV 纵向展开可以用元素的形式表示为[303]

$$\left.\begin{aligned}
a_{(j-1)K+k,i}^{(JK \times I)} = a_{ijk} \iff \boldsymbol{A}^{(JK \times I)} = \boldsymbol{A}^{(1)} = \begin{bmatrix} \boldsymbol{A}_{:1:} \\ \vdots \\ \boldsymbol{A}_{:J:} \end{bmatrix} \\
a_{(k-1)I+i,j}^{(KI \times J)} = a_{ijk} \iff \boldsymbol{A}^{(KI \times J)} = \boldsymbol{A}^{(2)} = \begin{bmatrix} \boldsymbol{A}_{::1} \\ \vdots \\ \boldsymbol{A}_{::K} \end{bmatrix} \\
a_{(i-1)J+j,k}^{(IJ \times K)} = a_{ijk} \iff \boldsymbol{A}^{(IJ \times K)} = \boldsymbol{A}^{(3)} = \begin{bmatrix} \boldsymbol{A}_{1::} \\ \vdots \\ \boldsymbol{A}_{I::} \end{bmatrix}
\end{aligned}\right\} \tag{10.2.18}$$

N 阶张量的 LMV 矩阵化的元素表达式与式 (10.2.17) 相同，但其中的行下标 j 由式 (10.2.5) 确定。

3. 纵向展开的 Kolda 方法

与 Kolda 水平展开对应的纵向展开结果为

$$\left.\begin{aligned}
a_{(k-1)J+j,i}^{(JK\times I)} = a_{ijk} &\iff \boldsymbol{A}^{(JK\times I)} = \boldsymbol{A}^{(1)} = \begin{bmatrix}\boldsymbol{A}_{::1}^{\mathrm{T}}\\ \vdots \\ \boldsymbol{A}_{::K}^{\mathrm{T}}\end{bmatrix}\\
a_{(k-1)I+i,j}^{(KI\times J)} = a_{ijk} &\iff \boldsymbol{A}^{(KI\times J)} = \boldsymbol{A}^{(2)} = \begin{bmatrix}\boldsymbol{A}_{::1}\\ \vdots \\ \boldsymbol{A}_{::K}\end{bmatrix}\\
a_{(j-1)I+i,k}^{(IJ\times K)} = a_{ijk} &\iff \boldsymbol{A}^{(IJ\times K)} = \boldsymbol{A}^{(3)} = \begin{bmatrix}\boldsymbol{A}_{:1:}^{\mathrm{T}}\\ \vdots \\ \boldsymbol{A}_{:J:}^{\mathrm{T}}\end{bmatrix}
\end{aligned}\right\} \tag{10.2.19}$$

N 阶张量的 Kolda 矩阵化的元素表达式也取式 (10.2.17) 的形式，但其中的行下标 j 由式 (10.2.6) 确定。

关于张量的水平展开与纵向展开，存在以下关系。

(1) 三阶张量的纵向展开之间的关系

$$\boldsymbol{A}_{\text{Kiers}}^{(1)} = \boldsymbol{A}_{\text{Kolda}}^{(1)},\quad \boldsymbol{A}_{\text{Kiers}}^{(3)} = \boldsymbol{A}_{\text{Kolda}}^{(3)},\quad \boldsymbol{A}_{\text{LMV}}^{(2)} = \boldsymbol{A}_{\text{Kolda}}^{(2)}$$

(2) 三阶张量的纵向展开与水平展开之间的关系如下

$$\boldsymbol{A}_{\text{Kiers}}^{(n)} = \left(\boldsymbol{A}_{\text{Kiers}(n)}\right)^{\mathrm{T}},\quad \boldsymbol{A}_{\text{LMV}}^{(n)} = \left(\boldsymbol{A}_{\text{LMV}(n)}\right)^{\mathrm{T}},\quad \boldsymbol{A}_{\text{Kolda}}^{(n)} = \left(\boldsymbol{A}_{\text{Kolda}(n)}\right)^{\mathrm{T}}$$

(3) LMV 模式-n 纵向展开矩阵是 Kiers 模式-n 水平展开的切片矩阵的纵向排列。反之，Kiers 模式-n 纵向展开矩阵是 LMV 模式-n 水平展开的切片矩阵的纵向排列。

有些文献 (如 [66, 267, 8, 9]) 使用张量的水平展开，另外一些文献 (如 [320, 303, 278]) 则采用纵向展开。

从下面的例子可以看出同一个张量的三种矩阵化结果之间的联系与不同。

例 10.2.1 例 10.1.1 中的三阶张量 $\mathcal{A} \in \mathbb{R}^{3\times 4\times 2}$ 的三种水平展开结果如下。

(1) Keirs 水平展开

$$\boldsymbol{A}_{(1)} = \begin{bmatrix}1 & 4 & 7 & 10 & 13 & 16 & 19 & 22\\ 2 & 5 & 8 & 11 & 14 & 17 & 20 & 23\\ 3 & 6 & 9 & 12 & 15 & 18 & 21 & 24\end{bmatrix}$$

$$\boldsymbol{A}_{(2)} = \begin{bmatrix}1 & 13 & 2 & 14 & 3 & 15\\ 4 & 16 & 5 & 17 & 6 & 18\\ 7 & 19 & 8 & 20 & 9 & 21\\ 10 & 22 & 11 & 23 & 12 & 24\end{bmatrix}$$

$$\boldsymbol{A}_{(3)} = \begin{bmatrix}1 & 2 & 3 & 4 & 5 & 6 & 7 & 8 & 9 & 10 & 11 & 12\\ 13 & 14 & 15 & 16 & 17 & 18 & 19 & 20 & 21 & 22 & 23 & 24\end{bmatrix}$$

(2) LMV 水平展开

$$A_{(1)} = \begin{bmatrix} 1 & 13 & 4 & 16 & 7 & 19 & 10 & 22 \\ 2 & 14 & 5 & 17 & 8 & 20 & 11 & 23 \\ 3 & 15 & 6 & 18 & 9 & 21 & 12 & 24 \end{bmatrix}$$

$$A_{(2)} = \begin{bmatrix} 1 & 2 & 3 & 13 & 14 & 15 \\ 4 & 5 & 6 & 16 & 17 & 18 \\ 7 & 8 & 9 & 19 & 20 & 21 \\ 10 & 11 & 12 & 22 & 23 & 24 \end{bmatrix}$$

$$A_{(3)} = \begin{bmatrix} 1 & 4 & 7 & 10 & 2 & 5 & 8 & 11 & 3 & 6 & 9 & 12 \\ 13 & 16 & 19 & 22 & 14 & 17 & 20 & 23 & 15 & 18 & 21 & 24 \end{bmatrix}$$

(3) Kolda 水平展开

$$A_{(1)} = \begin{bmatrix} 1 & 4 & 7 & 10 & 13 & 16 & 19 & 22 \\ 2 & 5 & 8 & 11 & 14 & 17 & 20 & 23 \\ 3 & 6 & 9 & 12 & 15 & 18 & 21 & 24 \end{bmatrix}$$

$$A_{(2)} = \begin{bmatrix} 1 & 2 & 3 & 13 & 14 & 15 \\ 4 & 5 & 6 & 16 & 17 & 18 \\ 7 & 8 & 9 & 19 & 20 & 21 \\ 10 & 11 & 12 & 22 & 23 & 24 \end{bmatrix}$$

$$A_{(3)} = \begin{bmatrix} 1 & 2 & 3 & 4 & 5 & 6 & 7 & 8 & 9 & 10 & 11 & 12 \\ 13 & 14 & 15 & 16 & 17 & 18 & 19 & 20 & 21 & 22 & 23 & 24 \end{bmatrix}$$

相对应的三种纵向展开结果如下。

(1) Kiers 纵向展开

$$A^{(1)} = \begin{bmatrix} 1 & 2 & 3 \\ 4 & 5 & 6 \\ 7 & 8 & 9 \\ 10 & 11 & 12 \\ 13 & 14 & 15 \\ 16 & 17 & 18 \\ 19 & 20 & 21 \\ 22 & 23 & 24 \end{bmatrix}, \quad A^{(2)} = \begin{bmatrix} 1 & 4 & 7 & 10 \\ 13 & 16 & 19 & 22 \\ 2 & 5 & 8 & 11 \\ 14 & 17 & 20 & 23 \\ 3 & 6 & 9 & 12 \\ 15 & 18 & 21 & 24 \end{bmatrix}, \quad A^{(3)} = \begin{bmatrix} 1 & 13 \\ 2 & 14 \\ 3 & 15 \\ \vdots & \vdots \\ 10 & 22 \\ 11 & 23 \\ 12 & 24 \end{bmatrix}$$

(2) LMV 纵向展开

$$A^{(1)} = \begin{bmatrix} 1 & 2 & 3 \\ 13 & 14 & 15 \\ 4 & 5 & 6 \\ 16 & 17 & 18 \\ 7 & 8 & 9 \\ 19 & 20 & 21 \\ 10 & 11 & 12 \\ 22 & 23 & 24 \end{bmatrix}, \quad A^{(2)} = \begin{bmatrix} 1 & 4 & 7 & 10 \\ 2 & 5 & 8 & 11 \\ 3 & 6 & 9 & 12 \\ 13 & 16 & 19 & 22 \\ 14 & 17 & 20 & 23 \\ 15 & 18 & 21 & 24 \end{bmatrix}$$

$$A^{(3)} = \begin{bmatrix} 1 & 4 & 7 & 10 & 2 & 5 & 8 & 11 & 3 & 6 & 9 & 12 \\ 13 & 16 & 19 & 22 & 14 & 17 & 20 & 23 & 15 & 18 & 21 & 24 \end{bmatrix}^{\mathrm{T}}$$

(3) Kolda 纵向展开

$$\boldsymbol{A}^{(1)}=\begin{bmatrix}1&2&3\\4&5&6\\7&8&9\\10&11&12\\13&14&15\\16&17&18\\19&20&21\\22&23&24\end{bmatrix},\quad \boldsymbol{A}^{(2)}=\begin{bmatrix}1&4&7&10\\2&5&8&11\\3&6&9&12\\13&16&19&22\\14&17&20&23\\15&18&21&24\end{bmatrix},\quad \boldsymbol{A}^{(3)}=\begin{bmatrix}1&13\\2&14\\3&15\\\vdots&\vdots\\10&22\\11&23\\12&24\end{bmatrix}$$

从以上结果，可以看出：

① 不同方法的同一种模式-n 水平展开矩阵的差异顶多是列向量的排列有所不同。

② 不同方法的同一种模式-n 纵向展开矩阵的差异顶多是行向量的排列有所不同。

张量的矩阵化给张量的分析带来方便。但是，需要注意[66]，张量的矩阵化有可能导致得到的模型存在以下问题：

① 数值稳定性略差一点；

② 可解释性略差一点；

③ 可预测性略差一点；

④ 参数的个数可能比较多。

张量的矩阵化是进行张量分析的有效数学工具。然而，张量分析的最终目的有时又要求能够由矩阵化还原原来的张量。

将一个张量的向量化或矩阵化结果扩展成一个张量的过程称为张量化 (tensorization)、张量的再生 (reshaping) 或重构 (reconstruction)。

水平展开 $\boldsymbol{A}^{(I\times JK)}, \boldsymbol{A}^{(J\times KI)}, \boldsymbol{A}^{(K\times IJ)}$ 和纵向展开 $\boldsymbol{A}^{(KI\times J)}, \boldsymbol{A}^{(IJ\times K)}, \boldsymbol{A}^{(JK\times I)}$ 中的任何一个都可以张量化为三阶张量 $\mathcal{A}\in\mathbb{K}^{I\times J\times K}$。例如，对于 Kiers 矩阵化方法，张量化的元素定义为

$$a_{ijk}=\boldsymbol{A}^{(I\times JK)}_{i,(k-1)J+j}=\boldsymbol{A}^{(J\times KI)}_{j,(i-1)K+k}=\boldsymbol{A}^{(K\times IJ)}_{k,(j-1)I+i} \tag{10.2.20}$$

$$=\boldsymbol{A}^{(JK\times I)}_{(k-1)J+j,i}=\boldsymbol{A}^{(KI\times J)}_{(i-1)K+k,j}=\boldsymbol{A}^{(IJ\times K)}_{(j-1)I+i,k} \tag{10.2.21}$$

而对于 LMV 方法，则有

$$a_{ijk}=\boldsymbol{A}^{(I\times JK)}_{i,(j-1)K+k}=\boldsymbol{A}^{(J\times KI)}_{j,(k-1)I+i}=\boldsymbol{A}^{(K\times IJ)}_{k,(i-1)J+j} \tag{10.2.22}$$

$$=\boldsymbol{A}^{(JK\times I)}_{(j-1)K+k,i}=\boldsymbol{A}^{(KI\times J)}_{(k-1)I+i,j}=\boldsymbol{A}^{(IJ\times K)}_{(i-1)J+j,k} \tag{10.2.23}$$

列向量 $\boldsymbol{a}^{(IJK\times 1)}$ 或行向量 $\boldsymbol{a}^{(1\times IJK)}$ 的张量化定义为

$$a_{ijk}=\boldsymbol{a}^{(IJK\times 1)}_{(k-1)IJ+(j-1)I+i}=\boldsymbol{a}^{(1\times IJK)}_{(i-1)JK+(j-1)K+k} \tag{10.2.24}$$

其中，$i=1,\cdots,I;j=1,\cdots,J;k=1,\cdots,K$。

更一般地，N 阶张量则可以根据模式-n 水平展开公式 (10.2.3) 或公式 (10.2.5) 或公式 (10.2.6) 进行再生或重构。

10.3 张量的基本代数运算

张量的基本代数运算主要有张量的乘积、张量与矩阵的乘积以及张量的秩。

10.3.1 张量的内积、范数与外积

张量的内积是向量内积的推广：首先将张量向量化，然后应用向量的内积，即可得到张量的内积。

定义 10.3.1 (张量内积) 若 $\mathcal{A},\mathcal{B}\in\mathcal{T}(I_1,I_2,\cdots,I_N)$，则 $\mathcal{A}$ 和 $\mathcal{B}$ 的内积为标量，定义为两个张量的列向量化之间的内积

$$\begin{aligned}\langle\mathcal{A},\mathcal{B}\rangle &\stackrel{\text{def}}{=}\langle\text{vec}(\mathcal{A}),\text{vec}(\mathcal{B})\rangle=(\text{vec}(\mathcal{A}))^{\text{H}}\text{vec}(\mathcal{B})\\&=\sum_{i_1=1}^{I_1}\sum_{i_2=1}^{I_2}\cdots\sum_{i_n=1}^{I_N}a^*_{i_1i_2\cdots i_n}b_{i_1i_2\cdots i_n}\end{aligned}\tag{10.3.1}$$

其中 $*$ 表示复数共轭。

有了张量内积的概念，又可直接引出张量范数的定义。

定义 10.3.2 (张量的 Frobenius 范数) 张量 $\mathcal{A}$ 的 Frobenius 范数定义为

$$\|\mathcal{A}\|_{\text{F}}=\sqrt{\langle\mathcal{A},\mathcal{A}\rangle}\stackrel{\text{def}}{=}\left(\sum_{i_1=1}^{I_1}\sum_{i_2=1}^{I_2}\cdots\sum_{i_n=1}^{I_N}|a_{i_1i_2\cdots i_n}|^2\right)^{1/2}\tag{10.3.2}$$

张量的内积与范数具有以下性质[276]。

命题 10.3.1 令 $\mathcal{A}\in\mathbb{K}^{I_1\times I_2\times\cdots\times I_N}$，则①

(1) 张量的范数可以转换成该张量的矩阵化函数的范数

$$\|\mathcal{A}\|=\left\|\boldsymbol{A}^{(I_n\times I_1\cdots I_{n-1}I_{n+1}\cdots I_N)}\right\|=\left\|\boldsymbol{A}^{(I_1\cdots I_{n-1}I_{n+1}\cdots I_N\times I_n)}\right\|$$

(2) 张量的范数可以转换成该张量的向量化函数的范数

$$\|\mathcal{A}\|=\left\|\boldsymbol{a}^{(I_1I_2\cdots I_N\times 1)}\right\|=\left\|\boldsymbol{a}^{(1\times I_1I_2\cdots I_N)}\right\|$$

(3) 两个张量之差的范数平方

$$\|\mathcal{A}-\mathcal{B}\|^2=\|\mathcal{A}\|^2-2\langle\mathcal{A},\mathcal{B}\rangle+\|\mathcal{B}\|^2$$

(4) 若 $\boldsymbol{Q}\in\mathbb{K}^{J\times I_n}$ 为标准正交矩阵，即 $\boldsymbol{Q}\boldsymbol{Q}^{\text{H}}=\boldsymbol{I}_{J\times J}$ 或 $\boldsymbol{Q}^{\text{H}}\boldsymbol{Q}=\boldsymbol{I}_{I_n\times I_n}$，则

$$\|\mathcal{A}\times_n\boldsymbol{Q}\|=\|\mathcal{A}\|$$

① 命题中出现的向量外积 $\circ$ 和张量的 n-模式积 $\times_n$ 将在稍后定义。

(5) 令 $\mathcal{A},\mathcal{B}\in\mathbb{K}^{I_1\times I_2\times\cdots\times I_N}, \boldsymbol{a}_n,\boldsymbol{b}_n\in\mathbb{K}^{J\times I_n}$，并且 $\mathcal{A}=\boldsymbol{a}_1\circ\boldsymbol{a}_2\circ\cdots\circ\boldsymbol{a}_N$ 和 $\mathcal{B}=\boldsymbol{b}_1\circ\boldsymbol{b}_2\circ\cdots\circ\boldsymbol{b}_N$，则

$$\langle\mathcal{A},\mathcal{B}\rangle=\prod_{n=1}^{N}\langle\boldsymbol{a}_n,\boldsymbol{b}_n\rangle$$

(6) 若 $\mathcal{A}\in\mathbb{K}^{I_1\times I_{n-1}\times J\times I_{n+1}\times\cdots\times I_N}$ 和 $\mathcal{B}\in\mathbb{K}^{I_1\times I_{n-1}\times K\times I_{n+1}\times\cdots\times I_N}$，且 $\boldsymbol{C}\in\mathbb{K}^{J\times K}$，则有

$$\langle\mathcal{A},\mathcal{B}\times_n\boldsymbol{C}\rangle=\langle\mathcal{A}\times_n\boldsymbol{C}^{\mathrm{H}},\mathcal{B}\rangle$$

两个向量的外积 (output product) 为一矩阵，即有 $\boldsymbol{X}=\boldsymbol{u}\boldsymbol{v}^{\mathrm{T}}$。多个向量的外积给出一张量。此时，就不方便使用向量的转置符号书写外积，这里沿用大多数文献使用的符号 $\circ$ 表示多个向量的外积。

定义 10.3.3 (向量外积) n 个向量 $\boldsymbol{a}^{(i)}\in\mathbb{K}^{i\times 1}, i=1,\cdots,n$ 的外积记为 $\boldsymbol{a}^{(1)}\circ\boldsymbol{a}^{(2)}\circ\cdots\circ\boldsymbol{a}^{(n)}$，其结果为一 n 阶张量，即有

$$\mathcal{A}=\boldsymbol{a}^{(1)}\circ\boldsymbol{a}^{(2)}\circ\cdots\circ\boldsymbol{a}^{(n)}\tag{10.3.3}$$

或用元素形式定义为

$$a_{i_1i_2\cdots i_n}=a_{i_1}^{(1)}a_{i_2}^{(2)}\cdots a_{i_n}^{(n)}\tag{10.3.4}$$

式中 $a_j^{(i)}$ 是模式-i 向量 $\boldsymbol{a}^{(i)}$ 的第 j 个元素。

例 10.3.1 两个向量 $\boldsymbol{u}\in\mathbb{K}^{m\times 1},\boldsymbol{v}\in\mathbb{K}^{n\times 1}$ 的外积

$$\boldsymbol{X}=\boldsymbol{u}\circ\boldsymbol{v}=\begin{bmatrix}u_1\\ \vdots\\ u_m\end{bmatrix}[v_1,\cdots,v_n]=\begin{bmatrix}u_1v_1 & \cdots & u_1v_n\\ \vdots & \ddots & \vdots\\ u_mv_1 & \cdots & u_mv_n\end{bmatrix}\quad\in\mathbb{K}^{m\times n}$$

三个向量 $\boldsymbol{u}\in\mathbb{K}^{I\times 1},\boldsymbol{v}\in\mathbb{K}^{J\times 1},\boldsymbol{w}\in\mathbb{K}^{K\times 1}$ 的外积

$$\mathcal{A}=\boldsymbol{u}\circ\boldsymbol{v}\circ\boldsymbol{w}=\begin{bmatrix}u_1v_1 & \cdots & u_1v_J\\ \vdots & \ddots & \vdots\\ u_Iv_1 & \cdots & u_Iv_J\end{bmatrix}\circ[w_1,\cdots,w_K]\quad\in\mathbb{K}^{I\times J\times K}$$

其正面切片矩阵

$$\boldsymbol{A}_{::k}=\begin{bmatrix}u_1v_1w_k & \cdots & u_1v_Jw_k\\ \vdots & \ddots & \vdots\\ u_Iv_1w_k & \cdots & u_Iv_Jw_k\end{bmatrix},\quad k=1,\cdots,K$$

即有 $a_{ijk}=u_iv_jw_k, i=1,\cdots,I; j=1,\cdots,J; k=1,\cdots,K$。

向量的外积容易推广为张量的外积。

定义 10.3.4 (张量外积) 两个张量 $\mathcal{A}\in\mathbb{K}^{I_1\times I_2\times\cdots\times I_P}$ 和 $\mathcal{B}\in\mathbb{K}^{J_1\times J_2\times\cdots\times J_Q}$ 的外积仍然是张量，记作 $\mathcal{A}\circ\mathcal{B}\in\mathbb{K}^{I_1\times\cdots\times I_P\times J_1\times\cdots\times J_Q}$，定义为

$$(\mathcal{A}\circ\mathcal{B})_{i_1\cdots i_Pj_1\cdots j_Q}=a_{i_1\cdots i_P}b_{j_1\cdots j_Q}\quad\forall i_1,\cdots,i_P;j_1,\cdots,j_Q\tag{10.3.5}$$

10.3.2 张量的 n-模式积

为了引出高阶张量与矩阵的乘积，先考虑三阶张量与矩阵的乘积。

三阶张量与矩阵的乘积是 Tucker 定义的[486, 487]，现在常称为 Tucker 积[303]。

定义 10.3.5 (三阶张量的 Tucker 积) 考虑三阶张量 $\mathcal{X} \in \mathbb{K}^{I_1 \times I_2 \times I_3}$ 和矩阵 $\boldsymbol{A} \in \mathbb{K}^{J_1 \times I_1}, \boldsymbol{B} \in \mathbb{K}^{J_2 \times I_2}, \boldsymbol{C} \in \mathbb{K}^{J_3 \times I_3}$ 的乘积。三阶张量的 Tucker 模式-1 积 $\mathcal{X} \times_1 \boldsymbol{A}$，模式-2 积 $\mathcal{X} \times_2 \boldsymbol{B}$ 和模式-3 积 $\mathcal{X} \times_3 \boldsymbol{C}$ 分别定义为[303]

$$(\mathcal{X} \times_1 \boldsymbol{A})_{j_1 i_2 i_3} = \sum_{i_1=1}^{I_1} x_{i_1 i_2 i_3} a_{j_1 i_1}, \ \forall j_1, i_2, i_3 \tag{10.3.6}$$

$$(\mathcal{X} \times_2 \boldsymbol{B})_{i_1 j_2 i_3} = \sum_{i_2=1}^{I_2} x_{i_1 i_2 i_3} b_{j_2 i_2}, \ \forall i_1, j_2, i_3 \tag{10.3.7}$$

$$(\mathcal{X} \times_3 \boldsymbol{C})_{i_1 i_2 j_3} = \sum_{i_3=1}^{I_3} x_{i_1 i_2 i_3} c_{j_3 i_3}, \ \forall i_1, i_2, j_3 \tag{10.3.8}$$

下面解读张量的 Tucker 模式-n 积。首先，张量的模式-1 积可以用张量符号表示

$$\mathcal{Y} = \mathcal{X} \times_1 \boldsymbol{A} \tag{10.3.9}$$

其次，由三阶张量的模式-1 水平展开的元素定义公式 (10.2.7) 和纵向展开的元素定义公式 (10.2.18) 分别有

$$y_{j_1 i_2 i_3} = \sum_{i_1=1}^{I_1} x_{i_1 i_2 i_3} a_{j_1 i_1} = \sum_{i_1=1}^{I_1} \boldsymbol{X}^{(I_1 \times I_2 I_3)}_{i_1, (i_3-1)I_2+i_2} a_{j_1 i_1} = \left(\boldsymbol{A}\boldsymbol{X}^{(I_1 \times I_2 I_3)}\right)_{j_1, (i_3-1)I_2+i_2}$$

$$y_{j_1 i_2 i_3} = \sum_{i_1=1}^{I_1} x_{i_1 i_2 i_3} a_{j_1 i_1} = \sum_{i_1=1}^{I_1} \boldsymbol{X}^{(I_2 I_3 \times I_1)}_{(i_2-1)I_3+i_3, i_1} a_{j_1 i_1} = \left(\boldsymbol{X}^{(I_2 I_3 \times I_1)}\boldsymbol{A}^{\mathrm{T}}\right)_{(i_2-1)I_3+i_3, j_1}$$

另由公式 (10.2.7) 和 (10.2.18) 分别知 $\boldsymbol{Y}^{(J_1 \times I_2 I_3)}_{j_1, (i_3-1)I_2+i_2} = y_{j_1 i_2 i_3}$ 和 $\boldsymbol{Y}^{(I_2 I_3 \times J_1)}_{(i_2-1)I_3+i_3, j_1} = y_{j_1 i_2 i_3}$。于是，三阶张量的模式-1 积可以使用模式-1 扁平化矩阵表示为

$$\boldsymbol{Y}^{(J_1 \times I_2 I_3)} = (\mathcal{X} \times_1 \boldsymbol{A})^{(J_1 \times I_2 I_3)} = \boldsymbol{A}\boldsymbol{X}^{(I_1 \times I_2 I_3)}$$

$$\boldsymbol{Y}^{(I_2 I_3 \times J_1)} = (\mathcal{X} \times_1 \boldsymbol{A})^{(I_2 I_3 \times J_1)} = \boldsymbol{X}^{(I_2 I_3 \times I_1)}\boldsymbol{A}^{\mathrm{T}}$$

仿此，可以得到三阶张量的模式-2 和模式-3 积的矩阵表示，现汇总于下

$$\mathcal{Y} = \mathcal{X} \times_1 \boldsymbol{A} \iff \begin{cases} \boldsymbol{Y}^{(J_1 \times I_2 I_3)} = \boldsymbol{A}\boldsymbol{X}^{(I_1 \times I_2 I_3)} \\ \boldsymbol{Y}^{(I_2 I_3 \times J_1)} = \boldsymbol{X}^{(I_2 I_3 \times I_1)}\boldsymbol{A}^{\mathrm{T}} \end{cases} \tag{10.3.10}$$

$$\mathcal{Y} = \mathcal{X} \times_2 \boldsymbol{B} \iff \begin{cases} \boldsymbol{Y}^{(J_2 \times I_3 I_1)} = \boldsymbol{B}\boldsymbol{X}^{(I_2 \times I_3 I_1)} \\ \boldsymbol{Y}^{(I_3 I_1 \times J_2)} = \boldsymbol{X}^{(I_3 I_1 \times I_2)}\boldsymbol{B}^{\mathrm{T}} \end{cases} \tag{10.3.11}$$

$$\mathcal{Y} = \mathcal{X} \times_3 \boldsymbol{C} \iff \begin{cases} \boldsymbol{Y}^{(J_3 \times I_1 I_2)} = \boldsymbol{C}\boldsymbol{X}^{(I_3 \times I_1 I_2)} \\ \boldsymbol{Y}^{(I_1 I_2 \times J_3)} = \boldsymbol{X}^{(I_1 I_2 \times I_3)}\boldsymbol{C}^{\mathrm{T}} \end{cases} \tag{10.3.12}$$

上述分析可以得出以下结论：

(1) 三阶张量 $\mathcal{X}$ 的模式-1 矩阵积 $\mathcal{X}\times_1 \boldsymbol{A}$ 相当于取矩阵 $\boldsymbol{A}$ 与 $\mathcal{X}$ 的模式-1 水平展开 $\boldsymbol{X}^{(I_1\times I_2I_3)}$ 的乘法，其乘积直接给出 $\mathcal{X}\times_1 \boldsymbol{A}$ 的模式-1 水平展开，或者等价于取 $\mathcal{X}$ 的模式-1 纵向展开 $\boldsymbol{X}^{(I_2I_3\times I_1)}$ 与矩阵转置 $\boldsymbol{A}^{\mathrm{T}}$ 之间的乘法，其乘积为 $\mathcal{X}\times_1 \boldsymbol{A}$ 的模式-1 纵向展开。

(2) 三阶张量 $\mathcal{X}$ 的模式-2 矩阵积 $\mathcal{X}\times_2 \boldsymbol{B}$ 相当于取矩阵 $\boldsymbol{B}$ 与 $\mathcal{X}$ 的模式-2 水平展开 $\boldsymbol{X}^{(I_2\times I_3I_1)}$ 的乘法，其乘积直接给出 $\mathcal{X}\times_2 \boldsymbol{B}$ 的模式-2 水平展开，或者等价于取 $\mathcal{X}$ 的模式-2 纵向展开 $\boldsymbol{X}^{(I_3I_1\times I_2)}$ 与矩阵转置 $\boldsymbol{B}^{\mathrm{T}}$ 的乘法，其乘积直接是 $\mathcal{X}\times_2 \boldsymbol{B}$ 的模式-2 纵向展开。

(3) 张量 $\mathcal{X}$ 的模式-3 矩阵积 $\mathcal{X}\times_3 \boldsymbol{C}$ 相当于取矩阵 $\boldsymbol{C}$ 与 $\mathcal{X}$ 的模式-3 水平展开 $\boldsymbol{X}^{(I_3\times I_1I_2)}$ 的乘法，其乘积直接给出 $\mathcal{X}\times_3 \boldsymbol{C}$ 的模式-3 水平展开，或者等价于取 $\mathcal{X}$ 的模式-3 纵向展开 $\boldsymbol{X}^{(I_2I_3\times I_1)}$ 与矩阵转置 $\boldsymbol{C}^{\mathrm{T}}$ 的乘法，其乘积直接给出 $\mathcal{X}\times_3 \boldsymbol{C}$ 的模式-3 纵向展开。

例 10.3.2 已知三阶张量 $\mathcal{X}\in\mathbb{R}^{3\times 4\times 2}$ 的两个正面切片由

$$\boldsymbol{X}_{::1}=\begin{bmatrix}1 & 2 & 3 & 4\\ 5 & 6 & 7 & 8\\ 9 & 10 & 11 & 12\end{bmatrix},\quad \boldsymbol{X}_{::2}=\begin{bmatrix}13 & 14 & 15 & 16\\ 17 & 18 & 19 & 20\\ 21 & 22 & 23 & 24\end{bmatrix}\tag{10.3.13}$$

给出，分别计算张量 $\mathcal{X}$ 与矩阵

$$\boldsymbol{A}=\begin{bmatrix}1 & 2 & 3\\ 4 & 5 & 6\end{bmatrix},\qquad \boldsymbol{B}=\begin{bmatrix}1 & 2\\ 3 & 4\\ 5 & 6\end{bmatrix}$$

的乘积。由式 (10.3.6) 可求得 $\mathcal{X}\times_1 \boldsymbol{A}\in\mathbb{R}^{2\times 4\times 2}$ 的两个正面切片分别为

$$(\mathcal{X}\times_1 \boldsymbol{A})_{::1}=\begin{bmatrix}38 & 44 & 50 & 56\\ 83 & 98 & 113 & 138\end{bmatrix}$$

$$(\mathcal{X}\times_1 \boldsymbol{A})_{::2}=\begin{bmatrix}110 & 116 & 122 & 128\\ 263 & 278 & 293 & 308\end{bmatrix}$$

另由式 (10.3.8) 可求得 $\mathcal{X}\times_3 \boldsymbol{B}\in\mathbb{R}^{3\times 4\times 3}$ 的三个正面切片分别为

$$(\mathcal{X}\times_3 \boldsymbol{B})_{::1}=\begin{bmatrix}27 & 30 & 33 & 36\\ 39 & 42 & 45 & 48\\ 51 & 54 & 57 & 60\end{bmatrix}$$

$$(\mathcal{X}\times_3 \boldsymbol{B})_{::2}=\begin{bmatrix}55 & 62 & 69 & 76\\ 83 & 90 & 97 & 104\\ 111 & 118 & 125 & 132\end{bmatrix}$$

$$(\mathcal{X}\times_3 \boldsymbol{B})_{::3}=\begin{bmatrix}83 & 94 & 105 & 116\\ 127 & 138 & 149 & 160\\ 171 & 182 & 193 & 204\end{bmatrix}$$

图 10.3.1 画出了三阶张量 $\mathcal{X}\in\mathbb{R}^{8\times 7\times 4}$ 与向量 $\boldsymbol{u}_1\in\mathbb{R}^{8\times 1\times 1},\boldsymbol{u}_2\in\mathbb{R}^{1\times 7\times 1},\boldsymbol{u}_3\in\mathbb{R}^{1\times 1\times 4}$ 的 3-模式向量积 $\mathcal{X}\times_1 \boldsymbol{u}_1\times_2 \boldsymbol{u}_2\times_3 \boldsymbol{u}_3$ 的运算原理图。

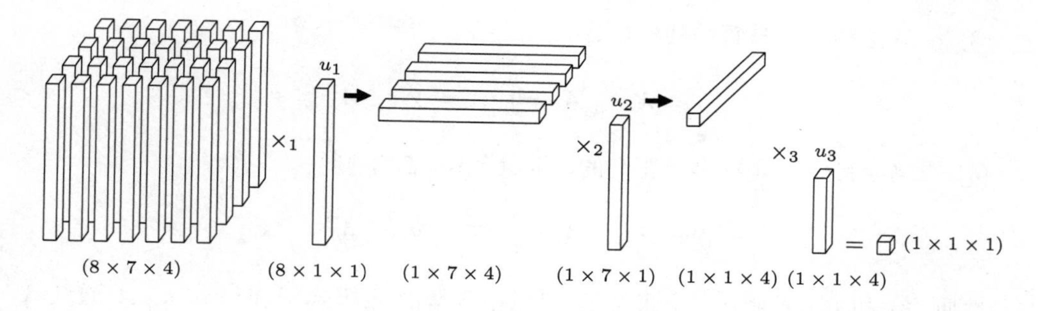

图 10.3.1 三阶张量的 3-模式向量积的原理图

由上图可以得出以下结论：

(1) 三阶张量的每次模式向量积都使张量的阶数减一，最后变成零阶张量即标量。

(2) 三阶张量的模式向量积的顺序可以交换。

Tucker 积可以推广为 N 阶张量的 n-模式矩阵积。

定义 10.3.6 (n-模式矩阵积) 一个 N 阶张量 $\mathcal{X}\in\mathbb{K}^{I_1\times I_2\times\cdots\times I_N}$ 与一个 $J_n\times I_n$ 矩阵 $\boldsymbol{U}^{(n)}$ 的 n-模式 (矩阵) 积用符号 $\mathcal{X}\times_n\boldsymbol{U}^{(n)}$ 表示。这是一个 $I_1\times\cdots\times I_{n-1}\times J_n\times I_{n+1}\cdots\times I_N$ 张量，其元素定义为 [298]

$$(\mathcal{X}\times_n\boldsymbol{U}^{(n)})_{i_1\cdots i_{n-1}ji_{n+1}\cdots i_N}\overset{\text{def}}{=}\sum_{i_n=1}^{I_n}x_{i_1i_2\cdots i_N}a_{ji_n}\tag{10.3.14}$$

其中 $j=1,\cdots,J_n;i_k=1,\cdots,I_k;k=1,\cdots,N$。

由上述定义易知，一个 N 阶张量 $\mathcal{X}\in\mathbb{K}^{I_1\times I_2\times\cdots\times I_N}$ 与单位矩阵 $\boldsymbol{I}_{I_n\times I_n}$ 的 n-模式积等于原张量，即有

$$\mathcal{X}\times_n\boldsymbol{I}_{I_n\times I_n}=\mathcal{X}\tag{10.3.15}$$

类似于三阶张量，N 阶张量 $\mathcal{X}\in\mathbb{R}^{I_1\times I_N}$ 与矩阵 $\boldsymbol{U}^{(n)}\in\mathbb{R}^{J_n\times I_n}$ 的 n-模式积可以用张量的模式-n 矩阵化表示为

$$\mathcal{Y}=\mathcal{X}\times_n\boldsymbol{U}^{(n)}\Longleftrightarrow\boldsymbol{Y}_{(n)}=\boldsymbol{U}^{(n)}\boldsymbol{X}_{(n)}\quad\text{或}\quad\boldsymbol{Y}^{(n)}=\boldsymbol{X}^{(n)}\boldsymbol{U}^{(n)\mathrm{T}}\tag{10.3.16}$$

式中 $\boldsymbol{X}_{(n)}=\boldsymbol{X}^{(I_n\times I_1\cdots I_{n-1}I_{n+1}\cdots I_N)}$ 和 $\boldsymbol{X}^{(n)}=\boldsymbol{X}^{(I_1\cdots I_{n-1}I_{n+1}\cdots I_N\times I_n)}$ 分别是 N 阶张量 $\mathcal{X}$ 的模式-n 水平展开和纵向展开。

张量的 n-模式积具有以下性质 [298]。

命题 10.3.2 令 $\mathcal{X}\in\mathbb{K}^{I_1\times I_2\times\cdots\times I_N}$ 是 N 阶张量。

(1) 给定矩阵 $\boldsymbol{A}\in\mathbb{K}^{J_m\times I_m},\boldsymbol{B}\in\mathbb{K}^{J_n\times I_n}$，若 $m\neq n$，则

$$\mathcal{X}\times_m\boldsymbol{A}\times_n\boldsymbol{B}=(\mathcal{X}\times_m\boldsymbol{A})\times_n\boldsymbol{B}=(\mathcal{X}\times_n\boldsymbol{B})\times_m\boldsymbol{A}=\mathcal{X}\times_n\boldsymbol{B}\times_m\boldsymbol{A}$$

(2) 给定矩阵 $\boldsymbol{A}\in\mathbb{K}^{J\times I_n},\boldsymbol{B}\in\mathbb{K}^{I_n\times J}$，则

$$\mathcal{X}\times_n\boldsymbol{A}\times_n\boldsymbol{B}=\mathcal{X}\times_n(\boldsymbol{BA})$$

(3) 若 $\boldsymbol{A} \in \mathbb{K}^{J\times I_n}$ 具有满列秩，则

$$\mathcal{Y} = \mathcal{X} \times_n \boldsymbol{A} \implies \mathcal{X} = \mathcal{Y} \times_n \boldsymbol{A}^{\dagger}$$

(4) 若 $\boldsymbol{A} \in \mathbb{K}^{J\times I_n}$ 是标准半正交的，即 $\boldsymbol{A}^{\mathrm{H}}\boldsymbol{A} = \boldsymbol{I}_{I_n}$，则

$$\mathcal{Y} = \mathcal{X} \times_n \boldsymbol{A} \implies \mathcal{X} = \mathcal{Y} \times_n \boldsymbol{A}^{\mathrm{H}}$$

性质 (3) 和 (4) 表明，一个张量 $\mathcal{X}$ 可以由张量的 n-模式积 $\mathcal{Y} = \mathcal{X} \times_n \boldsymbol{A}$ 通过 $\mathcal{X} = \mathcal{Y} \times_n \boldsymbol{A}^{\dagger}$ 或者 $\mathcal{X} = \mathcal{Y} \times_n \boldsymbol{A}^{\mathrm{H}}$ 恢复或者重构。

例 10.3.3 一个三阶张量 $\mathcal{X} \in \mathbb{R}^{I_1\times I_2\times I_3}$ 的两个正面切片分别为

$$\boldsymbol{X}_{::1} = \begin{bmatrix} 1 & 2 & 3 \\ 4 & 5 & 6 \end{bmatrix}, \quad \boldsymbol{X}_{::2} = \begin{bmatrix} 7 & 8 & 9 \\ 10 & 11 & 12 \end{bmatrix}$$

并且

$$\boldsymbol{A} = \begin{bmatrix} -0.7071 & 0.5774 \\ 0.0000 & 0.5774 \\ 0.7071 & 0.5774 \end{bmatrix} \in \mathbb{R}^{J\times I_1}$$

是标准半正交矩阵，即 $\boldsymbol{A}^{\mathrm{T}}\boldsymbol{A} = \boldsymbol{I}_2$。题中，$I_1 = 2, I_2 = 3, I_3 = 2, J = 3$。于是，$\mathcal{Y} = \mathcal{X} \times_1 \boldsymbol{A} \in \mathbb{R}^{J\times I_2\times I_3}$ 的模式-1 水平展开为

$$\begin{aligned}\boldsymbol{Y}^{(J\times I_2I_3)} = \boldsymbol{A}\boldsymbol{X}^{(I_1\times I_2I_3)} &= \begin{bmatrix} -0.70711 & 0.57735 \\ 0.00000 & 0.57735 \\ 0.70711 & 0.57735 \end{bmatrix} \begin{bmatrix} 1 & 2 & 3 & 7 & 8 & 9 \\ 4 & 5 & 6 & 10 & 11 & 12 \end{bmatrix} \\ &= \begin{bmatrix} 1.60229 & 1.47253 & 1.34277 & 0.82373 & 0.69397 & 0.56421 \\ 2.30940 & 2.88675 & 3.46410 & 5.77350 & 6.35085 & 6.92820 \\ 3.01651 & 4.30097 & 5.58543 & 10.72327 & 12.00773 & 13.29219 \end{bmatrix}\end{aligned}$$

如果已知矩阵 $\boldsymbol{A}$ 和 $\mathcal{Y} = \mathcal{X} \times_1 \boldsymbol{A}$ 的模式-1 水平展开由上式给出，则由张量的模式-n 积的性质 (4) 知，张量 $\mathcal{X} = \mathcal{Y} \times_1 \boldsymbol{A}^{\mathrm{T}}$ 的模式-1 水平展开可以由 $\boldsymbol{X}^{(I_1\times I_2I_3)} = \boldsymbol{A}^{\mathrm{T}}\boldsymbol{Y}^{(J\times I_2I_3)}$ 恢复

$$\begin{aligned}\hat{\boldsymbol{X}}^{(I_1\times I_2I_3)} &= \begin{bmatrix} -0.70711 & 0.00000 & 0.70711 \\ 0.57735 & 0.57735 & 0.57735 \end{bmatrix} \\ &\times \begin{bmatrix} 1.60229 & 1.47253 & 1.34277 & 0.82373 & 0.69397 & 0.56421 \\ 2.30940 & 2.88675 & 3.46410 & 5.77350 & 6.35085 & 6.92820 \\ 3.01651 & 4.30097 & 5.58543 & 10.72327 & 12.00773 & 13.29219 \end{bmatrix} \\ &= \begin{bmatrix} 1.00000 & 2.00002 & 3.00003 & 7.00006 & 8.00007 & 9.00008 \\ 4.00000 & 5.00000 & 5.99999 & 9.99999 & 10.99999 & 11.99999 \end{bmatrix}\end{aligned}$$

由此得张量的正面切片的估计

$$\hat{\boldsymbol{X}}_{::1} = \begin{bmatrix} 1.00000 & 2.00002 & 3.00003 \\ 4.00000 & 5.00000 & 5.99999 \end{bmatrix}$$

$$\hat{\boldsymbol{X}}_{::2} = \begin{bmatrix} 7.00006 & 8.00007 & 9.00008 \\ 9.99999 & 10.99999 & 11.99999 \end{bmatrix}$$

10.3.3 张量的秩

若张量 $\mathcal{A} \in \mathcal{T}(I_1, I_2, \cdots, I_n)$ 可以分解为

$$\mathcal{A} = \boldsymbol{a}^{(1)} \circ \boldsymbol{a}^{(2)} \circ \cdots \circ \boldsymbol{a}^{(n)} \tag{10.3.17}$$

则称为可分解张量 (decomposed tensor)。式中，向量 $\boldsymbol{a}^{(i)} \in \mathbb{K}^{I_i}, i = 1, \cdots, n$ 称为可分解张量 $\mathcal{A}$ 的分量或因子。由于各个因子为秩 1 向量，故上述分解称为张量的秩 1 分解。

可分解张量的元素定义公式为

$$a_{i_1 i_2 \cdots i_n} = a_{i_1}^{(1)} a_{i_2}^{(2)} \cdots a_{i_n}^{(n)} \tag{10.3.18}$$

所有 $I_1 \times I_2 \times \cdots \times I_n$ 的可分解张量的集合称为可分解张量集，用符号 $\mathcal{D}(I_1, I_2, \cdots, I_n)$ 表示，或简记为 $\mathcal{D}$。

引理 10.3.1[274] 对于两个可分解张量 $\mathcal{A}, \mathcal{B} \in \mathcal{D}$，若

$$\mathcal{A} = \boldsymbol{a}^{(1)} \circ \boldsymbol{a}^{(2)} \circ \cdots \circ \boldsymbol{a}^{(n)}, \quad \mathcal{B} = \boldsymbol{b}^{(1)} \circ \boldsymbol{b}^{(2)} \circ \cdots \circ \boldsymbol{b}^{(n)} \tag{10.3.19}$$

则下列结果为真：

(1) $\langle \mathcal{A}, \mathcal{B} \rangle = \prod_{i=1}^{n} \langle \boldsymbol{a}^{(i)}, \boldsymbol{b}^{(i)} \rangle$；

(2) $\|\mathcal{A}\|_{\mathrm{F}} = \prod_{i=1}^{n} \|\boldsymbol{a}^{(i)}\|_{\mathrm{F}}$ 和 $\|\mathcal{B}\|_{\mathrm{F}} = \prod_{i=1}^{n} \|\boldsymbol{b}^{(i)}\|_{\mathrm{F}}$；

(3) $\mathcal{A} + \mathcal{B} \in \mathcal{D}$，当且仅当 $\mathcal{A}$ 和 $\mathcal{B}$ 最多只有一个分量不同，其他分量全部相同。

令 $\|\mathcal{A}\|_{\mathrm{F}} = 1$ 和 $\|\mathcal{B}\|_{\mathrm{F}} = 1$。称两个可分解张量 $\mathcal{A}$ 和 $\mathcal{B}$ 正交，并记作 $\mathcal{A} \perp \mathcal{B}$，若这两个张量的内积等于零，即

$$\langle \mathcal{A}, \mathcal{B} \rangle = \prod_{i=1}^{n} \langle \boldsymbol{a}^{(i)}, \boldsymbol{b}^{(i)} \rangle = 0.$$

在矩阵代数中，一个矩阵 $\boldsymbol{A}$ 的线性独立的行 (或列) 向量的最大个数称为矩阵 $\boldsymbol{A}$ 的行 (或列) 秩，或者等价地，$\boldsymbol{A}$ 的列 (或行) 秩就是 $\boldsymbol{A}$ 的列 (或行) 空间的维数。一个矩阵的列秩和行秩总是相等。因此，一个矩阵的秩、列秩和行秩相同。然而，矩阵秩的这一重要性质对高阶张量却不再成立。

相对于矩阵的列秩/行秩，张量的模式-n 向量的秩称为张量的模式-n 秩。

定义 10.3.7 (张量的模式-n 秩)[302] N 阶张量 $\mathcal{A} \in \mathbb{K}^{I_1 \times \cdots \times I_N}$ 的 $I_1 \cdots I_{n-1} I_{n+1} \cdots I_N$ 个 I_n 维模式-n 向量中，相互线性无关的向量的最大个数称为张量 $\mathcal{A}$ 的模式-n 秩 (mode-n rank)，用符号 $r_n = \mathrm{rank}_n(\mathcal{A})$ 记之，或者等价叙述为：一个张量的模式-n 向量所张成的子空间的维数称为该张量的模式-n 秩。

例如，三阶张量 $\mathcal{A} \in \mathbb{R}^{I \times J \times K}$ 的模式-n 秩用符号 $r_n(\mathcal{A})$ 表示，定义为

$$r_1(\mathcal{A}) \stackrel{\text{def}}{=} \dim(\mathrm{span}_{\mathbb{R}}\{\boldsymbol{a}_{:jk} | j = 1, \cdots J, k = 1, \cdots, K\})$$

$$r_2(\mathcal{A}) \stackrel{\text{def}}{=} \dim(\mathrm{span}_{\mathbb{R}}\{\boldsymbol{a}_{i:k} | i = 1, \cdots I, k = 1, \cdots, K\})$$

$$r_3(\mathcal{A}) \stackrel{\text{def}}{=} \dim(\mathrm{span}_{\mathbb{R}}\{\boldsymbol{a}_{ij:} | i = 1, \cdots, I, j = 1, \cdots J\})$$

其中，$\boldsymbol{a}_{:jk}, \boldsymbol{a}_{i:k}, \boldsymbol{a}_{ij:}$ 分别是张量的模式-1、模式-2 和模式-3 向量。

矩阵的列秩和行秩总是相等。但是，若 $i \neq j$，则高阶张量的模式-i 秩和模式-j 秩一般不相同。

三阶张量 $\mathcal{A} \in \mathbb{K}^{I\times J\times K}$ 是秩-(r_1, r_2, r_3) 的，若它的模式-1 秩、模式-2 秩和模式-3 秩分别为 r_1, r_2 和 r_3。更一般地，称张量 $\mathcal{A}$ 是秩 $(r_1, r_2, \cdots, r_N)$ 的，若其模式-n 秩等于 $r_n, n = 1, \cdots, N$。特别地，若每一个模式-n 矩阵化的秩都等于 1，则称该张量是秩 $(1, 1, \cdots, 1)$ 的。

N 阶张量的模式-n 秩共有 N 个，使用起来往往不很方便。为此，有必要对一个张量只定义一个秩。这样的秩称为张量的秩。

考虑将张量 $\mathcal{A} \in \mathcal{T}$ 分解成若干可分解张量的加权求和

$$\mathcal{A} = \sum_{i=1}^{R} \sigma_i \mathcal{U}_i \tag{10.3.20}$$

其中，$\sigma_i > 0, i = 1, \cdots, R$; $\mathcal{U}_i \in \mathcal{D}$，并且 $\|\mathcal{U}_i\|_{\mathrm{F}} = 1, i = 1, \cdots, R$。

张量 $\mathcal{A}$ 的秩记为 $\mathrm{rank}(\mathcal{A})$，定义为[286]：使式 (10.3.20) 成立的最小 R。此时，式 (10.3.20) 称为张量的秩分解 (rank decomposition)。

特别地，若 $R = 1$，即 $\mathcal{A} = \boldsymbol{a}^{(1)} \circ \boldsymbol{a}^{(2)} \circ \cdots \circ \boldsymbol{a}^{(n)}$，则称 $\mathcal{A}$ 为秩-1 张量。因此，一个三阶张量 $\mathcal{A}$ 是秩 1 张量，若它可以表示为三个向量的外积，即 $\mathcal{A} = \boldsymbol{a}^{(1)} \circ \boldsymbol{a}^{(2)} \circ \boldsymbol{a}^{(3)}$。类似地，三阶张量 $\mathcal{A}$ 是秩 2 张量 (即张量的秩为 2)，若它可以表示为 $\mathcal{A} = \boldsymbol{a}^{(1)} \circ \boldsymbol{a}^{(2)} \circ \boldsymbol{a}^{(3)} + \boldsymbol{b}^{(1)} \circ \boldsymbol{b}^{(2)} \circ \boldsymbol{b}^{(3)}$。

张量的秩与矩阵的秩有很大的不同。一个不同点是同一个张量在实数域 $\mathbb{R}$ 和复数域 $\mathbb{C}$ 的秩可能不同，如同下面的例子所示。

例 10.3.4[288] 张量 $\mathcal{A} \in \mathbb{R}^{2\times 2\times 2}$ 的正面切片矩阵为

$$\boldsymbol{A}_{::1} = \begin{bmatrix} 1 & 0 \\ 0 & 1 \end{bmatrix}, \quad \boldsymbol{A}_{::2} = \begin{bmatrix} 0 & 1 \\ -1 & 0 \end{bmatrix}$$

则在实数域，有

$$\mathcal{A} = \sum_{i=1}^{3} \boldsymbol{a}_i \circ \boldsymbol{b}_i \circ \boldsymbol{c}_i$$

式中 $\boldsymbol{a}_i, \boldsymbol{b}_i, \boldsymbol{c}_i$ 分别是矩阵

$$\boldsymbol{A} = \begin{bmatrix} 1 & 0 & 1 \\ 0 & 1 & -1 \end{bmatrix}, \quad \boldsymbol{B} = \begin{bmatrix} 1 & 0 & 1 \\ 0 & 1 & 1 \end{bmatrix}, \quad \boldsymbol{C} = \begin{bmatrix} 1 & 1 & 0 \\ -1 & 1 & 1 \end{bmatrix}$$

的第 i 列。因此，张量在实数域的秩等于 3。然而，在复数域，张量的秩却等于 2，因为

$$\mathcal{A} = \sum_{i=1}^{2} \boldsymbol{a}_i \circ \boldsymbol{b}_i \circ \boldsymbol{c}_i$$

式中 $\boldsymbol{a}_i, \boldsymbol{b}_i, \boldsymbol{c}_i$ 分别是下列复矩阵的第 i 列

$$\boldsymbol{A} = \frac{1}{\sqrt{2}} \begin{bmatrix} 1 & 1 \\ -\mathrm{j} & \mathrm{j} \end{bmatrix}, \quad \boldsymbol{B} = \frac{1}{\sqrt{2}} \begin{bmatrix} 1 & 1 \\ \mathrm{j} & -\mathrm{j} \end{bmatrix}, \quad \boldsymbol{C} = \begin{bmatrix} 1 & 1 \\ -\mathrm{j} & \mathrm{j} \end{bmatrix}$$

对于一般的三阶张量 $\mathcal{A} \in \mathbb{R}^{I\times J\times K}$，只知道最大的张量秩存在一个弱的上界[287]

$$\text{rank}(\mathcal{A}) \leqslant \min\{IJ, IK, JK\} \tag{10.3.21}$$

若 $K = 2$ 或者 $I = 2$，则[287]

$$\text{rank}(\mathcal{A}) \leqslant \min\{I, J\} + \min\{I, J, \lfloor \max\{I, J\}/2 \rfloor\} \quad (\text{若 } K = 2) \tag{10.3.22}$$

$$\text{rank}(\mathcal{A}) \leqslant \min\{J, K\} + \min\{J, K, \lfloor \max\{J, K\}/2 \rfloor\} \quad (\text{若 } I = 2) \tag{10.3.23}$$

其中 $\lfloor x \rfloor$ 表示 $\leqslant x$ 的最大整数。

文献 [278] 汇总了具有不同 I, J, K 的三阶张量的典型秩。

10.4 张量的 Tucker 分解

为了进行张量的信息挖掘，需要对张量进行分解。张量分解的概念源自 Hitchcock 于 1927 年在数学和物理杂志上发表的两篇论文[234, 235]，他提出一个张量可以表示为有限个秩 1 张量之和，并称为典范多元分解 (canonical polyadic decomposition)。多路模型的概念则是由 Cattell 于 1944 年在心理测验学杂志提出的[94]。然而，张量分解和多路模型这些概念只是到了 20 世纪 60 年代之后，才引起人们的相继关注：Tucker[485, 486, 487] 相继发表了三篇关于张量因子分解方法的论文，Carroll 与 Chang[93] 以及 Harshman[216] 于 1970 年分别独立地提出了典范因子分解 (canonical factor decomposition, CANDECOMP) 和平行因子分解 (parallel factor decomposition, PARAFAC)，从而奠定了张量分解的两大类方法：

(1) Tucker 分解，又称高阶奇异值分解 (higher-order SVD)；

(2) 典范/平行因子分解 (CANDECOMP/PARAFAC)，常简称为 CP 分解。

本节介绍张量的 Tucker 分解，它是 SVD 概念的多线性推广，而张量的 CP 分解则留待 10.5 节专题讨论。

10.4.1 Tucker 分解 (高阶奇异值分解)

Tucker 分解与 Tucker 算子密切相关，而 Tucker 算子是张量与矩阵的多模式乘法的一种有效表示。

定义 10.4.1 令 $\mathcal{G} \in \mathbb{K}^{J_1\times J_2\times\cdots\times J_N}$，矩阵 $\boldsymbol{U}^{(n)} \in \mathbb{K}^{I_n\times J_n}$，其中 $n \in \{1, \cdots N\}$，则 Tucker 算子定义为[276]

$$[\![\mathcal{G}; \boldsymbol{U}^{(1)}, \boldsymbol{U}^{(2)}, \cdots, \boldsymbol{U}^{(N)}]\!] \stackrel{\text{def}}{=} \mathcal{G} \times_1 \boldsymbol{U}^{(1)} \times_2 \boldsymbol{U}^{(2)} \cdots \times_N \boldsymbol{U}^{(N)} \tag{10.4.1}$$

其结果是一个 N 阶 $I_1 \times I_2 \times \cdots \times I_N$ 张量。

给定 N 阶张量 $\mathcal{G}\in\mathbb{K}^{J_1\times J_2\times\cdots\times J_N}$ 和标号集合 $\mathcal{N}=\{1,\cdots,N\}$，则 Tucker 算子有以下性质[276]：

(1) 若 $\boldsymbol{U}^{(n)}\in\mathbb{K}^{I_n\times J_n},n\in\mathcal{N}$，则

$$[\![\,[\![\mathcal{G};\boldsymbol{U}^{(1)},\cdots,\boldsymbol{U}^{(N)}]\!];\boldsymbol{V}^{(1)},\cdots,\boldsymbol{V}^{(N)}]\!]=[\![\mathcal{G};\boldsymbol{V}^{(1)}\boldsymbol{U}^{(1)},\cdots,\boldsymbol{V}^{(N)}\boldsymbol{U}^{(N)}]\!]$$

(2) 若 $\boldsymbol{U}^{(n)}\in\mathbb{K}^{I_n\times J_n},n\in\mathcal{N}$ 具有满列秩，则

$$\mathcal{X}=[\![\mathcal{G};\boldsymbol{U}^{(1)},\cdots,\boldsymbol{U}^{(N)}]\!]\iff\mathcal{G}=[\![\mathcal{X};\boldsymbol{U}^{(1)\dagger},\cdots,\boldsymbol{U}^{(N)\dagger}]\!]$$

(3) 若 $\boldsymbol{U}^{(n)}\in\mathbb{K}^{I_n\times J_n}$ (其中 $J_n\leqslant I_n$，且 $n\in\mathcal{N}$ 为标准正交矩阵)，即 $\boldsymbol{U}^{(n)\mathrm{T}}\boldsymbol{U}^{(n)}=\boldsymbol{I}_{J_n}$，则

$$\mathcal{X}=[\![\mathcal{G};\boldsymbol{U}^{(1)},\cdots,\boldsymbol{U}^{(N)}]\!]\iff\mathcal{G}=[\![\mathcal{X};\boldsymbol{U}^{(1)\mathrm{T}},\cdots,\boldsymbol{U}^{(N)\mathrm{T}}]\!]$$

命题 10.4.1[276] 考虑张量 $\mathcal{G}\in\mathbb{R}^{J_1\times J_2\times\cdots\times J_N}$，令 $\mathcal{N}=\{1,\cdots,N\}$，矩阵 $\boldsymbol{U}^{(n)}\in\mathbb{R}^{I_n\times J_n},n\in\mathcal{N}$。若每个矩阵有 QR 分解 $\boldsymbol{U}^{(n)}=\boldsymbol{Q}_n\boldsymbol{R}_n,\forall n\in\mathcal{N}$，其中 $\boldsymbol{Q}_n$ 是标准正交矩阵，$\boldsymbol{R}_n$ 为上三角矩阵，则

$$\left\|[\![\mathcal{G};\boldsymbol{U}^{(1)},\cdots,\boldsymbol{U}^{(n)}]\!]\right\|=\|[\![\mathcal{X};\boldsymbol{R}_1,\cdots,\boldsymbol{R}_n]\!]\|$$

这一命题表明，若对张量 $\mathcal{G}\in\mathbb{R}^{J_1\times J_2\times\cdots\times J_N}$，有 Tucker 算子

$$\mathcal{X}=[\![\mathcal{G};\boldsymbol{U}^{(1)},\cdots,\boldsymbol{U}^{(n)}]\!]\in\mathbb{R}^{I_1\times I_2\times\cdots\times I_N}$$

并且 $J_n\ll I_n$，则张量 $\mathcal{X}$ 的范数与一维数小得多的张量

$$\mathcal{Z}=[\![\mathcal{G};\boldsymbol{R}_1,\cdots,\boldsymbol{R}_n]\!]\in\mathbb{R}^{J_1\times J_2\times\cdots\times J_N}$$

的范数相同，即有 $\|\mathcal{X}\|=\|\mathcal{Z}\|$。

矩阵 $\boldsymbol{A}\in\mathbb{R}^{I_1\times I_2}$ 是一个二模式的数学对象，它有两个相伴的向量空间：列空间和行空间。奇异值分解 (SVD) 将这两个向量空间正交化，并将矩阵分解为三个矩阵的乘积 $\boldsymbol{A}=\boldsymbol{U}_1\boldsymbol{\Sigma}\boldsymbol{U}_2^{\mathrm{T}}$，其中，左奇异矩阵 $\boldsymbol{U}_1\in\mathbb{R}^{I_1\times J_1}$ 的 J_1 个左奇异向量张成 $\boldsymbol{A}$ 的列空间，中间的矩阵 $\boldsymbol{\Sigma}$ 是一个 $J_1\times J_2$ 的对角奇异值矩阵，而右奇异矩阵 $\boldsymbol{U}_2\in\mathbb{R}^{I_2\times J_2}$ 的 J_2 个右奇异向量张成 $\boldsymbol{A}$ 的行空间。

由于奇异值的作用往往比左和右奇异向量更加重要，所以奇异值矩阵可视为矩阵 $\boldsymbol{A}$ 的核心矩阵。若将对角奇异值矩阵 $\boldsymbol{\Sigma}$ 看作一个二阶张量，则奇异值矩阵很自然地是二阶张量 $\mathcal{A}$ 的核心张量 (core tensor)，而矩阵 $\boldsymbol{A}$ 的 SVD 的三个矩阵的乘积 $\boldsymbol{A}=\boldsymbol{U}_1\boldsymbol{\Sigma}\boldsymbol{U}_2{}^{\mathrm{T}}$ 即可改写为张量的 n-模式积 $\boldsymbol{A}=\boldsymbol{\Sigma}\times_1\boldsymbol{U}_1\times_2\boldsymbol{U}_2$。

矩阵的 SVD 的这一 n-模式积很容易推广到 N 阶张量或 N 维超矩阵 $\mathcal{A}\in\mathbb{C}^{I_1\times\cdots I_N}$ 的奇异值分解。

定理 10.4.1 (N 阶奇异值分解)[298] 每一个 $I_1 \times I_2 \times \cdots \times I_N$ 实张量 $\mathcal{X}$ 均可以分解为 n-模式积

$$\mathcal{X} = \mathcal{G} \times_1 \boldsymbol{U}^{(1)} \times_2 \boldsymbol{U}^{(2)} \cdots \times_N \boldsymbol{U}^{(N)} = [\![\mathcal{G}; \boldsymbol{U}^{(1)}, \boldsymbol{U}^{(2)}, \cdots, \boldsymbol{U}^{(N)}]\!] \tag{10.4.2}$$

或

$$x_{i_1 i_2 \cdots i_N} = \sum_{j_1=1}^{J_1} \sum_{j_2=1}^{J_2} \cdots \sum_{j_N=1}^{J_N} g_{i_1 i_2 \cdots i_N} u_{i_1 j_1}^{(1)} u_{i_2 j_2}^{(2)} \cdots u_{i_N j_N}^{(N)} \tag{10.4.3}$$

其中

(1) $\boldsymbol{U}^{(n)} = [\boldsymbol{u}_1^{(n)}, \cdots, \boldsymbol{u}_{J_n}^{(n)}]$ 是一个 $I_n \times J_n$ 半正交矩阵，即 $\boldsymbol{U}^{(n)\mathrm{T}} \boldsymbol{U}^{(n)} = \boldsymbol{I}_{J_n}$，且 $J_n \leqslant I_n$。

(2) 核心张量 $\mathcal{G}$ 是一个 $J_1 \times J_2 \times \cdots J_N$ 张量，其子张量 $\mathcal{G}_{j_n=\alpha}$ 是固定指标 $j_n = \alpha$ 不变所得到的张量 $\mathcal{X}$。子张量具有以下两个性质：

① 全正交性 (all-othogonality) $\alpha \neq \beta$ 的两个子核心张量 $\mathcal{G}_{j_n=\alpha}$ 和 $\mathcal{G}_{j_n=\beta}$ 正交

$$\langle \mathcal{G}_{j_n=\alpha}, \mathcal{G}_{j_n=\beta} \rangle = 0, \quad \forall \alpha \neq \beta, n = 1, \cdots, N \tag{10.4.4}$$

② 排序

$$\|\mathcal{G}_{i_n=1}\|_{\mathrm{F}} \geqslant \|\mathcal{G}_{i_n=2}\|_{\mathrm{F}} \geqslant \cdots \geqslant \|\mathcal{G}_{i_n=N}\|_{\mathrm{F}} \tag{10.4.5}$$

注意，与奇异值矩阵不同，核心张量 $\mathcal{G}$ 不取对角结构，一般是一个满张量 (full tensor)，即其非对角元素通常也都不等于零[274]。核心张量 $\mathcal{G} = [\![g_{j_1 \cdots j_N}]\!]$ 的元素 $g_{j_1 \cdots j_N}$ 可以保证各个模式矩阵 $\boldsymbol{U}^{(n)}, n = 1, \cdots, N$ 之间的相互作用。

模式-n 矩阵 $\boldsymbol{U}^{(n)}$ 要求具有与 SVD 的左奇异矩阵 $\boldsymbol{U}$ 和右奇异矩阵 $\boldsymbol{V}$ 类似的正交列结构，即 $\boldsymbol{U}^{(n)}$ 的任何两个列都是相互正交的。

由于式 (10.4.2) 是 SVD 在高阶张量下推广的分解形式，所以很自然地称式 (10.4.2) 为张量的高阶 SVD。高阶 SVD 这一术语是 Lathauwer 等人于 2000 年提出的[298]。

早在 20 世纪 60 年代，Tucker 就针对三阶张量提出了因子分解[485, 486, 487]，现习惯称为 Tucker 分解。与 Tucker 分解相比较，高阶 SVD 更紧密地反映了与矩阵 SVD 之间的联系与推广。不过，现在人们往往对 Tucker 分解和高阶 SVD 不加区分，混同使用。

命题 10.4.2 N 阶张量 $\mathcal{X} \in \mathbb{C}^{I_1 \times \cdots \times I_N}$ 的 Tucker 分解或高阶 SVD 存在转换关系

$$\begin{aligned} &\mathcal{X} = \mathcal{G} \times_1 \boldsymbol{U}^{(1)} \times_2 \boldsymbol{U}^{(2)} \cdots \times_N \boldsymbol{U}^{(N)} \\ &\Rightarrow \mathcal{G} = \mathcal{X} \times_1 \boldsymbol{U}^{(1)\mathrm{T}} \times_2 \boldsymbol{U}^{(2)\mathrm{T}} \cdots \times_N \boldsymbol{U}^{(N)\mathrm{T}} \end{aligned} \tag{10.4.6}$$

其中 $\mathcal{G} \in \mathbb{C}^{J_1 \times \cdots J_N}$ 和 $\boldsymbol{U}^{(n)} \in \mathbb{C}^{I_n \times J_n}$，并且 $J_n \leqslant I_n$。

证明 连续使用张量与矩阵的 n-模式积的性质 $\mathcal{X} \times_m \boldsymbol{A} \times_n \boldsymbol{B} = \mathcal{X} \times_n \boldsymbol{B} \times_m \boldsymbol{A}$ 知，式 (10.4.2) 可以等价写作 $\mathcal{X} = \mathcal{G} \times_N \boldsymbol{U}^{(N)} \times_{N-1} \boldsymbol{U}^{(N-1)} \cdots \times_1 \boldsymbol{U}^{(1)}$。利用 n-模式积的性

质 $\mathcal{X} \times_n \boldsymbol{A} \times_n \boldsymbol{B} = \mathcal{X} \times_n (\boldsymbol{BA})$，并注意到 $\boldsymbol{U}^{(1)\mathrm{T}}\boldsymbol{U}^{(1)} = \boldsymbol{I}_{J_1}$，有

$$\begin{aligned}\mathcal{X} \times_1 \boldsymbol{U}^{(1)\mathrm{T}} &= \mathcal{G} \times_N \boldsymbol{U}^{(N)} \times_{N-1} \boldsymbol{U}^{(N-1)} \cdots \times_1 \boldsymbol{U}^{(1)} \times_1 \boldsymbol{U}^{(1)\mathrm{T}} \\ &= \mathcal{G} \times_N \boldsymbol{U}^{(N)} \times_{N-1} \boldsymbol{U}^{(N-1)} \cdots \times_2 \boldsymbol{U}^{(2)} \times_1 (\boldsymbol{U}^{(1)\mathrm{T}}\boldsymbol{U}^{(1)}) \\ &= \mathcal{G} \times_N \boldsymbol{U}^{(N)} \times_{N-1} \boldsymbol{U}^{(N-1)} \cdots \times_2 \boldsymbol{U}^{(2)}\end{aligned}$$

仿此，又有 $\mathcal{X} \times_1 \boldsymbol{U}^{(1)\mathrm{T}} \times_2 \boldsymbol{U}^{(2)\mathrm{T}} = \mathcal{G} \times_N \boldsymbol{U}^{(N)} \times_{N-1} \boldsymbol{U}^{(N-1)} \cdots \times_3 \boldsymbol{U}^{(3)}$。以此类推，易知 $\mathcal{G} = \mathcal{X} \times_1 \boldsymbol{U}^{(1)\mathrm{T}} \times_2 \boldsymbol{U}^{(2)\mathrm{T}} \cdots \times_N \boldsymbol{U}^{(N)\mathrm{T}}$。

高阶 SVD 式 (10.4.2) 的矩阵等价表示式与张量的矩阵化方法密切相关：

(1) 与 Kiers 矩阵化对应的高阶 SVD 的矩阵等价表示

$$\boldsymbol{X}_{(n)} = \boldsymbol{U}^{(n)}\boldsymbol{G}_{(n)}\left(\boldsymbol{U}^{(n-1)} \otimes \cdots \otimes \boldsymbol{U}^{(1)} \otimes \boldsymbol{U}^{(N)} \otimes \cdots \otimes \boldsymbol{U}^{(n+1)}\right)^{\mathrm{T}} \tag{10.4.7}$$

$$\boldsymbol{X}^{(n)} = \left(\boldsymbol{U}^{(n-1)} \otimes \cdots \otimes \boldsymbol{U}^{(1)} \otimes \boldsymbol{U}^{(N)} \otimes \cdots \otimes \boldsymbol{U}^{(n+1)}\right)\boldsymbol{G}^{(n)}\boldsymbol{U}^{(n)\mathrm{T}} \tag{10.4.8}$$

(2) 与 LMV 矩阵化对应的高阶 SVD 的矩阵等价表示

$$\boldsymbol{X}_{(n)} = \boldsymbol{U}_n\boldsymbol{G}_{(n)}\left(\boldsymbol{U}^{(n+1)} \otimes \cdots \otimes \boldsymbol{U}^{(N)} \otimes \boldsymbol{U}^{(1)} \otimes \cdots \otimes \boldsymbol{U}^{(n-1)}\right)^{\mathrm{T}} \tag{10.4.9}$$

$$\boldsymbol{X}^{(n)} = \left(\boldsymbol{U}^{(n+1)} \otimes \cdots \otimes \boldsymbol{U}^{(N)} \otimes \boldsymbol{U}^{(1)} \otimes \cdots \otimes \boldsymbol{U}^{(n-1)}\right)\boldsymbol{G}^{(n)}\boldsymbol{U}^{(n)\mathrm{T}} \tag{10.4.10}$$

(3) 与 Kolda 矩阵化对应的高阶 SVD 的矩阵等价表示

$$\boldsymbol{X}_{(n)} = \boldsymbol{U}^{(n)}\boldsymbol{G}_{(n)}\left(\boldsymbol{U}^{(N)} \otimes \cdots \otimes \boldsymbol{U}^{(n+1)} \otimes \boldsymbol{U}^{(n-1)} \otimes \cdots \otimes \boldsymbol{U}^{(1)}\right)^{\mathrm{T}} \tag{10.4.11}$$

$$\boldsymbol{X}^{(n)} = \left(\boldsymbol{U}^{(N)} \otimes \cdots \otimes \boldsymbol{U}^{(n+1)} \otimes \boldsymbol{U}^{(n-1)} \otimes \cdots \otimes \boldsymbol{U}^{(1)}\right)\boldsymbol{G}^{(n)}\boldsymbol{U}^{(n)\mathrm{T}} \tag{10.4.12}$$

在运用上述矩阵等价表示公式时，应该遵循两个基本原则：不得出现下标等于零或小于零的因子矩阵 $\boldsymbol{U}_k, k \leqslant 0$；相同下标的因子矩阵只取 1 次。

表 10.4.1 汇总了 Tucker 分解的各种数学表示形式。

10.4.2 三阶奇异值分解

特别地，对于三阶张量 $\mathcal{X} \in \mathbb{K}^{I\times J\times K}$ 的 Tucker 分解 (三阶奇异值分解)

$$\mathcal{X} = \mathcal{G} \times_1 \boldsymbol{A} \times_2 \boldsymbol{B} \times_3 \boldsymbol{C} \tag{10.4.13}$$

模式-n 矩阵和张量的纵向展开有下列性质 [303]：

(1) 模式-1 矩阵 $\boldsymbol{A} \in \mathbb{K}^{I\times P}$、模式-2 矩阵 $\boldsymbol{B} \in \mathbb{K}^{J\times Q}$ 和模式-3 矩阵 $\boldsymbol{C} \in \mathbb{K}^{K\times R}$ 全部是列向量形式标准正交的 (columnwise orthonormal)，即有

$$\boldsymbol{A}^{\mathrm{H}}\boldsymbol{A} = \boldsymbol{I}_P, \quad \boldsymbol{B}^{\mathrm{H}}\boldsymbol{B} = \boldsymbol{I}_Q, \quad \boldsymbol{C}^{\mathrm{H}}\boldsymbol{C} = \boldsymbol{I}_R$$

表 10.4.1 Tucker 分解的数学表示形式

<table>
<tr><th>表示形式</th><th>数学公式</th></tr>
<tr><td>算子形式</td><td>$\mathcal{X} = [\![\mathcal{G}; \boldsymbol{U}^{(1)}, \boldsymbol{U}^{(2)}, \cdots, \boldsymbol{U}^{(N)}]\!]$</td></tr>
<tr><td>模式-n 积</td><td>$\mathcal{X} = \mathcal{G} \times_1 \boldsymbol{U}^{(1)} \times_2 \boldsymbol{U}^{(2)} \cdots \times_N \boldsymbol{U}^{(N)}$</td></tr>
<tr><td>元素形式</td><td>$x_{i_1\cdots i_N} = \sum_{j_1=1}^{J_1}\sum_{j_2=1}^{J_2}\cdots\sum_{j_N=1}^{J_N} g_{j_1 j_2\cdots j_N} u_{i_1,j_1}^{(1)} u_{i_2,j_2}^{(2)} \cdots u_{i_N,j_N}^{(N)}$</td></tr>
<tr><td>外积表示</td><td>$\mathcal{X} = \sum_{j_1=1}^{J_1}\sum_{j_2=1}^{J_2}\cdots\sum_{j_N=1}^{J_N} g_{j_1 j_2\cdots j_N} \boldsymbol{u}_{j_1}^{(1)} \circ \boldsymbol{u}_{j_2}^{(2)} \circ \cdots \circ \boldsymbol{u}_{j_N}^{(N)}$</td></tr>
<tr><td rowspan="2">Kiers 矩阵化</td><td>$\boldsymbol{X}_{(n)} = \boldsymbol{U}^{(n)}\boldsymbol{G}_{(n)}\left(\boldsymbol{U}^{(n-1)} \otimes \cdots \otimes \boldsymbol{U}^{(1)} \otimes \boldsymbol{U}^{(N)} \otimes \cdots \otimes \boldsymbol{U}^{(n+1)}\right)^{\mathrm{T}}$</td></tr>
<tr><td>$\boldsymbol{X}^{(n)} = \left(\boldsymbol{U}^{(n-1)} \otimes \cdots \otimes \boldsymbol{U}^{(1)} \otimes \boldsymbol{U}^{(N)} \otimes \cdots \otimes \boldsymbol{U}^{(n+1)}\right)\boldsymbol{G}^{(n)}\boldsymbol{U}^{(n)\mathrm{T}}$</td></tr>
<tr><td rowspan="2">LMV 矩阵化</td><td>$\boldsymbol{X}_{(n)} = \boldsymbol{U}^{(n)}\boldsymbol{G}_{(n)}\left(\boldsymbol{U}^{(n+1)} \otimes \cdots \otimes \boldsymbol{U}^{(N)} \otimes \boldsymbol{U}^{(1)} \cdots \otimes \boldsymbol{U}^{(n-1)}\right)^{\mathrm{T}}$</td></tr>
<tr><td>$\boldsymbol{X}^{(n)} = \left(\boldsymbol{U}^{(n+1)} \otimes \cdots \otimes \boldsymbol{U}^{(N)} \otimes \boldsymbol{U}^{(1)} \cdots \otimes \boldsymbol{U}^{(n-1)}\right)\boldsymbol{G}^{(n)}\boldsymbol{U}^{(n)\mathrm{T}}$</td></tr>
<tr><td rowspan="2">Kolda 矩阵化</td><td>$\boldsymbol{X}_{(n)} = \boldsymbol{U}^{(n)}\boldsymbol{G}_{(n)}\left(\boldsymbol{U}^{(N)} \otimes \cdots \otimes \boldsymbol{U}^{(n+1)} \otimes \boldsymbol{U}^{(n-1)} \otimes \cdots \otimes \boldsymbol{U}^{(1)}\right)^{\mathrm{T}}$</td></tr>
<tr><td>$\boldsymbol{X}^{(n)} = \left(\boldsymbol{U}^{(N)} \otimes \cdots \otimes \boldsymbol{U}^{(n+1)} \otimes \boldsymbol{U}^{(n-1)} \otimes \cdots \otimes \boldsymbol{U}^{(1)}\right)\boldsymbol{G}^{(n)}\boldsymbol{U}^{(n)\mathrm{T}}$</td></tr>
</table>

(2) 三阶核心张量 $\mathcal{G} \in \mathbb{K}^{P\times Q\times R}$ 的纵向展开 $\boldsymbol{G}^{(QR\times P)}, \boldsymbol{G}^{(RP\times Q)}, \boldsymbol{G}^{(PQ\times R)}$ 分别是列正交的

$$\langle \boldsymbol{G}_{:p_1}^{(QR\times P)}, \boldsymbol{G}_{:p_2}^{(QR\times P)} \rangle = \sigma_1^2(p_1)\delta_{p_1,p_2},\ 1 \leqslant p_1, p_2 \leqslant P$$
$$\langle \boldsymbol{G}_{:q_1}^{(RP\times Q)}, \boldsymbol{G}_{:q_2}^{(RP\times Q)} \rangle = \sigma_2^2(q_1)\delta_{q_1,q_2},\ 1 \leqslant q_1, q_2 \leqslant Q$$
$$\langle \boldsymbol{G}_{:r_1}^{(PQ\times R)}, \boldsymbol{G}_{:r_2}^{(PQ\times R)} \rangle = \sigma_3^2(r_1)\delta_{r_1,r_2},\ 1 \leqslant r_1, r_2 \leqslant R$$

其中，奇异值的排序如下

$$\sigma_1^2(1) \geqslant \sigma_1^2(2) \geqslant \cdots \geqslant \sigma_1^2(P)$$
$$\sigma_2^2(1) \geqslant \sigma_2^2(2) \geqslant \cdots \geqslant \sigma_2^2(Q)$$
$$\sigma_3^2(1) \geqslant \sigma_3^2(2) \geqslant \cdots \geqslant \sigma_3^2(R)$$

三阶张量 $\mathcal{X} = [\![x_{ijk}]\!] \in \mathbb{R}^{I\times J\times K}$ 的 SVD 共有三个下标变量 i, j, k，其全排列 $P_3 = 6$ 种可能的水平展开矩阵表示

$$x_{i,(k-1)J+j}^{(I\times JK)} = x_{ijk} \Leftrightarrow \boldsymbol{X}^{(I\times JK)} = [\boldsymbol{X}_{::1}, \cdots, \boldsymbol{X}_{::K}] = \boldsymbol{A}\boldsymbol{G}^{(P\times QR)}(\boldsymbol{C} \otimes \boldsymbol{B})^{\mathrm{T}} \tag{10.4.14}$$
$$x_{j,(i-1)K+k}^{(J\times KI)} = x_{ijk} \Leftrightarrow \boldsymbol{X}^{(J\times KI)} = [\boldsymbol{X}_{1::}, \cdots, \boldsymbol{X}_{I::}] = \boldsymbol{B}\boldsymbol{G}^{(Q\times RP)}(\boldsymbol{A} \otimes \boldsymbol{C})^{\mathrm{T}} \tag{10.4.15}$$
$$x_{k,(j-1)I+i}^{(K\times IJ)} = x_{ijk} \Leftrightarrow \boldsymbol{X}^{(K\times IJ)} = [\boldsymbol{X}_{:1:}, \cdots, \boldsymbol{X}_{:J:}] = \boldsymbol{C}\boldsymbol{G}^{(R\times PQ)}(\boldsymbol{B} \otimes \boldsymbol{A})^{\mathrm{T}} \tag{10.4.16}$$

和

$$x_{i,(j-1)K+k}^{(I\times JK)} = x_{ijk} \Leftrightarrow \boldsymbol{X}^{(I\times JK)} = [\boldsymbol{X}_{:1:}^{\mathrm{T}}, \cdots, \boldsymbol{X}_{:J:}^{\mathrm{T}}] = \boldsymbol{A}\boldsymbol{G}^{(P\times QR)}(\boldsymbol{B}\otimes\boldsymbol{C})^{\mathrm{T}} \tag{10.4.17}$$

$$x_{j,(k-1)I+i}^{(J\times KI)} = x_{ijk} \Leftrightarrow \boldsymbol{X}^{(J\times KI)} = [\boldsymbol{X}_{::1}^{\mathrm{T}}, \cdots, \boldsymbol{X}_{::K}^{\mathrm{T}}] = \boldsymbol{B}\boldsymbol{G}^{(Q\times RP)}(\boldsymbol{C}\otimes\boldsymbol{A})^{\mathrm{T}} \tag{10.4.18}$$

$$x_{k,(i-1)J+j}^{(K\times IJ)} = x_{ijk} \Leftrightarrow \boldsymbol{X}^{(K\times IJ)} = [\boldsymbol{X}_{1::}^{\mathrm{T}}, \cdots, \boldsymbol{X}_{I::}^{\mathrm{T}}] = \boldsymbol{C}\boldsymbol{G}^{(R\times PQ)}(\boldsymbol{A}\otimes\boldsymbol{B})^{\mathrm{T}} \tag{10.4.19}$$

以及下列 6 种可能的纵向展开矩阵表示

$$x_{(k-1)J+j,i}^{(JK\times I)} = x_{ijk} \Leftrightarrow \boldsymbol{X}^{(JK\times I)} = [\boldsymbol{X}_{::1}, \cdots, \boldsymbol{X}_{::K}]^{\mathrm{T}} = (\boldsymbol{C}\otimes\boldsymbol{B})\boldsymbol{G}^{(QR\times P)}\boldsymbol{A}^{\mathrm{T}} \tag{10.4.20}$$

$$x_{(i-1)K+k,j}^{(KI\times J)} = x_{ijk} \Leftrightarrow \boldsymbol{X}^{(KI\times J)} = [\boldsymbol{X}_{1::}, \cdots, \boldsymbol{X}_{I::}]^{\mathrm{T}} = (\boldsymbol{A}\otimes\boldsymbol{C})\boldsymbol{G}^{(RP\times Q)}\boldsymbol{B}^{\mathrm{T}} \tag{10.4.21}$$

$$x_{(j-1)I+i,k}^{(IJ\times K)} = x_{ijk} \Leftrightarrow \boldsymbol{X}^{(IJ\times K)} = [\boldsymbol{X}_{:1:}, \cdots, \boldsymbol{X}_{:J:}]^{\mathrm{T}} = (\boldsymbol{B}\otimes\boldsymbol{A})\boldsymbol{G}^{(PQ\times R)}\boldsymbol{C}^{\mathrm{T}} \tag{10.4.22}$$

$$x_{(j-1)K+k,i}^{(JK\times I)} = x_{ijk} \Leftrightarrow \boldsymbol{X}^{(JK\times I)} = [\boldsymbol{X}_{:1:}^{\mathrm{T}}, \cdots, \boldsymbol{X}_{:J:}^{\mathrm{T}}]^{\mathrm{T}} = (\boldsymbol{B}\otimes\boldsymbol{C})\boldsymbol{G}^{(QR\times P)}\boldsymbol{A}^{\mathrm{T}} \tag{10.4.23}$$

$$x_{(k-1)I+i,j}^{(KI\times J)} = x_{ijk} \Leftrightarrow \boldsymbol{X}^{(KI\times J)} = [\boldsymbol{X}_{::1}^{\mathrm{T}}, \cdots, \boldsymbol{X}_{::K}^{\mathrm{T}}]^{\mathrm{T}} = (\boldsymbol{C}\otimes\boldsymbol{A})\boldsymbol{G}^{(RP\times Q)}\boldsymbol{B}^{\mathrm{T}} \tag{10.4.24}$$

$$x_{(i-1)J+j,k}^{(IJ\times K)} = x_{ijk} \Leftrightarrow \boldsymbol{X}^{(IJ\times K)} = [\boldsymbol{X}_{1::}^{\mathrm{T}}, \cdots, \boldsymbol{X}_{I::}^{\mathrm{T}}]^{\mathrm{T}} = (\boldsymbol{A}\otimes\boldsymbol{B})\boldsymbol{G}^{(PQ\times R)}\boldsymbol{C}^{\mathrm{T}} \tag{10.4.25}$$

下面是三阶 SVD 的矩阵化等价表示的三种方法。

(1) 与 Kiers 矩阵化对应的三阶 SVD 的矩阵化等价表示 [267, 501]

$$\text{水平展开}\begin{cases} x_{i,(k-1)J+j}^{(I\times JK)} = x_{ijk} \Leftrightarrow \boldsymbol{X}_{\text{Kiers}}^{(I\times JK)} = \boldsymbol{A}\boldsymbol{G}_{\text{Kiers}}^{(P\times QR)}(\boldsymbol{C}\otimes\boldsymbol{B})^{\mathrm{T}} \\ x_{j,(i-1)K+k}^{(J\times KI)} = x_{ijk} \Leftrightarrow \boldsymbol{X}_{\text{Kiers}}^{(J\times KI)} = \boldsymbol{B}\boldsymbol{G}_{\text{Kiers}}^{(Q\times RP)}(\boldsymbol{A}\otimes\boldsymbol{C})^{\mathrm{T}} \\ x_{k,(j-1)I+i}^{(K\times IJ)} = x_{ijk} \Leftrightarrow \boldsymbol{X}_{\text{Kiers}}^{(K\times IJ)} = \boldsymbol{C}\boldsymbol{G}_{\text{Kiers}}^{(R\times PQ)}(\boldsymbol{B}\otimes\boldsymbol{A})^{\mathrm{T}} \end{cases}$$

$$\text{纵向展开}\begin{cases} x_{(k-1)J+j,i}^{(JK\times I)} = x_{ijk} \Leftrightarrow \boldsymbol{X}_{\text{Kiers}}^{(JK\times I)} = (\boldsymbol{C}\otimes\boldsymbol{B})\boldsymbol{G}_{\text{Kiers}}^{(QR\times P)}\boldsymbol{A}^{\mathrm{T}} \\ x_{(i-1)K+k,j}^{(KI\times J)} = x_{ijk} \Leftrightarrow \boldsymbol{X}_{\text{Kiers}}^{(KI\times J)} = (\boldsymbol{A}\otimes\boldsymbol{C})\boldsymbol{G}_{\text{Kiers}}^{(RP\times Q)}\boldsymbol{B}^{\mathrm{T}} \\ x_{(j-1)I+i,k}^{(IJ\times K)} = x_{ijk} \Leftrightarrow \boldsymbol{X}_{\text{Kiers}}^{(IJ\times K)} = (\boldsymbol{B}\otimes\boldsymbol{A})\boldsymbol{G}_{\text{Kiers}}^{(PQ\times R)}\boldsymbol{C}^{\mathrm{T}} \end{cases}$$

(2) 与 LMV 矩阵化对应的三阶 SVD 的矩阵化等价表示 [298, 303]

$$\text{水平展开}\begin{cases} x_{i,(j-1)K+k}^{(I\times JK)} = x_{ijk} \Leftrightarrow \boldsymbol{X}_{\text{LMV}}^{(I\times JK)} = \boldsymbol{A}\boldsymbol{G}_{\text{LMV}}^{(P\times QR)}(\boldsymbol{B}\otimes\boldsymbol{C})^{\mathrm{T}} \\ x_{j,(k-1)I+i}^{(J\times KI)} = x_{ijk} \Leftrightarrow \boldsymbol{X}_{\text{LMV}}^{(J\times KI)} = \boldsymbol{B}\boldsymbol{G}_{\text{LMV}}^{(Q\times RP)}(\boldsymbol{C}\otimes\boldsymbol{A})^{\mathrm{T}} \\ x_{k,(i-1)J+j}^{(K\times IJ)} = x_{ijk} \Leftrightarrow \boldsymbol{X}_{\text{LMV}}^{(K\times IJ)} = \boldsymbol{C}\boldsymbol{G}_{\text{LMV}}^{(R\times PQ)}(\boldsymbol{A}\otimes\boldsymbol{B})^{\mathrm{T}} \end{cases}$$

$$\text{纵向展开}\begin{cases} x_{(j-1)K+k,i}^{(JK\times I)} = x_{ijk} \Leftrightarrow \boldsymbol{X}_{\text{LMV}}^{(JK\times I)} = (\boldsymbol{B}\otimes\boldsymbol{C})\boldsymbol{G}_{\text{LMV}}^{(QR\times P)}\boldsymbol{A}^{\mathrm{T}} \\ x_{(k-1)I+i,j}^{(KI\times J)} = x_{ijk} \Leftrightarrow \boldsymbol{X}_{\text{LMV}}^{(KI\times J)} = (\boldsymbol{C}\otimes\boldsymbol{A})\boldsymbol{G}_{\text{LMV}}^{(RP\times Q)}\boldsymbol{B}^{\mathrm{T}} \\ x_{(i-1)J+j,k}^{(K\times IJ)} = x_{ijk} \Leftrightarrow \boldsymbol{X}_{\text{LMV}}^{(IJ\times K)} = (\boldsymbol{A}\otimes\boldsymbol{B})\boldsymbol{G}_{\text{LMV}}^{(PQ\times R)}\boldsymbol{C}^{\mathrm{T}} \end{cases}$$

(3) 与 Kolda 矩阵化对应的三阶 SVD 的矩阵化等价表示[66, 267, 176, 276, 9]

$$
\text{水平展开}\begin{cases}
x^{(I\times JK)}_{i,(k-1)J+j}=x_{ijk}\Leftrightarrow \boldsymbol{X}^{(I\times JK)}_{\text{Kolda}}=\boldsymbol{A}\boldsymbol{G}^{(P\times QR)}_{\text{Kolda}}(\boldsymbol{C}\otimes\boldsymbol{B})^{\mathrm{T}}\\
x^{(J\times KI)}_{j,(k-1)I+i}=x_{ijk}\Leftrightarrow \boldsymbol{X}^{(J\times KI)}_{\text{Kolda}}=\boldsymbol{B}\boldsymbol{G}^{(Q\times RP)}_{\text{Kolda}}(\boldsymbol{C}\otimes\boldsymbol{A})^{\mathrm{T}}\\
x^{(K\times IJ)}_{k,(j-1)I+i}=x_{ijk}\Leftrightarrow \boldsymbol{X}^{(K\times IJ)}_{\text{Kolda}}=\boldsymbol{C}\boldsymbol{G}^{(R\times PQ)}_{\text{Kolda}}(\boldsymbol{B}\otimes\boldsymbol{A})^{\mathrm{T}}
\end{cases}
$$

$$
\text{纵向展开}\begin{cases}
x^{(JK\times I)}_{(k-1)J+j,i}=x_{ijk}\Leftrightarrow \boldsymbol{X}^{(JK\times I)}_{\text{Kolda}}=(\boldsymbol{C}\otimes\boldsymbol{B})\boldsymbol{G}^{(QR\times P)}_{\text{Kolda}}\boldsymbol{A}^{\mathrm{T}}\\
x^{(KI\times J)}_{(k-1)I+i,j}=x_{ijk}\Leftrightarrow \boldsymbol{X}^{(KI\times J)}_{\text{Kolda}}=(\boldsymbol{C}\otimes\boldsymbol{A})\boldsymbol{G}^{(RP\times Q)}_{\text{Kolda}}\boldsymbol{B}^{\mathrm{T}}\\
x^{(IJ\times K)}_{(j-1)I+i,k}=x_{ijk}\Leftrightarrow \boldsymbol{X}^{(IJ\times K)}_{\text{Kolda}}=(\boldsymbol{B}\otimes\boldsymbol{A})\boldsymbol{G}^{(PQ\times R)}_{\text{Kolda}}\boldsymbol{C}^{\mathrm{T}}
\end{cases}
$$

这里给出 $\boldsymbol{X}^{(J\times KI)}_{\text{Kiers}}=\boldsymbol{B}\boldsymbol{G}^{(Q\times RP)}_{\text{Kiers}}(\boldsymbol{A}\otimes\boldsymbol{C})^{\mathrm{T}}$ 的证明，其他各种形式可类似证明。首先，Tucker 分解可写成水平展开形式

$$
\begin{aligned}
\boldsymbol{X}_{i::}&=\sum_{p=1}^{P}\sum_{q=1}^{Q}\sum_{r=1}^{R}g_{pqr}a_{ip}\boldsymbol{B}_{:q}\boldsymbol{C}^{\mathrm{T}}_{:r}\\
&=\sum_{p=1}^{P}\sum_{q=1}^{Q}\sum_{r=1}^{R}\boldsymbol{G}^{(Q\times RP)}_{q,(p-1)R+r}a_{ip}\boldsymbol{b}_q\boldsymbol{c}^{\mathrm{T}}_r\\
&=\sum_{p=1}^{P}\sum_{r=1}^{R}[\boldsymbol{b}_1,\cdots,\boldsymbol{b}_Q]\begin{bmatrix}\boldsymbol{G}^{(Q\times RP)}_{1,(p-1)R+r}\\ \vdots\\ \boldsymbol{G}^{(Q\times RP)}_{Q,(p-1)R+r}\end{bmatrix}a_{ip}\boldsymbol{c}^{\mathrm{T}}_r\\
&=\sum_{p=1}^{P}\sum_{r=1}^{R}\boldsymbol{B}\boldsymbol{G}^{(Q\times RP)}_{:(p-1)R+r}a_{ip}\boldsymbol{c}^{\mathrm{T}}_r
\end{aligned}
$$

展开后，得

$$
\boldsymbol{X}_{i::}=\boldsymbol{B}\left[\boldsymbol{G}^{(Q\times RP)}_{:1},\cdots,\boldsymbol{G}^{(Q\times RP)}_{:R},\cdots,\boldsymbol{G}^{(Q\times RP)}_{:(P-1)R+1},\cdots,\boldsymbol{G}^{(Q\times RP)}_{:RP}\right]\begin{bmatrix}a_{i1}\boldsymbol{c}^{\mathrm{T}}_1\\ \vdots\\ a_{i1}\boldsymbol{c}^{\mathrm{T}}_R\\ \vdots\\ a_{iP}\boldsymbol{c}^{\mathrm{T}}_1\\ \vdots\\ a_{iP}\boldsymbol{c}^{\mathrm{T}}_R\end{bmatrix}
$$

于是，由 $\boldsymbol{X}^{(J\times KI)}_{\text{Kiers}}=[\boldsymbol{X}_{1::},\cdots,\boldsymbol{X}_{I::}]$ 得

$$
\begin{aligned}
\boldsymbol{X}^{(J\times KI)}_{\text{Kiers}}&=\boldsymbol{B}\boldsymbol{G}^{(Q\times RP)}_{\text{Kiers}}\begin{bmatrix}a_{11}\boldsymbol{c}^{\mathrm{T}}_1&\cdots&a_{I1}\boldsymbol{c}^{\mathrm{T}}_1\\ \vdots&\ddots&\vdots\\ a_{11}\boldsymbol{c}^{\mathrm{T}}_R&\cdots&a_{I1}\boldsymbol{c}^{\mathrm{T}}_R\\ \vdots&\ddots&\vdots\\ a_{1P}\boldsymbol{c}^{\mathrm{T}}_1&\cdots&a_{IP}\boldsymbol{c}^{\mathrm{T}}_1\\ \vdots&\ddots&\vdots\\ a_{1P}\boldsymbol{c}^{\mathrm{T}}_R&\cdots&a_{IP}\boldsymbol{c}^{\mathrm{T}}_R\end{bmatrix}=\boldsymbol{B}\boldsymbol{G}^{(Q\times RP)}_{\text{Kiers}}\begin{bmatrix}\boldsymbol{a}^{\mathrm{T}}_1\boldsymbol{c}^{\mathrm{T}}_1\\ \vdots\\ \boldsymbol{a}^{\mathrm{T}}_1\boldsymbol{c}^{\mathrm{T}}_R\\ \vdots\\ \boldsymbol{a}^{\mathrm{T}}_P\boldsymbol{c}^{\mathrm{T}}_1\\ \vdots\\ \boldsymbol{a}^{\mathrm{T}}_P\boldsymbol{c}^{\mathrm{T}}_R\end{bmatrix}\\
&=\boldsymbol{B}\boldsymbol{G}^{(Q\times RP)}_{\text{Kiers}}(\boldsymbol{A}\otimes\boldsymbol{C})^{\mathrm{T}}
\end{aligned}
$$

以上 Tucker 分解形式习惯称为 Tucker3 分解。

Tucker3 分解有以下两种简化形式

$$\text{Tucker2} \quad x_{ijk} = \sum_{p=1}^{P}\sum_{q=1}^{Q} g_{pqk} a_{ip} b_{jq} + e_{ijk} \tag{10.4.26}$$

$$\text{Tucker1} \quad x_{ijk} = \sum_{p=1}^{P} g_{pjk} a_{ip} + e_{ijk} \tag{10.4.27}$$

与 Tucker3 分解相比，在 Tucker2 分解中 $\boldsymbol{C} = \boldsymbol{I}_K$ 和 $\mathcal{G} \in \mathbb{R}^{P\times Q\times K}$；在 Tucker1 分解中 $\boldsymbol{B} = \boldsymbol{I}_J, \boldsymbol{C} = \boldsymbol{I}_K$ 和 $\mathcal{G} \in \mathbb{R}^{P\times J\times K}$。

10.4.3 高阶奇异值分解的交替最小二乘算法

N 阶张量的 Tucker 分解或者后面将介绍的典范/平行因子分解可以写成一个统一的数学模型

$$\mathcal{X} = f(\boldsymbol{U}^{(1)}, \boldsymbol{U}^{(2)}, \cdots, \boldsymbol{U}^{(N)}) + \mathcal{E} \tag{10.4.28}$$

式中 $\boldsymbol{U}^{(n)}, n = 1, \cdots, N$ 为分解的因子或分量矩阵，$\mathcal{E}$ 为 N 阶噪声或误差张量。因此，因子矩阵可以通过下列优化问题求得

$$(\hat{\boldsymbol{U}}^{(1)}, \cdots, \hat{\boldsymbol{U}}^{(N)}) = \underset{\boldsymbol{U}^{(1)},\cdots,\boldsymbol{U}^{(N)}}{\arg\min} \|\mathcal{X} - f(\boldsymbol{U}^{(1)}, \cdots, \boldsymbol{U}^{(N)})\|_2^2 \tag{10.4.29}$$

这是一个 N 个变元耦合在一起的优化问题。正如第 6 章指出的，求解这类耦合优化问题的有效方法是交替最小二乘 (ALS) 算法。

Tucker 分解的交替最小二乘算法的基本思想是：在第 $k+1$ 次迭代中，利用在 $k+1$ 次迭代中已更新的因子矩阵 $\boldsymbol{U}_{k+1}^{(1)}, \cdots, \boldsymbol{U}_{k+1}^{(i-1)}$ 和在 k 次更新过的因子矩阵 $\boldsymbol{U}_k^{(i+1)}, \cdots, \boldsymbol{U}_k^{(N)}$，求因子矩阵 $\boldsymbol{U}^{(1)}$ 的最小二乘解

$$\hat{\boldsymbol{U}}_{k+1}^{(i)} = \underset{\boldsymbol{U}^{(i)}}{\arg\min} \|\mathcal{X} - f(\boldsymbol{U}_{k+1}^{(1)}, \cdots, \boldsymbol{U}_{k+1}^{(i-1)}, \boldsymbol{U}^{(i)}, \boldsymbol{U}_k^{(i+1)}, \cdots, \boldsymbol{U}_k^{(N)})\|_2^2 \tag{10.4.30}$$

其中 $i = 1, \cdots, N$。对 $k = 1, 2, \cdots$，交替使用最小二乘法，直至所有因子矩阵收敛。

下面以张量的矩阵化的水平展开为对象，讨论 Tucker3 分解的优化问题的求解

$$\min_{\boldsymbol{A},\boldsymbol{B},\boldsymbol{C},\boldsymbol{G}^{(P\times QR)}} \left\|\boldsymbol{X}^{(I\times JK)} - \boldsymbol{A}\boldsymbol{G}^{(P\times QR)}(\boldsymbol{C}\otimes\boldsymbol{B})^{\mathrm{T}}\right\|_2^2 \tag{10.4.31}$$

根据交替最小二乘的原理，假定模式-2 矩阵 $\boldsymbol{B}$、模式-3 矩阵 $\boldsymbol{C}$ 和核心张量 $\mathcal{G}$ 的水平展开均固定，则上述优化问题就解偶为仅含模式-1 矩阵 $\boldsymbol{A}$ 的优化问题

$$\min_{\boldsymbol{A}} \left\|\boldsymbol{X}^{(I\times JK)} - \boldsymbol{A}\boldsymbol{G}^{(P\times QR)}(\boldsymbol{C}\otimes\boldsymbol{B})^{\mathrm{T}}\right\|_2^2$$

相当于求解矩阵方程 $\boldsymbol{X}^{(I\times JK)} = \boldsymbol{A}\boldsymbol{G}^{(P\times QR)}(\boldsymbol{C}\otimes\boldsymbol{B})^{\mathrm{T}}$ 的最小二乘解。在矩阵方程的两边右乘矩阵 $(\boldsymbol{C}\otimes\boldsymbol{B})$，得

$$\boldsymbol{X}^{(I\times JK)}(\boldsymbol{C}\otimes\boldsymbol{B}) = \boldsymbol{A}\boldsymbol{G}^{(P\times QR)}(\boldsymbol{C}\otimes\boldsymbol{B})^{\mathrm{T}}(\boldsymbol{C}\otimes\boldsymbol{B}) \tag{10.4.32}$$

若对上式左边的矩阵进行奇异值分解 $\boldsymbol{X}^{(I\times JK)}(\boldsymbol{C}\otimes\boldsymbol{B})=\boldsymbol{U}_1\boldsymbol{S}_1\boldsymbol{V}_1^{\mathrm{T}}$，则可取前 P 个左奇异向量作为矩阵 $\boldsymbol{A}$ 的估计结果 $\hat{\boldsymbol{A}}=\boldsymbol{U}_1(:,1:P)$。这一运算可以简洁表示为 $[\boldsymbol{A},\boldsymbol{S},\boldsymbol{T}]=\mathrm{SVD}[\boldsymbol{X}^{(I\times JK)}(\boldsymbol{C}\otimes\boldsymbol{B}),P]$。

类似地，可以分别求出 $\boldsymbol{B},\boldsymbol{C}$ 的估计。然后，固定已经求出的因子矩阵，又可返回再次求解 $\boldsymbol{A}$，并且依次再计算 $\boldsymbol{B},\boldsymbol{C}$，直至因子矩阵 $\boldsymbol{A},\boldsymbol{B},\boldsymbol{C}$ 全部收敛。

当因子矩阵全部收敛，并且满足正交条件 $\boldsymbol{A}^{\mathrm{T}}\boldsymbol{A}=\boldsymbol{I}_P,\boldsymbol{B}^{\mathrm{T}}\boldsymbol{B}=\boldsymbol{I}_Q,\boldsymbol{C}^{\mathrm{T}}\boldsymbol{C}=\boldsymbol{I}_R$ 时，由于 $(\boldsymbol{C}^{\mathrm{T}}\otimes\boldsymbol{B}^{\mathrm{T}})(\boldsymbol{C}\otimes\boldsymbol{B})=(\boldsymbol{C}^{\mathrm{T}}\boldsymbol{C})\otimes(\boldsymbol{B}^{\mathrm{T}}\boldsymbol{B})=\boldsymbol{I}_R\otimes\boldsymbol{I}_Q=\boldsymbol{I}_{QR}$，故式 (10.4.32) 两边左乘因子矩阵 $\boldsymbol{A}^{\mathrm{T}}$ 后，立即得

$$\boldsymbol{G}^{(P\times QR)}=\boldsymbol{A}^{\mathrm{T}}\boldsymbol{X}^{(I\times JK)}(\boldsymbol{C}\otimes\boldsymbol{B}) \tag{10.4.33}$$

因为 $\boldsymbol{A}^{\mathrm{T}}\boldsymbol{A}=\boldsymbol{I}_P$。类似地，可以求出核心张量的其他两个水平展开矩阵 $\boldsymbol{G}^{(Q\times RP)}$ 和 $\boldsymbol{G}^{(R\times PQ)}$，从而得到核心张量。

以上讨论可以总结得出下面的交替最小二乘算法。

算法 10.4.1 Tucker 分解的交替最小二乘算法[9]

输入　三阶张量 $\mathcal{X}$。

输出　因子矩阵 $\boldsymbol{A}\in\mathbb{R}^{I\times P},\boldsymbol{B}\in\mathbb{R}^{J\times Q},\boldsymbol{C}\in\mathbb{R}^{K\times R}$ 和核心张量 $\mathcal{G}$。

初始化　矩阵 $\boldsymbol{B}$ 和 $\boldsymbol{C}$，并令 $k=0$。

步骤 1　令 $k=k+1$，通过 $x_{i,(k-1)J+j}^{(I\times JK)}=x_{ijk}$ 构造水平展开矩阵 $\boldsymbol{X}^{(I\times JK)}$，然后计算 $\boldsymbol{X}^{(I\times JK)}(\boldsymbol{C}\otimes\boldsymbol{B})$ 的奇异值分解，并取前 P 个左奇异向量 $\boldsymbol{U}_1(:,j),j=1,\cdots,P$ 构成因子矩阵 $\boldsymbol{A}$

$$[\boldsymbol{A},\boldsymbol{S}_1,\boldsymbol{T}_1]=\mathrm{SVD}[\boldsymbol{X}^{(I\times JK)}(\boldsymbol{C}\otimes\boldsymbol{B}),P]$$

步骤 2　计算因子矩阵

$$[\boldsymbol{B},\boldsymbol{S}_2,\boldsymbol{T}_2]=\mathrm{SVD}[\boldsymbol{X}^{(J\times KI)}(\boldsymbol{A}\otimes\boldsymbol{C}),Q]$$
$$[\boldsymbol{C},\boldsymbol{S}_3,\boldsymbol{T}_3]=\mathrm{SVD}[\boldsymbol{X}^{(K\times IJ)}(\boldsymbol{B}\otimes\boldsymbol{A}),R]$$

步骤 3　若收敛准则不满足，则返回步骤 1，并重复以上计算，直至收敛准则满足。若收敛，则计算核心张量 $\mathcal{G}$ 的三个模式的水平展开矩阵

$$\boldsymbol{G}^{(P\times QR)}=\boldsymbol{A}^{\mathrm{T}}\boldsymbol{X}^{(I\times JK)}(\boldsymbol{C}\otimes\boldsymbol{B})$$
$$\boldsymbol{G}^{(Q\times RP)}=\boldsymbol{B}^{\mathrm{T}}\boldsymbol{X}^{(J\times KI)}(\boldsymbol{A}\otimes\boldsymbol{C})$$
$$\boldsymbol{G}^{(R\times PQ)}=\boldsymbol{C}^{\mathrm{T}}\boldsymbol{X}^{(K\times IJ)}(\boldsymbol{B}\otimes\boldsymbol{A})$$

从而得到三阶核心张量 $\mathcal{G}\in\mathbb{R}^{(P\times Q\times R)}$。

注释：以上算法适用于三阶张量的 Kiers 水平展开，但很容易推广到其他矩阵化情况。例如，只需要将步骤 1 和步骤 2 的 Kiers 水平展开分别替换为 Kolda 水平展开

$$x_{i,(k-1)J+j}^{(I\times JK)}=x_{ijk},\quad x_{j,(k-1)I+i}^{(J\times KI)}=x_{ijk},\quad x_{k,(j-1)I+i}^{(K\times IJ)}=x_{ijk}$$

和

$$[\boldsymbol{A},\boldsymbol{S},\boldsymbol{V}]=\mathrm{SVD}\left(\boldsymbol{X}^{(I\times JK)}(\boldsymbol{C}\otimes\boldsymbol{B}),P\right)$$
$$[\boldsymbol{B},\boldsymbol{S},\boldsymbol{V}]=\mathrm{SVD}\left(\boldsymbol{X}^{(J\times KI)}(\boldsymbol{C}\otimes\boldsymbol{A}),Q\right)$$
$$[\boldsymbol{C},\boldsymbol{S},\boldsymbol{V}]=\mathrm{SVD}\left(\boldsymbol{X}^{(K\times IJ)}(\boldsymbol{B}\otimes\boldsymbol{A}),R\right)$$

则得到的是 Bro 于 1998 年提出的 Tucker 分解的交替最小二乘算法 [66]。因此，高阶奇异值分解的矩阵等价形式必须与张量的矩阵化方法严格对应。

考虑 N 阶张量 $\mathcal{X}$ 的 Tucker3 分解即高阶奇异值分解

$$\min_{\boldsymbol{U}^{(1)},\cdots,\boldsymbol{U}^{(N)},\boldsymbol{G}_{(n)}}\left\|\boldsymbol{X}_{(n)}-\boldsymbol{U}^{(n)}\boldsymbol{G}_{(n)}\boldsymbol{U}_{\otimes}^{(n)}\right\|_2^2 \tag{10.4.34}$$

式中

$$\boldsymbol{U}_{\otimes}^{(n)}=\begin{cases}\left(\boldsymbol{U}^{(n-1)}\otimes\cdots\otimes\boldsymbol{U}^{(1)}\otimes\boldsymbol{U}^{(N)}\otimes\boldsymbol{U}^{(n+1)}\right)^{\mathrm{T}}, & \boldsymbol{X}_{(n)}\text{ 由式 (10.2.3) 确定}\\ \left(\boldsymbol{U}^{(n+1)}\otimes\cdots\otimes\boldsymbol{U}^{(N)}\otimes\boldsymbol{U}^{(1)}\otimes\boldsymbol{U}^{(n-1)}\right)^{\mathrm{T}}, & \boldsymbol{X}_{(n)}\text{ 由式 (10.2.5) 确定}\\ \left(\boldsymbol{U}^{(N)}\otimes\cdots\otimes\boldsymbol{U}^{(n+1)}\otimes\boldsymbol{U}^{(n-1)}\otimes\boldsymbol{U}^{(1)}\right)^{\mathrm{T}}, & \boldsymbol{X}_{(n)}\text{ 由式 (10.2.6) 确定}\end{cases} \tag{10.4.35}$$

是除 $\boldsymbol{U}^{(n)}$ 以外的其他 $N-1$ 个因子矩阵的 Kronecker 积，这里视其为中间矩阵 (intermediate matrix)。

由于在高阶 SVD 中，因子矩阵 $\boldsymbol{U}^{(n)}\in\mathbb{R}^{I_n\times J_n}$ 满足半正交条件 $\boldsymbol{U}^{(n)\mathrm{T}}\boldsymbol{U}^{(n)}=\boldsymbol{I}_{J_n}$，故有

$$\boldsymbol{U}_{\otimes}^{(n)}\boldsymbol{U}_{\otimes}^{(n)\mathrm{T}}=\boldsymbol{I}_{J_1\cdots J_{n-1}J_{n+1}\cdots J_N} \tag{10.4.36}$$

以 $\boldsymbol{U}_{\otimes}^{(n)}=\left(\boldsymbol{U}^{(n+1)}\otimes\cdots\otimes\boldsymbol{U}^{(N)}\otimes\boldsymbol{U}^{(1)}\otimes\boldsymbol{U}^{(n-1)}\right)^{\mathrm{T}}$ 为例，证明如下：利用 Kronecker 积的性质 $(\boldsymbol{A}\otimes\boldsymbol{C})(\boldsymbol{B}\otimes\boldsymbol{D})=(\boldsymbol{AB})\otimes(\boldsymbol{CD})$ 以及 $\boldsymbol{U}^{(k)\mathrm{T}}\boldsymbol{U}^{(k)}=\boldsymbol{I}_{J_k},k=1,\cdots,N$，易知

$$\begin{aligned}\boldsymbol{U}_{\otimes}^{(n)}\boldsymbol{U}_{\otimes}^{(n)\mathrm{T}}=&(\boldsymbol{U}^{(n+1)\mathrm{T}}\otimes\cdots\otimes\boldsymbol{U}^{(N)\mathrm{T}}\otimes\boldsymbol{U}^{(1)\mathrm{T}}\otimes\boldsymbol{U}^{(n-1)\mathrm{T}})\\&\times(\boldsymbol{U}^{(n+1)}\otimes\cdots\otimes\boldsymbol{U}^{(N)}\otimes\boldsymbol{U}^{(1)}\otimes\boldsymbol{U}^{(n-1)})\\=&\boldsymbol{I}_{J_{n+1}}\otimes[(\boldsymbol{U}^{(n+2)\mathrm{T}}\otimes\cdots\otimes\boldsymbol{U}^{(N)\mathrm{T}}\otimes\boldsymbol{U}^{(1)\mathrm{T}}\otimes\boldsymbol{U}^{(n-1)\mathrm{T}})\\&\times(\boldsymbol{U}^{(n+2)}\otimes\cdots\otimes\boldsymbol{U}^{(N)}\otimes\boldsymbol{U}^{(1)}\otimes\boldsymbol{U}^{(n-1)})]\\=&\boldsymbol{I}_{J_{n+1}}\otimes\boldsymbol{I}_{J_{n+2}}[(\boldsymbol{U}^{(n+3)\mathrm{T}}\otimes\cdots\otimes\boldsymbol{U}^{(N)\mathrm{T}}\otimes\boldsymbol{U}^{(1)\mathrm{T}}\otimes\boldsymbol{U}^{(n-1)\mathrm{T}})\\&\times(\boldsymbol{U}^{(n+3)}\otimes\cdots\otimes\boldsymbol{U}^{(N)}\otimes\boldsymbol{U}^{(1)}\otimes\boldsymbol{U}^{(n-1)})]\end{aligned}$$

持续以上类似过程，易知

$$\boldsymbol{U}_{\otimes}^{(n)}\boldsymbol{U}_{\otimes}^{(n)\mathrm{T}}=\boldsymbol{I}_{J_{n+1}}\otimes\cdots\otimes\boldsymbol{I}_{J_N}\otimes\boldsymbol{I}_{J_1}\otimes\cdots\otimes\boldsymbol{I}_{J_{n-1}}=\boldsymbol{I}_{J_1\cdots J_{n-1}J_{n+1}\cdots J_N}$$

为了求解矩阵方程 $\boldsymbol{X}_{(n)}\approx\boldsymbol{U}^{(n)}\boldsymbol{G}_{(n)}\boldsymbol{U}_{\otimes}^{(n)}$，令 SVD $\boldsymbol{X}_{(n)}=\boldsymbol{U}^{(n)}\boldsymbol{S}^{(n)}\boldsymbol{V}^{(n)\mathrm{T}}$，则 $\boldsymbol{U}^{(n)}\boldsymbol{S}^{(n)}\boldsymbol{V}^{(n)\mathrm{T}}=\boldsymbol{U}^{(n)}\boldsymbol{G}_{(n)}\boldsymbol{U}_{\otimes}^{(n)}$，两边分别左乘 $\boldsymbol{U}^{(n)\mathrm{T}}$ 和右乘 $\boldsymbol{U}_{\otimes}^{(n)\mathrm{T}}$，则由式 (10.4.36) 易

得

$$G_{(n)} = S^{(n)} V^{(n)\mathrm{T}} U_{\otimes}^{(n)\mathrm{T}} \tag{10.4.37}$$

算法 10.4.2 HOSVD $(\mathcal{X}, R_1, \cdots, R_N)$ [278]

输入 N 阶张量 $\mathcal{X}$。

输出 因子矩阵 $\boldsymbol{U}^{(1)} \in \mathbb{R}^{I_1 \times R_1}, \boldsymbol{U}^{(2)} \in \mathbb{R}^{I_2 \times R_2}, \cdots, \boldsymbol{U}^{(N)} \in \mathbb{R}^{I_N \times R_N}$ 和核心张量 $\mathcal{G}$。

步骤 1 计算 N 阶张量 $\mathcal{X}$ 的模式-n 水平展开 $\boldsymbol{X}_{(n)}, n = 1, \cdots, N$。令 $k = 0$。

步骤 2 令 $k = k + 1$，并对 $n = 1, \cdots, N$，计算 $\boldsymbol{X}_{(n)} = \boldsymbol{U}\boldsymbol{\Sigma}\boldsymbol{V}^{\mathrm{T}}$，确定其有效秩 R_n，并令 $\boldsymbol{U}^{(n)} \leftarrow \boldsymbol{U}(:, 1 : R_n)$。

步骤 3 计算 $\mathcal{G} \leftarrow \mathcal{X} \times_1 \boldsymbol{U}^{(1)\mathrm{T}} \times_2 \boldsymbol{U}^{(2)\mathrm{T}} \cdots \times_N \boldsymbol{U}^{(N)\mathrm{T}}$。

步骤 4 判断核心张量是否收敛

$$\left\| \mathcal{G}^{(k)} - \mathcal{G}^{(k-1)} \right\|_{\mathrm{F}} < \varepsilon$$

若收敛条件满足，则执行下一步；否则，返回步骤 2，继续迭代，直至收敛准则满足为止。

步骤 5 输出核心张量 $\mathcal{G}$ 和因子矩阵 $\boldsymbol{U}^{(1)}, \cdots, \boldsymbol{U}^{(N)}$。

下面是 Lathauwer 提出的高阶正交迭代 (higher-order orthogonal iteration, HOOI) 算法 [299]，这是计算因子矩阵和核心张量的一种比较有效的算法，其特点是使用 SVD 而不是特征值分解，只计算张量的水平展开 $\boldsymbol{X}_{(n)}$ 的主要奇异向量。

算法 10.4.3 HOOI $(\mathcal{X}, R_1, \cdots, R_N)$ [299, 278]

输入 N 阶张量 $\mathcal{X}$。

输出 因子矩阵 $\boldsymbol{U}^{(n)} \in \mathbb{R}^{I_n \times R_n}, n = 1, \cdots, N$ 和核心张量 $\mathcal{G}$。

步骤 1 利用 HOSVD 算法计算因子矩阵 $\boldsymbol{U}^{(n)} \in \mathbb{R}^{I_n \times R_n}, n = 1, \cdots, N$。令 $k = 0$，初始化核心张量 $\mathcal{G}^{(0)}$ 为零张量 (全部元素等于零)。

步骤 2 令 $k = k + 1$，并对 $n = 1, \cdots, N$，执行下列运算

$$\mathcal{B}^{(k)} \leftarrow \mathcal{X} \times_1 \boldsymbol{U}^{(1)\mathrm{T}} \cdots \times_{n-1} \boldsymbol{U}^{(n-1)\mathrm{T}} \times_{n+1} \boldsymbol{U}^{(n+1)\mathrm{T}} \cdots \times_N \boldsymbol{U}^{(N)\mathrm{T}}$$

并计算张量 $\mathcal{B}^{(k)}$ 的模式-n 水平展开的 SVD：$\boldsymbol{B}_{(n)} = \boldsymbol{U}\boldsymbol{\Sigma}\boldsymbol{V}^{\mathrm{T}}$，确定其主要奇异值个数 R_n，然后令 $\boldsymbol{U}^{(n)} \leftarrow \boldsymbol{U}(:, 1 : R_n)$。

步骤 3 计算第 k 次迭代的核心张量

$$\mathcal{G}^{(k)} \leftarrow \mathcal{X} \times_1 \boldsymbol{U}^{(1)\mathrm{T}} \times_2 \boldsymbol{U}^{(2)\mathrm{T}} \cdots\cdots \times_N \boldsymbol{U}^{(N)\mathrm{T}}$$

判断其是否收敛

$$\left\| \mathcal{G}^{(k)} - \mathcal{G}^{(k-1)} \right\|_{\mathrm{F}} < \varepsilon$$

若收敛条件满足，则执行下一步；否则，返回步骤 2，继续迭代，直至收敛准则满足为止。

步骤 4 输出因子矩阵 $\boldsymbol{U}^{(n)}, n = 1, \cdots, N$ 和核心张量 $\mathcal{G}$。

10.5 张量的平行因子分解

典范或平行因子分析 (canonical or parallel factor analysis, CANDECOMP/PARAFAC) 是由 Carroll 和 Chang[93] 以及 Harshman[216] 于 1970 年分别独立提出的数据分析方法，现在习惯合称为 CP 分析。CP 分析的基础是多路数据模型的典范或平行因子分解，简称 CP 分解。

10.5.1 双线性模型

张量分析本质上属于多线性分析。多线性分析是双线性分析的推广，而主分量分析与独立分量分析是两种典型的双线性分析方法。

使用双线性或者多线性模型，反映变量线性组合的因子 (或称分量、载荷) 被提取。这些被提取出来的因子随后用于解释数据的基本信息内容。

在数据分析中，给定二路数据矩阵 $\boldsymbol{X} \in \mathbb{K}^{I\times J}$，二路双线性分析采用模型

$$x_{ij} = \sum_{r=1}^{R} a_{ir} b_{jr} + e_{ij} \tag{10.5.1}$$

拟合二路数据矩阵的各个元素。式中，各参数的含义如下：

x_{ij} 为 $I\times J$ 数据矩阵 $\boldsymbol{X}$ 第 i 行、第 j 列的元素；

R 为 因子的个数；

a_{ir} 为“因子载荷”(factor loadings)；

b_{ir} 为“因子得分”(factor score)；

e_{ij} 为数据 x_{ij} 的观测误差，是 $I\times J$ 误差矩阵 $\boldsymbol{E}$ 第 i 行、第 j 列的元素。

若固定 $b_{jr}=\beta_r$ 为常数，则 $x_{ij}=\sum\limits_{r=1}^{R}\beta_r a_{ir}$ 是因子载荷 a_{ir} 的线性模型。反之，若固定 $a_{ir}=\alpha_r$ 为常数，则 $x_{ij}=\sum\limits_{r=1}^{R}\alpha_r b_{jr}$ 是因子得分 b_{jr} 的线性模型。因此，二路数据模型 (10.5.1) 常称为二路双线性模型 (two-way bilinear model)。

定义因子载荷向量和因子得分向量分别为

$$\boldsymbol{a}_r = [a_{1r},\cdots,a_{Ir}]^{\mathrm{T}},\quad \boldsymbol{b}_r = [b_{1r},\cdots,b_{Jr}]^{\mathrm{T}}$$

则二路双线性模型可以用矩阵形式改写为

$$\boldsymbol{X} = \sum_{r=1}^{R} \boldsymbol{a}_r \circ \boldsymbol{b}_r = \sum_{r=1}^{R} \boldsymbol{a}_r \boldsymbol{b}_r^{\mathrm{T}} \tag{10.5.2}$$

$$= \begin{bmatrix} a_{11}b_{11}+\cdots+a_{1R}b_{1R} & \cdots & a_{11}b_{J1}+\cdots+a_{1R}b_{JR} \\ \vdots & \ddots & \vdots \\ a_{I1}b_{11}+\cdots+a_{IR}b_{1R} & \cdots & a_{I1}b_{J1}+\cdots+a_{IR}b_{JR} \end{bmatrix} \tag{10.5.3}$$

上式又可等价写作

$$\boldsymbol{X} = \boldsymbol{A}\boldsymbol{B}^{\mathrm{T}} = \sum_{r=1}^{R} \boldsymbol{a}_r \circ \boldsymbol{b}_r \tag{10.5.4}$$

式中

$$\boldsymbol{A}=\begin{bmatrix}a_{11} & \cdots & a_{1R}\\ \vdots & \ddots & \vdots\\ a_{I1} & \cdots & a_{IR}\end{bmatrix}\in\mathbb{K}^{I\times R},\quad \boldsymbol{B}=\begin{bmatrix}b_{11} & \cdots & b_{1R}\\ \vdots & \ddots & \vdots\\ b_{J1} & \cdots & b_{JR}\end{bmatrix}\in\mathbb{K}^{J\times R} \tag{10.5.5}$$

分别是因子载荷矩阵和因子得分矩阵。

数据分析强调结构化模型的唯一性。“一个结构化模型是唯一的”意味着：该模型的辨识无须任何其他约束条件。无约束的二路双线性模型不具有唯一性：由式 (10.5.4) 易知，二路双线性模型存在大量的旋转自由度。这是因为，利用任何一个 $R\times R$ 正交矩阵 $\boldsymbol{Q}$ 分别对因子载荷矩阵和因子得分矩阵的转置进行旋转，都不会改变原二路数据矩阵，即

$$\boldsymbol{X}=\boldsymbol{AQ}(\boldsymbol{BQ})^{\mathrm{T}}=\boldsymbol{AB}^{\mathrm{T}}\quad 或\quad \boldsymbol{X}=\boldsymbol{AQ}^{\mathrm{T}}(\boldsymbol{BQ}^{\mathrm{T}})^{\mathrm{T}}=\boldsymbol{AB}^{\mathrm{T}}$$

就是说，若只给定二路数据矩阵 $\boldsymbol{X}\in\mathbb{R}^{I\times J}$，则存在无穷多组解 $(\boldsymbol{A},\boldsymbol{B})$ 满足二路双线性模型。因此，为了保证二路双线性模型拟合的唯一性，必须对因子矩阵施加约束条件。

主分量分析 (PCA) 就是对因子矩阵增加正交约束的一种二路双线性分析方法。假定数据矩阵 $\boldsymbol{X}\in\mathbb{R}^{I\times J}$ 有 R 个主奇异值，则 PCA 使用截尾的奇异值分解

$$\boldsymbol{X}=\boldsymbol{U}_1\boldsymbol{\Sigma}_1\boldsymbol{V}_1^{\mathrm{T}}$$

作为二路数据模型。式中，$\boldsymbol{\Sigma}_1$ 是一个 $R\times R$ 对角矩阵，其对角元素为 R 个主要的奇异值，而 $\boldsymbol{U}_1\in\mathbb{R}^{I\times R}$ 和$\boldsymbol{V}_1\in\mathbb{R}^{J\times R}$ 是分别由与主奇异值对应的前 R 个左和右奇异向量组成的矩阵。若令

$$\boldsymbol{A}=\boldsymbol{U}_1\boldsymbol{\Sigma}_1,\quad \boldsymbol{B}=\boldsymbol{V}_1 \tag{10.5.6}$$

则 PCA 数据模型可写成正交性约束的二路双线性模型

$$\boldsymbol{X}=\boldsymbol{AB}^{\mathrm{T}}\ \text{subject to}\ \boldsymbol{A}^{\mathrm{T}}\boldsymbol{A}=\boldsymbol{D},\ \boldsymbol{B}^{\mathrm{T}}\boldsymbol{B}=\boldsymbol{I} \tag{10.5.7}$$

式中，$\boldsymbol{D}$ 为 $R\times R$ 对角矩阵，$\boldsymbol{I}$ 为 $R\times R$ 单位矩阵。即是说，PCA 要求因子载荷矩阵 $\boldsymbol{A}$ 的各个列向量相互正交，同时要求因子得分矩阵 $\boldsymbol{B}$ 的各个列向量标准正交。

二路双线性分析不适用于多路数据集合的处理。

表 10.5.1 比较了 PCA 与无约束二路双线性分析之间的异同点。

表 10.5.1 PCA 与无约束二路双线性分析的比较

方 法	无约束二路双线性分析	PCA 分析
结构化模型	$\boldsymbol{X}=\boldsymbol{AB}^{\mathrm{T}}$	$\boldsymbol{X}=\boldsymbol{AB}^{\mathrm{T}}$
约束条件	无	$\boldsymbol{A}^{\mathrm{T}}\boldsymbol{A}=\boldsymbol{D},\ \boldsymbol{B}^{\mathrm{T}}\boldsymbol{B}=\boldsymbol{I}$
代价函数	$\lVert\boldsymbol{X}-\boldsymbol{AB}^{\mathrm{T}}\rVert_2^2$	$\lVert\boldsymbol{X}-\boldsymbol{AB}^{\mathrm{T}}\rVert_2^2$
优化问题	$\min\limits_{\boldsymbol{A},\boldsymbol{B}}\lVert\boldsymbol{X}-\boldsymbol{AB}^{\mathrm{T}}\rVert_2^2$	$\min\limits_{\boldsymbol{A},\boldsymbol{B}}\lVert\boldsymbol{X}-\boldsymbol{AB}^{\mathrm{T}}\rVert_2^2\ s.t.\ \boldsymbol{A}^{\mathrm{T}}\boldsymbol{A}=\boldsymbol{D},\ \boldsymbol{B}^{\mathrm{T}}\boldsymbol{B}=\boldsymbol{I}$

10.5.2 平行因子分析

为了将无约束二路双线性分析推广到多路数据集合。需要解决以下两个问题：

(1) 三个及更多个因子的名称问题；

(2) 旋转自由度引起的模糊分解问题。

事实上，在某些现代应用 (例如化学) 中，很难区分哪一个是因子载荷，哪一个为因子得分。另一方面，如果我们要推广得到三路数据的分析方法，就需要增加一个新的因子，此时也很难给第 3 个因子再命名。一种简单的解决方法是用不同的模式来区分不同的因子。具体而言，称拟合数据矩阵 $\boldsymbol{X}$ 的因子载荷向量 $\boldsymbol{a}_r$ 为模式-A 向量，因子得分向量 $\boldsymbol{b}_r$ 为模式-B 向量。如果再增加一个向量，则称为模式-C 向量。以此类推，还会有模式-D、模式-E 向量等。

为了克服由旋转自由度引起的模糊分解，Cattell 于 1944 年提出了平行比例配置剖面 (parallel proportional profiles) 原则[94]：描述两个或者多个二路数据集的相同剖面或载荷向量，只需要配置不同的比例或者权系数，就可以得到无旋转自由度的模型。因此，二路双线性分析表达式 (10.5.1) 很自然地推广为三路张量的平行因子分解

$$x_{ijk} = \sum_{r=1}^{R} a_{ir} b_{jr} c_{kr} + e_{ijk} \tag{10.5.8}$$

式中，x_{ijk} 是三路阵列或张量 $\mathcal{X} = [\![x_{ijk}]\!] \in \mathbb{K}^{I\times J\times K}$ 的元素，而 e_{ijk} 则是加性误差张量 $\mathcal{E} = [\![e_{ijk}]\!] \in \mathbb{K}^{I\times J\times K}$ 的元素。

若定义模式-A、模式-B 和模式-C 向量分别为

$$\boldsymbol{a}_r = [a_{1r}, \cdots, a_{Ir}]^{\mathrm{T}} \in \mathbb{K}^{I\times 1} \tag{10.5.9}$$

$$\boldsymbol{b}_r = [b_{1r}, \cdots, b_{Jr}]^{\mathrm{T}} \in \mathbb{K}^{J\times 1} \tag{10.5.10}$$

$$\boldsymbol{c}_r = [c_{1r}, \cdots, c_{Kr}]^{\mathrm{T}} \in \mathbb{K}^{K\times 1} \tag{10.5.11}$$

则三路张量的因子分解的元素表达式 (10.5.8) 可以等价表示为

$$\mathcal{X} = \sum_{r=1}^{R} \boldsymbol{a}_r \circ \boldsymbol{b}_r \circ \boldsymbol{c}_r + \mathcal{E} \tag{10.5.12}$$

它是二路双线性分析的矩阵表达式 (10.5.2) 的三路推广。图 10.5.1 画出了因子分析和平行因子分析的比较。

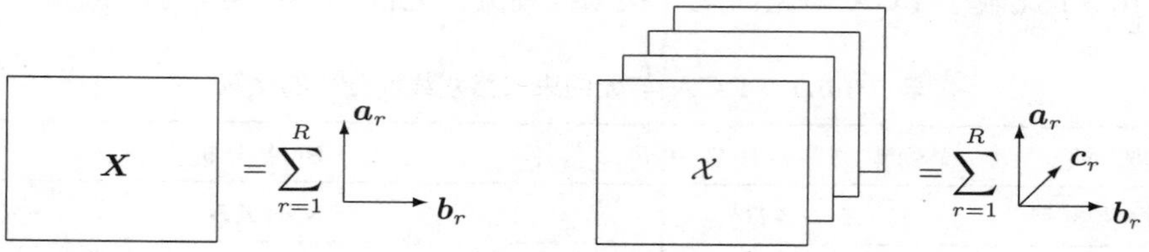

$$\boldsymbol{X} = \sum_{r=1}^{R} \quad (\boldsymbol{a}_r, \boldsymbol{b}_r)$$

$$x_{ij} = \sum_{r=1}^{R} a_{ir} b_{jr} + e_{ij}$$

(a) 因子分析

$$\mathcal{X} = \sum_{r=1}^{R} \quad (\boldsymbol{a}_r, \boldsymbol{b}_r, \boldsymbol{c}_r)$$

$$x_{ijk} = \sum_{r=1}^{R} a_{ir} b_{jr} c_{kr} + e_{ijk}$$

(b) 平行因子分析

图 10.5.1 因子分析与平行因子分析的比较

图 10.5.2 画出了平行因子分解与 Tucker 分解的比较。

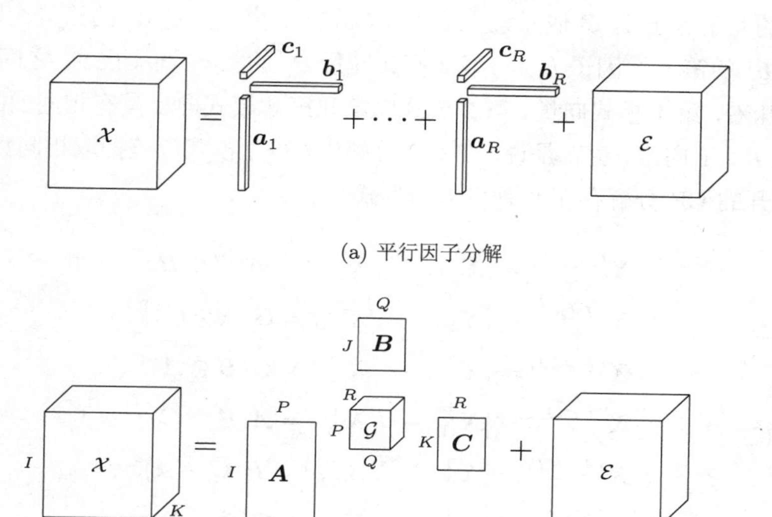

(a) 平行因子分解

(b) Tucker 分解

图 10.5.2 平行因子分解与 Tucker 分解的比较

显然，当我们只允许其中一个模式因子 (例如模式-A) 可以变化，而固定其他两个模式 (例如模式-B 和模式-C) 因子不变即 $b_{jr}=\alpha_r$ 和 $c_{kr}=\beta_r$ 时，三路数据模型便简化为模式-A 因子的线性组合。类似地，三路数据模型也可分别视为模式-B (固定模式-A 和模式-C 时) 或模式-C (固定模式-A 和模式-B 时) 的线性组合，所以三路数据模型式 (10.5.8) 为三线性因子模型 (trilinear factor model)。

表 10.5.2 比较了 Tucker 分解、CP 分解及 SVD 之间的数学公式。

表 10.5.2 Tucker 分解、CP 分解 与 SVD 的比较

分解方法	数学公式
Tucker 分解	$x_{ijk}=\sum_{p=1}^{P}\sum_{q=1}^{Q}\sum_{r=1}^{R}g_{pqr}\,a_{ip}\,b_{jq}\,c_{kr}$
平行因子 (CP) 分解	$x_{ijk}=\sum_{p=1}^{P}\sum_{q=1}^{Q}\sum_{r=1}^{R}a_{ip}\,b_{jq}\,c_{kr}$
SVD	$x_{ij}=\sum_{r=1}^{R}g_{rr}\,a_{ir}\,b_{jr}$

从表中可以看出：

(1) 在 Tucker 分解中，核心张量 $\mathcal{G}$ 的元素 g_{pqr} 表示第 1 模式向量 $\boldsymbol{a}_i=[a_{i1},\cdots,a_{iP}]^{\mathrm{T}}$ 的第 p 个元素 a_{ip}、第 2 模式向量 $\boldsymbol{b}_j=[b_{j1},\cdots,b_{jQ}]^{\mathrm{T}}$ 的第 q 个元素 b_{jq} 与第 3 模式向量 $\boldsymbol{c}_k=[c_{k1},\cdots,c_{kR}]^{\mathrm{T}}$ 的第 r 个元素 c_{kr} 之间的相互作用。

(2) 在 CP 分解中，核心张量为单位张量，即 $\mathcal{G}=\mathcal{I}$。由于只有超对角线 $p=q=r\in\{1,\cdots,R\}$ 的元素等于 1，其他元素全部为零，故第 1 模式向量 $\boldsymbol{a}_i$ 的第 r 个因子 a_{ir}、第 2 模式向量 $\boldsymbol{b}_j$ 的第 r 个因子 b_{jr} 与第 3 模式向量 $\boldsymbol{c}_k$ 的第 r 个因子 c_{kr} 之间才存在相互作用。这意味着，第 1 模式向量、第 2 模式向量和第 3 模式向量具有相同的因子数目 R，即它们都是 $R\times 1$ 向量。也就是说，在 CP 分解中，每个模式应该抽取相同数目的因子。

水平展开的 CP 分解存在 6 种可能的形式

$$\boldsymbol{X}^{(I\times JK)}=[\boldsymbol{X}_{::1},\cdots,\boldsymbol{X}_{::K}]=\boldsymbol{A}(\boldsymbol{C}\odot\boldsymbol{B})^{\mathrm{T}} \tag{10.5.13}$$

$$\boldsymbol{X}^{(J\times KI)}=[\boldsymbol{X}_{1::},\cdots,\boldsymbol{X}_{I::}]=\boldsymbol{B}(\boldsymbol{A}\odot\boldsymbol{C})^{\mathrm{T}} \tag{10.5.14}$$

$$\boldsymbol{X}^{(K\times IJ)}=[\boldsymbol{X}_{:1:},\cdots,\boldsymbol{X}_{:J:}]=\boldsymbol{C}(\boldsymbol{B}\odot\boldsymbol{A})^{\mathrm{T}} \tag{10.5.15}$$

$$\boldsymbol{X}^{(I\times JK)}=[\boldsymbol{X}_{:1:}^{\mathrm{T}},\cdots,\boldsymbol{X}_{:J:}^{\mathrm{T}}]=\boldsymbol{A}(\boldsymbol{B}\odot\boldsymbol{C})^{\mathrm{T}} \tag{10.5.16}$$

$$\boldsymbol{X}^{(J\times KI)}=[\boldsymbol{X}_{::1}^{\mathrm{T}},\cdots,\boldsymbol{X}_{::K}^{\mathrm{T}}]=\boldsymbol{B}(\boldsymbol{C}\odot\boldsymbol{A})^{\mathrm{T}} \tag{10.5.17}$$

$$\boldsymbol{X}^{(K\times IJ)}=[\boldsymbol{X}_{1::}^{\mathrm{T}},\cdots,\boldsymbol{X}_{I::}^{\mathrm{T}}]=\boldsymbol{C}(\boldsymbol{A}\odot\boldsymbol{B})^{\mathrm{T}} \tag{10.5.18}$$

式中，$\boldsymbol{X}\odot\boldsymbol{Y}$ 表示 $m\times n$ 矩阵 $\boldsymbol{X}$ 和 $l\times n$ 矩阵 $\boldsymbol{Y}$ 的 Khatri-Rao 积，并且

$$\boldsymbol{A}=[\boldsymbol{a}_1,\cdots,\boldsymbol{a}_R]=\begin{bmatrix}a_{11} & \cdots & a_{1R}\\ \vdots & \ddots & \vdots\\ a_{I1} & \cdots & a_{IR}\end{bmatrix}\in\mathbb{R}^{I\times R} \tag{10.5.19}$$

$$\boldsymbol{B}=[\boldsymbol{b}_1,\cdots,\boldsymbol{b}_R]=\begin{bmatrix}b_{11} & \cdots & b_{1R}\\ \vdots & \ddots & \vdots\\ b_{J1} & \cdots & b_{JR}\end{bmatrix}\in\mathbb{R}^{J\times R} \tag{10.5.20}$$

$$\boldsymbol{C}=[\boldsymbol{c}_1,\cdots,\boldsymbol{c}_R]=\begin{bmatrix}c_{11} & \cdots & c_{1R}\\ \vdots & \ddots & \vdots\\ c_{K1} & \cdots & c_{KR}\end{bmatrix}\in\mathbb{R}^{K\times R} \tag{10.5.21}$$

下面证明式 (10.5.13)，其他表达式可类似证明。

根据平行比例配置剖面原则，考虑三阶张量的正面切片矩阵

$$\boldsymbol{X}_{::k}=\boldsymbol{a}_1\boldsymbol{b}_1^{\mathrm{T}}c_{k1}+\cdots+\boldsymbol{a}_R\boldsymbol{b}_R^{\mathrm{T}}c_{kR} \tag{10.5.22}$$

则 $\boldsymbol{X}^{(I\times JK)}=[\boldsymbol{X}_{::1},\cdots,\boldsymbol{X}_{::K}]$ 可写作

$$\begin{aligned}\boldsymbol{X}^{(I\times JK)}&=\left[\boldsymbol{a}_1\boldsymbol{b}_1^{\mathrm{T}}c_{11}+\cdots+\boldsymbol{a}_R\boldsymbol{b}_R^{\mathrm{T}}c_{1R},\cdots,\boldsymbol{a}_1\boldsymbol{b}_1^{\mathrm{T}}c_{K1}+\cdots+\boldsymbol{a}_R\boldsymbol{b}_R^{\mathrm{T}}c_{KR}\right]\\&=[\boldsymbol{a}_1,\cdots,\boldsymbol{a}_R]\begin{bmatrix}c_{11}\boldsymbol{b}_1^{\mathrm{T}} & \cdots & c_{K1}\boldsymbol{b}_1^{\mathrm{T}}\\ \vdots & \ddots & \vdots\\ c_{1R}\boldsymbol{b}_R^{\mathrm{T}} & \cdots & c_{KR}\boldsymbol{b}_R^{\mathrm{T}}\end{bmatrix}\\&=\boldsymbol{A}(\boldsymbol{C}\odot\boldsymbol{B})^{\mathrm{T}}\end{aligned}$$

表 10.5.3 汇总了三阶张量的水平展开矩阵与 CP 分解的数学表示。

表 10.5.3 三阶张量的水平展开矩阵与 CP 分解表示

矩阵化方法	水平展开矩阵与 CP 分解表示
Kiers 方法	$x^{(I\times JK)}_{i,(k-1)J+j}=x_{ijk} \iff \boldsymbol{X}^{(I\times JK)}=[\boldsymbol{X}_{::1},\cdots,\boldsymbol{X}_{::K}]=\boldsymbol{A}(\boldsymbol{C}\odot\boldsymbol{B})^{\mathrm{T}}$
	$x^{(J\times KI)}_{j,(i-1)K+k}=x_{ijk} \iff \boldsymbol{X}^{(J\times KI)}=[\boldsymbol{X}_{1::},\cdots,\boldsymbol{X}_{I::}]=\boldsymbol{B}(\boldsymbol{A}\odot\boldsymbol{C})^{\mathrm{T}}$
	$x^{(K\times IJ)}_{k,(j-1)I+i}=x_{ijk} \iff \boldsymbol{X}^{(K\times IJ)}=[\boldsymbol{X}_{:1:},\cdots,\boldsymbol{X}_{:J:}]=\boldsymbol{C}(\boldsymbol{B}\odot\boldsymbol{A})^{\mathrm{T}}$
LMV 方法	$x^{(I\times JK)}_{i,(j-1)K+k}=x_{ijk} \iff \boldsymbol{X}^{(I\times JK)}=[\boldsymbol{X}^{\mathrm{T}}_{:1:},\cdots,\boldsymbol{X}^{\mathrm{T}}_{:J:}]=\boldsymbol{A}(\boldsymbol{B}\odot\boldsymbol{C})^{\mathrm{T}}$
	$x^{(J\times KI)}_{j,(k-1)I+i}=x_{ijk} \iff \boldsymbol{X}^{(J\times KI)}=[\boldsymbol{X}^{\mathrm{T}}_{::1},\cdots,\boldsymbol{X}^{\mathrm{T}}_{::K}]=\boldsymbol{B}(\boldsymbol{C}\odot\boldsymbol{A})^{\mathrm{T}}$
	$x^{(K\times IJ)}_{k,(i-1)J+j}=x_{ijk} \iff \boldsymbol{X}^{(K\times IJ)}=[\boldsymbol{X}^{\mathrm{T}}_{1::},\cdots,\boldsymbol{X}^{\mathrm{T}}_{I::}]=\boldsymbol{C}(\boldsymbol{A}\odot\boldsymbol{B})^{\mathrm{T}}$
Kolda 方法	$x^{(I\times JK)}_{i,(k-1)J+j}=x_{ijk} \iff \boldsymbol{X}^{(I\times JK)}=[\boldsymbol{X}_{::1},\cdots,\boldsymbol{X}_{::K}]=\boldsymbol{A}(\boldsymbol{C}\odot\boldsymbol{B})^{\mathrm{T}}$
	$x^{(J\times KI)}_{j,(k-1)I+i}=x_{ijk} \iff \boldsymbol{X}^{(J\times KI)}=[\boldsymbol{X}^{\mathrm{T}}_{::1},\cdots,\boldsymbol{X}^{\mathrm{T}}_{::K}]=\boldsymbol{B}(\boldsymbol{C}\odot\boldsymbol{A})^{\mathrm{T}}$
	$x^{(K\times IJ)}_{k,(j-1)I+i}=x_{ijk} \iff \boldsymbol{X}^{(K\times IJ)}=[\boldsymbol{X}_{:1:},\cdots,\boldsymbol{X}_{:J:}]=\boldsymbol{C}(\boldsymbol{B}\odot\boldsymbol{A})^{\mathrm{T}}$

如果对式 (10.5.13) 运用主分量分析 (PCA) 或独立分量分析 (ICA)，则需要使用 R 个主奇异值截尾的 SVD

$$\boldsymbol{A}^{(I\times JK)}=\sum_{r=1}^{R}\sigma_r\boldsymbol{u}_r\boldsymbol{v}_r^{\mathrm{H}} \tag{10.5.23}$$

这将涉及 $R(I+JK+1)$ 个参数，因为 $\boldsymbol{u}_r\in\mathbb{K}^{I\times 1},\boldsymbol{v}_r\in\mathbb{K}^{JK\times 1}$。然而，基于式 (10.5.12) 的 CP 方法只需要 $R(I+J+K)$ 个参数。因此，与 CP 分析方法相比较，PCA 和 ICA 方法需要大得多的自由参数个数，因为 $R(I+JK+1)\gg R(I+J+K)$。自由参数少是 CP 方法的突出优点之一。

虽然大多数的多路分析技术能够保持数据的多路性质，不过有些简化的多路分析技术 (例如 Tucker1)，它们基于多路阵列的矩阵化，将三阶或者高阶阵列变换为一个二路数据集。一旦一个三路阵列被展平和排列成一个二路数据集，二路分析方法 (例如 SVD, PCA, ICA) 就可以应用于提取数据的结构。

然而，将多路阵列作为二路数据集进行重新排列，有可能导致信息的损失和错误解释。如果数据被噪声污染，则这一现象会更加严重。一个典型的例子为感官数据集，其中 8 名评委根据 11 类属性评价 10 种面包 [66]。当这一数据集利用 PARAFAC 模型建模时，该模型假定评委之间存在一个共同的评价指南，并且每个评委在不同程度上都遵守这一评价指南。另外，当感官数据展平为一个二路阵列，并使用二路因子模型建模时，就不再有共同的评价指南存在，每个评委可以完全自主地进行评判。在这样的情况下，为了解释数据的变化，二路因子模型需要抽取尽可能多的因子。相对于 PARAFAC 模型只解释服从基本假设的数据变化，由二路因子模型捕捉的额外的变化实际上只是反映噪声的作用，而不是某种内在的结构。因此，多路模型在解释性和精确度方面比二路模型更为优越。一个重要的事实是：多线性模型 (如 PARAFAC、Tucker 分解以及它们的变型) 能够捕捉到数据中的多线性结构，而双线性模型 (如 SVD，PCA 与 ICA等) 却不能。

与水平展开的 CP 分解存在 6 种形式类似，纵向展开的 CP 分解也存在 6 种形式

$$\boldsymbol{X}^{(JK\times I)}=\begin{bmatrix}\boldsymbol{X}_{:1:}\\ \vdots\\ \boldsymbol{X}_{:J:}\end{bmatrix}=(\boldsymbol{B}\odot\boldsymbol{C})\boldsymbol{A}^{\mathrm{T}},\quad \boldsymbol{X}^{(JK\times I)}=\begin{bmatrix}\boldsymbol{X}_{::1}^{\mathrm{T}}\\ \vdots\\ \boldsymbol{X}_{::K}^{\mathrm{T}}\end{bmatrix}=(\boldsymbol{C}\odot\boldsymbol{B})\boldsymbol{A}^{\mathrm{T}} \tag{10.5.24}$$

$$\boldsymbol{X}^{(KI\times J)}=\begin{bmatrix}\boldsymbol{X}_{::1}\\ \vdots\\ \boldsymbol{X}_{::K}\end{bmatrix}=(\boldsymbol{C}\odot\boldsymbol{A})\boldsymbol{B}^{\mathrm{T}},\quad \boldsymbol{X}^{(KI\times J)}=\begin{bmatrix}\boldsymbol{X}_{1::}^{\mathrm{T}}\\ \vdots\\ \boldsymbol{X}_{I::}^{\mathrm{T}}\end{bmatrix}=(\boldsymbol{A}\odot\boldsymbol{C})\boldsymbol{B}^{\mathrm{T}} \tag{10.5.25}$$

$$\boldsymbol{X}^{(IJ\times K)}=\begin{bmatrix}\boldsymbol{X}_{1::}\\ \vdots\\ \boldsymbol{X}_{I::}\end{bmatrix}=(\boldsymbol{A}\odot\boldsymbol{B})\boldsymbol{C}^{\mathrm{T}},\quad \boldsymbol{X}^{(IJ\times K)}=\begin{bmatrix}\boldsymbol{X}_{:1:}^{\mathrm{T}}\\ \vdots\\ \boldsymbol{X}_{:J:}^{\mathrm{T}}\end{bmatrix}=(\boldsymbol{B}\odot\boldsymbol{A})\boldsymbol{C}^{\mathrm{T}} \tag{10.5.26}$$

这里证明式 (10.5.25) 中的第一个表达式

$$\begin{aligned}\boldsymbol{X}^{(KI\times J)}&=\begin{bmatrix}\boldsymbol{X}_{::1}\\ \vdots\\ \boldsymbol{X}_{::K}\end{bmatrix}=\begin{bmatrix}\boldsymbol{a}_1\boldsymbol{b}_1^{\mathrm{T}}c_{11}+\cdots+\boldsymbol{a}_R\boldsymbol{b}_R^{\mathrm{T}}c_{1R}\\ \vdots\\ \boldsymbol{a}_1\boldsymbol{b}_1^{\mathrm{T}}c_{K1}+\cdots+\boldsymbol{a}_R\boldsymbol{b}_R^{\mathrm{T}}c_{KR}\end{bmatrix}\\ &=\begin{bmatrix}c_{11}\boldsymbol{a}_1&\cdots&c_{1R}\boldsymbol{a}_R\\ \vdots&\ddots&\vdots\\ c_{K1}\boldsymbol{a}_1&\cdots&c_{KR}\boldsymbol{a}_R\end{bmatrix}\begin{bmatrix}\boldsymbol{b}_1^{\mathrm{T}}\\ \vdots\\ \boldsymbol{b}_R^{\mathrm{T}}\end{bmatrix}=[\boldsymbol{c}_1\otimes\boldsymbol{a}_1,\cdots,\boldsymbol{c}_R\otimes\boldsymbol{a}_R]\boldsymbol{B}^{\mathrm{T}}\\ &=(\boldsymbol{C}\odot\boldsymbol{A})\boldsymbol{B}^{\mathrm{T}}\end{aligned}$$

式 (10.5.24) 至式 (10.5.26) 的其他各个表达式可类似证明。

表 10.5.4 汇总了三阶张量的纵向展开矩阵与 CP 分解的数学表示。

表 10.5.4 三阶张量的纵向展开矩阵与 CP 分解表示

矩阵化方法	纵向展开矩阵与 CP 分解表示
Kiers 方法	$x_{(k-1)J+j,i}^{(JK\times I)}=x_{ijk} \iff \boldsymbol{X}^{(JK\times I)}=[\boldsymbol{X}_{::1},\cdots,\boldsymbol{X}_{::K}]^{\mathrm{T}}=(\boldsymbol{C}\odot\boldsymbol{B})\boldsymbol{A}^{\mathrm{T}}$
	$x_{(i-1)K+k,j}^{(KI\times J)}=x_{ijk} \iff \boldsymbol{X}^{(KI\times J)}=[\boldsymbol{X}_{1::},\cdots,\boldsymbol{X}_{I::}]^{\mathrm{T}}=(\boldsymbol{A}\odot\boldsymbol{C})\boldsymbol{B}^{\mathrm{T}}$
	$x_{(j-1)I+i,k}^{(IJ\times K)}=x_{ijk} \iff \boldsymbol{X}^{(IJ\times K)}=[\boldsymbol{X}_{:1:},\cdots,\boldsymbol{X}_{:J:}]^{\mathrm{T}}=(\boldsymbol{B}\odot\boldsymbol{A})\boldsymbol{C}^{\mathrm{T}}$
LMV 方法	$x_{(j-1)K+k,i}^{(JK\times I)}=x_{ijk} \iff \boldsymbol{X}^{(JK\times I)}=[\boldsymbol{X}_{:1:}^{\mathrm{T}},\cdots,\boldsymbol{X}_{:J:}^{\mathrm{T}}]^{\mathrm{T}}=(\boldsymbol{B}\odot\boldsymbol{C})\boldsymbol{A}^{\mathrm{T}}$
	$x_{(k-1)I+i,j}^{(KI\times J)}=x_{ijk} \iff \boldsymbol{X}^{(KI\times J)}=[\boldsymbol{X}_{::1}^{\mathrm{T}},\cdots,\boldsymbol{X}_{::K}^{\mathrm{T}}]^{\mathrm{T}}=(\boldsymbol{C}\odot\boldsymbol{A})\boldsymbol{B}^{\mathrm{T}}$
	$x_{(i-1)J+j,k}^{(IJ\times K)}=x_{ijk} \iff \boldsymbol{X}^{(IJ\times K)}=[\boldsymbol{X}_{1::}^{\mathrm{T}},\cdots,\boldsymbol{X}_{I::}^{\mathrm{T}}]^{\mathrm{T}}=(\boldsymbol{A}\odot\boldsymbol{B})\boldsymbol{C}^{\mathrm{T}}$
Kolda 方法	$x_{(k-1)J+j,i}^{(JK\times I)}=x_{ijk} \iff \boldsymbol{X}^{(JK\times I)}=[\boldsymbol{X}_{::1},\cdots,\boldsymbol{X}_{::K}]^{\mathrm{T}}=(\boldsymbol{C}\odot\boldsymbol{B})\boldsymbol{A}^{\mathrm{T}}$
	$x_{(k-1)I+i,j}^{(KI\times J)}=x_{ijk} \iff \boldsymbol{X}^{(KI\times J)}=[\boldsymbol{X}_{::1}^{\mathrm{T}},\cdots,\boldsymbol{X}_{::K}^{\mathrm{T}}]^{\mathrm{T}}=(\boldsymbol{C}\odot\boldsymbol{A})\boldsymbol{B}^{\mathrm{T}}$
	$x_{(j-1)I+i,k}^{(IJ\times K)}=x_{ijk} \iff \boldsymbol{X}^{(IJ\times K)}=[\boldsymbol{X}_{:1:}^{\mathrm{T}},\cdots,\boldsymbol{X}_{:J:}^{\mathrm{T}}]^{\mathrm{T}}=(\boldsymbol{B}\odot\boldsymbol{A})\boldsymbol{C}^{\mathrm{T}}$

由表 10.5.3 和表 10.5.4 易知

$$\boldsymbol{X}_{\text{Kiers}}^{(n)}=\left(\boldsymbol{X}_{\text{Kiers}(n)}\right)^{\text{T}},\quad \boldsymbol{X}_{\text{LMV}}^{(n)}=\left(\boldsymbol{X}_{\text{LMV}(n)}\right)^{\text{T}},\quad \boldsymbol{X}_{\text{Kolda}}^{(n)}=\left(\boldsymbol{X}_{\text{Kolda}(n)}\right)^{\text{T}}$$

N 阶张量 $\mathcal{X}\in\mathbb{R}^{I_1\times I_2\times\cdots\times I_N}$ 的 CP 分解的元素表达式为

$$x_{i_1\cdots i_N}=\sum_{r=1}^{R}u_{i_1,r}^{(1)}u_{i_2,r}^{(2)}\cdots u_{i_N,r}^{(N)} \tag{10.5.27}$$

或等价写作

$$\mathcal{X}=\sum_{r=1}^{R}\boldsymbol{u}_r^{(1)}\circ\boldsymbol{u}_r^{(2)}\circ\cdots\circ\boldsymbol{u}_r^{(N)} \tag{10.5.28}$$

易知，张量的 CP 分解是矩阵分解式 (10.5.4) 的直接推广。

CP 分解也可以用 Kruskal 算子写作 [276]

$$\mathcal{X}=[\![\boldsymbol{U}^{(1)},\cdots,\boldsymbol{U}^{(N)}]\!]=[\![\mathcal{I};\boldsymbol{U}^{(1)},\cdots,\boldsymbol{U}^{(N)}]\!] \tag{10.5.29}$$

显然，CP 分解是核心张量 $\mathcal{G}\in\mathbb{K}^{J_1\times\cdots\times J_N}$ 取 N 阶单位张量 $\mathcal{I}\in\mathbb{R}^{R\times\cdots\times R}$ (其超对角元素为 1，其他所有元素等于 0) 时 Tucker 分解的特例。

在运用上述模式-n 矩阵化公式时，应该遵循两个基本原则：不得出现下标等于零或小于零的因子矩阵 $\boldsymbol{U}_k, k\leqslant 0$；相同下标的因子矩阵只取 1 次。

表 10.5.5 汇总了 CP 分解的各种数学表示形式。表中，$\boldsymbol{U}^{(n)}\in\mathbb{R}^{I_n\times R}, n=1,\cdots,N$ 称为因子矩阵。

表 10.5.5　CP 分解的数学表示形式

表示方法	数学公式
算子形式	$\mathcal{X}=[\![\boldsymbol{U}^{(1)},\boldsymbol{U}^{(2)},\cdots,\boldsymbol{U}^{(N)}]\!]=[\![\mathcal{I};\boldsymbol{U}^{(1)},\cdots,\boldsymbol{U}^{(N)}]\!]$
n-模式积	$\mathcal{X}=\mathcal{I}\times_1\boldsymbol{U}^{(1)}\times_2\boldsymbol{U}^{(2)}\cdots\times_N\boldsymbol{U}^{(N)}$
元素形式	$x_{i_1\cdots i_N}=\sum_{r=1}^{R}u_{i_1,r}^{(1)}u_{i_2,r}^{(2)}\cdots u_{i_N,r}^{(N)}$
外积表示	$\mathcal{X}=\sum_{r=1}^{R}\boldsymbol{u}_r^{(1)}\circ\boldsymbol{u}_r^{(2)}\circ\cdots\circ\boldsymbol{u}_r^{(N)}$
Kiers 矩阵化	$x_{i_nj}^{(I_n\times I_1\cdots I_{n-1}I_{n+1}\cdots I_N)}=x_{i_1\cdots i_N}$　(j 由式 (10.2.3) 确定) $\Longleftrightarrow \boldsymbol{X}^{(I_n\times I_1\cdots I_{n-1}I_{n+1}\cdots I_N)}=\boldsymbol{U}^{(n)}\left(\boldsymbol{U}^{(n-1)}\odot\cdots\odot\boldsymbol{U}^{(1)}\odot\boldsymbol{U}^{(N)}\odot\cdots\odot\boldsymbol{U}^{(n+1)}\right)^{\text{T}}$
LMV 矩阵化	$x_{i_nj}^{(I_n\times I_1\cdots I_{n-1}I_{n+1}\cdots I_N)}=x_{i_1\cdots i_N}$　(j 由式 (10.2.5) 确定) $\Longleftrightarrow \boldsymbol{X}^{(I_n\times I_1\cdots I_{n-1}I_{n+1}\cdots I_N)}=\boldsymbol{U}^{(n)}\left(\boldsymbol{U}^{(n+1)}\odot\cdots\odot\boldsymbol{U}^{(N)}\odot\boldsymbol{U}^{(1)}\odot\cdots\odot\boldsymbol{U}^{(n-1)}\right)^{\text{T}}$
Kolda 矩阵化	$x_{i_nj}^{(I_n\times I_1\cdots I_{n-1}I_{n+1}\cdots I_N)}=x_{i_1\cdots i_N}$　(j 由式 (10.2.6) 确定) $\Longleftrightarrow \boldsymbol{X}^{(I_n\times I_1\cdots I_{n-1}I_{n+1}\cdots I_N)}=\boldsymbol{U}^{(n)}\left(\boldsymbol{U}^{(N)}\odot\cdots\odot\boldsymbol{U}^{(n+1)}\odot\boldsymbol{U}^{(n-1)}\odot\cdots\odot\boldsymbol{U}^{(1)}\right)^{\text{T}}$

表 10.5.6 汇总了 CP 分解的多种变型：PARAFAC2 是 PARAFAC 模型的松弛形式，S-PARAFAC 为移位 PARAFAC，cPARAFAC 为卷积 PARAFAC，而 PARALIND 则是线性相关的平行因子分析。

表 10.5.6 多路模型的比较 [9]

模型名称	数学公式	处理秩亏缺	参考文献
PARAFAC	$x_{ijk} = \sum_{p=1}^{P}\sum_{q=1}^{Q}\sum_{r=1}^{R} g_{rrr}\, a_{ip}\, b_{jq}\, c_{kr}$	×	[93, 216]
PARAFAC2	$\boldsymbol{X}_{::k} = \boldsymbol{A}_k\boldsymbol{D}_k\boldsymbol{B}^{\mathrm{T}} + \boldsymbol{E}_{::k}$	×	[217]
S-PARAFAC	$x_{ijk} = \sum_{r=1}^{R} a_{(i+s_{jr})r}\, b_{jr}\, c_{kr} + e_{ijk}$	×	[218]
PARALIND	$\boldsymbol{X}_{::k} = \boldsymbol{A}\boldsymbol{H}\boldsymbol{D}_k\boldsymbol{B}^{\mathrm{T}} + \boldsymbol{E}_{::k}$	✓	[65]
cPARAFAC	$x_{ijk} = \sum_{r=1}^{R} a_{ir}\, b_{(j-\theta)r}\, c_{kr}^{\theta} + e_{ijk}$	×	[353]
Tucker3	$x_{ijk} = \sum_{p=1}^{P}\sum_{q=1}^{Q}\sum_{r=1}^{R} g_{pqr}\, a_{ip}\, b_{jq}\, c_{kr}$	✓	[487]
Tucker2	$x_{ijk} = \sum_{p=1}^{P}\sum_{q=1}^{Q} g_{pqk}\, a_{ip}\, b_{jq}$	✓	[487, 489]
Tucker1	$x_{ijk} = \sum_{p=1}^{P} g_{pjk}\, a_{ip}$	✓	[487, 489]
S-Tucker3	$x_{ijk} = \sum_{p=1}^{P}\sum_{q=1}^{Q}\sum_{r=1}^{R} g_{pqr}\, a_{(i+s_p)p}\, b_{jq}\, c_{kr}$	✓	[218]

表中，矩阵 $\boldsymbol{D}_k$ 为对角矩阵，其对角元素是模式-3 矩阵 $\boldsymbol{C}$ 的第 k 行；$\boldsymbol{H}$ 是因子矩阵之间的依赖矩阵 (相互作用矩阵)；而矩阵 $\boldsymbol{A}_k$ 是与正面切片 $\boldsymbol{X}_{::k}$ 对应的模式-1 矩阵，并要求服从以下约束条件

$$\boldsymbol{A}_k^{\mathrm{T}}\boldsymbol{A}_k = \boldsymbol{\Phi}, \quad k = 1, \cdots, K \tag{10.5.30}$$

其中 $\boldsymbol{\Phi}$ 是一个与所有切片保持不变的矩阵。

10.5.3 CP 分解的唯一性条件

CP 分解存在两种固有的不确定性，即因子向量的排序不确定性 (permutation indeterminacy) 和尺度不确定性 (scaling indeterminacy)。

首先，如果我们将因子向量 $(\boldsymbol{a}_r, \boldsymbol{b}_r, \boldsymbol{c}_r)$ 和 $(\boldsymbol{a}_p, \boldsymbol{b}_p, \boldsymbol{c}_p)$ 互换，显然

$$\mathcal{X} = \sum_{r=1}^{R} \boldsymbol{a}_r \circ \boldsymbol{b}_r \circ \boldsymbol{c}_r$$

将保持不变。这一排序不确定性也可表述为

$$\mathcal{X} = [\![\boldsymbol{A}, \boldsymbol{B}, \boldsymbol{C}]\!] = [\![\boldsymbol{AP}, \boldsymbol{BP}, \boldsymbol{CP}]\!], \quad \forall R \times R \text{ 置换矩阵 } \boldsymbol{P}$$

式中 $\boldsymbol{A} = [\boldsymbol{a}_1, \cdots, \boldsymbol{a}_R], \boldsymbol{B} = [\boldsymbol{b}_1, \cdots, \boldsymbol{b}_R]$ 和 $\boldsymbol{C} = [\boldsymbol{c}_1, \cdots, \boldsymbol{c}_R]$。

另外，只要 $\alpha_r\beta_r\gamma_r=1$ 对所有 $r=1,\cdots R$ 满足，则

$$\mathcal{X}=\sum_{r=1}^{R}(\alpha_r\boldsymbol{a}_r)\circ(\beta_r\boldsymbol{b}_r)\circ(\gamma_r\boldsymbol{c}_r)=\sum_{r=1}^{R}\boldsymbol{a}_r\circ\boldsymbol{b}_r\circ\boldsymbol{c}_r$$

换言之，张量的 CP 分解对因子向量的尺度 (即范数) 是盲的。

CP 分解的排序不确定性和尺度不确定性对于张量的多线性分析是没有影响的，因此是允许的。排除这两种固有的不确定性，CP 分解的唯一性系指：在分解项之和等于原张量的约束下，秩 1 张量可能的组合是唯一的。

CP 分解在比较宽松的条件下具有唯一性。这一宽松条件与矩阵的 Kruskal 秩有关。

定义 10.5.1 (Kruskal 秩)[286] 一个矩阵 $\boldsymbol{A}\in\mathbb{R}^{I\times J}$ 的 Kruskal 秩 (简称 k 秩) 记作 $\text{rank}_k(\boldsymbol{A})$ 或 $k_{\boldsymbol{A}}$，定义为使得 $\boldsymbol{A}$ 的任意 r 个列向量都线性无关的最大整数 r。

由于矩阵的秩 $\text{rank}(\boldsymbol{A})=r$ 只要求 r 是满足一组列向量线性无关的最大列数，而矩阵的 Kruskal 秩为 r 则要求 r 是每组 r 个列向量都线性无关的最大列数，所以 Kruskal 秩总是小于或等于矩阵 $\boldsymbol{A}$ 的秩，即 $k_{\boldsymbol{A}}\leqslant r_{\boldsymbol{A}}\overset{\text{def}}{=}\text{rank}(\boldsymbol{A})\leqslant\min\{I,J\},\forall\boldsymbol{A}$。

CP 分解具有唯一性的充分条件是 Kruskal 于 1977 年提出的[286]

$$k_{\boldsymbol{A}}+k_{\boldsymbol{B}}+k_{\boldsymbol{C}}\geqslant 2R+2 \tag{10.5.31}$$

其中 $\boldsymbol{A},\boldsymbol{B},\boldsymbol{C}$ 的列向量分别是 $\boldsymbol{a}_r,\boldsymbol{b}_r,\boldsymbol{c}_r$。

Berge 与 Sidiropoulos 证明了[42] 对于 $R=2$ 和 $R=3$，上述 Kruskal 充分条件既是张量 CP 分解的充分条件，也是必要条件；但是这一结论对 $R>3$ 的情况不成立。

Sidiropoulos 与 Bro[453] 推广了 Kruskal 的上述充分条件，证明了若 N 路张量 $\mathcal{X}\in\mathbb{R}^{I_1\times\cdots\times I_N}$ 的秩为 R，并且张量的 CP 分解为

$$\mathcal{X}=\sum_{r=1}^{R}\boldsymbol{a}_r^{(1)}\circ\boldsymbol{a}_r^{(2)}\circ\cdots\circ\boldsymbol{a}_r^{(N)} \tag{10.5.32}$$

则上述分解为唯一分解的充分条件是

$$\sum_{n=1}^{N}k_{\boldsymbol{X}_{(n)}}\geqslant 2R+(N-1) \tag{10.5.33}$$

式中 $k_{\boldsymbol{X}_{(n)}}$ 是张量 $\mathcal{X}$ 的模式-n 矩阵化 $\boldsymbol{X}_{(n)}=\boldsymbol{X}^{(I_n\times I_1\cdots I_{n-1}I_{n+1}\cdots I_N)}$ 的 Kruskal 秩。

由三阶张量的纵向展开 $\boldsymbol{X}^{(JK\times I)}=(\boldsymbol{B}\odot\boldsymbol{C})\boldsymbol{A}^{\mathrm{T}},\boldsymbol{X}^{(KI\times J)}=(\boldsymbol{C}\odot\boldsymbol{A})\boldsymbol{B}^{\mathrm{T}},\boldsymbol{X}^{(IJ\times K)}=(\boldsymbol{A}\odot\boldsymbol{B})\boldsymbol{C}^{\mathrm{T}}$，Liu 与 Sidiropoulos[320] 证明了三阶张量的 CP 分解唯一性的必要条件为

$$\min\{\text{rank}(\boldsymbol{A}\odot\boldsymbol{B}),\text{rank}(\boldsymbol{B}\odot\boldsymbol{C}),\text{rank}(\boldsymbol{C}\odot\boldsymbol{A})\}=R \tag{10.5.34}$$

N 阶张量的 CP 分解唯一性的必要条件为

$$\min_{n=1,\cdots,N}\text{rank}\left(\boldsymbol{A}_1\odot\cdots\odot\boldsymbol{A}_{n-1}\odot\boldsymbol{A}_{n+1}\odot\cdots\odot\boldsymbol{A}_N\right)=R \tag{10.5.35}$$

式中 $\boldsymbol{U}^{(n)}, n=1,\cdots,N$ 是满足纵向展开

$$\boldsymbol{X}^{(I_2\cdots I_N\times I_1)}=(\boldsymbol{A}_N\odot\cdots\odot\boldsymbol{A}_3\odot\boldsymbol{A}_2)\boldsymbol{A}_1^{\mathrm{T}} \tag{10.5.36}$$

的分量矩阵。

由于 $\mathrm{rank}(\boldsymbol{A}\odot\boldsymbol{B})\leqslant\mathrm{rank}(\boldsymbol{A}\otimes\boldsymbol{B})\leqslant\mathrm{rank}(\boldsymbol{A})\mathrm{rank}(\boldsymbol{B})$，故更简单的必要条件为[320]

$$\min_{n=1,\cdots,N}\left(\prod_{m=1,m\neq n}^{N}\mathrm{rank}(\boldsymbol{A}_m)\right)\geqslant R \tag{10.5.37}$$

Lathauwer[300] 证明了，三阶张量 $\mathcal{A}\in\mathbb{R}^{I\times J\times K}$ 的 CP 分解一般是唯一的，若

$$R\leqslant K \quad \text{and} \quad R(R-1)\leqslant I(I-1)J(J-1)/2 \tag{10.5.38}$$

类似地，具有秩 R 的四阶张量 $\mathcal{A}\in\mathbb{R}^{I\times J\times K\times L}$ 的 CP 分解一般是唯一的，若[278]

$$R\leqslant L \quad \text{and} \quad R(R-1)\leqslant IJK(3IJK-IJ-IK-JK-I-J-K+3)/4 \tag{10.5.39}$$

10.5.4 CP 分解的交替最小二乘算法

考虑三阶张量的 CP 分解的 Kiers 水平展开的分离优化问题

$$\boldsymbol{A}=\arg\min_{\boldsymbol{A}}\|\boldsymbol{X}^{(I\times JK)}-\boldsymbol{A}(\boldsymbol{C}\odot\boldsymbol{B})^{\mathrm{T}}\|_{\mathrm{F}}^2 \tag{10.5.40}$$

$$\boldsymbol{B}=\arg\min_{\boldsymbol{B}}\|\boldsymbol{X}^{(J\times KI)}-\boldsymbol{B}(\boldsymbol{A}\odot\boldsymbol{C})^{\mathrm{T}}\|_{\mathrm{F}}^2 \tag{10.5.41}$$

$$\boldsymbol{C}=\arg\min_{\boldsymbol{C}}\|\boldsymbol{X}^{(K\times IJ)}-\boldsymbol{C}(\boldsymbol{B}\odot\boldsymbol{A})^{\mathrm{T}}\|_{\mathrm{F}}^2 \tag{10.5.42}$$

它们的最小二乘解分别为

$$\boldsymbol{A}=\boldsymbol{X}^{(I\times JK)}\left((\boldsymbol{C}\odot\boldsymbol{B})^{\mathrm{T}}\right)^{\dagger} \tag{10.5.43}$$

$$\boldsymbol{B}=\boldsymbol{X}^{(J\times KI)}\left((\boldsymbol{A}\odot\boldsymbol{C})^{\mathrm{T}}\right)^{\dagger} \tag{10.5.44}$$

$$\boldsymbol{C}=\boldsymbol{X}^{(K\times IJ)}\left((\boldsymbol{B}\odot\boldsymbol{A})^{\mathrm{T}}\right)^{\dagger} \tag{10.5.45}$$

利用 Khatri-Rao 积的 Moore-Penrose 逆矩阵的性质

$$(\boldsymbol{C}\odot\boldsymbol{B})^{\dagger}=(\boldsymbol{C}^{\mathrm{T}}\boldsymbol{C}*\boldsymbol{B}^{\mathrm{T}}\boldsymbol{B})^{\dagger}(\boldsymbol{C}\odot\boldsymbol{B})^{\mathrm{T}} \tag{10.5.46}$$

可求得因子矩阵 $\boldsymbol{A}$ 的解为

$$\boldsymbol{A}=\boldsymbol{X}^{(I\times JK)}(\boldsymbol{C}\odot\boldsymbol{B})(\boldsymbol{C}^{\mathrm{T}}\boldsymbol{C}*\boldsymbol{B}^{\mathrm{T}}\boldsymbol{B})^{\dagger} \tag{10.5.47}$$

仿此，又可分别得到模式-B 矩阵和模式-C 矩阵的最小二乘解为

$$\boldsymbol{B}=\boldsymbol{X}^{(J\times KI)}(\boldsymbol{A}\odot\boldsymbol{C})(\boldsymbol{A}^{\mathrm{T}}\boldsymbol{A}*\boldsymbol{C}^{\mathrm{T}}\boldsymbol{C})^{\dagger} \tag{10.5.48}$$

$$\boldsymbol{C}=\boldsymbol{X}^{(K\times IJ)}(\boldsymbol{B}\odot\boldsymbol{A})(\boldsymbol{B}^{\mathrm{T}}\boldsymbol{B}*\boldsymbol{A}^{\mathrm{T}}\boldsymbol{A})^{\dagger} \tag{10.5.49}$$

算法 10.5.1 CP 分解的交替最小二乘算法——Kiers 水平展开矩阵形式[66, 9]

输入 张量 $\mathcal{X}$ 的 Kiers 水平展开矩阵 $\boldsymbol{X}^{(I\times JK)},\boldsymbol{X}^{(J\times KI)},\boldsymbol{X}^{(K\times IJ)}$ 及因子个数 R。

输出 因子矩阵 $\boldsymbol{A}\in\mathbb{R}^{I\times R},\boldsymbol{B}\in\mathbb{R}^{J\times R},\boldsymbol{C}\in\mathbb{R}^{K\times R}$。

初始化 矩阵 $\boldsymbol{B}_0$ 和 $\boldsymbol{C}_0$。

步骤 1 对 $k=1,2,\cdots$，执行以下更新

$$\boldsymbol{A}_{k+1}\leftarrow\boldsymbol{X}^{(I\times JK)}(\boldsymbol{C}_k\odot\boldsymbol{B}_k)(\boldsymbol{C}_k^{\mathrm{T}}\boldsymbol{C}_k*\boldsymbol{B}_k^{\mathrm{T}}\boldsymbol{B}_k)^{\dagger}$$
$$\boldsymbol{B}_{k+1}\leftarrow\boldsymbol{X}^{(J\times KI)}(\boldsymbol{A}_{k+1}\odot\boldsymbol{C}_k)(\boldsymbol{A}_{k+1}^{\mathrm{T}}\boldsymbol{A}_{k+1}*\boldsymbol{C}_k^{\mathrm{T}}\boldsymbol{C}_k)^{\dagger}$$
$$\boldsymbol{C}_{k+1}\leftarrow\boldsymbol{X}^{(K\times IJ)}(\boldsymbol{B}_{k+1}\odot\boldsymbol{A}_{k+1})(\boldsymbol{B}_{k+1}^{\mathrm{T}}\boldsymbol{B}_{k+1}*\boldsymbol{A}_{k+1}^{\mathrm{T}}\boldsymbol{A}_{k+1})^{\dagger}$$

步骤 2 收敛条件检验：若对某个误差常数 $\epsilon>0$，收敛条件

$$\|\boldsymbol{X}^{(I\times JK)}-\boldsymbol{A}_{k+1}(\boldsymbol{C}_{k+1}\odot\boldsymbol{B}_{k+1})^{\mathrm{T}}\|_2^2<\epsilon$$

满足，则停止迭代，并输出因子矩阵 $\boldsymbol{A},\boldsymbol{B},\boldsymbol{C}$；否则，返回步骤 1，继续迭代，直至收敛。

类似地，又可得到针对三阶张量的 LMV 纵向展开矩阵的 CP 分解的交替最小二乘算法。

算法 10.5.2 CP 分解的交替最小二乘算法——LMV 纵向展开矩阵形式[303]

输入 三阶张量 $\mathcal{X}$ 的 LMV 纵向展开矩阵 $\boldsymbol{X}^{(JK\times I)},\boldsymbol{X}^{(KI\times J)},\boldsymbol{X}^{(IJ\times K)}$，以及因子个数 R。

输出 因子矩阵 $\boldsymbol{A}\in\mathbb{R}^{I\times R},\boldsymbol{B}\in\mathbb{R}^{J\times R},\boldsymbol{C}\in\mathbb{R}^{K\times R}$。

初始化 矩阵 $\boldsymbol{B}_0$ 和 $\boldsymbol{C}_0$。

步骤 1 对 $k=1,2,\cdots$，执行以下更新

$$\boldsymbol{A}_{k+1}\leftarrow[(\boldsymbol{B}_k\odot\boldsymbol{C}_k)^{\dagger}\boldsymbol{X}^{(JK\times I)}]^{\mathrm{T}}$$
$$\tilde{\boldsymbol{B}}\leftarrow[(\boldsymbol{C}_k\odot\boldsymbol{A}_{k+1})^{\dagger}\boldsymbol{X}^{(KI\times J)}]^{\mathrm{T}}$$
$$[\boldsymbol{B}_{k+1}]_{:,r}=\tilde{\boldsymbol{B}}_{:,r}/\|\tilde{\boldsymbol{B}}_{:,r}\|_2,\quad r=1,\cdots,R$$
$$\tilde{\boldsymbol{C}}\leftarrow[(\boldsymbol{A}_{k+1}\odot\boldsymbol{B}_{k+1})^{\dagger}\boldsymbol{X}^{(IJ\times K)}]^{\mathrm{T}}$$
$$[\boldsymbol{C}_{k+1}]_{:,r}=\tilde{\boldsymbol{C}}_{:,r}/\|\tilde{\boldsymbol{C}}_{:,r}\|_2,\quad r=1,\cdots,R$$

步骤 2 收敛条件检验：若对某个误差常数 $\epsilon>0$，收敛条件

$$\|\boldsymbol{X}^{(JK\times I)}-(\boldsymbol{B}\odot\boldsymbol{C})\boldsymbol{A}^{\mathrm{T}}\|_2^2<\epsilon$$

满足，则停止迭代，并输出因子矩阵 $\boldsymbol{A},\boldsymbol{B},\boldsymbol{C}$；否则，返回步骤 1，继续迭代，直至收敛。

下面是基于 Kolda 水平展开矩阵的 N 阶张量的 CP 分解的交替最小二乘算法[278]。

算法 10.5.3 CP-ALS$(\mathcal{X},R)$

输入 三阶张量 $\mathcal{X}$ 以及因子个数 R。

输出 因子矩阵 $\boldsymbol{A}\in\mathbb{R}^{I\times R},\boldsymbol{B}\in\mathbb{R}^{J\times R},\boldsymbol{C}\in\mathbb{R}^{K\times R}$。

初始化 $\boldsymbol{A}_n \in \mathbb{R}^{I_n \times R}, n = 1, \cdots, N$。

步骤 1 计算三阶张量 $\mathcal{X}$ 的 Kolda 水平展开矩阵 $\boldsymbol{X}^{(I\times JK)}, \boldsymbol{X}^{(J\times KI)}, \boldsymbol{X}^{(K\times IJ)}$。

步骤 2 对 $n = 1, \cdots, N$，计算

$$
\begin{aligned}
&\boldsymbol{V} \leftarrow \boldsymbol{A}_1^{\mathrm{T}}\boldsymbol{A}_1 * \cdots * \boldsymbol{A}_{n-1}^{\mathrm{T}}\boldsymbol{A}_{n-1} * \boldsymbol{A}_{n+1}^{\mathrm{T}}\boldsymbol{A}_{n+1} * \cdots * \boldsymbol{A}_N^{\mathrm{T}}\boldsymbol{A}_N \\
&\boldsymbol{A}_n \leftarrow \boldsymbol{X}_{(n)}(\boldsymbol{A}_N \odot \cdots \odot \boldsymbol{A}_{n+1} \odot \boldsymbol{A}_{n-1} \odot \cdots \odot \boldsymbol{A}_1)\boldsymbol{V}^{\dagger} \\
&\lambda_n \leftarrow \|\boldsymbol{A}_n\| \\
&\boldsymbol{A}_n \leftarrow \boldsymbol{A}_n/\lambda_n
\end{aligned}
$$

步骤 3 若收敛条件满足或达到最大迭代步数，则输出 $\boldsymbol{\lambda} = [\lambda_1, \cdots, \lambda_N]^{\mathrm{T}}$ 和 $\boldsymbol{A}_1, \cdots, \boldsymbol{A}_N$；否则，重复步骤 2 的运算，直到收敛条件满足或者达到最大迭代步数。

交替最小二乘算法的主要优点是简单、容易实现，主要缺点是有可能迭代过程徘徊不止，不能收敛；或者因为迭代过程陷入泥沼之中，使得需要经过漫长迭代，最终才能收敛。大多数的交替最小二乘算法收敛都比较慢。如果算法的结果检测到异常的数据值，还需要重新拟合模型，收敛慢的问题将更加突出。

为了避免交替最小二乘方法的发散或者缓慢的收敛，需要对交替最小二乘的代价函数正则化。下面是三阶张量的 CP 分解的两种正则交替最小二乘迭代公式：

(1) Kolda 水平展开 [315]

$$
\boldsymbol{A}_{k+1} = \arg\min_{\boldsymbol{A}} \|\boldsymbol{X}^{(I\times JK)} - \boldsymbol{A}(\boldsymbol{C}_k \odot \boldsymbol{B}_k)^{\mathrm{T}}\|_{\mathrm{F}}^2 + \tau_k\|\boldsymbol{A} - \boldsymbol{A}_k\|_{\mathrm{F}}^2 \tag{10.5.50}
$$

$$
\boldsymbol{B}_{k+1} = \arg\min_{\boldsymbol{B}} \|\boldsymbol{X}^{(J\times KI)} - \boldsymbol{B}(\boldsymbol{C}_k \odot \boldsymbol{A}_{k+1})^{\mathrm{T}}\|_{\mathrm{F}}^2 + \tau_k\|\boldsymbol{B} - \boldsymbol{B}_k\|_{\mathrm{F}}^2 \tag{10.5.51}
$$

$$
\boldsymbol{C}_{k+1} = \arg\min_{\boldsymbol{C}} \|\boldsymbol{X}^{(K\times IJ)} - \boldsymbol{C}(\boldsymbol{B}_{k+1} \odot \boldsymbol{A}_{k+1})^{\mathrm{T}}\|_{\mathrm{F}}^2 + \tau_k\|\boldsymbol{C} - \boldsymbol{C}_k\|_{\mathrm{F}}^2 \tag{10.5.52}
$$

(2) LMV 纵向展开 [356]

$$
\boldsymbol{A}_{k+1}^{\mathrm{T}} = \arg\min_{\boldsymbol{A}} \|\boldsymbol{X}^{(JK\times I)} - (\boldsymbol{B}_k \odot \boldsymbol{C}_k)\boldsymbol{A}^{\mathrm{T}}\|_{\mathrm{F}}^2 + \tau_k\|\boldsymbol{A}^{\mathrm{T}} - \boldsymbol{A}_k^{\mathrm{T}}\|_{\mathrm{F}}^2 \tag{10.5.53}
$$

$$
\boldsymbol{B}_{k+1}^{\mathrm{T}} = \arg\min_{\boldsymbol{B}} \|\boldsymbol{X}^{(KI\times J)} - (\boldsymbol{C}_k \odot \boldsymbol{A}_{k+1})\boldsymbol{B}^{\mathrm{T}}\|_{\mathrm{F}}^2 + \tau_k\|\boldsymbol{B}^{\mathrm{T}} - \boldsymbol{B}_k^{\mathrm{T}}\|_{\mathrm{F}}^2 \tag{10.5.54}
$$

$$
\boldsymbol{C}_{k+1}^{\mathrm{T}} = \arg\min_{\boldsymbol{C}} \|\boldsymbol{X}^{(IJ\times K)} - (\boldsymbol{A}_{k+1} \odot \boldsymbol{B}_{k+1})\boldsymbol{C}^{\mathrm{T}}\|_{\mathrm{F}}^2 + \tau_k\|\boldsymbol{C}^{\mathrm{T}} - \boldsymbol{C}_k^{\mathrm{T}}\|_{\mathrm{F}}^2 \tag{10.5.55}
$$

以 Kolda 水平展开中的因子矩阵 $\boldsymbol{A}$ 的更新为例，正则项 $\|\boldsymbol{A} - \boldsymbol{A}_k\|_{\mathrm{F}}^2$ 可以迫使更新之后的矩阵 $\boldsymbol{A}$ 不会偏离 $\boldsymbol{A}_k$ 太多，从而避免迭代过程的发散。

求子优化问题式 (10.5.50) 中目标函数关于变元矩阵 $\boldsymbol{A}$ 的梯度矩阵，并令梯度矩阵等于零矩阵，则有

$$
\left((\boldsymbol{C}_k \odot \boldsymbol{B}_k)^{\mathrm{T}}(\boldsymbol{C}_k \odot \boldsymbol{B}_k) + \tau_k\boldsymbol{I}\right)\boldsymbol{A}^{\mathrm{T}} = (\boldsymbol{C}_k \odot \boldsymbol{B}_k)^{\mathrm{T}}(\boldsymbol{X}^{I\times JK})^{\mathrm{T}} + \tau_k(\boldsymbol{A}_k)^{\mathrm{T}}
$$

由此得子优化问题式 (10.5.50) 的正则化最小二乘解为

$$\begin{aligned}\boldsymbol{A} &= \left(\boldsymbol{X}^{I\times JK}(\boldsymbol{C}_k \odot \boldsymbol{B}_k) + \tau_k \boldsymbol{A}_k\right)\left((\boldsymbol{C}_k \odot \boldsymbol{B}_k)^{\mathrm{T}}(\boldsymbol{C}_k \odot \boldsymbol{B}_k) + \tau_k \boldsymbol{I}\right)^{-1} \\ &= \left(\boldsymbol{X}^{I\times JK}(\boldsymbol{C}_k \odot \boldsymbol{B}_k) + \tau_k \boldsymbol{A}_k\right)\left(\boldsymbol{C}_k^{\mathrm{T}}\boldsymbol{C}_k * \boldsymbol{B}_k^{\mathrm{T}}\boldsymbol{B}_k + \tau_k \boldsymbol{I}\right)^{-1}\end{aligned} \tag{10.5.56}$$

类似地，可得

$$\boldsymbol{B} = \left(\boldsymbol{X}^{(J\times KI)}(\boldsymbol{C}_k \odot \boldsymbol{A}_{k+1}) + \tau_k \boldsymbol{B}_k\right)\left(\boldsymbol{C}_k^{\mathrm{T}}\boldsymbol{C}_k * \boldsymbol{A}_{k+1}^{\mathrm{T}}\boldsymbol{A}_{k+1} + \tau_i \boldsymbol{I}\right)^{-1} \tag{10.5.57}$$

$$\boldsymbol{C} = \left(\boldsymbol{X}^{(K\times IJ)}(\boldsymbol{B}_{k+1} \odot \boldsymbol{A}_{k+1}) + \tau_k \boldsymbol{C}_k\right)\left(\boldsymbol{B}_{k+1}^{\mathrm{T}}\boldsymbol{B}_{k+1} * \boldsymbol{A}_{k+1}^{\mathrm{T}}\boldsymbol{A}_{k+1} + \tau_k \boldsymbol{I}\right)^{-1} \tag{10.5.58}$$

以下是三阶张量的 CP 分解的 Kolda 水平展开形式的正则交替最小二乘算法[315]。

算法 10.5.4 正则交替最小二乘算法 CP-RALS($\mathcal{X}, R, N, \lambda$)

输入 三阶张量 $\mathcal{X}$ 的 Kolda 水平展开矩阵 $\boldsymbol{X}^{(I\times JK)}, \boldsymbol{X}^{(J\times KI)}, \boldsymbol{X}^{(K\times IJ)}$，以及因子个数 R。

输出 因子矩阵 $\boldsymbol{A} \in \mathbb{R}^{I\times R}, \boldsymbol{B} \in \mathbb{R}^{J\times R}, \boldsymbol{C} \in \mathbb{R}^{K\times R}$。

初始化 $\boldsymbol{A}_0 \in \mathbb{R}^{I\times R}, \boldsymbol{B}_0 \in \mathbb{R}^{J\times R}, \boldsymbol{C}_0 \in \mathbb{R}^{K\times R}, \tau_0$。

迭代 $k = 1, 2, \cdots$

$\boldsymbol{W} \leftarrow \boldsymbol{X}^{I\times JK}(\boldsymbol{C}_k \odot \boldsymbol{B}_k) + \tau_k \boldsymbol{A}_k$

$\boldsymbol{S} \leftarrow \boldsymbol{C}_k^{\mathrm{T}}\boldsymbol{C}_k * \boldsymbol{B}_k^{\mathrm{T}}\boldsymbol{B}_k + \tau_k \boldsymbol{I}$

$\boldsymbol{A}_{k+1} \leftarrow \boldsymbol{W}\boldsymbol{S}^{-1}$

$\boldsymbol{W} \leftarrow \boldsymbol{X}^{(J\times KI)}(\boldsymbol{C}_k \odot \boldsymbol{A}_{k+1}) + \tau_k \boldsymbol{B}_k$

$\boldsymbol{S} \leftarrow \boldsymbol{C}_k^{\mathrm{T}}\boldsymbol{C}_k * \boldsymbol{A}_{k+1}^{\mathrm{T}}\boldsymbol{A}_{k+1} + \tau_i \boldsymbol{I}$

$\boldsymbol{B}_{k+1} \leftarrow \boldsymbol{W}\boldsymbol{S}^{-1}$

$\boldsymbol{W} \leftarrow \boldsymbol{X}^{(K\times IJ)}(\boldsymbol{B}_{k+1} \odot \boldsymbol{A}_{k+1}) + \tau_k \boldsymbol{C}_k$

$\boldsymbol{S} \leftarrow \boldsymbol{B}_{k+1}^{\mathrm{T}}\boldsymbol{B}_{k+1} * \boldsymbol{A}_{k+1}^{\mathrm{T}}\boldsymbol{A}_{k+1} + \tau_k \boldsymbol{I}$

$\boldsymbol{C}_{k+1} \leftarrow \boldsymbol{W}\boldsymbol{S}^{-1}$

$\tau_{k+1} \leftarrow \delta \cdot \tau_k$

若 $\tau_k \equiv 0, \forall k$，则算法 10.5.4 退化为普通的交替最小二乘算法。可以看出，以因子矩阵 $\boldsymbol{A}$ 的更新为例，正则交替最小二乘算法对交替最小二乘算法的改进主要体现在以下两个方面：

(1) 用 $\left(\boldsymbol{C}_k^{\mathrm{T}}\boldsymbol{C}_k * \boldsymbol{B}_k^{\mathrm{T}}\boldsymbol{B}_k + \tau_k \boldsymbol{I}\right)^{-1}$ 代替 $\left(\boldsymbol{C}_k^{\mathrm{T}}\boldsymbol{C}_k * \boldsymbol{B}_k^{\mathrm{T}}\boldsymbol{B}_k\right)^{\dagger}$，可以避免 $\boldsymbol{C}_k^{\mathrm{T}}\boldsymbol{C}_k * \boldsymbol{B}_k^{\mathrm{T}}\boldsymbol{B}_k$ 的可能奇异带来的数值稳定性问题。

(2) 用 $\boldsymbol{X}^{I\times JK}(\boldsymbol{C}_k \odot \boldsymbol{B}_k) + \tau_k \boldsymbol{A}_k$ 代替 $\boldsymbol{X}^{I\times JK}(\boldsymbol{C}_k \odot \boldsymbol{B}_k)$，使得 $\boldsymbol{A}_{k+1}$ 的更新通过 τ_k 的加权作用，与 $\boldsymbol{A}_k$ 弱相关，可以防止 $\boldsymbol{A}_{k+1}$ 发生突跳。

需要指出的是，如果完全与 Tikhonov 正则化一样，正则项为 $\tau_k\|\boldsymbol{A}\|_{\mathrm{F}}^2$，而不是 $\tau_k\|\boldsymbol{A} - \boldsymbol{A}_k\|_{\mathrm{F}}^2$，则只能有上述优点 (1)，而不可能有优点 (2)。

10.6 多路数据分析的预处理与后处理

前面介绍了多路数据分析的理论与方法。和二路数据处理一样，多路数据处理也需要预处理和后处理[219, 41, 63, 267]。

10.6.1 多路数据的中心化与比例化

在矩阵分析中，最常用的预处理是数据的零均值化。张量分析所需要的预处理比矩阵分析的预处理更为复杂，不仅需要中心化 (centering)，而且有必要对数据进行比例化或缩放 (scaling)。

零均值化或中心化的主要目的是剔除原始数据中的"直流"即固定的分量，只保留其中随机变化的分量。

张量数据的中心化必须指明是针对哪一个模式进行的。以三阶张量 $\mathcal{X} \in \mathbb{R}^{I\times J\times K}$ 为例，对张量元素的模式-n 中心化分别为

$$x_{ijk}^{\text{cent}\,1} = x_{ijk} - \bar{x}_{:jk}, \quad \bar{x}_{:jk} = \frac{1}{I}\sum_{i=1}^{I} x_{ijk} \tag{10.6.1}$$

$$x_{ijk}^{\text{cent}\,2} = x_{ijk} - \bar{x}_{i:k}, \quad \bar{x}_{i:k} = \frac{1}{J}\sum_{j=1}^{J} x_{ijk} \tag{10.6.2}$$

$$x_{ijk}^{\text{cent}\,3} = x_{ijk} - \bar{x}_{ij:}, \quad \bar{x}_{ij:} = \frac{1}{K}\sum_{k=1}^{K} x_{ijk} \tag{10.6.3}$$

若中心化是针对两个模式同时进行的，则有

$$x_{ijk}^{\text{cent}\,(1,2)} = x_{ijk} - \bar{x}_{::k}, \quad \bar{x}_{::k} = \frac{1}{IJ}\sum_{i=1}^{I}\sum_{j=1}^{J} x_{ijk} \tag{10.6.4}$$

$$x_{ijk}^{\text{cent}\,(2,3)} = x_{ijk} - \bar{x}_{i::}, \quad \bar{x}_{i::} = \frac{1}{JK}\sum_{j=1}^{J}\sum_{k=1}^{K} x_{ijk} \tag{10.6.5}$$

$$x_{ijk}^{\text{cent}\,(3,1)} = x_{ijk} - \bar{x}_{:j:}, \quad \bar{x}_{:j:} = \frac{1}{IK}\sum_{i=1}^{I}\sum_{k=1}^{K} x_{ijk} \tag{10.6.6}$$

此外，张量数据还需要进行比例化或缩放，即对每一个数据除以某个固定因子

$$x_{ijk}^{\text{scal}\,1} = \frac{x_{ijk}}{s_i}, \quad s_i = \sqrt{\sum_{j=1}^{J}\sum_{k=1}^{K} x_{ijk}^2} \quad (i=1,\cdots,I) \tag{10.6.7}$$

$$x_{ijk}^{\text{scal}\,2} = \frac{x_{ijk}}{s_j}, \quad s_j = \sqrt{\sum_{i=1}^{I}\sum_{k=1}^{K} x_{ijk}^2} \quad (j=1,\cdots,J) \tag{10.6.8}$$

$$x_{ijk}^{\text{scal}\,3} = \frac{x_{ijk}}{s_k}, \quad s_k = \sqrt{\sum_{i=1}^{I}\sum_{j=1}^{J} x_{ijk}^2} \quad (k=1,\cdots K) \tag{10.6.9}$$

需要注意的是，通常只对三阶张量展开矩阵的列进行中心化，对行进行缩放[63]。因此，有

$$\text{Kiers 矩阵化}\begin{cases}\boldsymbol{X}^{I\times JK}=[\boldsymbol{X}_{::1},\cdots,\boldsymbol{X}_{::K}]\ \text{进行中心化}\ x_{ijk}^{\text{cent}\,2},\text{缩放}\ x_{ijk}^{\text{scal}\,1}\\ \boldsymbol{X}^{J\times KI}=[\boldsymbol{X}_{1::},\cdots,\boldsymbol{X}_{I::}]\ \text{进行中心化}\ x_{ijk}^{\text{cent}\,3},\text{缩放}\ x_{ijk}^{\text{scal}\,2}\\ \boldsymbol{X}^{K\times IJ}=[\boldsymbol{X}_{:1:},\cdots,\boldsymbol{X}_{:J:}]\ \text{进行中心化}\ x_{ijk}^{\text{cent}\,1},\text{缩放}\ x_{ijk}^{\text{scal}\,3}\end{cases}$$

$$\text{LMV 矩阵化}\begin{cases}\boldsymbol{X}^{I\times JK}=[\boldsymbol{X}_{:1:}^{\mathrm{T}},\cdots,\boldsymbol{X}_{:J:}^{\mathrm{T}}]\ \text{进行中心化}\ x_{ijk}^{\text{cent}\,3},\text{缩放}\ x_{ijk}^{\text{scal}\,1}\\ \boldsymbol{X}^{J\times KI}=[\boldsymbol{X}_{::1}^{\mathrm{T}},\cdots,\boldsymbol{X}_{::K}^{\mathrm{T}}]\ \text{进行中心化}\ x_{ijk}^{\text{cent}\,1},\text{缩放}\ x_{ijk}^{\text{scal}\,2}\\ \boldsymbol{X}^{K\times IJ}=[\boldsymbol{X}_{1::}^{\mathrm{T}},\cdots,\boldsymbol{X}_{I::}^{\mathrm{T}}]\ \text{进行中心化}\ x_{ijk}^{\text{cent}\,2},\text{缩放}\ x_{ijk}^{\text{scal}\,3}\end{cases}$$

$$\text{Kolda 矩阵化}\begin{cases}\boldsymbol{X}^{I\times JK}=[\boldsymbol{X}_{::1},\cdots,\boldsymbol{X}_{::K}]\ \text{进行中心化}\ x_{ijk}^{\text{cent}\,2},\text{缩放}\ x_{ijk}^{\text{scal}\,1}\\ \boldsymbol{X}^{J\times KI}=[\boldsymbol{X}_{::1}^{\mathrm{T}},\cdots,\boldsymbol{X}_{::K}^{\mathrm{T}}]\ \text{进行中心化}\ x_{ijk}^{\text{cent}\,1},\text{缩放}\ x_{ijk}^{\text{scal}\,2}\\ \boldsymbol{X}^{K\times IJ}=[\boldsymbol{X}_{:1:}^{\mathrm{T}},\cdots,\boldsymbol{X}_{:J:}^{\mathrm{T}}]\ \text{进行中心化}\ x_{ijk}^{\text{cent}\,1},\text{缩放}\ x_{ijk}^{\text{scal}\,3}\end{cases}$$

10.6.2 正则化与数据阵列的压缩

在交替最小二乘算法 10.5.3 的迭代过程中，矩阵 $\boldsymbol{V}$ 有可能出现病态。此时，需要采用 Tikhonov 正则化，即使用 $\boldsymbol{V}^{\dagger}=(\boldsymbol{V}^{\mathrm{H}}\boldsymbol{V}+\lambda\boldsymbol{I})^{-1}\boldsymbol{V}^{\mathrm{H}}$ 或者 $\boldsymbol{V}^{\dagger}=\boldsymbol{V}^{\mathrm{H}}(\boldsymbol{V}\boldsymbol{V}^{\mathrm{H}}+\lambda\boldsymbol{I})^{-1}$，其中 $\lambda>0$ 是一个很小的常数。

当高阶阵列的某个维数很大 (例如 I_n 数百或者数千) 时，CP 分解的交替最小二乘算法的收敛慢问题往往会很严重。此时，需要对数据阵列进行压缩，将原 N 阶张量 $\mathcal{X}\in\mathbb{R}^{I_1\times I_N}$ 压缩成一个维数更小的 N 阶核心张量 $\mathcal{G}\in\mathbb{R}^{J_1\times J_N}$，然后对核心张量的 CP 分解运行交替最小二乘算法，最后由核心张量的 CP 分解得到的模式矩阵，重构原张量的 CP 分解的模式矩阵。

以三阶张量 $\mathcal{X}\in\mathbb{R}^{I_1\times I_2\times I_3}$ 的 CP 分解

$$\boldsymbol{X}_{(1)}=\boldsymbol{A}(\boldsymbol{C}\odot\boldsymbol{B})^{\mathrm{T}},\quad \boldsymbol{X}_{(2)}=\boldsymbol{B}(\boldsymbol{A}\odot\boldsymbol{C})^{\mathrm{T}},\quad \boldsymbol{X}_{(3)}=\boldsymbol{C}(\boldsymbol{B}\odot\boldsymbol{A})^{\mathrm{T}}$$

为例，假如某个维数 (例如 I_3) 很大，由于矩阵化 $\boldsymbol{X}_{(n)},n=1,2,3$ 的维数很大，所以直接求因子矩阵 $\boldsymbol{A}\in\mathbb{R}^{I_1\times R},\boldsymbol{B}\in\mathbb{R}^{I_2\times R},\boldsymbol{C}\in\mathbb{R}^{I_3\times R}$ 的交替最小二乘算法将面临计算量大，收敛慢的困境。

选择三个正交矩阵 $\boldsymbol{U}\in\mathbb{R}^{I_1\times J_1},\boldsymbol{V}\in\mathbb{R}^{I_2\times J_2},\boldsymbol{W}\in\mathbb{R}^{I_3\times J_3}$，使得

$$\boldsymbol{A}=\boldsymbol{U}\boldsymbol{P},\quad \boldsymbol{B}=\boldsymbol{V}\boldsymbol{Q},\quad \boldsymbol{C}=\boldsymbol{W}\boldsymbol{R}$$

于是，三阶张量 CP 分解的三个模式矩阵 $\boldsymbol{A},\boldsymbol{B},\boldsymbol{C}$ 的辨识分为正交矩阵三元组 $(\boldsymbol{U},\boldsymbol{V},\boldsymbol{W})$ 和非正交矩阵三元组 $(\boldsymbol{P},\boldsymbol{Q},\boldsymbol{R})$ 的两个子辨识问题。

利用 Khatri-Rao 积与 Kronecker 积之间的关系 $(\boldsymbol{W}\boldsymbol{R})\odot(\boldsymbol{V}\boldsymbol{Q})=(\boldsymbol{W}\otimes\boldsymbol{V})(\boldsymbol{R}\odot\boldsymbol{Q})$，易知

$$\boldsymbol{X}_{(1)}=\boldsymbol{A}(\boldsymbol{C}\odot\boldsymbol{B})^{\mathrm{T}}=\boldsymbol{U}\boldsymbol{P}\left[(\boldsymbol{W}\boldsymbol{R})\odot(\boldsymbol{V}\boldsymbol{Q})\right]^{\mathrm{T}}=\boldsymbol{U}\boldsymbol{P}(\boldsymbol{R}\odot\boldsymbol{Q})^{\mathrm{T}}(\boldsymbol{W}\otimes\boldsymbol{V})^{\mathrm{T}}$$

若令

$$G_{(1)} = P(R \odot Q)^{\mathrm{T}}$$

则 $X_{(1)}$ 可以改写为

$$X_{(1)} = UG_{(1)}(W \odot V)^{\mathrm{T}} \tag{10.6.10}$$

类似地，可以证明

$$X_{(2)} = VG_{(2)}(U \odot W)^{\mathrm{T}} \tag{10.6.11}$$

$$X_{(3)} = WG_{(3)}(V \odot U)^{\mathrm{T}} \tag{10.6.12}$$

式中

$$G_{(2)} = Q(P \odot R)^{\mathrm{T}}, \qquad G_{(3)} = R(Q \odot P)^{\mathrm{T}}$$

式 (10.6.10) ~ 式 (10.6.12) 表明：

(1) $\mathcal{G} \in \mathbb{R}^{J_1 \times J_2 \times J_3}$ 是三阶张量 $\mathcal{X}$ 的 Tucker 分解的核心张量，而 $G_{(n)}, n = 1,2,3$ 是核心张量的模式-n 矩阵化。

(2) 矩阵三元组 (P, Q, R) 是核心张量 $\mathcal{G}$ 的 CP 分解的因子矩阵。

以上讨论可以总结出数据阵列的压缩算法如下。

算法 10.6.1 数据阵列压缩

输入 三阶张量 $\mathcal{X} \in \mathbb{R}^{I_1 \times I_2 \times I_3}$。

输出 因子矩阵 $A \in \mathbb{R}^{I_1 \times J_1}, B \in \mathbb{R}^{I_2 \times J_2}, C \in \mathbb{R}^{I_3 \times J_3}$。

步骤 1 利用张量的展开矩阵 $X_{(n)}$ 的奇异值分解，分别求出正交的矩阵 U, V, W

$$[U, S, T] = \mathrm{SVD}(X_{(1)}, J_1) \tag{10.6.13}$$

$$[V, S, T] = \mathrm{SVD}(X_{(2)}, J_2) \tag{10.6.14}$$

$$[W, S, T] = \mathrm{SVD}(X_{(3)}, J_3) \tag{10.6.15}$$

其中 $U \in \mathbb{R}^{I_1 \times J_1}, V \in \mathbb{R}^{I_2 \times J_2}, W \in \mathbb{R}^{I_3 \times J_3}$ 分别是展开矩阵 $X_{(1)}, X_{(2)}, X_{(3)}$ 的奇异值分解中与 J_1, J_2, J_3 个主奇异值对应的左奇异向量矩阵。

步骤 2 计算核心张量的模式-n 矩阵

$$G_{(1)} = U^{\mathrm{T}} X_{(1)}(W \otimes V) \tag{10.6.16}$$

$$G_{(2)} = V^{\mathrm{T}} X_{(2)}(U \otimes W) \tag{10.6.17}$$

$$G_{(3)} = W^{\mathrm{T}} X_{(3)}(V \otimes U) \tag{10.6.18}$$

步骤 3 用交替最小二乘算法 10.5.2 求解核心张量 $\mathcal{G}$ 的 CP 分解

$$G_{(1)} = P(R \odot Q)^{\mathrm{T}}, \quad G_{(2)} = Q(P \odot R)^{\mathrm{T}}, \quad G_{(3)} = R(Q \odot P)^{\mathrm{T}}$$

得到因子矩阵 $P \in \mathbb{R}^{J_1 \times R}, Q \in \mathbb{R}^{J_2 \times R}, R \in \mathbb{R}^{J_3 \times R}$。

步骤 4 利用矩阵乘法，求出原三阶张量的 CP 分解的因子矩阵

$$\boldsymbol{A}=\boldsymbol{U}\boldsymbol{P},\quad \boldsymbol{B}=\boldsymbol{V}\boldsymbol{Q},\quad \boldsymbol{C}=\boldsymbol{W}\boldsymbol{R} \tag{10.6.19}$$

注释 1 数据阵列的压缩本质是：将大维数的原张量 $\mathcal{X}\in\mathbb{R}^{I_1\times I_2\times I_3}$ 的 CP 分解"压缩为"小维数的核心张量 $\mathcal{G}\in\mathbb{R}^{J_1\times J_2\times J_3}$ 的 CP 分解。

注释 2 压缩算法无须迭代，计算简单，不存在收敛问题。

注释 3 若将压缩算法求出的因子矩阵 $\boldsymbol{B}$ 和 $\boldsymbol{C}$ 作为初始化矩阵，直接对原三阶张量 $\mathcal{X}\in\mathbb{R}^{I_1\times I_2\times I_3}$ 运行 CP 分解的交替最小二乘算法 10.6.1，则只需要少数几步迭代，即可使交替最小二乘算法趋于收敛。因此，数据阵列的压缩可有效加速大维数的张量的 CP 分解。

注释 4 压缩算法是针对张量的 Kiers 矩阵化设计的。只需要将算法中的展开矩阵和模式-n 矩阵作适当替换，即可得适用于 LMV 矩阵化或者 Kolda 矩阵化的数据阵列压缩算法。

在使用交替最小二乘算法求出因子矩阵 (载荷矩阵) $\boldsymbol{A},\boldsymbol{B},\boldsymbol{C}$ 之后，有必要对这些载荷矩阵进行质量评估——影响力分析[63]。

由于 CP 分解中的载荷矩阵不是正交矩阵，所以需要计算一个载荷矩阵的影响力 (leverage) 向量。载荷矩阵 $\boldsymbol{U}$ 的影响力向量定义为该矩阵的投影矩阵的对角元素组成的向量

$$\boldsymbol{v}=\mathrm{diag}(\boldsymbol{U}(\boldsymbol{U}^{\mathrm{T}}\boldsymbol{U})^{-1}\boldsymbol{U}^{\mathrm{T}}) \tag{10.6.20}$$

依次令 $\boldsymbol{U}=\boldsymbol{A},\boldsymbol{B},\boldsymbol{C}$，即分别得到三个载荷矩阵的影响力向量。影响力向量的所有元素的值均介于 0 和 1 之间，即 $0\leqslant v_i\leqslant 1$。若某个影响力元素值越大，则所使用的样本数值的影响力越大；反之，则影响力越小。如果某个影响力元素很大，则说明样本数据中可能含有异常值 (outlier)，所得到的模型是不适当的，需要剔除异常值，重新启动交替最小二乘，进行新的张量分析。

10.7 非负张量分解

第 6 章 6.6 节的讨论表明，在很多现代的数据分析中，非负矩阵分解比主分量分析、独立分量分析等方法更加有用。现在考虑非负矩阵分解对多路数据阵列 (张量) 的推广。

非负张量分解 (nonnegative tensor decomposition, NTF) 最早是化学计量学的研究人员以具有非负约束的 PARAFAC 的方式进行研究的[64, 67, 387, 388]。

一个全部元素为非负实数的张量称为非负张量。非负张量分解问题的提法是：给定一个 N 阶非负张量 $\mathcal{X}\in\mathbb{R}^{I_1\times\cdots\times I_N}$，将其分解为

$$\text{NTD1}:\quad \mathcal{X}\approx\mathcal{G}\times_1\boldsymbol{A}^{(1)}\times_2\cdots\times_N\boldsymbol{A}^{(N)},\qquad \mathcal{G},\boldsymbol{A}^{(1)}\geqslant 0,\cdots,\boldsymbol{A}^{(N)}\geqslant 0 \tag{10.7.1}$$

或者

$$\text{NTD}\,2: \quad \mathcal{X} \approx \mathcal{I} \times_1 \boldsymbol{A}^{(1)} \times_2 \cdots \times_N \boldsymbol{A}^{(N)}, \quad \boldsymbol{A}^{(1)} \geqslant 0, \cdots, \boldsymbol{A}^{(N)} \geqslant 0 \tag{10.7.2}$$

非负张量分解可以用目标函数的最小化表示为

$$\text{NTD}\,1: \quad \min_{\boldsymbol{\mathcal{G}}, \boldsymbol{A}^{(1)}, \cdots, \boldsymbol{A}^{(N)}} \frac{1}{2}\|\mathcal{X} - \mathcal{G} \times_1 \boldsymbol{A}^{(1)} \times_2 \cdots \times_N \boldsymbol{A}^{(N)}\|_{\text{F}}^2 \tag{10.7.3}$$

或者

$$\text{NTD}\,2: \quad \min_{\boldsymbol{A}^{(1)}, \cdots, \boldsymbol{A}^{(N)}} \frac{1}{2}\|\mathcal{X} - \mathcal{I} \times_1 \boldsymbol{A}^{(1)} \times_2 \cdots \times_N \boldsymbol{A}^{(N)}\|_{\text{F}}^2 \tag{10.7.4}$$

非负张量分解的基本思想是：将非负张量分解问题改写为非负矩阵分解的基本形式 $\boldsymbol{X} = \boldsymbol{AS}, \boldsymbol{A} \succeq \boldsymbol{0}, \boldsymbol{S} \succeq \boldsymbol{0}$。非负张量分解有两类常用算法：Lee 和 Seung 的乘法更新算法和交替最小二乘更新算法。乘法更新算法的优点是实现简单，但收敛比较慢。此外，由于需要使用目标函数相对于各个因子矩阵的梯度矩阵，而非负张量分解的因子矩阵又比较多，所以各个梯度的计算比较麻烦。与乘法更新算法相比，交替最小二乘算法更适合非负张量分解的计算，因为只允许一个因子矩阵为优化问题的变元，而固定其他因子矩阵不变，最小二乘方法就可以交替进行，得到非负张量分解所需要的全部因子矩阵，更容易实现。因此，交替最小二乘算法成为非负张量分解的主流算法。

10.7.1 非负张量分解的乘法算法

设计非负张量分解的乘法算法的关键是如何将张量的 Tucker 分解或者 CP 分解写成非负矩阵分解的标准形式 $\boldsymbol{X} = \boldsymbol{AS}$。

1. 非负张量 Tucker 分解的乘法算法

考虑非负张量 $\mathcal{X} = [\![x_{i_1 \cdots i_N}]\!] \in \mathbb{R}^{I_1 \times \cdots \times I_N}$ 的近似 Tucker 分解

$$\mathcal{X} \approx \mathcal{G} \times_1 \boldsymbol{A}^{(1)} \times_2 \boldsymbol{A}^{(2)} \times_3 \cdots \times_N \boldsymbol{A}^{(N)} \tag{10.7.5}$$

其中 $x_{i_1 \cdots i_N} \geqslant 0$, $\boldsymbol{A}^{(n)} = [a_{ij}^{(n)}] \in \mathbb{R}^{I_n \times J_n}, n = 1, \cdots, N$ 为 N 个非负因子矩阵，而 $\mathcal{G} = [\![g_{j_1 \cdots j_N}]\!] \in \mathbb{R}^{J_1 \times \cdots \times J_N}$ 为非负核心张量，即 $a_{ij}^{(n)} \geqslant 0, \forall i = 1, \cdots, I_n; j = 1, \cdots, J_n; n = 1, \cdots, N$ 和 $g_{j_1 \cdots j_N} \geqslant 0, \forall j_n = 1, \cdots, J_n; n = 1, \cdots, N$。

在一般张量的 Tucker 分解中，要求每一个因子矩阵的列向量之间正交，而在非负张量的 Tucker 分解中，这一要求不再合理。这一区别正是非负张量分解与高阶奇异值分解之间的本质不同。

根据非负张量 $\mathcal{X}$ 的展开矩阵的不同，非负张量分解也可以使用矩阵化形式表示为

$$\boldsymbol{X}_{(n)} = \boldsymbol{A}^{(n)} \boldsymbol{G}_{(n)} \boldsymbol{A}_{\otimes}^{(n)\text{T}} \tag{10.7.6}$$

式中，$\boldsymbol{X}_{(n)} \in \mathbb{R}_+^{I_n \times I_1 \cdots I_{n-1} I_{n+1} \cdots I_N}, \boldsymbol{G}_{(n)} \in \mathbb{R}_+^{J_n \times J_1 \cdots J_{n-1} J_{n+1} \cdots J_N}, \boldsymbol{A}^{(n)} \in \mathbb{R}_+^{I_n \times J_n}, \boldsymbol{A}_\otimes^{(n)} \in \mathbb{R}_+^{I_1 \cdots I_{n-1} I_{n+1} \cdots I_N \times J_1 \cdots J_{n-1} J_{n+1} \cdots J_N}$，并且

$$\boldsymbol{A}_\otimes^{(n)} = \begin{cases} \boldsymbol{A}^{(n-1)} \otimes \cdots \otimes \boldsymbol{A}^{(1)} \otimes \boldsymbol{A}^{(N)} \otimes \cdots \otimes \boldsymbol{A}^{(n+1)} & \text{(Kiers 矩阵化)} \\ \boldsymbol{A}^{(n+1)} \otimes \cdots \otimes \boldsymbol{A}^{(N)} \otimes \boldsymbol{A}^{(1)} \otimes \cdots \otimes \boldsymbol{A}^{(n-1)} & \text{(LMV 矩阵化)} \\ \boldsymbol{A}^{(N)} \otimes \cdots \otimes \boldsymbol{A}^{(n+1)} \otimes \boldsymbol{A}^{(n-1)} \otimes \cdots \otimes \boldsymbol{A}^{(1)} & \text{(Kolda 矩阵化)} \end{cases} \tag{10.7.7}$$

表示除模式 n-矩阵之外的其他 $n-1$ 个因子矩阵的 Kronecker 积。

定义代价函数

$$J(\boldsymbol{A}^{(n)}, \boldsymbol{G}_{(n)}) = \frac{1}{2} \|\boldsymbol{X}_{(n)} - \boldsymbol{A}^{(n)} \boldsymbol{G}_{(n)} \boldsymbol{A}_\otimes^{(n)\mathrm{T}}\|_\mathrm{F}^2 \tag{10.7.8}$$

则有[276]

$$\frac{\partial J(\boldsymbol{A}^{(n)}, \boldsymbol{G}_{(n)})}{\partial \boldsymbol{A}^{(n)}} = -\left(\boldsymbol{X}_{(n)} - \boldsymbol{A}^{(n)} \boldsymbol{G}_{(n)} \boldsymbol{A}_\otimes^{(n)\mathrm{T}}\right) \left[(\boldsymbol{A}_\otimes^{(n)} \boldsymbol{G}_{(n)}^\mathrm{T}) \otimes \boldsymbol{I}\right] \tag{10.7.9}$$

$$\frac{\partial J(\boldsymbol{A}^{(n)}, \boldsymbol{G}_{(n)})}{\partial \boldsymbol{G}_{(n)}} = -\left(\boldsymbol{X}_{(n)} - \boldsymbol{A}^{(n)} \boldsymbol{G}_{(n)} \boldsymbol{A}_\otimes^{(n)\mathrm{T}}\right) \left(\boldsymbol{A}_\otimes^{(n)} \otimes \boldsymbol{A}^{(n)}\right) \tag{10.7.10}$$

其中利用了偏导公式

$$\frac{\partial \boldsymbol{WYZ}}{\partial \boldsymbol{Y}} = \boldsymbol{Z}^\mathrm{T} \otimes \boldsymbol{W} \tag{10.7.11}$$

于是有以下的梯度算法

$$a^{(n)}(i,j) \leftarrow a^{(n)}(i,j) + \eta_A \left[(\boldsymbol{X}_{(n)} - \boldsymbol{A}^{(n)} \boldsymbol{G}_{(n)} \boldsymbol{A}_\otimes^{(n)\mathrm{T}})[(\boldsymbol{A}_\otimes^{(n)} \boldsymbol{G}_{(n)}^\mathrm{T}) \otimes \boldsymbol{I}]\right]_{ij} \tag{10.7.12}$$

$$g_{(n)}(j,k) \leftarrow g_{(n)}(j,k) + \eta_G \left[(\boldsymbol{X}_{(n)} - \boldsymbol{A}^{(n)} \boldsymbol{G}_{(n)} \boldsymbol{A}_\otimes^{(n)\mathrm{T}})(\boldsymbol{A}_\otimes^{(n)} \otimes \boldsymbol{A}^{(n)})\right]_{kj} \tag{10.7.13}$$

若取步长分别为

$$\eta_A = \frac{a^{(n)}(i,j)}{\left[\boldsymbol{A}^{(n)} \boldsymbol{G}_{(n)} \boldsymbol{A}_\otimes^{(n)\mathrm{T}} \left(\boldsymbol{A}_\otimes^{(n)} \boldsymbol{G}_{(n)}^\mathrm{T} \otimes \boldsymbol{I}\right)\right]_{ij}}$$

$$\eta_G = \frac{g_{(n)}(j,k)}{\left[\boldsymbol{A}^{(n)} \boldsymbol{G}_{(n)} \boldsymbol{A}_\otimes^{(n)\mathrm{T}} \left(\boldsymbol{A}_\otimes^{(n)} \otimes \boldsymbol{A}^{(n)}\right)\right]_{kj}}$$

则梯度算法变为乘法更新算法[276]

$$a^{(n)}(i,j) \leftarrow a^{(n)}(i,j) \frac{\left[\boldsymbol{X}_{(n)}[(\boldsymbol{A}_\otimes^{(n)} \boldsymbol{G}_{(n)}^\mathrm{T}) \otimes \boldsymbol{I}]\right]_{ij}}{\left[\boldsymbol{A}^{(n)} \boldsymbol{G}_{(n)} \boldsymbol{A}_\otimes^{(n)\mathrm{T}} \left(\boldsymbol{A}_\otimes^{(n)} \boldsymbol{G}_{(n)}^\mathrm{T} \otimes \boldsymbol{I}\right)\right]_{ij}} \tag{10.7.14}$$

$$g_{(n)}(j,k) \leftarrow g_{(n)}(j,k) \frac{\left[\boldsymbol{X}_{(n)}(\boldsymbol{A}_\otimes^{(n)} \otimes \boldsymbol{A}^{(n)})\right]_{kj}}{\left[\boldsymbol{A}^{(n)} \boldsymbol{G}_{(n)} \boldsymbol{A}_\otimes^{(n)\mathrm{T}} \left(\boldsymbol{A}_\otimes^{(n)} \otimes \boldsymbol{A}^{(n)}\right)\right]_{kj}} \tag{10.7.15}$$

或用矩阵形式表示为

$$\boldsymbol{A}^{(n)} \leftarrow \boldsymbol{A}^{(n)} * \left[\left(\boldsymbol{X}_{(n)}[(\boldsymbol{A}_\otimes^{(n)} \boldsymbol{G}_{(n)}^\mathrm{T}) \otimes \boldsymbol{I}]\right) \oslash \left(\boldsymbol{A}^{(n)} \boldsymbol{G}_{(n)} \boldsymbol{A}_\otimes^{(n)\mathrm{T}} \left(\boldsymbol{A}_\otimes^{(n)} \boldsymbol{G}_{(n)}^\mathrm{T} \otimes \boldsymbol{I}\right)\right)\right] \tag{10.7.16}$$

$$\boldsymbol{G}_{(n)} \leftarrow \boldsymbol{G}_{(n)} * \left[\boldsymbol{X}_{(n)}(\boldsymbol{A}_\otimes^{(n)} \otimes \boldsymbol{A}^{(n)}) \oslash \left(\boldsymbol{A}^{(n)} \boldsymbol{G}_{(n)} \boldsymbol{A}_\otimes^{(n)\mathrm{T}} \left(\boldsymbol{A}_\otimes^{(n)} \otimes \boldsymbol{A}^{(n)}\right)\right)\right] \tag{10.7.17}$$

2. 非负张量 CP 分解的乘法算法

考虑 N 阶非负张量 $\mathcal{X} \in \mathbb{R}^{I_1 \times \cdots \times I_N}$ 的非负 CP 分解

$$x_{i_1 \cdots i_N} = \sum_{r=1}^{R} a_{i_1,r}^{(1)} a_{i_2,r}^{(2)} \cdots a_{i_N,r}^{(N)} \quad \text{subject to} \quad a_{i_n,r}^{(n)} \geqslant 0, \ \forall i_n, r \tag{10.7.18}$$

并使得重构误差平方

$$\text{RE}(a_{i_1,r}^{(1)}, \cdots, a_{i_N,r}^{(N)}) = \sum_{i_1=1}^{I_1} \cdots \sum_{i_N=1}^{I_N} \left(x_{i_1 \cdots i_N} - \sum_{r=1}^{R} a_{i_1,r}^{(1)} a_{i_2,r}^{(2)} \cdots a_{i_N,r}^{(N)} \right)^2 \tag{10.7.19}$$

最小化。

N 阶张量的非负 CP 分解也可等价写作

$$\boldsymbol{X}_{(n)} = \boldsymbol{A}^{(n)} \boldsymbol{S}_{(n)}^{\mathrm{T}} \quad \in \mathbb{R}_{+}^{I_n \times I_1 \cdots I_{n-1} I_{n+1} \cdots I_N} \tag{10.7.20}$$

式中，$\boldsymbol{A}^{(n)} \in \mathbb{R}_{+}^{I_n \times R}, \boldsymbol{S}_{(n)} \in \mathbb{R}_{+}^{I_1 \cdots I_{n-1} I_{n+1} \cdots I_N \times R}$，并且

$$\boldsymbol{S}_{(n)} = \begin{cases} \boldsymbol{A}^{(n-1)} \odot \cdots \odot \boldsymbol{A}^{(1)} \odot \boldsymbol{A}^{(N)} \odot \cdots \odot \boldsymbol{A}^{(n+1)}, & \text{若 } \mathcal{X} \text{ 采用 Kiers 矩阵化} \\ \boldsymbol{A}^{(n+1)} \odot \cdots \odot \boldsymbol{A}^{(N)} \odot \boldsymbol{A}^{(1)} \odot \cdots \odot \boldsymbol{A}^{(n-1)}, & \text{若 } \mathcal{X} \text{ 采用 LMV 矩阵化} \\ \boldsymbol{A}^{(N)} \odot \cdots \odot \boldsymbol{A}^{(n+1)} \odot \boldsymbol{A}^{(n-1)} \odot \cdots \odot \boldsymbol{A}^{(1)}, & \text{若 } \mathcal{X} \text{ 采用 Kolda 矩阵化} \end{cases} \tag{10.7.21}$$

由于 $\boldsymbol{X}_{(n)} = \boldsymbol{A}^{(n)} \boldsymbol{S}_{(n)}^{\mathrm{T}}$ 写成了非负矩阵分解的标准形式 $\boldsymbol{X} = \boldsymbol{A}\boldsymbol{S}$，所以非负矩阵的乘法算法可直接推广为 N 阶张量的非负 CP 分解的乘法算法

$$a^{(n)}(i_n, r) \leftarrow a^{(n)}(i_n, r) \frac{[\boldsymbol{X}_{(n)} \boldsymbol{S}_{(n)}]_{i_n,r}}{[\boldsymbol{A}^{(n)} \boldsymbol{S}_{(n)}^{\mathrm{T}} \boldsymbol{S}_{(n)}]_{i_n,r}} \tag{10.7.22}$$

$$s_{(n)}^{\mathrm{T}}(i, r) \leftarrow s_{(n)}^{\mathrm{T}}(i, r) \frac{[\boldsymbol{A}^{(n)\mathrm{T}} \boldsymbol{X}_{(n)}]_{i,r}}{[\boldsymbol{A}^{(n)\mathrm{T}} \boldsymbol{A}^{(n)} \boldsymbol{S}_{(n)}^{\mathrm{T}}]_{i,r}} \tag{10.7.23}$$

其中 $i_n = 1, \cdots, I_n; i = 1, \cdots, I_1 \cdots I_{n-1} I_{n+1} \cdots I_N$ 和 $r = 1, \cdots, R$。上述元素形式的乘法算法也可以写成矩阵形式

$$\boldsymbol{A}^{(n)} \leftarrow \boldsymbol{A}^{(n)} * \left[(\boldsymbol{X}_{(n)} \boldsymbol{S}_{(n)}) \oslash (\boldsymbol{A}^{(n)} \boldsymbol{S}_{(n)}^{\mathrm{T}} \boldsymbol{S}_{(n)}) \right] \tag{10.7.24}$$

$$\boldsymbol{S}_{(n)}^{\mathrm{T}} \leftarrow \boldsymbol{S}_{(n)}^{\mathrm{T}} * \left[(\boldsymbol{A}^{(n)\mathrm{T}} \boldsymbol{X}_{(n)}) \oslash (\boldsymbol{A}^{(n)\mathrm{T}} \boldsymbol{A}_{(n)} \boldsymbol{S}_{(n)}^{\mathrm{T}}) \right] \tag{10.7.25}$$

上述讨论可以总结为下列非负 CP 分解的乘法算法。

算法 10.7.1 N 阶张量的非负 CP 分解的乘法算法

初始化 用非负随机变量初始化所有因子矩阵的元素 $a_{i_n,r}^{(n)}, n = 1, \cdots, N; r = 1, \cdots, R$。

对所有 $i_1, \cdots, i_N$，执行下列步骤：

步骤 1 针对下标 i_n，记 $I = \{i_1, \cdots, i_{n-1}, i_{n+1}, \cdots, i_N\}$，并定义 $y_{i_n,I} = x_{i_1 \cdots i_N}$ 和 $m_{I,r} = a_{i_1,r}^{(1)} \cdots a_{i_{n-1},r}^{(n-1)} a_{i_{n+1},r}^{(n+1)} \cdots a_{i_N,r}^{(N)}$。

步骤 2 利用下列规则更新矩阵 $\boldsymbol{A}^{(n)}$

$$\boldsymbol{A}^{(n)} \leftarrow \boldsymbol{A}^{(n)} * [(\boldsymbol{YM}) \oslash (\boldsymbol{A}^{(n)}\boldsymbol{M}^{\mathrm{T}}\boldsymbol{M})]$$

步骤 3 计算

$$K_r^{(n)} = \sqrt{\sum_{n=1}^{N} \left(a_{i_n,r}^{(n)}\right)^2}, \quad r = 1, \cdots, R;\ n = 1, \cdots, N$$

$$a_{i_n,r}^{(n)} \leftarrow a_{i_n,r}^{(n)} \frac{\left(\prod_{i=1}^{N} K_r^{(i)}\right)^{1/N}}{K_r^{(n)}}, \quad r = 1, \cdots, R;\ n = 1, \cdots, N$$

步骤 4 判断算法是否满足停止准则：若满足，则输出因子矩阵 $\boldsymbol{A}^{(n)} \in \mathbb{R}^{I_n \times R}$；否则，返回步骤 1，继续迭代，直至算法停止准则满足为止。

Welling 和 Weber 于 2001 年提出了正张量分解算法 [512]。

10.7.2 非负张量分解的交替最小二乘算法

下面分别讨论非负张量的 Tucker 分解和 CP 分解的交替最小二乘方法。

1. 非负张量 Tucker 分解的交替最小二乘方法

考虑非负张量分解 [176]

$$\min_{\mathcal{G}, \boldsymbol{A}^{(1)}, \cdots, \boldsymbol{A}^{(N)}} \frac{1}{2} \|\mathcal{G} \times_1 \boldsymbol{A}^{(1)} \times_2 \cdots \times_N \boldsymbol{A}^{(N)} - \mathcal{X}\|_2^2 \tag{10.7.26}$$

或用矩阵形式写作

$$\min_{\mathcal{G}, \boldsymbol{A}^{(1)}, \cdots, \boldsymbol{A}^{(N)}} \frac{1}{2} \sum_{n=1}^{N} \|\boldsymbol{A}^{(n)}\boldsymbol{G}_{(n)}\boldsymbol{A}_{\otimes}^{n} - \boldsymbol{X}_{(n)}\|_2^2 \tag{10.7.27}$$

式中 $\boldsymbol{A}_{\otimes}^{n}$ 由式 (10.7.7) 给出。

当在第 $k+1$ 步迭代，固定因子矩阵 $\boldsymbol{A}_{k+1}^{(1)}, \cdots, \boldsymbol{A}_{k+1}^{(n-1)}, \boldsymbol{A}_{k}^{(n+1)}, \cdots, \boldsymbol{A}_{k}^{(N-1)}$ 和核心张量的水平展开矩阵 $\boldsymbol{G}_{(n)}^{k}$ 为已知时，由式 (10.7.27) 易知，$\boldsymbol{A}_{k+1}^{(n)}$ 的求解相当于求矩阵方程 $\boldsymbol{A}^{(n)}\boldsymbol{G}_{(n)}\boldsymbol{A}_{\otimes}^{n} \approx \boldsymbol{X}_{(n)}$ 的最小二乘解，即有

$$\boldsymbol{A}_{k+1}^{(n)} = \mathcal{P}_{+}\left(\boldsymbol{X}_{(n)}(\boldsymbol{G}_{(n)}^{k}\boldsymbol{S}_{k+1}^{(n)})^{\dagger}\right), \quad n = 1, \cdots, N \tag{10.7.28}$$

式中，$\boldsymbol{B}^{\dagger}$ 表示矩阵 $\boldsymbol{B}$ 的 Moore-Penrose 广义逆矩阵，$[\mathcal{P}_{+}(\boldsymbol{C})]_{ij} = \max\{0, C_{ij}\}$ 表示对矩阵元素的非负约束，并且

$$\boldsymbol{S}_{k+1}^{(n)} = \begin{cases} \boldsymbol{A}_{k+1}^{(n-1)} \otimes \cdots \otimes \boldsymbol{A}_{k+1}^{(1)} \otimes \boldsymbol{A}_{k}^{(N)} \otimes \cdots \otimes \boldsymbol{A}_{k}^{(n+1)} & (\text{Kiers 矩阵化}) \\ \boldsymbol{A}_{k}^{(n+1)} \otimes \cdots \otimes \boldsymbol{A}_{k}^{(N)} \otimes \boldsymbol{A}_{k+1}^{(1)} \otimes \cdots \otimes \boldsymbol{A}_{k+1}^{(n-1)} & (\text{LMV 矩阵化}) \\ \boldsymbol{A}_{k}^{(N)} \otimes \cdots \otimes \boldsymbol{A}_{k}^{(n+1)} \otimes \boldsymbol{A}_{k+1}^{(n-1)} \otimes \cdots \otimes \boldsymbol{A}_{k+1}^{(1)} & (\text{Kolda 矩阵化}) \end{cases} \tag{10.7.29}$$

为了更新 $\boldsymbol{G}_{(n)}^{k}$，对式 (10.7.27) 的等价矩阵方程 $\boldsymbol{A}^{(n)}\boldsymbol{G}_{(n)}\boldsymbol{A}_{\otimes}^{n} \approx \boldsymbol{X}_{(n)}$ 应用向量化公式 $\mathrm{vec}(\boldsymbol{ABC}) = (\boldsymbol{C}^{\mathrm{T}} \otimes \boldsymbol{A})\mathrm{vec}(\boldsymbol{B})$，得

$$\mathrm{vec}(\boldsymbol{G}_{(n)}^{k+1}) = \mathcal{P}_{+}\left((\boldsymbol{S}_{k+1}^{(n)\mathrm{T}} \otimes \boldsymbol{A}_{k+1}^{(n)})^{\dagger}\mathrm{vec}(\boldsymbol{X}_{(n)})\right) \tag{10.7.30}$$

算法 10.7.2 *N* 阶张量的非负 Tucker 分解的交替最小二乘算法

输入 N 阶张量 $\mathcal{X}$。

输出 $\boldsymbol{A}^{(n)} \in \mathbb{R}^{I_n \times J_n}, n=1,\cdots,N$。

初始化 $\boldsymbol{A}_0^{(n)} \in \mathbb{R}^{I_n \times J_n}, n=1,\cdots,N$，并令 $k=0$。

步骤 1 使用 Kiers 或 LMV 或 Kolda 方法将 N 阶张量水平展开为矩阵 $\boldsymbol{X}_{(n)}, n=1,\cdots,N$。

步骤 2 利用式 (10.7.29) 更新 $\boldsymbol{S}_{k+1}^{(n)}, n=1,\cdots,N$。

步骤 3 利用式 (10.7.28) 更新 $\boldsymbol{A}_{k+1}^{(n)}, n=1,\cdots N$。

步骤 3 利用式 (10.7.30) 更新 $\mathrm{vec}(\boldsymbol{G}_{(n)}^{k+1}), n=1,\cdots,N$。

步骤 4 若收敛条件满足或已达到某个预先规定的最大迭代次数，则输出矩阵 $\boldsymbol{A}^{(n)}$ 和向量 $\mathrm{vec}(\boldsymbol{G}_{(n)}), n=1,\cdots,N$，并进而得到 $\boldsymbol{G}_{(n)}$ 和核心张量 $\mathcal{G}$；否则，令 $k \leftarrow k+1$，并返回步骤 2，重复以上运算，直到收敛条件满足或者达到最大迭代次数。

2. 非负张量 CP 分解的交替最小二乘算法

10.5 节介绍的张量的 CP 分解的交替最小二乘方法和正则交替最小二乘方法很容易分别推广为非负张量的 CP 分解的交替最小二乘方法和正则交替最小二乘方法。所增加的唯一运算就是对更新后的每一个因子矩阵 $\boldsymbol{A}_{k+1}^{(n)}$) 加非负约束 $\mathcal{P}_+(\boldsymbol{A}_{k+1}^{(n)})$，其中 $[\mathcal{P}_+(\boldsymbol{A}_{k+1}^{(n)})]_{ij} = \max\{0, \boldsymbol{A}_{k+1}^{(n)}(i,j)\}$。

N 阶非负张量的 CP 分解可以写作非负矩阵分解的标准形式

$$\boldsymbol{X}_{(n)} = \boldsymbol{A}^{(n)} \boldsymbol{S}^{(n)\mathrm{T}} \tag{10.7.31}$$

式中

$$\boldsymbol{S}^{(n)} = \begin{cases} \boldsymbol{A}^{(n-1)} \odot \cdots \odot \boldsymbol{A}^{(1)} \odot \boldsymbol{A}^{(N)} \odot \cdots \odot \boldsymbol{A}^{(n+1)} & \text{(Kiers 矩阵化)} \\ \boldsymbol{A}^{(n+1)} \odot \cdots \odot \boldsymbol{A}_k^{(N)} \odot \boldsymbol{A}^{(1)} \odot \cdots \odot \boldsymbol{A}^{(n-1)} & \text{(LMV 矩阵化)} \\ \boldsymbol{A}_k^{(N)} \odot \cdots \odot \boldsymbol{A}^{(n+1)} \odot \boldsymbol{A}^{(n-1)} \odot \cdots \odot \boldsymbol{A}^{(1)} & \text{(Kolda 矩阵化)} \end{cases} \tag{10.7.32}$$

由式 (10.7.31) 直接得因子矩阵的最小二乘解为

$$\boldsymbol{A}^{(n)} = \boldsymbol{X}_{(n)} (\boldsymbol{S}^{(n)\mathrm{T}})^\dagger = \boldsymbol{X}_{(n)} \boldsymbol{S}^{(n)} (\boldsymbol{S}^{(n)} \boldsymbol{S}^{(n)\mathrm{T}})^\dagger \tag{10.7.33}$$

利用 Khatri-Rao 积的性质 $(\boldsymbol{A} \odot \boldsymbol{B})^\mathrm{T} = (\boldsymbol{A}^\mathrm{T}\boldsymbol{A} * \boldsymbol{B}^\mathrm{T}\boldsymbol{B})$ 及Hadamard 积的性质 $(\boldsymbol{C} * \boldsymbol{D})^\mathrm{T} = \boldsymbol{C}^\mathrm{T} * \boldsymbol{B}^\mathrm{T}$，可以将式 (10.7.33) 等价写作

$$\boldsymbol{A}^{(n)} = \boldsymbol{X}_{(n)} \boldsymbol{S}^{(n)} \boldsymbol{W}^\dagger \tag{10.7.34}$$

式中 $\boldsymbol{W} = \boldsymbol{S}^{(n)} \boldsymbol{S}^{(n)\mathrm{T}}$ 可以表示为

$$\boldsymbol{W} = \begin{cases} \boldsymbol{A}^{(n-1)\mathrm{T}}\boldsymbol{A}^{(n-1)} * \cdots * \boldsymbol{A}^{(1)\mathrm{T}}\boldsymbol{A}^{(1)} * \boldsymbol{A}^{(N)\mathrm{T}}\boldsymbol{A}^{(N)} * \cdots * \boldsymbol{A}^{(n+1)\mathrm{T}}\boldsymbol{A}^{(n+1)} & \text{(Kiers 矩阵化)} \\ \boldsymbol{A}^{(n+1)\mathrm{T}}\boldsymbol{A}^{(n+1)} * \cdots * \boldsymbol{A}^{(N)\mathrm{T}}\boldsymbol{A}^{(N)} * \boldsymbol{A}^{(1)\mathrm{T}}\boldsymbol{A}^{(1)} * \cdots * \boldsymbol{A}^{(n-1)\mathrm{T}}\boldsymbol{A}^{(n-1)} & \text{(LMV 矩阵化)} \\ \boldsymbol{A}^{(N)\mathrm{T}}\boldsymbol{A}^{(N)} * \cdots * \boldsymbol{A}^{(n+1)\mathrm{T}}\boldsymbol{A}^{(n+1)} * \boldsymbol{A}^{(n-1)\mathrm{T}}\boldsymbol{A}^{(n-1)} * \cdots * \boldsymbol{A}^{(1)\mathrm{T}}\boldsymbol{A}^{(1)} & \text{(Kolda 矩阵化)} \end{cases} \tag{10.7.35}$$

算法 10.7.3 CP 分解的非负交替最小二乘算法 CP-NALS $(\mathcal{X}, R)$

输入 N 阶张量 $\mathcal{X}$ 及因子个数 R。

输出 因子矩阵 $\boldsymbol{A}^{(n)} \in \mathbb{R}^{I_n \times R}, n = 1, \cdots, N$。

初始化 $\boldsymbol{A}_0^{(n)} \in \mathbb{R}^{I_n \times R}, n = 1, \cdots, N$，并令 $k = 0$。

步骤 1 使用 Kiers 或 LMV 或 Kolda 方法之一将 N 阶张量水平展开为矩阵 $\boldsymbol{X}_{(n)}, n = 1, \cdots, N$。

步骤 2 利用式 (10.7.32) 计算 $\boldsymbol{S}_k^{(n)}$，其中 $\boldsymbol{A}^{(i)} = \boldsymbol{A}_{k+1}^{(i)}, i = 1, \cdots, n-1$ 和 $\boldsymbol{A}^{(i)} = \boldsymbol{A}_k^{(i)}, i = n+1, \cdots, N$。

步骤 3 利用式 (10.7.35) 计算 $\boldsymbol{W}_k$。

步骤 4 更新因子矩阵 $\boldsymbol{A}_{k+1}^{(n)} = \boldsymbol{X}_{(n)} \boldsymbol{S}_k^{(n)} \boldsymbol{W}_k^{\dagger}$。

步骤 5 若收敛条件满足或已达到某个预先规定的最大迭代次数，则输出 $\boldsymbol{A}^{(1)}, \cdots, \boldsymbol{A}^{(N)}$；否则，令 $k \leftarrow k+1$，并返回步骤 2，重复以上运算，直到收敛条件满足或者达到最大迭代步数。

利用 10.5 节所总结的 CP 分解的交替最小二乘和正则交替最小二乘算法之间的关系，只要将算法 10.7.3 中步骤 4 的因子矩阵更新公式修正为

$$\boldsymbol{A}_{k+1}^{(n)} = (\boldsymbol{X}_{(n)} \boldsymbol{S}_k^{(n)} + \tau_k \boldsymbol{A}_k^{(n)})(\boldsymbol{W}_k + \tau_k \boldsymbol{I})^{-1} \tag{10.7.36}$$

便可得到 CP 分解的正则非负交替最小二乘算法 CP-RNALS $(\mathcal{X}, R)$。其中，τ_k 为正则化参数。

本章小结

作为矩阵分析对多路阵列数据的推广，本章讨论了张量分析的理论、方法与应用。首先，介绍了张量的定义及其表示方法。其次，讨论了张量的矩阵化与向量化，建立了张量与矩阵、向量之间的直接关系。然后，介绍了张量的基本代数运算，主要包括张量的内积、范数、外积、n-模式积和秩。本章的重点是张量的信息挖掘的两种数学工具：Tucker 分解 (高阶奇异值分解) 和 CP 分解 (典范/平行因子分解)。本章还介绍了多路数据分析的预处理和后处理有关方法。作为非负矩阵的推广，本章最后介绍了张量的非负 Tucker 分解和非负 CP 分解的交替最小二乘算法及其改进 (正则交替最小二乘算法)。

习 题

10.1 已知三阶张量 $\mathcal{X} \in \mathbb{R}^{3 \times 4 \times 2}$ 的正面切片矩阵为

$$\boldsymbol{X}_1 = \begin{bmatrix} 1 & 4 & 7 & 10 \\ 2 & 5 & 8 & 11 \\ 3 & 6 & 9 & 12 \end{bmatrix}, \quad \boldsymbol{X}_2 = \begin{bmatrix} 15 & 18 & 21 & 24 \\ 16 & 19 & 22 & 25 \\ 17 & 20 & 23 & 26 \end{bmatrix}$$

令 $\boldsymbol{U}=\begin{bmatrix}1 & 3 & 5\\ 2 & 4 & 6\end{bmatrix}$，求 $\mathcal{Y}=\mathcal{X}\times_1\boldsymbol{U}$ 的正面切片矩阵 $\boldsymbol{Y}_1$ 和 $\boldsymbol{Y}_2$。

10.2 证明：

$$x_{i,(k-1)J+j}^{(I\times JK)}=x_{ijk}\Leftrightarrow \boldsymbol{X}^{(I\times JK)}=[\boldsymbol{X}_{::1},\cdots,\boldsymbol{X}_{::K}]=\boldsymbol{A}\boldsymbol{G}^{(P\times QR)}(\boldsymbol{C}\otimes\boldsymbol{B})^{\mathrm{T}}$$

10.3 证明：

$$x_{i,(k-1)J+j}^{(I\times JK)}=x_{ijk}\Leftrightarrow \boldsymbol{X}^{(I\times JK)}=[\boldsymbol{X}_{::1},\cdots,\boldsymbol{X}_{::K}]=\boldsymbol{A}\boldsymbol{G}^{(P\times QR)}(\boldsymbol{C}\otimes\boldsymbol{B})^{\mathrm{T}}$$

10.4 令

$$\boldsymbol{X}_{i::}=\boldsymbol{b}_1\boldsymbol{c}_1^{\mathrm{T}}a_{i1}+\cdots+\boldsymbol{b}_R\boldsymbol{c}_R^{\mathrm{T}}a_{iR}$$

证明水平展开的 CP 分解

$$\boldsymbol{X}^{(J\times KI)}=[\boldsymbol{X}_{1::},\cdots,\boldsymbol{X}_{I::}]=\boldsymbol{B}(\boldsymbol{A}\odot\boldsymbol{C})^{\mathrm{T}}$$

和垂直展开的 CP 分解

$$\boldsymbol{X}^{(IJ\times K)}=\begin{bmatrix}\boldsymbol{X}_{1::}\\ \vdots\\ \boldsymbol{X}_{I::}\end{bmatrix}=(\boldsymbol{A}\odot\boldsymbol{B})\boldsymbol{C}^{\mathrm{T}}$$

10.5 令

$$\boldsymbol{X}_{:j:}=\boldsymbol{a}_1\boldsymbol{c}_1^{\mathrm{T}}b_{j1}+\cdots+\boldsymbol{a}_R\boldsymbol{c}_R^{\mathrm{T}}b_{jR}$$

证明：水平展开的 CP 分解为

$$\boldsymbol{X}^{(K\times IJ)}=[\boldsymbol{X}_{:1:},\cdots,\boldsymbol{X}_{:J:}]=\boldsymbol{C}(\boldsymbol{B}\odot\boldsymbol{A})^{\mathrm{T}}$$

垂直展开的 CP 分解为

$$\boldsymbol{X}^{(JK\times I)}=\begin{bmatrix}\boldsymbol{X}_{:1:}\\ \vdots\\ \boldsymbol{X}_{:J:}\end{bmatrix}=(\boldsymbol{B}\odot\boldsymbol{C})\boldsymbol{A}^{\mathrm{T}}$$

10.6 令

$$\boldsymbol{X}_{::k}=\boldsymbol{a}_1\boldsymbol{b}_1^{\mathrm{T}}c_{k1}+\cdots+\boldsymbol{a}_R\boldsymbol{b}_R^{\mathrm{T}}c_{kR}$$

证明：水平展开的 CP 分解为

$$\boldsymbol{X}^{(J\times KI)}=[\boldsymbol{X}_{::1}^{\mathrm{T}},\cdots,\boldsymbol{X}_{::K}^{\mathrm{T}}]=\boldsymbol{B}(\boldsymbol{C}\odot\boldsymbol{A})^{\mathrm{T}}$$

垂直展开的 CP 分解为

$$\boldsymbol{X}^{(KI\times J)}=\begin{bmatrix}\boldsymbol{X}_{::1}\\ \vdots\\ \boldsymbol{X}_{::K}\end{bmatrix}=(\boldsymbol{C}\odot\boldsymbol{A})\boldsymbol{B}^{\mathrm{T}}$$

参考文献

[1] Abatzoglos T J, Mendel J M, and Harada G A. The constrained total least squares technique and its applications to harmonic superresolution. IEEE Trans. Signal Processing, 1991, 39: 1070 ~ 1087.

[2] Abbott D. The Biographical Dictionary of Sciences: Mathematicians. New York: P. Bedrick Books, 1986.

[3] Abed-Meraim K, Chkeif A, Hua Y. Fast orthonormal PAST algorithm. IEEE Signal Processing Letters, 2000, 7(3): 60 ~ 62.

[4] Abraham R, Marsden J E, Ratiu T. Manifolds, Tensor Analysis, and Applications. New York: Addison-Wesley, 1983.

[5] Absil P A, Mahony R, Sepulchre R, Van Dooren P. Grassmann-Rayleigh quotient iteration for computing invariant subspace. SIAM Review, 2002, 44(1): 57 ~ 73.

[6] Acar E, Camtepe S A, Krishnamoorthy M, Yener B. Modeling and multiway analysis of chatroom tensors. In Proc. of IEEE International Conference on Intelligence and Security Informatics. Springer, Germany, 2005, 256 ~ 268.

[7] Acar E, Camtepe S A, and Yener B. Collective sampling and analysis of high order tensors for chatroom communications. In Proc. of IEEE International Conference on Intelligence and Security Informatics. Springer, Germany, 2006, 213 ~ 224.

[8] Acar E, Aykut-Bingo C, Bingo H, Bro R, Yener B. Multiway analysis of epilepsy tensors. Bioinformatics, 2007, 23: i10 ~ i18.

[9] Acar E, Yener B. Unsupervised multiway data analysis: A literature survey. IEEE Transactions on Knowledge and Data Engineering, 2009, 21(1): 6 ~ 20.

[10] Acar R, Vogel C R. Analysis of bounded variation penalty methods for ill-posed problems. Inverse Problems, 1994, 10: 1217 ~ 1229.

[11] Adamyan V M, Arov D Z. A general solution of a problem in linear prediction of stationary processes. Theory Probab Appl, 1968, 13: 294 ~ 407.

[12] Adib A, Moreau E, Aboutajdine D. Source separation contrasts using a reference signal. IEEE Signal Processing Letters, 2004, 11(3): 312 ~ 315.

[13] Afriat S N. Orthogonal and oblique projectors and the characteristics of pairs of vector spaces. Math. PROC. Cambridge Philos. Soc., 1957, 53: 800 ~ 816.

[14] Aitken A C. Detrminants and Matrices. 4th ed. Edinburgh: Oliver and Boyd, 1946.

[15] Alter O, Brown P O, Botstein D. Generalized singular value decomposition for comparative analysis of genome-scale expression data sets of two different organisms. Proc. of the National Academy of Sciences of the United States of America, 2003, 100(6): 3351 ~ 3356.

[16] Amari S. Natural gradient works efficiently in learning. Neural Computation, 1998, 10: 251 ~ 276.

[17] Amari S, Nagaoka H. Methods of Information Geometry. New York: Oxford University Press, 2000.

[18] Ammar G S, Gragg W B. Superfast solution of real position definite Toeplitz systems. In: P N Datta, et al eds. Linear Algebra in Signals, Systems and Control. SIAM, 1988, 107 ~ 125.

[19] Anderson G W, Guionnet A, Zeitouni O. An Introduction to Random Matrices. Cambridge University Press, 2009.

[20] Andrews H, Hunt B. Digital Image Restoration. Cliffts, NJ: Prentice-Hall, 1977.

[21] Antman S. The influence of elasticity in analysis: Modern developments. Bulletin of the American Mathematical Society, 1983, 9(3): 267 ~ 291.

[22] Anton H, Rorrer C. Elementary Linear Algebra. 8th ed. New York: John Wiley & Sons, Inc, 2000.

[23] Aronszajn N. Theory of reproducing kermels. Trans. Amer. Math. Soc., 1950, 68: 800 ~ 816.

[24] Arrow K, Hurwicz L, Uzawa H. Studies in Nonlinear Programming. Stanford, CA: Stanford University Press, 1958.

[25] Autonne L. Sur les groupes lineaires, reelles et orthogonaus. Bull Soc. Math., France, 1902, 30: 121 ~ 133.

[26] Auslender A. Asymptotic properties of the Fenchel dual functional and applications to decomposition problems. J. Optimization Theory and Applications, 1992, 73(3): 427 ~ 449.

[27] Bader B W, Harshman R A, Kolda, T G. Temporal analysis of social networks using three-way dedicom. Technical Report SAND2006-2161, Sandia National Laboratories, 2006.

[28] Banachiewicz T. Zur Berechungung der Determinanten, wie auch der Inverse, und zur darauf basierten Auflösung der Systeme linearer Gleichungen. Acta Astronomica, Sér C, 1937, 3: 41 ~ 67.

[29] Barabell A J. Improving the resolution performance of eigenstucture based direction-fading algorithms. Proc. ICASSP-83, 1983, Boston, 336 ~ 339.

[30] Barbarossa S, Daddio E, Galati G. Comparison of optimum and linear prediction technique for clutter cancellation. Proc IEE, Part F, 1987, 134: 277 ~ 282.

[31] Bapat R. Nonnegative Matrices and Applications. Cambridge University Press, 1997.

[32] Barnett S. Matrices: Methods and Applications. Oxford: Clarendon Press, 1990.

[33] Basri R, JACOBS D. Lambertian reflectance and linear subspaces. IEEE Trans. Patt. Anal. Mach. Intel., 2003, 25(2): 218 ~ 233.

[34] Beck A, Teboulle M. A fast iterative shrinkage-thresholding algorithm for linear inverse problems. SIAM J. Imaging Sciences, 2009, 2(1): 183 ~ 202.

[35] Behrens R T, Scharf L L. Signal processing applications of oblique projection operators. IEEE Trans. Signal Processing, 1994, 42(6): 1413 ~ 1424.

[36] Bellman R. Introduction to Matrix Analysis. 2nd ed. New York: McGraw-Hill, 1970.

[37] Belochrani A, Abed-Merain K, Cardoso J F, Moulines E. A blind source separation technique using second-order statistics. IEEE Trans. Signal Processing, 1997, 45(2): 434 ~ 444.

[38] Beltrami E. Sulle funzioni bilineari, Giomale di Mathematiche ad Uso Studenti Delle Uninersita. 1873, 11: 98 ~ 106. An English translation by D Boley is available as University of Minnesota, Department of Computer Science, Technical Report 90 ~ 37, 1990.

[39] Ben-Israel H, Greville T N E. Generalized Inverses: Theory and Applications. New York: Wiley-Interscience, 1974.

[40] Berberian S K. Linear Algebra. New York: Oxford University Press, 1992.

[41] Berge J M F T. Convergence of PARAFAC preprocessing procedures and the Deming-Stephan method of iterative proportional fitting. In Multiway Data Analysis (Eds. Coppi R, Bolasco S). Amsterdam：Elsevier, 1989, 53 ~ 63.

[42] Berge J M F T, Sidiriopolous N D. On uniqueness in CANDECOMP/PARAFAC, Psychometrika, 2002, 67：399 ~ 409.

[43] Berry M W, Browne M, Langville A N, Pauca V P, Plemmons R J. Algorithms and applications for approximate nonnegative matrix factorization. Computational Statistics & Data Analysis, 2007, 52：155 ~ 173.

[44] Bertsekas D P. Multiplier methods：A survey. Automatica, 1976, 12：133 ~ 145.

[45] Bertsekas D P. Nonlinear Programming, 2nd ed., Belmont, MA：Athena Scientific, 1999.

[46] Bertsekas D P, Nedich A, Ozdaglar A. Convex Analysis and Optimization. Belmont, MA：Athena Scientific, 2003.

[47] Bertsekas D P, Tseng P. Partial proximal minimization algorithms for convex programming. SIAM J. Optimizations, 1994, 4(3)：551 ~ 572.

[48] Biemvenu G, Kopp L. Principède la goniomgraveetre passive adaptive. Proc 7'eme Colloque GRESIT, Nice Frace, 1979, 106/1 ~ 106/10.

[49] Bjorck A, Bowie C. An iterative algorithm for computing the best estimate of an orthogonal matrix. SIAM J Num Anal, 1971, 8：358 ~ 364.

[50] Blumensath T, Davis M E. Gradient pursuits. IEEE Trans. Signal Processing, 2008, 56(6)：2370 ~ 2382.

[51] Bodewig E. Matrix Calculus. 2nd ed. Amsterdam：North-Holland, 1959.

[52] Boot J. Computation of the generalized inverse of singular or ractangular matrices. Amer Math Monthly, 1963, 70：302 ~ 303.

[53] Boyd S. EE364b, Stanford University, Spring quarter 2010 ~ 11, 2010.

[54] Boyd S, Parikh N, Chu E, Peleato B, Eckstein J. Distributed optimization and statistical learning via the alternating direction method of multipliers. Foundations and Trends in Machine Learning, 2010, 3(1)：1 ~ 122.

[55] Boyd S, Vandenberghe L. Convex Optimization. Cambridge, UK：Cambridge Univ. Press, 2004.

[56] Boyd S, Vandenberghe L. Subgradients. Notes for EE364b, Stanford University, Winter 2006-2007, April 13, 2008.

[57] Bramble J, Pasciak J. A preconditioning technique for indefinite systems resulting from mixed approximations of elliptic problems. Mathematics of Computation, 1988, 50(181)：1 ~ 17.

[58] Brandwood D H. A complex gradient operator and its application in adaptive array theory. Proc Inst Elec Eng, 1983, 130：11 ~ 16.

[59] Branham R L. Total least squares in astronomy. In：Recent Advances in Total Least Squares Techniques and Error-in-Variables Modeling (Van Huffel S ed). Philadelphia, PA：SIAM, 1997.

[60] Bregman L M. The method of successive projection for finding a common point of convex sets. Soviet Math. Dokl., 1965, 6：688 ~ 692.

[61] Brewer J W, Kronecker products and matrix calculus in system theory. IEEE Trans. Circuits and Systems, 1978, 25: 772 ~ 781.

[62] Bridges T J, Morris P J. Differential eigenvalue problems in which the parameters appear nonlinearly. J. Comput. Phys, 1984, 55: 437 ~ 460.

[63] Bro R. PARAFAC: Tutorial and applications. Chemometrics and Intelligent Laboratory Systems, 1997, 38: 149 ~ 171.

[64] Bro R, de Jong S. A fast non-negativity constrained least squares algorithm. J. Chemometrics 1997, 11(5): 393 ~ 401.

[65] Bro R, Harshman R A, Sidiropoulos N D. Modeling multi-way data with linearly dependent loadings. Technical Report 2005-176, KVL, 2005.

[66] Bro R. Multiway analysis in the food industry: Models, algorithms and applications, Doctoral dissertation, University of Amsterdam, 1998.

[67] Bro R, Sidiropoulos N. Least squares algorithms under unimodality and non-negativity constraints. J. Chemometrics 1998; 12 (4): 223 ~ 247.

[68] Brockwell P J, Davis R A. Time Series: Theory and Methods. New York: Springer-Verlag, 1987.

[69] Brookes M. Matrix Reference Manual 2004. Available at http: //www.ee.ic.ac.uk/hp/staff/dmb/matrix/intro.html, 2005.

[70] Bunch J. Stability of methods for solving Toeplitz systems of equations. SIAM J Sci Stat Comput, 1985, 6: 349 ~ 364.

[71] Bunse-Gerstner A. An analysis of the HR algorithm for computing the eigenvalues of a matrix. Linear Algebra and Its Applications, 1981, 35: 155 ~ 173.

[72] Byrd R H, Hribar M E, Nocedal J. An interior point algorithm for large scale nonlinear programming. SIAM Journal on Optimization, 1999, 9(4): 877 ~ 900.

[73] Byrne C, Censor Y. Proximity function minimization using multiple Bregman projections, with applications to split feasibility and Kullback-Leibler distance minimization. Annals of Operations Research, 2001, 105: 77 ~ 98.

[74] Cadzow J A. Spectral estimation: An overdetermined rational model equation approach. Proc IEEE, 1982, 70: 907 ~ 938.

[75] Cai J -F, Candes E J, Shen Z. A singular value thresholding algorithm for matrix completion. SIAM Journal on Optimization, 2010, 20(4): 1956 ~ 1982.

[76] Cai J -F, Shen Z. Fast singular value thresholding without singular value decomposition, 2010, available at ftp: //ftp.math.ucla.edu/pub/camreport/cam10-24.pdf.

[77] Cai T T, Wang L, Xu G. New bounds for restricted isometry constants. IEEE Trans. Information Theory, 2010, 56(9): 4388 ~ 4394.

[78] Candès E, Romberg J, Tao T. Stable signal recovery from incomplete and inaccurate information. Commun. Pure Appl. Math., 2005, 59: 1207 ~ 1233.

[79] Candès E J, Tao T. Near optimal signal recovery from random projections: Universal encoding strategies. IEEE Trans. Inform. Theory, 2006, 52(12): 5406 ~ 5425.

[80] Candès E J, Romberg J, Tao T. Robust uncertainty principles: Exact signal reconstruction from highly incomplete frequency information. IEEE Trans. Inform. Theory, 2006, 52(2): 489 ~ 509.

[81] Candès E J, Romberg J, Tao T. Stable signal recovery from incomplete and inaccurate measurements. Comm. Pure Appl. Math., 2006, 59(8)：1207～1223.

[82] Candès E J, Tao T. The Dantzig selector：Statistical estimation when p is much larger than n. Ann. Statist. 2007 [Online]. Available at http：//arxiv.org/abs/math.ST/0506081.

[83] Candès E J, Romberg J. Sparsity and incoherence in compressive sampling. Inverse Prob., 2007, 23(3)：969～985.

[84] Candès E J. The restricted isometry property and its implications for compressed sensing. C. R. l' Academie des Sciences, Ser. I, 2008, 346：589～592.

[85] Candès E J, Wakin M B. A introduction to compressive sampling. IEEE Signal Processing Magazine, 2008, 25(3)：pp.21～30.

[86] Candès E J, Recht B. Exact matrix completion via convex optimization. Found. Comput. Math., 2009, 9：717～772.

[87] Candès E J, Plan Y. Matrix completion with noise. Proc. IEEE, 2010, 98(6)：925～936.

[88] Candès E J, Li X, Ma Y, Wright J. Robust principal component analysis? J. the ACM, 2011, 58(3)：Article 11：1-37.

[89] Cardoso J F, Souloumiac A. Blind beamforming for non-Gaussian signals. Proc IEE, F, 1993, 40(6)：362～370.

[90] Cordoso J F, Souloumiac A. Jacobi angles for simultaneous diagonalization. SIAM J. Matrix Analysis Appl., 1996, 17(1)：161～164.

[91] Carroll C W. The created response surface technique for optimizing nonlinear restrained systems. Oper. Res., 1961, 9：169～184.

[92] Carroll J D, Arabie P. Multidimensional scaling. Annaual Review of Psychology, 1980, 31：438～457.

[93] Carroll, J D, Chang J. Analysis of individual differences in multidimensional scaling via an N way generalization of "Eckart-Young" decomposition. Psychometrika, 1970, 35：283～319.

[94] Cattell R B. Parallel proportional profiles and other principles for determining the choice of factors by rotation. Psychometrika, 1944, 9：267～283.

[95] Champagne B. Adaptive eigendecomposition of data covariance matrices based on first-order perturbations. IEEE Trans. Signal Processing, 1994, 42：2758～2770.

[96] Chang C -I, Du Q. Estimation of number of spectrally distinct signal sources in hyperspace-tral imagery. IEEE Trans. Geosci. Remote Sens., 2004, 42(3)：608～619.

[97] Chan T F. An improved algorithm for computing the singular value decomposition. ACM Trans. Math. Software, 1982, 8：72～83.

[98] Chan Y T, Wood J C. A new order determination technique for ARMA processes. IEEE Trans. Acoust, Speech, Signal Processing, 1984, 32：517～521.

[99] Chan R H, Ng M K. Conjugate gradient methods for Toepilitz systems. SIAM Review, 1996, 38(3)：427～482.

[100] Chandrasekaran V, Sanghavi S, Parrilo P A, Wilisky A S. Rank-sparsity incoherence for matrix decomposition. SIAM J. Optim. 2011, 21(2)：572～596.

[101] Chatelin F. Eigenvalues of Matrices. New York：Wiley, 1993

[102] Chen B, Petropulu A P. Frequency domain blind MIMO system identification based on second- and higher oreder statistics. IEEE Trans. Signal Processing, 2001, 49(8)：1677～1688.

[103] Chen H, Sarkar T K, Brule J, Dianat S A. Adaptive spectral estimation by the conjugate graient method. IEEE Trnas Acoust, Speech, Signal Processing, 1986, 34(2): 272 ~ 284.

[104] Chen S S, Donoho D L, Saunders M A. Atomic decomposition by basis pursuit. SIAM J. Science Computations, 1998, 20(1): 33 ~ 61.

[105] Chen S S, Donoho D L, Saunders M A. Atomic decomposition by basis pursuit. SIAM Rev., 2001, 43(1): 129 ~ 159.

[106] Chen W, Chen M, Zhou J. Adaptively regularized constrained total least-squares image restoration. IEEE Trans. Image Processing, 2000, 9(4): 588 ~ 596.

[107] Chen X, Pan W, Kwok J T, Carbonell J G. Accelerated gradient method for multi-task sparse learning problem. In Proc. Ninth IEEE International Conference on Data Mining, 2009, 746 ~ 751.

[108] Chua L O. Dynamic nonlinear networks: State-of-the-art. IEEE Trans. Circuits and Systems, 1980, 27: 1024 ~ 1044.

[109] Cichocki A, Amari S -I. Families of alpha- beta- and gamma-divergences: Flexible and robust measures of similarities. Entropy, 2010, 12(6): 1532 ~ 1568.

[110] Cichocki A, Cruces S, Amari S -I. Generalized Alpha-Beta divergences and their application to robust nonnegative matrix factorization. Entropy, 2011, 13: 134 ~ 170.

[111] Cichocki A, Lee H, Kim Y -D, Choi S. Non-negative matrix factorization with α-divergence. Pattern Recognition Letters, 2008, 29: 1433 ~ 1440.

[112] Cichocki A, Zdunek R, Amari S -I. Nonnegative matrix and tensor factorization. IEEE Signal Processing Magazine, 2008, 25(1): 142 ~ 145.

[113] Cichocki A, Zdunek R, Amari S -I. Csiszar's divergences for nonnegative matrix factorization: Family of new algorithms. In Lecture Notes in Computer Science; Springer: Charleston, SC, USA, 2006, 3889: 32 ~ 39.

[114] Cichocki A, Zdunek R, Amari S -I. Hierarchical ALS algorithms for nonnegative matrix and 3D tensor factorization. Springer LNCS, 2007, 4666: 169 ~ 176.

[115] Cichocki A, Zdunek R, Choi S, Plemmons R, Amari S -I, Novel multi-layer nonnegative tensor factorization with sparsity constraints. Springer LNCS, 2007, 4432: 271 ~ 280.

[116] Cichocki A, Zdunek R, Phan A -H, Amari S -I. Nonnegative Matrix and Tensor Factorizations: Applications to Exploratory Multi-Way Data Analysis and Blind Source Separation. Chichester, UK: Wiley, 2009.

[117] Cirrincione G, Cirrincione M, Herault J, et al. The MCA EXIN neuron for the minor component analysis. IEEE Trans. Neural Networks, 2002, 13(1): 160 ~ 187.

[118] Clark J V, Zhou N, Pister K S J. Modified nodal analysis for MEMS with multi-energy domains. In: International Conference on Modeling and Simulation of Microsystems, Semiconductors, Sensors and Actuators. San Diego, USA, 2000; also available at http: //www-bsac.EECS. Berkely.EDU/-cfm/publication.html

[119] Cline R E. Note on the generalized inverse of the product of matrices. SIAM Review, 1964, 6: 57 ~ 58.

[120] Cline A K, Moler C B, Stewart G W, Wilkinson J H. An estimate for the condition number of a matrix. SIAM J Numer Anal, 1979, 16: 368 ~ 375.

[121] Coifman R, Geshwind F, Meyer Y. Noiselet. Applied and Computational Harmonic Analysis, 2001, 10(1): 27 ~ 44.

[122] Combettes P L, Pesquet J.-C. Proximal splitting methods in signal processing. In: Fixed-Point Algorithms for Inverse Problems in Science and Engineering, New York: Springer, 2011, 185 ~ 212.

[123] Comon P, Golub G, Lim L -H, Mourrain B. Symmetric tensors and symmetric tensor rank. SM Technical Report 06-02, Stanford University, 2006.

[124] Comon P, Golub G, Lim L.-H, Mourrain B. Symmetric tensora and symmetric tensor rank. SIAM J. Matrix Anal. Appl., 2008, 30(3): 1254 ~ 1279.

[125] Comon, P, Moreau, E. Blind MIMO equalization and joint-diagonalization criteria. Proc 2001 IEEE International Conference on Acoustics, Speech, and Signal Processing (ICASSP '01), 2001, 5: 2749 ~ 2752.

[126] Dai W, Milenkovic O. Subspace pursuit for compressive sensing signal reconstruction. IEEE Trans. Inform. Theory, 2009, 55(5): 2230 ~ 2249.

[127] Davis P. Circular Matrices. New York: John Wiley, 1979.

[128] Davis G. A fast algorithm for inversion of block Toeplitz Signal Processing, 1995, 43: 3022 ~ 3025.

[129] Davis G, Mallat S, Avellaneda M. Adaptive greedy approximation. J. Constr. Approx., 1997, 13(1): 57 ~ 98.

[130] Davila C E. A subspace approach to estimation of autoregressive parameters from noisy measurements, IEEE Trans. Signal Processing, 1998, 46: 531 ~ 534.

[131] Decell Jr. H P. An application of the Cayley-Hamilton theorem to generalized matrix inversion. SIAM Review, 1965, 7(4): 526 ~ 528.

[132] Delsarte P, Genin Y. The split Levinson algorithm. IEEE Trans. Acoust, Speech, Signal Processing, 1986, 34: 471 ~ 478.

[133] Delsarte P, Genin Y. On the splitting of classical algorithms in linear prediction theory. IEEE Trans. Acoust, Speech, Signal Processing, 1987, 35: 645 ~ 653.

[134] Dembo R S, Steihaug T. Truncated-Newton algorithms for large-scale unconstrainted optimization. Math Programming, 1983, 26: 190 ~ 212.

[135] Demoment G. Image reconstruction and restoration: Overview of common estimation problems. IEEE Trans. Acoust, Speech, Signal Processing, 1989, 37(12): 2024 ~ 2036.

[136] Dewester S, Dumains S, Landauer T, Furnas G, Harshman R. Indexing by latent semantic analysis. J. Soc. Inf. Sci., 1990, 41(6): 391 ~ 407.

[137] Doclo S, Moonen M. GSVD-based optimal filtering for single and multimicrophone speech enhancement. IEEE Trans. Signal Processing, 2002, 50(9): 2230 ~ 2244.

[138] Donoho D L, Huo X. Uncertainty principles and ideal atomic decomposition. IEEE Trans. Inform. Theory, 2001, 47(7): 2845 ~ 2862.

[139] Donoho D L, Elad M. Optimally sparse representations in general (non-orthogonal) dictionaries via ℓ^1 minimization. Proc. Nat. Acad. Sci. 2003, 100(5): 2197 ~ 2202.

[140] Donoho D L. Compressed sensing, IEEE Trans. Information Theory, 2006, 52(4): 1289 ~ 1306.

[141] Donoho D L. For most large underdetermined systems of linear equations, the minimal ℓ^1 solution is also the sparsest solution. Communications on Pure and Applied Mathematics. 2006, vol.LIX：797 ~ 829.

[142] Donoho D L, Elad M, Temlyakov V N. Stable recovery of sparse overcomplete representations in the presence of noise. IEEE Trans. Inform. Theory, 2006, 52(1)：6 ~ 18.

[143] Donoho D L, Tsaig T, Drori T, Starck J -L. Sparse solution of underdetermined linear equations by stagewise orthogonal matching pursuit (StOMP). Stanford Univ., Palo Alto, CA, Stat. Dept. Tech. Rep. 2006 ~ 02, Mar. 2006.

[144] Donoho D L, Tsaig Y. Fast solution of l_1-norm minimization problems when the solution may be sparse. IEEE Trans. Inform. Theory, 2008, 54(11)：4789 ~ 4812.

[145] Drmac Z. Accurate computation of the product-induced singular value decomposition with applications. SIAM J Numer Anal, 1998, 35(5)：1969 ~ 1994.

[146] Drmac Z. A tangent algorithm for computing the generalized singular value decomposition. SIAM J Numer Anal, 1998, 35(5)：1804 ~ 1832.

[147] Drmac Z. New accurate algorithms for singular value decomposition of matrix triplets. SIAM J Matrix Anal Appl, 2000, 21(3)：1026 ~ 1050.

[148] Duchi, J C, Agarwal A, Wainwright M J. Dual averaging for distributed optimization：Convergence analysis and network scaling. IEEE Trans. on Automatic Control, 2012, 57(3)：592 ~ 606.

[149] Duda R O, Hart P E. Pattern Classification and Scene Analysis. New York：Wiley, 1973.

[150] Duncan W J. Some devices for the solution of large sets of simultaneous linear equations. The London, Edinburgh, anf Dublin Philosophical Magazine and J. Science, Seventh Series, 1944, 35：660 ~ 670.

[151] Eckart C, Young G. The approximation of one matrix by another of lower rank. Psychometrica, 1936, 1：211 ~ 218.

[152] Eckart C, Young G. A Principal axis transformation for non-Hermitian matrices. Null Amer. Math. Soc., 1939, 45：118 ~ 121.

[153] Edelman A, Arias T A, Smith S T. The geometry of algorithms with orthogonality constraints. SIAM J. Matrix Analysis, Applications, 1998, 20(2)：303 ~ 353.

[154] Efron B, Hastie T, Johnstone I, Tibshirani R. Least angle regression. Ann. Statist., 2004, 32：407 ~ 499.

[155] Efroymson G, Steger A, Steeinberg S. A matrix eigenvalue problem. SIAM Review, 1980, 22(1)：99 ~ 100.

[156] Elad M, Matalon B, Zibulevsky M. Image denoising with shrinkage and redundant representations, in Proc. IEEE Computer Soc. Conf. Computer Vision and Pattern Recognition－CVPR’ 2006, New York, 2006.

[157] Eldar Y C, Oppenheim A V. MMSE whitening and subspace whitening. IEEE Trans. Inform Theory, 2003, 49(7)：1846 ~ 1851.

[158] Eldar Y C, Opeenheim A V. Orthogonal and projected orthogonal matched filter detection. Signal Processing, 2004, 84：677 ~ 693.

[159] Estienne F, Matthijs N, Massart D L, Ricoux, P, Leibovici D. Multi-way modelling of

high-dimensionality electroencephalographic data. Chemometrics Intell. Lab. Systems, 2001, 58(1): 59 ~ 72.

[160] Facchinei F, Pang J -S. Finite-Dimensional Variational Inequalities and Complementarity Problem. New York: Springer, 2003.

[161] Faddeev D K, Faddeeva V N. Computational Methods of Linear Algebra. San Francisco: W H Freedman Co, 1963.

[162] Farina A, Golino G, Timmoneri L, Comparison between LS and TLS in adaptive processing for radar systems. IEE P-Radar Sonar Nav, 2003, 150(1): 2 ~ 6.

[163] Fernando K V, Hammarling S J. A product induced singular value decomposition (PSVD) for two matrices and balanced relation. In: Proc Conference on Linear Algebra in Signals, Systems and Controls, Society for Industrial and Applied Mathematics (SIAM). PA: Philadelphia, 1988, 128 ~ 140.

[164] Fiacco A V, McCormick G P. Nonlinear Programming: Sequential Unconstrained minimization Techniques. New York: Wiley, 1968; or Classics Appl. Math. 4, SIAM, Philadelphia, PA, 1990. Reprint of the 1968 original.

[165] Field D J. Relation between the statistics of natural images and the response properties of cortical cells. J. Opt. Soc. Amer. A, 1984, 4: 2370 ~ 2393.

[166] Figueiredo M A T, Nowak R D. An EM algorithm for wavelet-based image restoration. IEEE Trans. Image Processing, 2003, 12: 906 ~ 916.

[167] Flanigan F. Complex Variables: Harmonic and Analytic Functions (2nd Edition). New York: Dover Publications, 1983.

[168] Fletcher R. Conjugate gradient methods for indefinite systems. In: Watson G A. ed. Proc Dundee Conf on Num Anal . New York: Springer-Verlag, 1975, 73 ~ 89.

[169] Fletcher R. Practical Methods of Optimization, 2nd ed., New York: John Wiley & Sons, 1987.

[170] Flury B N. Common principal components in k groups. J. Amer. Statist. Assoc., 1984, 79: 892 ~ 897.

[171] Forsgren A, Gill P E, Wright M H. Interior methods for nonlinear optimization. SIAM Review, 2002, 44: 525 ~ 597.

[172] Forsgren A. Inertia-controlling factorization for optimization algorithms. Appl. Numer. Math., 2002, 43: 91 ~ 107.

[173] Foucart S, Lai M -J. Sparsest solutions of underdetermined linear systems via l_q-minimization for $0 < q \leqslant 1$. Appl. Comput. Harmonic Anal., 2009, 26(3): 395 ~ 407.

[174] Foygel R, Srebro N. Concentration-based guarantees for low-rank matrix reconstruction. Available at http: //olt2011.sztaki.hu/colt2011_submission_90.pdf.

[175] Frankel T. The Geometry of Physics: An Introduction (with corrections and additions), Cambridge University Press, 2001.

[176] Friedlander M P, Hatz K. Computing nonnegative tensor factorizations. Available at http: //www.optimization-online.org/DBHTML/2006/10/1494.html.

[177] Fuhrmann D R. An algorithm for subspace computation with applications in signal processing. SIAM J. Matrix Anal. Appl., 1988, 9: 213 ~ 220.

[178] Fukunaga K. Statistical Pattern Recognition. 2nd ed. New York: Academic Press, 1990.

[179] Gabay D, Mercier B. A dual algorithm for the solution of nonlinear variational problems via finite element approximations. Computers and Mathematics with Applications. 1976, 2：17～40.

[180] Galatsanou N P, Katsaggelos A K. Methods for choosing the regularization parameter and estimating the noise variance in image restoration and their relation. IEEE Trans. Image Processing, 1992, 1(3)：322～336.

[181] Gander W, Golub G H, Von Matt U. A constrained eigenvalue problem. Linear Algebra Appl, 1989, 114-115：815～839.

[182] Gilbert A C, Muthukrishnan M, Strauss M J. Approximation of functions over redundant dictionaries using coherence. Proc. 14th Annu. ACM-SIAM Symp. Discrete Algorithms, Jan. 2003.

[183] Glowinski R, Marrocco A. Sur l'approximation, par elements finis d'ordre un, et la resolution, par penalisation-dualité, d'une classe de problems de Dirichlet non lineares. Revue Française d'Automatique, Informatique, et Recherche Opérationelle, 1975, 9：41～76.

[184] Glowinski R, Tallec P Le. Augmented Lagrangian and Operator Splitting Methods in Nonlinear Mechanics. Philadelphia, PA：SIAM Studies in Applied Mathematics, 1989.

[185] Gantmacher F R. Applications of the Theory of Matrices. New York：Interscience, 1959.

[186] Gantmacher F R. The Theory of Matrices. Chelsea Publishing, 1977.

[187] Gersch W. Estimation of the autoregressive parameters of a mixed autoregressive moving-averaging time series. IEEE Trans. Automatic Control, 1970, 15：583～585.

[188] Gersho A, Gray R M. Vector Quantization and Signal Compression. Kluwer Acad. Press, 1992.

[189] Gillies A W. On the classfication of matrix generalized inverse. SIAM Review, 1970, 12(4)：573～576.

[190] Gleser L J. Estimation in a multivariate "errors in variables" regression model：large sample results. Ann. Statist., 1981, 9：24～44.

[191] Goldfarb D, Ma S, Scheinberg K. Fast alternating linearization methods for minimizing the sum of two convex functions. Available at http：//arxiv.org/abs/0912.4571 (2010)

[192] Goldstein T, Osher S. The split Bregman method for L1-regularized problems. SIAM J. Imaging Sciences, 2009, 2(2)：323～343.

[193] Golub G H, Reinsch C. Singular Value Decomposition and Least Squares Solutions. Numer Math, 1970, 14：403～420.

[194] Golub G H. Some modified matrix eigenvalue problems. SIAM Review, 1973, 15：318～334.

[195] Golub G H, Pereyra V. The differentiation of pseudoinverses and nonlinear least squares problems whose variables separate. SIAM J. Numer Anal, 1973, 10：413～432.

[196] Golub G H, Van Loan C F. An analysis of the total least squares problem. SIAM J. Numer Anal, 1980, 17：883～893.

[197] Golub G H, Klema V, Stewart G W. Rank degeneracy and least squares problems. Technical Report TR-456, Dept Computer Science, University of Maryland, College Park, MD, 1986.

[198] Golub G H, Van Loan C F. Matrix Computation. 2nd ed. Baltimore：The John Hopkins University Press, 1989.

[199] Gonzales E F, Zhang Y. Accelerating the Lee-Seung algorithm for non-negative matrix factorization. Technical report. Department of Computational and Applied Mathematics, Rice University, 2005.

[200] Grassmann H G. Die Ausdehnungslehre. Berlin: Enslin, 1862.

[201] Gray R M. On the asymptotic eigenvalue distribution of Toeplitz matrices. IEEE Trans Information Theory, 1972, 18(6): 267 ~ 271.

[202] Graybill F A, Meyer C D, Painter R J. Note on the computation of the generalized inverse of a matrix. SIAM Review, 1966, 8(4): 522 ~ 524.

[203] Graybill F A. Matrices with Applications in Statistics. Balmont CA: Wadsworth International Group, 1983.

[204] Green B. The orthogonal approximation of an oblique structure in factor analysis. Psychometrika, 1952, 17: 429 ~ 440.

[205] Greville T N E. Some applications of the pseudoinverse of a matrix. SIAM Review, 1960, 2: 15 ~ 22.

[206] Greville T N E. Note on the generalized inverse of a matrix product. SIAM Review, 1966, 8(4): 518 ~ 521.

[207] Gribonval R, Nielsen M. Sparse representations in unions of bases, IEEE Trans. Inform. Theory, 2003, 49: 3320 ~ 3325.

[208] Griffiths J W. Adaptive array processing: A tutorial. Proc IEE, Part F, 1983, 130: 137 ~ 142.

[209] Grippo L, Sciandrone M. On the convergence of the block nonlinear Gauss-Seidel method under convex constraints. Operations Research Letter, 1999, 26: 127 ~ 136.

[210] Guan N, Tao D, Lou Z, Yu B. NeNMF: An optimal gradient method for non-negative matrix factorization. IEEE Trans. Signal Processing, 2012, 60(6): 2082 ~ 2098.

[211] Guttman L. Enlargement methods for computing the inverse matrix. Ann Math Statist, 1946, 17: 336 ~ 343.

[212] Hager W W. Updating the inverse of a matrix. SIAM Review, 1989, 31(2): 221 ~ 239.

[213] Hale E T, Yin W, ZHANG Y. Fixed-point continuation for ℓ_1- minimization: Methodology and convergence. SIAM J. Optim., 2008, 19(3): 1107 ~ 1130.

[214] Halmos P R. Finite Deimensional Vector Spaces. New York: Springer-Verlag, 1974.

[215] Hanchez Y, Dooren P V. Elliptic and hyperbolic quadratic eigenvalue problems and associated distance problems. Linear Algebra and Its Applications, 2003, 371: 31 ~ 44.

[216] Harshman R A. Foundation of the PARAFAC procedure: models and conditions for an "explanatory" multi-modal factor analysis. UCLA Work. Pap. Phon. 1970, 16: 1 ~ 84.

[217] Harshman R A. Parafac2: Mathematical and technical notes. UCLA working papers in phonetics 1972, 22: 30 ~ 44.

[218] Harshman R A, Hong S, Lundy M E. Shifted factor analysis - Part i: Models and properties. J. of Chemometrics, 2003, 17(7): 363 ~ 378.

[219] Harshman R A, Lundy M E. Data preprocessing and the extended PARAFAC model. In Research Methods for Multimode Data Analysis (Eds. Law H G, Snyder C W, Hattie J A, McDonald R P.). New York: Praeger, 1984 (pp.216 ~ 284).

[220] Harshman R A, Lundy M E. PARAFAC: Parallel factor analysis. Computational Statistics of Data Analysis, 1994, 18: 39 ~ 72.

[221] Hastie T, Tibshirani R, Friedman J. The Elements of Statistical Learning. New York: Springer-Verlag, 2001, Springer Series in Statistics.

[222] Hazan T, Polak T, Shashua A. Sparse image coding using a 3d nonnegative tensor factorization. Technical report, The Hebrew University, 2005.

[223] Heeg R S, Geurts B J. Spatial instabilities of the incompressible attachment-line flow using sparse matrix Jacobi-Davidson techniques. Appl Sci Res, 1998, 59: 315 ~ 329.

[224] Helmke U, Moore J B. Optimization and Dynamical Systems. London, UK: Springer-Verlag, 1994.

[225] Hendeson H V, Searle S R. On deriving the inverse of a sum of matrices. SIAM Review, 1981, 23: 53 ~ 60.

[226] Henderson H V, Searle S R. The vec-permutation matrix, the vec operator and Kronecker products: A review. Linear and Multilinear Algebra, 1981, 9: 271 ~ 288.

[227] Herzog R, Sachs E. Preconditioned conjugate gradient method for optimal control problems with control and state constraints. SIAM. J. Matrix Anal. and Appl., 2010, 31(5): 2291 ~ 2317.

[228] Hestenes M R, Stiefel E. Methods of conjugate gradients for solving linear systems. J. Res National Bureau of Standards, 1952, 49: 409 ~ 436.

[229] Hestenes M R. Multiplier and gradient methods, J. Optimization Theory and Applications, 1969, 4: 303 ~ 320.

[230] Higham N J. Computing the polar decomposition – with applications. SIAM J. Sci. Stat. Comp., 1986, 7(4): 1160 ~ 1974.

[231] Higham N, Schreiber R. Fast polar decomposition of an arbitrary matrix. SIAM J. Sci. Stat. Comput., 1990, 11(4): 648 ~ 655.

[232] Hindi H. A tutorial on convex optimization, in: Proceeding of the 2004 American Control Conference, Boston, Massachusetts June 30 ~ July 2, 2004, pp.3252 ~ 3265.

[233] Hindi H. A tutorial on convex optimization II: Duality and Interior Point Methods, In: Proc. of the 2006 American Control Conference Minneapolis, Minnesota, USA, June 14 ~ 16, 2006, pp.868 ~ 696.

[234] Hitchcock F L. The expression of a tensor or a polyadic as a sum of products. J. Mathematics and Physics, 1927, 6: 164 ~ 189.

[235] Hitchcock F L. Multilple invariants and generalized rank of a p-way matrix or tensor, J. Mathematics and Physics, 1927 7: 39 ~ 79.

[236] Hochstenbach M E. A Jacobi-Davidson type SVD method. SIAM J. Sci. Comput., 2001, 23(2): 606 ~ 628.

[237] Honig M L, Madhow U, Verdu S. Blind adaptive multiuser detection. IEEE Trans. Inform Theory, 1995, 41: 944 ~ 960.

[238] Horn R A, Johnson C R. Matrix Analysis. Cambridge: Cambridge University Press, 1985.

[239] Horn R A, Johnson C R. Topics in Matrix Analysis. Cambridge: Cambridge University Press, 1991.

[240] Hotelling H. Analysis of a complex of statistical variables into principal components. J. Educ. Psychol, 1933, 24: 417 ~ 441.

[241] Hotelling H. Some new methods in matrix calculation. Ann Math Statist, 1943, 14: 1 ~ 34.

[242] Hotelling H. Further points on matrix calculation and simultaneous equations. Ann Math Statist, 1943, 14: 440 ～ 441.

[243] Howland P, Jeon M, Park H. Structure preserving dimension reduction for clustered text data based on the generalized singular value decomposition. SIAM J. Matrix Anal. Appl, 2003, 25(1): 165 ～ 179.

[244] Howland P, Park H. Generalizing discriminant analysis using the generalized singular value decomposition. IEEE Trans. Pattern Analysis and Machine Intelligence, 2004, 26(8): 995 ～ 1006.

[245] Hoyer P O. Non-negative matrix factorization with sparseness constraints. J. Machine Learning Research, 2004, 5: 1457 ～ 1469.

[246] Huang B. Detection of abrupt changes of total least squares models and application in fault detection. IEEE Trans. Control Systems Technology, 2001, 9(2): 357 ～ 367.

[247] Huber, P J. Robust estimation of a location parameter. Annals of Statistics, 1964, 53: 73 ～ 101.

[248] Huffel S V, Vandewalle J. The Total Least Squares Problems: Computational Aspects and Analysis. Fronties Appl Math 9, Philadelphia: SIAM, 1991.

[249] Hyland D C, Bernstein D S. The optimal projection equations for model reduction and the relationships among the methods of Wilson, Skelton and Moore. IEEE Trans. Automatic Control, 1985, 30: 1201 ～ 1211.

[250] Jain P K, Ahmad K. Functional analysis (2nd ed.). New Age International, 1995.

[251] Jain S K, Gunawardena A D. Linear Algebra: An Interactive Approach. Thomson Learning, 2003.

[252] Jennings A, McKeown J J. Matrix Computations. New York: John Wiley & Sons, 1992.

[253] Johnson C. Matrix Theory and Applications. American Mathematical Society, 1990.

[254] Johnson D H, Dudgeon D E. Array Signal Processing: Concepts and Techniques. Englewood Cliffs, NJ: PTR Prentice Hall, 1993.

[255] Johnson L W, Riess R D, Arnold J T. Introduction to Linear Algebra. 5th ed. New York: Prentice ～ Hall, 2000.

[256] Jolliffe I. Principal Component Analysis. Springer-Verlag, 1986.

[257] Jordan C. Memoire sur les formes bilineaires. J. Math Pures Appl, Deuxieme Serie, 1874, 19: 35 ～ 54.

[258] Kantorovich L V. Function analysis and applied mathematics. Uspekhi Mathematicheskikh Nauk, 1948, 3: 89 ～ 185. Translated from Russian by C D Benster, National Bureau of Standards, Report 1509, 7 March 1952.

[259] Karmarkar N. A new polynomial-time algorithm for linear programming. Combinatorica, 1984, 4(4): 373 ～ 395.

[260] Kato T. A Short Introduction to Perturbation Theory for Linear Operators. New York: Springer-Verlag, 1982.

[261] Kay S M. Modern Spectral Estimation: Theory and Applications. Englewood Cliffs, NJ: Prentice-Hall, 1988.

[262] Kayalar S, Weinert H L. Oblique projections: Formulas, algorithms, and error bounds. Math of Control, Signals, and Systems, 1989, 2(1): 33 ～ 45.

[263] Kelley C T. Iterative methods for linear and nonlinear equations. Frontiers in Applied Mathematics, vol.16, 1995, SIAM: Philadelphia, PA.

[264] Keshavan R, Montanari A, Oh S. Matrix Completion from a Few Entries. IEEE Trans. Information Theory, 2010, 56(6): 2980 ~ 2998.

[265] Khatri C G. Some results for the singular multivariate regression models. Sankya, Series A, 1968, 30: 267 ~ 280.

[266] Khatri C G, Rao C R. Solutions to some functional equations and their applications to characterization of probability distributions. Sankhya: The Indian J. Stat., Series A, 1968, 30: 167 ~ 180.

[267] Kiers H A L. Towards a standardized notation and terminology in multiway analysis. J. Chemometrics, 2000, 14: 105 ~ 122.

[268] Kim J, Park H. Fast nonnegative matrix factorization: An active-set-like method and comparisons. SIAM Journal on Scientific Computing, 2011, 33(6): 3261 ~ 3281.

[269] Kim H, Park H. Sparse non-negative matrix factorizations via alternating non-negativity-constrained least squares for microarray data analysis. Bioinformatics, 2007, 23(12): 1495 ~ 1502.

[270] Kim S J, Koh K, Lustig M, Boyd S, Gorinevsky D. An interior-point method for large-scale ℓ_1-regularized least squares. IEEE Journal Of Selected Topics in Signal Processing, 2007, 1(4): 606 ~ 617.

[271] Klema V C, Laub A J. The singular value decomposition: Its computation and some applications. IEEE Trans. Automatic Control, 1980, 25: 164 ~ 176.

[272] Klemm R. Adaptive airborne MTI: An auxiliary channel approach. Proc IEE, Part F, 1987, 134: 269 ~ 276.

[273] Klein J D, Dickinson B W. A normalized ladder form of residual energy ratio algorithm for PARCOR estimation via projections. IEEE Trans. Automatic Control, 1983, 28: 943 ~ 952.

[274] Kolda T G. Orthogonal tensor decompositions. SIAM J. Matrix Anal. Appl., 2001, 23(1): 243 ~ 255.

[275] Kolda T G, Bader B W, Kenny J P. Higher-order web link analysis using multilinear algebra. In Proc. of The 5th IEEE International Conference on Data Mining, 2005, 242 ~ 249.

[276] Kolda T G. Multilinear operators for higher-order decompositions. Sandia Report SAND2006-2081, Sandia National Laboratories, Albuquerque, New Mexico and Livermore, California, Apr. 2006.

[277] Kolda T G, Bader B W. The tophits model for higher-order web link analysis. In Workshop on Link Analysis, Counterterrorism and Security, 2006.

[278] Kolda T G, Bader B W. Tensor decompositions and applications. SIAM Review, 2009, 51(3): 455 ~ 500.

[279] Komzsik L. Implicit computational solution of generalized quadratic eigenvalue problems. Finite Elemnets in Analysis and Design, 2001, 37: 799 ~ 810.

[280] Krabill D M. On extension of Wronskian matrices. Bell Amer. Math. Soc., 1943, 49: 593 ~ 601.

[281] Kreutz-Delgado K. Real vector derivatives and gradients. Dept. Elect. Comput. Eng. UC

San Diego, Tech. Rep. Course Lecture Suppl. No.ECE275A, Dec.5, 2005 [Online]. Available at http: //dsp.ucsd.edu/ kreutz/PEI05.html.

[282] Kreutz-Delgado K. Finite Dimensional Hilbert Spaces and Linear Inverse Problems. Dept. Elect. Comput. Eng. UC San Diego. Report Number ECE174LSHS-S2009V1.0, 2009.

[283] Kreutz-Delgado K. The complex gradient operator and the calculus. Dept. Elect. Comput. Eng., Univ. California, San Diego, Tech. Rep. Course Lecture Suppl. No. ECE275A, Sep.-Dec. 2005 [Online]. Available at http: //dsp.ucsd.edu/ kreutz/PEI05.html

[284] Kreyszig E. Advanced Engineering Mathematics, 7th ed. New York: John Wiley & Sons, Inc., 1993.

[285] Krishna H, Morgera S D. The Levinson recurrence and fast algorithms for solving Toeplitz systems of linear equations. IEEE Trans. Acoust, Speech, Signal Processing, 1987, 35: 839 ~ 847.

[286] Kruskal J B. Three-way arrays: rank and uniqueness of trilinear decompositions, with application to arithmetic complexity and statistics. Linear Algebra Appl., 1977, 18: 95 ~ 138.

[287] Kruskal J B. Rank, decomposition, and uniqueness for 3-way and N-way arrays, in Multiway Data Analysis (Eds. Coppi and Bolasco), North-Holland: Elsevier Science Publishers B.V. 1989, 7 ~ 18.

[288] Kruskal J B. Statement of some current results about three-way arrays. Unpublished manuscript, AT&T Bell Laboratories, Murray Hill, NJ. Available at http: //three-mode.leidenuniv.nl/pdf/k/kruskal1983.pdf, 1983.

[289] Kumaresan R. Rank reduction techniques and burst error-correction decoding in real/complex fields. In: Proc Nineteenth Asilomar Conf Circuits Syst Comput CA: Pacific Grove, 1985.

[290] Kumar R. A fast algorithm for solving a Toeplitz system of equations. IEEE Trans Acoust, Speech, Signal Processing, 1985, 33: 254 ~ 267.

[291] Kumaresan R. Estimating the paramaters of exponentially damped or undamped sinusoidal signals in noise: [Ph.D. dissertation]. RI: University of Rhode Island, 1982.

[292] Kumaresan R, Tufts D W. Estimating the angle of arrival of multiple plane waves. IEEE Trans. Aerospace Electron Syst, 1983, 19: 134 ~ 139.

[293] Lancaster P. Lambda-Matrices and Vibrating Systems. Oxford: Pergamon Press, 1966.

[294] Lancaster P, Tismenetsky M. The Theory of Matrices with Applications. 2nd ed. New York: Academic, 1985.

[295] Lancaster P. Quadratic eigenvalue problems. Linear Algebra Appl., 1991, 150: 499 ~ 506.

[296] Langville A N, Meyer C D, Albright R, Cox J, Duling D. Algorithms, initializations, and convergence for the nonnegative matrix factorization, 2006. Available at http: //langvillea.people.cofc.edu/NMFInitAlgConv.pdf.

[297] Lasdon L. Optimization Theory for Large Systems. New York: Macmillan, 1970.

[298] Lathauwer L D, Moor B D, Vandewalle J. A multilinear singular value decomposition. SIAM J. Matrix Anal. Appl., 2000, 21: 1253 ~ 1278.

[299] Lathauwer L D, Moor B D, Vandewalle J. On the best rank-1 and rank-$(R_1, R_2, \cdots, R_N)$ approximation of higher-order tensors. SIAM J. Matrix Anal. Appl., 2000, 21: 1324 ~ 1342.

[300] Lathauwer L D. A link between the canonical decomposition in multilinear algebra and simultaneous matrix diagonalization. SIAM Journal on Matrix Analysis and Applications, 2006, 28: 642 ~ 666.

[301] Lathauwer L D. Decompositions of a higher-order tensor in block terms — PART I: Lemmas for partitioned matrices. SIAM J. Matrix Anal. Appl., 2008, 30(3): 1022 ~ 1032.

[302] Lathauwer L D. Decompositions of a higher-order tensor in block terms — PART I-I: Definitions and Uniqueness. SIAM J. Matrix Anal. Appl., 2008, 30(3): 1033 ~ 1066.

[303] Lathauwer L D, Nion D. Decompositions of a higher-order tensor in block terms — PART III: Alternating least squares algorithms. SIAM J. Matrix Anal. Appl., 2008, 30(3): 1067 ~ 1083.

[304] Laub A J, Heath M T, Paige C C, Ward R C. Computation of system balancing transformations and other applications of simultaneous diagonalization algorithms. IEEE Trans. Automatic Control, 1987, 32: 115 ~ 122.

[305] S. Lauritzen L. Graphical Models. London: Oxford University Press, 1996.

[306] Lay D C. Linear Algebra and Its Applications, 2nd Edition. New York: Addison-Wesley, 2000.

[307] Lee D D, Seung H S. Learning the parts of objects by non-negative matrix factorization. Nature, 1999, 401: 788 ~ 791.

[308] Lee D D, Seung H S. Algorithms for non-negative matrix factorization. Advances in Neural Information Processing 13 (Proc. of NIPS 2000), MIT Press, 2001, 13: 556 ~ 562.

[309] Lee H, Battle A, Raina R, Ng. A Y. Efficient sparse coding algorithms. Advances in Neural Information Processing Systems (NIPS), 19, 2007.

[310] Leonard I E. The matrix exponential. SIAM Review, 1996, 38(3): 507 ~ 512.

[311] Letexier D, Bourennane S, Blanc-Talon J. Nonorthogonal tensor matricization for hyper spectral image filtering. IEEE Geosci. Remote Sens. Letters, 2008, 5(1): 3 ~ 7.

[312] Levinson N. The Wiener RMS (root-mean-square) error criterion in filter design and prediction, J. Math Phys, 1947, 25: 261 ~ 278.

[313] Lewicki M S, Sejnowski T J. Learning overcomplete representations. Neural Comp., 2000, 12(2): 337 ~ 365.

[314] Lewis A S. The mathematics of eigenvalue optimization. Math. Program., 2003, 97(1-2): 155 ~ 176.

[315] Li N, Kindermannb S, Navasca C. Some convergence results on the regularized alternating least-squares method for tensor decomposition. Linear Algebra and its Applications, 2013, 438(2): 796 ~ 812.

[316] Li X L, Zhang X D. Non-orthogonal approximate joint diagonalization free of degenerate solution. IEEE Trans. Signal Processing, 2007, 55(5): 1803 ~ 1814.

[317] Lin C J. Projected gradient methods for nonnegative matrix factorization. Neural Computation, 2007, 19(10): 2756 ~ 2779.

[318] Lin Z, Chen M, Ma Y. The augmented Lagrange multiplier method for exact recovery of corrupted low-rank matrices. Available at http: //arxiv.org/pdf/1009.5055.pdf.

[319] Liu S, Trenklerz G. Hadamard, Khatri-Rao, Kronecker and other matrix products. International J. Information and Systems, 2008, 4(1): 160 ~ 177.

[320] Liu X, Sidiropoulos N D. Cramer-Rao lower bounds for low-rank decomposition of multidimensional arrays, IEEE Transactions on Signal Processing, 2001, 49(9): 2074～2086.

[321] Lorch E R. On a calculus of operators in reflexive vector spaces. Trans. Amer Math Soc, 1939, 45: 217～234.

[322] Lueberger D. An Introduction to Linear and Nonlinear Programming, 2nd ed., MA: Addison-Wesley, 1989.

[323] Luenberger D D. Linear and Nonlinear Programming. 2nd ed. London: Addison-Wesley, 1984.

[324] Lütkepohl H. Handbook of Matrices. New York: John Wiley & Sons, 1996.

[325] Lyantse V E. Some properties of idempotent operators. Troret i Prikl Mat, 1958, 1: 16～22.

[326] MacDuffee C C. The Theory of Matrices. Berlin: Springer-Verlag, 1933.

[327] Magnus J R; Neudecker H. The commutation matrix: Some properties and applications. Ann Ststist, 1979, 7: 381～394.

[328] Magnus J R, Neudecker H. Matrix Differential Calculus with Applications in Statistics and Econometrics. Revised ed. Chichester: Wiley 1999.

[329] Mahalanobis P C. On the generalised distance in statistics. Proc. of the National Institute of Sciences of India, 1936, 2(1): 49～55.

[330] Makhoul J. Toeplitz determinants and positive semidefiniteness. IEEE Trans. Signal Processing, 1991, 39: 743～746.

[331] Mallat S G, Zhang Z. Matching pursuits with time-frequency dictionaries. IEEE Trans. Signal Processing, 1993, 41(12): 3397～3415.

[332] Manolakis D G, Ingle V K, Kogon S M. Statistical and Adaptive Signal Processing. Boston: McGraw-Hill, 2000.

[333] Marcus M, Minc H. A survey of Matrix Theory and Matrix Inequalities. Boston: Allyn and Bacon, 1964.

[334] Mardia K V, Kent J T, Bibby J M. Multivariate Analysis. London: Academic, 1979.

[335] Marshall Jr. T G. Coding of real-number sequences for error correction: A digital signal processing problem. IEEE J. Select Areas Commun, 1984, 2(2): 381～392.

[336] Martin R, Friedrich S. A network that uses few active neurones to code visual input predicts the diverse shapes of cortical receptive fields. J. Computational Neuroscience, 2007, 22: 135～146.

[337] Mathew G, Reddy V. Development and analysis of a neural network approach to Pisarenko's harmonic retrieval method. IEEE Trans. Signal Processing, 1994, 42: 663～667.

[338] Mathew G, Reddy V. Orthogonal eigensubspaces estimation using neural networks. IEEE Trans. Signal Processing, 1994, 42: 1803～1811.

[339] Meerbergen K. Locking and restarting quadratic eigenvalue solvers. SIAM J Sci. Comput., 2001, 22(5): 1814～1839.

[340] Megginson R E. An Introduction to Banach Space Theory. Graduate Texts in Mathematics 183. Springer-Verlag. Retrieved 1998.

[341] Mesarovic V Z, Galatsanos N P, Katsaggelos K. Regularized constrained total least squares image restoration. IEEE Trans. Image Processing, 1995, 4(8): 1096～1108.

[342] Michalewicz Z, Dasgupta D, Le Riche R, Schoenauer M. Evolutionary algorithms for constrained engineering problems, Computers & Industrial Engineering Journal, 1996, 30：851～870.

[343] Micka O J, Weiss A J. Estimating frequencies of exponentials in noise using joint diagonalization. IEEE Trans. Signal Processing, 1999, 47(2)：341～348.

[344] Milliken G A, Akdeniz F. A theorem on the difference of the generalized inverses of two nonegative matrices. Communications in Statistics, 1977, A6：73～79.

[345] Million E. The Hadamard product. Available at http：//buzzard.ups.edu/courses/2007spring/projects/million-paper.pdf.

[346] Minka T P. Old and new matrix algebra useful for statistics, December 2000. Notes.

[347] Mirsky L. Symmetric gauge functions and unitarily invariant norms. Quart J Math Oxford, 1960, 11：50～59.

[348] Miwakeichi, F, Martnez-Montes E, Valds-Sosa, P, Nishiyama, N, Mizuhara, H, Yamaguchi, Y. Decomposing EEG data into space-time-frequency components using parallel factor analysis. NeuroImage, 2004, 22(3)：1035～1045.

[349] Mohanty N. Random Signal Estimation and Identification. Van Nostrand Reinhold, 1986.

[350] Moonen M, De Moor B, Vandenberghe L, Vandewalle J. On- and off-line identification of linear state space models. International J Control, 1989, 49(1)：219～232.

[351] Moore E H. General analysis, Part 1. Mem Amer Philos Sic, 1935, 1：1.

[352] Moreau E. A generalization of joint-diagonalization criteria for source separation. IEEE Trans. Signal Processing, 2001, 49(3)：530～541.

[353] Morup M, Hansen L K, Herrmann C S, Parnas J, Arnfred S M. Parallel Factor Analysis as an exploratory tool for wavelet transformed event-related EEG. NeuroImage, 2006, 29：938～947.

[354] Murray F J. On complementary manifofolds and projections in L_p and l_p. Trans. Amer Math Soc, 1937, 43：138～152.

[355] Natarajan B K. Sparse approximate solutions to linear systems. SIAM J. Comput., 1995, 24：227～234.

[356] Navasca C, Lathauwer L D, Kindermann S. Swamp reducing technique for tensor decomposition. In the 16th Proceedings of the European Signal Processing Conference, Lausanne, Switzerland, August 25-29, 2008.

[357] Neagoe V E. Inversion of the Van der Monde Matrix. IEEE Signal Processing Letters, 1996, 3：119～120.

[358] Needell D, Vershynin R. Uniform uncertainty principle and signal recovery via regularized orthogonal matching pursuit. Found. Comput. Math., 2009, 9(3)：317～334.

[359] Needell D, Vershynin R. Signal recovery from incomplete and inaccurate measurements via regularized orthogonal matching pursuit. IEEE J. Sel. Topics Signal Process., 2009, 4(2)：310～316.

[360] Needell D, Tropp J A. CoSaMP：Iterative signal recovery from incomplete and inaccurate samples. Appl. Comput. Harmonic Anal., 2009, 26(3)：301～321.

[361] Nesterov Y. A method for solving a convex programming problem with rate of convergence $O(\frac{1}{k^2})$. Soviet Math. Doklady, 1983, 269(3)：543～547.

[362] Nesterov Y, Nemirovsky A. A general approach to polynomial-time algorithms design for convex programming. Report, Central Economical and Mathematical Institute, USSR Academy of Sciences, Moscow, 1988.

[363] Nesterov Y. Introductory Lectures on Convex Optimization: A Basic Course. Boston, MA: Kluwer Academic, 2004.

[364] Nesterov Y. Smooth minimization of nonsmooth functions (CORE Discussion Paper #2003/12, CORE 2003). Math. Program. 2005, 103(1): 127 ~ 152.

[365] Nesterov Y. Gradient methods for minimizing composite objective function. CORE Discussion Paper #2007/96, 2007.

[366] Nesterov Y. Primal-dual subgradient methods for convex problems. Math. Program., Ser. B, 2009, 120: 221 ~ 259.

[367] Neumaier A. Solving ill-conditioned and singular linear systems: A tutorial on regularization. SIAM Review, 1998, 40(3): 636 ~ 666.

[368] Nevelson M, Hasminskii R. Stochastic Approximation and Recursive Estimation. American Mathematical Society, 1973.

[369] Ng L, Solo V. Error-in-variables modeling in optical fow estimation. IEEE Trans. Image Processing, 2001, 10(10): 1528 ~ 1540.

[370] Nievergelt Y. Total least squares: State-of-the-art regression in numerical analysis. SIAM Review, 1994, 36(2): 258 ~ 264.

[371] Noble B, Danniel J W. Applied Linear Algebra. 3rd ed. Englewood Cliffs, NJ: Prentice-Hall, 1988.

[372] Nocedal J, Wright S J. Numerical Optimization. New York: Springer-Verlag, 1999.

[373] Nour-Omid B, Parlett B N, Ericsson T, Jensen P S. How to implement the spectral transformation. Math Comput, 1987, 48: 663 ~ 673.

[374] Ohsmann M. Fast cosine transform of Toeplitz matrices, algorithm and applications. IEEE Trans. Signal Processing, 1993, 41: 3057 ~ 3061.

[375] Oja E. A simplified neuron model as a principal component analyzer. J. Math. Bio., 1982, 15: 267 ~ 273.

[376] Oja E, Karhunen J. On stochastic Approximation of the eigenvectors and eigenvalues of the expectation of a random matrix. J Math Anal Appl, 1985, 106: 69 ~ 84.

[377] Oja E. The nonlinear PCA learing rule in independent component analysis. Neurocomputing, 1997, 17: 25 ~ 45.

[378] Olshausen B A. Sparse coding of time-varying natural images. J. Vision, 2002, 2(7): 130 ~ 135.

[379] Olshausen B A, Field D J. Emergence of simple-cell receptive field properties by learning a sparse code for natural images. Nature, 1996, 381: 607 ~ 609.

[380] Olshausen B A, Field D J. Sparse coding with an overcomplete basis set: A strategy employed by V1? Vision Research, 1997, 37(23): 3311 ~ 3325.

[381] Olson L, Vandini T. Eigenproblems from finite element analysis of fluid-structure interactions. Comput. Struct, 1989, 33: 679 ~ 687.

[382] Ortega J M, Rheinboldt W C. Iterative Solution of Nonlinear Equations in Several Variables. New York/London: Academic Press, 1970.

[383] Osborne M, Presnell B, Turlach B. A new approach to variable selection in least squares problems. IMA J. Numer. Anal., 2000, 20: 389 ~ 403.

[384] Osher S, Burger M, Goldfarb D, Xu J, Yin W. An iterative regularization method for total variation-based image restoration. Multiscale Model. Simul., 2005, 4(2): 460 ~ 489.

[385] Ottersten B, Asztely D, Kristensson M, Parkvall S. A statistical approach to subspace based estimation with applications in telecommunications. In: Van Huffel S ed. Recent Advances in Total Least Squares Techniques and Error-in-Variables Modeling, Philadelphia, PA: SIAM, 1997.

[386] Paatero P, Tapper U. Positive matrix factorization: A non-negative factor model with optimal utilization of error estimates of data values. Environmetrics, 1994, 5: 111 ~ 126.

[387] Paattero P, Tapper U. Least squares formulation of robust non-negative factor analysis. Chemometrics Intell. Lab, 1997, 37: 23 ~ 35.

[388] Paatero P. A weighted non-negative least squares algorithm for threeway PARAFAC factor analysis. Chemometrics Intell. Lab. Syst. 1997; 38(2): 223 ~ 242.

[389] Paige C C, Saunders N A. Towards a generalized singular value decomposition. SIAM J. Numer. Anal., 1981, 18: 269 ~ 284.

[390] Paige C C. Computing the generalized singular value decomposition. SIAM J. Sci. Stat. Comput., 1986, 7: 1126 ~ 1146.

[391] Pajunnen P, Karhunen J. Least-Squares methods for blind source Separation based on Nonlinear PCA. Int. J. of Neural Systems, 1998, 8: 601 ~ 612.

[392] Papoulis A. Probability, Random Variables and Stochastic Processes. New York: McGraw-Hill, 1991.

[393] Parlett B N. The Rayleigh quotient iteration and some genelarizations for nonormal matrices. Mathematics of Computation, 1974, 28(127): 679 ~ 693.

[394] Parlett B N. The Symmetric Eigenvalue Problem. Englewood Cliffs, NJ: Prentice-Hall, 1980.

[395] Parra L, Spence C, Sajda P, Ziehe, Muller K. Unmixing heperspectral data. In: Advances in Neural Information Processing Systems, vol.12. Cambridge, MA: MIT Press, 2000, 942 ~ 948.

[396] Pati Y C, Rezaiifar R, Krishnaprasad P S. Orthogonal matching pursuit: Recursive function approximation with applications to wavelet decomposition. Proc. 27th Annu. Asilomar Conf. Signals Syst. Comput., Nov. 1993, vol.1, 40 ~ 44.

[397] Pauca V P V, Piper J, Plemmons R. Nonnegative matrix factorization for spectral data analysis. Linear Algebra and Applications. 2006, 416(1): 29 ~ 47.

[398] Pavon M. New results on the interpolation problem for continue-time stationary-increments processes. SIAM J. Control Optim., 1984, 22: 133 ~ 142.

[399] Pearson K. On lines and planes of closest fit to points in space. Phil Mag, 1901, 559 ~ 572.

[400] Pease M C. Methods of Matrix Algebra. New York: Academic Press, 1965.

[401] Peng C Y, Zhang X D. On recursive oblique projectors. IEEE Signal Processing Letters, 2005, 12(6): 433 ~ 436.

[402] Penrose R A. A generalized inverse for matrices. Proc. Cambridge Philos. Soc., 1955, 51: 406 ~ 413.

[403] Petersen K B, Petersen M S. The Matrix Cookbook. 2008.

[404] D. T. Pham, Joint approximate diagonalization of positive defnite matrices. SIAM J. Matrix Anal. Appl., 2001, 22(4): 1136 ∼ 1152.

[405] Phillip A, Regalia P A, Mitra S. Kronecker propucts, unitary matrices and signal processing applications. SIAM Review, 1989, 31(4): 586 ∼ 613.

[406] Piegorsch W W, Casella G. The early use of matrix diagonal increments in statistical problems. SIAM Review, 1989, 31: 428 ∼ 434.

[407] Piegorsch W W, Casella G. Erratum: Inverting a sum of matrices. SIAM Review, 1990, 32: 470.

[408] Pintelon R, Guillaume P, Vandersteen G, Rolain Y. Analyzes, development and applications of TLS algorithms in frequency domain system identification. In: Van Huffel S ed. Recent Advances in Total Least Squares Techniques and Error-in-Variable Modeling, Philadelphia, PA: SIAM, 1997.

[409] Pisarenko V F. The retrieval of harmonics from a covariance function. Geophysics, J Roy Astron Soc, 1973, 33: 347 ∼ 366.

[410] Piziak R, Odell P L. Full rank factorization of matrices. Mathematics Magazine, 1999, 72(3): 193 ∼ 202.

[411] Polyak B T. Introduction to Optimization. Optimization Software Inc., 1987.

[412] Ponnapalli S P, Saunders M A, Van Loan C F, Alter O. A higher-order generalized singular value decomposition for comparison of global mRNA expression from multiple organisms. PLOS ONE, 2011. Available at http: //www.plosone.org/article/info

[413] Poularikas A D. The Handbook of Formulas and Tables for Signal Processing. New York: CRC Press, Springer, IEEE Press, 1999.

[414] Powell M J D. A method for nonlinear constraints in minimization problems. In Optimization (ed. by R. Fletcher), New York: Academic Press, 1969, 283 ∼ 298.

[415] Powell M J D. On search directions for minimization algorithms. Math. Programming, 1973, 4: 193 ∼ 201.

[416] Powell M J D. Convergence properties of algorithms for nonlinear optimization. SIAM Review, 1986, 28: 487 ∼ 500.

[417] Price C. The matrix pseudoinverse and minimal variance estimates. SIAM Review, 1964, 6: 115 ∼ 120.

[418] Pringle R M, Rayner A A. Expressions for generalized inverses of a bordered matrix with application to the theory of constrained linear models. SIAM Review, 1970, 12: 107 ∼ 115.

[419] Pringle R M, Rayner A A. Generalized Inverse of Matrices with Applications to Statistics. London: Griffin 1971.

[420] Prugovecki E. Quantum Mechanics in Hilbert Space (2nd ed.). Academic Press, 1981.

[421] Quattoni A, Collins M, Darrell T. Transfer learning for image classification with sparse prototype representation. Proc. IEEE Int. Conf. Comput. Vis. Pattern Recognit., 2008. DOI: 10.1109/ CVPR.2008.4587637.

[422] Rado R. Note on generalized inverse of matrices. Proc. Cambridge Philos Soc, 1956, 52: 600 ∼ 601.

[423] Rao C R. Estimation of heteroscedastic variances in linear models. J. Amer Statist Assoc, 1970, 65: 161 ~ 172.

[424] Rao C R, Mitra S K. Generalized Inverse of Matrices. New York: John Wiley & Sons, 1971.

[425] Rayleigh L. The Theory of Sound. 2nd ed. New York: Macmillian, 1937.

[426] Regalia P A, Mitra S K. Kronecker products, unitary matrices and signal processing applications. SIAM Review, 1989, 31(4): 586 ~ 613.

[427] Riba J, Goldberg J, Vazquez G. Robust beamforming for interference rejection in mobile communications. IEEE Trans. Signal Processing, 1997, 45(1): 271 ~ 275.

[428] Rockafellar R, Wets R. Variational analysis. Springer- Verlag, 1998.

[429] Roos C. A full-Newton step $O(n)$ infeasible interior-point algorithm for linear optimization. SIAM J. Optimization 2006, 16(1): 1110 ~ 1136.

[430] Roos C, Terlaky T, Vial J.-Ph. Theory and Algorithms for Linear Optimization: An Interior-Point Approach. Chichester, UK: John Wiley & Sons, 1997.

[431] Roy R, Kailath T. ESPRIT — Estimation of signal parameters via rotational invariance techniques. IEEE Trans. Acoust, Speech, Signal Processing, 1989, 37: 297 ~ 301.

[432] Rudin L, Osher S, Fatemi E. Nonlinear total variation based noise removal algorithms. Physica D, 1992, 60: 259 ~ 268.

[433] Saad Y. The Lanczos biothogonalization algorithm and other oblique projection methods for solving large unsymmetric systems. SIAM J. Numer. Anal., 1982, 19: 485 ~ 506.

[434] Saad Y. Numerical Methods for Large Eigenvalue Problems. New York: Machester University Press, 1992.

[435] Salehi H. On the alternating projections theorem and bivariate stationary stichastic processes. Trans. Amer. Math. Soc., 1967, 128: 121 ~ 134.

[436] Samson C. A unified treatment of fast algorithms for identification. International J Control, 1982, 35: 909 ~ 934.

[437] Scales L E. Introduction to Non-linear Optimization. London: Macmillan, 1985.

[438] Schmidt R O. Multiple emitter location and signal parameter estimation. Proc RADC Spectral Estimation Workshop, NY: Rome, 1979, 243 ~ 258.

[439] Schmidt O R. Multiple emitter location and signal parameter estimation. IEEE Trans. Antenna Propagat., 1986, 34: 276 ~ 280.

[440] Schott J R. Matrix Analysis for Statistics. Wiley: New York, 1997.

[441] Schoukens J, Pintelon R, Vandersteen G, Guillaume P. Frequency-domain system identification using nonparametric noise models estimated from a small number of data sets. Automatica, 1997, 33(6): 1073 ~ 1086.

[442] Schutz B. Geometrical Methods of Mathematical Physics. Cambridge University Press, 1980.

[443] Scutari G, Palomar D P, Facchinei F, Pang J S. Convex optimization, game theory, and variational inequality theory. IEEE Signal Processing Magazine, 2010, 27(3): 35 ~ 49.

[444] Searle S R. Matrix Algebra Useful for Statististics. New York: John Wiley & Sons, 1982.

[445] Selby S M. Standard Mathematical Tables. CRC Press, 1974.

[446] Sharman K, Durrani T S. A comparative study of modern eigenstructure methods for baering estimation — A new high performance approach. Proc IEEE ICASSP-87, Greece, Athens, 1987, 1737 ~ 1742.

[447] Shashua A, Levin A. Linear image coding for regression and classification using the tensor-rank principle. In Proc. of the IEEE Conference on Computer Vision and Pattern Recognition, 2001.

[448] Shashua A, Zass R, Hazan T. Multi-way clustering using super-symmetric nonnegative tensor factorization. In European Conference on Computer Vision (EV), Graz, Austria, May 2006.

[449] Shavitt I, Bender C F, Pipano A, Hosteny R P. The iterative calculation of several of the lowest or highest eigenvalues and corresponding eigenvectors of very large symmetric matrices. J Comput Phys, 1973, 11：90 ~ 108.

[450] Sherman J, Morrison W J. Adjustment of an inverse matrix corresponding to changes in the elements of a given column or a given row of the original matrix (abstract). Ann Math Statist, 1949, 20：621.

[451] Sherman J, Morrison W J. Adjustment of an inverse matrix corresponding to a change in one element of a given matrix. Ann Math Statist, 1950, 21：124 ~ 127.

[452] Shewchuk J R. An introduction to the conjugate gradient method without the agonizing pain. Available at http：//quake-papers/painless-conjugate-gradient-pics.ps.

[453] Sidiropoulos N D, Bro R. On the uniqueness of multilinear decomposition of N-way arrays, J. Chemometrics, 2000, 14：229 ~ 239.

[454] Sidiropoulos D, Budampati R S. Khatri-Rao space-time Codes. IEEE Trans. Signal Processing, 2002, 50(10)：2396 ~ 2407.

[455] Silva V, Lim L -H. Tensor rank and the ill-posedness of the best low-rank approximation problem, SIAM J. Matrix Analysis and Applications, 2008, 30(3)：1084 ~ 1127.

[456] Silvery S D. Statistical Inference. Penguin books, 1970.

[457] Simon J C. Patterns and Operators：The Foundations and Data Representation. North Oxford Academic Publishers Ltd, 1986.

[458] Speiser J, and Van Loan C. Signal processing computations using the generalized singular value decomposition. In：Proc of SPIE, Vol495, SPIE International Symposium, San Diego, 1984.

[459] Spivak M. A Comprehensive Introduction to Differential Geometry (2nd Edition) (5 Volumes). Publish or Perish Press, 1979.

[460] Stallings W T, Boullion T L. Computation of pseudoinverse matrices using residue arithmetic. SIAM Review, 1972, 14(1)：152 ~ 163.

[461] Stewart G W. On the sensitivity of the eigenvalue problem $Ax = \lambda Bx$. SIAM J. Num. Anal., 1972, 9：669 ~ 686.

[462] Stewart G W. An Introduction to Matrix Computations. New York：Academic Press, 1973.

[463] Stewart G W, Sun J G. Matrix Perturbation Theory. New York：Academic Press, 1990.

[464] Stewart G W. An updating algorithm for subspace tracking. IEEE Trans. Signal Processing, 1992, 40：1535 ~ 1541.

[465] Stewart G W. On the early history of the singular value decomposition. SIAM Review, 1993, 35(4)：551 ~ 566.

[466] Stiefel E. Richtungsfelder und ferparallelismus in n-dimensionalem mannig faltigkeiten. Commentarii Math Helvetici, 1935-1936, 8：305 ~ 353.

[467] Stoica P, Sorelius J, Cedervall M, Söderström T. Error-in-vaables modeling: An instrumental variable approach. In: Van Huffel S ed. Recent Advances in Total Least Squares Techniques and Error-in-Variables Modeling, Philadelphia, PA: SIAM, 1997.

[468] Sun J, Zeng H, Liu H, Lu Y, Chen Z. Cubesvd: a novel approach to personalized web search. In: Proceedings of the 14th international conference on World Wide Web, 2005, 652 ~ 662.

[469] Syau Y R. A note on convex functions. Internat. J. Math. & Math. Sci. 1999, 22(3): 525 ~ 534.

[470] Takeuchi K, Yanai H, Mukherjee B N. The Foundations of Multivariante Analysis. New York: Wiley, 1982.

[471] Tibshirani R. Regression shrinkage and selection via the lasso. J. R. Statist. Soc. B, 1996, 58: 267 ~ 288.

[472] Tikhonov A. Solution of incorrectly formulated problems and the regularization method, Soviet Math. Dokl., 1963, 4: 1035 ~ 1038.

[473] Tikhonov A, Arsenin V. Solution of Ill-Posed Problems. New York: Wiley, 1977.

[474] Tisseur F, Meerbergen K. Quadratic eigenvalue problem. SIAM Review, 2001, 43(2): 235 ~ 286.

[475] Toeplitz O. Zur Theorie der quadratischen und bilinearen Formen von unendlichvielen Veränderlichen. I Teil: Theorie der L-Formen, Math Annal, 1911, 70: 351 ~ 376.

[476] Todd R. Seminorm. From MathWorld–A Wolfram Web Resource, created by Eric W. Weisstein. http: //mathworld.wolfram.com/Seminorm.html

[477] Tou J T, Gonzalez R C. Pattern Recognition Principles. London: Addison-Wesley Publishing Comp, 1974.

[478] Tropp J A. Greed is good: algorithmic results for sparse approximation. IEEE Trans. Information Theory, 2004, 50(10): 2231 ~ 2242.

[479] Tropp J A. Just relax: Convex programming methods for identifying sparse signals in noise. IEEE Trans. Information Theory, 2006, 52(3): 1030 ~ 1051.

[480] Tropp J A, Wright S J. Computational methods for sparse solution of linear inverse problems. Proc. IEEE, 2010, 98(6): 948 ~ 958.

[481] Tsallis C. Possible generalization of Boltzmann-Gibbs statistics. J. Statistical Physics, 1988, 52: 479 ~ 487.

[482] Tsallis C. The nonadditive entropy S_q and its applications in physics and elsewhere: Some remarks. Entropy, 2011, 13: 1765 ~ 1804.

[483] Tsatsanis M K, Z. Xu. Performance analysis of minimum variance CDMA receivers. IEEE Trans. Signal Processing, 1998, 46: 3014 ~ 3022.

[484] Tseng P. Convergence of a block coordinate descent method for nondifferentiable minimization. J. Optimization Theory and Applications, 2001, 109(3): 475 ~ 494.

[485] Tucker L R. Implications of factor analysis of three-way matrices for measurement of change. In Problems in Measuring Change (C W. Harris ed.), University of Wisconsin Press, 1963, 122 ~ 137.

[486] Tucker L R. The extension of factor analysis to three-dimensional matrices. In Contributions to Mathematical Psychology (H. Gulliksen and N. Frederiksen, eds.), New York: Holt, Rinehart & Winston, 1964, 109 ~ 127.

[487] Tucker L R. Some mathematical notes on three-mode factor analysis. Psychometrika, 1966, 31：279 ~ 311.

[488] Utschick W. Tracking of signal subspace projectors. IEEE Trans. Signal Processing, 2002, 50(4)：769 ~ 778.

[489] van der Kloot W A, Kroonenberg P M. External analysis with three-mode principal component models, Psychometrika, 1985, 50：479 ~ 494.

[490] van der Veen A J. Joint diagonalization via subspace fitting techniques. Proc 2001 IEEE International Conference on Acoustics, Speech, and Signal Processing (ICASSP '01), 2001, 5：2773 ~ 2776.

[491] Van Huffel S (Ed). Recent Advances in Total Least Squares Techniques and Error-in-Variables Modeling. Philadelphia, PA：SIAM, 1997.

[492] Van Huffel S. TLS applications in biomedical signal processing. In：Van Huffel S ed. Recent Advances in Total Least Squares Techniques and Error-in-Variables Modeling, Philadelphia, PA：SIAM, 1997.

[493] Van Loan C F. Generalizing the singular value decomposition. SIAM J. Numer. Anal., 1976, 13：76 ~ 83.

[494] Van Loan C F. Matrix computations and signal processing. In：Haykin S ed. Selected Topics in Signal Processing, Englewood Cliffs：Prentice-Hall, 1989.

[495] van Overschee P, De Moor B. Subspace Identification for Linear Systems. Boston, MA：Kluwer, 1996.

[496] Van Huffel S, Vandewalle J. Analysis and properties of the generalized total least squares problem $Ax = b$ when some or all columns in A are subject to error. SIAM J. Matrix Anal Appl, 1989, 10：294 ~ 315.

[497] Vandaele P, Moonen M. Two deterministic blind channel estimation algorithms Based on Oblique Projections. Signal Processing, 2000, 80：481 ~ 495.

[498] Vandenberghe L. Lecture Notes for EE236C (Spring 2011-12), UCLA.

[499] Vanderbei R J. An interior-point algorithm for nonconvex nonlinear programming. Available at http：//orfe.princeton.edu/ rvdb/pdf/talks/level3/nl.pdf

[500] Vanderbei R J, Shanno D F. An interior-point algorithm for nonconvex nonlinear programming. Computational Optimization and Applications, 1999, 13(1-3)：231 ~ 252.

[501] Vasilescu M A O, Terzopoulos D. Multilinear analysis of image ensembles：TensorFaces. In Proc. of the European Conf. on Computer Vision (EV' 02), Copenhagen, Denmark, May, 2002, 447 ~ 460.

[502] Vasilescu M A O, Terzopoulos D. Multilinear image analysis for facial recognition. In Proc. of the International Conference on Pattern Recognition (ICPR' 02), Quebec City, Canada, August, 2002.

[503] Veen A V D. Algebraic methods for deterministic blind beamforming. Proc IEEE, 1998, 86：1987 ~ 2008.

[504] Viberg M, Ottersten B. Sensor array processing based on subspace fitting. IEEE Trans. Signal Processing, 1991, 39：1110 ~ 1121.

[505] von Neumann J. Some matrix inequalities and metrization of matric-space. Tomsk University

Review, 1937, 1: 286 ~ 300. In: Collected Works, Oxford: Pergamon, 1962, Volume IV, 205 ~ 218.

[506] Wächter A, Biegler L T. On the implementation of an interior-point filter line-search algorithm for large-scale nonlinear programming. Mathematical Programming, Ser. A, 2006, 106(1): 25 ~ 57.

[507] Wang H, Ahuja N. Compact representation of multidimensional data using tensor rank-one decomposition. In Proc. of International Conference on Pattern Recognition, 2004, Vol.1, 44 ~ 47.

[508] Watkins D S. Understanding the QR algorithm. SIAM Review, 1982, 24(4): 427 ~ 440.

[509] Watson G A. Characterization of the subdifferential of some matrix norms, Linear Algebra Appl., 1992, 170: 33 ~ 45.

[510] Wax M, Sheinvald J. A least squares approach to joint diagonalization. IEEE Signal Processing Letters, 1997, 4(2): 52 ~ 53.

[511] Weiss A J, Friedlander B. Array processing using joint diagonalization. Signal Processing, 1996, 1996, 50(3): 205 ~ 222.

[512] Welling M, Weber M. Positive tensor factorization. Pattern Recognition Letters, 2001, 22: 1255 ~ 1261.

[513] Wilkinson J H. The Algerbaic Eigenvalue Problem. Oxford, UK: Clarendon Press, 1965.

[514] Wikipedia. Variational inequation. http://en.wikipedia.org/wiki/Variational_inequality.

[515] Wirtinger W. Zur formalen theorie der funktionen von mehr komplexen ver*ä*nderlichen. Mathematische Annalen, 1927, 97: 357 ~ 375.

[516] Wolf J K. Redundancy, the discrete Fourier transform, and impulse noise cancellation. IEEE Trans. Commun, 1983, 31: 458 ~ 461.

[517] Woodbury M A. Inverting modified matrices. Memorandum Report 42, Statistical Research Group, NJ: Princeton, 1950.

[518] Wright J. Ma Y. Dense error correction via l^1-minimization. IEEE Trans. Information Theory, 2010, 56(7): 3540 ~ 3560.

[519] Xu G, Cho Y, Kailath T. Application of fast subspace decomposition to signal processing and communication problems. IEEE Trans. Signal Processing, 1994, 42: 1453 ~ 1461.

[520] Xu G, Kailath T. Fast subspace decomposition. IEEE Trans. Signal Processing, 1994, 42: 539 ~ 551.

[521] Xu L, Oja E, Suen C. Modified Hebbian learning for curve and surface fitting. Neural Networks, 1992, 5: 441 ~ 457.

[522] Yang B. Projection approximation subspace tracking. IEEE Trans. Signal Processing, 1995, 43: 95 ~ 107.

[523] Yang B. An extension of the PASTd algorithm to both rank and subspace tracking. IEEE Signal Processing Letters, 1995, 2(9): 179 ~ 182.

[524] Yang J F, Kaveh M. Adaptive eigensubspace algorithms for direction or frequency estimation and tracking. IEEE Trans. Acoust, Speech, Signal Processing, 1988, 36: 241 ~ 251.

[525] Yang X, Sarkar T K, Arvas E. A survey of conjugate gradient algorithms for solution of extreme eigen-problems of a symmetric matrix. IEEE Trans Acoust, Speech, Signal Processing, 1989, 37: 1550 ~ 1556.

[526] Yeniay O, Ankara B. Penalty function methods for constrained optimization with genetic algorithms. Mathematical and Computational Applications, 2005, 10(1): 45 ~ 56.

[527] Yeredor A. Non-orthogonal joint diagonalization in the least squares sense with application in blind source separation. IEEE Trans. Signal Processing, 2002, 50(7): 1545 ~ 1553.

[528] Yeredor A. Time-delay estimation in mixtures. Proc. 2003 IEEE International Conference on Acoustics, Speech, and Signal Processing (ICASSP '03), 2003, 5: 237 ~ 240.

[529] Yin W. Sparse Optimization: Lecture Outlines. Department of Computational and Applied Mathematics, Rice University.

[530] Yin W, Osher S, Goldfarb D, Darbon J. Bregman iterative algorithms for l_1-minimization with applications to compressed sensing. SIAM J. Imaging Sciences, 2008, 1(1): 143 ~ 168.

[531] Youla D C. Generalized image restoration by the method of altenating projections. IEEE Trans. Circuits and Systems, 1978, 25: 694 ~ 702.

[532] Yu K B. Recursive updating the eigenvalue decomposition of a covariance matrix. IEEE Trans. Signal Processing, 1991, 39: 1136 ~ 1145.

[533] Yu X, L Tong. Joint channel and symbol estimation by oblique projections. IEEE Trans. Signal Processing, 2001, 49(12): 3074 ~ 3083.

[534] Yu Y L. Nesterov's Optimal Gradient Method. 2009, available at http: //www.webdocs.cs.ualberta.ca/yaoliang/mytalks/NS.pdf.

[535] Zass R, Shashua A. Nonnegative sparse PCA. In Neural Information Processing Systems (NIPS), Vancuver, Canada, Dec. 2006.

[536] Zdunek R, Cichocki A. Nonnegative matrix factorization with constrained second-order optimization. Signal Processing, 2007, 87(8): 1904 ~ 1916.

[537] Zha H. The restricted singular value decomposition of matrix triplets. SIAM J. Matrix Anal Appl, 1991, 12: 172 ~ 194.

[538] Zhang X D, Liang Y C. Prefiltering-based ESPRIT for estimating parameters of sinusoids in non-Gaussian ARMA noise. IEEE Trans. Signal Processing, 1995, 43: 349 ~ 353.

[539] Zhang X D, Zhang Y S. Determination of the MA order of an ARMA process using sample correlations. IEEE Trans. Signal Processing, 1993, 41: 2277 ~ 2280.

[540] 黄琳.系统与控制理论中的线性代数，北京：科学出版社，1984.

[541] 冯俊文. (H, Ω) 共轭函数理论. 系统科学与数学 (J. Sys. Sci. & Math. Sci., 1990, 10(1): 71 ~ 77.

[542] 《数学手册》编写组. 数学手册. 北京：高等教育出版社，1979.

[543] 依理正夫，児玉慎三，須田信英. 特異值分解とそのシステム制御への応用. 計測と制御，1982，21: 763 ~ 772.

[544] 张贤达. 左、右伪逆矩阵的数值计算. 科学通报，1982，27(2)：126.

[545] 张贤达，保铮. 通信信号处理. 北京：国防工业出版社，2000.

[546] 张贤达. 现代信号处理 (第二版). 北京：清华大学出版社，2002.

索　引

D

G

L

M

T

Y

Z